Verschleiß metallischer Werkstoffe

Karl Sommer · Rudolf Heinz · Jörg Schöfer

Verschleiß metallischer Werkstoffe

Erscheinungsformen sicher beurteilen

2., korrigierte und ergänzte Auflage

Mit 621 Abbildungen und zahlreichen Tabellen

Karl Sommer
Lorch, Deutschland

Rudolf Heinz · Jörg Schöfer
Robert Bosch GmbH
Stuttgart, Deutschland

ISBN 978-3-8348-2463-9 ISBN 978-3-8348-2464-6 (eBook)
DOI 10.1007/978-3-8348-2464-6

Die Deutsche Nationalbibliothek verzeichnet diese Publikation in der Deutschen Nationalbibliografie; detaillierte bibliografische Daten sind im Internet über http://dnb.d-nb.de abrufbar.

Springer Vieweg
© Springer Fachmedien Wiesbaden 2010, 2014
Das Werk einschließlich aller seiner Teile ist urheberrechtlich geschützt. Jede Verwertung, die nicht ausdrücklich vom Urheberrechtsgesetz zugelassen ist, bedarf der vorherigen Zustimmung des Verlags. Das gilt insbesondere für Vervielfältigungen, Bearbeitungen, Übersetzungen, Mikroverfilmungen und die Einspeicherung und Verarbeitung in elektronischen Systemen.

Die Wiedergabe von Gebrauchsnamen, Handelsnamen, Warenbezeichnungen usw. in diesem Werk berechtigt auch ohne besondere Kennzeichnung nicht zu der Annahme, dass solche Namen im Sinne der Warenzeichen- und Markenschutz-Gesetzgebung als frei zu betrachten wären und daher von jedermann benutzt werden dürften.

Lektorat: Thomas Zipsner, Ellen Klabunde

Gedruckt auf säurefreiem und chlorfrei gebleichtem Papier.

Springer Vieweg ist eine Marke von Springer DE. Springer DE ist Teil der Fachverlagsgruppe Springer Science+Business Media
www.springer-vieweg.de

Vorwort

„Das Volumen des Festkörpers wurde von Gott geschaffen, seine Oberfläche aber wurde vom Teufel gemacht." Dieser viel zitierte Ausspruch wird dem Physiker und Nobelpreisträger Wolfgang Pauli zugeschrieben. Auch wenn Pauli damals sicherlich nicht an Probleme aus dem Bereich der tribologischen Schadensanalyse dachte, dürfte das prägnante Zitat manchem Ingenieur aus der Seele sprechen, der heute versucht, anhand von Bildern der verschlissenen Oberfläche eines Produktes eindeutige Rückschlüsse auf die Schadensursache und die zu treffende Abhilfemaßnahme zu ziehen.

In der Tat ist die Menge der möglichen Erscheinungsformen des Verschleißes schwer zu überschauen, selbst wenn man sich auf eine bestimmte Materialklasse, zum Beispiel die metallischen Werkstoffe, beschränkt. Auch die Verknüpfung eines tribologischen Schadensbildes mit seiner Ursache ist häufig nicht trivial. So können ähnliche Verschleißmechanismen zu sehr unterschiedlichen Schadensbildern führen und vergleichbare Verschleißerscheinungen verschiedene Mechanismen als Ursache haben.

Der Hauptgrund für diese Vielfältigkeit der Erscheinungsformen und die Schwierigkeit der Rückführung auf ihre Ursachen ist in der Komplexität der an der Oberfläche verschleißender Körper stattfindenden physikalischen und chemischen Vorgänge zu suchen. Diese Vorgänge, und damit der Verschleiß, hängen nicht nur von den Eigenschaften des Werkstoffs bzw. der Oberfläche ab, sondern auch von dem System, in dem sich die Oberfläche befindet. Der Verschleiß ist insofern nicht als Eigenschaft des Werkstoffes zu sehen, sondern als seine Antwort auf die im System herrschenden Beanspruchungen und Randbedingungen.

Auch wenn die tribologische Forschung in den vergangenen Jahrzehnten insbesondere im Bereich der Beanspruchungssimulation deutliche Fortschritte gemacht hat, ist es auch heute noch in vielen Fällen schwer oder unmöglich, alle Einflussparameter richtig zu erfassen und in ihrer Wirkung auf den Verschleiß zu beschreiben. Daher ist die Schadensanalyse, die über die genaue Untersuchung der Verschleißerscheinungsformen einer Oberfläche und den Vergleich mit bekannten Schadensfällen aus der Vergangenheit die Ursache für den unerwünschten Verschleiß herausarbeitet, nach wie vor eine der wichtigsten Vorgehensweisen bei der Vermeidung tribologisch bedingter Schäden. Um so mehr verwundert es, dass die Menge an Fachliteratur, die sich mit einer Übersicht über Verschleißerscheinungsformen und ihrer Zuordnung zu Verschleißarten und Maschinenelementen befasst, vergleichsweise überschaubar ist. Diese Lücke für den Bereich der metallischen Werkstoffe zu füllen und eine solide und langfristig wirksame Grundlage für die tribologische Schadensanalyse zu schaffen, ist das Hauptanliegen dieses Buches.

Das nun in der 2. Auflage vorliegende Werk ist vor allem für die praktische Arbeit des Ingenieurs gedacht. Es soll mit der Behandlung zahlreicher Schadensbeispiele aus den vergangenen Jahrzehnten konkrete Hilfestellung bei der Analyse und Beurteilung von Verschleißproblemen bieten und die Ableitung geeigneter Maßnahmen zur Optimierung von Sicherheit und Zuverlässigkeit beim Betrieb von Anlagen und Maschinen ermöglichen. Entsprechend der großen Bedeutung, die den Abbildungen in diesem Buch zukommt, wurde in der 2. Auflage neben der Beseitigung von Druckfehlern besonderer Wert auf die Verbesserung der Bildqualität gelegt. In Kapitel 3 wurde die Beschreibung der Vorgehensweise bei Schadensanalysen angepasst, um die anzuwendende Systematik klarer herauszuarbeiten. Schließlich wurden an einzelnen Stellen Literaturquellen aktualisiert und neue Beispiele eingefügt.

Eine solche Sammlung von Schadensbeispielen lebt nicht nur stark von der eigenen wissenschaftlichen Erfahrung der Autoren, sondern auch vom beruflichen Umfeld, in dem diese Erfahrungen erworben wurden. Darüber hinaus ist sie undenkbar ohne die Einbeziehung der zahlreichen Arbeiten aus dem universitären Bereich und der Industrie, welche die Vielfalt und Geschlossenheit der Darstellung erst möglich machen. Entsprechend danke ich meinen Co-Autoren Dr.-Ing. Rudolf Heinz und Dr.-Ing. Jörg Schöfer herzlich für die Mitwirkung an diesem Werk, insbesondere für die Erarbeitung von Kapitel 5 und die vielen Anregungen zu den anderen Kapiteln. Auch gilt mein Dank den Mitarbeiterinnen und Mitarbeitern der Robert Bosch GmbH, die durch ihre wertvollen Diskussionen und ihre intensive Unterstützung bei der Auswahl und Analyse aussagekräftiger Verschleißbilder zur Bereicherung des vorliegenden Buches beigetragen haben. Weiterhin danke ich den Firmen und Personen, die freundlicherweise die Genehmigung zur Veröffentlichung ihres Bildmaterials erteilten, und deren Name ich jeweils in den Bildunterschriften vermerkt habe.

Herrn Thomas Zipsner und Frau Ellen Klabunde vom Lektorat Maschinenbau des Verlags Springer Vieweg danke ich für die gute und vertrauensvolle Zusammenarbeit und vor allem für die mir gegenüber geübte Geduld.

Besonders danke ich meiner lieben Frau Luise für ihre Unterstützung während der jahrelangen Bearbeitung des Buches, die viele Einschränkungen auf sich genommen und Opfer gebracht hat. Meine Tochter Sabine hat sich der Mühe des Korrekturlesens mit Sorgfalt unterzogen, wofür ich mich auch bei ihr bedanke.

Lorch, im Februar 2014   Karl Sommer

Inhaltsverzeichnis

Vorwort V

Die Autoren XIII

1 Einführung 1
    Literaturverzeichnis 2

2 Tribologische Grundlagen 3
    2.1 Tribologisches System 3
    2.2 Reibung 6
        2.2.1 Makroskopische Betrachtung 7
        2.2.2 Mikroskopische Betrachtung 7
        2.2.3 Reibungsarten 10
        2.2.4 Reibungszustände 11
        2.2.5 Reibungszahlen 12
    2.3 Verschleißarten 14
    2.4 Verschleißmechanismen 14
        2.4.1 Adhäsion 16
        2.4.2 Abrasion 18
        2.4.3 Oberflächenzerrüttung 20
        2.4.4 Tribochemische Reaktion 21
        2.4.5 Ablation 23
    2.5 Zusammenhang zwischen Reibung und Verschleiß 24
    2.6 Ausfallkriterien 28
    Literaturverzeichnis 31

3 Methodik der Analyse tribologischer Schäden 35
    3.1 Strukturanalyse 37
    3.2 Beanspruchungsanalyse 38
    Literaturverzeichnis 39

4 Gleitverschleiß 41
    4.1 Grundlagen geschmierter Tribosysteme 41
        4.1.1 Hydrodynamik 41
        4.1.2 Mischreibung und Grenzreibung 43
    4.2 Verschleißerscheinungsformen bei Hydrodynamik und Mischreibung 46
        4.2.1 Riefen 47
        4.2.2 Einbettung von Fremdpartikeln 50
        4.2.3 Eindrückungen 53
        4.2.4 Ausbrüche 53
        4.2.5 Ungleichmäßiges Tragbild 57
        4.2.6 Rattermarken 58

		4.2.7	Fresser	60
		4.2.8	Werkstoffübertrag	65
		4.2.9	Schubrisse	68
		4.2.10	Brandrisse	70
		4.2.11	Gefügeänderung	73
		4.2.12	Schmelzerscheinungen	79
		4.2.13	Stromübergang	82
		4.2.14	Tribochemische Reaktionsschicht	84
		4.2.15	Plastische Oberflächenverformung	87
		4.2.16	Profiländerung	89
	4.3	Grundlagen ungeschmierter Tribosysteme		91
		4.3.1	Beanspruchungsbedingte Einflüsse	92
		4.3.2	Strukturbedingte Einflüsse	97
	4.4	Besonderheiten bei Trockenreibung im Vakuum		101
	4.5	Verschleißerscheinungsformen bei ungeschmierter Gleitreibung		102
		4.5.1	Fresser	102
		4.5.2	Riefen	103
		4.5.3	Werkstoffübertrag	104
		4.5.4	Schubrisse	105
		4.5.5	Brandrisse	105
		4.5.6	Gefügeänderung	108
		4.5.7	Tribooxidation	113
	Literaturverzeichnis			114
5	Schwingungsverschleiß *(Fretting)*			122
	5.1	Grundlagen		122
		5.1.1	Bewegungsformen	122
		5.1.2	Stofftransport und Reibungszustand	122
		5.1.3	Systemklassen	123
		5.1.4	Verschleißmechanismen bei Schwingungsverschleiß	125
			5.1.4.1 Adhäsion mit Werkstoffübertrag	125
			5.1.4.2 Abrasion	125
			5.1.4.3 Tribooxidation	126
			5.1.4.4 Oberflächenzerrüttung	127
			5.1.4.5 Zeitlicher Wechsel von Verschleißmechanismen am Beispiel von Zahnwellenverbindungen und -kupplungen	127
	5.2	Verschleißerscheinungsformen durch Schwingungsverschleiß		130
		5.2.1	Beläge (Tribooxidation, Reiboxidation, Reibrost, Passungsrost)	131
		5.2.2	Narben	140
		5.2.3	Mulden	143
		5.2.4	Riffel	145
		5.2.5	Wurmspuren	150
		5.2.6	Stillstandsmarkierungen *(false brinelling)*	154
		5.2.7	Schwingungsverschleiß mit überwiegend einem Verschleißmechanismus	162

	5.3	Reibdauerbrüche (*fretting fatigue*)	165
	5.4	Allgemeine Hinweise zur Minderung von Schwingungsverschleiß	178
	Literaturverzeichnis		181

6 Wälzverschleiß 185

- 6.1 Grundlagen 185
    - 6.1.1 Allgemeiner Überblick 185
    - 6.1.2 Hertzsche Pressung ungeschmiert 186
    - 6.1.3 Hertzsche Pressung geschmiert 190
    - 6.1.4 Schädigungsbetrachtungen 196
    - 6.1.5 Vergleich ertragbarer Hertzscher Pressungen 198
    - 6.1.6 Zahnräder 199
        - 6.1.6.1 Allgemeines 199
        - 6.1.6.2 Beanspruchungs- und strukturbedingte Einflüsse 202
        - 6.1.6.3 Tribochemische Reaktion 207
        - 6.1.6.4 Adhäsion 212
        - 6.1.6.5 Abrasion 215
        - 6.1.6.6 Oberflächenzerrüttung 216
    - 6.1.7 Wälzlager 229
        - 6.1.7.1 Allgemeines 229
        - 6.1.7.2 Beanspruchungs- und strukturbedingte Einflüsse 231
        - 6.1.7.3 Tribochemische Reaktion 239
        - 6.1.7.4 Adhäsion 242
        - 6.1.7.5 Abrasion 243
        - 6.1.7.6 Oberflächenzerrüttung 244
    - 6.1.8 Kurvengetriebe 252
        - 6.1.8.1 Allgemeines 252
        - 6.1.8.2 Beanspruchungs- und strukturbedingte Einflüsse 253
    - 6.1.9 Gleichlaufgelenke 257
    - 6.1.10 Rad/Schiene 259
- 6.2 Verschleißerscheinungsformen bei vollständiger Elastohydrodynamik (EHD) .. 263
    - 6.2.1 Gefügeänderung 264
    - 6.2.2 Abblätterung 270
- 6.3 Verschleißerscheinungsformen bei Mischreibung unter Elastohydrodynamik ... 272
    - 6.3.1 Ungleichmäßiges Tragbild 272
    - 6.3.2 Tribochemische Reaktionsschicht 277
    - 6.3.3 Riefen 279
    - 6.3.4 Fresser 284
    - 6.3.5 Profiländerung 289
    - 6.3.6 Graufleckigkeit 298
    - 6.3.7 Grübchen 308
    - 6.3.8 Abblätterung 317
    - 6.3.9 Abplatzer 325
    - 6.3.10 Schichtbruch 328
    - 6.3.11 Riffel 329

6.4		Verschleißerscheinungsformen bei ungeschmierter Wälzreibung	342
	6.4.1	Profiländerung	342
	6.4.2	Riffel	344
	6.4.3	Rissbildungen und Ausbrüche	347
	6.4.4	Gefügeänderung	349
Literaturverzeichnis			351

7 Abrasivverschleiß ... 370

7.1	Grundlagen		370
7.2	Zweikörper-Abrasivverschleiß – Abrasiv-Gleitverschleiß durch gebundenes Korn		378
	7.2.1	Beanspruchungsbedingte Einflüsse	379
	7.2.2	Strukturbedingte Einflüsse	380
7.3	Verschleißerscheinungsformen bei Abrasiv-Gleitverschleiß durch gebundenes Korn		392
	7.3.1	Riefen	392
	7.3.2	Einbettung	394
	7.3.3	Ausbrüche	394
	7.3.4	Brandrisse	395
	7.3.5	Gefügeänderung	397
	7.3.6	Profiländerung	398
7.4	Dreikörper-Abrasivverschleiß		400
	7.4.1	Beanspruchungsbedingte Einflüsse	402
	7.4.2	Strukturbedingte Einflüsse	403
		7.4.2.1 Abrasivstoff als Zwischenstoff	403
		7.4.2.2 Grund- und Gegenkörper	403
7.5	Verschleißerscheinungsformen bei Dreikörper-Abrasivverschleiß		411
	7.5.1	Riefen	411
	7.5.2	Einbettung	414
	7.5.3	Schubrisse	414
	7.5.4	Mulden	415
	7.5.5	Riffel	416
	7.5.6	Profiländerung	417
Literaturverzeichnis			422

8 Erosion und Erosionskorrosion ... 427

8.1	Allgemeine Grundlagen		427
8.2	Grundlagen Abrasiv-Gleitverschleiß durch loses Korn (Erosion)		428
	8.2.1	Allgemeines	428
	8.2.2	Beanspruchungsbedingte Einflüsse	429
	8.2.3	Strukturbedingte Einflüsse	430
8.3	Verschleißerscheinungsformen bei Erosion durch loses Korn		432
	8.3.1	Querwellen, Mulden	432
	8.3.2	Riefen	435
	8.3.3	Selektive Erosion	436
	8.3.4	Profiländerung	440

8.4	Grundlagen Strahlverschleiß		441
	8.4.1	Allgemeines	441
	8.4.2	Beanspruchungsbedingte Einflüsse	442
		8.4.2.1 Anstrahlwinkel	442
		8.4.2.2 Partikelgeschwindigkeit	446
		8.4.2.3 Temperatur	447
		8.4.2.4 Partikeldurchsatz	449
		8.4.2.5 Partikelgröße	449
	8.4.3	Strukturbedingte Einflüsse	451
		8.4.3.1 Partikeleigenschaften	451
		8.4.3.2 Werkstoffeigenschaften	453
8.5	Verschleißerscheinungsformen bei Strahlverschleiß		460
	8.5.1	Querwellen, Mulden	460
	8.5.2	Riffel	467
	8.5.3	Eindrückungen	468
	8.5.4	Profiländerung	470
8.6	Grundlagen hydroerosiver (hydroabrasiver) Verschleiß		475
	8.6.1	Allgemeines	475
	8.6.2	Beanspruchungsbedingte Einflüsse	478
	8.6.3	Strukturbedingte Einflussgrößen	482
		8.6.3.1 Abrasivstoffhärte	482
		8.6.3.2 Korngröße	484
		8.6.3.3 Befeuchtung	489
		8.6.3.4 pH-Wert	490
		8.6.3.5 Werkstoffverhalten	493
8.7	Verschleißerscheinungsformen bei hydroerosivem Verschleiß		497
	8.7.1	Längs- und Querwellen, Mulden, Rillen	497
	8.7.2	Eindrückungen	507
	8.7.3	Riefen	508
	8.7.4	Selektive Erosion	509
	8.7.5	Profiländerung	511
8.8	Grundlagen Erosionskorrosion		511
	8.8.1	Allgemeines	511
	8.8.2	Beanspruchungsbedingte Einflüsse	514
	8.8.3	Strukturbedingte Einflüsse	519
8.9	Verschleißerscheinungen durch Erosionskorrosion		522
	8.9.1	Auswaschungen, Querwellen, Mulden	522
	8.9.2	Riffel	528
	8.9.3	Längswellen	530
	8.9.4	Selektive Korrosion	531
8.10	Grundlagen Kavitationserosion		532
	8.10.1	Allgemeines	532
	8.10.2	Entstehung und Wirkung von Kavitation	534
	8.10.3	Beanspruchungsbedingte Einflüsse	536
	8.10.4	Werkstoffverhalten	538
	8.10.5	Möglichkeiten der Einflussnahme auf die Kavitationserosion	543

	8.11	Verschleißerscheinungsformen durch Kavitationserosion	544
		8.11.1 Erosion durch Schwingungs- und Strömungskavitation	544
		8.11.2 Aufrauung	552
		8.11.3 Ausbrüche	559
	8.12	Grundlagen Tropfenschlagerosion	560
		8.12.1 Allgemeines	560
		8.12.2 Beanspruchungsbedingte Einflüsse	561
	8.13	Verschleißerscheinungen bei Tropfenschlagerosion	564
		8.13.1 Mulden	564
		8.13.2 Aufrauung	565
	8.14	Gaserosion	568
	Literaturverzeichnis		569
9	Anhang		583
	9.1	Farbiger Bildteil	583
	9.2	Gegenüberstellung von alter (DIN) und neuer (Euro-Norm) Werkstoffbezeichnung	588
Sachwortverzeichnis			593

Die Autoren

Dr.-Ing. Karl Sommer, geb. 1940 in Troppau. 1962 bis 1970 Studium des Maschinenbaus an der TH Stuttgart. 1970 bis 2005 wissenschaftlicher Mitarbeiter der Staatlichen Materialprüfungsanstalt der Universität Stuttgart in den Abteilungen Tribologie und Schadensanalyse. 1997 Promotion. Arbeitsgebiete: Tribologie, Werkstoffkunde, Schadenskunde und Wärmebehandlung.

Dr.-Ing. Rudolf Heinz, geb. 1939 in Darmstadt. 1963 bis 1969 Studium des Maschinenbaus an der TH Darmstadt. 1969 Diplomprüfung in Maschinenbau. 1970 bis 1977 wissenschaftlicher Assistent und Dozent im Fachgebiet Maschinenelemente. 1977 Promotion. 1977 bis 2003 Tätigkeit bei der Robert Bosch GmbH Stuttgart in der Forschung, Arbeitsgebiet Tribologie, und in der Serienentwicklung mit Arbeitsgebiet Dieseleinspritztechnik. Seit 2004 Berater bei der Robert Bosch GmbH Stuttgart.

Dr.-Ing. Jörg Schöfer, geb. 1969 in Bremen. 1990 bis 1996 Studium der Physik an der Universität Göttingen und der University of California Santa Cruz. 1996 bis 1977 wissenschaftlicher Mitarbeiter an der Bundesanstalt für Materialforschung und -prüfung, Berlin, Fachgruppe Tribologie. 2001 Promotion an der Universität Karlsruhe, Prof. Dr.-Ing. K.-H. Zum Gahr. Seit 1998 Tätigkeit bei der Robert Bosch GmbH Stuttgart in der zentralen Forschung und Vorausentwicklung, Arbeitsschwerpunkte Tribologie und Ventiltechnik.

1 Einführung

Die Oberfläche verschlissener Bauteile und die dort sichtbaren Verschleißerscheinungsformen können als eine der entscheidenden Informationsquellen für die Aufklärung tribologischer Schadensfälle bezeichnet werden, da sie – wenn auch nur im Nachhinein – einen direkten Zugang zu der beanspruchten Zone des Werkstoffes ermöglichen. Dies gilt in besonderem Maße für unvermutet an einem Produkt auftretende Schäden, da hier in der Regel keine prophylaktischen Maßnahmen zur begleitenden Untersuchung des Schädigungsverlaufs ergriffen wurden, wie beispielsweise Reibungs-, Temperatur oder Körperschallmessungen. So geben die Erscheinungsformen des Schadens an der Oberfläche den ersten direkten visuellen Hinweis auf die Schädigungsursache, der dann durch weitere Untersuchungen von Werkstoffgefüge, Beanspruchungsbedingungen etc. ergänzt werden kann, bis ein möglichst geschlossenes Bild des Verschleißhergangs vorliegt.

Die Deutsche Gesellschaft für Tribologie definiert den Begriff der Verschleißerscheinungen als *„sich durch Verschleiß ergebende Veränderungen der Oberflächen eines Körpers sowie die Art und Form der entstandenen Verschleißpartikel."* [1]. Für einen Rückschluss auf die Schadensursache enthalten sowohl die Oberflächenmodifikationen als auch die Verschleißpartikel wichtige Hinweise. In der Praxis allerdings stehen die entstandenen Verschleißpartikel, wenn sie nicht gezielt gesammelt wurden, oft nicht mehr für eine genauere Untersuchung zur Verfügung, so dass der Schwerpunkt einer Schadensanalyse sich häufig auf die Betrachtung der Oberflächenveränderungen konzentriert.

Ausgehend von dieser Erfahrung sollte eine Abhandlung zu Verschleißerscheinungsformen metallischer Werkstoffe in der Hauptsache eine umfassende Übersicht über die verschiedenen Schadensbilder der verschlissenen Oberflächen enthalten. Es erscheint allerdings notwendig, einige weitere Aspekte ebenfalls zu berücksichtigen: Zum einen betrifft dies die Größe, Form und chemische Zusammensetzung der oben erwähnten Verschleißpartikel. Weiterhin ist in Erweiterung der Definition der Verschleißerscheinungsformen auch die Beschreibung von Oberflächenmodifikationen sinnvoll, die infolge eines tribologischen Prozesses zu einer Beeinträchtigung der Oberflächengrenzschicht führen, ohne bereits einen direkt wahrnehmbaren Materialverlust verursacht zu haben. Dies ist beispielsweise bei Anrissbildung in Zerrüttungszonen, Brandrissen oder Gefügeumwandlungen der Fall. Die dabei auftretenden Erscheinungen führen nicht notwendigerweise sofort zu einer Beeinträchtigung der Funktion oder gar zum Versagen, können aber oftmals als Vorstufen des Verschleißes betrachtet werden, die erst im Laufe des Betriebes eine Funktionsstörung bewirken. Wichtig ist darüber hinaus auch die Erwähnung derjenigen tribologischen Oberflächenveränderungen, die als ausgesprochen erwünscht betrachtet werden, wie die Veränderungen der Grenzschicht durch Reaktionsschichtbildung bei geschmierten Systemen, die sich verschleißmindernd auswirken. Hier ist eine Abgrenzung zu unerwünschten Verschleißerscheinungsformen notwendig, um Fehlinterpretationen zu vermeiden.

Entsprechend dieser Vorüberlegungen haben die Autoren bei der Umsetzung dieses Buches besonderen Wert auf eine umfangreiche Sammlung von bebilderten Beispielen zu den Verschleißerscheinungsformen tribologisch beanspruchter Oberflächen gelegt, die auf Basis eigener Arbeiten und einer sorgfältigen Sichtung der Literatur zusammengestellt sind. Im Sinne einer möglichst guten Anwendbarkeit, liegt der Schwerpunkt dieser beispielhaften Darstellungen auf Erzeugnissen und Maschinenelementen. Wenn dennoch Modellversuche aufgeführt sind, so gerade deshalb, weil Einflüsse auf bestimmte Verschleißprozesse wegen ihrer kontrollierten und gezielt variierbaren Beanspruchungsbedingungen klarer herausgearbeitet werden können. Eine ausführliche Kommentierung der Verschleißerscheinungsformen soll dem Entwickler helfen, diese sicher auf die eigenen Schadensfälle zu übertragen und die erforderlichen Abhilfemaßnahmen zu ergreifen.

Grundlage für die angestrebte Übersicht der Verschleißerscheinungsformen ist eine sinnvolle Ordnungsstruktur sowie die einheitliche und korrekte Anwendung von Begriffen, um Missverständnisse und Fehlinterpretationen in der Praxis zu vermeiden. Als Ordnungsrahmen der Verschleißerscheinungen wurde die Sortierung nach den verursachenden Verschleißarten gewählt, um eine direkte Verbindung zwischen dem Schadensbild und der Belastungssituation der Bauteile herzustellen und dem Leser die Ursachenfindung anhand der dargestellten Beispiele zu erleichtern. Eine einheitliche Darstellung der Begriffe ist durchaus als nicht trivial zu betrachten, da für die konkrete Bezeichnung der einzelnen Verschleißerscheinungsformen, ihrer Beschreibung und insbesondere ihrer Abgrenzung untereinander nicht in allen Fällen auf gut etablierte Definitionen zurückgegriffen werden kann. Es wurden hier in der Regel die in der Literatur am breitesten verwendeten Begriffe ausgewählt und systematisch eingesetzt, wohl wissend, dass in dem einen oder anderen Punkt insbesondere bei der Abgrenzung der Verschleißerscheinungsformen noch Klärungsbedarf besteht.

Berechnungsgrundlagen für eine Auslegung tribologisch beanspruchter Bauteile werden in diesem Buch nicht behandelt. Die in einigen Fällen angegebenen Gleichungen dienen lediglich zur Orientierung und zur Einordnung von Einflussgrößen auf den Verschleiß bzw. auf die Verschleißerscheinungsformen.

Die Gliederung dieses Buches beginnt mit einer allgemeinen Darstellung der tribologischen Grundlagen. Es folgt ein kurzer Abriss der Methodik der tribologischen Schadensanalytik, der den Leser mit den wichtigsten Aspekten der ihrer praktischen Umsetzung vertraut machen soll, ohne einen ausführlichen Lehrgang zu diesem Thema ersetzen zu können. Den Hauptteil des Buches bilden fünf nach Verschleißarten geordnete Kapitel zu den Verschleißerscheinungsformen metallischer Werkstoffe. Im Sinne der leichteren Lesbarkeit ist die Unterstruktur dieser Kapitel weitgehend identisch gehalten. Den beschriebenen Verschleißerscheinungsformen sind jeweils die Grundlagen der behandelten Verschleißarten und ggf. Maschinenelemente vorangestellt. Mögliche Abhilfemaßnahmen, die in den Grundlagenkapiteln besprochen oder direkt bei der Beschreibung der jeweiligen Verschleißerscheinungsform erwähnt werden, sollen über die Fallbeispiele hinaus Anregungen für eine kritische Auseinandersetzung mit den eigenen Schadensfällen geben und auf das Spektrum der Lösungsalternativen hinweisen.

Literaturverzeichnis

[1] GfT-Arbeitsblatt 7: Tribologie. Verschleiß, Reibung. Definitionen, Begriffe, Prüfung. Ausgabe August 2002

2 Tribologische Grundlagen

2.1 Tribologisches System

Funktion und Fertigung eines Bauteiles erfordern Werkstoffe, die vielfältigen Anforderungen gerecht werden müssen. An den Grundwerkstoff werden häufig nicht dieselben extremen Anforderungen wie an die Oberfläche bzw. Grenzschicht gestellt [1, 2]. Während die Auslegung eines Bauteiles bei mechanischer und mechanisch-thermischer Beanspruchung nach Festigkeitsgesichtspunkten erfolgt, die sich vor allem auf das Bauteilvolumen beziehen, müssen bei tribologischer Beanspruchung, die über die Kontaktfläche durch Normal- und Tangentialkräfte wirkt, komplexe und irreversible Prozesse in der Grenzschicht berücksichtigt werden. Diese Prozesse werden von zahlreichen Parametern beeinflusst, so dass das tribologische Verhalten nur als systembedingtes Verhalten zu beschreiben ist und gerade wegen der komplexen Prozesse in vielen Fällen einer ursächlichen Beschreibung nicht zugänglich ist. Das tribologische System ist durch folgende Eigenschaften gekennzeichnet [3]:

I   Funktion
II Beanspruchungskollektiv
III Struktur
    – am Verschleiß beteiligte Elemente
    – Eigenschaften der Elemente
    – Wechselwirkungen der Elemente
IV Reibungs- und Verschleißkenngrößen.

Ein solches System ist vereinfacht in **Bild 2.1** wiedergegeben. Bereits mit der Beschreibung der Funktion (I) sind bestimmte Vorgaben hinsichtlich zu verwendender Werkstoffe und konstruktiver Gestaltung verknüpft. Einen besonderen Stellenwert nimmt die Analyse der unter dem Beanspruchungskollektiv (II) zusammengefassten Parameter – Belastung 4, Bewegung 5 und Temperatur 6 – und der strukturbildenden Elemente einschließlich ihrer Eigenschaften und ihrer Wechselwirkungen (III) – bestehend aus Grundkörper 1, Gegenkörper 2, Zwischenstoff 3a und Umgebungsmedium 3b – ein, da bereits geringe Abweichungen von der Spezifikation das tribologische Verhalten entscheidend beeinflussen und oft unbedeutend erscheinende Störfaktoren, wie z. B. Verunreinigungen oder veränderte Wärmeableitung, für einen Schaden ausschlaggebend sein können oder sogar erst eine Erklärung hierfür bieten. Während das Beanspruchungskollektiv im Sinne einer eingeleiteten Energie als Eingangsgröße zu betrachten ist, stellen Reibungs- und Verschleißkenngrößen (IV) die Ausgangsgrößen dar. Hierüber geben die Verschleißerscheinungsformen oft die einzigen Hinweise auf die im Mikrokontakt wirksam gewesenen Verschleißmechanismen (vgl. Kap. 2.4) und auf die bleibenden Veränderungen an den Elementen, die sich in meist zum Werkstoffinnern abklingenden spannungsmäßigen, strukturellen und auch chemischen Abweichungen gegenüber dem Ausgangszustand äußern. Auch Verschleißpartikel und besonders deren Größe und Form können bei der Aufklärung von Verschleißvorgängen hilfreich sein. Die stofflichen Wechselwirkungen zwischen den strukturbildenden Elementen in Verbindung mit dem Beanspruchungskollektiv haben also größte Bedeutung und bilden oft den Schlüssel für zunächst nicht erklärbare Ergebnisse bzw. Schäden.

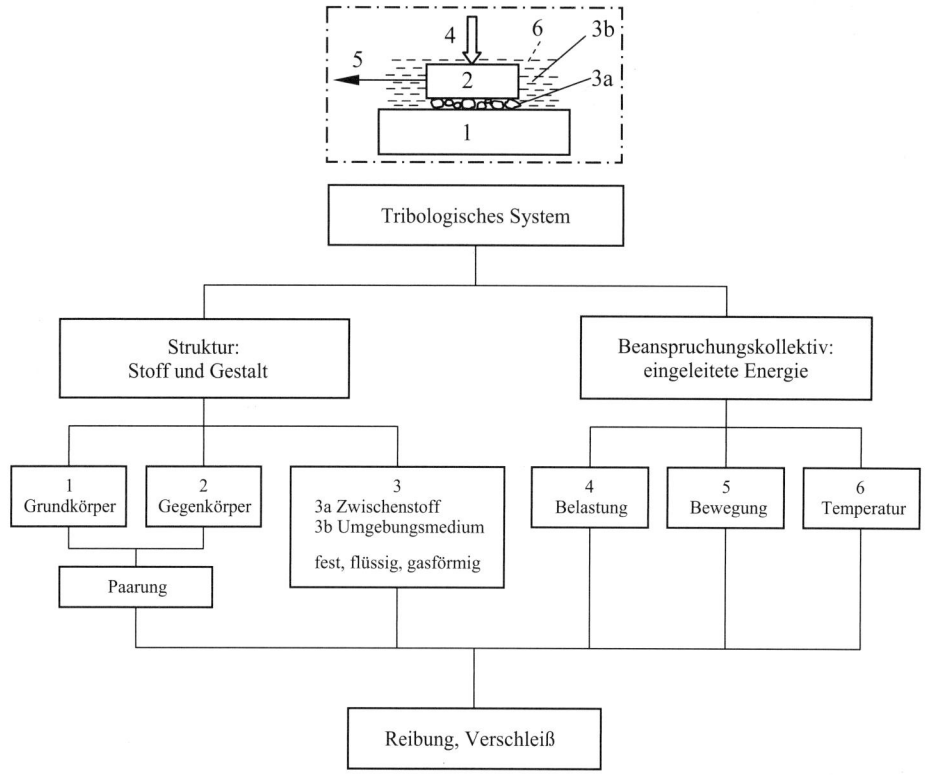

Bild 2.1: Tribologisches System mit den kennzeichnenden Elementen

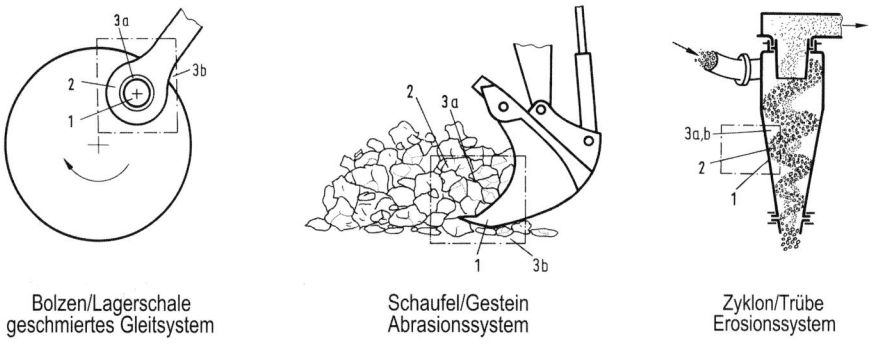

Bild 2.2: Beispiele für tribologische Systeme; Systemeinhüllende strichpunktiert

Beispiele verschiedener tribologischer Systeme sind in **Bild 2.2** aufgeführt. Die tribologische Kontaktstelle ist durch eine Systemeinhüllende (strichpunktierte Linie) von den übrigen Konstruktionsbauteilen gedanklich abgegrenzt. Das linke Beispiel steht für ein geschlossenes System, während die beiden rechten Beispiele offene Systeme darstellen, die mit einem stets neuen Materialfluss beaufschlagt werden. Bei den beiden offenen Systemen stellen die abrasiv wirkenden Stoffe den Gegenkörper dar, wobei der Zwischenstoff z. B. Wasser sein kann und das Umgebungsmedium in der Regel Luft ist.

Tabelle 2.1: Auswahl struktureller Einflussgrößen auf den Verschleißprozess

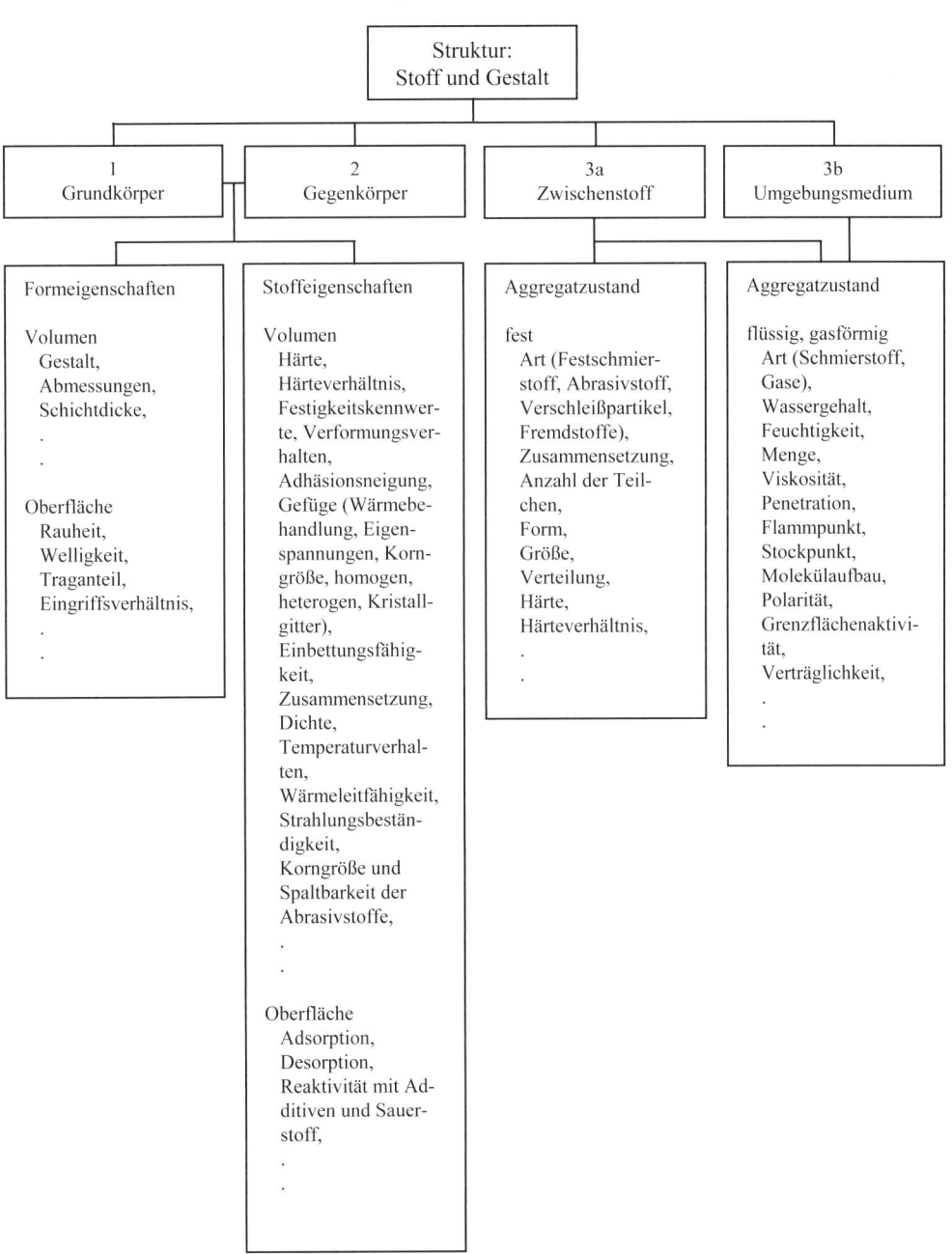

Das tribologische System mit dem Beanspruchungskollektiv und den Strukturelementen stellt den ordnenden Rahmen für eine erfolgreiche Bearbeitung von Verschleißproblemen dar. Eine ausführliche Darstellung der ordnenden Gesichtspunkte und Begriffe findet man u. a. in [1, 2]. Die Kenntnis über die systemtechnischen Elemente ist deshalb von gravierender Bedeutung, weil der Konstrukteur mit ihrer Wahl das Verschleißgeschehen am Bauteil bereits weitgehend festgelegt hat. Die beim Verschleißprozess ablaufenden Wechselwirkungen sind infolge vielfältiger Einflussgrößen, **Tabelle 2.1** und **2.2**, weder durch die Werkstoff- noch durch die Oberflächeneigenschaften der beteiligten Partner allein zu charakterisieren. Aufgrund dieser Besonderheit tribologischer Systeme ist es nicht möglich, einem Werkstoff oder einer Paarung eine „Verschleißfestigkeit" im Sinne eines Werkstoffkennwertes zuzuordnen, wie es sinngemäß bei vom Ingenieur benutzten Festigkeitskennwerten – an Normproben bestimmt – üblich ist. Die Verschleißkenngrößen sind somit, wie auch die strukturellen Eigenschaften (Form- und Stoffeigenschaften, Aggregatzustand), vom System abhängig. Es empfiehlt sich daher, von Verschleißbeständigkeit zu sprechen.

Tabelle 2.2: Auswahl beanspruchungsbedingter Einflussgrößen auf den Verschleißprozess

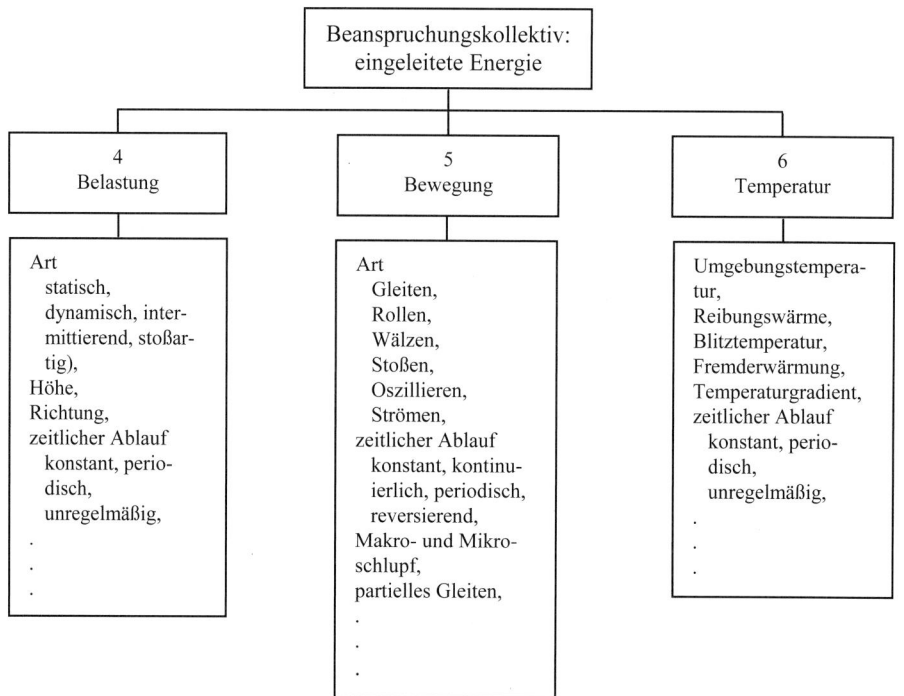

2.2 Reibung

Reibung zwischen zwei Körpern ist, wie der Verschleiß, keine Werkstoff- oder Werkstoffpaarungseigenschaft, sondern eine Systemeigenschaft. Sie äußert sich in Kraftwirkungen und beeinflusst nahezu alle Vorgänge in Natur und Technik. In bewegten Systemen ist wegen des zusätzlichen Kräftebedarfs Reibung meist unerwünscht, da sie die Funktion von Maschinen beeinträchtigt und nicht nur erhebliche Energieverluste, sondern auch Temperaturerhöhung und bei fortgesetzter Bewegung Verschleiß bewirkt. Immer dort, wo sich Bewegungswiderstände störend auswirken, wird daher versucht werden, diese durch geeignete Maßnahmen wie Schmierung oder Ersatz der gleitenden Bewegung durch kraftsparende Rollbewegung zu mindern. Die Ausnutzung der Reibung ist aber auch unabdingbare Voraussetzung für eine Vielzahl von Funktionen, bei denen Kräfte „kraftschlüssig" durch Reibung übertragen werden müssen, wie z. B. bei Reibkupplungen oder Bremsen. Dies gilt ebenso für die Funktion von Schraubenverbindungen, für das Halten von Nägeln oder von Fäden im Gewebe, für die Fortbewegung eines Fußgängers oder Fahrzeuges und für das Erklingen eines Streichinstrumentes.

2.2.1 Makroskopische Betrachtung

Reibung ist eines der am längsten bekannten Phänomene, deren wissenschaftliche Erforschung jedoch erst im 15. Jahrhundert durch Leonardo da Vinci erfolgte und von Guillaume Amontons, Leonard Euler, Charles Augustin Coulomb und Arthur-Jules Morin erweitert wurde. Ihre Untersuchungen führten phänomenologisch zu dem von Coulomb formulierten Gesetz der Festkörperreibung bei Gleitbewegungen, die von Fläche und Geschwindigkeit unabhängig ist:

$$f = F_R / F_N \qquad (2.1)$$

Darin bedeuten f = Reibungszahl, F_N = Normalkraft und F_R = Reibungskraft.

Nach heutigen Erkenntnissen gelten jedoch diese Zusammenhänge nur näherungsweise und in bestimmten Grenzen. Tatsächlich hängen Reibungskraft und Reibungszahl sowohl von den Beanspruchungsparametern als auch von der tribologischen Struktur, d. h. von den beteiligten Stoffen, ab. Erstaunlich ist, dass z. B. bei einer Verdoppelung der geometrischen Kontaktfläche die Reibungskraft konstant bleiben soll, obwohl sich die nominelle Flächenpressung halbiert und sich damit die lokalen Reibungsmechanismen oft ändern. Die Erklärung, aber auch die Grenzen der Coulombschen Gesetze liegen in der Unterscheidung zwischen der geometrischen Kontaktfläche und der wahren Kontaktfläche, was in Kap. 2.2.2 näher betrachtet wird.

Reibung zwischen Festkörpern bezeichnet man als äußere Reibung. In der Regel werden darunter mechanische Widerstände (Kräfte und Momente) verstanden, die den Bewegungsablauf hemmen (Bewegungsreibung) oder verhindern (Ruhereibung). Im GfT-Arbeitsblatt 7 wird allgemeiner von einer Wechselwirkung zwischen sich berührenden Stoffbereichen von Körpern gesprochen [3]. Als Prozesse sind im Wesentlichen Adhäsions-, Abrasions-, elastisch-plastische Deformations- und Bruchvorgänge wirksam.

2.2.2 Mikroskopische Betrachtung

Die Reibung als Energieumsetzungsprozess (überwiegend in Wärmeenergie) läuft in Oberflächengrenzschichten ab, **Bild 2.3**, in denen sich physikalische und chemische Wechselwirkungen zwischen den Partnern in Form von Oberflächen- und Werkstoffveränderungen abspielen. Die Grenzschichten unterscheiden sich oft grundlegend vom unbeeinflussten Grundwerkstoff. Im Gegensatz zur Volumeneigenschaft des Grundwerkstoffes sind ihre Oberflächeneigenschaften schwierig zu bestimmen, unter Umständen ist dies gar nicht möglich. Jeder Bearbeitungsvorgang und jeder tribologische Vorgang verändert die Grenzschicht und beeinflusst das tribologische Geschehen entscheidend. So weist beispielsweise die durch den Bearbeitungsprozess entstandene Polierschicht eine amorphe Struktur auf.

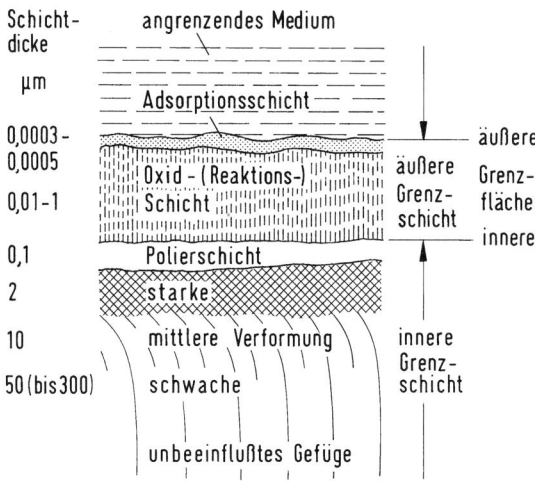

Bild 2.3: Schematischer Aufbau technischer Werkstoffgrenzschichten; die angegebenen Schichtdicken sind Orientierungswerte

Neben den stofflichen Besonderheiten der inneren und äußeren Grenzschichten spielen Oberflächengestalt und Berührungsverhältnisse der sich im Kontakt befindlichen Körper eine wichtige Rolle. Infolge eines hohen Elastizitätsmoduls und hoher Streckgrenze konzentriert sich die Beanspruchung bei metallischen Werkstoffen im allgemeinen auf relativ wenige Kontaktbereiche. Die wahre Kontaktfläche ist im Vergleich zur geometrischen Kontaktfläche selbst bei feinst bearbeiteten Körpern und hohen Lasten klein und beträgt nur Promille bzw. wenige Prozent der „scheinbaren" Kontaktfläche [4]. Durch die Unterscheidung zwischen wahrer und „scheinbarer", d. h. geometrischer Kontaktfläche, erfährt das Gesetz von Coulomb (Gl. 2.1) eine Bestätigung, aber auch eine Korrektur. Im ruhenden Kontakt führt das Auftreten von Normalkräften zur elastisch-plastischen Deformation der Mikroerhebungen, wodurch sich die wahre Kontaktfläche so lange vergrößert, bis diese der Belastung gerade stand hält. Bei Normalkrafterhöhung bilden sich bis zu einer Grenzlast neue Kontaktstellen, ohne dass sich die nominelle Flächenpressung ändert. Konstante Flächenpressung bedeutet in erster Näherung konstante Reibungszustände und damit konstante Reibungszahl f. Damit ist das Coulombsche Gesetz in gewissen Lastbereichen anwendbar. Bei genauer Betrachtung deuten Experimente doch auf eine Abhängigkeit der Reibungskraft von der wahren Kontaktfläche hin. Aufgrund dieses Modells realer Oberflächen wurde die Adhäsionstheorie entwickelt und von [5, 6] zur molekular-mechanischen Theorie erweitert. Durch die Entwicklung des Rasterkraftmikrosko-

2.2 Reibung

pes ist es gelungen, in den atomaren Bereich vorzudringen. Dadurch wurde es möglich, im elastischen Bereich sowohl die reale Kontaktfläche [7] als auch die Reibung [8] zu messen, was wesentlich zum Verständnis der Reibung beigetragen hat. Werden trennende Adsorptions- oder Reaktionsschichten durchbrochen, bilden sich in den Kontaktbereichen Adhäsionsbrücken. Ursache hierfür sind die gleichen Bindungskräfte, wie sie auch für den Zusammenhalt der Atome in Festkörpern verantwortlich sind. Die in Festkörpern herrschenden Bindungstypen hängen von der Elektronenstruktur (metallische, kovalente, Ionen- und van der Waalssche Bindungen) ab, die die Festigkeit der Bindung bestimmt.

Häufig treten diese Bindungen gleichzeitig und in unterschiedlichen Anteilen auf. Sind an der Oberfläche von Festkörpern die Valenzen der Atome z. B. durch Sauerstoff abgesättigt, so werden nur noch die schwachen van der Waalsschen Bindungen wirksam. Während des Reibungsvorganges werden durch die Beanspruchung die Oberflächen deformiert und die Grenzschichten (vgl. Bild 2.3) mehr oder weniger zerstört. Durch die Annäherung der Festkörper bis in atomare Bereiche entstehen Bindungen unterschiedlicher Festigkeit. Diese wird beeinflusst u. a. von der Struktur der Festkörper, von Art und Zustand der äußeren Grenzschicht (adsorbierte Gase, Reaktionsschichten) sowie von Belastung und Bewegung und damit von Anzahl und Größe der Kontaktstellen, die bei Einsetzen der Relativbewegung abgeschert, neu gebildet und wieder abgeschert werden. Die Trennung findet dabei immer in der Ebene geringster Scherfestigkeit statt, d. h. je nach Stärke von Verbindung und Verfestigungsgrad in der ursprünglichen Kontaktzone oder im Werkstoff des weicheren Partners. Die Verlagerung der Trennebene aus der ursprünglichen Kontaktzone führt zur Werkstoffübertragung von einem Partner auf den andern (vgl. Mechanismus der Adhäsion Kap. 2.4.1). Je höher die Adhäsionsbindungen, desto größere Kräfte können übertragen werden und sich auf ein größeres in die Tiefe erstreckendes Volumen beziehen. Neben dieser kraftschlüssigen Verbindung durch Adhäsionsbrücken erfolgt auch eine Kraftübertragung durch Mikroformschluss mit den Oberflächenunebenheiten. Besteht zwischen den Mikroerhebungen aufeinander gleitender Oberflächen ein Härteunterschied, z. B. durch Verfestigung oder ungleiche Ausgangshärte, so wird das weichere Material von dem härteren gefurcht. Dieser Vorgang äußert sich in einer Mikroverformung und Mikrozerspanung (vgl. Mechanismus der Abrasion Kap. 2.4.2). Die Reibung lässt sich als Energieumsetzung definieren, die sich aus einem Adhäsions- und einem Deformationsanteil zusammensetzt. Bei sich zäh verhaltenden Werkstoffen, deren Verformungsvermögen erschöpft und bei spröden Werkstoffen ist auch noch ein Anteil für Bruchvorgänge zu berücksichtigen:

$$W_R = W_{ad} + W_{def} + W_{Bruch} \qquad (2.2)$$

Eine quantitative Angabe der einzelnen Anteile ist in der Regel jedoch nicht möglich, da immer von einer Überlagerung und von Änderungen der Anteile während der Beanspruchung auszugehen ist. Für Gleitreibungsprozesse kann aus der Verlustenergie W_R längs des Gleitweges s eine mittlere Reibungskraft F_R

$$W_R = \int F_R \cdot ds \qquad (2.3)$$

bestimmt werden.

2.2.3 Reibungsarten

Bei der Reibung zwischen Festkörpern wird grundsätzlich zwischen Ruhereibung (Haftreibung, statische Reibung) und Bewegungsreibung (dynamische Reibung) unterschieden [3]. Haftreibung wirkt zwischen zwei ruhenden Körpern, bei denen die angreifende Kraft oder das angreifende Moment nicht ausreicht, eine Relativbewegung der Festkörper einzuleiten. Die Haftreibung ist im Gegensatz zur Gleitreibung nicht mit einem Energieumsetzungsprozess verbunden und somit entstehen auch keine Verluste. Die bei der Bewegungsreibung zwischen relativ zueinander bewegten Körpern auftretenden Reibungskräfte wirken der Bewegungsrichtung entgegen und versuchen die Bewegung zu hemmen.

Die Bewegungsreibung wird nach kinematischen Gesichtspunkten noch weiter unterteilt in Gleit-, Bohr-, Roll- und Wälzreibung. Gleitreibung entsteht z. B. bei translatorischer Bewegung eines Körpers auf einer Unterlage oder in Gleitlagern. Von Bohrreibung spricht man bei rotatorischer Relativbewegung zwischen Körpern, deren Drehachse senkrecht zur Kontaktfläche steht. Sie ist durch einen Geschwindigkeitsgradienten längs des Radius gekennzeichnet. Rollreibung ist eine Bewegungsreibung zwischen sich quasi punkt- oder linienförmig berührenden Körpern, deren Relativgeschwindigkeit in der gemeinsamen Kontaktstelle im idealisierten Fall gleich null ist. Ist der Rollreibung eine Gleitkomponente überlagert, so spricht man von Wälzreibung. Bei der Ausführung tribologischer Systeme ist die Wälzreibung der Gleitreibung im Bereich der Festkörper- und Grenzreibung und auch der Mischreibung wegen massiver Schädigung der Kontaktfläche durch höhere Energieumsetzung vorzuziehen. Allen Arten der Bewegungsreibung ist gemeinsam, dass sie mit einem Verlust an mechanischer Energie verbunden sind, die in andere Energieformen umgewandelt wird. Der weitaus größte Anteil wird in Wärme umgewandelt, während nur ein kleiner Teil z. B. als Gitterdefekte oder Eigenspannungen gespeichert wird oder als Schallemission verloren geht. Ein weiterer Teil der Reibenergie kann als Verschleiß wirksam werden.

Im Allgemeinen ist die Reibungszahl der Ruhereibung größer als die der Bewegungsreibung. Der Unterschied zwischen diesen Reibungszahlen wird nach neueren Untersuchungen [9] mit der für die Bildung von Adhäsionsverbindungen zur Verfügung stehenden Zeit und mit den während des Reibprozesses entstehenden hochfrequenten mechanischen Schwingungen begründet. Eine längere Adhäsionsbildungszeit erhöht die Adhäsionskräfte, Schwingungsanregungen verringern sie. Die Ruhereibung scheint nach [9] eine Funktion der Zeit zu sein. Eine Zeitabhängigkeit wird auch bei Schrumpfsitzen beobachtet, die erst nach einigen Tagen die volle Haftkraft erreichen, was möglicherweise primär auf die elastisch-plastische Deformation der Mikroerhebungen in der Trennfuge zurückzuführen sein dürfte, die von Relaxationsprozessen abhängt [10].

Eine wirkungsvolle Erhöhung der Haftreibung in reibschlüssigen Verbindungen wie z. B. Welle-Nabe- oder Stirnpress-Verbindungen, bieten direkt beschichtete Fügestellen von Bauteilen oder Ni-beschichtete Stahlfolien, in die feine harte Partikel aus Diamant der Korngröße 6 bis 10 µm eingebettet sind und mit ihren Spitzen überstehen [11, 12]. Die Körner drücken sich in Grund- und Gegenkörper ein und erhöhen damit den Mikroformschluss. Die Haftreibung lässt sich so bis zum 3fachen gegenüber Körpern ohne Beschichtung steigern. Maßgebend für die Höhe der Haftreibung sind neben Flächenpressung Oberflächenrauheit und

Werkstoffhärte, sowie Korngröße und Belegungsdichte der Partikel. Zur Verringerung von Schlupf bei Riemenantrieben werden Beschichtungen mit eingelagerten Partikeln aus SiC oder Si_3N_4 der Korngröße von 2,5 µm eingesetzt [13].

Schon seit langem ist bekannt, dass umgekehrt durch Einleitung von Ultraschall in tribologische Systeme Reibungskräfte verringert werden können. Bei Überlagerung von Schwingungen in Hauptrichtung der Bewegung oder quer dazu werden die Reibungskräfte kleiner. Diese Erkenntnis eröffnet der Umformtechnik ein breites Anwendungsfeld, z. B. beim Rohr- und Drahtzug [14]. Neben der Reibkraftreduktion, die höhere Umformgrade zulässt, wird auch eine Verbesserung der Oberflächengüte erzielt. Dabei ist vor allem das Verhältnis von Ziehgeschwindigkeit und Schwinggeschwindigkeit entscheidend.

Bei Festkörperreibung und unter Mischreibungsbedingungen wird häufig kontinuierliches, ruckfreies Gleiten nicht erreicht, vielmehr stellt sich ein periodisches Schwanken der Reibungskraft ein. Diese als Ruckgleiten oder *stick-slip* [15, 16] bezeichnete Erscheinung ist sehr verbreitet. Sie ist bei zahlreichen Bewegungssystemen insbesondere bei kleinen Geschwindigkeiten zu beobachten und macht sich auch durch Geräuschbildung (Quietschen von Bremsen, Rattern von Werkzeugmaschinen) bemerkbar, vgl. Kap. 4.2.6 Rattermarken. Dieses Verhalten kann durch die Bewegungsgleichung eines Feder-Masse-Dämpfungs-Systems beschrieben werden, mit der sich die beeinflussenden Größen wie Masse, Geschwindigkeit, Federkonstante und Dämpfungsmaß erfassen lassen. Dabei ist das Verhältnis von Haft- und Gleitreibungszahl, das nahe bei 1 liegen soll, von besonderer Bedeutung, wenn Ruckgleiten unterdrückt werden soll.

2.2.4 Reibungszustände

Neben der Einteilung in Reibungsarten, die in dieser Form nur für die Kinematik der Festkörperreibung gilt, wird auch eine Klassifizierung nach dem Aggregat- bzw. dem Kontaktzustand der Reibpartner vorgenommen. Danach wird unterschieden in

- Festkörperreibung
- Trockenreibung
- ungeschmierte Reibung
- Grenzreibung
- Mischreibung
- Flüssigkeitsreibung
- hydrodynamische Reibung
- elastohydrodynamische Reibung
- aerodynamische Reibung

Von den aufgeführten Reibungszuständen lassen sich einige anhand der Gleitreibung z. B. für Radialgleitlager im erweiterten Stribeck-Diagramm übersichtlich darstellen, **Bild 2.4**, in dem über v·η/p (v = Geschwindigkeit, η = dynamische Ölviskosität, p = Pressung) tendenzmäßig die Dicke h des sich ausbildenden Schmierfilmes und die Reibungszahl f aufgetragen sind. Man unterscheidet Trockenreibung (Bereich I) mit der höchsten Reibungszahl, ungeschmierte

Reibung (Bereich II), Grenzreibung (Bereich III), Mischreibung (Bereich IV), und die hydrodynamische Reibung HD (Bereich V). Das sich bei Radialgleitlagern ausbildende Reibungsminimum befindet sich noch im Mischreibungsgebiet. Erst nach weiterer Drehzahlerhöhung (bei p und η = konst) steigt die Reibungszahl wieder an und die Mischreibung geht dann in hydrodynamische Reibung über. Die einzelnen Zustände werden bei den entsprechenden Abschnitten in Kap. 4 behandelt.

Diese Reibungszustände gelten bei Wälzbeanspruchung (vgl. Kap. 6 Wälzverschleiß), bei der der Zustand der hydrodynamischen Reibung mit Elastohydrodynamik bezeichnet wird, vgl. Kap. 6.1 Grundlagen, nur näherungsweise, insbesondere ist in diesem Zustand mit niedrigeren Reibungszahlen zu rechnen.

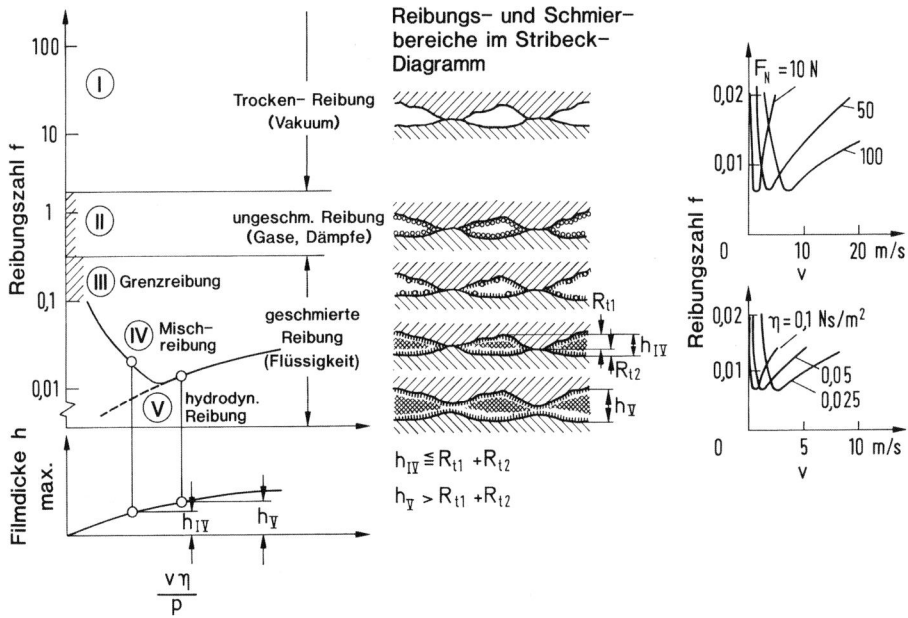

Bild 2.4: Erweitertes Stribeck-Diagramm mit den Reibungszuständen I bis V für Radialgleitlager. Rechte Teilbilder mit den Parametern Belastung F_N und dynamische Ölviskosität η

2.2.5 Reibungszahlen

Die beiden wesentlich die Reibungszahl f verursachenden Anteile – Adhäsions- und Deformationsterm – verdeutlichen, auf welche Weise die Reibungszahl beeinflusst werden kann. Während neben den Beanspruchungsparametern die Grenzschichten das Adhäsionsverhalten steuern, kommt beim Verformungsverhalten insbesondere die Kristallstruktur mit ihrem Gleitsystem (Gleitebene mal Gleitrichtung) im Gitter zum Tragen, die sich auf die Ausbildung der Größe der realen Kontaktfläche und auch auf die Adhäsionsneigung auswirkt, vgl. auch Adhäsion in Kap. 2.4.1.

2.2 Reibung

Hohe Reibungszahlen aufgrund hoher Adhäsionsneigung ergeben sich vor allem bei gleichartigen Paarungen, insbesondere dann, wenn reine Metalloberflächen beim Reibungsprozess vorliegen, z. B. im Vakuum. In der Regel befinden sich jedoch Adsorptions- und/oder Reaktionsschichten auf den Gleitflächen, so dass diese für das Reibungsverhalten maßgebend sind. Bei Reibungsversuchen mit Fe/Fe im Hochvakuum von $1{,}33 \cdot 10^{-7}$ mbar genügt bereits eine geringe Kontamination mit Sauerstoff, um die hohe Reibungszahl von rd. 4 auf Werte von 0,30 bis 0,60 zu senken, wie sie auch im ungeschmierten Zustand bei Umgebungsatmosphäre bekannt sind, was auf die Bildung von Eisenoxyden zurückgeführt wird [17]. Von Bedeutung bei diesen Prozessen ist auch die Einwirkdauer. Dies zeigt sich bei unterschiedlich hohen Normalkräften. Bei geringen Normalkräften ist die Reibungszahl aufgrund anfänglicher Kontamination zunächst niedrig und steigt erst im Laufe der Beanspruchung bis zu einem konstanten Wert an, wenn in der Reibspur die Kontamination durch den Reibprozess entfernt ist. Bei hohen Normalkräften dagegen werden die Kontaminationsschichten durchgedrückt, so dass die Reibungszahl wegen der anfänglich hohen Adhäsion von einem hohen Wert abfällt und sich bei Fortsetzung der Gleitbewegung auf eine konstante niedrigere Reibungszahl einstellt, wenn sich z. B. Oxide gebildet haben.

Bei der Paarung ferritischer Stähle nimmt die Reibungszahl bei trockener Reibung in der Regel entsprechend dem zunehmenden Verformungsanteil mit abnehmender Härte von Martensit über Perlit zu Ferrit hin zu.

Allgemeingültige Zusammenhänge zwischen Reibungszahl und den zahlreichen Parametern bestehen nicht, so dass man bei der Ermittlung von Reibungszahlen häufig auf Versuche angewiesen ist. Daher kann der in **Tabelle 2.3** beispielhaft wiedergegebene Überblick über experimentell ermittelte Bereiche von Reibungszahlen, die sich über 5 Zehnerpotenzen erstrecken können, bei den verschiedenen Reibungsarten und -zuständen nur als Orientierung dienen. Sie

Tabelle 2.3: Größenordnungen der Gleitreibungszahlen für verschiedene Reibungsarten und -zustände

Reibungsart	Reibungszustand		Zwischenstoff	Reibungszahl f
Gleitreibung	I [1)]	Trockenreibung	Vakuum	$\gg 1$ [2,3)]
	II	ungeschmierte Reibung	Gase, Dämpfe	0,1 bis 1 [2)] 1,5 bis 2 [3)]
	III	Grenzreibung (Mangelschmierung)	geringste Schmierstoffmengen	0,1 bis 0,3
	IV	Mischreibung	teilweise Schmierstoff	0,01 bis 0,1
	V	hydrodynamische Reibung	Öl	$\leq 0{,}01$
		aerodynamische Reibung	Gas	0,0001
Roll- bzw. Wälzreibung		elastohydrodynamische Reibung, Mischreibung	Öl, Fett	0,001 bis 0,005

[1)] römische Zahlen vgl. Bild 2.4
[2)] Metall / Metall
[3)] Keramik / Keramik

sind Ausdruck dafür, dass die tribologischen Kenngrößen keine Werkstoffkennwerte darstellen, sondern die Reaktion eines komplexen Systems auf von außen aufgeprägte Kräfte und Bewegungen.

2.3 Verschleißarten

In der Technik hat sich eine Gliederung des Verschleißgebietes nach Verschleißarten, die durch die Art der tribologischen Beanspruchung (vor allem durch die Kinematik) und der tribologischen Struktur gekennzeichnet sind, **Tabelle 2.4**, als vorteilhaft erwiesen. Deshalb wird auch die Hauptgliederung der folgenden Kapitel nach den Verschleißarten Gleit-, Schwingungs-, und Wälzverschleiß sowie Abrasivverschleiß und Erosion vorgenommen, die weitere Unterteilung erfolgt nach Verschleißerscheinungsformen.
Die betrachteten Verschleißerscheinungsformen bei Gleit- und Wälzbeanspruchung (unter Hydrodynamik HD, Elastohydrodynamik EHD, Mischreibung, ungeschmierter Reibung) und bei Schwingungsverschleiß (oszillierender Beanspruchung) treten meist bei den klassischen Maschinenelementen auf, also in „geschlossenen" Systemen.
Zu den Verschleißarten in „offenen" Systemen zählt der Abrasivverschleiß mit Abrasiv-Gleitverschleiß, Dreikörper-Abrasivverschleiß (gleitend, wälzend, stoßend) sowie die Erosion (Strömungsverschleiß). Die Erosion umfasst den Hydroerosivverschleiß (Hydroabrasivverschleiß), Strahlverschleiß, Kavitationserosion, Tropfenschlagerosion, Flüssigkeitserosion und die Gaserosion. Abrasivverschleiß und Erosion können nicht in allen Fällen scharf getrennt werden. Vor allem bei Erosion mit Beteiligung von Flüssigkeiten und Gasen ist zu berücksichtigen, dass auch Korrosionsprozesse überlagert sein können, die durch die tribologische Beanspruchung induziert werden können, was häufig den Abtrag noch verstärkt.
Details zu den Verschleißarten finden sich jeweils zu Beginn der Grundlagenkapitel.

2.4 Verschleißmechanismen

Mit der tribologischen Beanspruchung sind in der Grenzschicht Energieumsetzungsprozesse verbunden, die zu einem Materialabtrag führen können. Der Kenntnis der dabei wirkenden Verschleißmechanismen kommt bei der Werkstoffauswahl und bei der Beurteilung von Verschleißerscheinungsformen besondere Bedeutung zu. Für die Entstehung von Verschleiß sind im Wesentlichen die Grundmechanismen Adhäsion, Abrasion, Oberflächenzerrüttung, tribochemische Reaktion und Ablation verantwortlich, **Bild 2.5**, die nur in seltenen Fällen einzeln auftreten. In der Regel sind diese überlagert wirksam [3], vgl. Tabelle 2.4. Ihre Anteile am Verschleißprozess können sich während der Beanspruchung auch ändern.

2.4 Verschleißmechanismen

Tabelle 2.4: Gliederung des Verschleißgebietes in Anlehnung an GFT-Arbeitsblatt 7

Elemente der Systemstruktur	Tribologische Beanspruchung		Verschleißart	Beispiele	Wirkende Mechanismen • vorherrschend ○ untergeordnet			
					Adhäsion	Abrasion	Oberflächenzerrüttung	Tribochemische Reaktionen
Grundkörper 1 Zwischenstoff 3 (Flüssigkeit) Gegenkörper 2	Gleiten Rollen Wälzen		Gleitverschleiß, Wälzverschleiß	Gleitlager, Wälzlager, Zahnräder, Nockenwellen	(○)	(○)	●	○
Grundkörper 1 Zwischenstoff 3 (Verschleißpartikel, Flüssigkeitsreste, Gase oder Vakuum) Gegenkörper 2	Gleiten		Gleitverschleiß	Führungsbahnen, Zylinderbüchsen	●	○	○	●
	Rollen Wälzen		Rollverschleiß, Wälzverschleiß	Wälzlager, Zahnräder, Nockenwellen, Rad/Schiene	○	○	●	●
	Oszillieren		Schwingungsverschleiß	Passflächen, Lagersitze	●	●	●	●
	Stoßen		Stoßverschleiß	Ventilnadeln	○	○	●	●
Grundkörper 1 Gegenkörper 2 (Festgestein, Stückgut, Schüttgut)	Stoßen		Zweikörper-Abrasivverschleiß	Prallplatten, Schlagmühlen	○	●	●	○
	Gleiten			Baggerschaufeln, Schurren, Gesteinsbohrer	○	●	○	(○)
Grundkörper 1 Zwischenstoff 3 (Stückgut, Partikel) Gegenkörper 2	Gleiten		Dreikörper-Abrasivverschleiß	Verunreinigung in Lagern und Führungen	○	●	●	○
	Wälzen			Wälzmühlen	○	●	●	○
	Stoßen			Backenbrecher	○	●	●	(○)
Grundkörper 1 Gegenkörper 2 (Flüssigkeit mit Partikeln)	Strömen		Hydroerosiv-(hydroabrasiv)verschleiß	Pumpen, Transportleitungen	(○)	●	●	○
Grundkörper 1 Gegenkörper 2 (Gas mit Partikeln)	Strömen		Gleitstrahlverschleiß	pneumatische Förderanlagen	○	●	●	○
	Gleiten Stoßen		Schrägstrahl-, Prallstrahlverschleiß		○	●	●	○
Grundkörper 1 Gegenkörper 2 (Flüssigkeit)	Strömen Schwingen		Kavitationserosion	Pumpen, Ventile, Wasserturbinen			●	○
	Stoßen Gleiten		Tropfenschlagerosion	Rotorblätter, Dampfturbinen			●	
	Strömen		Flüssigkeitserosion	Pumpen, Ventile, Rohrleitungen	(○)	○		●
Grundkörper 1 Gegenkörper 2 (Gas)	Strömen		Gaserosion	Gasturbinen, Hitzeschilde				●

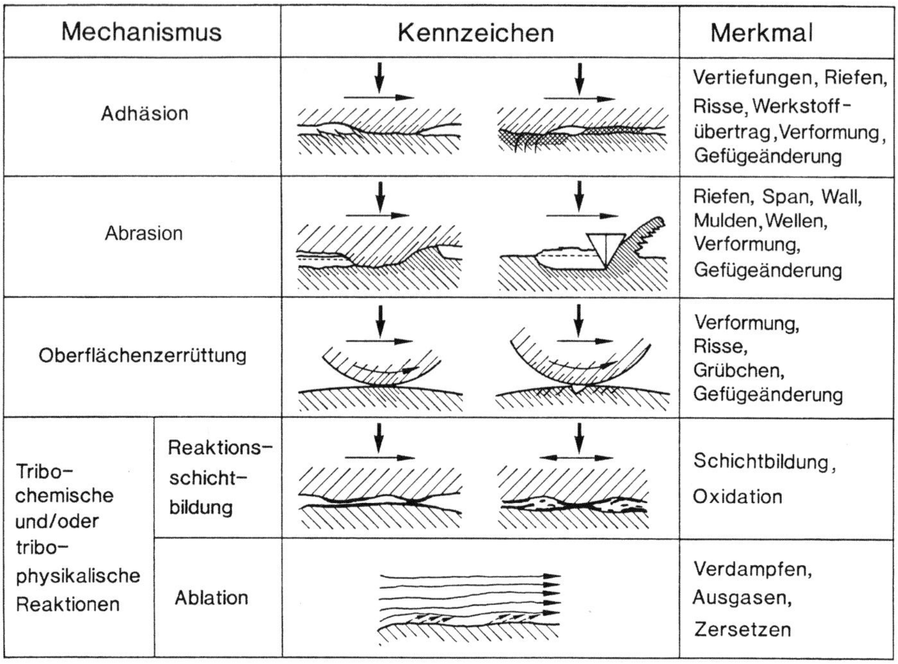

Mechanismus		Kennzeichen	Merkmal
Adhäsion			Vertiefungen, Riefen, Risse, Werkstoff-übertrag, Verformung, Gefügeänderung
Abrasion			Riefen, Span, Wall, Mulden, Wellen, Verformung, Gefügeänderung
Oberflächenzerrüttung			Verformung, Risse, Grübchen, Gefügeänderung
Tribo-chemische und/oder tribo-physikalische Reaktionen	Reaktions-schicht-bildung		Schichtbildung, Oxidation
	Ablation		Verdampfen, Ausgasen, Zersetzen

Bild 2.5: Verschleißmechanismen bei tribologischer Beanspruchung

2.4.1 Adhäsion

Technische Oberflächen sind nie ideal glatt, weshalb die Kraftübertragung lokal an einzelnen Kontaktstellen erfolgt. Durch Normal- und Schubbeanspruchungen setzt eine elastisch-plastische Verformung ein, die zur Zerstörung von Adsorptions- und Reaktionsschichten führt. Die metallisch blanken Kontaktbereiche gehen durch atomare Bindungen mehr oder weniger feste Verbindungen ein. Die Bildung derartiger Haftbrücken wird als Adhäsion bezeichnet. Besonders hohe Adhäsion wird im Vakuum wirksam. Die Festigkeit der sich ausbildenden Haftbrücken entscheidet darüber, ob die Trennung in der Bindungsebene oder außerhalb davon im Grundwerkstoff einer der beiden Festkörper erfolgt. Findet die Trennung außerhalb der Bindungsebene statt, so führt dies zu einem Werkstoffübertrag und letztlich zu Verschleiß, insbesondere nach mehrfachen Übergleitungen und der Hin- und Rückübertragung von Werkstoff.

Anhand eines einfachen Modells hat Archard [18] folgenden empirischen Zusammenhang zwischen adhäsivbedingtem volumetrischen Verschleiß W und der Normalkraft F_N, dem Gleitweg s und der Härte H des weicheren Partners hergestellt:

$$W = k_{ad} \cdot \frac{F_N \cdot s}{H} \qquad (2.4)$$

2.4 Verschleißmechanismen

Der Faktor k_{ad} steht für die Wahrscheinlichkeit der Entstehung von Verschleißpartikeln und kann sich über mehrere Größenordnungen erstrecken.

Durch lokale Mikroverschweißungen (Fressen) rauen sich die Oberflächen auf, wobei charakteristische Erscheinungsformen wie Riefen, plastische Verformungen, Scherwaben, Werkstoffübertrag, Schubrisse, Gefügeumwandlungen entstehen. In **Bild 2.6** und **2.7** sind Beispiele adhäsiver Verschleißerscheinungsformen wiedergegeben.

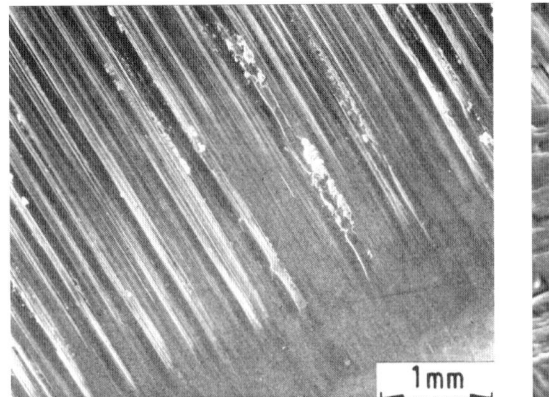 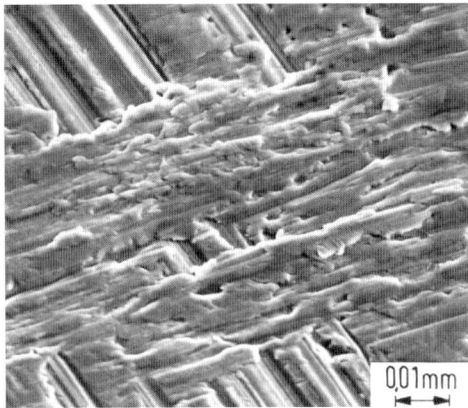

Bild 2.6: Adhäsiv bedingte Riefen im Fußbereich einer Zahnflanke aus 20MnCr5 unter Verwendung des Schmierstoffes FVA-3HL + 4,5 % Anglamol 99 bei Mischreibung (links) und Werkstoffübertragung auf einem gehärteten Schlagbolzen eines Presslufthammers bei Mangelschmierung (rechts)

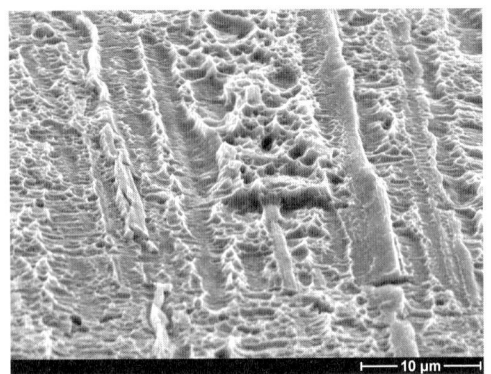 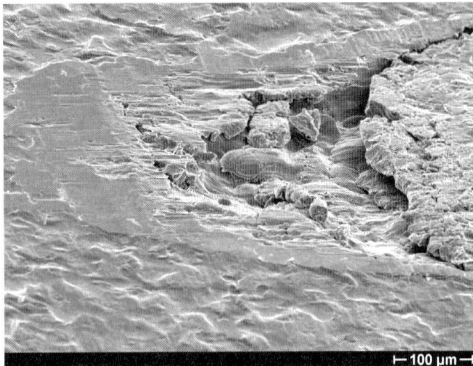

Bild 2.7: Verformungswaben auf Neusilber Cu62Ni18Zn20 (links) und Schubrisse auf ZStE 300 (rechts) im Hertzschen Linienkontakt bei Ultraschallanregung einer gehärteten Scheibe aus 100Cr6 gegen eine ruhenden Flachprobe; Beanspruchungsbedingungen: Ultraschallfrequenz 20 kHz, p = 220 N/mm², Amplitude ±10 µm, Dauer des Ultraschallsignals 50 ms entsprechend 1000 Schwingungen, Schmierstoff unlegiertes Ziehöl der kinematischen Viskosität ν = 300 mm²/s

Die Adhäsion lässt sich durch den Aufbau eines trennenden Schmierfilms oder durch die Bildung von Reaktionsschichten aus der auf beide Festkörper abgestimmten Schmierstoffadditivierung verringern. Auch durch Kombination von Werkstoffen unterschiedlicher Struktur wie Metall/Kunststoff, Kunststoff/Kunststoff, Keramik/Kunststoff und Keramik/Keramik lässt sich dies erreichen [19]. Des weiteren verhalten sich heterogene Gefüge günstig, z. B. carbidreiche Werkstoffe, weil beim Zusammentreffen der Carbide beider Partner nur eine geringe Neigung zum Mikroverschweißen besteht. Wie bereits in Kap. 2.2.5 erwähnt, soll noch auf die Abhängigkeit der Adhäsion von der Gitterstruktur hingewiesen werden. Nach [20] haben gleiche Paarungen aus kfz Metallen (z. B. Al, Au, Ag, Cu, Pt, Ni) eine deutlich höhere Adhäsionsneigung als solche aus krz Metallen (z. B. Fe, Ta, Mo, W) und hexagonalen Metallen (z. B. Mg, Zn, Cd, Co, Be). Dies ist darauf zurückzuführen, dass kfz Metalle innerhalb ihres Gitters mehr Gleitmöglichkeiten besitzen als die krz und hexagonalen Metalle.

2.4.2 Abrasion

Vom Mechanismus der Abrasion spricht man, wenn Rauheitsspitzen harter Festkörper, harte Abrasivstoffe oder auch abgetrennte verfestigte Verschleißpartikel unter Last in weichere Festkörper eindringen und über deren Oberflächen gleiten. Bei duktilen Werkstoffen laufen dabei Mikroverformungs- und Mikrozerspanungsprozesse ab, die bei Anwesenheit spröder Phasen von einem Mikrobrechen begleitet sein können. Ein mehrfaches Übergleiten bereits verformter Zonen führt zusätzlich zu einem Ermüdungsprozess infolge der Erschöpfung des Verformungsvermögens. Bei spröden Werkstoffen treten die Mikroprozesse Verformen und Zerspanen in den Hintergrund, weshalb weitgehend Mikrobrechen stattfindet. Rabinowicz [5] hat für das Verschleißvolumen W bei reinem Zerspanen ein ähnliches Modell entwickelt wie Archard [18] für die Adhäsion:

$$W = k_{ab} \cdot \frac{F_N \cdot s}{H} \qquad (2.5)$$

Der Faktor k_{ab} steht für die Geometrie des Abrasivkorns, das für den Querschnitt der Riefe verantwortlich ist, und für die Wahrscheinlichkeit der Partikelbildung. Die anderen Größen sind identisch mit Gleichung (2.4). Ein feineres Modell nach Zum Gahr [21] berücksichtigt neben dem Zerspanungsanteil auch noch den Verformungsanteil durch die Beziehung

$$f_{ab} = \frac{A_V - (A_1 + A_2)}{A_V} \qquad (2.6)$$

Die in Gleichung (2.6) enthaltenen Flächenanteile, **Bild 2.8**, werden durch mikroskopische Auswertung von Einzelritzversuchen bestimmt. Für $f_{ab} = 0$ liegt reines Verformen vor und für $f_{ab} = 1$ reines Zerspanen.

2.4 Verschleißmechanismen

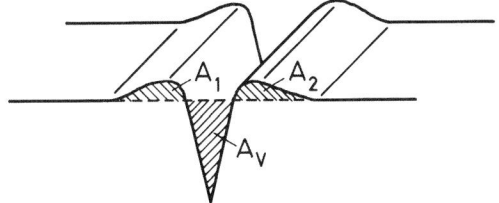

Bild 2.8: Flächenanteile bei den Teilprozessen Mikroverformen und -zerspanen [21]

Das Verschleißvolumen für duktile Werkstoffe ergibt sich dann zu

$$W = f_{ab} \cdot A_V \cdot s \qquad (2.7)$$

Die Höhe des Verschleißbetrags durch harte Abrasivstoffe hängt vom Tribosystem ab, da dieses die Kinematik des Kornes und damit seinen Gleitweg bestimmt. Entscheidend dabei ist, ob die Abrasivstoffe als Gegenkörper (in gebundener oder loser Form) oder als Zwischenstoff fungieren. Gebundene Körner führen bei Tangentialbeanspruchung im Vergleich zu den anderen Systemen den längsten Gleitweg aus. Liegt dagegen der Abrasivstoff als loses Korn oder als Zwischenstoff vor, können die Körner auch Rollbewegungen ausführen, wodurch die Gleitwege bis auf reine Druckprozesse reduziert werden. Die Verschleißbeträge fallen dann deutlich geringer aus, da eine Mikrozerspanung unterbleibt und der Abtrag überwiegend durch Ermüdungsprozesse ähnlich wie bei Läppvorgängen bestimmt wird, vgl. Bild 7.30. Entsprechend dem Tribosystem fällt das Erscheinungsbild der Oberflächen aus, das vor allem durch Riefen, Druckstellen, verformte Zonen in Form von aufgeworfenen Wällen, Ausbrüchen und eingebetteten Bruchstücken von Abrasivstoffen sowie Verschleißpartikeln gekennzeichnet ist. Ein Beispiel für Riefen an einer Pressmatrize aus X155 CrVMo12-1 durch die Pressmasse SiC geht aus **Bild 2.9** hervor.

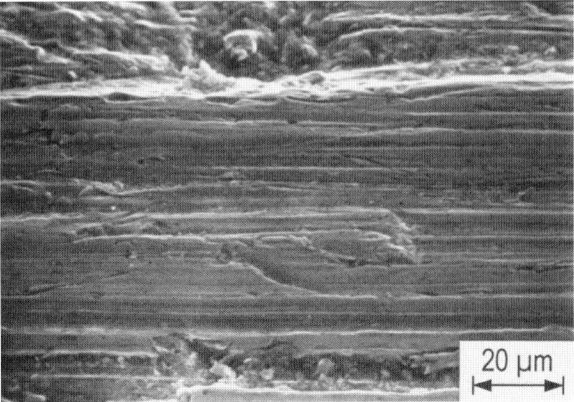

Bild 2.9: Abrasiv bedingte Riefen an einer Pressmatrize aus X155CrVMo12-1 (665 HV 10), hervorgerufen durch die Pressmasse SiC (2700 HV) bei einem Pressdruck von 90 N/mm²

Kennzeichnend für die Riefung durch Abrasivstoffe ist die Verschleiß-Tieflage-Hochlage-Charakteristik und das Härteverhältnis zwischen Abrasivstoff und Werkstoff. Geringer Verschleiß (Verschleiß-Tieflage) stellt sich dann ein, wenn der Abrasivstoff weicher als der Grundwerkstoff ist, ein heterogener Werkstoff mit harten Phasen oder metastabiler Restaustenit vorliegt.

Der Begriff Abrasion wird auch bei den Verschleißarten Zweikörper- und Dreikörper-Abrasivverschleiß verwendet, wenn der Abrasivstoff ein wesentliches Element der Systemstruktur darstellt (vgl. Kap. 7 Abrasivverschleiß).

2.4.3 Oberflächenzerrüttung

Oberflächenzerrüttung ist allgemein die Folge zyklischer Beanspruchung von Festkörperoberflächen. Nach Akkumulation einer größeren Zahl von plastischen Deformationsanteilen entstehen Anrisse, die sich ausbreiten und bei fortgesetzter Beanspruchung zu Ausbrechungen führen. Die Phase bis zu den Ausbrechungen stellt die verschleißlose Inkubationsphase dar. Die Zerrüttung kann auch dann auftreten, wenn die Beanspruchung makroskopisch elastisch ist, im Mikrobereich aber Versetzungen aktiviert werden, die sich an Hindernissen aufstauen und so das weitere Energieaufnahmevermögen begrenzen, wodurch es zum Anriss kommt. Besonders bei Wälzkontakten (Normal- und Tangentialkräfte) können wechselnde Zug- und Druckspannungen zu Werkstoffzerrüttung führen, wobei die Lage des Spannungsmaximums für den Schadensort maßgebend ist, vgl. Kap. 6 Wälzverschleiß. Im elastohydrodynamischen Kontakt (EHD-Kontakt) liegt das Spannungsmaximum unterhalb der Oberfläche. Mit zunehmendem Festkörpertraganteil verschiebt sich das Maximum infolge erhöhter Reibung an die Bauteiloberfläche. Solange EHD-Schmierung vorliegt, bilden sich die Risse im Werkstoff unter der Oberfläche, während im Bereich der Mischreibung oder Grenzreibung die Risse von der Oberfläche ausgehen und unter bestimmten Winkeln zur Oberfläche ins Werkstoffinnere wachsen, **Bild 2.10**. Mit zunehmender Beanspruchungsdauer brechen keilförmige Partikel heraus, was zu einer progressiven Schädigung der Oberflächen führen kann.

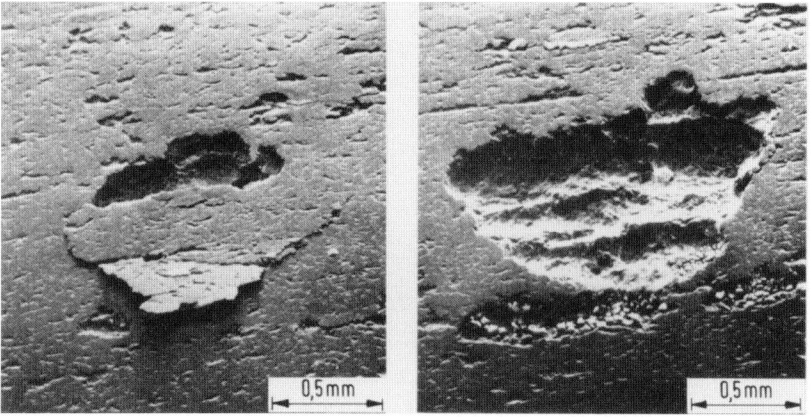

Bild 2.10: Grübchenbildung an Zahnflanke durch Oberflächenzerrüttung [22, VDI 3822, Blatt5]

2.4 Verschleißmechanismen

Bei Gleitvorgängen ungeschmierter metallischer Festkörper laufen nach wiederholten Übergleitungen ähnliche Prozesse ab wie in Wälzkontakten, die nach [23] als Delamination bezeichnet werden. In der stark verformten Randzone bilden sich zunächst Risskeime, aus denen sich parallel zur Gleitfläche Risse entwickeln. Nach entsprechendem Risswachstum brechen aus den verformten Zonen plättchenförmige Verschleißpartikel heraus.

Pulsierender Druck kann auch über Flüssigkeiten oder Gase auf das Bauteil einwirken und damit ebenfalls zu Werkstoffzerrüttung beitragen. Bei manchen Bauteilen gelingt es bei Vorliegen dieses Mechanismus, mit Hilfe einer Dauerfestigkeitsberechnung eine optimale Dimensionierung zu finden [24, 25].
Eine häufige Oberflächenzerrüttung tritt bei kavitierender Flüssigkeitsströmung in Form von Kavitationserosion auf, vgl. Kap.8.10.

Im Allgemeinen wirken Druckeigenspannungen, homogene Gefüge und zunehmende Härte der Werkstoffzerrüttung entgegen. Die Härte muss jedoch auf die Zähigkeit des Bauteils abgestimmt werden. Heterogene Werkstoffe sind dann von Vorteil, wenn sie harte, feinkörnige und feinverteilte Phasen enthalten [19].

2.4.4 Tribochemische Reaktion

Tribochemische Reaktionen entstehen durch über die tribologische Beanspruchung ausgelöste chemische Prozesse zwischen Festkörper, Schmierstoff und Umgebungsmedium. Infolge thermischer und mechanischer Aktivierung (Anhebung des Grenzflächenenergieniveaus) ergibt sich eine erhöhte chemische Reaktionsbereitschaft und Reaktionsgeschwindigkeit an den

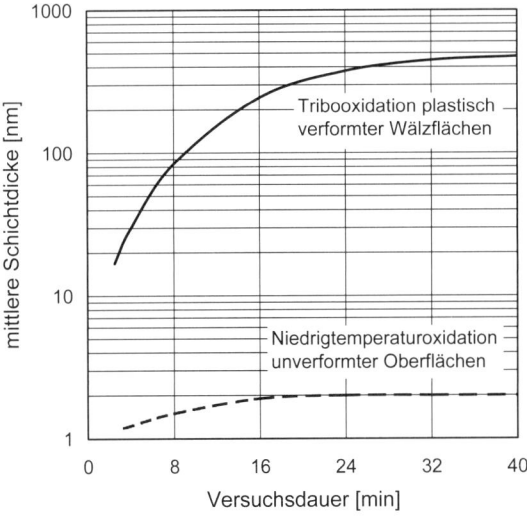

Bild 2.11: Mittlere Tribooxidationsschichtdicke als Funktion der Versuchsdauer. Versuchsbedingungen: wälzende Stahlrollen (Durchmesser 50 mm) aus St60, Normalkraft F_N = 700 N, Schlupf s = 0,5 %, Wasserdampfpartialdruck p_D = 80 Pa (trockene Luft) [29]

Kontaktbereichen [26 bis 28]. Einen wichtigen Prozess bei Festkörperreibung stellt die Tribooxidation durch den Sauerstoff der Umgebungsatmosphäre dar, bei der Oxidschichten bzw. oxidische Verschleißprodukte gebildet werden. Die plastische Oberflächenverformung bewirkt eine beschleunigte Oxidation, die im Vergleich zur Oxidation unverformter Oberflächen zu wesentlich dickeren Oxidschichten führt, **Bild 2.11** [29].

Neben der deutlichen Verringerung der Adhäsion durch Haften der Oxidschicht an der Oberfläche kann auch eine erhöhte Abrasionswirkung durch oxidische Verschleißpartikel auftreten.

Auch für geschmierte Systeme ist der Luftsauerstoff für den Reaktionsablauf zwischen den verschleißmindernden Additiven im Schmierstoff und den Werkstoffen äußerst wichtig, da viele Systeme ohne Sauerstoff durch Fressen versagen [30, 31]. Im Vakuum entgaste additivierte Schmierstoffe bewirken unter Stickstoffspülung ein Verschleißverhalten wie unlegierte Öle. Daher müssen geeignete Grenzschichten aufgebaut und bei Verschleiß nachgebildet werden. Zur Auslösung von Reaktionen zwischen Additiven und metallischen Grenzflächen ist ein bestimmtes Temperaturniveau erforderlich, das in der Regel aus der Verformungsenergie einzelner Festkörperkontakte und aus der Energieumsetzung der inneren Reibung des im Schmierspalt verdrängten Schmierstoffes resultiert. Die thermisch aufgespaltenen Additive reagieren in Verbindung mit dem Luftsauerstoff mit der mechanisch aktivierten Grenzfläche und bilden mehr oder weniger festhaftende Schichten oder adsorptiv angelagerte Reaktionsprodukte, wobei auch die Reaktivität des Grundwerkstoffes die Eigenschaft der sich neu bildenden Grenzschichten, wie Schichtdicke und Verschleißbeständigkeit mitbestimmt. Unterstützt wird die Schichtbildung durch Diffusionsprozesse, die aufgrund plastischer Deformationen in den Kontaktstellen mit ihren strukturellen Veränderungen (hohe Leerstellenkonzentration und hohe Versetzungsdichten) leichter ablaufen können [32]. Als treibende Kraft wirken hierbei nicht nur das Konzentrationsgefälle, sondern auch noch der Temperatur- und Spannungsgradient. Die Bildung der Reaktionsschichten bei Anwesenheit additivierter Schmierstoffe und Luftsauerstoff ist als dynamischer Prozess aufzufassen, den man sich in mehreren physikalischen und chemischen Teilschritten vorstellen kann. Diese können sowohl nacheinander als auch simultan ablaufen [30, 32, 33]:

- Adsorptive Anlagerung der reaktionsfähigen Schmierstoffbestandteile (Physisorption)

- Auslösung einer tribochemischen Reaktion durch Druck und Temperatur in den Mikrokontaktstellen (mechanische und thermische Aktivierung)

- Bildung einer Reaktionsschicht aus dem Zusammenwirken der Metalloberfläche mit dem Schmierstoff und dem Luftsauerstoff (Mitwirkung der Metalle), Anlagerung von aus dem Öl entstandenen Reaktionsprodukten in den Rauheitstälern oder bei polykondensations- bzw. polyadditionsfähigen Additiven die Bildung höher molekularer Schichten (ohne Mitwirkung der Metalle)

- Schichtwachstum durch mechanisch und thermisch stimulierte Diffusion

- Ausbildung eines Gleichgewichtszustandes zwischen Neubildungsrate und Abtragsrate von Reaktionsprodukten.

2.4 Verschleißmechanismen

In **Bild 2.12** ist jeweils ein Beispiel für oxidische Beläge bei ungeschmierter reversierender Gleitbeanspruchung links und für die Reaktionsschichtbildung unter Mischreibungsbedingungen rechts dargestellt.

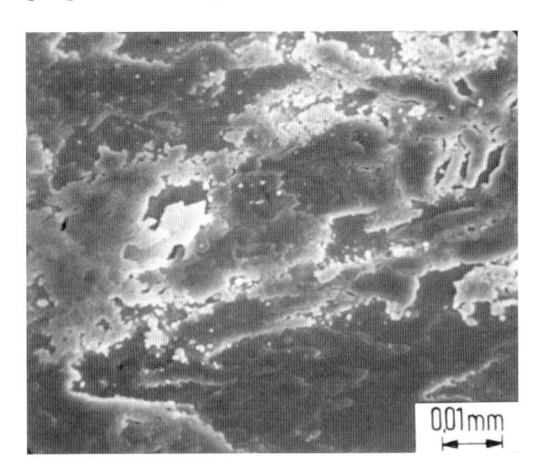

Bild 2.12: Rötliche Eisenoxidschicht (links) auf einer gehärteten Probe aus 100Cr6 unter reversierender ungeschmierter Gleitbeanspruchung gegen sich selbst bei Umgebungsmedium Luft. Blaue Reaktionsschicht (rechts) auf der Zylinderrolle aus 100Cr6 eines Axialzylinderrollenlagers 812 12 unter Verwendung von Polyglykol (F_N = 80 kN, n = 7,5 min^{-1}, ϑ = 150 °C). Farbige Wiedergabe der Reaktionsschicht im Anhang 9

Die Reaktionsschichten weisen ganz andere Eigenschaften auf als der Grundwerkstoff des Festkörpers, weshalb dessen Kennwerte nur indirekt für das Verschleißverhalten maßgebend sind, vgl. Bild 2.3. Tribochemische Reaktionen können sowohl verschleißhemmend als auch verschleißfördernd wirken. Nachteilige Wirkungen lassen sich im Allgemeinen durch die Ausbildung eines trennenden Schmierfilms und, im besonderen bei Schwingungsverschleiß (vgl. Kap. 5), durch Vermeidung von kraftschlüssigen Verbindungen sowie durch Verwendung von Kunststoffen oder keramischen Werkstoffen verringern bzw. unterbinden [19].

2.4.5 Ablation

Bei Ablation entsteht der Materialverlust infolge hoher Leistungsdichten im Zuge des tribologischen Prozesses durch Sublimation oder Abschmelzen aufgrund besonderer thermischer Aktivierung aus einer dünnen Oberflächenschicht von Festkörpern. Beispiele sind Schutzschilde von Raumfahrzeugen oder Bremsbeläge. Die Werkstoffe hierfür zeichnen sich durch eine niedrige Wärmeleitfähigkeit und hohe Verdampfungswärme aus. Ablation tritt in der industriellen Praxis selten auf und wird daher hier nicht weiter vertieft.

2.5 Zusammenhang zwischen Reibung und Verschleiß

Wie aus Untersuchungen mit unterschiedlichsten Tribosystemen bekannt ist, sind die Zusammenhänge von Reibung und Verschleiß so vielschichtig wie die Tribosysteme selbst. Die einfache Aussage, zwischen Reibung und Verschleiß bestehe eine Proportionalität, führt zwar in vielen Fällen zum richtigen Ergebnis, es gibt jedoch eine Reihe von Systemen, die sich deutlich anders verhalten. Für Verschleiß ist zwar überwiegend Reibung Vorraussetzung, aber durch sie muss nicht zwangsläufig Verschleiß entstehen. Bei Reibung und Verschleiß handelt es sich nicht um physikalische Kennwerte wie z. B. Dichte, Viskosität, sondern um technologische Prozesskennwerte, die von einer Vielzahl von Parametern abhängen und von denen viele häufig unbekannt sind. Daher gibt es keinen einfachen, z. B. linearen, geschweige denn einen universellen Zusammenhang. Mathematische Beziehungen zwischen Beanspruchungsparametern und tribologischem Verhalten stehen für tribologische Systeme wegen der sich während des Betriebes ändernden Struktur nur für Spezialfälle zur Verfügung. Mindestvoraussetzungen wären stationäre Verhältnisse wie konstante Reibungszahl, keinen Wechsel des Verschleißmechanismus, siehe Bild 2.5, keine Änderungen der Stoffeigenschaften und keine Gefügeänderungen (z. B. Reibmartensitbildung). Bei einem Mechanismuswechsel ist gelegentlich auch eine sprunghafte Änderung im Reibungs- und Verschleißverhalten zu beobachten. Die tribologischen Zusammenhänge sind daher nur in seltenen Fällen genau bekannt, weshalb man über Versuche für die jeweiligen Systeme Verschleiß und Reibung ermitteln muss.

In der Praxis stellt die Messung von Reibkraft und Reibmoment und deren Änderungen im Gegensatz zur aufwendigen Verschleißermittlung die einfachere Überwachungsmöglichkeit von Maschinen und Anlagen an tribologisch relevanten Stellen (z. B. Lagern) dar. Auch die Temperatur ist eine einfache, indirekte Methode, auf Änderungen im Reibkraft- und Reibmomentenverlauf zu schließen und kritische Zustände wie Mechanismusänderungen oder Anbahnung erhöhten Verschleißes zu erkennen, oder rechtzeitig Servicemaßnahmen zu ergreifen. Zu diesen Methoden gehört auch die Schallpegelmessung. Es ist also nicht das Ziel den Verschleiß absolut über die Reibung zu ermitteln, sondern aus den Änderungen mittels indirekter Methoden gewonnener Messergebnisse Hinweise auf kritische Verschleißzustände zu erhalten. Die Anwendung indirekter Methoden setzt jedoch ausreichende Erfahrung voraus. Beispiele für über Reibungsmessungen detektierbare Änderungen in den Verschleißmechanismen sind das Auftreten von Fressern (sprunghafter Anstieg der Reibung) oder ein deutlicher Anstieg der Anzahl von Partikeln in Systemen (leichter Reibungsanstieg).

Warum die Reibung kein sicheres Maß für die Höhe des Verschleißes ist, oder anders gesagt, warum der Verschleiß keine einfache Funktion der Reibung sein kann, wird durch folgende Punkte deutlich:

- Die in ein System eingeleitete Reibenergie wird nur zu einem sehr kleinen Teil (<10 %) zur Erzeugung von Verschleiß benötigt, der größere Teil geht in Wärmeenergie über. Der Verschleiß erzeugende Energieanteil kann sich über eine Vielzahl von Parametern ändern und nicht nur über die Reibungszahl.

- Die Reibungszahl verändert sich meist deutlich weniger als der Verschleiß, ist aber trotzdem von System zu System stark unterschiedlich (vgl. Tabelle 2.3 mit Bild 2.19).

2.5 Zusammenhang zwischen Reibung und Verschleiß

- In den Kontaktzonen tribologischer Systeme sind komplizierte physikalische und chemische Grenzflächenprozesse beteiligt, die im Einzelnen selten quantitativ und in der Praxis vielfach auch nicht qualitativ bekannt sind. Diese Vorgänge beeinflussen den Verschleiß oft stärker als die Reibungszahl. Die Reibungszahl kann sogar konstant bleiben und der Verschleiß kann trotzdem je nach Beanspruchungsbedingungen stark unterschiedlich sein.

- Im Extremfall kann auch der Verschleiß ganz ohne Reibung auftreten wie bei Kavitationserosion.

Einige wenige Beispiele sollen die Problematik anhand ungeschmierter und geschmierter Systeme aufzeigen.
Mittels der Modellprüfeinrichtung Stift-Ring-Anordnung wurden bei ungeschmierter Gleitreibung das Reibungs- und Verschleißverhalten von Stiften aus ferritischem Werkstoff AISI 1020 (0,2 % C, 0,4 % Mn) und aus austenitischem Werkstoff AISI 304 (0,08 % C, 18 % Cr, 8 % Ni) gegen den auf 726 HV gehärteten Wälzlagerstahl AISI 52100 (1,02 % C, 0,35 % Mn, 0,28 % Si, 1,45 % Cr) untersucht, **Bild 2.13** [34]. Für Ferrit und Austenit fällt die Reibungszahl von 0,8 bzw. 0,6 mit zunehmender Gleitgeschwindigkeit allmählich auf rd. 0,4 ab, wobei für Ferrit eine höhere Reibungszahl gemessen wird als für Austenit. Der Abfall der Reibungszahl wird auf die Bildung von Oxiden zurückgeführt. Die Verschleißrate des Austenits weist ein von der Geschwindigkeit abhängiges degressives Verhalten auf, was mit der Härtereduktion durch die Grenzflächentemperatur erklärt wird. Der Ferrit dagegen zeigt ein gänzlich anderes Verhalten

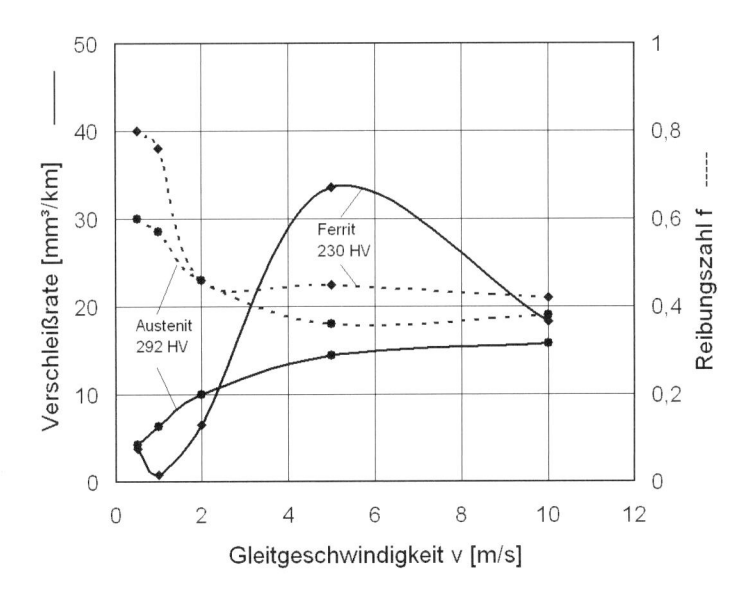

Bild 2.13: Verschleißrate und Reibungszahl in Abhängigkeit von der Gleitgeschwindigkeit bei ungeschmierter Gleitreibung im Stift-Ring-Versuch; Umgebungsmedium Luft, Flächenpressung p = 0,31 N/mm² [34]

mit einem Minimum bei 1 m/s und einem Maximum bei 5 m/s. Im unteren Geschwindigkeitsbereich weist der Ferrit eine niedrigere Verscheißrate auf als der Austenit, im oberen Bereich kehren sich die Verhältnisse um. Der Abfall im Bereich > 5 m/s wird mit dem Abfall der Reibungszahl und einer Zunahme des Widerstandes gegen Risskeimbildung und Rissfortschritt infolge einer Temperaturerhöhung verknüpft.

An unter Mischreibungsbedingungen laufenden Axialzylinderrollenlagern lässt sich exemplarisch zeigen, welche Zusammenhänge zwischen Reibmoment und Verschleiß bestehen können, die es außerordentlich schwierig machen, bei Kenntnis des Reibmomentverlaufs selbst bei großem Erfahrungshintergrund auf das Verschleißverhalten zu schließen, so dass möglicherweise auch Fehlinterpretationen nicht ausbleiben. Selbst wenn der Verschleiß nach Versuchsende ermittelt wird, kann aus einem Wert nicht sicher auf das Verschleißverhalten geschlossen werden, da der Verschleißverlauf, ob progressiv, degressiv oder linear, bis zu diesem einen Wert nicht bekannt ist. In den folgenden **Bildern 2.14** bis **2.17** sind Reibmoment mittels Kraftsensor und Verschleiß einer aktivierten Rolle mittels Radionuklidtechnik unter konstanten Beanspruchungsbedingungen (Last und Drehzahl) in Abhängigkeit von der Laufzeit kontinuierlich gemessen worden, aber bei Verwendung verschiedener Schmierstoffe gleicher Viskosität und verschiedener Käfigwerkstoffe sowie unterschiedlicher Temperaturen. Die gemessenen Reibmomente, die im Wesentlichen aus dem Gleitanteil resultieren, setzen sich aus der Wälzreibung zwischen Wälzkörpern und Scheiben, der Gleitreibung zwischen Wälzkörpern und Käfig und der Schmierstoffreibung zusammen. Sie zeigen steigende, fallende und konstante Verläufe, die unterschiedlich hohem Verschleiß oder sogar verschleißlosen Zuständen zugeordnet sind. So gibt es bei konstantem Reibmoment kontinuierlichen Verschleiß mit nahezu konstanter Verschleißrate, Bild 2.14, bei fallendem Reibmoment verschleißlosen Zustand, Bild 2.15 oder bei steigendem Reibmoment kontinuierlichen Verschleiß mit nahezu konstanter Verschleißrate, Bild 2.16.

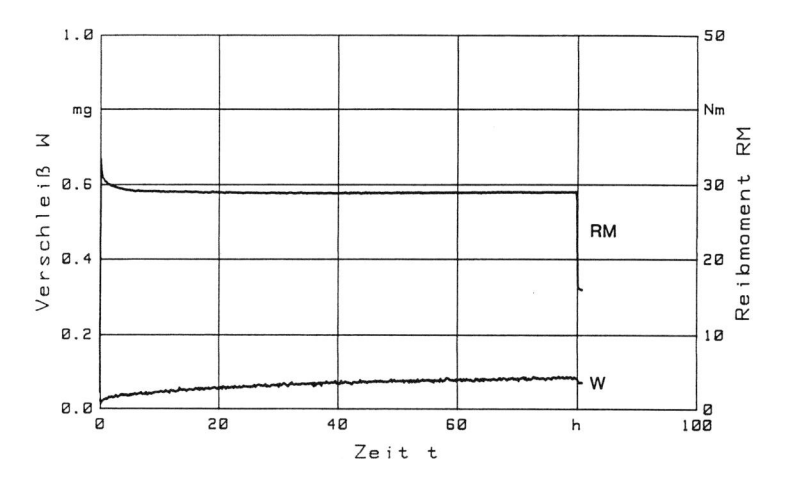

Bild 2.14: Verlauf von Reibmoment und Verschleiß der Rolle eines Axialzylinderrollenlagers 81212 (Wälzpartner aus X45Cr13, Käfig aus Messing, Schmierstoff FVA-3HL+A99, Temperatur 30 °C, Axialkraft 80 kN, Drehzahl 7,5 min^{-1})

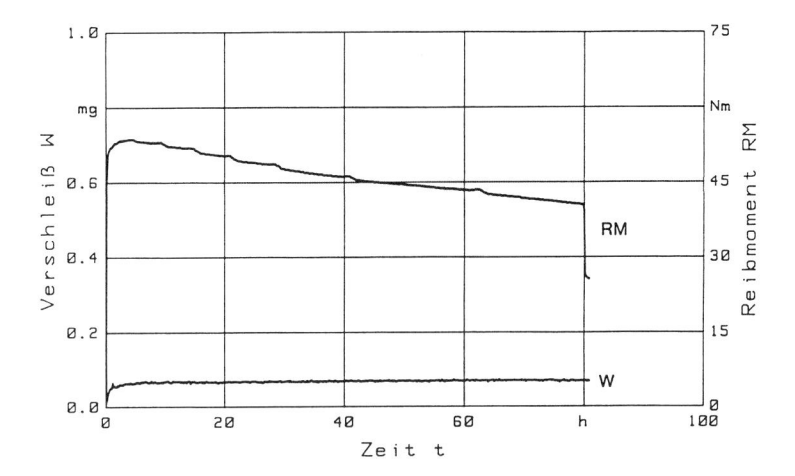

2.5 Zusammenhang zwischen Reibung und Verschleiß

Bild 2.15: Verlauf von Reibmoment und Verschleiß der Rolle eines Axialzylinderrollenlagers 81212 (Wälzpartner aus 100Cr6, Käfig aus Polyamid 66, Schmierstoff Polyglykol, Temperatur 80 °C, Axialkraft 80 kN, Drehzahl 7,5 min^{-1})

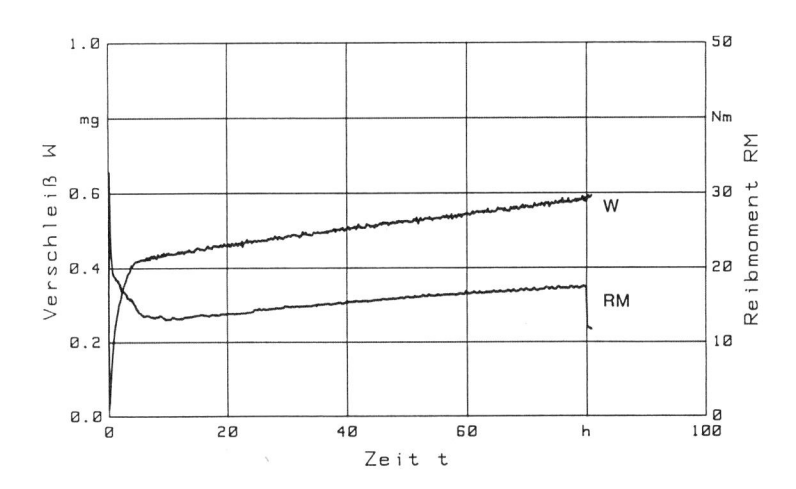

Bild 2.16: Verlauf von Reibmoment und Verschleiß der Rolle eines Axialzylinderrollenlagers 81212 (Wälzpartner aus 100Cr6, Käfig aus Messing, Schmierstoff Polyalphaolefin, Temperatur 120 °C, Axialkraft 80 kN, Drehzahl 7,5 min^{-1})

Der Versuch von einem glatten Reibmomentverlauf auf einen niedrigen Verschleiß und von Reibmomentschwankungen auf einen höheren Verschleiß zu schließen, wenn dieser in der Praxis einer Messung nicht zugänglich ist, ist nicht möglich und kann zu Fehlinterpretationen führen, Bild 2.15 und 2.17.

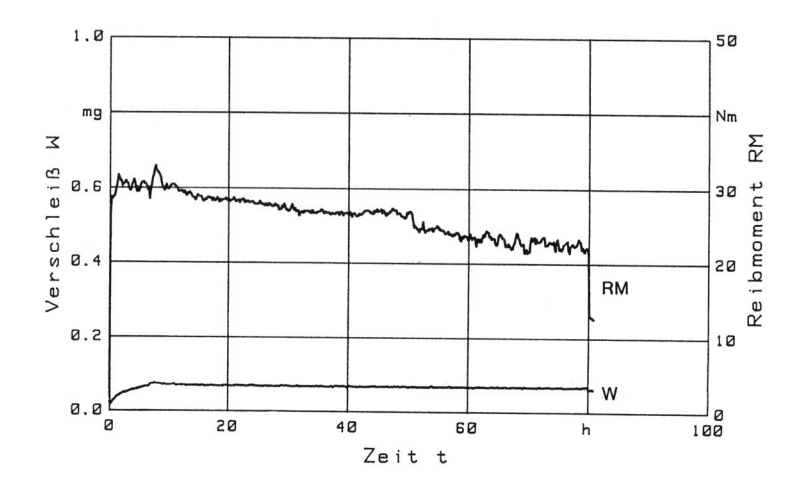

Bild 2.17: Verlauf von Reibmoment und Verschleiß der Rolle eines Axialzylinderrollenlagers 81212 (Wälzpartner aus 100Cr6, Käfig aus Messing, Schmierstoff Polyglykol, Temperatur 150 °C, Axialkraft 80 kN, Drehzahl 7,5 min^{-1})

Bei Flüssigkeitsreibung wirkt sich besonders der Molekülaufbau des Schmierstoffes auf die Reibung aus. So bewirken Öle mit großen und sperrigen Molekülen eine hohe Reibung, z. B. Moleküle mit mehreren Cyclohexyl-Ringen [35, 36]. Kleine bewegliche Moleküle, die sich im Schmierspalt ausrichten können, wie z. B. mesogene Flüssigkeiten (Flüssigkristalle) [37], bewirken eine niedrige Reibung. Bei Reibradgetrieben wird man zur Übertragung der Reibkräfte Öle mit hoher Reibung und bei Getrieben, bei denen es auf sehr hohe Wirkungsgrade und geringe Reibungsverluste ankommt, dagegen Öle mit niedriger Reibung, z. B. bei Schneckengetrieben mit Polyglykol, einsetzen.

2.6 Ausfallkriterien

Tribologisch beanspruchte Bauteile unterliegen einem zeitabhängigen Funktionsverlust durch Verschleiß, der zwar unerwünscht, aber in vielen Fällen nicht vermeidbar ist. Um die Zuverlässigkeit zu gewährleisten, müssen das Betriebsverhalten und die dabei ablaufenden Mechanismen bekannt sein. Eine Abschätzung der Lebensdauer ist allerdings nur dann näherungsweise möglich, wenn sich im Laufe des Betriebes keine Änderungen im System einstellen und die Gesetzmäßigkeiten im Verschleißverlauf weitgehend bekannt sind, wie bei den häufig auftretenden kontinuierlichen Verschleißverläufen linear, degressiv-linear und progressiv, **Bild 2.18**.

Beim Mechanismus der Abrasion besteht weitgehend eine lineare Abhängigkeit, sofern sich Kontaktfläche und damit Belastung sowie bei Anwesenheit von Abrasivstoffen die Korngröße nicht wesentlich ändern. Liegt bei Adhäsion Festkörperreibung oder Mischreibung vor, dann geht der degressive Einlaufprozess in einen stationären linearen Verlauf über. Wenn die Bauteile dem Mechanismus der Oberflächenzerrüttung unterliegen, so findet lange Zeit ein nur

2.6 Ausfallkriterien

sehr geringer Verschleiß statt, der erst nach dieser Inkubationsphase eine progressive Entwicklung durch Zerstörung der Gleit- oder Wälzflächen nimmt. Häufig treten mehrere Verschleißmechanismen auf, was die Vorhersage der Verschleißentwicklung erschwert. Dies ist insbesondere beim Schwingungsverschleiß der Fall, weshalb prinzipiell alle in Bild 2.18 dargestellten Verläufe vorkommen können [38]. Bilden sich oxidische Verschleißpartikel, so stellt sich nach einem degressiven Einlauf bei ungehärtetem Stahl ein linearer oder weiterhin degressiver Zustand ein. Progressiver Verschleiß wird bei Werkstoffen beobachtet, die härtere Partikel als der Grundwerkstoff erzeugen.

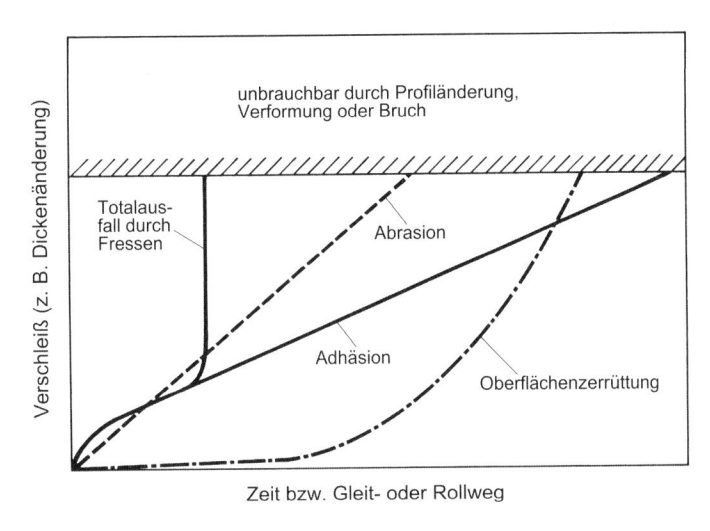

Bild 2.18: Verschleißverläufe bei wichtigen Mechanismen (schematisch)

Als Orientierung des bei technischen Gleitpaarungen zu erwartenden bezogenen Verschleißes (Verschleißrate) ist in Anlehnung an [39] ein Ausschnitt aus dem Verschleißspektrum in **Bild 2.19** wiedergegeben. Ergänzt wurde diese Übersicht durch Werte von Axialzylinderrollenlagern [40] und Pressmatrizen [41]. Die gleitwegbezogenen Verschleißbereiche, die sich über 8 Zehnerpotenzen erstrecken, informieren über die für das jeweilige Bauteil erreichten und größtenteils zur damaligen Zeit noch als zulässig erachteten Werte (mit Ausnahme der beiden Ergänzungen). Da die maßgeblichen Betriebsfaktoren und die strukturellen Größen fehlen, insbesondere die Flächenpressung, können daraus jedoch keine Möglichkeiten zur Verschleißminderung bzw. Schadensverhütung abgeleitet werden. Eine bessere Kenngröße ist der Verschleißkoeffizient, bei dem der lineare Verschleiß auf den Gleitweg und die Flächenpressung bezogen wird bzw. der volumetrische Verschleiß auf Gleitweg und Normalkraft. Eine entsprechende geschlossene Darstellung heute üblicher Verschleißbereiche ist den Verfassern nicht bekannt.

Bei den in Bild 2.18 aufgeführten Verschleißverläufen wird die Funktion der Komponenten durch unzulässig hohen Verschleiß beeinträchtigt, der sich zunächst nur in Querschnitts-, Form- oder Profiländerungen mit eventuellen Folgen wie z. B. in Spielvergrößerung oder Geräuschentwicklung äußert und sich bereits lange vor dem Totalausfall ankündigen kann. Je

```
▨ Kolbenschaft von Verbrennungsmotoren
▨ Kollektoren von Gleichstrommaschinen
▨▨▨▨▨ Zylinder von Verbrennungsmotoren
  ▨ Haupt- und Pleuellager von Verbrennungsmotoren
    ▨▨▨▨ Kolbenringe von Verbrennungsmotoren
      ▨▨▨ Axialzylinderrollenlager
      ▨ Eisenbahnachslager
      ▨ Friktionsspindelpresse
         ▨▨ Drehofenstützlager
         ▨ Ventilstößel
            ▨ Kohlebürsten von elektrischen Maschinen
            ▨▨ Drahtziehsteine
            ▨▨ Einlauf von Gleitlagern
            ▨ Bremsen von Hebezeugen
              ▨ Bremsen von Schienenfahrzeugen
              ▨ Schwalbungen in Brikett-Strangpressen
              ▨ Bremsen von Kraftfahrzeugen
                ▨▨▨ Preßmatrizen für feuerfeste Steine
```
10^{-4} 10^{-2} 10^{0} 10^{2} 10^{4} 10^{6} 10^{8} µm/km 10^{12}

Verschleißrate

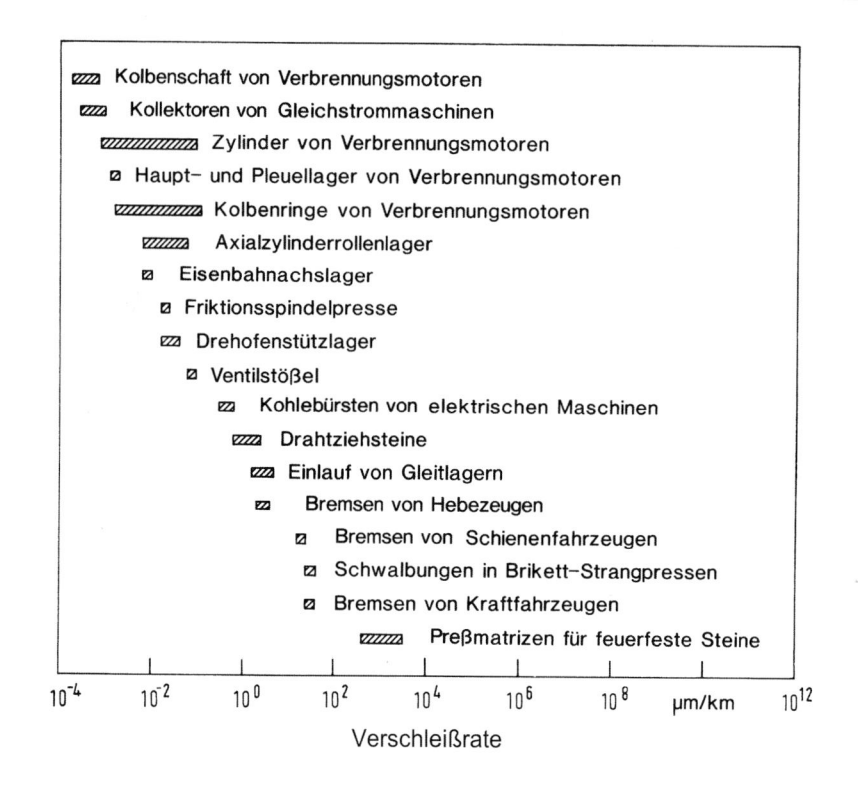

Bild 2.19: Ausschnitt aus dem Verschleißratenspektrum von Gleitpaarungen in Anlehnung an Vogelpohl aus dem Jahr 1969 [39]. Für einen aussagekräftigeren Vergleich wäre noch die Flächenpressung zu berücksichtigen.

nach Verschleißart werden die sich einstellenden Verschleißerscheinungsformen in den entsprechenden Kapiteln aufgeführt. Die Vorwarnzeit bis zum Ausfall kann sich über unterschiedliche Zeiträume – von Millisekunden bis zu Jahren – erstrecken. Die Ausfallkriterien sind dabei so mannigfaltig wie die Systeme selbst. Sie richten sich nach wirtschaftlichen und/oder sicherheitstechnischen Gesichtspunkten und werden in der Regel aufgrund von Erfahrung festgelegt. Ausfallkriterien können beispielsweise sein:

bei Abrasivverschleiß
- Funktionsverlust (Abspringen von Förderketten infolge von Teilungsänderung)
- Qualitätsminderung des Produktes (Bruch feuerfester Steine beim Auswerfen der Grünlinge, wenn die Pressmatrize zu starken Kolk erfährt)
- Verringerung des Gutdurchsatzes und Änderung der Mahlfeinheit bei Wälzmühlen (Profiländerung der Mahlpartner und Riffelbildung)
- Gefährdung der Sicherheit (Unterschreitung der Reifenprofilhöhe von 1,6 mm oder der Belagdicke bei Scheibenbremsen von 2 mm)

bei Gleitverschleiß (Festkörper- und Mischreibung)
- hoher Ölverlust und Abfall des Wirkungsgrades durch Verschleiß von Kolbenring und Zylinder (Verbrennungsmotor)
- Qualitätsminderung des Produktes (Verlust der Maßhaltigkeit und Oberflächenqualität bei Umformwerkzeugen und Umformteilen)
- Stabilitätsverlust (Ausknicken) von Teleskopzylindern durch Verschleiß der Führungselemente

bei Wälzverschleiß
- Schwingungen und Geräusche (Wälzlager, Getriebe, Rad/Schiene)
- Überschreitung von Grenzwerten von Abriebgehalten im Öl (Getriebe und Triebwerke der Luftfahrttechnik)
- Änderung des Zahnprofils (Verformungs- und Bruchgefahr durch Spitzwerden der Zähne)

bei Schwingungsverschleiß
- Spielvergrößerung (Zahnwellenverbindungen)
- Reibdauerbrüche

bei Erosion
- Abfall der Förderhöhe (Kreiselpumpen)

bei Kavitationserosion
- Unruhiger Lauf (Kreiselpumpen)
- Abfall des Pumpenwirkungsgrades und der Förderhöhe (Kreiselpumpen)
- Mengenänderungen bei Motoreinspritzsystemen

Wird im Laufe des Verschleißfortschritts die Lastaufnahmefähigkeit wegen zu starker Querschnittsminderung nicht mehr gewährleistet, kann es zu einem Totalausfall durch Verformung und/oder Bruch des Bauteils mit katastrophalen Folgeschäden kommen. Beispiele hierfür sind Zahnbruch, Bruch der Bremsscheibe, Rohrreißer, Drahtbrüche von Seilen, Aufbrauch des Formschlusses bei Zahnwellenverbindungen [42], Auslösung eines Schwingbruches durch Schwingungsverschleiß. Daneben kann aber auch ein Spontanausfall durch Fressen eintreten mit ebenfalls schwerwiegenden Folgen, beispielsweise bei Motorkolben.

Literaturverzeichnis

[1] Krause, H. und J. Scholten: Verschleiß – Grundlagen und systematische Behandlung. VDI - Z 121 (1979) 15/16, S. 799 – 806 und 23/24, S. 1221 – 1229

[2] Czichos, H. und K.-H. Habig: Tribologie Handbuch. Reibung und Schmierung. 3. überarbeitete u. erweiterte Auflage 2010, Vieweg+Teubner Wiesbaden 2010

[3]   GfT Arbeitsblatt 7: Tribologie. Verschleiß, Reibung. Definitionen, Begriffe, Prüfung. Ausgabe August 2002

[4]   Bowden, F. P. und D. Tabor: Reibung und Schmierung fester Körper. Springer-Verlag Berlin Göttingen Heidelberg 1959

[5]   Rabinowicz, E.: Friction and wear of materials. John Wiley and Sons, Inc., New York, London, Sydney 1965

[6]   Kragelski, I. W.: Reibung und Verschleiß. Carl Hanser Verlag, München 1971

[7]   Hölscher, H. und U. D. Schwarz: Friction at the Nanometer-Scale – Nanotribologie Studied with the Scanning Force Microscope. Ceasar preprint 16.01.2002

[8]   Giessibl, F. J., M. Herz und J. Mannhart: Friction traced to the single atom. Proceedings of the National Academy of Sciences (PNAS) Vol. 99 (2002) 19, S. 12006 – 12010

[9]   Liu, Y., B. Künne und W. Jorden: Mögliche Ursachen der Differenz zwischen Haft- und Gleitreibwert. Tribologie + Schmierungstechnik 37 (1990) 6, S. 362 – 363

[10] Niemann, G., H. Winter und B.-R. Höhn: Maschinenelemente. Bd. 1, 3. Auflage, Springer-Verlag 2001, S. 805

[11] Leidich, E., G. Schmidt und J. Lukschandel: Reibungserhöhende Oberflächenschichten für Scherbelastungen. Antriebstechnik 38 (1999) 4, S. 136 – 138

[12] Leidich, E., T. Smetana, J. Lukschandel, und W. Hagenmüller: Reibungserhöhende Oberflächenschichten für Torsionsbelastungen. Antriebstechnik 40 (2001) 10, S. 53 – 57

[13] Hagenmüller, W.: Körner im Getriebe. Diamantkörner sorgen für bessere Haftung. Antriebstechnik 43 (2004) 3, S. 42 – 43

[14] Ulmer, J.: Beitrag zur Berechnung der Reibungskraftreduktion beim ultraschallüberlagerten Streifenziehversuch. Diss. Universität Stuttgart 2003

[15] Niemann, G. und K. Ehrlenspiel: Anlaufreibung und Stick-Slip bei Gleitpaarungen. VDI-Z. 105 (1963) 6, S. 221 – 222

[16] Person, Bo N. J.: Sliding Friction. Physical Principles and Applications. Springer-Verlag Berlin Heidelberg 1998

[17] Buckley, D. H.: Surface effects in adhesion, friction, wear und lubrication. Elsevier scientific publishing company, Amsterdam, Oxford, New York 1981

[18] Archard J. F.: Wear theory and mechanisms. Wear control handbook (Editors: Peterson, M. B. and Winer, W. O.). New York: American Society of Mechanical Engineers, 1980, S. 59 – 65

[19] Habig, K.-H.: Verschleiß und Härte von Werkstoffen. Carl Hanser Verlag München Wien 1980

[20] Sikorski, M. E.: The adhesion of metals and factors that influence it. Wear 7 (1964), S. 144 – 162

[21] Zum Gahr, K.-H.: Microstrukture and Wear of Materials. Trib. Ser. 10, Elsevier, Amsterdam, 1987

[22] VDI 3822, Blatt 5: Schadensanalyse. Schäden durch tribologische Beanspruchungen

[23] Suh, N. P.: An overview of the delamination theory of wear. Wear 44 (1977), S. 1 – 16

[24] Lang, O. R.: Gleitlager-Ermüdung unter dynamischer Last. VDI-Berichte Nr. 248, (1975), S. 57 – 67

[25] Löhr, R., P. Mayr und E. Macherauch: Untersuchungen zum Ermüdungsverhalten eines hochzinnhaltigen Gleitlagerwerkstoffes. Goldschmidt 3/80, Nr. 52, Dez.1980, S. 2 – 7

[26] Fink, M.: Chemische Aktivierung, nicht durch Temperatur, sondern durch plastische Verformung, als Ursache reibchemischer Reaktionen bei Metallen. Fortschritt-Berichte VDI-Zeitschrift Reihe 5, Nr. 3, 1967

[27] Heidemeyer, J.: Einfluß der plastischen Verformung von Metallen bei Mischreibung auf die Geschwindigkeit ihrer chemischen Reaktion. Schmiertechnik + Tribologie 22 (1975) 4, S. 84 – 90

[28] Heinicke, G. und G. Fleischer: Tribochemische Wirkungen in der Technik. Zum Einfluß tribochemischer Reaktionen auf Reibungs-, Schmierungs- und Verschleißprozesse. Die Technik 31 (1976) 7, S. 458 – 464

[29] Krause, H.: Mechanisch-chemische Reaktionen bei der Abnutzung von St60, V2A und Manganhartstahl. Diss. RWTH Aachen 1966

[30] Salomon, T.: Neue Erkenntnisse über die Rolle des Schmierfilms zur Verhütung von Maschinenschäden. Schmiertechnik und Tribologie 24 (1977) 5, S. 114 – 118

[31] Nasch, H.: Reaktionsschichten – ihre Bedeutung bei der Grenzphasenschmierung. Schmiertechnik 15 (1969) 1, S. 32 – 36

[32] Wuttke, W.: Tribophysik. Reibung und Verschleiß von Metallen. Carl Hanser Verlag München Wien 1987

[33] Meyer, K. und Kloß, H.: Reibung und Verschleiß geschmierter Reibsysteme. Expert Verlag 1993

[34] Saka, N., A. M. Eleiche und N. P. Suh: Wear of metals at high sliding speeds. Wear 44 (1977), S. 109 – 125

[35] Vojacek, H.: Das Reibungsverhalten von Fluiden unter elastohydrodynamischen Bedingungen. Einfluß der chemischen Struktur des Fluides, der Werkstoffe und der Makro- und Mikrogeometrie der Gleit/Wälz-Körper. Diss. TU München 1984

[36] Schumann, R.: Kraftschlüssige Kraftübertragung durch Flüssigkeiten mit hohem Reibwert. Antriebstechnik 13 (1974) 11, S. 629 – 635

[37] Höhn, B. R., K. Michaelis, F. Kopatsch und R. Eidenschink: Reibungszahlmessungen an mesogenen Flüssigkeiten. Tribologie + Schmierungstechnik 44 (1997) 3, S. 116 – 120

[38] Heinz, R. und G. Heinke: Die Vorgänge beim Schwingungsverschleiß in Abhängigkeit von Beanspruchung und Werkstoff. Tribologie. Reibung, Verschleiß, Schmierung. Band 1, Springer-Verlag Berlin Heidelberg New York 1981

[39] Vogelpohl, G.: Verschleißmaß und Verschleißspektrum. Forschungsergebnissen. Forsch. Ing.-Wes. 35 (1969) 1, S. 1 – 6

[40] Sommer, K.: Reaktionsschichtbildung im Mischreibungsgebiet langsamlaufender Wälzlager. Diss. Universität Stuttgart 1997

[41] Uetz, H. et al.: Verschleißverhalten von Werkstoffen für Preßmatrizen bei der Herstellung feuerfester Steine. Sprechsaal, Ceramics-Glass-Cement 111 (1978) 2, S. 65 – 74

[42] Dietz, P., G. Schäfer und K. Wesolowski: Zahnwellenverbindungen – Beanspruchungs- und Verschleißverhalten. Konstruktion 45 (1993), S. 227 – 234

3 Methodik der Analyse tribologischer Schäden

Der vorzeitige Funktionsverlust oder das Versagen eines Bauteiles sind ein Zeichen dafür, dass die tatsächlichen Anforderungen (Beanspruchung) denjenigen der Auslegung (Beanspruchbarkeit) nicht entsprachen oder die Auslegung mangelhaft war. Die Gründe dafür können sowohl unbekannte oder nicht berücksichtigte Beanspruchungsparameter als auch ungeeignete Werkstoffe oder Gestaltabweichungen sein. Eine erfolgversprechende Analyse von Schäden durch tribologische Beanspruchung setzt die Kenntnis der vielfältigen Einflussgrößen sowie deren gegenseitige Abhängigkeit voraus und beinhaltet eine systematische Vorgehensweise zur Klärung der oft komplexen Ursachen. Das Ziel dabei ist, künftige Schäden durch geeignete Abhilfemaßnahmen zu vermeiden. Das erfordert eine Beanspruchungs- und Strukturanalyse, die letztlich in einen Soll-Ist-Vergleich mündet [1 bis 3]. Beispielsweise wird sich die Beanspruchungsanalyse auf Bewegungsart und -ablauf, Belastung, Geschwindigkeit, Beanspruchungsdauer sowie Temperatur erstrecken. Bei der Strukturanalyse sind die konstruktive Gestaltung (tribologisch gerechte Konstruktion wie z. B. autogener Verschleißschutz, Unterbindung der Relativbewegung in Passungen), die verwendeten Werkstoffe (tribologisch abgestimmte Eigenschaften wie z. B. Adhäsionsneigung, Härte, Wärmebehandlung, Beschichtung) und die Fertigung (Herstellungsart, Oberflächengüte, Toleranzen) zu überprüfen sowie die Wechselwirkungen der beteiligten Werkstoffe (z. B. Verschleißmechanismen) zu untersuchen.

Es ist aber zu betonen, dass bei der Lösung von Verschleißproblemen in den meisten Fällen entweder im günstigsten Fall auf Kennwerte oder Parameter aus einer Vielzahl von früheren Versuchen zurückgegriffen werden kann, oder es sind spezielle Versuche und je nach Aufgabe umfangreiche Dauerläufe oder Feldversuche notwendig. Um im letzten Falle nicht in reine Empirie zu verfallen und sich nur auf teure Versuche stützen zu müssen, ist unbedingt eine möglichst gründliche Analyse des Verschleißproblems durchzuführen. Reichen vorliegende Erfahrungen zur Lösung des Problems nicht aus, beispielsweise zur Optimierung einer Werkstoffpaarung, können Versuche mit Modellen und Bauteilen weiterhelfen. Dabei ist darauf zu achten, dass die Versuche aufgrund der bei einer sorgfältigen tribologischen Analyse erkannten Mechanismen entsprechend auch mechanismusorientiert durchgeführt werden. Andernfalls besteht die Gefahr, dass man eine falsche Bewährungsfolge erhält. Hier hilft auch die Einordnung der Verschleißerscheinungsformen, wie sie im vorliegenden Buch beschrieben sind. Eine nahezu unverzichtbare Hilfe ist der Einsatz von Simulations-Programmen zur Analyse der Beanspruchung, Auswertung von Versuchsergebnissen und Erfassung von Betriebsdaten.

Nachdem der Verschleiß einen zeitabhängigen dynamischen Vorgang darstellt, bei dem sich auch die Struktur des tribologischen Systems ändern kann, wird durch die Systemanalyse nur der momentane Ist-Zustand erfasst. In der Regel stellt dieser den Endzustand dar, der sich innerhalb der Bauteilpaarungen durch mannigfache Versagensarten mit entsprechenden Verschleißerscheinungsformen auszeichnet. Häufig können zu verschiedenen Zeitpunkten vorgenommene Analysen erst ein ausreichendes Bild ergeben. Manchmal erweist es sich als notwendig, einen Vergleich mit dem Ausgangszustand vorzunehmen, vor allem bei geschmierten Systemen wegen der Bearbeitungsstruktur, was jedoch nur möglich ist, wenn noch unbeanspruchte Bereiche vorhanden sind. In schwierigen Fällen ist es von Vorteil, einen Vergleich des Schadensteiles mit einem bewährten Bauteil vorzunehmen. Dabei ist allerdings zu berücksichtigen, dass das Ereignis, das zum Schaden geführt hat, beim bewährten Bauteil eventuell noch gar nicht aufgetreten ist.

Für die Beurteilung des Verschleißzustandes eines Bauteiles haben sich in der Praxis vier Verschleißstufen als hilfreich erwiesen:

- kein Verschleiß
- leichter Verschleiß (Bearbeitungsspuren noch sichtbar)
- mittlerer Verschleiß (Bearbeitungsspuren nicht mehr sichtbar, noch keine unzulässige Funktionsbeeinträchtigung)
- starker Verschleiß (unzulässige Funktionsbeeinträchtigung)

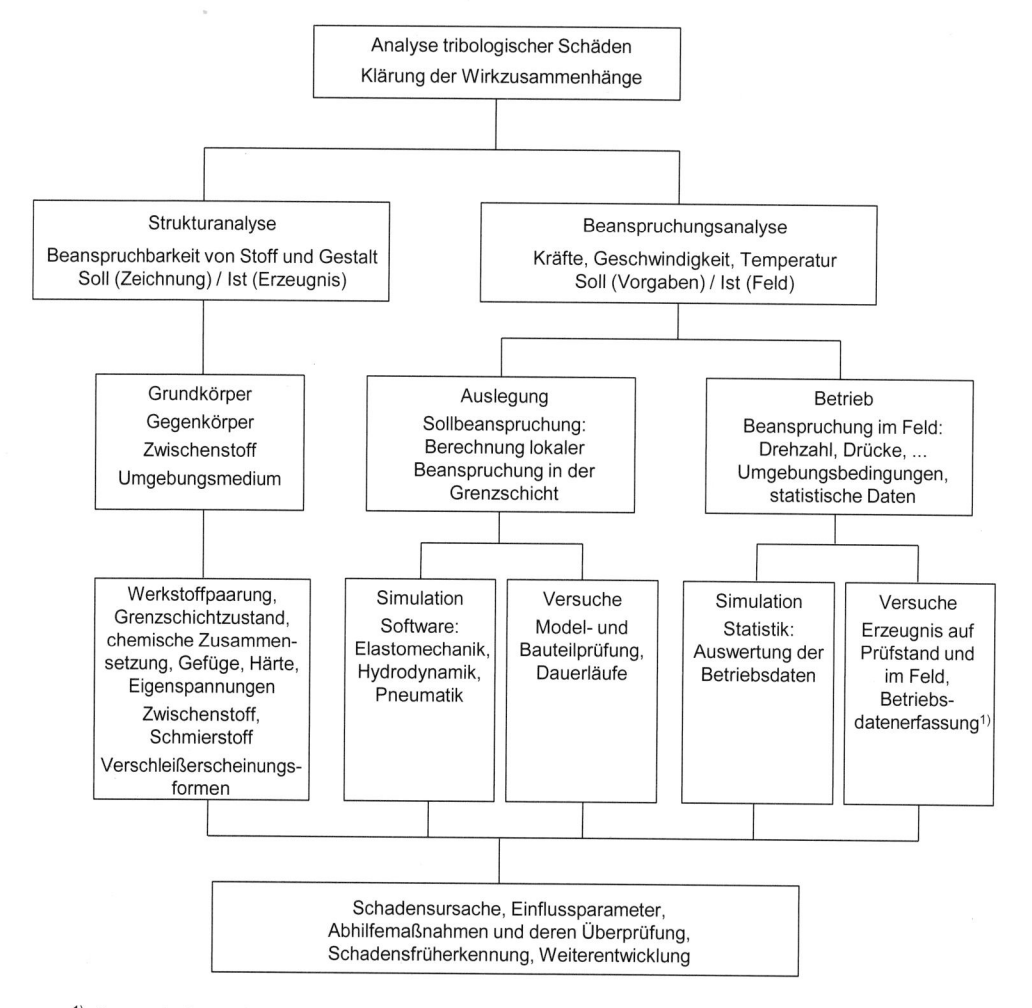

```
                    ┌─────────────────────────────────────┐
                    │   Analyse tribologischer Schäden    │
                    │   Klärung der Wirkzusammenhänge     │
                    └─────────────────────────────────────┘
                           │                   │
         ┌─────────────────┴──────┐   ┌────────┴──────────────────┐
         │     Strukturanalyse    │   │   Beanspruchungsanalyse   │
         │ Beanspruchbarkeit von  │   │ Kräfte, Geschwindigkeit,  │
         │    Stoff und Gestalt   │   │         Temperatur        │
         │ Soll (Zeichnung) /     │   │  Soll (Vorgaben) /        │
         │     Ist (Erzeugnis)    │   │       Ist (Feld)          │
         └────────────────────────┘   └───────────────────────────┘
```

Grundkörper / Gegenkörper / Zwischenstoff / Umgebungsmedium

Auslegung — Sollbeanspruchung: Berechnung lokaler Beanspruchung in der Grenzschicht

Betrieb — Beanspruchung im Feld: Drehzahl, Drücke, ... Umgebungsbedingungen, statistische Daten

Werkstoffpaarung, Grenzschichtzustand, chemische Zusammensetzung, Gefüge, Härte, Eigenspannungen Zwischenstoff, Schmierstoff Verschleißerscheinungsformen

Simulation — Software: Elastomechanik, Hydrodynamik, Pneumatik

Versuche — Model- und Bauteilprüfung, Dauerläufe

Simulation — Statistik: Auswertung der Betriebsdaten

Versuche — Erzeugnis auf Prüfstand und im Feld, Betriebsdatenerfassung[1]

Schadensursache, Einflussparameter, Abhilfemaßnahmen und deren Überprüfung, Schadensfrüherkennung, Weiterentwicklung

[1] Nutzung der Datenerfassung für Betriebsüberwachung und Verdichten der Betriebsdaten für die Zeitraffung bei Dauererprobung

Bild 3.1: Vorgehensweise bei Verschleißuntersuchungen. Für eine gezielte Analyse ist es außerordentlich hilfreich, möglichst strukturiert vorzugehen und die Vielzahl von Fragen und Informationen immer wieder neu zu ordnen.

In vielen Fällen ist schon aufgrund des makroskopischen Verschleißerscheinungsbildes festzustellen, welche Mechanismen gewirkt haben und wie groß ihr Anteil daran war. Andere Fälle lassen sich jedoch erst aufgrund mikroskopischer Betrachtung der Oberfläche ausreichend beurteilen. Als Standardwerkzeug ist hierfür das Rasterelektronenmikroskop (REM) zu nennen. Die Verschleißerscheinungsformen sind von besonderer Bedeutung, weil man mit ihrer Hilfe leichter in der Lage ist, auf die vorliegenden Mechanismen zu schließen und eine optimale Parameterauswahl, insbesondere optimale Werkstoffauswahl zu treffen. So sind charakteristische Erscheinungen auf den beanspruchten Oberflächen bestimmten Mechanismen zuzuordnen. Beispielsweise deuten auf adhäsive Prozesse Riefen, Werkstoffübertrag und Schubrisse im Riefengrund, auf abrasive Prozesse Riefen, Einbettung von körnigen Abrasivstoffen und Verformungen im Mikrobereich, auf Oberflächenzerrüttungsprozesse Risse und Ausbrüche verschiedener Größe und Formen und auf tribochemische Reaktionen Oxide und farbige Reaktionsschichten hin.

Das schrittweise Vorgehen für eine erfolgreiche Schadensanalyse kann **Bild 3.1** entnommen werden.

3.1 Strukturanalyse

Die Struktur des tribologischen Systems wird durch die beteiligten Bauteile, d. h. ihre Stoffe und ihre Gestalt mit ihrer Beanspruchbarkeit und ihren Wechselwirkungen charakterisiert. Es handelt sich hier um den inneren Bereich des tribologischen Systems. Um die zentrale Aufgabe der Strukturanalyse, die Aufklärung der Schadensursache, lösen zu können, müssen die Struktur des tribologischen Systems genau analysiert und insbesondere die Verschleißerscheinungsformen untersucht und interpretiert werden.

Eine visuelle Vorabinformation über kritische Komponenten an schwer zugänglichen Stellen liefern endoskopische Untersuchungen. Fällt die Entscheidung für einen Ausbau, müssen beide Teile der Paarung unter Einbeziehung des Zwischenstoffes (Umgebungsmedium, Schmierstoff, Abrasivstoff) näher untersucht und mit den Vorgaben verglichen, d. h., ein Soll-Ist-Vergleich vorgenommen werden. Die Untersuchung beider Teile ist deshalb wichtig, weil diese unterschiedlichem Verschleißverhalten unterliegen können und die Schadensursache häufig nur so erkannt werden kann. In vielen Fällen genügt bereits eine makroskopische Betrachtung, um aus dem Erscheinungsbild auf den Verschleißmechanismus zu schließen und Entscheidungen abzuleiten. Das setzt jedoch einige Erfahrung voraus. In anderen Fällen muss aufwendiger vorgegangen werden.

Bei den geschädigten Bauteilen interessiert zum einen die Makrogeometrie, über deren Profiländerungen mittels mechanisch und optisch abtastender Messverfahren in Verbindung mit den Betriebsstunden z. B. Hinweise auf die Verschleißgeschwindigkeit erhalten werden. Zum anderen gibt die Untersuchung der Verschleißerscheinungsformen mittels Licht- und Rasterelektronenmikroskop (REM) Aufschluss über oder zumindest Hinweise auf die im Kontakt wirksam gewesenen Verschleißmechanismen [4]. Ein schnelles und vielseitiges Verfahren zur Analyse der Oberflächengeometrie ist die Weißlichtinterferometrie (WLI). Bei der Untersuchung beanspruchter Oberflächen großer Bauteile oder solcher, die nicht zerstört oder ausgebaut werden dürfen, hat sich die Abdrucktechnik bewährt. Bei dieser Methode wird von einem Silikonkautschuk-Negativ ein Epoxidharz-Positiv erstellt, das für die REM-Untersuchung zur Vermeidung von Aufladungseffekten mit einer elektrisch leitenden Schicht, z. B. mit Gold oder Kohlenstoff, bedampft werden muss.

Weitere wichtige Erkenntnisse ergeben sich durch die Analyse der Grenzschichten im Gefüge mittels metallographischer Schliffe, Härteprüfung und Eigenspannungsmessungen. Durch die Verwendung des Rasterionenmikroskopes (RIM) besteht die kombinierte Möglichkeit mittels fokussierten Ionenstrahls (*focused ion beam, FIB*) sowohl Zielpräparationen als auch Gefügeuntersuchungen an Proben vorzunehmen [5]. Auch die energie- und wellenlängendispersiven Röntgenmikroanalyseverfahren (EDS und WDS) für Phasen in Schliffen oder eingebettete Fremdkörper auf den Verschleißflächen sowie Augerspektroskopie (AES) [6], Sekundärionenmassenspektrometrie (SIMS) oder Elektronenspektroskopie für die chemische Analyse (ESCA) der Reaktionsschichten leisten wertvolle Dienste.

Selbst die Verschleißpartikel, die mittels magnetischer Abtrennverfahren (Magnetstopfen, Ferrographie), Filtrationsabtrennung oder Zentrifugieren gewonnen werden, lassen z. B. anhand ihrer Geometrie und ihrer mit mikroanalytischem Verfahren bestimmter Zusammensetzung Rückschlüsse auf Herkunft, Entstehungsmechanismus und Bauteilzustand zu [7, 8]. Hierzu zählen auch die Partikelzählgeräte, die Informationen über die sich über mehrere Größenordnungen erstreckende Verteilung liefern.

Nicht zu vergessen sind die spektroskopischen Ölanalyseverfahren (Optische Emissionsspektrometrie (OES), Atomabsorptionsspektrometrie (AAS) und Röntgenfluoreszenzspektrometrie (RFA)), mit denen sich die Gehalte der verschiedenen Elemente des im Öl enthaltenen Abriebs bestimmen lassen [7]. Die so gewonnenen Ergebnisse sind mit dem in der Fachliteratur sich widerspiegelnden Stand von Wissenschaft und Technik zu verifizieren.

3.2 Beanspruchungsanalyse

Mit Beanspruchung sind hier die von außen einwirkenden Größen, wie z. B. Kräfte, Momente, Bewegungen und Temperaturen gemeint. Diese Größen werden einem Soll-Ist-Vergleich zwischen Vorgabe (Soll-Beanspruchung) und Beanspruchung im Versuch oder Feld (Ist-Beanspruchung) unterzogen. Es handelt sich also zunächst um den äußeren Bereich des zu charakterisierenden tribologischen Systems.

Die Beanspruchungsanalyse zielt auf die Bestimmung der Beanspruchung in der Grenzschicht der tribologischen Kontakte. Typische Größen sind z. B. Flächenpressung, Schlupf, Gleit- und Wälzgeschwindigkeiten, Kontakttemperatur, hydraulische Drücke, Geschwindigkeiten und Frequenz. Dabei ist immer zu prüfen, welche äußeren Beanspruchungen tatsächlich vorlagen, die Auslegungsdaten, die im Versuch oder im Betrieb (Feld) aufgetretenen Werte. Da häufig Angaben über die tatsächliche betriebliche Beanspruchung fehlen, erhält man erste Hinweise auf Beanspruchung und Strukturverhalten durch die Verschleißerscheinungsformen. So kann z. B. Reibmartensit durch Überbeanspruchung, Mangelschmierung oder Ausfall der Schmierstoffversorgung entstanden sein. Bei einem vorzeitigen Ausfall eines Bauteiles durch einen Ermüdungsschaden kann eine örtliche Überlastung, erkennbar an einem ungleichmäßigem Tragbild oder ein Wärmebehandlungsfehler in Form von zu geringer Härte oder Korngrenzenzementit vorliegen. Betriebsaufzeichnungen z. B. von Prozessparametern (Torsionsmoment, Temperatur, Druck, Volumenstrom, Schwingungen) [9, 10], Betriebsüberwachung mittels Körperschallmesstechnik bei hydraulischen Komponenten [11] oder Online-Überwachung in der Antriebstechnik und Hydraulik [12] sind in solchen Fällen bei der Störungsfrüherkennung und Aufklärung des Schadens sehr hilfreich. Umgekehrt kann ein Ergebnis zur Erkenntnis führen, dass die Betriebsaufzeichnungen unvollständig sind und diese erweitert werden müssen. Wenn entgegen der Auslegung oder Erfahrung nicht mit hohen Temperaturen zu rechnen war, aber z. B. verkokte Ölrückstände an den Rändern der Kontaktbereiche aufgefunden wurden, bietet sich eine betriebliche Temperaturüberwachung an.

Die Überprüfung der Auslegungsdaten in Verbindung mit der Auswertung der Betriebsdaten und der Ergebnisse verschiedenster Versuche führen gegebenenfalls zur Erweiterung der Betriebsüberwachung. Hier bieten die in den letzten Jahren hochentwickelten Messsysteme mit entsprechender Datenverarbeitung und Speicherung ein weites Feld, das für die Schadensfrüherkennung genutzt werden kann.

Die Beanspruchungsanalyse kann sich heute auf eine Vielzahl von Software-Programmen stützen, ohne die eine detaillierte Beurteilung eines Schadensfalles und zügige Weiterentwicklung eines Erzeugnisses nicht möglich sind. Zur Festkörpersimulation kommen Finite-Elemente-Programme (FEM) z. B. Abaqus zum Einsatz. Fluidsimulationen können mit Computational Fluid Dynamic (CFD, CFX), z. B. Ansys für ein- und mehrdimensionale stationäre und instationäre Strömungen durchgeführt werden.

Die Aussagefähigkeit der Simulationsergebnisse hängt stark von den gewählten Randbedingungen ab, d. h. von den Vereinfachungen am Simulationsmodell selbst und von den für den vorliegenden Verschleißfall angenommenen Beanspruchungen aus Solldaten, Versuchsdaten oder aus unsicheren Felddaten. Die Ergebnisse solcher Software-Programme bedürfen daher oft einer sehr kritischen Beurteilung, bevor man daraus Schlussfolgerungen zieht und Maßnahmen ableitet. In vielen Fällen helfen für eine Analyse und Weiterentwicklung nur kontrollierte Dauerversuche mit Modellen, Bauteilen und Gesamterzeugnissen auf Prüfständen oder in Feldversuchen. So entsteht bei schwierigen Fällen eine enge Wechselwirkung aller Analysen einschließlich Versuchen an Modellen, Komponenten und Erzeugnissen.

Literaturverzeichnis

[1] Czichos, H. und K.-H. Habig: Tribologie-Handbuch. Reibung und Schmierung. 3. überarbeitete u. erweiterte Auflage 2010, Vieweg+Teubner Wiesbaden 2010

[2] Föhl, J.: Grundvorstellungen über tribologische Prozesse und Verschleißschäden. In: Schadenskunde im Maschinenbau, Hrsg.: J. Grosch. Expert Verlag, Ehningen 1990

[3] Woydt, M. et al.: Reibung und Verschleiß von Werkstoffen und Dünnschichten, Bauteilen und Konstruktionen. Expert Verlag, Ehningen 2010

[4] Engel, L. und H. Klingele: An Atlas of Metal Damage. Wolf science books in association with Carl Hanser Verlag, München Wien 1981

[5] Schöfer, J. und D. Freundt: Anwendung des Focused Ion Beam Systems (FIB) als modernes Analysetool für tribologische Fragestellungen. Tribologie + Schmierungstechnik 42 (2002), S. 16 – 20

[6] Sommer, K.: Reaktionsschichtbildung im Mischreibungsgebiet langsamlaufender Wälzlager. Diss. Universität Stuttgart 1997

[7] Bartz, W. J. et al.: Frühdiagnose von Schäden an Maschinen und Maschinenanlagen. Moderne Verfahren zur Diagnose und Analyse von Schäden. Expert Verlag, Ehningen (1988)

[8] Jantzen, E.: Partikel in Ölen. Möglichkeiten der Zustandsüberwachung in der Tribologie. Teil 1: Tribologie + Schmierungstechnik 50 (2003) 5, S. 50 – 55; Teil 2: Tribologie + Schmierungstechnik 50 (2004) 1, S. 23 – 31

[9] Schuhmann, R. und J. Müller: Standards für Störungsfrüherkennung von Pumpen. Atp 8.2008, www.atp-online.de

[10] Schlücker, E. et al.: Störungsfrüherkennung an Prozessmaschinen. Chemie Ingenieur Technik 77 (2005) 4, S. 353 – 361

[11] Langen, H. J.: Einsatz der Körperschallmeßmethode zur Schadensfrüherkennung an hydraulischen Verdrängereinheiten. Diss. RWTH Aachen 1986

[12] Leske, S.: MetalSCAN – effiziente Zustandsüberwachung von Getrieben. momac GmbH & Co. KG, www.momac.de

4 Gleitverschleiß

4.1 Grundlagen geschmierter Tribosysteme

Diese Verschleißart tritt auf, wenn sich zwei in Kontakt befindliche Oberflächen lateral relativ zueinander bewegen. Die Gleitflächen können sowohl eben, konform als auch kontraform ausgebildet sein. Bei Gleitbeanspruchung wird in der Regel geschmiert, wobei soweit wie möglich eine Trennung der Gleitflächen durch den Schmierfilm angestrebt wird. Dabei können die Reibungszustände Grenzreibung, Mischreibung und hydrodynamische Reibung auftreten. Typische Systeme sind beispielsweise Gleitlager/Welle, Käfig/Wälzkörper und Kolben/Büchse. Da die Verschleißerscheinungsformen bei Gleitverschleiß vom Schmierfilm dominiert werden, ist dieses Kapitel entsprechend nach der mit der Schmierfilmdicke verbundenen Reibungszustände und nicht nach der Kontaktgeometrie oder Art des Maschinenelementes geordnet.

4.1.1 Hydrodynamik

Voraussetzung für die hydrodynamische Schmierfilmbildung (HD, Bereich V in Bild 2.4) sind ein sich in Bewegungsrichtung verengender Schmierspalt, ausreichende Relativgeschwindigkeit der Gleitpartner, eine Mindestviskosität des Schmierstoffes und gute Benetzungsfähigkeit des Werkstoffes mit dem Schmierstoff, die z. B. bei Austeniten Probleme bereitet. Die sich nach dem Reibungsminimum (Ausklinkpunkt im Mischreibungsgebiet) im Übergangspunkt zwischen Mischreibung und hydrodynamischer Reibung (unterer Betriebspunkt) hydrodynamisch bildende tragfähige Schmierfilmdicke h_v ist größer als die Summe der maximalen Rauheiten von Grund- und Gegenkörper und bewirkt so deren vollständige Trennung. Die minimal zulässige Schmierfilmdicke ist dagegen noch größer, da noch Form- und Fluchtungsfehler sowie Wellendurchbiegungen zu berücksichtigen sind [1, 2]. Diese Vollschmierung ist an vorgenannte Bedingungen, insbesondere an eine bestimmte Mindestgeschwindigkeit, gebunden. Bei kleineren Geschwindigkeiten, beim An- und Auslaufen von Wellen oder bei Bewegungsumkehr bricht der Schmierfilm zusammen, und es kommen Oberflächenbereiche der Paarung in Berührung. Aus diesem Grund und auch für einen kurzzeitigen Ausfall der Schmierung, also einem unbeabsichtigten Übergang zu Misch- bzw. Grenzreibung, der bei möglichst niedriger Drehzahl stattfinden sollte, müssen Lagerwerkstoffe bestimmte Notlaufeigenschaften aufweisen.

Der sich bei HD im Lager selbsttätig aufbauende Druck, dessen Maximum sich in Drehrichtung vor dem kleinsten Schmierspalt ausbildet, kann durch Störungen im konvergierenden Schmierspalt (z. B. Riefen, Welligkeiten, ungünstige Nutanordnung, Wellenverkantung oder elastische Verformung von Welle und Lagerschale) erheblich herabgesetzt werden [2, 3], **Bild 4.1**. Daher sind Ölnuten und Schmiertaschen in unbelastete oder Unterdruckzonen zu legen. Hinweise für optimale Schmierstoffversorgung werden auch in [4] gegeben.

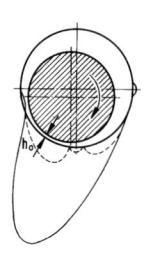

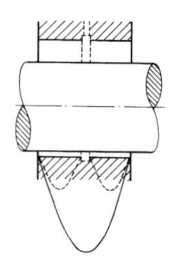

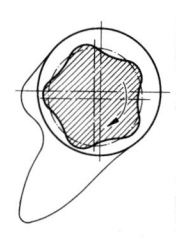

Bild 4.1: Beeinflussung des Druckaufbaus in der Lagerschale; links in Umfangsrichtung mit und ohne Axialnut, Mitte in Breitenrichtung mit und ohne Umfangsnut, rechts in Umfangsrichtung mit Welligkeit [3]

Zur Charakterisierung des Betriebsverhaltens dient die dimensionslose Sommerfeldzahl

$$So = \frac{p \cdot \psi^2}{\eta \cdot \omega} \tag{4.1}$$

mit

    p = mittlere Flächenpressung
    ψ = (D – d)/d = relatives Lagerspiel
    D = Lagerdurchmesser
    d = Wellendurchmesser
    η = dynamische Viskosität
    ω = Winkelgeschwindigkeit.

Damit werden drei Betriebsbereiche unterschieden, ein Schnelllaufbereich mit So ≤ 1, ein Mittellastbereich 1 < So < 3 und ein Schwerlastbereich mit So ≥ 3 [5]. Bevorzugt wird So > 1, um die Verlustleistung gering zu halten und einen stabilen Lauf zu gewährleisten. Ab So < 0,3 ist mit instabilem Lauf zu rechnen. Radiallager mit 0,8 < So < 8 laufen nach [6] störungsfrei.

Die minimale Schmierfilmdicke lässt sich für den Betriebszustand von Radialgleitlagern nach der Beziehung

$$h_{min} = 0,5 \cdot D \cdot \psi_{eff} \cdot (1 - \varepsilon) \tag{4.2}$$

ermitteln [5]. Darin bedeuten

    ψ_{eff} = (D – d)/d = relatives Lagerspiel im Betriebszustand
    ε = 2e/(D – d) = relative Exzentrizität = f (So, b/D)
    e = Exzentrizität
    b = Lagerbreite

Während sich bei Radiallagern infolge der unterschiedlichen Krümmungsradien aufgrund des Lagerspieles von Lager und Welle automatisch ein keilförmiger Schmierspalt einstellt, muss dieser bei Axialgleitlagern meist durch besondere Gestaltung verwirklicht werden. Hierzu wird z. B. die Ringgleitfläche in Segmente unterteilt und diese mit geneigten Flächen versehen oder es werden Lager mit sich selbsttätig einstellenden Kippsegmenten verwendet. Die mindest zulässige Schmierfilmdicke für den Übergang zu Mischreibung kann z. B. nach der empirischen Beziehung in DIN 31653-3 [7] für das Axialsegmentlager zu

$$h_{lim,tr} = \sqrt{D \cdot R_z / 3000} \qquad (4.3)$$

abgeschätzt werden. Darin bedeuten
  D = mittlerer Gleitdurchmesser in m
  R_z = gemittelte Rauhtiefe der Spurscheibe in m.

Bei größeren Radial- und Axiallagern wird der beim An- und Abfahren vorliegende kritische Mischreibungszustand durch Aufbau eines tragfähigen Schmierfilms mit Hilfe eines hydrostatischen Drucks (ähnlich wie bei hydrostatischen Lagern) überbrückt.

4.1.2 Mischreibung und Grenzreibung

An den hydrodynamischen Zustand schließt sich der Mischreibungszustand (Bereich IV in Bild 2.4) an, bei dem sich zwischen den Partnern ein unvollständiger Schmierfilm ausbildet, dessen Dicke h_{IV} kleiner ist als die Summe der Rauheiten der beiden Partner. Sie stellt sich bei hoher Belastung und/oder niedriger Gleitgeschwindigkeit bzw. niedriger Viskosität des Schmierstoffes sowie ungünstiger Gleitraumgeometrie (z. B. durch tragfähigkeitsmindernde Formabweichungen, Verkanten infolge von Wellendurchbiegung oder Fluchtungsfehler) ein. Die Belastung wird nur teilweise vom Schmierfilm hydrodynamisch aufgenommen, der andere Teil durch unmittelbaren Kontakt der Festkörper übertragen, an denen elastische und plastische Verformungen (mit Umwandlung in Wärme) verursacht werden. Infolge dieses partiellen Kontaktes kommt es zu Gleitverschleiß.

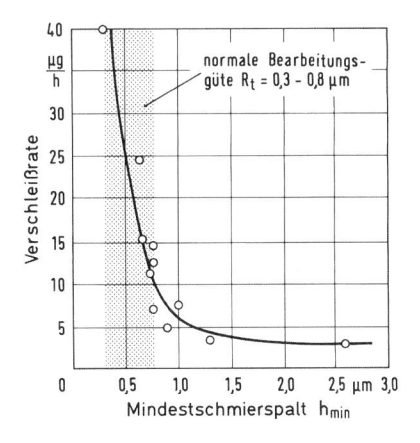

Bild 4.2: Verschleiß der Indiumschicht eines dynamisch belasteten Kurbelwellenhauptlagers in Abhängigkeit vom errechneten Mindestschmierspalt [1, 8]

Im Folgenden werden die Auswirkungen von Rauheit und Härte auf den Verschleiß bei Mischreibung von Radiallagern aufgezeigt. Ein Beispiel hierfür zeigen Verschleißmessungen mittels radioaktiver Isotope an Dreistoff-Gleitlagern (aktivierte Indiumdeckschicht von 2 bis 3 µm Dicke) eines schnelllaufenden Vierzylinder-Viertakt-Dieselmotors, **Bild 4.2**. Ein eindeutiger und stark ausgeprägter Verschleiß ergibt sich immer dann, wenn der kleinste Schmierspalt im Bereich der Zapfenrauheit liegt [1, 8].

Da diese Versuche an eingelaufenen Lagern durchgeführt wurden, ist die kleinste zulässige Spalthöhe im Wesentlichen durch die Rautiefe der gehärteten Zapfen bestimmt. Diese Feststellung wird durch das Ergebnis in **Bild 4.3** bestätigt, in dem der Verschleiß über der Lagerbelastung für drei verschieden raue Wellen aufgetragen ist [9].
Die Grenzlast, bei welcher der Verschleiß von der Tieflage zur Hochlage übergeht, ist um so größer, je glatter die Welle ist. Die Ergebnisse zeigen anschaulich eine Zunahme der Tragfähigkeit durch eine Verschiebung des Übergangs $\bar{p}_{ü}$ vom Zustand der Mischreibung in den der

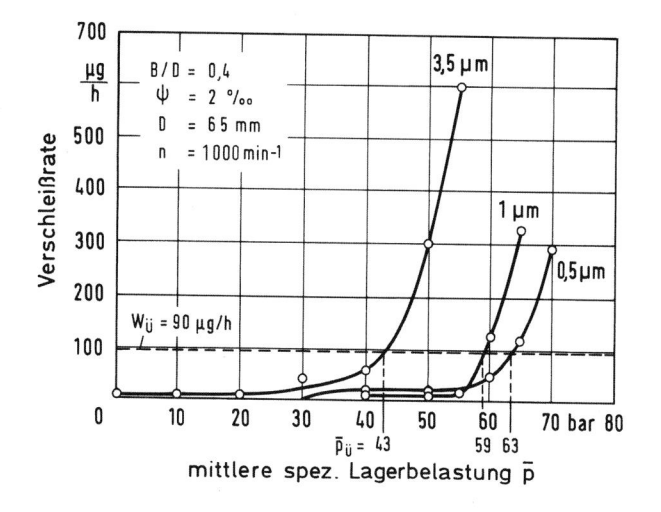

Bild 4.3: Verschiebung des Verschleißübergangs zu höheren Lagerbelastungen mit abnehmender Wellenrautiefe R_t = 3,5; 1 und 0,5 [9]

Hydrodynamik. In diesem Zusammenhang ist zu erwähnen, dass auch durch Einglätten von Oberflächenunebenheiten und somit einer Verbesserung der Schmiegung, z. B. während des Einlaufens, der Mischreibungszustand in den hydrodynamischen Zustand übergehen kann. Dies birgt aber die Gefahr einer höheren Verschmutzungsanfälligkeit durch metallische und mineralische Fremdkörper in sich [1]. Neben den Rauheiten bestimmen auch elastische Deformationen von Lager und Welle, die aus der thermischen und mechanischen Beanspruchung resultieren, den Lagerverschleiß im Mischreibungsgebiet [10]. Bei der Gleitlagerauslegung mit Berücksichtigung der elastischen Deformation benutzt man oft auch die Bezeichnung Elastohydrodynamik, ist aber nicht zu verwechseln mit den Beschreibungen in Kap. 6.1. Durch konstruktive Maßnahmen, die Lagerdeformation an die Wellendeformation anzupassen, indem die Spaltgeometrie durch Änderung der Steifigkeit der Lagerränder des Lagergehäuses opti-

4.1 Grundlagen geschmierter Tribosysteme

miert wird (konstante Spaltweite in axialer Richtung), lässt sich die Übergangsdrehzahl (Abgrenzung zwischen Hydrodynamik und Mischreibung) zu kleineren Werten verschieben und somit das Mischreibungsgebiet reduzieren. Im übrigen wird der Verschleiß der Lagerschale auch vom Härteverhältnis von Welle und Lagerschale (HV_W/HV_S), beeinflusst, **Bild 4.4**, wobei mit steigender Wellenhärte (HV_W) der Verschleiß der Lagerschale ab-, mit steigender Schalenhärte (HV_S) jedoch zunimmt [9].

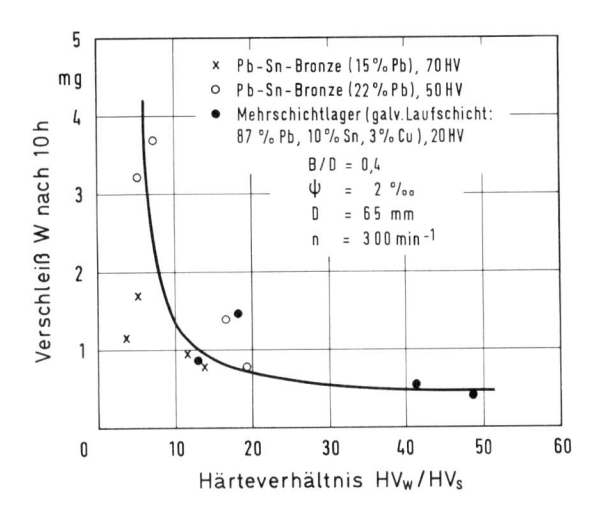

Bild 4.4: Verschleiß eingelaufener Lagerschalen bei Laststeigerung im Mischreibungsgebiet in Abhängigkeit vom Härteverhältnis Welle/Schale. Wellenwerkstoffe: 34CrAlNi7 nitriert, 966 HV; Ck10 einsatzgehärtet, 823 HV; Spritzschicht aus Cr-Stahl (13 % Cr), 366 HV; 17MoV8-4 unvergütet, 263 HV [9]

Infolge örtlicher Berührung können hohe Kontakttemperaturen auftreten, was zur Erhöhung des allgemeinen Temperaturniveaus führt, wodurch sich die Eigenschaften der Werkstoffe und Schmierstoffe (z. B. Abnahme der Viskosität) auch negativ verändern können. Die Folge hiervon sind – abgesehen von einer Beschleunigung der Schmierstoffalterung und Schmierstoffzersetzung – Brandrisse oder gar Gefügeänderungen. Eine geeignete Kombination von Gleitpartnern und Schmierstoffen insbesondere mit hochwirksamen Zusätzen (Additiven auf der Basis von Fettsäuren, Schwefel-, Phosphor- und metallorganischen Verbindungen) führt in Zusammenwirken mit dem Luftsauerstoff zur Bildung von Adsorptionsschichten und – temperaturgesteuert – zu Reaktionsschichten, die zu erheblichen Steigerungen der Gebrauchsdauer bezüglich des Verschleißes beitragen können [11]. Dadurch wird der Verschleißprozess auf die Grenzschicht beschränkt und eine niedrigere Reibung erreicht, so dass adhäsive Wirkungen verringert bzw. verhindert und somit „Fresser" vermieden werden.

Der Zustand der Grenzreibung (Bereich III in Bild 2.4) stellt einen Teilschmierungszustand dar, bei dem infolge des außerordentlich dünnen Schmierfilms der hydrodynamische Traganteil gänzlich fehlt. Diese geringen Schmierstoffmengen verstärken die Gefahr unerwünschter adhäsiver Bindungen, wodurch es zu einer weiteren Erhöhung und Beschleunigung der thermischen Belastung kommen kann. Dabei werden die Gleitpartner durch Fressen zerstört, bei

Lagerwerkstoffen durch Kriechverformung und Schmelzvorgänge geschädigt sowie die Schmierstoffe zersetzt. Dieser Gefahr des Kontaktes ungeschützter Metallflächen begegnet man wie bei Mischreibung durch geeignete, auf den Werkstoff in Verbindung mit den Beanspruchungsbedingungen abgestimmten, additivierten Schmierstoffen.

4.2 Verschleißerscheinungsformen bei Hydrodynamik und Mischreibung

Neben Verschleißerscheinungsformen infolge einer Störung des Schmierfilms durch Kavitation (vgl. Kap. 8.11), und durch Verunreinigungen, Riefen oder Druckstellen in der Lauffläche sind hauptsächlich solche durch Oberflächenzerrüttung an wenig dauerfesten Werkstoffen und solche durch unzulässige Verformung und nachfolgender Adhäsion infolge hoher Belastung zu nennen. Bei bestimmten Erscheinungsformen ist der vorgesehene hydrodynamische Schmierungszustand erst gar nicht wirksam gewesen, wie bei Konstruktions-, Fertigungs- oder Montagefehlern. In anderen Fällen können Bauteile bei dem beabsichtigten Schmierungszustand ihre Funktion zunächst zwar voll erfüllt haben, im Verlauf des Betriebs jedoch kann durch bestimmte Umstände mehr oder weniger rasch ein Übergang zum ungünstigeren Schmierungszustand eintreten – von der hydrodynamischen Reibung über Mischreibung bis hin zur Grenzreibung (Mangelschmierung) mit der Folge von Fressern, Rissbildungen, Reibmartensitbildung und Schmelzerscheinungen mit nachfolgendem Totalausfall durch Überhitzung. Ursachen hierfür können u. a. Überlastungen, Betriebseinflüsse wie Verschmutzung, Ausfall der Schmierung, Schmierstoffmangel oder mit Kraftstoff verdünnter Schmierstoff sein. Bei weit fortgeschrittenem Verschleißstadium oder bei Totalausfall kann häufig die Primärursache nicht mehr ausgemacht werden. Am bekanntesten sind die Erscheinungsformen bei Gleitlagern [1, 12 bis 22]. In der statistischen Erhebung von Lagerschäden an stationären Gas- und Dieselmotoren [22], die den Zeitraum von 1990 bis 2000 umfasst, sind die einzelnen Schadensarten gegliedert, **Tabelle 4.1**. Den größten Anteil nehmen die Korrosionsschäden ein, gefolgt vom Verschleiß.

Tabelle 4.1: Motorlagerschäden nach Schadensarten gegliedert [22]

Korrosion (Übersäuerung des Motoröls)	42,4 %
Verschleiß	18,2 %
statische Überlastung	12,1 %
Kavitationserosion	9,1 %
dynamische Überlastung	6,1 %
Stromübergang	3,1 %
Montagefehler	3 %
Herstellungsfehler	3 %
Sonstiges	3 %

4.2 Verschleißerscheinungsformen bei Hydrodynamik und Mischreibung

4.2.1 Riefen

Riefen sind strichartige, in betriebsbedingter Gleitrichtung verlaufende Vertiefungen und stellen eine allgemeine, bei vielen Verschleißarten vorkommende Erscheinungsform dar. Die Riefen können sowohl adhäsiv als auch abrasiv bedingt sein, z. B. durch Mangelschmierung, durch das gegenseitige Einwirken von Rauheitsspitzen des jeweils härteren Partners in den weicheren, durch verfestigte Verschleißpartikel oder durch harte Fremdpartikel, in der Regel mineralische Partikel. Ein eindeutiges Unterscheidungsmerkmal zwischen beiden erhält man in vielen Fällen erst bei mikroskopischer Betrachtung im Rahmen einer rasterelektronischen Untersuchung und bei Berücksichtigung der tribologischen Struktur. Durch Adhäsion entstandene Riefen sind von starken Verformungen begleitet, zeigen häufig im Riefengrund Schubrisse aufgrund adhäsiver Bindungen (vgl. Kap. 4.2.9) und in ihrer Umgebung manchmal noch Werkstoffübertrag sowie auch herausgerissene Werkstoffbereiche. Werden die Riefen durch harte Fremdkörper verursacht, so beobachtet man oft an ihrem Ende den eingebetteten Fremdkörper oder von einer Zerkleinerung übriggebliebene Bruchstücke. Scharfkantige Partikel verursachen meist einen glatten Riefengrund. Im hydrodynamischen Schmierungszustand können bereits einige wenige Riefen schädlich sein, die zu Druckabfall und damit zu Mischreibung führen, vgl. Bild 4.1. Bei Mischreibung treten sie oft gehäuft auf und finden sich meist auf beiden Partnern.

Die Merkmale von Kratzern sind ähnlich denen der Riefen, weichen jedoch in der Regel von der betriebsbedingten Gleitrichtung ab. Sie entstehen z. B. im Zuge von Wartungsarbeiten und sind nicht durch die tribologische Beanspruchung bedingt.

In **Bild 4.5** bis **4.10** sind einige Beispiele von Riefen wiedergegeben.

In den Kontaktgleitflächen zwischen Führungsbord eines Wälzlagers und den Stirnflächen von Rollen kann es unter Bedingungen der Mangelschmierung bei hoher Belastung zu makroskopischen Fressererscheinungen u. a. in Form von Riefen kommen. Entsprechend den kinematischen Bedingungen verlaufen die Riefen gekrümmt. Bild 4.5 gibt ein Beispiel für das makroskopische Erscheinungsbild adhäsiver Riefenbildung an einem Wälzlagerbord und an der Stirnfläche einer Rolle wieder. Zu hohe Belastungen können aus axialer Verspannung, Wärmedehnungen, Verkippung der Lagerringe oder äußerer Axiallast resultieren.

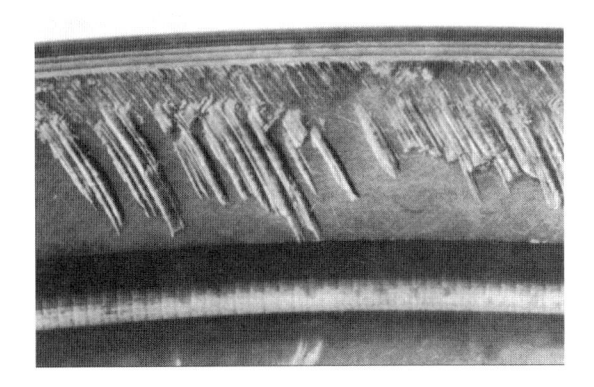

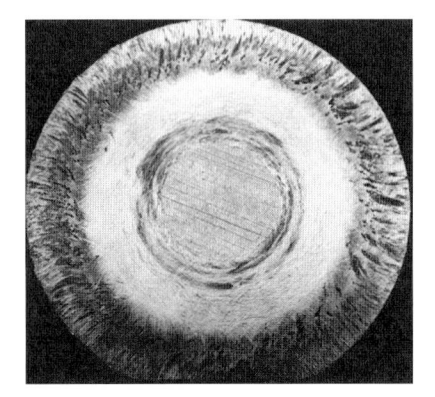

Bild 4.5: Adhäsiv bedingte Riefen an der Führungsbordfläche (links) und an der Stirnfläche einer Rolle (rechts) aufgrund von Mangelschmierung bei hoher Belastung [23, Schaeffler KG]

Durch im Wasser mitgeführte Kalk- und insbesondere Rostablagerungen aus Stahlrohrleitungen einer offenen Warmwasserheizungsanlage haben zu hohem Verschleiß in dem Gleitlager der Warmwasserumwälzpumpe geführt. Die zylindrische Lagerschale aus Bronze und die Welle waren in Umfangsrichtung durch die Rostablagerungen gerieft worden. Die mikroskopische Riefenstruktur der Gleitfläche der Lagerschale, Bild 4.6, deutet auf einen Zerspanungsvorgang durch die im Vergleich zur Bronze härteren Rostpartikel hin. Während der Riefengrund geglättet erscheint, stellen die Zwischenbereiche aufgeraute Bruchstrukturen dar.

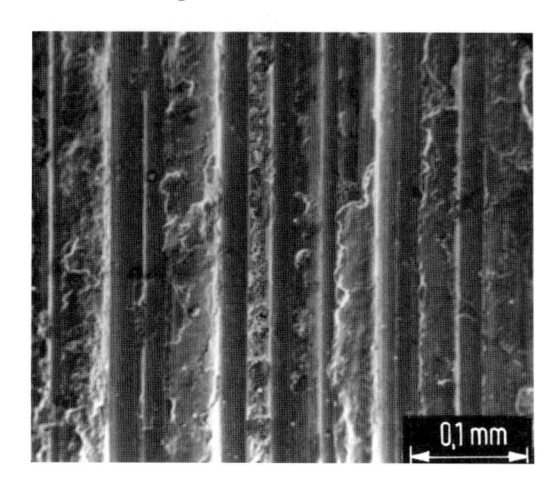

Bild 4.6: Abrasiv bedingte Riefen auf der Lagerschale aus Bronze einer Warmwasserumwälzpumpe (Heizungsanlage) durch Rostpartikel aus Stahlrohrleitungen
links: Lagerschale (d_i = 21 mm); rechts: Ausschnitt aus der Lagerschale

Über verunreinigtes Schmieröl, durch ungenügende Reinigung, defekte Ölfilter oder mangelnde Sorgfalt bei der Montage z. B. von Motorteilen sowie bei Filterwechsel können die verschiedensten Fremdpartikel in den Schmierspalt gelangen und beide Partner riefen. Häufig

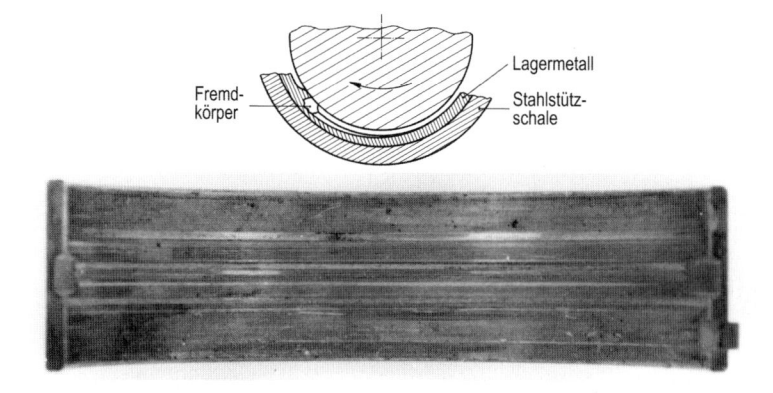

Bild 4.7: Abrasiv bedingte Riefen in Umfangsrichtung in der Lauffläche der Lagerschale durch Fremdkörper [18, Miba-Gleitlager-Handbuch]

4.2 Verschleißerscheinungsformen bei Hydrodynamik und Mischreibung

werden die Partikel im weicheren Partner unvollständig eingedrückt und legen durch die Rotation der Welle unterschiedlich lange Gleitwege in der Gleitlagerschale zurück. Mineralische Partikel dagegen können die Welle durch Riefen über den gesamten Umfang schädigen. In Bild 4.7 ist eine Gleitlagerschale wiedergegeben, die durch Fremdpartikel über den gesamten Umfang gerieft ist.

Die Aufnahme in Bild 4.8 gibt die geriefte Gleitfläche einer Lagerschale wieder, in die am Ende einer Riefe ein Eisenspan eingebettet ist. Offensichtlich ist der Span vom Wellenzapfen nur ein Stück mitgenommen worden. Die seitlichen aufgeworfenen im Bild dunkler erscheinenden Ränder sind geglättet.

Bild 4.8: Geriefte Gleitfläche einer Lagerschale mit eingebettetem Eisenspan am Ende einer Riefe [13]

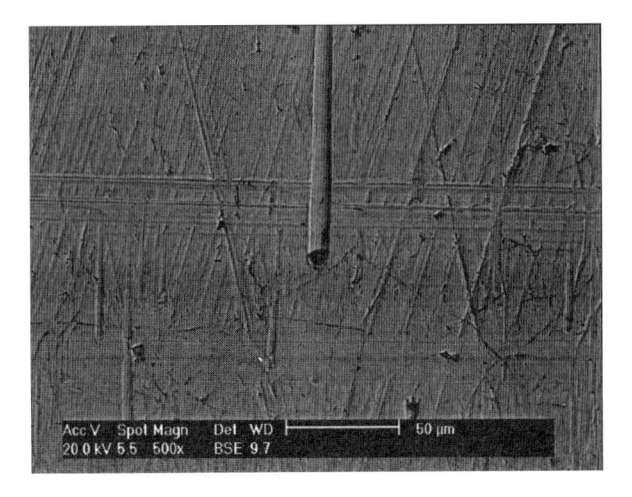

Bild 4.9: Abrasiv bedingte Riefe in verchromter Kolbenringgleitfläche durch eingebettetes Aluminium-oxid-Partikel [Federal-Mogul Burscheid GmbH]

Die Riefe in der verchromten Kolbenringgleitfläche, Bild 4.9, ist durch ein Korundpartikel entstanden, das am Ende der Riefe bündig in die Oberfläche eingebettet wurde.

Für die Riefen am Kolbenschaft waren grobe Fremdpartikel im Schmieröl verantwortlich, Bild 4.10; ein entsprechend geschädigter Bereich ist auch an der Zylinderwand anzunehmen.

Bild 4.10: Abrasiv bedingte Riefen am Kolbenschaft durch grobe Fremdpartikel zwischen Kolben und Zylinderwand [Alcan Aluminiumwerk Nürnberg GmbH]

Die Ursache adhäsiv bedingter Riefen kann Mangelschmierung (Menge und/oder Viskosität zu gering) oder ungeeignete Additivierung bei zu hoher tribologischer Beanspruchung (Belastung, Geschwindigkeit und Temperatur) sein. Abrasiv bedingte Riefen werden bei geschmierten Systemen durch zu große Rauheiten bei Werkstoffpaarungen ungleicher Härte vor allem aber durch verschmutzten oder ungeeigneten Schmierstoff, durch mangelhafte Reinigung der Bauteile, durch unzureichende Wartung des Schmiersystems und insbesondere bei Filter- und Ölwechsel verursacht. Abhilfe erreicht man durch größere Sorgfalt in den oben genannten Punkten.

4.2.2 Einbettung von Fremdpartikeln

Drücken sich Fremdpartikel in die Gleitfläche des weicheren Partners der Paarung ein, so kann der Schmierfilmaufbau durch Randaufwerfungen oder durch überstehende Partikel wie bei den Riefen gestört werden. Dadurch können sich Mischreibungszustände mit Verschleiß einstellen. Handelt es sich um harte mineralische Partikel, wie z. B. Quarz, die nicht bündig eingedrückt

4.2 Verschleißerscheinungsformen bei Hydrodynamik und Mischreibung   51

werden, sondern über die Gleitebene hinausragen und härter als die Gegenfläche sind, so kann diese (z. B. Welle eines Gleitlagers) sogar von ihnen gerieft werden, während der weiche Partner geschont wird, vgl. Kap. 7 Abrasivverschleiß. Durch eine derartige Mikrozerspanung wird der Verschleiß auf das teurere Bauteil, die Welle, verlagert.

Die Übersichtsaufnahme, **Bild 4.11**, gibt eine Gleitlagerschale mit zahlreichen eingebetteten Fremdpartikeln wieder. Nähere Einzelheiten liefern die Beispiele in **Bild 4.12** und **4.13**. Sie dokumentieren eingebettete Metallpartikel, die abhängig von ihrer Größe unterschiedlich tief in die Gleitschicht eingedrungen sind. Die Partikel umgebende Aufwerfung ist in Bild 4.12 wieder abgetragen, während diejenige in Bild 4.13 die Gleitfläche noch überragt. Entscheidend ist offensichtlich neben der Härte das Verhältnis der Partikelgröße zur Dicke der einbettungsfähigen Gleitschicht.

Ursachen sind in der Verschmutzung zu suchen. Hinweise für eine Abhilfe siehe Kap. 4.2.1.

Bild 4.11: Einbettung von Partikeln in eine Gleitlagerschale [18, Miba-Gleitlager-Handbuch]

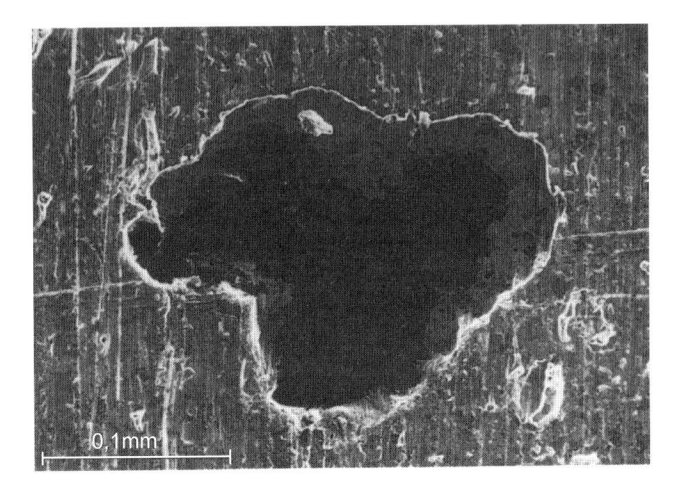

Bild 4.12: Einbettung eines Aluminiumpartikels in die Gleitschicht eines Gleitlagers; aufgeworfene Ränder der Gleitschicht sind geglättet [13]

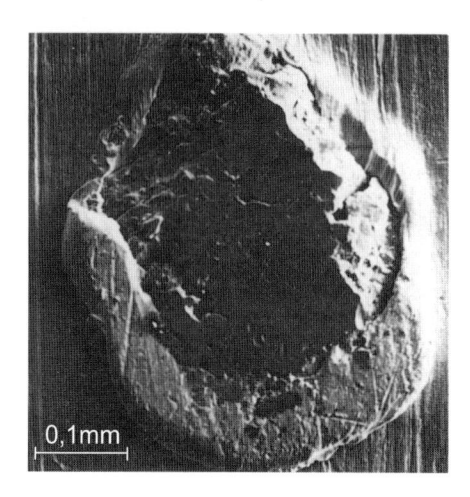

Bild 4.13: Einbettung eines Eisenpartikels in die Gleitschicht eines Gleitlagers [13]

Die bei Gleitlagerwerkstoffen geforderte Einbettungsfähigkeit von Fremdkörpern ist z. B. bei Anwesenheit harter mineralischer Abrasivstoffe unter diesem Gesichtspunkt dann nicht unbedingt als positiv zu werten, wenn die Fremdkörper groß sind und sich nicht bündig einbetten. Für solche Fälle kann eine Beschichtung der Welle z. B. mit Chromoxidschichten oder amorphen diamantähnlichen Kohlenstoffschichten (DLC-Schichten) mit Härten, die deutlich über denjenigen der Abrasivstoffe liegen, von Vorteil sein.

Auch im Zuge der Fertigung können sich z. B. aus Gleitschleifprozessen herrührende kleine Bruchstücke keramischer Schleifkörper in Dichtflächen von Dichtungselementen, **Bild 4.14**, oder aus Läppprozessen herrührende Körner in die Funktionsflächen (z. B. Zahnflanken von Bronzerädern, vgl. Kap. 6 Wälzverschleiß) einbetten, die dann im Betrieb zu hohem Verschleiß am härteren Gegenkörper (z. B. einsatzgehärtete Schnecke) führen.

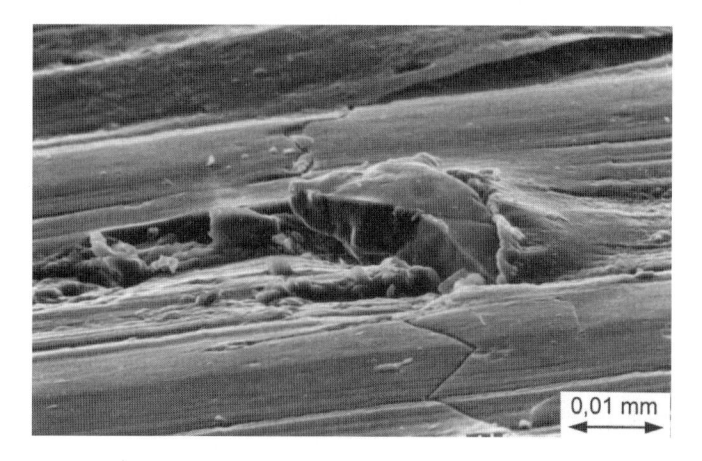

Bild 4.14: In die Dichtlippe eines Radialwellendichtrings eingebettetes mineralisches Korn

4.2 Verschleißerscheinungsformen bei Hydrodynamik und Mischreibung 53

4.2.3 Eindrückungen

Eindrückung stellt eine Oberflächendeformation dar, die durch Partikel (Verunreinigungen, Verschleißpartikel) hervorgerufen werden, wobei die Partikel nicht in der Oberfläche fixiert werden. Die zurückbleibende Vertiefung und die damit verbundene Wallaufwerfung führen zu erhöhtem Verschleiß, da wie bei den Riefen und den Einbettungen von Fremdpartikeln die hydrodynamische Schmierfilmausbildung gestört ist. Durch die zahlreichen Eindrückungen erscheint die Oberfläche narbig, **Bild 4.15** und **4.16**. Die Form der Eindrückungen deuten auf flache Partikel hin. Die überlagerten Riefen sind sowohl vor als auch nach den Eindrückungen entstanden, wie aus ihrem durchgehenden oder unterbrochenem Verlauf geschlossen werden kann.

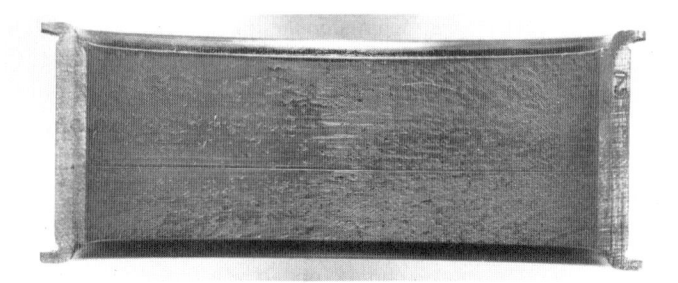

Bild 4.15: Eindrückungen von Verschleißpartikeln und Riefenbildung in einer Gleitlagerschale (Durchmesser 80 mm)

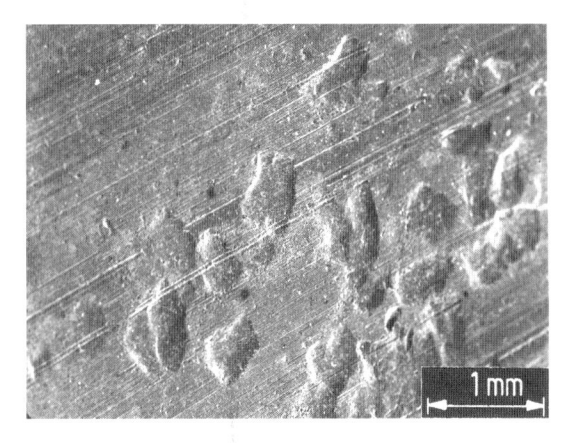

Bild 4.16: Ausschnitt aus Bild 4.15

4.2.4 Ausbrüche

Bei dynamisch hoch belasteten Gleitlagern treten selbst bei intakter Schmierung Ausfälle auf, die nach Schadensanalysen ursächlich mit der Zerrüttung des Gleitlagerwerkstoffes durch

Überschreitung der Dauerfestigkeit in Verbindung stehen. In der Hauptbelastungszone wird der Laufschichtwerkstoff im Betrieb durch inhomogene mehrachsige Spannungen dynamisch beansprucht. Hierbei treten tangentiale Zugspannungen auf [21, 24]. Der Spannungszustand wird auch von der Geometrie der Stützschale und des Lagergehäuses mitbeeinflusst. Tribologisch machen sich Oberflächenrisse im Lagermetall vor allem quer zur Laufrichtung bemerkbar, die sich durch die Lagermetallschicht in die Tiefe ausbreiten, sich zu einem Rissnetz erweitern, an der Bindungszone umgelenkt werden und schließlich zu pflastersteinartigen Ausbrüchen im Lagermetall führen [1, 14, 18], **Bild 4.17** und **4.18**.

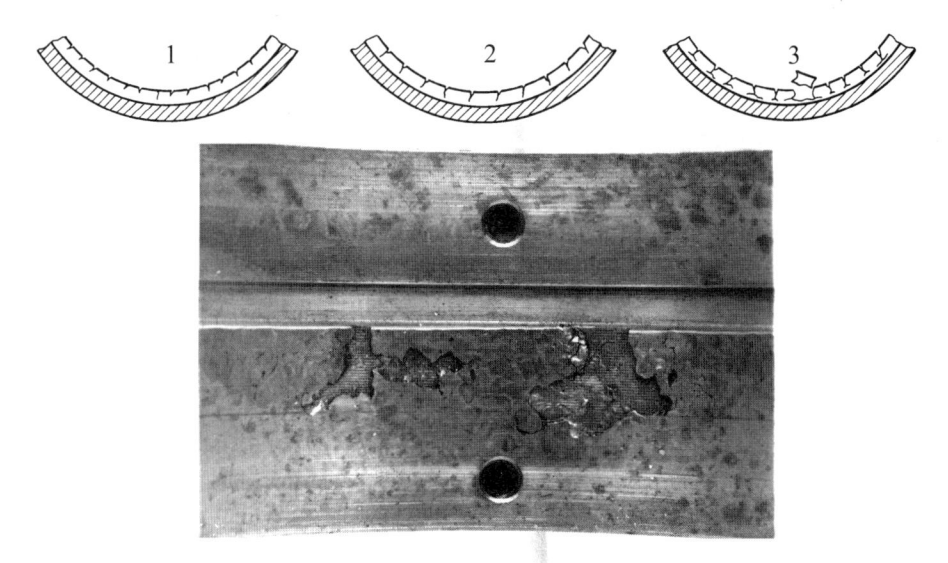

Bild 4.17: Ausbrüche durch Oberflächenzerrüttung des Lagermetalls [18, Miba-Gleitlager-Handbuch] oben: verschiedene Stadien (schematisch); unten: pflastersteinartige Ausbrüche

Bild 4.18: Pflastersteinbildung durch Oberflächenzerrüttung des Lagermetallausgusses [21, ECKA Granulate Essen GmbH]

4.2 Verschleißerscheinungsformen bei Hydrodynamik und Mischreibung

Diese Erscheinungen treten an dickwandigen Verbundlagern mit gegossenen Lagermetallschichten aus Pb- oder Sn-Basislegierungen (Weißmetall) auf, wie sie beispielsweise für Schiffsdieselmotoren, Turbinen, Generatoren und für Nockenwellenlager in Fahrzeugmotoren verwendet werden. Die Schichtdicken liegen abhängig vom Wellendurchmesser zwischen 1,5 und 6 mm. Der Vorteil des Weißmetalls liegt – abgesehen von den ausgezeichneten Notlaufeigenschaften – in der guten Anpassungs- und Schmutzeinbettungsfähigkeit (vgl. Kap. 4.2.2 Einbettung). Als Ursachen für die Minderung der Dauerfestigkeit sind zu nennen [21]:

- betriebliche Fehler
  örtliche Überlastung (Wechsellast) oder örtliche hohe Pressungen durch Kantenträger, Unwucht, Schwingungen, loser Lagersitz

- herstellungsbedingte Fehler
  Schwachstellen in der Bindungszone durch Beiz- und Flussmittelreste (Porenbildung), durch ungleichmäßige Abkühlung nach dem Eingießen des Lagermetalles und/oder ungleichmäßiges Vorwärmen des Stahlstützkörpers, durch zu hohen Wasserstoffgehalt (> 2ppm) im Stahlstützkörper hervorgerufene Blasenbildung, durch zu geringen Ferritgehalt im Stahlstützkörper (gute Bindung bei einer chemischen Zusammensetzung mit C < 0,25 %, Cr < 0,2 %, Ni < 0,5 %). Ausscheidung grober Phasen durch zu langsames Abkühlen reduzieren die dynamische Belastbarkeit.

Risse können auch in Verbindung mit örtlichen Überhitzungen (Brandrisse) oder einfach durch Erreichen der Ermüdungslebensdauer auftreten.
Durch Wahl einer Lagerlegierung mit höherer Zeitfestigkeit und Überprüfung der Betriebsbedingungen mit den der Auslegung zugrundegelegten Daten ist eine Abhilfe möglich.

Bei dünnwandigen Zwei- und Dreischichtlagern mit dem Aufbau Stützschale/Lagermetallschicht, bzw. Stützschale/Lagermetallschicht/Nickeldamm als Diffusionssperre und galvanisch

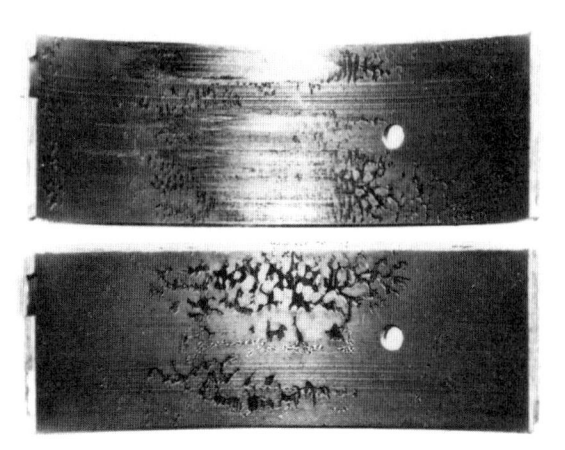

Bild 4.19: Borkenkäferartige Ausbrüche entlang von Rissbildungen durch Oberflächenzerrüttung in der Lagermetallschicht einer Lagerschale (Durchmesser 50 mm) eines PKW-Motors nach 30 000 km

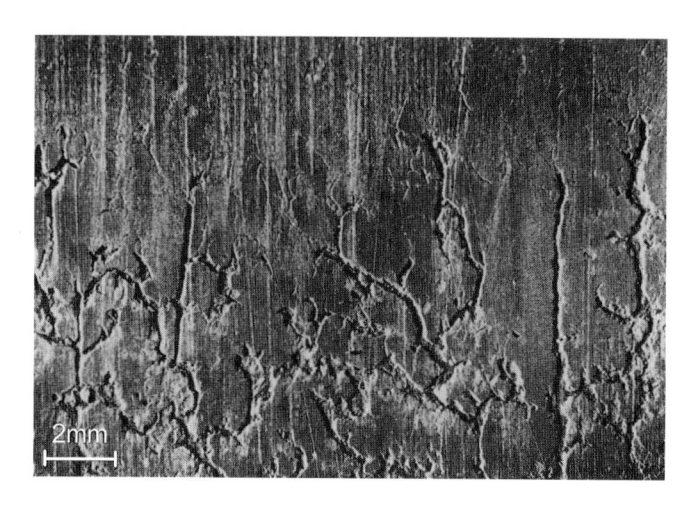

Bild 4.20: Borkenkäferartige Ausbrüche entlang von Rissbildungen in der Gleitschicht einer Lagerschale durch Oberflächenzerrüttung [13]

aufgebrachte Gleitschicht aus einer Pb- oder Sn-Legierung, wie sie für Haupt- und Pleuellagerungen von Fahrzeugmotoren verwendet werden, erfolgt die Zerrüttung der Lagermetallschicht bzw. der Gleitschicht durch die Bildung eines Rissnetzwerks, das viel feiner ist als bei den dickeren Weißmetallausgüssen. Durch feine Ausbrüche und Erosion verbreitern sich im weiteren Betrieb die Risse. Man spricht in diesem Fall von „borkenkäferartigen Ausbrüchen", **Bild 4.19** und **4.20**, da die Risse gelegentlich dem Fraßbild eines Borkenkäfers in der Baumrinde ähnlich sind. Ursachen können örtliche Überlastung durch zu hohe Lagerkräfte oder hohe örtliche Pressung, z. B. bei Kantenträgern, sein.

Der Zerrüttung in derartigen Mehrschichtlagern kann man durch Reduzierung der Gleitschichtdicke in vielen Fällen begegnen. Die Dauerfestigkeit nimmt mit abnehmender Schichtdicke progressiv zu [12, 14]. Hohe Werte werden bei Schichtdicken des Lagermetalls um 0,1 mm erzielt. Schichten mit höchsten Dauerfestigkeiten werden z. B. durch Sputtern (PVD-Schichten) von AlSn20 auf eine Lagermetallschicht aus Bleibronze CuPb22Sn erreicht [25, 26]. Die positiven Eigenschaften sind im Gegensatz zu den galvanisch abgeschiedenen Schichten in den hier vorliegenden Druckeigenspannungen zu vermuten.

Neuere Entwicklungen stellen die sogenannten Rillenlager dar, mit denen sich höhere Belastungen und längere Laufzeiten erzielen lassen [25 bis 27]. Diese weisen auf der Stützschale eine Lagermetallschicht z. B. aus CuPb22Sn oder AlSn6 auf, deren in Umfangsrichtung verlaufende Rillen mit einem Laufschichtmetall, z. B. PbSn18Cu2, ausgefüllt sind. Laufschichtmetall und Lagermetall sind durch einen Ni-Damm getrennt, **Bild 4.21**. Das Verhältnis Laufschicht zu Lagermetallsteg beträgt etwa 3:1. Während die dazwischen liegenden Lagermetallstege überwiegend die mechanische Beanspruchung aufnehmen, ist das in den Rillen befindliche weiche Laufschichtmetall für die Gleiteigenschaften zuständig. Zerrüttungsschäden in Form von anfänglichen Rissen und späteren Ausbrüchen entwickeln sich begrenzt im Laufschichtmetall.

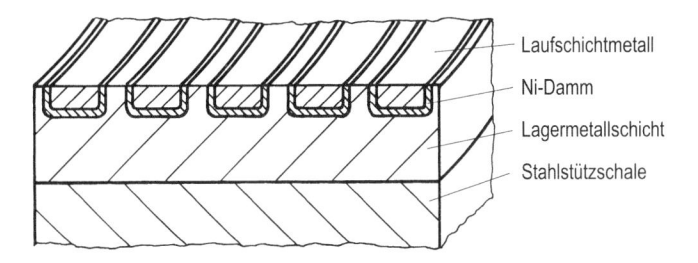

4.2 Verschleißerscheinungsformen bei Hydrodynamik und Mischreibung

Bild 4.21: Aufbau eines Rillenlagers

4.2.5 Ungleichmäßiges Tragbild

Ein Einlauf mit gleichmäßigem Tragbild und die Ausbildung eines entsprechenden Laufspiegels sind erwünscht. Die kennzeichnenden Erscheinungsformen eines ungleichmäßigen Tragbildes dagegen sind glänzende, geglättete oder geriefte Anlaufspuren, starker örtlicher Verschleiß im Hauptbelastungsbereich oder an Druckstellen mit sanftem An- und Auslauf. Ungleichmäßige Tragbilder sind für Gleitlagerschalen in **Bild 4.22** bis **4.25** wiedergegeben.

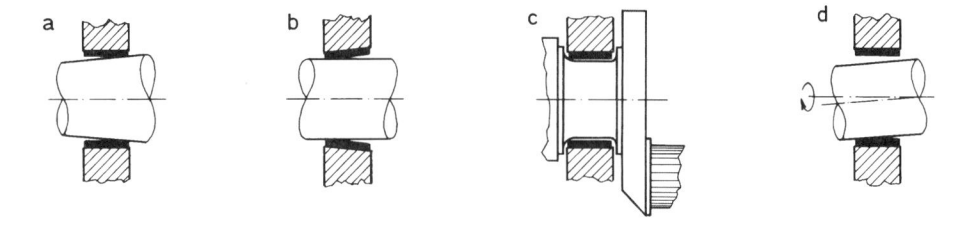

Bild 4.22: Möglichkeiten für die Ausbildung ungleichmäßiger Tragbilder [18, Miba-Gleitlager-Handbuch]
a) konisch geschliffener Zapfen, b) konische Gehäusebohrung, c) Radius zwischen Lagerzapfen und Kurbelwellenwange zu groß, d) Kurbelwelle nicht ausgewuchtet, daher übermäßige Verformung im Betrieb

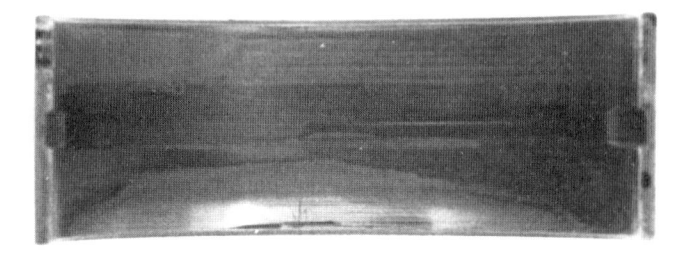

Bild 4.23: Ungleichmäßiges Tragbild durch einseitigen Kantenträger [18, Miba-Gleitlager-Handbuch]

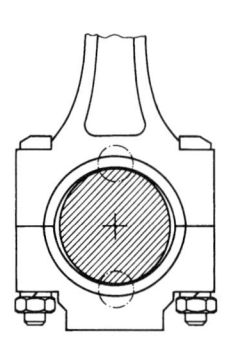

Bild 4.24: Ungleichmäßiges Tragbild durch querovale Grundbohrung [18, Miba-Gleitlager-Handbuch]

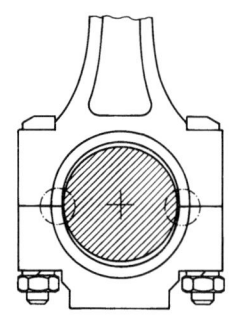

Bild 4.25: Ungleichmäßiges Tragbild durch hochovale Grundbohrung [18, Miba-Gleitlager-Handbuch]

Möglicherweise enthält die Laufschicht auch bereits Risse. Insbesondere bei Gleitlagern sind ungenügende Anpassung und somit ungleiche Druckverteilung, die hauptsächlich auf Flucht-, Form- und Montagefehler zurückzuführen sind, Anlass für Schäden [16, 18].

4.2.6 Rattermarken

Muster durch weitgehend periodisch auftretende Vertiefungen und Erhöhungen der Oberfläche prägen diese Erscheinungsform, **Bild 4.26**. Voraussetzung für die Entstehung sind oszillierende Bewegungsabläufe, die vor allem durch Unterschiede zwischen Haft- und Gleitreibungszahlen angeregt, sowie vom elastischen Verhalten des Systems (Federkonstante), der Relativgeschwindigkeit und Dämpfung beeinflusst werden (selbsterregte Schwingungen). Dieses sog. Ruck-Gleiten oder die als Stick-Slip-Vorgänge (vgl. Kap. 2.2.3 Reibungsarten) bezeichneten ruckartigen Bewegungen eines schwingungsfähigen Systems treten um so eher auf, je kleiner die Relativgeschwindigkeit, je kleiner die Federkonstante und je größer die Differenz zwischen Haft- und Gleitreibungszahl ist. Entscheidend ist eine mit steigender Gleitgeschwindigkeit kleiner werdende Reibungszahl.

4.2 Verschleißerscheinungsformen bei Hydrodynamik und Mischreibung

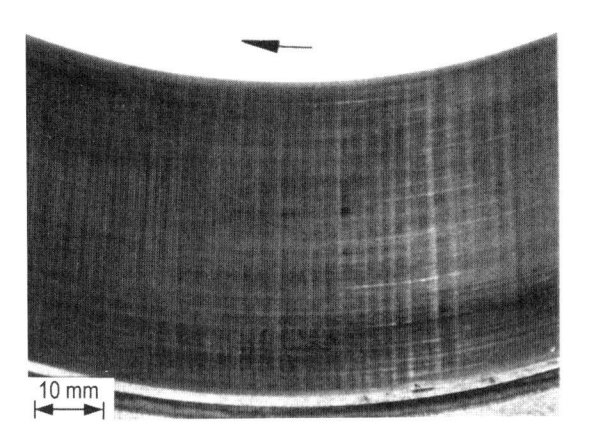

Bild 4.26: Rattermarken auf einer Nickeldispersionsschicht der Lauffläche eines Wankelmotors; der Pfeil gibt die Gleitrichtung der Dichtleiste an [28, VDI 3822, Blatt 5]

Das Rattermarken ähnliche Muster, **Bild 4.27**, das sich in der großflächigen Verschleißzone des Hauptbelastungsbereiches einer Gleitlagerschale abbildet, beruht möglicherweise wegen der anders gearteten tribologischen Struktur auf anderen Ursachen.

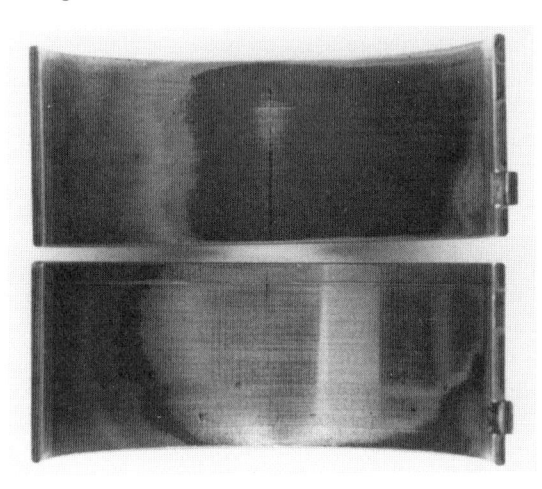

Bild 4.27: Großflächiger Verschleiß der Laufschicht mit Rattermarken ähnlichem Muster in der Hauptbelastungszone [18, Miba-Gleitlager-Handbuch]

Rattermarken werden auch bei Zerspanungsvorgängen mit stumpfem Werkzeug und falscher Einspannung beobachtet. Bei Maschinenbettführungen kann es dadurch zu ungleichmäßigem Vorschub kommen.

Eine Möglichkeit der Verbesserung besteht darin, bei einem Reibungssystem die paarungs- und schmierstoffbedingte Differenz zwischen Haft- und Gleitreibungszahl sowie die Belastung möglichst gering, außerdem die Steifigkeit, die Relativgeschwindigkeit und bewegte Masse groß zu wählen.

4.2.7 Fresser

Fresser ist ein Oberbegriff für eine adhäsiv bedingte Verschleißerscheinungsform, die nur bei Relativgeschwindigkeiten auftritt und sich durch eine in Bewegungsrichtung verlaufende streifige Aufrauung und Zerklüftung auszeichnet, **Bild 4.28** bis **4.32**. Durch die adhäsive Wirkung werden Werkstoffbereiche herausgerissen, so dass Vertiefungen zurückbleiben. Wiederholte Übergleitungen der Oberfläche glätten die aufgerauten Bereiche teilweise wieder ein. Erst bei höherer Vergrößerung erkennt man in der Regel weitere Details, für die sich eigenständige Bezeichnungen eingebürgert haben, wie Werkstoffübertrag (vgl. Kap. 4.2.8), der sich aus dem herausgerissenen Werkstoff gebildet hat, und Schubrisse (vgl. Kap. 4.2.9), die im Riefengrund zu beobachten sind und bereits durch eine einmalige mechanische Beanspruchung entstehen können. Im fortgeschrittenen Stadium finden sich infolge der entstandenen Reibungswärme auch Anzeichen einer Überhitzung, die sich in starker Verformung, in Anlauffarben und Rissbildung äußern. Diese Risse entstehen durch wiederholte mechanische und thermische Beanspruchung (vgl. Kap. 4.2.10 Brandrisse). Bei (härtbaren) Eisenwerkstoffen kommen Anlass- und Neuhärtungszonen (vgl. Kap. 4.2.11 Gefügeänderung) hinzu, die bereits durch eine einmalige intensive mechanische Beanspruchung infolge einer Temperatureinwirkung erzeugt werden können. Die Abmessungen der Fresser reichen vom Mikro- bis Dezimeterbereich.

Die Tragschlaufenlagerung einer 220 t-Stahlgießpfanne ist durch Fressererscheinungen und Riefenbildung ausgefallen, Bild 4.28. Eingedrungene feste Fremdstoffe sind überwiegend für die Riefen verantwortlich, während die Fresser lokal durch Verschleißpartikel initiiert wurden. Dieses örtliche einsetzende Fressen führt schnell zur Komplettzerstörung der Gleitfläche.

Bild 4.28: Fresser und Riefenbildung an der Zapfenhülse einer Tragschlaufenlagerung einer 220 t-Stahlgießpfanne [E. Gülker]

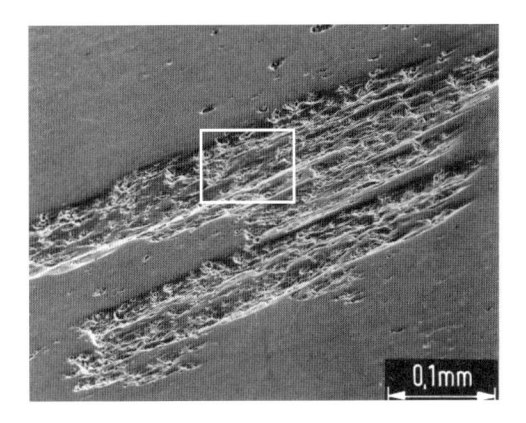

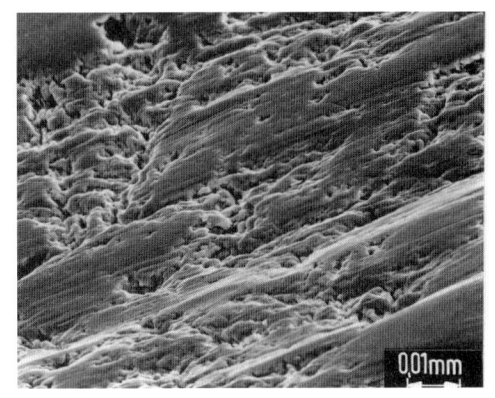

4.2 Verschleißerscheinungsformen bei Hydrodynamik und Mischreibung

Bild 4.29: Fresser an einem einsatzgehärteten Kolben aus C15 nach 400 Betriebsstunden

Bild 4.30: Fresser infolge zu kleinem Einbauspiels [Alcan Aluminiumwerke Nürnberg GmbH]

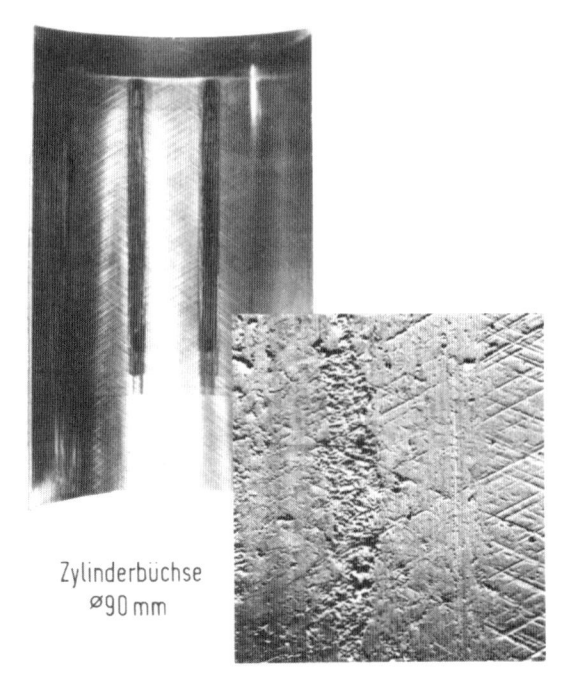

Bild 4.31: Fresser an einer Zylinderbüchse

Bild 4.32: Fresser an einem nitrierten Kolben eines Radialkolbenmotors für einen Windböenkanal (n = 190 U/min, p = 250 bar)

Laufende Drahtseile, z. B. für Krananlagen und Aufzügen, unterliegen einer vielseitigen Beanspruchung, aus der die wichtigsten Schadensarten wie Schwingbrüche und Verschleiß der sowohl innen als auch außen liegenden Drähte resultieren [29, 30]. Außer auf Zug werden die wendelförmigen Einzeldrähte auch auf Biegung und Torsion beansprucht. Dadurch erfahren benachbarte Drähte eine Druckbeanspruchung in den punktförmigen inneren Kontaktstellen. Die Relativbewegungen, die aus der Betriebsweise aufgrund von Beschleunigungen, Verzögerungen und Laständerungen in Form von Schlupf resultieren, führen zu Verschleiß an den inneren Kontaktstellen. Um den Verschleiß zu begrenzen, werden die Seile bereits bei der Herstellung geschmiert, müssen aber auch regelmäßige Nachschmierungen erfahren, da mit zunehmender Lebensdauer die Schmierstoffmenge an die Seiloberfläche gelangt und sich somit erschöpfen kann. Im Laufe der Beanspruchung kommt es auch an den Kontaktstellen der Drähte zu Schwingungsverschleiß [30], vgl. auch Kap. 5, insbesondere Kap.5.3 Reibdauerbrüche.

Laufen die Seile in Rillen von Seilscheiben oder Trommeln ergeben sich zusätzliche Beanspruchungen in den äußeren Kontaktstellen durch die Pressung. In den Kontaktstellen zwischen den außen liegenden Drähten und den Rillen der Seiltrommel oder Seilscheiben bilden sich auf den Drahtkuppen elliptische Verschleißflächen, **Bild 4.33**. Die Flächenpressungen in den Kontaktpunkten, die im Allgemeinen nach Hertz berechnet werden, erreichen nach Literaturangaben Werte zwischen 500 und 5000 N/mm^2. Wenn das Seil auch noch aus der Rillenebene seitlich durch Schräglauf ausgelenkt wird, stellt sich eine Wälzbewegung auf der Rillenflanke ein, wodurch das Seil einem Gleit- und Wälzverschleiß unterliegt. Durch die Reibung an der Rillenflanke erfährt das Seil zusätzlich auch noch eine Torsionsbeanspruchung. Die verschleißbedingte Querschnittsschwächung der Drähte reduziert die Lebensdauer durch Schwingbrüche, Bild 4.33, die etwa in der Mitte der Kontaktstelle senkrecht zur Drahtachse

4.2 Verschleißerscheinungsformen bei Hydrodynamik und Mischreibung

verlaufen und meist scharfkantig ausgebildet sind, sofern keine Sekundärverformung überlagert ist. Bei fortschreitender Seilschwächung durch die Schwingbrüche kommt es zu Gewaltbrüchen einzelner Drähte, die im Bruchbereich im Gegensatz zu den Schwingbrüchen eine Einschnürung aufweisen.

Bild 4.33: Drahtseil (Durchmesser 16 mm) mit Schwingbrüchen in den elliptischen Verschleißmarken; durch die Zugbelastung werden die Bruchflächen auseinandergezogen

Bild 4.34: Drahtseil (Durchmesser 16 mm) mit Fressern auf den äußeren elliptischen Verschleißmarken

Aus den Verschleißerscheinungen auf der elliptischen Kontaktfläche lässt sich die Gleitrichtung ablesen, die in **Bild 4.34** in Richtung der Seilachse erfolgt ist. Bei seitlicher Ablenkung des Seiles aus der Seilscheibenebene (Schrägzug) bilden sich dagegen Riefen quer zur großen

Längsachse der elliptischen Kontaktzone. Da die Ablenkung eine zusätzliche Beanspruchung darstellt und die Aufliegezeit des Seiles durch Verschleiß verringert, wird in DIN 15020-1 [31] empfohlen, bei Seiltrieben mit drehungsfreien bzw. drehungsarmen Drahtseilen Ablenkungen von > 1,5° nicht zu überschreiten. Die Anzahl der Drahtbrüche nimmt deutlich mit steigendem Schrägzugwinkel zu [30]. Unabhängig von Drahtbrüchen muß nach DIN 15020-2 [32] bei einer Verringerung des Seildurchmessers durch Verschleiß um 10 % oder mehr das Seil abgelegt werden. Die aufgetretenen Fresser, **Bild 4.35**, weisen auf eine ausgesprochene Mangelschmierung hin d. h. der Schmierstoff, mit dem das Seil getränkt war, war zum Zeitpunkt des Fressens nicht mehr wirksam.

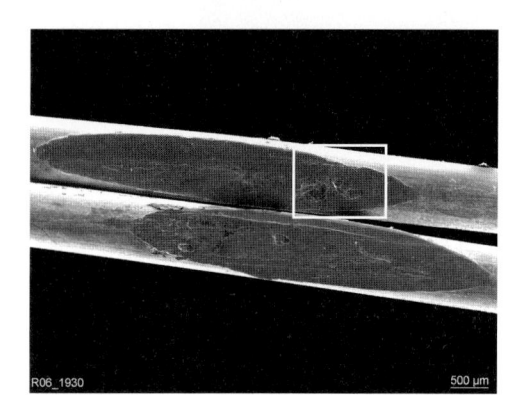

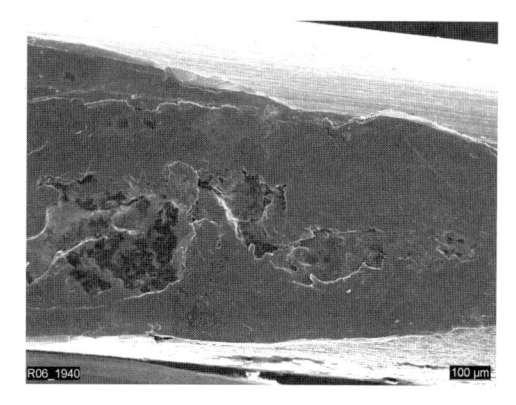

Bild 4.35: Fresser mit eingeglätteter Umgebung auf der äußeren Verschleißmarke, Ausschnitt aus Bild 4.34

In [33, 34] sind neben Verformungen, Brüchen, mechanischen Beschädigungen und Korrosion auch Verschleißerscheinungen an Drahtseilen dargestellt.
Durch eine Nachschmierung verringert sich der Verschleiß an den Kontaktstellen, wodurch bei gleichzeitiger Glättung die Lebensdauer des Seiles erhöht. Eine weitere seilschonende Maßnahme stellt die Verwendung von Kunststoffen für die Auskleidung von Rillen in Scheiben aufgrund besserer Anschmiegung dar. Dadurch bilden sich keine querschnittsschwächenden Kontaktstellen. Die Lebensdauer erhöht sich nach [35, 36] deutlich.

Der Schadensablauf des Fressens ist im Allgemeinen eskalierend, beginnt örtlich nach Durchbrechen von Adsorptions- und Reaktionsschichten oder eines trennenden Schmierfilms mit Kaltverschweißungen, Werkstoffübertrag, Bildung von Riefen und setzt sich in kleineren Bereichen fort, die dann auch größere Gebiete umfassen können. Infolge der Relativbewegung werden diese Schweißstellen sofort wieder auseinandergerissen, wodurch starke Aufrauung entsteht. Der Mehrstufenprozess, an dem primär Adhäsion und sekundär Abrasion beteiligt sind, kann sehr schnell ablaufen oder sich über längere Zeit hinziehen, bis es schließlich zum Festgehen der Paarung und zum Stillstand der Maschine kommt. Bei Wälzpaarungen insbesondere bei Zahnrädern wird zwischen Warmfressen (der Schmierfilm versagt bei erhöhter Temperatur im Schmierspalt aufgrund hoher Reibungswärme und hoher Gleitgeschwindigkeit) und Kaltfressen (Schmierfilm versagt aufgrund hoher Pressung bei niedriger Geschwindigkeit) unterschieden.

Als Ursachen für Fressen sind zu nennen:

- zu Adhäsion neigende Paarung (zu geringe Härte, ferritisches oder austenisches Gefüge)
- überhöhte Beanspruchung (Pressung, Geschwindigkeit, Temperatur)
- nicht auf Paarung und Beanspruchung abgestimmter Schmierstoff (ungeeignete Additive, zu geringe Viskosität)
- Mangelschmierung
- zu große Oberflächenrauheit
- zu geringes Einbauspiel
- Verschleißpartikel in der Kontaktzone.

Abhilfe liegt in der Vermeidung der aufgeführten Ursachen.

4.2.8 Werkstoffübertrag

Die Erscheinung des Werkstoffübertrags oder Materialtransfers ist häufig in Zusammenhang mit Fressern zu beobachten. Er äußert sich in schichtartigen (oftmals mehrfach übereinanderliegenden) schuppen- und kuppenförmigen, manchmal auch großflächigen Werkstofferhöhungen, **Bild 4.36** bis **4.40**. Wird der übertragene Werkstoff durch die Gleitbewegung mitgenommen, so hinterlässt er Riefen. Auch an Kanten überstehende, keilförmige Überschiebungen, die einen Werkstoff des Gegenkörpers enthalten, werden beobachtet. Auf dem Gegenkörper treten Vertiefungen mit rauem, aufgerissenem Grund auf. Mikroskopisch ist der Werkstoffübertrag, der bei Wälzlagern auch als Auf- oder Anschmierung bezeichnet wird, stark verformt und weist oftmals Ausbrüche und an den Rändern Anrisse auf.

Bild 4.36: Werkstoffübertrag von gehärtetem Temperguss auf Sinterhartmetall infolge von Mangelschmierung [28, VDI 3822, Blatt 5]

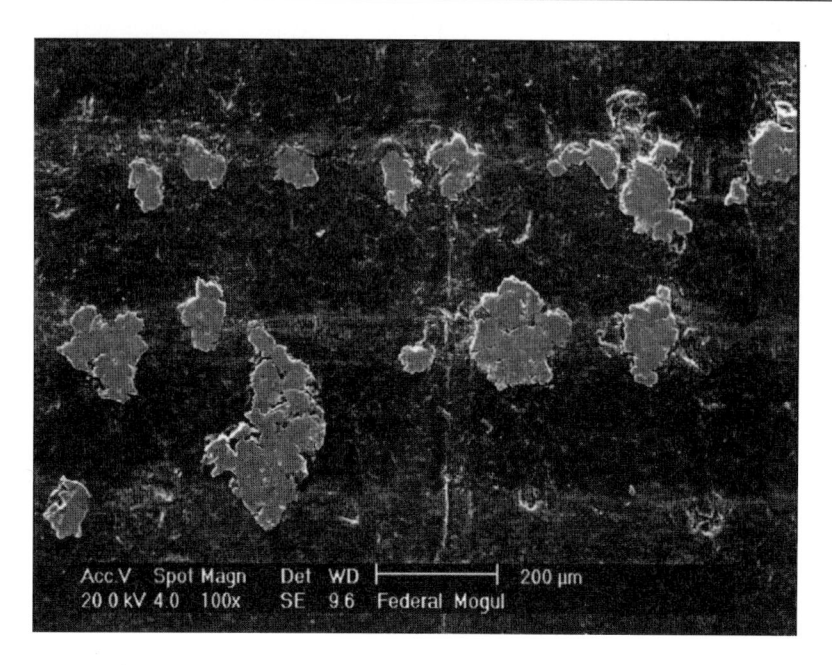

Bild 4.37: Werkstoffübertrag von Fe-Partikeln auf einen Kolben aus einer Al-Legierung [Federal-Mogul Burscheid GmbH]

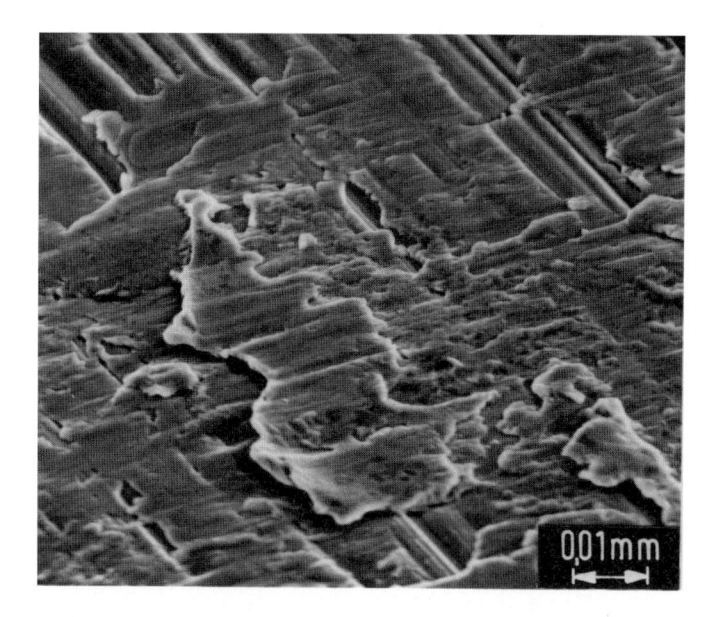

Bild 4.38: Werkstoffübertrag auf einen Schlagkolben, Ausschnitt aus Bild 4.45

4.2 Verschleißerscheinungsformen bei Hydrodynamik und Mischreibung 67

Bild 4.39: Werkstoffübertrag auf einen Zylinder aus St52 einer Unterwasserramme

Bei der in Bild 4.40 aufgeführten Erscheinungsform handelt es sich um eine großflächige Werkstoffübertragung von der Gleitfläche der unteren Lagerhalbschale auf die obere Lagerschale des Festlagers eines Abgasgebläses. Die Schädigung ist bereits 6 Tage nach Inbetriebnahme aufgetreten. Ein nicht planparalleler Wellenbund und Querbewegungen der Welle führten zu einer Überbeanspruchung des Lagerwerkstoffes.

Bild 4.40: Werkstoffübertrag auf die Gleitfläche der oberen Lagerhalbschale des Axialfestlagers eines Abgasgebläses; Lagerdurchmesser 260 mm, Läufergewicht 220 kN [E. Gülker]

Die Ursachen liegen in zu Adhäsion neigenden Paarungen, die in unmittelbaren Kontakt miteinander kommen, sobald Barrieren in Form von Schmierfilm und/oder Reaktionsschichten beseitigt sind, so dass atomare Bindungen (Mikrokaltverschweißungen) entstehen können, vgl. Kap. 2.4 Verschleißmechanismen. Dabei können kleinste, kaum messbare oder größere Werkstoffmengen übertragen werden. Durch Relativbewegung entsteht sofort wieder eine Trennung. Werkstoffübertrag entsteht also dann, wenn die Mikrokaltverschweißungen stärker sind als die kohäsive Bindung in den angrenzenden Oberflächenbereichen der in Kontakt stehenden Körper, wobei Material vorwiegend im weicheren Körper abgeschert und auf den härteren übertragen wird. Der Übertrag kann auch in umgekehrter Richtung oder gegenseitig erfolgen. In der weiteren Folge wird der übertragene Werkstoff durch Übergleiten verschmiert und kaltverfestigt. Aus der sich dabei bildenden zungenförmigen Schicht bricht Material aus, woraus der Verschleiß hauptsächlich resultiert.

Abgesehen von der Verwendung wenig adhäsionsfreudiger Paarungen, z. B. mit nitrierten Oberflächen, lässt sich diese Verschleißerscheinungsform durch ausreichende Schmierstoffversorgung, auf Paarung und Beanspruchung abgestimmten Schmierstoff und gegebenenfalls durch Herabsetzung der Beanspruchung und Erhöhung der Härte verringern bzw. vermeiden.

4.2.9 Schubrisse

Diese Risse stellen meist quer zur Gleitrichtung verlaufende linienförmige Werkstofftrennungen dar, **Bild 4.41** bis **4.44**, die auch eine zusätzliche Verästelung von Mikrorissen aufweisen können. Sie treten dann auf, wenn die Schubfestigkeit durch zu hohe, einmalige Beanspruchung überschritten wird. Man findet solche Risse im Bereich von Fressern, insbesondere im Riefengrund von Fressriefen. In der Regel sind die Risse aufgrund der starken plastischen Verformung aufgeweitet. Anhand der aufgestellten Werkstoffbereiche kann die Gleitrichtung des Gegenkörpers festgestellt werden, Bild 4.42. Bei mehrmaligem Übergleiten unter Beibehaltung des Richtungssinns werden die aufgestellten Gefügebereiche wieder einge-

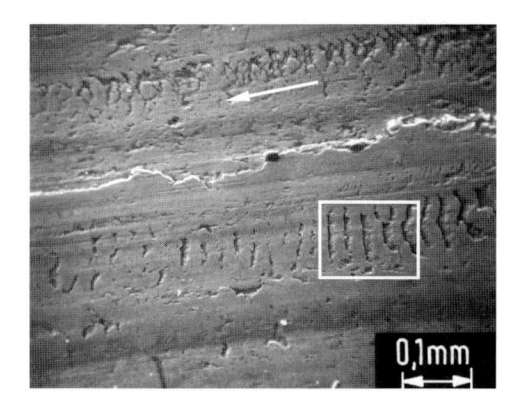

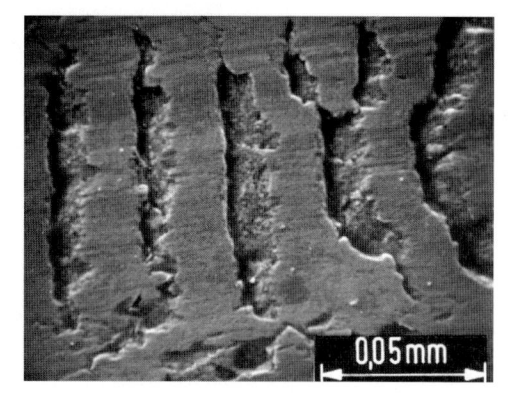

Bild 4.41: Schubrisse auf dem Verdränger aus St50 einer Teerpumpe infolge Anstreifens an den Bund der Innenbüchse
links: Übersicht (Pfeil gibt die Gleitrichtung des Gegenkörpers wieder); rechts: Ausschnitt

4.2 Verschleißerscheinungsformen bei Hydrodynamik und Mischreibung 69

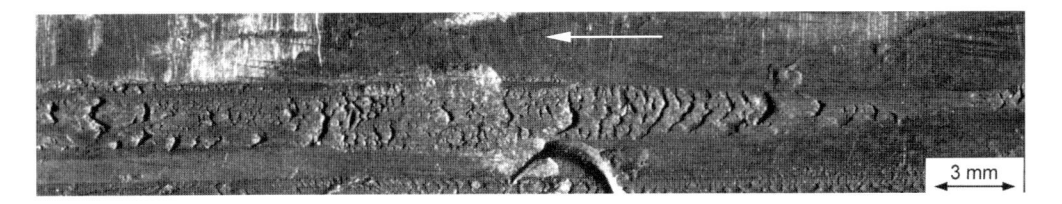

Bild 4.42: Schubrisse im Bereich von Fressern auf der Gleitfläche eines Zylinders aus St52 einer Unterwasserramme (Pfeil gibt die Gleitrichtung des Gegenkörpers wieder)

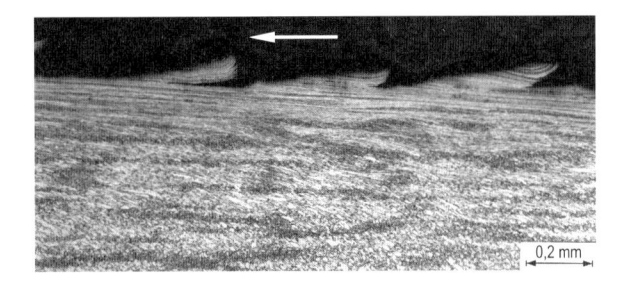

Bild 4.43: Längsschliff durch den Fresser mit den aufgestellten Werkstoffbereichen in Bild 4.42 (Pfeil gibt die Gleitrichtung des Gegenkörpers wieder)

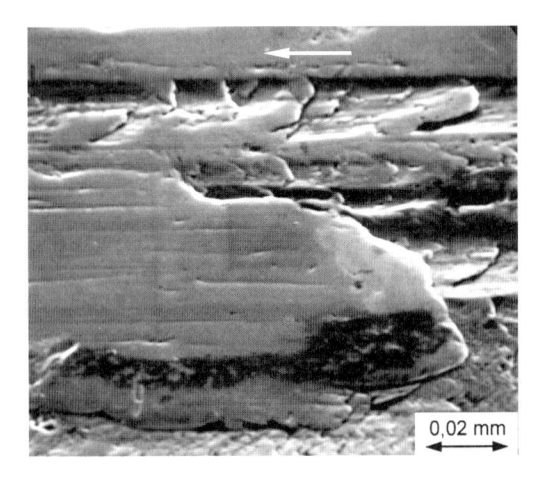

Bild 4.44: Schubrisse im Bereich von Fressern an einer einsatzgehärteten Kolbenstange (Pfeil gibt die Gleitrichtung des Gegenkörpers wieder)

ebnet und geglättet. Eine Ermittlung der Gleitrichtung kann sich in diesem Falle ohne zusätzliche Kenntnis der Betriebsbeanspruchung als schwierig erweisen.

Abhilfe siehe Kap. 4.2.7 Fresser und 4.2.8 Werkstoffübertrag.

4.2.10 Brandrisse

Diese Erscheinungsform ist durch zahlreiche parallel verlaufende Einzelrisse oder durch ein ausgeprägtes Rissnetz mit Hauptrissen quer zur Gleitrichtung gekennzeichnet, **Bild 4.45** bis **4.50**. Die Rissbildungen werden verursacht durch hohe Schubbeanspruchung, oftmals mit wechselnder Richtung, bei gleichzeitig hoher thermischer Beanspruchung infolge von ungenügend abgeführter Reibungswärme und/oder durch Mangelschmierung. Im Gefüge werden je nach Höhe der Temperatureinwirkung Gefügeänderungen beobachtet, die von Anlassvorgängen bis zur Reibmartensitbildung reichen, vgl. Kap. 4.2.11 Gefügeänderung. In diesen durch Mangelschmierung geprägten Bereichen kann die erhöhte Temperatur zusätzlich auch eine Verfärbung der Oberfläche bewirken. Von den Brandrissen sind die Thermoschockrisse abzugrenzen, die ohne tribologische Beanspruchung entstehen.

Bei dem Schlagkolben, Bild 4.45, sind in periodischen Abständen am Umfang vermutlich infolge von Welligkeiten, die durch dynamische Instabilitäten beim Schleifprozess entstanden

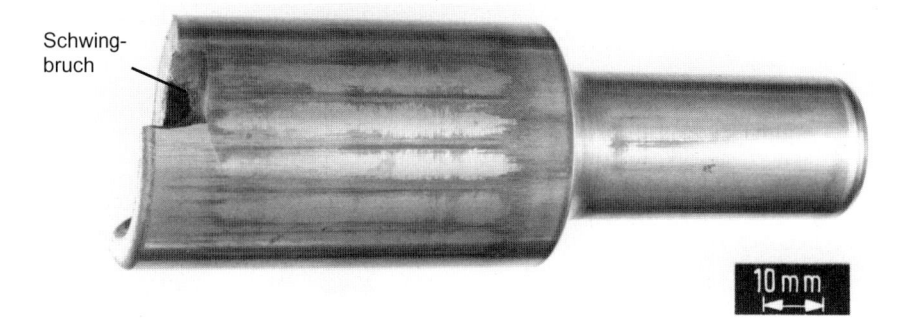

Bild 4.45: Werkstoffübertrag und Brandrisse im Bereich von Fressern an einem Schlagkolben; die Rissbildung führte zum Schwingbruch

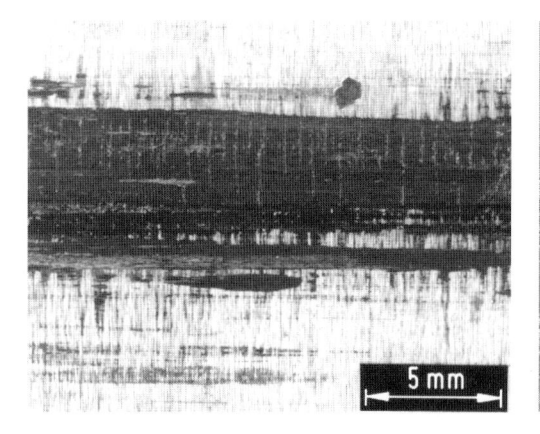

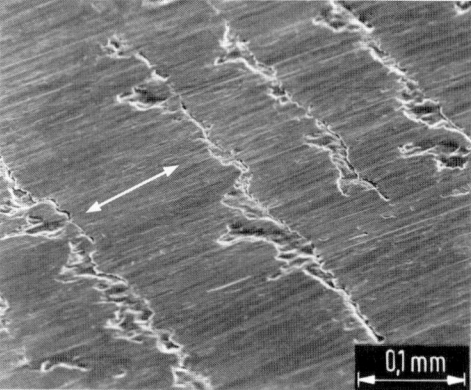

Bild 4.46: Brandrisse auf der Gleitfläche des in Bild 4.45 wiedergegebenen Schlagkolbens; links: Übersicht; rechts: Ausschnitt (Pfeil gibt die Gleitrichtung wieder)

4.2 Verschleißerscheinungsformen bei Hydrodynamik und Mischreibung

sein dürften, Fresser aufgetreten. Innerhalb der Fressspuren haben sich neben Werkstoffübertrag zahlreiche Risse gebildet, Bild 4.46 links. Das mikroskopische Erscheinungsbild in der Umgebung der Risse ändert sich bei wechselnder Gleitrichtung deutlich gegenüber einsinniger Richtung, Bild 4.46 rechts. Durch Vergleich der Schubrisse in Bild 4.43 erkennt man, dass die ursprüngliche Rissaufweitung in entgegengesetzter Richtung wieder zugeschmiert ist.
Bei entsprechender Beanspruchung können die Risse zu Gewaltbrüchen oder bei Risswachstum zu Schwingbrüchen führen, vgl. Bild 4.45.

Thermische Überbeanspruchung durch Mangelschmierung hat bei der Kurbelwelle, Bild 4.47 ebenfalls zu Brandrissen geführt.

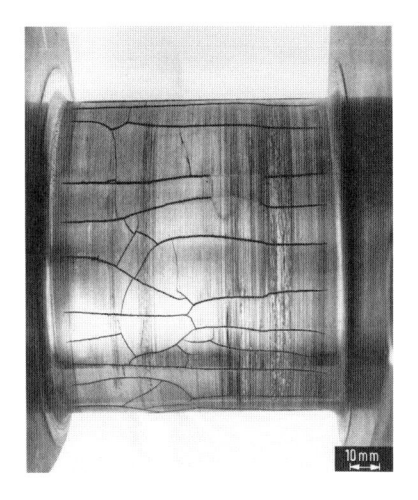

Bild 4.47: Brandrisse an einer Kurbelwelle infolge von Mangelschmierung (Risse durch Magnetpulverprüfung sichtbar gemacht) [28, VDI-Richtlinie 3822, Blatt 5]

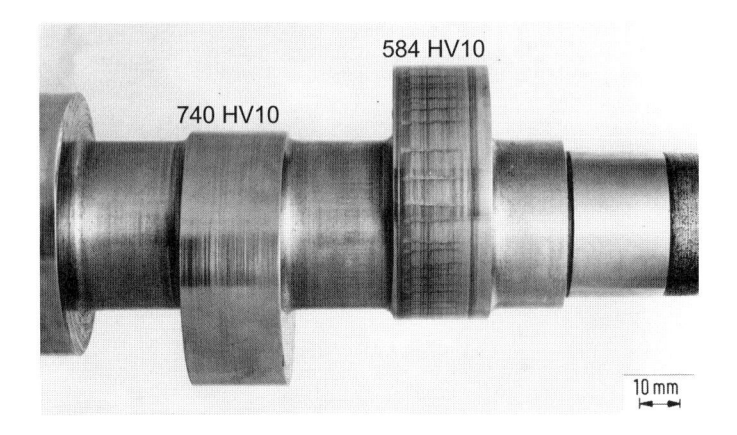

Bild 4.48: Brandrisse infolge von Mangelschmierung auf der Lauffläche eines Nockens einer Pumpennockenwelle; Risse sind von einem Härteabfall begleitet

Brandrisse sind häufig bei gehärteten Werkstoffen von Anlassvorgängen begleitet, wenn die im Gleitkontakt sich entwickelnde Temperatur unterhalb der Austenitisierungstemperatur bleibt. Ein derartiges unerwünschtes Anlassen wirkt sich je nach Stahlzusammensetzung unterschiedlich auf die Höhe der Härte aus (unterschiedliches Anlassverhalten). Bei der in Bild 4.48 wiedergegebenen Pumpenwelle ist die Härte des Nockens mit der Rissbildung von ursprünglichen 740 HV 10 auf 584 HV 10 abgefallen.

Ein weiteres Beispiel für Brandrisse durch Mangelschmierung mit deutlichen Gleitspuren am Mittelbord eines Pendelrollenlagers geht aus Bild 4.49 hervor. Die Temperaturauswirkung auf das Gefüge ist in Bild 4.51 ersichtlich.

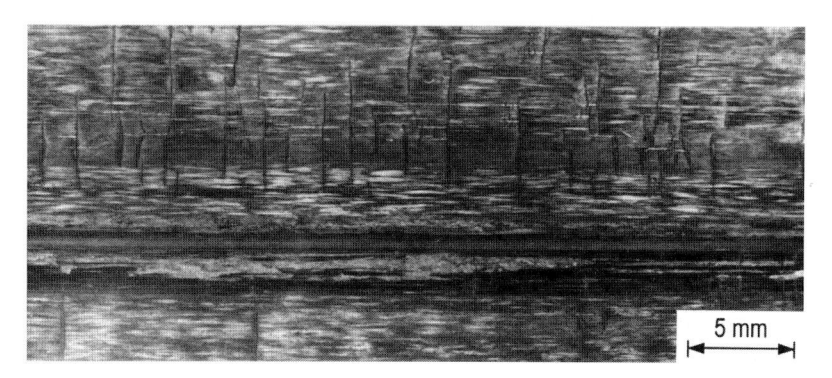

Bild 4.49: Brandrisse und Gleitspuren am Mittelbord eines Pendelrollenlagers [Schaeffler KG]

Die auf verchromten Kolbenringen zu beobachtenden Brandrisse, Bild 4.50, können im fortgeschrittenen Stadium zu pflastersteinartigen Ausbrüchen oder sogar aufgrund der Kerbwirkung auch zu Schwingbrüchen der Ringe führen. Durch die tribologische Überbeanspruchung bildet sich ein gröberes Rissnetzwerk in der Chromschicht aus als das herstellungsbedingte Netz.

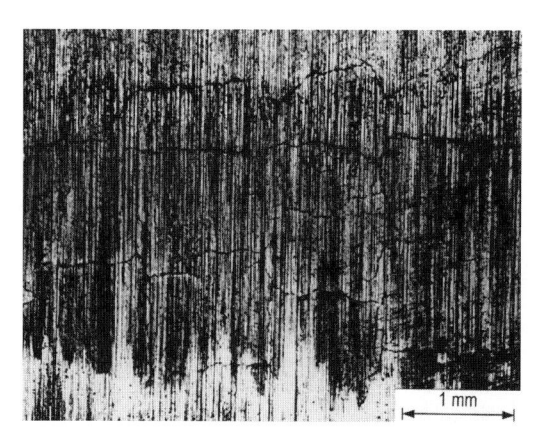

Bild 4.50: Brandrisse an einem verchromten Kolbenring (Federal-Mogul Burscheid GmbH)

Überlagert sind den Rissen flächenhaft ausgebildete und sich dunkel von der Umgebung abhebende Brandspuren, in denen Riefenstrukturen und Werkstoffübertragung (Fresser) zu finden sind.

Nach [40] bieten sich zur Standzeiterhöhung folgende Möglichkeiten an:
- Hydrodynamische Verbesserung der Laufflächengeometrie und Pressungsverteilung, z. B. durch asymmetrische Balligkeit, optimierte Radialdruckverteilung
- Tribologisch optimierte Oberflächen, z. B. Sonderläppung (günstigeres Tragbild mit Ölreservoir)
- Andere Beschichtungen, z. B. thermische Spritzschichten mittels Plasmaspritzen oder Hochgeschwindigkeitsflammspritzen (HVOF), PVD-Schichten auf der Basis von CrN und thermo-chemische Verfahren wie Nitrieren oder Nitrocarburieren.

Die ungünstige tribologische Beanspruchung im Bereich der Totpunkte beim System Zylinderlaufbuchse/Kolbenring, die zu überwiegenden Mischreibungszuständen aufgrund der Bewegungsumkehr führt, lässt sich neben den vorher genannten Maßnahmen auch durch Einbringen von Schmiertaschen mittels Laser im oberen Bereich von plateaugehonten Laufbuchsen aus Grauguss deutlich reduzieren [38]. Dadurch wird eine bessere Trennung der Gleitpartner erreicht, mit der Folge einer Verschleißreduzierung beider Partner. Untersucht wurden nutenförmige und punktförmige Laserstrukturen. Die Nuten sind überlappend in Umfangsrichtung angeordnet und weisen eine Länge von 3 mm, eine Breite von 40 bis 60 µm und eine Tiefe von 10 bis 25 µm auf. Der Durchmesser der punktförmigen Vertiefungen liegt bei 40 bis 80 µm und ihre Tiefe bei 5 bis 25 µm. Bei Laserpulsdauern im Nanosekundenbereich bilden sich überstehende unregelmäßige Schmelzstrukturen, die durch ein nachfolgendes Honen abgetragen werden müssen. Durch Verkürzen der Pulsdauern in den Femtosekundenbereich lässt sich ein schmelzfreies Abtragen erzielen [39].

4.2.11 Gefügeänderung

Diese vergleichsweise häufig auftretende Verschleißerscheinungsform entsteht bei überhöhter thermischer Beanspruchung durch örtlich konzentrierte mechanische Energieeinleitung infolge von Reib- oder Stoßbeanspruchung [40 bis 43], bei Stromübergang [44] (vgl. Kap. 4.2.13) mit nachfolgender Selbstabschreckung oder sonstigen schnell ablaufenden Schmelz- und Erstarrungsvorgängen [45 bis 48]. Bleibt bei härtbaren Eisenwerkstoffen die Temperatur unterhalb der legierungsabhängigen A_1-Temperatur (untere Umwandlungstemperatur), so ist an gehärteten Werkstoffen mit Anlasswirkungen und Härteminderungen zu rechnen, die den Verschleißwiderstand erheblich herabsetzen können. Wird diese Umwandlungstemperatur überschritten, so führt die unmittelbar anschließende sehr schnelle Selbstabschreckung durch das umgebende kalte Werkstoffvolumen zu feinkörnigem martensitischem Gefüge und bei entsprechender Legierung auch zu restaustenithaltigen Gefügen.

Im Gegensatz zu den rein thermischen Kurzzeithärtungseffekten resultiert bei Gleit- und Stoßbeanspruchung die Erwärmung aus der plastischen Verformung. Durch diese thermomechanische Verformung wird die Umwandlung beeinflusst. So wird unter Druck die Umwandlungstemperatur gesenkt und durch die hohe Aufheizgeschwindigkeit erhöht [49]. Das dabei entstehende Gefüge ist feiner und härter als das bei der normalen Kurzzeithärtung entstehende. Es wird aufgrund seiner Entstehung oder seines Aussehens als Neuhärtungszone, Reibmartensit, weiße Schicht oder auch *white ectching area* (*WEA*) bezeichnet. An der Oberfläche heben sich diese Zonen durch eine hellere Färbung von den unbeeinflussten ab, rosten normalerweise nicht so schnell, können Risse aufweisen und ausbrechen.

Im Schliff stellen sich die umgewandelten Gefügebereiche als weiße, strukturlose, häufig linsenförmige Zonen dar, die sich schwer anätzen lassen, was auf die höhere Korrosionsbeständigkeit hinweist. Die weißen Schichten sind häufig durch eine höhere Härte als bei konventioneller Wärmebehandlung gekennzeichnet. Im Übergang zum Grundwerkstoff sind normalerweise Wärmeeinflusszonen zu erkennen. Da die Aufheizgeschwindigkeit und Verweilzeit vom zeitlichen Ablauf der Gleitbewegung abhängen, wirken sich diese bei gehärteten Zuständen auf die Ausdehnung der die Aufhärtungszone umgebende Anlasszone aus, vgl. auch Kap. 6.2.1. Die Abschreckgeschwindigkeit kann so hoch sein, dass so gut wie keine Anlasszonen erkennbar sind. In den Neuhärtungszonen bilden sich hohe Druckeigenspannungen aus, die in der Anlasszone in Zugeigenspannungen übergehen [50]. Von außen aufgeprägte Zugspannungen können daher Rissbildungen begünstigen.

Neben einer temperaturbedingten Entstehung von weißen Schichten wurden auch solche beobachtet, die deutlich unterhalb der Austenitisierungstemperatur entstehen. Diese werden nach [51 bis 57] durch rein mechanische Umwandlung erzeugt. Hierzu gehören auch die Gefüge, die bei den Schienenriffeln gefunden werden, vgl. Kap. 6.4.4.

Wie die folgenden Beispiele zeigen, Bild 4.51 bis 4.59, werden solche Schäden auch an geschmierten Bauteilen beobachtet, bei denen der Schmierzustand infolge besonderer Umstände außerordentlich mangelhaft war, weshalb infolge hoher Reibung, die bis in das Gebiet des ungeschmierten Zustandes reicht, unerwartet hohe Temperaturen hervorgerufen werden.

Im Falle eines Pendelrollenlagers, **Bild 4.51**, und eines Axialpendelrollenlagers, **Bild 4.52**, [40] herrschte in der Gleitzone am Mittelbord bzw. Lagerbord ausgesprochene Mangelschmierung. Bei Kegelrollenlagern für hohe Drehzahlen besteht die Gefahr, dass der Schmierfilm zwischen den Rollen und dem Führungsbord aufgrund der Fliehkraft zusammenbricht. Man versucht daher durch konstruktive Maßnahmen wie Anbringen von Ölbohrungen am Innenring, besondere Käfiggestaltung oder Umlenkringe auf der Bordseite die Ölzufuhr zu verbessern [58].

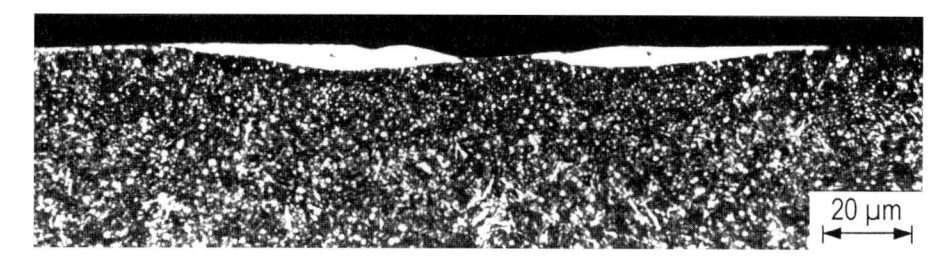

Bild 4.51: Reibmartensit am Mittelbord eines Pendelrollenlagers aus 100Cr6 im Bereich von Brandrissen, vgl. Bild 4.49 [Schaeffler KG]

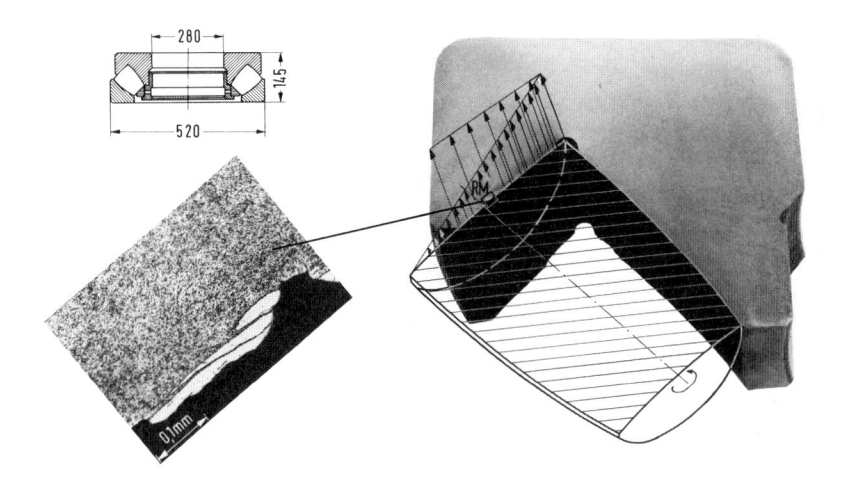

4.2 Verschleißerscheinungsformen bei Hydrodynamik und Mischreibung

Bild 4.52: Reibmartensit RM am Bord des Innenringes eines Axialpendelrollenlagers 29456E einer Kohlenstaubmühle infolge von Mangelschmierung; Gleitgeschwindigkeit 6 m/s, Härte des Reibmartensits 713 bis 863 HV 0,02 (Pfeile stellen die Geschwindigkeitsprofile dar) [40]

Während im Gefüge der Neuhärtungszonen am Mittelbord des Pendelrollenlagers, vgl. Bild 4.51, und am Innenringbord des Axialpendelrollenlagers, vgl. Bild 4.52, kaum eine dunkle Anlasszone erkennbar ist, zeichnet sich eine derartige Zone in der martensitischen Umgebung des Reibmartensits einer einsatzgehärteten Kolbenstange deutlich ab, **Bild 4.53**. Die in Verbindung mit der Reibmartensitbildung entstehenden Risse verlaufen interkristallin wie Härterisse.

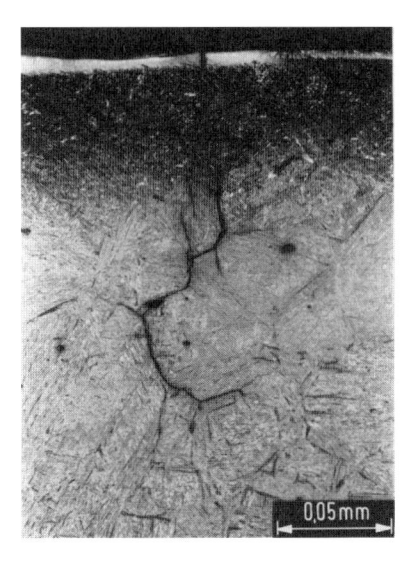

Bild 4.53: Reibmartensit mit interkristalliner Rissbildung und ausgedehnter Anlasszone an einer einsatzgehärteten Kolbenstange

Beim Ziehen von Seildrähten kommt es gelegentlich vor, dass Ziehfehler in Form von Martensitstreifen auftreten, wenn innerhalb des Ziehsteins der Schmierfilm abreißt, **Bild 4.54** [59]. Unter Betriebsbeanspruchungen können rissfreie martensitische Zonen aufreißen und zu vorzeitigen Schwingbrüchen führen. Beispiele von herstellungsbedingtem Reibmartensit auf der Drahtoberfläche sind auch zu finden in [60, 61]

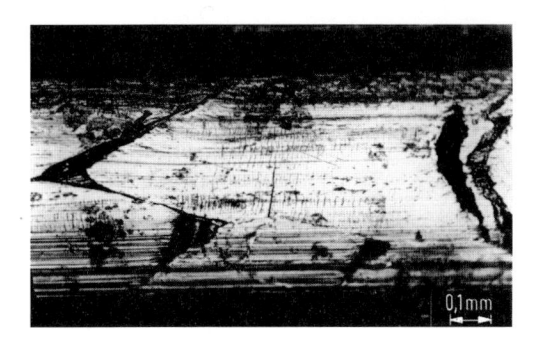

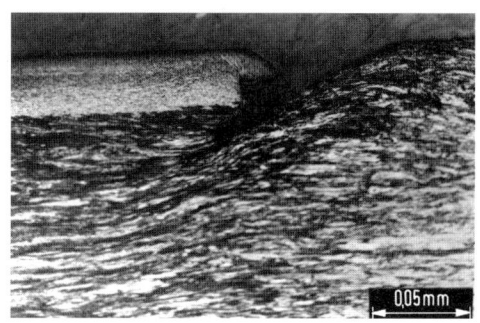

Bild 4.54: Reibmartensitstreifen mit Rissbildungen an Seildrähten infolge Schmierfilmunterbrechung während des Ziehvorganges [59];
links: Draufsicht; rechts: Längsschliff (geätzt)

Bei Ringspinnmaschinen treten manchmal an den Aufwickelelementen Ring und Läufer im Bereich der Hertzschen Kontaktzone bei nicht ausreichender natürlicher Faserschmierung lokal Fresserscheinungen an der Ringlauffläche auf [62, 63], **Bild 4.55**. Der auf dem Ring gleitende Läufer wird von der Spindel über den Faden als verbindendes Element angetrieben. Die dabei übertragenen Werkstoffmengen vom rotierenden Läufer in der Kontaktfläche sind

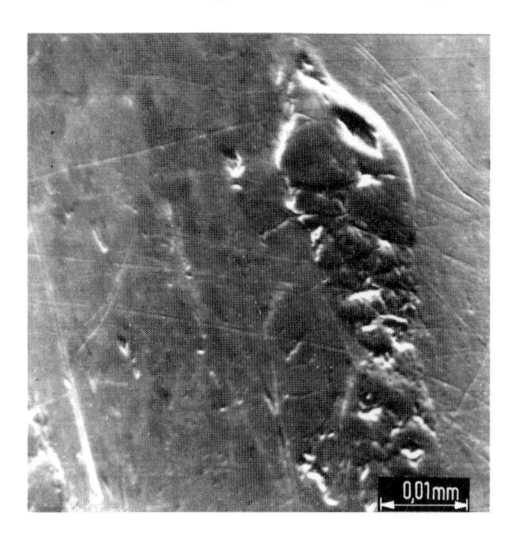

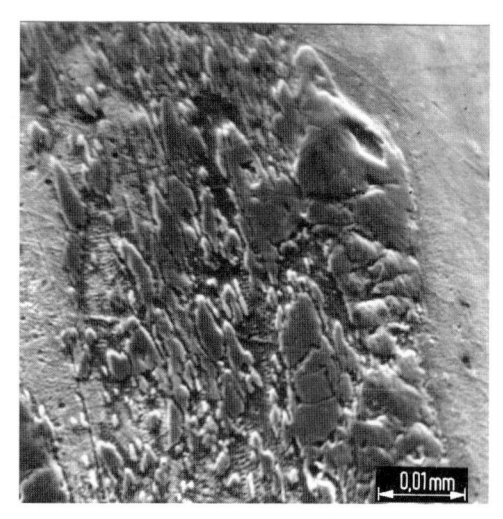

Bild 4.55: Werkstoffübertrag auf der Spinnringlauffläche, der als weiße Schicht ausgebildet ist; links ungeätzt, rechts geätzt, vgl. Bild 4.56 [G. Stähli]

4.2 Verschleißerscheinungsformen bei Hydrodynamik und Mischreibung

sehr klein und weisen im Schliff ein strukturarmes martensitisches Gefüge auf, **Bild 4.56**, das sich schwerer anätzen lässt als die unbeeinflusste Umgebung. Dieses Verhalten lässt sich nutzen, um durch Anätzen der Oberfläche das tatsächliche Ausmaß einer Werkstoffübertragung mit martensitischer Umwandlung sichtbar zu machen, Bild 4.55 rechts.

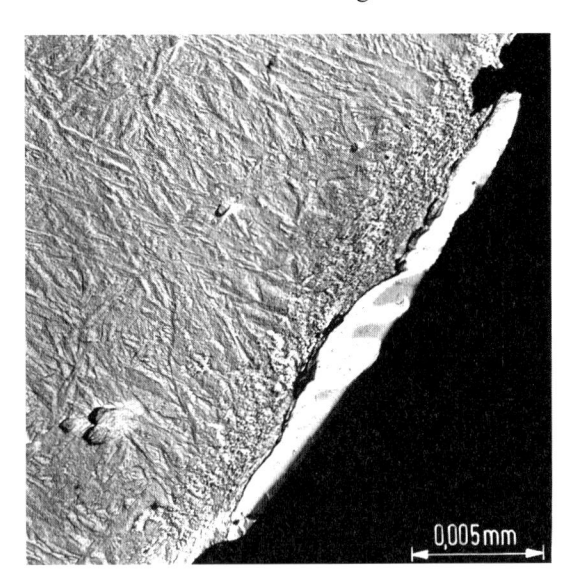

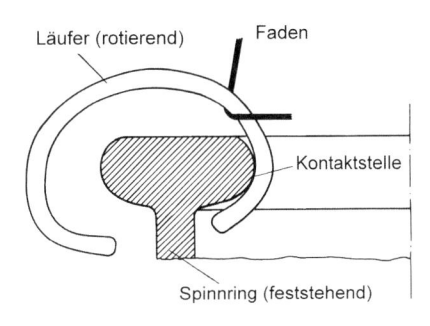

Bild 4.56: REM-Aufnahme einer weißen Schicht aus dem Läuferwerkstoff (C70) auf der einsatzgehärteten Spinnringlauffläche; Kontaktdauer am Spinnring 0,1 ms. Oberflächenabdruck mit Kontrastierung durch Schrägbedampfung [G. Stähli]

Zur Unterbindung derartiger Laufflächenbeschädigungen bestehen nur begrenzte Möglichkeiten, eine auf Form und Härte sowie auf das zu verspinnende Garn abgestimmte Ring-Läufer-Paarung zu wählen. Wirksam sind alle Maßnahmen, die die Adhäsionsneigung verringern. Neben geringer Oberflächenrauheit und Einlaufhilfen durch leichte Ölschmierung ist am wirkungsvollsten eine Verringerung der Läufergeschwindigkeit (≤ 40 m/s). Daneben besteht auch die Möglichkeit, auf andere Werkstoffpaarungen auszuweichen. Bewährt haben sich amorphe diamantähnliche Kohlenstoffschichten (DLC-Schichten) oder Hartstoff-Dispersionsschichten mit Borcarbid in chemisch abgeschiedener Nickelmatrix auf Ring und Läufer oder die Fertigung der Ringe aus Oxidkeramik mit ihren guten Gleiteigenschaften wie z. B. aus ZrO_2.

Bei Grauguss-Kolbenringen von Dieselmotoren, die unter Mangelschmierung liefen, wurden auch weiße Schichten beobachtet. Der Entstehungsmechanismus muss nicht dem der Reibmartensitbildung entsprechen. Hierbei handelt es sich um verdichtete zementitische, mit Oxiden durchsetzte Schichten hoher Härte > 1100 HV und höherer Anlassbeständigkeit als Martensit, die bei Reibungstemperaturen um 700 °C während einer Langzeitbeanspruchung entstanden sind, **Bild 4.57** und **4.58** [64].

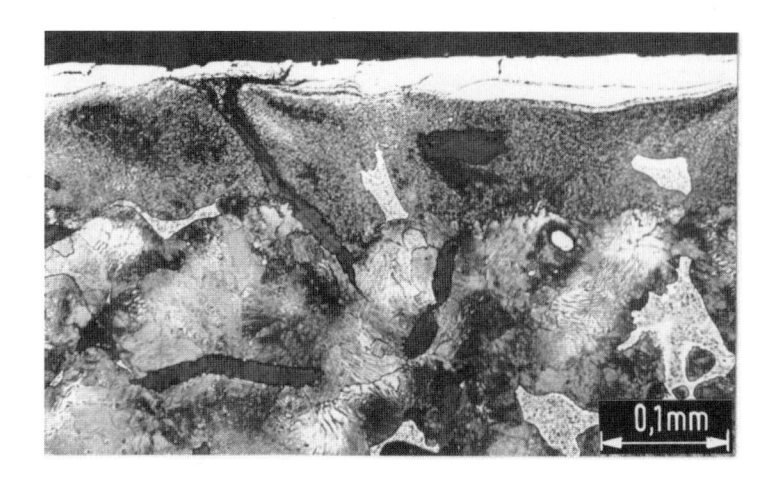

Bild 4.57: Weiße Schicht auf einem unter Mangelschmierung laufenden Kolbenring aus Grauguss [G. Stähli]

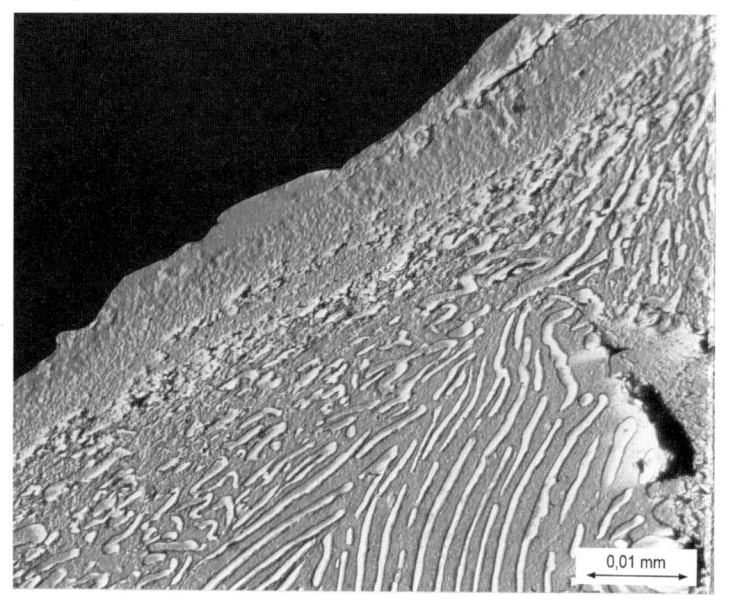

Bild 4.58: REM-Aufnahme einer in Bildung begriffenen Carbidschicht auf einem Kolbenring aus Grauguss. Oberflächenabdruck mit Kontrastierung durch Schrägbedampfung [G. Stähli]

Bei Gleitlagerwerkstoffen kann es bei Schmierstoffmangel oder Überlastung schnell zu einer Temperaturerhöhung bis in Höhe der im Vergleich zu Stahl niedrigeren Schmelztemperatur kommen. Die Folgen reichen von einer Kriechverformung über Rissbildungen in Gleitlager und Welle, Fressern, thermischen Zersetzungsprodukten des Öles, Anlauffarben der Stahlkörper und Gefügeänderungen bis zur vollständigen Zerstörung des Gleitlagers.

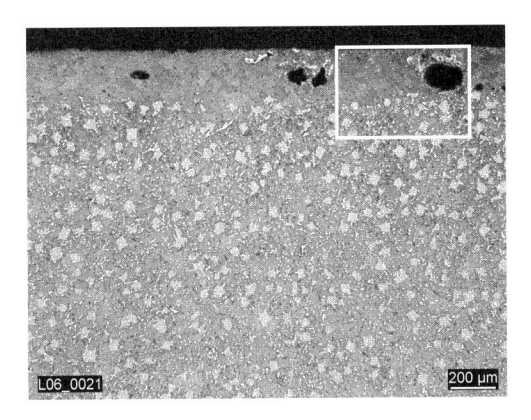

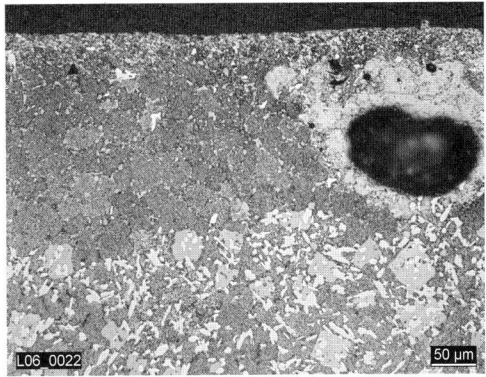

4.2 Verschleißerscheinungsformen bei Hydrodynamik und Mischreibung

Bild 4.59: Gefügeänderung durch Umkristallisierung und Porenbildung in der Gleitschicht aus einer Sn-Basislegierung eines Axiallagergleitsegments einer mehrstufigen Kreiselpumpe infolge von Überhitzung durch Ausfall der Ölversorgung, vgl. Bild 4.60;
links: Übersicht, rechts: Ausschnitt

Das Gefüge von Gleitsegmenten aus einer Sn-Basislegierung eines Axialverbundgleitlagers wurde durch Mangelschmierung wegen Ausfalls der Ölversorgung überhitzt. Im Gefüge zeichnet sich durch die Temperatureinwirkung eine Umkristallisierung laufflächennaher Zonen mit Porenbildung ab, **Bild 4.59**. Sowohl die kubischen intermetallischen SbSn-Phasen als auch die nadeligen Cu_6Sn_5-Phasen sind offensichtlich in Lösung gegangen und vermutlich durch rasche Abkühlung fein verteilt wieder ausgeschieden worden. Die Poren deuten darauf hin, dass die Randzone aufgeschmolzen ist. Die makroskopischen Verschleißerscheinungen sind in nächsten Kap. 4.2.12 Schmelzerscheinungen behandelt.

4.2.12 Schmelzerscheinungen

Durch Ausfall der Ölversorgung des Axialverbundgleitlagers einer mehrstufigen Kreiselpumpe sind bereits makroskopisch erkennbare Schmelzerscheinungen auf den Gleitflächen entstanden. Das Lagermetall aus einer Sn-Basislegierung (Weißmetall) weist einen Schmelzbereich von 185 bis 420 °C auf. Auf einzelnen der insgesamt 20 Gleitsegmenten ist das flüssige Metall nach dem Verschmieren flächenhaft erstarrt, **Bild 4.60**. Bei anderen wiederum ist geschmolzenes Lagermetall an der Kante zu Perlen und rundlich glatten Erhöhungen erstarrt, **Bild 4.61**. Teilweise ist es noch entlang von Riefen transportiert worden, bevor es erstarrt ist.
Auch wenn sich die aufgeschmolzenen Bereiche nicht die gesamte Gleitfläche der einzelnen Gleitsegmente erstreckt haben, ist dieses Gleitlager für den weiteren Betrieb nicht mehr brauchbar.

Bild 4.60: Flächenhaftes Verschmieren geschmolzener Bereiche auf der Gleitfläche des Gleitsegmentes aus einer Sn-Basislegierung eines Axiallagerringes durch Ausfall der Ölversorgung (Axialverbundgleitlager einer mehrstufigen Kreiselpumpe, vgl. Bild 4.59)

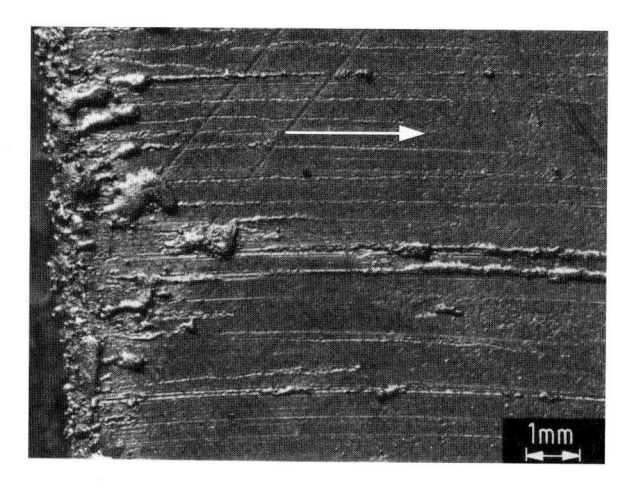

Bild 4.61: Perlenförmige Schmelzerscheinungen auf der Gleitfläche des Gleitsegmentes aus einer Sn-Basislegierung eines Axiallagerringes, vgl. Bild 4.59. Der Pfeil gibt die Gleitrichtung des ebenen Spurringes (Gegenkörpers) an

Manche Schmelzerscheinungen werden erst bei hoher Vergrößerung im REM erkannt, wie bei der Gleitfläche eines Zweistofflagers aus AlSn6Cu in **Bild 4.62** [65]. Der Zustand wurde im Versuch durch Simulierung eines Notlaufes erzeugt. Nach einem Einlaufprogramm wurde die Ölzufuhr unter Beibehaltung von Drehzahl und Last abgeschaltet. Auf der Gleitfläche hat sich partiell aus dem Lagermetall durch Ausschmelzen der Zinnphase (Schmelzpunkt 232 °C) eine dünne Zinnschicht gebildet. In den ausgesparten Bereichen hebt sich dunkel das Basismetall Aluminium ab.

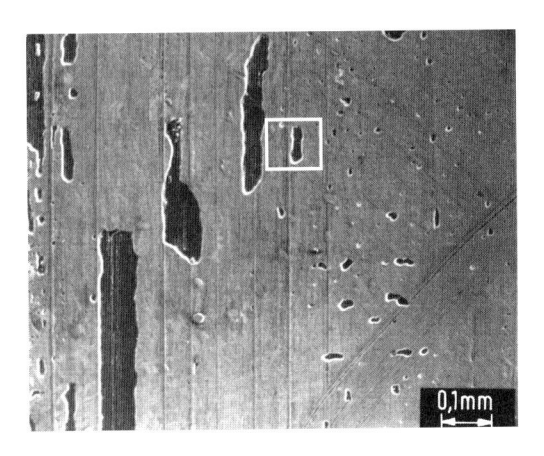

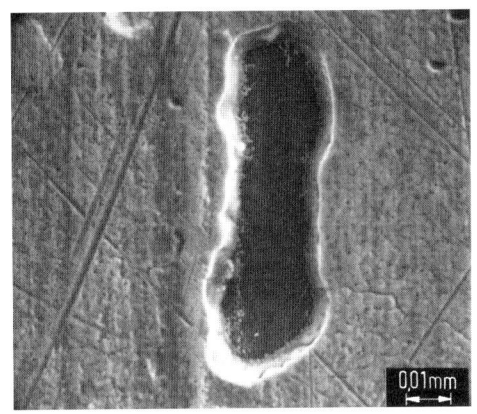

4.2 Verschleißerscheinungsformen bei Hydrodynamik und Mischreibung 81

Bild 4.62: Schmelzerscheinungen auf der Gleitfläche aus AlSn6Cu einer Lagerschale. Nach 45 Minuten-Notlaufbetrieb ist Zinn (hell) ausgeschmolzen, Basismetall Aluminium (dunkel). Versuchsbedingungen: v = 10,7 m/s, p = 34,5 N/mm², Lagerrückentemperatur 180 °C; links: Übersicht, rechts: Ausschnitt [65, Glyco-Metall-Werke]

Auf der gehärteten Welle ist ebenfalls ausgeschmolzenes Zinn erstarrt, **Bild 4.63**. Wegen schlechter Benetzbarkeit ist das Zinn nur in Form einzelner kleiner Inseln erstarrt.

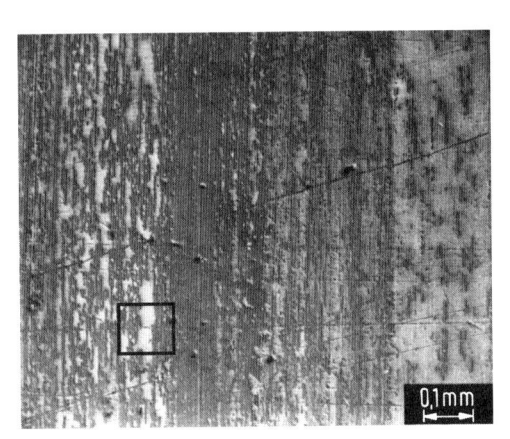

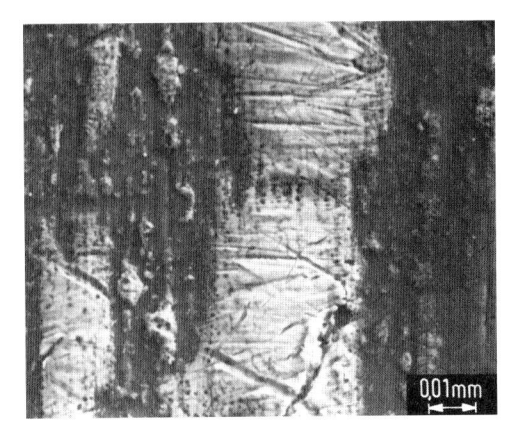

Bild 4.63: Schmelzerscheinungen auf der Gleitfläche des gehärteten Wellenzapfens (C45, 55 HRC). Erstarrtes Zinn aus dem Lagerwerkstoff AlSn6Cu nach einem 45 Minuten-Notlaufbetrieb. Versuchsbedingungen: v = 10,7 m/s, p = 34,5 N/mm², Lagerrückentemperatur 180 °C; links: Übersicht, rechts: Ausschnitt [65, Glyco-Metall-Werke]

Schmelzerscheinungen treten auch bei Stromübergang auf. Obwohl sie nicht aus der tribologischen Beanspruchung resultieren, sondern anderen Ursprungs sind, beeinflussen sie nachhaltig das tribologische Verhalten und werden im nächsten Kap. 4.2.13 Stromübergang behandelt.

4.2.13 Stromübergang

Beim Betrieb elektrischer Maschinen können Lager, Kupplungen und Getriebe durch elektrische Ströme zerstört werden, die als Folge von sich aufbauenden elektrischen Spannungen fließen [44]. Der in der Regel diskontinuierliche Stromfluss durch den engsten Schmierspalt oder metallischen Kontakt wird als Stromübergang oder auch als Stromdurchgang bezeichnet. Häufig wird in Wellen elektrischer Maschinen während des Betriebs eine Spannung induziert, die einen Strom zur Folge hat, der von einem Wellenende über das Lager ins leitende Fundament zum anderen Lager und Wellenende fließt, sofern die isolierende Wirkung des Schmierfilmes aufgehoben ist, die Isolierung der Lager überbrückt oder die Lager nicht isoliert sind. Eine andere Möglichkeit besteht darin, dass Fremdströme im Zuge von Schweißarbeiten durch das Lager fließen.

Das in **Bild 4.64** dargestellte Modell gibt die Vorgänge bei Erreichen der Durchschlagspannung in einem ölgeschmierten Lager ohne metallischen Kontakt wieder. Bei Erreichen der Durchschlagspannung wird an den engsten Stellen des Schmierspaltes (höchste Feldstärke) im Millisekundenbereich ein Entladungsvorgang in Form eines Funkens eingeleitet, der das Öl ionisiert. Dabei bildet sich ein elektrisch leitender Entladekanal. Durch die örtlich extrem hohe Energiedichte wird ein begrenztes Werkstoffvolumen von Welle und Lager erwärmt, geschmolzen oder verdampft. Aufgrund elektrischer, thermischer, mechanischer und magnetischer Kräfte an der Entladungsstelle werden aus dem schmelzflüssigen Bereich insbesondere des Partners mit der niedrigeren Schmelztemperatur (Gleitlagerschale) Metalltröpfchen explosionsartig mitgerissen, die mit dem Öl abtransportiert werden und sich u. U. auf dem anderen Partner (Welle) als Übertrag wiederfinden.

Im aufgeschmolzenen Bereich bleiben Schmelzkrater zurück. Infolge der Wärmeableitung insbesondere im Metall erstarrt dieser Zustand sofort.

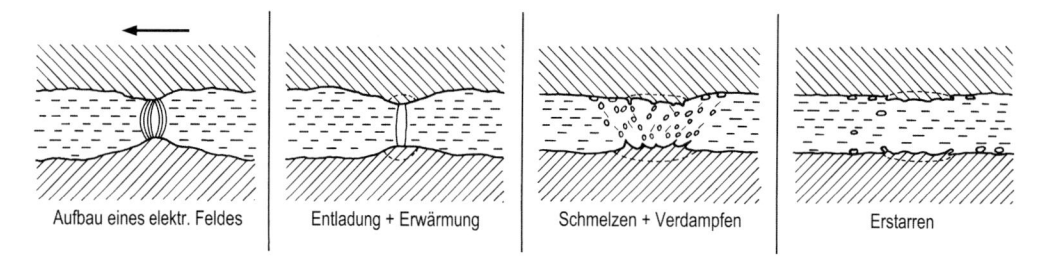

| Aufbau eines elektr. Feldes | Entladung + Erwärmung | Schmelzen + Verdampfen | Erstarren |

Bild 4.64: Schematische Darstellung des Stromüberganges in einem geschmierten tribologischen System bei Hydrodynamik in Anlehnung an [44]

Diese Schmelzkrater, **Bild 4.65**, können die Oberfläche der Partner in mehr oder weniger großer Dichte bedecken, **Bild 4.66**.

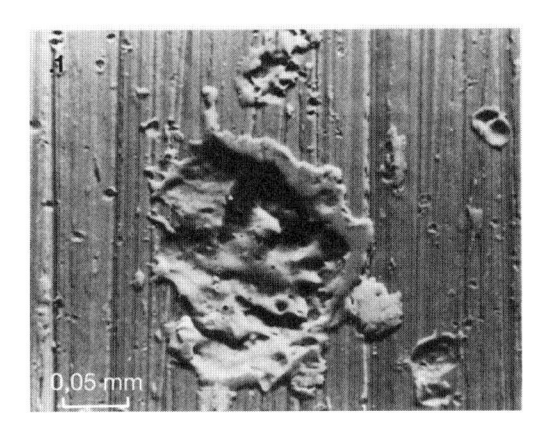

4.2 Verschleißerscheinungsformen bei Hydrodynamik und Mischreibung

Bild 4.65: Einzelne Schmelzkrater auf der Gleitfläche einer Welle aus Stahl [44]

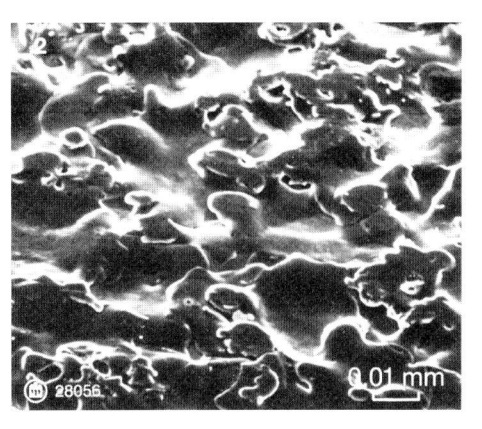

Bild 4.66: Überlagerung von mehreren Schmelzkratern auf der Gleitfläche eines Lagerzapfens aus Stahl [44]

Funkenerosiv bearbeitete Oberflächen weisen ähnliche Strukturen auf, **Bild 4.67**. Im Bereich der Umschmelzzonen ist der Stahl als weiße Schicht erstarrt, vgl. Kap. 4.2.11 Gefügeänderung.

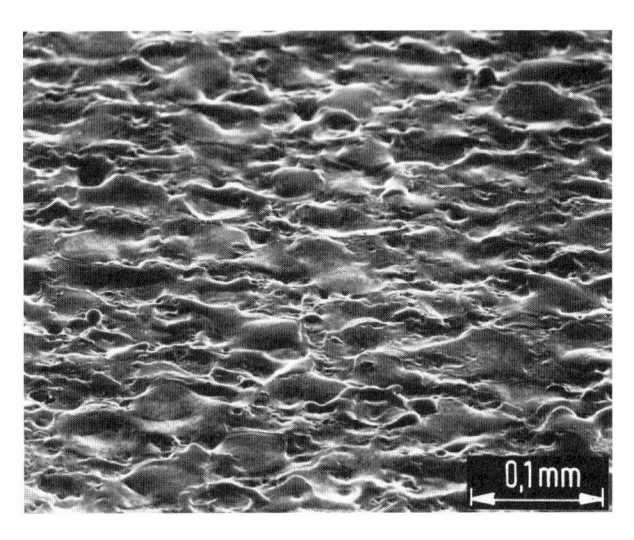

Bild 4.67: Funkenerodierte Oberfläche einer Probe aus 22NiMoCr3-7

In Radialgleitlagern ist vor allem der Hauptbelastungsbereich der Lagerschalen gefährdet, während die Welle umlaufend „erodiert" wird. Bei starker Schädigung durch Funkenerosion sind die Voraussetzungen für Hydrodynamik nicht mehr gegeben, so dass das Lagermetall infolge mechanischer Überbeanspruchung zerstört wird.

Im Bereich der Mischreibung werden die Kontaktstellen durch Widerstandserwärmung schmelzflüssig, wobei Tropfen aus dem Mikroschmelzbad gezogen werden. Die Schmelzbrücken ändern sich infolge von Abschmelzen und Gleitbewegung bis zum Abreißen unter Funkenbildung. Dabei entstehen sowohl von der Oberflächenspannung beeinflusste Schmelzkrater mit unregelmäßigen glatten oder wellenförmigen Konturen als auch Tröpfchen, die mit dem Öl abtransportiert werden, Modellvorstellung **Bild 4.68**.

| Widerstandserwärmung | Schmelzbad | Tropfenbildung | Erstarrung |

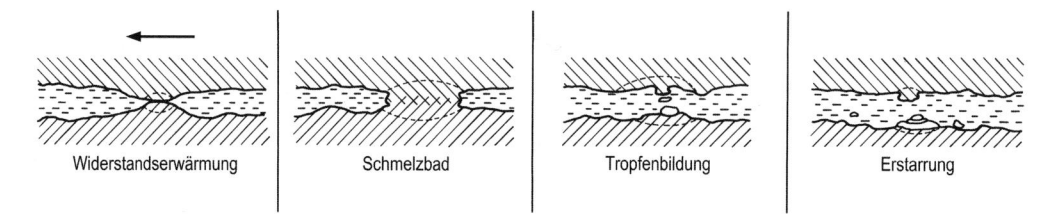

Bild 4.68: Schematische Darstellung des Stromübergangs bei Mischreibung in Anlehnung an [44]

Der Prozess spielt sich im Mikrosekundenbereich ab. Infolge der Möglichkeit mechanischen Kontaktes bei Gleitbewegung oder Überrollungen in Wälzlagern werden die „erodierten" Oberflächen wieder eingeebnet, vgl. Kap. 6.3.11 Riffelbildung infolge von Stromdurchgang. Die mit Stromübergang an Wellen aus härtbaren Stählen meist verbundene Martensitbildung und einer damit zusammenhängenden Ausbildung eines ungünstigen Eigenspannungszustandes führen häufig zu Anrissen, die Ausgangspunkt für Schwingbrüche sein können.

Die Abhilfe richtet sich nach den Ursachen [44]. Bei Wechselspannung durch magnetische oder elektrische Unsymmetrien elektrischer Maschinen bietet sich die elektrische Isolierung der Lager an. Bei Gleichspannung haben sich Erdungsbürsten bewährt. Bei Schweißarbeiten ist darauf zu achten, dass der Massenanschluss in die Nähe der Schweißung gelegt wird.

4.2.14 Tribochemische Reaktionsschicht

Reaktionsschichten entstehen auf Gleitflächen aufgrund spezifischer Wechselwirkung zwischen den metallischen Gleitpartnern und dem angrenzenden Medium. Ihre Wirkungen können durchaus gegensätzlich sein. Einerseits bewirken sie als Grenzschicht eine Reibungs- und Verschleißminderung, sofern sie gut haften und scherstabil sind. Andererseits sind nicht beständige Reaktionsschichten unerwünscht, weil sie zerstört und rasch abgetragen werden und weil ständig neue Reaktionsprodukte entstehen, die zu erhöhtem Verschleiß führen und/oder das Lagerspiel zusetzen. Bereits in einfachen Modellversuchen lässt sich anhand der Reaktionsschichtbildung die chemische Wirkung von Additiven zeigen [66, 67]. Beispielsweise wurde unter Verwendung eines ATF-Öles (Automatic Transmission Fluid) in der Stift/Scheibe-Apparatur im Bereich niedrigen Verschleißes von 0,008 µm/km bei den Laststufen von 1000 N und insbesondere von 1150 N ein Reibungsverhalten beobachtet [67], aus dem geschlossen werden kann, dass ein nahezu periodischer Wechsel zwischen Bildung und Abtrag der Reaktionsschicht stattfindet, **Bild 4.69**. Die niedrige Reibung ist auf die Bildung einer Reaktionsschicht zurückzuführen, die jedoch nur über den kurzen Zeitraum von einigen Minuten bestän-

4.2 Verschleißerscheinungsformen bei Hydrodynamik und Mischreibung   85

dig ist. Ist die Schicht weitgehend abgetragen, beginnt die Reibungszahl anzusteigen. Sie erreicht in etwa einer Minute einen Maximalwert. Die daraus resultierende Temperaturerhöhung löst eine erneute Reaktionsschichtbildung aus, die zur Senkung der Reibung auf das ursprüngliche Niveau führt. Dieser Prozess des Auf- und Abbaus dauert rd. 30 min

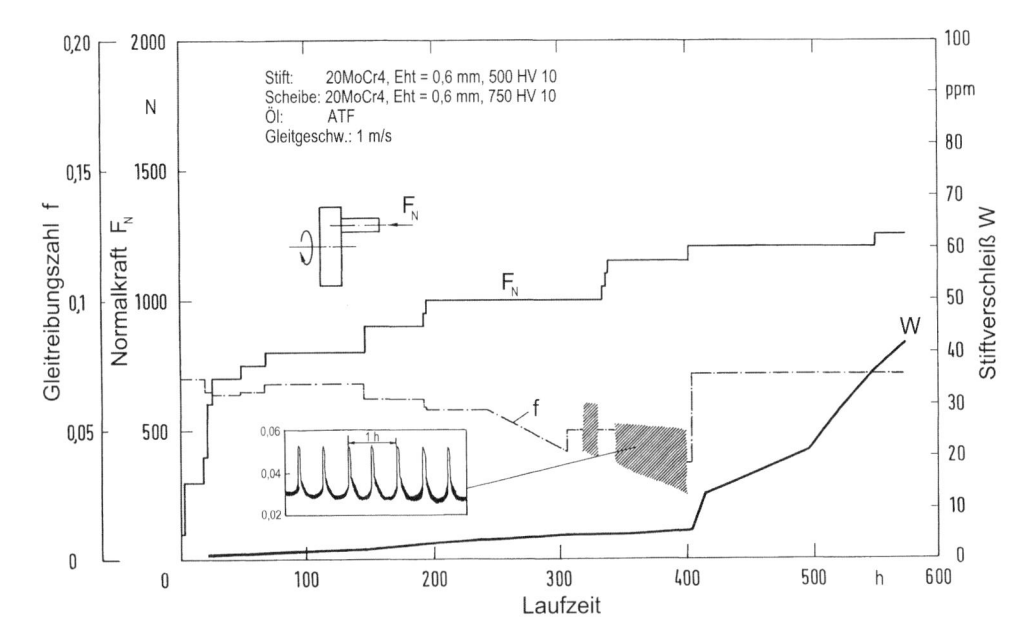

Bild 4.69: Beeinflussung der Gleitreibungszahl durch Reaktionsschichtbildung; der Verschleiß W des Stiftes wurde mittels Radionuklidtechnik ermittelt [67]

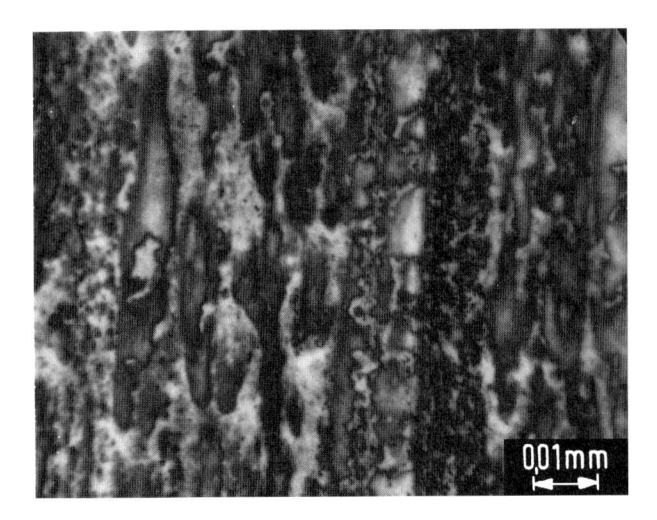

Bild 4.70: Reaktionsschicht auf der Scheibe aus 20MoCr4, ATF-Öl, v = 1 m/s (Modellversuch Stift/Scheibe, vgl. Bild 4.69) [67]; farbige Wiedergabe im Anhang 9

und bleibt über viele Stunden erhalten. Eine geringfügige Erhöhung der Last führt zu anderem Verhalten mit höherer Reibungszahl und höherem Verschleißniveau und es kommt nicht mehr zu Phasen des Reaktionsschichtverschleißes.

Die Gleitflächen von im Mischreibungsgebiet gelaufenen Bauteilen erscheinen makro- und mikroskopisch eingeglättet und weisen häufig Verfärbungen auf [68], die bei höherer Vergrößerung (>100) farbliche, von den Kontaktverhältnissen abhängige Inselbildungen aufweisen, wie die auf der Scheibe entstandene Reaktionsschicht in **Bild 4.70** zeigt. Die blauen Inseln stellen erhabene Bereiche dar. Weitere Reaktionsschichten sind im Kap. 6.3.2 aufgeführt.

Des weiteren können Oxidations-, Spalt- und Polymerisationsprodukte entstehen, die die Funktion beeinträchtigen, in dem sie die Viskosität verändern und klebrige oder harte, lackartige Schichten, sowie körnige Ablagerungen bilden [69]. Derartige Produkte können beispielsweise zu einer Schwergängigkeit oder zu einem Blockieren des Systems führen. Auch können Ölförderleitungen verengt oder verstopft oder abgelöste Ablagerungen in tribologische Kontaktbereiche transportiert werden.

Ein Beispiel für lackartige, spröde und transparente Schichten, die sich in den ursprünglichen Bearbeitungsriefen auf der Scheibe (Stift/Scheibe-Prüfstand) gebildet haben, ist in **Bild 4.71** wiedergegeben. Sie sind wesentlich dicker als die gewollten Reaktionsschichten.

Bild 4.71: Lackartige, transparente und rissige Reaktionsschicht in den ursprünglichen Bearbeitungsriefen der Scheibe aus 20MoCr4, ATF-Öl, v = 1 m/s (Modellversuch Stift/Scheibe, vgl. Bild 4.69) [67]; farbige Wiedergabe im Anhang 9

Einflussgrößen sind Temperatur, Zeit, Sauerstoff und Ölmenge. Durch konstruktive Maßnahmen zur besseren Wärmeabfuhr, durch entsprechende Additivierung oder auch durch eine Umstellung auf synthetische Öle (bessere Oxidations- und Temperaturstabilität), lässt sich die Gebrauchsdauer des Öles erhöhen.

4.2 Verschleißerscheinungsformen bei Hydrodynamik und Mischreibung

In geschmierten Systemen werden oft die unterschiedlichsten Werkstoffe eingesetzt. Hierbei kommt es darauf an, dass die Reaktionsbereitschaft sich bei allen Werkstoffen gleichmäßig entfalten kann, was manchmal schwierig zu bewerkstelligen ist. Bei Axialzylinderrollenlagern aus 100Cr6 mit einem Messingkäfig aus CuZn40Pb2 zeigen drei verschiedene Öle sehr unterschiedliches Verhalten, **Bild 4.72**. Das handelsübliche Öl A01 bewirkt einen nahezu insgesamt verschleißlosen Zustand an den Wälzpartnern, am Käfig jedoch hohen Verschleiß, während das mit ZnDTP legierte FVA-3HL hohen Verschleiß an den Wälzpartnern aber niedrigen Käfigverschleiß verursacht. Unterstellt man dem P- und S-haltigen A01 eine korrosionsinduzierende Wirkung auf den Verschleiß des Käfigs, so kommt möglicherweise eine der multifunktionellen Eigenschaften von ZnDTP, nämlich die des Korrosionsinhibitors, zum Tragen. Beim Öl E 425 ist offenbar eine gleich gute Abstimmung auf die Wälzpartner und auf den Käfig gelungen.

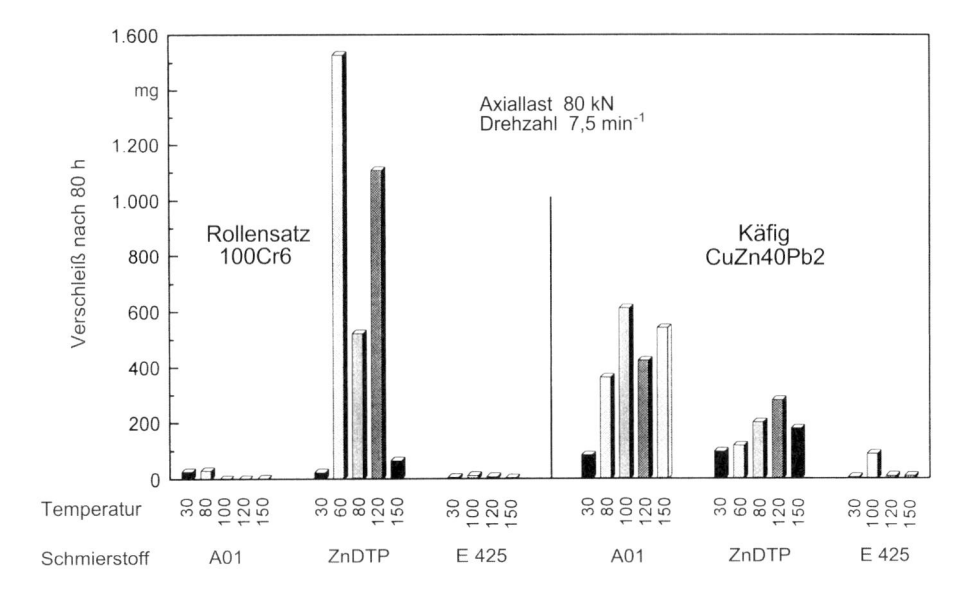

Bild 4.72: Gegenüberstellung der Wirkung unterschiedlich additivierter Mineralöle A01, FVA-3HL+1 % ZnDTP und E425 auf die im Axialzylinderrollenlager 81212 beteiligten Werkstoffe [11]

Die mögliche unterschiedliche Wirkung der Schmierstoffe muss auch gegenüber Dichtungswerkstoffen und Lackierungen beachtet werden.

4.2.15 Plastische Oberflächenverformung

Oberflächenverformungen werden sowohl bei Hydrodynamik als auch bei Mischreibung beobachtet. Hierbei wird das Material nicht abgetragen, sondern plastisch verformt und verdrängt, wodurch das Bauteil unbrauchbar wird. Die Oberflächengeometrie verändert sich durch Wulst-, Zungen- oder Bartbildung.

Bei hydrodynamischer Betriebsweise von Gleitlagern spricht man von Kriechverformung des Lagermetalls, wenn im Hauptbelastungsbereich infolge erhöhter Temperatur und erhöhtem Druck die Beanspruchung oberhalb der Zeitstandfestigkeit längere Zeit ansteht [21]. Diese zeitabhängige plastische Verformung äußert sich makroskopisch in bogenförmiger Mulden- oder Wulstbildung mit überlagerter Wellenstruktur, **Bild 4.73**. Auf der Oberfläche kann sich eine Struktur ähnlich einer Orangenhaut bilden. Die Verformungen sind in der Regel rissfrei.

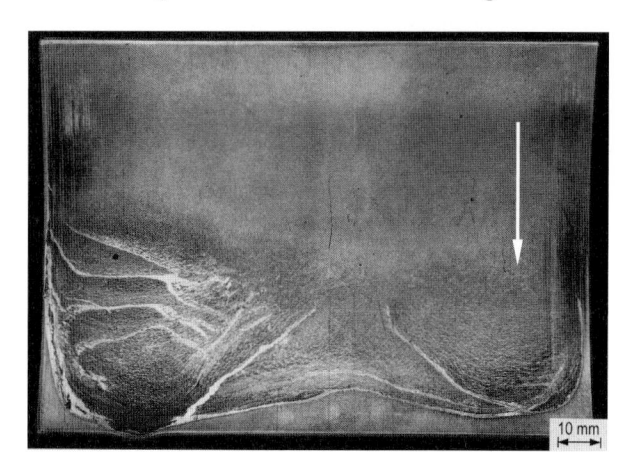

Bild 4.73: Kriechverformung eines zinnreichen Lagermetalls des Kippsegmentes eines Getrieberadiallagers [21, ECKA Granulate Essen GmbH]. Der Pfeil gibt die Drehrichtung der Welle an

Die im **Bild 4.74** wiedergegebene Verschleißerscheinungsform stellt sich durch örtliche Überbeanspruchung infolge einer balligen Gehäusebohrung oder eines balligen Zapfens ein. Die

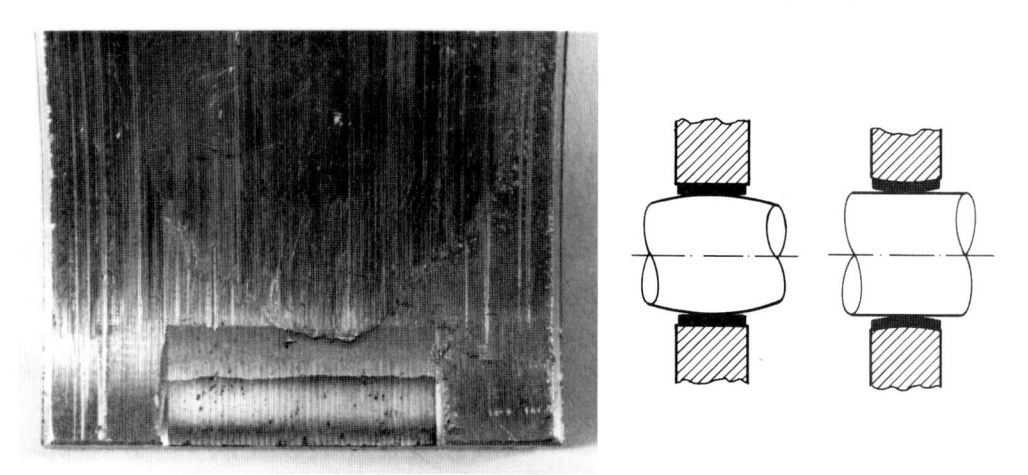

Bild 4.74: Plastische Oberflächenverformung [18, Miba-Gleitlager-Handbuch]
links: örtliche Werkstoffverschiebung in der Lagerschale;
rechts: Balligkeit von Welle oder Lagerschale

daraus resultierende Temperaturerhöhung in Verbindung mit dem mehrachsigen Druckspannungszustand im tribologischen Kontakt begünstigt das Fließen des Werkstoffes. Der Werkstoff verschiebt sich allmählich in Gleitrichtung, da sich infolge von Viskositätsabnahme – hervorgerufen durch die hohe Temperatur – der Schmierspalt bis zur Berührung verringert.

4.2.16 Profiländerung

Beanspruchungen an Bauteilen sind häufig örtlich und zeitlich sehr unterschiedlich, wodurch es infolge von Verschleiß zu Veränderungen der Bauteilabmessungen kommen kann. In der Regel wird ein bestimmter kleiner Verschleißbetrag zugelassen, sofern innerhalb der vorgesehenen Betriebszeit keine Funktionsbeeinträchtigung eintritt. Ein Überschreiten des zulässigen Wertes führt zu größeren Profiländerungen, die sich beispielsweise in Spielvergrößerung oder Querschnittsverminderung äußern können. Die sich dabei einstellende Form hängt von den örtlichen Beanspruchungsbedingungen und von der Verschleißdauer ab und kann wieder eine Rückwirkung auf die Beanspruchung haben. Bei Überbeanspruchung kann es aufgrund von weit fortgeschrittenem Verschleiß zu Verformungen oder Brüchen kommen.

Bei der kraftschlüssigen Übertragung der Antriebskräfte durch Treibscheiben treten zwischen Drahtseil und Treibscheibenrille Relativbewegungen auf, die durch unterschiedliche Zugkräfte zwischen dem auflaufenden und dem ablaufenden Seil in Umfangsrichtung (Dehnungsschlupf) und in radialer Richtung (Laufradiusschlupf) entstehen [70, 71]. Bei mehrrilligen Treibscheiben tritt Schlupf durch ungleiche Rillendurchmesser auf. Durch den Schlupf kann sich das Seil in die Sitzrille einarbeiten und an den Flanken abbilden (Zöpfchenbildung), **Bild 4.75** und **4.76**. Der Grund für den höheren Verschleiß ist in der zu geringen Härte der Treibscheibe von 200 HB und im Trockenlauf zu sehen. Dieses eingearbeitete Abbild führt bei der Auflage eines neuen Seiles wegen fehlender Übereinstimmung der Teilung am Seil im Vergleich zum Neuzustand zu erhöhter Hertzscher Pressung, wodurch die Lebensdauer des Seiles vermindert

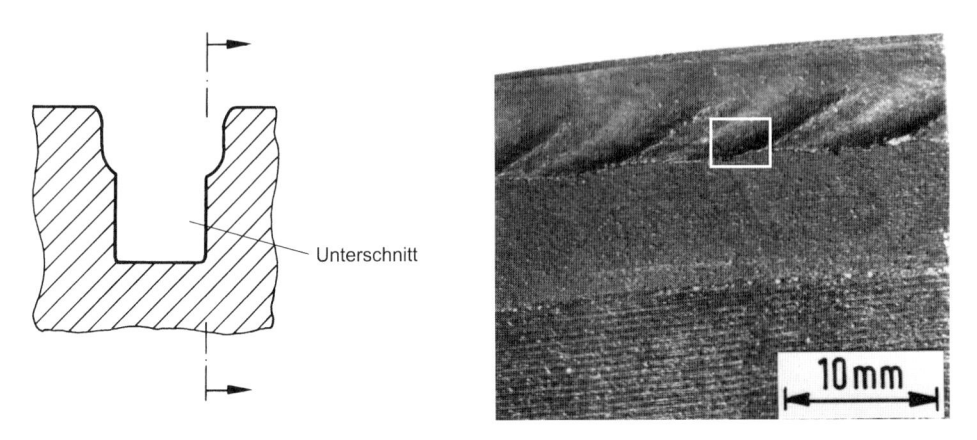

Bild 4.75: Verschleiß (Zöpfchenbildung) durch ein Kreuzschlagseil in einer Sitzrille mit Unterschnitt einer Aufzugtreibscheibe aus Grauguss (200 HB 2,5/62,5)

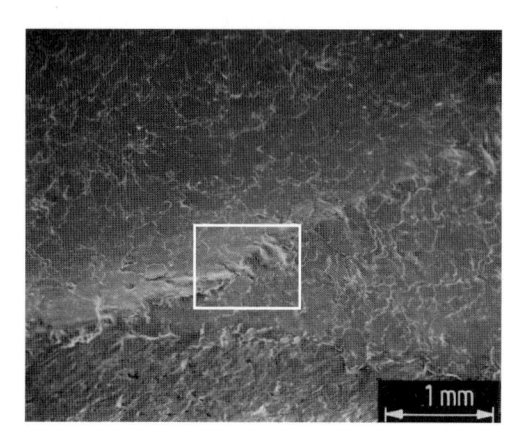

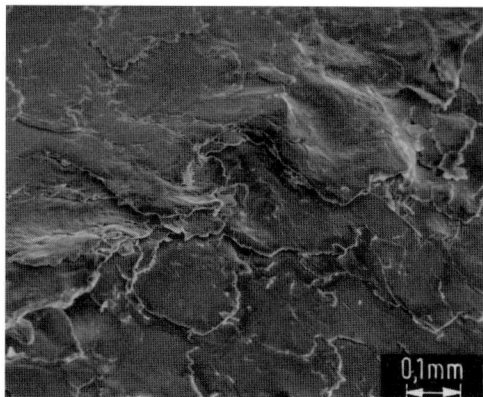

Bild 4.76: Verschleiß durch ein Kreuzschlagseil in einer Sitzrille mit Unterschnitt einer Aufzugtreibscheibe aus Grauguss; links: Ausschnitt aus Bild 4.75, rechts: Ausschnitt

wird. Die Sitzrille, Bild 4.75, hat im Gegensatz zu anderen Rillenformen (z. B. Keilrille) den Vorteil, dass bei Verschleiß der Rille keine unzulässige Veränderung der Treibfähigkeit eintritt. Außerdem beträgt die Lebensdauer von Treibscheiben mit Sitzrillen im Mittel das 1,5-fache von Scheiben mit Keilrillen [72].

Der Verschleiß der Treibscheibenrillen hängt außer von dem Treibscheibendurchmesser, der Anzahl der Seilumlenkungen, dem Umlenkwinkel, der Seilrillenform, der Herstellgenauigkeit der Rillendurchmesser, der Seilspannung und des Werkstoffes insbesondere von der Flächenpressung ab. Seile mit hoher Dehnung (kleiner „E-Modul", Fasereinlage) verursachen höheren Verschleiß als Seile mit Stahleinlage (großer „E-Modul"). Um die Gefahr der Zöpfchenbildung zu begegnen, wird eine Mindesthärte gefordert, über deren Höhe unterschiedliche Angaben vorliegen. Während in [70] eine Mindesthärte von 230 HB gefordert wird, liegt die untere Grenze in [73] bei 210 HB. Auch eine Randschichthärtung der Sitzrille bietet sich an, wodurch man eine formstabile Rille erhält. Dabei ist jedoch zu beachten, dass nur Seile mit Drähten der Zugfestigkeit von 1570 und 1770 N/mm² eingesetzt werden und nachgeschmiert wird, da sonst Verformung und Verschleiß auf das Seil verlagert werden und deren Lebensdauer erniedrigt wird [36]. Nach [73, 74] wirken sich gehärtete Rillen bei Treibscheiben und Seilrollen nicht nachteilig auf die Lebensdauer von Seilen aus.

Nichtmetallische Futterwerkstoffe (Kunststoffe) für Treibscheiben mit Halbrundrillen können nach [35] als seilschonende Alternative zu Graugussscheiben angesehen werden und bewirken eine wesentlich höhere Lebensdauer der Drahtseile, da an den außenliegenden Kontaktstellen die Schwingbrüche abnehmen.

Die Abformungen des Seiles können nicht nur an Treibscheiben, sondern auch an Ablenk- und Umlenkscheiben sowie an Seilrollen für Krane entstehen. Seitliches Auflaufen des Seiles auf die Seilscheibe oder Trommel ist oftmals konstruktiv bedingt und nicht zu umgehen. Die dabei auftretenden Verschleißstellen können mit ihren scharfen Kanten das Seil beschädigen, **Bild 4.77**, und frühzeitig Schwingbrüche einleiten. Die Ablenkung aus der Rillenebene sollte nach DIN 15020 [31] bei drehungsfreien bzw. drehungsarmen Seilen 1,5° nicht überschreiten.

4.3 Grundlagen ungeschmierter Tribosysteme   91

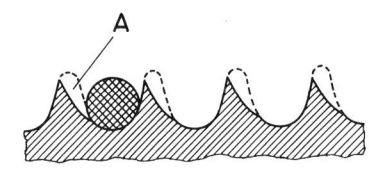

Bild 4.77: Verschleiß A an den Rillenflanken einer Seiltrommel durch seitliches Auflaufen des Seiles [Drahtseilerei Gustav Kocks GmbH]

Bei Hüttenwerkskrananlagen wurden Ablenkwinkel über 3° ermittelt, die durch Lastpendeln noch verstärkt wurden [30]. In Prüfstandsversuchen stellte sich beim Übergang des Ablenkwinkels zu 2° eine deutliche Zunahme der verschleißinduzierten Drahtbrüche ein.

Ein Beispiel einer Profiländerung bei vielfältiger Beanspruchung stellt das Schmiedegesenk dar. Die Gesenke werden durch den Schmiedevorgang mechanisch, thermisch, tribologisch und chemisch beansprucht, wobei diese an verschiedenen Stellen neben mechanischer Rissbildung, thermischer Wechselrissbildung (Ausbildung eines Rissnetzwerkes) und plastischer Verformung auch durch Verschleiß geschädigt werden [75 bis 84]. Die meisten Ausfälle sind jedoch nach [76] auf Verschleiß zurückzuführen.

Der Verschleiß am Werkzeug tritt insbesondere in den Bereichen auf, die durch hohe Gleitgeschwindigkeit (bis zu 50 m/s) und hohe Flächenpressungen des Schmiedematerials (Werkstücks) beansprucht werden, wie an Gratbahnen, Gravurradien und Schrägflächen und führt letztlich zur Überschreitung der Toleranzen des Schmiedestückes durch geometrische Profiländerung der Gravur [75]. Dabei werden die Verschleißmechanismen Abrasion, Adhäsion und Zerrüttung beobachtet.

Zur Erhöhung der Standmengen bieten sich neben der Verwendung geeigneter Legierungen mit hoher Anlassbeständigkeit durch die Carbidbildner Cr, W, Mo und V (ein zu höheren Temperaturen verschobenes hohes Sekundärhärtemaximum) in Verbindung mit homogenem Gefügezustand (ESU-Qualität, hoher Reinheitsgrad, seigerungsarm) [80 bis 82], Verbundguss ebenfalls mit carbidbildenden Elementen wie V, W oder Nb gegen abrasiven Verschleiß [83] und Oberflächenbehandlungen wie Nitrieren [84], Chromcarbidbeschichtung nach dem Pulverdiffusionsverfahren, PVD-Beschichtungen (z. B. monolagige CrN-Schicht) auf plasmanitrierten Oberflächen [82], sowie schweißtechnische Maßnahmen in Form von Reparaturschweißung oder als Auftragschweißung von neuen Gesenken an [75]. Betriebliche Maßnahmen sind zu sehen in einer niedrigen Grundtemperatur des Werkzeuges, die sich nach einigen Schmiedezyklen einstellt und unterhalb der Anlasstemperatur bleiben soll sowie in einer Absenkung der Werkstücktemperatur in der Randzone z. B. von 1100 auf 900 °C, was allerdings eine stärkere Beanspruchung der Gesenke durch höhere Umformkräfte bedeutet [85].

4.3 Grundlagen ungeschmierter Tribosysteme

Bei zahlreichen Maschinen und Geräten ist aus verschiedenen Gründen eine Schmierung nicht möglich wie z. B. bei Bremsen, in der Lebensmittelindustrie, bei der Förderung von Sauerstoff oder bei bestimmten medizinischen Apparaten. Der Bereich der ungeschmierten Reibung (Bereich II in Bild 2.4) ist durch die Adsorption von Molekülen gasförmiger Umgebungsmedien, insbesondere auch von Wassermolekülen infolge Luftfeuchtigkeit und deren Werkstoffreaktionen gekennzeichnet. Diese adhäsionsmindernden Schichten können jedoch leicht durchbrochen werden. Bei ungeschmierter Reibung erreicht die Gleitreibungszahl metallischer Werkstoffe im allgemeinen Werte zwischen 0,1 und 1, vgl. Tabelle 2.3. Physikalische, chemische und mechanische Oberflächeneigenschaften sowie die durch den Prozess in der Grenzschicht mit dem Umgebungsmedium (meist Luftsauerstoff) ausgelösten Interaktionen, vor allem infolge der durch hohe Reibung verursachten hohen Grenzflächentemperaturen, nehmen erheblichen Einfluss auf das Reibungs- und Verschleißgeschehen.

4.3.1 Beanspruchungsbedingte Einflüsse

Das Verschleiß- und Reibungsverhalten von Eisenwerkstoffen wird durch die Thermodynamik und Kinetik der Eisenoxidation sowie das Umwandlungsverhalten aufgrund der sich bei den verschiedenen Beanspruchungsbedingungen einstellenden Grenzflächentemperatur geprägt. Tribooxidation, schwerer Verschleiß und die Bildung weißer Schichten sind auffällige Erscheinungen, die nicht nur im Versuch, sondern auch an Bauteilen in Verbindung mit Schäden beobachtet werden und wichtige Hinweise auf die vorliegenden Verschleißmechanismen, auch auf vorhanden gewesene Grenzflächentemperaturen, und damit auf die Schadensursache geben können. Deshalb werden einige charakteristische Ergebnisse definierter Modellversuche als Grundlage für das Verständnis herangezogen.

Die Bandbreite möglicher Verschleißbereiche, die durch die Reaktionskinetik der Eisenoxidation und durch das Umwandlungsverhalten geprägt werden, zeigen Versuche in Abhängigkeit von der Belastung mit gekreuzten Zylindern aus einem Kohlenstoffstahl, **Bild 4.78** [86]. Erfolgt die Beanspruchung bei kleinen Belastungen, so laufen die Prozesse in der sich bildenden Tribooxidationsschicht ab (milder Verschleiß, *mild wear*), der elektrische Widerstand ist hoch, die Reibungszahl niedrig, die Verschleißpartikel sind klein und oxidisch und die Laufflächen glatt. Wird die Belastung gesteigert, sind die Folgen Durchbrechen der Tribooxidationsschicht, metallische adhäsive Kontakte, grober metallischer Abrieb, niedriger elektrischer Widerstand, grob gefurchte Laufflächen, ferner sprunghafter Anstieg des Verschleißes um mehrere Größenordnungen (schwerer Verschleiß, *severe wear*) und hohe Reibung. Bei gehärtetem Stahl findet wegen verminderter Adhäsionsneigung der Verschleißanstieg dagegen nicht statt. Die eingebrachte Energie reicht erst bei noch höheren Belastungen aus, um die Oxidschichtbildung zur Verschleißminderung anzuregen. Dadurch werden die metallischen Kontakte und damit die adhäsive Komponente eingeschränkt mit der Folge einer beträchtlichen Verschleißreduzierung um Größenordnungen. Den größten Abfall erfahren Stähle im weichgeglühten und normalisierten Zustand, während dieser im gehärteten Zustand nicht vorhanden ist. Bei weiterer Erhöhung der Belastung entstehen Glanzstellen, die auf der Bildung von Reibmartensit beruhen. Die an den Kontaktstellen auftretenden Grenzflächentemperaturen erreichen eine solche Höhe, dass diese austenitisiert und durch Selbstabschreckung in Martensit umgewandelt werden. Bei noch höherer Belastung tritt örtliches Schmelzen (Schmelzverschleiß) ein.

4.3 Grundlagen ungeschmierter Tribosysteme

Die angeführten Verschleißbereiche stellen sich auch in Abhängigkeit von der Gleitgeschwindigkeit ein [87].

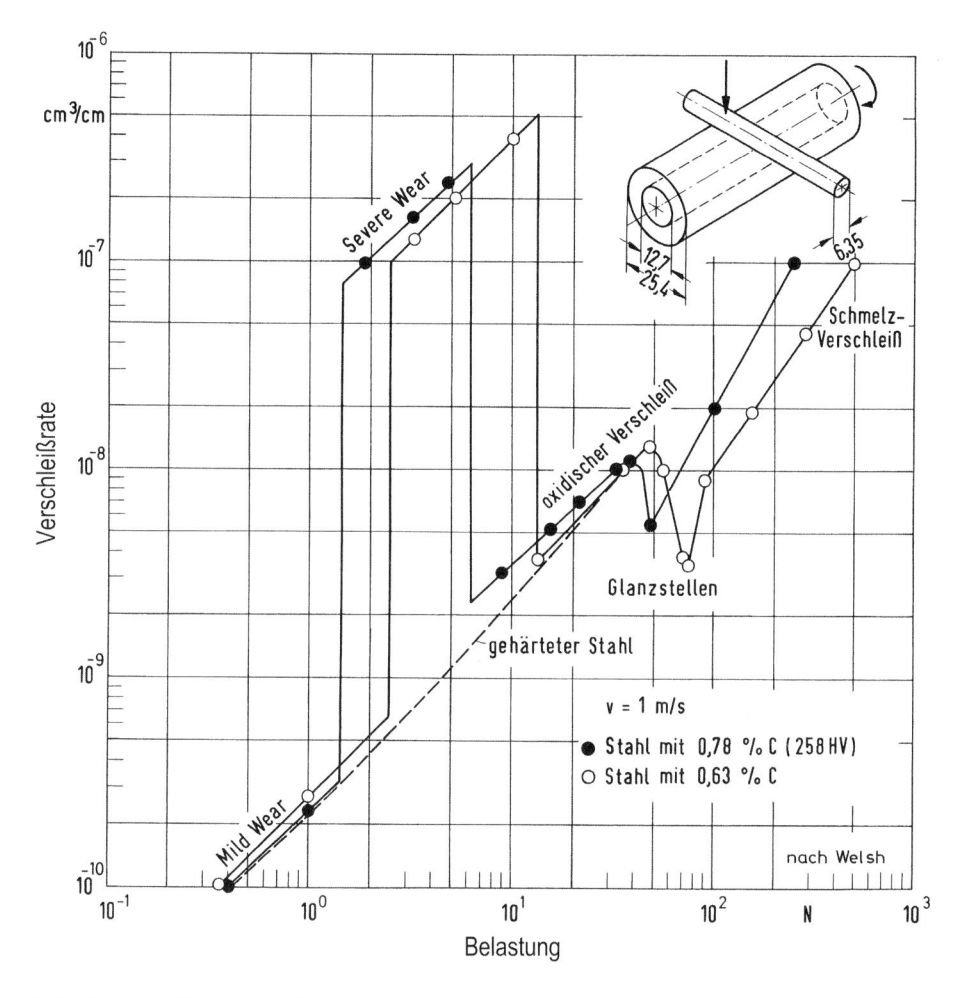

Bild 4.78: Verschleißbereiche bei ungeschmiertem Gleitvorgang einer artgleichen Stahlpaarung in Abhängigkeit von der Belastung [86]. Gehärteter Stahl nur bis 30 N geprüft.

Mit der Probenanordnung, bei der Hohlzylinder mit ihren Stirnflächen aufeinander gleiten, einer anderen Kontaktgeometrie als bei gekreuzten Zylindern wie in Bild 4.78, wurden im Pressungs-Geschwindigkeitsfeld im entsprechenden Bereich ähnliche Abhängigkeiten und gleichartige Erscheinungsformen vorgefunden [88], **Bild 4.79**. Artgleiche Paarungen aus Stahl C45 (auch Grauguss und weitere härtbare Eisenwerkstoffe) weisen den Abfall vom Bereich hohen Verschleißes auf den Bereich niedrigen Verschleißes auf, der sich unter Umständen über mehrere Größenordnungen erstrecken kann. Ursache hierfür ist der Übergang vom metallischen in den oxidischen und Glanzstellenverschleiß (Reibmartensit).

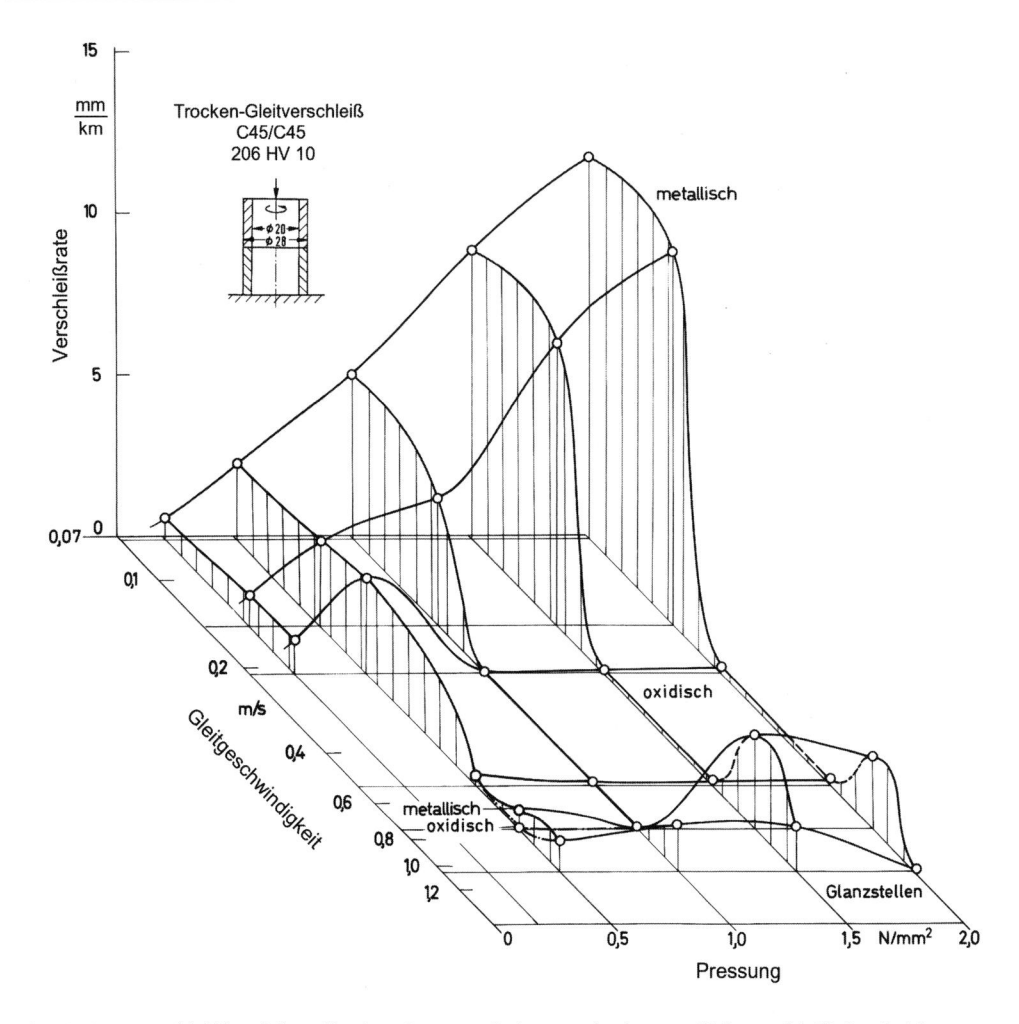

Bild 4.79: Verschleißbereiche adhäsiver Prozesse bei ungeschmiertem Gleitverschleiß der Stahlpaarung C45/C45 [88]

Beim 13%igen Chromstahl stellt sich dagegen infolge des weniger zur Adhäsion neigenden chromhaltigen Gefüges eine kontinuierliche Abnahme bis zur Reibmartensitbildung ein, **Bild 4.80**.

4.3 Grundlagen ungeschmierter Tribosysteme

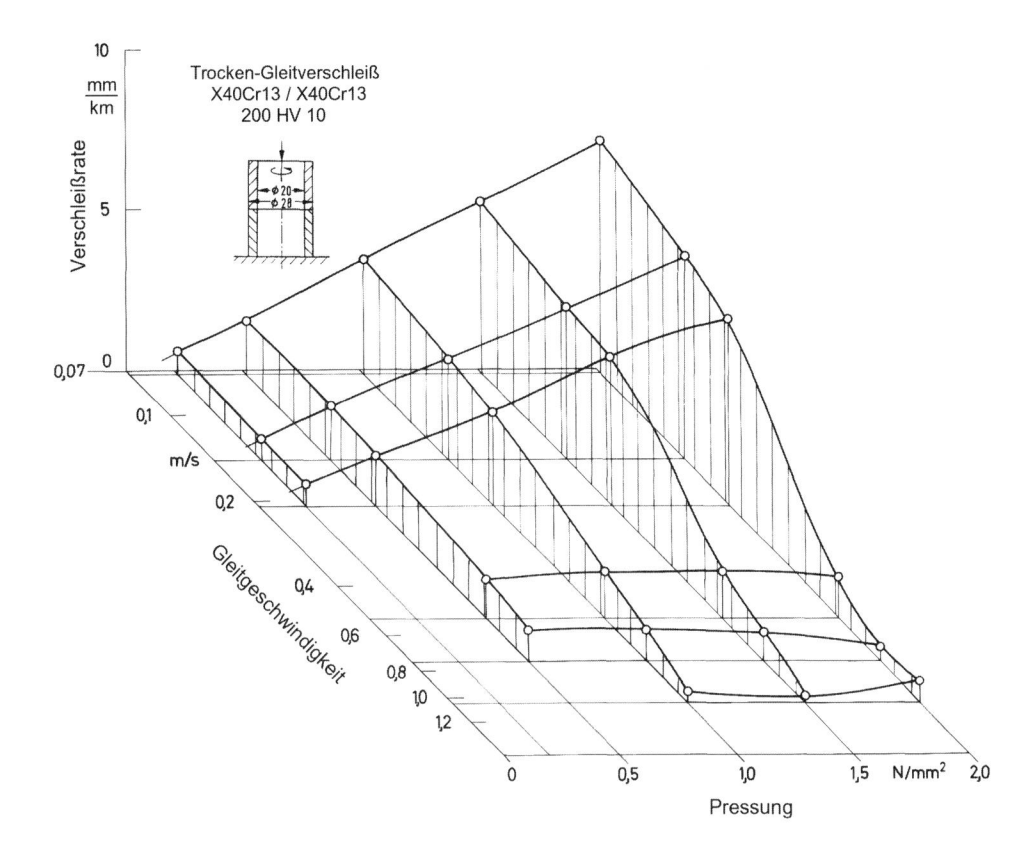

Bild 4.80: Verschleißbereiche adhäsiver Prozesse bei ungeschmiertem Gleitverschleiß der Stahlpaarung X40Cr13/X40Cr13

Der geringe Traganteil im Kontakt technischer Oberflächen, der nur einen Bruchteil der geometrischen Kontaktfläche ausmacht, führt dazu, dass nur an wenigen ständig wechselnden Kontaktstellen aufgrund elastischer und plastischer Deformationen hohe Energiedichten auftreten. Die Berechnung der lokalen Blitztemperatur $\Delta \vartheta$ für den praktischen Gebrauch unter vereinfachenden Annahmen für ebene Flächen, für einen plastisch deformierten Kontaktpunkt und damit nur für kleine Lasten sowie für eine quasi-stehende Wärmequelle, d. h. der Kontaktpunkt ist ständig im Eingriff, kann nach [89] mit folgender Beziehung erfolgen:

$$\Delta \vartheta = \frac{f \cdot \sqrt{\pi \cdot H \cdot F_N} \cdot v}{4 \cdot (\lambda_1 + \lambda_2)} \tag{4.4}$$

Darin bedeuten:

H = Vickershärte des weicheren Körpers
f = Reibungszahl

v = Gleitgeschwindigkeit
F_N = Normalkraft
$\lambda_{1,2}$ = Wärmeleitleitzahlen von Grund- und Gegenkörper z. B. für 100Cr6 λ = 46,5 W/(m·K), für C45 und C60 λ = 40...50 W/(m·K), für 16MnCr5 λ = 30...40 W/(m·K)

Aus der Beziehung geht hervor, dass die Geschwindigkeit gegenüber der Belastung dominierend ist. Bei der Berechnung werden drei Geschwindigkeitsbereiche unterschieden, die durch den dimensionslosen Faktor L

$$L = \frac{v \cdot r}{2 \cdot \alpha} \qquad (4.5)$$

mit
v = Gleitgeschwindigkeit
r = Kontaktradius
α = Temperaturleitzahl $\lambda/(\rho \cdot c)$ mit der Wärmeleitzahl λ, der Dichte ρ und der spezifischen Wärme c.

gekennzeichnet werden.
Solange die Geschwindigkeit klein bleibt, verteilt sich die Wärme gleichmäßig auf beide Partner und Gleichung (4.4) kann angewendet werden. Das ist der Fall für L < 0,1. Bei höheren Geschwindigkeiten, wenn 0,1 < L < 5 bzw. 5 < L < 100 werden wegen der unterschiedlichen Wärmeaufteilung auf Grund- und Gegenkörper Korrekturfaktoren berücksichtigt, vgl. [89].

Ein Vergleich der hiermit berechneten Blitztemperaturen zeigt unter den genannten Voraussetzungen eine Übereinstimmung mit den nach der Reibmartensit-Bestimmungsmethode ermittel-

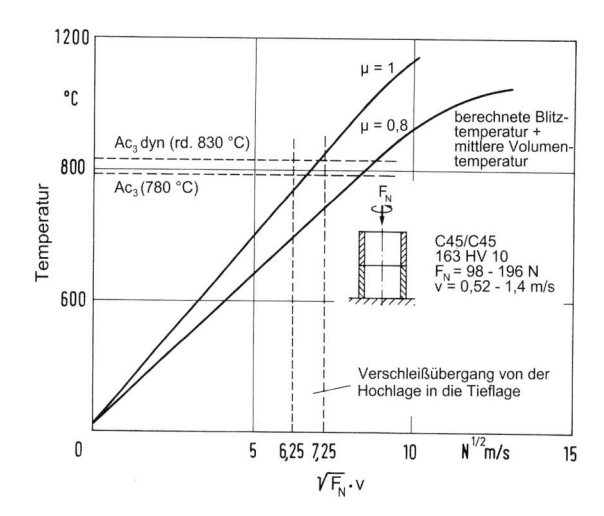

Bild 4.81: Vergleich der berechneten Blitztemperatur mit der Reibmartensit-Bildungstemperatur (Kurzzeitprüfung in Sekunden) [90]

4.3 Grundlagen ungeschmierter Tribosysteme

ten Temperaturen. Dabei wurden die Beanspruchungsbedingungen (F_N und v) ermittelt, bei denen Reibmartensit auftritt, **Bild 4.81** [90]. Beim Vergleich ist die obere Umwandlungstemperatur des entsprechenden Stahls unter Berücksichtigung der Temperaturerniedrigung durch den Pressungsdruck und die Verschiebung der Umwandlung zu höheren Temperaturen infolge der hohen Aufheizgeschwindigkeit (in der Summe rd. 50 °C) zugrunde gelegt. Offenbar ist die oben genannte Grenze der Reibmartensitbildung mit dem aus vorgenannter Beziehung stammenden Faktor $\sqrt{F_N} \cdot v$ genauer zu beschreiben als mit $F \cdot v$, da sich eine bessere Differenzierung ergibt, **Bild 4.82** [40]. Im übrigen bildet sich Reibmartensit nicht nur bei den praktisch härtbaren Stählen (ab 0,2 % C), sondern auch an solchen mit niedrigeren Kohlenstoffgehalten bis herunter zu rd. 0,10 %.

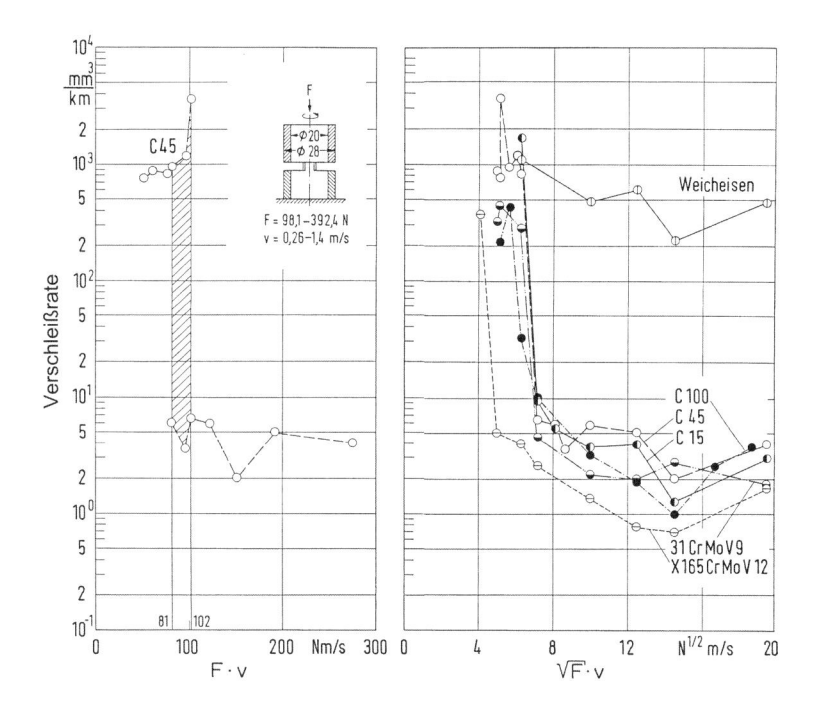

Bild 4.82: Vergleich der Verschleißrate und Reibmartensitbildung in Abhängigkeit von $F \cdot v$ und $\sqrt{F_N} \cdot v$ der Werkstoffe C15, C45 und C100 normalgeglüht, 31CrMoV9 vergütet, X165CrMoV12 weichgeglüht. Bei Weicheisen findet wegen nicht vorhandenen Kohlenstoffs keine Umwandlung in Martensit statt [40]

4.3.2 Strukturbedingte Einflüsse

Aus einer großen Zahl von Untersuchungen geht die entfestigende und/oder versprödende Wirkung adsorptionsaktiver Medien, zu denen auch Wasserdampf gehört, auf metallische und nichtmetallische Werkstoffe hervor, die aber meist von tribochemischen Effekten überdeckt werden [91]. Die hohe Adhäsionsneigung ferritischer oder austenitischer Werkstoffe bzw. von

Werkstoffen mit hohem Ferritanteil lässt sich die Oxidbildung durch die Luftfeuchtigkeit steuern, wodurch der Verschleiß deutlich reduziert werden kann.

Zur Nachahmung des Verschleißfalls Bremsklotz/Eisenbahnrad wurde eine Weicheisenprobe gegen den Umfang einer rotierenden Scheibe aus gehärtetem 1%igem Chromstahl gedrückt, **Bild 4.83** [92]. Mit steigender Belastung nimmt der Verschleiß zunächst bei allen Feuchtigkeitsgehalten mehr oder weniger steil, aber annähernd linear zu. Durch die starke Temperaturerhöhung sinkt die relative Luftfeuchtigkeit in der Grenzfläche. Die Inhibierung von Sauerstoff durch den grenzflächenaktiven Wasserdampf [91] nimmt mit wachsender Belastung ab, die Grenzflächentemperatur steigt weiter an, so dass bei niedriger Feuchtigkeit früher, bei hoher Feuchtigkeit später, eine verstärkte Oxidation einsetzt. Daher geht der zunächst ansteigende metallische Verschleiß allmählich in den überwiegend oxidischen Verschleiß über, fällt mit weiter steigender Belastung wegen der hohen Grenzflächentemperatur ab und mündet in eine von der Feuchtigkeit unabhängige Kurvenschar.

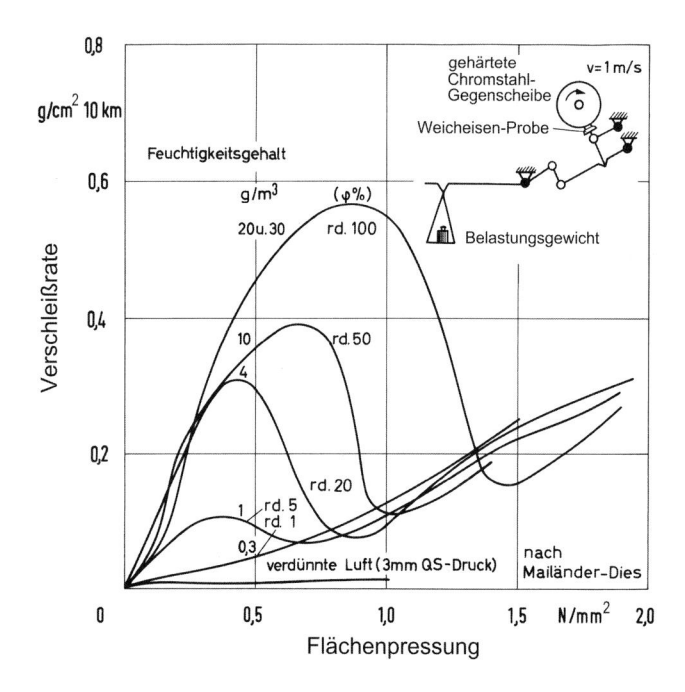

Bild 4.83: Einfluss der Luftfeuchtigkeit auf die Verschleißrate von Weicheisen (C = 0,04 %, Si = 0,01 %, Mn = 0,06 %) gegen gehärteten Cr-Stahl (C = 0,86 %, Cr = 1,64 %); φ = relative Luftfeuchtigkeit in %) [92]

Dabei können die Minima noch von stickstoffangereicherten dünnen Schichten mit Glanzstellen mitbeeinflusst worden sein. Dieses last- und feuchtigkeitsabhängige Verschleißverhalten wird demzufolge durch physikalisch-chemische Sekundärreaktionen geprägt, die von der jeweils herrschenden Oberflächentemperatur ausgelöst werden. Bei den Versuchen mit verdünnter (trockener) Luft diktiert die Tribooxidation das niedrige Niveau.

4.3 Grundlagen ungeschmierter Tribosysteme

Die Luftfeuchtigkeit bewirkt auch bei der Paarung C45/C45 bei vergleichsweise niedriger Gleitgeschwindigkeit beträchtliche Unterschiede im Verschleißniveau, **Bild 4.84** [93]. Bei hoher Luftfeuchtigkeit wird durch die Adsorption der Wassermoleküle die Oxidation erschwert. Adhäsionsempfindliche Werkstoffe unterliegen daher hohem Verschleiß. Mit steigender Gleitgeschwindigkeit kommt es zur Desorption der Wassermoleküle aufgrund der Reibungswärme und somit ebenfalls zur Oxidbildung, wodurch sich ein niedriges Verschleißniveau einstellt. Liegt dagegen geringe Luftfeuchtigkeit vor, so bilden sich verstärkt Oxide, die verschleißschützend wirken, aber mit steigernder Geschwindigkeit vergleichsweise nur noch wenig zur Reduzierung des Verschleißes beitragen. Sobald in der Gleitfläche bei hoher und niedriger Luftfeuchtigkeit die gleiche Energie umgesetzt wird, ist auch das gleiche Verschleißniveau erreicht. Eine weitere Geschwindigkeitssteigerung führt bei härtbaren Stählen

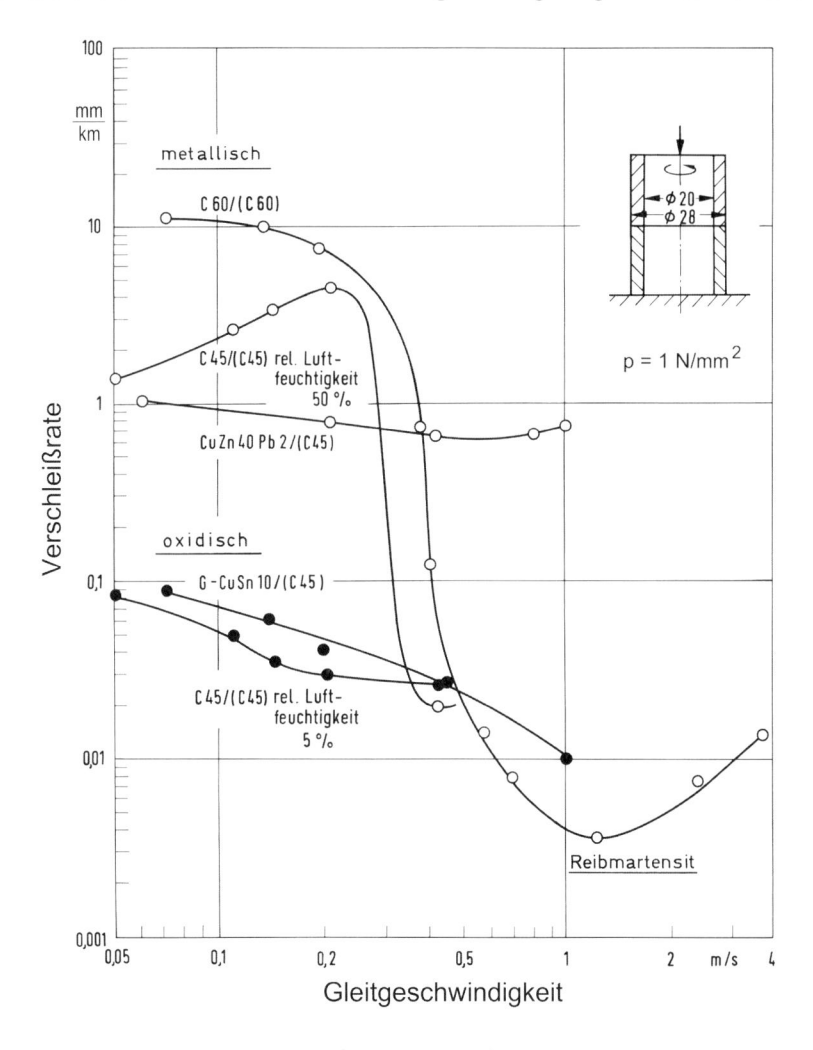

Bild 4.84: Einfluss der Luftfeuchtigkeit auf das Verschleißverhalten von C60, C45, CuZn40Pb2 und G-CuSn10 [93]

zu Reibmartensit. Besteht ein Gleitpartner aus Bronze oder Messing, so ergibt sich eine nur geringe Abhängigkeit von Geschwindigkeit und Feuchtigkeit.

Aus diesen beiden Beispielen darf nicht geschlossen werden, dass hohe Luftfeuchtigkeit grundsätzlich hohen Verschleiß verursacht. In die Beurteilung muss auch die Adhäsionsneigung mit einbezogen werden. Werkstoffe mit geringer Adhäsionsneigung wie der Wälzlagerstahl 100Cr6 mit martensitischem Gefüge und der karbidreiche Sinterwerkstoff Ferrotitanit, **Bild 4.85**, sind bei der hohen Luftfeuchtigkeit im Vergleich zum normalgeglühten C45 infolge von erschwerter Oxidation geringerem Verschleiß unterworfen als bei niedriger Luftfeuchtigkeit [94]. Die bei niedriger Luftfeuchtigkeit entstehende Oxidation der Grenzflächen reduziert bei C45 beträchtlich den adhäsiv bedingten Verschleiß (Fressverschleiß), während bei den beiden anderen Werkstoffen der ohnehin niedrige Verschleiß aufgrund geringer Adhäsion von der abrasiven Wirkung der Oxide überlagert ist. Dabei spielen für die Höhe des Verschleißes die verschiedenen Eisenoxidverbindungen wegen der unterschiedlichen Härte eine Rolle, die sich abhängig von der Luftfeuchtigkeit bilden. Die bei einer Luftfeuchtigkeit > 15 % entstehenden Eisenhydroxide α-FeO(OH) sind weicher als das sich in trockener Luft bildende Fe_2O_3, vgl. Tabelle 5.1 in Kap. 5.1.4.3 Tribooxidation.

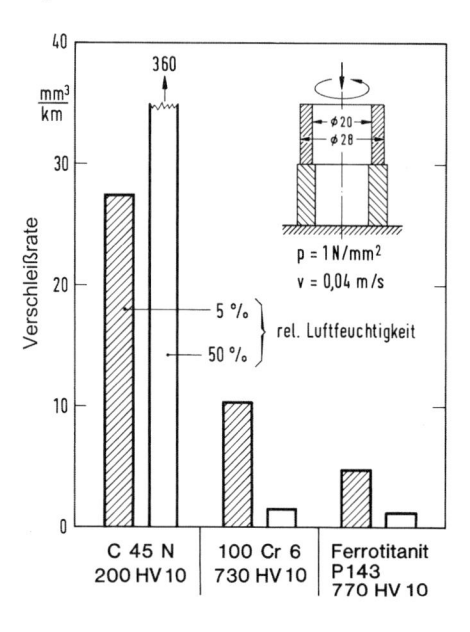

Bild 4.85: Einfluss der Luftfeuchtigkeit auf die Verschleißrate verschiedener Werkstoffpaarungen unterschiedlicher Adhäsionsneigung [94]

Ein in **Bild 4.86** dargestelltes Beispiel veranschaulicht den großen Einfluss verschiedener umgebender Gase auf Verschleiß und Reibung [95]. Während bei Luft mit einer relativen Luftfeuchtigkeit von 50 bis 70 % metallischer Verschleiß auftritt, der durch N_2 auf ein Viertel bis auf ein Fünftel reduziert wird, bewirkt reiner Sauerstoff eine Änderung des Verschleißmechanismus mit der Folge einer weiteren Verschleißreduzierung durch Oxidation (rotbraune

4.4 Besonderheiten bei Trockenreibung im Vakuum

pulvrige Oxide). Bei Anwesenheit von reinem CO_2 ist praktisch kein Verschleiß mehr festzustellen. Bei der Betrachtung der Reibungszahlen bestätigt sich die allgemeine Beobachtung, dass sie nicht mit dem Verschleiß korrespondieren. In Luft, Stickstoff und Sauerstoff unterscheiden sich dagegen die Reibungszahlen nur geringfügig. Sie liegen im Mittel bei 0,74 für Luft, 0,53 für N_2 und 0,68 für O_2, während der Verscheiß in dieser Reihenfolge deutlich abnimmt. Unter der Einwirkung von Kohlendioxid wird die Reibungszahl auf 0,15 reduziert.

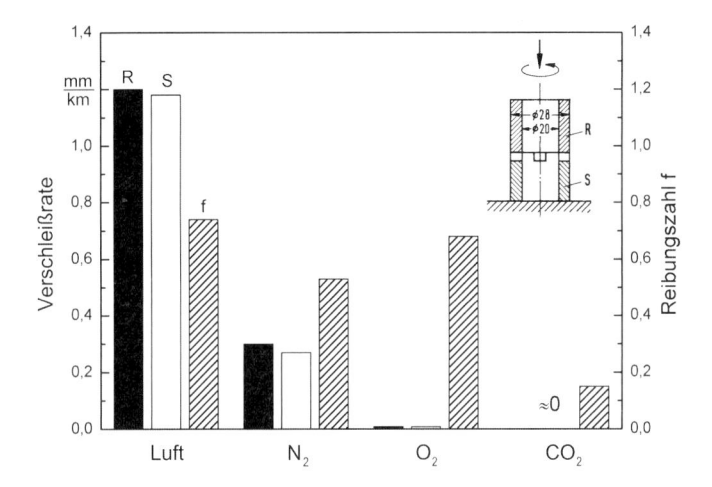

Bild 4.86: Einfluss verschiedener Umgebungsmedien auf die Verschleißrate und die Reibungszahl von St60/St60 (normalgeglüht, C = 0,46-0,47 %), $p = 0,2$ N/mm^2, $v = 0,52$ m/s [95]

4.4 Besonderheiten bei Trockenreibung im Vakuum

Im Zustand der Trockenreibung (Bereich I in Bild 2.4) sind die Wechselwirkungen der Werkstoffe durch Grenzschichten nicht gestört, so dass die Adhäsion voll wirksam wird.
Die Reibungszahlen metallischer Werkstoffe können unter rein trockener Reibung, d. h. im Vakuum, insbesondere bei kubisch strukturierten Metallen, sehr hohe Werte (zum Teil weit über 1) annehmen, vgl. Tabelle 2.3 in Kap.2.2.5 Reibungszahlen. Das tribologische Verhalten hängt bei diesen Bedingungen – abgesehen von der entscheidenden Adhäsionsneigung der Partner – davon ab, wie schnell auf den örtlich freigelegten Oberflächenkontakten Atome des vorhandenen Umgebungsmediums adsorbiert werden. Bei langsamer Adsorption wie im Ultrahochvakuum kann bei bestimmten Paarungen Kaltverschweißen eintreten. Im Hochvakuum verläuft die Anlagerung von Sauerstoff noch so schnell, dass Festfressen erst bei hohen Normalkräften stattfindet. Oft tritt ein starker Werkstoffübertrag (ohne Freiwerden von Verschleißpartikeln) ein [96].

Für Vakuum typische Verschleißerscheinungsformen sind den Verfassern bislang nicht bekannt. Die durch adhäsiven Verschleiß bedingten Schädigungen dürften den in Kap. 4.2.7 Fresser, 4.2.8 Werkstoffübertrag und 4.2.11 Gefügeänderung beschriebenen gleichen, jedoch ist von gravierenderen Schädigungen auszugehen.

Besondere Maßnahmen sind vor allem bei diesem extremen Reibungszustand im Vakuum erforderlich, um Oberflächenzerstörungen zu vermeiden, z. B. durch die Wahl geeigneter (harter oder schmierwirksamer) Paarungen bzw. Oberflächenschichten oder Feststoffschmierstoffe. Schichten, deren günstiges Verschleißverhalten auf Oxidbildung beruht, wie z. B. Hartchrom, sind für eine Anwendung hier ebenso wie der Festschmierstoff Graphit, der seine Wirksamkeit nur in feuchter Luft entfalten kann, nicht geeignet. Dagegen kommt MoS_2 wegen seiner Schichtgitterstruktur in Frage.

4.5 Verschleißerscheinungsformen bei ungeschmierter Gleitreibung

In den meisten Fällen entsprechen die Verschleißerscheinungsformen denen bei Mischreibung, vgl. Kap. 4.2, da sich die Bildungsmechanismen weitgehend ähneln. Das Gefahrenpotential ist jedoch ungleich größer, der Schaden tritt schneller ein, auch ist das Ausmaß gravierender. Allgemein lässt sich der Verschleiß durch die Paarung harter Werkstoffe (eventuell harter Schichten [97]) durch Kombination mit geeigneten Polymeren [98], Verwendung von Festschmierstoffen, Abänderung der Konstruktion in ein geschmiertes System, Vergrößerung der Gleitfläche zur Senkung der Beanspruchung und Anwendung von Wälzreibung anstatt von Gleitreibung vermindern.

In **Bild 4.87** bis **4.102** sind einige Verschleißerscheinungsformen für Fresser, Riefen, Profiländerung, Werkstoffübertrag, Schubrisse, Brandrisse, Reibmartensit und Tribooxidation wiedergegeben.

4.5.1 Fresser

Die möglichen Einzelerscheinungen, die innerhalb der Fresser auftreten können, sind unter 4.2.7 beschrieben und auch bei ungeschmierten Gleitsystemen zu beobachten. Bei der Herstellung von Elastomerprodukten hatte ein Kolben im Hochdruckspritzzylinder gefressen mit der Folge einer plötzlichen Blockade. Aus Produktgründen durfte nicht geschmiert werden. Beim Auftrennen des Zylinders wurde ein Handteller großer Fresser frei gelegt, Bild 4.87, der sich makroskopisch durch herausgerissene Werkstoffbereiche, Rissbildungen (Schubrisse) und Verformungen auszeichnet und sich bis auf eine Tiefe von rd. 10 mm erstreckt. Eine Druckstelle mit Rissbildungen im Randbereich außerhalb des großen Fressers weist ebenfalls auf einen für den vorliegenden Gefügezustand lokale Überlastung hin. Außerdem ist die Bohrungsoberfläche auch durch zahlreiche Riefen geschädigt, die durch Mikrofresser verursacht wurden. Die Gleitbewegung des Kolbens beim Fressen erfolgte von links nach rechts, wie anhand der Ausbildung der Schubrisse geschlossen werden kann. Kolben und Zylinder sind aus dem Nitrierstahl 31CrMoV9 gefertigt und nach der Vergütung plasmanitriert worden. Anschließend wurde der Zylinder gehont und der Kolben poliert. Eine metallographische Untersuchung ergab, dass die Verbindungsschicht der Funktionsflächen von Zylinder und Kolben abgetragen war, wodurch die antiadhäsiven Eigenschaften auf die Diffusionszone reduziert wurden und die für ungeschmierte Gleitpaarungen besonders wichtig gewesen wäre. Während der massive Zerstörungsgrad durch den großen Fresser wahrscheinlich neben lokaler Beanspruchung auf eine besonders starke Reduzierung der Diffusionszone zurückzuführen sein dürfte, deuten die vielen kleinen Fresser in den Riefen darauf hin, dass die gesamte Mantelfläche von Kolben und Zylinder gefährdet war. Da solche Fressererscheinungen spontan auftreten und sich explosionsartig ausbreiten, ist die plötzliche Blockade erklärbar.

Als Abhilfe ist eine ausreichend dicke Verbindungsschicht erforderlich und eine Grundhärte, die eine bessere Stützwirkung der Verbindungsschicht bei lokaler Beanspruchung gewährleistet.

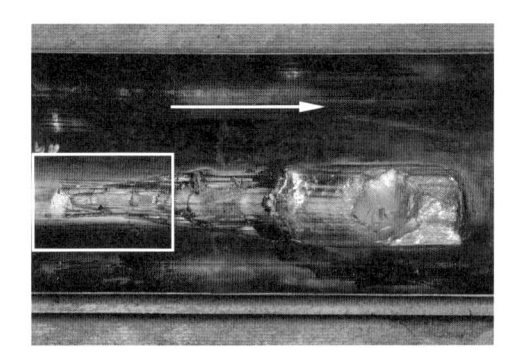

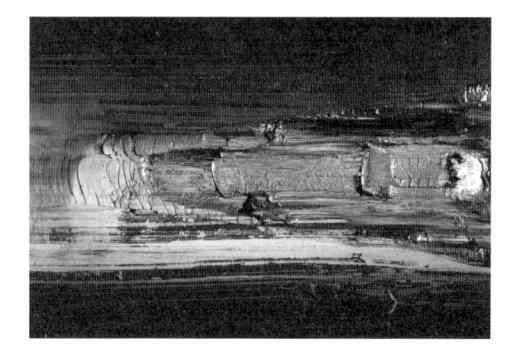

Bild 4.87: Fresser mit Schubrissen (Länge rd. 280 mm) in der Zylinderbohrung; der Pfeil gibt die Bewegungsrichtung des Kolbens an; links: Übersicht, rechts: Ausschnitt

4.5.2 Riefen

Bei ungeschmierten Gleitprozessen kann es bei bestimmten Werkstoffen und Gefügezuständen infolge von starker Adhäsionsneigung zu hohem metallischen Verschleiß kommen, der sich in ausgeprägter Riefenbildung und im oberflächennahen Bereich in starker Verformung äußert.

Durch schräges Anlaufen eines zu weichen Kranlaufrades aus C45 normalgeglüht, 121 HBS 750 (Brinell-Härteprüfung mit einer Stahlkugel), mit zur Adhäsion neigenden freien Ferrit, an den Schienenkopf ist die Innenseite des Spurkranzes regelrecht zerspant worden, wie die Riefen zeigen, Bild 4.88. Der hohe Verschleiß bewirkte in der Folge eine beträchtliche geometrische Profiländerung. Durch regelmäßige Überwachung konnte eine Entgleisung noch verhindert werden. Ein Teil der Verschleißpartikel wurde durch die Überrollungen zu Folien ausgewalzt.
Ursachen, die zu einem Anlaufen des Kranlaufrades führen, wie ungleiche Durchmesser, Schlupf, ungenaue Ausrichtung der Laufradachse zur Schiene, lassen sich nur schwer beheben. Bewährt haben sich eine kegelige Ausbildung der Lauffläche des Rades sowie eine Schmierung der Schienenkopfseitenflächen [99]. Auch eine Randschichthärtung der Kranlaufräder (Lauffläche und Spurkranz) und des Schienenkopfes kann zur Verringerung des Verschleißes beitragen [100]. Dabei muß die Einhärtungstiefe ausreichend groß sein, damit nicht bei Hertzschen Kontakten die Lage des Schubspannungsmaximums in den Bereich des Härteabfalls oder gar in den ungehärteten Grundwerkstoff fällt.

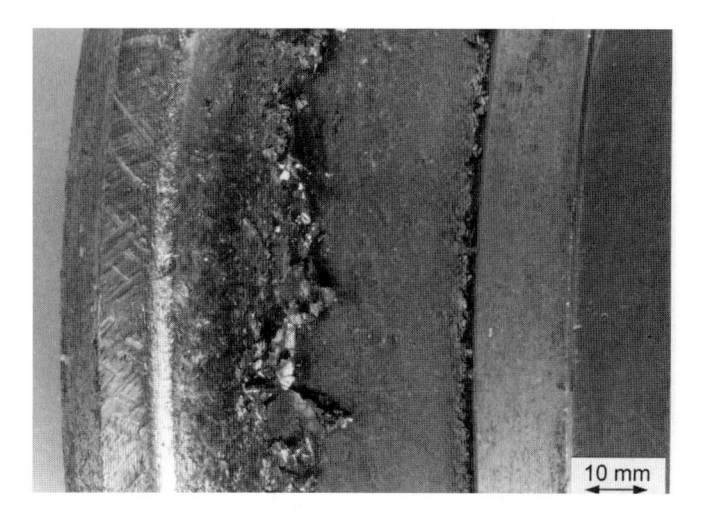

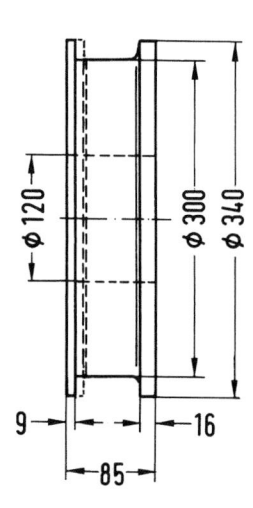

Bild 4.88: Adhäsiv bedingte Riefen auf der Anlauffläche des Spurkranzes eines Kranlaufrades aus C45, Profiländerung des Spurkranzes und zu Folien ausgewalzte Verschleißpartikel auf der Lauffläche

4.5.3 Werkstoffübertrag

Wenn die in der Kontaktstelle umgesetzte Energie hoch genug ist, findet auch bei nur zu geringer Adhäsion neigenden Paarungen eine Werkstoffübertragung statt. Die oftmals nur geringe Ausdehnung der betroffenen Bereiche erschwert Ihre Detektierung. Die Entgleisung eines Seilbahnwagens hat zu einem partiellen Werkstoffübertrag von den Achsen auf das vollverschlossene Tragseil der Seilbahn geführt. Der Übertrag zeichnet sich makroskopisch als erhabene Zonen auf dem Z-Profildraht ab, Bild 4.89.

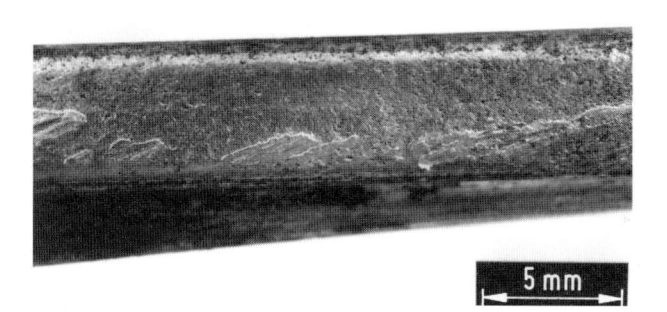

Bild 4.89: Werkstoffübertrag auf einem Z-Profildraht der Decklage eines vollverschlossenen Seilbahntragseils von den Achsen eines entgleisten Seilbahnwagens, rechts Querschnitt des vollverschlossenen Seiles

4.5.4 Schubrisse

Verhältnismäßig selten auftretende Laufflächenschäden an Eisenbahnrädern stellen plastische Oberflächenverformungen und Rissbildungen in Form schuppenförmiger Überschiebungen dar [101, 102], Bild 4.90. Sie bilden sich an Laufflächen blockierter Räder durch Schlupfunterbrechungen, wodurch es zu einem ruckartigen Weiterdrehen des blockierten Rades kommt. Durch die Überbeanspruchung an der Kontaktstelle wird der Werkstoff plastifiziert, so dass er entgegen der Drehrichtung schuppenförmig verschoben wird und aufreißt. Der Vorgang entspricht dem des Fressens, in dessen Verlauf es zur Ausbildung von Schubrissen kommt, vgl. Kap. 4.2.9 Schubrisse. Bei den auf der Lauffläche (rechts im Bild) sich hell abhebenden drei Zonen handelt es sich um Reibmartensit, der korrosionsbeständiger ist als das umgebende Material und daher hell erscheint. Auf der Lauffläche können in diesem Fall alle Formen des Fressens bis hin zur Reibmartensitbildung beobachtet werden.

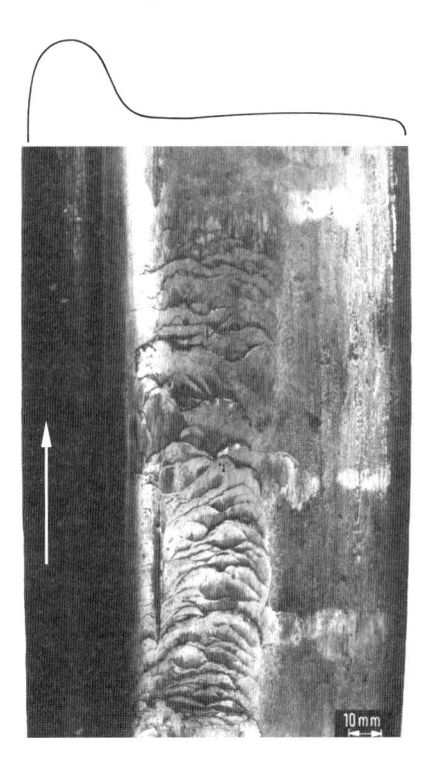

Bild 4.90: Schubrisse auf der Lauffläche eines klotzgebremsten Eisenbahnrads (Pfeil gibt die Drehrichtung des Rads an; die Gleitrichtung ist der Drehrichtung entgegengesetzt)

4.5.5 Brandrisse

Kennzeichnend für die Brandrisse ist ihre netzartige Struktur, wobei die Hauptausrichtung der Risse senkrecht zur Gleitrichtung erfolgt, Bild 4.91 und 4.92, vgl. auch Kap. 4.2.10 Brandrisse. Die aus der tribologischen Beanspruchung resultierende thermische Wechselverformung und mechanische Schubverformung bewirkt in der Reibfläche ein Rissnetz und im Allgemeinen in der oberflächennahen Randzone abhängig von der Höhe der Temperatur und des Gefügezustandes auch eine Gefügeänderung. Die rasche Aufheizung führt zu einem steilen Temperaturgradienten und durch Dehnungsbehinderung zum Aufbau plastischer Verformungen. Dabei können sich Druckspannungen bis zur Höhe der Warmstreckgrenze ausbilden. Nach Beendigung des Gleitvorganges kühlt das Bauteil ab, wodurch sich oberflächennah Zugspannungen aufbauen. Durch diese Wechselplastifizierung wird die Trennfestigkeit des Werkstoffes überschritten. Im Werkstoffinnern verlaufen die Risse vielfach senkrecht zur Oberfläche, wobei auch ein Abbiegen entsprechend der sich einstellenden randnahen Verformungen und Spannungen möglich ist.

Risse auf der Lauffläche klotzgebremster Räder, Bild 4.91, können infolge der Wälzbeanspruchung mit der Anzahl der Überrollungen wachsen und nach einem Umlenken unter der Lauffläche zu Ausbrüchen führen. In besonders schweren Fällen kann es auch zu Schwingbrüchen von Radreifen kommen.

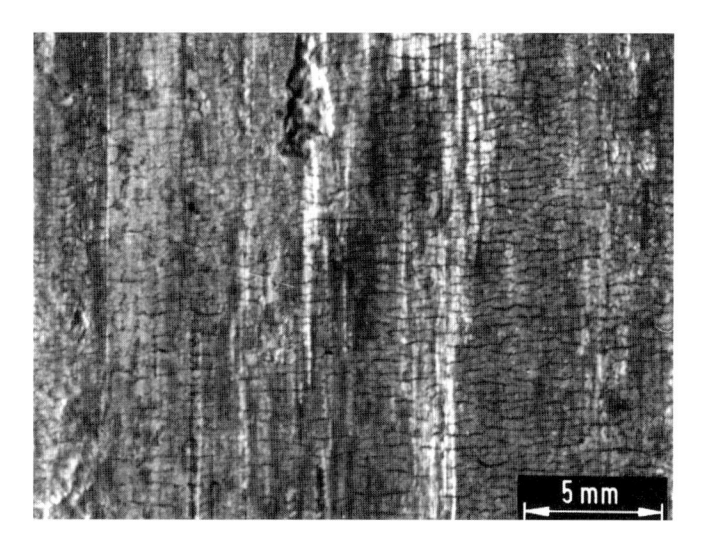

Bild 4.91: Brandrisse auf der Lauffläche eines klotzgebremsten Eisenbahnrads

Ein Beispiel für ein übliches Rissnetzwerk einer Bremsscheibe, in diesem Fall für Schienenfahrzeuge, geht aus Bild 4.92 hervor. Die unterschiedlich getönten konzentrischen Ringe auf der Bremsscheibe sind auf durch verschieden hohe Grenzflächentemperaturen ausgelöste Werkstoffreaktionen und auf Werkstoffübertrag vom Bremsbelag zurückzuführen. Die mechanische Beanspruchung durch die Rotation kann die in ihrer Tiefenerstreckung begrenzten Risse wachsen lassen.

4.5 Verschleißerscheinungsformen bei ungeschmierter Gleitreibung

Bild 4.92: Brandrisse an einer Bremsscheibe aus GS-17CrMoV5-11, vergütet, für Schienenfahrzeuge

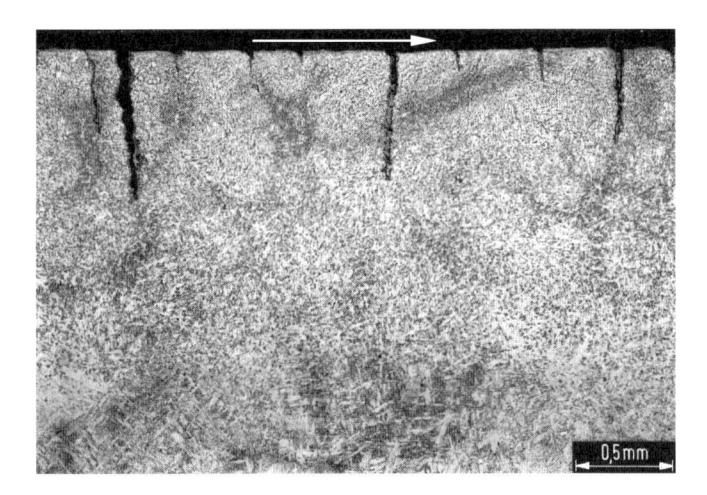

Bild 4.93: Gefüge im rissbehafteten Bereich der Reibfläche einer Bremsscheibe aus GS-17CrMoV5-11, vergütet. Der Pfeil gibt die Drehrichtung der Bremsscheibe an [103]

Im Schliff senkrecht zur Gleitfläche der Bremsscheibe zeichnen sich zwei Risstypen ab, Bild 4.93 [103]. Die überwiegende Zahl an Rissen erreicht eine Tiefe von < 0,1 mm. Daneben existieren einzelne größere Risse bis zu einer Tiefe von 1 mm. Die Risse sind konisch aufgeweitet und sind in der Regel verzundert. Infolge der Schubbeanspruchung durch die Bremsbeläge sind die Rissflanken in der Gleitebene in Bewegungsrichtung verformt und täuschen einen breiteren Riss vor. Das ist auch der Grund, warum die quer zur Gleitrichtung verlaufenden Risse sich deutlicher abheben als die parallel verlaufenden Risse. Das Vergütungsgefüge mit Carbidausscheidungen ist bis in eine Tiefe von rd. 2 mm in Perlit und Ferrit umgewandelt. Infolge wiederholter Austenitisierungs-, Abschreck- und Anlassvorgänge in der oberflächennahen Gleitfläche sind Anteile aller Gefügephasen einschließlich deren Anlassstufen vertreten. Die Zugeigenspannungen sind im rissbehafteten Bereich im Vergleich zum rissfreien Bereich niedriger, da sie durch die Rissbildung abgebaut wurden. Das Maximum die Zugspannungen stellt sich in einer Tiefe von 0,3 bis 0,4 mm ein. In einer Tiefe von rd. 1,5 mm gehen die Zugspannungen in Druckspannungen über.

Beim Schleifen gehärteter oder vergüteter Bauteile können auf der Oberfläche ähnliche Rissbildungen auftreten, wenn durch zu starke Schleifzustellung und/oder ungenügende Kühlung sich die im Zuge der Abkühlphase bildenden Zugspannungen die Trennfestigkeit überschreiten.

Die Rissbildung kann manchmal mit reinen Temperaturwechselrissen, die ohne zusätzliche mechanische Beanspruchung auftreten, verwechselt werden, wenn diese sich neben der üblichen parallelen Rissanordnung ebenfalls netzartig bilden. Typisch für diese Risse ist, dass sie anfänglich schneller, mit zunehmenden Temperaturwechseln langsamer wachsen und schließlich auch zum Stillstand kommen können, sofern keine mechanische Beanspruchung überlagert ist.

4.5.6 Gefügeänderung

Gefügeänderungen durch Reibmartensitbildung [40, 64, 104] mit entsprechender Anlasswirkung sind im Prinzip dieselben wie bei Mischreibung, vgl. Kap. 4.2.11, das Auftreten findet jedoch infolge höherer Reibung schon bei niedrigeren Belastungen und/oder Geschwindigkeiten statt. Eine metallographische Untersuchung in den Bereichen der Werkstoffübertragung am Z-Profildraht aus der Decklage eines Tragseils, vgl. Bild 4.89, ergab übereinanderliegende Neuhärtungs- und Anlasszonen sowie quer verlaufende Risse, die bis zum patentierten Grundwerkstoff verlaufen, Bild 4.94. Diese Risse können betriebsbedingt weiter wachsen und zu einem Schwingbruch des Drahtes führen.

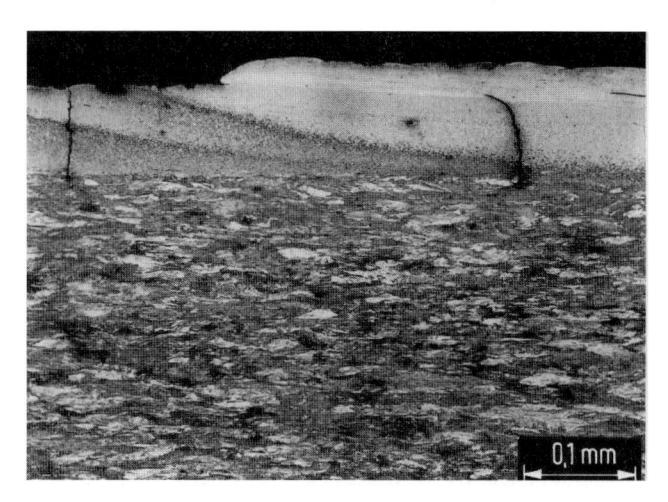

Bild 4.94: Mehrfache Neuhärtungszonen mit Querrissen an einem Z-Profildraht (Längsschliff), vgl. Bild 4.89

4.5 Verschleißerscheinungsformen bei ungeschmierter Gleitreibung   109

Auch auf Laufflächen und den Übergangradien zum Spurkranz klotzgebremster Eisenbahnräder können einzelne Zonen mit Reibmartensit und Zonen ungenügender Austenitisierung, Bild 4.95 und 4.96 beobachtet werden.

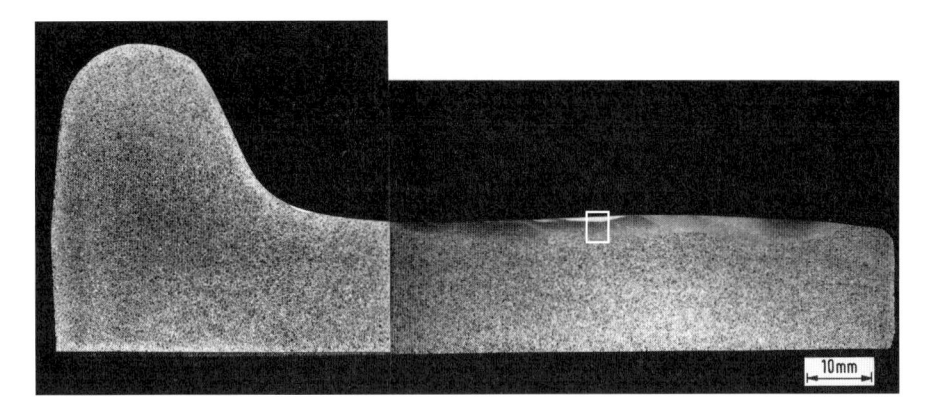

Bild 4.95: Reibmartensit und teilaustenitisierte Zonen auf der Lauffläche eines klotzgebremsten Eisenbahnrads [40]

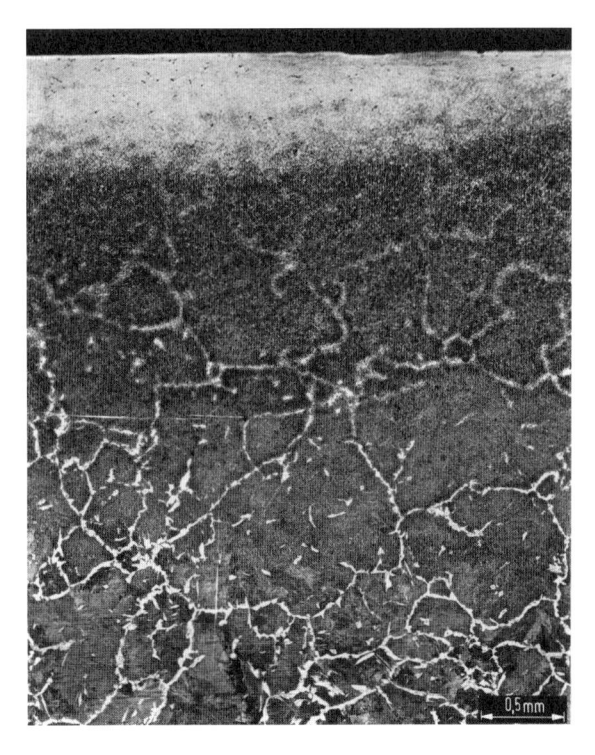

Bild 4.96: Reibmartensit auf der Lauffläche eines klotzgebremsten Eisenbahnrads, Ausschnitt aus Bild 4.95

Wenn Räder auf Schienen beim Anfahren durchrutschen oder beim Bremsen blockieren, kann es zu Flachstellen auf den Laufflächen der Räder kommen, in denen ebenfalls infolge des hohen Energieeintrages martensitische Gefügeumwandlungen ablaufen können. Diese Bereiche zeichnen sich dann wegen der höheren Korrosionsbeständigkeit von der Umgebung hell ab. In Bild 4.97 sind solche Bereiche auf der Lauffläche eines Straßenbahnrades zu sehen. Das martensitische Gefüge erscheint als eine rd. 130 µm dicke weiße Schicht und hebt sich vom perlitischen Grundwerkstoff deutlich ab, Bild 4.98. Eine Anlasszone ist vermutlich wegen der kurzen Kontaktdauer nicht zu erkennen, dagegen ist der Perlit stark deformiert. Die maximale Härte beträgt 860 HV 0,05.

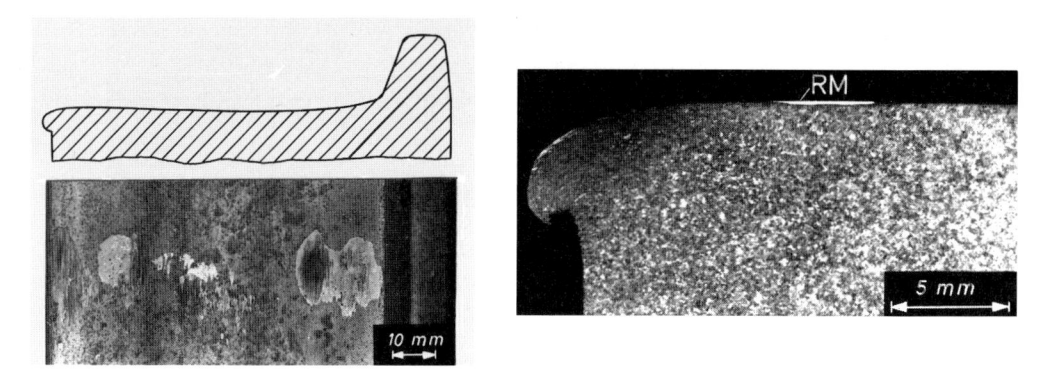

Bild 4.97: Reibmartensit RM in den Flachstellen auf der Lauffläche eines Straßenbahnrades [40]
links: Laufflächenprofil und Lauffläche mit hellen Flachstellen,
rechts: Schliff durch die linke Flachstelle

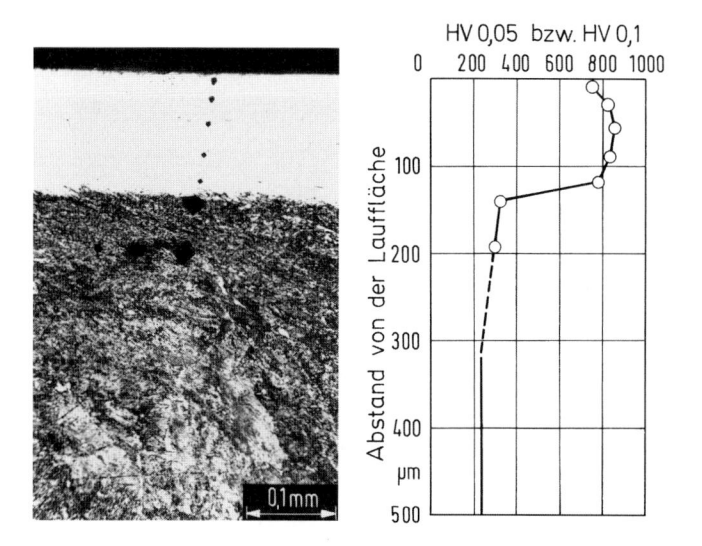

Bild 4.98: Gefüge und Härteverlauf aus der Flachstelle [40]

4.5 Verschleißerscheinungsformen bei ungeschmierter Gleitreibung

Auch wenn reibmartensithaltige Bereiche niedrigem Verschleiß unterliegen, vgl. Bild 4.78, 4.79, 4.82 und 4.84, darf daraus nicht geschlossen werden, dass Reibmartensit erstrebenswert ist. Durch die lokale temperaturbedingte Gefügeumwandlung kann sich ein ungünstiger Eigenspannungszustand ausbilden, der sich in Verbindung mit der Betriebsbeanspruchung zu Rissbildung und lokalen Ausbrüchen sowie unter Umständen auch zu Schwingbrüchen des Bauteils entwickeln kann.

Einen weiteren schädlichen Einfluss von Reibmartensit und Brandrissen zeigt folgendes Beispiel unter dem Einfluss von Zementschlamm. Beim Einziehen von Spannstahlbündeln in eine als Kastenbauweise gefertigte Spannbetonbrücke kam es an Umlenkstellen durch Ruck-Gleiten zu einer Vorschädigung der Stähle durch Reibmartensit- und Brandrissbildung. Bereits beim Einbetonieren der vorgespannten Spannstähle traten dann infolge von wasserstoffinduzierter Spannungsrisskorrosion an den vorgeschädigten Stellen verzögerte Sprödbrüche ein. Zu dieser versprödenden Wirkung kommt es nur, wenn die Wasserstoffatome sich an der Rissspitze (hohe Zugspannungskonzentration) anreichern und den Versetzungen folgen können, d. h. wenn die Versetzungsgeschwindigkeit an der Rissspitze vergleichbar der Diffusionsgeschwindigkeit wird. Bei hohen Verformungsgeschwindigkeiten können die Wasserstoffatome den Versetzungsbewegungen nicht folgen, weshalb eine Wasserstoffversprödung nur im Zeitstandversuch nachzuweisen ist. Dieser Schadensmechanismus ließ sich im Zeitstandversuch an durch Reibschläge vorgeschädigten Stäben unter Einwirkung von Zementschlamm simulieren, Bild 4.99. Durch das Wasser eingebrachte Chloride und die damit verbundene Ansäuerung des Elektrolyten infolge lokaler Eisenauflösung und Hydrolyse führen zur Wasserstoffentwicklung in der Rissspitze. Während ohne Anwesenheit von Zementschlamm die Belastung in Höhe der Streckgrenze über 1000 h ertragen wird, findet im befeuchtetem Zustand mit Zement der Bruch bereits bei rd. 80 % der Streckgrenze nach wenigen Minuten bis Stunden statt.

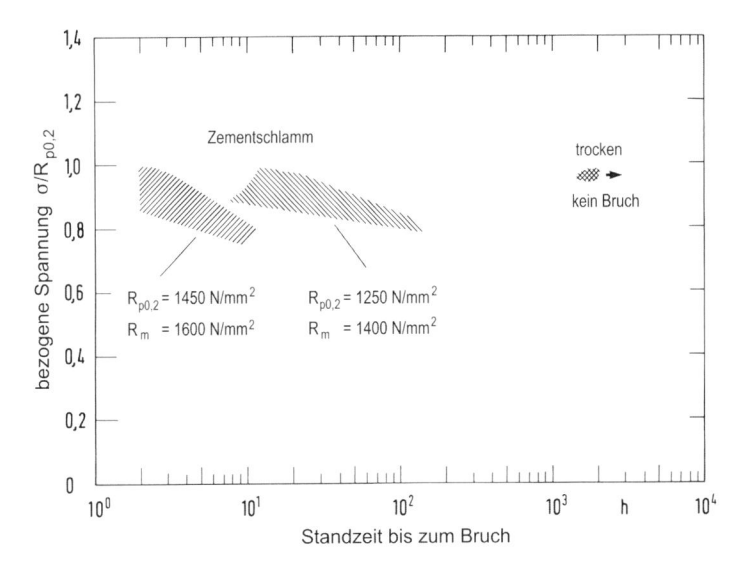

Bild 4.99: Einfluss des Umgebungsmediums Zementschlamm (gesättigte Lösung Ca(OH)$_2$, pH > 12,5) auf durch Reibmartensit und Brandrisse vorgeschädigte Spannstähle (wasserstoffinduzierte Spannungsrisskorrosion)

Die höherfesten Stähle (R_m > 1000 MPa oder > 350 HV bzw. 36 HRC) sind erwartungsgemäß hinsichtlich wasserstoffinduzierter Spannungsrisskorrosion stärker gefährdet als die mit geringerer Festigkeit.

In Bild 4.100 ist ein Schliff durch den Bruchausgang eines der durch Reibmartensit mit Rissbildung vorgeschädigten Spannstähle St 1080/1230 (Ø 36) einer Brücke in Südostasien wiedergegeben [105]. Der Bruch war auf wasserstoffinduzierte Spannungsrisskorrosion zurückzuführen. Der Wasserstoff rührt von der kathodischen Polarisation der Stahloberfläche durch den Kontakt mit der im Zement aktiv korrodierenden verzinkten Verankerung her, die mit dem Spannstahl elektrisch leitend verbunden war. Der Reibmartensit war im Zuge der Herstellung der Verankerung entstanden. Diese hochfesten Stähle brechen bei Spannungsrisskorrosion makroskopisch spröd, d. h. ohne sichtbare Verformung und mikroskopisch überwiegend ebenfalls spröd. Im Bruchausgangsbereich findet man interkristalline Bereiche mit klaffenden Korngrenzen, während die restlichen Bruchflächen überwiegend transkristalline Spaltbrüche aufweisen, Bild 4.101.

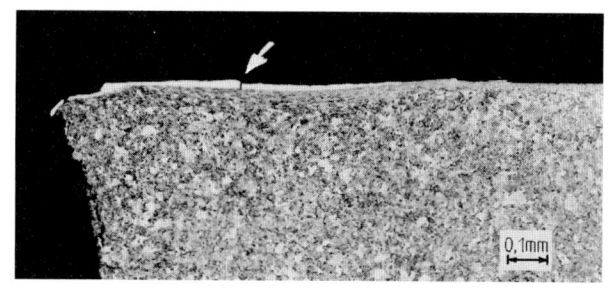

Bild 4.100: Längsschliff (geätzt) durch den Bruchausgang mit Reibmartensit mit Rissbildung (K. Menzel [105])

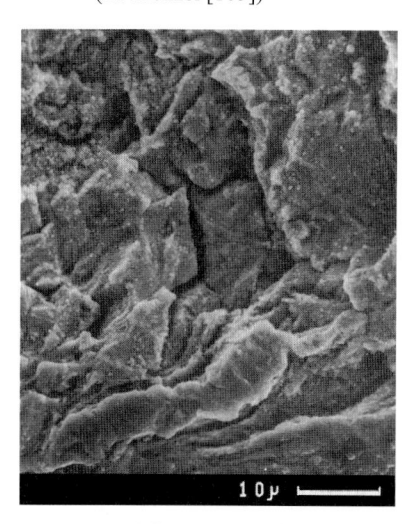

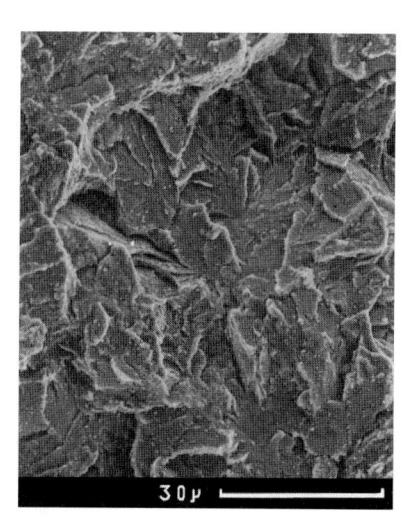

Bild 4.101: Bruchfläche des verformungslos gebrochenen Spannstahles; links: interkristalline Bruchflächenanteile im Ausgangsbereich mit klaffenden Korngrenzen, rechts: transkristalline Bruchflächenanteile (Spaltbrüche) im restlichen Bruchflächenbereich (K. Menzel [105])

4.5 Verschleißerscheinungsformen bei ungeschmierter Gleitreibung   113

Ähnlich negative Auswirkungen von Reibmartensit mit Rissbildungen auf Gleitflächen sind bei Kettengliedern von Steinkohlehobeln bekannt [106]. Diese sind Ausgangspunkt für ein sekundäres Risswachstum, das schließlich bei Erreichen einer kritischen Risslänge zum Bruch des Kettengliedes führt. Schwellende Zugbeanspruchung und Umgebungsbedingungen wie hohe Luftfeuchtigkeit und eventuell Grubenwässer spielen dabei eine nicht unwesentliche Rolle, so dass das Risswachstum dem Mechanismus der Schwingungsrisskorrosion unterliegt.

4.5.7 Tribooxidation

Die in Bild 4.78 und 4.79 wiedergegebenen Verschleißläufe zeigen abhängig von der Beanspruchung verschiedene Verschleißzustände, von denen einer aufgrund von Tribooxidation niedrigen Verschleiß aufweist. Dieser Verschleißzustand kann beispielsweise in Gelenken von Kettengliedern auftreten. Zur Simulation des tribologischen Verhaltens von Kettengliedern in Kettenförderern ist eine Prüfanordnung mit zylindrischen Probekörpern verwendet worden, um die komplexe Kinematik abzubilden [107]. Befindet sich in den Kontaktstellen kein abrasiver Zwischenstoff, so kommt es zu einer Metall/Metall-Berührung. Ausgehend von solchen Kontakten mit Adhäsionsbindungen wachsen unter bestimmten Umgebungsmedien allmählich tribooxidative Reaktionsprodukte auf der Werkstoffoberfläche auf, vgl. Bild 2.11. Nach ausreichend großer Zahl von reversierenden Übergleitungen bricht die gebildete Oxidschicht auf, Bild 4.102, und löst sich bereichsweise von der Unterlage ab. Die Verschleißprodukte entstehen durch Ausbrechen einzelner Partikel aus der Oxidschicht.

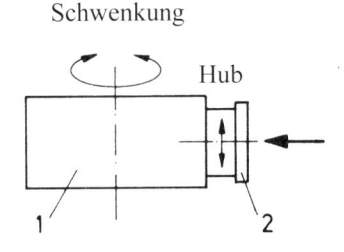

Bild 4.102: Oxidationsprodukte auf der Gleitfläche des Probekörpers 2 aus Mn-legiertem Einsatzstahl mit einer Randschichthärte von 800 HV3 (Beanspruchungsbedingungen: F_N = 4000 N, Schwenkweg ± 3,5 mm, Hubweg ± 2,7 mm, Durchmesser der Probe 1: 60 mm, Durchmesser der Probe 2: 25 mm)

Literaturverzeichnis

[1] Lang, O. und W. Steinhilper: Gleitlager. Springer-Verlag Berlin Heidelberg New York 1978

[2] Steinhilper, W. und H. Huber: Optimierung hydrodynamisch arbeitender Gleitlager. Teil I: Konstruktive Gestaltung von Radialgleitlagern. Antriebstechnik 36 (1997) 10, S. 69 – 73. Teil II: Konstruktive Gestaltung von Axialgleitlagern. Antriebstechnik 36 (1997) 12, S. 69 – 74

[3] Biemann, W., J. Hoppe und E. Seifried: Theoretische und experimentelle Untersuchungen zum Einfluss der Zapfenwelligkeit auf das Tragverhalten von Radialgleitlagern. Konstruktion 35 (1983) 8, S. 319 – 327

[4] Spiegel, K. und J. Fricke: Bemessungs- und Gestaltungsregeln für Gleitlager: Optimierungsfragen. Tribologie + Schmierungstechnik 50 (2003) 1, S. 5 – 14

[5] Decker, K.-H.: Maschinenelemente. Gestaltung und Berechnung. Carl Hanser Verlag München Wien 1998

[6] Niemann, G., H. Winter und B.-R. Höhn: Maschinenelemente. Bd. 1, 3. Auflage Springer Verlag 2001

[7] DIN 31653-3,1996-06: Hydrodynamische Axial-Gleitlager im stationären Betrieb. Betriebsrichtwerte für die Berechnung von Axialsegmentlagern

[8] Bentele, W.: Einsatz von Radionukliden zu Kavitations-Verschleiß und Ölverbrauchsmessungen im Motorenbau. Kerntechnik 14 (1972) 12, S. 584 – 590

[9] Katzenmeier, G.: Das Verschleißverhalten und die Tragfähigkeit von Gleitlagern im Übergangsbereich von der Vollschmierung zu partiellem Tragen (Untersuchung mit Hilfe von Radioisotopen). Diss. Universität Karlsruhe 1972

[10] Peeken, H. und P. Zagari: Die Auslaufkurve als Maß für die Güte einer Gleitlagerkonstruktion. Konstruktion 33 (1981) 9, S. 341 – 346

[11] Sommer, K.: Reaktionsschichtbildung im Mischreibungsgebiet langsamlaufender Wälzlager. Diss. Universität Stuttgart 1997

[12] Engel, L. und A. Fussgänger: Gleitlagerschäden. Metall 33 (1979) 1, S. 27 – 32

[13] Engel, U.: Schäden an Gleitlagern in Kolbenmaschinen. Glyco-Ingenieurbericht (Federal-Mogul) Nr. 8/87

[14] Roemer, E.: Gleitlagerschäden in Kolbenmaschinen und ihre Verhütung. In: Schäden an geschmierten Maschinenelementen. Band 28, Expert Verlag 1979

Literaturverzeichnis

[15] DIN 31661, 1983-12: Gleitlagerschäden

[16] Hilgers, W.: Erkennung der Ursachen von Schäden an dickwandigen Verbundlagern. Schmiertechnik + Tribologie 24 (1977) 5, S. 124 – 130 und 6, S. 159 – 163

[17] Metals Handbook Vol. 10: Failure Analysis and Prevention. American Society for Metals 1975, S. 397 – 416

[18] Grobuschek, F., U. G. Ederer und N. P. Niederndorfer: Miba-Gleitlager-Handbuch 1985

[19] Huppmann, H.: Gleit- und Wälzlager. Handbuch der Schadensverhütung. 2. erw. und überarb. Auflage. Allianz Versicherungs-AG München und Berlin 1976, S. 645 – 677

[20] Kreutzer, R.: Gleit- und Wälzlager. Allianz-Handbuch der Schadensverhütung. 3. neubearb. und erw. Auflage, VDI-Verlag 1984, S. 649 – 702

[21] Gleitlagertechnik. Th. Goldschmidt AG 1992

[22] Stoiber, J. und H. Grupp: Motorlagerschäden und Schmierstoffe. Allianz Report 1 (2002), S. 69 – 78

[23] FAG: Wälzlagerschäden. Schadenserkennung und Begutachtung gelaufener Wälzlager. Publ.-Nr. WL 82 102/2 DA

[24] Harbordt, J.: Beitrag zur theoretischen Ermittlung der Spannungen in den Schalen von Gleitlagern. Diss. Universität Karlsruhe 1975

[25] Trebs, J. et al.: Verhalten gesputterter Gleitlagerlaufschichten aus AlSn20 unter simulierter Betriebsbeanspruchung. Reibung und Verschleiß, herausgegeben von H. Grewe. DGM Informationsgesellschaft Verlag 1992, S. 359 – 366

[26] Czichos, H. und M. Woydt: Entwicklungstendenzen tribotechnischer Werkstoffe für den Fahrzeugbau – Teil 1. ATZ 90 (1988) 5, S. 237 – 244

[27] Weber, R. und J. Stoiber: Galvanische Schichten – Schadensbeispiele. VDI-Berichte Nr. 1605, 2001, S. 153 – 168

[28] VDI 3822, Blatt 5: Schadensanalyse. Schäden durch tribologische Beanspruchungen

[29] Schönherr, S.: Einfluss der seitlichen Seilablenkung auf die Lebensdauer von Drahtseilen beim Lauf über Seilscheiben. Diss. Universität Stuttgart 2005

[30] Krause, H., H. Haase und P. Neumann: Untersuchung der Betriebseinflüsse auf die Standzeit von Drahtseilen in Hüttenwerkskrananlagen. Tribologie. Reibung, Verschleiß, Schmierung, Bd. 5, Springer-Verlag Berlin Heidelberg New York 1983, S. 277 – 314

[31] DIN 15020-1:1974-02: Grundsätze für Seiltriebe. Berechnung und Ausführung

[32] DIN 15020-2:1974-04: Grundsätze für Seiltriebe. Überwachung im Gebrauch

[33] Schmitt-Thomas, K. G. und G. Fenzl: Erscheinungsbilder und Ursachen von Schäden an Drahtseilen von Fördergeräten. Der Maschinenschaden 39 (1966) H.5/6, S. 83 – 87

[34] Feyrer, K.: Drahtseile. Bemessung, Betrieb, Sicherheit. 2. überarbeitete und erweiterte Auflage 2000

[35] Babel, H.: Metallische und nichtmetallische Futterwerkstoffe für Aufzugtreibscheiben. Diss. Universität Karlsruhe 1980

[36] Barthel, T., W. Scheunemann und W. Vogel: Seile und Seilkonstruktionen. Lift-Report (2008) 6, S. 4 – 9

[37] N. N.: Kolbenringhandbuch. Federal-Mogul Burscheid GmbH 2003

[38] Golloch, R., S. Brinkmann, H. Bodschwinna und G. P. Merker: Schmierungs- und Verschleißverhalten laserstrukturierter Zylinderlaufbuchsen. Tribologie + Schmierungstechnik 49 (2002) 5, S. 25 – 31

[39] Weikert, M.: Oberflächenstrukturen mit ultrakurzen Laserpulsen. Diss. TU Stuttgart 2005

[40] Uetz, H. und K. Sommer: Grenzflächentemperaturen bei Gleitbeanspruchung und deren Wirkung. Mineralöltechnik 12 (1972) 17, S. 3 – 25

[41] Naumann, F. K.: Gefügeuntersuchung an verriffelten Schienen. Archiv für das Eisenhüttenwesen 32 (1961) 9, S. 617 – 626

[42] Gramberg, U., T. Günther und K. Schneemann: Beitrag zum Auftreten heller Zonen (white etching areas) in schlagbeanspruchten gehärteten Werkstoffen. HTM 30 (1975) 3, S. 144 – 151

[43] Naumann, F. K., und F. Spies: Der Schadensfall. Risse durch Reiberhitzung. Gebrochene Innenringe aus Pendelrollenlagern. Praktische Metallographie 8 (1971), S. 247 – 251

[44] Kreutzer, R. und R. Schubert-Auch: Gefügeumwandlung in Lagern durch Stromübergang. Der Maschinenschaden 60 (1987) 3, S. 132 – 138

[45] Reinke, F. H.: Örtliches Umschmelzen zum Aufbau verschleißfester ledeburitischer Randschichten an Werkstücken aus Gusseisen, insbesondere Nockenwellen und Nockenfolger. Mitteilung der AEG-Elotherm (1980)

[46] Hiller, W.: Die Aufschmelzbehandlung metallischer Werkstoffe mit dem Elektronenstrahl – Grundlagen und Anwendungstechnik. Metalloberfläche 29 (1975) 9, S. 425 – 428

[47] Bergmann, H. W. und B. L. Mordike: Aufbau von Laserstrahl-aufgeschmolzenen Stahloberflächen. Z. f. Metallkunde 71 (1980) 10, S. 658 – 665

[48] Gruhl, W., G. Grzemba, G. Ibe und W. Hiller: Oberflächen-Schmelzhärtung von Aluminiumlegierungen mit dem Elektronenstrahl. Metall 32 (1978) 6, S. 549 – 554

[49] Schlicht, H.: Beitrag zur Theorie des schnellen Erwärmens und schnellen Abkühlens von Stahl. HTM 29 (1974) 3, S. 184 – 192

[50] Stähli, G., H. Schlicht und E. Schreiber: Impulshärtung von Stahl. Z. f. Werkstofftechnik 7 (1976) 7, S. 198 – 208

[51] Griffiths, B. J.: Mechanisms of white layer generation with reference to machining and deformation processes. Journal of Tribology 109 (1987) 7, S. 525 – 530

[52] Xu, L. und N. F. Kennon: Formation of white layer during laboratory abrasive wear testing of ferrous alloys. Materials Forum 16 (1992), S. 43 – 49

[53] Wang, Y., T. C. Lei and C. Q. Gao: Influence of isothermal hardening on the sliding wear behavior of 52100 bearing steel. Tribology International 23 (1990) 2, S. 47 – 53

[54] Wang, Y., T. Lei and J. Liu: Tribo-metallographic behavior of high carbon steels in dry sliding. III. Dynamic microstructural changes and wear. Wear 231 (1999), S. 20 – 37

[55] Sauger, E. et al.: Tribologically transformed structure in fretting. Wear 245 (2000), S. 39 – 52

[56] Vingsbo, O. and S. Hogmark: Wear of steels. ASM Materials Seminar on Fundamentals of Friction and Wear of Materials UPTEC 80 90 R (1980), S. 373 – 408

[57] Rigney, D. A.: Transfer, mixing and associated chemical and mechanical processes during sliding of ductile materials. Wear 245 (2000), S. 1 – 9

[58] N. N.: Kegelrollenlager für hohe Drehzahlen. Antriebstechnik 12 (1973) 1, S. 21 – 22

[59] Jahresbericht 1979 der Westfälischen Berggewerkschaftskasse, S. 24

[60] Fuchs, D.: Seilschäden und deren Auswirkungen auf die Seillebensdauer. Glückauf 128 (1992) 4, S. 269 – 273

[61] Fuchs, D.: Schäden an Seildrähten und ihre Auswirkungen auf die Seillebensdauer. In: Laufende Drahtseile. Bemessung und Überwachung. 2. völlig neubearbeitete Auflage, Expert Verlag 1998

[62] Stähli, G.: Abnützungserscheinungen auf den Laufflächen von Hochgeschwindigkeits-Stahl-Spinnringen – Ursachen und Bildungsmechanismus. Melliand Textilberichte 53 (1972) 10, S. 1101 – 1103

[63] Stähli, G.: Ring/Läufer-Probleme beim Spinnen sehr feiner Garne. Textil-Praxis 7 (1965) S. 551 – 557

[64] Stähli, G.: Kurzzeit-Wärmebehandlung. Bericht über 12 Jahre Arbeit des Fachausschusses 9 „Kurzzeiterwärmung" der AWT: Kurzzeit-Härtung – Kurzzeit-Randschichtumschmelzen – Thermo-mechanische Kurzzeiteffekte – Weiße Schichten (WEA). HTM 39 (1984) 3, S. 81 – 90

[65] Schopf, E.: Untersuchung des Werkstoffeinflusses auf die Fressempfindlichkeit von Gleitlagern. Diss. Universität Karlsruhe 1980

[66] Föhl, J.: Untersuchungen von Triboprozessen in der Grenzschicht von Metallpaarungen bei Mischreibung insbesondere im Hinblick auf Werkstoffübertragung, Reaktionsschichtbildung und Verschleiß. Diss. Universität Stuttgart 1975

[67] Sommer, K. und Ch. Düll: Bestimmung des Verschleißzustandes und mögliche Schadensfrüherkennung aufgrund der Untersuchung von Abriebpartikeln mit dem Ferrographen. Tribologie. Reibung, Verschleiß, Schmierung, Bd. 5, Springer-Verlag Berlin Heidelberg New York 1983, S. 9 – 93

[68] Bartel, A. A.: Farben können täuschen! Die Verfärbung beanspruchter Festkörpergrenzflächen und ihre Deutung. Der Maschinenschaden 43 (1970) 5, S. 172 – 182

[69] Jantzen, E. und K. Maier: Zur Entstehung und Simulation von Ablagerungen aus Flugturbinenölen. Tribologie + Schmierungstechnik 33 (1986) 2, S. 84 – 89

[70] Recknagel, G.: Untersuchungen an Aufzugstreibscheiben mit Sitzrillen unter Verwendung von Drahtseilen verschiedener Litzenzahl. Diss. Universität Karlsruhe 1972

[71] Molkow, M.: Die Treibfähigkeit von gehärteten Treibscheiben mit Keilrillen. Diss. Universität Stuttgart 1981

[72] Feyrer, K. und W. Holeschak: Die Lebensdauer von Aufzugseilen und Treibscheiben im praktischen Betrieb. Lift-Report 14 (1988) 1, S. 6 – 9

[73] Scheffler, M., K. Feyrer und K. Matthias: Fördermaschinen. Hebezeuge, Aufzüge, Flurförderzeuge. Vieweg Verlag 1998, S. 273

Literaturverzeichnis

[74] Eilers, R. und W. Schwarz: Dauerversuche an Seilrollen und Seilen beweisen die Vorteile gehärteter Rillen. Maschinenmarkt 80 (1974) 70, S. 1359 – 1361

[75] Ruge, J. und M. Schulz: Verschleißschutz und Instandsetzung von Schmiedegesenken durch schweißtechnische Maßnahmen. VDI-Z-Spezial Ingenieur-Werkstoffe (1988), März, S. 36 – 41

[76] Heinemeyer, D.: Untersuchungen zur Frage der Haltbarkeit von Schmiedegesenken. Diss. TU Hannover 1976

[77] Luig, H. und Th. Bobke: Beanspruchung und Schadensarten an Schmiedegesenken. Tribologie + Schmierungstechnik 37 (1990) 2, S. 76 – 81

[78] Schruff, J.: Der Einfluß des Werkzeugstahles auf den Werkzeugverschleiß beim Gesenkschmieden. Tribologie und Schmierung bei der Massivumformung. Herausgeber: W. J. Bartz, Expert Verlag 2004

[79] Doege, E., Th. Bobke und K. Peters: Fortschritt der Randzonenschädigung in Schmiedegesenken. Stahl u. Eisen 111 (1991) 2, S. 113 – 118

[80] Berns, H.: Beispiele zur Schädigung von Warmarbeitswerkzeugen. HTM 59 (2004) 6, S. 379 – 387

[81] Kulmburg, A., H. Waltinger, R. Breitler und A. Schindler: Das Bruchgefüge brandrissiger Warmarbeitswerkzeuge. In: Gefüge und Bruch. Herausgegeben von K. L. Maurer und H. Fischmeister. Internationale Werkstoffprüftagung am 25. und 26. Nov. 1976 in Leoben. Gebrüder Bornträger Berlin Stuttgart 1977

[82] Andreis, G. und I. Schruff: Möglichkeiten der Standmengensteigerung von Schmiedegesenken. HTM 55 (2000) 3, S. 171 – 176

[83] Haferkamp, H., Fr.-W. Bach, K. Peters und R. Siegert: Verschleißschutz von Gesenkschmiedewerkzeugen durch schmelzmetallurgisch hergestellte Teilchenverbundwerkstoffe. Reibung und Verschleiß. Herausgegeben von H. Grewe, DGM Informationsgesellschaft Verlag 1992, S. 315 – 322

[84] Bergel, K. und B. Leidel: Vergleichende Untersuchung von verschieden nitrierten Werkzeugstählen und Standmengenvergleich von Gesenken aus Warmarbeitsstählen. HTM 35 (1980) 1, S. 11 – 16

[85] Schliephake, U. und R. Seidel: Verschleißphänomene an Gesenkschmiedewerkzeugen. Reibung und Verschleiß. Herausgegeben von H. Grewe, DGM Informationsgesellschaft Verlag 1992, S. 333 – 340

[86] Welsh, N. C.: The dry wear of steels. Phil. Trans. Roy. Soc. Vol. 257, Ser. A. 1077 (1965) S. 31 – 70

[87] Föhl, J.: Grundvorstellungen über tribologische Prozesse und Verschleißschäden bei Maschinenelementpaarungen. Schadenskunde im Maschinenbau. 4., überarbeitete Auflage, 2004, Expert Verlag

[88] Uetz, H.: Beitrag zum metallischen Trockengleit-Verschleiß. Sonderheft der Staatl. Materialprüfungsanstalt an der Technischen Hochschule Stuttgart. Stuttgart 7.12.1964

[89] Archard, J. F.: The temperature of rubbing surfaces. Wear 2 (1959) 6, S. 438 – 455

[90] Uetz, H. und K. Sommer: Investigations of the effect of surface temperatures in sliding contact. Wear 43 (1977), S. 375 – 388

[91] Uetz, H. und J. Föhl: Einfluß grenzflächenaktiver Dämpfe auf das Verhalten von Stahl bei Gleitreibung. Schmiertechnik + Tribologie 18 (1971) 5, S. 183 – 188

[92] Mailänder, R. und K. Dies: Beitrag zur Erforschung der Vorgänge beim Verschleiß. Archiv für das Eisenhüttenwesen 16 (1943), S. 385 – 389

[93] Uetz, H.: Einfluß der Feuchtigkeit auf den Gleitverschleiß metallischer Werkstoffe. Werkstoffe und Korrosion 19 (1968) 8, S. 665 – 676

[94] Föhl, J., T. Weißenberg und J. Wiedemeyer: General aspects for tribological applications of hard particle coatings. Wear 130 (1989), S. 275 – 288

[95] Siebel, E. und R. Kobitzsch: Verschleißerscheinung bei gleitender trockener Reibung. VDI-Verlag Berlin 1941

[96] Buckley, D. H.: Surface effects in adhesion, friction, wear and lubrication. Elsevier Scientific Publishing Company Amsterdam Oxford New York 1981, S. 380

[97] Simon, H. und M. Thoma: Angewandte Oberflächentechnik für metallische Werkstoffe. Carl Hanser Verlag München Wien 1985

[98] Uetz, H. und J. Wiedemeyer: Tribologie der Polymere. Carl Hanser Verlag München Wien 1985

[99] Ernst, H.: Die Hebezeuge. Grundlagen und Bauteile, Band 1, Friedr. Vieweg und Sohn Braunschweig 1965

[100] Sinnhuber, F.: Verschleißminderung durch Einsatz von gehärteten Kranlaufrädern und Kranschienen. Stahl u. Eisen 99 (1979) 3, S. 116 – 118

[101] Rudolph, W.: Die Laufflächenschäden der Eisenbahnräder und ihre Entstehung. Glasers Annalen 88 (1964) 3, S. 98 – 109

[102] Sauthoff, F.: Flachstellen und andere Laufflächenschäden an Eisenbahnrädern. Glasers Annalen 83 (1959) 9, S. 293 – 298

[103] Gehr, K., H. Horn, E. Saumweber, J. Föhl und K. Sommer: Untersuchung und Weiterentwicklung des tribologischen Systems Bremsscheibe/Belag für Hochgeschwindigkeitszüge. Tribologie. Reibung Verschleiß Schmierung, Bd. 12, Springer-Verlag Berlin Heidelberg New York London Paris Tokyo 1988, S. 161 – 221

[104] Nounou, M. R.: Untersuchungen über Grenzschicht-Temperaturen im Zusammenhang mit Verschleiß und Gefügeumwandlung bei Gleitreibung von Stahl. Diss. Universität Stuttgart 1970

[105] Menzel, K. und G. Onuseit: Spannstahlbrüche durch Kontakt mit Zink. Materials and Corrosion 47 (1996), S. 42 – 45

[106] Minuth, E. und E. Hornbogen: Metallographische Bruchuntersuchung des Kettengliedes eines Steinkohlenhobels. Praktische Metallographie 13 (1976), S. 584 – 598

[107] Föhl, J. und K. Sommer: Untersuchungen des Dreikörper-Abrasivverschleißes im Gelenk von Rundstahl- und Rundstahl-Bolzen-Ketten. Tribologie. Reibung Verschleiß Schmierung, Bd. 9, Springer-Verlag Berlin Heidelberg New York Tokyo 1985, S. 413 – 455

5 Schwingungsverschleiß *(Fretting)*

In diesem Kapitel werden Verschleißerscheinungen und Bruchvorgänge zusammengefasst, die typisch sind für oszillierende Gleitbewegungen mit kleiner Amplitude. Die fortgesetzte Bewegungsumkehr und das hohe Eingriffsverhältnis (hoher Anteil ständig überlappter Kontaktflächen) führen dabei zu deutlich anderen Verschleißerscheinungsformen als beim Gleitverschleiß.

5.1 Grundlagen

5.1.1 Bewegungsformen

Schwingungsverschleiß entsteht beim Kontakt zweier Festkörper, die zueinander oszillierende Gleitbewegungen kleiner Schwingungsweiten – meist unter 1 mm bis in die Größenordnung von wenigen Mikrometern – durchführen. Noch kleinere Schwingungsweiten werden im Allgemeinen durch die elastische Deformation der Körper aufgefangen. Insbesondere bei Bohrbewegungen wurde jedoch nachgewiesen, dass auch noch Schwingungsweiten im nm-Bereich zu Schwingungsverschleiß führen können.

Die Bewegungsform ist nicht auf eine periodisch oszillierende Gleitbewegung in einer Achse beschränkt [1]. Es können auch unregelmäßig vibrierende Gleit-, Bohr- und/oder Wälzbewegungen erfolgen. Auch können die Relativbewegungen durch schwellende oder stoßende Kräfte erzeugt werden, wie z. B. bei Stillstandsmarkierungen von Wälzlagern. In ähnlicher Weise können unterschiedliche elastische Deformationen infolge von Belastungsänderungen zu Mikroschlupf und damit zu Schwingungsverschleiß und auch Rissbildung zwischen den Bauteilen führen, wie z. B. bei Pressverbindungen. **Bild 5.1** zeigt symbolisch die möglichen Bewegungsformen eines Systems, unter denen Schwingungsverschleiß auftreten kann.

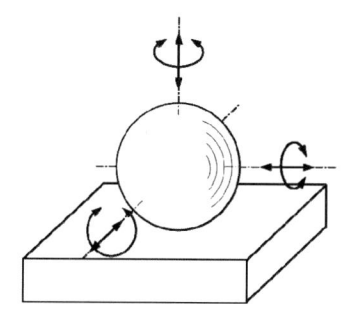

Bild 5.1: Mögliche Bewegungsformen eines Systems unter Schwingungsverschleiß

5.1.2 Stofftransport und Reibungszustand

Das besondere Kennzeichen des Schwingungsverschleißes ist der erschwerte Stofftransport (Reaktionsprodukte aus Verschleißpartikeln und Schmierstoff als Zwischenstoffe und Umge-

5.1 Grundlagen

bungsmedium, vgl. Bild 2.1) zwischen den Kontaktflächen, da die verschleißenden Bereiche aufgrund der kleinen Schwingweiten und der ständigen Belastung während der Beanspruchung nicht frei zugänglich sind. Das hat Auswirkungen sowohl auf den Abtransport der Verschleißpartikel als auch auf den Zufluss von Schmierstoffen. Die Folge ist, dass Schwingungsverschleiß-Systeme sich meist im Zustand der ungeschmierten Reibung oder Grenzreibung befinden, vgl. Kap. 2.2.4 Reibungszustände und Kap. 2.2.5 Reibungszahlen, und bestenfalls bei größerer Schwingungsweite und günstiger Schmierung (z. B. durch Mikronuten) in den Mischreibungszustand gelangen. Stehen Schwingungsverschleißsysteme zusätzlich unter hohen Zugspannungen, kann es zu Reibdauerbrüchen kommen, bei denen die Bruchlast deutlich unter der im reinen Zugversuch ermittelten Bruchlast liegt (z. B. Schrumpfsitze oder hochbelastete Seile). Daher wird das Kapitel Schwingungsverschleiß durch das Kapitel 5.3 Reibdauerbrüche ergänzt.

5.1.3 Systemklassen

Für eine geordnete Beschreibung der Verschleißerscheinungsformen und für die Diskussion der möglichen Abhilfemaßnahmen ist es vorteilhaft, die Schwingungsverschleißsysteme in drei Klassen einzuteilen, wodurch das Systemverhalten in Abhängigkeit von der abmessungsbezogenen Schwingungsweite besser verständlich wird.

Bild 5.2 gibt einen Überblick über die Spannweite dieser Verschleißart am Beispiel eines schematisch im oberen Teil des Bildes dargestellten Modellversuchs (Stahl-Stahl, trocken laufend). Der Verlauf des Verschleißes ist in Abhängigkeit von der Schwingungsweite Δx (entspricht der doppelten Amplitude) wiedergegeben.

Klasse 1: Reversierender Gleitverschleiß

Ist die Schwingungsweite größer als die charakteristische Länge der Kontaktfläche, in Bild 5.2 sind dies 3 mm, so liegt noch kein Schwingungsverschleiß vor, sondern reversierender Gleitverschleiß. Kennzeichnend sind ständiger Abtransport der Verschleißpartikel bei hohem adhäsiven Verschleißanteil, metallisch blanke, riefige Oberflächen und eine hohe spezifische Verschleißrate, die unabhängig von der Schwingungsweite ist. Bei geschmierten Systemen sinkt der Verschleiß mit steigender Amplitude deutlich, insbesondere bei Wälzlagern mit Stillstandsmarkierungen, vgl. Kap. 5.2.6, da die Kontaktflächen immer besser mit Schmierstoff versorgt werden, sofern zumindest partiell eine Schmierfilmbildung auftritt. Wichtige Einflussgrößen sind bei reversierendem Gleitverschleiß auch die Pausenzeiten bis zum nächsten Krafteingriff, da in diesen Zeiten die Oberflächentemperatur wieder sinkt. Durch chemische Reaktionen können in der Pause Schutzschichten gebildet werden.

Klasse 2: Schwingungsverschleiß (*gross slip*)

Liegt die Schwingungsweite unterhalb der charakteristischen Kontaktflächenlänge, so spricht man hier und in Klasse 3 von Schwingungsverschleiß. Dabei bleibt ein Teil der Fläche ständig überlappt, der Transport der Verschleißpartikel ist erschwert und die Kontaktflächen werden meist im mittleren Teil beginnend mit oxidierten Verschleißprodukten belegt. Der Randbereich kann je nach Laufzeit und Schmierzustand ohne Oxidbeläge sein, da hier noch ein leichterer

Abtransport der Verschleißpartikel erfolgt. Der adhäsive Verschleißanteil ist durch die Beläge reduziert, die spezifische Verschleißrate ist niedriger als in Klasse 1 und wird von der Schwingungsweite abhängig, insbesondere bei Wälzlagern unter fortgeschrittenen Stillstandsmarkierungen Kap. 5.2.6. *Gross slip* bedeutet, dass der Schlupf noch die gesamte Kontaktfläche erfasst.

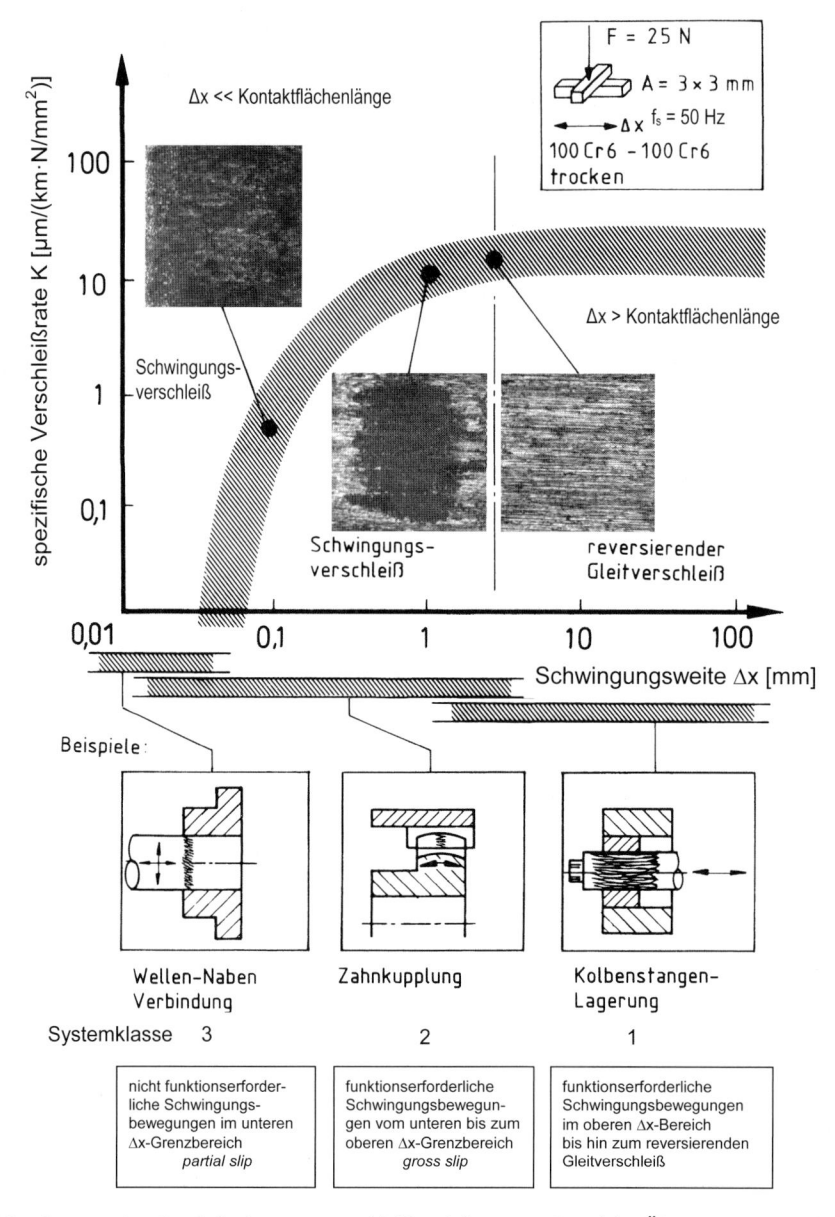

Bild 5.2: Spannweite des Schwingungsverschleißes (oberer Δx-Bereich: Übergang *gross slip*/reversierender Gleitverschleiß; unterer Δx-Bereich: Übergang *gross slip/partial slip*)

5.1 Grundlagen

Klasse 3: Schwingungsverschleiß (*partial slip* bis *gross slip*)

Liegen im Vergleich zur Kontaktflächenlänge sehr kleine Schwingungsweiten vor und bestehen hohe Flächenpressungen, wie z. B. Kugel/Ebene, so wird ein Teil der Kontaktfläche ohne Schlupf (Haften) und damit ohne Verschleiß bleiben. Kann dann in den Randzonen die elastische Dehnung die Haftreibung überwinden, tritt dort Schwingungsverschleiß (*partial slip*) auf mit Adhäsion, Tribooxidation und Abrasion durch oxidierte Verschleißpartikel. Die spezifische Verschleißrate ist sehr klein, aber gerade in der Phase der Adhäsion kann es zu Mikrorissen kommen. Dieser Bereich des Schwingungsverschleißes wird in der angelsächsischen Literatur als *partial slip regime* oder auch *mixed stick-slip regime* bezeichnet [2]. In Kap. 5.2.6 Stillstandmarkierungen werden detailliert *partial slip*-Erscheinungen beschrieben.

Bei langer Laufzeit und nicht zu großer Flächenpressung kann die *partial-slip*-Zone in die Kontaktflächenmitte (Haftzone) wandern, das System wechselt zu *gross slip* und die ganze Fläche wird mit Verschleißprodukten belegt. Die spezifische Verschleißrate ist durch den stark erschwerten Abtransport der Verschleißpartikel noch kleiner als in Klasse 2. Dieser Zustand wurde in Bild 5.2 bei Schwingungsweiten von etwa 0,2 mm erreicht.

5.1.4 Verschleißmechanismen bei Schwingungsverschleiß

Typischerweise werden bei Schwingungsverschleiß von Stahl/Stahl-Paarungen die folgenden vier Verschleißmechanismen, vgl. Kap. 2.4, beobachtet: Adhäsion, Tribooxidation, Oberflächenzerrüttung und Abrasion. In der zeitlichen Abfolge (Verschleißprozess) treten Adhäsion und Abrasion häufig zu Beginn auf. Im fortgeschrittenen Stadium neigen die meisten Systeme zur Tribooxidation, oft gepaart mit Oberflächenzerrüttung.

5.1.4.1 Adhäsion mit Werkstoffübertrag

Zu Beginn der Beanspruchung können insbesondere bei ungeschmierten Systemen in den Kontaktflächen nach Durchbruch der auf den Bauteilen bereits im unbeanspruchten Zustand vorhandenen dünnen Oxidschichten an den Berührstellen Mikroverschweißungen entstehen, die danach abgeschert und durch Werkstoffübertrag verschmiert werden. Auch Rissbildung kann auftreten, vgl. Bild 5.42. In diesem Fall ist der Verschleiß im Einlauf hoch. Alle Maßnahmen, welche die Adhäsionsneigung mindern, reduzieren auch den Schwingungsverschleiß, wie Nitrieren, der Einsatz von Gleitlacken oder die Verwendung von Polymerwerkstoffen.

5.1.4.2 Abrasion

Die mechanische Verformung der Grenzschicht durch die Mikrobewegungen aktiviert diese, so dass bei Anwesenheit von Sauerstoff sich Oxide bilden können. Da die Oxide in der Regel eine höhere Härte aufweisen als der Grundwerkstoff, wirken sie abrasiv. Ihre Volumenzunahme führt in Passfugen zu höheren Kraftwirkungen und in Verbindung mit den Mikrogleitbewegungen zu hohem Verschleiß. Erschwerend kommt hinzu, dass der Austrag der oxidischen Partikel durch große Flächenüberdeckungen (hohes Eingriffsverhältnis) häufig behindert ist.

5.1.4.3 Tribooxidation

Bei metallischen Partnern wird die Grenzfläche infolge plastischer Verformung oder Abrasion aktiviert und kann mit dem Umgebungsmedium Reaktionen eingehen. Bei Anwesenheit von Sauerstoff kommt es zur Tribooxidation (Reiboxidation) der Oberflächen und der Verschleißpartikel. Kennzeichen ist demnach ein Verschleißschaden, der gleichzeitig durch mechanische Beanspruchung und durch oxidative Vorgänge verursacht wird. Bei der Beteiligung von Wasser können auch korrosive Vorgänge ablaufen. Der Begriff der Reibkorrosion ist an dieser Stelle allerdings zu vermeiden, da die mechanische Beanspruchung im Vordergrund steht. Ein Beispiel ist die Bildung von Tribooxidation rostfreier Stähle; vgl. Bild 5.16 und 5.17. Die chromreiche Passivierungsschicht schützt sowohl gegen Oxidation als auch gegen elektrochemische Korrosion, aber nicht gegen Tribooxidation infolge von Schwingungsverschleiß, da sie ständig mechanisch abgerieben wird.

Eisen bildet an Luft eine Oxidschicht von bis zu 10 nm Dicke. Wird die Oberflächenzone durch Reibung beschädigt oder plastisch verformt, beginnt eine beschleunigte Oxidation der

Tabelle 5.1: Bei Schwingungsverschleiß entstehende Eisenoxid- oder Eisenhydroxidverbindungen

Formel	chemische Bezeichnung	mineralogische Bezeichnung	Farbe	Härte in Mohs (in HV)	Dichte g/cm^3
FeO	Eisen(II)-oxid (Eisenmonoxid)	Wüstit	schwarz		5,9
α-Fe$_2$O$_3$	Eisen(III)-oxid (Eisenoxid)	Hämatit (hexagonal) unmagnetisch	massiv: dunkelgrau pulvrig: rot[4]	5...6,5 (400...880)	4,9...5
Fe$_2$O$_3$[1]	Eisen(III)-oxid (Eisenoxid)	Maghämit (tetragonal)	verschieden braune Färbung	5...6,5 (400...880)	5,2...5,3
Fe$_3$O$_4$[2]	Eisen(II,III)-oxid (Hammerschlag)	Magnetit (kubisch) magnetisch	schwarz	5,5...6,5 (530...880)	5,2
Fe(OH)$_2$[3]	Eisen(II)-Hydroxid (Ferrohydroxid)	(kubisch)	dunkelgrün bis schwärzlich		3,4
α-FeO(OH)	Eisen(II)-Oxidhydrat (Eisenhydroxid)	Goethit	massiv: schwarzbraun pulvrig: lichtgelb bis gelbbraun	5...5,5 (400...530)	3,8...4
FeO(OH)	Eisen(II)-Oxidhydrat (Eisenhydroxid)	Lepidokrokit	rubinrot gelbrot	5 (400)	4

[1] Geht zwischen 300 und 600 °C in α-Fe$_2$O$_3$ über; unter statischen Bedingungen gebildete Oxidform an Luft bei Raumtemperatur
[2] Beständigstes Oxid
[3] Geht an Luft über in α-FeO(OH) oder FeO(OH)
[4] Bei sehr geringer Luftfeuchte auch schwarzes Pulver

5.1 Grundlagen

deformierten Zone (vgl. Bild 2.11). So wurde in Modellversuchen ein Anstieg der Reaktionsgeschwindigkeit um mehrere Größenordnungen beobachtet [3]. Bei Tribooxidation ist zwar die Aktivierungsenergie gleich groß wie bei statischer Korrosion, aber der wesentliche Unterschied besteht in der Reaktionsgeschwindigkeit. Diese ist deutlich größer [4], da sie stark vom Zustand der reagierenden Oberflächenzone abhängt. Durch die plastische Deformation entstehen Gitterverzerrungen, Gitterfehler, Fehlstellen und Mikrorisse, welche zu einer Erhöhung der Sauerstoffdiffusion und letztlich der Reaktionsgeschwindigkeit führen.

Auch die Dicke der Oxidschicht kann bei Tribooxidationsprozessen erheblich zunehmen. Bei Wälzbewegungen von Rollen konnten etwa 200mal dickere Oxidschichten nachgewiesen werden als ohne mechanische Beanspruchung [5]. Diese Ausbildung einer dicken Oxidschicht gilt in ähnlicher Form auch für Schwingungsverschleiß.

Die Zusammensetzung der Eisenoxide bzw. Eisenhydroxide kann je nach Beanspruchungsbedingungen sehr unterschiedlich sein, Tabelle 5.1. Insbesondere die Umgebungsbedingungen (Luftfeuchtigkeit, Gase, Schmierstoffe) können einen starken Einfluss haben. Eine genaue Analyse kann wertvolle Hinweise auf die Schadensursache liefern, wobei die Farbe der Oxide kein sicherer Hinweis auf deren chemische oder morphologische Form ist. Pulvriges Fe und pulvriges α-Fe_2O_3 bei Anwesenheit von Luftfeuchtigkeit sind schwarz. Ebenso gibt es mehrere rote Oxide bzw. Hydroxide.

Bei geschmierten Systemen, insbesondere bei additivierten Ölen, kann der Schwingungsverschleiß auch sehr stark durch den Schmierstoff beeinflusst werden. Insbesondere Chlor- oder Schwefelverbindungen können den Schwingungsverschleiß sogar sehr stark erhöhen, insbesondere wenn Buntmetalle beteiligt sind.

5.1.4.4 Oberflächenzerrüttung

Nach der Einlaufphase entstehen neben der Bildung metallischer und oxidischer Verschleißpartikel durch die oszillierenden Bewegungen auch Zerrüttungsanrisse in der Werkstoffoberfläche mit hoher Kerbwirkung. Dies ist insbesondere bei kleinen Schwingamplituden im *partial slip regime* der Fall, da in diesem Bereich hohe mechanische Spannungen in der Kontaktzone auftreten [2], vgl. Kap. 5.2.6 Stillstandsmarkierungen. Sind die abgetrennten Oberflächenschichten oder die Oxide härter als der Grundwerkstoff, so kann es zu hohem Verschleiß infolge Furchung kommen. Wachsen die Risse weiter ins Grundmaterial, entstehen Reibdauerbrüche, vgl. Kap. 5.3 Reibdauerbrüche.

5.1.4.5 Zeitlicher Wechsel von Verschleißmechanismen am Beispiel von Zahnwellenverbindungen und -kupplungen

Dieses Kapitel soll darauf aufmerksam machen, dass bei vielen Verschleißvorgängen eine zeitliche Abfolge verschiedener Verschleißmechanismen auftritt. Bei Untersuchungen ist darauf zu achten, nach welcher Laufzeit man die Verschleißerscheinungsformen beurteilt, um daraus keine falschen Schlüsse zu ziehen. Für eine Ursachenanalyse und für Abhilfemaßnahmen ist es meist zweckmäßiger, die Verschleißerscheinungen in einem frühen Stadium zu analysieren, da Spätschäden die eigentlichen Ursachen oft zu stark überdecken. Bei den hier gewählten Beispielen Zahnwellenverbindungen und Zahnkupplungen ist der Anfangsverschleiß (auch Einlauf- oder Anpassungsverschleiß genannt) überwiegend positiv zu beurteilen, da er eine Verbesserung der Lastverteilung bewirkt. Dass es aber bei Zahnkupplungen auch in der Einlaufphase zu kritischem Verschleiß (Fressen) kommen kann, wird in Kap. 5.2.5 Wurmspuren gezeigt.

Flankenzentrierte Zahnwellen- und Keilwellenverbindungen mit Schiebesitz fallen meist infolge von Schwingungsverschleiß an den Zahnflanken aus. Nach [6] sind Verbindungen mit überwiegender Querkraft und damit höherer Zahnbelastung und größerer Schwingungsweite stärker verschleißgefährdet als Verbindungen mit überwiegender Drehmomentbelastung, **Bild 5.3**.

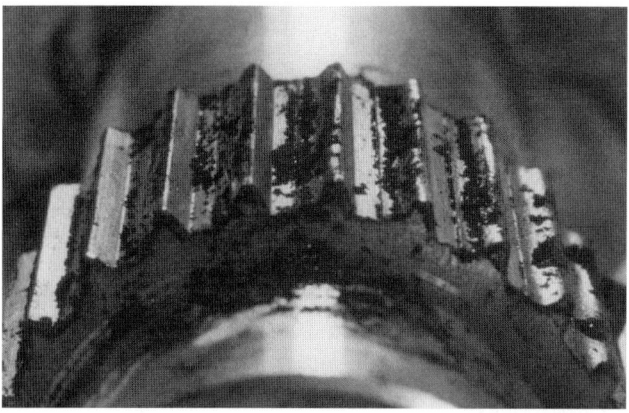

Bild 5.3: Schwingungsverschleiß in einer Zahnwellenverbindung nach [6], die durch Drehmoment und Querkraft beansprucht wurde, wobei das Drehmoment überwog. Die Zahnflanken werden dabei einseitig verschlissen. Wird die Querkraft erhöht, dann werden beide Zahnflanken sowie Kopf- und Fußbereich verschlissen bei gleichzeitig kürzerer Lebensdauer.
oben: Nabe aus 16MnCr5, Modul m = 2, Zähnezahl z = 24; unten: Welle aus 42CrMo4

5.1 Grundlagen

Hierbei läuft ein Verschleißprozess ab, bei welchem sich drei Verschleißphasen unterscheiden lassen:

1. Einlaufphase durch Abrasion und Adhäsion. Dies führt zu einer gleichmäßigeren Lastverteilung auf alle Zahnpaare.

2. Beharrungszustand mit geringem, aber stetig steigendem Verschleiß durch Tribooxidation und möglicher Abrasion. In dieser Phase lässt sich der Verschleiß durch Schmierstoff, Oberflächenbehandlung und Werkstoffwahl beeinflussen. Das Spiel und damit die Schwingungsweite steigt weiter an bis zu einem kritischen Wert.

3. Progressive Phase mit starker Tribooxidation und vermehrter Abrasion, evtl. begleitet mit einer Öl- bzw. Fettalterung. Spiel bzw. Schwingungsweite werden bei Zahnwellenverbindungen so groß, dass es außer zu Stufenbildung teilweise auch zu Verschweißungen von Flankenbereichen kommen kann. Stufenbildung führt zu axialer Bewegungsbehinderung und Funktionsstörungen.

Ob alle drei Phasen durchlaufen werden und wie schnell, hängt bei Zahnwellenverbindungen wesentlich vom Verhältnis des Drehmoments zur Querkraft ab. Bei kleiner Querkraft wird Phase 3 evtl. gar nicht erreicht. Das Flankenspiel und die Verzahnungsqualität sind nicht von großem Einfluss auf den Schwingungsverschleiß.

Zahnkupplungen werden im Gegensatz zu Zahnwellenverbindungen nur auf Drehmoment belastet. Durch Parallel- oder Winkelversatz der Wellen entsteht an den Zahnflanken von Nabe und Hülse eine oszillierende Relativbewegung und in der Folge kommt es zu Schwingungsverschleiß. Es können alle drei oben genannte Verschleißphasen durchlaufen werden.

Fettschmierung hat als Lebensdauerschmierung von Zahnkupplungen keine positive Wirkung. Nachschmierung und die Verwendung von Spezialfetten steigert die Lebensdauer beträchtlich. Besonders vorteilhaft ist Ölschmierung. Bei Zahnwellen mit hoher Querkraft muss konstruktiv auf Innen- oder Außenzentrierung übergegangen werden.

Durch lange Laufzeit kann bei ungünstiger Schmierung so starker Verschleiß entstehen, dass sich an den Zahnflanken Stufen ausbilden, wodurch die freie, axiale Verschiebbarkeit nicht mehr gewährleistet ist, **Bild 5.4**. Die Zahnkupplung war im Antrieb eines 80 t Gießkrans eingebaut und axial nicht richtig ausgerichtet. Entscheidend für den unzulässig hohen Verschleiß war allerdings eine unzureichende Fettschmierung. Zu empfehlen sind wie bei Zahnwellenverbindungen häufigere Schmierstoffwechsel, evtl. einsatzgehärtete Verzahnungen und eine gute Abdichtung, damit keine furchend wirkenden Teilchen eindringen können. Ölschmierung ist auch hier besser als Fettschmierung.

Bild 5.4: Schwingungsverschleiß mit Stufenbildung an der Verzahnung einer Bogenzahnkupplung aus Ck60 vergütet eines Gießkrans
oben: Kupplungshülse; unten: Kupplungsnabe

5.2 Verschleißerscheinungsformen durch Schwingungsverschleiß

Bedingt durch die vielen möglichen Bewegungsformen und Lastverteilungen zeigt sich eine Vielzahl völlig unterschiedlicher Verschleißerscheinungsformen, die in den folgenden Abschnitten ausführlich dargestellt werden.
Bemerkenswert ist, dass insbesondere bei kleinen Schwingungsweiten (10 bis 100 µm) der gleitwegbezogene Verschleiß im Vergleich zum reinen Gleitverschleiß, vgl. Kap. 4, oft deutlich kleiner ist. Die Ursache ist der erschwerte Abtransport der Verschleißpartikel, unterstützt durch die Schutzwirkung der oxidierten Partikel gegen adhäsiven Verschleiß, sofern nicht härtere Oxide als der Grundwerkstoff, wie es z. B. bei Aluminium der Fall ist, zu einer verstärkt abrasiven Wirkung beitragen.

5.2 Verschleißerscheinungsformen durch Schwingungsverschleiß

Da der Schwingungsverschleiß örtlich konzentriert ist, folgen trotz kleinen Verschleißes in vielen Fällen starke Funktionsstörungen (z. B. infolge ungleichen Laufbahnverschleißes in Wälzlagern durch Stillstandsmarkierungen). Weiterhin besteht die Gefahr, dass der Verschleiß bei ständig überlappten Kontaktflächen nicht rechtzeitig bemerkt wird, mit der Folge plötzlicher Reibdauerbrüche (z. B. in Pressverbindungen).

Je nach Lastverteilung, Bewegungsform und Reibungszustand sowie Stofftransport ergeben sich eine Vielzahl von Verschleißerscheinungsformen. Die nachfolgenden Abschnitte beschreiben exemplarisch einzelne, charakteristische Schadensbilder, da gerade bei Schwingungsverschleiß das Verschleißbild oft Hinweise auf die zugrundeliegenden Beanspruchungsmechanismen und auf die häufig nicht genau bekannte Bewegungsform gibt. Dies erleichtert insbesondere die Auswahl geeigneter Abhilfemaßnahmen.

5.2.1 Beläge (Tribooxidation, Reiboxidation, Reibrost, Passungsrost)

Die bei Eisenwerkstoffen unter Schwingungsverschleiß entstehenden Verschleißprodukte, **Bild 5.5**, liegen als reine und teiloxidierte Metallteilchen sowie als Oxidpartikel vor, deren Anzahl, Größenverteilung und chemische Zusammensetzung von den Beanspruchungs- und Umgebungsbedingungen abhängig sind. Die Oxidpartikel treten überwiegend in Form des hexagonalen, unmagnetischen α-Fe_2O_3 oder bei feuchter Luft in der hydratisierten Form α-FeO(OH) auf. Im letzteren Fall ist das Volumen wesentlich größer (vgl. Dichte in Tabelle 5.1), wodurch oft ein Verklemmen von Spielpassungen auftritt, insbesondere wenn sich fest haftende Beläge an den Oberflächen bilden, **Bild 5.6**.

Bild 5.5: Verschleißpartikel (rötliche Tribooxidationsprodukte) auf einer Kugellagersitzfläche einer Antriebswelle eines PKW-Schaltgetriebes. Zwischenmedium war ein ATF-ÖL (*Automatic Transmission Fluid*). Das dazugehörige Verschleißbild in Form von Riffeln vgl. Bild 5.22 und 5.23.

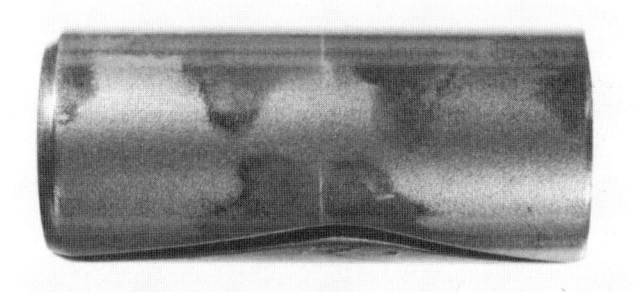

Bild 5.6: Belagbildung überwiegend in Form von α-Fe$_2$O$_3$
  oben: Lagerbolzen (Durchmesser 8 mm), anfänglich gefettet, später nahezu trocken laufend; Bolzen und Gegenkörper Stahl
  unten: Spannhülse (Durchmesser 30 mm) einer geteilten Bremsscheibe, Oberfläche gestrahlt; farbige Wiedergabe im Anhang 9

Luftfeuchtigkeit reduziert bei ungeschmierten Stahlpaarungen den Schwingungsverschleiß, weil Eisenhydroxide, vgl. α-FeO(OH) in Tabelle 5.1, weniger hart sind als Oxide ohne Wasseranteil und damit der furchende Verschleißanteil sinkt sowie der adhäsive Anteil zurückgedrängt wird, **Bild 5.7** [7]. Die Reibungszahl wird ebenfalls beeinflusst, **Bild 5.8** [8]. Mit der Versuchsanordnung 100Cr6-Kugel gegen 100Cr6-Scheibe nach Bild 5.8 wird bei Raumtemperatur die relative Feuchtigkeit (RF) von 3 bis 100 % variiert. Zusammen mit den weiteren Parameter wie Kugeldurchmesser 10 mm, Schwingungsweite 200 µm, Belastung 10 N, Frequenz 20 Hz und Zyklenzahl 100.000 entsprechen die Untersuchungen dem Schwingungsverschleiß der Systemklasse 2 *gross slip* nach Bild 5.2. Die Reibungszahl fällt mit steigender Feuchtigkeit nur von f = 0,9 bei absoluter Trockenheit auf f = 0,6 bei 100 % RF. Der Gesamtverschleiß aus beiden Partnern fällt dagegen von 3 bis 15 % RF um den Faktor 4 ab. Von 15 % bis 60 % RF bleibt der Gesamtverschleiß nahezu konstant und fällt danach bis 100 % RF nochmals um den Faktor 2. Die Untersuchungen von [7] und [8] über den Einfluss der Luftfeuchtigkeit werden auch von [9] in der Tendenz bestätigt.

5.2 Verschleißerscheinungsformen durch Schwingungsverschleiß

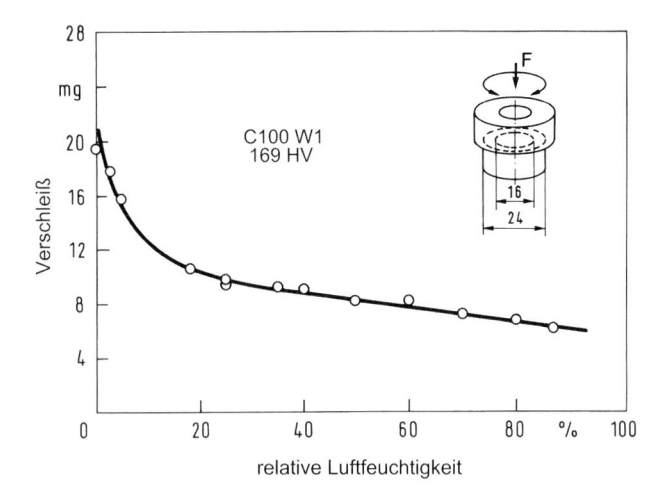

Bild 5.7: Verschleißreduzierung durch steigende Luftfeuchtigkeit bei Stahl-Stahl-Paarungen nach [7]; Versuchsbedingungen: Last F_N = 9,5 kN, Frequenz f_s = 30 Hz, Schwingungsweite Δx = 0,2 mm, Zyklenzahl $N = 10^5$, Temperatur $T = 30\,°C$

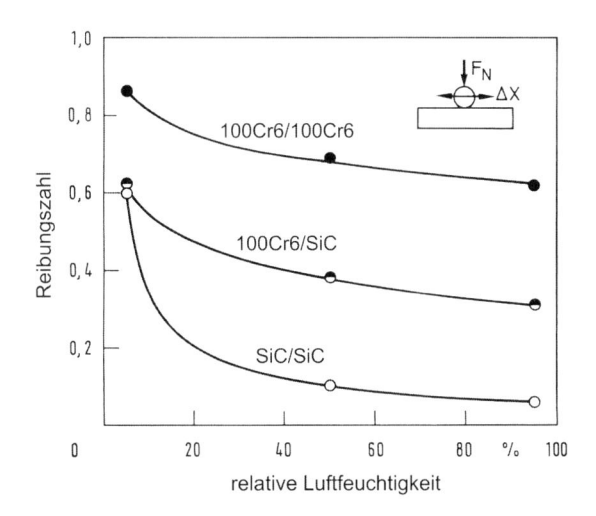

Bild 5.8: Einfluss der relativen Luftfeuchtigkeit auf die Reibungszahl für 100Cr6 gegen Siliciumcarbid und 100Cr6/100Cr6 zum Vergleich bei Schwingverschleiß nach [8]
Versuchsbedingungen: Last F_N = 20 N, Frequenz f_s = 20 Hz, Schwingungsweite Δx = 0,2 mm, Zyklenzahl $N = 1{,}2 \cdot 10^6$, Temperatur $T = 22\,°C$

Weitere Hinweise auf den Einfluss der Luftfeuchtigkeit auf Verschleiß und Reibungszahl von verschiedenen Metallen gibt [10]. Wird mit Öl oder Fett geschmiert, so können nach längerer Laufzeit durch Feuchtigkeitseinflüsse sehr feste Schichten aus Ölharzen und Eisenoxidpartikeln entstehen.

Ebenso reduziert sich der von tribochemischen Prozessen dominierte Schwingungsverschleiß von Stahl bei trockener Reibung mit steigender Temperatur, da sie verstärkt zur Oxidbildung anregt und die Adhäsion verringert [11]. Für den unlegierten Stahl C45 wurde ab 200 °C Massentemperatur und für den legierten Stahl X5CrNi18-9 ab 300 °C ein Minimalverschleiß nachgewiesen, **Bild 5.9**, dessen Ursache vermutlich die Erzeugung von Fe_3O_4 ist, das oberhalb einer Kontakttemperatur von 450 °C entsteht. Ähnlich verhalten sich auch Titan-Legierungen [12].

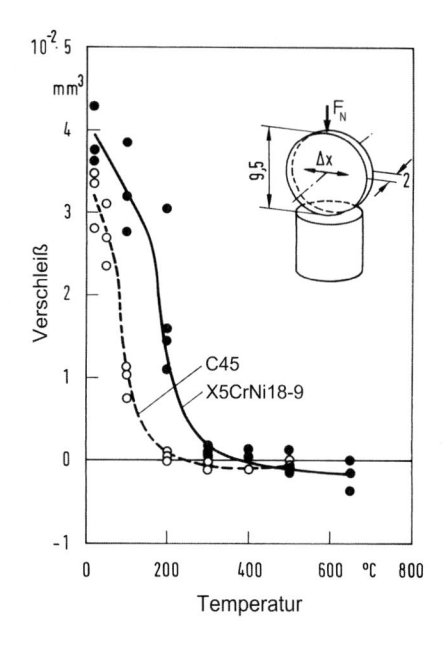

Bild 5.9: Einfluss der Temperatur auf den Verschleiß bei trockener Reibung an Luft für einen unlegierten und einen legierten Stahl nach. Beide Partner bestehen aus dem gleichen Werkstoff; Versuchsbedingungen: Last F_N = 30 N, Schwingungsweite Δx = 150 µm, Frequenz f_s = 16,6 Hz [11]

Nach [13] steigt die mittlere Temperatur in den Kontaktzentren mit der Frequenz und der Amplitude linear an. Messungen ergaben z. B. 10,7 °C Temperaturerhöhung unter folgenden Bedingungen: Stahl gegen Konstantan, Reibungszahl f = 1,1, Pressung p = 14 N/mm², Frequenz f_s = 12 Hz, Schwingungsweite Δx = 100 µm. Extrapoliert man das Ergebnis auf Frequenzen über 100 Hz, so sind lokale Temperaturerhöhungen von 100 °C und mehr durchaus möglich. An Rauhigkeitsspitzen können kurzzeitig noch höhere Temperaturen auftreten [14], vgl. auch Blitztemperaturen Kap. 4.3.1.

In [4] werden folgende temperaturabhängige Tribo-Oxidationsbereiche angegeben:

Kontakttemperatur	T < 450 °C	450 ≤ T ≤ 600 °C	T > 600 °C
Fe-Oxid	α-Fe_2O_3	Fe_3O_4	FeO

5.2 Verschleißerscheinungsformen durch Schwingungsverschleiß

Die tatsächlichen Übergangstemperaturen für die Oxidbildung können allerdings je nach System erheblich von den Literaturwerten abweichen. Bei Sauerstoffmangel in geschmierten Kontakten kann sich beispielsweise Fe_3O_4 auch schon bei Temperaturen im Bereich von 150 °C bis 200 °C bilden [15].

Mit steigender Last nimmt der Verschleiß nahezu proportional zu, sofern die Schwingungsweite konstant bleibt und die Verschleißmechanismen sich nicht grundsätzlich ändern. Ebenfalls proportional steigt die Verschleißrate mit der Schwingfrequenz, da der Gesamtgleitweg pro Zeiteinheit größer wird.

Die Härte des Stahls beeinflusst den Verschleiß bei ungeschmierten Paarungen sehr wenig. Entscheidend sind offenbar die gebildeten Eisenoxide, welche auch bei gehärteten Stählen zu gleich hohem Verschleiß wie bei ungehärteten Stählen führen.

Unterliegt das System einer zusätzlichen Schlagbelastung, bei der die Kontaktflächen kurzzeitig abheben können, so steigt der Verschleiß bei Stahlpaarungen an. Die zum Teil schützenden Verschleißpartikel können abwandern und eine Verstärkung der Oxidation der Kontaktflächen ist möglich. Durch die erhöhte Vibration kann zusätzlich verschleißerhöhendes Kantentragen auftreten. Die Bewährungsfolge verschiedener Werkstoffe gegenüber Schwingungsverschleiß ohne Schlagbelastung ist völlig anders, **Bild 5.10**.

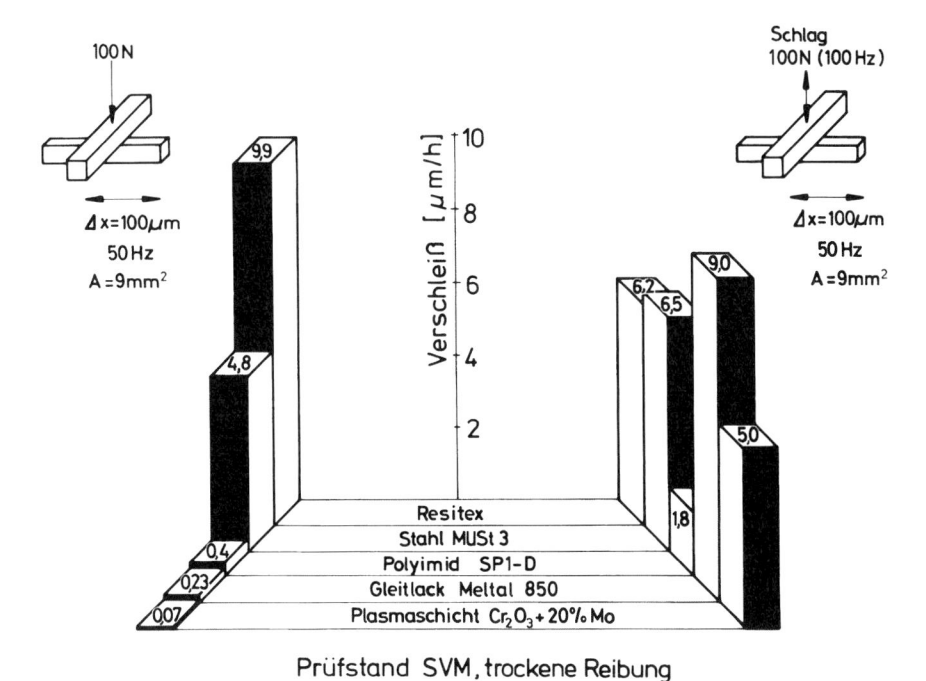

Bild 5.10: Änderung der Bewährungsfolge verschiedener Werkstoffe gegenüber Schwingungsverschleiß ohne Schlagbelastung und mit Schlagbelastung

Die mikroskopische Erscheinung unregelmäßiger tribooxidativer Beläge infolge Schwingungsverschleiß unter Fettschmierung ist in **Bild 5.11** am Beispiel einer Vielkeil-Kupplungshülse dargestellt, wie sie zum Kuppeln von Wirbelstrombremsen in Fahrzeugen benutzt wurde. Der Belag an den Kupplungsflanken entstand während des Fahrbetriebs über 40 000 km ohne Funktionsstörungen. Die Beläge lassen zerrüttete Gebiete und tragende Stellen erkennen. Je nach Schmierstoffmenge ergeben sich dunkle, pastöse oder lackartige Schichten. Entscheidend ist hier die sorgfältige Auswahl des richtigen Schmierstoffes, wobei die Stillstandszeiten mit zu berücksichtigen sind, insbesondere wenn ein System ohne Nachschmierung eingesetzt wird.

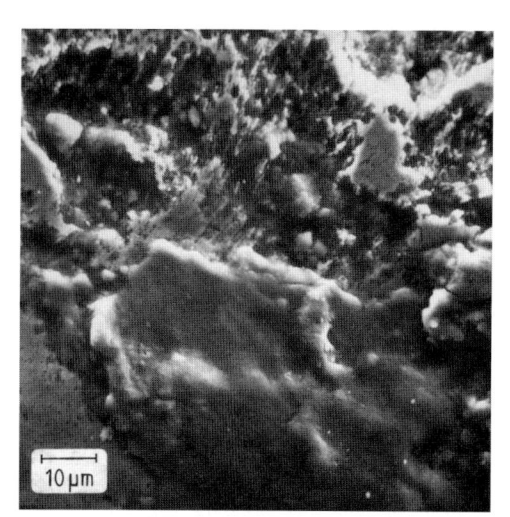

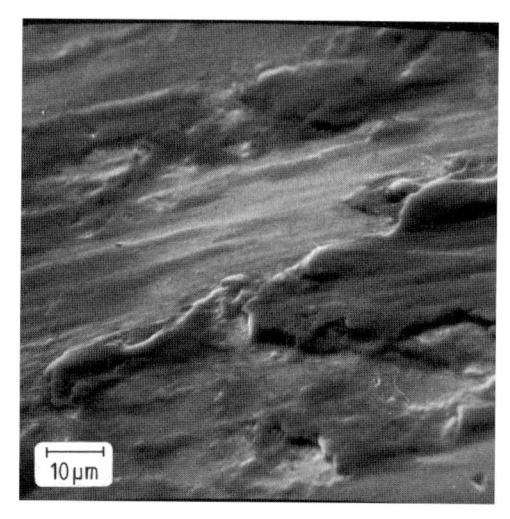

Bild 5.11: Oxidbelag auf den Flanken einer fettgeschmierten Vielkeil-Kupplungshülse nach einem Fahrbetrieb über 40 000 km
 links: zerrüttete und tragende Stellen
 rechts: je nach örtlich vorhandener Schmierstoffmenge bilden sich auch dunkle, pastöse oder lackartige Schichten

Bei der Verwendung von Schmierfetten, die üblicherweise aus den Komponenten Grundöl, Verdicker und Additiven bestehen, hat jede Komponente entscheidenden Einfluss auf das Tribosystem. Für Zahnkupplungen ist ein Schmierstoff einzusetzen, der alterungsstabil ist, was insbesondere durch die Additivierung (z. B. mit Oxidationsinhibitoren) zu erreichen ist und bei welchem das Grundöl dem geforderten Temperaturbereich entspricht. Darüber hinaus sind EP-Zusätze (*extrem pressure*) zur Verringerung von Reibung und Verschleiß wichtig. Eine bessere Versorgung der Kontaktstellen ist durch eine Ölfüllung gewährleistet.

Wälzlagersitze weisen öfter Schwingungsverschleiß in Form von Tribooxidation auf. **Bild 5.12** zeigt die Mantelfläche der Nadelbüchse eines Nadellagers aus einem Kreuzgelenk. In **Bild 5.13** sind vergrößerte Ausschnitte des Tribooxidbelags dargestellt. Die wichtigste Abhilfe ist ein ausreichend hoher Presssitz zur Reduzierung der Relativbewegungen oder die völlige Umkonstruktion zu einer Lagereinheit ohne Zwischenfläche.

5.2 Verschleißerscheinungsformen durch Schwingungsverschleiß 137

Bild 5.12: Tribooxidation auf der Außenfläche der Nadelbüchse eines Kreuzgelenks (Außendurchmesser 23 mm); farbige Wiedergabe im Anhang 9

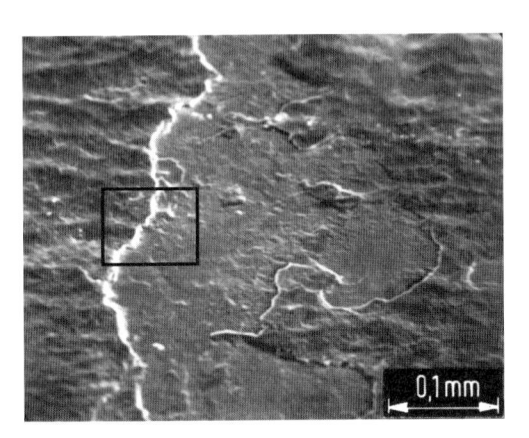

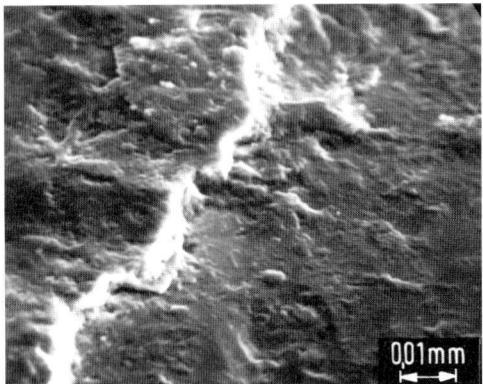

Bild 5.13: Belagbildung durch Tribooxidation auf der Außenfläche der Nadelbüchse eines Kreuzgelenks (vgl. Bild 5.12)
links: Übersicht; rechts: Ausschnitt

Das Beispiel in **Bild 5.14** ist ein Schwingungsverschleiß-Schaden am Federstahlblech der Paarung Federstahlblech-Aluminiumprofil einer Wälzlagerlaufbahn. Durch kleine, regelmäßige Gleitbewegungen der zu dünnen Federblech-Auflage entstanden Beläge, deren Form in Riffeln übergehen. Neben dickerem Federstahlblech und Eloxieren des Al-Profils kann ein Verkleben der Teile als Abhilfe empfohlen werden.

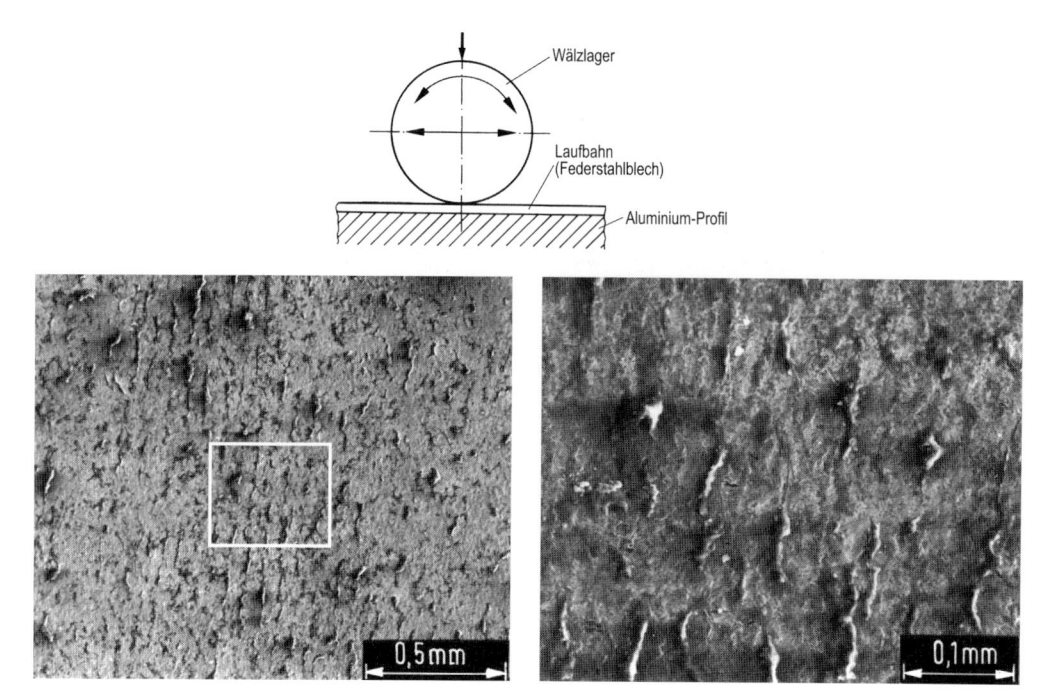

Bild 5.14: Beläge mit Übergang zu Riffelbildung am Rücken eines Federstahlblechs durch Mikrobewegungen zwischen Federstahlblech und Al-Profil
links: Übersicht; rechts: Ausschnitt

Ein weiteres Beispiel stellt der konisch verschlissene Lagersitz eines Flanschlagers am Wellenende einer Antriebseinheit dar, die in einem Regalbediengerät eingebaut war, **Bild 5.15**. Aufmerksam auf diesen Schaden wurde man, als sich unterhalb dieses Lagersitzes am Boden rotbrauner oxidischer Abrieb angesammelt hatte. Die Oberfläche des Wellenendes weist ebenfalls rotbraune Oxidbeläge auf. Der anfängliche Verdacht einen falschen Werkstoff verwendet zu haben, lässt sich aus Funktionsweise und Konstruktion der Antriebseinheit widerlegen. Diese besteht aus einem verschraubten Aluminium-Gehäuse und einer dreifach gelagerten austenitischen Welle (1.4305) mit zwei Zahnscheiben. Auf der Welle sitzen drei Flanschlager mit Schiebesitz und können mittels Gewindestiften fixiert werden. Die zwei Flanschlager 1 und 2 sind am Gehäuse befestigt, das mit einem horizontalen Regalgestell aus Stahlprofilen verschraubt ist, während das dritte Flanschlager außerhalb des Gehäuses am vertikalen Regalgestell ebenfalls aus Stahlprofilen befestigt ist. Beide Gestelle sind nicht miteinander verbunden und nur im Betonboden verankert.

Durch die beiden getrennten Antriebe über die Zahnriemen und die wechselnde Drehrichtung traten Relativbewegungen im Sitz des Flanschlagers 3 auf, wodurch sich das anfängliche Spiel des Schiebesitzes so weit vergrößerte, dass sich das Wellenende infolge Schwingungsverschleiß konisch ausbilden konnte, **Bild 5.16**. Die Form des Wellenendes weist auf kippende Bewegungen der Welle in der Bohrung des Lagers hin. Die Ausbildung der Oberfläche des Lagersitzes am Wellenende hängt stark vom Transport der oxidischen Verschleißpartikel und der Bewegungsrichtungen ab.

5.2 Verschleißerscheinungsformen durch Schwingungsverschleiß 139

Bild 5.15: Antriebseinheit mit durch Schwingungsverschleiß kegelig geformtem Wellenende

Bild 5.16: Verschlissene Lagersitzfläche mit rotbraunen Oxidbelägen am Wellenende (austenitischer Werkstoff 1.4305); farbige Wiedergabe im Anhang 9

Neben den Oxidbelägen hat sich auch ein in Umfangsrichtung verlaufendes schmales Band von Narben im Bereich des Durchmessers ausgebildet, um den die Welle gekippt ist, **Bild 5.17**.

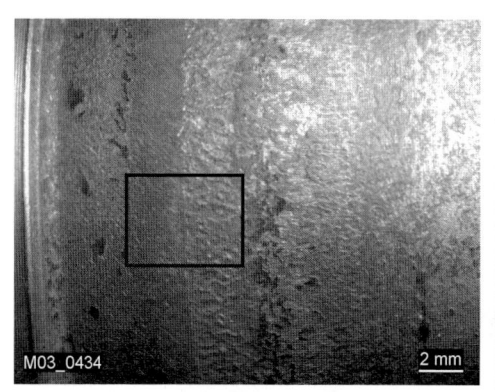

Bild 5.17: In Umfangsrichtung verlaufendes narbiges Band auf der Lagersitzfläche; links: Übersichtsaufnahme, rechts: Ausschnitt

Die Ursache für die Ausbildung des Wellenendes ist in den Relativbewegungen zu sehen, die zum einen durch die Schiebesitzausführung der Flanschlager (durch die Plus-Toleranzen der Bohrung und des Wellentoleranzfeldes h) ohne ausreichende Fixierung durch die Gewindestifte und zum anderen durch die Zwangsbewegungen der wenig steifen Ausführung der Antriebseinheit (getrennte Lagerung in den Gestellen) begründet sind. Die drei Lager dürfen nicht auf zwei separate Regalgestelle verteilt werden, sondern müssen gemeinsam in einen soliden Rahmen eingebaut werden. Dieses konstruktiv bedingte Schwingungsverschleißproblem kann auch nicht durch die Verwendung eines korrosionsbeständigen Werkstoffes verhindert werden.

5.2.2 Narben

Die nachfolgend beschriebenen drei Verschleißerscheinungsformen Narben, Mulden und Riffel sind bei Schwingungsverschleiß eng an die Bewegungsform gekoppelt. Ist die Schwingungsweite sehr unregelmäßig, dann entsteht der Verschleiß allgemein in Form von Narben. Nur bei nahezu konstanter Schwingungsweite und Oszillation in einer Richtung können Riffel entstehen. Schwingungsverschleißmulden können dann auftreten, wenn die Oszillationen in zwei Richtungen erfolgen. Die unter der speziellen Bewegungsform sich lokal ausbildende Ansammlung von Partikeln ist überwiegend der Auslöser für die jeweilige Verschleißerscheinungsform.

Narben sind unregelmäßige Vertiefungen und Erhöhungen der Oberfläche. Sie werden häufig im fortgeschrittenen Schwingungsverschleißstadium an Teilen beobachtet, welche nicht ständig belastet sind, wie z. B. bei Anschlägen oder Ventilsitzen. In ständig hoch belasteten Flächen, wie z. B. Wellen-Nabenverbindungen können ebenfalls Narben bzw. Narbenfelder entstehen, die aber oft in Riffel- oder Muldenfelder übergehen. Ursache für die Narbenbildung sind unterschiedliche Schwingungsamplituden und -frequenzen, ungleiche Beanspruchung der Kontaktflächen, unterschiedlich hoher Verschleiß innerhalb der Kontaktflächen durch ungleich verteilte Oxidschichten oder andere verschleißhemmende Schichten, Ausbrüche durch Zerrüttung und unregelmäßige Verschleißpartikelsammlungen.

5.2 Verschleißerscheinungsformen durch Schwingungsverschleiß

Bild 5.18 zeigt einen mechanischen Mitnehmeranschlag im Kraftfahrzeug (Stahl-Stahl, gehärtet und fettgeschmiert) nach einem Prüflauf mit erhöhter Belastung. Durch die Motorschwingungen wirkten zusätzliche Schlagkräfte, welche zu erhöhtem Verschleiß führten. Die gebildeten Narben sind hier eine Mischform aus tribochemischen Belägen, Vertiefungen und Furchen. Je nach Belastung und Schwingungsbewegung ergeben sich verschiedene Narbenformen, **Bild 5.19**.

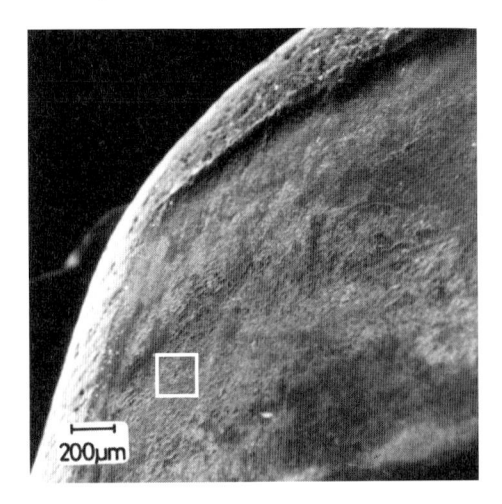

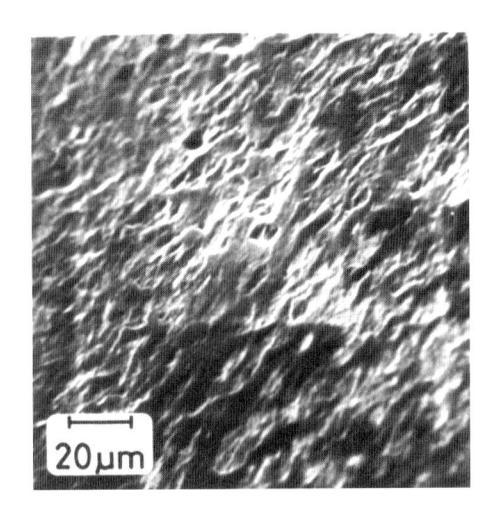

Bild 5.18: Narbenbildung mit Oxidbelägen an einem gehärteten, fettgeschmierten Mitnehmeranschlag im Kraftfahrzeug. Die Bewegung war unregelmäßig oszillierend, die Belastung hatte überlagerte Schläge infolge von Motorschwingungen.
links: Übersicht; rechts: Ausschnitt

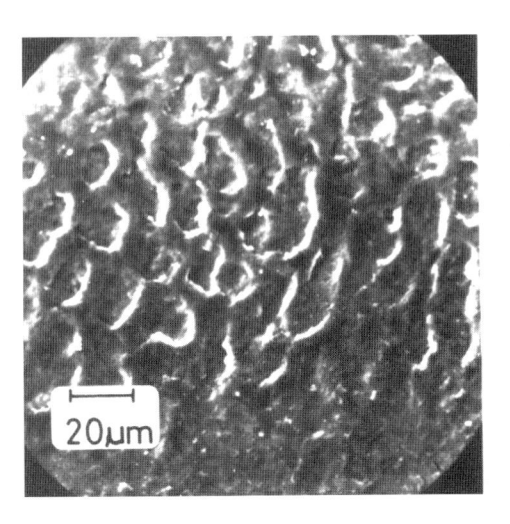

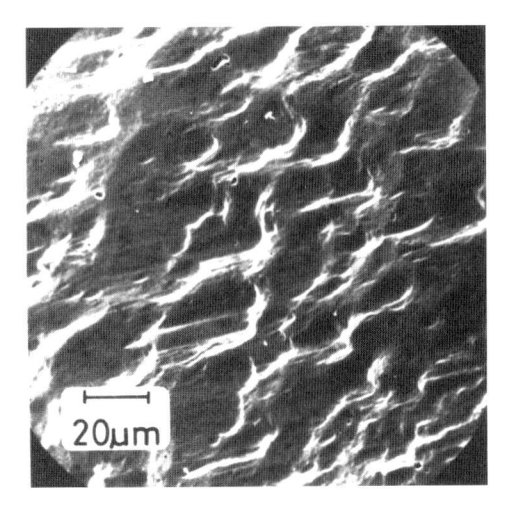

Bild 5.19: Narbenbildung an anderen Stellen des gleichen Aggregates wie in Bild 5.18
links: Belagbildung und Zerrüttungsstellen mit beginnender Narbenbildung;
rechts: Stahloberfläche ohne Beläge

Man hat diesen Schwingungsverschleiß an vibrierenden, fettgeschmierten Regelungs- und Stellsystemen durch Einsatz von Polymerwerkstoff-Beschichtungen, Polymer-Gleitlagern und Polymer-Zwischenhülsen deutlich reduzieren können. Als Regel gilt die Vermeidung von Metall/Metall-Kontakt bei Systemen mit reichlichem Zutritt von Luft und Feuchtigkeit. Härtere Stähle oder harte Schichten allein bringen meist keine Abhilfe.

In **Bild 5.20** ist die Narbenbildung am Teil eines Kugelgelenks (100Cr6, gehärtet) nach 2000 h Dauerlauf dargestellt, das in der Bohrung eines Schiebers saß. Das System befand sich vollständig in Diesel-Kraftstoff. Die Schwingbewegung war überwiegend in axialer Richtung orientiert. Die Belastung erfolgte stoßartig. Die Verschleißpartikel wurden rasch abtransportiert. Die narbige Oberfläche der Kugel ist metallisch blank, ebenso die Gegenfläche. Hier ist die Tribooxidation nicht verschleißbestimmend, sondern Abrasion durch kleinste Schmutz- und Verschleißpartikel. Verschleißmindernd wirken in solchen Fällen härtere Werkstoffe und harte Oberflächenschichten (z. B. durch Nitrieren, Hartverchromen).

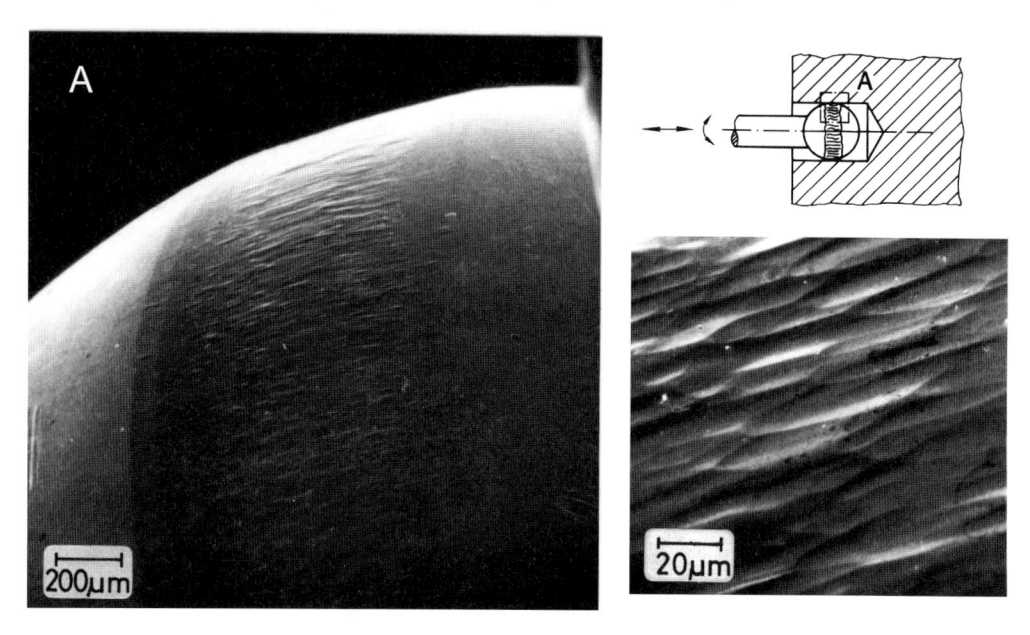

Bild 5.20: Narbenbildung an einem Kugelgelenk (100Cr6, gehärtet) nach 2000 h Dauerlauf unter Diesel-Kraftstoff. Die Oberflächen sind metallisch blank

Starke Narbenfelder haben sich am Drehpfannenoberteil (GS-25CrMo4, vergütet) und -unterteil (GS-52.1) einer Torpedopfanne, **Bild 5.21**, nach 14 Monaten Laufzeit ausgebildet. Die Drehpfanne wurde mit 216 t belastet und hat einen Durchmesser von ca. 650 mm. Dies ergibt eine mittlere Flächenpressung von 6,5 N/mm^2, die an den Seiten höher sein kann. Wegen der relativ zu den Schwenkbewegungen großen Flächen ist der Schmierstoffzutritt erschwert. Die Verschleißteilchen und Schmutzteilchen können nicht abwandern und drücken sich in die Oberflächen ein. Eine Abhilfemaßnahme ist die stärkere Untergliederung der Oberfläche mit der Bildung von geschlossenen Schmierdepots.

5.2 Verschleißerscheinungsformen durch Schwingungsverschleiß 143

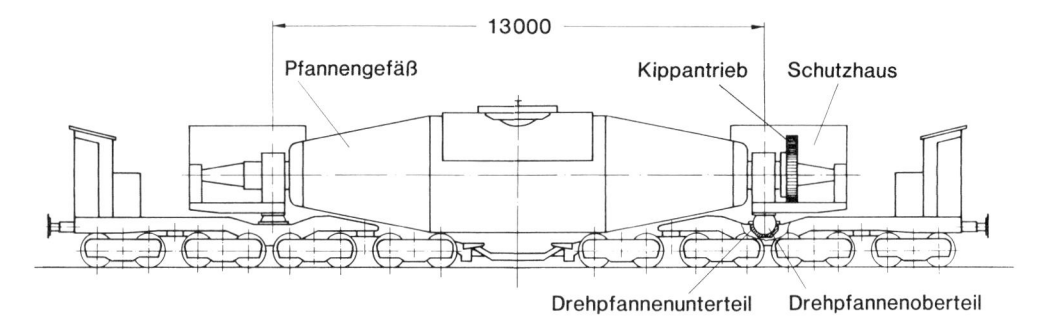

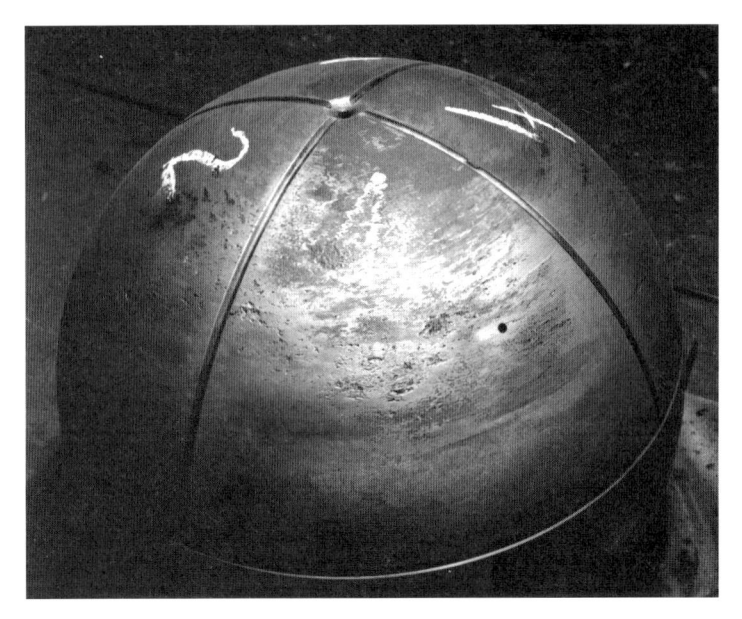

Bild 5.21: Narbenfelder am Oberteil aus GS-25CrMo4 (vergütet) der Drehpfanne einer Torpedopfanne nach einer Laufzeit von 14 Monaten [E. Gülker];
oben: Torpedopfanne; unten: Oberteil der Drehpfanne

5.2.3 Mulden

Die hier unter der Verschleißart Schwingungsverschleiß beschriebene Verschleißerscheinungsform Mulden ist geometrisch ähnlich den Grübchen bei Wälzverschleiß. Der Verschleißprozess ist aber völlig unterschiedlich.

Werden die beim Schwingungsverschleiß auftretenden Verschleißpartikel nicht ständig abtransportiert, so sammeln sie sich in der Kontaktfläche an. Kleine Bewegungen in x- und y-Richtung führen innerhalb der Kontaktfläche zu mehr oder minder starken lokalen, kreisförmigen Ansammlungen der Abriebpartikel und der Tribooxidationsprodukte. Dadurch steigt örtlich die Flächenpressung stark an. Ansammlung von Abrieb und plastische Deformationen führen dann zu der Muldenbildung, die meist an Körper und Gegenkörper auftreten. Neben dem Eindringen der Abriebpartikel in die Kontaktflächen beobachtet man an gefetteten Systemen ein turmartiges Aufwachsen der Verschleißprodukte, oft vermischt mit lackartig verfestigten, oxidierten Schmierstoffkomponenten, **Bild 5.22**.

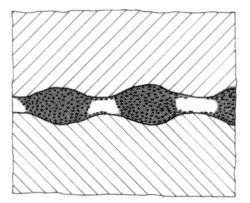

Bild 5.22: Muldenbildung bei Schwingungsverschleiß durch Ansammlung von oxidierten Verschleißpartikeln

Am Wälzlagersitz einer Welle ist die Muldenbildung deutlich zu erkennen, **Bild 5.23**. Die Mulden sind in der Mitte der Sitzfläche am stärksten ausgeprägt, da hier der Verschleißpartikeltransport erschwert ist. Die Randflächen des Lagersitzes zeigen ebenfalls Schwingungsverschleiß, sind aber glatt, da hier die Verschleißpartikel leichter abwandern konnten.

Bild 5.23: Welle mit Mulden am Sitz eines Wälzlagerinnenringes nach [16]. Die Wälzlagerlaufbahn hatte Stillstandsmarkierungen (vgl. Kap.5.2.6), so dass infolge des unruhigen Laufs möglicherweise die Muldenbildung als Folge des Laufbahnschadens auftrat

An Lagersitzen oder allgemein an Wellen-Naben-Verbindungen (vgl. Bild 5.54) sind Schwingungsverschleiß und als Folge mögliche Reibdauerbrüche auch durch flüssige Schmierstoffe nicht zu mindern, da die Kontaktstellen wegen der sehr kleinen Schwingbewegungen praktisch nicht vom Schmierstoff erreicht werden. Ziel sollte es sein, die Relativbewegung so klein wie möglich zu halten bzw. ganz auszuschalten durch stärkere Presssitze, günstigen Kraftfluss

5.2 Verschleißerscheinungsformen durch Schwingungsverschleiß

ohne Steifigkeitssprünge, Erhöhung der Reibungszahl, Trennung des Stahl/Stahl-Kontakts (z. B. Kleben bei leicht belasteten Stellen), Überdimensionierung von Wellen und Naben oder im Extremfall Verschweißen oder einteilige Bauweise.
Konstruktive Hinweise zur Reduzierung der Reibdauerbruchgefahr bei Wellen-Naben-Verbindungen, vgl. Bild 5.55 und 5.56.

Mulden infolge von Schwingungsverschleiß und ihr Übergang zur Narbenbildung können auch auftreten, wenn der Gegenkörper nicht metallisch ist, wie im **Bild 5.24**. Hier handelt es sich um den Aluminium-Zylinder einer Handpumpe für Einspritzsysteme, der an der Stelle des Elastomer-Dichtringes Verschleißspuren zeigt. Ursache sind abrasiv wirkende Schmutzpartikel und Alu-Abriebteilchen (Al_2O_3), die sich an der Dichtfläche ansammeln und infolge kleiner, unregelmäßiger Schwingungen in radialer und axialer Richtung zu einer flachen Muldenbildung führen. Der elastische Dichtring wird hierbei nur wenig verschlissen. Falls der Verschleiß Funktionsstörungen bewirkt, kann durch Eloxieren der Schaden vermieden werden.

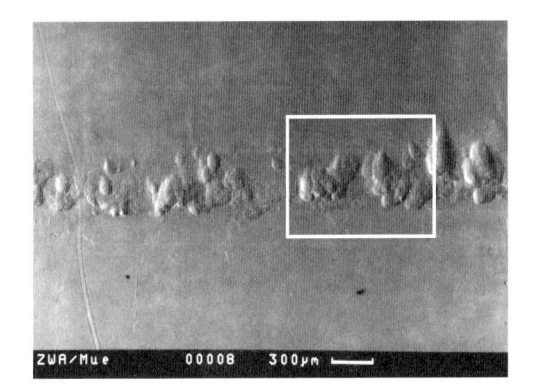

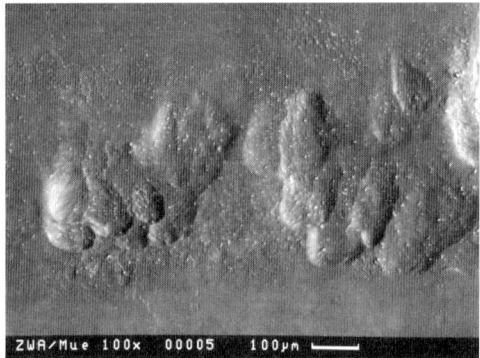

Bild 5.24: Mulden an einem Aluminium-Zylinder einer Handpumpe in der Kontaktzone des Elastomer-Dichtringes. Die Pumpe wurde nicht betätigt. Der Schaden entstand infolge von Schwingungsanregung durch den Motor

5.2.4 Riffel

Riffel stellen eine weit verbreitete Verschleißerscheinungsform dar, die an zahlreichen Maschinenelementen in unterschiedlichen Variationen beobachtet werden kann. Sie tritt außer bei Schwingungsverschleiß an Passflächen vor allem an Wälzpaarungen, vgl. Kap. 6 Wälzverschleiß, aber auch an Walzen von Mühlen bei Zerkleinerungsprozessen von Gestein, vgl. Kap. 7 Abrasivverschleiß, und bei Erosionsprozessen, vgl. Kap. 8 Erosion und Erosionskorrosion auf. Die Riffelerscheinungsformen sind relativ ähnlich, haben aber in den einzelnen Kapiteln völlig ander Ursachen, deren Entstehungsprozesse im Detail noch nicht alle geklärt sind, z. B. wie sich ein bestimmter Riffelabstand einstellt. Riffel bilden eine mehr oder wenig periodische Abfolge von Vertiefungen und Erhebungen quer zur Bewegungs- bzw. Strömungsrichtung, die bei Schwingungsverschleiß häufig durch reibungserregte Schwingungen verursacht werden. Sie äußern sich bei Wälzpaarungen meistens durch Geräuschentwicklung und durch verstärkte Vibrationen.

Die Riffelbildung ist eng verwandt mit der Muldenbildung. Wirkt bei Schwingungsverschleiß die Schwingungsbewegung mit konstanter Schwingungsweite stets in einer Richtung, so agglomerieren die Verschleißpartikel nicht in nahezu kreisförmigen Nestern wie bei der Muldenbildung, sondern in Walzenform quer zur Schwingungsrichtung. Die so gebildeten Verschleißpartikel-Walzen drücken sich in die Oberfläche ein, teils elastisch, teils plastisch, erhöhen lokal die Flächenpressung und damit den Verschleiß. Es entsteht ein Riffelmuster, das umso ausgeprägter ist, je konstanter die Schwingungsweite ist und je länger sie andauert. Bilden sich sehr viele Verschleißpartikel, so wird das regelmäßige Riffelmuster durch den erhöhten Stoffabtransport gestört oder völlig zerstört. Es können sich dann Mulden oder Narben bilden.

An der Kugellagersitzfläche der Antriebswelle eines Pkw-Schaltgetriebes entstanden solche Riffel, **Bild 5.25** und **5.26**. Auch hier ist die Sitzfläche am Rand infolge von leichterem Stoffabtransport glatt oder die Flächenpressung war dort relativ gering (Bild 5.25 links), vgl. Bild 5.23. Abhilfemaßnahmen in diesem Fall sind eine steifere Welle oder ein festerer Sitz zwischen Welle und Kugellager.

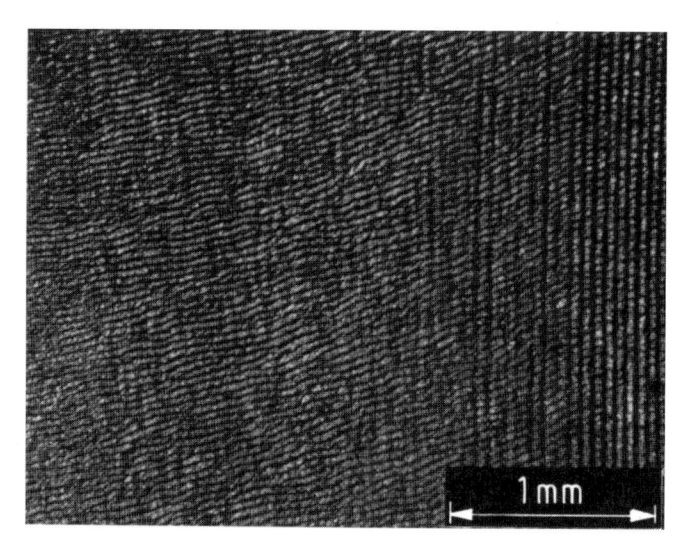

Bild 5.25: Riffel auf der Kugellagersitzfläche der Antriebswelle eines PKW-Schaltgetriebes
links: Übersichtsaufnahme
rechts: vergrößerte Aufnahme der Sitzfläche. Die Riffel sind besonders deutlich dort ausgeprägt, wo die im Bild senkrecht verlaufenden Bearbeitungsriefen durch Verschleiß bereits abgetragen sind

5.2 Verschleißerscheinungsformen durch Schwingungsverschleiß 147

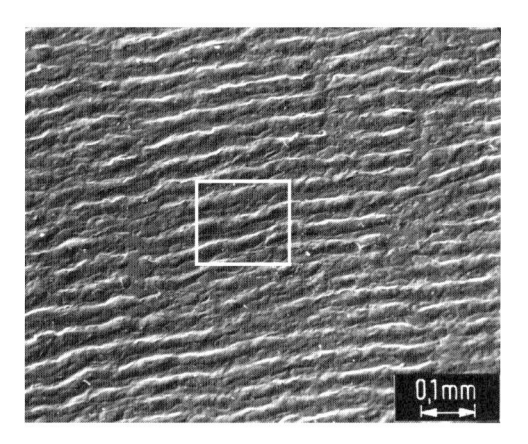

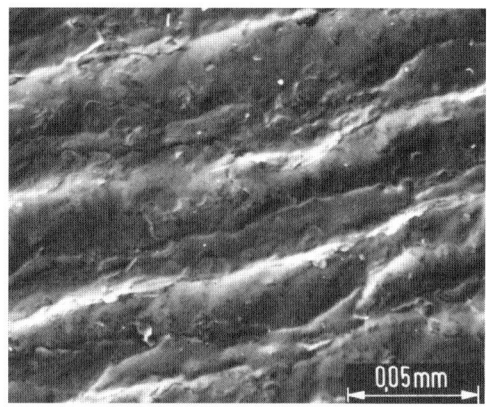

Bild 5.26: Riffel an der Kugellagersitzfläche der Antriebswelle eines PKW-Schaltgetriebes, Ausschnitt aus Bild 5.25 rechts. Die Riffelabstände von 40 µm sind kein direktes Maß für die wirkende Schwingungsweite Δx. Der halbe Riffelabstand kann in diesem Beispiel als Obergrenze für die Schwingungsweite gelten; sie kann aber auch noch deutlich kleiner sein.

Der Riffelabstand steht nicht in direktem Zusammenhang mit der Schwingungsweite Δx. Man kann zwar sagen, dass sich bei einer Schwingungsweite von 100 µm keine Riffelabstände im 10 µm-Bereich ergeben werden, aber die Aussage Riffelabstand gleich Schwingungsweite ist in den meisten Fällen nicht richtig. Die Riffelabstände können deutlich größer sein als die Schwingungsweite Δx. Dies hängt von der Verschleißrate, der Werkstoffhärte, dem Elastizitätsmodul und von der Art des tribologischen Systems ab.

Riffel können nicht nur bei Schwingungsverschleiß auftreten, sondern auch in völlig anderen Zusammenhängen wie z. B. bei Rad/Schiene-Systemen durch Profilunregelmäßigkeiten der Schienenlauffläche angeregte Schwingungen, vgl. Kap. 6.4.2, oder bei Wälzlagern durch reibungserregte Schwingungen, vgl. Kap. 6.3.11.

Im nächsten Beispiel wurde die Verschleißerscheinungsform als radialsymmetrische Riffelbildung infolge Radialschlupf Δr durch die besondere Lastverteilung der Kugel, **Bild 5.27**, gedeutet. Diese Interpretation wurde noch gestützt durch die erfolgreiche Abhilfemaßnahme, eine dickere Ausgleichsplatte zur Minimierung des Radialschlupfes einzusetzen.
Trotzdem hat die Verschleißerscheinungsform, **Bild 5.28** und **5.29**, eine andere Ursache und kann letztlich nicht als Riffelbildung bezeichnet werden, sondern als Riefenbildung durch eine Drehbewegung. Dies wird durch folgende Beobachtungen erhärtet. Die Riefenabstände und die Schärfe der Riefenkontur sind innen und außen fast gleich. Da der Radialschlupf aber nach innen zu abnimmt und im Zentrum zu Null wird, müssten Riffel dort deutlich andere Abstände aufweisen als außen, wo der Radialschlupf am größten ist. Durch eine Drehbewegung kann die Verschleißerscheinung besser erklärt werden, da hierdurch auch nahe des Drehpunktes in der Mitte kreisfömige Rillen, jetzt als Riefen bezeichnet, auftreten können. Verursacht wird die Drehbewegung durch das Zusammenspiel zwischen der in Bild 5.27 nicht gezeigten Schraubenfeder und dem Radialschlupf. Die Schraubenfeder erzeugt beim Schalten ein Drehmoment als Störfunktion. Durch den Radialschlupf Δr ist die Haftreibung bereits überwunden und

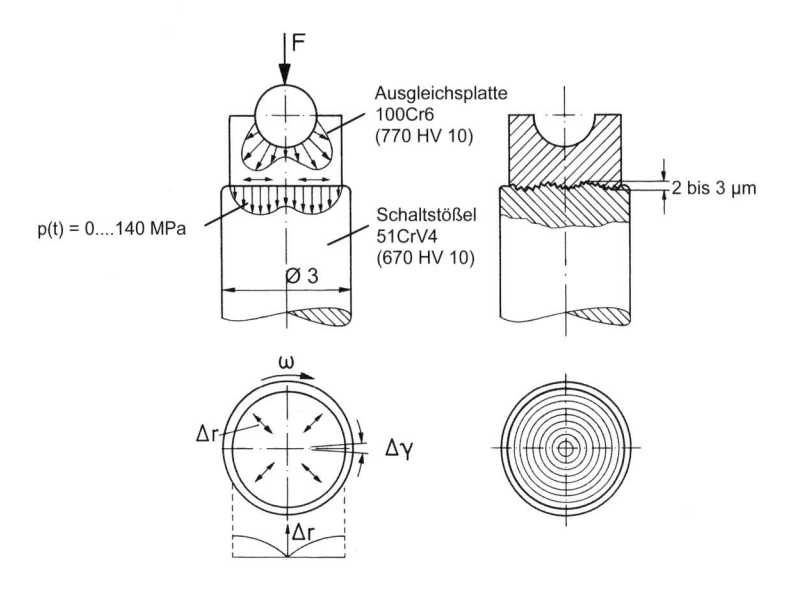

Bild 5.27: Schaltstößel mit Ausgleichsplatte
links: mit funktionsbedingter Pressungsverteilung p(t) und mit Angaben über den Radialschlupf Δr und den Drehschlupf $\Delta \gamma$
rechts: Verschleißprofil mit überlagerten konzentrischen Riefen durch Gleitverschleiß infolge der Drehbewegung ω

selbst ein kleines Drehmoment ist dann in der Lage, das System Ausgleichsplatte/Schaltstößel schrittweise zu verdrehen. Je nach Resonanzlage der Feder und der Schaltfrequenz kann der Drehschlupf $\Delta \gamma$ in eine langsame Drehbewegung ω übergehen. Damit sind die Verschleißerscheinungsformen in Bild 5.28 und 5.29 als Riefenbildung infolge Drehbewegung (also Gleitverschleiß) zu bezeichnen, primär aber verursacht durch Radialschlupf Δr.

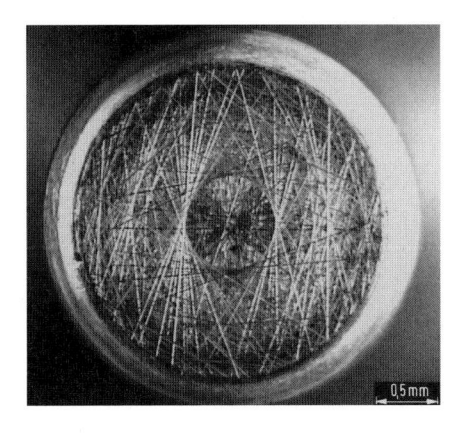

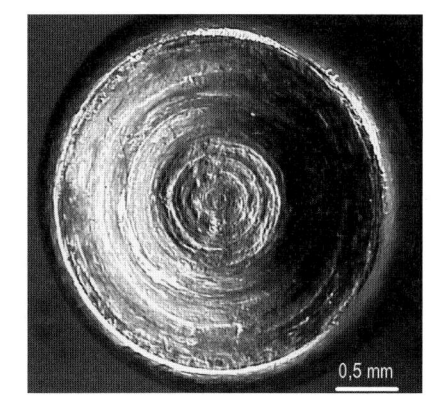

Bild 5.28: Stößelstirnseite vor (links) und nach der Beanspruchung (rechts); lichtoptische Aufnahmen

5.2 Verschleißerscheinungsformen durch Schwingungsverschleiß 149

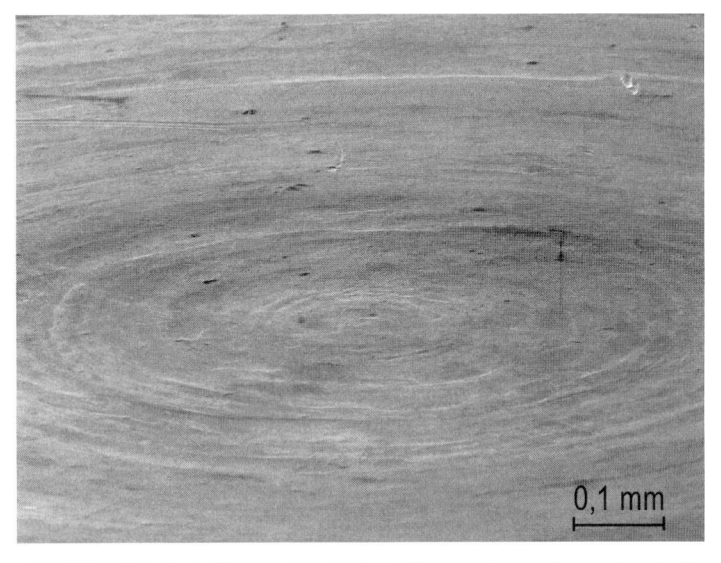

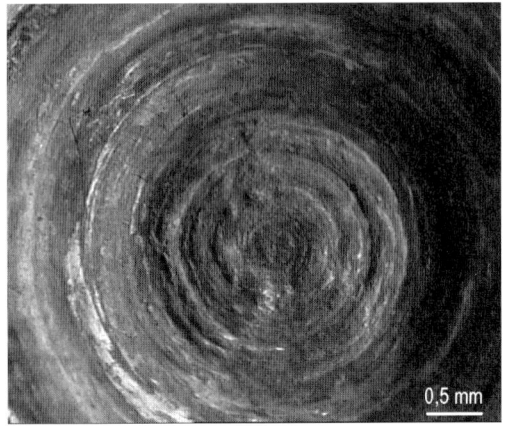

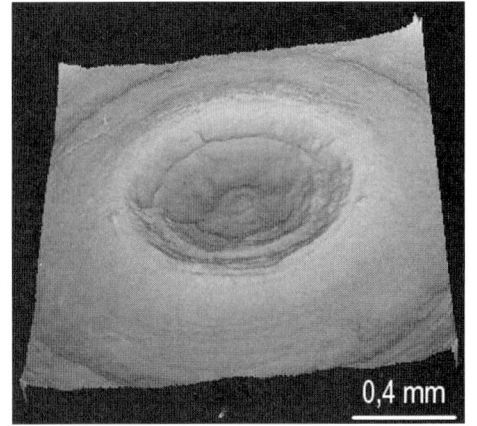

Bild 5.29: Zentrum der Stößelstirnseite nach der Beanspruchung mittels verschiedener Aufnahmetechniken
oben: perspektivische Aufnahme im REM;
links unten: lichtoptische Aufnahme, Ausschnitt aus Bild 5.28;
rechts unten: Aufnahme mit konfokalem Lasermikroskop in überhöhter 3D-Darstellung

Das Beispiel zeigt, wie schwierig manchmal die Beurteilung einer Verschleißerscheinungsform sein kann, insbesondere wenn man sich wie hier zunächst auf den Radialschlupf allein konzentriert.

5.2.5 Wurmspuren

Eine besondere Verschleißerscheinungsform bei Schwingungsverschleiß ist die Wurmspurbildung, die in dieser Form erstmals bei Zahnkupplungen beobachtet und beschrieben wurde, **Bild 5.30**.

Bild 5.30: Wurmspuren an Zahnkupplungen infolge von zu großen axialen Schwingungen.
   links: Turbinenantrieb; Zähne leicht ballig;
   rechts: Schiffsantrieb; Werkstoff 34CrAlNi7, gasnitriert; Zähne nicht ballig

Die Wurmspuren stehen senkrecht zur Gleitbewegung und treten oft an beiden Zahnflanken gleichzeitig in symmetrischer Form auf. Nach [17] entstehen Wurmspuren an den Zahnflanken von Zahnkupplungen durch starke adhäsive Beanspruchung und führt zu starken plastischen Verformungen. Gebildeter Reibmartensit deutet auf Temperaturspitzen von über 800 °C hin, **Bild 5.31**.

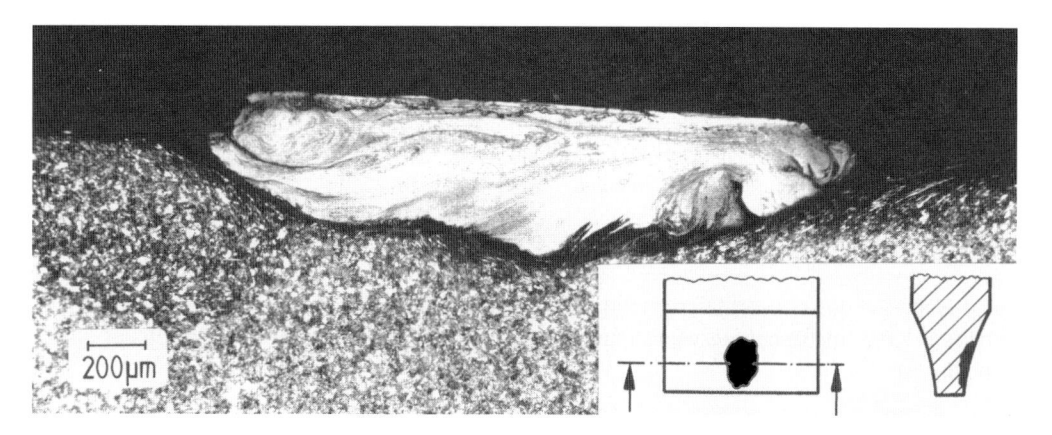

Bild 5.31: Reibmartensitbildung bei Wurmspuren nach [17]. Längsschliff durch den Bogenzahn einer Zahnkupplung C60, vergütet. Das Reibmartensitteilchen haftet lose am Grundwerkstoff.

5.2 Verschleißerscheinungsformen durch Schwingungsverschleiß 151

Vorbedingung ist Mangelschmierung oder das Erreichen der Fresslastgrenze des Schmierstoffes infolge von zu hoher Betriebstemperatur. Neuere Untersuchungen haben gezeigt, dass die für Wurmspuren typische, im Schliff amorph erscheinende Gefügestruktur auch durch mechanische Verformung mitbestimmt werden kann [18], vgl. auch Kap. 4.2.11 Gefügeänderung. Die auf diese Weise stattfindende mechanische Durchmischung des Oberflächenmaterials kann so stark an Einfluss gewinnen, dass sich die nanokristalline oder amorphe Gefügestruktur auch ohne signifikante Temperaturerhöhung bildet [3, 19]. Im oben genannten Beispiel konnten die hohen Temperaturen im Reibkontakt durch in die Kupplung eingeleiteten Axialschwingungen entstehen, welche die Reibleistung bei meist gleichzeitiger Mangelschmierung erhöhten, oder durch Überlastung bzw. zu hohe Drehzahlen bei großer Auslenkung hervorgerufen werden.

Obwohl die Stellen mit höchster Temperatur an der Zahnflanke bei großer Auslenkung oder kleiner Balligkeit der Zähne kinematisch bedingt paarweise rechts und links neben der Zahnmitte auftreten, befinden sich viele Wurmspuren in der Zahnmitte. Wesentlich hierfür sind die Stofftransportvorgänge an der Zahnflanke nach dem Fressbeginn, welche durch Geometrieänderung die Reibleistungsdichte in der Zahnmitte erhöhen.

In **Bild 5.32** sieht man die Wurmspuren einer Walzwerks-Zahnkupplung mit deutlichen Anlauffarben am Zahnkopf, was auf örtlich hohe Temperaturen hindeutet. Das Gefüge ist im Bereich der Wurmspur plastisch stark verformt, **Bild 5.33**. Ein weiteres Beispiel entstand beim Anlaufen einer Turbine infolge von Mangelschmierung durch ungünstig konstruierte Ölleitkanäle der Umlaufschmierung, **Bild 5.34**. Zu beachten ist, dass solche Wurmspuren bei Turbinenzahnkupplungen auch durch Stromübergang ausgelöst werden können (vgl. Kap. 4.2.13).

Bild 5.32: Wurmspuren mit Anlauffarben am Zahnkopf einer Walzwerks-Zahnkupplung aus 42CrMo4, vergütet; farbige Wiedergabe im Anhang 9

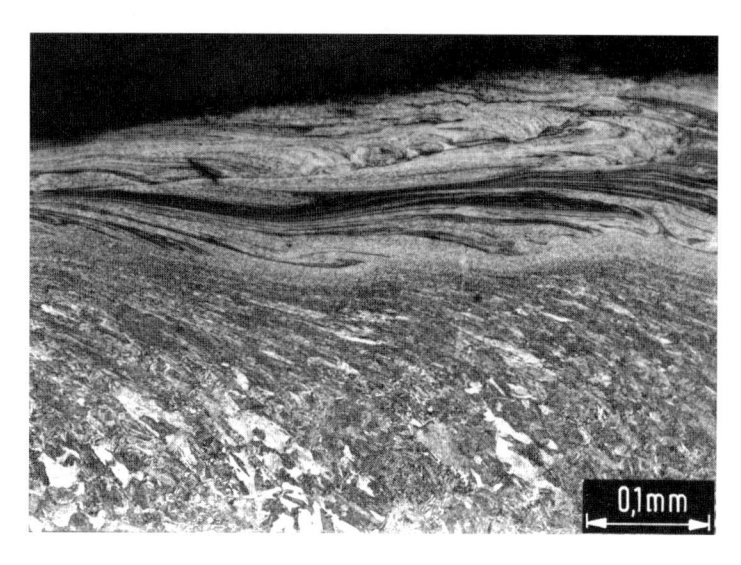

Bild 5.33: Gefüge mit starken plastischen Deformationen im Bereich der Wurmspur; Schliff senkrecht zur Flankenoberfläche und quer zur rechten Wurmspur des in Bild 5.32 wiedergegebenen Zahnes

Bild 5.34: Wurmspur am Zahn einer Zahnkupplung. Der Schaden trat in der Anlaufphase der Turbine infolge von Mangelschmierung an allen Zähnen von Hülse und Nabe nahezu gleichmäßig auf; Werkstoff 42CrMo4, Modul m = 5 mm, Zähnezahl z = 60

An dieser Stelle sei angemerkt, dass z. B. bei Zahnkupplungen je nach Geometrie, Schwingungsform und Schmierungszustand alle beschriebenen Verschleißerscheinungsformen an den Zahnflanken auftreten können (Belagsbildung durch Tribooxidation, Fressen durch Adhäsion, Riffel, Mulden und Narben sowie speziell die beschriebenen Wurmspuren) [20]. Dies zeigt die Empfindlichkeit, mit der die Verschleißerscheinungsformen auf die herrschenden Beanspruchungsbedingungen und Bauteilgeometrie reagieren.

5.2 Verschleißerscheinungsformen durch Schwingungsverschleiß

Abhilfen:
Nach dem Schadensmechanismus müssen hohe Flankentemperaturen sowie hohe Scherkräfte vermieden werden durch:

- ausreichende Schmierstoffzufuhr, insbesondere auch in der Anlaufphase
- gute Kühlung von ölgefüllten bzw. fettgefüllten Kupplungen und rechtzeitigen Schmierstoffwechsel
- Vermeiden von zu hohen Belastungen und großen Auslenkungen
- Vermeiden von Axialschwingungen
- Übergang von ungehärteten zu gehärteten bzw. nitrierten Zähnen.

Bei sehr hohen Flächenpressungen und kleineren Schwingungsweiten können auch Wurmspuren auftreten, die nicht genau nach dem geschilderten Prozess der Zahnkupplungen ablaufen, sondern in erster Linie durch Kaltverschweißungen hervorgerufen werden. **Bild 5.35** rechts zeigt ein Turbinengetrieberitzel mit Druckkamm, der über eine Passfeder und einen Haltering fixiert wird. Das vorhandene Spiel reichte aus, um auf dem Sitz und der Stirnfläche der Passfedernut Schwingungsverschleiß mit Kaltverschweißungen zu erzeugen, die an vielen Stellen zu Wurmspuren führte, Bild 5.35 links. Daneben ist auch noch Narbenbildung zu erkennen. Die Mikrobewegungen sind durch ausreichend hohe Schrumpfspannungen zu vermeiden. Eine Passfeder ist hier möglichst zu vermeiden. Stattdessen sollte der Druckkamm direkt aufgeschrumpft werden (ohne Haltering und ohne den schmalen Schrumpfring).

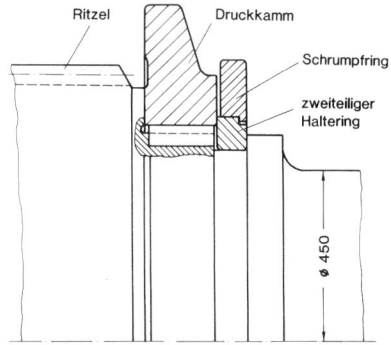

Bild 5.35: Wurmspuren und Narben auf der Sitzfläche von Druckkamm und Passfedernut. Bruch des Druckkammes (hier nicht dargestellt) im Bereich größter Schädigung. Werkstoff: Druckkamm 15CrNi6, Ritzelwelle 31CrMoV9
links: Wurmspuren; rechts: Zeichnung (Einbausituation)

Wurmspuren können an den unterschiedlichen Bauteilen auftreten, wie die Kugelpfanne eines Pressengelenks zeigt, **Bild 5.36**. Der Pfannendurchmesser ist 60 mm, die Schwenkbewegung betrug 6°. Die adhäsiv bedingte Wurmspur ist gut zu erkennen. Pfanne und Kugel sind aus gehärtetem Stahl. Es wurde ein Gleitbahnöl verwendet, vorgeschrieben war ein Motoröl (SAE 30).

154   5 Schwingungsverschleiß (Fretting)

Wichtig ist, dass Schmierstoff zwischen die Gleitflächen gelangt, was bei der vorliegenden Nutenform nicht gesichert ist; der Schaden liegt typischerweise zwischen den Nuten.

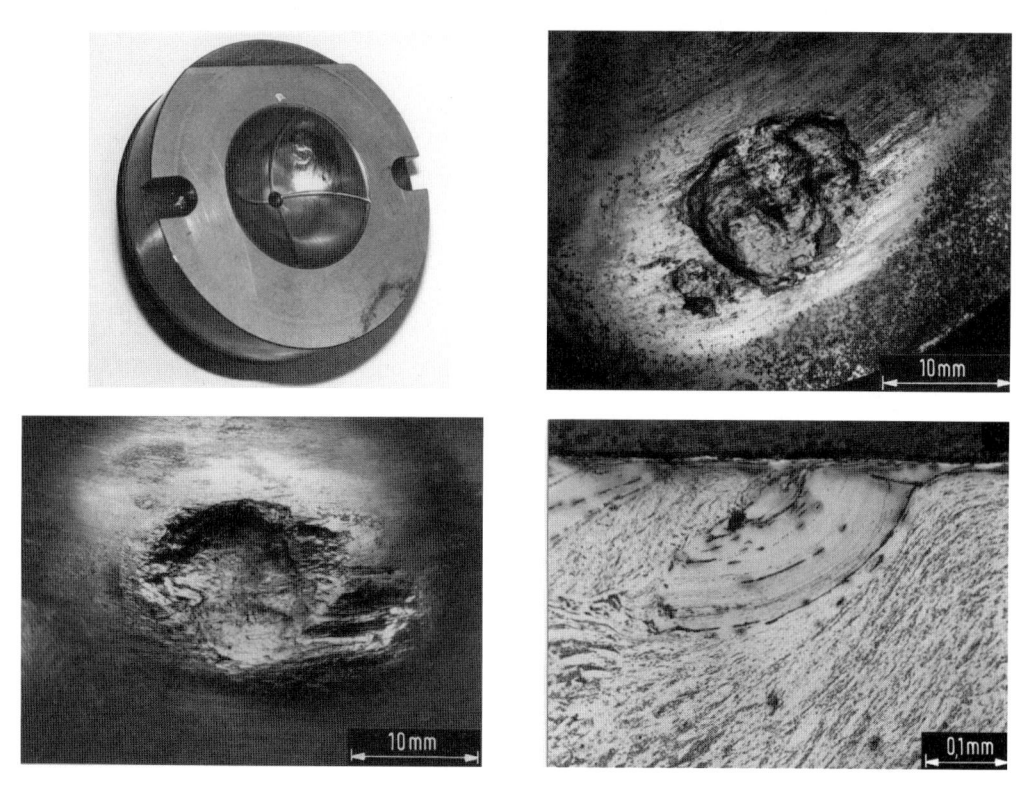

Bild 5.36: Wurmspur und Narben an einem Pressengelenk infolge von Kaltverschweißung durch kleine Schwingungsbewegungen. Der Schaden wurde durch Einsatz eines ungeeigneten Schmieröls ausgelöst
oben links: Pfanne, Durchmesser 60 mm; oben rechts: Wurmspur in der Pfanne;
unten links: Wurmspur auf der Kugel; unten rechts: Schliff durch Narbe in der Pfanne

5.2.6 Stillstandsmarkierungen (*false brinelling*)

Vibrationsbewegungen bei nicht rotierenden Wälzlagern, auch hervorgerufen durch Belastungsschwankungen, führen an den Kontaktstellen infolge von Mikroschlupf, hohen Flächenpressungen und lokal fehlendem Schmierfilm zu örtlich begrenztem Schwingungsverschleiß. In **Bild 5.37** und **5.38** sind die typischen Stillstandsmarkierungen an Wälzlagern, die sich innerhalb der Lastzone befinden, wiedergegeben.

5.2 Verschleißerscheinungsformen durch Schwingungsverschleiß

Bild 5.37: Stillstandsmarkierungen an Wälzlagerringen nach [16]
links: Rillenkugellager; rechts: Pendelkugellager

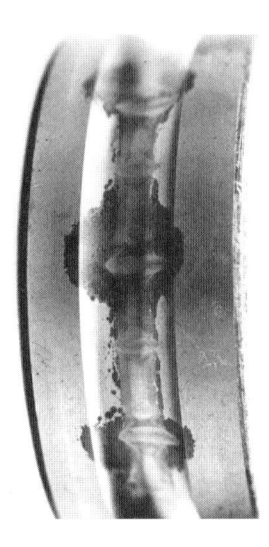

Bild 5.38: Stillstandsmarkierungen am Kugellager einer Welle in einem Reglergestänge nach [16]. Um die Verschleißstelle herum haben sich oxidierte Verschleißpartikel abgelagert

Nach [21] bilden sich im Anfangsstadium der Stillstandsmarkierungen durch Überschreiten der Schubfestigkeit im Mikrobereich infolge von schwellenden Normalkräften und Mikroschlupf Verschleißpartikel, die oxidieren. Durch die Volumenzunahme der oxidierten Verschleißpartikel in den Wälzkontakten wird das Lager verspannt, so dass die Lagerkraft ansteigt. Die oxidierten Verschleißpartikel erzeugen als Zwischenstoff durch den Mikroschlupf unter den Walzkörpern nach längerer Laufzeit auf den Laufbahnen Mulden, die zu einer vollständigen Funktionsstörung des Lagers führen. Die Muldenbreite steigt mit der Last und der Lastspielzahl an, **Bild 5.39**.

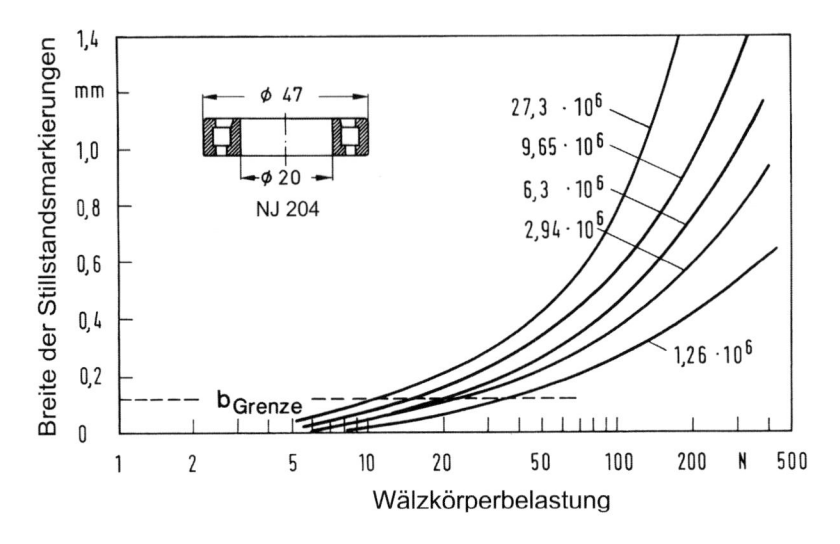

Bild 5.39: Breite der Stillstandsmarkierungen an einem ungeschmierten Zylinderrollenlager NJ 204 in Abhängigkeit von der Wälzkörperbelastung bei verschiedenen Lastspielen. Unterhalb von 0,12 mm bilden sich für das obige Lager keine Stillstandsmarkierungen [21]. Die Kurven unterhalb der b-Grenze sind extrapoliert.

Die in Bild 5.36 und 5.37 gezeigten Stillstandsmarkierungen in den Wälzlagerlaufbahnen stellen den makroskopischen Verschleißzustand nach langer Laufzeit dar (z. B. $N > 10^7$). In Bauteilversuchen wurde jedoch festgestellt, dass bereits nach wenigen Minuten, d. h. nach geringer Lastspielzahl ($N \approx 10^3$), durch Mikrobewegungen in den Hertzschen Kontaktflächen deutliche Schädigungen mit Rissbildung auftreten können [22, 23, 24].
Die Versuche wurden mit Axialrillenkugellagern 51206 (C_{dyn} = 25 kN) sowohl mit schwellender Last ohne Drehschwingungen (F_N = 8 ± 4 kN, f = 25 Hz, ϑ = 25 °C) als auch mit statischer Last und überlagerten Drehschwingungen (F_N = 8 kN, α = ± 0,2°, f = 25 Hz, ϑ = 25 °C) durchgeführt.
Wenn die Drehschwingungen klein genug gewählt werden, z. B. ± 0,2°, entstehen gleichartige Stillstandsmarkierungen wie bei rein schwellender Last ohne Drehschwingungen, **Bild 5.40**. Die Versuche zeigen dann in der Kontaktfläche typischerweise drei unterschiedliche Zonen, eine Haft-, Gleit- und Einflusszone (von innen nach außen). In Bild 5.40 ist die äußere Zone, die Einflusszone, allerdings nicht erkennbar. Diese Unterteilungen verschwinden, wenn der Schwenkwinkel α = ≥ + 0,75° gewählt wird [23].
Auf den Kugeln zeichnen sich ebenfalls die elliptischen Markierungen ab, jedoch sind sie schwächer ausgeprägt. Aufgrund der in den Kontaktflächen ablaufenden Mechanismen, insbesondere der Adhäsion, werden beide Partner geschädigt. Insofern ist die Aussage in [25] zu überdenken, dass die Stillstandsmarkierungen nur auf den Laufbahnen und nicht auf den Wälzkörpern zu beobachten sind.

5.2 Verschleißerscheinungsformen durch Schwingungsverschleiß

Bild 5.40: Elliptische Kontaktfläche auf der Lauffläche eines Axialrillenkugellagers 51206 (C_{dyn} = 25 kN) bei pulsierender Last 8 ± 4 kN bei 25 Hz, 12 Kugeln, Beanspruchungsdauer 1,3 h, geschmiert. Die ungeschädigte äußere Einflusszone zeichnet sich in diesem Bild nicht ab. Abmessung der Ellipse 0,16x0,93 mm [Hochschule Mannheim, Kompetenzzentrum Tribologie, 22, 23]

Das Verschleißerscheinungsbild entspricht nach Bild 5.2 der Schwingungsverschleiß-Systemklasse 3 (*partial slip*). In der Mitte von Bild 5.40 befindet sich die völlig unbeschädigte Haftzone, da hier die Haftreibung größer ist als die auftretenden Schubspannungen. Daran schließt sich die Gleit- oder Schlupfzone an, wo trotz hoher Flächenpressung Mikroschlupf auftritt und alle Verschleißmechanismen wie Adhäsion, Tribooxidation Oberflächenzerrüttung und Abrasion beobachtet werden. Die dritte Zone ganz außen, die Einflusszone entspricht in ihren äußeren Abmessungen der theoretischen Hertzschen Flächenpressungsbreite und ist noch ge-

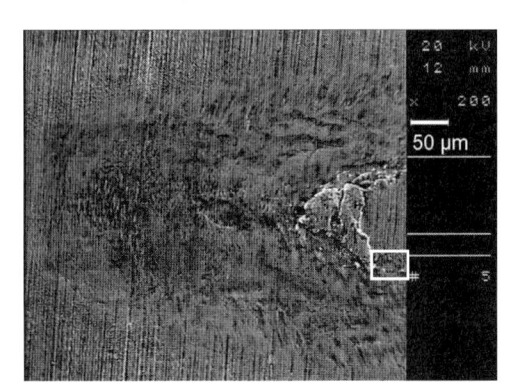

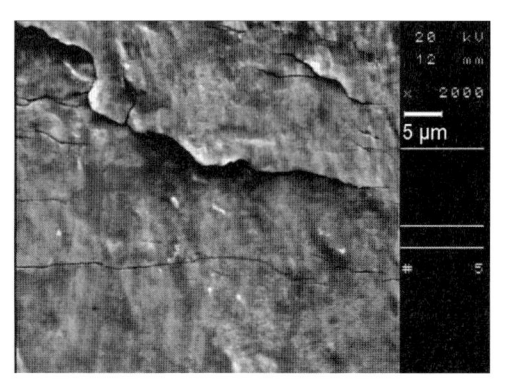

Bild 5.41: Übergang von Haft- zur Gleitzone mit Rissbildung in der elliptischen Kontaktfläche [Hochschule Mannheim, Kompetenzzentrum Tribologie, 22, 23]
links: Übersicht; rechts: Ausschnitt mit Rissen

schmiert und zeigt keinen Verschleiß [22, 23]. Die stärksten Schädigungen findet man im Übergang von Haft- zur Gleitzone der Kontaktellipse mit tribochemischem Verschleiß, Adhäsion (Fresser) und Oberflächenzerrüttung (Rissbildung), **Bild 5.41**.

Die transkristalline Rissbildung in der Verschleißzone am Ende der Ellipse wurde mittels Rasterionenmikroskop (RIM) untersucht. Hierzu wird durch Ionenätzung (*focused ion beam*, FIB) ein Sputterkrater erzeugt und eine Seite für die Gefügeuntersuchung geglättet. Die durch den Ionenstrahl erzeugten Sekundärelektronen lassen sich für die Abbildung nutzen. Den so hergestellten Querschliff mit der Rissbildung gibt **Bild 5.42** wieder. Die Risslänge beträgt rd. 10 µm.

Die Rissbildung kann auch bei Fettschmierung unter den benutzten Randbedingungen bereits nach 1500 Lastspielzahlen, 750 N/Kugel, 25 Hz, ± 0,5°, 25 °C beobachtet werden, auch wenn makroskopisch das Verschleißerscheinungsbild noch eher auf rein tribochemischen Verschleiß mit Abriebteilchen hindeutet.

Bild 5.42: SE-Bilder vom RIM-Querschliff durch das Rissgebiet im Schlupfbereich der Kontaktellipse. [Robert Bosch GmbH, 22, 23]
links: im RIM erzeugter Sputterkrater (Übersichtsaufnahme); rechts: vergrößerter Ausschnitt mit transkristallinem Rissverlauf

Die folgenden Verschleißprozesse und Verschleißmechanismen laufen bei Stillstandsmarkierungen ab (vgl. hierzu auch Kap. 5.1.4.5 zeitlicher Wechsel von Verschleißmechanismen bei Zahnkupplungen):

1. Durch die hohe Flächenpressung wird der Schmierstoff aus der Kontaktzone herausgequetscht.
2. In der Kontaktzone mit Mikroschlupf wirken Adhäsion und Abrasion infolge von Mangelschmierung bzw. Trockenlauf.
3. In der gleichen Zone erfolgt tribochemischer Verschleiß und Oxidation der Verschleißpartikel.

4. In den Adhäsionsgebieten bilden sich Mikrorisse durch die wechselnde hohe tangentiale Beanspruchung (vgl. auch Mikrorisse in Bild 5.41 und 5.42).
5. Es können Ausbrüche folgen.
6. Bei langer Laufzeit führen die Ausbrüche und die abrasive Wirkung der oxidierten Verschleißpartikel (Fe_2O_3 hart und auf Stahl stark abrasiv wirkend) zu tiefen Mulden im gesamten Kontaktbereich, d. h., auch in der vorherigen inneren Haftzone.

Schwingungsverschleißversuche mit den einfachen Probekörpern Kugel/Platte [26] zeigen die Abhängigkeit der verschiedenen Systemklassen *gross slip* und *partial slip* (vgl. Kap. 5.1.3 Systemklassen) von der Belastung und bestätigen die Beobachtungen bei Wälzlagern. In den Versuchen wird nur die Platte tangential zur ruhenden Kugel bewegt. Je größer die Last ist, desto größer wird die Zone in der Belastungsmitte ohne Verschleiß (*partial slip*).

Auch hierbei können drei Stufen unterschieden werden:

1. Sehr kleine Lasten:
   gross slip mit relativ viel Verschleiß über die ganze Kontaktfläche

2. Mittlere Lasten:
   Übergangsgebiet von partial slip zu gross slip. Zunächst hat man partial slip. Erst nach längerer Laufzeit ergibt sich gross slip durch Unterwanderung der Kontaktfläche mit Verschleißpartikeln

3. Hohe Lasten:
   Partial slip mit sehr wenig Verschleiß und großer Haftzone in der Mitte ohne Verschleiß.

Alle drei Stufen können auch bei Wälzlagern bezüglich Stillstandsmarkierungen beobachtet werden.

Einflussgrößen:

- Normalkraft:
  Für den Schadensbeginn sind schon kleine Normalkräfte ausreichend, sobald der Schmierstoff an den Kontaktstellen herausgequetscht ist [23]. Eine Minimalkraft für verschleißlosen Zustand ist noch nicht genau bekannt. Den Angaben in Bild 5.39 (b-Grenze) liegen ungeschmierte Versuche zugrunde und sind eher makroskopisch zu beurteilen. Mikroskopische Verschleißspuren sind jedoch zu vermuten.
  Hohe Normalkräfte erzeugen auf Dauer starken Verschleiß, hauptsächlich durch Rissbildung und abrasive Wirkung der oxidierten Verschleißpartikel.

- Schwingungsweite:
  Höhere Schwingungsweite führt hingegen zu kleinerem Verschleiß, sobald dadurch die Schmierung verbessert wird. Bei hoher Schwingungsweite gelangt man aus dem Gebiet des Schwingungsverschleißes in den Bereich reversierenden Gleitverschleißes (vgl. Kap. 5.1.3 Systemklassen) bzw. Wälzverschleißes, der bei geschmierten Systemen meist zu einer deutlichen Verschleißminderung führt.

- Lastspielzahl:
  Mit steigender Lastspielzahl wächst die Breite der Stillstandsmarkierungen zunächst stark und dann nur noch langsam an (degressiver Verlauf).

- Schwingfrequenz:
  Die Frequenz bedeutet in Summe einen größeren Schlupfweg und damit einen größeren Gesamtverschleiß, also einen linearen Zusammenhang. Durch verzögertes Nachfließen des Schmierstoffes kann aber der Verschleiß überproportional ansteigen (Fressgefahr).

- Temperatur:
  Die Temperatur beeinflusst die Viskosität des Schmierstoffes. Bei Fett steigt der Verschleiß mit sinkender Temperatur.

Abhilfen:

- Zylinderrollenlager durch Rillenkugellager ersetzen und diese axial federnd vorspannen. Anstellkraft > 1 % der statischen Tragzahl C_0 (weniger Mikroschlupf).

- Schwingungen durch Verspannen der Lager vermeiden (Transportsicherung, **Bild 5.43**).

- Schmierstoff verbessern. Öl ist meist besser als Fett, da es leichter an die Reibstellen gelangt. Stetige Rotation des Lagers vorsehen.

- Druckeigenspannungen in der Lauffläche erhöhen.

- Vollrollige bzw. vollkugelige Lager benutzen.

- Beschichten der Laufflächen, z. B. mit DLC-Schicht, Hartchrom.

- Einsatz von Keramikkugeln [24].

Stillstandsmarkierungen können auch dann auftreten, wenn Innen- und Außenringe von Wälzlagern synchron umlaufen, wie dies beispielsweise bei Nadellagern von Loszahnrädern in Lkw-Schaltgetrieben vorkommen kann [27]. Die betriebsbedingte schwellende Belastung der relativ zu den Lagerringen stehenden Wälzkörper verursacht Mikrogleitbewegungen in den Kontaktstellen, wodurch sich entlang der Kontaktlinien auf den Laufbahnen Vertiefungen im Wälzkörperabstand ausbilden. Die Markierungen können bereits nach 50 h beobachtet werden. Im Gegensatz zu den Abhilfen für die vorgenannten Beispiele sind hier andere Maßnahmen erforderlich. Vermieden werden können in diesem Fall die Markierungen, wenn der Käfig wandert. Auf die Käfigwanderung wirken sich günstig aus z. B. kleinere Lagerdurchmesser, größere Wälzkörperdurchmesser, Massivkäfige, kleines radiales Käfigführungsspiel, kleines Käfigtaschenspiel.

5.2 Verschleißerscheinungsformen durch Schwingungsverschleiß   161

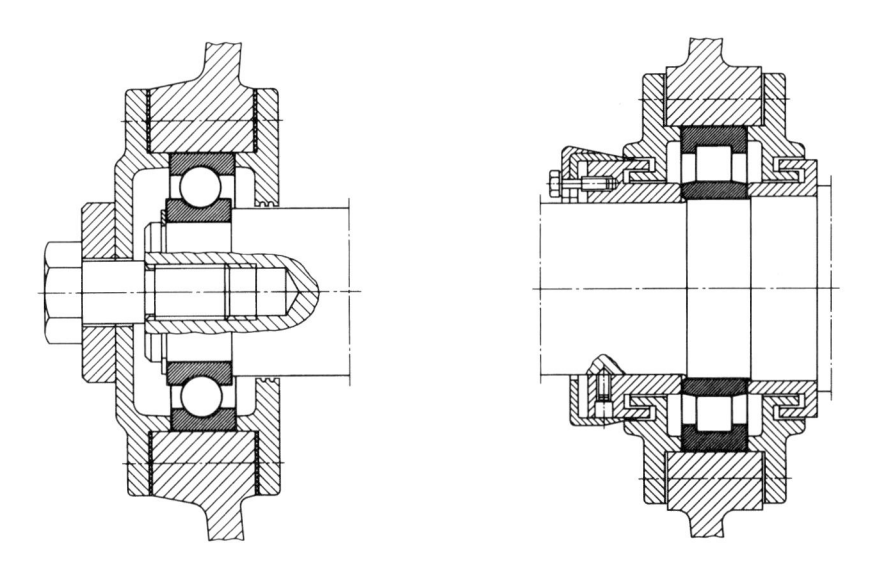

Bild 5.43: Transportsicherungen zur Vermeidung bzw. deutlichen Verminderung von Stillstandsmarkierungen [28, Schaeffler KG].
links: Die Zentralschraube stützt sich am Deckel ab und zieht die Welle um das Axialspiel der Lagerung aus dem Gehäuse
rechts: Ein konischer Ring wird zwischen äußeren Labyrinthring und Lagerdecke gepresst. Der Läufer wird dadurch abgehoben und das Lager entlastet.

In vielen Fällen können Gelenklagerstellen statt mit Wälzlagern erfolgreich auch mit Gleitlagern ausgerüstet werden. Bei hohen Vibrationsbeanspruchungen haben sich im Kraftfahrzeugbau für kleine Lagerstellen (3 bis 10 mm Durchmesser) folgende Lagerungsarten bewährt:

- PA66 gegen gehärtete Stahlwelle, gefettet
- PA66 + 20 % CF gegen gehärtete Stahlwelle, gefettet
- PI gegen gehärtete Stahlwelle, gefettet
- bei größeren Drehwinkeln:
  gehärtete Stahlwelle mit Kordelungsmuster oder Lasermikronuten als Fettdepot und gehärtete Stahlhülse. Die Kordelnut- und Lasernutabstände müssen kleiner sein als die Schwingungsweite.

Für Schwenk- und Kippbewegungen (allg. ± 30°) werden nach [29] verschiedene Gelenktypen mit sehr kleinem Spiel und hoher Genauigkeit verwendet:

1. Wartungsfreie Gelenklager (Airflon-Lager)
   - keine Einführnut
   - Gleitschicht aus PTFE- und Glasfasern, selbstschmierend.

2. Stahl/Stahl-Gelenklager mit geteiltem Außenring
   - nichtrostender Stahl, 58 HRC
   - Festschmierstoff, Betriebstemperatur bis 400 °C.

3. Bronze/Stahl-Gelenklager ohne Einführnut (z. B. für Airbus-Fahrwerk-Gelenklager)
   - Außenring aus Bronze
   - kann als Alternative zum Airflon-Lager (vgl. 1.) gelten, ist aber nicht selbstschmierend, im Betrieb jedoch spielarm.

5.2.7 Schwingungsverschleiß mit überwiegend einem Verschleißmechanismus

In einigen Fällen wird der Schwingungsverschleiß überwiegend durch einen einzigen Verschleißmechanismus hervorgerufen. Die folgenden 4 Bilder zeigen hierzu je ein Beispiel. Rein furchender Schwingungsverschleiß führte an einem gehärteten Kolben, der in verschmutzter Flüssigkeit lief, zu Riefen, **Bild 5.44**. Die Riefenlänge entspricht der Schwingungsweite Δx des Systems und die Riefenform lässt auf die Bewegung schließen. In hydraulischen Systemen mit kleinen Spalten (3 bis 10 µm) ist es oftmals schwierig, die Flüssigkeiten so fein zu filtern, dass Schmutzpartikel die Teile nicht mehr furchend verschleißen. Abhilfe ist durch Querrillen (Schmutzfänger) oder Napfstrukturen in einigen Fällen möglich.

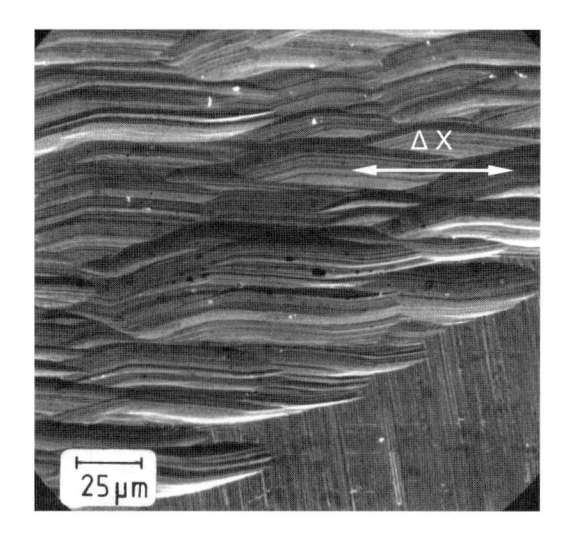

Bild 5.44: Rein abrasiver Schwingungsverschleiß mit Riefenbildung an einem gehärteten Druckreglerkolben infolge verschmutzter Flüssigkeit nach langer Laufzeit. Funktion nicht beeinträchtigt. Die abrasiven Teilchen hatten sich an der Grauguss-Gegenfläche festgesetzt. Die GG-Bohrung (gebläut) zeigte keinerlei Verschleiß.

In **Bild 5.45** erkennt man infolge von adhäsivem Schwingungsverschleiß Fresser mit Rissbildungen an einem gehärteten Ventilkolben. Diese Schadensart kann bereits im Sekundenbereich auftreten, wenn bei hoher Frequenz (bis in den kHz-Bereich) die Teile unter Verwendung von

5.2 Verschleißerscheinungsformen durch Schwingungsverschleiß

schlecht schmierenden Flüssigkeiten in Kontakt kommen (Reibschweißen). Lassen sich die hohen Schwingfrequenzen nicht vermeiden, erfolgt Abhilfe generell über die Verringerung der Adhäsionsneigung. In Betracht kommt hier die Beschichtung eines Partners (z. B. mit diamantartigem amorphem Kohlenstoff: DLC-Schicht); auch Nitrieren kann in einigen Fällen zu besseren Ergebnissen führen. Zu vermeiden sind auch sehr glatte Oberflächen, da sie die kritische Fresslast deutlich absenken [30].

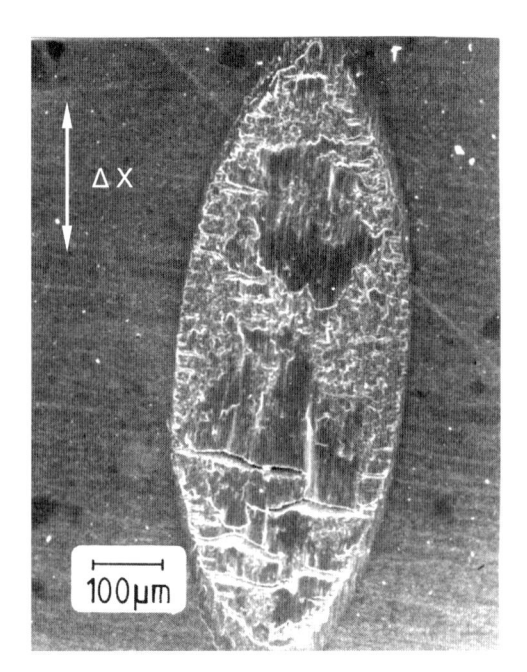

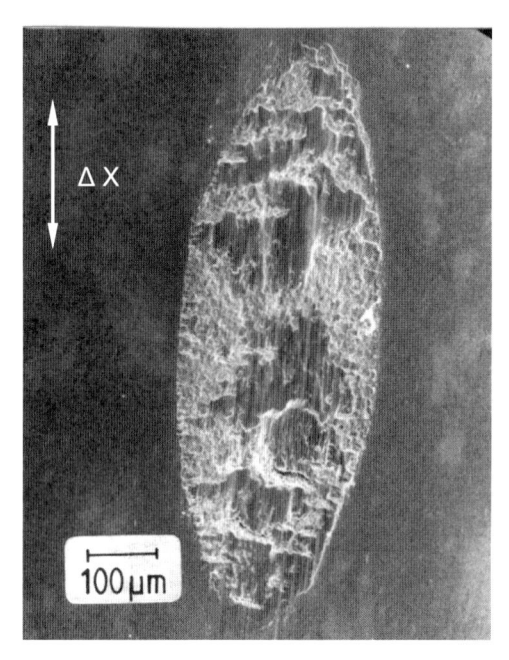

Bild 5.45: Rein adhäsiver Schwingungsverschleiß (Fresser mit Rissbildungen) an einer gehärteten Ventilführung unter Dieselkraftstoff infolge von kurzzeitig hoher Frequenz (1 bis 5 kHz). Zu beachten ist das nahezu gleiche Verschleißbild (vgl. Kapitel 5.2.5 Wurmspuren)
links: Ventilbohrung; rechts: Ventilnadel

Eine Sonderform von adhäsivem Verschleiß kann unter Ausschluss des Luftsauerstoffs beobachtet werden. Typisch für die dabei auftretende intensive Adhäsion sind die starken Deformationen in den oberflächennahen Randzonen mit Rissbildungen, ähnlich wie bei den Wurmspuren, vgl. Bild 5.33.
Oszillierende Drehbewegungen mit einer Schwingungsweite $\Delta x = 75$ µm führten in inerter Argonatmosphäre über plastische Verformungen zur Bildung von kugelförmigen Verschleißpartikeln, **Bild 5.46** [31]. Als Werkstoffpaarung wurde der überwiegend ferritische unlegierte Kohlenstoffstahl (C = 0,16-0,23 %, Mn = 0,30-0,60 %) mit einer Härte von 180 HV verwendet. Bei Raumtemperatur weisen die Kugeln eine glatte Oberfläche und eine ausgesprochene Kugelgestalt auf. Mit steigender Temperatur nimmt die Kugelform ab und die Oberflächenstruktur lässt auf einen teigigen Zustand schließen. Auch die Größe der Kugeln ändert sich mit steigender Temperatur. Von < 20 µm bei Raumtemperatur wächst der Durchmesser bis auf rd. 120 µm an.

N = 168 000, ϑ = 20 °C   N = 12 000, ϑ = 220 °C

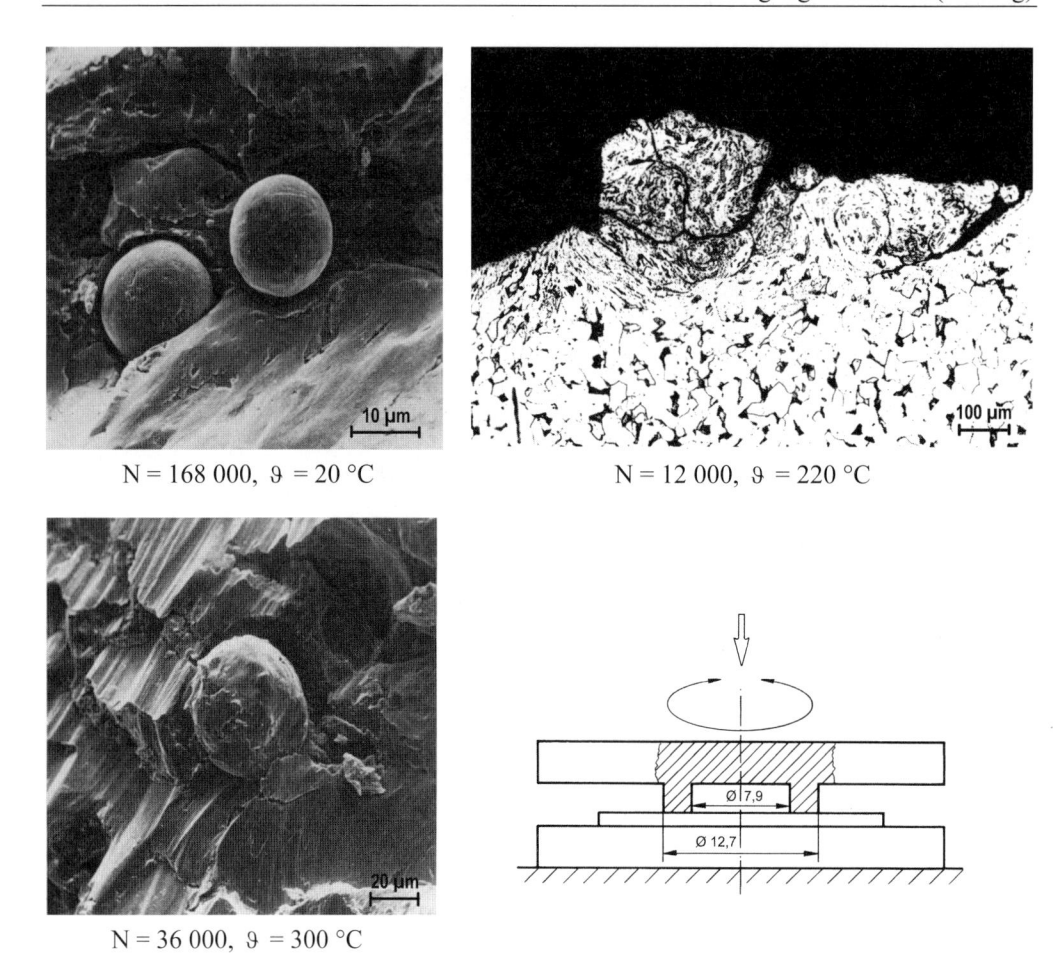

N = 36 000, ϑ = 300 °C

Bild 5.46: Durch Adhäsion verursachte plastische Oberflächenverformungen und Rissbildungen unter inerter Gasatmosphäre (Argon); Proben aus unlegiertem Kohlenstoffstahl (C = 0,17 % bis 0,23 %, Mn = 0,30 % bis 0,60 %); Versuchsbedingungen: p = 14 N/mm², Δx = 75 µm, f_s = 6,8 Hz, ϑ = 20 °C bis 500 °C, N = Zyklenzahl [31]

Bei überwiegend auftretender Zerrüttung entstehen an gehärteten Oberflächen Ausbrüche, in deren zurückbleibenden Vertiefungen sich Bruchstrukturen ähnlich den Grübchen bei Zahnradschäden abzeichnen. **Bild 5.47** zeigt die Oberfläche einer gehärteten Stahl/Stahl-Paarung (100Cr6) unter Schwingungsverschleiß mit zusätzlicher Schlagbelastung.

Abhilfemaßnahmen sind neben der Reduzierung der Belastung die üblichen Maßnahmen zur Verkleinerung des Risikos von Rissbildung:

- Homogenisierung des Spannungszustands durch weiche Beschichtungen,
- Einbringen von Druckeigenspannungen (z. B. Einsatzhärten)
- Erhöhung der Zähigkeit des Materials durch geeignete Wärmebehandlung (z. B. isothermische Umwandlung in der unteren Bainitstufe, Vergüten).

5.3 Reibdauerbrüche (fretting fatigue)   165

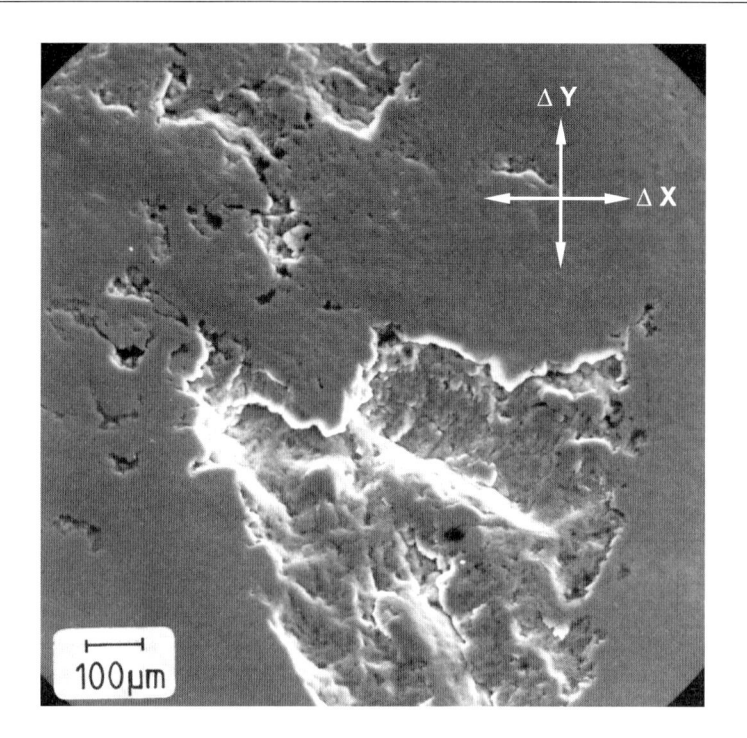

Bild 5.47: Zerrüttungsausbrüche durch mehrachsigen Schwingungsverschleiß Δx = Δy (100 μm/50 Hz) bei gehärteter Stahl/Stahl-Paarung 100Cr6 unter Dieselkraftstoff, die mit überlagerter Schlagbelastung lief. Die Flächen sind metallisch blank.

5.3 Reibdauerbrüche (*fretting fatigue*)

Entstehen in den Kontaktstellen schwingbeanspruchter Bauteilpaarungen gleichzeitig mechanische Wechselbeanspruchung und Schwingungsverschleiß, so wird die Dauerfestigkeit gemindert, **Bild 5.48** [32]. So sind z. B. im Flugzeugbau 90 % aller durch Schwingbruch gefährdeten Stellen gleichzeitig auch Stellen mit Schwingungsverschleiß (Schraubenverbindungen, Nietverbindungen, Gelenke) [29].

Die äußeren Beanspruchungsbedingungen (zum Beispiel mechanische Kräfte mit oft hohen Frequenzen) führen zu elastischen Deformationen der kontaktierenden Bauteile mit hohen Scherkräften. Das kann Relativbewegungen der Kontaktstellen im Mikrometerbereich bewirken, zum Teil auch nur lokal (*partial slip*). Die Wirkung ist ein Verschleiß der Oberflächen mit Bildung von Kerbstellen in Form von Anrissen, die einen Schwingungsbruch beschleunigen [33].

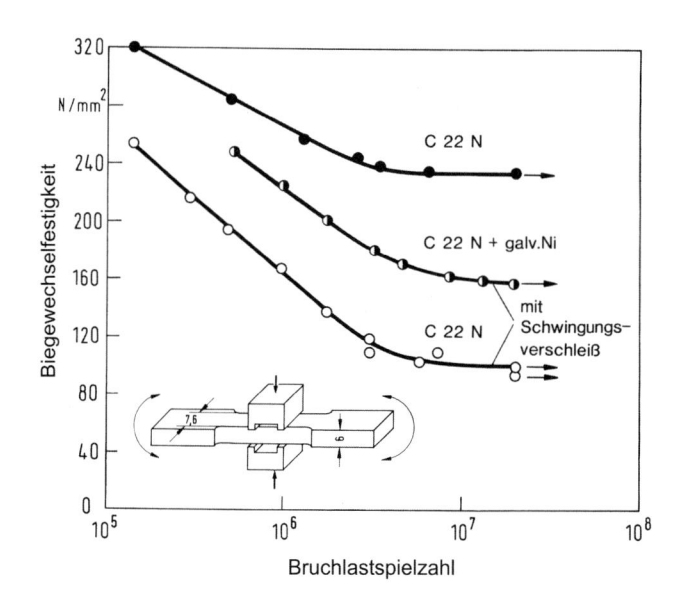

Bild 5.48: Biegewechselfestigkeit ohne und mit überlagertem Schwingungsverschleiß von Flachproben aus C22, normalgeglüht, nach [32]. Flächenpressung p = 54 N/mm², Frequenz f_s = 24,33 Hz, galvanische Ni-Schicht d = 25 µm, Druckeigenspannungen σ_{ei} = - 61,8 N/mm², Härte 355 HV 0,03.

Folgende Phasen laufen häufig beim Reibdauerbruch ab [8, 34, 35]:

1. Rissinitiierungsphase
   Nach Zerstören der äußeren Grenzschicht an den Berührstellen entstehen kleine adhäsive Kontakte, die sich vergrößern und die Reibkraft erhöhen. Nach 10^4 bis 10^6 Lastspielen, bei sehr hoher Belastung auch deutlich früher nach 10^3 Lastspielen (Beispiel Axialrillenkugellager Bild 5.40), bilden sich infolge hoher Scherspannungen kleine Anrisse schräg zur Oberfläche. Die Größe der adhäsiven Kontakte und des Reibungskoeffizienten ist entscheidend für die Tiefe der Anrisse. Die Zahl der Risse erhöht sich mit steigender Flächenpressung und zunehmender Schwingungsweite (Schlupf).
   Werkstoffe mit hoher Oberflächenfestigkeit (Druckeigenspannungen durch Nitrieren, Einsatzhärten oder Kugelstrahlen) verhalten sich in dieser Phase günstig, Entstehung und Ausbreitung der Risse sind erschwert.

2. Bruchphase
   Der Anriss wächst aus dem Einflussbereich der Reibbeanspruchung hinaus und unterliegt dann nur noch der äußeren, schwingenden Bauteilbelastung. Der Riss stellt sich senkrecht zur größten Hauptnormalspannung ein, **Bild 5.49**. Das Bauteil verhält sich wie ein scharf gekerbter Körper. In den Versuchen nach **Bild 5.50** zeigten die nicht gebrochenen Proben eine Risstiefe von bis zu 0,1 mm (Mittelwert 0,05 mm) auf, während bei den gebrochenen Proben die kritischen Risstiefen Werte von bis zu 0,9 mm (Mittelwert 0,48 mm) erreichten.

5.3 Reibdauerbrüche (fretting fatigue)

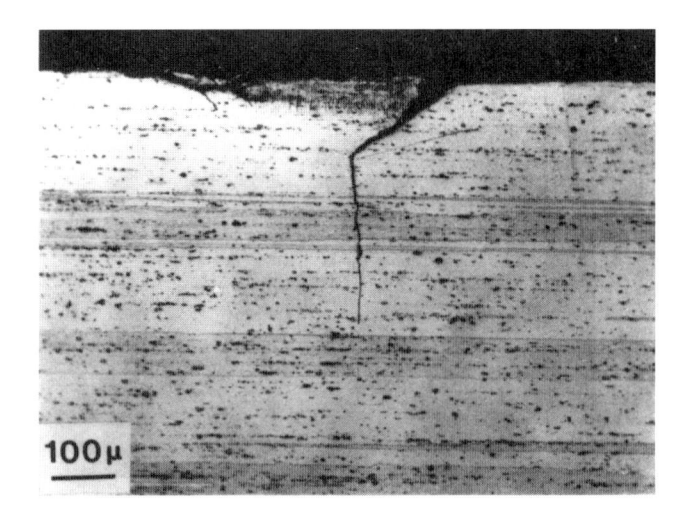

Bild 5.49: Anriss an der Oberfläche einer reibdauerbeanspruchten und gealterten Al-4Cr-Legierung nach [36]. Schräger Anriss durch Schubbeanspruchung innerhalb der Reibbeanspruchungszone, danach Schwingriss senkrecht zur größten Hauptnormalspannung

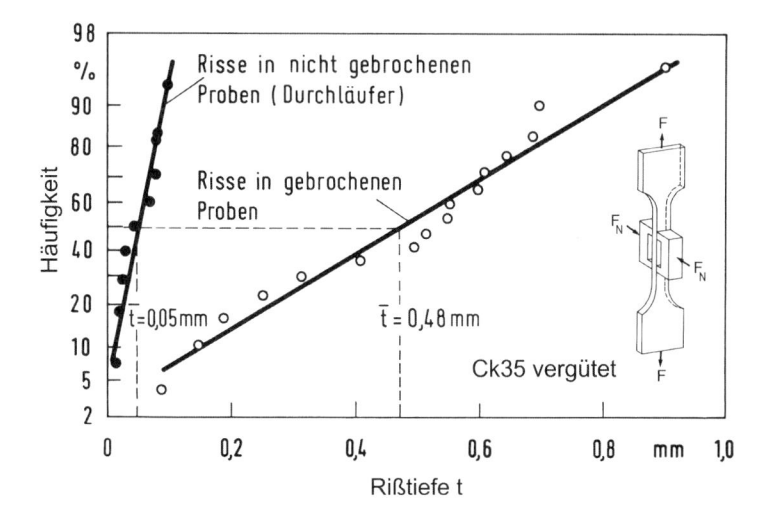

Bild 5.50: Häufigkeit der ermittelten Risstiefen in reibdauerbeanspruchten Flachproben aus Ck35, vergütet, nach [34]

Die durch Tribooxidation beim Schwingungsverschleiß hervorgerufene Bildung von Reaktionsprodukten ist also nicht primär die Ursache der Reibdauerbrüche, sondern es sind die durch hohe Reibung auftretenden Schubspannungen an der Oberfläche. Nach [8] und [37] ist möglicherweise der Ansatz der spezifischen Reibenergiedichte q_R pro Lastspiel als Maß für den Einfluss des Schwingungsverschleißes auf die Schwingfestigkeit zusammengesetzter Maschinenteile ausreichend:

$$q_R = \Delta x \cdot p_{max} \cdot f \tag{5.1}$$

mit

Δx = Schwingungsweite
p_{max} = maximale Flächenpressung
f = Reibungszahl

Die Gefahr eines Reibdauerbruchs steigt allgemein mit der lokal umgesetzten Reibenergie, d. h. der Flächenpressung [38], **Bild 5.51**, der Reibungszahl und der Schwingungsweite (Schlupf), **Bild 5.52** [38]. Daher ist die Minderung der Schwingungsweite immer ein wirksames Mittel gegen den Reibdauerbruch.

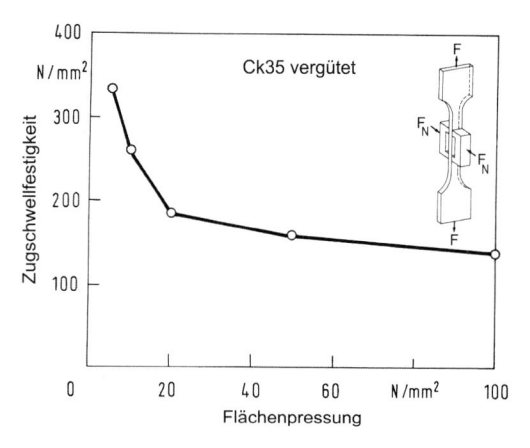

Bild 5.51: Einfluss der Flächenpressung auf die Reibdauerfestigkeit von Ck35, vergütet, nach [38]. Versuchsbedingungen: Schwingungsweite $\Delta x = 10$ µm, Lastspielzahl $N = 2 \cdot 10^7$

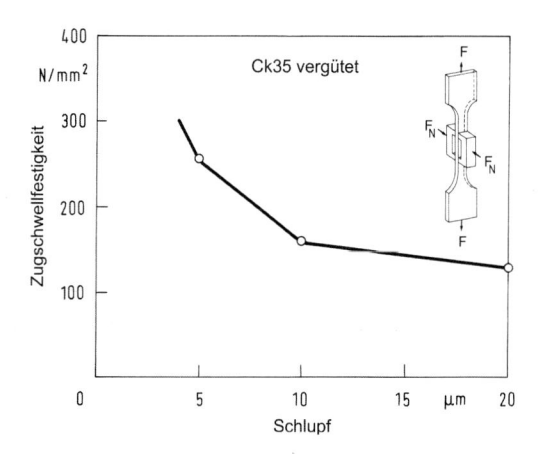

Bild 5.52: Einfluss des Schlupfes (Schwingungsweite) auf die Reibdauerfestigkeit von Ck35, vergütet, nach [38]. Versuchsbedingungen: Flächenpressung $p = 50$ N/mm^2, Lastspielzahl $N = 2 \cdot 10^7$

5.3 Reibdauerbrüche (fretting fatigue)

Wie stark die Zugschwellfestigkeit verschiedener Werkstoffe unterschiedlicher Vergütungsstufen und Wärmebehandlungsverfahren durch überlagerte phasengleiche Schwingungsverschleißbeanspruchung bei Bruchlastspielzahlen von $N = 4 \cdot 10^7$ reduziert wird, ist nach [39] dem **Bild 5.53** zu entnehmen. Unterschiedliche Festigkeiten vergüteter Stahlproben wirken sich so gut wie nicht aus. Mittels partieller Festigkeitssteigerung durch Kugelstrahlen oder Einsatzhärten lässt sich aber aufgrund der eingebrachten Druckeigenspannungen die Reibdauerfestigkeit beträchtlich steigern. Bei den nitrierten Varianten bewirkt zusätzlich der niedrigere Reibwert der Verbindungsschicht eine weitere Verbesserung.

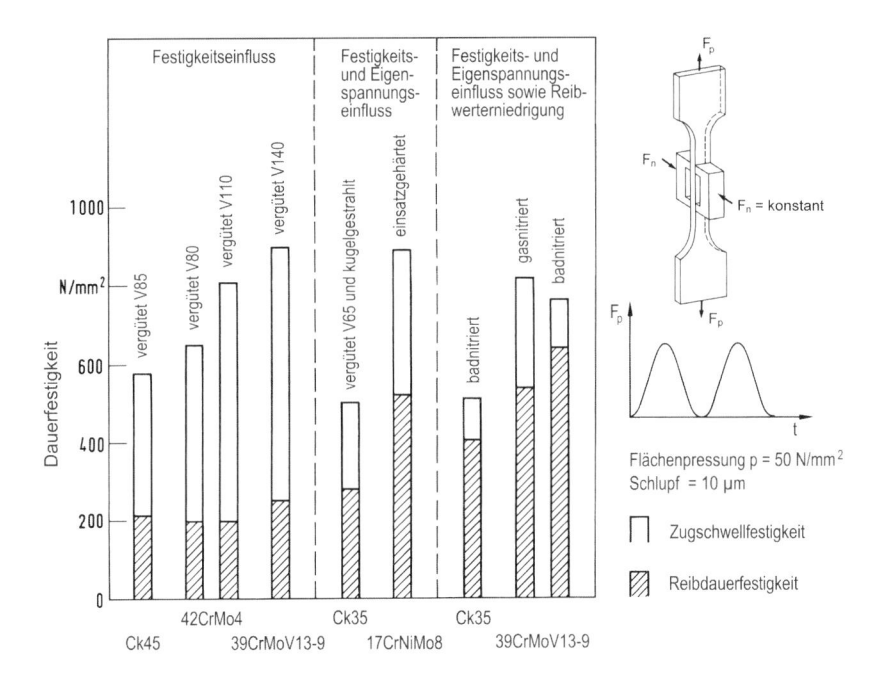

Bild 5.53: Abnahme der Dauerfestigkeit verschiedener Werkstoffe und Vergütungszustände durch Schwingungsverschleiß nach [39]

Nach [40] sind Wellen mit Passfederverbindungen durch Reibdauerbruch aufgrund von Torsion im Endbereich der Nut gefährdet. Dort kann es bei Kombination einer Schaftfräsernut mit einer rundstirnigen Passfeder zu Relativbewegungen mit nachfolgenden, kaltverschweißten Oberflächenbereichen an der Nutwand kommen. Hier beginnt der Reibdauerbruch. Zunächst entsteht Tribooxidation mit einer Reibungszahl von ca. $f = 0{,}4$. Durch Zerstören der Oxidschichten erhöht sich die Reibungszahl bis über $0{,}9$ infolge von metallischem Kontakt. Es kommt zu lokalen, adhäsiven Verschweißungen (adhäsive Phase, wie weiter oben beschrieben) mit Mikrorissen nach einer gewissen Laufzeit. Hier muss betont werden, dass die Beanspruchung von Maschinenteilen, wie hier die Wellen-Nabenverbindungen, nicht nur von den Werkstoffeigenschaften und den Bauteileigenschaften (z. B. Kerbwirkung), sondern auch von den Systemeigenschaften (z. B. Adhäsionseigenschaften, Krafteinleitungsbedingungen) abhängt.

Die Minderung der Schwingfestigkeit der Welle einer Passfederverbindung lässt sich zur Zeit durch einen theoretischen Lösungsansatz noch nicht beschreiben. Insbesondere ist die Bestimmung der Kerbwirkungszahl durch die auftretende Reibdauerbeanspruchung nicht möglich. Dies macht unter anderem Reibdauerbrüche so gefährlich. Bei Passfederverbindungen sollte daher die Reibbeanspruchung durch konstruktive Maßnahmen reduziert werden. Das Vergrößern des Axialspiels zwischen Wellennut und Passfeder oder das Verwenden von Scheibenfräsernuten bzw. geradstirnigen Passfedern sollte vermieden werden.

Biegebeanspruchungen führen bei den üblichen Abmessungen der Wellen und Naben von Pressverbindungen nach [41] zu größeren Verformungen und damit zu höherer Bruchgefährdung als Torsionsbeanspruchung und sollten daher gering gehalten werden.

Ein Beispiel für einen Reibdauerbruch ist in **Bild 5.54** zu sehen. Ein gebrochener Wellenzapfen einer Dampfturbine mit starker Tribooxidation im Bereich des Schrumpfsitzes der Drucklagerscheibe aufgrund von geringem Übermaß (0,8 ‰ statt 1,5 ‰). Zur leichteren Montage ohne Erwärmung werden Drucklagerscheiben und Lagerbuchsen oft mit Schiebesitz und Passfeder befestigt. Die Folgen sind Tribooxidation, Ausschlagen der Passfedernut und Reibdauerbruch. Die Ursache ist unzulässig hoher Schlupf im Bereich der Nabenkante. An Nabe und Welle erkennt man deutlich den Reiboxidationsbereich.

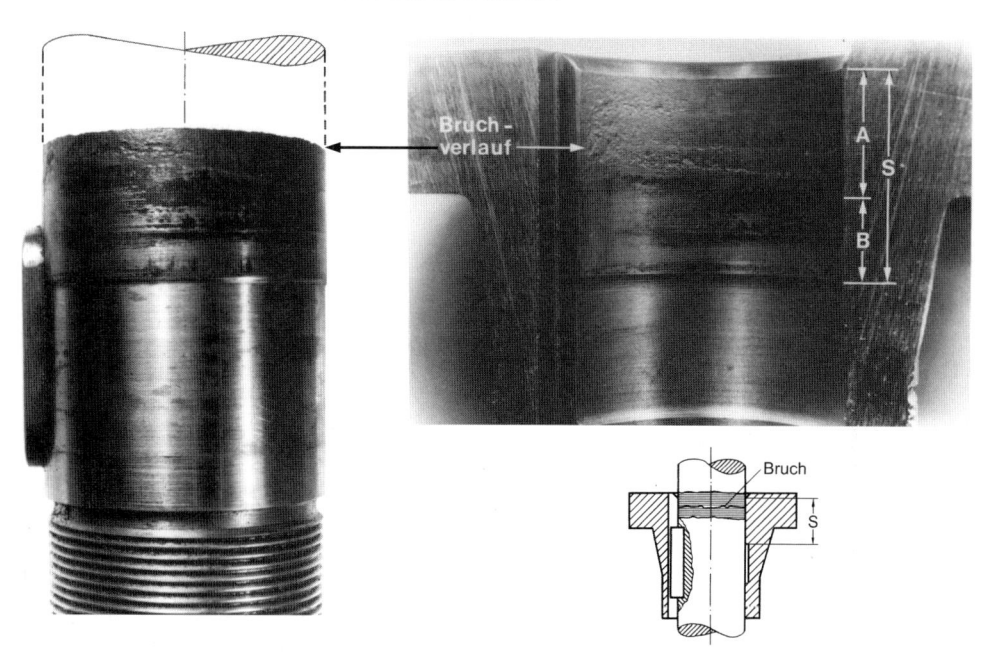

Bild 5.54: Reibdauerbruch im Bereich des nicht ausreichend festen Schrumpfsitzes der Drucklagerscheibe einer Dampfturbine nach [16].
S = Sitzlänge, A = Schwingungsverschleißbereich, B = Schrumpfsitzbereich noch festsitzend ohne starken Schwingungsverschleiß
links: Wellenzapfen; rechts oben: Drucklagerscheibe (Nabe); rechts unten: Zusammenbau

5.3 Reibdauerbrüche (fretting fatigue)

Zur Minderung oder gänzlichen Vermeidung von Reibdauerbrüchen an Wellen-Naben-Verbindungen bestehen verschiedene konstruktive Möglichkeiten. So gibt es das Prinzip der abgestimmten Verformung bei überwiegender Torsionsbeanspruchung, bei der durch geeignete Nabengestaltung die Relativbewegung reduziert wird, **Bild 5.55** [42]. Weitere Möglichkeiten stellen Kraftflussumlenkungen durch Wellengestaltung (Absätze oder umlaufende Nuten) und Pressungserhöhungen durch entsprechende Nabengestaltung zur Schlupfreduzierung gegen Null dar, **Bild 5.56**.

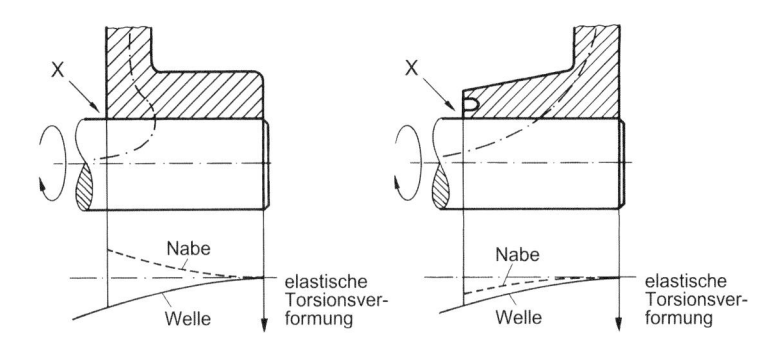

Bild 5.55: Maßnahme zur Reduzierung der Reibdauerbruchgefahr von Welle-Nabe-Verbindungen [42]
links: ungünstige Konstruktion mit großem Unterschied zwischen Wellen- und Nabenverformung; Gefahr von Schwingungsverschleiß und Reibdauerbruch an der Stelle X
rechts: günstige Konstruktion mit abgestimmter Verformung, minimaler Schlupf an der Stelle X durch gleiche Verformungsrichtung

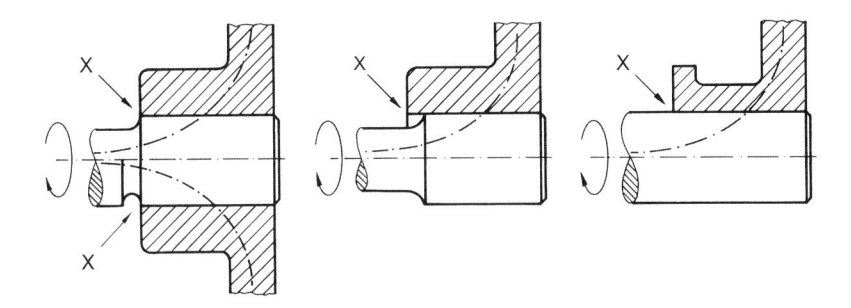

Bild 5.56: Weitere allgemein bekannte konstruktive Maßnahmen zur Reduzierung des Schlupfes zwischen Welle und Nabe und damit Verringerung der Reibdauerbruch-Gefahr an der Stelle X
links: Kraftflussumlenkung durch Wellenabsatz oder umlaufende Wellennut
Mitte: Pressungserhöhung an der Stelle X durch Nabenüberstand zur Schlupfreduzierung
rechts: Pressungserhöhung an der Stelle X durch Nabenkragen zur Schlupfreduzierung

Ein weiteres Beispiel für einen Reibdauerbruch sind die Anrisse am Fuß einer Verdichtungsschaufel aus der Titanlegierung TiAl6V4, die an Stellen mit Schwingungsverschleiß ausgelöst wurden, **Bild 5.57**.

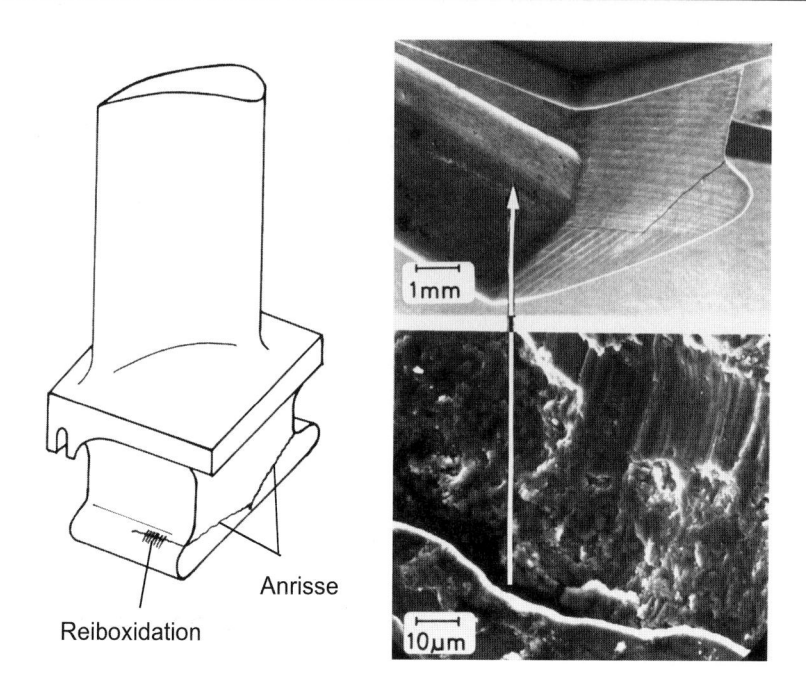

Bild 5.57: Reibdauerbruch am Fuß einer Verdichterrotorschaufel aus TiAl6V4 nach [39]

Bei einer Materialprüfung an der Fußhalterung von Gasturbinenschaufeln konnte nach [43] sowohl experimentell als auch durch Modellkörperberechnungen gezeigt werden, welchen Einfluss der Mikroschlupf und die Flächenpressungen an der Halterung zwischen Schaufel und Scheibe auf den Reibdauerbruch haben.

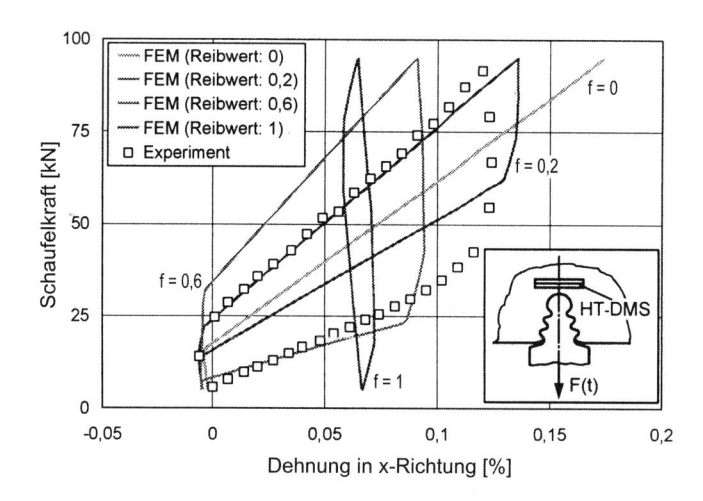

Bild 5.58: Belastungsverhalten mittels Hysteresekurven an einer Turbinenschaufelverbindung durch FEM-Rechnung und Experiment nach [43]. Der Reibwert im Experiment liegt etwa zwischen 0,3 und 0,4

5.3 Reibdauerbrüche (fretting fatigue)

An bauteilähnlichen Versuchskörpern wurden im schwellenden Zugversuch die Haft- und Gleitreibungsphasen ermittelt, die sich in Form von Hysteresekurven darstellen. Durch begleitende FEM-Rechnungen konnte die Größenordnung des Reibungskoeffizienten bestimmt werden, **Bild 5.58**. Dies diente als Basis für die Reibdauerbruchversuche, wie **Bild 5.59** schematisch zeigt. Das Aussehen einer gelaufenen Zugprobe ist in **Bild 5.60** ersichtlich. Die Mikrotopografie dazu ist in **Bild 5.61** dargestellt. **Bild 5.62** zeigt als Ergebnis der umfangreichen Untersuchung die Minderung der Dauerfestigkeit der durch Kugelstrahlen oberflächenverfestigten Titanlegierung Ti64 infolge Schwingungsverschleiß bei unterschiedlichen Flächenpressungen.

Die Untersuchungen verdeutlichen auch den Aufwand für die Aufklärung von Schadensfällen und die Einleitung von Abhilfen. Es wurden Bauteilversuche, Modellkörperversuche, FEM-Rechnungen, Spannungsrechnungen und Werkstoffanalysen durchgeführt.

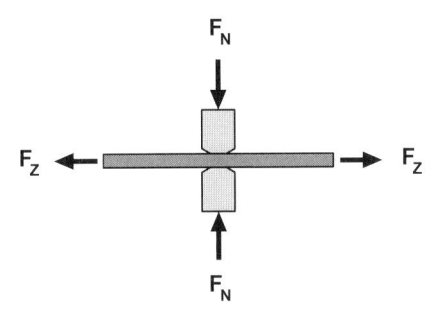

Bild 5.59: Schema der Anordnung für Reibdauerbruchversuche nach [43]

Bild 5.60: Schwingungsverschleiß an der Zugprobe aus 12 %-Cr-Stahl nach [43]. Der Pfeil gibt die Dehn- und Schlupfrichtung an.

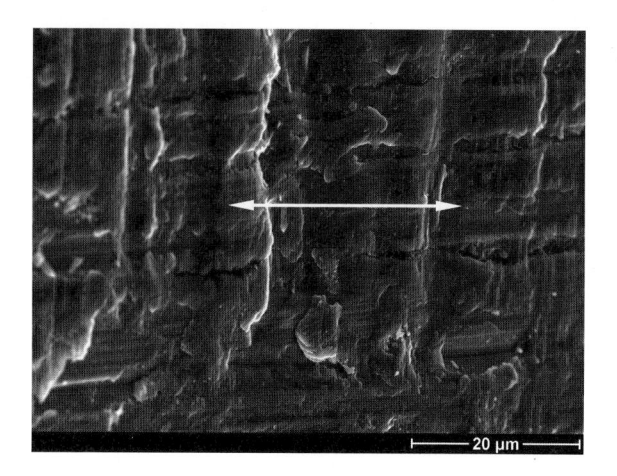

Bild 5.61: Mikrotopografie im Schwingungsverschleiß-Kontakt eines 12 % Cr-Stahlprobe nach [43]; Schwingweite Δx liegt zwischen 0 und 4 μm. Der Pfeil gibt die Schlupfrichtung an.

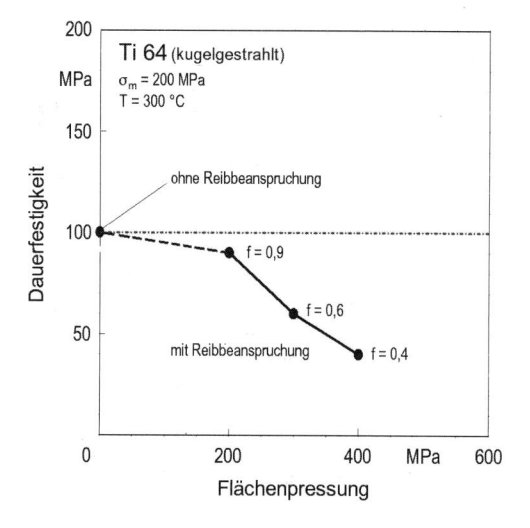

Bild 5.62: Minderung der Dauerfestigkeit der kugelgestrahlten Ti-Legierung Ti64 durch Schwingungsverschleiß bei unterschiedlichen Flächenpressungen nach [43]. f stellt hier den Abminderungsfaktor dar (f = $\sigma_{D\ mit\ Reibbeanspruchung}$ / $\sigma_{D\ ohne\ Reibbeanspruchung}$)

Eine Arbeit beschäftigt sich mit Reibdauerbrüchen an den Einzeldrähten von Stromleitungen, die durch winderregte Schwingungen in der Nähe der Leitungshalterung auftreten [44]. Die untersuchten Leitungen sind Seile mit einem Durchmesser von 28,62 mm, die aus 54 Einzeldrähten mit jeweils 3,18 mm Durchmesser einer Aluminiumlegierung (99,5 % Al, 0,2 % Cu, 0,2 % Fe, 0,05 % Si) und aus einem Stahlkernseil aus 7 Einzeldrähten gleichen Durchmessers bestehen. In Versuchen wurde die Beanspruchung an gefetteten und ungefetteten Leitungen simuliert (axiale Zugkraft 33 kN, seitliche Auslenkung von ± 44,45 mm mit einer Frequenz

5.3 Reibdauerbrüche (fretting fatigue)

von 10 Hz). Die Versuche hatten ergeben, dass außer einer linienförmigen plastischen Verformung zwischen Klemme und äußeren Drähten an den Kontaktstellen zwischen den Aluminiumseildrähten 3 Verschleißerscheinungsformen mit elliptischen Kontaktflächen auftreten können, ähnlich den Kontaktstellen wie in Bild 4.33 bis 4.35:

1. Starker Schwingungsverschleiß mit vollem Schlupf (nach Kap. 5.1.3 Systemklasse 2 *gross slip*)
2. Leichter Schwingungsverschleiß mit nur teilweisem Schlupf (nach Kap. 5.1.3 Systemklasse 3 *partial slip*)
3. Sehr leichter Schwingungsverschleiß ohne Oxidpartikel, der nur bei gefetteten Seilen gefunden wurde.

Reibdauerbrüche waren meist bei Systemklasse 3 (*partial slip*) zu finden, da es hier durch die hohen plastischen Deformationen und großen Reibkräfte in der Mitte der Kontaktzone zu hoher Werkstoffanstrengung kommt mit nachfolgender Rissbildung. Trotz Fettschmierung wurden nach $2 \cdot 10^6$ Lastwechseln an den inneren Drähten maximale Risstiefen von 200 µm gemessen, während im ungefetteten Fall neben Rissen mit Tiefen zwischen 200 und 500 µm auch Drahtbrüche auftraten.

Nach diesen Untersuchungen kann die Reibdauerhaltbarkeit durch Fetten der Stromleitungsseile erzielt werden, so fern die Beanspruchung zwischen den einzelnen Drähten durch Schlupf und Normalkraft nicht zu groß ist.

Eine weitere Untersuchung zur Reibdauerhaltbarkeit wurde an Brückenstahlseilen unter Berücksichtigung von Korrosion durch Meerwasser durchgeführt [45]. Das Meerwasser wurde durch eine 3,5 %ige NaCl-Lösung (35g/l) simuliert. Der Prüfaufbau ähnelt dem in Bild 5.63, die Kontaktstellen der Druckstücke übernehmen jedoch Drahtstücke, welche gegen den eigentlichen nicht abgeflachten Prüfdraht gepresst werden. Das soll den Kontakt zwischen den einzelnen Drähten in den Seillitzen nachbilden. Der Durchmesser der kaltgezogenen Stahldrähte mit perlitischem Gefüge (C = 0,8 %, Si = 0,23 %, Mn = 0,52 %, S = 0,0018 %, P = 0,017 %) betrug 5,3 mm. Die Drahtprobe wurde mit einer konstanten Mittelspannung von $\sigma_m = 600$ MPa (30 % der Zugfestigkeit) und verschiedenen Spannungsamplituden zwischen $\sigma_a = \pm 80$ und ± 300 MPa bei 2 Hz (ein Einzelversuch bei 0,5 Hz) beansprucht. Die Normalkraft auf die Druckstücke wurde mit 200 N konstant gehalten. Die Spannungsamplituden lieferten einen rechnerischen Schlupf (Schwingungsweite) im Drahtkontakt von $\Delta x = 2$ bis 8 µm.

Im Wöhlerversuch wurden folgende Dauerfestigkeiten bei $> 10^7$ Lastwechsel ermittelt:

$\sigma_D = 250$ MPa für geschmierte Drähte
$\sigma_D = 170$ MPa für galvanisch verzinkte Drähte
$\sigma_D = 100$ MPa für blanke Drähte

Die Reibungszahl im Drahtkontakt nach 300 000 Zyklen betrug

f = 0,6 - 0,7 bei blanken Drähten ($f_{start} = 0,18$) (*total slip* nach 10^4 Lastwechsel)
f = 0,4 bei geschmierten Drähten ($f_{start} = 0,1$) (*partial slip* nach 10^4 Lastwechsel)
f = 0,18 bei blanken Drähten in NaCl-Lösung ($f_{start} = 0,1$) (*partial slip* nach 10^4 Lastwechsel)

Die Lebensdauer der Drähte bis zum Bruch unter NaCl-Lösung ist ähnlich der unter Luft, nur zeigen die Drähte unter Salzwasser eine deutlich größere Streuung. Die Zinkschutzschicht verlängert zwar die Lebensdauer, aber bei gealterten Kabeln sind die Kontaktstellen auch blank und der nachfolgende Reibdauerbruch-Prozess ist ähnlich wie bei ungeschmierten Drähten.

An **Bild 5.63** ist erstaunlich, dass die kugelgestrahlten Proben mit Schwingungsverschleiß in der Dauerfestigkeit sogar noch etwas höher liegen als die gleichen Proben mit reiner Umlaufbiegung, d. h. ohne Schwingungsverschleiß. Nach [36] wird durch das Kugelstrahlen die Oberflächenzone deutlich kaltverfestigt bis in eine Tiefe, in welcher die Schwingungsverschleiß-Anrisse bei den vorliegenden Versuchsbedingungen nicht vordringen. Dadurch tragen die Anrisse nicht direkt zum Bruch der Probe bei, sondern entlasten sogar die schubbeanspruchte Oberfläche (*partial-slip* Region), was zu der erhöhten Dauerfestigkeit trotz Schwingungsverschleiß beiträgt. Die Kaltverfestigungszone durch Kugelstrahlen ist z. B. bei unlegiertem Stahl (0,2 % C) nach [36] nur halb so tief wie beim austenitischem Stahl. Dadurch ist die Erhöhung der Dauerfestigkeit mit Schwingungsverschleiß durch Kugelstrahlen bei unlegiertem Stahl deutlich geringer gegenüber dem austenitischen Stahl.

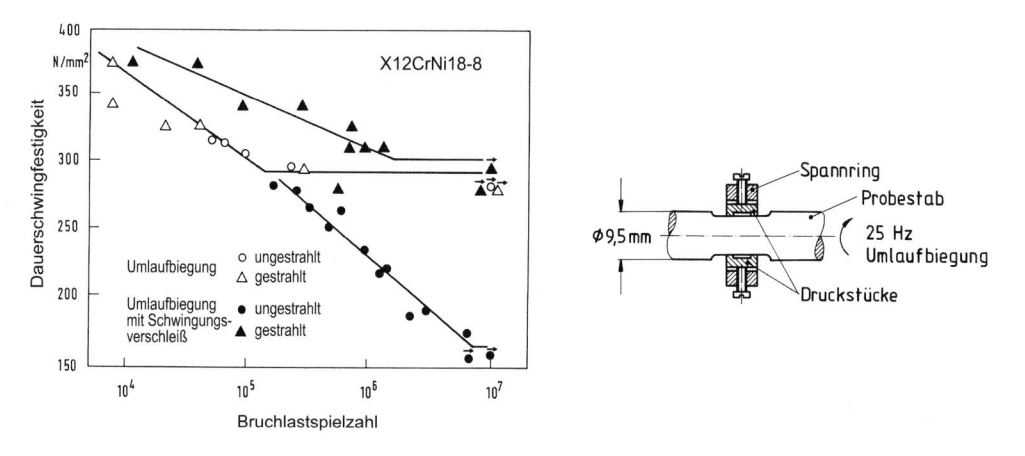

Bild 5.63: Einfluss des Kugelstrahlens auf die Dauerfestigkeit des austenitischen Stahls X12CrNi18-8 mit und ohne Schwingungsverschleiß nach [36]. Härte vor dem Kugelstrahlen 150 HV, Härte nach dem Kugelstrahlen 400 HV

Reibdauerbrüche lassen sich durch folgende Maßnahmen vermeiden bzw. vermindern:

- Oberflächen härten (Randschichthärten, Einsatzhärten, Nitrieren).

- Druckeigenspannungen in die Oberfläche durch Kaltverfestigen einbringen (z. B. Kugelstrahlen, Rollieren), Bild 5.53 und 5.63. Durch Druckeigenspannungen werden Rissinitiierung und Risswachstum behindert.
  Beim Kugelstrahlen ist zu beachten, dass man eine Oberfläche auch „überstrahlen" kann (Versprödung), wodurch man das Gegenteil des erhofften Zieles erreicht.

- Pressverbindungen mit ausreichender Schrumpfspannung versehen.
  Nach [41] wird z. B. an der Nabenkante eines Pressverbandes bei einem Pressfugendruck von 100 N/mm^2 ein noch unschädlicher Schlupfweg von 1–1,5 µm zugelassen. Allgemein gilt, dass die Gestaltfestigkeit von Pressverbindungen durch die Minderung des Schlupfes entscheidend erhöht wird. Ein biegeweiches Nabenende reduziert zwar die Normalbelastung und damit die Kerbwirkung, aber der Schlupf wird größer. Dadurch ist die allgemeine Konstruktionsregel der abgestimmten Verformung hier nur bedingt richtig. Die Minderung des Schlupfes gelingt durch folgende Maßnahmen [8, 38, 41, 46]:

1. Biegewechselmoment erniedrigen durch geringere Last, kleinere Lagerabstände oder Hebelarme. Nabe in der Nähe eines Wellenlagers anordnen.

2. Erhöhung des elastischen Grenzdrehmoments (elastische Deformation ohne Schlupf) durch
   - möglichst hohen statischen Fugendruck auf der gesamten Sitzlänge (>100 N/mm^2) bei möglichst geringer Nabenwanddicke oder mindestens im Einlaufbereich der Welle in die Nähe den maximalen Fugendruck realisieren, z. B. durch Verdicken der Nabe in dieser Zone.
   - Aufsetzen der Nabe auf einen Wellenabsatz zusätzlich zur Maßnahme der Fugendruckerhöhung. Nur dadurch ist das Grenzdrehmoment merklich zu erhöhen.
   - Kleben

3. Nuten und Einstiche in der Sitzfläche vermeiden.

4. Tangential in die Fuge einlaufende Übergangsradien anstatt Fasen an der Nabeninnenkante vorsehen.

5. Sitzlänge stets größer als das 0,5fache des Sitzdurchmessers ausbilden.

6. In der Schlupfzone hat die Oberflächenrauheit keinen nennenswerten Einfluss auf den Haftbeiwert. Bei Stahl/Stahl R_t = 3 bis 6 µm empfehlenswert.

7. Überstehende Nabenkanten sind günstiger als zurückstehende Nabenkanten.

Bei Flanschen von Fahrzeugrädern und Radnaben konnten nach [8] durch beidseitiges Aufkleben von Stahlverstärkungsscheiben sowohl bei Alu-Rädern als auch bei Stahl-Rädern von Eisenbahnradsätzen die Tribooxidation vermieden werden, **Bild 5.64**.

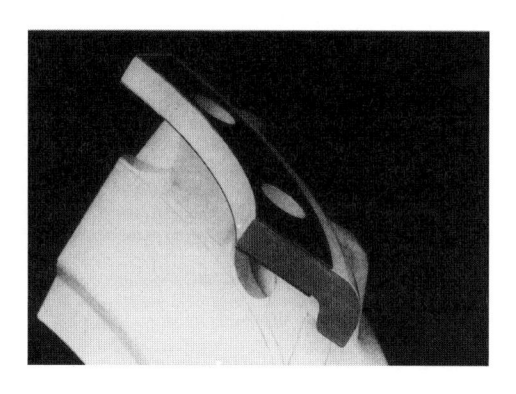

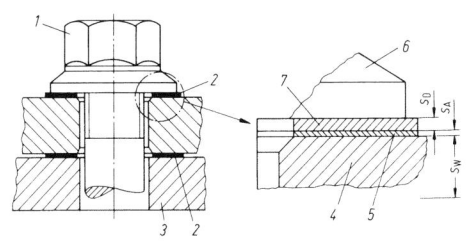

Bild 5.64: Verbesserung der Reibdauerfestigkeit von Alu-Radnaben im Betriebsfestigkeitsversuch durch aufgeklebte Verstärkungsscheiben nach [8]
oben: Aluminiumradnabe;
unten: konstruktive Ausführung (1 Radmutter mit Druckteller M 22 x 1,5, 2 aufgeklebte Stahlverstärkungsscheiben, 3 Stahlflansch, 4 Aluminiumrad, 5 Kleber, 6 Radmutter, 7 Verstärkungsscheibe)

5.4 Allgemeine Hinweise zur Minderung von Schwingungsverschleiß

Jedes Tribosystem hat andere Eigenschaften und stellt daher spezielle Anforderungen auch an die Auswahl der Maßnahmen zur Minderung von Schwingungsverschleiß, wobei gleichzeitig wirtschaftliche, funktionelle und sicherheitstechnische Aspekte zu berücksichtigen sind. Nach erfolgter Vorauswahl der geeignetsten Maßnahmen ist durch Versuche festzustellen, welche Systeme die optimalen Eigenschaften besitzen [47].

Grundsätzlich gibt es immer zwei Ansatzstellen zur Verschleißminderung:

1. Minderung der Beanspruchung

Nach dem Energieansatz lässt sich eine Reduzierung des Verschleißes häufig über die Absenkung der Reibleistungsdichte $\dot{q}_R$ erreichen. Für den eindimensionalen Fall ergibt sich die Reibleistungsdichte $\dot{q}_R$ zu:

$$\dot{q}_R = \Delta x \cdot p \cdot f \cdot f_s \tag{5.2}$$

5.4 Allgemeine Hinweise zur Minderung von Schwingungsverschleiß

mit
Δx = Schwingungsweite
p = Flächenpressung
f = Reibungszahl
f_s = Schwingungsfrequenz

- Schwingungsweite Δx

  - ganz vermeiden ($\Delta x = 0$)
    Für Systeme mit nicht funktionsbedingten Bewegungen durch einteilige Konstruktion siehe Bild 5.15 bis 5.17, Schweißverbindung oder Lötverbindung.
    Für Systeme mit funktionsbedingten Bewegungen durch einteilige aber flexible Konstruktion (z. B. Schnellschlussbolzen von Turbinen), zusätzliche Elastomer-Lagerung, faserverstärkte Polymerwerkstoffe (z. B. Hubschrauber-Rotorkopf).

  - vermindern ($\Delta x \approx 0$)
    Konstruktiv äußere Anregungen dämpfen, kürzere Lagerabstände, Überdimensionieren (dadurch Bauteilbeanspruchung geringer), z. B. bei Wellen-Naben-Verbindungen Reduzierung von Steifigkeitssprüngen, Verformungen gleichsinnig aufeinander abstimmen (Prinzip der abgestimmten Verformungen) und Flächenpressung erhöhen, vgl. Bild 5.55 und 5.56, Reibkraft erhöhen (z. B. durch Aufbringen von feinkörnigen mineralischen Hartstoffen wie z. B. Korund oder SiC zwischen die Kontaktflächen), verkleben.

- Flächenpressung p mindern

  Äußere Schwingungen dämpfen, innere Stöße an Lagerstellen dämpfen durch Einsatz von Polymerwerkstoffen, lokale Spannungsspitzen abbauen durch glattere Oberflächen (nicht bei starker Adhäsionsneigung), vgl. Kap. 5.2.7, oder durch weiche Zwischenschichten (z. B. Polymere, Cu, Ni).

- Flächenpressung erhöhen

  - Flächenpressung soweit erhöhen, bis Schlupf unterbunden wird.

- Reibungszahl f verkleinern

  - Weiche metallische Schichten (Cu, Sn, früher Pb und Cd, Ag, Au).

  - Harte diamantartige amorphe Kohlenstoffschichten (diamond like carbon, DLC) bieten in vielen Systemen sowohl Verschleißschutz als auch sehr geringe Reibwerte bei Paarungen mit Stählen ($f \approx 0{,}1$) [48]. Mit Nichteisenmetallen können die Reibungszahlen jedoch erheblich größere Werte annehmen (bis $f = 0{,}4$).

  - Durch weiche, nichtmetallische Schichten (Phosphatieren, Folien aus PA, PI, PTFE) lassen sich Reibungskoeffizienten von 0,1 bis 0,4 erreichen.

  - Schmierstoffe in flüssiger Form, wie z. B. Schmieröle oder Schmierfette mindern den Schwingungsverschleiß in Systemen, in denen die Belastung nicht sehr groß ist (z. B. bei Polymer-Metall-Lagerungen reduziert sich die Verschleißrate mit Fettschmierung etwa um den Faktor 10) oder in Systemen, in denen die Schwingungsweite relativ groß werden kann (z. B. Zahnkupplungen). Bei kleinen Stellbewegungen wird der Transport des Schmierstoffs unterstützt durch Einarbeiten von Depots in Form von Nuten (Rändeln, Kordeln, Laserhonen), insbesondere wenn der Nutenabstand in der Größe der Schwingungsweite liegt. Vorteilhaft ist die Minderung der Reibungszahl durch Aufbringen von Festschmierstoffen, wie Pulver (Graphit, MoS_2), Pasten mit Festschmierstoffen (Calciumhydroxid und/oder Zink- oder Calciumphosphaten), Gleitlack (MoS_2, Graphit, PTFE und Gemische) mit verschiedenen organischen und anorganischen Bindern. Bei durch Reibdauerbruch gefährdeten Systemen hilft Öl oder Fett nicht, da die Schwingungsweiten sehr klein sind und damit keine ausreichende Schmierwirkung möglich ist.

- Schwingungsfrequenz f_s mindern

  Die Schwingungsfrequenz ist meist nicht unabhängig zu beeinflussen. Tiefere Abstimmung des Systems erhöht oft die Schwingungsweite.

Zu beachten ist, dass sich durch Verkleinerung der Reibungszahl der Schlupf vergrößern kann. Dies kann insbesondere bei kleinen Amplituden der Fall sein.

2. Erhöhung der systemspezifischen Werkstoff-Verschleißbeständigkeit durch

   - mechanische Oberflächenbehandlung
     Durch Kugelstrahlen, Prägepolieren und Rollieren können Druckeigenspannungen (nicht weit über Raumtemperatur einsetzbar) erzeugt werden, die in erster Linie die Reibdauerfestigkeit deutlich erhöhen, aber nicht so stark die Verschleißbeständigkeit verbessern. Die Oberfläche wird meist zusätzlich beschichtet.

   - thermische Wärmebehandlungsverfahren
     Zur Erhöhung der Volumen- oder Oberflächenhärte werden häufig folgende Verfahren eingesetzt, die das gesamte Bauteilvolumen bzw. nur den Randbereich durch Bildung von Martensit im Zuge des Abschreckens nach der Austenitisierung erfassen:

     – Volumenhärten

     – Randschichthärten wie Flamm-, Induktions-, Laserstrahl- und Elektronenstrahlhärten

   - thermochemische Wärmebehandlungsverfahren [49]
     Bei diesen Verfahren wird durch Eindiffundieren nichtmetallischer Elemente die chemische Zusammensetzung der Randschicht verändert:

     – die wichtigsten Verfahren stellen die Eindiffusion von Kohlenstoff (Aufkohlen) und die gleichzeitige Eindiffusion von Kohlenstoff und Stickstoff (Carbonitrieren) sowie von Bor (Borieren) dar. Durch anschließendes Abschrecken erfolgt eine martensitische Härtung. Bei diesen Verfahren werden gleichzeitig auch Druckeigenspannungen erzeugt. Boridschichten verringern außerdem die Adhäsionsneigung.

- beim Nitrieren wird die Randschicht mit Stickstoff angereichert. Eindiffusion von Stickstoff und die damit verbundenen Ausscheidungen von Nitriden oder Carbonitriden bewirken die Härtung und die Bildung von Druckeigenspannungen in der Randschicht. Nitrierte Randschichten reduzieren ebenfalls die Adhäsionsneigung.
Daneben werden auch Diffusionsverfahren mit Schwefel (Sulfidieren) oder Schwefel und Stickstoff (Sulfonitrieren) eingesetzt.

- chemisches und elektrochemisches Abscheiden von Überzügen [49]
Phosphatieren (auch als Untergrund für Gleitlacke), Oxalieren (Eloxal-Schicht bei Aluminiumlegierungen), Chromatieren. Beschichtungen mit hoher Härte erreicht man durch galvanisch abgeschiedenes Hartchrom sowie chemisch abgeschiedene und ausgehärtete Nickelphosphatschichten.

- Gasphasenabscheiden und mechanothermisches Abscheiden von Schichten [49]
PVD- bzw. CVD-Beschichtungen wie z. B. Titannitrid, Chromnitrid, Titancarbid, Chromcarbid, diamantartige amorphe Metall-Kohlenstoffschichten (DLC) und Plasmaspritzschichten.

Harte Schichten reduzieren wegen der Kerbempfindlichkeit meist die Reibdauerfestigkeit des Grundmaterials mehr als weiche Schichten. Wegen ihrer Sprödigkeit ist darauf zu achten, dass der Grundwerkstoff möglichst hart ist (rd. 600 bis 800 HV).
Bei der Minderung von Schwingungsverschleiß ist oft eine Kombination mehrerer Maßnahmen gleichzeitig vorzunehmen, wobei für eine optimale wirtschaftliche und technische Abstimmung im jeweiligen Einsatzfall trotz vielseitiger Erfahrungsdaten zusätzliche Versuche notwendig sind.

Literaturverzeichnis

[1] Samerski, I., J. Vdovak, J. Schöfer und A. Fischer: The Transition between High and Low Wear Regimes under Multidirectional Reciprocating Sliding. Wear 267 (2009), S. 1446 – 1451

[2] Vingsbo, O. und S. Söderberg: On Fretting Maps. Wear, 126 (1988), S. 131 – 147

[3] Schöfer, J., P. Rehbein, U. Stolz, D. Löhe und K.-H. Zum Gahr: Formation of tribochemical films and white layers on self-mated bearing steel surfaces in boundary lubricated sliding contact. Wear 248 (2001), S. 7 – 15

[4] Quinn, T. F. J.: Review of oxidational wear. Part I: The origins of oxidational wear. Tribology International (1983) Oct., S. 257 – 271
Part II: Recent developments and future trends in oxidational wear research. Tribology International (1983) Dec., S. 305 – 315

[5] Krause, H.: Tribochemische Reaktionen bei der Wälzreibung von Eisen. Schmiertechnik + Tribologie 17 (1970) 2, S. 76 – 87

[6]   Zapf, R.: Betriebs- und Verschleißverhalten flankenzentrierter Zähne. Wellenverbindungen mit Schiebesitz. Diss. TU Clausthal, 1986 und Antriebstechnik 27 (1988) 10, S. 66 – 70

[7]   Heinemann, R.-W. und G. R. Schultze: Untersuchungen über tribomechanisch angeregte Festkörperreaktionen (Reibkorrosion).Teil 2: Chemische Einflußgrößen. Schmiertechnik + Tribologie 16 (1969) 1, S. 31 – 34

[8]   Schmitt-Thomas, Kh. G.: Statusseminar Reibkorrosion; Begriffsbestimmung, Mechanismen und Erscheinungsformen. Ingenieurdienst für sichere Technik GmbH Verlagswesen München (1988), 28. April

[9]   Klaffke, D.: On the repeatability of friction and wear results and on the influence of humidity in oscillating sliding tests steel-steel pairings. Wear 189 (1995), S. 117 – 121

[10] Goto, H. und D. H. Buckley: The influence of water vapour in air on the friction behaviour of pure metals during fretting. Tribology International 18 (1985) Aug., S. 237 – 245

[11] Kayaba, T. und A. Iwabuchi: The fretting wear of 0,45 % C-steel and austenitic stainless steel from 20 to 650 °C. Wear 74 (1981/82), S. 229 – 245

[12] Waterhouse, R. B.: Fretting Corrosion. Pergamon Press Oxford, New York, Braunschweig, 1972

[13] Attia, M. H. und N. S. D'Silva: Effect of mode of motion and process parameters on the prediction of temperature rise in fretting wear. Wear 106 (1985) 2, S. 203 – 224

[14] Solovyev, S.: Reibungs- und Temperaturberechnung an Festkörper- und Mischreibungskontakten. Diss. Otto-von-Guericke-Universität Magdeburg, 2006

[15] Schöfer, J.: Tribologische Initialprozesse bei Selbstpaarungen aus dem Stahl 100Cr6 unter reversierender Gleitbeanspruchung in einem kraftstoffähnlichen Isoparaffingemisch. Diss. Universität Karlsruhe, 2001

[16] Allianz-Handbuch der Schadenverhütung. Gleit- und Wälzlager, S. 649 – 712. 3. neubearbeitete und erweiterte Auflage, VDI Verlag 1984

[17] Pahl, G. und H. P. Bauer: Wurmspuren bei Zahnkupplungen. 1. Arbeits- und Ergebnisbericht des DFG – Sonderforschungsbereiches 152 „Oberflächentechnik". Technische Hochschule Darmstadt, 1988

[18] Rigney, D. A.: Transfer, mixing and associated chemical and mechanical processes during the sliding of ductile materials. Wear 245 (2000), S. 1 – 9

[19] Sauger, E., S. Fouvry, L. Ponsonnet, P. Kapsa, J. M. Martin, L. Vincent: Tribologically transformed structure in fretting wear. Wear 245 (2000), S. 39 – 52

[20]   Heinz, R.: Untersuchungen der Kraft- und Reibungsverhältnisse in Zahnkupplungen für große Leistungen. Diss. Technische Hochschule Darmstadt, 1976

[21]   Pittroff, H.: Einfluß der Oberflächenbeschaffenheit von Wälzlagern auf Erschütterungsschäden im Stillstand. Fachbericht für Oberflächentechnik 2 (1964) Juli / September, S. 102 – 108

[22]   Grebe, M. und P. Feinle: Brinelling, False-Brinelling, „false" False-Brinelling? – Ursachen von Stillstandsmarkierungen und geeigneten Laborprüfungen. Tribologie-Fachtagung 2006: „Reibung, Schmierung und Verschleiß" vom 25. – 27. Sept. 2006 in Göttingen. Band II, S. 49/1 – 49/11

[23]   Grebe, M., P. Feinle und W. Hunsicker: Einfluss verschiedener Faktoren auf die Entstehung von Stillstandsmarkierungen (False-Brinelling-Effekt). Tribologie-Fachtagung 2007: „Reibung, Schmierung und Verschleiß" vom 24. – 26. Sept. 2007 in Göttingen. Band II, S. 61/1 – 61/11 GFT, Moers

[24]   Grebe, M., P. Feinle und W. Hunsicker: Möglichkeiten zur Reduzierung von False Brinelling Schäden. Tribologie-Fachtagung 2008: „Reibung, Schmierung und Verschleiß" vom 22. – 24. Sept. 2008 in Göttingen. Band II, S. 56/1 - 56/12 GFT, Moers

[25]   SKF Produktinformation 401. Wälzlagerschäden und ihre Ursachen (1994)

[26]   Sung-Hoon Jeong, Seok-Ju Yong und Young-Ze Lee: Friction and wear characteristics due to stick-slip under fretting conditions. Tribology Transactions 50 (2007), S. 564 – 572

[27]   Njoya, G: Riffelbildung in Losradlagerungen. Theoretische und experimentelle Untersuchung. Antriebstechnik 21 (1982) 6, S. 308 – 312

[28]   Wälzlager in Elektromaschinen. Publ.-Nr. WL 01200 DA, FAG Kugelfischer Schweinfurt, 1988

[29]   Roberge, G.: Gelenklager in Flugzeugen. Kugellagerzeitschrift 216 (1984), S. 28 – 32

[30]   Hirst, W. und E. Hollander: Surface finish and damage in sliding. Proc. R. Soc. Lond. A 337 (1974) S. 379 – 394

[31]   Hurricks, P. L.: The occurence of spherical particles in fretting wear. Wear 27 (1974), S. 319 – 328

[32]   Jones, W. J. D. und G. M. C. Lee: The fretting fatigue behaviour of mild steel with electrodeposited Ni on Ni-Co alloys with controlled internal stresses. Wear 68 (1981), S. 71 – 84

[33]   Stachowiak, G. W. und A. W. Batchelor: Engineering Tribology. Third Edition 2005, Elsevier

[34] Kreitner, L. und H. W. Müller: Die Auswirkung der Reibdauerbeanspruchung auf die Dauerhaltbarkeit von Maschinenteilen. Konstruktion 28 (1976), S. 209 – 216

[35] Waterhouse, R. B.: Fretting Fatigue. International Materials Reviews 37 (1992) 2, S. 77 – 97

[36] Waterhouse, R. B.: Fretting Fatigue. Applied Science Publishers Ltd. London, 1981

[37] Müller H. W. und W. Funk: Der Einfluß der Reibkorrosion auf die Dauerhaltbarkeit zusammengesetzter Maschinenelemente. Motortechnische Zeitschrift 30 (1969) 7, S. 233 – 237

[38] Funk, W.: Der Einfluß der Reibkorrosion auf die Dauerhaltbarkeit zusammengesetzter Maschinenelemente. Diss. Technische Hochschule Darmstadt, 1968

[39] Adam, P., E. Broszeit und K. H. Kloos: Schwingungsverschleiß an Turbinenwerkstoffen. Tribologie. Reibung Verschleiß Schmierung, Bd. 1, (1981), S. 409 – 441 Springer-Verlag Berlin Heidelberg New York

[40] Zang, R.: Beanspruchungen in der Welle einer Passfederverbindung bei statischer und dynamischer Torsionsbelastung. Diss. Technische Hochschule Darmstadt, 1987

[41] Leidich, E.: Mikroschlupf und Dauerfestigkeit bei Preßverbänden. Antriebstechnik 27 (1988) 3, S. 53 – 58

[42] Pahl, G., W. Beitz, I. Feldhusen, K.-H. Grote: Konstruktionslehre. Grundlagen erfolgreicher Produktentwicklung, Methoden und Anwendung. 7. Auflage Springer-Verlag Berlin Heidelberg 2007

[43] Roos, E., J. Föhl und M. Rauch: Moderne Materialprüfung. Jahrbuch UNI-Stuttgart (2003), S. 102 – 112

[44] Zhou, Z. R., M. Fiset, A. Cardou, L. Cloutier and S. Goudreau: Effect of lubricant in electrical conductor fretting fatigue. Wear 189 (1995), S. 51 – 57

[45] Périer, V. et al.: Fretting-fatigue behaviour of bridge engineering cables in a solution of sodium chloride. Wear 267 (2009), S. 308 – 314

[46] Häusler, N.: Der Mechanismus der Biegemomentübertragung in Schrumpfverbindungen. Diss. Technische Hochschule Darmstadt, 1974

[47] Santner, E. et al.: Reibung und Verschleiß von Werkstoffen, Bauteilen und Konstruktionen. Kontakt & Studium, Bd. 602, expert verlag, Renningen, 2004

[48] Grill, A.: Review of the tribology of diamond like carbon. Wear 168 (1993), S. 143 – 153

[49] Simon, H. und M. Thoma: Angewandte Oberflächentechnik für metallische Werkstoffe. Carl Hanser Verlag München, 1989

6 Wälzverschleiß

6.1 Grundlagen

6.1.1 Allgemeiner Überblick

Wälzen ist eine Beanspruchungsart, bei der Gleitanteile (Schlupf) den reinen Rollvorgang überlagern. Üblicherweise dem Rollen zugerechnete Funktionen haben praktisch immer eine Gleitkomponente, so dass auch die auftretenden Verschleißerscheinungsformen bei den Wälzvorgängen eingeordnet werden können. Die Aufgabe von Wälzelementen, z. B. Zahnradgetrieben, Wälzlagern, Gleichlaufgelenken, Kurvengetrieben und Rad/Schiene-Systemen, besteht in der Übertragung von Kräften, Momenten und Bewegungen, **Bild 6.1**.

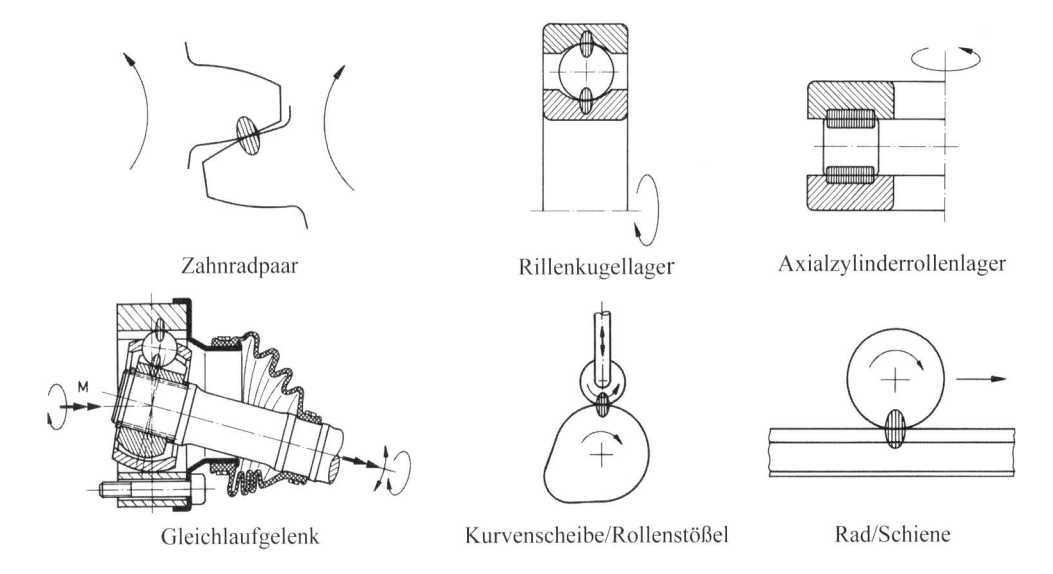

Bild 6.1: Beispiele wälzbeanspruchter Bauteile

Der zur Verfügung stehende kleine Kontaktbereich kontraformer und konformer Wälzpaarungen ist sehr hohen Flächenpressungen unterworfen. Durch die Überrollungen und die damit verbundenen ständig wechselnden mechanischen, thermischen und auch tribochemischen Beanspruchungen der Oberfläche und oberflächennahen Zone kann es zu Adhäsion, Abrasion, tribochemischen Reaktionen und insbesondere aber zur Oberflächenzerrüttung kommen. Während bei adhäsiv/abrasiver Verschleißbeanspruchung in der Regel als Verschleißerscheinung ein mehr oder wenig gleichmäßiger Abtrag auftritt, stellt sich dagegen bei Oberflächenzerrüttung nach einer Inkubationsphase und Rissbildungen schließlich eine Zerstörung der Wälzflächen durch Werkstoffausbrüche, z. B. Grübchen, ein. Die Oberflächenzerrüttung wird durch plastische Verformungen in den Mikrobereichen des Gefüges ausgelöst, die beim Überschreiten der Fließgrenze entstehen. Die dabei auftretenden Schädigungen wie mikrostrukturelle

Gefügeänderungen (z. B. Entstehen von Gleitlinien, Umwandlung von Restaustenit, Martensitbildung und -zerfall), Anrissbildung, Rissfortschritt und Restbruch (Ausbruch) sind von Dauer und Höhe der Beanspruchung abhängig und treten zeitverzögert auf. Die Risse entstehen sowohl unter der Oberfläche, wenn bei hinreichend hohen Pressungen fehlerfreie Oberflächen und Vollschmierung vorliegen, als auch an der Oberfläche, wenn Mischreibungsbedingungen und damit ausreichend hohe Schubspannungen aufgrund von Tangentialbeanspruchungen sowie Oberflächenbeschädigungen bestehen. Auch beim Mechanismus der Oberflächenzerrüttung handelt es sich um eine Reaktion auf Systemeigenschaften, vgl. Kap. 2.4.3, die auch als Bauteilpaarungseigenschaft bezeichnet wird und nur begrenzt auf die Ermüdungseigenschaften des Grundwerkstoffes eines Reibpartners bezogen werden kann, da zum Unterschied der allgemeinen Bauteilermüdung keine kräftefreien Oberflächen vorliegen [1].

6.1.2 Hertzsche Pressung ungeschmiert

Zur Ermittlung der Werkstoffbeanspruchung bei Berührung ein- und zweidimensional gekrümmter Oberflächen ohne Reibung (f = 0) dienen die Beziehungen von Hertz, mit der sich Größe der Kontaktflächen F, Halbachsen der Kontaktellipse A (groß) und B (klein), Flächenpressungsverteilung und maximale Hertzsche Pressung p_0 in der Berührflächen berechnen lassen, **Bild 6.2**.

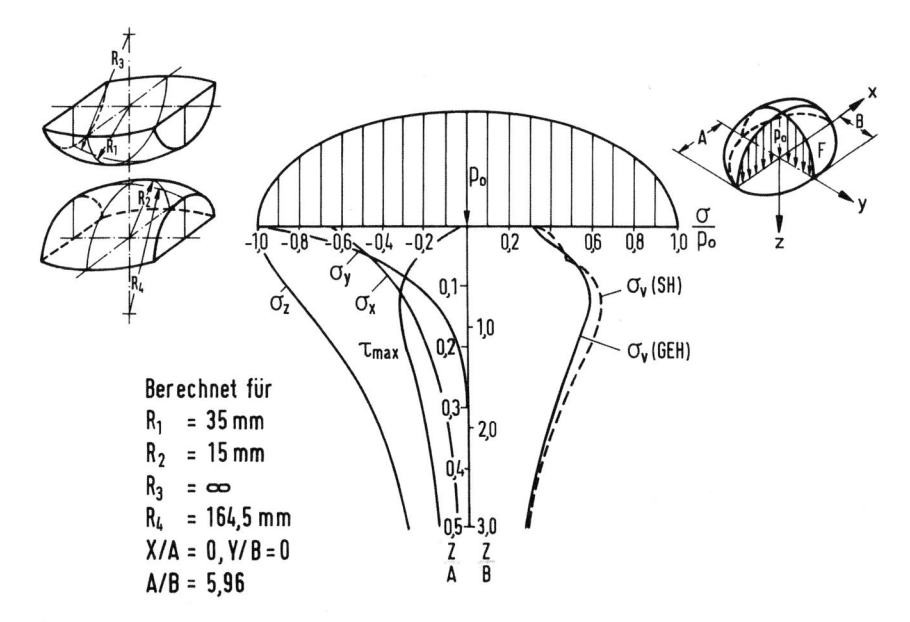

Bild 6.2: Allgemeiner Fall der Werkstoffbeanspruchung bei gekrümmten Oberflächen in Kontaktflächenmitte (x/A = 0, y/B = 0) bei einem Achsverhältnis 5,96. Bei der Achse σ/p_0 bezieht sich σ auf die Koordinatenspannungen σ_x, σ_y, σ_z, auf die max. Schubspannung τ_{max}, und auf die Vergleichsspannungen nach der Gestaltänderungsenergiehypothese σ_v (GEH) und der Schubspannungshypothese σ_v (SH) [1]

6.1 Grundlagen

Da sich unter der Betriebsbeanspruchung im Allgemeinen ein räumlicher Spannungszustand einstellt und entsprechende Werkstoffkennwerte nicht zur Verfügung stehen, muss mit einer geeigneten Festigkeitshypothese dieser reale mehrachsige Spannungszustand in einen fiktiven einachsigen Spannungszustand überführt werden. Der daraus errechnete einzige Spannungswert, die Vergleichsspannung σ_v, ist bezüglich des Festigkeitsverhaltens gleichwertig mit der Spannung bei einachsiger Beanspruchung. Die Vergleichsspannung kann dann so direkt mit der zulässigen Spannung des Werkstoffes verglichen werden. Die einzelnen Spannungen (Koordinatenspannungen in den Achsrichtungen, Schubspannung und Vergleichsspannungen) sind auf die maximale Hertzsche Flächenpressung p_o und die Tiefe Z auf die Halbachsen A und B der Kontaktflächen bezogen. Das Maximum der Vergleichsspannung σ_v (nach der Gestaltänderungsenergiehypothese GEH und nach der Schubspannungshypothese SH) befindet sich bei statischer Beanspruchung und ohne Reibung unterhalb der Oberfläche.

Die geometrische Form der Kontaktfläche, die von den Krümmungsverhältnissen abhängt, wirkt sich auf Höhe, Tiefe und Verlauf des Maximums der Vergleichsspannungen σ_v aus. Beim Übergang von ein- zu zweidimensional gekrümmten Oberflächen (vom Linien- zum kreisförmigen Kontakt) bei gleicher Hertzscher Pressung erhöht sich das Vergleichsspannungsmaximum, rückt das Maximum näher an die Oberfläche und steigt der Spannungsgradient, **Bild 6.3**. Rein rechnerisch stellen daher Hertzsche Pressungen bei punktförmiger bzw. kreisförmiger Kontaktfläche höhere Beanspruchungen dar als bei linienförmiger bzw. rechteckiger Kontaktfläche, sofern nicht durch geometrische Profilierung zylindrischer Bauteile Randspannungen gemildert werden. Bei einer zu einem Rechteck ausgearteten Kontaktfläche (Halbachsenverhältnis A:B = ∞ mit A große und B kleine Halbachse) befindet sich das Maximum nach der GE-Hypothese in einer Tiefe von $Z = 0{,}70 \cdot B$ und bei kreisförmiger Kontaktfläche (Halbachsenverhältnis A:B = 1) bei $Z = 0{,}47 \cdot B$.

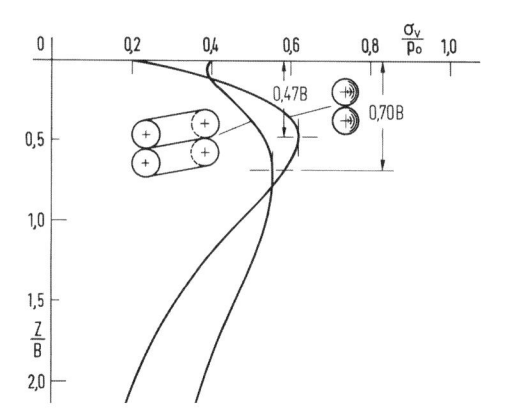

Bild 6.3: Vergleichsspannungsverlauf nach der GE-Hypothese für Punkt- (Kugel/Kugel) und Linienberührung (Zylinder/Zylinder) in der Symmetrieachse [1]

Neben der reinen Rollbeanspruchung ist bei Wälzelementen noch eine Tangentialbeanspruchung durch die Reibung überlagert. Die einzelnen daraus resultierenden Komponenten wirken sich unterschiedlich aus. In **Bild 6.4** sind die auf die Oberfläche in Gleitrichtung einwirkenden größten Spannungskomponenten σ_y für negativen und positiven Schlupf dargestellt, die aus der normal zur Oberfläche herrschenden Hertzschen Pressung p_0 (die elliptische Pressungsverteilung p_0 ist im Bild halbkreisförmig dargestellt), aus der tangentialen Reibungskraft und aus der Kontaktbereichstemperatur resultieren [2]. Negativer Schlupf liegt dann vor, wenn die relative Gleitgeschwindigkeit $v_1 - v_2$ und die tangentiale Reibkraft gleichgerichtet sind, oder anders ausgedrückt, wenn Gleit- und Rollbewegung entgegengesetzt sind. Bei positivem Schlupf ist es umgekehrt, Gleit- und Rollbewegung sind gleich gerichtet, vgl. Bild 6.12. Am Rande des Kontaktes bildet sich aufgrund der Tangentialbeanspruchung eine Zug- und

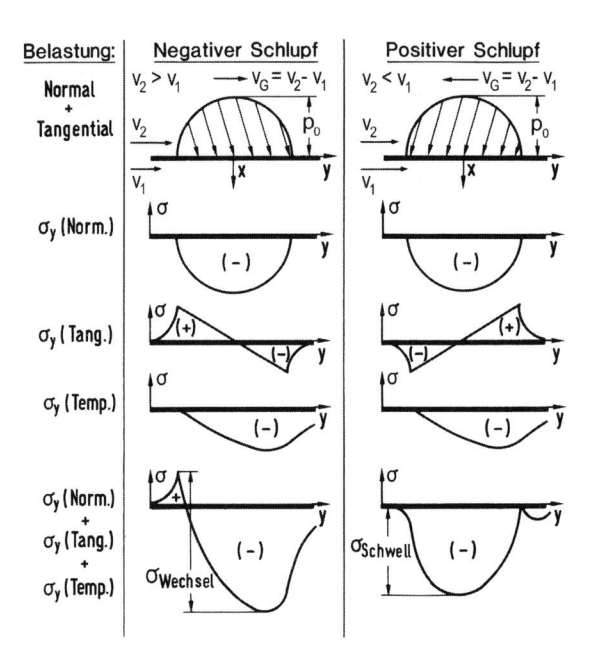

Bild 6.4: Oberflächenspannungen bei negativem und positivem Schlupf bezogen auf den unteren Körper. Die Hertzsche Pressungsverteilung p_0 ist hier vereinfacht halbkreisförmig dargestellt. Für den oberen Körper verläuft σ_y (Tang.) umgekehrt [2]. Zur weiteren Klärung vgl. auch Bild 6.12. v_1 und v_2 sind die Geschwindigkeiten der jeweiligen Körper relativ zur momentanen Kontaktstelle. Die Kontaktstelle selbst wandert auf den jeweiligen Körpern mit $-v_1$ bzw. $-v_2$ nach links, daher ändert sich σ_y (Temp.) bei pos. und neg. Schlupf nicht, vgl. Bild 6.5.

Druckspannungsspitze abhängig von der Schlupfrichtung aus, die zu einem asymmetrischen Spannungsverlauf führt. Im geschmierten Zustand reichen jedoch weder die Hertzsche noch die Tangentialbeanspruchung (Reibungszahl zu niedrig) aus, um eine Oberflächenschädigung zu erklären. Auch die Eigenspannungen und die EHD-Druckverteilung im Schmierspalt reichen noch nicht aus. Bei Vollschmierung wird argumentiert, dass die Reibungszahl mit $f \approx 0{,}05$ zu niedrig sei und somit das Spannungsmaximum unter der Oberfläche liege. Auch herrsche im Bereich negativen Schlupfes im Allgemeinen Mischreibung, bei der sich keine Druckspitze ausbildet. Erst die Überlagerung mit den Wärmespannungen, die aufgrund der Dehnungsbehinderung im Kontaktbereich Druckspannungen hervorrufen, ergibt an der Oberfläche eine Zugspannung im Bereich negativen Schlupfes in ausreichender Höhe. Bei negativem

6.1 Grundlagen

Schlupf liegt durch die Mischreibung sowohl eine höhere Beanspruchung vor als bei positivem Schlupf als auch eine wechselnde. Da die Werkstoffkennwerte bei Wechselbeanspruchung niedriger sind als bei schwellender Beanspruchung, stellen sie die kritischere Beanspruchung dar, weshalb Versagen bevorzugt bei negativem Schlupf eintritt. Für die Werkstoffbeanspruchung sind alle Spannungsanteile maßgebend, weshalb sie in einer Vergleichsspannung σ_v zu erfassen sind.

Für das vorgenannte Beispiel sind in **Bild 6.5** die Verhältnisse in Form von Linien gleicher Vergleichsspannungen (GEH) im Werkstoff wiedergegeben. Für negativen Schlupf zeigt die linke obere Darstellung die Linien gleicher Spannungen ohne Temperatureinfluss. Die allein aus der Temperatur resultierenden Spannungen, die von der Gleitrichtung unabhängig sind, gehen aus dem Bild links unten hervor. Die dicht beieinanderliegenden Linien weisen auf einen steilen Gradienten hin, weshalb sie sich unterhalb der Oberfläche nicht mehr auswirken. In den beiden rechten Bildern sind alle drei Spannungen in der Vergleichsspannung für negativen (oben) und positiven (unten) Schlupf zusammengefasst. Bei positivem Schlupf (rechts unten) fällt die Oberflächenbeanspruchung etwas geringer aus. Man erkennt, dass die höchste Beanspruchung in der Nähe der Oberfläche liegt. Berücksichtigt man noch die Eigenspannungen, so kann das Beanspruchungsmaximum bereits an die Oberfläche rücken. Dies erklärt, warum Rissbildungen in den meisten Fällen bei in Mischreibung arbeitenden Wälzpaarungen von der Oberfläche ausgehen.

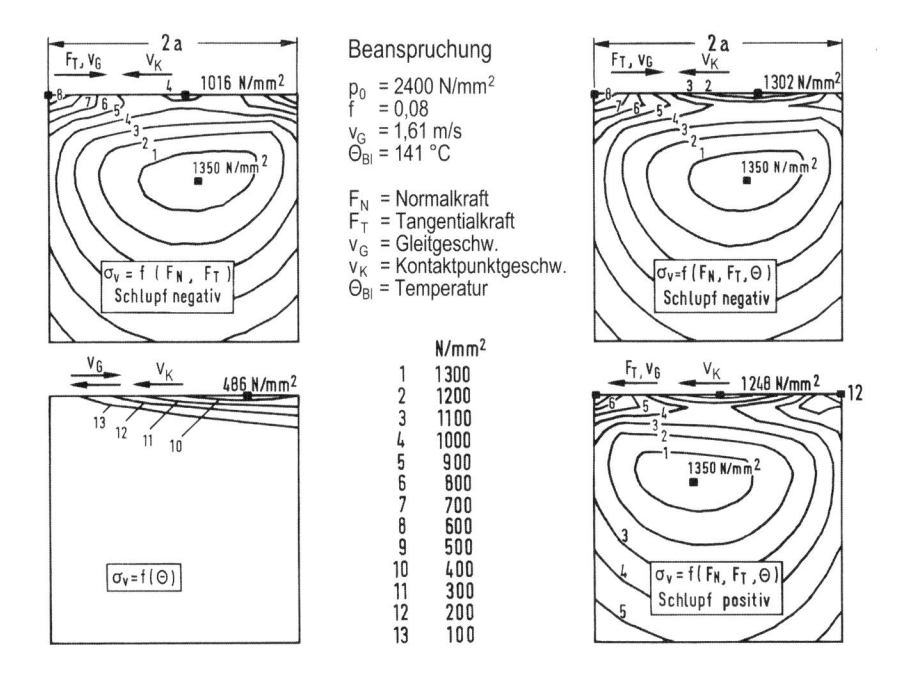

Bild 6.5: Verteilung der Vergleichsspannung σ_v bei negativem und positivem Schlupf eines Wälzkontaktes mit der Kontaktbreite 2a [2]. Die Temperaturspannungen sind unabhängig von der Gleitrichtung, da die Geschwindigkeit v_K des Kontaktpunktes auf dem dargestellten Körper immer nach links gerichtet ist; pos. Schlupf $v_G = v_K$; neg. Schlupf: $v_G = -v_K$

6.1.3 Hertzsche Pressung geschmiert

In aller Regel werden Hertzsche Kontakte geschmiert, wodurch der Druckverlauf, insbesondere bei vollständiger Trennung der Oberflächen, von der elliptischen Pressungsverteilung abweicht. In den hoch belasteten bewegten kontraformen Kontakten (im Gegensatz zu den konform gekrümmten Gleitflächen bei Hydrodynamik HD), berücksichtigt die Elastohydrodynamik (EHD) bei der Ermittlung der Schmierfilmdicke neben der Schmierstoffströmung zusätzlich die mit dem Druck deutlich zunehmende Viskosität des Schmierstoffes und die elastische Verformung der Kontaktgeometrien [3]. Die Temperaturänderung im Kontakt wird meist vernachlässigt. Im zentralen Kontaktbereich bildet sich ein paralleler Schmierspalt mit einer Einschnürung am Auslauf aus, **Bild 6.6**.

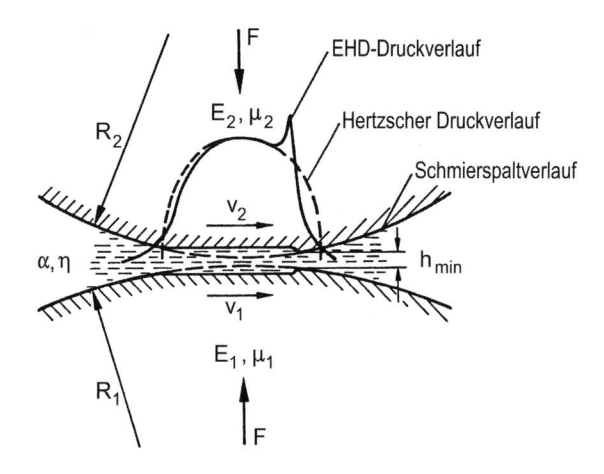

Bild 6.6: Elastohydrodynamischer Schmierfilm und Druckverteilung

Über dem zentralen Kontaktbereich baut sich ein nahezu Hertzscher Druckverlauf und vor der Einschnürung am Auslauf eine Druckspitze auf. Die minimale (isotherme) Schmierfilmdicke h_{min} eines EHD-Kontaktes mit ideal glatter Oberfläche errechnet sich für die Linienberührung in der dimensionslosen Schreibweise nach [3 bis 5] zu

$$H_{min} = 2{,}65 \cdot G^{0{,}54} \cdot U^{0{,}7} \cdot W^{-0{,}13} \tag{6.1}$$

Darin bedeuten

H_{min}	=	h_{min}/R	(Filmdickenparameter)
G	=	$\alpha \cdot E'$	(Werkstoffparameter)
U	=	$\dfrac{\eta \cdot u}{E' \cdot R}$	(Geschwindigkeitsparameter)
W	=	$\dfrac{F}{l \cdot E' \cdot R}$	(Belastungsparameter)

6.1 Grundlagen

mit

h_{min}	=	minimale Schmierfilmdicke
R	=	$\dfrac{R_1 \cdot R_2}{R_1 + R_2}$ (Ersatz-Krümmungsradius)
E'	=	$2 / \left(\dfrac{1-\mu_1^2}{E_1} + \dfrac{1-\mu_2^2}{E_2} \right)$ (Ersatz-Elastizitätsmodul)
μ	=	Querkontraktionszahl
α	=	Druck-Viskosität-Koeffizient bei p = 2000 bar
η	=	dynamische Viskosität
F	=	Normalkraft
u	=	$\dfrac{v_1 + v_2}{2}$ hydrodynamisch wirksame Geschwindigkeit
v_1, v_2 =		Geschwindigkeit der beiden Oberflächen relativ zum momentanen Kontaktpunkt
l	=	Kontaktlänge (quer zur Geschwindigkeitsrichtung)

Auf die Schmierfilmdicke haben Viskosität und Geschwindigkeit den größten Einfluss, während sich die Belastung vergleichsweise nur gering auswirkt. Bei Punktberührung ist das seitliche Abfließen des Öls zu berücksichtigen [6].

Die örtliche Pressung ist im Vergleich zu konformen Kontaktflächen wegen der kleineren Kontaktfläche in der Größenordnung von 10 000 bar zwei Größenordnungen höher als 100 bar bei Hydrodynamik. Die Abmessungen der Kontaktfläche liegen in der Regel unter 1 mm und die Schmierfilmdicke unter 1 µm. Ein trennender Schmierfilm liegt dann vor, wenn dessen Dicke mindestens der Summe der Mittenrauwerte beider Partner entspricht.

Wie im ungeschmierten Zustand wirkt sich auch im EHD-Kontakt die Rauheit technischer Oberflächen oder sonstiger Oberflächenstörungen, beispielsweise Eindrückungen, auf die Druckverteilung aus, wenn die Vollschmierung in den Mischreibungszustand übergeht. Durch den partiellen metallischen Kontakt der Oberflächenerhebungen stellt sich ein unregelmäßiger Druckverlauf mit einzelnen überlagerten Druckspitzen ein, dessen Ausprägung von den Mischreibungsbedingungen abhängt, **Bild 6.7**. Die Kraftübertragung erfolgt in diesem Gebiet sowohl durch hydrodynamische Traganteile als auch durch Festkörperberührung.

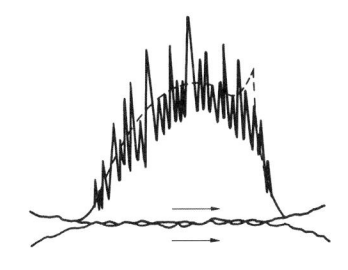

Bild 6.7: EHD-Verlauf bei technischen Oberflächen mit partiellem Festkörperkontakt. Die EHD-typische Druckspitze im Auslauf des Kontaktpunktes macht sich nicht mehr bemerkbar.

Auch die berechnete Werkstoffbeanspruchung im EHD-Kontakt kann unter bestimmten Annahmen – im Vergleich zur Werkstoffbeanspruchung bei Hertzscher Beanspruchung – durch die Druckspitze in der Auslaufzone zur Erhöhung der maximalen Werkstoffbeanspruchung und zu einer Verschiebung des Beanspruchungsmaximums dichter an die Werkstoffoberfläche als bei Festkörperberührung führen, **Bild 6.8** [7]. Im linken Bild ist der Schubspannungsverlauf ohne Schlupf wiedergegeben, wie er beispielsweise im Wälzpunkt von Zahnrädern auftritt. Dem rechten Bild liegt eine zusätzliche Tangentialbeanspruchung mit einer Reibungszahl von f = 0,15 zugrunde, wodurch das Schubspannungsmaximum im Bereich der Druckspitze an die Oberfläche gerückt ist. Für den EHD-Bereich ist jedoch die Reibungszahl zu hoch gewählt, da sie für viele Schmierstoffe deutlich unter f = 0,1 liegt [7]. Dagegen wird in [8] im Bereich der EHD-Druckspitze wegen hoher Ölviskosität durch den hohen Druck und dem hohem Schergefälle – solange im Schmierspalt eine laminare Strömung herrscht – eine mehrfach höhere Schubspannung hypothetisch angenommen als die aus der Coulombschen Reibung resultierende.

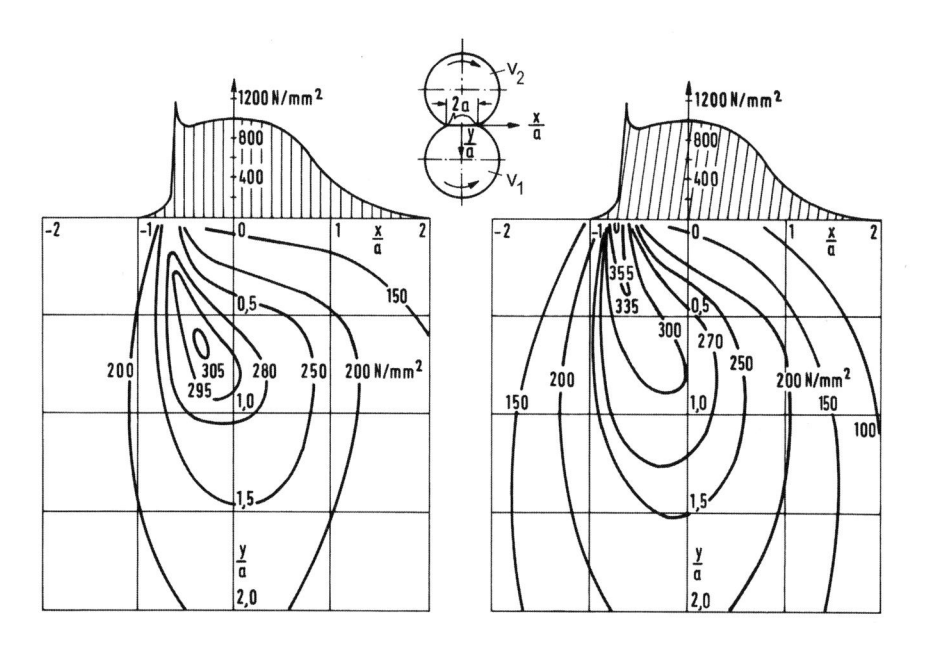

Bild 6.8: Vergleich der Schubspannungsverteilung τ im EHD-Kontakt ohne (links) und mit (rechts) Reibung f = 0,15 und positivem Schlupf bezogen auf den Körper 1 ($v_1 > v_2$) [7]

Neben diesen mechanischen und thermischen Beanspruchungen beeinflussen das Werkstoffverhalten die im Allgemeinen niedrigere Festigkeit der oberflächennahen Grenzschicht im Vergleich zum Werkstoffinnern, herstellungsbedingte Oberflächenfehler und Schmierstoffadditive.

Die Auswirkungen zusätzlicher Parameter auf die Werkstoffanstrengung bei Hertzscher Berührung wie Makroreibung, Oberflächentopographie, Eigenspannung, Temperatur und elasto-

6.1 Grundlagen

hydrodynamischer Druckverteilung sind in **Bild 6.9** schematisch vereinfacht zusammengestellt [1]. Durch Überlagerung der einzelnen Einflussgrößen ergeben sich deutliche Veränderungen im Verlauf der Vergleichsspannung gegenüber dem Verlauf bei rein Hertzscher Beanspruchung.

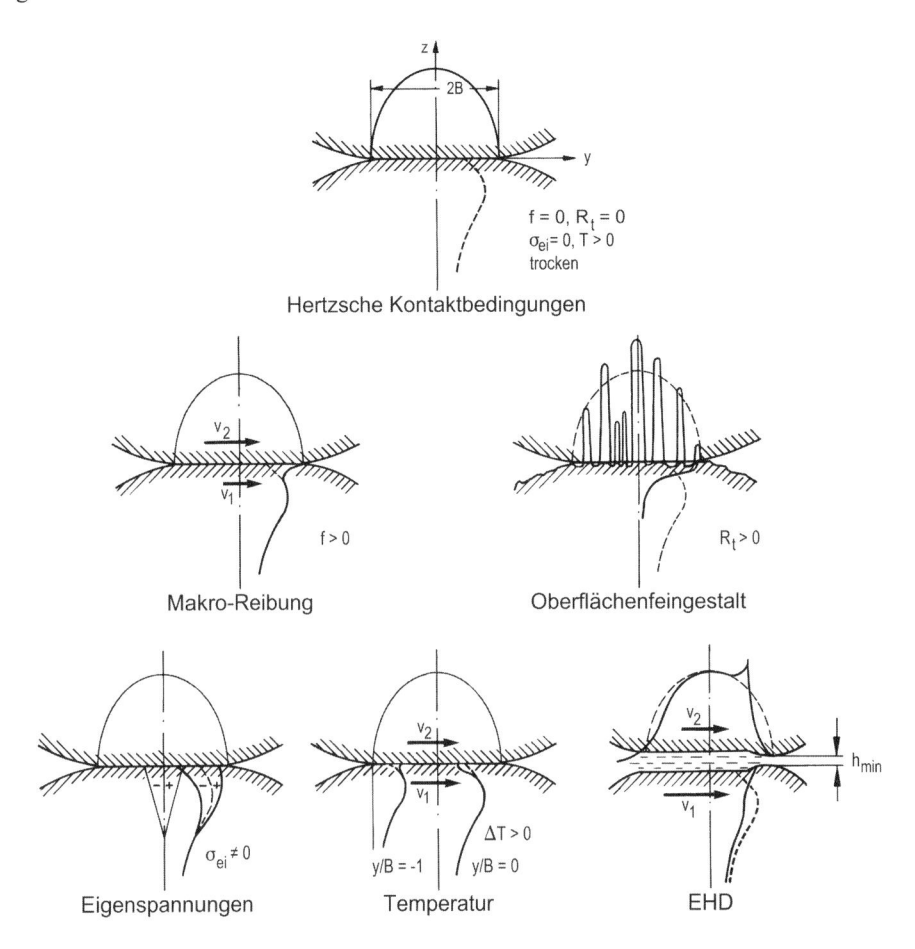

Bild 6.9: Vereinfachte schematische Darstellung verschiedener Einflüsse auf die Werkstoffanstrengung bei Hertzscher Berührung in Anlehnung an [1]. Ausgangszustand von σ_V gestrichelte Linie und mit Einfluss durchgezogene Linie

Bei überlagerter Reibung, z. B. bei Zahnrädern außerhalb des Wälzkreises, bildet sich an der Oberfläche ein weiteres Maximum der Vergleichsspannung aus, das dasjenige unterhalb der Oberfläche übersteigen kann.

Technische Oberflächen weisen aufgrund ihrer Rauheit im Gegensatz zu ideal glatten Oberflächen Hertzsche Mikrokontaktstellen auf, die höhere Vergleichsspannungsmaxima in Oberflächennähe zur Folge haben und in die Tiefe rasch abklingen. Diese Mikro-Hertzkontakte machen sich vor allem bei zunehmender Mischreibung und Grenzreibung bemerkbar und sind wahrscheinlich z. B. für Einlaufgrübchen und Graufleckigkeit verantwortlich.

Eigenspannungen sind insofern von großer Bedeutung, als sie in Form von Druckeigenspannungen die Lebensdauer verlängern und Zugeigenspannungen die Lebensdauer reduzieren können. Im linken unteren Teilbild ist der Einfluss eines Eigenspannungsgradienten wiedergegeben, wie er sich etwa beim Einsatzhärten oder Nitrieren einstellt. Druckeigenspannungen verringern und Zugeigenspannungen erhöhen die Vergleichsspannung, wobei das Spannungsmaximum bei Vorliegen von Druckeigenspannungen in die Tiefe und bei Zugeigenspannungen zur Oberfläche hin verschoben wird.

Im unteren mittleren Teilbild ist der Temperatureinfluss bei reinem Rollen ($v_1 = v_2$, $f = 0$) wiedergegeben. Die Temperatur resultiert hier aus der elastischen Werkstoffdeformation. Der Spannungsverlauf ist für den Auslauf $Y/B = -1$ und für die Kontaktmitte $Y/B = 0$ dargestellt und für beide Partner symmetrisch. In der Kontaktmitte wird durch Überlagerung der temperaturbedingten zweidimensionalen Druckspannungen in Oberflächennähe die Vergleichsspannung verringert. Im Bereich des Auslaufes stellt sich eine Erhöhung ein.

Der Druckverlauf im EHD-Kontakt (elastohydrodynamischer Kontakt) im rechten unteren Teilbild von Bild 6.9 kann die Druckspitze im Auslauf eine Erhöhung der Vergleichsspannung und eine Ausbildung des durch die Druckspitze hervorgerufenen zweiten Maximums zur Oberfläche hin bewirken. Die Darstellung des Vergleichsspannungsverlaufes in diesem Bild mit ihrem Maximum an der Oberfläche dürfte nicht der Realität entsprechen, da bei Vollschmierung wegen geringerer Temperaturentwicklung und niedrigerer Reibung als bei Mischreibung das Maximum unter der Oberfläche liegt, wie man aus Schadensuntersuchungen an Wälzlagern weiß.

Zur Beurteilung des Schmierzustandes hat sich die rechnerische EHD-Schmierfilmdicke der ideal glatten Oberfläche bezogen auf Kenngrößen der realen Oberflächen als hilfreich erwiesen. Die Filmdickenberechnung nach Gleichung (6.1) geht allerdings von isothermen Bedingungen aus, die sich nur bei kleinen Geschwindigkeiten einstellen. Eine thermische Korrektur kann jedoch dann erforderlich werden, wenn es durch zusätzliche Gleitanteile im Wälzkontakt, hohe Gleitgeschwindigkeit sowie Rückströmung und Scherung des Schmierstoffes in der Einlaufzone zu einer nicht mehr vernachlässigbaren Erwärmung kommt [9]. Die tribologisch wichtige Größe für die Filmdicke ist der Abstand zwischen den Oberflächenrauheiten beider Wälzpartner. Hierzu werden verschiedene Kenngrößen verwendet wie quadratischer Mittenrauwert R_q bzw. rms (*root mean square*) [10] oder arithmetischer Mittenrauwert R_a beider Wälzpartner [11]. Das Verhältnis minimale Filmdicke zu Oberflächenkenngrößen wird nach Gleichung (6.2) als Schmierkennwert oder auch als spezifische Schmierfilmdicke λ bezeichnet, mit der sich der Wälzkontakt in verschiedene Betriebszustände einteilen lässt.

$$\lambda = \frac{h_{min}}{\sqrt{R_{q1}^2 + R_{q2}^2}} \text{ oder } \frac{h_{min}}{\sqrt{R_{a1}^2 + R_{a2}^2}} \tag{6.2}$$

6.1 Grundlagen

Für λ < 3 ist mit Gleitverschleiß zu rechnen, der für λ < 1 in störenden Gleitverschleiß übergeht, während für λ > 3 eine vollkommene Trennung im Wälzkontakt besteht, **Bild 6.10** [11]. Aufgrund von Stromdurchgangsmessungen [10] ist bei einer spezifischen Schmierfilmdicke λ ≥ 2 vollkommene Trennung und bei λ ≤ 0,5 Festkörperkontakt gegeben. Dazwischen befindet sich das Mischreibungsgebiet.

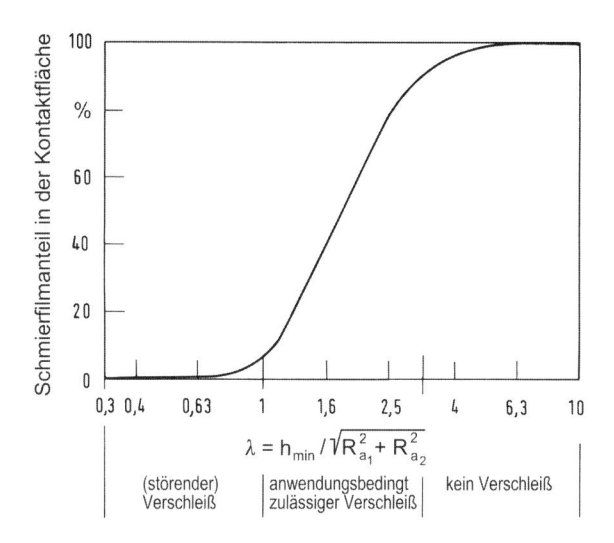

Bild 6.10: Zusammenhang zwischen adhäsivem Verschleiß und Trennung der Wälzflächen durch einen Schmierfilm [11]

In [12] wird mittels rein gleitendem EHD-Linienkontakt (Zylinder/Ebene), d. h. ohne Rollanteil ein Zusammenhang zwischen der Reibungszahl, den Kontaktverhältnissen und der spezifischen Filmdicke aufgezeigt, **Bild 6.11**. Mit sinkender spezifischer Filmdicke wird der stetige Übergang von der Vollschmierung mit λ = 2,5 zur Mischreibung durch Zunahme des metallischen Traganteils bis zum vollständigen metallischen Kontakt mit λ = 0,7 von einer ebenfalls stetigen Reibungszahlerhöhung begleitet.

Eine sicherere Bestimmung des Betriebszustandes für eine Oberflächentrennung wurde von [13] entwickelt, der die Abbottsche Traganteilskurve berücksichtigt. Der daraus abgeleitete Schmierfilmkorrekturfaktor C_{RS} wird auf die theoretische Schmierfilmdicke $h_{min,th}$ bezogen, die unter Berücksichtigung thermischer Effekte nach der thermischen Theorie von Murch und Wilson [9] berechnet wird. Die Bedingung für eine Oberflächentrennung ergibt sich mit der an drei Stellen gemittelten Rautiefe R_Z zu

$$\frac{h_{min,th}}{C_{RS}} > R_Z \qquad (6.3)$$

Auf die Ermittlung von $h_{min,th}$ und C_{RS} wird auf die Literatur [9, 13] verwiesen. Für die in [11] verwendeten Prüflinge mit R_Z-Werten von 0,77 bis 6,3 µm ergibt sich ein C_{RS} zwischen 0,2 und 0,6.

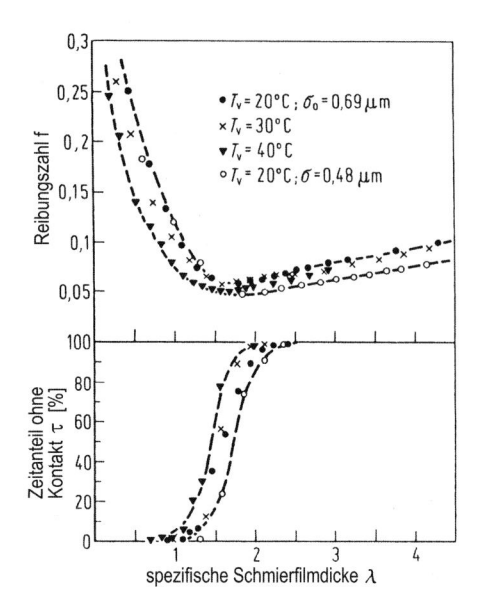

Bild 6.11: Reibungszahl f und Zeitanteil ohne Kontakt τ in Abhängigkeit von der spezifischen Schmierfilmdicke $\lambda = h_0/(R_{a1}^2 + R_{a2}^2)^{1/2}$ ohne Rollanteil [12]
F_N = 9 N, Hertzsche Pressung p_0 = 32,3 N/mm², Schmierstoff paraffinisches Mineralöl $\eta_{20\,°C}$ = 0,119 Pa·s, h_0 = Schmierfilmdicke im Parallelspalt, Anfangsrauigkeit R_a = 0,48 µm

6.1.4 Schädigungsbetrachtungen

Die bei der Schädigung beobachteten Risse verlaufen in Richtung der Fließlinien, die sich bei hoher Beanspruchung bilden. Nach derzeitigem Kenntnisstand wird das Material abgeschert, wenn eine Zerrüttung durch Überschreiten der lokalen Scherfestigkeit durch die Schubspannung eintritt. Die beobachteten Richtungen der Oberflächenrisse stimmen mit den aus Rechnungen ermittelten Richtungen der Hauptschubspannung überein. Dass Oberflächenrisse stets entgegengesetzt zur Gleitrichtung verlaufen, ergibt sich aus der kombinierten Wirkung der Gleit- und der Rollgeschwindigkeit unter gleichzeitiger Einwirkung des Schmierstoffes [2, 14], **Bild 6.12**. Im Bereich des negativen Schlupfes öffnen die durch den Gleitvorgang hervorgerufene Zugbeanspruchung und die Hertzsche Pressung die Risse, so dass Öl in den Spalt fließen kann. Beim Überrollen schließt sich der Riss und erfährt dabei eine Biegebeanspruchung, wodurch Risswachstum und weitere Anrisse entstehen können, die schließlich zu Ausbrüchen führen. Bei positivem Schlupf werden die Risse dagegen durch die Druckbeanspruchung geschlossen, so dass der Druckaufbau durch den Schmierstoff im Spalt nur abgeschwächt erfolgt. Die einzelnen Erscheinungsformen wie Rissbildung und Ausbrüche der Werkstoffzerrüttung finden sich in vergleichbarer Form an verschiedenen Wälzelementarten [2].

6.1 Grundlagen

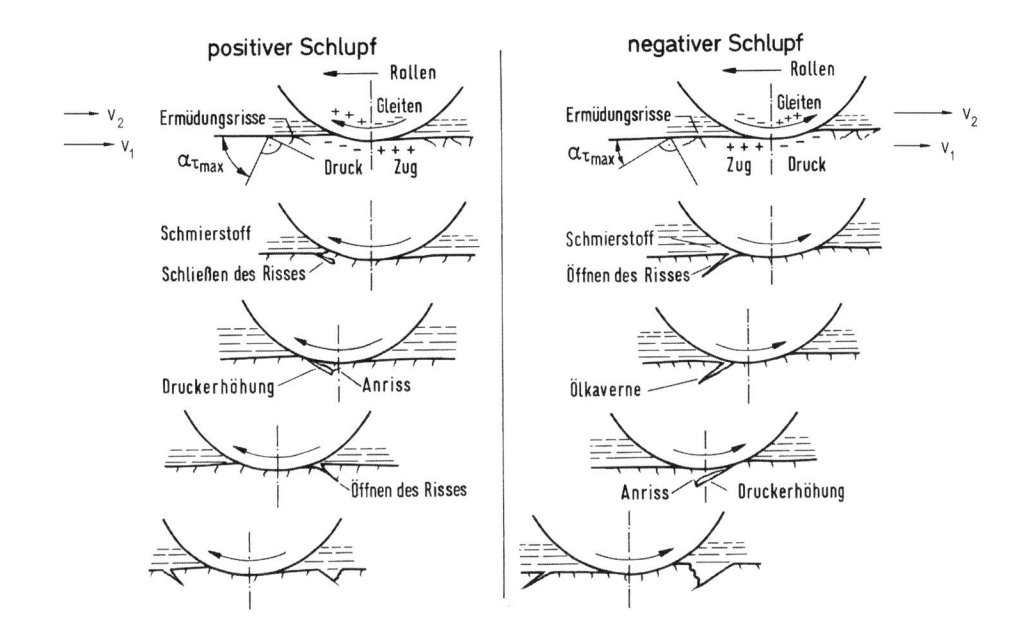

Bild 6.12: Entstehung von Grübchen infolge von Ermüdungsrissen und Ölkompression [2]. Auswirkung des positiven und negativen Schlupfes ist auf den unteren Körper bezogen. v_1 und v_2 sind die Geschwindigkeiten der jeweiligen Körper relativ zum momentanen Kontaktpunkt, vgl. auch Bild 6.4.

Wie Untersuchungen gezeigt haben, lässt sich zur Beurteilung und Bewertung von Schadensfällen die Tiefenverteilung von durch die Beanspruchung entstandenen Eigenspannungen unterhalb der Laufbahn wälzbeanspruchter Bauteile heranziehen [15]. Das Druckeigenspannungsmaximum befindet sich bei hinreichend hoher Hertzscher Pressung immer etwa in der Tiefe der maximalen Hauptschubspannung $z_{\tau 45°max}$ bzw. der maximalen Vergleichsspannung nach der Gestaltänderungsenergiehypothese $z_{\sigma V,max}^{G}$, vgl. auch Bild 6.2. Unabhängig vom Wärmebehandlungszustand, von der Anzahl der Lastspiele und von der Höhe der entstandenen Druckeigenspannungen, gilt in erster Näherung für die Tiefenlage der Druckeigenspannungen der Zusammenhang mit dem röntgenographisch ermittelten Tiefenverlauf $z_{\sigma min}^{rö}$

$$z_{\sigma min}^{rö} \approx z_{\tau 45°max} \approx z_{\sigma V,max}^{G} \qquad (6.4)$$

Bei Hertzschen schmalen rechteckigen und näherungsweise elliptischen Kontakten mit einem Achsenverhältnis b/a ≥5 besteht zwischen der Tiefe der maximalen Vergleichsspannung und der halben Druckbreite a der Zusammenhang

$$z_{\sigma V,max}^{G} = 0{,}70a \qquad (6.5)$$

Die wirksam gewesene Hertzsche Pressung p_0 lässt sich dann aus der Beziehung

$$p_0 = \frac{E \cdot \rho \cdot z_{\sigma V,max}^G}{4 \cdot 0{,}70 \cdot (1-\mu^2)} \approx \frac{E \cdot \rho \cdot z_{\sigma min}^{rö}}{2{,}8 \cdot (1-\mu^2)} \tag{6.6}$$

mit E = Elastizitätsmodul
μ = Querkontraktionszahl
ρ = Reziprokwert des Ersatzkrümmungsradius $R = \dfrac{R_1 \cdot R_2}{R_1 + R_2}$

abschätzen.

6.1.5 Vergleich ertragbarer Hertzscher Pressungen

Für die wälzbeanspruchten Bauteile in den folgenden Kapiteln wird in **Bild 6.13** zur Orientierung ein Überblick über die auftretenden bzw. üblicherweise zulässigen Hertzschen Pressungen in Verbindung mit Anhaltswerten über Schlupfangaben gegeben.

Bei den Zahnrädern wurde der obere Grenzwert einzelner Festigkeitsfelder der dauernd ertragbaren Flankenpressung σ_{Hlim} nach DIN 3990 Teil 5 [16] und für die Schneckenräder die Werte σ_{Hlim} aus [17] eingesetzt. Um daraus die zulässige Flankenpressung σ_{HP} zu erhalten, müssen noch verschiedene Faktoren nach DIN 3990, Teil 2 [18] bzw. DIN 3996 [19] berücksichtigt werden. Die Werte für Wälzlager aus 100Cr6 stellen diejenige Beanspruchung dar, bei der sie für Punkt- bzw. Linienberührung dauerfest sind. Die ertragbaren Pressungen für die Paarung Nocken/Nockenfolger werden auch von der Kontaktart beeinflusst. Die tribologisch ungünstigste Beanspruchung, wie Mischreibung, höchste Pressung bei häufigen Laständerungen und abwechselnder Roll- und Gleitbewegung mit überlagerten Bohranteilen der Kugel, liegt beim Gleichlaufgelenk vor. Die angegebene hohe Pressung entspricht zwar einem schadensbestimmenden Drehmoment innerhalb eines Beanspruchungskollektivs, das aus Fahrversuchen ermittelt wurde, es kommt darin jedoch selten vor. Das bedeutet wahrscheinlich, dass die mittlere ertragbare Hertzsche Pressung geringer anzusetzen ist. Die Hertzsche Pressung beim System Rad/Schiene fällt wegen der geringeren Festigkeit der Werkstoffpaarung und des ungeschmierten Kontaktes wieder niedriger aus.

Die Bauteile unterscheiden sich nicht nur in der Höhe der Hertzschen Pressung, sondern auch im Schmierzustand und im Gleitanteil. Die Schmierzustände reichen von EHD über Mischreibung zu Trockenreibung, durch die vor allem die Verschleißmechanismen der Adhäsion und Oberflächenzerrüttung beeinflusst werden. Zahnräder weisen mit einem Schlupf (Differenz der absoluten Tangentialgeschwindigkeiten im Kontaktpunkt bezogen auf die Umfangsgeschwindigkeit im Wälzkreis) von bis zu rd. 60 % einen etwa um den Faktor 30 höheren Schlupf auf als Wälzlager mit Punktberührung. Bei Axialzylinderrollenlagern mit ihrem hohen Gleitanteil ist der Faktor entsprechend geringer. Beim System Rad/Schiene ist abgesehen vom Mikroschlupf innerhalb der Kontaktfläche der Makroschlupf Null, wenn man Anfahr- und Bremsvorgänge sowie Sinuslauf (wellenförmiger Lauf der Eisenbahnradsätze auf gerader Strecke) außer acht lässt. Durch den Schlupf und die Trockenreibung wird die Lebensdauer durch Adhäsion und Oberflächenzerrüttung deutlich reduziert.

6.1 Grundlagen

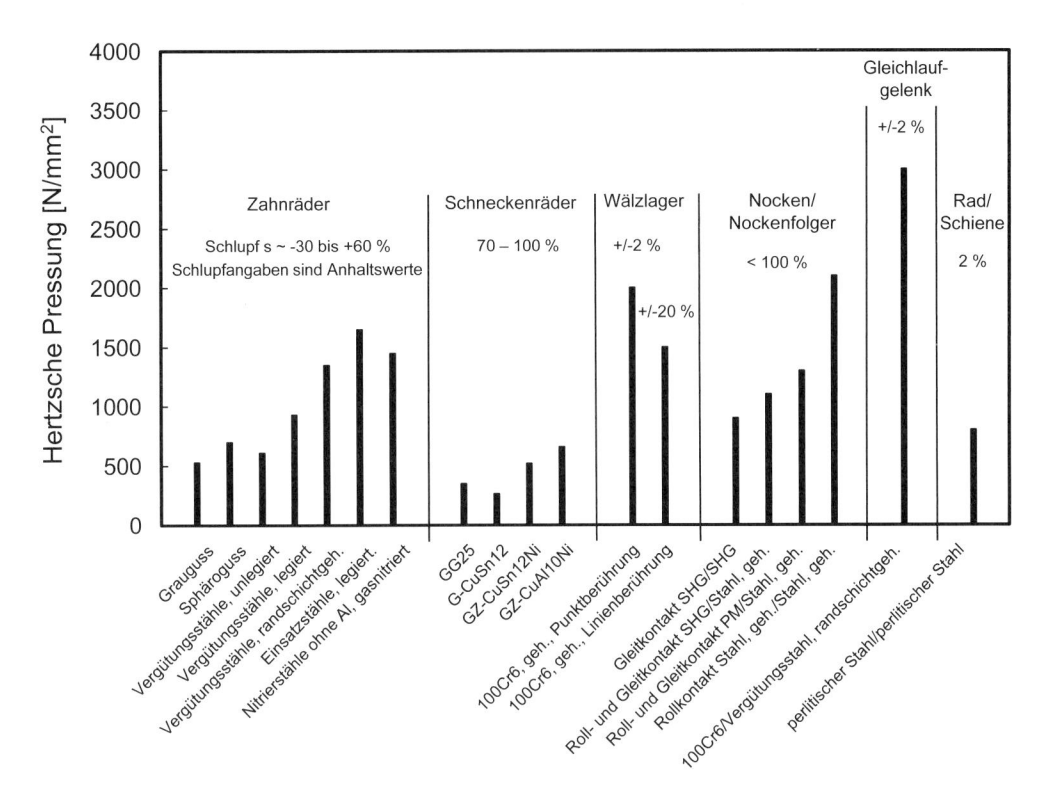

Bild 6.13: Vergleich der üblicherweise zulässigen Hertzschen Pressung verschiedener Bauteile aus unterschiedlichen Werkstoffen und mit einsatzbedingt unterschiedlichen Schmierzuständen. Für Zahnräder und Schneckenräder ist die ertragbare Flankenpressung σ_{Hlim}, für Wälzlager und Nocken/Nockenfolger (SHG = Schalenhartguss, PM = Pulvermetall) die ertragbare Hertzsche Pressung, für Gleichlaufgelenke die selten als Spitzen maximal auftretende Hertzsche Pressung aus Fahrversuchen und für das trocken laufende System Rad/Schiene die auftretende Hertzsche Pressung aufgetragen. Schlupf s = 100·Gleitgeschw./Wälzgeschw. in %

6.1.6 Zahnräder

6.1.6.1 Allgemeines

Zur Auslegung von Zahnrädern bedarf es einer genauen Kenntnis der Beanspruchung, der Werkstoffe und Schmierstoffe sowie der Fertigung. Bei Getrieben, die in hohen Stückzahlen gefertigt werden, wie z. B. bei Kfz-Getrieben, werden mit hohem Aufwand Beanspruchungskollektive für eine optimale Auslegung ermittelt [20]. Im praktischen Fahrbetrieb werden durch umfangreiche Messungen Beanspruchungskollektive aufgenommen, aus denen für Prüfstandsversuche Beanspruchungsprogramme unter bestimmten Gesichtspunkten wie Häufigkeit von Drehmoment, Drehzahl und Temperatur abgeleitet werden. Dies und die dort übliche Bauteilerprobung führen dazu, dass kleinere Sicherheitsbeiwerte gewählt werden können als es bei stationären Getrieben wegen der meist nicht genau bekannten Beanspruchungsverhältnisse der Fall ist. Die höheren Sicherheitsbeiwerte führen daher im Gegensatz zu den Kfz-Getrieben unter anderem zu größeren Dimensionierungen mit der Folge von Tragbildproblemen und bei der Einzelfertigung zu Fertigungsstreuungen [21]. Ein weiterer Unterschied zwischen Kfz-Getrieben und stationären Getrieben besteht in der Lebensdauer. Früher erreichten Kfz-Getriebe eine Lebensdauer von 2.000 bis 10.000 h (Pkw und Nkw), was etwa 100.000 bis 500.000 gefahrenen Kilometern entspricht, während bei stationären Getrieben mit einer rd. 10 mal so langen Lebensdauer gerechnet werden kann [21]. Heute können Kfz-Getriebe ohne Schaden mehr als die doppelte Anzahl von Kilometern erreichen [22], wobei die Lebensdauer u. a. von Beladung, Fahrweise und Strecke abhängt. In der Fördertechnik, wie bei Kranhubwerken, und in der Walzwerktechnik arbeiten viele Getriebe im Aussetzbetrieb (Wechsel von kurzen Laufzeiten und Stillstandszeiten) und Reversierbetrieb bei gleichzeitig niedrigen Drehzahlen, so dass die auftretenden Lastspielzahlen meist ins Zeitfestigkeitsgebiet fallen [23, 24]. Im Reversierbetrieb, der durch wechselnde Drehrichtung bei gleichbleibendem Drehsinn des Drehmomentes gekennzeichnet ist, werden erheblich höhere Lastspielzahlen erreicht als im Durchlaufbetrieb [25, 26]. Da im Zeitfestigkeitsgebiet eine höhere Flankentragfähigkeit als im Dauerfestigkeitsbereich besteht, lassen sich die Getriebe kleiner konstruieren. Die Lebensdauer der langsam laufenden Vorgelege beträgt etwa 5 bis 10 Jahre, in denen oft weniger als 10^6 bis 10^7 Lastspiele ertragen werden [26].

Die an Zahnrädern beobachteten Schäden umfassen sowohl die Zahnflanken als auch den Zahn insgesamt. Die Zahnflanken sind im Wesentlichen von drei Verschleißmechanismen betroffen, der tribochemischen Reaktion, der Adhäsion und der Oberflächenzerrüttung. Diesen Mechanismen sind die Verschleißerscheinungsformen Riefen, Fresser und Profiländerung sowie Graufleckigkeit, Grübchen und Abplatzer zuzuordnen. Gewalt- und Schwingbrüche von Zähnen werden hier jedoch nicht weiter betrachtet.

Schäden an Zahnrädern lassen sich nach [27] in folgende Fehlertypen und Fehlerursachen einteilen, wobei der abrasive Verschleiß stärker bewertet wurde als allgemein üblich, Tabelle 6.1.

Tabelle 6.1: Fehlertypen und Fehlerursachen an Zahnrädern [27]

Fehlertypen		Fehlerursachen	
		Überlastung, kontinuierlich	25,0 %
		Zusammenbau	21,2 %
Schwingbrüche der Zähne	36,8 %	Wärmebehandlung	16,2 %
Schwingbrüche an den Flanken	20,3 %	Überlastung, stoßartig	13,9 %
Gewaltbrüche	24,4 %	Ungeeigneter Schmierstoff	11,0 %
Abrasiver Verschleiß	10,3 %	Auslegung	6,9 %
Adhäsiver Verschleiß	2,9 %	Bedienungsfehler	1,5 %
Plastische Verformungen	5,3 %	Bearbeitung	1,4 %
		Fremdmaterial	1,4 %
		Material	0,8 %
		Lagerschäden	0,7 %

In **Bild 6.14** sind die Tragfähigkeitsgrenzen für die einzelnen Schäden bei einsatzgehärteten Zahnrädern qualitativ in Abhängigkeit von der Umfangsgeschwindigkeit für eine gegebene

6.1 Grundlagen

Auslegung dargestellt. Im unteren Geschwindigkeitsbereich ist das Grenzdrehmoment durch Verschleiß begrenzt. Bei mittleren Geschwindigkeiten kommt Graufleckigkeit zum Tragen, deren Grenze durch besseres Öl angehoben werden kann, so dass Grübchen bestimmend werden. Im Bereich hoher Umfangsgeschwindigkeiten kann Graufleckigkeit durch Fressen abgelöst werden. Die Verwendung eines unlegierten oder schwach legierten Öles führt bereits bei niedrigem Drehmoment und hohen Geschwindigkeiten zu Fresserscheinungen, deren Grenze sich durch Einsatz eines EP-legierten Öles zu höheren Grenzdrehmomenten verschieben lässt. Den aufgeführten Schäden liegen unterschiedliche Laufzeiten zugrunde. Während sich die Bildung von Grübchen, Graufleckigkeit und Zahnbruch im Zeitfestigkeitsgebiet abspielt und sich der Verschleiß bei niedrigen Geschwindigkeiten ebenfalls erst nach längeren Laufzeiten auswirkt, handelt es sich beim Fressen um eine plötzlich auftretende Erscheinung.

Für einen schadensfreien Betrieb ist jeweils das niedrigste Grenzdrehmoment maßgebend. Bei einer Auslegung muss im Wesentlichen berücksichtigt werden, dass vergütete Zahnräder grübchen- und gehärtete Zahnräder bruchgefährdet sind. Bis auf den Zahnbruch werden alle Schadensgrenzen durch den Schmierstoff beeinflusst. Die Tragfähigkeitsgrenzen bei vergüteten Zahnrädern verlaufen ähnlich, sind jedoch zu niedrigeren Schadensgrenzen, allerdings in unterschiedlichem Ausmaß, verschoben. Bei der Auslegung von Fahrzeuggetrieben wird in der Regel die Grübchengrenze zugrunde gelegt. In [28] werden Entwicklungstendenzen einsatzgehärteter Zahnräder aufgezeigt.

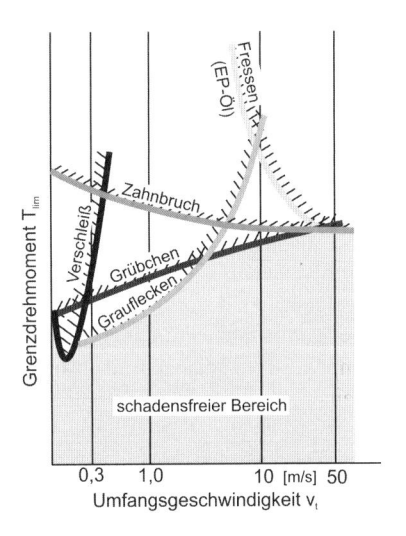

Bild 6.14: Haupttragfähigkeitsgrenzen von einsatzgehärteten Zahnrädern [FZG München]. Mit Verschleiß sind hier die tribophysikalischen und tribochemischen Reaktionen (vgl. Bild 2.5) gemeint.

Für Schneckenräder sind in **Bild 6.15** qualitativ einige Tragfähigkeitsgrenzen wiedergegeben [29], die sich in der Regel auf das Schneckenrad aus Bronze beziehen. Das schadensfreie Gebiet ist durch die Schraffur abgegrenzt. Im Gebiet kleiner Schneckendrehzahlen wird das

Grenzmoment des durch Gleitverschleiß geschwächten Zahnes wegen Bruchgefahr begrenzt. Wird die Drehzahl weiter erhöht, geht der Verschleiß infolge verbesserter Schmierverhältnisse zurück und wird wegen ungenügenden Einlaufs abgelöst von der Grübchenbildung. Bei noch höheren Drehzahlen kommt aufgrund des hohen Gleitanteiles die Wärmegrenze zum Tragen, die sowohl Schmierstoff als auch Werkstoff schädigt.

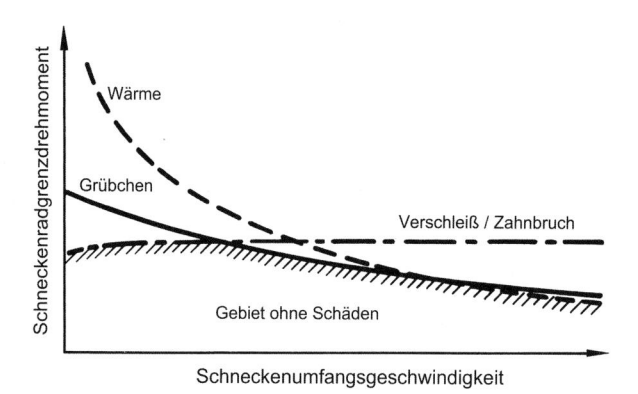

Bild 6.15: Tragfähigkeitsgrenzen von Schneckengetrieben [29]

In einer Reihe von Veröffentlichungen [27, 30 bis 40] sind Zahnradschäden zusammengestellt und beschrieben.

6.1.6.2 Beanspruchungs- und strukturbedingte Einflüsse

Im Wälzkontakt zwischen Zahnflanken herrscht im Allgemeinen ein instationärer, von vielen Parametern beeinflusster Beanspruchungszustand, der sich von Eingriffstellung zu Eingriffstellung ändert.

Die aus einem konstanten Drehmoment resultierenden Zahnkräfte sind bei idealer Geradverzahnung längs der Berührlinien (eigentlich durch elastische Deformation zur Berührfläche erweitert) gleichmäßig verteilt. Über der Zahnflanke dagegen ändert sich die Kraftübertragung, da abwechselnd ein und zwei Zahnpaare im Eingriff sind, **Bild 6.16a**. Im Bereich des Einzeleingriffs wird die Kraft nur von einem Zahnpaar übertragen, weshalb die Pressung hier am höchsten ist. Rechts und links davon im Eingriffsbeginn und -ende befindet sich der Doppeleingriff, in dem die Kräfte auf zwei Zahnpaare aufgeteilt werden. Durch eine Kopfrücknahme wird die Pressung zu Beginn und am Ende des Eingriffs weiter abgesenkt wie in Bild 6.16a dargestellt.

Bei der Schrägverzahnung sind dagegen mehr als zwei Zahnpaare gleichzeitig im Eingriff, so dass sich die Last auf mehrere Zähne verteilt. Die Berührlinien verlaufen hier schräg über die Flanke, wodurch sich ihre Länge während des Eingriffs ändert, **Bild 6.16b**. Der Eingriff erfolgt allmählich über die Zahnbreite. Die sich damit ändernde Zahnsteifigkeit bewirkt eine ungleichmäßige („sinusförmige") Lastverteilung über den Berührlinien und hängt im Wesentlichen von Zahnbreite und Schrägungswinkel ab [41]. Wie sich die Belastung während eines Abwälzvorganges auf der Zahnflanke ändert, geben die Linien konstanter Streckenlast wieder, **Bild 6.16c**. Auch der Ersatzkrümmungsradius ändert sich längs der Berührlinie und damit die

6.1 Grundlagen

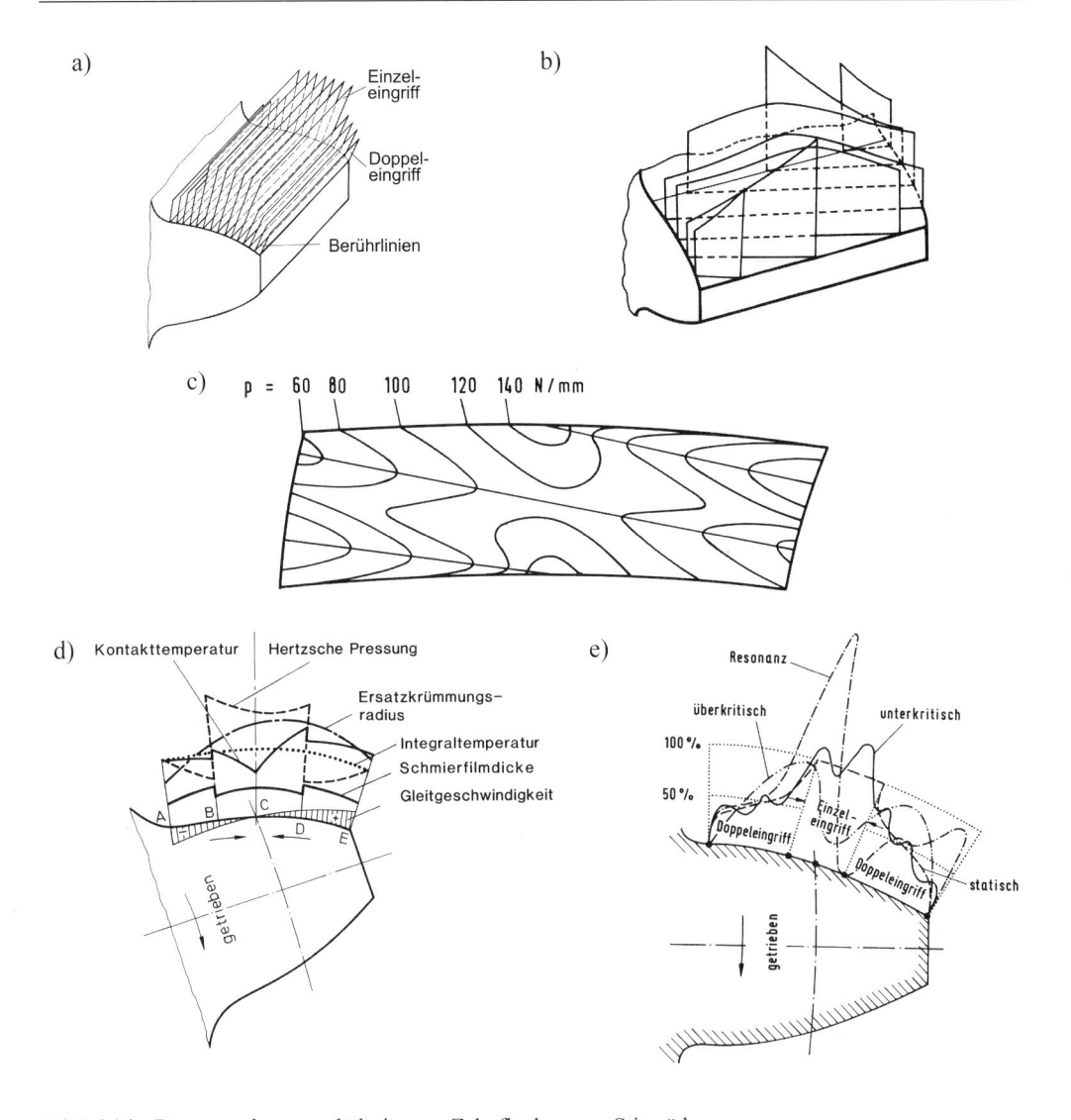

Bild 6.16: Beanspruchungsverhältnisse an Zahnflanken von Stirnrädern
  a) Lastverteilung entlang der Berührlinien bei Geradverzahnung mit Kopfrücknahme
  b) Lastverteilung entlang der Berührlinien bei Schrägverzahnung
  c) Linien gleicher Last bei Schrägverzahnung auf der abgewickelten Zahnflanke ($\beta = 23°$, $\alpha = 20°$, $m_n = 2,5$ mm, $b = 17,75$ mm) [41]
  d) Temperatur-, Hertzscher Pressungs-, Gleitgeschwindigkeits-, Schmierfilmdicken- und Krümmungsradiusverlauf bei Geradverzahnung
  e) tatsächliche Lastverteilung bei Geradverzahnung durch innere dynamische Zusatzkräfte [42]

Verteilung der Hertzschen Pressung. Mittels geeigneter Profilkorrektur, wie z. B. Kopfrücknahme, können wie bei der Geradverzahnung die örtlichen Pressungserhöhungen im Bereich des Eingriffsbeginns und Eingriffsendes erniedrigt werden, wodurch eine Vergleichmäßigung der Pressungsverteilung erreicht wird.

Schneckengetriebe (rechtwinklig gekreuzte Achsen) weisen ebenfalls eine Linienberührung und eine Lastaufteilung auf mehrere Zähne (2 bis 4) auf und bewirken im Vergleich zu Schraubrädern eine höhere Tragfähigkeit. Die Verzahnung der Schnecke stellt ein ein- oder mehrgängiges Gewinde dar.
Kegelräder mit sich schneidenden Achsen zeichnen sich durch einen linienförmigen Kontakt, Kegelräder mit versetzten Achsen (Hypoidräder) und Schraubräder (schrägverzahnte Stirnräder mit gekreuzten Achsen) dagegen durch elliptische Punktberührung aus.

Für die Beurteilung der Oberflächenzerrüttung bei allen Verzahnungsarten stellt die Hertzsche Pressung eine der wichtigsten Größen dar, deren theoretischer Verlauf bei konstanter Last qualitativ am Beispiel der Geradverzahnung unter Berücksichtigung der sich über den Flanken ändernden Krümmungsradien in **Bild 6.16d** zu ersehen ist. Im praktischen Betrieb liegen die Hertzschen Pressungen zwischen 500 und 1700 N/mm^2 (max. 2000 N/mm^2). Die von den Zahnflanken zu übertragenden Kräfte sind jedoch in der Praxis zeitlich nicht konstant. Äußere und innere dynamische Zusatzkräfte können erhebliche Änderungen in der Lastverteilung, **Bild 6.16e**, und somit in den Flächenpressungen bewirken [42]. Die inneren Zusatzkräfte können aus Verzahnungsabweichungen und aus wechselnden Gesamtsteifigkeiten der Verzahnung resultieren.

Auch die Gleitgeschwindigkeiten ändern über den Zahnflanken ihre Höhe und zusätzlich noch ihre Richtung. Bei der Geradverzahnung findet ab dem Wälzkreis, in dem die Gleitgeschwindigkeit gleich null ist, eine Richtungsumkehr statt. In Richtung Zahnfuß bzw. Zahnkopf steigt jeweils die Gleitgeschwindigkeit an und erreicht am Fuß- bzw. am Kopfeingriffspunkt ihren Maximalwert. Unterhalb des Wälzkreises liegt negativer Schlupf vor (Gleitbewegung und Rollbewegung des Berührpunktes im Fußbereich entgegengesetzt) und oberhalb positiver Schlupf (Gleitbewegung und Rollbewegung des Berührpunktes im Kopfbereich gleichgerichtet), Bild 6.16d, wobei im Eingriffsbeginn und Eingriffsende die Maximalwerte auftreten, vgl. auch Bild 6.29.
Bei Schrägzahnrädern kommt durch den Schrägungswinkel zur Gleitbewegung in Zahnhöhenrichtung noch eine Bohrbewegung hinzu. Im Wälzkreis selbst findet kein Gleiten statt, was für gerad- und schrägverzahnte Stirnräder sowie für Kegelräder mit sich schneidenden Achsen zutrifft.
Schneckengetriebe weisen im Vergleich zu Stirnrädern ausgeprägte Gleitbewegungen zwischen den Zahnflanken mit hohen Anteilen längs der Berührlinien (kein konvergierender Schmierspalt) und mit geringen schmierfilmbildenden Anteilen in Zahnhöhenrichtung auf. Diese Gleitbewegungen gewährleisten zwar einen geräuscharmen Lauf, was einlauffähige Zahnflanken erfordert, führen aber zu deutlich höheren Temperaturen als bei Stirnradgetrieben.

Bei Hypoidgetrieben tritt neben der Gleitkomponente in Zahnhöhenrichtung zusätzlich noch eine vom Achsabstand abhängige Komponente in Zahnlängsrichtung auf, weshalb auf der

6.1 Grundlagen

gesamten Zahnflanke, auch im Wälzkreis, Gleiten stattfindet. Infolge der ständigen Richtungsänderung der Gleitgeschwindigkeit entsteht auch noch eine Bohrbewegung. Diese Geschwindigkeitsverhältnisse sind tribologisch ungünstig, da sie den Schmierfilmaufbau erschweren. Schraubgetriebe weisen ebenfalls eine Gleitkomponente in Zahnlängsrichtung auf. Die ungünstigen Beanspruchungsbedingungen (Punktberührung und hohe Gleitanteile) bei Hypoid- und Schraubgetrieben erfordern wegen der Fressgefahr besondere Schmierstoffe.

Die sich auf den Zahnflanken einstellende Temperatur wird als maßgebend für Fressvorgänge angesehen [43]. Versuche und praktische Erfahrungen haben gezeigt, dass eine Integraltemperatur als Kriterium am besten geeignet ist. In Bild 6.16d sind die berechnete Kontakttemperatur nach Blok [44] und die Integraltemperatur nach DIN 3990-4, 1987-12 qualitativ eingezeichnet.

Bei den bisherigen Betrachtungen der Zahnflankenbeanspruchung blieb die Anwesenheit des Schmierstoffes als wesentliches Konstruktionselement unberücksichtigt. In Abhängigkeit von den sich ändernden Beanspruchungsverhältnissen im Eingriffsgebiet und dem verwendeten Schmierstoff stellen sich auf den Zahnflanken unterschiedliche Schmierzustände ein, **Bild 6.17** [45]. Die wünschenswerte Flüssigkeitsreibung wird in der Regel nur bei hohen Umfangsgeschwindigkeiten erreicht und wenn, dann nur bereichsweise.

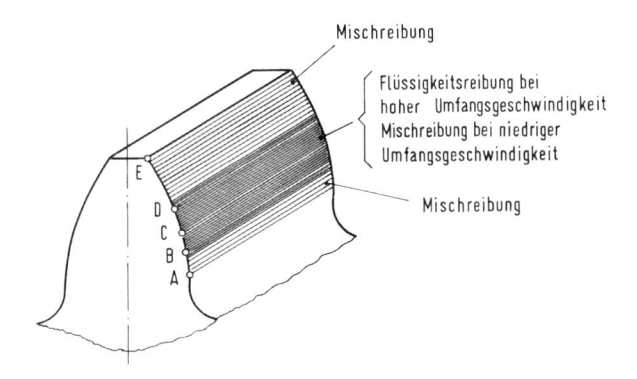

Bild 6.17: Reibungszustände auf der Zahnflanke [45]

Die Ausdehnung dieser Zustände ließ sich durch Stromdurchgangsmessungen abschätzen. Bei niedrigen Umfangsgeschwindigkeiten ist mit Mischreibung zu rechnen, deren Festkörperanteil zum Zahnkopf und Zahnfuß hin zunimmt, und die mit steigender Umfangsgeschwindigkeit von der Flüssigkeitsreibung verdrängt wird. Die günstigsten Schmierbedingungen herrschen im Allgemeinen im Wälzpunkt. Unter elastohydrodynamischen Bedingungen werden die Zahnflanken vollständig getrennt. Der sich dabei bildende Druck- und Schmierspaltverlauf geht aus Bild 6.6 hervor. Die minimale theoretische Schmierfilmdicke, deren Verlauf über der Zahnflanke Bild 6.16d tendenzmäßig wiedergibt, kann in Verbindung mit Rauheitskennwerten der Zahnflanken zur Beurteilung des Schmierzustandes durch die Beziehung

$$\lambda = \frac{2h_c}{R_{a1} + R_{a2}} \qquad (6.7)$$

herangezogen werden [46]. Dabei stellen h_c die minimale Schmierfilmdicke im Wälzpunkt (reines Rollen) und $(R_{a1} + R_{a2})/2$ den arithmetischen Mittelwert der Mittenrauwerte beider Zahnflanken dar. Für $\lambda > 2$ liegt eine vollständige Trennung (praktisch keine Oberflächenschäden) und für $\lambda < 0,7$ Grenzreibung vor (Gefahr von Oberflächenschäden). Ähnliche Grenzwerte erhält man, wenn der quadratische Mittenrauwert R_q zugrunde gelegt wird [47], vgl. Gleichung (6.2) und Bild 6.10. Bei Misch- und Grenzreibung ist besonders die Reaktionsschichtbildung durch Schmierstoffadditive gefordert.

Der EHD-Druckverlauf wird von der Pressung, der Temperatur und der Viskosität beeinflusst. Mit zunehmendem Druck und steigender Temperatur sowie abnehmender Viskosität verschwindet das zweite Druckmaximum im Auslauf [48]. Auch längs der Zahnflanke bzw. Eingriffsstrecke ändert die Druckspitze ihre Lage und Höhe [49], **Bild 6.18**, und kann je nach Ausbildung zu höheren Spannungen im Zahnkontakt führen als die elliptische Druckverteilung nach Hertz.

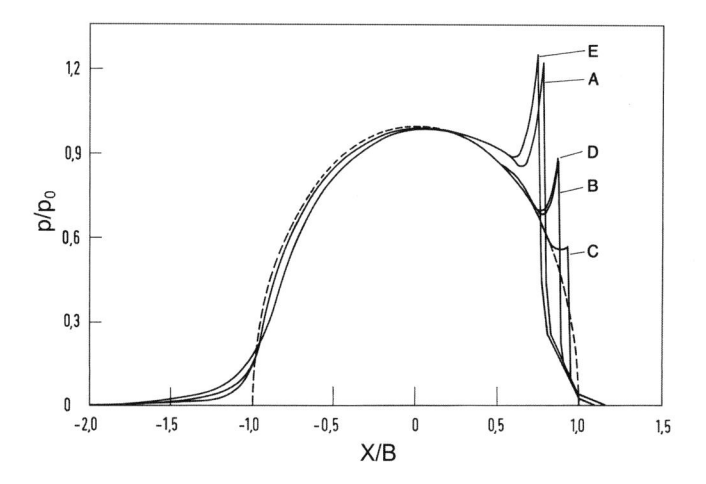

Bild 6.18: Gerechneter Druckverlauf über der Eingriffsstrecke einer einsatzgehärteten Geradverzahnung. Dimensionslose Darstellung: Druck p ist auf die Hertzsche Pressung p_0 und die Kontaktkoordinate auf die halbe Hertzsche Breite B bezogen. Beanspruchung: $p_C = 1470$ N/mm² (Hertzsche Pressung im Wälzpunkt), n = 3000 min⁻¹, $\vartheta_0 = 107$ °C; Schmierstoff: $v_{50} = 273$ mm²/s, $v_{100} = 29,2$ mm²/s (kin. Viskosität bei 50 °C und 100 °C); Verzahnung: a = 91,5 mm, $m_n = 4,5$ mm, $z_2/z_1 = 23/16$, b = 14 mm, $x_1 = 0,44$, $\alpha_{wt} = 25,69°$ [49]. A bis E vgl. auch Bild 6.16d, Bild 6.17 und Bild 6.19

Zu dieser Beanspruchung kommen noch die infolge der Gleitbewegung hervorgerufene Tangentialbeanspruchung (außerhalb des Wälzpunktes) und die thermische Beanspruchung aus der Verlustleistung infolge Gleitens hinzu. Das führt an der Oberfläche im Bereich der Druckspitze (vgl. Bild 6.8) zu einer deutlichen Spannungskonzentration. Diese Spannungskonzentration ist als Oktaederschubspannung in **Bild 6.19** dargestellt und verdeutlicht die unterschiedliche Beanspruchung der Zahnflanken längs der Eingriffsstrecke von Ritzel Ri und Rad Ra sowie insbesondere die höhere Beanspruchung im Bereich negativen Schlupfes (A bis C) ge-

6.1 Grundlagen

genüber dem Bereich positiven Schlupfes (C bis E). Die Oktaederschubspannung τ_{os} ist mit der Vergleichsspannung σ_v nach der GEH über die Beziehung $\tau_{os} = \frac{\sqrt{2}}{3} \cdot \sigma_v$ verknüpft. Die gerechneten Schubspannungen an der Oberfläche erreichen nicht die Maximalwerte im Werkstoff.

Unter den strukturbedingten Einflüssen sind vor allem Viskosität, Werkstoff, Wärmebehandlung, Fertigungsabweichungen (Flankenform-, Flankenrichtungs- und Eingriffsteilungsabweichungen) und Oberflächenfeingestalt zu nennen. Manchmal beeinflussen sich die Größen auch gegenseitig. So bewirken Fertigungsabweichungen zusätzliche Zahnkräfte, und die Temperatur beeinflusst die Viskosität. Auf diese genannten Einflussgrößen wird bei den nachfolgenden Verschleißmechanismen bzw. Verschleißerscheinungsformen eingegangen.

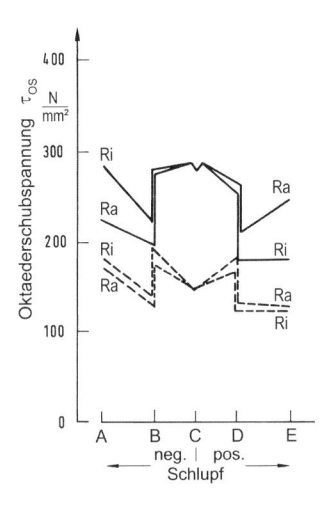

Bild 6.19: Gerechnete maximale Oberflächenbeanspruchung über der Eingriffsstrecke A-E einer Geradverzahnung (A-B und D-E Doppeleingriff); Beanspruchung: —— p_C = 1470 N/mm², ----- p_C = 735 N/mm² (Index C = Wälzpunkt), n_1 = 3000 min⁻¹ (Ritzeldrehzahl), Einspritztemperatur ϑ_E = 67 °C [49]. R_i = Ritzel, R_a = Rad

6.1.6.3 Tribochemische Reaktion

An unter Mischreibungsbedingungen laufenden Zahnrädern findet der Verschleiß in der Regel innerhalb der Reaktionsschichten statt, die sich bei geeignet additivierten und auf den Werkstoff abgestimmten Schmierstoffen an mechanisch hoch angeregten Kontaktstellen temperaturgesteuert bilden und die Grenzflächen somit physikalisch und chemisch günstig beeinflussen. Dabei bestimmen die Eigenschaften der Reaktionsschicht die Verschleißhöhe. So kann bei wenig scherstabilen Schichten hoher Verschleiß oder bei Erreichen einer werkstoff- und schmierstoffspezifischen Beanspruchungsgrenze ein Ausfall sogar durch Fressen eintreten. Die Additive der Schmierstoffe müssen daher in der Lage sein, die Werkstoffgrenzschicht so zu verändern, dass die paarungsbedingte Adhäsion metallisch blanker Kontaktstellen unterdrückt wird und sie den Beanspruchungsbedingungen weitgehend standhält. Das bedeutet aber auch, dass sich diese Grenzschicht im beanspruchten Bereich geschlossen ausbildet und nicht nur auf einzelne hoch angeregte Kontaktpunkte beschränkt bleibt. Durch ihre im Vergleich zum Grundwerkstoff niedrigere Scherfestigkeit werden sie während des Gleitvorganges leichter abgetragen. Es stellt sich ein Gleichgewichtszustand zwischen Abtragsrate und Neubildungsrate ein.

Bei geringen Umfangsgeschwindigkeiten („Langsamlauf"), z. B. bei der letzten Stufe mehrstufiger Getriebe, kann sich infolge der Mischreibungs- und Grenzreibungsbedingungen beachtlicher Verschleiß einstellen, der mit steigender Umfangsgeschwindigkeit durch zunehmenden elastohydrodynamischen Traganteil in die Tieflage übergeht, **Bild 6.20** [50].

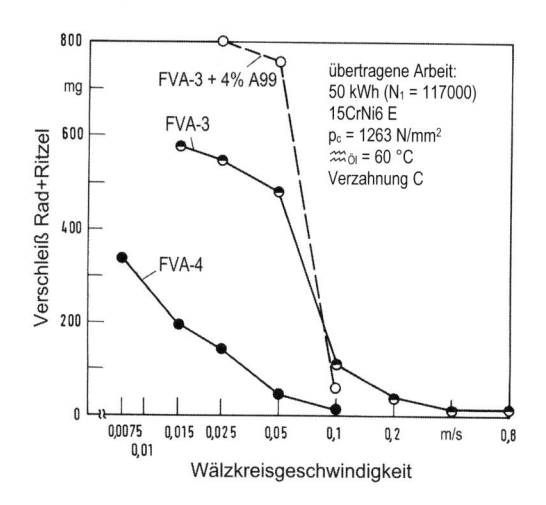

Bild 6.20: Verschleiß einsatzgehärteter Zahnradpaarungen in Abhängigkeit von der Wälzkreisgeschwindigkeit für unterschiedlich viskose Mineralöle (FVA-3: v_{40} = 100 mm²/s, FVA-4: v_{40} = 500 mm²/s, N_1 = Zahl der Ritzelüberrollungen, p_C = Hertzsche Pressung im Wälzpunkt) [50]

Durch Erhöhung der Viskosität des unlegierten Schmierstoffs von v_{40} = 100 mm²/s (FVA-3) auf v_{40} = 500 mm²/s (FVA-4) lässt sich der Übergang zur Verschleißhochlage zu niedrigeren Umfangsgeschwindigkeiten verschieben, da der Festkörpertraganteil zugunsten des EHD-Anteils zurückgedrängt wird. Bei Unterschreitung der Umfangsgeschwindigkeit von rd. 0,1 m/s und einer rechnerischen Schmierfilmdicke von < 0,1 µm ist mit erheblichem Verschleiß in Ermangelung einer geeigneten tribochemischen Reaktionsschichtbildung zu rechnen, der zu beträchtlichen Zahnprofiländerungen führen kann, vgl. Bild 6.99. Der aus dem Öl und der Luft stammende Sauerstoff reichen nicht aus. Hier waren überwiegend physikalische Grenzschichteffekte wie Polarität und der schmierfilmbildende Parameter Viskosität wirksam. Neben einer Erhöhung der Viskosität ist auch durch geeignete Additivierung eine Verringerung des Verschleißes möglich. Die Verwendung des Schwefel-Phosphor-Additivs Anglamol 99 bringt unter den angewandten Bedingungen im Mischreibungsgebiet wider Erwarten keine Verringerung des Verschleißes, sondern im Gegenteil eine Erhöhung. Offensichtlich ist bei der Öltemperatur von 60 °C die Energie in den Kontaktbereichen zur Auslösung einer verschleißsenkenden Reaktionsschichtbildung nicht ausreichend (Reaktionslücke), vgl. Bild 6.42, so dass

6.1 Grundlagen

sogar eine korrosiv wirkende Komponente zu vermuten ist. Die gut eingelaufenen Zahnflanken bei den günstigen Schmierbedingungen (v = 0,5 m/s) wiesen mit abnehmender Schmierfilmdicke zunehmende Riefenbildung auf. Aus Untersuchungen an Axialzylinderrollenlagern [51] und Zahnrädern der Verzahnung A (hoher Gleitanteil) im Zahnradverspannungsprüfstand [52] ist zu entnehmen, dass Verschleiß durch Reaktionsschichten dann reduziert wird, wenn sie einen hohen Sauerstoffanteil mit ausreichender Dicke aufweisen; derartige Schichten konnten sich hier wahrscheinlich nicht bilden.

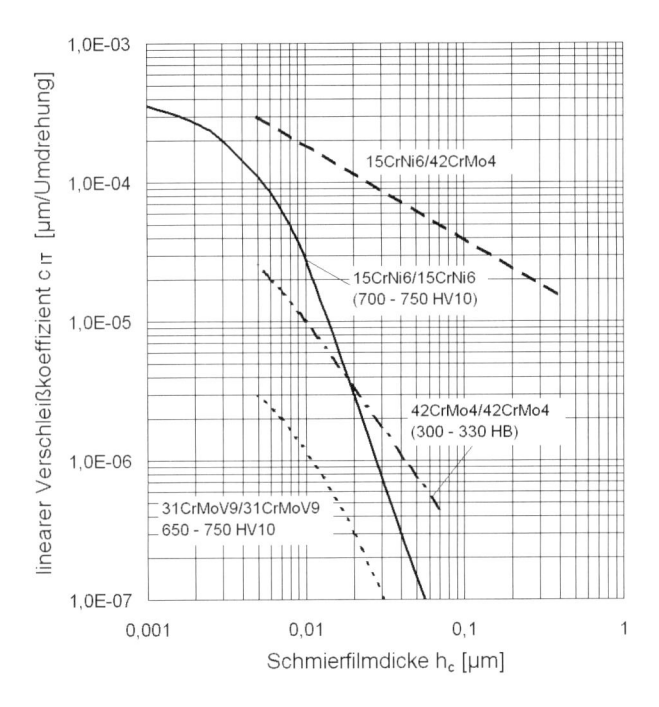

Bild 6.21: Linearer Verschleißkoeffizient c_{lT} für verschiedene Versuchsbedingungen in Abhängigkeit von der Schmierfilmdicke unter Verwendung unlegierter Mineralöle; Flankenpressung σ_H = 1160 N/mm² für Nitrier- und Einsatzstahl und σ_H = 635 N/mm² für Vergütungsstahl und für die Paarung Einsatzstahl/Vergütungsstahl (σ_H entspricht der Hertzschen Pressung im Wälzpunkt); Umfangsgeschwindigkeit v_t = 0,015 bis 2,76 m/s; kinematische Viskosität v_{40} = 16,6 bis 500 mm²/s; Verzahnung C mit dem Ersatzkrümmungsradius ρ_C = 8,4 mm und ζ_W = 0,74 [50]

Eine rechnerische Abschätzung des Verschleißes für Geradverzahnungen von Getrieben mit niedrigen Wälzkreisgeschwindigkeiten < 0,5 m/s, unlegierten Mineralölen und verschiedenen Werkstoffen kann unter Berücksichtigung des in Versuchen ermittelten Verschleißkoeffizienten c_{lT} als Funktion der Schmierfilmdicke, **Bild 6.21**, erfolgen [50]. Die versuchsbedingten großen Streuungen sind im Bild nicht eingezeichnet. In die Berechnung gehen weiter die Relativwerte (Verhältniswerte des zu berechnenden Getriebes zu denen des Testgetriebes oder zu denen aus Bild 6.21) der Hertzschen Pressung σ_H im Wälzpunkt, der Ersatzkrümmungsradien im Wälzpunkt ρ_C und der verschleißwirksame Wert des spezifischen Gleitens ζ_W ein. Möglicherweise decken die großen Streuungen auch Änderungen im Verschleißmechanismus durch Reaktionsschichtbildung bei der Verwendung additivierter Öle ab.

Von den thermochemischen Wärmebehandlungsverfahren erweisen sich Nitrieren und Borieren als deutlich günstiger im Vergleich zum Einsatzhärten, solange bei niedrigen Umfangsgeschwindigkeiten Mischreibungsbedingungen vorliegen und Oberflächenzerrüttung nicht eintritt [50]. Ungünstig wirken sich geringe Härteunterschiede zwischen Ritzel und Rad aus, wobei der weichere Partner stärker verschleißt. Deshalb sollten Ritzel und Rad gleich hart ausgeführt werden. Bei Schiffs- und Walzwerkgetrieben sowie bei Planetengetrieben werden aus wirtschaftlichen Gründen häufig die Ritzel bzw. Planetenräder gehärtet und die Großräder bzw. Hohlräder vergütet. Bei einer Paarung hart/weich kann es bei ungünstigen Schmierbedingungen $h_C < 0,5$ μm zu hohem Verschleiß am weicheren Rad kommen, vgl. Paarung 15CrNi6/42CrMo4 in Bild 6.21 [50].

Bei Schneckengetrieben stellt der hohe Gleitanteil im Zahnkontakt besondere Anforderungen an Werkstoff und Schmierstoff. Übliche Werkstoffpaarungen bestehen aus einlauffähiger Phosphor- und Nickelbronze für das Schneckenrad und aus einsatzgehärtetem Stahl für die Schnecke. Der Einsatz der Bronze unterbindet zwar Fressen, aber insgesamt ist der Verschleiß des Schneckenrades noch hoch, so dass dieser die Lebensdauer begrenzen kann. Umfangreiche Untersuchungen zur Werkstoffoptimierung haben ergeben, dass der Verschleiß mit einer Bronze mit 4,5 % Ni um den Faktor 2 gegenüber einer Bronze mit 2,2 % Ni reduziert werden kann, **Bild 6.22** [53]. Ebenso verbessert eine Verringerung der Korngröße von 130 μm auf 75 μm das Verschleißverhalten. Dagegen erhöhen Phosphorgehalte über 0,1 % den Verschleiß.

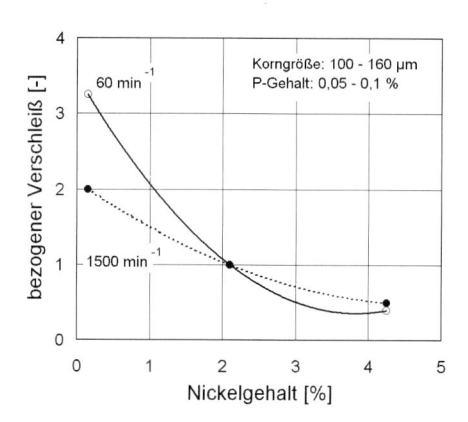

Bild 6.22: Einfluss des Ni-Gehaltes auf die bezogene Massenabnahme von Bronze-Schneckenrädern. Verschleiß auf die Standardbronze GZ-CuSn12 mit 2,2 % Ni bezogen, Schmierstoff FVA PG4 (Polyglykol) mit 4 % LP1655, Tauchschmierung mit unten liegender Zylinderschnecke aus 16MnCr5 mit 59 HRC [53]

Die gängige Werkstoffpaarung einsatzgehärtete Schnecke/Bronzeschneckenrad durch kostengünstigere alternative Werkstoffpaarungen zu ersetzen, war das Ziel von Untersuchungen mit der Kombination Vergütungsstahl/Sphäroguss [54]. Durch Optimierung der Härte des Schne-

6.1 Grundlagen

ckenwerkstoffes 42CrMo4, vergütet auf 310 HV10, und Flankenrücknahme am Schneckenrad in Verbindung mit einem fresstragfähigen EP-additivierten Schmierstoff auf Polyglykolbasis mit der Viskosität v_{40} = 460 mm²/s konnten mit dem Radwerkstoff GGG-40 der Härte 180 HB trotz des adhäsionsfreudigen hohen Ferritanteils von 80 bis 90 % erheblich geringere Verschleißraten erzielt werden als sie für die Bronzeräder in DIN 3996 angegeben sind. Für den Anwendungsbereich dieser Paarung werden Gleitgeschwindigkeiten v_{gm} < 7 m/s, Achsabstände a < 150 mm und Übersetzungen i = 10 bis 30 genannt.

Gegenüber Stahl weisen Bronze und Sphäroguss eine deutlich geringere Verschleißbeständigkeit auf, weshalb Anstrengungen unternommen wurden, auch für Schneckengetriebe einsatzgehärtete Stahl/Stahl-Paarungen unter Verwendung von Polyglykolschmierstoffen, die für extreme Bedingungen (wie z. B. bei Hypoidgetrieben) geeignet sind, einzusetzen [55]. Dabei sind jedoch hohe Anforderungen an Fertigungs- und Einbauqualitäten zu stellen, da das Einlaufverhalten bei Stahl/Stahl-Paarungen gegenüber Bronze/Stahl erschwert ist. In **Bild 6.23** ist der Verschleiß der Stahlpaarung dem der Sphäroguss- und Bronzepaarung gegenübergestellt. Der Verschleiß der Schneckenräder wurde als Massenabnahme bestimmt und auf die übertragene Arbeit bezogen. Der Verschleiß des Stahlrades liegt um mehrere Größenordnungen niedriger als derjenige von vergleichbaren Sphäroguss- und Bronzeschneckenrädern.

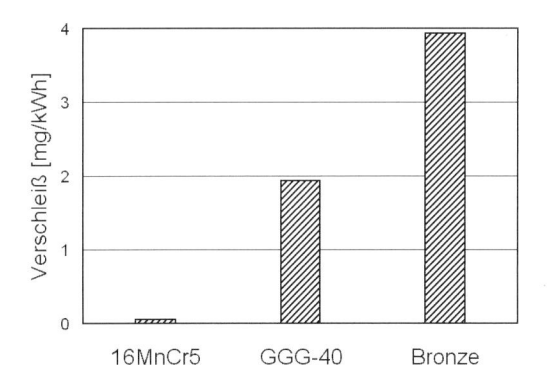

Bild 6.23: Verschleißrate von Schneckenrädern aus 16MnCr5 (57 HRC), GGG-40 und Bronze gepaart mit einer Schnecke aus 16MnCr5 (60 ± 2 HRC), Tauchumlaufschmierung mit Polyglykol (Syntheso D 460 EP) und unten liegender Schnecke, Einlaufhilfe Manganphosphatschicht [55]

Mit den nachstehend aufgeführten Maßnahmen lässt sich Verschleiß im Mischreibungsgebiet verringern:

- Wärmebehandlung durch Nitrieren (Reduzierung der Adhäsion)
- Vermeidung größerer Härteunterschiede zwischen den kämmenden Zahnflanken,
- wegen Verschleißanstieg des weicheren Partners
- Profilkorrekturen durch Kopfrücknahme (Wirkung um so größer, je größer die
- relative Gleitgeschwindigkeit) [50, 56]
- Reduzierung des Moduls [50]

- Erhöhung der Viskosität [50]
- geeignete Additivierung (Ansprechbarkeit der Additive bei niedrigen Grenzflächentemperaturen, werkstoffabhängige Auswahl bei Stahl oder Buntmetall, S-haltige Additive können an Bronzerädern erhöhten Verschleiß bewirken)
- Wechsel der Ölsorte von Mineralöl auf Syntheseöl (geringe Reibung) [55].

In [56] sind die Größenordnungen der strukturbedingten Einflussgrößen auf die quantitative Auswirkung des Verschleißes im Mischreibungsgebiet bei niedrigen Umfangsgeschwindigkeiten < 0,5 m/s („Langsamlaufverschleiß") zusammengestellt.

6.1.6.4 Adhäsion

Neben diesem unter Mischreibungs- und Grenzreibungsbedingungen auftretenden Gleitverschleiß können sich auch gravierende adhäsiv bedingte Schäden infolge von Fressen einstellen, wenn die in den Kontaktbereichen sich aus der in Wärme umgesetzten Energie ergebenden Öltemperaturen kritische Werte erreichen, die zu einem Versagen des Schmierfilmes oder zum Zerstören physikalischer oder chemischer Reaktionsschichten führen. Dabei entstehen lokale Mikroverschweißungen, wodurch es bei einer Trennung außerhalb der Bindungsebene zu einer makroskopischen Oberflächenaufrauung kommt, die sich mikroskopisch in Werkstoffübertragung, Riefenbildung, Schubrissen und Überschiebungen manifestiert. Bei diesem spontan einsetzenden Prozess (z. B. bei kurzzeitiger Überlastung, Ausfall der Schmierstoffversorgung oder zwischen die Kontaktflächen gelangten Verschleißpartikel) wird gelegentlich zwischen Kaltfressen und Warmfressen unterschieden. Kaltfressen tritt vereinzelt bei niedrigen Umfangsgeschwindigkeiten < 4 m/s meist bei vergüteten Zahnrädern grober Verzahnungsqualität auf. Beim Warmfressen, das bei hohen Umfangsgeschwindigkeiten etwa > 4 m/s an einsatzgehärteten und geschliffenen Zahnrädern auftritt, werden manchmal auch Anzeichen einer Überhitzung in Form von Anlauffarben beobachtet. Die Unterscheidung in Kalt- und Warmfressen erscheint jedoch wenig sinnvoll, da in der Praxis die Beanspruchungsbedingungen häufig nicht bekannt sind und die anfänglich graduellen Unterschiede der Erscheinungsformen meist im fortgeschrittenen Stadium nicht mehr vorliegen.

Von Fressern betroffen sind bevorzugt die korrespondierenden Bereiche hoher Gleitgeschwindigkeit am Zahnkopf (Ritzel) und -fuß (Rad) gegen Eingriffsende. Im Wälzkreis wird wegen fehlenden Gleitanteils kein Fressen beobachtet. Die geschädigten Zahnflanken sind durch unterschiedlich breite Zonen mit Fressern gekennzeichnet. Den größten Einfluss haben Umfangsgeschwindigkeit, von der Verzahnungsgeometrie abhängige Gleitgeschwindigkeit, Schmierstoff und Additivierung.

In der Regel wird mit steigender Umfangsgeschwindigkeit eine Abnahme der Fresstragfähigkeit beobachtet, die bei einigen, insbesondere EP-additivierten, Ölen nach Erreichen eines Minimums wieder anzusteigen beginnt, **Bild 6.24** [57]. Dabei wird der Verlauf wesentlich von der Schmierstoffart und die Höhe der Grenzlast von Additiven und Viskosität bestimmt. Untersuchungen [58, 59] zeigen, dass sich der fallende Ast der Fresstragfähigkeit und der Wiederanstieg mit der Kontaktzeit, die über die Temperatur mit der Kinetik chemischer Reaktionen verknüpft ist, plausibel erklären lassen. Die Fressen auslösende kritische Grenztemperatur ist bei kleineren Umfangsgeschwindigkeiten (lange Kontaktzeiten) bis zur minimalen Fress-

6.1 Grundlagen

grenzlast zunächst unabhängig von der Kontaktzeit, aber abhängig von der Geschwindigkeit. Im Bereich des Wiederanstiegs der Fressgrenzlast werden bei den immer kürzer werdenden Kontaktzeiten höhere Lasten und daraus resultierende Grenztemperaturen benötigt, um die Reaktionsschicht zu zerstören.

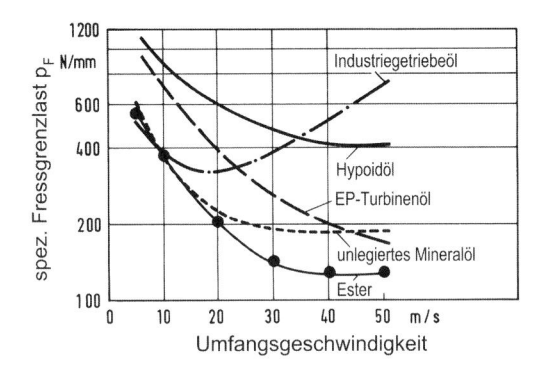

Bild 6.24: Fresstragfähigkeit als Funktion der Umfangsgeschwindigkeit für verschiedene Öle [57]. Die spez. Fress-Grenzlast p_F stellt die auf die Zahnbreite bezogene Normalkraft dar. Prüfräder aus 20MnCr5 mit Zahnform A (mit hohem Gleitanteil durch Profilverschiebung x): m = 4,5 mm, z_1/z_2 = 16/24, x_1 = 0,8635, x_2 = - 0,5, $\vartheta_{Öl}$ = 90°C

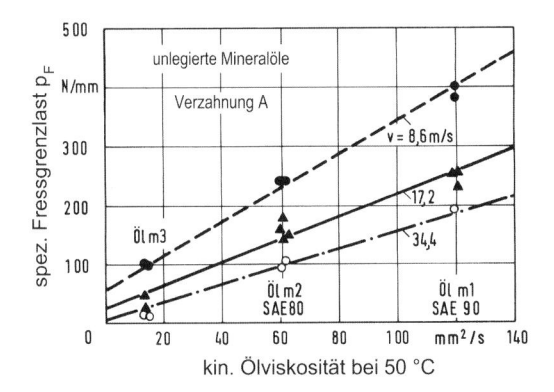

Bild 6.25: Einfluss der Nennviskosität v auf die Fresstragfähigkeit für drei unlegierte Mineralöle für verschiedene Umfangsgeschwindigkeiten. Prüfräder und Öltemperatur, vgl. Bild 6.24 [57]

Den Einfluss der Viskosität einiger unlegierter Mineralöle gibt **Bild 6.25** wieder [57]. Durch die höhere Geschwindigkeit wird die Öltemperatur in der Kontaktzone erhöht und damit die Ölviskosität reduziert, so dass trotz verbesserter EHD-Bedingungen die Fressgrenzlast abfällt. Auch alterungsbedingte Schmierstoffveränderungen in Form von Viskositätserniedrigung und Additivabbau können die Fressneigung erhöhen [60].

Weitere wichtige Einflussgrößen stellen die Oberflächentopographie und die Gefüge dar. Die Oberflächentopographie wirkt sich insbesondere während der Einlaufphase aus. Durch das Einglätten lässt sich eine Steigerung der Fresstragfähigkeit gegenüber nicht oder schlecht eingelaufenen Zahnflanken erzielen [61]. Hinsichtlich des Gefüges spielt die Wärmebehandlung eine wichtige Rolle. Einsatzgehärtete Zahnräder mit Restaustenit weisen eine höhere Fressneigung auf als restaustenitfreie; dagegen nimmt die Fressneigung bei nitrierten Zahnrädern im Vergleich zu vergüteten und einsatzgehärteten Zahnrädern aufgrund der Stickstoffanreicherung in der Randzone ab [56]. Ähnliches wird auch an Schraubenrädern beobachtet [62].

Die Gefährdung der Zahnflanken durch Fressen, das durch den Zusammenbruch des Schmierfilms und der Reaktionsschichten infolge hoher Energieumsetzung im Kontakt ausgelöst wird („Warmfressen"), kann nach DIN 3990, Teil 4 [63] mit zwei Verfahren abgeschätzt werden:

- Das Integraltemperatur-Verfahren gibt einen gewichteten Mittelwert der Oberflächentemperatur entlang der Eingriffstrecke an.
- Das Blitztemperatur-Verfahren beschreibt eine veränderliche Kontakttemperatur über der Eingriffsstrecke.

Die zulässige Grenztemperatur wird für den verwendeten Schmierstoff im Zahnradtest nach DIN ISO 14635-1 [64] ermittelt und mit der berechneten Integraltemperatur bzw. Blitztemperatur verglichen.

Erfahrungen aus der Praxis mit Fresserscheinungen in Großgetrieben während der Einlaufphase oder des Probelaufes waren Anlass für Untersuchungen über das Fressverhalten mit großmoduligen Zahnrädern (8, 10 und 12 mm) und großen Achsabständen (140 und 200 mm) [65]. Diese zeigten, dass die bereits bestehenden Berechnungsverfahren nach der Blitz- und Integraltemperaturmethode in DIN 3990, Teil 4 [63], zur Bestimmung der Fresstragfähigkeit einer Weiterentwicklung bedurften, da die Grenztemperatur mit steigendem Achsabstand abfällt. In dieser Untersuchung [65] sind die Neuerungen für die Berücksichtigung verschiedener Einflussfaktoren wie z. B. Reibungszahl und Grenztemperatur für EP-legierte Öle aufgeführt.

Neben bewährten Beschichtungen, wie z. B. Phosphatieren [56], die die Fresstragfähigkeit der Zahnflanken erhöhen, bestehen noch weitere. Von verschiedenen mittels PVD-Verfahren aufgebrachten Schichten haben sich die strukturlosen Schichten aus WC-C auf vergüteten und einsatzgehärteten Zahnrädern am geeignetsten erwiesen [66]. Stengelige Strukturen verhielten sich dagegen nicht so günstig. Von positiven Erfahrungen metallhaltiger Kohlenwasserstoffschichten M-C:H, die Wolfram enthalten und nach dem PVD-Verfahren mit einer Schichtdicke von 1 bis 4 µm auf den Zahnflanken erzeugt werden, wird in [67] berichtet. Durch das Schichtsystem CrN+W-DLC steigt die Fresstragfähigkeit gegenüber der Schicht W-DLC deutlich [68]. Derartige Beschichtungen können auch die Funktion von Verschleißschutzadditiven übernehmen oder die Reduzierung der Fresstragfähigkeit gealterter Schmierstoffe kompensieren [69].

Höhere Anforderungen an die Fresstragfähigkeit des Schmierstoffes im Vergleich zu Stirnrädern werden bei Hypoidrädern (achsversetzten Kegelrädern) wegen der zusätzlichen Gleitkomponente in Zahnlängsrichtung und den Pressungsverhältnissen (ellipsenförmige Kontaktfläche) gestellt, die nur mit hochwertigen EP-Additiven zu bewältigen sind.

Die Maßnahmen, die zur Verschleißreduzierung im Mischreibungsgebiet 6.1.1.3 in Betracht kommen, decken sich teilweise auch mit denen, die gegen adhäsiven Verschleiß angewendet werden können:

- Wärmebehandlung durch Nitrieren (Reduzierung der Adhäsion)
- Reduzierung des Restaustenitgehaltes bei Einsatzhärtung
- Vermeidung größerer Härteunterschiede zwischen den kämmenden Zahnflanken, wegen Verschleißanstieg des weicheren Partners
- Phosphatieren [56]
- PVD-Beschichtung mit metallhaltigen Kohlenwasserstoffschichten, sogenannte DLC-Schichten (W-C:H) [67 bis 69]. Die Abkürzung DLC steht für Diamond Like Carbon.
- Profilkorrekturen durch Kopfrücknahme (Wirkung um so größer, je größer die relative Gleitgeschwindigkeit) [50, 56]
- Reduzierung der Flankenrauheit [56]
- Reduzierung des Moduls [50]
- Verzahnungsgeometrie so wählen, dass Eintritts- und Austrittseingriffsstrecke etwa gleich groß werden [56]
- Erhöhung der Viskosität [50]
- geeignete Additivierung (Ansprechbarkeit der Additive bei niedrigen Grenzflächentemperaturen, werkstoffabhängige Auswahl bei Stahl oder Buntmetall, S-haltige Additive können an Bronzerädern erhöhten Verschleiß bewirken)
- Wechsel der Ölsorte von Mineralöl auf Syntheseöl (geringe Reibung) [55]

In [56] sind die Größenordnungen der struktur- und beanspruchungsbedingten Einflussgrößen auf die Fresstragfähigkeit zusammengestellt.

6.1.6.5 Abrasion

Verschleiß durch abrasiv wirkende mineralische Partikel spielt bei Wälzverschleiß eine untergeordnete Rolle. Ausnahmen bestehen z. B. durch Verschmutzung des Schmierstoffes mit Staub bei offenen Getrieben, mit mineralischen Partikeln aus Fertigungs- und Formsandrückständen oder mit Zunder. Hierdurch findet ein Mikrozerspanungsprozess an den Zahnflanken statt, insbesondere dann, wenn sich harte Partikel in weiche Zahnflanken einbetten und die harten Gegenflanken spanend abtragen (z. B. Bronzeschneckenrad/gehärtete Schnecke, vgl. Bild 6.91). Art und Menge der Verunreinigungen bestimmen die Höhe des Verschleißes bzw. die Verschleißrate. Auch bei Paarungen hart/weich können die Rauheitsspitzen des härteren Zahnes die weiche Gegenzahnflanke zerspanen, wie dies in [50] anhand der Paarung einsatzgehärtetes Ritzel (15CrNi6, 700 bis 750 HV 10) gegen vergütetes Rad (42CrMo4, 300 bis 330 HB) für eine Schmierfilmdicke $h_C < 0,5$ μm anzunehmen ist, vgl. Bild 6.21. Daher empfiehlt es sich, für das härtere Zahnrad eine geringere Rautiefe zu wählen als für das weichere.

Wie schwierig es manchmal ist, den der Riefenbildung zugrunde liegenden Mechanismus zu finden, zeigt das folgende Beispiel. Die häufig beobachteten Riefen an einsatzgehärteten Schnecken, die mit Bronzerädern gepaart werden, waren u. a. Gegenstand der Untersuchungen in [70]. Sie sollen auf Abrasion beruhen. Die in Umfangsrichtung verlaufenden, spitzkämmig und glatten Riefen wiesen keine Anzeichen adhäsiver Prozesse auf. Weder Werkstoff- und Öluntersuchungen gaben Aufschluss über die Ursache noch wurden in die Zahnflanken des Bronzerades eingebettete harte Partikel gefunden. Die Riefen werden von den Zahnflanken der Schnecke auf die Zahnflanken des Rades übertragen. Dagegen konnte herausgearbeitet werden, dass die Beanspruchungsbedingungen entscheidend sind und durch welche Parameter der tribologischen Struktur erfolgreich gegen die Riefenbildung angegangen werden kann. Die Schädigung durch Riefen nimmt mit der Drehmomentenerhöhung zu und mit steigender Drehzahl ab. Bei Schneckendrehzahlen > 1030 min^{-1} entstehen keine Riefen mehr, selbst bei hoher Überlastung. Das bedeutet, dass die Riefen unter ungünstigen Schmierbedingungen entstehen, also in Zahnmitte bei den kleinsten Schmierfilmdicken und den kleinsten schmierfilmbildenden Relativbewegungen in Zahnhöhenrichtung. Daher ist anzunehmen, dass sich bereits zu einem sehr frühen Zeitpunkt, wenn noch keine oder keine ausreichende Reaktionsschichtbildung eingesetzt hat, Initialabrieb aus der Einlaufphase, bestehend z. B. aus Graten der Schleifriefen der einsatzgehärteten Zahnflanken, unter der hohen Beanspruchung im Zahneingriff durch direkten Metallkontakt bildet. Aufgrund der leichteren Einbettung der Partikel in die Zahnflanken aus Bronze können diese während des Gleitens mitgenommen werden und die Schneckenflanken furchen. Bei den ersten so entstanden Riefen auf der Schneckenflanke könnten im Riefengrund möglicherweise noch Merkmale eines adhäsiven Prozesses, z. B. Schubrisse, sichtbar sein. Die Härte der Partikel aus der Schnecke reicht wahrscheinlich aus, um den Zerspanungsprozess auszuführen. Die Riefenbildung ließ sich sowohl mit einem bestimmten Additiv (GH6) im Öl als auch mit einer PVD-Beschichtung mit WC/C (1000 HV 0,05) der Schnecke unterbinden. Dagegen führten gezielter Ölwechsel und polierte Zahnflanken nur zu einer Verringerung der Riefenbildung.

6.1.6.6 Oberflächenzerrüttung

Dieser Mechanismus erfordert in der Regel $> 5 \cdot 10^4$ Lastspiele und äußert sich in den drei Erscheinungsformen Graufleckigkeit, Grübchen und Abplatzern. Als dauerfest sind Zahnflanken zu bezeichnen, wenn sie Lastspiele $> 10^8$ ertragen können [71].

Graufleckigkeit. Graufleckigkeit, auch als Mikropitting bezeichnet, wird hauptsächlich an Zahnflanken mit hoher Randhärte, z. B. bei randschicht- und einsatzgehärteten Zahnrädern in langsam laufenden Zahnradstufen von Industriegetrieben und nitrierten Zahnrädern [72] sowie in letzter Zeit auch in Getrieben von Windenergieanlagen beobachtet, wenn sie im Mischreibungsgebiet beansprucht werden. Die dabei herrschenden Umfangsgeschwindigkeiten liegen unter 10 m/s und die auftretenden Flankenpressungen sogar unterhalb der Grübchendauerfestigkeit [73]. Graufleckigkeit wird aber auch bei höheren Geschwindigkeiten bis zu 60 m/s beobachtet [74]. Nach Prüfstandsversuchen steigt zwar die Graufleckentragfähigkeit mit zunehmender Geschwindigkeit, jedoch ist aufgrund zunehmender dynamischer Zusatzbeanspruchungen eine abnehmende Tendenz der Tragfähigkeit zu beobachten.

6.1 Grundlagen

Der Name leitet sich von den mattgrau erscheinenden Zahnflankenbereichen ab, die bevorzugt im Gebiet des negativen Schlupfes entstehen, sich aber nicht nur auf diesen Bereich beschränken. Die geschädigten Zahnflanken weisen eine Vielzahl kleiner von der Oberfläche ausgehende Anrisse (Rissdichte bis zu 1000 Risse/mm^2) und keilförmige Ausbrüche auf, die mit bloßem Auge oder der Lupe nicht erkennbar sind. Die Anrisse bilden mit der Oberfläche einen Winkel von 10 bis 45°, im Mittel 22°, vgl. Bild 6.114. Die Risslänge beträgt bis zu 50 μm, während die Ausbrüche 5 bis 20 μm tief sind. Dieser geschädigte Bereich beschränkt sich auf die innere Grenzschicht, vgl. Bild 2.3. Bei steigender Risszahl wachsen sie zusammen, so dass es auf den Zahnflanken zu Auskolkungen (Profiländerung der Zahnflanke) aufgrund von Mikroausbrüchen kommen kann, die sich hinsichtlich Bewegungsübertragung, Geräuschemission und dynamischer Zusatzbelastungen ähnlich wie fertigungsbedingte Flankenformabweichungen auswirken. Diese Auskolkungen werden als Schadenskriterium herangezogen, wenn sie eine Flankenformabweichung $f_f > 7,5$ μm erreicht haben [75, 76]. Das bedeutet eine Verschlechterung der Zahnqualität von 5 auf 6 (DIN 3962) [77]. Des weiteren wird durch die vielen Anrisse die Grübchentragfähigkeit reduziert.

Als Ursache für die Entstehung von Grauflecken kann die an den Oberflächenrauheiten wiederholt ablaufende plastische Verformung durch lokale Überbeanspruchungen (höhere Hertzsche Pressungen als aufgrund der Flankenkrümmung) in Verbindung mit niedrigviskosen Schmierstoffen aufgefasst werden [73, 78, 79, 80]. Es handelt sich um einen Zerrüttungsprozess, bei der die Oberflächentopographie in Verbindung mit den Schmierbedingungen die wesentlichen Parameter darstellt. Nach [80] verlaufen die Risse von den durch den Rauheitskontakt entstandenen, energetisch hoch beanspruchten Plateaus ausgehend ins Werkstoffinnere. Durch die weitere Beanspruchung brechen dann die keilförmigen Spitzen ab.

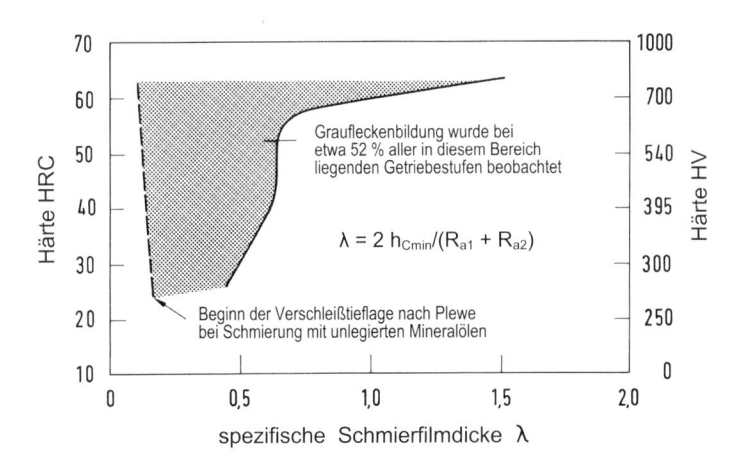

Bild 6.26: Kritischer Betriebsbereich für die Bildung von Graufleckigkeit [76]

Anhand vieler Versuche konnte nach [76] ein kritischer Betriebsbereich für Graufleckigkeit abgeschätzt werden, **Bild 6.26**. Wenn das Verhältnis minimale Schmierfilmdicke h_{Cmin} im Wälzpunkt zum gemittelten arithmetischen Mittenrauwert R_a beider Zahnflanken gemäß Gleichung (6.7) charakteristische, von der Oberflächenhärte des Werkstoffes abhängige Werte unterschreitet, ist mit Graufleckigkeit zu rechnen.

Die minimale Schmierfilmdicke h_{Cmin} im Wälzpunkt lässt sich für Stirnräder gemäß der Zahlenwertgleichung

$$h_{Cmin} = 0{,}0047\, \rho_C^{0{,}3} \cdot (\nu_M \cdot v_{\Sigma C})^{0{,}7} \cdot \left(\frac{p_{Cdyn}}{840}\right)^{-0{,}26} \qquad (6.8)$$

nach [75] abschätzen. Darin bedeuten

ρ_C = Ersatzkrümmungsradius im Wälzkreis in mm
ν_M = kinematische Viskosität bei Massentemperatur in mm²/s
$v_{\Sigma C}$ = Summengeschwindigkeit im Wälzkreis in m/s
p_{Cdyn} = Hertzsche Pressung im Wälzpunkt in N/mm²

Die Beziehung verknüpft einige strukturelle Größen mit Beanspruchungsbedingungen. Zur Bestimmung der kinematischen Ölzähigkeit ν_M muss die Massentemperatur ϑ_M berechnet werden, z. B. nach DIN 3990, Teil 4 [63] oder [50] näherungsweise aus der Öltemperatur $\vartheta_{Öl}$ und einem Anteil aus der mittleren Blitztemperatur $\vartheta_{fla\,int}$

$$\vartheta_M = X_S \cdot (\vartheta_{Öl} + C_1 \cdot \vartheta_{fla\,int}) \qquad (6.9)$$

mit $C_1 = 0{,}7$ und mit $X_S = 1{,}0$ für Tauchschmierung und 1,2 für Einspritzschmierung. Für die Berechnung der mittleren Blitztemperatur wird auf DIN 3990, Teil 4 [63] verwiesen.

Die Hertzsche Pressung p_{Cdyn} im Wälzpunkt wird mit den Kraftfaktoren K_A (Anwendungsfaktor), K_V (Dynamikfaktor) und $K_{H\beta}$ (Breitenfaktor für Flankenpressung) nach DIN 3990, Teil 2 [18], und der nominellen Hertzschen Pressung p_C im Wälzpunkt entsprechend der Beziehung nach [76] berechnet:

$$p_{Cdyn} = p_C \cdot \sqrt{K_A \cdot K_V \cdot K_{H\beta}} \qquad (6.10)$$

Für die nominelle Hertzsche Pressung p_C im Wälzpunkt gilt bei Linienberührung die Beziehung

$$p_C = \sqrt{\frac{F_N \cdot E}{l \cdot \rho_C \cdot 2\pi \cdot (1 - \mu^2)}} \qquad (6.11)$$

mit der Normalkraft F_N, Länge der Berührlinie l, der Querkontraktionszahl μ, dem E-Modul $E = 2\, E_1 \cdot E_2 / (E_1 + E_2)$ und dem Ersatzkrümmungsradius im Wälzpunkt $\rho_C = \rho_{C1}\, \rho_{C2}/(\rho_{C1} + \rho_{C2})$.

Sobald sich ein trennender Schmierfilm aufbauen kann, ist nicht mit Graufleckigkeit zu rechnen.

6.1 Grundlagen

Unter den Schmierstoffadditiven hat sich die metallorganische Verbindung ZnDTP infolge ihrer adsorptiven Entfestigung im Vergleich zu P- und S-haltigen Additiven besonders nachteilig ausgewirkt [73, 76, 78]. Da sich bei dem metallorganischen Additiv ZnDTP die Reaktionsschichten auf den Zahnflanken hauptsächlich aus dem Öl heraus aufbauen, wird der Grundwerkstoff nur geringfügig abgetragen, so dass sich Risse ausbilden können bzw. erhalten bleiben. Bei Reaktionsschichten hingegen, die sich mit Additiven mit organischen S- und P-Verbindungen aus dem Werkstoff bilden, werden die Risse teilweise abgetragen [81]. Lange Gebrauchsdauern von mineralischen Schmierstoffen können sich auf die Graufleckentragfähigkeit durch den Abbau der Additive und durch die Oxidation des Grundöles ebenfalls nachteilig auswirken [76]. Auch synthetische Schmierstoffe zeigen mit zunehmender Ölalterung eine Reduzierung der Graufleckentragfähigkeit [82].

Untersuchungen über die Graufleckigkeit werden in der Regel an kleinmoduligen Zahnrädern (m = 4,5 und 5 mm) durchgeführt. In einer neuen Untersuchung [83] wurde die Übertragbarkeit der Ergebnisse von kleinmoduligen Zahnrädern auf großmodulige Räder (m = 22 mm) aus 17CrNiMo6 überprüft. Die von Grauflecken überzogenen Bereiche nehmen mit steigenden Rautiefen zu und die sich einstellenden Kolktiefen scheinen von der Rauheit unabhängig zu sein. Im Gegensatz dazu bewirken steigende Rauheiten bei kleinmoduligen Zahnrädern größere Kolktiefen. Ein Zusammenhang zwischen der Schiefe des Profils Rsk nach DIN EN ISO 4287 und der Kolktiefe ist ebenfalls nicht zu beobachten. Positiv wirkt sich die Kopfrücknahme auf die Kolktiefe aus. Bis zu einer Rücknahme von 150 µm nimmt sie ab, stagniert aber bei weiterer Steigerung.

Gegen Graufleckigkeit können folgende Maßnahmen ergriffen werden:

- Restaustenitgehalt günstig
- PVD-Beschichtung mit metallhaltigen Kohlenwasserstoffschichten, sogenannte DLC-Schichten (W-C:H) [67, 84]
- Reduzierung der Rautiefe [73, 78, 79, 82] durch Variation der Schleifparameter,
- z. B. von gemittelter Rautiefe R_z = 3 µm auf R_z = 1 µm oder auch durch Einlaufprozesse oder zusätzliches Gleitschleifen. Dadurch geht die Mischreibung mit Festkörperkontakt in eine vollständige Trennung der Oberflächen durch den Schmierfilm über. Unterschiedliche Fertigungsverfahren wirken sich auf die Ausbreitung und Form der Graufleckigkeit nicht signifikant aus [85]
- Profilkorrekturen durch Kopfrücknahme an Ritzel und Rad [74, 83, 86]
- Vermeidung langer Gebrauchsdauern von mineralischen Schmierstoffen und bestimmten Additiven, z. B. ZnDTP [76]
- Erhöhung der Viskosität
- Erhöhung der Umfangsgeschwindigkeit

In [56] sind die geschätzten Größenordnungen der strukturbedingten Einflussgrößen auf die Graufleckigkeit zusammengestellt.

Grübchen. Im Gegensatz zur Graufleckigkeit handelt es sich bei den Grübchen um großflächigere Ausbrüche, die sich in eine größere Tiefe bis zum Schubspannungsmaximum erstrecken können. Sie werden sowohl an vergüteten, randschichtgehärteten, einsatzgehärteten als auch an nitrierten Zahnrädern beobachtet. Die Rissbildung geht ebenfalls von der Oberfläche aus. Auch aus Grauflecken können sich durch Zusammenwachsen der feinen Anrisse und deren Rissfortschritt Grübchen entwickeln. Maßgebend für die Grübchenbildung ist die aus Hertzscher Pressung, EHD-Traganteil und Reibungskräften resultierende Schubbeanspruchung sowie die Lastspielzahl. Beanspruchung wie auch Tangentialspannungen sind wegen des Aufbaus eines elastohydrodynamischen Schmierfilms im Vergleich zu Festkörperkontakt verändert, vgl. Bild 6.9.

Heute geht man davon aus, dass durch örtliche Überschreitung der zulässigen Beanspruchung (Hertzsche Pressung und Tangentialbeanspruchung) aufgrund elastisch-plastischer Verformung meist an der Oberfläche Schwingrisse entstehen, die nur im Bereich des negativen Schlupfes nach innen unter dem Einfluss wirksamer Spannungen weiter wachsen und schließlich durch keilförmige Restgewaltbrüche zum Grübchen führen. Schwingstreifen als Merkmal eines Schwingbruches sind meistens wegen überlagerter sekundärer plastischer Verformungen an den Rissflanken bzw. im Grund des Grübchens nicht mehr zu erkennen. Die Entwicklungsstadien sind in **Bild 6.27** dargestellt. Der negative Schlupf bezieht sich hier auf den unteren Körper.

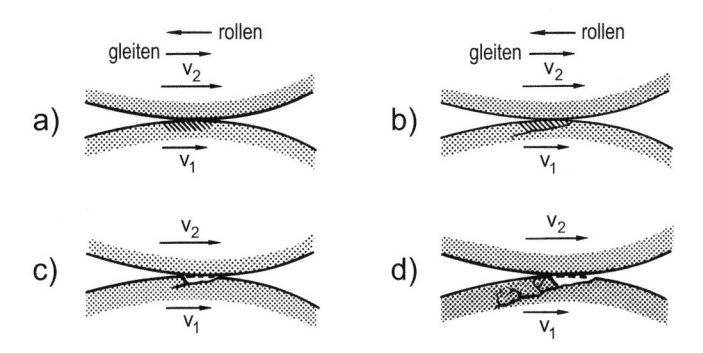

Bild 6.27: Entwicklungsstadien der Grübchenbildung (schematisch). Der obere Körper dreht hier schneller als der untere; negativer Schlupf bezogen auf den unteren Körper, vgl. Bild 6.12. v_1 und v_2 sind die Geschwindigkeiten der jeweiligen Körper relativ zum momentanen Kontaktpunkt, vgl. auch Bild 6.4
 a) Glätten der Oberfläche und Bildung von verformtem Martensit, der sich dunkel anätzt
 b) Bildung von Anrissen schräg zur Oberfläche entgegen der Gleitrichtung
 c) Risswachstum und keilförmige Ausbrüche
 d) Risswachstum mit Rissverästelungen und weiteren Ausbrüchen

Begünstigt wird die Rissbildung durch Riefen, Kerben oder sonstige Oberflächenformabweichungen. Bei Turbogetrieben mit glatten Zahnflanken und einer EHD-Vollschmierung können die Risse ähnlich wie bei Wälzlagern auch unterhalb der Oberfläche entstehen, vor allem dann, wenn nichtmetallische Einschlüsse als Rissstarter fungieren. Eine Gefährdung kann auch dadurch erwachsen, wenn das Maximum des Vergleichsspannungsverlaufes sich dem Verlauf der Randfestigkeit (Härte), die durch Einsatz-, Nitrier- oder Randschichthärtung erzeugt wurde, zu sehr nähert oder wenn bei zu geringer Tiefe der gehärteten Randzone die lokale Dauerfestigkeit überschritten wird [1, 87]. Das Erscheinungsbild ändert sich dann möglicherweise, vgl.

6.1 Grundlagen

Schichtbruch Bild 6.158. Die sogenannte Inkubationsphase bis zur Rissbildung beansprucht von allen Phasen die längste Zeit. Thermische und chemische Beanspruchungen können diese Vorgänge beeinflussen.

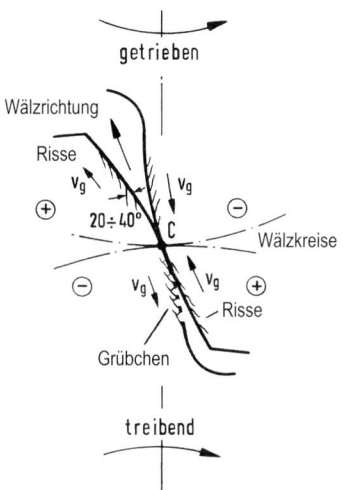

Bild 6.28: Orientierung der Oberflächenanrisse am treibenden und getriebenen Zahnrad sowie Lage der Grübchen und den zugehörigen positiven und negativen Schlupfzonen; v_g = Richtung der Gleitgeschwindigkeit des jeweiligen Gegenrades, C = Wälzpunkt [88]

Die Risse, die den Grübchen vorausgehen, bilden sich auf beiden aktiven Zahnflanken, wobei sich ihre Richtung ab dem Wälzkreis ändert, **Bild 6.28** [88]. Dieser teilt die Flanken in ein Gebiet mit negativem Schlupf zwischen Wälzkreis und Zahnfuß und in ein Gebiet mit positivem Schlupf zwischen Wälzkreis und Zahnkopf. Mit positivem Schlupf wird das Gebiet bezeichnet, in dem Wälz- und Gleitrichtung gleich gerichtet sind und negativem Schlupf das Gebiet, in dem Wälz- und Gleitrichtung entgegengesetzt orientiert sind. Die Gleitbewegung am treibenden Zahn bewirkt eine Schubverformung, deren Richtung vom Wälzkreis wegführt; die entgegengesetzte Gleitbewegung am getriebenen Rad drückt den Werkstoff tangential zum Wälzkreis hin. Bei weicheren Gefügezuständen, wie normalgeglüht oder vergütet, sind die Rissbildungen in den Verformungslinien metallographisch gut sichtbar. Die Risse verlaufen beim treibenden Rad zum Wälzkreis hin und beim getriebenen Rad vom Wälzkreis weg, wobei sie mit der Oberfläche einen Winkel von 20 bis 40° bilden, vgl. auch Bild 6.134. Die Richtungen der Risse stimmen mit der Richtung der Hauptschubspannung überein. Die aus der Verformung abzulesende Gleitrichtung ist bei reservierendem Betrieb und gleich-bleibender Drehmomentrichtung wegen der auftretenden Gleitrichtungsumkehr nicht eindeutig feststellbar [26].

Durch die Wälzbeanspruchung wird im Bereich der Fußflanke (negativer Schlupf) Schmierstoff in den sich öffnenden Riss gepresst. Im weiteren Verlauf schließt sich der Riss, der Schmierstoff wird eingeschlossen und komprimiert, wodurch der Riss weiter fortschreitet und die Risszungen eine Biegebeanspruchung erfahren und ausbrechen, vgl. Bild 6.12. Diese Biegebeanspruchung unterbleibt im Bereich der Kopfflanke (positiver Schlupf), da die Risse während des Wälzvorganges geschlossen werden. Grübchen bilden sich daher so gut wie nicht im

Bereich der Kopfflanke. Bei der Geradverzahnung ist das Gebiet der Grübchenbildung gleichzeitig das Gebiet des Einzeleingriffes.
Betroffen davon ist vor allem das treibende Ritzel, während am getriebenen Rad im Allgemeinen Grübchen seltener beobachtet werden. Das liegt an der Übersetzung ins Langsame, wodurch die Zahnflanken des Rades eine geringere Lastwechselzahl erfahren. Bei einem Zähnezahlverhältnis von etwa 1 werden die Fußflanken beider Zahnräder geschädigt.

Werkstoffspezifisch stellen sich verschiedene Häufigkeitsverteilungen der Grübchenbildung im Gebiet negativen Schlupfes ein, in dem Wälz- und Gleitbewegung entgegengesetzt verlaufen, **Bild 6.29** [89]. Beim Vergütungsstahl 42CrMo4 bildet sich das Maximum der Verteilung in der Nähe des Wälzkreises, während es sich beim Einsatzstahl 16MnCr5 weiter in den Fußbereich verlagert. Im Vergleich zum vergüteten Werkstoff traten bei der einsatzgehärteten Variante zum dreieckförmigen Ausbruch häufig noch zusätzliche Ausbrüche auf. Die Rissrichtung erfolgte entgegen der Gleitrichtung.

An vergüteten Zahnrädern werden manchmal kleine Grübchen beobachtet, die nur während der Einlaufphase entstehen, solange sich noch keine genügend große tragende Fläche gebildet hat, um die Beanspruchung ohne Schädigung zu ertragen, und die wieder zum Stillstand kommen. Im Gegensatz zu diesen Einlaufgrübchen sind die Grübchen insbesondere an gehärteten Zahnrädern durch fortschreitende Tendenz gekennzeichnet.

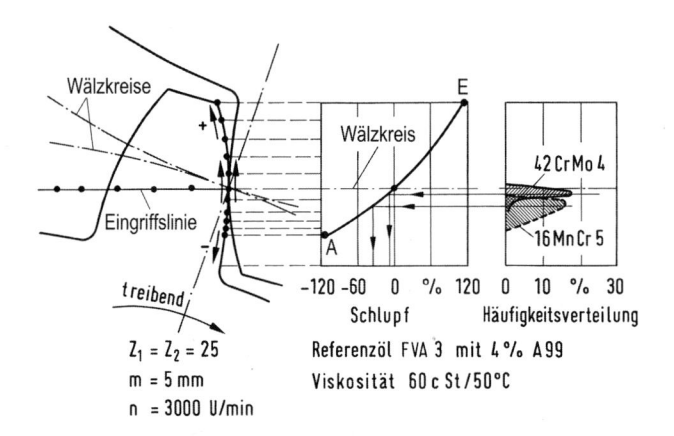

Bild 6.29: Häufigkeitsverteilung der Grübchen auf der Zahnflanke einer Geradverzahnung für den Vergütungsstahl 42CrMo4 (vergütet auf $R_m = 900$ N/mm^2) und den Einsatzstahl 16MnCr5 (Eht = 1,1 mm). Häufigste Grübchen bei einem Schlupf von -10 bis -8 % für 42CrMo4 bzw. von -40 bis -30 % für 16MnCr5 auf der treibenden Zahnflanke [89]. Die beiden parallelen Pfeile geben die Wälzrichtung und die im Zahnfußbereich bzw. im Zahnkopfbereich befindlichen Pfeile die Gleitrichtung des getriebenen Rades an.

Die Entwicklung des Schadens wird von Schmierstoff und Beanspruchung (Hertzsche Pressung und Betriebstemperatur) beeinflusst und kann zur vollständigen Zerstörung der Zahnflanken und bei fortgesetzter Beanspruchung zum Schwingbruch des Zahnes führen. Im Allgemei-

6.1 Grundlagen

nen entwickelt sich der Grübchenschaden nach einer Inkubationsphase progressiv, **Bild 6.30** [90, 91].
Die Zulässigkeit einer Grübchenbildung richtet sich nach der Höhe der in Kauf zu nehmenden Folgeschäden. Bei Turbogetrieben oder bei Gefährdung von Menschenleben darf keine Grübchenbildung zugelassen werden [18].

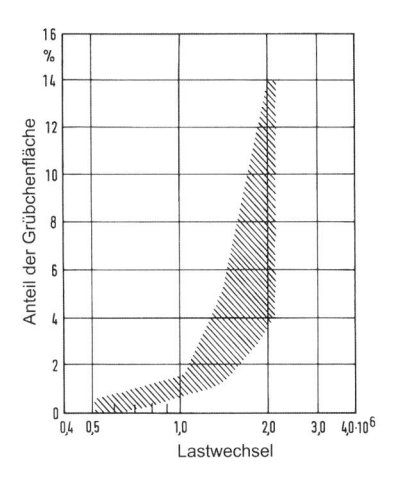

Bild 6.30: Entwicklung des Grübchenschadens von Ritzeln aus 34CrMo4 vergütet auf R_m = 800 bis 970 N/mm², Verzahnungsqualität 7 bis 8, m = 9 mm, α = 20°, b = 133 mm, Umfangsgeschwindigkeit 1,84 m/s [90]

Bei Zahnrädern werden in der Regel unterschiedliche Wärmebehandlungsverfahren angewandt. Ihre Auswirkungen auf die Grübchentragfähigkeit sind für drei verschiedene Wärmebehandlungen ohne Werkstoffangabe in **Bild 6.31** wiedergegeben, die sich im Zeit- und Dauerfestigkeitsbereich deutlich unterscheiden [34]. Dargestellt ist die Hertzsche Pressung. Für Einsatzstähle werden die höchsten Tragfähigkeiten ermittelt, für Vergütungsstähle die niedrigsten. Für den badnitrierten Stahl liegen die Werte dazwischen. Diese Rangfolge ist auch in

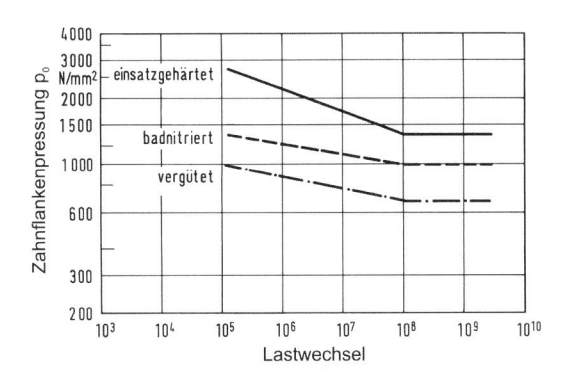

Bild 6.31: Grübchentragfähigkeit (Hertzsche Pressung) in Abhängigkeit von der Wärmebehandlung [34]

den Kennfeldern der DIN 3990, Teil 5 ausgewiesen [16], allerdings nicht für badnitrierte sondern für gasnitrierte Nitrierstähle ohne Aluminium. Die flachere Steigung im Vergleich zur Einsatzhärtung weist auf eine höhere Überlastungsempfindlichkeit hin.

Die Grübchentragfähigkeit randschichtgehärteter Zahnräder kann abhängig vom Verfahren (Umlaufhärtung oder Beidflankenhärtung) bis zu 20 % niedriger als die einsatzgehärteter Stähle ausfallen [92]. Die verschiedenen Einsatzstähle unterscheiden sich nur gering. Die zäheren Varianten (CrNi-Einsatzstähle) verhalten sich etwas günstiger [93]. Wichtig sind die Merkmale für eine optimale Wärmebehandlung (z. B. Eht, Randhärte, Restaustenit) [88, 94]. Seit Langem ist bekannt, dass sich Restaustenit auf die Grübchentragfähigkeit positiv auswirkt – im Gegensatz zur Zahnfußtragfähigkeit (Schwingbruch) und den adhäsiv bedingten Gleitverschleiß einschließlich Fressen [95]. Hoher Restaustenitgehalt begünstigt die Fressneigung, da die Reaktionsbereitschaft der Additive im Vergleich zu Martensit reduziert ist. Für CrMn- und CrNi-Einsatzstähle erreicht die Grübchentragfähigkeit bei 30 bis 40 % Restaustenit ein Maximum [94]. Grübchen- und Zahnfußtragfähigkeit erfordern wegen unterschiedlicher Beanspruchungsarten auch unterschiedliche optimale Einsatzhärtungstiefen. Diese vom Modul m abhängigen Grenzwerte liegen für den Zahnfuß bei $0{,}1 \cdot m$ und für die Flanke bei $0{,}25 \cdot m$. Wird die Einsatzhärtungstiefe innerhalb dieser Spanne gewählt, so fällt die relative Tragfähigkeit nicht um mehr als 5 % ab [94]. In [87] werden optimale Werte mit $(0{,}15 - 0{,}2) \cdot m_n$ aufgrund von Untersuchungen an geschliffenen Zahnrädern empfohlen. Der Modul im Normalschnitt senkrecht zur Zahnflanke wird mit m_n bezeichnet. In ähnlicher Höhe bewegen sich die Anhaltswerte in [56]. Die Grübchentragfähigkeit nimmt mit steigender Oberflächenhärte zu und erreicht bei den Einsatzstählen mit einer Härte von 700 bis 800 HV die höchsten Werte [34].

Um die hohe Tragfähigkeit einsatzgehärteter Zahnräder nutzen zu können, wird ein schadensfreies Verzahnungsschleifen vorausgesetzt. Unsachgemäße Schleifbehandlung wie Schleifbrand und Schleifrisse beeinträchtigen die Grübchendauerfestigkeit, wobei die Schleifschäden durch die Wärmebehandlung (unterlassenes oder mangelhaftes Anlassen oder hoher Restaustenit) begünstigt werden können [96].

Beeinträchtigt wird die Grübchentragfähigkeit auch durch steigende Rauheiten, wobei Gefüge, Härte und Eigenspannungen von Bedeutung sind [97 bis 99], sowie von Verzahnungsgeometrie und Verzahnungsqualität [93]. Im Falle der Paarung gehärtetes Ritzel gegen vergütetes Rad, wie sie im Großgetriebebau vorkommt, bewirkt abnehmende Rautiefe R_t von 8 bis 1,5 µm des gehärteten Ritzels eine Erhöhung der Grübchendauerfestigkeit des weichen Rades, wobei sich die Grübchen nur am weichen Rad bilden [99]. Wenn sich bei der Paarung hart/weich mit großer Rautiefe des harten Partners ungünstige Mischreibungsbedingungen mit einer Schmierfilmdicke von $h_c < 0{,}5$ µm einstellen, so kann es zu einem Mechanismuswechsel von Oberflächenzerrüttung zu Abrasion am weichen Partner kommen. Es ist dann allerdings mit höherem Verschleiß zu rechnen als mit den Paarungen vergütet/vergütet, gehärtet/gehärtet und nitriert/nitriert [50, 99], vgl. Bild 6.20. Wegen des guten Einlaufverhaltens und der Kaltverfestigung ergibt sich mit der Paarung C45 normalgeglüht/C45 normalgeglüht mindestens die gleiche Dauerfestigkeit wie mit der Paarung vergüteter Räder [99].

Untersuchungen zum Einfluss des Reinheitsgrades auf die Grübchentragfähigkeit von 16MnCr5 zeigen bei den angewandten Versuchsbedingungen (FVA-Öl Nr. 3 und Öleinspritz-

6.1 Grundlagen

temperatur 60 °C), dass sich zwar die Sulfidform, globular oder langgestreckt, bis zu einem Schwefelgehalt von 0,050 % nicht auswirkt, dagegen aber sehr wohl die Zahnfußdauerfestigkeit durch langgestreckte Sulfide ab einem Schwefelgehalt > 0,030 % verringert wird. Bei globularer Ausbildung kann hier ein Gehalt bis 0,050 % zugelassen werden [100]. Diese Ergebnisse sind insofern bemerkenswert, als dass sie zumindest für den 16MnCr5 Entscheidungshilfen bei der Chargenauswahl bezüglich des Beanspruchungsprofiles und besserer Zerspanbarkeit bei höheren Schwefelgehalten darstellen. Diese Ergebnisse sind jedoch auf die im Vergleich höher beanspruchten Wälzlager nicht übertragbar, da dort der Trend zu immer reineren Werkstoffen geht.

Neben der Steigerung der Festigkeit der Randschicht durch Umwandlungshärtung (Martensitbildung) beim Randschicht- und Einsatzhärten lässt sich auch eine solche durch Ausscheidungshärtung beim Nitrieren erzielen. Das Nitrieren stellt eine verzugsarme Wärmebehandlung dar, weshalb häufig ein Schleifen nach dem Nitrieren nicht erforderlich ist, zumal ein Abschleifen der Verbindungsschicht die Grübchentragfähigkeit mindert. Die Verbindungsschicht soll eine Dicke von 10 bis 15 µm nicht übersteigen [56]. Die in DIN 3990, Teil 5 [16] aufgeführten Dauerfestigkeitswerte können nach [72] übertroffen werden. Danach haben verfahrensabhängige Nitrierparameter erheblichen Einfluss, nicht jedoch das Nitrierverfahren oder die Art der Verbindungsschicht. Besondere Bedeutung kommt dem Stickstoffangebot zu. Mit niedrigerem Stickstoffgehalt erzeugte $\gamma'(Fe_4N)$- und über Kohlenstoffzugabe erzeugte ε-Verbindungsschichten ($Fe_{2,3}N$) erbrachten die höchste Grübchentragfähigkeit. Im Bereich der Zeitfestigkeit sind nitrierte Zahnräder jedoch im Vergleich zu einsatzgehärteten überlastungsgefährdet. Al-legierte Nitrierstähle sind für Zahnräder wegen ihrer Sprödigkeit nicht geeignet.

Die Ölviskosität wirkt sich auf die Grübchentragfähigkeit sowohl im Zeitfestigkeits- als auch im Dauerfestigkeitsbereich aus, **Bild 6.32** [93]. Außer der Viskosität des Schmierstoffes spielt auch die Reibungszahl eine Rolle. So reduziert ein Traktionsfluid, das im Vergleich zu Mineralölen eine höhere Reibungszahl aufweist, die Grübchentragfähigkeit deutlich [101].

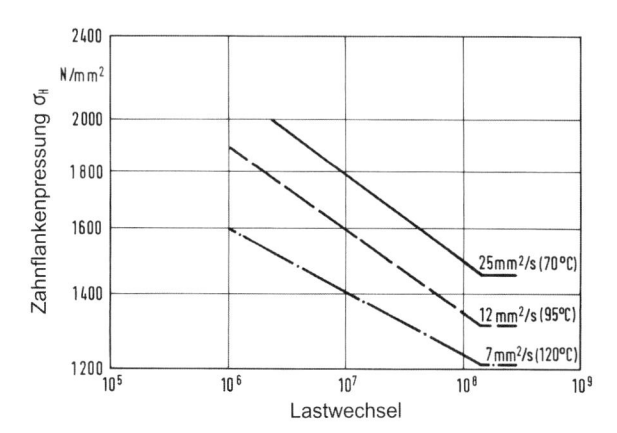

Bild 6.32: Einfluss der Betriebsölviskosität auf die Grübchentragfähigkeit (Hertzsche Pressung) einsatzgehärteter Zahnräder [93]

Durch Langzeiteinwirkung hoher Betriebstemperaturen können Anlassvorgänge zur Absenkung der Flankenhärte und damit zu einer Zunahme der Verformbarkeit führen. Die Folge ist ein frühzeitiger Ausfall durch Grübchen [102]. Oft wird dieser Schaden durch Wärmebehandlungsfehler (z. B. grobes Werkstoffgefüge, Korngrenzencarbide) in Verbindung mit oder allein durch Fehler beim Verzahnungsschleifen (z. B. Ausbildung von Zugeigenspannungen durch Schleifbrand) begünstigt [56, 96].

Von der Beanspruchungsseite bewirken hohe Umfangsgeschwindigkeiten bis zu 60 m/s aufgrund verbesserter Schmierfilmbildung höhere Dauerfestigkeiten sowie höhere Lastspielzahlen im Zeitfestigkeitsgebiet [74]. Der Gewinn dieser Steigerung kann jedoch durch die Wirkung dynamischer Zusatzkräfte, z. B. auch infolge von einhergehender Auskolkung durch Graufleckigkeit aufgezehrt werden.

Die Berechnung der Grübchentragfähigkeit von Stirnrädern nach DIN 3990, Teil 2 [18] beruht auf der Hertzschen Pressung im Wälzpunkt σ_{H0} (nominelle Flankenpressung), die sich beispielsweise für die Geradverzahnung nach Gleichung (6.11) ermitteln lässt. Da mit dieser Gleichung die tatsächlichen Pressungsverhältnisse nur näherungsweise erfasst werden können, werden die verschiedenen Einflussgrößen durch Faktoren berücksichtigt. Durch Verwendung von Geometrie- und Kraftfaktoren wird die Flankenpressung σ_H im Wälzpunkt oder im inneren Einzeleingriffspunkt für Ritzel und Rad getrennt bestimmt, wobei der größere Wert der maßgebende ist, und mit der zulässigen Flankenpressung σ_{HP} verglichen wird. Bei Außenverzahnungen mit Zähnezahlen ≤ 20 ist der innere Einzeleingriffspunkt B des Ritzels derjenige Ort mit der höchsten rechnerischen Hertzschen Pressung, **Bild 6.33**. Außerdem treten die Grübchen hier am Zahnfuß im Bereich negativen Schlupfes auf. Die zulässige Flankenpressung σ_{HP} lässt sich aus der Grübchendauerfestigkeit σ_{Hlim} unter Berücksichtigung weiterer Einflussfaktoren (Schmierfilmbildung, Flankengröße, Werkstoffpaarung) und eines Sicherheitsfaktors bestimmen. Die Grübchendauerfestigkeit σ_{Hlim}, die die ohne Grübchenschaden

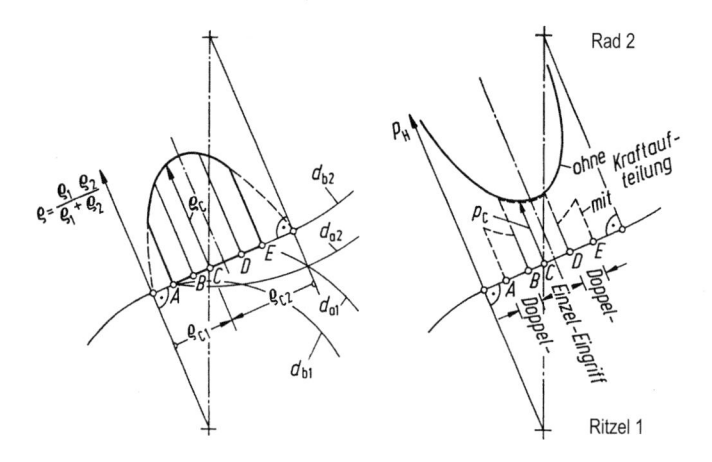

Bild 6.33: Ersatzkrümmungsradius ρ (links) und Verlauf der Hertzschen Pressung p_H (rechts) über der Eingriffsstrecke einer Geradverzahnung; d_{a1}, d_{a2} = Kopfkreisdurchmesser, d_{b1}, d_{b2} = Grundkreisdurchmesser, ρ_1, ρ_2 = Krümmungsradien, die Indizes beziehen sich auf das Ritzel 1 und Rad 2 und C auf den Wälzpunkt [56]

6.1 Grundlagen

über mindestens $2 \cdot 10^6$ bis $5 \cdot 10^7$ Lastwechsel dauernd ertragbare Flankenpressung darstellt, wird durch Erstellen von Wöhlerlinien in Laufversuchen mit Zahnrädern in Originalgröße oder mit Standard-Referenz-Prüfrädern ermittelt oder aus Diagrammen der DIN 3990, Teil 5 [16], entnommen. Den dort wiedergegebenen Festigkeitswerten für Einsatzstähle liegt eine Eht von $0,15 \cdot m_n$ zugrunde. Die in **Bild 6.34** wiedergegebene Übersicht der Dauerfestigkeiten ist für verschiedene Werkstoffe, Wärmebehandlungen und Werkstoffqualitäten in Abhängigkeit von der Oberflächenhärte mit Standard-Referenz-Prüfrädern bestimmt worden.

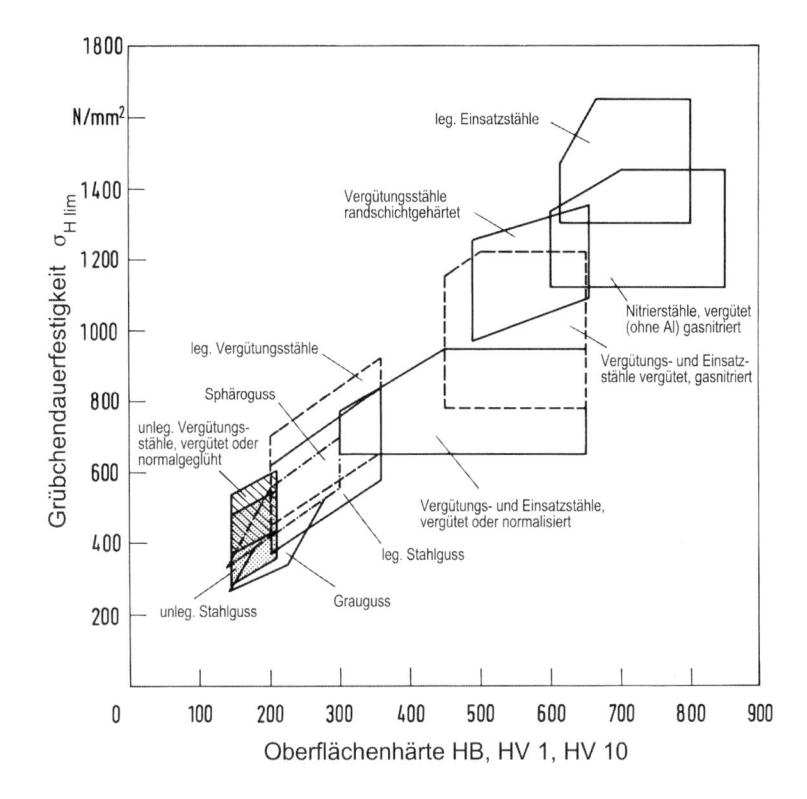

Bild 6.34: Grübchendauerfestigkeit in Abhängigkeit von Oberflächenhärte für verschiedene Werkstoffe und Wärmebehandlungen nach DIN 3990, Teil 5 [16]. Nach DIN 3990, Teil 2 ist σ_{Hlim} die berechnete dauernd ertragbare Flankenpressung (nicht identisch mit der zulässigen Flankenpressung σ_{HP})

Bei Kegelradgetrieben treten Grübchen meist nur an Kegelritzeln an der Ferse auf, da hier die höchsten Kräfte und somit die höchsten Pressungen übertragen werden [103].

In Schneckengetrieben erweisen sich Nickelbronzen hinsichtlich der Grübchenbildung tragfähiger als Phosphorbronzen [104]. Die Nachrechnung der Tragfähigkeit von Zylinderschneckengetrieben mit Achswinkeln von 90° kann nach DIN 3996, Sept. 1998 erfolgen [19].

Eine zahlenmäßige Erfassung der einzelnen strukturbedingten Einflussgrößen auf die Grübchentragfähigkeit von Zahnflanken ist in [56] bezüglich des Drehmomentes wiedergegeben.

Tragfähigkeitssteigernde Maßnahmen gegen Grübchenbildung sind teilweise ähnlich denen gegen Graufleckigkeit:

- Wärmebehandlung (Erhöhung der Flankenhärte des normalisierten bzw. vergüteten Gefügezustandes durch eine Randschicht- oder Einsatzhärtung)
- Restaustenit günstig
- Anheben der Oberflächenqualität, z. B. durch Verringerung der Rautiefe [74, 99]
- Übergang von Geradverzahnung auf Schrägverzahnung
- Profilkorrektur durch Kopfrücknahme
- Erhöhung der Viskosität (Erhöhung des EHD-Traganteiles)
- Verringerung der Reibungszahl und somit Reduzierung der Tangentialbeanspruchung durch Wechsel der Ölsorte von Mineralöl auf Syntheseöl [101].

Abplatzer. Einen weiteren Zerrüttungsschaden stellen die Abplatzer dar. Dabei handelt es sich um eine Sonderform der Grübchen an Zahnflanken einsatzgehärteter Zahnräder. Sie sind gekennzeichnet durch großflächige dreieckförmige Ausbrüche (großflächig im Vergleich zu Grübchen), deren Spitze wie bei den Grübchen zum Zahnfuß zeigt und den Rissausgang darstellt. Der Riss beginnt im Gebiet negativen Gleitens im Bereich von Graufleckigkeit und verläuft parallel zur Oberfläche innerhalb der gehärteten Zone häufig bis zum Zahnkopf. Die Ausbrüche bilden sich bereits nach geringen Lastwechseln. Als schadensverursachende Voraussetzungen sind Wärmebehandlungsfehler (z. B. Korngrenzencarbide durch Überkohlung), Pressungen knapp unterhalb der Grübchenfestigkeit (rd. 20 % niedriger), hohe Reibungszahl bei niedriger Ölviskosität und/oder hoher Öltemperatur [105] zu nennen.

Der Ursache großflächiger Ausbrüche aus Zahnflanken einsatzgehärteter Zahnräder, die nicht auf einen Wärmebehandlungsfehler zurückzuführen sind, wurde in [106] nachgegangen, da vermutet worden war, dass möglicherweise Wasserstoff beteiligt ist, der sich unter bestimmten Betriebsbedingungen aufgrund im Schmierstoff ablaufender chemischer Reaktionen bildet. Der in Zahnrädern nach der Fertigung für unkritisch gehaltene Wasserstoff wird mit $\leq 0,5$ Gew.-ppm angegeben. Martensitische Gefügezustände hoher Festigkeit sind besonders empfindlich gegen Versprödungserscheinungen durch Wasserstoff. Als eine kritische Kombination wird in [107] eine Festigkeit von $R_m \geq 900$ N/mm^2 mit einem Wasserstoffgehalt von rd. 0,9 Gew.-ppm angegeben. Die versprödende Wirkung des atomar eindiffundierten Wasserstoffes beruht auf der interstitiellen Einlagerung ins Kristallgitter. Ein Teil des eindiffundierten atomaren Wasserstoffs sammelt sich z. B. an Grenzflächen nichtmetallischer Einschlüsse und rekombiniert hier wieder zu molekularem Wasserstoff. Die Anwesenheit von Promotoren im Öl, wie z. B. H$_2$S, erschwert die Rekombination zu molekularem Wasserstoff und führt zu hoher Wasserstoffaktivität und damit zu höherer Absorption.

Zur Ermittlung der spezifischen Merkmale der geschädigten Zahnflanken wurden einzelne Zähne von Zahnrädern aus 16MnCr5 gezielt elektrochemisch mit Wasserstoff beladen. Nach einer Beladungszeit von 1 h betrug der Wasserstoffgehalt bei dem Werkstoff 16MnCr5 in der Zahnflanke 2 Gew.-ppm. Mit diesen vorgeschädigten Zahnrädern wurden dann mittels Zahnradverspannungsprüfstand unter Verwendung des Schmierstoffes FVA-3 + 4 % A99 Wöhlerkurven aufgenommen. Die dabei aufgetretenen großflächigen Ausbrüche, deren Bruchausgänge in Bereichen mit Graufleckigkeit lagen, befanden sich nur auf den mit Wasserstoff beladenen Zahnflanken. Die ertragbaren Lastspielzahlen waren abhängig vom Grad der Beladung gegenüber der Lebensdauer nicht beladener Zahnflanken deutlich reduziert. Die Beladung hatte zu irreversiblen Schädigungen im Gefüge geführt. Die Merkmale an den mit Wasserstoff beladenen und ausgebrochenen Flanken waren interkristalline Risse, die parallel zur Zahnflanke ohne Verbindung zur Oberfläche verliefen und eine Vielzahl von Mikrorissen, die bevorzugt mit Mangansulfiden vergesellschaftet waren. Diese Merkmale stellten sich auch bei nicht beladenen Zahnrädern unter Verwendung niedrig viskoser Schmierstoffe und hoher Öltemperatur wie beim mineralischen Getriebeöl MIL-L-2105 SAE 80 und bei dem synthetischen Flugturbinenöl MIL-L-23699 B + 4 % A99 ein. Bei dem Öl FVA-3 + 4 % A99 sind durch mehrmalige Zugabe von 0,2 % destilliertem H_2O während des Versuches ebenfalls großflächige Ausbrüche mit denselben Rissmerkmalen entstanden. Im Schliff können die Mikrorisse als ein Beweis für den Mechanismus der Wasserstoff induzierten Rissbildung angesehen werden. Die übrigen Merkmale klaffende Korngrenzen und Mikrograte auf den Kornflächen sind kein spezifisches Merkmal, da sie sowohl bei Schwing- als auch Gewaltbrüchen einsatzgehärteter Zonen und allgemein bei Härterissen gefunden werden. Der Schmierstoff MIL-L-2105 SAE 80 und das Additiv A99 enthalten P- und S-haltige Verbindungen, die über die Bildung von H_2S zu diffusiblem Wasserstoff führen. Die im Detail ablaufenden Reaktionen sind noch nicht geklärt.

Daraus folgt für mit P-S-Additive versehene Öle

- niedrige Betriebsviskositäten
- hohe Temperaturen
- Wasser

zu meiden.

6.1.7 Wälzlager

6.1.7.1 Allgemeines

Wälzlager sind zuverlässige, genormte Maschinenelemente, deren rechnerische Lebensdauer bei betriebsgerechter Auslegung im Betrieb üblicherweise überschritten wird. Der Berechnung der Lebensdauer liegt die Schädigung durch Ermüdung zugrunde, die starken statistischen Schwankungen unterworfen ist. Die Auswertung von Lebensdauerversuchen erfolgt mit einer größeren Anzahl von Lagern nach der zweiparametrigen Weibull-Verteilungsfunktion, mittels der sich das zeitabhängige Ermüdungsverhalten beurteilen lässt [108]. Die Gebrauchsdauer, unter der die tatsächliche Lebensdauer verstanden wird – und die von der errechneten Lebensdauer abweichen kann – ist selten kürzer als die der Anlage oder Maschine. Nur rd. 0,5 % der Wälzlager müssen infolge eines Lagerschadens ausgetauscht werden [109]. Weit mehr Lager werden im Rahmen der vorbeugenden Instandhaltung bei voller Funktionsfähigkeit ausgewechselt. In der Regel werden die Lager mit der Maschine verschrottet. Bei einem Drittel der Lagerausfälle war die rechnerische Lebensdauer erschöpft. Bei den übrigen vorzeitigen Lagerausfällen liegen die Ursachen nahezu ausschließlich in der

- Auslegung,
- Konstruktion
- Fertigung
- Lagerhaltung
- Montage
- Transport
- Betrieb
- Wartung.

Der Ausfall infolge von Werkstoff- oder Herstellfehlern liegt dagegen bei < 1 % [109 bis 111] und ist in der Regel nur bei gravierenden Werkstofffehlern nachweisbar. Bei den auslegungs-, konstruktions- und fertigungsbedingten Mängeln kommen vor allem

- Nichtbeachtung oder Unkenntnis von Lastspitzen, höheren Drehzahlen und Temperaturverhältnissen
- Passungsfehlern
- Fehler in den Anschlussmaßen
- falsche Lagerwahl
- hohe Verformungen von Gehäuse und Welle
- Fluchtungsfehler
- Formfehler der Lagersitze
- Korrosion
- und Verschmutzung

in Frage. Bei der Montage können durch

- Verkanten eines Laufringes Schürfnarben,
- Übertragung der Montagekräfte über die Wälzkörper plastische Verformungen
- mangelnde Überwachung der Einstellkräfte übermäßige Verspannung

entstehen. Schäden, die während des Betriebes auftreten, können sowohl auf die genannten bereits vor der Inbetriebnahme entstandenen Fehler zurückgehen, als auch durch Wartungs- und Bedienungsfehler verursacht werden. In diesem Zusammenhang sind die Festlegung und Einhaltung von Nachschmierfristen, die vom Zustand des Schmierstoffes, der Schmierstoffmenge und den Verunreinigungen abhängen, ebenso zu nennen wie die Wahl des geeigneten Schmierstoffes (Viskosität, Additivierung). Sogar bereits während der Inbetriebnahme können Schäden durch unzureichende Schmierung, z. B. bei fehlender Übereinstimmung zwischen Schmierstoffversorgung und Inbetriebnahme der Maschine (bei niedriger Temperatur) oder durch ungeeignete Einlaufbedingungen (Vorschädigung durch Schlupfvorgänge bei Probelauf ohne Last) hervorgerufen werden [112].

Der größte Teil der Wälzlagerschäden (> 40 %) ist schmierungsbedingt [113]. Lagerschäden äußern sich in einer allmählichen Verschlechterung des Betriebsverhaltens z. B. durch unruhigen Lauf, auffallende Geräusche, Temperaturerhöhung, Verfärbung des Schmierstoffes, Zunahme von Verschleißpartikeln im Schmierstoff und Schwergängigkeit. Spontan auftretende Schäden entstehen z. B. beim Ausfall der Schmierung.

6.1 Grundlagen

Nach [111] sind von sämtlichen verbauten Lagern nur 0,2 bis 0,5 % ausgefallen. Hiervon hatte ein Drittel die Lebensdauer erreicht, während die restlichen zwei Drittel durch die in Tabelle 6.2 aufgeführten Schäden ausfielen.

Tabelle 6.2: Fehlerursachen bei Wälzlagern [111]

gealterter Schmierstoff	20 %	Überbeanspruchung (Last, Drehzahl, Temperatur, Schmierstoffüberschuss, ungeeignete Lagerauswahl)	10 %
ungeeigneter Schmierstoff	20 %	Folgeschäden (Schwingungen, Dichtungsschäden, Verschleißpartikel)	5 %
Schmierstoffmangel	15 %	Montagefehler	5 %
feste Verunreinigungen	20 %	Werkstoff- und Herstellungsfehler	< 1 %
flüssige Verunreinigungen (z. B. Wasser)	5 %		

Ausführliche Darstellungen über Wälzlagerschäden findet man in [109 bis 129] und im vorliegenden Buch. Die Norm ISO 15243:2004(E) [129] enthält zahlreiche Beispiele von Wälzlagerschäden, die nach Fehlerarten gegliedert sind. Die überwiegend makroskopischen Bilder mit den Erläuterungen hinsichtlich Ursache und Abhilfe gestatten eine rasche Beurteilung.

6.1.7.2 Beanspruchungs- und strukturbedingte Einflüsse

Nach Art der Wälzkörper unterscheidet man Kugel-, Rollen- und Nadellager. Hinsichtlich der Belastung werden die Lager in solche mit überwiegend radialer Belastung mit einem Nenndruckwinkel $\alpha_o < 45°$ und mit überwiegend axialer Belastung mit einem Nenndruckwinkel $\alpha_o > 45°$ eingeteilt. Dieser Winkel wird von der Druckrichtung und der Radialebene gebildet. Die äußeren Kräfte werden über die Wälzkörper auf die Laufringe übertragen, wobei die innere Aufteilung am Umfang nicht gleichmäßig erfolgt. Durch diese ungleichmäßige Lastverteilung sind die Lager statisch mehrfach überbestimmt, weshalb aus Gründen der Spielfreiheit höchste Genauigkeit bei der Fertigung gefordert ist. Die Größe der tragenden Zone ändert sich mit dem Radialspiel (Lagerluft), der Radialbelastung [121], der Vorspannung sowie der konstruktiven Gestaltung (Steifigkeit) des Gehäuses. Bei einem spielfreien radial belasteten Kugel- und Rollenlager werden alle Wälzkörper in der unteren Lagerhälfte im Bereich des Lastzonenwinkels ψ beansprucht, **Bild 6.35a**. Wird die Vorspannung so weit erhöht, dass die tragende Zone unter vorgegebener äußerer Last sich gerade über den gesamten Umfang erstreckt, erfahren die Wälzkörper eine minimale Belastung, da diese auf eine größere Anzahl von Wälzkörpern aufgeteilt wird. Umgekehrt nimmt die Wälzkörperbeanspruchung mit abnehmender Vorspannung und zunehmendem Spiel (Abnahme des Lastzonenwinkels ψ) stetig zu, da dann weniger Wälzkörper tragen, **Bild 6.35b**. Fehlt die stützende Wirkung des Gehäuses wie z. B. bei Stützrollen, konzentriert sich die Lastzone im Aufstandspunkt, **Bild 6.35c**. Um die Verformungen gering zu halten, werden die Außenringe mit einer dickeren Wandstärke ausgeführt als die Außenringe von Lagern, die in Gehäuse eingebaut werden.

Zur sicheren Übertragung der Kräfte ist ein steifes Gehäuse notwendig, damit die elastischen Verformungen der Ringe gering bleiben und die genormten Lebensdauerberechnungen, denen kreisrunde Ringe zugrunde liegen, angewendet werden können. In [130] wird die Bedeutung der Gehäusesteifigkeit auf die radiale Beanspruchung der Wälzlager an Beispielen aufgezeigt. Die aus der Beanspruchung resultierenden Verformungen werden von der Wandstärke, den Gehäuseabstützungen, Rippenversteifungen und der Krafteinleitung ins Gehäuse oder auch durch ungleichmäßige Erwärmung bestimmt und können bei ungünstiger Druckverteilung die Lebensdauer durch erhöhte Wälzkörperbeanspruchung reduzieren. Aber auch Kräfte, die nicht über die Lager geleitet werden, können elastische Gehäuseverformungen bewirken, die zu Verspannungen der Lager mit nachteiligen Auswirkungen führen.

Bei hochtourigen Lagern kann es durch geringe Belastung und entsprechender Lagerluft zu Schlupferscheinungen kommen, wodurch infolge von Schmierfilmdurchbruch die Lauffläche geschädigt wird. Schlupf kann auch auftreten, wenn bei Überdimensionierung der Wälzkörpersatz in die Lastzone einläuft [122].

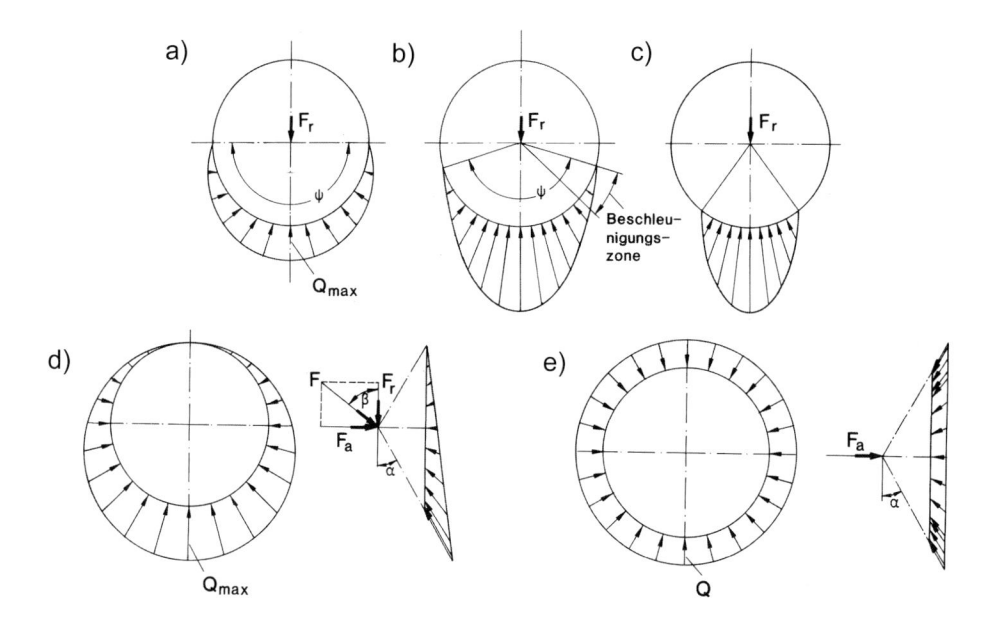

Bild 6.35: Beispiele verschiedener Druckverteilungen in Wälzlagern
  a) in einem radial belasteten spielfreien Radiallager bei Abstützung im Gehäuse [121, Schaeffler KG]
  b) in einem radial belasteten spielbehafteten Radiallager bei Abstützung im Gehäuse
  c) in einem radial belasteten Radiallager bei Abstützung auf einer Ebene (z. B. Stützrolle)
  d) in einem axial und radial belasteten zweireihigen Schrägkugellager [121, Schaeffler KG]
  e) in einem axial belasteten Schrägkugellager [121, Schaeffler KG]

Einreihige Schrägkugellager, die radial belastet werden, benötigen im Gegensatz zu zweireihigen Schräglagern zusätzlich eine Axialkraft. Bei zweireihigen Lagern bewirkt eine Axialkomponente eine Zunahme der tragenden Zone in einer Walzkörperreihe, während diese in der anderen abnimmt, **Bild 6.35d**. Eine ausschließlich axial wirkende Kraftkomponente bewirkt eine gleichmäßige Beanspruchung aller Wälzkörper sowohl ein- als auch zweireihiger Schrägkugellager.

6.1 Grundlagen

Bei Axiallagern wird die zentrisch wirkende Axialkraft gleichmäßig auf die Wälzkörper verteilt, **Bild 6.35e**. Wegen Schlupfgefahr ist eine Mindestbelastung erforderlich.

Zusätzliche Beanspruchungen in den Lagern können z. B. durch Fluchtungsfehler und Verkippungen infolge von Wellendurchbiegung hervorgerufen werden, sofern sie sich nicht durch einstellbare Lager ausgleichen lassen bzw. die zulässigen Einstellwinkel überschreiten. Für die einstellbaren Pendellager betragen die Winkel bis zu 4°, während für Rillenkugellager, Zylinderrollenlager und Kegelrollenlager nur einige Winkelminuten zulässig sind.

Um eine sichere Befestigung und gleichmäßige Unterstützung von Radiallagern zu gewährleisten, müssen je nach Konstruktionsprinzip – Punkt- oder Umfangslast – geeignete Passungen gewählt werden. Die durch Punktlast beanspruchten Ringe erhalten einen losen Sitz. Für diejenigen Ringe, die einer Umfangslast ausgesetzt sind, ist eine feste Passung notwendig. Bei bestimmten Beanspruchungssituationen muss jedoch von diesen Empfehlungen abgewichen werden. Für stoßartige Belastungen benötigt man besonders feste Passungen, ebenso bei hohen Drehzahlen. Eine auf die Beanspruchung nicht abgestimmte Passung kann zu Schwingungsverschleiß führen, der die Dauerhaltbarkeit durch Schwingbruch beträchtlich reduzieren kann, vgl. Kap. 5.

In Führungsflächen, in denen nur Gleitbewegungen herrschen, z. B. Führungsborde und Käfigtaschen, ergeben sich die Kräfte bei Einhaltung der Einbauempfehlungen aus dem Käfiggewicht, aus der vom Käfigtaschenspiel abhängigen Schwerpunktverlagerung und aus der Beschleunigung und Verzögerung der Wälzkörper insbesondere bei Linienberührung in Verbindung mit Käfig- und Rollkörperschlupf beim Ein- und Austritt in bzw. aus der belasteten Zone. Bei Kugellagern wirken eventuell durch zu große Verkippungen Zwangskräfte infolge von Vor- und Nachlaufen der Kugeln auf den Käfig ein. Des weiteren wirken Massenkräfte beim Anfahren und Stillsetzen, bei Drehzahlschwankungen und bei exzentrisch umlaufenden Lagern von Wälzkörpern und Käfig auf die Führungsflächen.

Die in den Hertzschen Kontaktstellen zwischen Wälzkörper und Laufring herrschenden maximalen Flächenpressungen liegen bei einigen 1000 N/mm^2. Leichtbelastete, schnelllaufende Lager weisen in der Regel Flächenpressungen < 2000 N/mm^2 auf. Flächenpressungen > 3000 N/mm^2 können bereits plastische Verformungen in der Oberfläche bewirken, die die Beanspruchungen reduzieren und zudem die Relativbewegungen im Kontakt verändern. Bei vielen Lagern kann die Pressung zumindest kurzzeitig oder bei Stößen bis etwa in die Größe der Pressung bei statischer Tragzahl ansteigen. Diese Tragzahl entspricht einer Belastung, die eine plastische Gesamtverformung von Wälzkörper und Laufbahn an der höchstbelasteten Kontaktstelle von rd. 0,01 % des Wälzkörperdurchmessers ergibt und die sich weder auf die Laufruhe noch auf die Oberflächenzerrüttung nachteilig auswirkt. Die Pressung bei statischer Tragzahlausnutzung liegt bei Rollenlagern bei 4000 N/mm^2, bei Pendelkugellagern bei 4600 N/mm^2 und bei allen anderen Kugellagern bei 4200 N/mm^2. Um bei kegeligen und zylindrischen Wälzkörpern in Verbindung mit geraden Laufflächen Kantenpressungen zu vermeiden, erhalten diese Wälzkörper ein so genanntes logarithmisches Profil, bei dem der größte Abschnitt der Mantellinie nur wenig von einer Geraden abweicht, in den kritischen Randbereichen jedoch stark. Wegen des kontraformen Wälzkontaktes zwischen Innenring und Wälzkörper herrscht am Innenring eine höhere Hertzsche Pressung als am konformen Kontakt zwischen Außenring und Wälzkörper, weshalb am Innenring bevorzugt Schädigungen auftreten. Die

Kugeln sind weniger anfällig, da sie sich auch räumlich drehen und somit die gesamte Oberfläche erfasst wird. Ausnahmen bestehen, wenn die Kugeln in ihrer Bewegung behindert sind.

Bei belasteten Wälzlagern findet in den Kontaktstellen beim Abrollen im Vergleich zu Zahnrädern ein um den Faktor von bis zu 30 niedrigerer Schlupf statt. Aufgrund unterschiedlicher Verformungen entstehen Gleitbewegungen, so genanntes verformungsbedingtes Mikrogleiten. In den Kontaktflächen ergeben sich aber auch zusätzliche gestaltbedingte Gleitungen infolge der sich einstellenden Krümmungen quer zur Rollrichtung. Die verschiedenen Abstände zwischen Wälzkörperdrehachse und Druckfläche lassen so voreilende und nacheilende Gleitkomponenten entstehen, **Bild 6.36** und **6.37** [121, 131]. Diese Bereiche unterliegen einem vom Schmierstoff abhängigen Gleitverschleiß. Reines Rollen findet nur an zwei Umfangslinien statt.

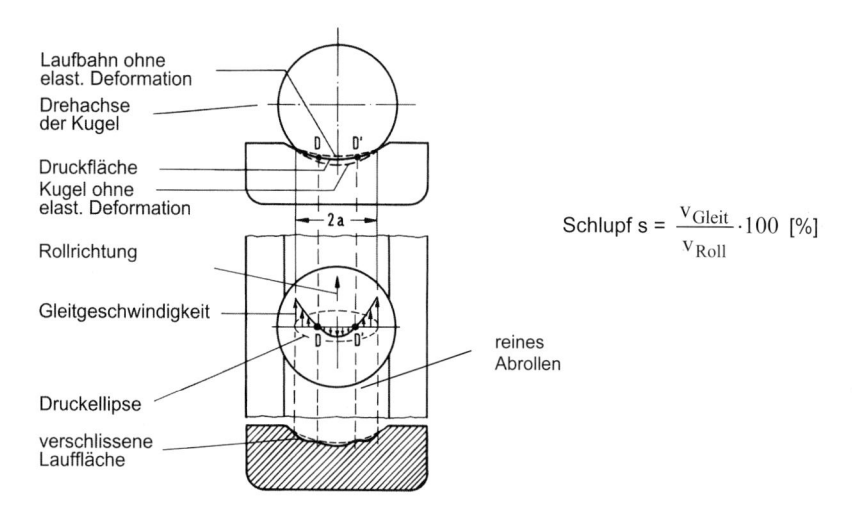

$$\text{Schlupf } s = \frac{v_{Gleit}}{v_{Roll}} \cdot 100 \, [\%]$$

Bild 6.36: Gleitbewegungen im Rillenkugellager, hervorgerufen durch die Krümmung der Druckfläche in Anlehnung an [121, Schaeffler KG]

Bei einer überlagerten Axialkraftkomponente führen die Kugeln bei Rillenkugellagern noch eine Bohrbewegung aus, so dass in der Druckellipse asymmetrische Geschwindigkeitsfelder mit einer außermittigen Verlagerung der Rolllinien entstehen [132]. Der gesamte Gleitanteil beträgt im Allgemeinen 1 bis 2 % (Schlupf). Neben diesen Mikrogleitvorgängen in den Hertzschen Wälzkontakten treten auch noch Makrogleitbewegungen auf, z. B. an Führungsborden, Führungsflächen des Käfigs und bei käfiglosen Lagern an den Wälzkörpern. In vielen Fällen herrschen in den Hertzschen Kontakten nicht die für eine elastohydrodynamische Schmierfilmbildung notwendigen Bedingungen, sondern Mischreibung vor, so dass die Wälzpartner nicht oder nur teilweise von einander getrennt sind. Dies führt infolge der in der Druckellipse herrschenden Mikrogleitbewegungen zu Verschleiß, der sich quer zur Laufbahn unterschiedlich stark abzeichnet, Bild 6.36. An den Stellen reinen Rollens erfolgt kein Verschleiß.

6.1 Grundlagen

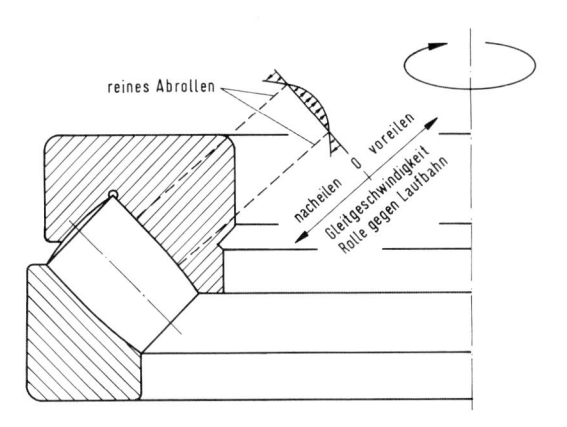

Bild 6.37: Gleiten beim Abrollen der Wälzkörper eines Axialpendelrollenlagers [131]

Bei Axialzylinderrollenlagern finden in den linienförmigen Wälzkontakten bauartbedingt beim Abrollen im Vergleich zu den anderen Wälzlagertypen größere Gleitbewegungen statt, die von der Länge der Rolle abhängen. An den Rollenenden erreichen die Gleitbewegungen Extremwerte und nehmen zur Rollenmitte hin linear ab, **Bild 6.38**. Nur in der Rollenmitte liegt reines Rollen vor. Diese unterschiedliche Gleitgeschwindigkeit über die Länge der zylindrischen Rollen kann bei ungünstigen Schmierbedingungen zu Profiländerungen mit der Folge von Lastkonzentrationen in Zonen mit geringer Gleitkomponente führen. Hier kann es dann zu Oberflächenzerrüttung kommen, die die Gebrauchsdauer vorzeitig beendet. Bei Mischreibung wird die Bildung einer Reaktionsschicht angestrebt, die sich durch Verfärbungen der Funktionsflächen von den anderen Flächen unterscheidet, während sie bei fehlender oder mangelnder Reaktionsschichtbildung metallisch glänzend erscheinen. Gegenüber Anlauffarben, die weitgehend auf reine Oxidbildung beruhen und die typische temperaturabhängige Farbskala von gelb bis grau durchlaufen, sind in die tribologisch bedingten Reaktionsschichten neben Sauerstoff auch weitere aus den Additiven stammenden Elemente eingebaut, die an der Farbgebung mitwirken. Das ist wahrscheinlich der Grund für die von den Anlauffarben auch abweichenden Farbtönungen.

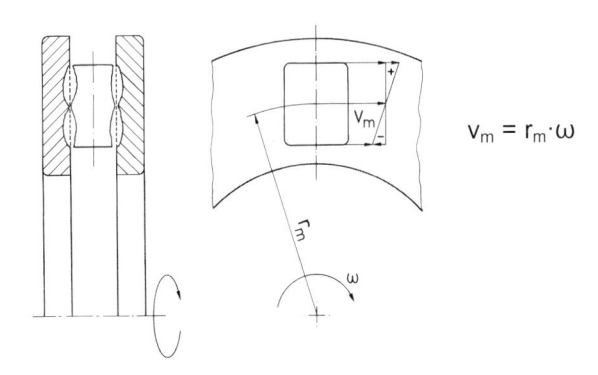

$$v_m = r_m \cdot \omega$$

Bild 6.38: Verschleiß und Gleitbewegungen auf Laufbahn und Rolle eines Axialzylinderrollenlagers

Bei Betriebsbeanspruchungen durch Temperaturen > 120 °C können durch Restaustenitzerfall Maßänderungen auftreten, die eine einwandfreie Funktion des Lagers (z. B. Heißlaufen infolge Klemmens, Lösen des Schrumpfsitzes, Spielvergrößerung) nicht mehr gewährleisten. Das bei der üblichen Wärmebehandlung entstehende martensitische Gefüge des Stahles 100Cr6 enthält neben nicht gelösten Karbiden auch noch bis zu 20 % Restaustenit, je nachdem ob und in welcher Höhe angelassen wurde, dessen Zerfall zu einer Längenänderung von 0,007 bis 0,008 % pro 1 % in Martensit umgewandelten Restaustenit führt [133, 134]. Für derartige Anwendungsfälle werden maßstabilisierte Wälzlager eingesetzt, deren Restaustenitgehalt durch auf die Betriebstemperatur abgestimmte höhere Anlasstemperaturen reduziert wurde. Eine gute Maßstabilität wird auch durch isothermische Gefügeumwandlung in der Bainitstufe erreicht.

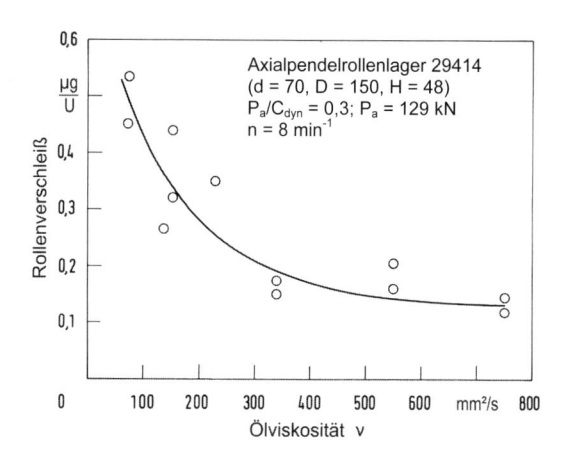

Bild 6.39: Rollenverschleiß in Axialpendelrollenlagern in Abhängigkeit von der kinematischen Ölviskosität v nach 1000 h Laufzeit [135, Schaeffler KG]

Von den strukturbedingten Einflüssen sollen vier wichtige Größen – Schmierstoff, Viskosität, Werkstoffe und Verunreinigungen – näher behandelt werden. Der Viskosität kommt besondere Bedeutung zu, da u. a. von ihr die Schmierfilmdicke und somit der Verschleiß abhängt. Untersuchungen an Axialpendelrollenlagern mit Ölen unterschiedlicher Viskosität zeigen mit zunehmender Viskosität abnehmenden Rollenverschleiß, **Bild 6.39**, wobei der Verschleiß einem „Sättigungswert" zustrebt [135]. Dieser Zustand stellt sich dann ein, wenn der Einlaufprozess zu einem hydrodynamischen Tragen führt oder tragfähige Reaktionsschichten entstehen.

Es gibt Bereiche in der Technik, in denen eine Schmierung mit Ölen aus Gründen des Brandschutzes nicht erfolgen darf wie z. B. im Bergbau oder in brandgefährdeten Industrieanlagen. Eingesetzt werden daher wasserhaltige Hydraulikflüssigkeiten. Diese wirken sich jedoch aufgrund der ungünstigen Schmierfilmausbildung und Korrosion im Vergleich zu mit Ölen geschmierten Wälzlagern nachteilig auf die Lebensdauer aus, weshalb besondere Eigenschaften an die Werkstoffe gestellt werden. In [136] wurde das Verhalten von Zylinderrollenlagern, Nadellagern und Rillenkugellagern aus verschiedenen Werkstoffen – dünnschichtverchromter 100Cr6 und die korrosionsbeständigen Stähle X102CrMo17 und X30CrMoN15 (Cronidur[®] 30) – unter Verwendung zweier Hydraulikschmierstoffe HFA- und HFC-Flüssigkeit unter-

6.1 Grundlagen

sucht. Die HFA-Flüssigkeit besteht aus einer Emulsion von synthetischem Ester mit 98 % Wasser und die HFC-Flüssigkeit aus Polyglykolen mit 45 % Wasser. Mit der HFA-Flüssigkeit wurden bei allen Werkstoffen im Vergleich zur nominellen Lebensdauer L_{10h} aufgrund schlechter Mischreibungsbedingungen und bei der Dünnschichtverchromung auch durch Korrosion erheblich niedrigere Lebensdauern erzielt; wobei sich die höchste relative Lebensdauer von 20 % mit Cronidur® 30 ergab. Dieser Werkstoff zeichnet sich im Vergleich zur ausgeprägten Carbidzeiligkeit mit groben Einzelcarbiden des X102CrMo17 durch ein homogenes Gefüge mit feinverteilten Carbonitriden aus. Die Schädigung setzte jeweils durch von der Oberfläche ausgehende Risse ein. Durch Verwendung der FHC-Flüssigkeit erhöhte sich die relative Lebensdauer aufgrund der besseren Schmierwirkung; beim Werkstoff Cronidur® 30 wurde sogar ein Wert wie bei einer Ölschmierung erreicht.

An mikroskopisch fein verteilten nichtmetallischen Einschlüssen bilden sich am Ende der Ermüdungslaufzeit neben Gefügeänderungen Mikrorisse, die schließlich zu Grübchen führen. Dabei spielen neben Größe, Menge und Verteilung auch die Eigenschaften der Einschlüsse eine besondere Rolle wie elastisches Verhalten, Härte, Form und Wärmeausdehnungsverhalten [137]. Sie entscheiden, ob die von den Einschlüssen hervorgerufenen Spannungsspitzen durch eine Plastifizierung abgebaut werden oder ob es zur Anrissbildung im Bereich des Einschlusses kommt.

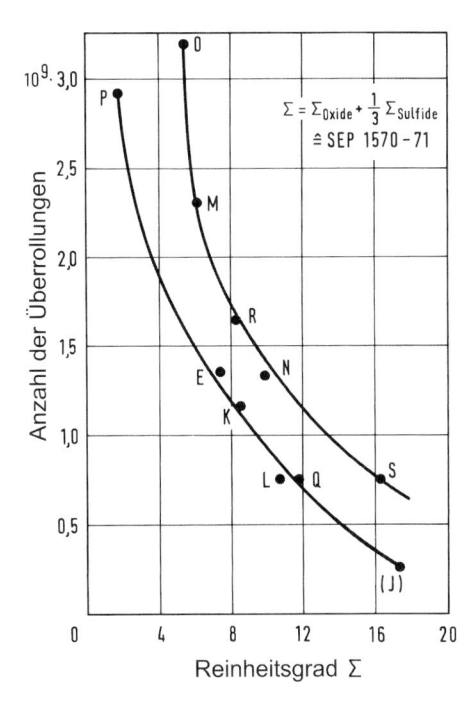

Bild 6.40: Beziehung zwischen dem Reinheitsgrad Σ nach Stahl-Eisen-Prüfblatt SEP 1570-71 und der Überrollungslebensdauer von Schrägkugellagern aus elf verschiedenen 100Cr6-Chargen bei einer Hertzschen Pressung von $p_0 = 2600$ N/mm² [142, Schaeffler KG]

Durch zahlreiche Versuche wurde festgestellt, dass sich oxidische Einschlüsse nachteiliger auswirken als sulfidische [138, 139 bis 143]. Eine Reduzierung des Summenanteils sulfidischer Einschlüsse auf 1/3 in der Beziehung $\Sigma = (\Sigma_{Oxide} + 1/3\ \Sigma_{Sulfide})$ ergibt ein verhältnismäßig enges Streuband für die Überrollungslebensdauer von Schrägkugellagern aus 100Cr6, **Bild 6.40**.

Calciumaluminate erwiesen sich als die schädlichsten Einschlüsse im Wälzkontakt, weshalb Wälzlagerstähle nicht mit Calcium behandelt werden dürfen [144, 145]. Auch die scharfkantigen länglichen Ti(CN) mit ihrer hohen Härte wirken sich nachteilig auf die Ermüdungslebensdauer aus [137], weshalb der Ti-Gehalt im 100Cr6 von den meisten Wälzlagerherstellern auf 30 ppm begrenzt wird [145].

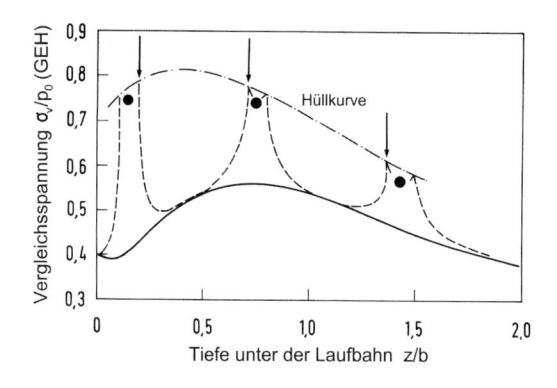

Bild 6.41: Auswirkung nichtmetallischer Einschlüsse auf den Vergleichsspannungsverlauf im Kontaktmittelpunkt; b = kleine Halbachse der Hertzschen Kontaktfläche, p_0 = Hertzsche Pressung [137, Schaeffler KG]

Die Auswirkung globularer Al_2O_3-Einschlüsse auf den Vergleichsspannungsverlauf gibt **Bild 6.41** wieder [137]. Die Hüllkurve verdeutlicht, dass das Spannungsmaximum im Vergleich zur einschlussfreien Matrix in die Nähe der Oberfläche rückt (kleine z/b-Werte) und sich die Spannungserhöhung hier besonders auswirkt. Zu berücksichtigen ist, dass nicht nur Menge, sondern auch Größe und Verteilung in die Beurteilung mit einzubeziehen sind.

Durch Verbesserung der Erschmelzungsverfahren und Einführung der Sekundärmetallurgie (Nachbehandlung des Rohstahles in der Pfanne z. B. durch Desoxidation, Entgasung, Legierungsfeineinstellung, Entschwefelung) konnte der Reinheitsgrad gesteigert werden. Höhere Reinheitsgrade lassen sich durch Vakuumtechnologie bei der Stahlerzeugung erzielen, wobei der hohe Aufwand nur bei besonderen sicherheitsrelevanten Bauteilen gerechtfertigt ist. Die hohen Reinheitsgrade vakuumerschmolzener Stähle wirken sich nur bei Langzeitbeanspruchung unter elastohydrodynamischer Schmierung und hoher Sauberkeit des Schmierstoffes aus [121]. Bei Mischreibung, bei der die Schädigung von der Oberfläche ausgeht, wird die Lebensdauer durch den höheren Reinheitsgrad dagegen nicht angehoben. Heute wird der Wälzlagerstahl 100Cr6 vielfach im Stranggussverfahren mit einem Schwefelgehalt < 0,010 % hergestellt [145].

6.1.7.3 Tribochemische Reaktion

In Beanspruchungssituationen, wie hohe Belastung, geringe Drehzahl, hohe Temperatur, ist nicht immer EHD-Vollschmierung gewährleistet, so dass durch gestalt- und verformungsbedingtes Mikrogleiten ein kontinuierlicher Werkstoffabtrag stattfindet. Der im Mischreibungsgebiet hauptsächlich wirkende Mechanismus insbesondere bei Lagern mit konstruktionsbedingtem hohen Gleitanteil ist die Adhäsion. Durch Verwendung von geeignet additivierten Schmierstoffen lässt sich die Adhäsion verringern. Die verschleißreduzierende Wirkung hängt dabei von der Reaktionskinetik der entsprechenden Verbindung mit den Gleitpartnern, die temperaturgesteuert abläuft, und von den Eigenschaften der sich bildenden Reaktionsschicht ab [146]. Insbesondere bei langsam laufenden Wälzlagern und Getrieben besteht die Gefahr, dass die sich einstellende Betriebstemperatur zur Auslösung der Reaktionskinetik nicht ausreicht, zumal wenn Additive eine Reaktionslücke aufweisen.

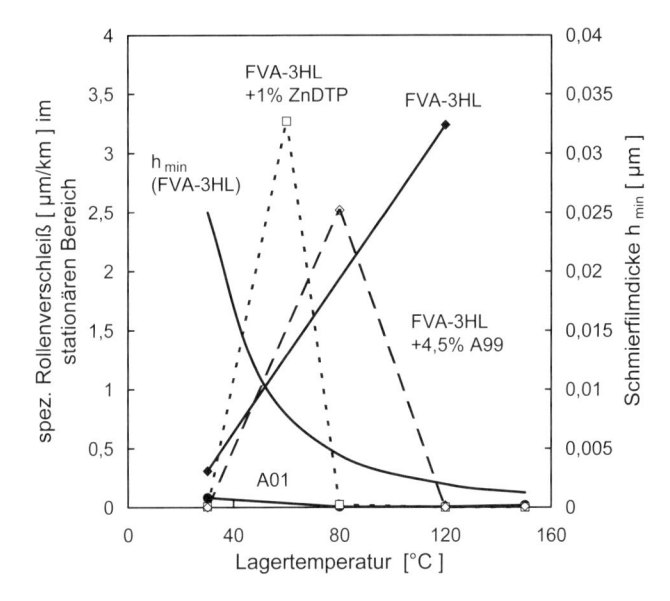

Bild 6.42: Auswirkung eines unlegierten Mineralöles FVA-3HL und legierten handelsüblichen Mineralöles A01 gleicher Nennviskosität sowie temperaturabhängiger Reaktionsbereitschaft zweier Additive ZnDTP und A99 im Mineralöl FVA-3HL auf den Verschleiß einer Rolle aus 100Cr6 eines Axialzylinderrollenlagers 81212; Versuchsbedingungen: F = 80 kN, n = 7,5 min^{-1} [51]. Mit ZnDTP und A99 entstehen oberhalb 60 °C bzw. 80 °C Reaktionsschichten, die den Verschleiß reduzieren. Der spez. Rollenverschleiß ist auf den Rollweg bezogen.

Am Beispiel des Axialzylinderrollenlagers 81212 wird die Reaktionsschichtbildung in **Bild 6.42** dargestellt [51]. Die mit steigender Temperatur abnehmende Viskosität bewirkt eine Verschlechterung der Ausbildung eines elastohydrodynamischen Schmierfilmes. Die damit einhergehende drastische Erhöhung des Festkörpertraganteiles führt bei Ölen ohne wirksame EP-Additivierung wie im Falle des unlegierten Öles FVA-3HL zu hohem spezifischen Verschleiß im stationären Bereich. Geeignet additivierte Öle sind dagegen in der Lage, trotz Abnahme der theoretischen Schmierfilmdicke aufgrund chemischer Reaktionen mit den Wälzpartnern den Verschleiß zu reduzieren oder gar einen nahezu verschleißlosen Zustand herbeizuführen. Während das Verschleißverhalten bei unlegiertem Öl auf die physikalischen Wirkungen (Viskosität, Polarität) im Mischreibungsgebiet zurückzuführen ist, liegt das Verschleißverhalten des legierten handelsüblichen Mineralöles A01 gleicher Viskosität in der chemischen Wirkung der Additive (Auf- und Abbau der Reaktionsschicht) begründet. Äußerlich zeigt sich das Ergebnis dieser Reaktionen zwischen Schmierstoff und Wälzpartner an den Verfärbungen der Laufflächen. Bereiche, in denen sich keine Reaktionsschichten gebildet haben, sei es wegen fehlender Additivierung oder mangelnder Reaktionsbereitschaft, erscheinen metallisch blank. Diese Verfärbungen dürfen jedoch nicht mit Anlauffarben verwechselt werden.

Von den untersuchten Ölen haben nicht alle Additive im gesamten Temperaturbereich zwischen Raumtemperatur und 150 °C ihre Wirksamkeit entfaltet. So wies z. B. das Additiv Zinkdithiophosphat ZnDTP im Bereich um 60 °C und das Additiv Anglamol 99 um 80 °C eine Reaktionslücke auf. Das bedeutet im Bereich um diese Temperaturen hohen Verschleiß, der sogar höher ausfällt als beim unlegierten Öl.

In **Bild 6.43** ist ein Beispiel für das zeitliche Verschleißverhalten in einem Axialzylinderrollenlager wiedergegeben [146]. Der anfängliche Verschleiß ist hoch und mündet nach längerer Laufzeit in einen nahezu verschleißlosen Zustand, der durch die Bildung der Reaktionsschicht bedingt ist. Den Mischreibungszustand erkennt man an blankpolierten und/oder an tribologisch bedingten Verfärbungen durch Reaktionsschichtbildung. Die Rolle in **Bild 6.44** aus diesem Versuch steht für den hohen Verschleiß während der Einlaufphase und verschleißlosen Zustand nach vollständiger Reaktionsschichtbildung auf der Rollenlauffläche, vgl. auch Bild 6.84. Der Verschleiß wird vor allem an den Laufspurrändern und an den Randzonen der Rollenmantelflächen wegen des zum Rand hin zunehmenden Gleitanteiles während des Einlaufes beobachtet, solange sich die Reaktionsschicht noch in der Aufbauphase befindet oder bei un-

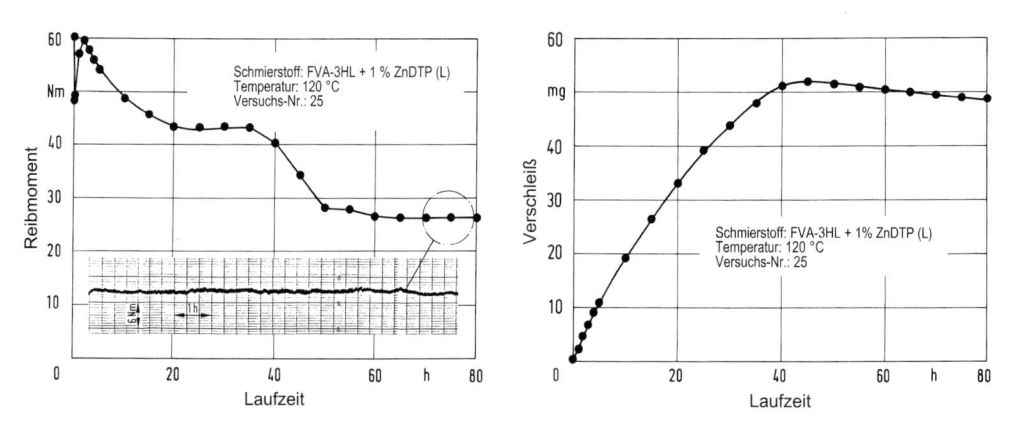

Bild 6.43: Reibmomentverlauf eines Axialzylinderrollenlagers 81212 (links) und Verschleißverlauf einer Rolle (rechts) bei Verwendung des Mineralöles FVA-3HL+1 % ZnDTP (L); Versuchsbedingungen: F = 80 kN, n = 7,5 min^{-1}, ϑ = 120 °C [146]. Der Reibmomentverlauf der letzten 10 Stunden ist im linken Bild vergrößert dargestellt.

6.1 Grundlagen

geeigneter Additivierung, vgl. Bild 6.38. In Rollenmitte ist der Abtrag wegen der geringeren Gleitgeschwindigkeit dagegen deutlich geringer, so dass der Ausgangsdurchmesser der Rolle dort nur wenig reduziert wird. Der Durchmesser an den Rollenrändern ist gegenüber dem Durchmesser in der Mitte um etwa 50 μm kleiner.

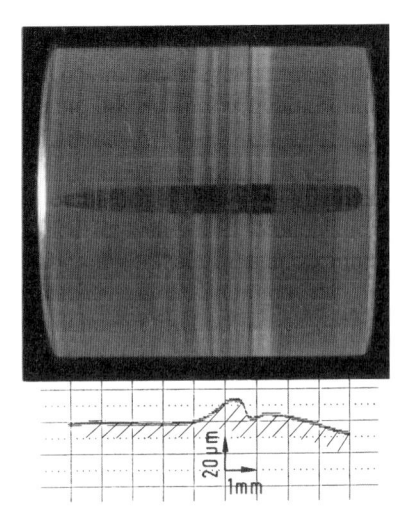

Bild 6.44: Reaktionsschicht auf der Rolle und Oberflächenprofil der Rolle des Axialzylinderrollenlagers 81212 nach Versuchsende; Schmierstoff: FVA-3HL+1 % ZnDTP (L); Versuchsbedingungen vgl. Bild 6.43 [146, 51]; farbige Wiedergabe im Anhang 9

Werden solche Reaktionsschichten mittels Augerspektroskopie analysiert, so findet man bei allen Schichten, dass der Sauerstoff, der sowohl aus der umgebenden Atmosphäre als auch aus den Additiven des Schmierstoffes stammen kann, das vorherrschende Element ist. Alle anderen Elemente aus den Additiven, wie z. B. P, S, Zn, N, und auch der Kohlenstoff aus dem Grundöl, ist von untergeordneter Bedeutung, aber trotzdem für die wichtig für die Reaktionsschichtbildung.

In **Bild 6.45** ist eine Zylinderrolle mit noch unvollständig ausgebildeter Reaktionsschicht und den Tiefenverläufen der relevanten Elemente an den entsprechenden Messstellen auf der Rolle wiedergegeben. Im weitgehend metallisch blanken Bereich in Bild 6.45 rechts, helle Seite der Rolle, reicht der Sauerstoffanteil im Vergleich zu dem blauen Farbband, linke Rollenseite, nur in geringe Tiefen. Der Kohlenstoff, der am Rand von 10 At-% auf 7 At-% abfällt, weist einen flachen Gradienten auf und hat nicht die Bedeutung für den Verschleißschutz wie der Sauerstoff. Die weiteren gemessenen Elemente, die nicht dem Stahl zuzuordnen sind, wie Si, P, Na und Ca, liegen zwischen 1 und 5 At-%.

Aus diesen Analysen können zwei grundsätzliche Möglichkeiten abgeleitet werden, die Adhäsionskomponente zu reduzieren, um zu einer technisch akzeptablen Lebensdauer zu kommen:

- Reduzierung der adhäsiv wirkenden Komponenten. Bei Stählen ist dies der Eisenanteil, was insbesondere durch den Sauerstoffanteil gelingt und
- Erhöhung der Reaktionsschichtdicke durch geeignete Additive.

Eine deutliche Verschleißreduzierung stellte sich bei dem Werkstoff 100Cr6 bereits bei Halbwertsdicken des Sauerstoffprofiles von >10 nm ein. Abhängig vom Schmierstoff wurden Schichtdicken bis 90 nm ermittelt.

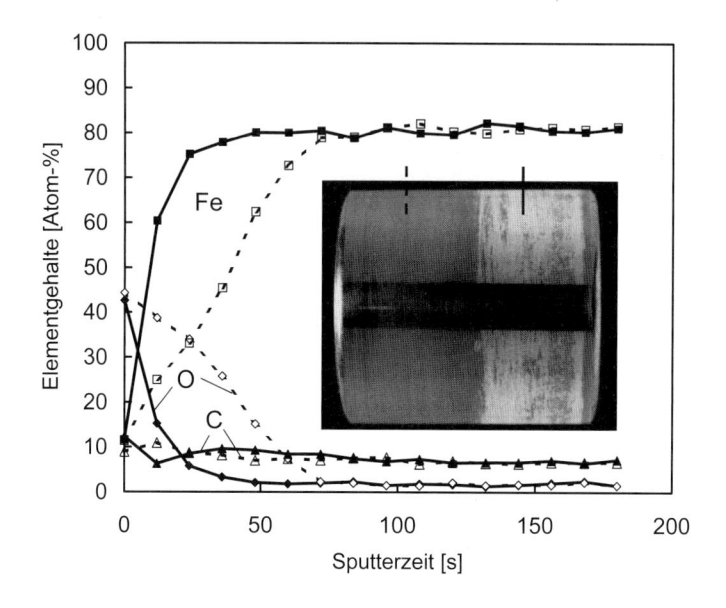

Bild 6.45: Tiefenprofil der Elemente in der Grenzschicht der Rolle aus 100Cr6 des Axialzylinderrollenlagers 81212, PEEK-Käfig (Polyetheretherketon mit 25 % Glasfaser), Schmierstoff Polyglykol; F = 80 kN; ϑ = 150 °C, n = 7,5 min^{-1}. 1 s Sputterzeit entspricht einem Abstand von 1nm von der Oberfläche; durchgezogene Linie rechte Rollenseite, gestrichelte Linie linke Rollenseite; farbige Wiedergabe im Anhang 9

TEM-Untersuchungen (Transmissionselektronenmikroskop) von [147] lassen vermuten, dass es sich bei den Reaktionsschichten um amorphe Schichten handelt, die in [148, 149] bestätigt werden. Der hohe Sauerstoffgehalt der Reaktionsschichten im Vergleich zu den Elementen der Additive erklärt sich wahrscheinlich aus den überwiegend amorphen Eisenoxidanteilen in den Schichten.

Bei Baugruppen mit verschiedenen Werkstoffkombinationen (z. B. Wälzpartner aus Stahl und Käfig aus Messing) ist eine getrennte Schmierung mit verschiedenen Schmierstoffen nicht immer möglich, weshalb besonders auf die Verträglichkeit einzelner Komponenten mit den Schmierstoffen zu achten ist, die sich teilweise extrem unterschiedlich auswirken können, vgl. Kap. 2.4.4 Tribochemische Reaktion.

6.1.7.4 Adhäsion

Adhäsive Prozesse können im Wälzkontakt aufgrund der herrschenden Gleitkomponente spontan entstehen, wenn im Lager betriebsbedingt zu hoher Schlupf auftritt, durch den die Wälzkörper am einwandfreien Abwälzen auf den Laufbahnen gehindert werden [121, 122, 150, 151]. Verursacht wird dieser Schlupf durch die Reibungswiderstände (Wälzkörper/Käfig, Schmierstoff) und den mangelnden Reibschluss zwischen Wälzkörper und rotierendem Wälzlagerring in der lastfreien Zone. Im Extremfall können sogar Käfig und Wälzkörper zum Stillstand kommen. Die Schäden werden häufig während der Beschleunigungsphase beim Einlaufen der Wälzkörper in die lasttragende Zone mit hohem Lastanstiegsgradienten beobachtet. Akustisch macht sich diese Phase des Schlupfzusammenbruchs durch ein hohes klirrendes Geräusch bemerkbar (Stoßanregungen). Kritisch sind Betriebszustände mit hohen Drehzahlen und niedriger Last oder instabile Betriebszustände (Last- und Drehzahlschwankungen) sowie nicht optimierter Viskosität. Solche Zustände können z. B. beim Probelauf eines Getriebes in den Lagern der Antriebswelle, bei Flugturbinen, Elektromaschinen oder bei Spindellagern von Holzfräsmaschinen während des Hochfahrens auf die Betriebsdrehzahl auftreten. Betroffen sind praktisch alle Lagerarten. Der Schwerpunkt liegt wegen der größeren Wälzkörpermasse und des größeren Trägheitsmomentes bei großen Zylinderrollen- und Pendelrollenlagern. Daher sind Überdimensionierungen der Lager zu vermeiden, da sie wegen möglicher Schlupfgefahr nicht unbedingt eine längere Lebensdauer aufweisen. Die durch Schlupf hervorgerufene Schädigung äußert sich in Fresserscheinungen, die von einer oder mehreren Stellen ausgehen und sich in Wälzrichtung divergierend ausbreiten. Sie werden bei Wälzlagern mit Anschmierung, Anschürfung oder Schlupfschaden bezeichnet. Je nach im Wälzkontakt umgesetzter Energie werden alle Schädigungsgrade beobachtet, wie sie auch bei Fressern bei reinen Gleitvorgängen bekannt sind. Als weitere Folge kann in den geschädigten Zonen Mikropitting (Graufleckigkeit) entstehen [122]. Die Schlupfschäden, die durch Einlaufen der Wälzkörper in die lasttragende Zone entstehen, treten immer am Lagerring mit der Punktlast sowohl bei Fett- als auch bei Ölschmierung auf. Bei Rillenkugellagern lässt sich die Schlupfgefahr durch die Verwendung von Federn, mit denen die Lager axial angestellt werden, verringern. Zylinderrollenlager sind bei einer Belastung < 2 % der dynamischen Tragzahl gefährdet [151].

Auch in reinen Gleitkontakten, wie an Führungsflächen – Führungsbord/Rollenstirnfläche – oder an Wälzkörpern vollroller Lager sind die Lager gelegentlich infolge ungünstiger Schmierverhältnisse durch Anschmierungen gefährdet. Eingelaufene Lager neigen nicht zu Anschmierungen [152, 153]. Brünierung stellt einen sicheren Anschmierschutz dar. Bei den Rollenstirnflächen weisen die Fressspuren zykloidische Formen auf. Bei exzentrisch umlaufenden vollrolligen Lagern wie z. B. bei Planetenrädern, werden die sonst unbelasteten Rollen aneinander gepresst. Diese Pressungen in Verbindung mit den ungünstigen Bedingungen für eine Schmierfilmbildung aufgrund der entgegengesetzten Umfangsgeschwindigkeiten können zu Fresserscheinungen an den Wälzkörpern führen.

6.1.7.5 Abrasion

Verunreinigungen beeinflussen die Lebensdauer von Wälzlagern auf verschiedene Weise. Die wesentlichen Einflussgrößen dabei sind Größe, Art, vgl. Bild 6.49, und Menge der Verunreinigungen. Während große harte Partikel (bei kleinen Lagern etwa > 10 µm, bei größeren Lagern deutlich größer) Eindrücke in den Laufflächen erzeugen, die einen Zerrüttungsschaden auslösen können, bewirken kleine harte Partikel, die dicker als der Schmierfilm sind, in Lagern mit größeren Gleitanteilen auf den Funktionsflächen abrasiven Verschleiß, insbesondere bei höheren Partikelkonzentrationen. Auch harte Partikel können die Kontaktverhältnisse durch den aufgeworfenen Rand so verändern, dass örtliche Überbeanspruchungen zu einem Zerrüttungsschaden führen. Durch gezielte Abstimmung der Wärmebehandlung der einzelnen Lagerkomponenten auf etwa gleiche Härte lässt sich der abrasive Verschleiß infolge optimalen Einbettungsverhaltens minimieren [154], d. h. kein unterschiedliches Einbettungsverhalten bei den in Kontakt befindlichen Partnern zu erreichen. Hierdurch verteilt sich der Verschleiß gleichmäßig auf beide Partner. Eine Verbesserung des abrasiven Verschleißwiderstandes ist durch eine Wärmebehandlung nur bedingt möglich. Eher ist sie durch eine Erhöhung des Carbidanteils möglich. Untersuchungen mit Axialzylinderrollenlagern 81212 aus den Werkstoffen 100Cr6, 85Cr2 und Ck60 mit einer Härte von 60 HRC ergaben mit abnehmender Carbidmenge steigenden Rollenverschleiß [155]. Der Carbidanteil findet dort seine Grenze, wo die Carbide durch Spannungserhöhungen reine Zerrüttungsprozesse auslösen.

6.1.7.6 Oberflächenzerrüttung

Weniger als 10 % aller Lagerausfälle gehen auf Oberflächenzerrüttung in reinen EHD-Kontakten (also bei voll ausgebildetem Schmierfilm) zurück [155], bei denen der Bereich höchster Beanspruchung unterhalb der Oberfläche liegt. Sie sind in der Regel auf nichtmetallische Einschlüsse zurückzuführen, an denen Spannungsspitzen hervorgerufen werden, vgl. Bild 6.41 [137]. Im Mischreibungsgebiet, wenn sich kein tragender Schmierfilm ausbilden kann, wird bei einem Verhältnis λ von Schmierfilmdicke zur Gesamtrauheit der beiden Kontaktflächen < 0,5 die nominelle Lebensdauer nicht erreicht [156]. Die Beanspruchungsbedingungen können sich noch verschlechtern, wenn sich z. B. bei Lagerbauarten mit hohem Gleitanteil, wie bei Axialzylinderrollenlagern, durch Gleitverschleiß Spannungskonzentrationen einstellen, die an den unverschlissenen Stellen in Laufbahnmitte zu Grübchenbildung, auch Schälung genannt, führen. Die Oberflächenzerrüttung stellt in der Regel das wichtigste Ausfallkriterium für die Auslegung von Wälzlagerungen dar, da sich die Adhäsion durch fachgerechte Auslegung und geeignete Schmierstoffe in den meisten Fällen vermeiden lässt. Dieses Kriterium liegt der Berechnung der Lebensdauer zugrunde, die z. B. die Anzahl der Betriebsstunden bis zum Auftreten der ersten Anzeichen von Zerrüttung in den Laufbahnen oder Wälzkörpern [157] oder bis zum Eintritt eines Schadens [158] angibt. Nach der Lebensdauerformel gemäß DIN ISO 281 [159] kann die nominelle Lebensdauer L_{10}

$$L_{10} = \left(\frac{C}{P}\right)^p \cdot 10^6 \text{ Umdrehungen} \qquad (6.12)$$

in Umdrehungen bei einer Ausfallwahrscheinlichkeit von 10 % der Lager berechnet werden, die bei noch so kleiner Belastung eine endliche Lebensdauer ergeben. Darin bedeuten C = dynamische Tragzahl in N, P = dynamisch äquivalente Belastung in N, Exponent p = 3 für Kugellager und p = 10/3 für Rollenlager. In Betriebsstunden mit der Drehzahl n in min^{-1} lautet diese Beziehung

$$L_{h10} = \left(\frac{C}{P}\right)^p \cdot \frac{10^6}{n \cdot 60} \text{ [h]} \qquad (6.13)$$

6.1 Grundlagen

Die Berechnung der nominellen Lebensdauer L_{10} nach DIN ISO 281 beruht auf früheren Versuchen mit überhöhter Belastung, die zur Versuchsabkürzung angewandt wurde. Danach gäbe es keine Dauerfestigkeit, was im Widerspruch zur Festigkeitslehre und auch zur Praxis steht, aber auf die Auswertestrategie auf Basis einer zweiparametrigen Weibull-Verteilung bei Versuchen unter hoher Pressung (> 2500 N/mm^2) zurückzuführen ist. Untersuchungen [160, 161] weisen tatsächlich nach, dass auch Wälzlager dauerfest, also praktisch unbegrenzt haltbar sein können, **Bild 6.46**. Bei Hertzschen Pressungen $\leq$ 2300 N/mm^2 werden unter idealen Umgebungsbedingungen jedoch keine Zerrüttungsschäden mehr beobachtet. Mit abnehmender Pressung nimmt die tatsächlich erreichbare Lebensdauer stärker zu als die theoretisch errechnete. Voraussetzung für den Verlauf der erreichbaren Lebensdauer ist allerdings ein von Verunreinigungen freier Schmierstoff, der keine harten Fremdpartikel enthält, welche die Oberfläche durch Eindrücke vorschädigen können, und eine vollständige Trennung der Berührflächen im Lager durch den Schmierstoff, d. h. eine elastohydrodynamische Schmierung. Unter diesen Bedingungen setzte die Oberflächenzerrüttung jeweils unter der Oberfläche in Form von weißen Bändern ein, vgl. Bild 6.63.

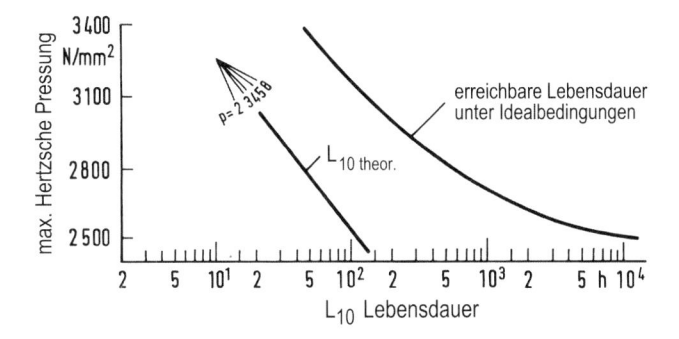

Bild 6.46: Nominelle ($L_{10\,theor.}$) und tatsächlich bei vollständiger Trennung der Oberflächen durch sauberen Schmierstoff erreichbare Lebensdauer [160, Schaeffler KG]

Die Dauerfestigkeit ist von Bauart und Größe des Lagers abhängig und liegt für Punktberührung bei einer Hertzschen Pressung von rd. 2000 N/mm^2 und für Linienberührung bei rd. 1500 N/mm^2 [162]. Diese Pressungen ergeben sich bei einer statischen Kennzahl $f_s = C_0/P_0 \geq 8$ (C_0 = statische Tragzahl, P_0 = äquivalente Lagerbelastung), ab der die Wälzlager als dauerfest bezeichnet werden [163]. Dieser Zusammenhang berücksichtigt geringe Abweichungen von den idealen Betriebsbedingungen, toleranzbedingte Unterschiede in den Lagerfunktionsflächen und Einbauungenauigkeiten.

In der Praxis sind die Bedingungen jedoch weit ungünstiger. Von Nachteil sind feste Verunreinigungen, die infolge ungenügender Abdichtung ins Lager gelangen, Mangelschmierung, verbrauchter Schmierstoff, Kondenswasser und Verschleißpartikel aus anderen tribologischen Systemen. Dann gilt wieder die L_{h10}-Lebensdauerrechnung.

Häufig fallen Lager durch feste Verunreinigungen aus, die Eindrücke mit Aufwerfungen aufgrund der Werkstoffverdrängung in der Lauffläche hinterlassen und Ausgangspunkt von Oberflächenzerrüttungen sind. Die von derartigen Oberflächenverletzungen ausgehenden Risse stellen im Vergleich zu denjenigen Rissen, die unter der Oberfläche starten, die dominierende Schädigung dar. Durch Partikel erzeugte Eindrücke durchstoßen den Schmierfilm und sind Stellen erhöhter Beanspruchung, die vorzeitig ermüden. Die Eindrücke auf den Laufflächen verursachen V-förmige Grübchen, deren Spitze zum Eindruck zeigt und die sich in Rollrichtung verbreitern. Die Wirkung derartiger Druckstellen lässt sich eindrucksvoll durch Rockwell-Eindrücke simulieren. **Bild 6.47** zeigt ein von einer solchen Vorschädigung in der Laufbahn eines Rillenkugellagers ausgehendes Grübchen [164, 165].

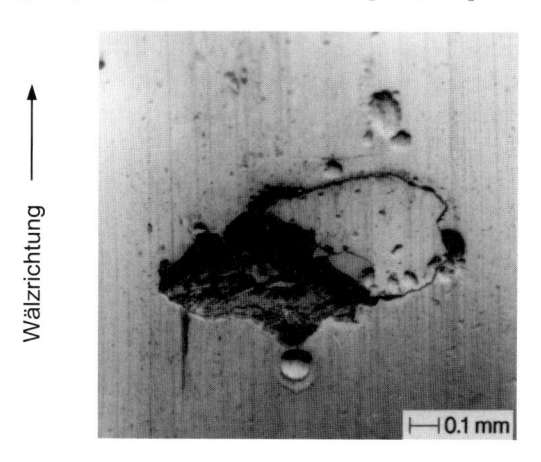

Bild 6.47: V-förmiges Grübchen in Wälzrichtung nach dem Rockwell-Eindruck mit einem Eindruckdurchmesser von 0,1 mm [165, Schaeffler KG]

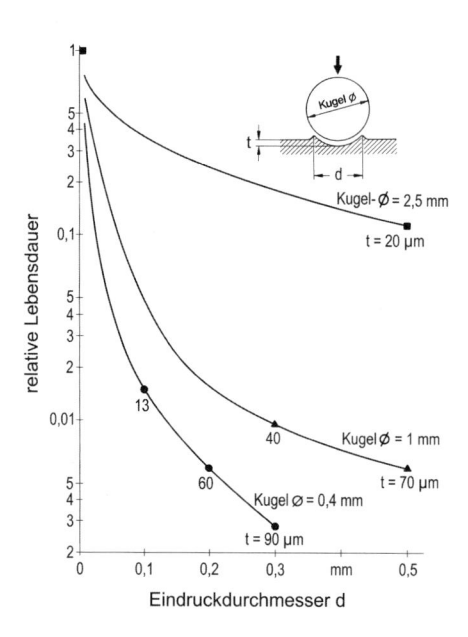

Bild 6.48: Auswirkung der Eindruckdurchmesser und -tiefe auf die relative Lebensdauer von Schrägkugellagern 7205 B; n = 12000 min^{-1}, p = 2771 N/mm^2 [165, Schaeffler KG]

6.1 Grundlagen

Gezielt erzeugte Oberflächenbeschädigungen auf den Laufflächen der Innenringe von Schrägkugellagern 7205 durch 4 gleichmäßig verteilte und gleich große Eindrücke mit Kugeln der Durchmesser 2,5, 1 und 0,4 mm weisen auf die besondere Bedeutung der Eindrucktiefe hin, **Bild 6.48** [165]. Zunehmende Eindrucktiefe senkt die Lebensdauer (bezogen auf die Lebensdauer ungeschädigter Lager) beträchtlich. Große Eindrücke reduzieren die Lebensdauer nicht in dem Maße wie kleine mit gleicher Tiefe.

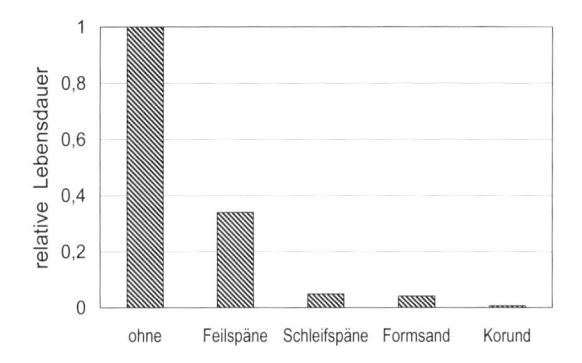

Bild 6.49: Auswirkung der Verunreinigungsarten im Schmierstoff auf die relative Lebensdauer [162, 165, Schaeffler KG]

Nicht nur Größe und Tiefe der Eindrücke wirken sich nachteilig auf die Lebensdauer aus, sondern auch die Partikelart. Lebensdaueruntersuchungen an Schrägkugellagern mit durch verschiedene Partikelarten verunreinigtem Schmierstoff zeigen deutlich, wie Härte und Form der Partikel sich auswirken, **Bild 6.49** [162, 165]. Am gefährlichsten erweisen sich Verunreinigungen durch harte mineralische Stoffe, die scharfkantige Eindrücke hinterlassen.

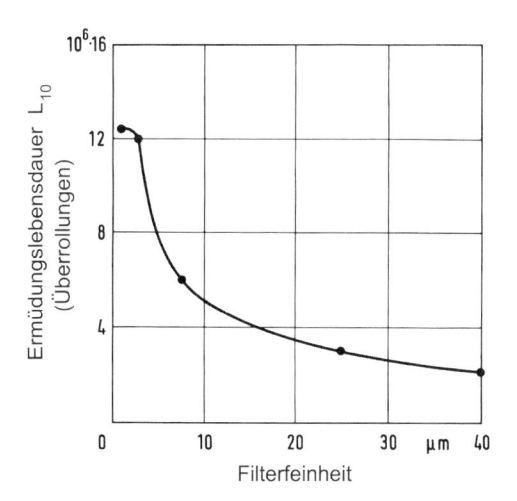

Bild 6.50: Einfluss der Filtration auf die Lagerlebensdauer von Zylinderrollenlagern (Bohrungsdurchmesser 25 mm) mit Messing-Massivkäfigen [166]

Selbst Verschleißpartikel in einem Getriebeöl, die dem adhäsiven Mechanismus im Zahnkontakt entstammen, können die Lebensdauer von Wälzlagern reduzieren, weshalb der Einsatz von Filtern bei hohen Sicherheitsanforderungen bedeutsam sein kann. Die Wirkung der Filtration zeigen Versuchsergebnisse mit einreihigen Zylinderrollenlagern mit Messing-Massivkäfigen, die mit Hubschraubergetriebeöl geschmiert wurden, das Verschleißpartikel enthielt, **Bild 6.50** [166]. Im vorliegenden Fall stellt sich bei Verwendung eines 3µm-Filters die sechsfache Lebensdauer ein gegenüber einem 40µm-Filter. Einmal durch Fremdkörper geschädigte Lager erholen sich auch nach Reinigung des Öles oder bei Verwendung von Frischöl nicht mehr.

Die nachteiligen Auswirkungen von Verunreinigungen auf die Lebensdauer hängen außer von der Höhe der Belastung auch von der Lagergröße und Lagerbauart ab. Bei kleinen Lagern, vorzugsweise Kugellagern, wird die Lebensdauer durch gleichartige Oberflächenschäden stärker reduziert als bei großen Lagern, **Bild 6.51**, was mit der Größe der Druckellipse zusammenhängt. Rollenlager mit Linienkontakt sind dagegen deutlich unempfindlicher gegen Eindrücke als Kugellager [160]. Dieser Baugrößeneinfluss konnte anhand numerischer Simulation bestätigt werden [167]. Die Ursache liegt nicht in der Höhe der Pressungsspitzen im Bereich der Randaufwerfungen, sondern hängt von der Tiefe der durch die Überrollung hervorgerufenen plastischen Verformungen im Vergleich zur Tiefe der Vergleichsspannungsmaxima bei ungestörter Oberfläche ab. Befinden sich Verformung und Spannungsmaximum in gleicher Tiefe, so kommt es zur Rissbildung und zum Risswachstum (kleine Lager). Erstreckt sich die Zone der plastischen Verformung nicht bis zum Spannungsmaximum, wird ein Anriss in seiner Ausbreitung gestoppt. Es sind somit zwei Phasen zu unterscheiden: zum einen die Anrissphase, die von der Höhe der Verformungen und der Spannungsspitzen abhängt und zum anderen die Ausbreitungsphase bis in die am höchsten beanspruchte Zone, die zum Lagerausfall führt.

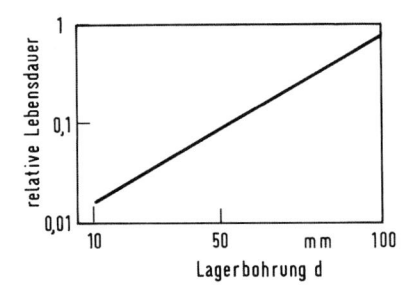

Bild 6.51: Auswirkung gleicher Oberflächenschäden bei unterschiedlicher Lagergröße, Schrägkugellagerreihe 72 B, Rockwelleindrücke 0,1 mm [160, Schaeffler KG]

Aufgrund von experimentellen Untersuchungen [79] kann der Entstehungsmechanismus der Rissbildung und der nachfolgenden Ausbrüche im Bereich der Oberflächenstörungen beschrieben werden. Auf einem Zweischeibenprüfstand wurden Rollen, deren Laufflächen gezielt durch Rockwellhärteeindrücke vorgeschädigt waren, unter EHD- und Mischreibungsbedingungen beansprucht. Die Höhe der von den Eindrücken erzeugten Wälle betrugen je nach Eindruckdurchmesser 1,5 bis 12 µm. Damit waren die Wälle deutlich höher als die Schmier-

6.1 Grundlagen

filmdicke, so dass lokal metallischer Kontakt infolge von Schmierstoffunterbrechung auch unter nominellen EHD-Bedingungen stattfand. Die dabei ablaufenden Gleitvorgänge führten zum Anriss. Bereits bei der ersten Überrollung wurde der Wall rückverformt. Gleichzeitig fand durch den aufgeprägten Mikroschlupf eine Tangentialbeanspruchung statt. Die Beanspruchung im Bereich eines Oberflächendefektes ist schematisch für negativen Schlupf in **Bild 6.52** dargestellt. Beim Durchlaufen des Eindruckes durch die Kontaktzone werden die vorderen und hinteren Aufwerfungen wechselseitig auf Zug und Druck (Schub) beansprucht, wobei einmal eine Abstützung durch den in Gleitrichtung liegenden Werkstoff und das andere Mal keine Abstützung wegen der Vertiefung erfolgt. Abhängig von der Richtung der Tangentialbeanspruchung, d. h. von negativem oder positivem Schlupf, bildeten sich die Anrisse entweder im Bereich des auslaufenden oder des einlaufenden Walles. Bei einem Schlupf > -5 % bildeten sich die Risse unabhängig vom Schmierzustand am auslaufenden Wall. Auch wurde festgestellt, dass sich mit zunehmender Größe des Eindruckes die schadensfreie Inkubationsphase sowohl bei schlupffreier als auch bei schlupfbehafteter Beanspruchung um Größenordnungen verkürzte, d. h. es erfolgte ein vorzeitiger Ausfall.

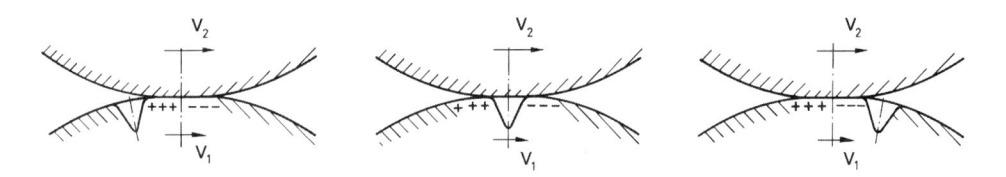

Bild 6.52: Schematische Darstellung der Beanspruchung bei Überrollung eines Eindruckes bei negativem Schlupf bezüglich der unteren Rolle ($v_2 > v_1$, + = Zug, − = Druck) [79]; v_1 und v_2 sind die Geschwindigkeiten der jeweiligen Körper relativ zum momentanen Kontaktpunkt, vgl. Bild 6.12

Numerische Simulationen [167] der in der Umgebung von Oberflächeneindrücken auftretenden Verformungen und Spannungen in Wälzkontakten haben den Kenntnisstand um deren Auswirkungen auf die initiierten Zerrüttungserscheinungen erweitert. Die Spannungskonzentration im Bereich der Eindrücke wird nicht von der absoluten Höhe der einzelnen geometrischen Größen r, c und h, **Bild 6.53**, sondern von zwei dimensionslosen Geometrieparametern r/c und h/c bestimmt. Sie ist um so größer je kleiner das Verhältnis r/c und je größer h/c ist. Damit wird die Erfahrung bestätigt, dass Eindrücke um so schädlicher sind, je scharfkantiger und je höher die aufgeworfenen Ränder sind. Die im Bereich von Eindrücken aufgrund der Reibung entstehenden Temperaturen führten dagegen zu keiner nennenswerten Erhöhung der Werkstoffbeanspruchung.

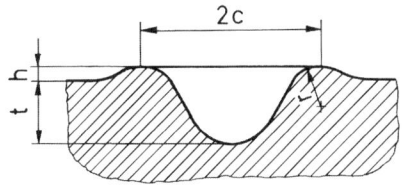

Bild 6.53: Geometrische Größen von Oberflächeneindrücken [167]

Mit einem Restaustenitgehalt zwischen 23 und 49 % in der Randzone von Innenringen des Rillenkugellagers 6206 aus 100Cr6, der durch Carbonitrierung gezielt erzeugt wurde, lassen sich Laufflächen, die der Gefahr von Eindrücken durch verunreinigten Schmierstoff ausgesetzt sind, unempfindlicher gegen Zerrüttung machen [168]. Die Schädigung der Laufflächen wurde durch Kugeleindrücke simuliert. Die Lebensdauer der durch Grübchenbildung geschädigten Ringe, die in Rollrichtung hinter den Eindrücken entsteht, konnte dadurch deutlich gegenüber Ringen mit üblicher Wärmebehandlung angehoben werden. Begründet wird dies mit dem Restaustenit, der sich aufgrund seiner Stickstoffstabilisierung allerdings nur geringfügig in Martensit umgewandelt hat, der Ausscheidung feiner Carbonitride und den Druckeigenspannungen.

Neben Verunreinigungen durch Festkörper kann auch bereits ein Wassergehalt von 0,01 % im Schmierstoff die Lebensdauer halbieren [156]. Dem Ausfall liegt jedoch ein anderer Mechanismus zugrunde als bei den Feststoffen. In Verbindung mit Oxidationsprodukten kann Korrosion auftreten, das Reaktionsverhalten von Additiven beeinflusst und die EHD-Schmierfilmbildung beeinträchtigt werden. Wenn der freie Wassergehalt so hoch ist, dass sich Wasseraugen bilden und diese in den Wälzkontakt gelangen, kann sich wegen des Viskositätssprunges kein trennender Schmierfilm aufbauen. Dadurch entsteht metallischer Kontakt, der zu einer adhäsiv bedingten Schädigung der Oberflächen führen kann.

Nach grundsätzlichen Überlegungen zur Auswahl der Lagerart und Anordnung stellt sich die Frage nach der Dimensionierung. Dabei sind zwischen statischer (keine oder nur geringe Relativbewegungen zwischen den Lagerringen bzw. -scheiben) und dynamischer Belastung zu unterscheiden. Während bei statischer Belastung die Wälzlager gegen zu hohe plastische Verformung dimensioniert werden, wird bei dynamischer Belastung gegen vorzeitige Zerrüttung der Laufbahnen und Wälzkörper gerechnet.

Ein Maß für die plastische Verformung stellt die statische Kennzahl f_s

$$f_s = \frac{C_0}{P_0} \qquad (6.14)$$

dar, wobei C_0 die statische Tragzahl und P_0 die statisch äquivalente Belastung bezeichnet. Eine Belastung in Höhe von C_0 ($f_s = 1$) entspricht bei Rollenlagern einer Hertzschen Pressung von 4000 N/mm^2 und bei Pendelkugellagern von 4600 N/mm^2 [169]. Dadurch entsteht eine plastische Gesamtverformung von Wälzkörper und Laufbahn von rd. 1/10000 des Wälzkörperdurchmessers. Übliche Werte für f_s findet man in den Wälzlagerkatalogen.

In der überwiegenden Zahl der Fälle unterliegen die dynamisch beanspruchten Wälzlager weiteren Einflussgrößen, weshalb diese nach DIN ISO 281 mittels Faktoren in der modifizierten nominellen Lebensdauer berücksichtigt werden. Die Lebensdauergleichung lautet dann in Umdrehungen

$$L_{na} = a_1 \cdot a_2 \cdot a_3 \cdot L_{10} \; [10^6 \text{ Umdrehungen}] \qquad (6.15)$$

bzw. in Stunden

$$L_{hna} = a_1 \cdot a_2 \cdot a_3 \cdot L_{10h} \; [h] \qquad (6.16)$$

6.1 Grundlagen

Darin trägt der Faktor a_1 der Ausfallwahrscheinlichkeit, a_2 dem Werkstoff mit Wärmebehandlung und a_3 den Betriebsbedingungen (Schmierung und Temperatur) Rechnung. L_{10} bzw. L_{10h} stellen die genormte nominelle Lebensdauer in Umdrehungen nach Gleichung (6.12) bzw. in Stunden nach Gleichung (6.13) dar, denen eine Ausfallwahrscheinlichkeit von 10 % zugrunde liegt. Für diese Ausfallwahrscheinlichkeit nimmt a_1 den Wert 1 an, der mit kleiner werdender Ausfallwahrscheinlichkeit stark abfällt. Da zwischen den Faktoren a_2 und a_3 eine gegenseitige Abhängigkeit besteht, werden diese zu a_{23} zusammengefasst. Ein Temperatureinfluss wird durch den Faktor f_t berücksichtigt, der für Temperaturen $< 150 \,°C$ den Wert 1 und für $> 150 \,°C$ Werte < 1 annimmt [169]. Für die Bestimmung der Lebensdauer ergibt sich damit die Beziehung

$$L_{hna} = a_1 \cdot a_{23} \cdot f_t \cdot \left(\frac{C}{P}\right)^p \cdot \frac{10^6}{n \cdot 60} \quad [h] \tag{6.17}$$

Aufgrund umfangreicher Untersuchungen ist es möglich, Bestimmungsgrößen für den Faktor a_{23} zu ermitteln, die die Einflüsse auf das Verhalten der Lager umfassender berücksichtigen [158]. Die Bestimmung des Faktors a_{23} in Abhängigkeit vom Schmierzustand, der durch das Viskositätsverhältnis $\kappa = \nu/\nu_1$ (ν = Betriebsviskosität, ν_1 = Bezugsviskosität) gekennzeichnet ist, lässt sich anhand des in **Bild 6.54** wiedergegebenen Diagrammes ermitteln [170]. Die Bezugsviskosität ist diejenige Viskosität, bei der sich ein ausreichend tragfähiger (trennender) Schmierfilm bilden kann. Sie ist von der Drehzahl und Lagergröße abhängig und kann aus Diagrammen, die in Wälzlagerkatalogen aufgeführt sind, entnommen werden. Während

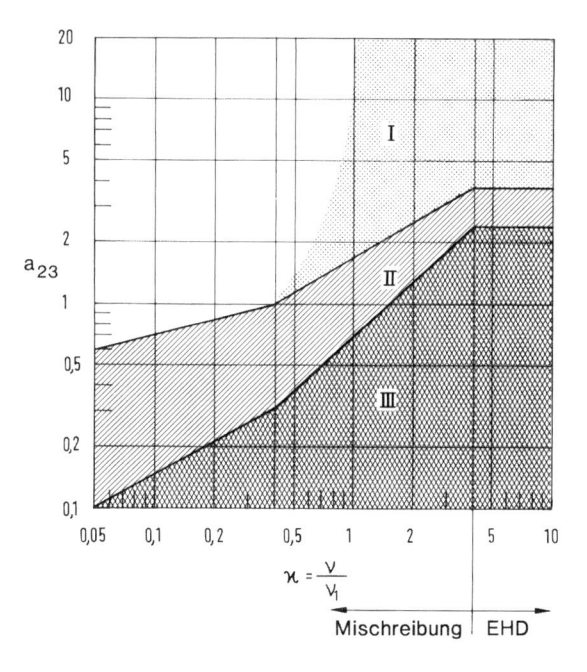

Bild 6.54: a_{23}-Diagramm für die erweiterte Lebensdauerberechnung [170, Schaeffler KG]

schnell drehende Lager mit Schmierstoffen geringer Viskosität auskommen, benötigen langsam drehende Lager solche mit höherer Viskosität. Bei κ > 4 liegt eine vollständige Festkörpertrennung vor, während bei κ < 0,4 mit überwiegendem metallischem Traganteil gerechnet werden muss. Daher ist es im Mischreibungsgebiet κ < 0,4, in dem der a_{23}-Wert abfällt, erforderlich, dass die fehlende physikalische Oberflächentrennung durch den Schmierfilm durch Reaktionsschichtbildung ersetzt wird. Voraussetzung hierfür sind auf die Lagerwerkstoffe abgestimmte Schmierstoffe und Additive, die aus den Beanspruchungsbedingungen heraus zur Reaktionsschichtbildung fähig sind.

Im a_{23}-Diagramm sind drei Bereiche I, II und III angegeben, die bestimmten Betriebsbedingungen zugeordnet sind. Den häufigsten Anwendungsbereich stellt der Bereich II dar, der für normale Sauberkeit gilt. Der Bereich III zeichnet sich durch ungünstige Betriebsbedingungen, Verunreinigungen oder durch ungeeignete Schmierstoffe aus. Höchste Sauberkeit und ein EHD-Schmierfilm liegen dem Bereich I zugrunde. Restverunreinigungen wirken sich nicht mehr aus und bei einer statischen Kennzahl $f_s = C_0/P_0 > 8$ ist in diesem Bereich mit einem Lagerausfall durch Oberflächenzerrüttung nicht mehr zu rechnen. Die geschwindigkeitsabhängige Bezugsviskosität v_1 und die Betriebsviskosität lassen sich den Diagrammen der Lagerhersteller entnehmen.

6.1.8 Kurvengetriebe

6.1.8.1 Allgemeines

Kurvengetriebe können Bewegungsvorgänge mit beliebigem zeitlichen Verlauf übertragen und umwandeln, wie z. B. Drehbewegungen in lineare Bewegungen. Eine einwandfreie Funktion ist nur dann gewährleistet, wenn eine ständige Berührung zwischen Kurve und Eingriffsglied vorliegt, die durch Kraftschluss (Feder- oder Betriebskräfte) oder durch Formschluss (Nutkurve) erzeugt wird. Bei der Berührung handelt es sich überwiegend um Linienberührung und seltener um Punktberührung. Kurvengetriebe werden z. B. zur Ventilsteuerung in Verbrennungsmotoren, bei Einspritzpumpen, Werkzeug-, Textil-, Verpackungs- und Druckmaschinen sowie im feinmechanischen Getriebebau angewandt.

Bei der Gestaltung der Kurven ist auf einen stetigen Verlauf der Krümmungen zu achten, damit keine Sprünge in der Beschleunigung auftreten. Bei hohen Drehzahlen können bereits kleine Fertigungsfehler hinsichtlich der Kurvengeometrie hohen Verschleiß, Geräusche und Schwingungen bewirken. Der Verschleiß kann auch durch ungeeignete und ungleichmäßige Gefügezustände z. B. infolge von Fehlern bei der Wärmebehandlung und Gusstechnologie, ferner durch ungünstige Schmierbedingungen verursacht werden. Infolge von Verschleiß an Kurven und Eingriffsgliedern kann die Geometrie vom Sollzustand soweit abweichen, dass der Bewegungsablauf gestört wird und zusätzliche Massenkräfte aufgrund ungünstiger Beschleunigungen auf die Wälzpartner einwirken, was zu einer beschleunigten Schadensentwicklung beitragen kann.

Die wohl am meisten verbreiteten Kurvengetriebe dienen der Steuerung des Gaswechsels bei Verbrennungsmotoren. Die Forderungen an die Motoren hinsichtlich Verringerung des Treibstoffverbrauches, Senkung der Schadstoffemission und Erhöhung der Inspektionsintervalle haben die ohnehin ungünstigen tribologischen Verhältnisse im Ventilbetrieb noch verschärft [171].

6.1 Grundlagen

Flachstößel   Kipphebel

Schlepphebel   Tassenstößel mit mechanischem Spielausgleich

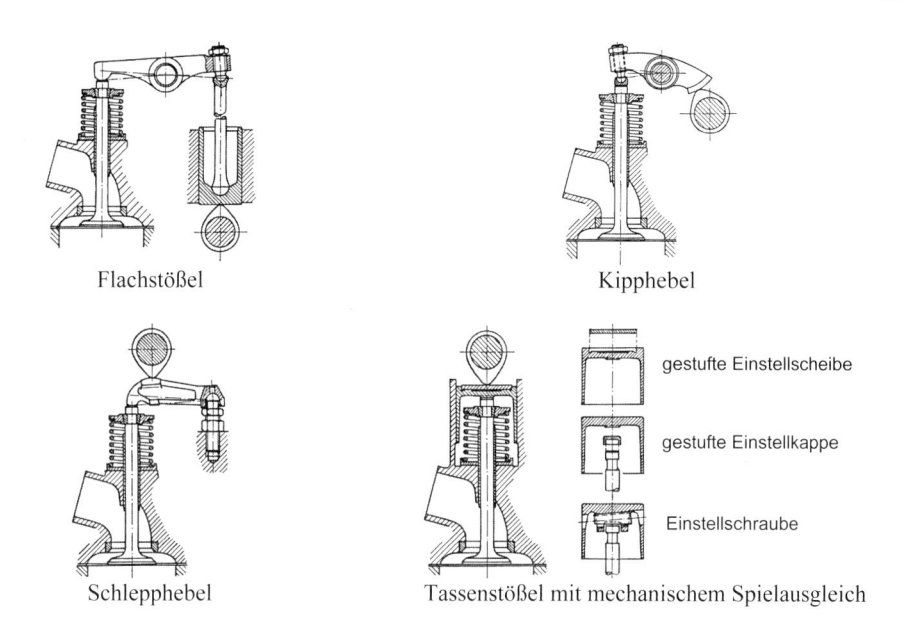

gestufte Einstellscheibe

gestufte Einstellkappe

Einstellschraube

Bild 6.55: Ausführungen von Ventilsteuerungen [171]

Übliche Ausführungen der Ventilsteuerungen von Verbrennungsmotoren sind in **Bild 6.55** wiedergegeben [171]. Heute wird vielfach das Ventilspiel, das durch thermische Ausdehnung und Verschleiß entsteht, durch hydraulische Elemente wie z. B. hydraulischer Tassenstößel automatisch ausgeglichen. Die Wahl der Ausführung wird von einer Reihe von Faktoren bestimmt wie z. B. Gestalt des Brennraumes, Ventilanordnung, Gewicht, Bauhöhe und Kosten. Neben der konstruktiven Gestaltung des Ventiltriebs und der Oberflächentopographie beeinflusst die Betriebsweise die im Kontaktbereich auftretenden Kräfte und Geschwindigkeiten und somit die Gebrauchsdauer. Die bewegten Massen nehmen im Allgemeinen in der Reihenfolge Flachstößel, Kipphebel, Schlepphebel und Tassenstößel mit mechanischem Spielausgleich ab. Die verschleißgünstigste Werkstoffpaarung kann nur in Verbindung mit dem Motoröl bestimmt werden.

6.1.8.2 Beanspruchungs- und strukturbedingte Einflüsse

In der Kontaktfläche wirkende Kräfte lassen sich in drehzahlunabhängige Federkräfte und in drehzahlabhängige Massenkräfte aufteilen. Im Falle der Ventilsteuerungen steigen die Federkräfte beim Öffnen des Ventils von der Vorspannkraft bis zum maximalen Hub an der Nockenspitze an und fallen beim Schließen wieder auf die Vorspannkraft an. Im Bereich des Grundkreises wirken abhängig vom Ventilspiel und konstruktiver Ausführung (Ventilspielausgleich) vergleichsweise nur geringe oder keine Kräfte (Ventilspiel) [172].

In **Bild 6.56** sind Beispiele für die von der Nockengeometrie und Art der Steuerungsausführung abhängigen Verläufe von Hubkurven, -geschwindigkeiten und -beschleunigungen sowie von Normalkräften, Hertzschen Pressungen und EHD-Schmierfilmdicken wiedergegeben [171].

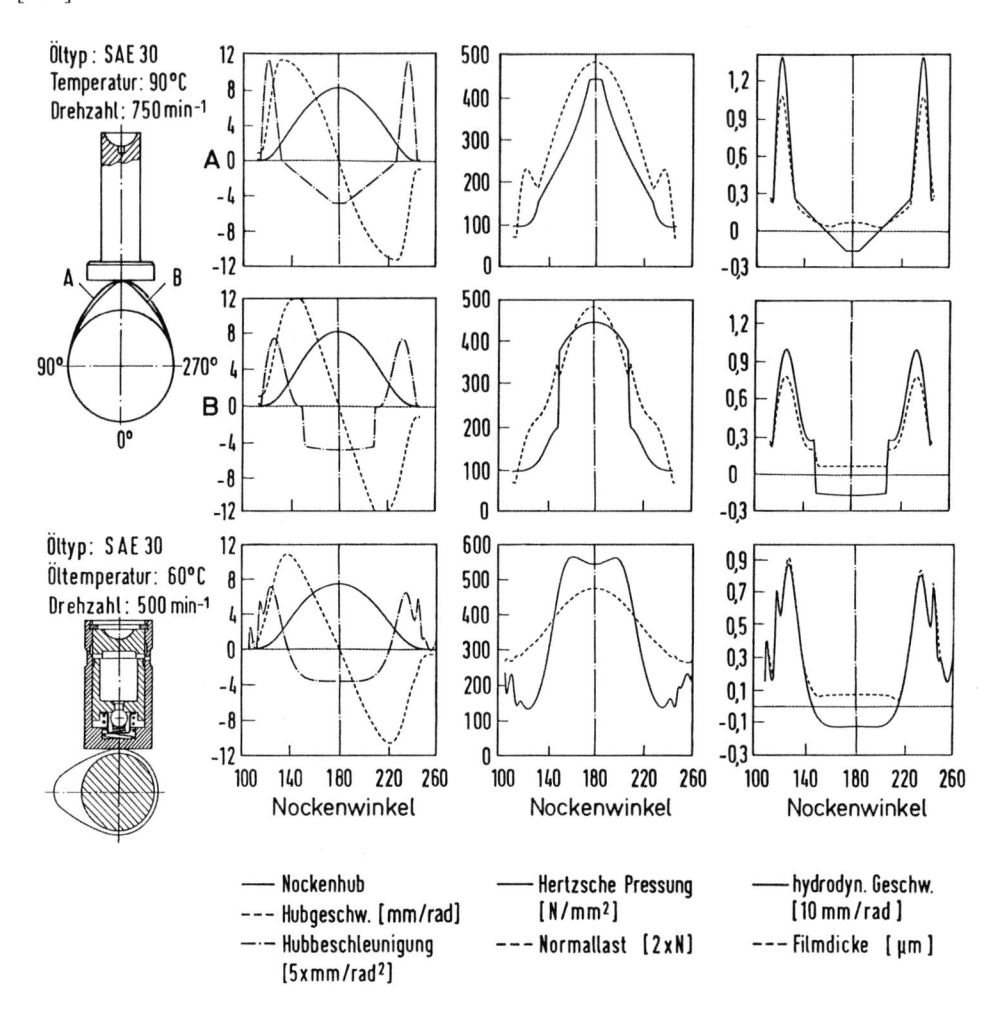

Bild 6.56: Hubkurven, Ventilgeschwindigkeiten und -beschleunigungen, Normalkraftverlauf, Verlauf der Hertzschen Pressungen, hydrodynamische Geschwindigkeiten und Schmierfilmdicken für Ventilsteuerungen mit Tassenstößel sowie mit hydraulischem Ventilspielausgleich [171]

Die von den bewegten Massen herrührenden Kräfte ändern einerseits mit der Beschleunigung ihre Richtung, andererseits verändern sich Niveau und Lage der höchsten Beanspruchung mit der Drehzahl. Bei steigender Drehzahl vermindert sich die Hertzsche Pressung an der Nockenspitze bei gleichzeitiger Erhöhung der Pressung an den Stellen der Nockenflanken, an denen der Hub beginnt und endet [173]. Da bei Nockentrieben häufig die Wälzpartner aus unterschiedlichen Werkstoffen wie z. B. Stahl/Schalenhartguss bestehen, wird die Werkstoffanstrengung im Wälzkontakt neben den üblichen Parametern Normalkräfte, Reibungskräfte,

Eigenspannungen, Temperatur und EHD auch noch von unterschiedlichen E-Moduln beeinflusst. Anzustreben sind ruckarme bzw. ruckfreie Nocken, bei denen keine sprunghaften Änderungen in der Beschleunigung beim Übergang der Nockenflanke zur Nockenspitze auftreten.

Der Verschleiß wird maßgebend von der Ausbildung eines tragfähigen Schmierfilmes beeinflusst, dessen Dicke über den Nockenumfang ungleichmäßig ausgebildet ist. Im Bereich der Nockenspitze kann der Schmierfilm so dünn sein, dass Mischreibung vorliegt. Hier ist dann die Fähigkeit des Schmierstoffs zur Reaktionsschichtbildung gefordert. Verantwortlich für den Aufbau des Schmierfilmes ist u. a. die hydrodynamisch wirksame Geschwindigkeit als Summe der beiden Körpergeschwindigkeiten im jeweiligen Kontaktpunkt, die von der Drehzahl des Nockens (Umfangsgeschwindigkeit des Nockens) und der Lage des Kontaktpunktes (seitliche Bewegung des Kontaktpunktes auf der Stößelfläche) abhängt [174]. Dabei sind die Richtung und die Größe der Geschwindigkeit beider Körper zu berücksichtigen. Diese Summengeschwindigkeit ändert sich periodisch und nimmt im Bereich der Nockenspitze negative Werte an, Bild 6.56. Eine negative hydrodynamische Geschwindigkeit bedeutet, dass der eingeschleppte Schmierstoff aus der anderen Richtung kommt. Ein Schmierfilm wird trotzdem aufgebaut. Nocken mit hydrodynamischen Geschwindigkeiten um Null oder nahe Null im Übergangsbereich Spitze/Flanke sind kritisch. Diese Zonen müssen schnell durchfahren werden, um ein Zusammenbrechen des Schmierfilmes möglichst zu unterbinden. Im Bereich des Nulldurchganges kann in der Praxis jedoch davon ausgegangen werden, dass hier der Schmierfilm nicht durchbrochen wird, da neben der Schleppströmung (bedingt durch parallel zum Schmierspalt verlaufende Geschwindigkeiten) noch die Tragkraft durch die Verdrängungsströmung (Quetschfilm, bedingt durch Geschwindigkeiten senkrecht zum Spalt) weiterhin wirkt [174].

Im Vergleich zum Tassenstößel lässt sich mit einem Rollenstößel eine hohe hydrodynamisch wirksame Geschwindigkeit erzielen, da beide Partner abgesehen vom Schlupf gleiche Gleitgeschwindigkeit in gleicher Richtung aufweisen [175]. Torsionsschwingungen der Nockenwelle, bedingt durch den ungleichmäßigen Antrieb durch die Kurbelwelle und durch die nach Größe und Richtung wechselnden an den Nocken angreifenden Momente, können die Schmierfilmausbildung negativ beeinflussen [171].

Hinsichtlich der auftretenden Verschleißmechanismen bei Ventiltrieben kann grob vereinfachend von einer Dominanz von Adhäsion und Abrasion bei Pkw-Motoren und von Oberflächenzerrüttung bei Nkw-Motoren gesprochen werden, wobei Abrasion in Dieselmotoren und Adhäsion in Ottomotoren vorherrscht [176].

Durch konstruktive Maßnahmen bei Flachstößeln wie Mittenversatz von Stößel und Nocken oder ballige Ausführung der Stößelkontaktfläche wird der Stößel in Rotation versetzt [171]. Hierdurch wird zum einen eine Verteilung des Verschleißes auf eine größere Fläche und eine Reduzierung der Kontaktbereichstemperatur erzielt und zum anderen die Neigung zum Fressen verringert. Dagegen erhöht sich die Neigung zur Oberflächenzerrüttung [173].

Für die Nockenwelle sind eine Reihe von Werkstoffen im Einsatz, vor allem verschiedene Gusseisensorten wie Grauguss, Sphäroguss, Temperguss, jeweils induktionsgehärtet und Schalenhartguss [171, 173]. Daneben werden auch Einsatz- und Vergütungsstähle eingesetzt, wobei die Nocken aus Vergütungsstahl randschichtgehärtet werden. Das besonders günstige Ver-

schleißverhalten von Schalenhartguss beruht auf dem hohen Gehalt an Karbiden mit ihren antiadhäsiven Eigenschaften, die sich unter Mischreibungsbedingungen positiv auswirken. Durch Randschicht-Umschmelzen von besonders legiertem Grauguss, z. B. durch WIG oder Laser, erhält man ein feineres ledeburitisches Gefüge als durch das Schalenhartgussverfahren. Im Gegensatz zum Schalenhartguss (Druckeigenspannungen an der Nockenoberfläche bis -400 N/mm^2 und an der Stößeloberfläche bis -700 N/mm^2) bilden sich bei der umgeschmolzenen Randschicht Zugeigenspannungen aus, die sich abhängig von den Beanspruchungsbedingungen nachteilig auf das tribologische Verhalten bei Zerrüttungsprozessen auswirken können. Außerdem ergibt sich durch den geringeren E-Modul von Schalenhartguss im Vergleich zu Stahl eine geringere Hertzsche Pressung [171].
Bei den gehärteten Gusswerkstoffen beeinflusst die Graphitausbildung ebenfalls das adhäsive Verschleißverhalten. Die Fressneigung nimmt von lamellarer zu globularer Ausbildung zu [177, 178].

Durch die Kombination pulvermetallurgisch hergestellter Werkstoffe und verschiedener Fertigungsverfahren zeichnen sich Entwicklungen bei der Herstellung von gebauten Nockenwellen ab. So werden gesinterte Nocken und konventionell gefertigte Schmiedeteile auf einem Rohr form- oder kraftschlüssig oder auch kombiniert gefügt [179 bis 182]. An Fügeverfahren werden angewandt Diffusionsschweißen [179], lokale Innenaufweitung des Rohres durch Innendruck oder Walzwerkzeug [180], Außenrollieren des Rohres durch Längsrillen und Kerbverzahnung der Innenbohrung des Nockens [181] und durch thermisches Schrumpfen [180]. Durch die weitgehend freie Werkstoffwahl und Massenreduktion der Rohrwelle ergeben sich neben Vorteilen bei der Fertigung auch solche bezüglich der tribologischen Belastbarkeit gegenüber gegossenen oder geschmiedeten Ausführungen.

Gesinterte Nocken der Legierung Fe-Cr-Mo-P-Cu-C, die ein bainitisches Gefüge der Härte 550 HV mit Cr-Mo-Mischkarbiden ergeben, haben in Motorversuchen in Verbindung mit Gegenläufern aus hochchromhaltigem Gusseisen mit Hartchromschicht sowie aus gasnitriertem Vergütungsstahl ein wesentlich günstigeres Verschleißverhalten gezeigt als Nocken aus Schalenhartguss [179].

Die Gegenläufer werden aus Schalenhartguss gefertigt wie die Nockenwellen, es werden aber auch Einsatzstähle, Werkzeugstähle, Schnellarbeitsstähle, hartchrombeschichtete Stahloberflächen, Hartmetall und Keramik verwendet [171, 173]. Die Verbundtechnik, pulvermetallurgisch hergestellte verschleißbeständige Plättchen in leichte Grundkörper mit einzugießen, hat hier ebenfalls Eingang gefunden [182]. Vielfach werden Oberflächenbehandlungen durchgeführt wie Phosphatieren, Oxidieren und spezielle Nitrierverfahren zur Beeinflussung des Einlaufverhaltens und der Fressneigung [173, 183].

In einer Testreihe wurden verschiedene Werkstoffpaarungen für das System Nocken/Flachstößel hinsichtlich ihrer Belastbarkeit untersucht [184]. Das Ergebnis der ertragbaren schadensfreien Hertzschen Pressung nach einer Lastwechselzahl von $2 \cdot 10^7$ führte unter Verwendung zweier Schmierstoffe zur in **Bild 6.57** wiedergegebenen Bewährungsfolge. Oberhalb dieser Grenzbelastung äußerte sich die Schädigung vereinzelt durch Fressererscheinungen, überwiegend aber durch Grübchenbildung. Die Schmierstoffe unterscheiden sich besonders in der Viskosität und im Gehalt des gegen Fressen zugegebenen ZnDTP.

6.1 Grundlagen

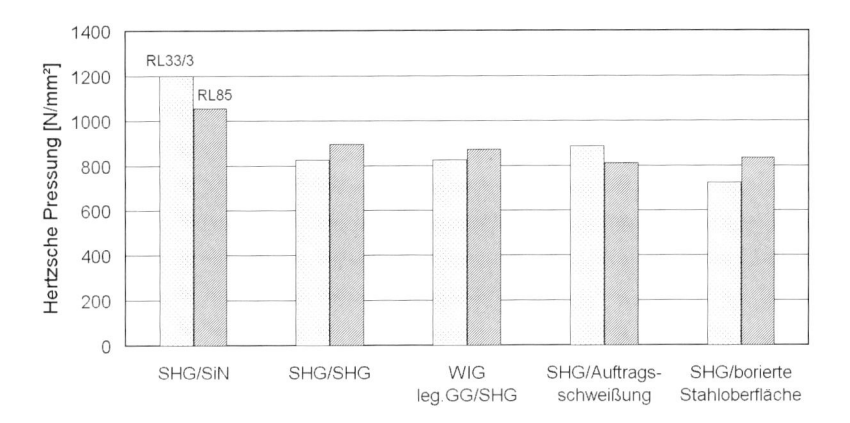

Bild 6.57: Ertragbare schadensfreie Hertzsche Pressung verschiedener Werkstoffkombinationen der Paarung Nocken/Tassenstößel nach einer Lastwechselzahl von $2 \cdot 10^7$. Werkstoffe: SHG = Schalenhartguss, SiN = Siliciumnitrid, WIG leg. GG = WIG-umgeschmolzener legierter Grauguss, Auftragsschweißung = korrosionsbeständige Fe-Matrix mit niedrigem Co-, Si- und C-Gehalt; Schmierstoffe: RL33/3 = Viskosität wie SAE 10W/30 mit geringem Gehalt an ZnDTP, RL85 = Viskosität wie SAE 15W/50 mit höherem Gehalt an ZnDTP; Beanspruchungsbedingungen: $n = 1500 \text{min}^{-1}$, Öltemperatur 100 °C [184]

Die Oberflächentopographie (Welligkeit und Rauheit) bestimmt das Verschleißverhalten, insbesondere während der Einlaufphase. Große Rautiefen bewirken anfänglich einen hohen Verschleiß, der mit zunehmender Laufzeit sich nicht mehr wesentlich von dem Verschleiß unterscheidet, der sich bei feiner Oberflächenstruktur einstellt [185]. Große Härteunterschiede zwischen den Wälzpartnern, beispielsweise wenn der Gegenläufer aus Keramik mit nicht optimaler Oberflächenstruktur besteht, selbst Rautiefen unter 1 µm, verursachen dagegen erhöhten Verschleiß durch abrasiv bedingte Riefenbildung am Nocken und Ausbrüche am Gegenläufer [184, 186].

6.1.9 Gleichlaufgelenke

Gleichlaufgelenke sind winkelbewegliche, drehstarre Kupplungen, die zur Übertragung von Drehmomenten entlang abknickender Antriebssträngen mit veränderlichem Knickwinkel eingesetzt werden und die eine gleichförmige Übertragung der Drehbewegung ermöglichen (kein „Kardanfehler") [187, 188]. Haupteinsatzgebiet ist der Kraftfahrzeugbau, wo derartige Gelenke das Drehmoment zwischen Differential und angetriebenen Rädern übertragen. Mindestens ein Gelenk pro angetriebenem Rad ist üblicherweise so ausgeführt, dass es Einfederungen, die durch die Achskinematik hervorgerufen werden, in sich aufnehmen kann.

Bild 6.58: Getriebeseitiges Gleichlaufverschiebegelenk (VL-Gelenk in Scheibenausführung, Quelle: GKN Driveline)

Ein im Pkw-Bau häufig eingesetztes Gelenk für Antriebswellen zwischen Getriebe und Antriebsrädern ist das getriebeseitige Gleichlaufverschiebegelenk, **Bild 6.58**, bei dem sechs durch einen Käfig auf einer Ebene gehaltene Kugeln ein ringförmiges Außenteil (Ring) mit einem nabenförmigen Innenteil (Nabe) drehstarr verkoppeln. Dazu greifen die Kugeln als Mitnehmer von Ring und Nabe in je eine gegen die Gelenklängsachse geneigte Laufbahn ein [189].

Aufgrund des geometrischen Aufbaus des Gelenks führen die Kugeln bei einer Drehung des Gelenks im abgeknickten Zustand oszillierende Translationsbewegungen mit überlagerter Rotation in ihren Laufbahnen aus. Die auch bei großen Drehzahlen kleinen Translationsgeschwindigkeiten, die Oszillation und die bei Drehmomentübertragung zwischen Laufbahnflanke und Kugel, sowie zwischen Käfigfenster und Kugel wirkenden Hertzschen Pressungen ergeben Beanspruchungskollektive, die zu Mischreibung führen und denen durch eine entsprechende Additivierung der eingesetzten Schmierfette Rechnung getragen werden muss. Zum Einsatz kommen üblicherweise Metallseifenfette (Lithium), die u. a. mit Festschmierstoffen (MoS_2 und/oder Graphit), EP-Additiven, Anti-Wear-Additiven und Friktionmodifiern versehen sind [189].

Der an Laufbahnen, Käfigfenstern und Kugeln auftretende Verschleiß führt zu Spielvergrößerung, Beeinträchtigungen der Funktion und somit zum Ausfall des Gelenkes. Als Verschleißerscheinungen können je nach Beanspruchungskollektiv Kolkbildung (Profilabweichung) in den Laufbahnen durch Reaktionsschichtverschleiß als Folge des Gleitanteils beim Wälzvorgang (Schlupf) und/oder durch Graufleckigkeit sowie Grübchenbildung beobachtet werden [189]. Durch die statische Überbestimmtheit des Gelenkes werden die Bahnen und Kugeln ungleichmäßig beansprucht, was zu unterschiedlichen Kolktiefen in den Laufbahnen, **Bild 6.59**, bzw. Massenabnahmen der Kugeln führt [189].

6.1 Grundlagen

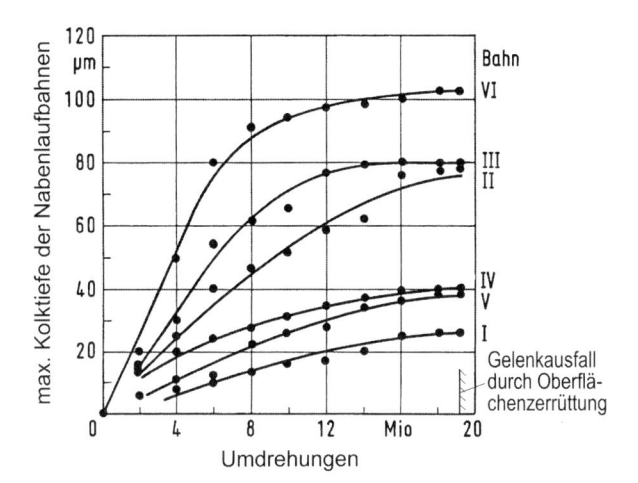

Bild 6.59: Verlauf der Kolktiefe der einzelnen Nabenlaufbahnen mit der Anzahl der Umdrehungen; Beanspruchungsbedingungen am Gelenkwellenprüfstand: Drehmoment M = 320 Nm, n = 745 min^{-1}, Beugewinkel $\gamma = 8° \pm 2°$, Serienfett [189]

Entscheidenden Einfluss auf Lebensdauer und Verschleißerscheinungsform kommt der Fertigungsqualität und der Additivierung des Schmierfetts zu. Durch enge Fertigungstoleranzen wird eine aus dem Drehmoment resultierende gleichmäßige Pressungsverteilung in allen Kugelbahnen gewährleistet. Die Additivierung muss einerseits dem Mischreibungszustand Rechnung tragen und übermäßigen Adhäsions- und Reaktionsschichtverschleiß verhindern, andererseits aber für den Einlauf eine kontinuierliche Mindestverschleißrate der beanspruchten Oberflächen gewährleisten, um durch Zerrüttungsvorgänge vorgeschädigte Oberflächenbereiche abzutragen. Die Mehrzahl der Schäden geht auf Mangelschmierung infolge von Schmierstoffverlust nach einer Beschädigung des Faltenbalges zurück.

6.1.10 Rad/Schiene

Zu den am meisten verbreiteten Wälzpaarungen, die mit wenigen Ausnahmen (Spurkranz- und Weichenschmierung) in der Regel ungeschmiert eingesetzt werden, gehört das System Rad/Schiene, wie es beispielsweise bei Kranlaufwerken oder bei schienengebundenen Verkehrssystemen vorkommt. Ihre Profile sind dabei unterschiedlich ausgebildet. Die Wälzflächen fördertechnischer Einrichtungen werden in der Regel zylindrisch ausgeführt, so dass in der Kontaktfläche Linienberührung entsteht, die sich unter Belastung zu einem Rechteck verbreitert. Dagegen weisen die Laufflächen von Eisenbahnrädern ein kegeliges Profil mit Übergangsradien zum Spurkranz auf. Die Schienenköpfe haben ein gewölbtes Profil. Die sich hierbei ausbildenden Kontaktflächen sind punktförmig. Aufgrund der Verformungen in den Aufstandsflächen bilden sich jedoch Kontaktflächen zwischen 100 und 200 mm^2 aus, die infolge von unterschiedlichen Krümmungen in ihrer Größe veränderlich und auch nicht immer elliptisch sind [190]. Bei fördertechnischen Anlagen (Linienberührung) betragen die Geschwindigkeiten bis zu 4 m/s, bei Schienenfahrzeugen (Punktberührung) bis zu 125 m/s. Die

Hertzschen Pressungen mit rd. 800 N/mm² sind dagegen ähnlich hoch [191], jedoch geringer als bei den Wälzpaarungen Zahnrad und Wälzlager, vgl. Bild 6.13. Die wesentlichen Beanspruchungsgrößen sind Hertzsche Pressung durch Normalkräfte, tangentiale Antriebs- und Bremskräfte sowie Schräglaufkräfte. Die Spurführungs- und Traktionskräfte werden ausschließlich über die Kontaktfläche durch Reibung übertragen, weshalb dem Kraftschluss-Schlupf-Verhalten besondere Bedeutung zukommt. Dieses Verhalten und die Lage der Kontaktfläche, die von den Relativbewegungen des Radsatzlaufs (Sinuslauf, Bogenlauf, Treiben und Bremsen) abhängt, bestimmen den lokalen Verschleiß. Beim Rad/Schiene-System spricht man von Kraftschluss (sonst üblicherweise Reibschluss), da mehrere Reibungsarten (Haft-, Gleit- und Rollreibung) auftreten. Der Zusammenhang zwischen Kraftschluss und Schlupf geht schematisch vereinfacht aus **Bild 6.60** hervor [192 bis 195].

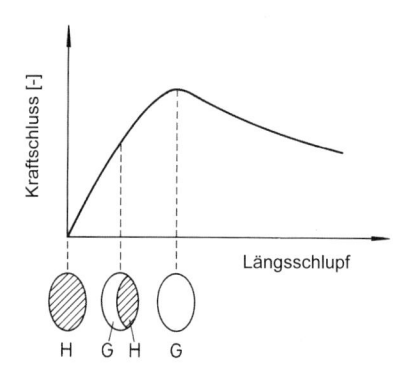

Bild 6.60: Zusammenhang zwischen Kraftschluss und Schlupf (H = Haft- und G = Gleitzone) in der elliptischen Wälzkontaktfläche des Systems Rad/Schiene. Ab G herrscht Längsschlupf durch Makrogleiten. Bei Schwingungsverschleiß (Kap. 5) spricht man ab G von *gross slip*, davor von *partial slip*

Nach der Kalkerschen Theorie [196] wird von einer Aufteilung der Kontaktfläche in eine Haftzone mit elastischer Verformung im Bereich des Einlaufs und in eine Gleitzone im Bereich des Auslaufs ausgegangen. Bei reinem Rollen herrscht in der Kontaktzone zunächst ausschließlich Haften. Sobald Tangentialkräfte übertragen werden, setzt Mikrogleiten ein, wodurch sich ähnlich wie beim partiellen Gleiten im Schwingungsverschleiß (vgl. Kap. 5) eine Gleitzone auf Kosten der Haftzone ausbildet. Eine weitere Erhöhung der Tangentialbeanspruchung ist nur bis zu einem maximalen Kraftschluss möglich, ab dem vollständiges Mikrogleiten stattfindet. Dieser Fall tritt bei einem Längsschlupf von 0,5 bis 1 % ein, der bei angetriebenen Rädern meistens überschritten wird [197]. Der Längsschlupf ist definiert als das Verhältnis der Differenzgeschwindigkeit zwischen Radumfangsgeschwindigkeit und Fahrgeschwindigkeit bezogen auf die Fahrgeschwindigkeit. Nach Erreichen der Schlupfgrenze bei maximalem Kraftschluss fällt die Gleitreibungszahl mit zunehmendem Längsschlupf wieder ab, weshalb bei weiterer Schlupfzunahme keine höheren Tangentialkräfte mehr übertragen werden können. Ab hier setzt dann Makrogleiten ein. Der Abfall der Reibungszahl bei vollem Gleiten wird mit der Temperaturerhöhung im Kontakt erklärt [193]. Der maximale Kraftschluss ist von der Witterung und vom Zustand der Räder und Schienen abhängig. Bei trockener Schiene ist der Kraftschluss am größten. Bei Treibrädern von Lokomotiven kann der Antriebsschlupf (Längs-

6.1 Grundlagen

schlupf) bis zu 15 % ausmachen [197]. Außer dem Längsschlupf treten aufgrund der Querkräfte und Bohrmomente noch Quer- und Bohrschlupf auf, wobei dem Bohrschlupf eine untergeordnete Rolle zukommt.

Beim Rad/Schiene-Sytem sind drei Verschleißmechanismen wirksam. Neben Oberflächenzerrüttung tritt infolge von Schlupfvorgängen in den Kontaktflächen adhäsiv und tribochemisch bedingter kontinuierlicher Verschleiß auf, dem eine hohe Kaltverfestigung vorausgeht. Während auf den Laufflächen die Verschleißart Wälzverschleiß vorliegt, herrscht im Bereich des Spurkranzes und den entsprechenden Schienenflanken überwiegend Gleitverschleiß.

Die häufig gemachte Erfahrung, dass eine Änderung der Härte oder des Gefügezustandes eines Partners in aller Regel auch eine Änderung im Verschleißverhalten beider Partner zur Folge hat, bestätigt sich auch in einer werkstoffbezogenen Untersuchung über das Verschleißverhalten der Paarung Rad/Schiene fördertechnischer Anlagen [198], was für die Auslegung und Entwicklung neuer Rad- und Schienenwerkstoffe von Bedeutung ist.

Mit zunehmender Härte der Räder kann zwar der Verschleiß der Rades deutlich reduziert werden, aber der Verschleiß der ferritisch-perlitischen Schiene aus dem unlegierten Stahl mit der Mindestzugfestigkeit von 690 N/mm² (C = 0,50 %) steigt beträchtlich bis zu einem Maximum an, **Bild 6.61**. Erst bei der hohen Laufradhärte von 730 HV (62CrMo4) stellt sich aufgrund des martensitischen Gefüges wieder geringerer Verschleiß ein als bei dem ferritisch-perlitischen Radwerkstoff GS-60 mit der Härte von 170 HV. Außerdem geht aus dem Bild die große Bedeutung des Schräglaufes hervor. Eine wesentliche Reduzierung des Verschleißes beider

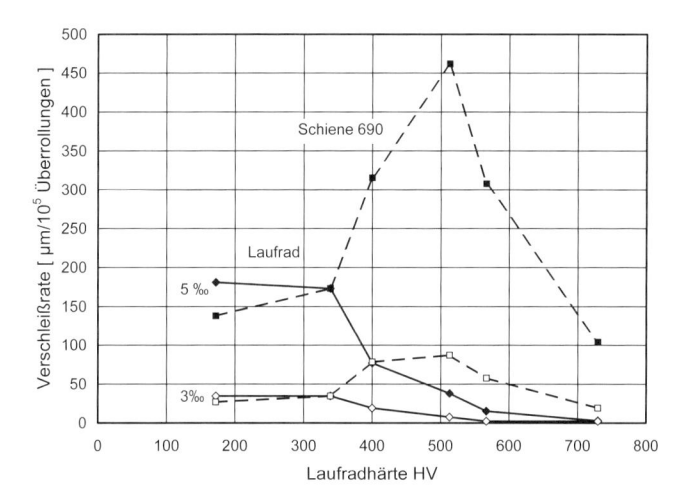

Bild 6.61: Verschleißverhalten der Paarung Rad/Schiene 690 in Abhängigkeit von der Laufradhärte bei den Schräglaufwinkeln 3 ‰ und 5 ‰ und einer Hertzschen Pressung von 640 N/mm² [198]. Laufradwerkstoffe: GS-60 normalisiert 172 HV, GS-42CrMo4 vergütet 339 HV, 62CrMo4 vergütet 400 HV, GS-35NiCrMo14 gehärtet 513 HV, GS-42CrMo4 gehärtet 567 HV, 62CrMo4 gehärtet 729 HV; Schienenwerkstoff: unlegierter C-Stahl mit 0,40 – 0,60 % C und einer Mindestzugfestigkeit von 690 N/mm²

Partner kann erzielt werden, wenn die axiale Gleitkomponente aufgrund des Schräglaufwinkels von 5 ‰ auf 3 ‰ reduziert wird (Schräglaufwinkel = Verhältnis von Querschlupf zu Längsschlupf). Das untersuchte Beanspruchungsspektrum hat jeweils einen progressiven Zusammenhang zwischen Verschleiß und den Parametern Pressung und Schlupf erbracht, wobei die Wirkung des Schlupfes bedeutend größer ist. Der progressive Zusammenhang wird auch in [199] hervorgehoben.

Bei kraftschlussfreiem Kontakt (kein Schräglauf und keine Antriebs- oder Bremskräfte), also bei reinem Rollen, wurde kein Verschleiß gemessen.

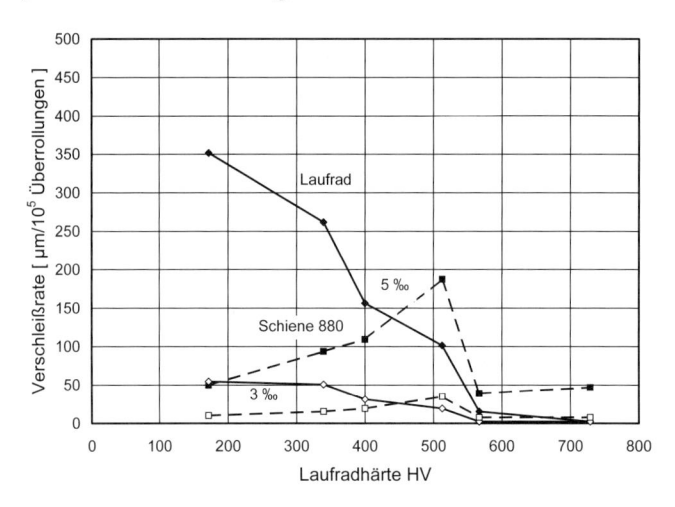

Bild 6.62: Verschleißverhalten der Paarung Rad/Schiene 880 in Abhängigkeit von der Laufradhärte. Beanspruchungsbedingungen und Radwerkstoffe wie in Bild 6.61; Schienenwerkstoff: unlegierter C-Stahl mit 0,60 bis 0,80 % C und einer Mindestzugfestigkeit von 880 N/mm^2 [198]

Die Verwendung einer Schiene mit höherer Festigkeit aus dem ebenfalls unlegierten Stahl mit der Mindestzugfestigkeit von 880 N/mm² (C = 0,75 %) führt insgesamt zu niedrigerem Verschleiß der Schiene, hebt aber den Verschleiß des Rades bei beiden Schräglaufwinkeln an, **Bild 6.62**. Erst ab einer Laufradhärte von 570 HV stellt sich ein ähnlich niedriger Verschleiß des Rades ein wie mit der Schiene mit der geringeren Festigkeit. Erhöht man die Hertzsche Pressung, so erhöht sich erwartungsgemäß der Verschleiß beider Partner.

Dem Verschleißprozess liegen konkurrierende Verschleißmechanismen zugrunde. Der dominierende Mechanismus ist neben der Adhäsion die Oberflächenzerrüttung, die besonders bei den duktilen Werkstoffen mit geringer Härte ausgeprägt ist. Durch die Tangentialbeanspruchung erfolgte eine Gefügekornstreckung parallel zur Oberfläche, die im Zuge der Beanspruchungsfolge zu paralleler Rissbildung und schließlich durch Delamination zu plättchenförmigen metallischen Verschleißpartikeln führt. Mit steigender Laufradhärte wird sowohl die Zerrüttung als auch die Adhäsion zurückgedrängt. Die Oberflächen der Laufräder erscheinen mit zunehmender Härte dadurch auch glatter. Der Verlauf des Schienenverschleißes mit seinem Maximum wird mit zunehmender Zerrüttung und mit gegenläufiger Gegenkörperabrasion durch die Rauheit der Laufräder, die mit der Laufradhärte infolge von Glättung abnimmt, erklärt. In dieser Untersuchung wird allerdings nicht auf den großen Einfluss der Luftfeuchtigkeit eingegangen, der möglicherweise zu berücksichtigen wäre [200, 201]. Zunehmende Luftfeuchtigkeit reduziert die Tangentialbeanspruchung unlegierter ferritischer Werkstoffe und somit auch die Tiefe der Kaltverfestigung.

Laufräder aus Sphäroguss GGG-65 mit perlitischer Matrix zeigten ein ähnlich gutes Verhalten wie die Räder aus dem Werkstoff 62CrMo4, vergütet auf 400 HV bzw. GS-35NiCrMo14 gehärtet auf 513 HV, während an den Schienen kein messbarer Verschleiß aufgetreten ist, was auf die Schmierwirkung des Graphits zurückzuführen ist. Von einem günstigen Verschleißverhalten von Kranlaufrädern aus Sphäroguss GGG-60/70 gegenüber Stahlrädern aus C60N wird auch in [202] berichtet.

Im Gegensatz zu anderen Wälzpaarungen wie Zahnrädern und Wälzlager werden beim Rad/Schiene-System des schienengebundenen Verkehrs im Allgemeinen unlegierte oder schwachlegierte Kohlenstoffstähle eingesetzt. Für Radwerkstoffe sind es unlegierte Stähle mit Kohlenstoffgehalten zwischen 0,45 und 0,65 % und einer Festigkeit von 600 bis 1050 N/mm² [203]. Bei ihnen ist ein feinstreifiger Perlit in Ferrit eingebettet, der als optimales Gefüge gilt. Befinden sich im oberflächennahen Bereich bainitische Gefügeanteile, so kann dies allerdings zu ungleichmäßigen Verschleiß in Umfangsrichtung führen (Polygonisierung).

Für Schienen werden perlitische Stähle mit Mindestfestigkeiten von 700 N/mm² als Regelgüte und 900 N/mm² als „verschleißfeste" bzw. 1100 und 1200 N/mm² als „hochverschleißfeste" Sondergüten verwendet [204]. Die mechanischen Eigenschaften hängen vom Lamellenabstand und von der Lamellendicke des Perlits ab. Die Güte 900 ist groblamellar, während die Güte 1100 einen feinlamellaren Perlit aufweist. Der feinlamellare Zustand wird entweder durch Zulegieren von Cr oder Cr und V bzw. Cr und Mo zu den Grundelementen C, Si und Mn der Güte 900A oder durch induktives Wiedererwärmen des Kopfes und Abschrecken mittels Pressluft oder durch beschleunigte Abkühlung des Schienenkopfes der Güte 900A aus der Walzhitze [205] erreicht. Durch die sogenannte Kopfhärtung stellt sich im Kopfbereich ein feinlamellarer perlitischer Zustand mit einem Lamellenabstand von rd. 0,1 µm ein, während im Steg und Fuß der typische Abstand von rd. 0,3 µm vorherrscht [204, 205]. Der flüssige Stahl wird vakuumbehandelt, wodurch sich unkritischer Wasserstoffgehalt und guter oxidischer Reinheitsgrad durch Kohlenstoffdesoxidation ohne Al-Zugabe ergeben und als Strangguss abgegossen werden. Die Al-freie Desoxidation führt zu nahezu tonerdefreien Einschlüssen, die nicht mehr zu Fahrkantenausbrüchen führen [204, 206, 207] und in Verbindung mit feinperlitischem Gefüge hohe Liegezeiten ergeben.

6.2 Verschleißerscheinungsformen bei vollständiger Elastohydrodynamik (EHD)

Bei elastohydrodynamischer Schmierung, bei der die Wälzpartner durch den Schmierstoff vollständig getrennt sind, bewirkt zwar die Druckspitze im Vergleich zu Hertzscher Druckverteilung sowohl eine Erhöhung der maximalen Vergleichsspannung als auch eine Verschiebung des Vergleichsspannungsmaximums nahe an die Oberfläche, aber die höchst beanspruchte Stelle bleibt jedoch unter der Oberfläche. Überschreitet die aus der äußeren Beanspruchung berechnete Vergleichsspannung an dieser Stelle die Dehngrenze, so kommt es bei entsprechend hoher Lastspielzahl infolge zyklischer Plastifizierung zu Zerrüttungen. Insbesondere an kleinen Werkstoffinhomogenitäten, wie z. B. nichtmetallische Einschlüsse, an denen Spannungskonzentrationen auftreten, können nach vorangegangenen Strukturänderungen im Gefüge Anrisse entstehen, die unter der Oberfläche wachsen und erst nach zusätzlichen Lastspielzahlen an die Oberfläche laufen. Im weiteren Verlauf hinterlassen Ausbrüche Vertiefungen, die als Grübchen oder Abblätterung bezeichnet werden. Ein Nachweis des Entstehungsortes ist in der Praxis schwierig, da eine Entdeckung des Rissausganges unter der Oberfläche meist nur im Anfangsstadium der Schädigung möglich ist.

6.2.1 Gefügeänderung

Durch zahlreiche metallografische Untersuchungen an Wälzlagern, die unter vollständigen EHD-Bedingungen bei verschieden hohen Beanspruchungen eine große Anzahl von Überrollungen erfahren haben, wurden unterschiedliche charakteristische strukturelle Gefügeänderungen in Werkstoffbereichen unterhalb der Laufbahnoberfläche bis in einem Abstand von rd. 2 mm beobachtet [208 bis 216]. Zu nennen sind vor allem die dunkel anätzbaren Gefügezonen (*dark etching areas*, *DEA*), die „Weißen Bänder" (WB) und die *butterflies*. Art und Größe der Gefügeänderungen hängen von der Höhe der Beanspruchung und der Anzahl der Überrollungen ab.

Überschreitet die Werkstoffanstrengung lokal die Streckgrenze, dann kommt es zunächst zu plastischer Verformung des Werkstoffes, d. h. zu Gleitungen im martensitischen Gefüge. Das Gefüge dieser so beanspruchten Werkstoffe ätzt sich im metallographischen Schliff dunkel an (*dark etching areas*); je intensiver die Dunkelfärbung, desto mehr Gleitungen hat der Martensit erfahren, **Bild 6.63**. Die Dunkelfärbung, die bereits nach 100 h auftreten kann, lässt auf den Ort größter Beanspruchung des Werkstoffes unter der Laufbahnoberfläche schließen. Noch bevor sich die strukturellen Änderungen mikroskopisch durch unterschiedliches Anätzverhalten zeigen, lassen sich diese durch den Zerfall des im martensitischen Gefüge enthaltenen Restaustenits nachweisen [210].

Daneben gibt es weitere strukturelle Gefügeänderungen wie die sogenannten „Weißen Bänder" (WB) und die *butterflies*, über deren Bildungsmechanismus noch keine einheitlichen Vorstellungen bestehen [138, 208, 209, 217, 218]. Bei höheren Überrollungszahlen als bei den *DEA* bilden sich in Umfangsrichtung verlaufende, weiß erscheinende streifige Muster, die sich im Gefüge als eine parallele Aneinanderreihung strukturloser Streifen abzeichnen, Bild 6.63. In Wirklichkeit handelt es sich um linsenförmige Scheiben. Sie unterscheiden sich durch ihre Ausrichtung zur Laufbahn, weshalb sie als flache und steile „Weiße Bänder" bezeichnet werden. Für die unterschiedliche Ausrichtung ist die spannungsmechanische Beanspruchung des Werkstoffes verantwortlich. Zuerst entstehen die flachen Bänder in einer Tiefe von 0,06 bis 0,2 mm und bilden mit der Tangente an die Laufbahn einen Winkel von 30 bis 35°. Die steilen Bänder entstehen später bei einer noch höheren Zahl von Überrollungen, nachdem sich eine bestimmte Dichte von flachen Bändern eingestellt hat. Sie liegen in einer Tiefe von 0,06 bis 0,14 mm und bilden mit der Laufbahntangente einen Winkel von 75° bis 80°. Durch plastische Wechselgleitvorgänge zerfällt der Martensit in stark verformten Ferrit hoher Versetzungs-

6.2 Verschleißerscheinungsformen bei vollständiger Elastohydrodynamik (EHD) 265

dichte, wie aus TEM-Untersuchungen hervorgeht [209]. Damit einhergehend lösen sich in diesen Bereichen lokal die Karbide auf und der Kohlenstoff diffundiert an den Rand der Deformationszonen. Durch die Erhöhung der Versetzungsdichte wird die Diffusion erleichtert. Nach [219] werden die WB nur in Wälzlagern mit gekrümmten Laufbahnen wie bei Kugellagern beobachtet, jedoch nicht in Lagern mit geraden achsparallelen Laufbahnen wie bei Zylinderrollenlagern, was auf die unterschiedliche Kinematik zurückgeführt wird. Im Vergleich zu Zylinderrollenlagern findet in der Hertzschen Kontaktfläche geometriebedingtes Mikrogleiten statt, vgl. Bild 6.36. Bei Änderung der Drehrichtung der Lager richten sich die weißen Streifen entgegengesetzt aus.

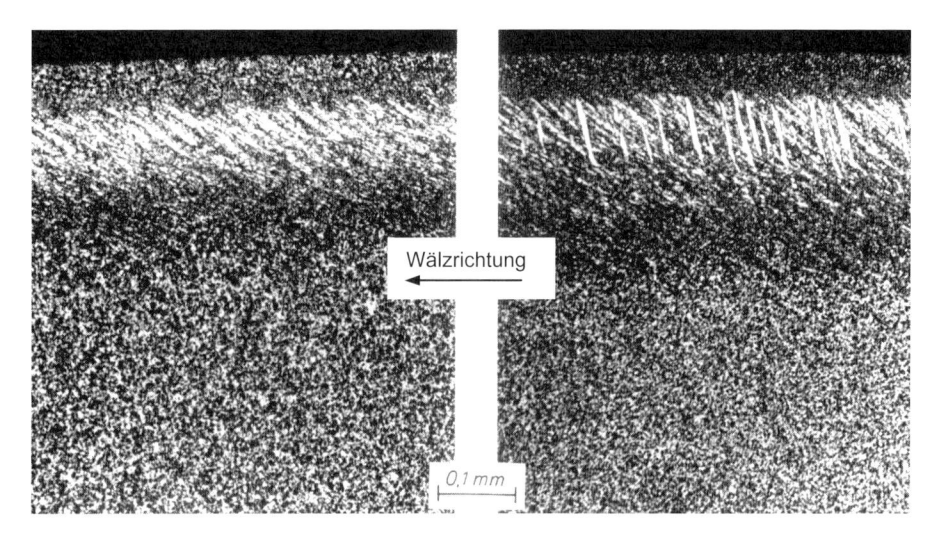

Bild 6.63: Gefügeänderungen in Form von *dark etching areas (DEA)* und flachen sowie steilen weißen Bändern (WB) unterhalb der Laufbahn eines Rillenkugellagers 6206 aus 100Cr6 (Versuchsbedingungen: p_0 = 2900 N/mm^2, n = 9000 min^{-1}, Außenringtemperatur 80 °C, Schmierstoff Shell Tellus 133), links nach 2000 h und rechts nach 2500 h [138, 217, Schaeffler KG]

Den Zusammenhang zwischen diesen strukturellen Gefügeänderungen, Hertzscher Pressung und Überrollungszahl gibt **Bild 6.64** wieder [138]. Die Bildung von *DEA* und WB ist von der Laufzeit und der Hertzschen Pressung abhängig. Unterhalb einer Pressung von 2500 N/mm^2 wurden keine weißen Bänder beobachtet. Im Gebiet der weißen Bänder zeichnet sich ein Härteabfall ab, **Bild 6.65**, der sich mit zunehmenden Überrollungen vergrößert [207]. Gleichzeitig rückt das Härteminimum näher an die Oberfläche. Mit den strukturellen Änderungen geht auch eine Änderung der Eigenspannungen im betroffenen Gebiet einher, **Bild 6.66** [138].

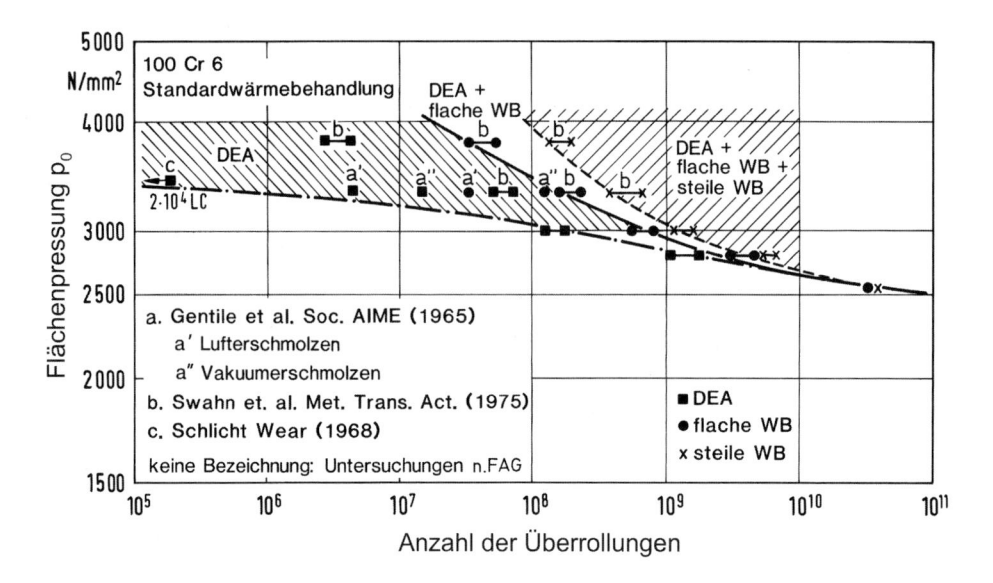

Bild 6.64: Zusammenhang zwischen Hertzscher Flächenpressung, Überrollungszahl und Entstehung struktureller Gefügeänderungen [138, Schaeffler KG]

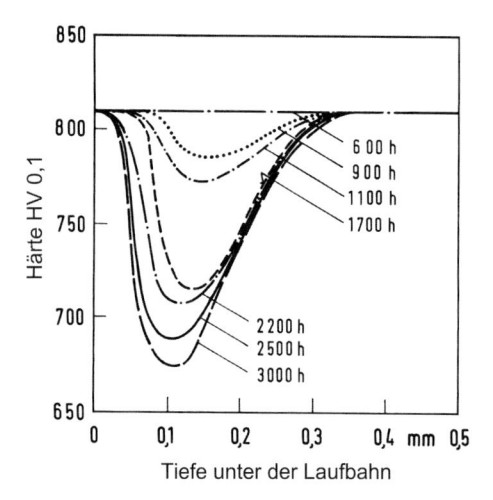

Bild 6.65: Härteverläufe in Innenringen von Rillenkugellagern im Bereich der weißen Bänder [217, Schaeffler KG]

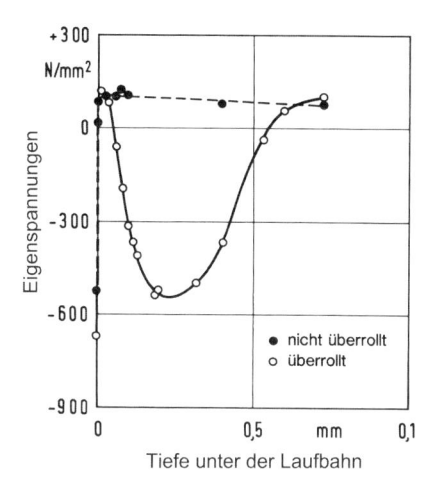

6.2 Verschleißerscheinungsformen bei vollständiger Elastohydrodynamik (EHD) 267

Bild 6.66: Änderung der Eigenspannung durch Überrollung [138, Schaeffler KG]

Bei den strukturellen Änderungen, den sogenannten *butterflies*, **Bild 6.67**, handelt es sich um schwer anätzbare, weiße, strukturlose, nicht angelassene, martensitische Zonen, die Schmetterlingsflügeln ähneln. Zwischen den Flügeln bilden nichtmetallische (oxidische oder sulfidische) Einschlüsse den Körper, von denen die Gefügeänderung ausgeht. Die Flügel orientieren sich an der größten Schubspannung, die unter 45° zur Laufbahn in Umfangsrichtung verläuft. In der Regel sind die Flügel mit Rissbildungen vergesellschaftet. Bei Drehrichtungsumkehr ändert sich wie bei den WB ihre Ausrichtung, so dass Doppel-*butterflies* entstehen [211].

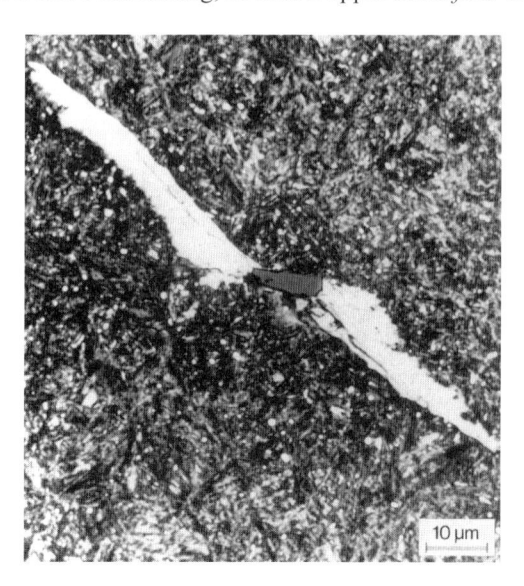

Bild 6.67: Gefügeänderung in Form eines *butterfly* unter 45° zur Laufbahn in Umfangsrichtung [138, Schaeffler KG]

Am häufigsten werden die *butterflies* in einer Tiefe von 0,4 bis 1 mm vorgefunden, **Bild 6.68**, die mit der Lage des Schubspannungsmaximums übereinstimmt [212, 213]. Je stärker sich die Krümmungsradien unterscheiden, desto näher rücken die *butterflies* an die Oberfläche.

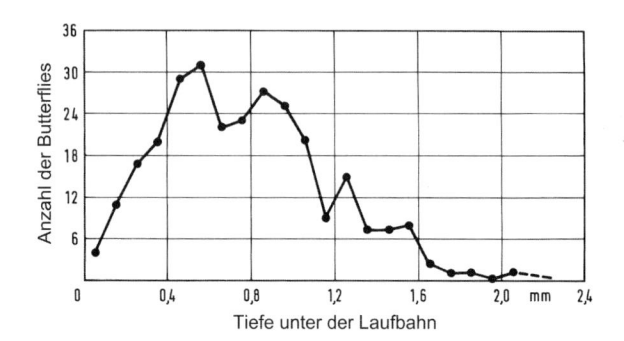

Bild 6.68: Häufigkeitsverteilung der *butterflies* unter der Laufbahnoberfläche von Wälzlagerringen [212, Schaeffler KG]

Gegenüber den WB liegt den *butterflies* ein anderer Mechanismus zugrunde [211]. Die Wälzbeanspruchung ruft im Bereich der nichtmetallischen Einschlüsse aufgrund des hydrostatischen Druckes und der größten Schubspannung Rissbildung hervor. Dabei erwärmen sich die Rissflanken in sehr kurzer Zeit durch die plastische Verformung bis zur Austenitisierungstemperatur, die zur Karbidauflösung führt. Der in Lösung gegangene Kohlenstoff wird in das Gitter eingelagert. Durch Selbstabschreckung bilden sich extrem feinkörnige martensitische Neuhärtungszonen (*white etching areas, WEA*), die eine höhere Härte aufweisen als die sie umgebende Matrix [138, 211]. Das Gefüge kann mit dem eines durch Austenitformhärten entstandenen Gefüges verglichen werden. Anlasszonen zwischen diesen *WEA* und Matrix werden jedoch nicht beobachtet. Die *WEA* sind sehr anlassbeständig; erst nach einer mehrstündigen Anlasstemperatur von 450 °C werden Carbidausscheidungen beobachtet. Bei hoher Vergrößerung im REM wird die starke Verformung innerhalb der Flügel in Form von Fließlinien sichtbar [211, 220].

In einer neueren Studie [221] wurden an Proben aus pulvermetallurgisch hergestelltem Cr-haltigem Wälzlagerstahl Rollkontaktermüdungsversuche durchgeführt, deren Ergebnisse auf einen ähnlichen Bildungsmechanismus wie derjenige der *butterflies* schließen lassen. Die im Werkstoff vorhandenen Poren mit einigen wenigen µm Durchmesser waren analog zu den nichtmetallischen Einschlüssen Ausgangspunkt für die unter 45° zur Lauffläche ausgerichteten Mikrorisse. Erst danach bildeten sich als sekundäre Erscheinung die *WEA*. Mittels Computersimulation konnte gezeigt werden, dass die *WEA* unter hydrostatischem Druck bei Anwesenheit von Mikrorissen entstehen. Aus diesen Versuchsergebnissen wurde abgeleitet, dass eine wirksame Gegenmaßnahme in der Erhöhung des Widerstandes gegen Rissinitiierung zu sehen ist.

Bei den in **Bild 6.69** wiedergegebenen Rissbildungen eines durch Abblätterungen ausgefallenen Rillenkugellagers können verschiedene Formen von strukturellen Gefügeänderungen ähnlich den *butterflies* beobachtet werden. Die Rissflanken heben sich zum Teil mit weißen nicht

6.2 Verschleißerscheinungsformen bei vollständiger Elastohydrodynamik (EHD) 269

anätzbaren Rändern ab. Längs eines Rissverlaufes hat sich ein *butterfly* ähnliches Gebilde, **Bild 6.70**, und eine Verdickung, **Bild 6.71**, entwickelt. Der Entstehungsmechanismus ist der gleiche wie bei den *butterflies*. Rissbildung mit weiß erscheinenden Rändern zeigt auch Bild 6.148.

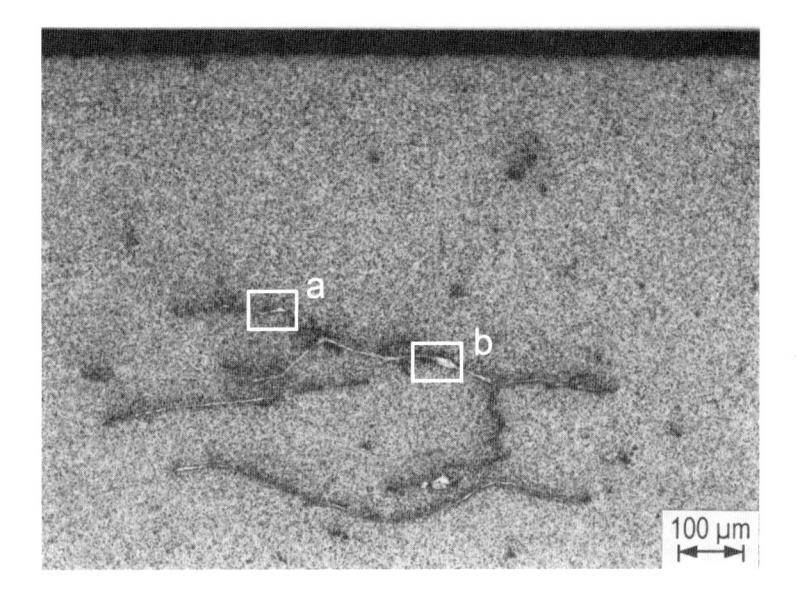

Bild 6.69: Rissfeld mit Gefügeänderungen an den Rissrändern unter der Lauffläche eines Rillenkugellagers (Axialschnitt)

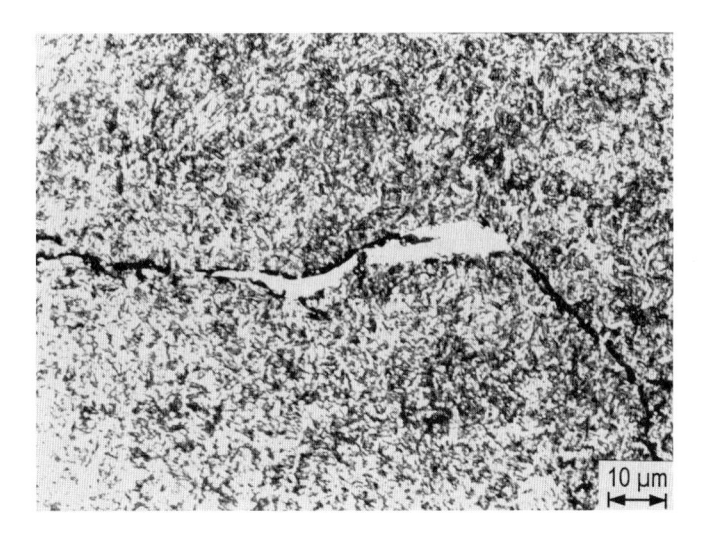

Bild 6.70: Gefügeänderung in Form eines *butterfly* im Bereich einer Rissbildung, Ausschnitt a aus Bild 6.69

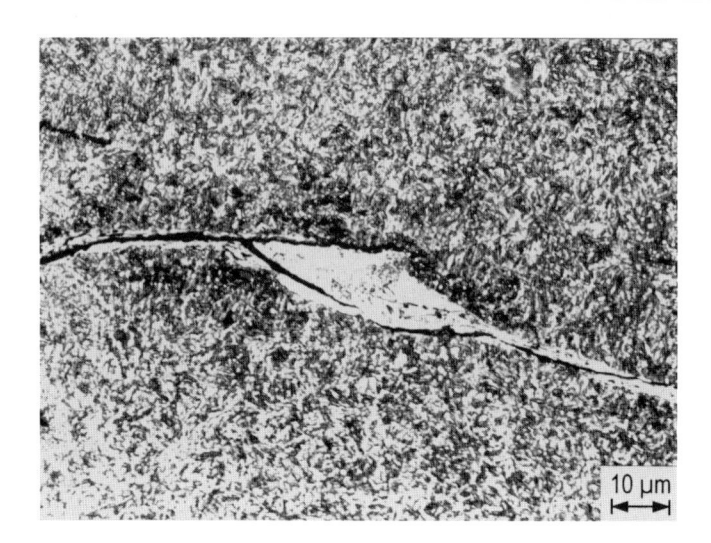

Bild 6.71: Rissbildung und Gefügeänderung an Rissrändern, Ausschnitt b aus Bild 6.69

Butterfly ähnliche Strukturen werden nicht nur in Wälzlagern gefunden, sondern gelegentlich auch unter beanspruchten Zahnflanken [222]. In einem Zahnrad aus 16MnCr5 war um einen oxidischen Einschluss im Bereich der höchsten Werkstoffanstrengung (σ_{H0} = 1360 N/mm²) die typische Erscheinung entstanden. Vom Einschluss gingen unter einem Winkel von 30° zur Flankenoberfläche Risse aus.

6.2.2 Abblätterung

Bei Wälzlagern hat sich für Zerrüttungserscheinungen durch Ausbrüche die Bezeichnung Abblätterung oder Schälung eingebürgert, wenn ausgehend von Rissen oder ersten Grübchen sich diese sichtbare lokale Schädigung über größere Bereiche der Laufbahnen oder Wälzkörper durch Mehrfachausbrüche ausbreitet. Bei den Zerrüttungsprozessen in Wälzlagern ist die Beanspruchung im Vergleich zu Zahnrädern insofern anders, als die Gleitkomponente wesentlich geringer ist. Die Risse entwickeln sich bei vollständiger Trennung der Wälzpartner und sauberem Schmierstoff unterhalb der Oberfläche in einer Tiefe, in der das Anstrengungsmaximum auftritt und dieses über der Dauerfestigkeit liegt. Von hier wachsen die Risse zur Oberfläche hin. Im Gebiet der Rissentstehung gehen strukturelle Gefügeveränderungen voraus, vgl. 6.2.1. Schwingstreifen, die Merkmale eines Schwingbruches, zeichnen sich in der Regel infolge der plastischen Verformung durch die ständigen Überrollungen nicht mehr ab.

In der Praxis gelingt es selten, Abblätterungen im Anfangsstadium zu entdecken. In Versuchsreihen im Labor ist dies eher möglich. Das **Bild 6.72** zeigt Risse als Vorstufe einer bevorstehenden Abblätterung noch vor dem Ausbrechen. Die im Allgemeinen von Werkstoffinhomogenitäten ausgehenden Risse sind bereits bis zur Oberfläche fortgeschritten. Die Rissbildungen spiegeln die Form der Druckellipse wider.

6.2 Verschleißerscheinungsformen bei vollständiger Elastohydrodynamik (EHD)   271

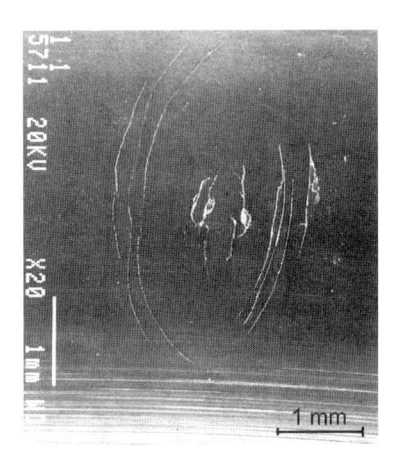

Bild 6.72: Risse als Vorstufe einer Abblätterung in der Lauffläche eines Rillenkugellagers
[223, Schaeffler KG]

In **Bild 6.73** ist ein Schnitt parallel zur Laufbahn durch die Rissbildungen im Bereich der Druckellipse wiedergegeben. Man erkennt deutlich den großen Riss unterhalb der Oberfläche mit einzelnen Rissabzweigungen zur Oberfläche hin. Die Anrisse findet man unter der Oberfläche meist in einer Tiefe von 3 bis 5 % des Wälzkörperdurchmessers [116]. Sie lassen sich mittels empfindlicher Ultraschallverfahren detektieren [220, 224].

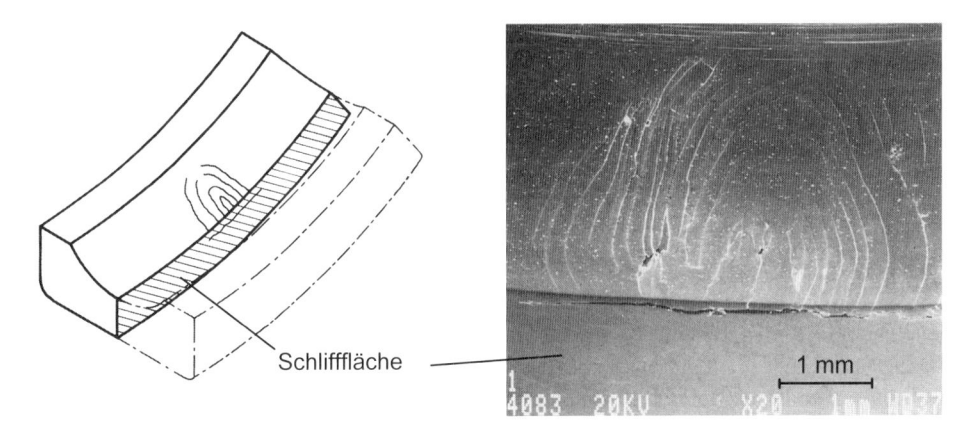

Bild 6.73: Risse als Vorstufe einer Abblätterung in der Lauffläche eines Rillenkugellagers
[223, Schaeffler KG,]
links: Lage des Schliffs; rechts: REM-Aufnahme

Unter EHD-Bedingungen bilden sich Risse unter der Oberfläche nicht nur im Bereich der Laufbahnringe von Wälzlagern, sondern auch an Wälzkörpern wie im Fall der Kugeln aus einem Pendelkugellager, das durch Geräuschentwicklung aufgefallen war. Die beiden Kugeln in **Bild 6.74** weisen eine kreisförmig freigelegte Rissfläche mit um den Rissausgang konzentrisch angeordneten Rastlinien auf. Im Zentrum befand sich möglicherweise ein nichtmetallischer Einschluss, der jedoch auch bei hoher Vergrößerung nicht mehr nachweisbar war. Einschlüsse wirken in entsprechender Tiefe spannungserhöhend, wodurch die Dauerfestigkeit des Werkstoffes überschritten wird. Die Tiefe der Abblätterung beträgt rd. 50 µm. Die Oberfläche zeichnet sich durch hohe Kaltverfestigung aus, was durch eine Zunahme der Oberflächenhärte auf 880 bis 885 HV 10 gegenüber der Kernhärte von 780 HV 10 erkennbar wird. Ein Zusammenhang mit der Lage der Kugelpole (Austrittsstellen der in Walzrichtung orientierten Seigerungszonen) und den Abblätterungen besteht nicht.

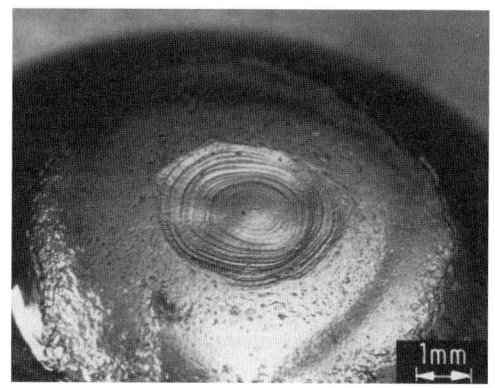

Bild 6.74: Unterschiedliche Schädigungsgrade von Abblätterungen an Kugeln eines Pendelkugellagers mit Rissausgang unterhalb der Oberfläche in der Mitte der konzentrisch angeordneten Rastlinien

6.3 Verschleißerscheinungsformen bei Mischreibung unter Elastohydrodynamik

Je nach Art des Schmierzustandes und der Höhe des Gleitanteils sind auch Schäden ähnlich wie bei reinem Gleiten (vgl. Kap. 4.2) möglich. Den größeren Anteil bilden jedoch Schäden durch Oberflächenzerrüttung. Die dabei entstehende Rissbildung geht hier im Gegensatz zu Kap. 6.2.2 von der Oberfläche aus. Häufig haben sich bauteilspezifische Begriffe herausgebildet, die auf den gleichen Mechanismus zurückgehen und ähnliche Erscheinungsformen aufweisen, wie z. B. für Grübchenbildung oder für Fresser, die bei Wälzlagern mit Abblätterung, Schälung und Flechten bzw. Anschmierung, Anschürfung und Schlupfschaden bezeichnet werden. Während der Begriff Abblätterung als Zerrüttungsschaden explizit aufgeführt wird, werden die adhäsiv bedingten Beschädigungen unter dem Begriff Fresser (vgl. 6.3.4) zusammengefasst.

6.3.1 Ungleichmäßiges Tragbild

Die Erscheinungsform ungleichmäßiger Tragbilder ist vergleichsweise häufig anzutreffen und kann weitreichende Folgen haben. Verursacht werden diese Tragbilder durch ungleichmäßige

6.3 Verschleißerscheinungsformen bei Mischreibung unter Elastohydrodynamik

Beanspruchung infolge von Fertigungs-, Montage- und Auslegungsfehlern sowie nicht auslegungsgemäßer Beanspruchung. Im Einzelnen können diese z. B. von

- Wellendurchbiegungen
- Torsion
- Wellenschränkungen
- Parallelitätsfehlern
- Verzahnungsabweichungen
- Verformung des Gehäuses
- ungenügender Lagerluft
- Schwingungen
- Fertigungs- und Einbautoleranzen

herrühren. Das Tragbild, das sich durch helle, leicht glänzende und glatte oder auch matte Bereiche auf den Laufflächen bzw. Flanken infolge Abtragens von Rauheitsspitzen von den übrigen Bereichen abhebt, verbreitert sich in der Regel durch fortschreitenden Verschleiß und bewirkt so eine Vergleichmäßigung der Last. Ein sich nach dem Einlauf einstellender Verschleiß bei Wälzkontakten in Axialzylinderrollenlagern führt im Gegensatz zu Zahnrädern nicht zur Verbesserung des Tragteiles oder zu einer Verringerung der spezifischen Beanspruchung. Durch erhöhten Verschleiß an den Rollenenden verstärkt sich in Rollenmitte die Beanspruchung, die zur Grübchenbildung auf den Scheiben führt (vgl. Bild 6.104). Ein ungleichmäßiges Tragen als Ursache für einen Zerrüttungsschaden aufgrund erhöhter Hertzscher Pressung kann häufig nicht mehr erkannt werden.

In **Bild 6.75** bis **6.77** sind für Zahnräder Ursachen und Erscheinungsformen von Tragbildfehlern wiedergegeben [32 und 225].

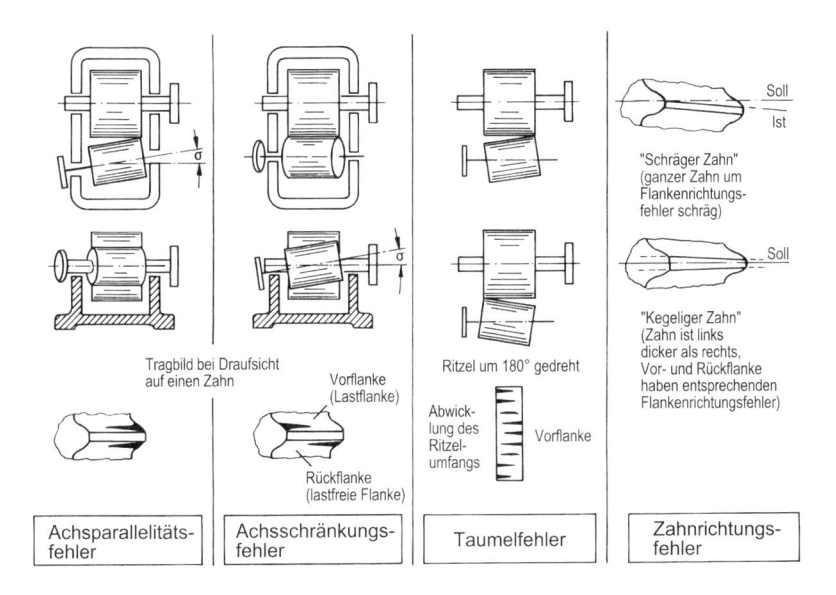

Bild 6.75: Ursachen von Tragbildfehlern an Zahnrädern [32]

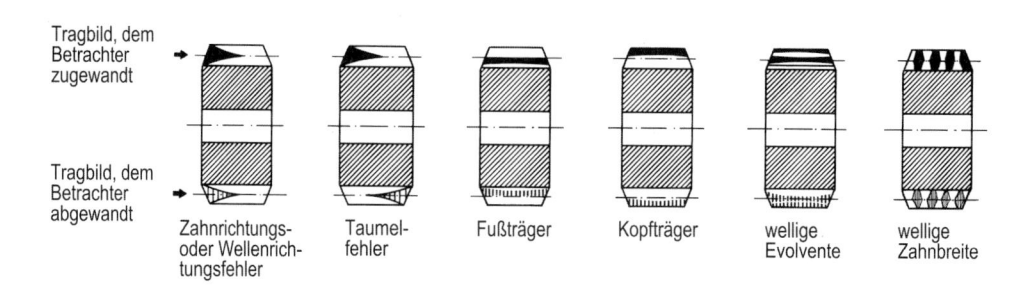

Bild 6.76: Tragbildfehler im Leerlauf an Gerad- und Schrägverzahnung [32]

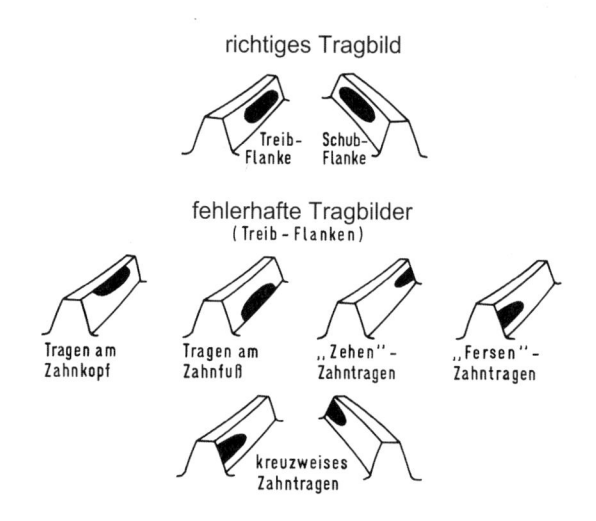

Bild 6.77: Tragbildfehler an Kegelrädern [225]

Die in **Bild 6.78** und **6.79** gezeigten Tragbilder eines Rillenkugellagers stellen normale Laufspuren dar, wie sie sich bei Punkt- und Umfangslast, Axiallast und kombinierter Last ergeben [115]. Sie beeinträchtigen die Lebensdauer nicht. Diese Tragbilder heben sich durch ihre matte oder auch glänzende Oberfläche von der unbeanspruchten Umgebung ab. Aus ihnen kann auf die Belastungsverhältnisse geschlossen werden. Bei Umfangslast bildet sich ein gleichmäßig breites Tragbild über den gesamten Laufbahnumfang aus, während bei Punktlast das Tragbild entsprechend der Lastzone in der Mitte wegen der höchsten Belastung am breitesten ausfällt und an den Enden wegen der abnehmenden Last spitz zuläuft oder eine schlanke Ellipsenform annimmt, Bild 6.78. Die Länge des durch die Lastzone bei Punktlast geprägten Tragbildes erstreckt sich bei normaler Passung und Lagerluft etwa auf den halben Laufbahnumfang.

Bei drehendem Innenring und konstanter Lastrichtung gemäß Bild 6.78 links, jedoch mit zusätzlicher Unwucht, entsteht in der Laufbahn des ruhenden Außenringes bei losem Sitz infolge Wanderns ebenfalls über den gesamten Umfang ein gleichmäßig breites Tragbild. Dieses Wandern ist nur durch einen festen Sitz zu unterbinden.

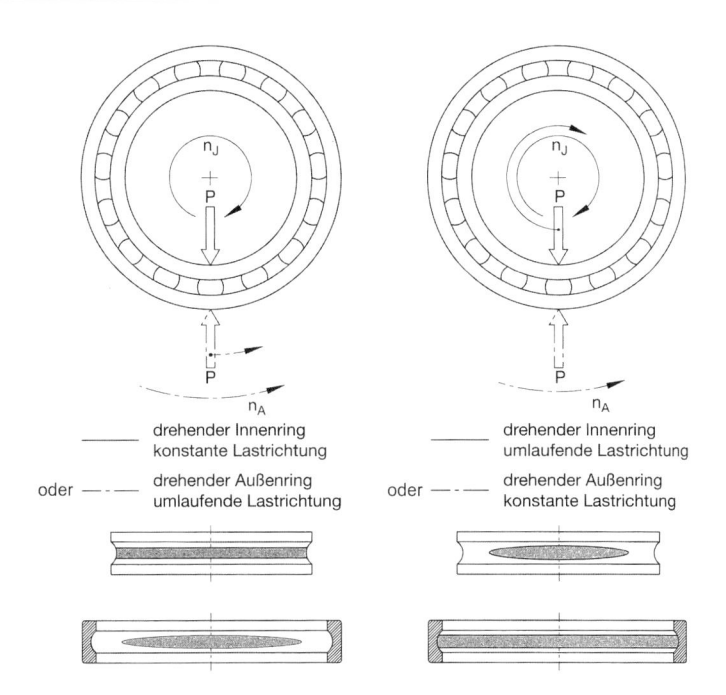

6.3 Verschleißerscheinungsformen bei Mischreibung unter Elastohydrodynamik 275

Bild 6.78: Normales Tragbild bei radialer Belastung eines Rillenkugellagers. Bei Punktlast Laufspur bei stehendem Ring kürzer als der halbe Laufbahnumfang [115, Schaeffler KG]
links: Umfangslast für Innenring, Punktlast für Außenring;
rechts: Punktlast für Innenring, Umfangslast für Außenring

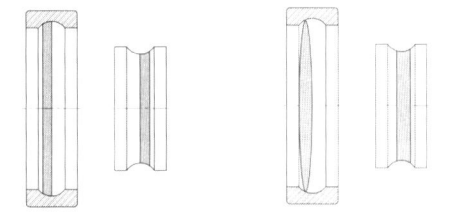

Bild 6.79: Normale Tragbilder [115, Schaeffler KG]
links: Bei reiner Axialbelastung eines Rillenkugellagers. Laufspuren bei Innen- und Außenring über den gesamten Laufbahnumfang außermittig
rechts: Kombinierte Radial-Axialbelastung eines Rillenkugellagers. Beim Innenring (Umfangslast) gleichmäßige Laufspur über den gesamten Laufbahnumfang; beim Außenring (Punktlast) Laufspur in radial belasteter Zone breiter als am übrigen Umfang

Von diesen normalen Laufspuren weichen die Laufspuren ab, wenn eine

- Radialverspannung (nicht eingehaltene Toleranz von Welle oder Gehäuse, Wärmedehnungen, zu klein gewählte Lagerluft), **Bild 6.80 links**

- Ovalverspannung (unrunde Wellen oder Gehäuse), **Bild 6.80 rechts**
- Axialverspannung (gestörte Loslagerfunktion, Wärmedehnung), **Bild 6.81** und **6.82**
- Schrägverspannung (Wellenbiegung; nicht fluchtende Gehäuse; Anlageflächen, die nicht im rechten Winkel zur Lagerachse stehen, **Bild 6.83**
- fehlerhafte Schmierung (bei nicht trennendem Schmierfilm: matte, aufgeraute Laufspur; bei zusätzlichen hohen Flächenpressungen: helle druckpolierte Laufspur, die sehr deutlich zur nicht benutzten Laufbahn abgegrenzt ist)

vorliegt.

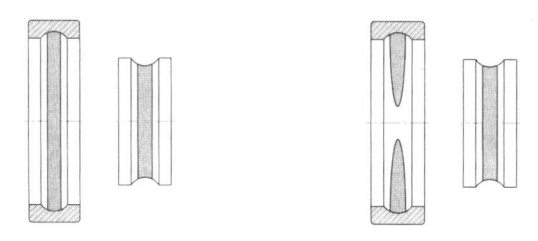

Bild 6.80: Tragbilder infolge von Verspannung eines Rillenkugellagers [115, Schaeffler KG]
links: Radialverspannung; Laufspuren über den gesamten Laufbahnumfang gleichmäßig, auch an dem mit Punktlast beaufschlagten Ring
rechts: Ovalverspannung des Außenringes (Punktlast) mit zwei gegenüberliegenden Zonen radialer Belastung

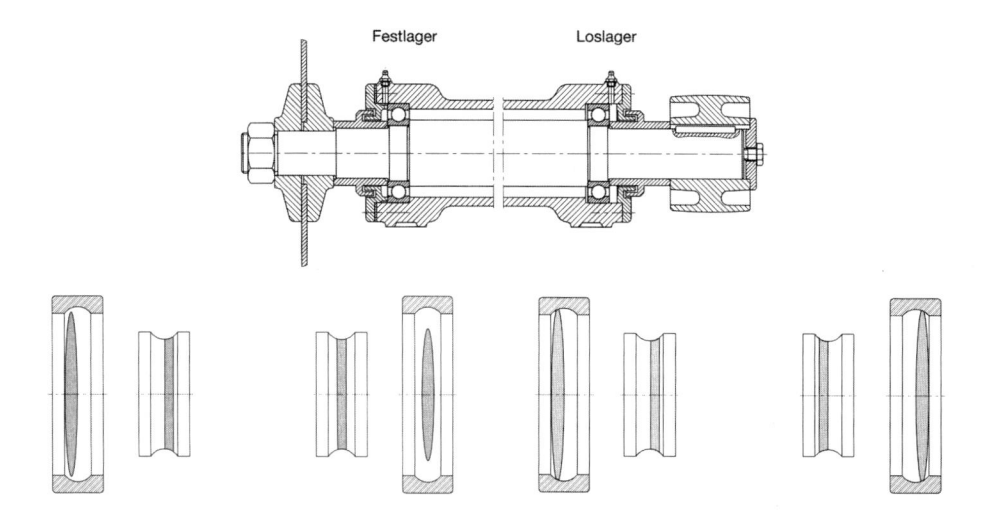

Bild 6.81: Fest-Loslagerung am Beispiel einer Kreissägewelle [115, Schaeffler KG]
oben: arbeitsseitig Festlager, antriebsseitig Loslager;
links: Laufspuren bei funktionsgerechter Lagerung, Festlager kombiniert belastet, Loslager radial belastet;
rechts: Laufspuren bei axialverspannter Lagerung, beide Lager kombinierte Belastung (festsitzender Außenring des Loslagers)

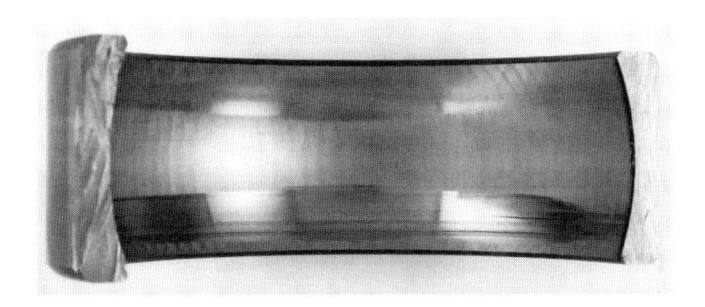

6.3 Verschleißerscheinungsformen bei Mischreibung unter Elastohydrodynamik 277

Bild 6.82: Tragbild durch Axialverspannung am Außenring eines Pendelrollenlagers 23220 MB.C3 (d = 100 mm, D = 180 mm, B = 60,3 mm) unter Punktlast; Betriebsbedingungen: n = 1850 min^{-1}, Laufzeit 2200 h, Schmierung: Lithiumfett

Bild 6.83: Tragbilder bei schrägverspanntem Rillenkugellager [115, Schaeffler KG]
links: mit umlaufendem Innenring
rechts: mit umlaufendem Außenring

6.3.2 Tribochemische Reaktionsschicht

Zur Reduzierung der Adhäsion durch tribochemische Reaktionsschichten werden Schmierstoffe in der Regel additiviert. Die für die Bildung stabiler Reaktionsschichten konzipierten Additive bewirken bei manchen Bauteilen im Bereich der beanspruchten Oberflächen Verfärbungen. Solche Verfärbungen wurden intensiv in [51] an im Mischreibungsgebiet laufenden Axialzylinderrollenlagern untersucht, die allerdings unter ähnlichen Beanspruchungen an Zahnrädern nicht beobachtet wurden [52].

Zwischen den Farben, dem Verschleiß und den Analysenergebnissen der Augerelektronenmikroskopie bestehen folgende Zusammenhänge:
Bräunliche Farbtöne und metallisch blanke Bereiche enthalten einen geringen Sauerstoffgehalt, vgl. Bild 6.45, und weisen im Allgemeinen hohen Verschleiß auf. Blaue Zonen sind dagegen durch niedrigen Verschleiß und hohen Sauerstoffgehalt gekennzeichnet, **Bild 6.84**. Die Elemente der Additive dagegen werden nur in geringen Anteilen gefunden.
Die Reaktionsschichten werden im Gegensatz zu an der Luft entstehenden Anlauffarben (> 200 °C) bereits bei niedriger Temperatur (z. B. 30 °C unter Verwendung von Anglamol A99 und ZnDTP) gebildet. Die Verfärbungen durch tribologisch bedingte Reaktionsschichtbildung unterscheiden sich von Anlauffarben auch dadurch, dass sie scharf abgegrenzt und auf

die Kontaktzone beschränkt sind sowie im Allgemeinen keine geschlossene Einfärbung zeigen, vgl. auch Bild 6.44. Bei dem hochlegierten Wälzlagerstahl X45Cr13 fallen die Verfärbungen blasser aus [51]. Aus den Farben der Reaktionsschichten kann nicht auf die Betriebstemperatur geschlossen werden.

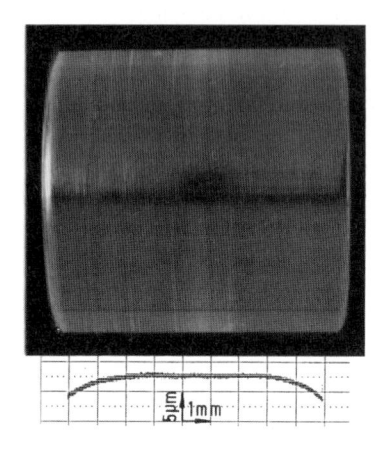

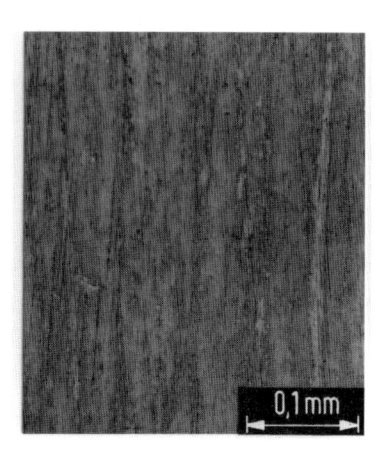

Bild 6.84: Reaktionsschicht einer Rolle aus 100Cr6 nach 500 h bei 80 °C mit einem handelsüblichen Mineralöl A01; links: Übersicht; rechts: Ausschnitt [51]; farbige Wiedergabe im Anhang 9

Bild 6.85: Anlassfarbe einer Rolle aus 100Cr6 nach einer Temperatureinwirkung von 250 °C/0,5 h an Luft. Die Carbide erscheinen weiß; farbige Wiedergabe im Anhang 9

Anlass- und Anlauffarben auf Stahloberflächen beruhen weitgehend auf reiner Oxidbildung durch den Luftsauerstoff und hängen von Werkstoff, Temperatur, Expositionsdauer und Oberflächentopographie ab. Beim Durchlaufen eines Temperaturgradienten stellen sich fließende Farbabstufungen beginnend von strohgelb über blau nach grau ein, vgl. Anlauffarbe bei Wurmspuren, Bild 5.29. Gleichmäßige Temperaturverteilung und Reaktionsbereitschaft vorausgesetzt, führen beim Anlassen zu einer einheitlichen Verfärbung der Oberfläche, **Bild 6.85**.

6.3 Verschleißerscheinungsformen bei Mischreibung unter Elastohydrodynamik 279

Die Carbide nehmen zumindest bei den Temperaturbedingungen von 250 °C/0,5 h offensichtlich nicht die Anlassfarbe an.

Auch Kraftstoffe können mit Werkstoffoberflächen Reaktionsschichten bilden. Über die Deutung von Verfärbungen durch additivierte Öle, die zu Fehlschlüssen führen können, wird in [226] berichtet.

Die Verschleißpartikel, die sich beim Abtragen von Reaktionsschichten bilden, sind in der Regel feinkörniger Natur und deutlich unter 1 µm. Voraussetzung für die Entstehung der Reaktionsschicht sind entweder reaktionsfähige Bestandteile im Schmierstoff oder reaktionsfähige Gase in Verbindung mit einer mechanischen und thermischen Aktivierung infolge von tribologischer Beanspruchung.

An vergüteten oder gehärteten Stählen kann zur Unterscheidung zwischen Reaktionsschichten und Anlauffarben bei entsprechend hoher Temperatureinwirkung manchmal auch eine Härteprüfung näheren Aufschluss geben.

6.3.3 Riefen

Die Bildung von Riefen setzt eine Gleitbewegung voraus, die bei Wälzvorgängen durch den Schlupf gegeben ist. Die Riefen können sowohl im Zuge der Adhäsion als auch durch Abrasion entstehen. Die Unterscheidung, ob abrasiv oder adhäsiv ist schwierig und häufig nur mittels REM zu beurteilen. Bei der Beurteilung sind die Werkstoffe (Adhäsionsneigung), Schmierstoffeigenschaften (Additivierung, Viskosität) und Betriebsbedingungen zu berücksichtigen. Die weiteren Voraussetzungen sind in Kap. 4.2.1 beschrieben.

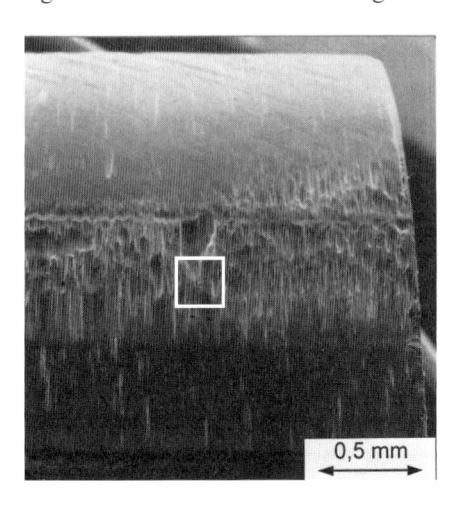

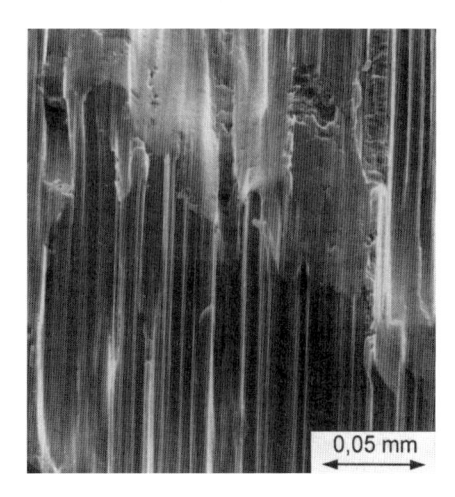

Bild 6.86: Adhäsiv bedingte Riefen im Kopfbereich oberhalb und unterhalb des Wälzkreises der Zahnflanke eines einsatzgehärteten Zahnrades aus einer Zahnradpumpe (Fördermedium Hydrauliköl, n = 1500 min^{-1}, p = 150 bar, ϑ = 130 °C);
links: Übersicht, rechts: Ausschnitt mit Schubrissen (quer zur Gleitrichtung)

In **Bild 6.86** sind adhäsiv bedingte Riefen an einer Zahnflanke einer Zahnradpumpe wiedergegeben. Man erkennt deutlich ober- und unterhalb des Wälzkreises die entgegengerichteten Gleitbewegungen. Neben den überwiegend glatten Riefen sind im Grund einzelner Riefen auch Schubrisse infolge von besonders günstigen Adhäsionsbedingungen entstanden. Die Gefahr adhäsiver Bedingungen ist bei Hydrauliköl wegen beschränkter Reaktionsschichtbildung häufig gegeben. Die Riefen sind am Gegenrad spiegelbildlich zu erkennen, was durch die gleiche Zähnezahl beider Räder bedingt ist. Dadurch erfolgt der Eingriff immer an der gleichen Stelle ein und desselben Zahnpaares. Gleiche Zähnezahl und Verunreinigungen im Fördermedium stellen nachteilige Bedingungen für das tribologische Verhalten im Zahnkontakt dar.

Ein weiteres Beispiel für durch Adhäsion verursachte Riefen an Zahnflanken geht aus **Bild 6.87** hervor. Eine einsatzgehärtete Verzahnung aus 20MnCr5, die im Mischreibungszustand im Zahnradverspannungsprüfstand mit einer Hertzschen Pressung von 1538 N/mm², einer Wälzkreisgeschwindigkeit von 0,05 m/s, dem Schmierstoff FVA-3HL + 4,5 % Anglamol 99 und bei der Temperatur von 120 °C beansprucht worden war, zeigt sowohl im Kopf- als auch im

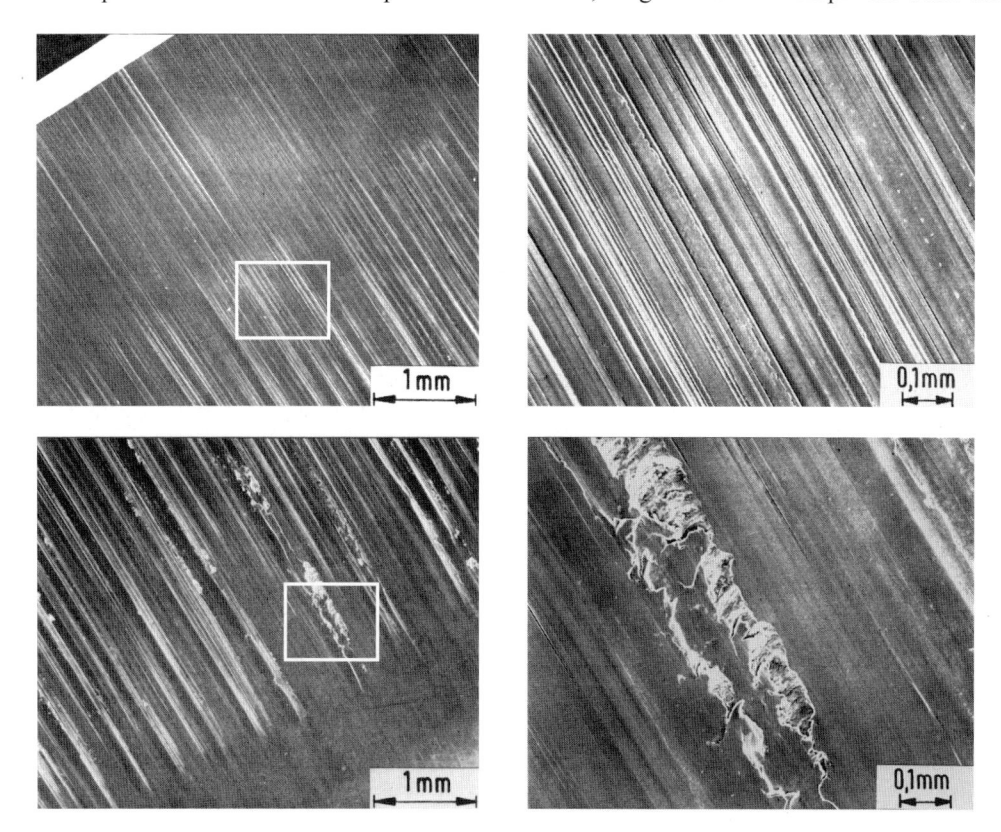

Bild 6.87: Adhäsiv bedingte Riefen auf einer Zahnflanke (Verzahnung A) aus 20MnCr5 nach einem Prüfstandsversuch; Versuchsbedingungen: p_C = 1538 N/mm² (Kraftstufe 10), n = 13 min⁻¹ (v_t = 0, 05 m/s), ϑ = 120 °C, Schmierstoff FVA-3HL + 4,5 % A99
oben: Zahnkopf, unten: Zahnfuß

6.3 Verschleißerscheinungsformen bei Mischreibung unter Elastohydrodynamik 281

Fußbereich Riefen, die im Fußbereich von einzelnen Fressern begleitet sind und dort zu einem teilweise schuppenförmigen Ausbrechen geführt haben. Die übrigen Riefen erscheinen dagegen auspoliert. Aus diesem Erscheinungsbild ist zu entnehmen, dass die Riefen zu einem frühen Zeitpunkt durch adhäsive Bindungen in den hochbeanspruchten Kontaktstellen entstanden sind, und zwar als sich die Reaktionsschicht noch im Aufbau befand. Im weiteren Betrieb können auch Partikel aus dem Initialabrieb in den Wälzkontakt gelangt sein und zu hohen lokalen Beanspruchungen geführt haben. Zum Auspolieren könnten auch ultrafeine Partikel beigetragen haben, die durch den Schmierspalt gedrückt wurden, wobei auch ein gewisser Erosionsprozess nicht auszuschließen ist.

Nockenoberflächen werden längs des Umfangs geometriebedingt unterschiedlich beansprucht. Im Bereich der Nockenspitze liegt sowohl eine höhere Pressung und als auch ein dünnerer Schmierfilm im Vergleich zum Grundkreis vor. Bei dem nachfolgenden Beispiel einer unter Versuchsbedingungen gelaufenen Paarung Nocken/Schwinghebel, beide Partner aus induktiv gehärtetem GG, sind aufgrund der sich in Umfangsrichtung am Nocken einstellenden unterschiedlichen Schmierzustände zwei verschiedene Oberflächenstrukturen entstanden, **Bild 6.88**. Die Grenzschmierbedingungen im Bereich der Nockenspitze führten in Verbindung mit unlegiertem Öl wegen unterbliebener Reaktionsschichtbildung zu hohem Verschleiß mit Riefenbildung, während sich auf dem Nockengrundkreis eine eingeglättete Oberfläche herausgebildet hat. Das glatte spitzkämmige Riefenprofil deutet auf abrasive Prozesse hin, an denen möglicherweise auch Verschleißpartikel mitbeteiligt waren. Die Graphitlamellen zeichnen sich auf der Wälzfläche von Nockenspitze und -grundkreis deutlich ab. Die ursprünglichen quer zur Bewegungsrichtung verlaufenden Bearbeitungsriefen auf der Wälzfläche des Schwinghebels sind dagegen eingeebnet.

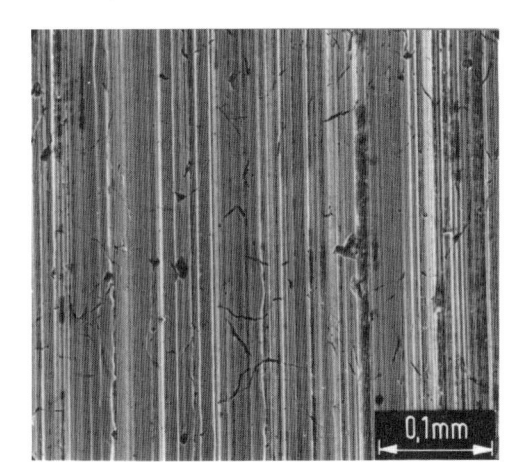

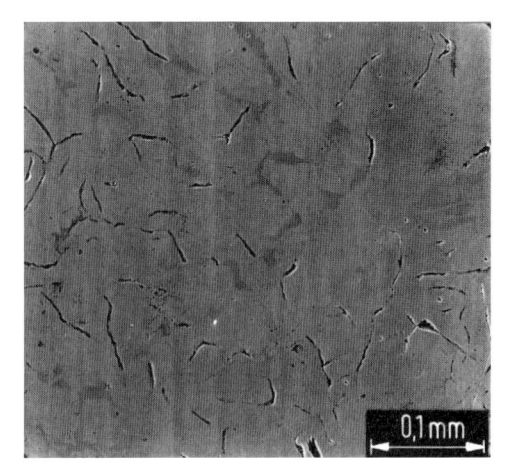

Bild 6.88: Oberflächen am Nocken (GG, induktionsgehärtet, blank); Versuchsbedingungen: $p_{Öl}$ = 1 bar, n_{NW} = 500 min^{-1}, $\vartheta_{Öl}$ = 80 °C, Paraffinöl
links: Riefen an Nockenspitze; rechts: geglätteter Grundkreis des Nockens

Unter verschärften Betriebsbedingungen (hohes Drehmoment und geringe Drehzahl) können sich in Zylinder-Schneckengetrieben sowohl auf den Zahnflanken der einsatzgehärteten

Schnecke als auch auf den Zahnflanken des Schneckenrades aus Bronze Riefen bilden. Die Riefenbildung auf den Zahnflanken des Schneckenrades verwundert nicht, aber auf den einsatzgehärteten Zahnflanken schon. In Untersuchungen [70] wurde herausgefunden, dass sich die Riefen abhängig von Drehmoment und Drehzahl entwickeln und auf einen abrasiven Prozess zurückzuführen sind, der bereits in den ersten Betriebsstunden einsetzt. Es wird vermutet, dass ein Initialabrieb aus abgebrochenen Schleifgraten und ausgebrochenen Rauheitsspitzen der geschliffenen Zahnflanken der einsatzgehärteten Schnecke aufgrund der sich bei hohem Drehmoment einstellenden äußerst ungünstigen Schmierbedingungen zu zwei unterschiedlichen Verschleißerscheinungsformen auf den Zahnflanken der ungleichen Werkstoffpaarung „hart/weich" führte. Die Zahnflanken des Bronzeschneckenrades zeigen eine zerspante Oberfläche mit gezackten Graten, die typisch für diesen verformungsfähigen Werkstoff ist, **Bild 6.89**. Hier liegt eindeutig der Mechanismus der Abrasion vor.

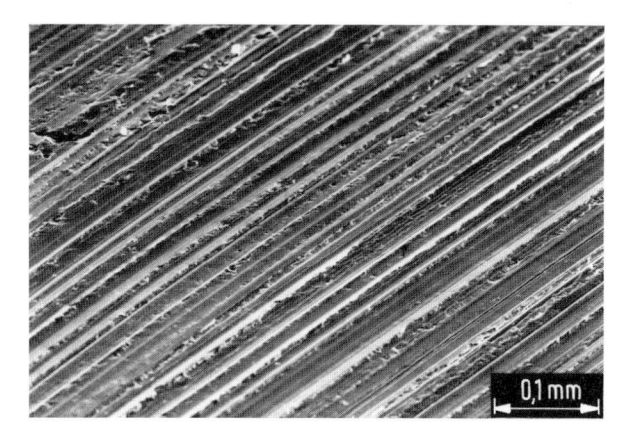

Bild 6.89: Abrasiv bedingte Riefen auf der Zahnflanke eines Schneckenrades aus Bronze GZ-CuSn12Ni, erzeugt durch Verschleißpartikel aus einer einsatzgehärteten Schnecke; Schmierstoff Enersyn SG-XP460, Schneckendrehzahl 60 min^{-1}, Abtriebsmoment 1500 Nm

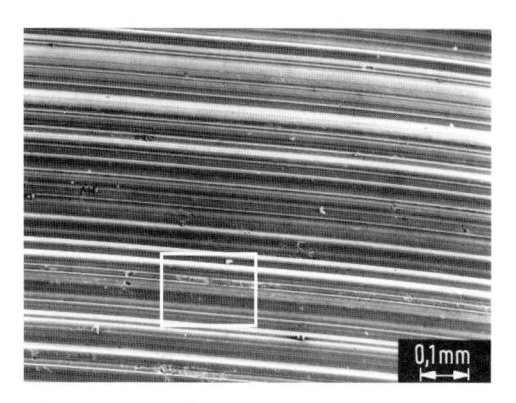

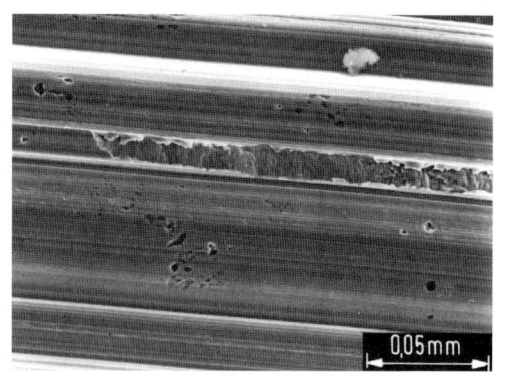

Bild 6.90: Abrasiv bedingte Riefen auf der Zahnflanke einer einsatzgehärteten Schnecke aus 16MnCr 5, erzeugt durch Verschleißpartikel aus einer einsatzgehärteten Schnecke; Schmierstoff Enersyn SG-XP460, Schneckendrehzahl 60 min^{-1}, Abtriebsmoment 1500 Nm
links: Übersicht, rechts: Ausschnitt mit ausgebrochenen Bereichen und Korrosionsnarben

6.3 Verschleißerscheinungsformen bei Mischreibung unter Elastohydrodynamik

Es ist schwer vorstellbar, dass auf der Flanke der Schnecke, **Bild 6.90**, die überwiegend glatt und scharf begrenzt erscheinenden Riefen und die vereinzelt zu beobachtenden ausgebrochenen Bereiche längs der Riefen, deren Struktur auf einen spröden Gewaltbruch hinweisen, die zerspante Oberfläche auf der Bronze verursacht haben. Es ist eher anzunehmen, dass der Initialabrieb von der Schnecke mit seinen scharfen Bruchkanten sowohl die vergleichsweisen weichen Bronzeflanken als auch die einsatzgehärtete Flanke der Schnecke zerspant hat. Die Härte der Stahlpartikel reicht aus, um ebenfalls die Stahlflanken durch Abrasion zu schädigen. Das andere Erscheinungsbild der Riefen auf der einsatzgehärteten Flanke der Schnecke gegenüber dem auf der Flanke des Bronzerades hängt mit dem geringeren Verformungsvermögen im Vergleich zur Bronze zusammen. Auch wenn auf den Zahnflanken des Bronzeschneckenrades keine eingebetteten Stahlpartikel beobachtet wurden, ist davon auszugehen, dass die Riefung beider Zahnflanken auf sie zurückzuführen ist, zumal keine abrasiv wirkenden mineralischen Partikel im Öl aufgefunden wurden und Versuche mit einer PVD-Beschichtung der Schnecke nicht zu einer Riefenbildung führte. Die Beschichtung hat wahrscheinlich die Bildung von Abrieb aus der einsatzgehärteten Stahlflanke unterbunden.

Riefen auf Zahnflanken können auch dadurch entstehen, dass sich bei Paarungen ungleich harter Zahnflanken harte Fremdpartikel in die weicheren Flanken einbetten. Bei unvollständiger Einbettung ragen die Partikel aus der Umgebung heraus und schützen so zwar die weichen Zahnflanken, erzeugen aber auf den harten Gegenflanken hohen Verschleiß durch Riefenbildung, **Bild 6.91**. Hierdurch kann es bei langen Laufzeiten zu einer Profiländerung des Zahnes in Form von Stufenbildung kommen, die im schlimmsten Fall zu Verformung oder Bruch des Zahnes führt.

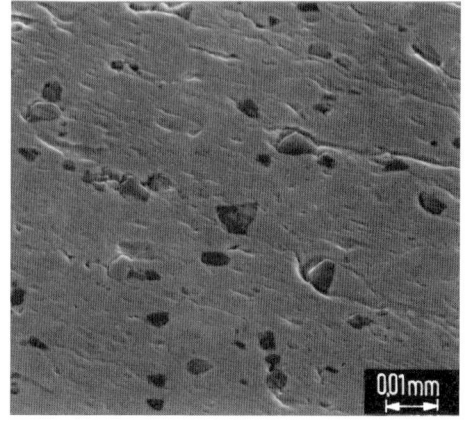

Bild 6.91: Oberflächen von Zahnflanken einer Schnecken/Schneckenrad-Paarung
            links: abrasiv bedingte Riefen auf der Zahnflanke einer einsatzgehärteten Schnecke
            rechts: harte SiC-Partikel eingebettet in die Zahnflanke eines Schneckenrades aus Bronze

Verunreinigungen im Schmierstoff oder Fördermedium gefährden nicht nur Zahnflanken und Flanken von Nockentrieben, sondern die hierfür besonders empfindlichen Wälzlager, da durch Riefenbildung und Druckstellen ein Ermüdungsprozess eingeleitet werden kann, **Bild 6.92**.

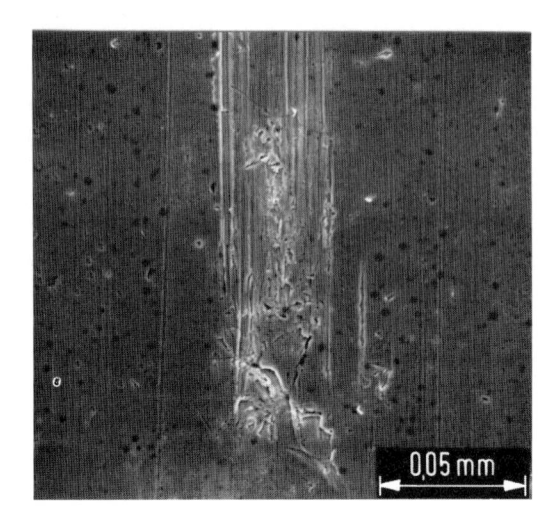

Bild 6.92: Abrasiv bedingte Riefen und Druckstellen auf der Nadel eines Nadellagers, hervorgerufen durch harte Verunreinigungen

6.3.4 Fresser

Fresserscheinungen treten immer dann auf, wenn entweder der hydrodynamische oder der elastohydrodynamische Schmierfilm bei hoher Gleitgeschwindigkeit und hoher spezifischer Belastung infolge der sich einstellenden thermischen Bedingungen versagt, oder wenn eine mangelhafte Schmierfilmbildung durch hohe spezifische Belastung und geringe Gleitgeschwindigkeit vorliegt. Weiter kann es zu Fressern kommen, wenn sich aufgrund mangelhafter oder nicht optimal angepaßter Additive keine Reaktionsschicht bilden kann. Die Fresser werden in vielen graduellen Abstufungen beobachtet, vgl. auch 4.2.7.

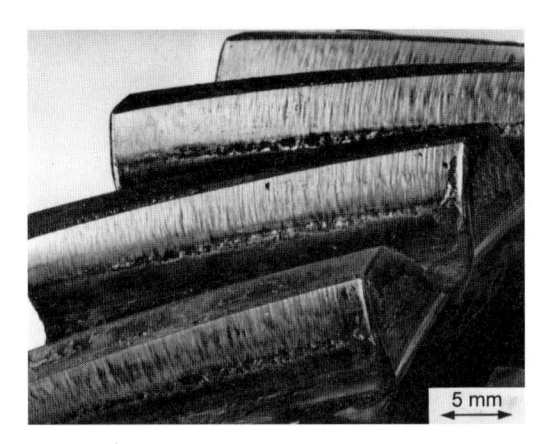

Bild 6.93: Fortgeschrittene Fresser (geglättet) und Grübchen im Teilkreisgebiet [ZF Friedrichshafen AG]

6.3 Verschleißerscheinungsformen bei Mischreibung unter Elastohydrodynamik   285

Bild 6.93 gibt fortgeschrittene Fresser über die gesamte Zahnbreite im Zahnkopfbereich wieder. Im Bereich des Teilkreises befinden sich Grübchen.

Weitere Beispiele von Fressern an Wälzkörpern, die einen einmaligen Vorgang darstellen oder noch nicht so weit fortgeschritten sind, dass sich makroskopisch Profiländerungen einstellen, gehen aus **Bild 6.94** und **6.95** hervor.

Bei vollrolligen Zylinderrollenlagern, die zur Aufnahme hoher Radialbelastung eingesetzt werden, wie z. B. bei exzentrisch umlaufenden Planetenradlagern, erschwert die gegenläufige Umfangsgeschwindigkeit in den seitlichen Kontaktstellen der Wälzkörper den Aufbau eines trennenden Schmierfilmes, weshalb es zu Fresserscheinungen kommen kann. Da diese Lager sich wegen der höheren Reibung stärker erwärmen, werden sie nur bei niedrigen Drehzahlen eingesetzt. Die in Bild 6.94 wiedergegebene Rolle mit Fressern stammt aus einem vollrolligen Lager des Gebläses eines Windböenkanals. Im Grund der Fressriefen haben sich zahlreiche Schubrisse gebildet.

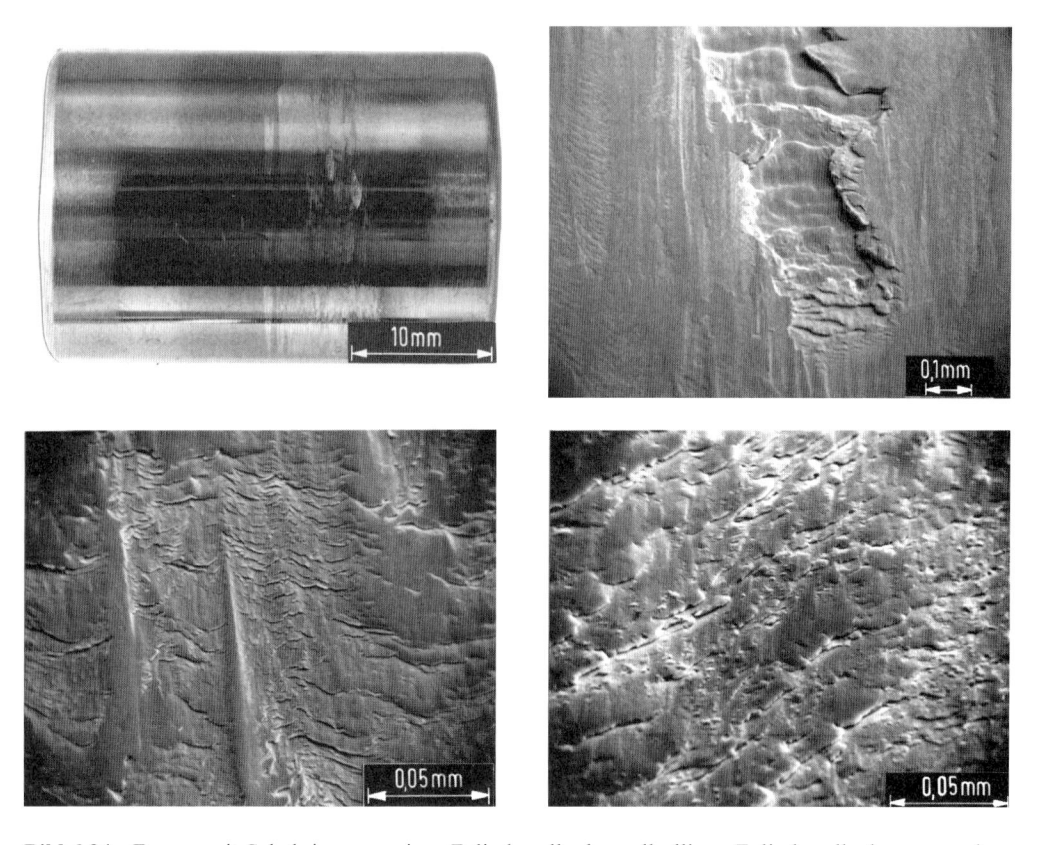

Bild 6.94: Fresser mit Schubrissen an einer Zylinderrolle des vollrolligen Zylinderrollenlagers aus dem Gebläse eines Windböenkanals
   links oben: Übersichtsaufnahme; rechts oben und unten: Detailaufnahmen

Gefährdet sind bei instabilen Betriebszuständen die Einlaufzonen, wenn nach einer Verzögerung des Wälzkörpersatzes in der Entlastungszone dieser wieder in der Einlaufzone der Lastzone beschleunigt wird. Die Gleitbewegung des abgebremsten Wälzkörperssatzes geht dabei wieder in eine Rollbewegung über, **Bild 6.95**. Dabei führen der Käfig und die Rollen ruckartige Drehzahländerungen aus, wodurch sich Mischreibung bzw. Mangelschmierung einstellen kann. Solche Zustände können bei Überdimensionierung oder bei leichtbelasteten Lagern auftreten. Zylinderrollenlager mit Käfig sind nach einer Faustregel dann durch Schlupf gefährdet, wenn die Mindestbelastung < 2 % der dynamischen Tragzahl beträgt. Durch Vorspannung der Lager, Erhöhung der Belastung und Verbesserung der Schmierung lässt sich die Schlupfgefahr verringern [122, 151].

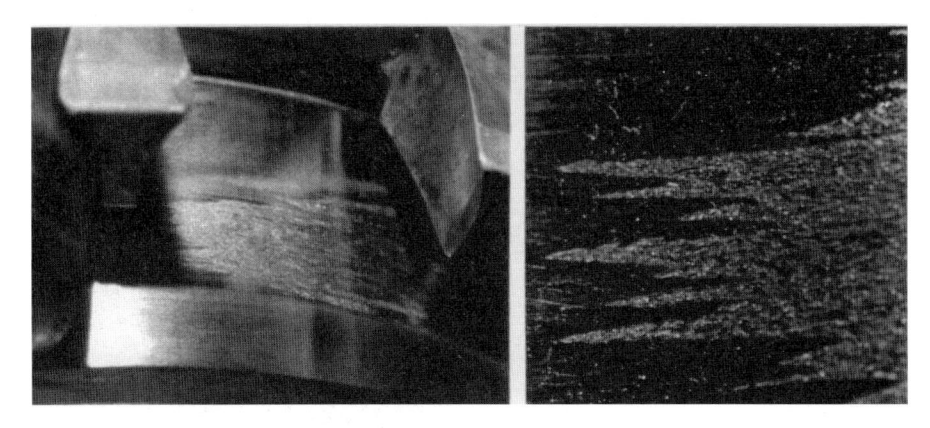

Bild 6.95: Fresser (Anschürfungen) auf der Innenringlauffläche eines Pendelrollenlagers (d_i = 440 mm) im Bereich des Einlaufes der Wälzkörper in die Lastzone; links sind die Käfigstege sichtbar [227, VDI-Richtlinie 3822, Blatt 5]

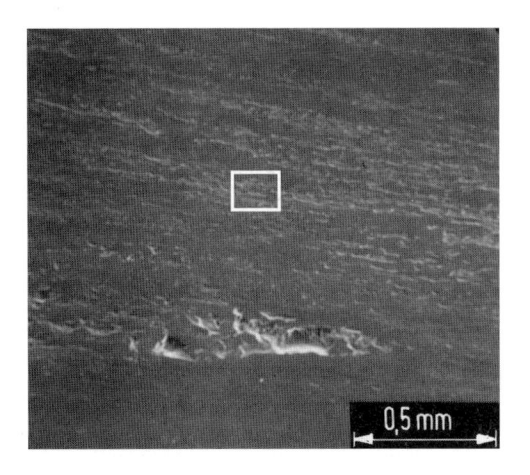

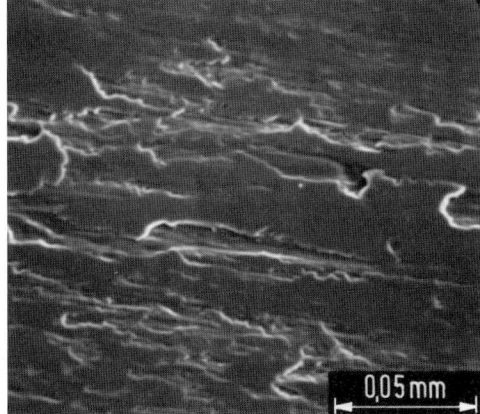

Bild 6.96: Geglättete Fresser in der Rille eines Axialrillenkugellagers

6.3 Verschleißerscheinungsformen bei Mischreibung unter Elastohydrodynamik   287

Wegen Laufbahnschäden wurde ein fettgeschmiertes Axialrillenkugellager eines Prüfstandes nach mehrjährigem Betrieb ausgetauscht. Auf den Laufflächen befanden sich zahlreiche Fresser infolge von Mangelschmierung (ungenügende Wartung), die offensichtlich wieder eingeebnet und geglättet sind, **Bild 6.96**. Daneben sind auch einzelne tiefgreifendere Oberflächenverletzungen in Form herausgerissener Werkstoffbereiche (keine Ausbrüche durch Oberflächenzerrüttung!) aufgetreten.

Wenn ein Partner Fresser aufweist, muss notwendigerweise auch der Gegenpartner gleichartige Oberflächenverletzungen aufweisen, wie **Bild 6.97** zeigt. Zum Unterschied der Laufbahn ist die Einglättung der Fresser auf der Kugel jedoch noch nicht so weit gediehen, da die Wahrscheinlichkeit der Überrollung der gleichen Stelle deutlich geringer ist als diejenige der Fresser in der Laufbahn. Die unterschiedlichen Maßstäbe sind zu beachten.

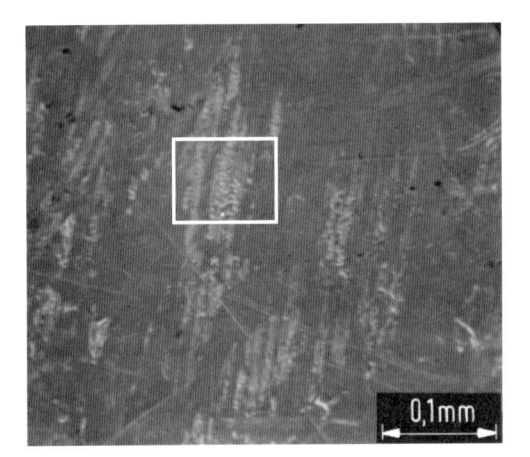

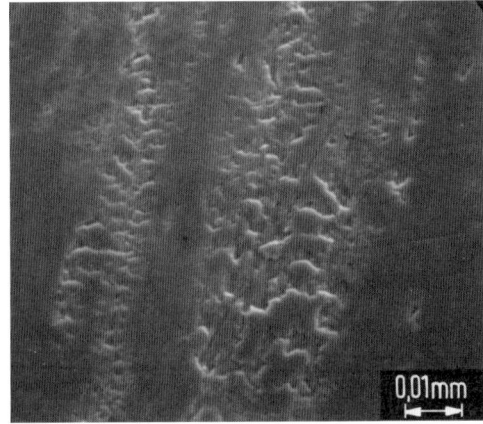

Bild 6.97: Fresser mit Schubrissen auf einer Kugel des in Bild 6.96 wiedergegebenen Axialrillenkugellagers

Bei einer Ventilsteuerung der Werkstoffpaarung aus gehärtetem Grauguss und Schalenhartguss, die in einem Modellversuch betrieben wurde, sind sowohl im Bereich der gehärteten Nockenspitze, die die höchste Beanspruchung erfährt, als auch auf der beanspruchten Fläche des Stößels Fresser aufgetreten, **Bild 6.98**. Durch mehrfache Übergleitungen sind die erhabenen Stellen der Fresser wieder eingeebnet und geglättet worden. Die gekrümmte Form der Fresser auf der Stößelfläche lassen deutlich die Rotation erkennen.

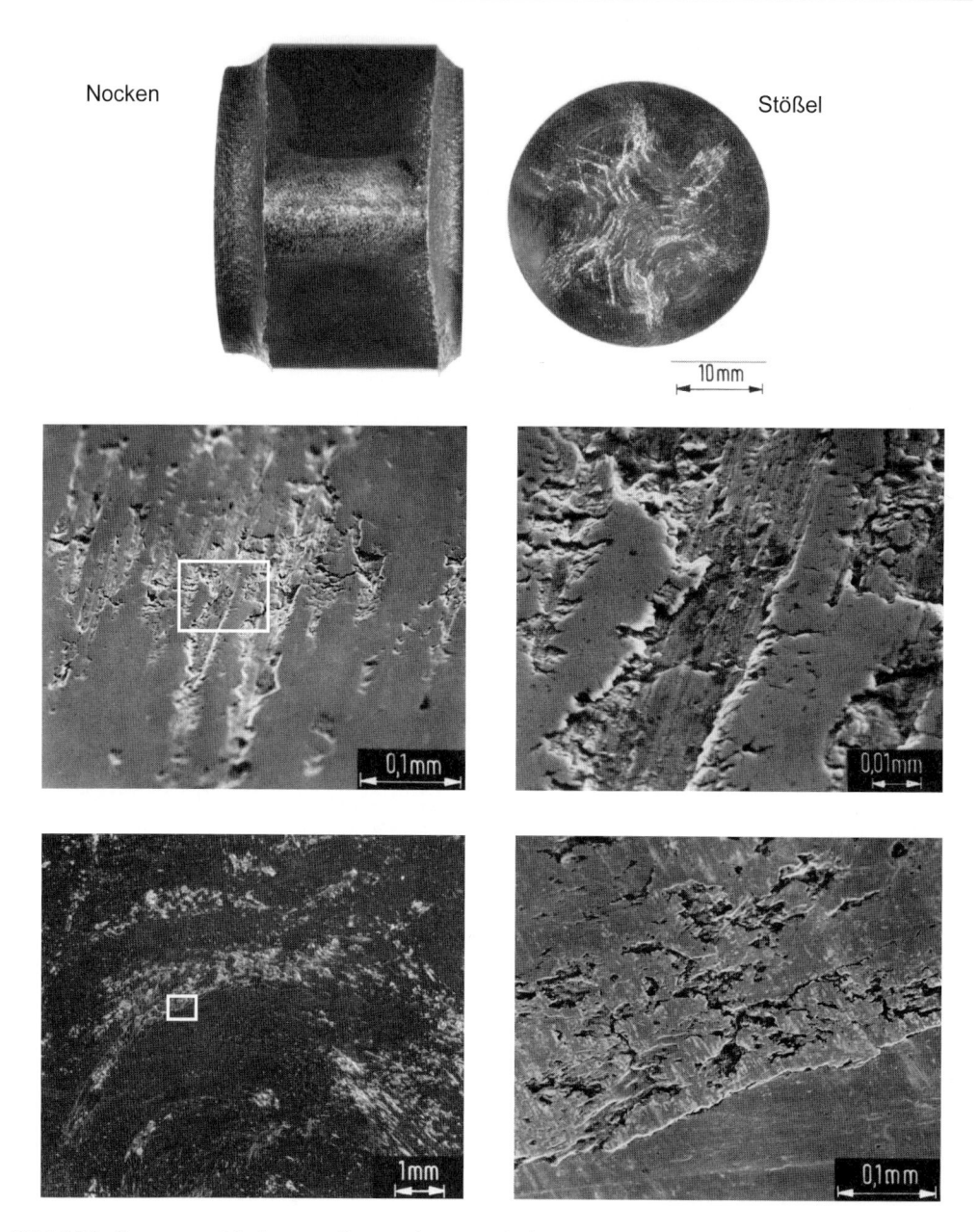

Bild 6.98: Fresser am Nocken aus flammgehärtetem legiertem GG und Stößel aus gehärtetem Schalenhartguss, nitrocarburiert und gebläut.
Versuchsbedingungen: dieselmotorisches Altöl, Öltemperatur: 110 °C, Öldruck: 3,5 bar, n_{Mot} = 800/2600 min^{-1} in halbstündigem Wechsel, Laufzeit 1500 h
oben: Übersichtsaufnahme des Stößels und Nockens
Mitte: Fresser im Bereich der Nockenspitze
unten: Fresser im Bereich der Stößelgleitfläche

6.3.5 Profiländerung

Ein kontinuierlicher Abtrag, der über den das Tragbild verbessernden Einlaufverschleiß hinausgeht, führt mit zunehmender Laufzeit zu makrogeometrischen Änderungen des ursprünglichen Profils, die Funktionsstörungen und damit eine Verkürzung der Lebensdauer bewirken können. Sie stellen Spätfolgen von Verschleißprozessen dar. Die anfänglich wirkenden Mechanismen sind häufig nicht mehr erkennbar. Die Grenzkriterien für eine maximal zulässige Profiländerung ergeben sich entsprechend aus der Toleranzbreite der Funktionsgrößen. Die Grenzkriterien für Zahnräder bezüglich verschleißbedingter Zahnprofiländerungen sind in **Bild 6.99** angegeben [50]. Bei Zahnrädern und anderen Bauteilen wird für eine muldenförmige Profiländerung auch der Begriff Auskolkung oder Kolk verwendet.

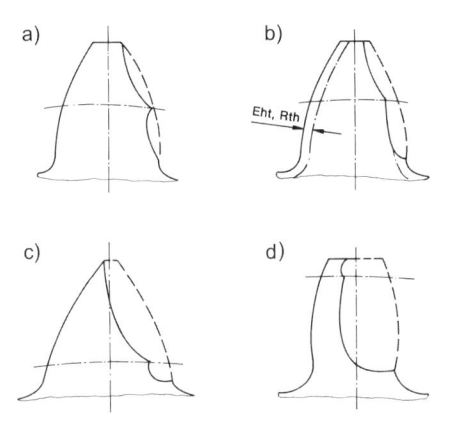

Bild 6.99: Änderungen der Zahnprofile durch verschiedene Formen von Auskolkungen mit Grenzkriterien [50]
    a) Abtrag im Kopf- und Fußbereich bei homogenem Gefügezustand; Verschleißfortschritt in äquidistanten Schritten; im Wälzkreis geringerer Verschleiß; zulässige Grenze wird vom Übertragungsverhalten bestimmt
    b) Abtrag der gehärteten Randschicht wie bei a); zulässige Grenze wird von der Dicke der Schicht bestimmt
    c) Spitzengrenze bei positiver Profilverschiebung; bei Erreichen der Grenze besteht Gefahr von Ausbrechungen und einer Abnahme der Profilüberdeckung durch Verkleinerung des Kopfkreisdurchmessers; daher wird eine bestimmte Grenze am Kopfkreis von rd. $0{,}1 \cdot m$ eingehalten
    d) Schwächung des Zahnfußes; insbesondere bei negativer Profilverschiebung wird das Ausmaß der Schwächung durch die Zahnbruchsicherheit begrenzt

Die Doppelschrägverzahnung eines Zahnrades für das Getriebe eines Schleuderprüfstandes weist durch ungleichmäßige Aufteilung der Gesamtumfangskraft nur auf der einen Pfeilhälfte starken Verschleiß an den Zahnflanken in Form einer Auskolkung auf, die zu einer Verformung der Zähne führte, **Bild 6.100**. Makroskopisch erscheinen die Zahnflanken blank poliert. Mikroskopisch werden dagegen im Kopfbereich Überschiebungen und Schubrisse beobachtet, während im Fußbereich geglättete milde Fresser aufgetreten sind. Diese Erscheinungen lassen die entgegengesetzten Gleitrichtungen zwischen Kopf- und Fußbereich erkennen.

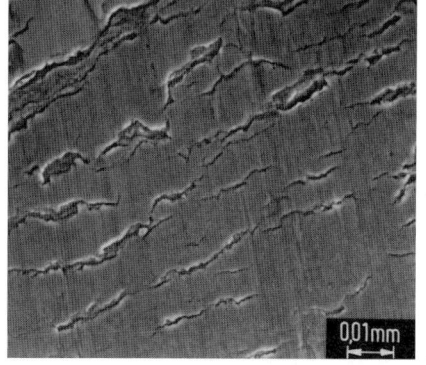

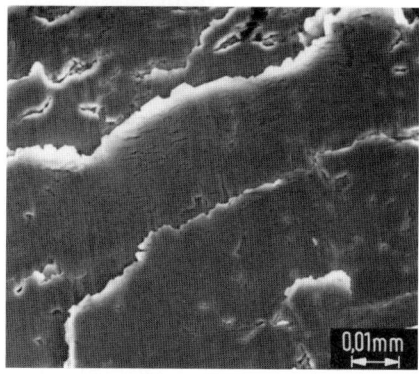

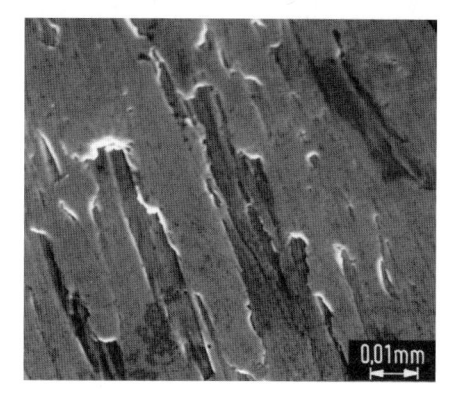

Bild 6.100: Profiländerungen an den Zahnflanken einer Pfeilseite der Doppelschrägverzahnung eines Zahnrades für einen Schleuderprüfstand
oben: Übersichtsaufnahme
Mitte: Schubrisse und Überschiebungen im Kopfbereich
unten: geglättete Fresser im Fußbereich

Die Profiländerungen der Zahnflanken des schrägverzahnten Zahnradpaares mit Profilverschiebung einer Handkreissäge erstrecken sich beim Ritzel nahezu auf die gesamte aktive Zahnflanke, während sie sich beim Rad auf den Zahnkopfbereich beschränken, **Bild 6.101**. Der Abtrag ist beim Ritzel bis zur Ausbildung einer Zahnspitze am Kopfkreis fortgeschritten, da die einsatzgehärtete Zone des Ritzels weitgehend abgetragen ist. Makroskopisch erscheinen

6.3 Verschleißerscheinungsformen bei Mischreibung unter Elastohydrodynamik 291

beide aktiven Flanken glatt und metallisch blank, mikroskopisch dagegen zeichnen sich die Flanken beider Räder durch unterschiedliche Fressmerkmale aus. Beim Ritzel bestehen sie aus Riefen und Schubrissen und beim vergüteten Rad aus Riefen, Überschiebungen und Anrissen. Durch Mangelschmierung und durch ungenügende Reaktionsschichtbildung konnte keine ausreichende Trennung der im Eingriff stehenden Zähne erfolgen. Aus der Gleitrichtungs-

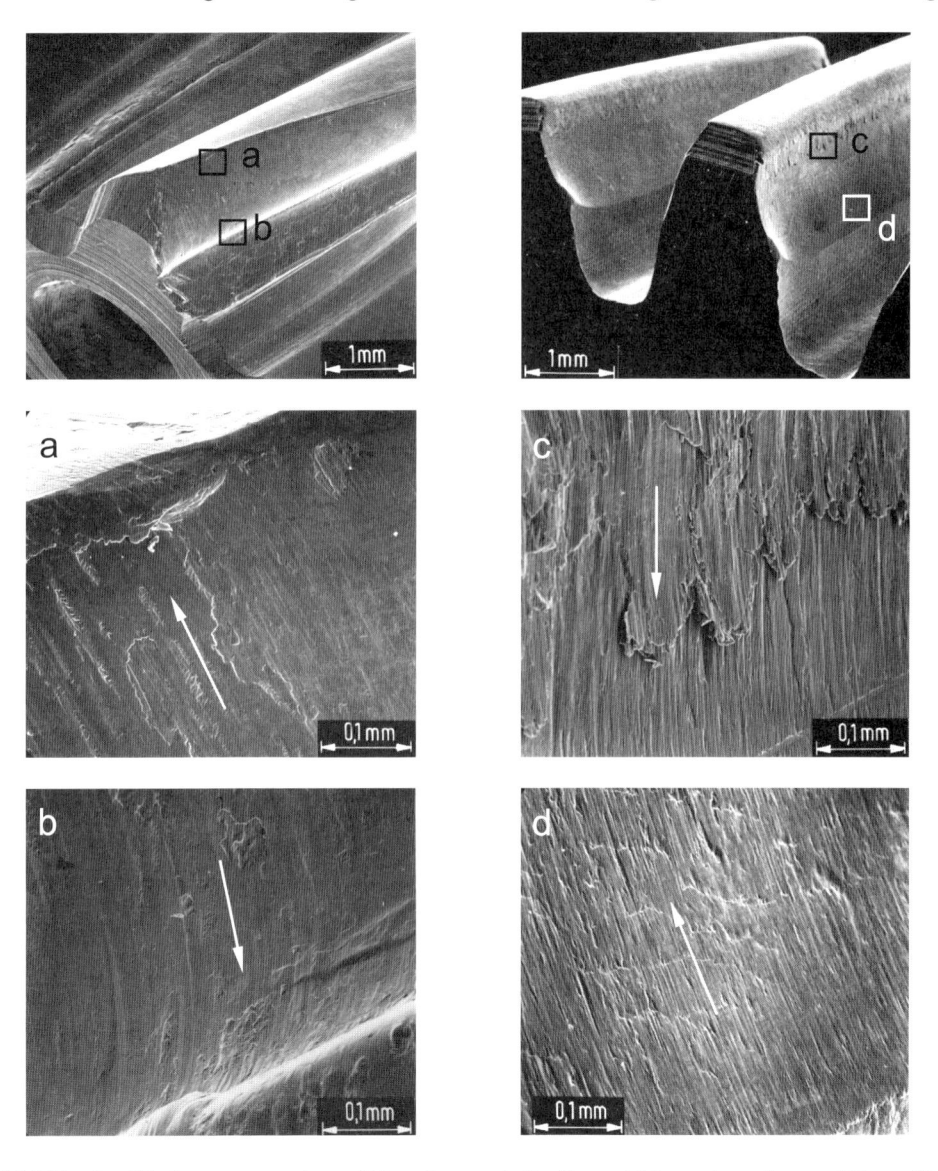

Bild 6.101: Profiländerungen an einem Zahnradpaar mit Profilverschiebung ($z_1 = 5$, $z_2 = 32$) aus Einsatz- und Vergütungsstahl einer Handkreissäge. Die Pfeile geben die Gleitrichtung an.
links: einsatzgehärtetes Ritzel mit Fressern bestehend aus Riefen und Schubrissen;
rechts: vergütetes Rad mit Fressern bestehend aus Riefen, Überschiebungen und Anrissen

umkehr, die aus den Schubrissen auf der Ritzelflanke abzuleiten ist, ergibt sich die Lage des Wälzkreises, der in den Fußbereich des Ritzels durch die positive Profilverschiebung (wegen der geringen Zähnezahl) gelegt wurde. Beim Rad ist der Wälzkreis durch negative Profilverschiebung in den Kopfbereich verlagert.

Infolge des hohen Gleitanteils (hoher Längsgleitenanteil und geringer Anteil in Zahnhöhenrichtung) bei Schneckenrädern kann durch ungünstige Betriebsbedingungen (z. B. reservierender Betrieb, Belastungsänderungen, ungeeigneter Schmierstoff) und ungeeigneten Werkstoff unzulässig hoher Verschleiß den Zahnquerschnitt soweit schwächen (Stufenbildung), dass je nach Werkstoff plastische Verformung oder Bruch der Zähne eintritt. Nach DIN 3996 ist der Flankenabtrag u. a. so festgelegt, dass ein Spitzwerden des Zahnes nicht auftreten darf.

Durch ungünstige Gefügeausbildung eines Schneckenrades aus Grauguss mit hohem Ferritanteil (dendritischer Ferrit und feines Graphiteutektikum) führte hoher adhäsiver Verschleiß an den Zahnflanken zu einer beträchtlichen Änderung des Zahnprofiles, **Bild 6.102**, was bei weiterem Fortschreiten zu einem Bruch der Zähne führen kann, vgl. Bild 6.103. Trotz Schmierung mit einem additivierten Mineralöl wurde der intensive Festkörperkontakt nicht verhindert. Daher sind Gusswerkstoffe für das Schneckenrad mit hohem Ferritanteil wie GGG-40 gegen eine Stahlschnecke aus 42CrMo4 vergütet oder 16MnCr5 nur mit hochlegierten Schmierstoffen auf Polyglykolbasis bei vergleichsweise niedriger Beanspruchung beherrschbar [54].

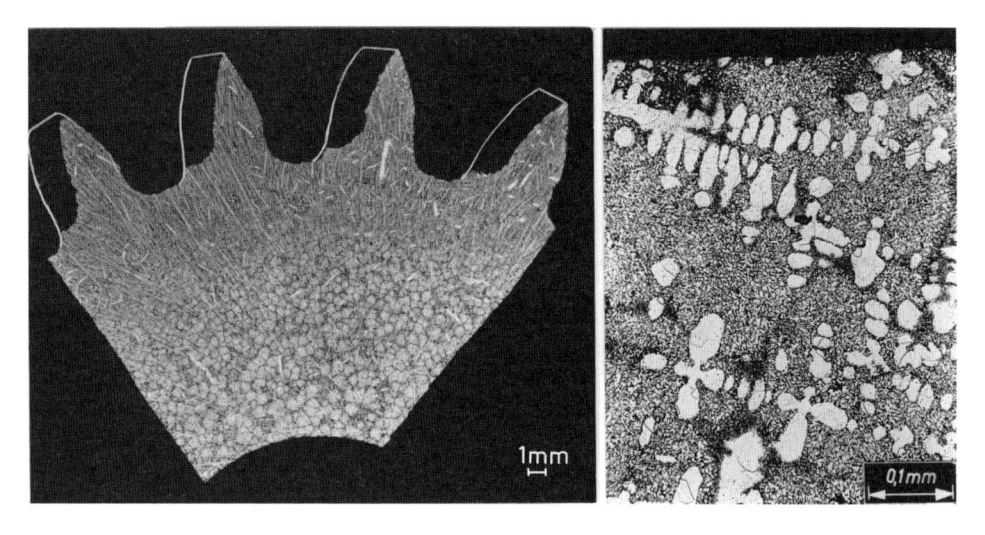

Bild 6.102: Profiländerung der Verzahnung eines Schneckenrades aus GG-18 durch adhäsiven Verschleiß; im Gefüge des Graugusses dendritischer Ferrit (weiß) und Graphiteutektikum

Bei dem in **Bild 6.103** wiedergegebenen Schneckenrad aus Grauguss ist der hohe Verschleiß durch Mangelschmierung mit nachfolgendem Bruch des restlichen Zahnquerschnittes verursacht worden. Mit härterem Werkstoff, Erhöhung der Viskosität und geeigneter EP-Additivierung synthetischer Schmierstoffe ebenfalls auf Polyglykolbasis lässt sich im Allgemeinen der adhäsiv bedingte Verschleiß vermindern.

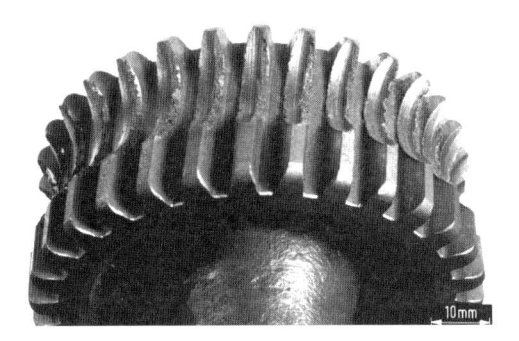

6.3 Verschleißerscheinungsformen bei Mischreibung unter Elastohydrodynamik

Bild 6.103: Profiländerung (Stufenbildung) an den Zähnen eines Schneckenrades aus Grauguss durch unzulässig hohen Gleitverschleiß mit nachfolgendem Zahnbruch

Bei Schneckengetrieben sind synthetische Schmierstoffe, insbesondere Polyglykole mit ihrer hohen Polarität u. a. wegen der sehr geringen Reibungszahl, des geringen Verschleißes und der guten thermischen Stabilität (nur flüchtige Abbauprodukte) mineralischen Ölen überlegen. Sie verursachen allerdings bei Rädern aus Aluminiumbronze hohen Verschleiß und sind mit manchen Dichtungswerkstoffen und Lackierungen unverträglich. Aktive Schwefel-, Chlor- und Phosphor-Additive und Zinkdithiophosphate sind für Buntmetalle ungeeignet.

Bei Axialzylinderrollenlagern kann es abhängig von Schmierstoff, Additivierung und Temperatur zu beträchtlicher Profiländerung an den Wälzpartnern kommen, **Bild 6.104 links**. Dieses Profil hat sich nach einer Laufzeit von 80 h bei 120 °C unter Verwendung des Mineralöles FVA-3HL mit 1 % ZnDTP eingestellt. Derartige geometrische Änderungen bewirken in der Laufbahnmitte Lastkonzentrationen, die nach entsprechend hohen Überrollungen zur Oberflächenzerrüttung mit Ausbrüchen führen, Bild 6.104 rechts. Diese Schädigung ist im Zuge eines 500-stündigen Ölwechselversuches entstanden, bei dem ein handelsübliches Mineralöl A01 mit dem unlegierten Mineralöl FVA-3HL im Wechsel eingesetzt wurde. Die Laufbahn ist metallisch blank.

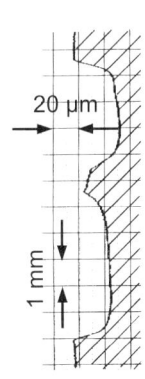

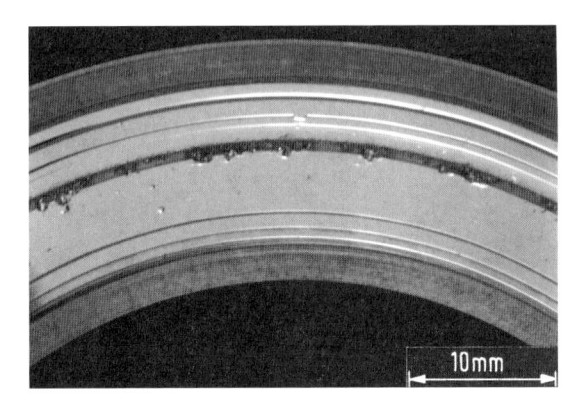

Bild 6.104: Profiländerung und Grübchenbildung auf der Laufbahn der Gehäusescheibe eines Axialzylinderrollenlagers [51]

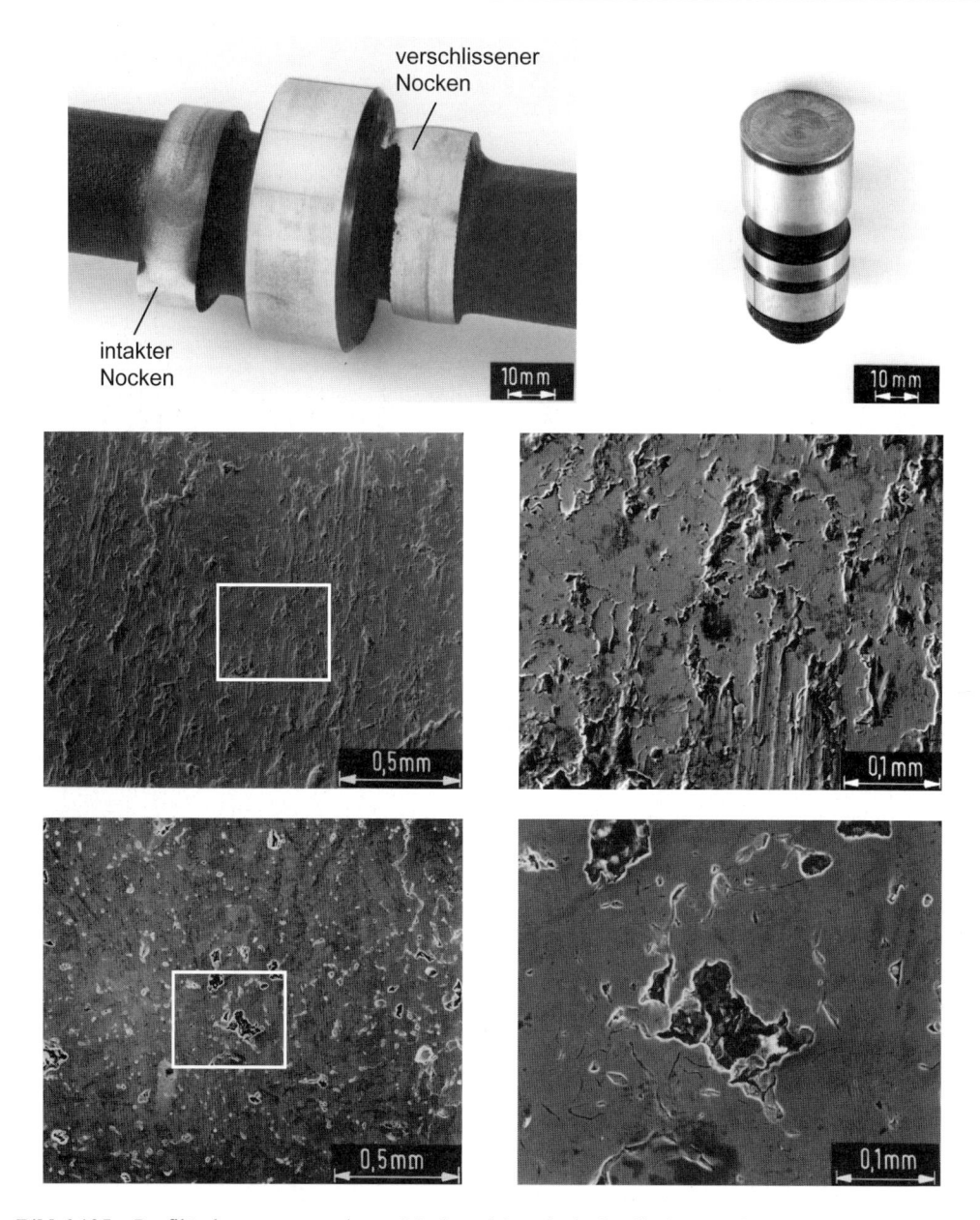

Bild 6.105: Profiländerungen an einem Nockentrieb mit hydraulischem Spielausgleich eines Pkw-Motors nach 50.000 km
oben links: Nockenwelle mit intaktem und verschlissenem Nocken aus legiertem Schalenhartguss
oben rechts: Profiländerungen der Kontaktfläche am Stößel zugehörig zum verschlissenen Nocken
Mitte: Fresser im Bereich der verschlissenen Nockenspitze
unten: Ausbrüche im Bereich der Nockenspitze des makroskopisch intakten Nockens

6.3 Verschleißerscheinungsformen bei Mischreibung unter Elastohydrodynamik

Profiländerungen der Makrogeometrie werden auch an Nocken und ihren Gegenläufern im Bereich des Nulldurchganges der hydrodynamisch wirksamen Geschwindigkeit vor und nach der Nockenspitze und bei weiterem Verschleißfortschritt an der Nockenspitze bzw. in den entsprechenden Kontaktbereichen des Gegenläufers beobachtet. Dies wird besonders deutlich bei Verwendung eines Stößels mit hydraulischem Spielausgleich, **Bild 6.105** und **6.106**. Infolge einer Funktionsstörung des Stößels durch Blockierung des Tauchkolbens in der Führungsbüchse (Verharzung) befand sich der Kolben in ausgefahrener Stellung, wodurch sich ständiger Kontakt zwischen Nocken und Stößel unter erhöhter Belastung ergab und die kritische Situation vor und nach der Nockenspitze erhöhte. Daraus resultierte eine stärkere Erwärmung mit einem Zusammenbruch des Schmierfilmes.

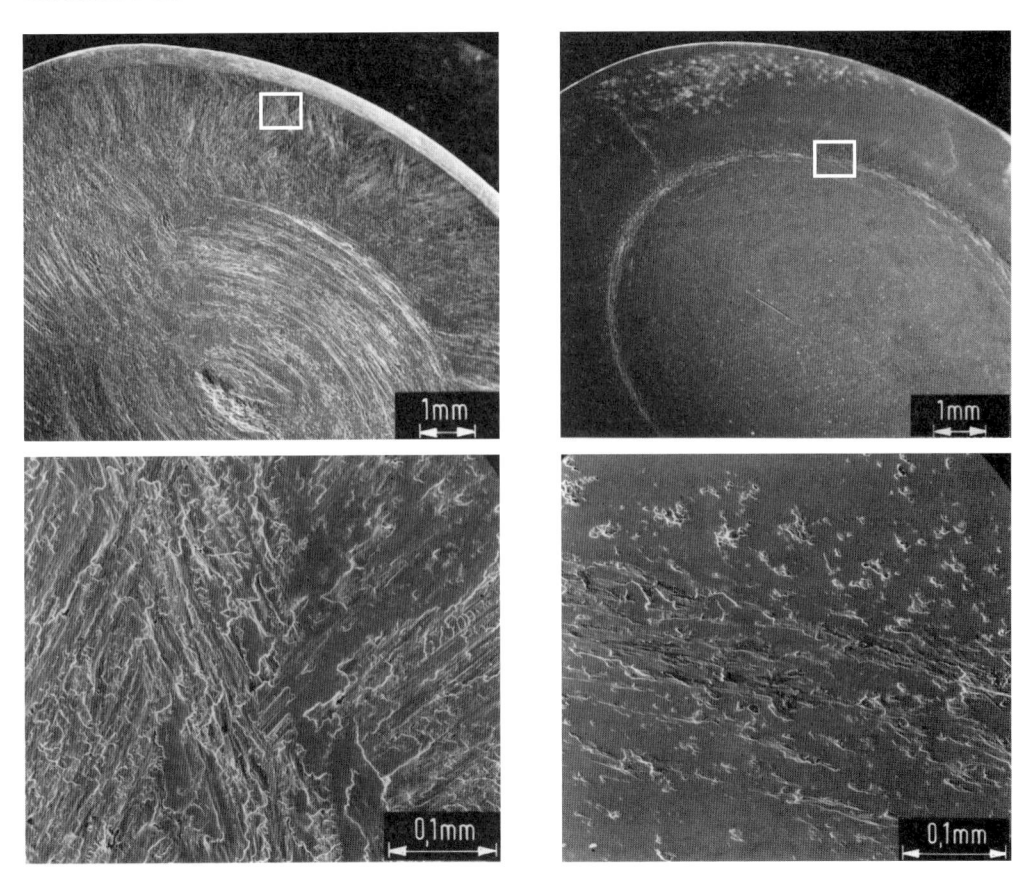

Bild 6.106: Vergleich der verschlissenen Kontaktfläche des Stößels mit der eines wenig verschlissenen (intakten) Stößels
    oben links: Übersicht der verschlissenen Kontaktfläche
    oben rechts: Übersicht einer intakten Kontaktfläche
    unten links: Fresser auf der Kontaktfläche des verschlissenen Stößels
    unten rechts: geglättete Fresser und feine Ausbrüche auf der Kontaktfläche des makroskopisch intakten Stößels

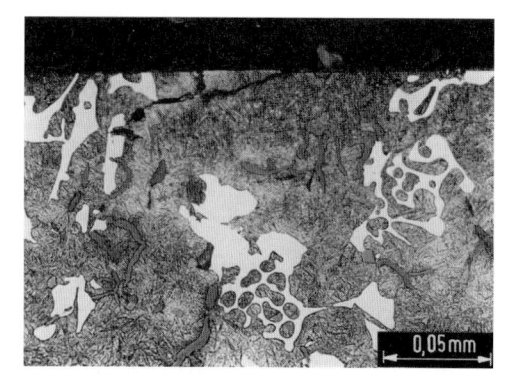

Bild 6.107: Gefügeausbildung in den Kontaktflächen der in Bild 6.105 oben links wiedergegebenen Nocken
links: Reibmartensit im Bereich der Nockenspitze des verschlissenen Nockens (Querschliff)
rechts: Rissbildung im Bereich der Nockenspitze des intakten Nockens (Querschliff)

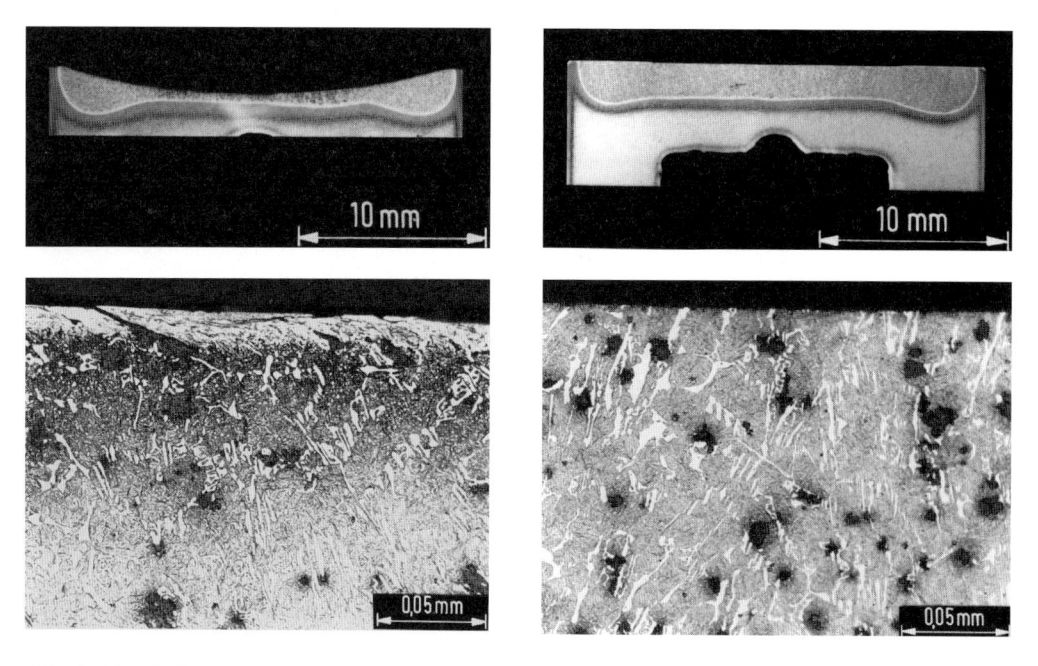

Bild 6.108: Gefügeausbildung in den Kontaktflächen der in Bild 6.106 oben links und 6.106 oben rechts dargestellten Stößel
oben links: Übersichtsaufnahme des Längsschliffes durch die Kontaktfläche des verschlissenen Stößels
oben rechts: Übersichtsaufnahme des Längsschliffes durch die Kontaktfläche des intakten Stößels
unten links: Reibmartensit, Rissbildung und Ausbrüche auf der ledeburitischen Kontaktfläche des verschlissenen Stößels
unten rechts: Ledeburitisches Gefüge auf der Kontaktfläche des intakten Stößels

6.3 Verschleißerscheinungsformen bei Mischreibung unter Elastohydrodynamik 297

Die Kontaktflächen in den verschlissenen Zonen der Nocken/Stößel-Paarung weisen im Vergleich zur wenig verschlissenen Paarung ausgeprägte Fresser auf, die teilweise geglättet erscheinen, Nocken **Bild 6.105** Mitte, Stößel **Bild 6.106** unten links. Die intakte Paarung weist dagegen nur feine Ausbrüche auf.

Aufgrund einer vergleichenden metallographischen Untersuchung der Nockenspitzen, **Bild 6.107** und der Stößelkontaktflächen, **Bild 6.108**, wurden bei dem verschlissenen Nocken, Bild 6.107 links oben, und beim dazugehörigen Stößel Reibmartensit, Bild 6.108 unten links, festgestellt, so dass auf hohe Energieumsetzung infolge von extremer Mangelschmierung und fehlender Reaktionsschichtbildung geschlossen werden konnte. Sowohl gefügemäßig als auch hinsichtlich der Härteverläufe, **Bild 6.109** und **6.110** beider Paarungen bestanden sonst keine Unterschiede zwischen beiden Nocken/Stößel-Paarungen. Die geringere Verschleißbeständigkeit der verschlissenen Nocken/Stößel-Paarung gegenüber der benachbarten Nocken/Stößel-Paarung muss daher auf das Festsitzen des ausgefahrenen Kolbens und die daraus resultierende mangelhafte Schmierstoffversorgung in der Kontaktzone zurückgeführt werden.

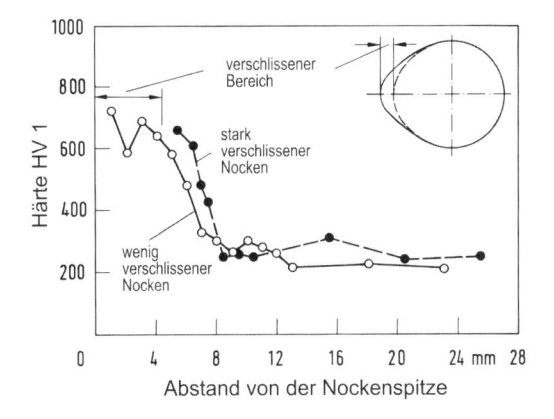

Bild 6.109: Härteverlauf auf der Schlifffläche senkrecht zur Nockenspitze

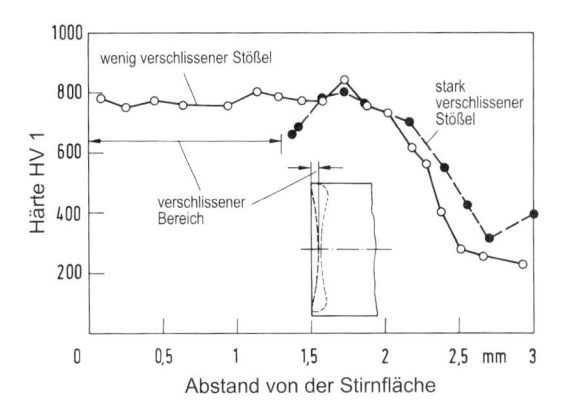

Bild 6.110: Härteverlauf auf der Schlifffläche längs der Stößelachse

Neben ungünstigen Beanspruchungsbedingungen können auch Wärmebehandlungsfehler zu erhöhtem Verschleiß führen. Bei dem in **Bild 6.111** dargestellten Kipphebel eines Pkw-Motors ist wegen ungenügender Härte der Kontaktfläche mit rd. 290 HV 10 die Änderung des Profils eingetreten. Metallographisch wurde eine ungenügende Austenitisierung aufgrund unvollständiger Auflösung der Perlitstruktur (Weichglühgefüge) und mangelhafte Abschreckwirkung der randschichtgehärteten Kontaktfläche festgestellt.

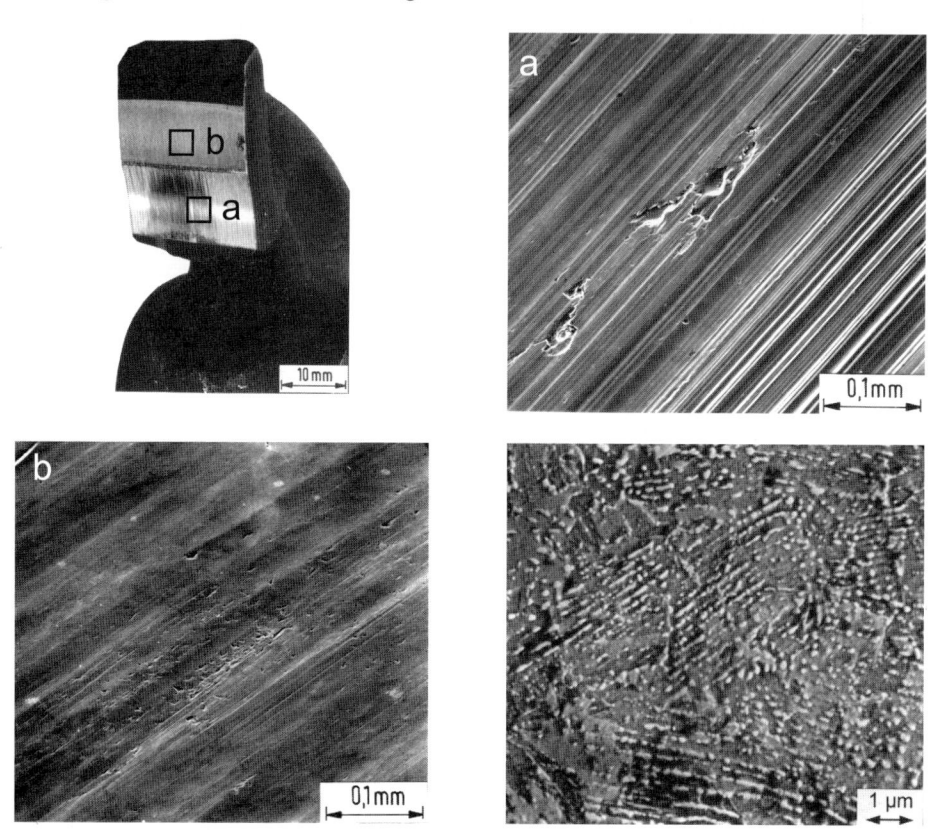

Bild 6.111: Profiländerung an einem Kipphebel aus Vergütungsstahl (1,5 % Mn, 0,8 % Cr) eines Pkw-Motors
oben links: Übersichtsaufnahme
oben rechts: Riefen mit Resten von Fressern im Bereich der Profilabweichung
unten links: auspolierte Riefen mit Resten von Fressern im Bereich der ursprünglichen Kontur
unten rechts: Reste einer Perlitstruktur im Gefüge der „gehärteten" Randschicht

6.3.6 Graufleckigkeit

Als Graufleckigkeit bezeichnet man eine Erscheinung auf wälzbeanspruchten Oberflächen, die makroskopisch mattgrau erscheint und mikroskopisch aus zahlreichen kleinen Ausbrüchen besteht. Graufleckigkeit wird nicht nur an Zahnrädern beobachtet, bei denen diese Erscheinung

6.3 Verschleißerscheinungsformen bei Mischreibung unter Elastohydrodynamik   299

am ausführlichsten untersucht ist, sondern auch an anderen Wälzpaarungen wie Wälzlagern – hier mit Mikropitting bezeichnet, vgl. Bild 6.124 bis 6.127 –, Rollenketten [228], Nockenwellen, Rollenstößeln und Gleichlaufverschiebegelenken. Bei Zahnrädern führt Graufleckigkeit an den Zahnflanken im fortgeschrittenen Stadium zu Auskolkungen, die zu einer zusätzlichen dynamischen Beanspruchung führen. Nähere Ausführungen vgl. Kap. 6.1.1.6.

Den makroskopisch matt erscheinenden Bereich mit Graufleckigkeit auf den Zahnflanken gibt beispielhaft **Bild 6.112** wieder. Bei hoher Vergrößerung stellt sie eine dichte Folge von kleinen Ausbrüchen dar, die um Größenordnungen kleiner sind als diejenigen von Grübchen, **Bild 6.113**.

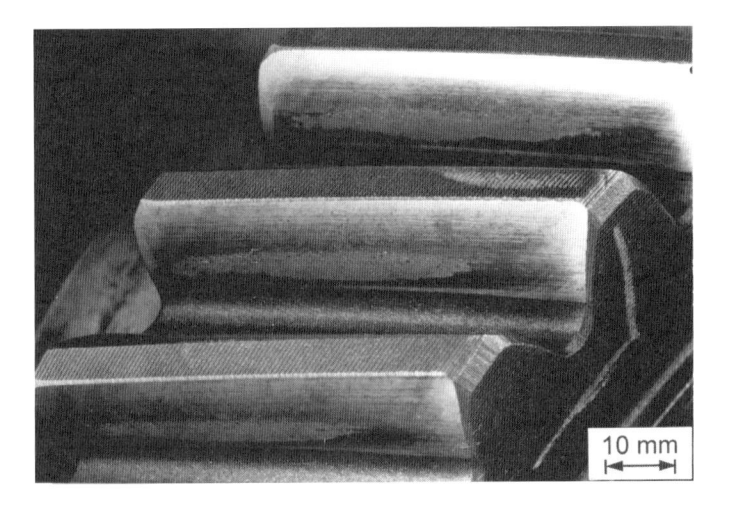

Bild 6.112: Graufleckigkeit in Zahnfußbereich [ZF Friedrichshafen AG]

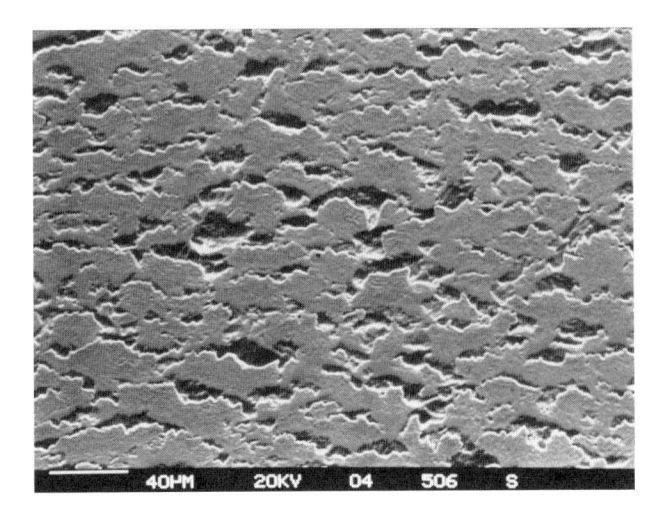

Bild 6.113: Ausbrüche und Anrisse im Bereich der Graufleckigkeit [ZF Friedrichshafen AG]

Im Querschliff durch eine graufleckige Zone zeigen sich zahlreiche Risse, die an der Oberflächen unter flachem Winkel beginnen und entgegen der Reibkraft ins Werkstoffinnere verlaufen, **Bild 6.114**.

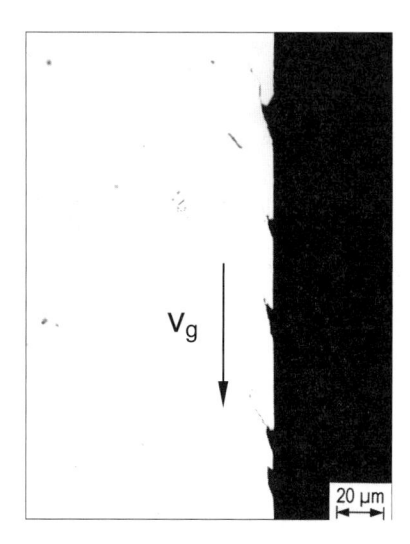

Bild 6.114: Schliff (poliert) durch von Grauflecken geschädigte Zone im Zahnfuß (negativer Schlupf) eines treibenden einsatzgehärteten Zahnrades. Die Pfeilrichtung von v_g ist die Gleitrichtung (vgl. Bild 6.27) mit der das getriebene Zahnrad reibend auf das treibende Rad einwirkt. Der Kontaktpunkt bewegt sich nach oben (Wälzrichtung)

An einem einsatzgehärteten schrägverzahnten Zahnrad hatten sich unterhalb des Wälzkreises an sämtlichen Zähnen größere Bereiche mit Grauflecken gebildet, die auch vereinzelt im Zahnkopfbereich zu finden waren, **Bild 6.115**. Bei dichter Folge von Ausbrüchen wachsen sie zu größeren grübchenähnlichen Erscheinungen zusammen.

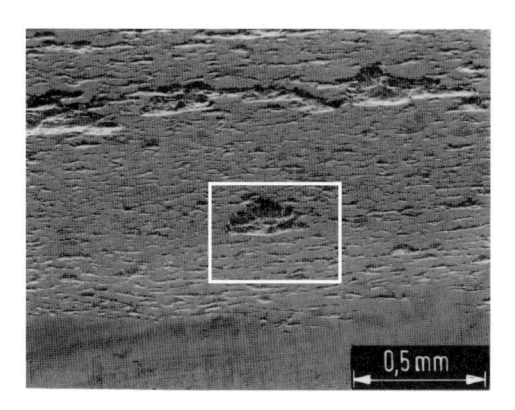

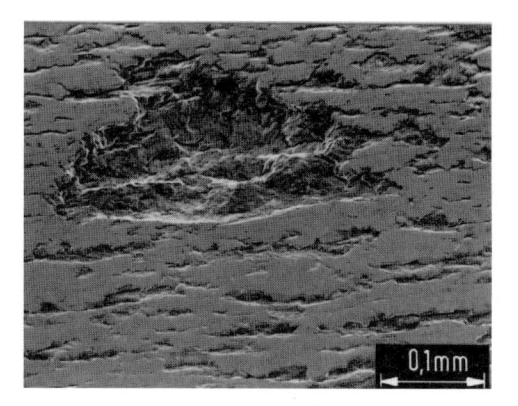

Bild 6.115: Graufleckigkeit im Zahnfußbereich eines einsatzgehärteten schrägverzahnten Zahnrades unterhalb des Wälzkreises mit größeren Ausbruchbereichen durch Zusammenwachsen der Mikropittings

6.3 Verschleißerscheinungsformen bei Mischreibung unter Elastohydrodynamik

Auch die in der Umgebung von Druckstellen aufgeworfenen Wälle, wie sie beispielsweise durch zwischen die Zahnflanken geratene Partikel entstehen, können Ausgangspunkt für die Bildung von Grauflecken sein, **Bild 6.116**. Die noch erkennbaren Bearbeitungsriefen fungierten hier als Richtungsvorgabe. Bei einer Betriebsviskosität von rd. 60 mm²/s bei rd. 75 °C errechnet sich eine minimale Schmierfilmdicke im Wälzpunkt zu $h_{min} = 0{,}33$ µm. Daraus und aus dem gemessenen mittleren Mittenrauwert von $R_a = 0{,}25$ µm lässt sich nach Gleichung (6.4) eine spezifische Schmierfilmdicke $\lambda = 1{,}32$ abschätzen. Mit Hilfe des Diagrammes, Bild 6.25, wird erkennbar, dass bei einer Zahnflankenhärte von 730 HV1 das Getriebe an der Grenze des durch Grauflecken gefährdeten Bereiches gelaufen ist, auch ohne die Randaufwerfungen der Druckstellen.

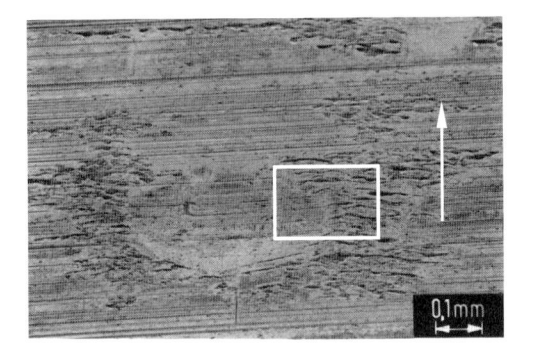

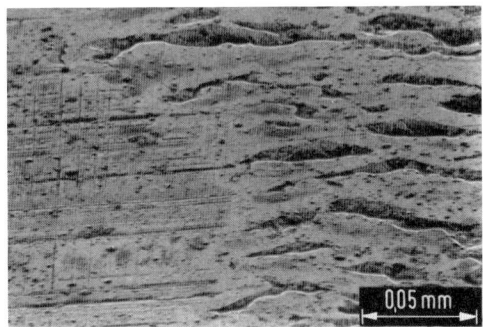

Bild 6.116: Graufleckigkeit im Zahnkopfbereich eines einsatzgehärteten Zahnrades an den aufgeworfenen Rändern einer Druckstelle. Der Pfeil gibt die Gleitrichtung an.

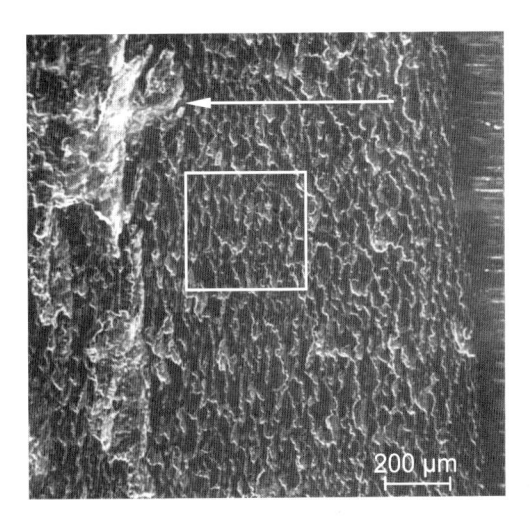

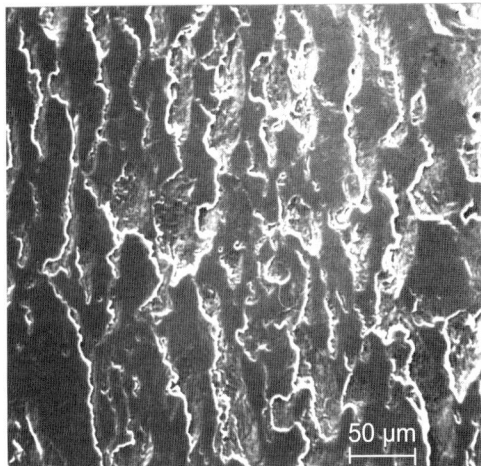

Bild 6.117: Graufleckigkeit im Bereich des kleinen Übergangsradius von der Nockenflanke zur Nockenspitze. Der Pfeil gibt die Rollrichtung an. Beanspruchungsbedingungen: Drehzahl $n = 1500$ min^{-1}, Hertzsche Pressung $p > 2000$ N/mm². Nocken aus 16MnCr5, 59 HRC mit einer Rautiefe $R_z < 2{,}5$ µm und Rollenstößel aus 100Cr6, 61 HRC, mit einer Rautiefe $R_z = 0{,}2 - 0{,}6$ µm.

Die ungünstigen Schmierbedingungen (Mischreibung) im Bereich von Nockenspitzen der Paarung Nocken/Nockenfolger können ebenfalls zur Bildung von Graufleckigkeit führen. Das **Bild 6.117** zeigt hierfür ein Beispiel aus dem Bereich des Übergangsradius zwischen Nockenflanke und Nockenspitze der Nocken/Rollenstößel-Paarung (16MnCr5, 59 HRC/100Cr6, 61 HRC) einer Reiheneinspritzpumpe, die mit einem Pumpendruck von 840 bar und einer Drehzahl von 1500 min^{-1} betrieben wurde. Geschmiert wurde mit dem Mehrbereichsöl SAE 15W-40. Die Rissbildung erfolgt quer zu den Bearbeitungsriefen, wie im linken Bild zu sehen ist, und schreitet in Rollrichtung ins Werkstoffinnere fort. Die ohnehin ungünstigen Schmierbedingungen sind noch durch Abspringen des Rollenstößels infolge von Drehschwingungen der Nockenwelle verstärkt worden, weshalb die Hertzschen Pressungen von rd. 2000 N/mm^2 überschritten wurden und die Schmierfilmdicken deutlich unter 1 μm lagen. In Richtung der abgeplatteten Nockenspitze sind die Mikroausbrüche durch größere Ausbrüche zu Grübchen entartet.

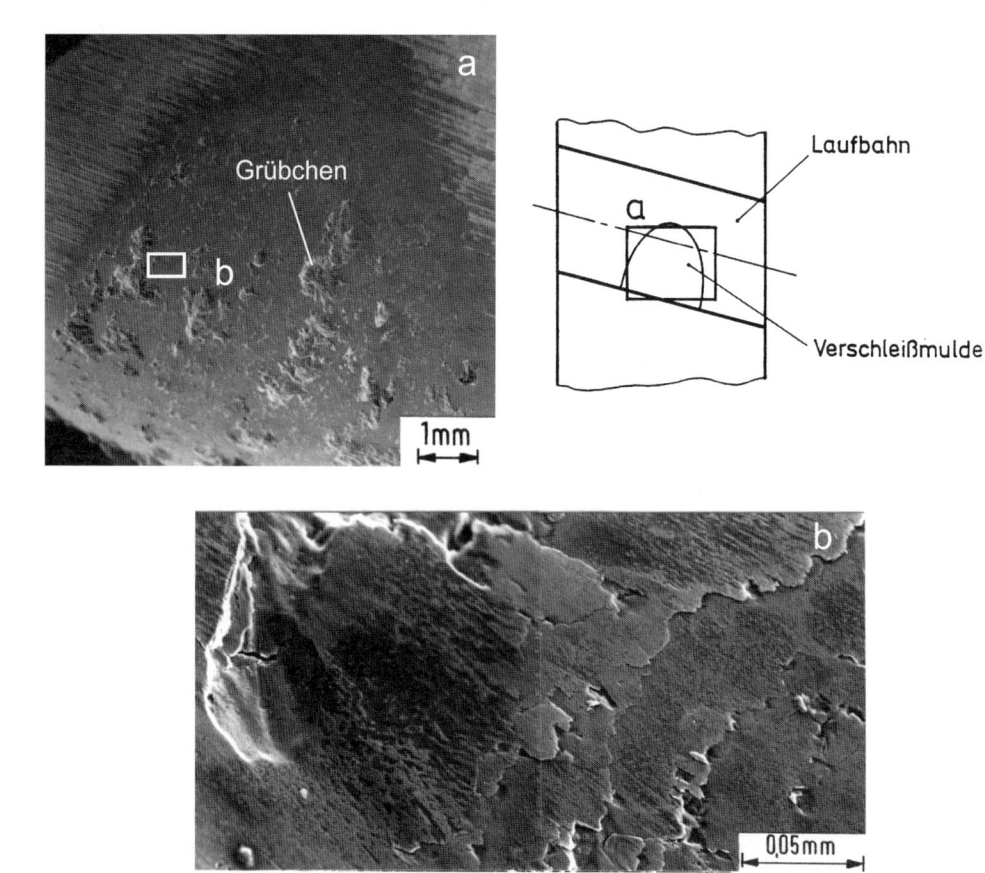

Bild 6.118: Graufleckigkeit in der Verschleißmulde auf der Laufbahn des Außenringes aus Cf53 (induktionsgehärtet) eines Gleichlaufverschiebegelenkes [189]
oben: Übersichtsaufnahme;
unten: Mikroausbrüche und schuppenartige Anrisse im Graufleckenbereich, Ausschnitt b

6.3 Verschleißerscheinungsformen bei Mischreibung unter Elastohydrodynamik 303

In der Kontaktzone der Laufbahn des Außenringes eines Gleichlaufverschiebegelenkes, die sich zur Verschleißmulde (Auskolkung) erweitert hat, sind neben den größeren Grübchenausbrüchen auch feine Graufleckenausbrüche entstanden, **Bild 6.118**. Im Bereich der Graufleckigkeit befinden sich dünne schuppenartige Werkstoffbereiche, unter denen sich Werkstofftrennungen verbergen, die senkrecht zu den Bearbeitungsriefen orientiert sind. Im Gegensatz zur Orientierung auf den Zahnflanken in Bild 6.116 scheint zwischen Rissbildung und Bearbeitungsriefen kein Zusammenhang zu bestehen, da die Riefen bereits abgetragen sind. Vielmehr dürfte die Relativbewegung in der Kontaktzone ausschlaggebend sein. Die Risse verlaufen unter einem Winkel von 20 bis 30° zur Oberfläche und erreichen eine Tiefe von 0,01 bis 0,04 mm, **Bild 6.119**.

Bild 6.119: Schliff durch die schuppenartigen Werkstofftrennungen [189]

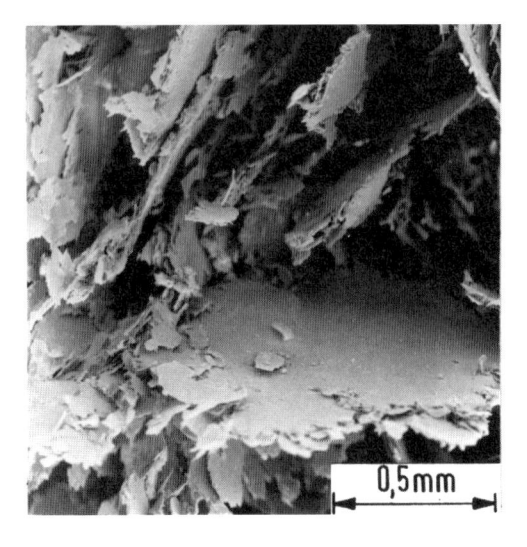

Bild 6.120: Durch hohe Beanspruchung ausgewalzte dünne Verschleißpartikel am Magnetstopfen eines Gleichlaufverschiebegelenkes [189]

Zur quantitativen Ermittlung des Verschleißes waren in der Nähe der Kontaktzone kleine Magnetzylinder angeordnet, die die während der Untersuchung freigesetzten Partikel aufsammelten. Durch die hohe Beanspruchung im Kontaktbereich werden die keilförmigen Ausbrüche zu dünnen Plättchen ausgewalzt. Derartige Partikel auf einem Magneten lassen die plättchenartige Form erkennen, **Bild 6.120**.

Das Gleichlaufgelenk eines über die Hinterräder angetriebenen Pkws war durch Geräuschentwicklung nach 296 000 km aufgefallen, **Bild 6.121**. Aufgrund der radseitigen Beschädigung des Faltenbalges lief das Gelenk unter extremer Mangelschmierung, während das antriebseitige Gelenk am anderen Ende noch mit Öl gefüllt war. Da die Drehmomentübertragung über die sechs freibeweglichen Kugeln nicht gleichmäßig erfolgt, sind dementsprechend die Laufbahnen von Sterngelenknabe und Gelenkstern (Glocke) sowie die sechs Kugeln unterschiedlich stark geschädigt (Druckstellen, Ausbrüche, Rissbildungen). In der bevorzugten Beanspruchungsrichtung liegt erwartungsgemäß ein wesentlich stärkerer Schädigungsgrad der Laufbahnen vor als bei der Rückwärtsfahrt.

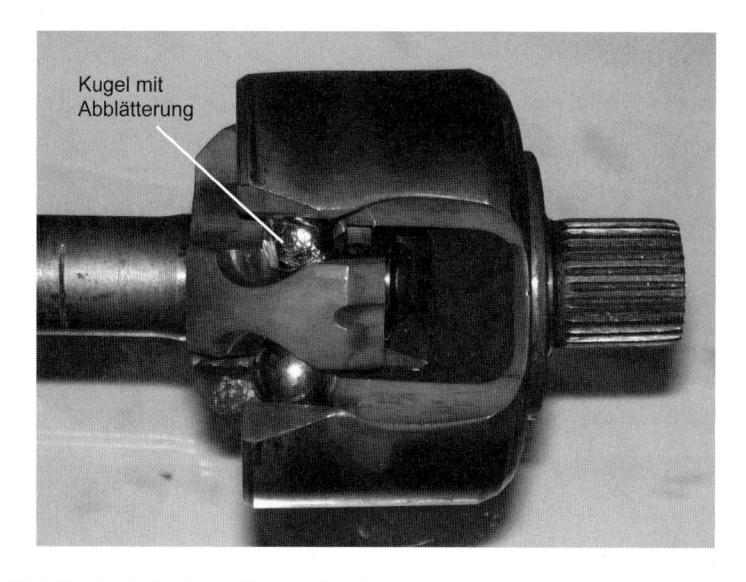

Bild 6.121: Gleichlaufgelenk eines Hinterradantriebes eines Pkws nach Entfernung des Faltenbalges und des Blechgehäuses; zurückgelegte Strecke 296 000 km (Außendurchmesser der Glocke 97 mm, Kugeldurchmesser 19 mm)

Die am stärksten geschädigte Laufbahn weist eine Kolktiefe von rd. 0,5 mm mit zahlreichen schuppenartigen Anrissen im Graufleckigkeitsgebiet auf, **Bild 6.122**. Bei den von der Oberfläche ausgehenden Anrissen ist es noch nicht zu den keilförmigen Ausbrüchen im fortgeschrittenen Stadium gekommen. Die dazugehörige Kugel war durch starke Abblätterungen in ihren Wälzbewegungen gehindert, vgl. Bild 6.150. Von den übrigen Kugeln waren vier dagegen nur durch geringe Oberflächenverletzungen in Form von Kerben und Druckstellen geschädigt und eine Kugel war unbeschädigt.

6.3 Verschleißerscheinungsformen bei Mischreibung unter Elastohydrodynamik 305

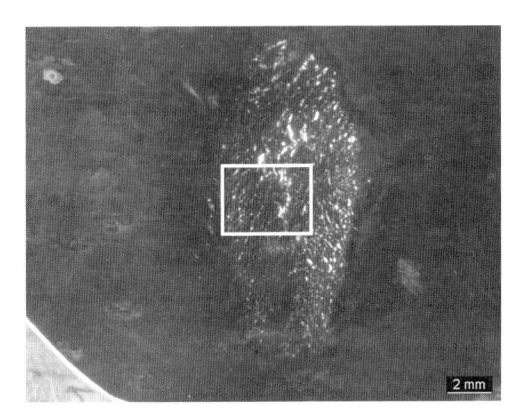

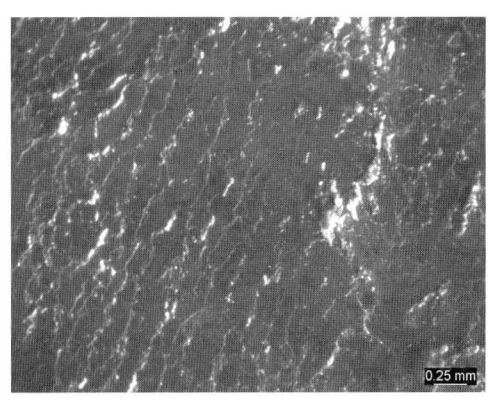

Bild 6.122: Schuppenartige Anordnung von Rissen im Graufleckengebiet der Auskolkung in der am stärksten geschädigten Laufbahn der Sterngelenknabe; Tiefe der Auskolkung rd. 0,5 mm
links: Übersicht mit Auskolkung; rechts: Rissbildung im Graufleckigkeitsgebiet

Eine ähnliche Verschleißerscheinungsform schuppenförmiger Anordnung von Rissen in der Laufbahn eines Wälzlagers, das unter Mischreibungsbedingungen lief, geht aus **Bild 6.123** hervor. Von den schuppenförmigen Werkstoffrändern sind bereits einzelne keilförmige Spitzen abgebrochen, wodurch sich bei Schädigungsfortschritt dieses Gebiet zur Graufleckigkeit entwickeln könnte [229]. Beispiele gleichartiger Erscheinungsformen sind auch in [230, 231] zu finden.

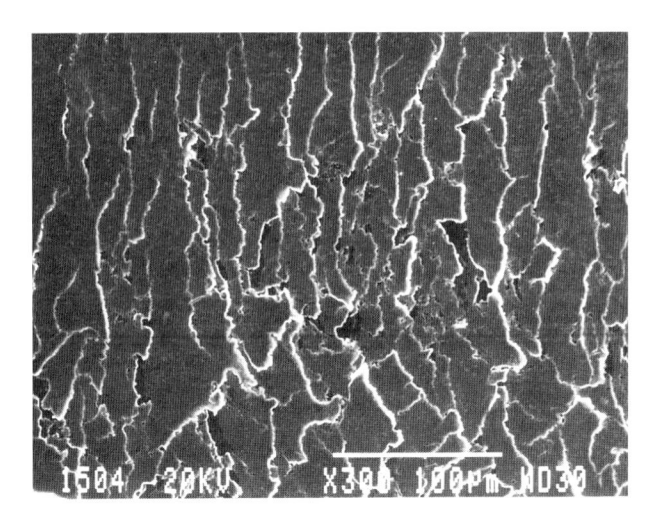

Bild 6.123: Schuppenartige Anordnung von Rissen mit ersten Ausbrüchen (beginnende Graufleckigkeit) in der Laufbahn eines Wälzlagers durch Mischreibungsbedingungen [229, Schaeffler KG]

Das in **Bild 6.124** bis **6.127** wiedergegebene zweireihige Pendelrollenlager ist ein Beispiel dafür, wie sich aus einer Erscheinungsform eine andere entwickelt. Das fettgeschmierte Pendelrollenlager, das in einem Sägegatter (Steinsäge) eingebaut war, weist auf den Laufbahnen beider Ringe in der Lastzone sowohl Graufleckigkeit (Mikropitting) als auch Grübchen auf. Die Schädigung der Laufbahnen ist am Innenring weiter fortgeschritten als am Außenring, wobei die beiden Laufbahnen unterschiedlich stark geschädigt sind. Der Bereich der Graufleckigkeit, der dem Tragbild einer Lastzone entspricht, wie sie bei Punktlast beobachtet wird, ist durch Mikroausbrüche und Rissbildungen gekennzeichnet, Bild 6.127. Die Bruchränder erscheinen infolge von plastischen Verformungen gerundet. Die Graufleckigkeit ist hier auf eine ungenügende Oberflächentrennung durch den Schmierfilm zurückzuführen. Solche ungünstigen Schmierzustände können beispielsweise durch Schlupf des Rollkörpersatzes bei Laständerungen ausgelöst werden, in denen hohe Reibungskräfte wirken oder auch durch Schmierstoffmangel. Der durch Graufleckigkeit entstandene Abtrag führte zur Änderung des Laufbahnprofils, wodurch starkes Kantentragen der Wälzkörper an allen drei Bauelementen zur sekundären Erscheinungsform der Grübchenbildung führte. Starke Verunreinigungen (Sand) im Fett dürften der Schädigung Vorschub geleistet haben. Die Wälzkörper weisen bräunliche Bänder von Reaktionsschichten auf.

Bild 6.124: Außenring mit Grübchen (beginnende Abblätterung) und Graufleckigkeit (Mikropitting) auf der Laufbahn eines fettgeschmierten Pendelrollenlagers der Reihe 222 (D = 360 mm, B = 98 mm) einer Steinsäge

6.3 Verschleißerscheinungsformen bei Mischreibung unter Elastohydrodynamik   307

Bild 6.125: Wälzkörper mit unterschiedlichen Schädigungsgraden des Pendelrollenlagers

Bild 6.126: Innenring mit Grübchen (Abblätterung) und Graufleckigkeit (Mikropitting) auf der Laufbahn eines Pendelrollenlagers

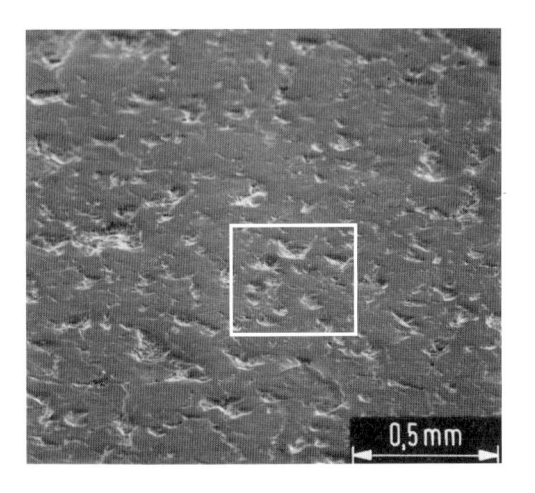

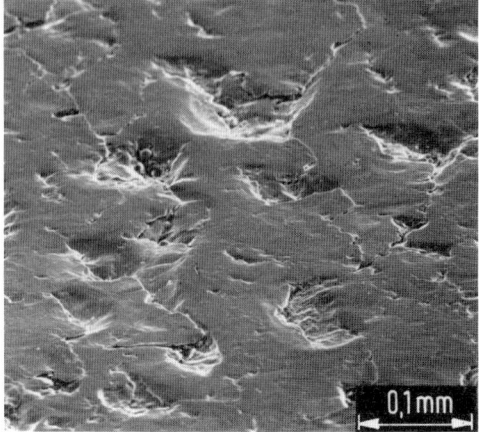

Bild 6.127: Graufleckigkeit, Ausschnitt aus Bild 6.126

6.3.7 Grübchen

Bei Überschreitung der zulässigen Beanspruchung (Dauerwälzfestigkeit) oder der Lastspiele im Zeitfestigkeitsgebiet entstehen an der Oberfläche durch einzelne muschelförmige Ausbrüche Grübchen. Die Ausbrüche sind im Vergleich zu denjenigen der Graufleckigkeit deutlich größer und sind auch ohne Hilfsmittel erkennbar. Da es sich um Schwingbrüche handelt, sind manchmal makroskopisch Rastlinien erkennbar, die eine Unterbrechung des Rissfortschrittes darstellen. Mikroskopisch sind dagegen normalerweise kaum noch Merkmale von Schwingbruchstrukturen auszumachen, da die Rissflanken durch die Beanspruchung aufeinander gedrückt und gegeneinander verschoben werden.

Bei der Grübchenbildung sind bauteil- bzw. beanspruchungsspezifische Besonderheiten zu beachten. Bei Zahnrädern erfolgen die Ausbrüche bevorzugt unterhalb des Wälzkreises im Bereich des negativen Gleitens (Roll- und Gleitbewegung entgegengesetzt). Die Grübchenfestigkeit ist hier geringer als beim positivem Gleiten im Zahnkopfbereich, da durch Überlagerung sämtlicher Spannungskomponenten (Hertzsche Pressung, tangentiale Zugspannung und Temperaturspannung) die Flanke einer Wechselbeanspruchung unterliegt, vgl. Bild 6.4. Bei einseitig tragenden Flanken breiten sich die Grübchen von der hochbelasteten Stelle über die Zahnbreite aus. Die Rissbildung geht dabei in der Regel von der Oberfläche aus. Die Grübchen weisen gelegentlich dreieckige Formen auf, deren Spitzen den Rissausgang darstellen. Beim treibenden Rad zeigt der Rissfortschritt der Grübchenbildung vom Zahnfuß weg und beim getriebenen Rad zum Zahnfuß hin, vgl. Bild 6.28.

Um gezielt Grübchenbildung an Zahnflanken zu erzeugen, wurde in einem Getriebeversuch ein Pkw-Schaltgetriebe mit einem Drehmoment von 180/220 Nm bei einer Eingangsdrehzahl von rd. 1100 min^{-1} belastet [232]. Das Drehmoment lag damit über dem ertragbaren Moment von 150 Nm. Die sich einstellenden Grübchen an den Zahnflanken des einsatzgehärteten Zahnrades aus 20MoCr4 des 2. Ganges nach 247 h und bei Versuchsende nach 335 h gehen aus **Bild 6.128** hervor. Bei den Grübchen ist deutlich erkennbar, dass es sich um Mehrfach-

Bild 6.128: Entwicklung der Grübchen an den Zahnflanken des getriebenen Zahnrades eines Pkw-Getriebes [232]
links: Laufzeit 247 h; rechts: Laufzeit 335 h

6.3 Verschleißerscheinungsformen bei Mischreibung unter Elastohydrodynamik 309

ausbrüche handelt, **Bild 6.129**, die zunächst als kleine Partikel in der Dreieckspitze entstehen und beim Fortschreiten beträchtlich an Größe zunehmen.

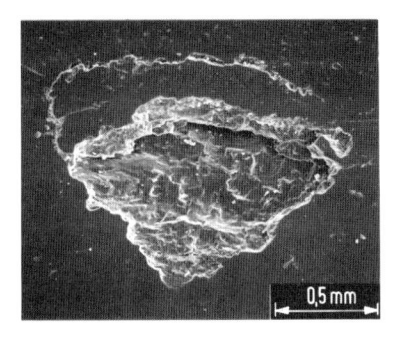

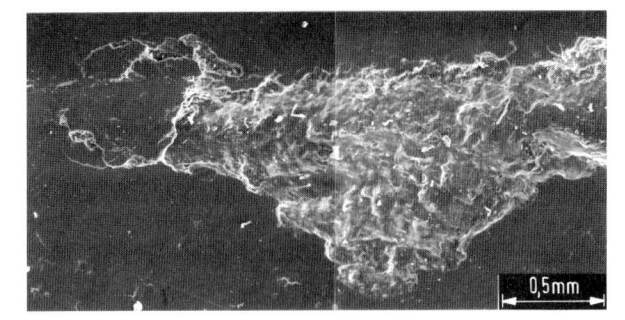

Bild 6.129: Ausschnitte aus Bild 6.128

Am einsatzgehärteten Ritzel der Antriebswelle des gleichen Getriebes waren ebenfalls Grübchen zu beobachten. Bei dem größeren hiervon zeigt die Spitze entgegen der allgemeinen Erkenntnis zum Wälzkreis hin, **Bild 6.130**.

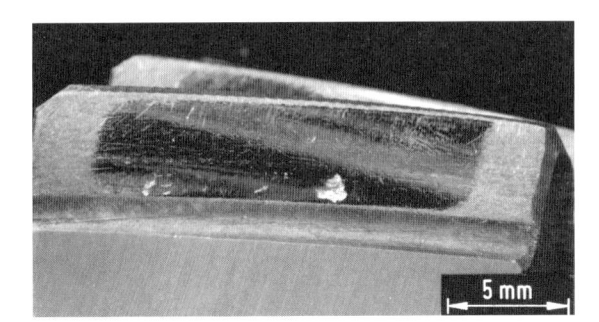

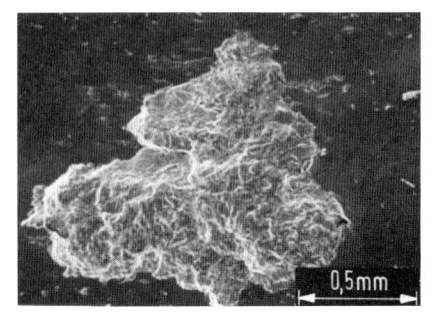

Bild 6.130: Grübchen am einsatzgehärteten Ritzel der Antriebswelle eines Pkw-Getriebes

Von den am Getriebeboden abgesetzten größeren bis zu 1,6 mm langen Grübchenpartikel aus den Zahnflanken sind in **Bild 6.131** zwei Ausbrüche wiedergegeben.

Im Zuge des Versuches wurden in bestimmten Zeitabständen Ölproben gezogen und mittels eines Teilchenzählgerätes die darin enthaltenen Partikel nach Größe und Anzahl ermittelt, **Bild 6.132**. Daraus ergibt sich für alle Partikelgrößen eine sogenannte Badewannenkurve. Während der Einlaufphase entstehen zunächst große Partikel aus der herstellungsbedingten Oberflächenrauheit. Diese Partikel verringern sich im Laufe des Betriebes zahlenmäßig aufgrund der Verlustrate (Absetzen in Toträume) bis sich ein Gleichgewicht in der stationären Verschleißphase zwischen Verlustrate und Neubildung von Partikeln einstellt. Wenn nach Erreichen dieses Minimums die Partikel an Zahl und Größe wieder zunehmen, ist von einer Schädigung auszugehen. Im vorliegenden Fall hatte sich der Schaden zusätzlich durch einen erhöhten Geräuschpegel angekündigt. Neben den Zahnflankenausbrüchen an der Vorgelege- und der Antriebswelle wurden noch die Laufflächen des Nadellagers (Bohrung und Zapfen) durch Zerrüttung geschädigt, vgl. Bild 6.144.

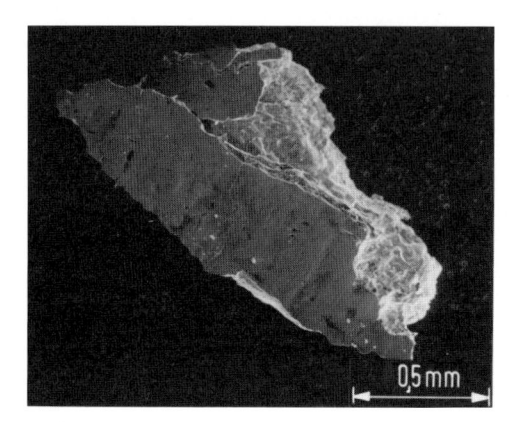

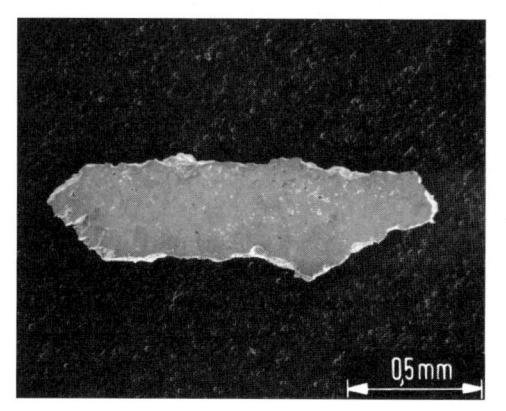

Bild 6.131: Ausbrüche aus Zahnflanken des Pkw-Schaltgetriebes

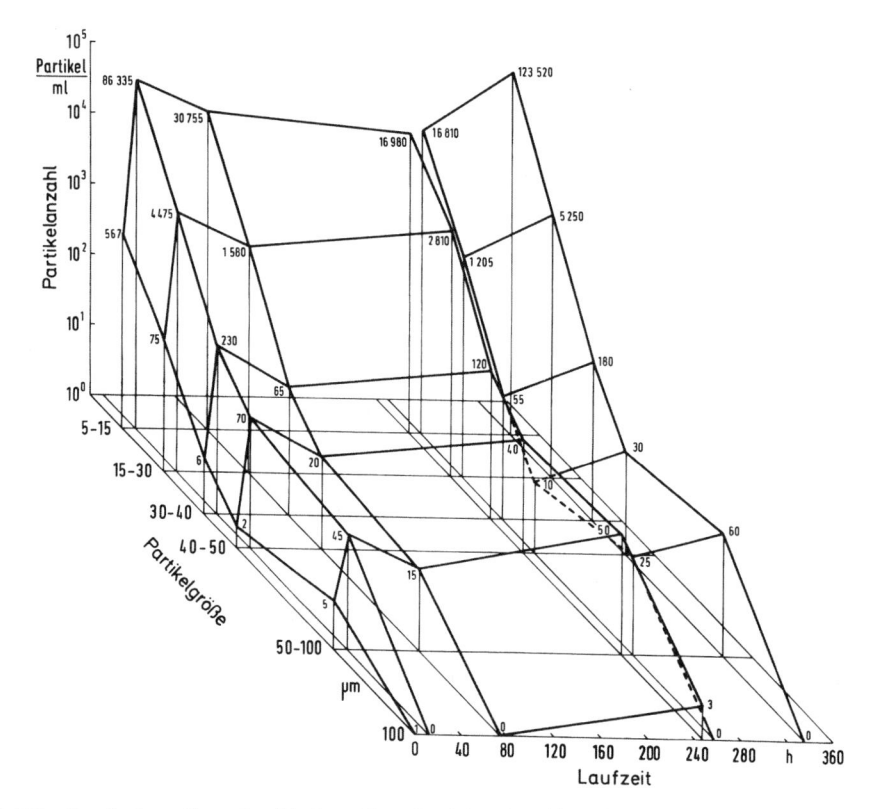

Bild 6.132: Partikelverteilung im Öl eines Pkw-Getriebes in Abhängigkeit von der Laufzeit bei mehreren unterschiedlichen Schädigungsprozessen innerhalb des Getriebes

6.3 Verschleißerscheinungsformen bei Mischreibung unter Elastohydrodynamik   311

Grübchen entwickeln sich üblicherweise unterhalb des Wälzkreises im Bereich des negativen Schlupfes. Das folgende Beispiel zeigt den selteneren Fall von Grübchenbildung oberhalb des Wälzkreises eines schrägverzahnten einsatzgehärteten Zahnrades, **Bild 6.133**. Lage und Anordnung der Grübchen orientieren sich an den Bearbeitungsriefen.

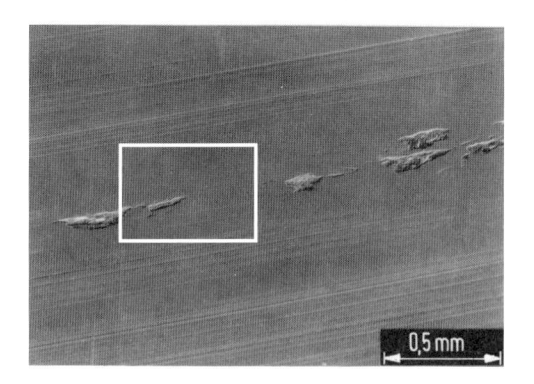

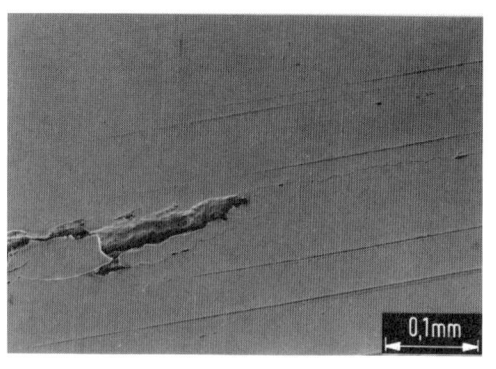

Bild 6.133: Grübchen auf der Zahnflanke eines einsatzgehärteten schrägverzahnten Ritzels oberhalb des Wälzkreises mit Orientierung an den Bearbeitungsriefen
links: Übersicht, rechts: Ausschnitt

Wenn neben der Grübchenbildung durch Oberflächenzerrüttung zusätzlich eine über die Bauteilfestigkeit hinausgehende Beanspruchung zu hohem Verschleiß durch die Gleitbewegung und plastischer Verformung führt, so kann es durch die damit verursachte Profiländerung zu dynamischer Zusatzbeanspruchung und bei fortschreitendem Verschleiß auch zu einer Reduzierung der Zahnbruchsicherheit kommen.

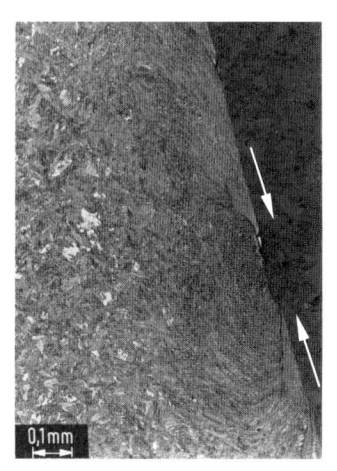

Bild 6.134: Grübchen, plastische Verformung und Profiländerung an einem vergüteten, schrägverzahnten, getriebenen Zahnrad aus 50CrMo4 (m = 3 mm). Die Pfeile geben die Gleitrichtung an.
links: Übersicht; rechts: Gefüge im Bereich des Wälzkreises (Verformung und Risse)

Bei dem in **Bild 6.134** wiedergegebenen Ritzel sind infolge von Überbeanspruchung außer Profiländerung und Grübchen noch plastische Verformungen aufgetreten, wie an der Gratbildung an den Zahnenden und aus dem Gefügebild zu ersehen ist. Im Bereich des Wälzkreises bilden sich deutlich die den gegenläufigen Gleitbewegungen folgenden Verformungen mit Rissen ab. Die Rissrichtung zeigt an, dass es sich um ein getriebenes Zahnrad handelt, vgl. Bild 6.28. Anhand des Gefügebildes lässt sich eine Verformungstiefe im Vergütungsgefüge von rd. 0,4 mm abschätzen.

Bild 6.135 stellt ein Beispiel für Grübchen auf der Zahnflanke unterhalb des Wälzkreises eines geradverzahnten Rades aus normalisiertem Ck45 dar, das im reversierenden Aussetzbetrieb lief. Der Ausbruch (links im Bild), der noch in der Zahnflanke haftet, weist mit seiner Spitze hier in Richtung Zahnkopf (oberhalb des Bildes).

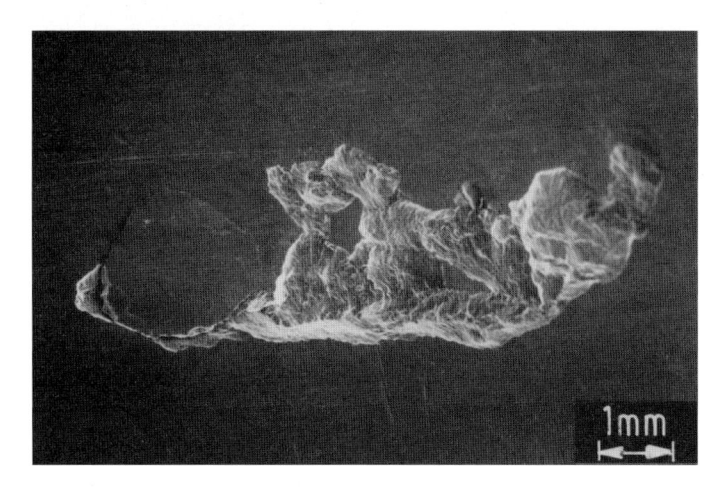

Bild 6.135: Grübchen an einer Zahnflanke unterhalb des Wälzkreises eines geradverzahnten Zahnrades (m = 7 mm) aus normalisiertem Ck45 nach 11.080.000 Lastwechseln im reversierenden Aussetzbetrieb; Flankenpressung σ_H = 650 N/mm², Einlauföl ν = 33 mm²/s

Neben einer Erhöhung der Randschichthärte durch Eindiffusion von Kohlenstoff (Aufkohlen) mittels thermochemischer Verfahren besteht eine solche auch durch Anreicherung der Randzone mit Stickstoff (Nitrieren). In der äußersten Randschicht, der sogenannten Verbindungsschicht, bilden sich abhängig vom Stickstoffgehalt die Phasen Fe_4N (γ'-Nitrid, max. Gehalt 6,1 Masse-%), $Fe_{2-3}N$ (ε-Nitrid, max. Gehalt 11,1 Masse-%) oder Mischformen aus beiden. In der sich anschließenden Diffusionszone nimmt der Stickstoffgehalt kontinuierlich mit zunehmenden Randabstand bis zum Ausgangswert ab. Die Verbindungsschicht ist häufig nicht homogen aufgebaut, da sich ein Porensaum bildet, der von Werkstoff, Nitrierverfahren und Nitrierdauer abhängt. Bei nitrierten Wälzpaarungen kann sich der Porensaum in der spröden Verbindungsschicht insbesondere bei Überlastung nachteilig auswirken, wenn Partikel aus dieser empfindlichen Zone ausbrechen und in geschmierten Systemen abrasiv wirken oder Eindrückungen hervorrufen.

6.3 Verschleißerscheinungsformen bei Mischreibung unter Elastohydrodynamik 313

In **Bild 6.136** ist hierzu eine nitrierte Zahnflanke mit Ausbrüchen im Bereich des Porensaumes wiedergegeben. Zur Vermeidung des Porensaumes eignet sich ein zweistufiges Nitrieren oder Plasmanitrieren [70]. Durch Wahl des Nitrierverfahrens und der Prozessführung lässt sich auch die Verschleißbeständigkeit der mischphasigen Verbindungsschicht durch Änderung des Phasenverhältnisses γ':ε in gewissen Grenzen beeinflussen. Anzustreben ist eine monophasige Schicht [56].

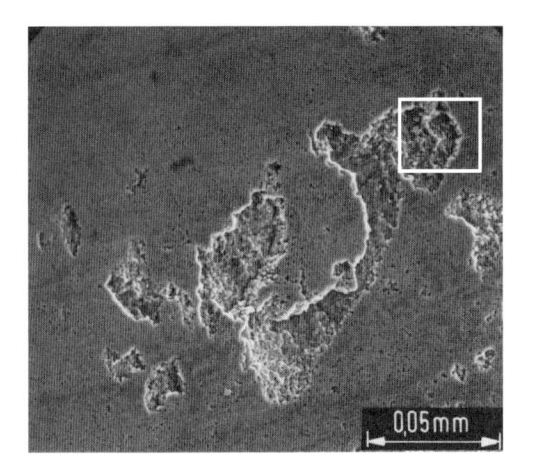

Bild 6.136: Grübchen auf der Zahnflanke einer badnitrierten Schnecke aus vergütetem 42CrMo4

Bei Kegelrädern entstehen Grübchen fast ausschließlich an der Ferse des Ritzels, da hier die höchsten Kräfte bei kleinen Kontaktflächen übertragen werden, die ein Vielfaches der Kräfte an der Zehe betragen. Diese ungleiche Kraftverteilung längs der Zahnbreite ist systembedingt [96]. **Bild 6.137** liefert ein Beispiel für die bei Überlastung generell im Bereich der Ferse von Kegelrädern auftretenden Grübchen.

Bild 6.137: Grübchen im Bereich der Ritzelferse eines Kegelrades

An Schneckenrädern, die zwecks Anpassung an die härtere Schnecke (Einbau- und Fertigungstoleranzen sowie elastische Verformungen) gewöhnlich aus weicherem Werkstoff (z. B. Schleudergussbronze, Sphäroguss) gefertigt werden, kann Grübchenbildung auftreten, vor allem dann, wenn bei hohen Drehzahlen der Gleitverschleiß gering ist, **Bild 6.138**. In diesem Fall können die Risse wachsen, ohne vorher durch Gleitverschleiß abgetragen zu werden. Die Grübchen beginnen in der Regel an der Auslaufseite der Schnecke, da hier eine höhere Pressung im anfänglichen Tragbild vorliegt. Die Schädigungsbereiche ändern ihre Ausdehnung kontinuierlich in Umfangsrichtung. Diejenigen Zahnflanken, die über die ganze Breite tragen, weisen die größte Grübchenfläche und die stärkste Stufenbildung aus. Durch fehlerhafte geometrische Lage von Schnecke und Schneckenrad wurde ungleichmäßiges Tragen und somit eine Überbeanspruchung hervorgerufen.

Bild 6.138: Grübchen an Zahnflanken und Stufenbildung am Zahnfuß eines Schneckenrades aus Bronze GZ-CuSn12

In der Praxis werden bei Schneckenrädern 30 bis 50 % Grübchenflächen zugelassen [233]. Die Grübchenbildung wird im Wesentlichen durch Zusammensetzung, Gefüge und den damit verbundenen Festigkeitseigenschaften beeinflusst.

Die in **Bild 6.139** und **6.140** wiedergegebenen Beispiele zeigen den Einfluss einer Nitrocarburierung auf die Grübchenbildung der Paarung Nocken/Stößel. Der jeweils nitrocarburierte Partner bleibt im Gegensatz zum unbehandelten Partner von der Oberflächenzerrüttung durch Grübchenbildung bis auf die Grauflecken auf der Nockenspitze in Bild 6.136 verschont, da die Druckeigenspannungen der Rissbildung entgegenwirken.

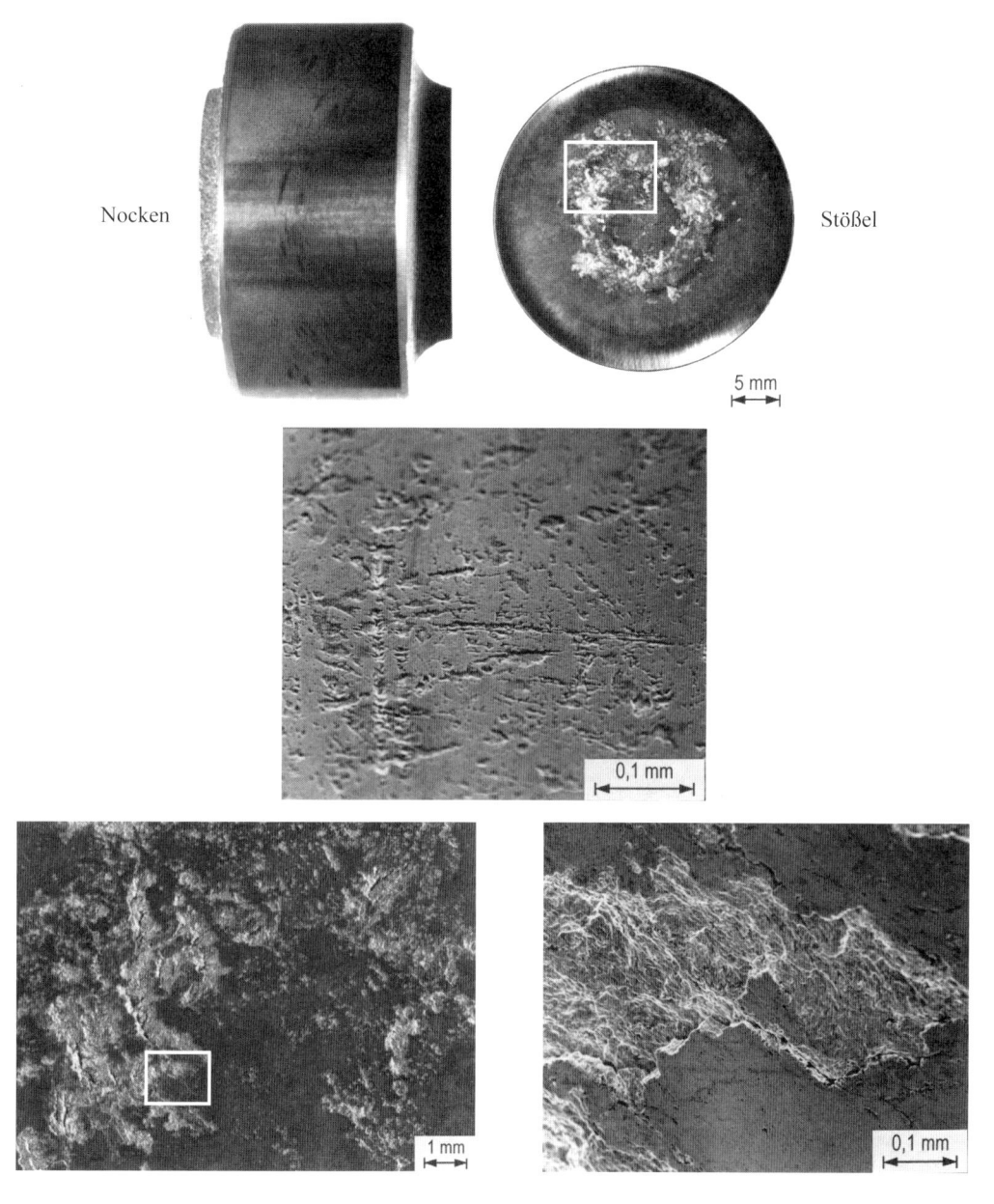

6.3 Verschleißerscheinungsformen bei Mischreibung unter Elastohydrodynamik   315

Bild 6.139: Paarung Stößel/Nocken aus Prüfstandversuch
Stößel aus Schalenhartguss, blank; Nocken aus Hartguss, nitrocarburiert und gebläut Versuchsbedingungen: Öltemp. 110 °C, Öldruck 3,5 bar, n_{Mot} = 800/2600 min^{-1} im halbstündigen Wechsel, Laufzeit 400 h
oben: Übersichtsaufnahme der Nocken- und Stößellauffläche
Mitte: Graufleckenbereich auf der Lauffläche Nockenspitze
unten: Ausschnitte aus dem Grübchenbereich des Stößels

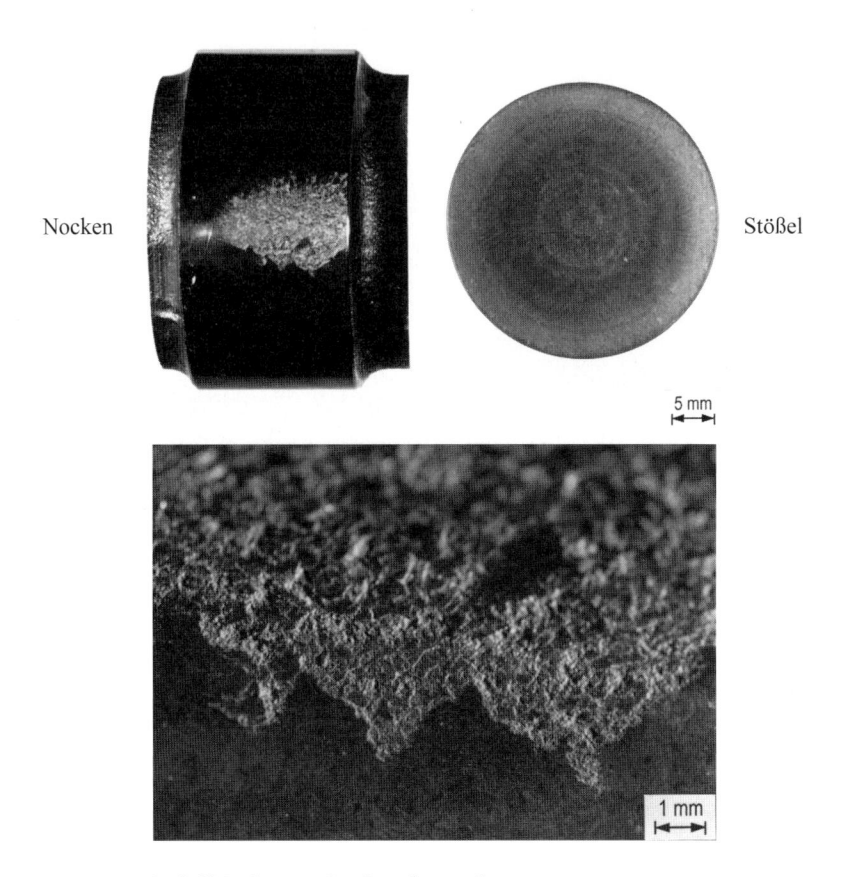

Bild 6.140: Paarung Stößel/Nocken aus Prüfstandversuch
Stößel aus Schalenhartguss nitrocarburiert und gebläut, Nocken aus Hartguss, blank
Versuchsbedingungen: Öltemp. 110 °C, Öldruck 3,5 bar, nMot = 800/2600 min-1 im halbstündigen Wechsel, Laufzeit 400 h
oben: Übersichtsaufnahme der Nocken- und Stößellauffläche
unten: Ausschnitt aus dem Grübchenbereich der Nockenspitze

An einem Exzenter aus GGG-60 eines Stanzautomaten war, bedingt durch die Vorgehensweise beim Randschichthärten (Umfangsvorschubhärten) der Lauffläche, eine Zone ungehärtet geblieben, **Bild 6.141**. Diese Zone, die als Schlupfzone bezeichnet wird, unterlag durch feine Ausbrüche stärkerem Verschleiß als die gehärteten Bereiche. Durch die verschleißbedingte Konturabweichung der Lauffläche, die sich auf eine Länge von rd. 50 mm erstreckt, wurde beim Überrollen des Exzenters die Kurvenrolle zu Schwingungen angeregt, so dass die in Wälzrichtung unmittelbar an die weiche Zone folgenden gehärteten Bereiche dynamisch beansprucht wurden. Dieser zusätzlichen Stoßbelastung hielt der gehärtete Bereich nicht stand. Neben einzelnen Grübchen sind bereits beträchtliche Rissbildungen aufgetreten. Durch Verlegung der ungehärteten Schlupfstelle in einen Laufflächenbereich geringerer Beanspruchung

6.3 Verschleißerscheinungsformen bei Mischreibung unter Elastohydrodynamik   317

oder durch Standhärten mit einem an den Exzenter angepassten Induktor oder Brenner (geschlossene Erwärmung der Lauffläche) hätte sich dieser Schaden vermeiden lassen.

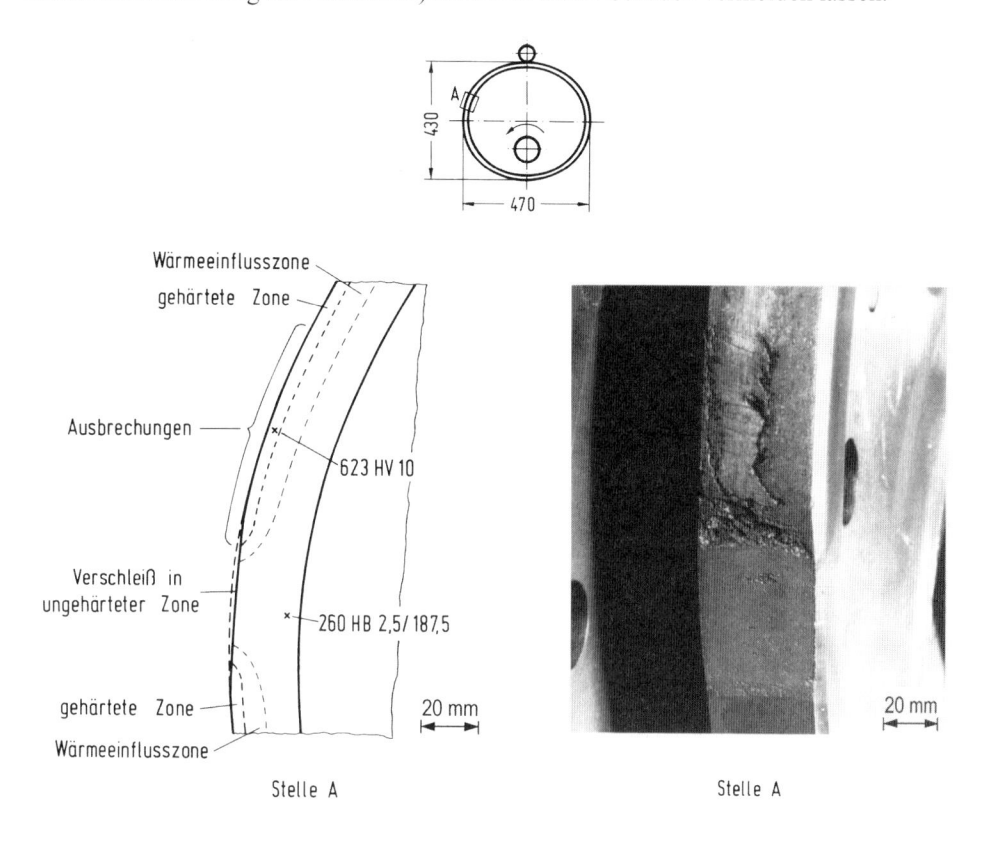

Bild 6.141: Grübchen und größere Ausbrechungen auf der gehärteten Lauffläche eines Exzenters aus GGG-60 (randschichtgehärtet) für einen Stanzautomaten

6.3.8 Abblätterung

Häufig liegen keine Idealzustände einer EHD-Schmierung im Wälzkontakt bei Wälzlagern vor, weshalb den Abblätterungen vorausgehende Rissbildungen an der Oberfläche einsetzen. Daher sind die Ausbrüche flacher als diejenigen, deren Rissbeginn unter der Oberfläche liegt. Die Elemente der Wälzlager werden in der Regel in der Reihenfolge Innenring, Außenring und Wälzkörper geschädigt, entsprechend abnehmender Hertzscher Pressung und/oder Anzahl der Überrollungen pro Kontaktstelle.

Ein Beispiel für Abblätterungen bei Wälzlagern unterschiedlicher Stadien geht aus **Bild 6.142** hervor. Das Schrägkugellager stammt aus einem stufenlos verstellbaren Reibradgetriebe (Doppelkegel-Getriebe mit Zwischenring), bei dem sich die Anforderungen an den Schmierstoff für die Wälzlager und für die Reibräder zur Übertragung der Reibkräfte beträchtlich unterscheiden. Während für Reibrädergetriebe zur Übertragung der Reibkräfte Schmierstoffe mit hohen Reibungszahlen benötigt werden, sind für Wälzlager und Zahnräder solche mit niedriger Reibungszahl erforderlich. Diese besonderen Betriebsbedingungen haben an den Wälzlagern zu flachen, von der Oberfläche ausgehenden Grübchen geführt. Für die Ausdehnung der Schädigung durch Grübchen auf größere Bereiche der Laufbahn hat sich der Begriff „Abblätterung" eingebürgert.

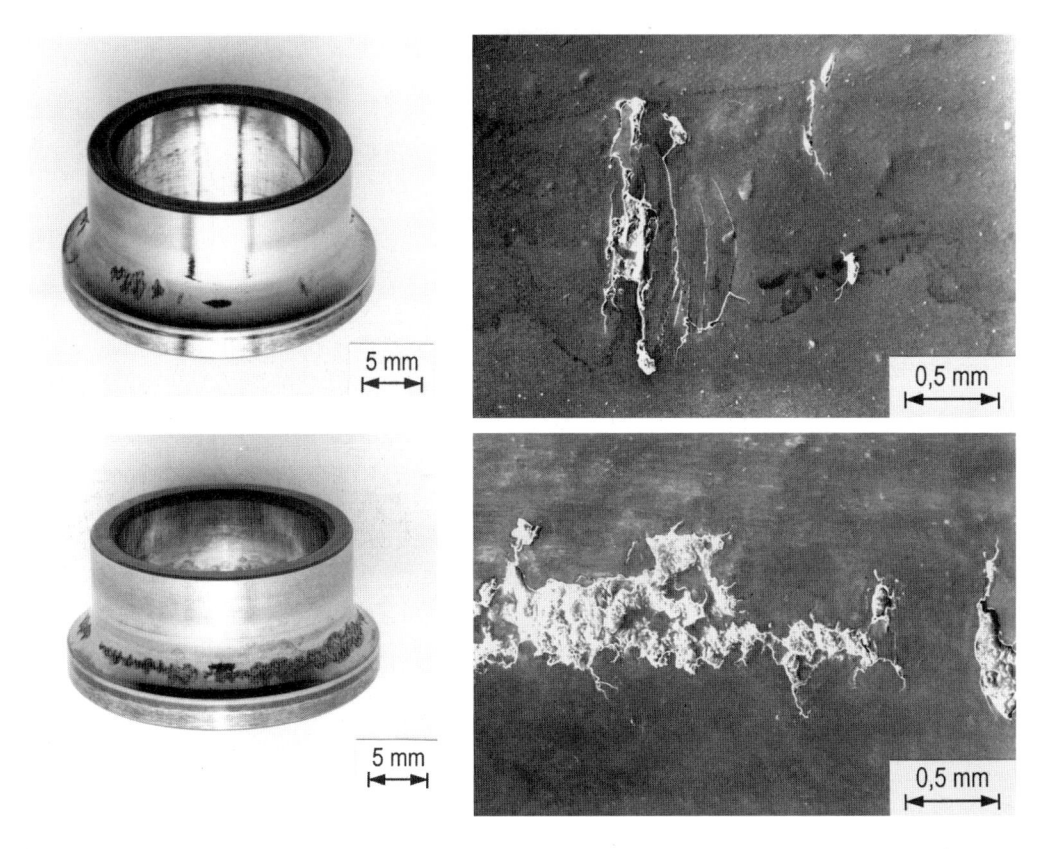

Bild 6.142: Abblätterungen auf den Laufflächen zweier Innenringe von Schrägkugellagern 7203B eines stufenlos einstellbaren Reibradgetriebes (Doppelkegelgetriebe mit Zwischenring), vgl. Bild 6.167
oben: Anfangsstadium als Grübchen; unten: fortgeschrittenes Stadium der Abblätterung

Auf der Kugellaufbahn der Welle einer Pkw-Wasserpumpe, **Bild 6.143**, und auf der gehärteten Zapfenlauffläche für Nadeln einer Pkw-Getriebewelle, **Bild 6.144**, sind weite Bereiche durch einzelne aneinandergereihte Ausbrüche geschädigt. Die Bruchflächen weisen eine verformte und überrollte Struktur auf, so dass Details der ursprünglichen Bruchstruktur nicht mehr erkennbar sind.

6.3 Verschleißerscheinungsformen bei Mischreibung unter Elastohydrodynamik 319

Bild 6.143: Abblätterung in der eingeschliffenen Kugellauffläche einer Welle einer Pkw-Wasserpumpe
oben: Übersichtsaufnahme
unten: Übergang vom geschädigten zum ungeschädigten Bereich

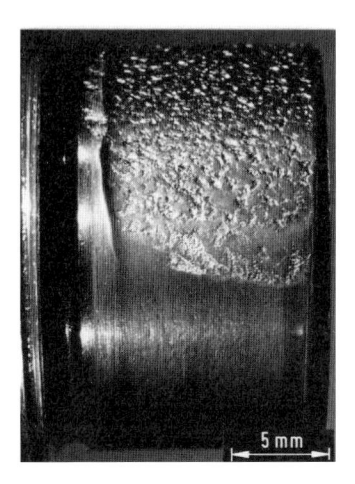

Bild 6.144: Abblätterung auf der Nadellagerlauffläche am gehärteten Führungszapfen der Hauptwelle eines Pkw-Schaltgetriebes

Bild 6.145: Abgetrennte Verschleißpartikel aus der Lagerstelle der Pkw-Wasserpumpe, vgl. Bild 6.143

Die Verschleißpartikel aus zerrütteten Wälzlagerlaufflächen sind an der typischen gerundeten und eingerissenen Kontur erkennbar, **Bild 6.145**. Die Ränder können abhängig von der Anzahl der Überrollungen auch spitz ausgewalzt sein.

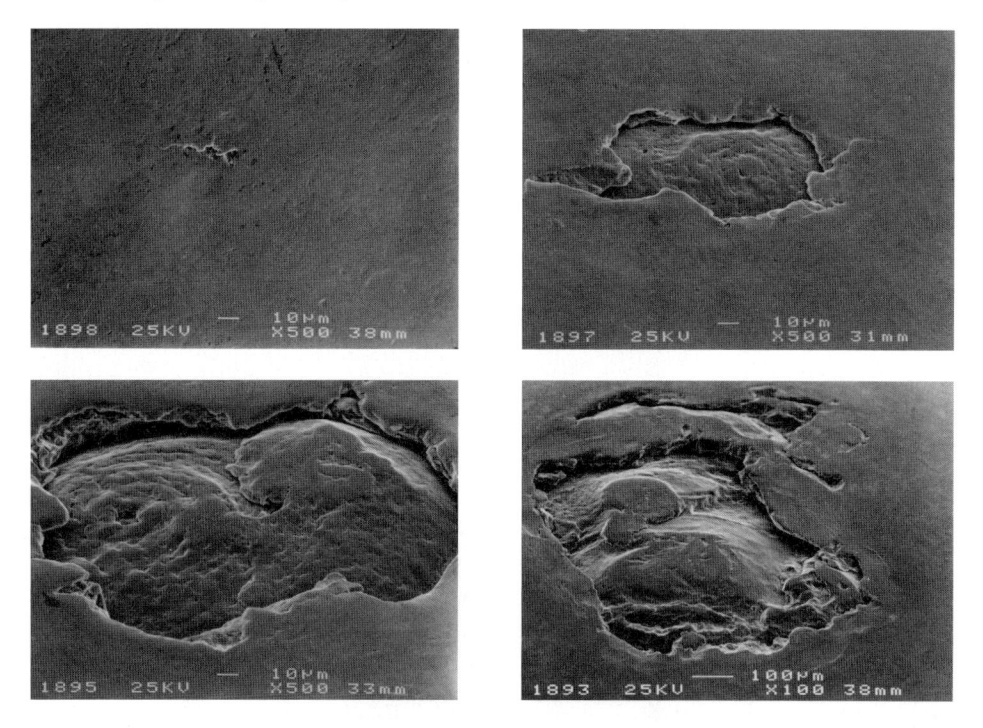

Bild 6.146: Verschiedene Vorstufen von Abblätterungen auf einer Kugel eines fettgeschmierten Rillenkugellagers 6202 eines Elektromotors mit beginnender Ausbildung eines Kegelstumpfes ähnlich Bild 6.147

6.3 Verschleißerscheinungsformen bei Mischreibung unter Elastohydrodynamik 321

An den Kugeln eines fettgeschmierten Rillenkugellagers, dessen Außenring auf ein Drittel seiner Lauffläche und dessen Innenringlauffläche vollständig durch Oberflächenzerrüttung geschädigt ist, haben sich verschiedene Vorstufen von Abblätterungen ausgebildet, **Bild 6.146**. Aus der Form ist zu schließen, dass die Risse von einem Zentrum auf der Oberfläche unter einem flachen Winkel in den Werkstoff hineinwachsen und unter der Oberfläche weiter fortschreiten. Ein Ausbruch, wie er im Anfangsstadium von Abblätterungen auftritt und dabei eine Vertiefung hinterlässt, liegt hier offensichtlich nicht vor. Es sind lediglich die Rissränder abgebrochen.

Die in **Bild 6.147** dargestellte Erscheinung auf der Kugel eines Schrägkugellagers aus einem stufenlos verstellbaren Reibradgetriebe zeigt Bruchflächen mit einzelnen stehen gebliebenen Kegelstümpfen. Diese ausgeprägte Kegelbildung ist wahrscheinlich durch die bei Schrägkugellagern vorliegende besondere Kinematik bedingt, die durch die Rollbewegung der Kugeln in der Laufbahn und durch die überlagerte Bohrbewegung der Kugeln um die Berührungsnormalen gekennzeichnet ist. Diese punktuelle Beanspruchung ist wahrscheinlich verantwort-

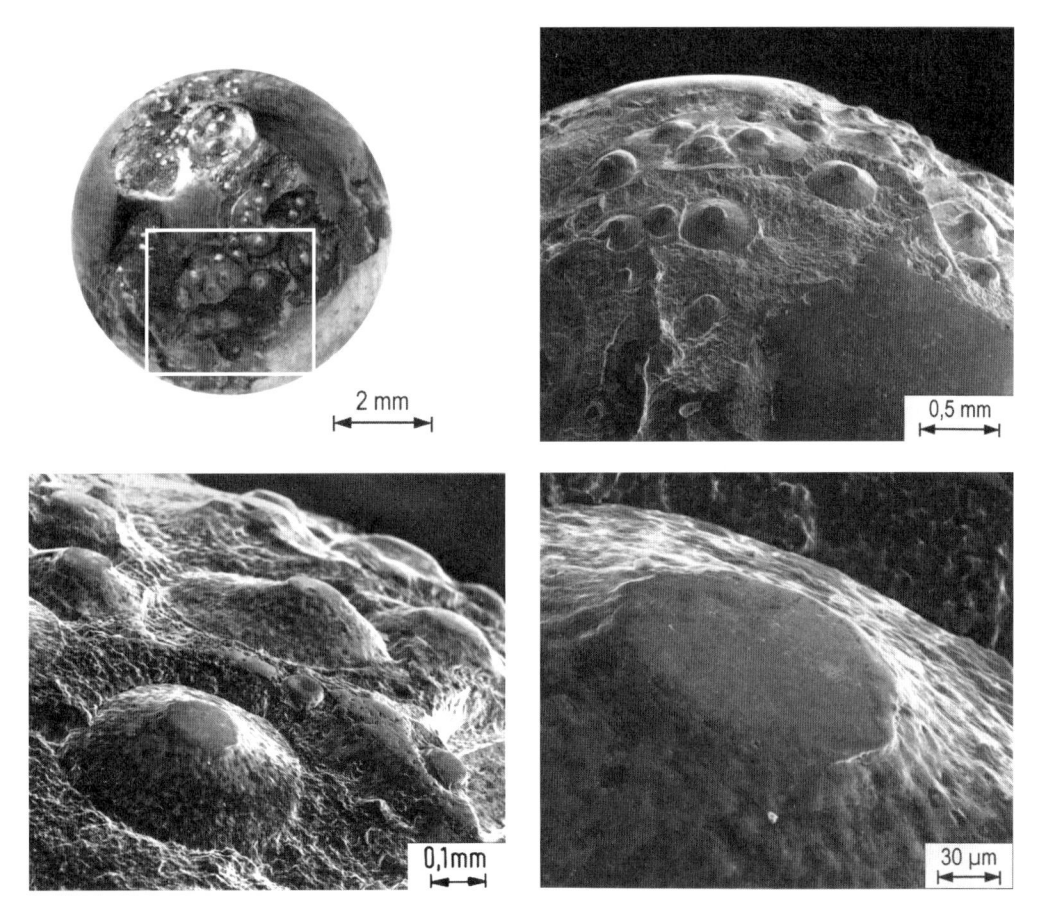

Bild 6.147: Abblätterung an einer Kugel eines Schrägkugellagers 7203B eines stufenlos verstellbaren Reibradgetriebes (Doppelkegelgetriebe mit Zwischenring), vgl. Bild 6.167

lich für die Kegelstümpfe. Die Rissinitiierungen fanden möglicherweise durch adhäsivbedingte Verletzungen (Schlupf) der Kugeloberfläche statt, wodurch sich lokal höhere Hertzsche Pressungen als bei intakter Oberfläche einstellten. Der anfängliche adhäsive Mechanismus ist aufgrund der höheren Hertzschen Pressung in den Mechanismus der Oberflächenzerrüttung übergegangen. Nach dem entsprechenden Rissfortschritt an den verschiedenen Rissausgangsstellen und dem Zusammenwachsen der Risse sind größere Bereiche schalenförmig ausgebrochen. Die plastifizierten Oberflächen der Kegelstümpfe spiegeln nicht mehr den Ausgangszustand wider, Bild 6.147 unten.

Im Gefüge der Kugel wurden unterhalb der unversehrten Oberfläche mikrostrukturelle Änderungen in Form von weißen, schwer anätzbaren Zonen entlang eines Risses beobachtet, die der Kontur eines Kegelstumpfes entsprechen, **Bild 6.148**, weshalb auf einen Zusammenhang mit der eigenartigen Bruchausbildung geschlossen werden kann. Die Seitenkanten bilden mit der Oberfläche einen Winkel von etwa 45°. Die besonderen Beanspruchungsbedingungen resultieren aus den Bohrbewegungen und Reibungsverhältnissen (gegensätzliche Anforderungen an den Schmierstoff für ausreichende Reibkraftübertragung im Getriebe und möglichst geringer Reibung im Wälzlager).

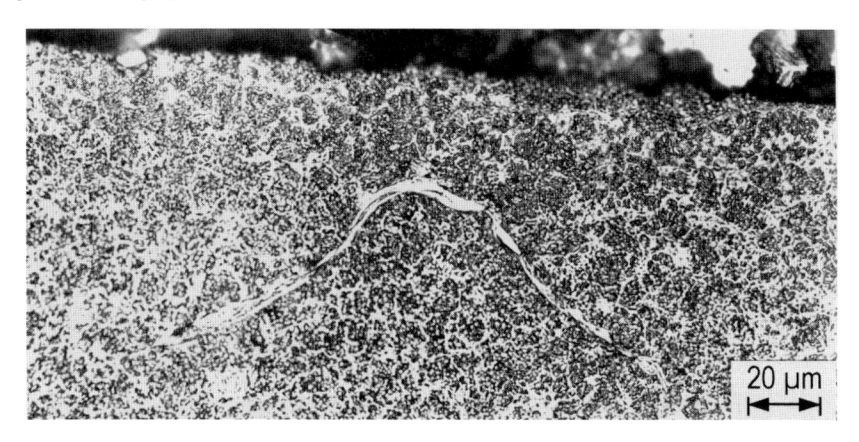

Bild 6.148: Strukturelle Gefügeänderung in Form eines Kegelstumpfquerschnittes im Randbereich einer Kugel

Ein weiteres Beispiel für eine Abblätterung einer Kugel in Form einer ausgedehnten Oberflächenschicht nahezu gleicher Dicke zeigt **Bild 6.149**. Der Riss geht von der Oberfläche aus und verläuft über weite Strecken parallel zur Oberfläche. Der Schwingbruchcharakter ist an den bogenförmigen Rastlinien deutlich erkennbar.

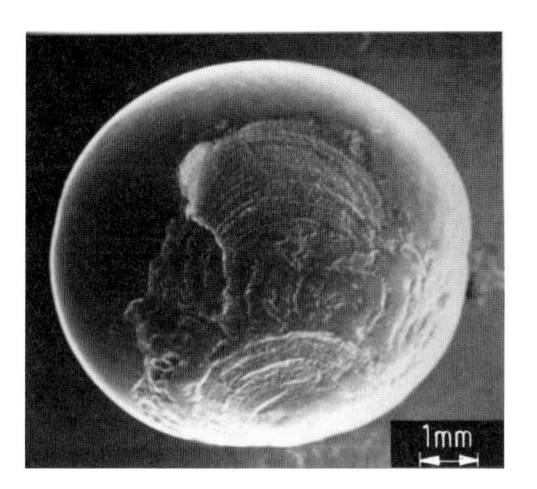

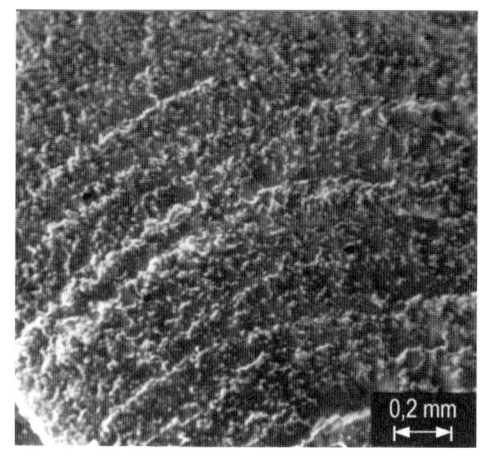

6.3 Verschleißerscheinungsformen bei Mischreibung unter Elastohydrodynamik 323

Bild 6.149: Abblätterung an einer Kugel mit Rastlinien
links: Übersichtsaufnahme; rechts: Ausschnitt mit Rastlinien

Der Kugelsatz des unter extremer Mangelschmierung gelaufenen Gleichlaufgelenkes in Bild 6.121 weist ebenso wie die Kugellaufbahnen unterschiedliche Schädigungsgrade infolge von ungleicher Lastaufteilung auf, **Bild 6.150**. Die Kugel mit der Abblätterung befand sich in der Laufbahn mit der größten Kolktiefe, **Bild 6.151**. Die übrigen Kugeln zeichnen sich durch zahlreiche Druckstellen aus, die wahrscheinlich von den ausgebrochenen Partikeln herrühren.

Bild 6.150: Kugelsatz des Gleichlaufgelenkes in Bild 6.121

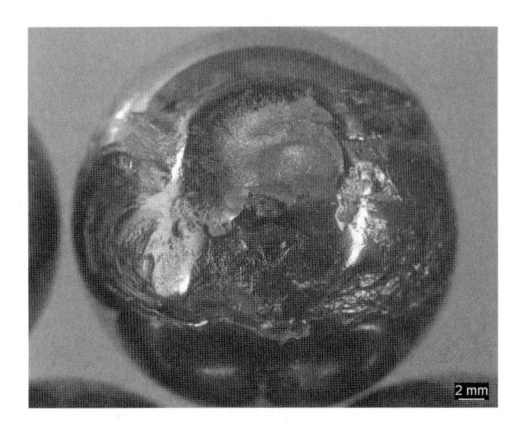

Bild 6.151: Unterschiedliche Schädigungsgrade der Kugeln aus Bild 6.150
links: Abblätterung; rechts: zahlreiche kleine Druckstellen

Durch extreme Mangelschmierung kann sich aber auch eine andere Verschleißerscheinungsform einstellen, die sich von den übrigen unter Abblätterungen aufgeführten Beispielen deutlich unterscheidet. Die Lauffläche des Innenringes eines Pendelrollenlagers ist durch Gleitvorgänge plastisch so stark verformt, dass sich lokale schuppenartige Abblätterungen bilden, **Bild 6.152**. Hierfür sind die Mechanismen in der Reihenfolge Adhäsion und Oberflächenzerrüttung wirksam gewesen.

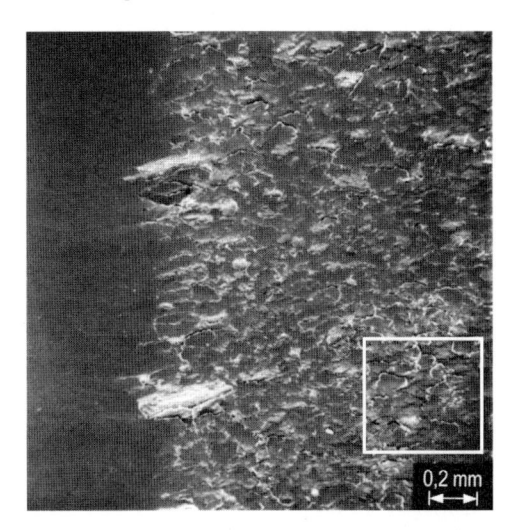

Bild 6.152: Schuppenartige Abblätterungen am Innenring eines Pendelrollenlagers
[155, Schaeffler KG]

Ähnliche Erscheinungen werden bei Mangelschmierung auch in der Laufbahn von Gleichlaufgelenken, Bild 6.118 und 6.122, deren Zustand offensichtlich jedoch noch nicht soweit fortgeschritten ist wie in Bild 6.152, und bei ungeschmierten Wälzsystemen beobachtet, beispielsweise auf den Laufflächen von Kranlaufrädern, die einem Schräglauf unterworfen sind. Hier findet durch die hohe Kaltverfestigung eine Delamination statt, die zu schuppenartiger Abtrennung von dünnen verformten Partikeln führt, vgl. Kap. 6.4.1.

6.3.9 Abplatzer

Bei dieser Erscheinung handelt es sich im Vergleich zu den Grübchen um großflächigere Ausbrüche an Zahnflanken einsatzgehärteter Zahnräder. Sie weisen meistens eine Dreiecksform auf, deren Spitze im Fußbereich liegt und den Bruchausgang darstellt, **Bild 6.153** bis **6.156**. Dieser befindet sich häufig im Graufleckigkeitsgebiet, Bild 6.153 und 6.154. Die Bruchflächen sind meistens zerdrückt und überwalzt, bei frischen Bruchflächen können Rastlinien erkennbar sein. Der Schadensablauf ist ähnlich wie bei den Grübchen, vgl. 6.3.7. Ausgehend von mikroplastifizierten Zonen (*dark etching areas* (*DEA*)) bilden sich Flankenrisse, in die beim Überrollen Öl gepresst wird und die so durch Sprengwirkung weiter wachsen. Im Bereich der maximalen Hertzschen Schubspannung laufen die Risse parallel zur Oberfläche und teilweise auch bis zum Zahnkopf, so dass eine großflächige Oberflächenschicht abplatzen kann. Die Hertzsche Pressung liegt im Allgemeinen niedriger und die tangentiale Beanspruchung höher als bei der Grübchenbildung. Hinzu kommt eine niedrige Betriebsviskosität und/oder hohe Temperaturen. Bei bestimmten Betriebsbedingungen und P- und S-haltigen Schmierstoffen können chemische Reaktionen ablaufen, bei denen sich Wasserstoff entwickelt, der eine Versprödung des Zahnflankengefüges bewirkt, vgl. Kap. 6.1.1.6.

Bild 6.153: Abplatzer in Dreiecksform, Bruchausgang im Gebiet der Graufleckigkeit
[ZF Friedrichshafen AG]

Bild 6.154: Fortgeschrittene Abplatzer bis zur Zahnkopfkante, Bruchausgang im Gebiet der Graufleckigkeit [ZF Friedrichshafen AG]

Bild 6.155: Fortgeschrittene Abplatzer an einsatzgehärtetem Ritzel

6.3 Verschleißerscheinungsformen bei Mischreibung unter Elastohydrodynamik

Bild 6.156: Abplatzer infolge Kantentragens an der Zahnflanke eines einsatzgehärteten schrägverzahnten Ritzels aus 17CrNiMo6, m = 8 mm

Bei dem in **Bild 6.156** wiedergegebenen Flankenschaden eines Ritzels aus 17CrNiMo6 befindet sich der Abplatzer im Bereich des Kantentragens (erkennbar am Tragbild) infolge von ungleichmäßiger Breitenkraftverteilung, die auf einen Fluchtungsfehler hinweist. Der Ausgangspunkt des Abplatzers liegt hier ebenfalls im Graufleckigkeitsgebiet (im Bild nicht erkennbar). Die Rissbildung erstreckt sich über den Zahnkopf hinweg. Neben der lokalen Überbeanspruchung ist jedoch vor allem der ungünstige Gefügezustand in der einsatzgehärteten Randzone verantwortlich, **Bild 6.157**. Das Gefüge weist Korngrenzencarbide auf, die durch Überkohlung entstanden sind. Allgemein ist für eine Schwingbeanspruchung und speziell für die Zahnflankentragfähigkeit ein derartiges Gefüge nicht geeignet.

Abplatzer werden manchmal auch durch Fehler beim Verzahnungsschleifen (Ausbildung von Zugeigenspannungen durch Überhitzung) begünstigt.

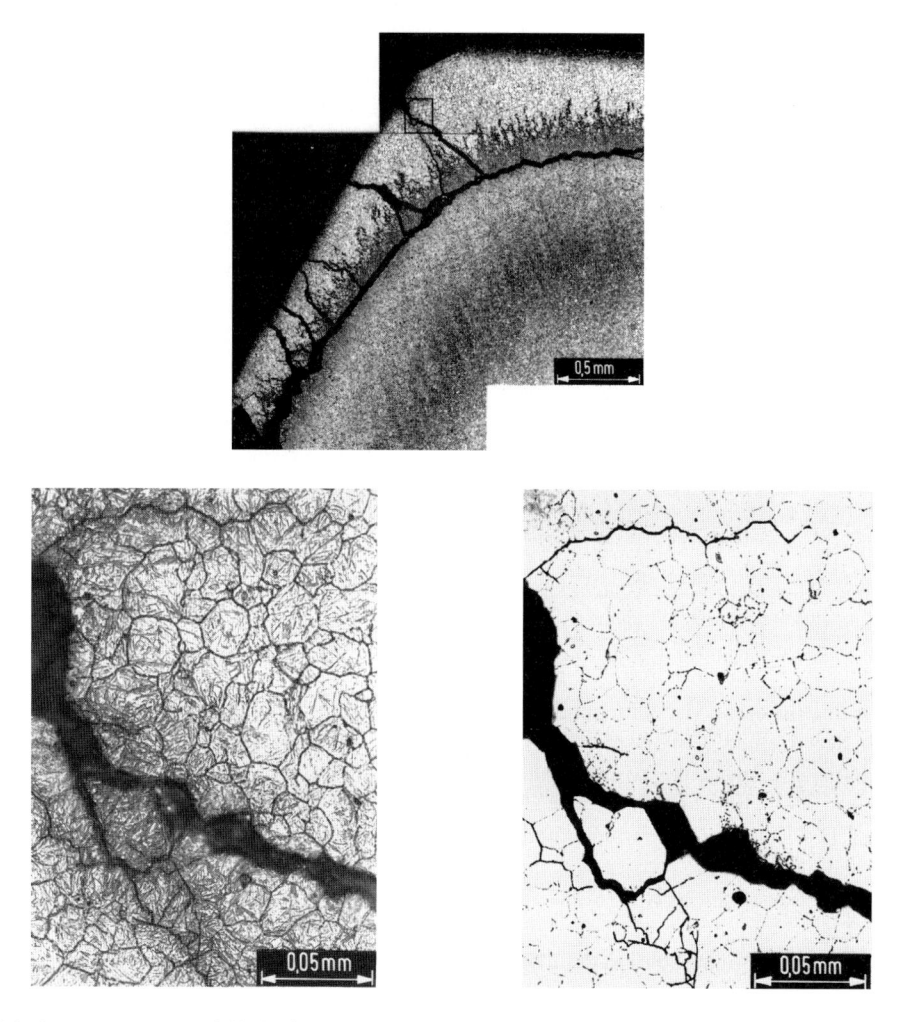

Bild 6.157: Korngrenzencarbide in der einsatzgehärteten Randzone des in Bild 6.156 wiedergegebenen Ritzels
oben: Übersicht, unten: Ausschnitt (links Nitalätzung, rechts Carbidätzung)

6.3.10 Schichtbruch

Dieser großflächige Ausbruch (größer als bei Grübchen und Abplatzern) tritt bei Wälzbeanspruchung selten auf und nur bei zu dünner Härteschicht nach Einsatz-, Nitrier- und Randschichthärten (Induktions- oder Flammhärten), wenn die lokale Dauerfestigkeit unter der Oberfläche überschritten wird. Die Merkmale dieses Schadens sind Schwingbruchflächen parallel zur Oberfläche.

Bei Zahnrädern bricht die Schicht im Bereich des Wälzkreises aus, **Bild 6.158** [234]. Der Bruch verläuft im Übergangsbereich von Härtezone zum Kern, d. h. Rissinitiierung und Risswachstum erfolgen unter der Oberfläche, so dass die rissunterwanderte Randschicht heraus-

6.3 Verschleißerscheinungsformen bei Mischreibung unter Elastohydrodynamik   329

bricht. Vereinzelt zeichnen sich Rastlinien ab. Als schadensverursachende Voraussetzung ist der aus der Hertzschen Pressung resultierende Vergleichsspannungsverlauf, dessen Maximum den Verlauf der Randfestigkeit, die durch die Härte repräsentiert wird, an der kritischen Stelle unter der Oberfläche übersteigt, Bild 6.158 rechts [1, 78].

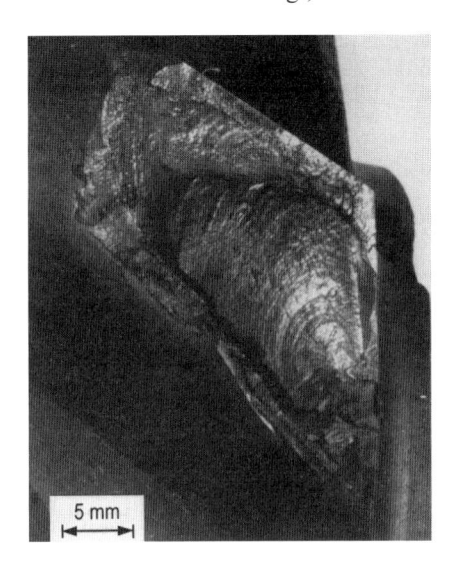

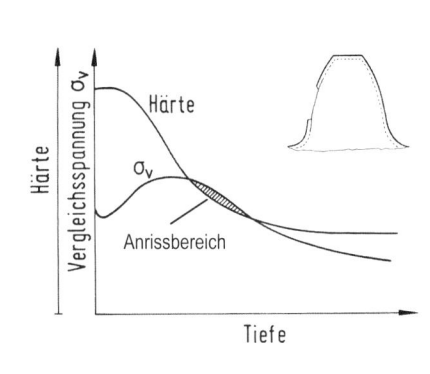

Bild 6.158: Schichtbruch an einem einsatzgehärteten Zahnrad aus 20MoCr4 [234, 227, VDI-Richtlinie 3822, Blatt 5]
links: Bruchfläche mit Rastlinien, Rissausgang unter der Oberfläche
rechts: Vergleich des Festigkeitsverlaufes (Härte) mit dem Vergleichsspannungsverlauf σ_v

6.3.11 Riffel

Riffel sind relativ häufig zu beobachtende Erscheinungen an Wälzpaarungen, die aus periodisch wiederkehrenden und quer zur Wälzrichtung verlaufenden Unebenheiten unterschiedlicher Formen oder farblicher Markierungen bestehen. Die Riffelbildung entsteht durch reibungserregte Schwingungen bei kritischen Schmierbedingungen. Beispiele für Riffelbildung sind an Zahnflanken, in Wälzlagern oder bei Reibradgetrieben zu finden. Bei Zahnrädern ist für Riffel auch die Bezeichnung *rippling* gebräuchlich.
Riffel, die durch Schwingungsverschleiß auf Kontaktflächen mit erschwertem Verschleißabtransport entstehen, werden in Kap. 5.2.6 behandelt.
Untersuchungen an Hypoidgetrieben zeigen [103, 235], dass Riffelbildung nicht auf plastische Verformungen zurückzuführen ist, sondern auf erhöhten Verschleiß und nur bei bestimmten Hypoidölen mit EP-Zusätzen auftritt. Die notwendigen Belastungen sind dabei von den Öleigenschaften, nicht jedoch von der Höhe der sich einstellenden Reibungszahl abhängig. Die Riffelentstehung wurde im einem Bereich der Umfangsgeschwindigkeiten von 0,4 bis 15 m/s beobachtet. Die Vertiefungen liegen in einer Größenordnung von rd. 1 µm.

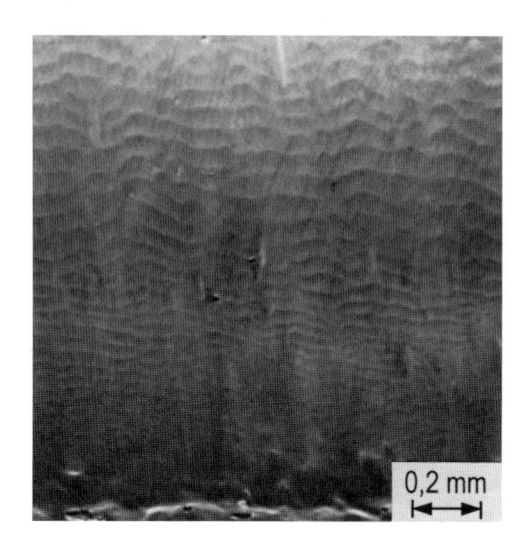

Bild 6.159: Riffel an einem einsatzgehärteten treibendem Ritzel aus 15CrNi6 oberhalb des Wälzkreises; Betriebsbedingungen: Wälzkreisgeschwindigkeit: 0,1 m/s, unleg. Mineralöl (FVA-2): η_{60} = 12 mPas, h_{min} = 0,008 µm [50, FZG München]

Bild 6.159 gibt die Riffelstruktur der Zahnflanke oberhalb des Wälzkreises eines einsatzgehärteten geradverzahnten Rades wieder, das mit unlegiertem Mineralöl (FVA-2) geschmiert wurde. In Zahnhöhenrichtung nimmt die Wellenlänge entsprechend der Gleitkomponente zu. Der Geschwindigkeitsbereich, in dem das Zahnrad lief, lag im Übergangsbereich zur Verschleißhochlage. Der kritische Schmierzustand ist in der geringen Umfangsgeschwindigkeit von 0,1 m/s, der geringen rechnerischen Schmierfilmdicke von 0,008 µm und dem unlegierten Öl zu sehen.

Bild 6.160: Riffel auf der Lauffläche einer Rolle eines Axialzylinderrollenlagers 81212 (Schmierstoff Ester, ϑ = 30 °C, n = 7,5 min^{-1}, Laufzeit 80 h)

6.3 Verschleißerscheinungsformen bei Mischreibung unter Elastohydrodynamik

Riffel auf der metallisch blanken Lauffläche einer Rolle eines Axialzylinderrollenlagers, das in einem Wälzlagerprüfstand lief, zeigt **Bild 6.160**. Die Riffel erstrecken sich auf schmalen in Umfangsrichtung verlaufenden Bändern auf der Lauffläche im Schlupfbereich. Aus den Riffelabständen und der Relativgeschwindigkeit zwischen 1 und 3,9 m/s lässt sich eine mittlere Frequenz zwischen 50 und 200 Hz abschätzen.

Der Spindelstock einer Verschleißprüfmaschine (Stift/Scheibe) war infolge hohen Verschleißes an 4 der 8 Laufflächen des zweiseitig wirkenden Axialnadellagers durch Spindelstillstand ausgefallen, Einbausituation **Bild 6.161**. Durch diesen Verschleiß war das Spiel in der Labyrinthdichtung im Bereich der Probenaufnahme aufgezehrt, so dass die Spindel fest saß. **Bild 6.162** zeigt die außenzentrierte Zwischenscheibe und eine der aus je 2 Nadelkränzen mit Laufscheibe bestehende Einheit, die rechts und links der Zwischenscheibe angeordnet ist. Entsprechend der Nadellänge von 5 mm hat sich bedingt durch den Gleitanteil der Nadeln eine rd. 80 µm tiefe Laufspur auf den Scheiben eingestellt, **Bild 6.163**, auf der sich wie auch auf den Nadeln, **Bild 6.164**, rötliche oxidische Beläge gebildet hatten. Der Schmierstoff war ausschließlich mit rötlichen oxidischen Partikeln durchsetzt. Die Untersuchung im REM ergab sowohl auf den Laufflächen der Scheiben, **Bild 6.165**, als auch auf den Nadeln Riffelstrukturen (im Gegensatz zu Stillstandsmarkierungen, Kap. 5.2.6), **Bild 6.166**. Diese Erscheinungen deuten darauf hin, dass der normalen Beanspruchung noch Drehschwingungen überlagert waren. Neben typischen Riffel, Bild 6.165 Mitte, sind auch Strukturen mit erhabenen Noppen, Bild 6.165 unten, entstanden. Auf der Nadeloberfläche zeigen sich sogar Risse, Bild 6.166.

Nach anfänglich flächenhaftem Verschleiß durch den Gleitanteil und ungünstige Schmierbedingungen (Mischreibung, mangelhafte Wartung, Schmierstoffalterung) bilden sich durch überlagerte Schwingungen erste Riffel. Die Verschleißpartikel oxidieren und bildeten mit dem Schmierstoff einen abrasiv wirkenden Zwischenstoff. Die Form der Strukturen – Riffel oder Noppen – hängt von der Erosionswirkung des partikelhaltigen Schmierstoffes und von der sich einstellenden Strömung ab.

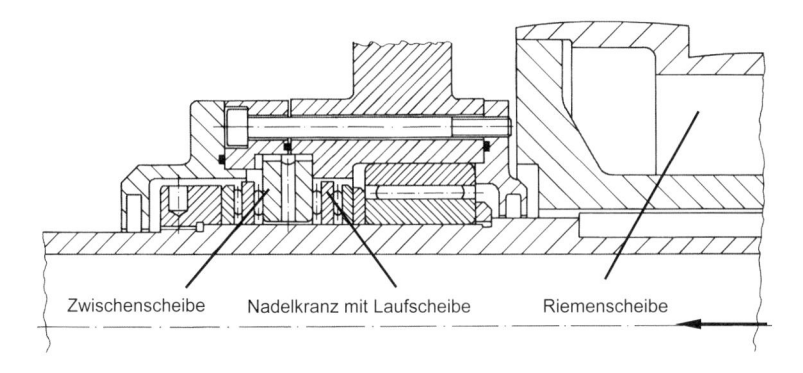

Bild 6.161: Einbausituation des Axialnadellagers im Spindelstock einer Verschleißprüfmaschine

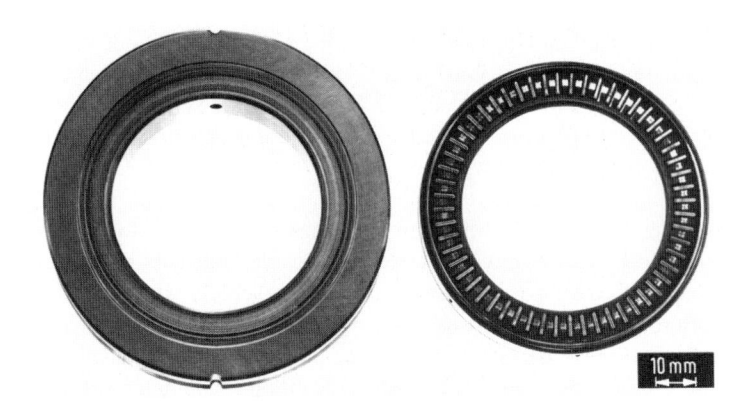

Bild 6.162: Axialnadellager mit Zwischenscheibe (links) und Nadelkranz (rechts)

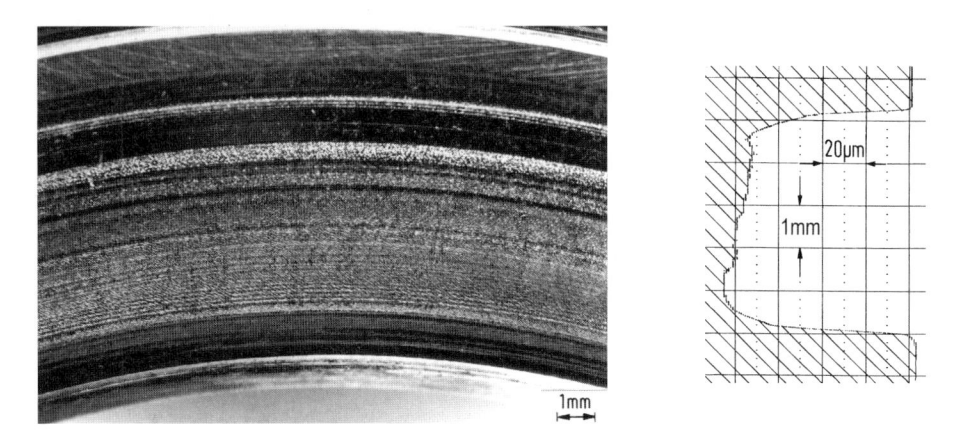

Bild 6.163: Ausschnitt von der Lauffläche der Zwischenscheibe mit Profilschrieb

Bild 6.164: Ausschnitt vom Nadelkranz

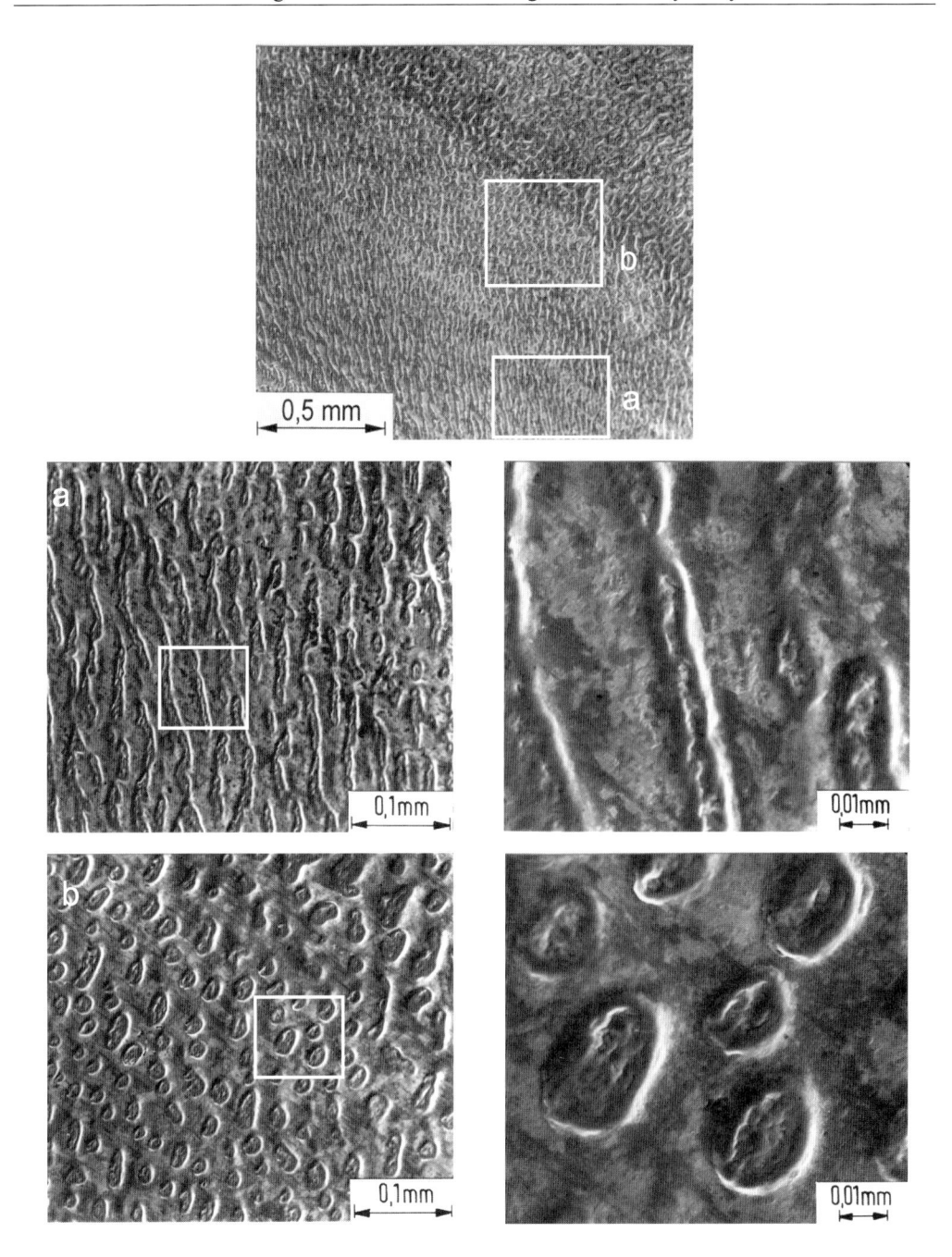

6.3 Verschleißerscheinungsformen bei Mischreibung unter Elastohydrodynamik   333

Bild 6.165: Riffel auf der Lauffläche der Wellenscheibe, Ausschnitt aus Bild 6.163
oben : Übersichtsaufnahme
Mitte: Riffel
unten: zu Noppen entartete Riffel durch Erosion infolge von unterschiedlichen Strömungswegen der im Schmierstoff enthaltenen oxidierten Verschleißpartikel

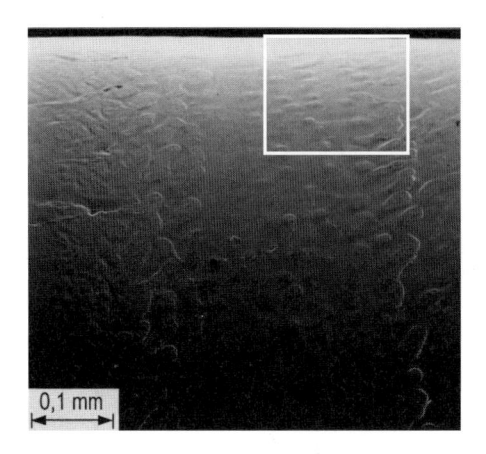

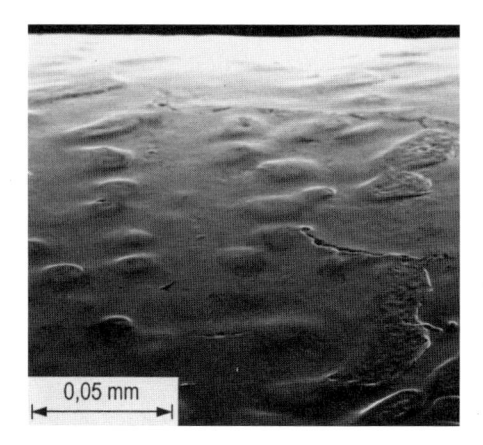

Bild 6.166: Zu Noppen entartete Riffel auf der Lauffläche einer Nadel mit Rissbildungen

Das folgende Beispiel zeigt Riffel auf einer Kegelfläche eines stufenlos verstellbaren Reibradgetriebes (Doppelkegel-Getriebe mit Zwischenring), **Bild 6.167 links oben**, bei dem durch axiales gegenläufiges Verschieben der Kegel 2 und 3 mittels einer starren Verbindung (im Bild nicht sichtbar) die Drehzahl variiert werden kann. Der Reibschluss erfolgt über die Punktkontakte zwischen den Kegelmantelflächen und den balligen Fasen des Stahlringes 5. Wegen des konstanten Anpressdruckes kann es bei Überschreiten des Drehmomentes zu einem erhöhten Schlupf und damit zu Verschleiß kommen. Geschmiert wird das Getriebe mit einem speziellen Traktionsfluid, mit dem sich höhere Reibkräfte übertragen lassen als mit Mineralölen, das aber Wälzlagern Probleme bereiten kann. Durch diesen Schmierstoff haben sich bei den Schrägkugellagern auf den Laufbahnen und Kugeln vorzeitig Abblätterungen eingestellt, vgl. Bild 6.142 und 6.147, die sich durch ungewöhnliche Geräuschentwicklung bemerkbar machten und die deshalb ausgetauscht werden mussten. Im Zuge dieses Lagerwechsels wurden auf der Wälzfläche des Kegels Riffel beobachtet, **Bild 6.167 rechts oben**, die sich an einer häufig benutzten Geschwindigkeitseinstellung in einem schmalen umlaufenden Band radial angeordnet hatten, **Bild 6.167 Mitte** und **unten**. Die Laufspuren deuten darauf hin, dass sich unter den angewandten Betriebsbedingungen kein trennender EHD-Film aufgebaut hatte. Die Reibkräfte resultieren daher nicht aus den Schubspannungen des Fluids, wie beabsichtigt, sondern überwiegend aus der Festkörperreibung. Es ist anzunehmen, dass der elastische Formänderungsschlupf in den Makroschlupf übergegangen ist. Bei solchen Riffelbildungen ist meist noch eine hochfrequente Bauteilschwingung (Vibration) ursächlich beteiligt. Ein Zusammenhang zwischen der Riffelbildung und der aus Primärcarbiden bestehenden Zeiligkeit ist nicht erkennbar, Bild 6.167 unten rechts. Anzeichen für eine Oberflächenzerrüttung wurden nicht beobachtet.

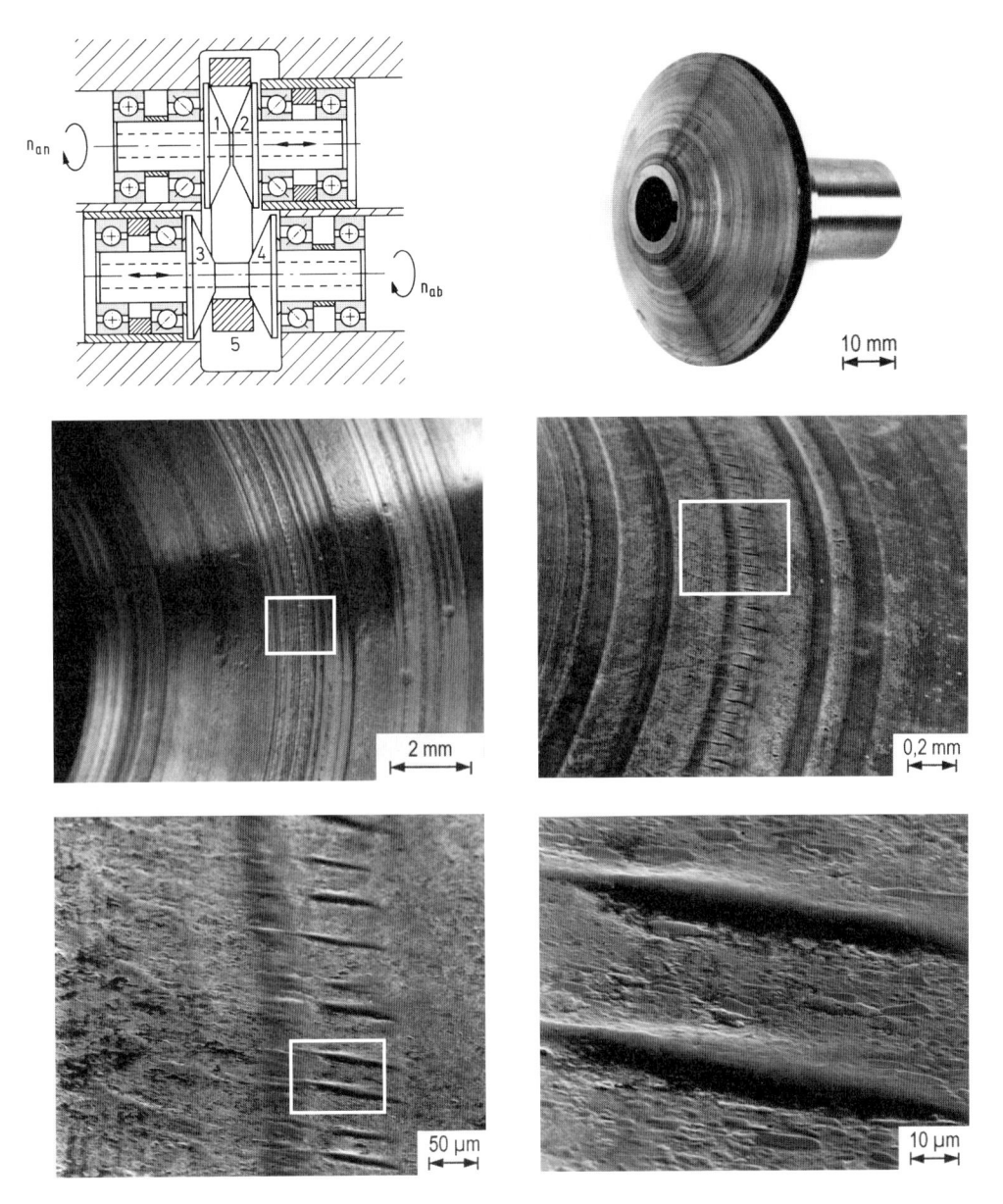

6.3 Verschleißerscheinungsformen bei Mischreibung unter Elastohydrodynamik   335

Bild 6.167: Riffel an der Kegelscheibe eines stufenlos verstellbaren Reibradgetriebes (Doppelkegel-Getriebe mit Zwischenring)
oben links: Prinzipskizze des Getriebes
oben rechts: Übersichtsaufnahme der Kegelscheibe
Mitte und unten: Ausschnitte aus dem Riffelbereich

Eine weitere Riffelerscheinung wird bei kontinuierlichem Stromdurchgang in der Kontaktzone von Wälzlagern sowohl bei Gleich- als auch bei Wechselstrom häufig beobachtet. Entsprechend der Kontaktflächengestaltung bilden sich in der am höchsten beanspruchten Zone des Lagers auf der Laufbahn achsparallele, braungefärbte und periodische, quer zur Wälzrichtung verlaufende tribochemische Markierungen aus, die sich mit zunehmender Laufzeit auf den gesamten Laufbahnumfang von Innen- und Außenring sowie auf die Wälzkörper ausdehnen können [236, 237]. An Kugeln entstehen im Gegensatz zu Rollen keine Riffel, da der Abrollbewegung der Kugel eine Kreiselbewegung überlagert ist. Die Kugeln sind jedoch dunkel verfärbt [237]. Lagerdrehzahl und Viskosität beeinflussen den Stromfluss stärker als die Belastung. Auf die Riffelbildung und Riffelzahl wirken bestimmend Stromstärke, Schwankungen der Stromdichte, Frequenz des Stromes und Kinematik des Lagers. Die Riffeltiefe beträgt nur wenige Mikrometer, beeinflusst aber deutlich das Laufgeräusch.

Kurzschlussströme z. B. durch Schweißarbeiten bewirken hingegen nur lokale Anschmelzungen mit Kratern und Schmelzperlen. Hohe Stromstärken und lange Einwirkdauern können auch eine deutliche Verringerung der Härte bewirken, insbesondere bei den Wälzkörpern. Gelegentlich wird Stromdurchgang auch durch elektrostatische Aufladungen ausgelöst [151]. Stromdurchgang bei Lagerstillstand verursacht eine Schädigung im Wälzkörperabstand auf den Laufflächen durch Schmelzkrater.

Ursache für den Stromdurchgang können Arbeitsströme (z. B. Fahrstrom einer E-Lok, Schweißstrom), Induzierung einer Spannung in der Welle eines E-Motors infolge von Wicklungsasymmetrie mit Stromfluss über die Lager, Induzierung einer Spannung im Lager selbst, wenn das Lager im magnetischen Kraftfeld umläuft sowie vagabundierende Ströme bei Isolationsfehlern sein [237]. Durch die Wirbelströme kann die Temperatur so hoch ansteigen, dass sich Lager verfärben. Maßgebend für die Riffelbildung ist die Stromdichte. Mit kleiner werdendem Durchtrittsquerschnitt nimmt die Gefahr der Schädigung zu. Ab einer Stromdichte von 2 A/mm^2 ist mit einem kurzfristigen Ausfall zu rechnen [151, 236]. Selbst bei 0,7 A/mm^2 sind noch Schädigungen zu erwarten. Grenzstromdichten von 0,1 A/mm^2 verursachen keine Schädigung mehr [151, 237].

Durch den vermehrten Einsatz von Frequenzumrichtern für drehzahlregelbare Motoren werden in jüngster Zeit verstärkt Schäden beobachtet [238, 239]. Abweichend von der Riffelbildung, die im Bereich der Mischreibung wahrscheinlich durch Widerstandserwärmung entsteht, weisen Wälzlager, die von durch Umrichter verursachten Lagerströmen geschädigt werden, von feinen Schmelzkratern matt erscheinende Laufflächen auf. Die Größe der Schmelzkrater ist mit 1-8 μm kleiner als die der Riffel. Diese Schädigung entsteht bei EHD, wenn es nach Überschreitung der Schwellspannung des Schmierfilmes zum Durchschlag kommt. Die Schwellspannung liegt im Allgemeinen bei 5-30 V.

Nach einer älteren Untersuchung [240] besteht über den Entstehungsmechanismus der Riffel folgende Vorstellung: Durch den Stromdurchfluss zwischen den Ringen und den Wälzkörpern bildet sich aus dem Schmierstoff ein gut haftender Belag, in den die Wälzkörper beim Einlaufen in die Lastzone aufgrund der stoßartigen Beanspruchung, da nur ein Teil der Wälzkörper die Last trägt, riffelartige Eindrücke hinterlassen. Die Abstände der Eindrücke entsprechen der Wälzkörperteilung. Diese Eindrücke regen die Wälzkörper zu neuen Schwingungen an, wodurch weitere Riffel erzeugt werden. Vermutlich regen aber insbesondere die Schmelzkrater Schwingungen an, weshalb die Riffelbildung hier eine sekundäre Erscheinung darstellt.

6.3 Verschleißerscheinungsformen bei Mischreibung unter Elastohydrodynamik

Auf der Lauffläche des Außenringes eines Zylinderrollenlagers einer E-Lok befinden sich in der sich über den halben Umfang erstreckenden Lastzone in Achsrichtung entsprechend der Hertzschen Kontaktfläche linienförmige Riffel, **Bild 6.168**. Die Vertiefungen wechseln sich mit erhabenen dunkler erscheinenden Stegen ab, **Bild 6.169 oben**. Während auf den Stegen außer überrollten Partikeln (vermutlich Schmelzperlen), Druckstellen von Partikeln und überrollten Anschmelzungen auch noch die ursprüngliche Schleifstruktur erkennbar ist, **Bild 6.169 unten links**, ist der Bereich der Vertiefungen von einer Vielzahl von Anschmelzungen übersät, die unter dem Einfluss der Last eingeebnet erscheinen, **Bild 6.169 unten rechts**. Die Vertiefungen sind wahrscheinlich überwiegend durch ein „Einsinken" der Zylinderrollen in die an den einzelnen Kontaktpunkten innerhalb des Kontaktbereiches entstandenen flüssigen Schmelzzonen und durch eine plastische Verformung der vergleichsweise weichen und restaustenithaltigen aufgeschmolzenen Zonen während des Einlaufens der Rollen in die Lastzone entstanden. Auch im Bereich des Auslaufens aus der Lastzone sind noch derartige Erscheinungen erkennbar. Die Tiefe dieser Riffel beträgt rd. 5 µm, die Breite 0,3 bis 1,5 mm und der Abstand zwischen den Riffel 0,2 bis 1,2 mm. Eindrücke in einem infolge von Stromdurchgang entstandenen Belag ließen sich jedoch nicht feststellen.

Durch Stromdurchgang entstandene Riffel, wie in Bild 6.168 dargestellt, können durch Schwingungsverschleiß zum Verwechseln ähnlich sein, vgl. Bild 5.23. Während bei Stromdurchgang Laufbahn und Wälzkörper durch Schmelzerscheinungen geschädigt und dunkel verfärbt sind, weisen die durch Schwingungsverschleiß entstandenen verriffelten Laufbahnen metallisch blanke und/oder mit Oxiden versehene Vertiefungen auf. Die in [117] getroffene Aussage, dass bei Schwingungen nur die Laufbahnen beschädigt seien, ist angesichts der im Kontakt ablaufenden Mechanismen Adhäsion, Oxidation und Abrasion zu überdenken. Daher sind auf den Laufbahnen und auf den Wälzkörpern gleichartige Merkmale zu erwarten.

Bild 6.168: Riffel in der Lastzone des Außenringes eines Zylinderrollenlagers NU 2322 E (110x240x80) aus dem Radlager einer E-Lok infolge von Stromdurchgang

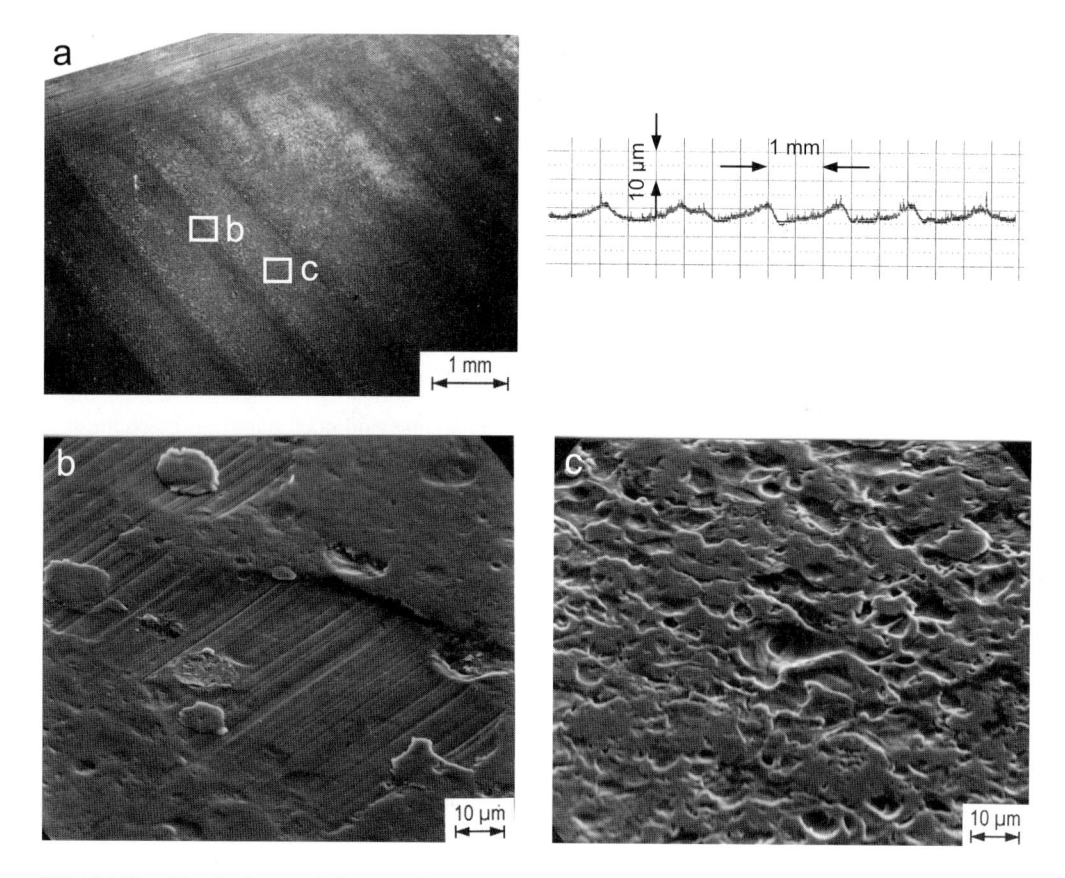

Bild 6.169: Oberflächenerscheinungen im Bereich der durch Riffel geschädigten Lauffläche des Zylinderrollenlagers in Bild 6.168
oben: Riffeln am Ende des Linienkontaktes (Ausschnitt a um 135° im Uhrzeigersinn gedreht) und Welligkeit
unten links: Bereich zwischen den Riffeln, Ausschnitt b Schmelzperlen
unten rechts: Bereich im Riffelgrund, Ausschnitt c Schmelzkrater

Ein Beispiel für unterschiedlich weit fortgeschrittene Stadien auf den Laufbahnen eines Pendelrollenlagers einer Schleuderwalze geht aus **Bild 6.170** hervor. Diese Stadien gehen vermutlich auf eine ungleiche Lastaufteilung infolge von hoher axialer Belastung zurück, die insbesondere auch aufgrund des großen Drehzahlbereiches von 30 bis 1300 min^{-1} unterschiedliche Schmierzustände nach sich zog. Diese Zustände stellen verschiedene elektrische Übergangswiderstände dar. Bei den ausgeprägten Riffeln dürfte Mischreibung mit überwiegenden Metallkontakten geherrscht haben, während sich auf der anderen Laufbahn zeitweise weitgehend EHD ausbilden konnte. Die größte Riffeltiefe beträgt in der am stärksten geschädigten Laufbahn maximal 50 µm, während auf der anderen Laufbahn nur maximal 4 µm gemessen wurden. Die Kämme der Riffel erscheinen geglättet und zeigen Rissbildungen sowie vereinzelte, feine Ausbrüche, **Bild 6.171 oben**, während im Riffeltal deutliche Schmelzstrukturen vorherrschen, **Bild 6.171 Mitte**. Die andere makroskopisch glatt erscheinende Laufbahn mit der

6.3 Verschleißerscheinungsformen bei Mischreibung unter Elastohydrodynamik

schwach ausgeprägten Riffelstruktur dagegen weist bei höherer Vergrößerung feine Ausbrüche und Reste von plastisch verformten Schmelzstrukturen auf, **Bild 6.171 unten**. Auch sind hier einzelne feine Risse zu beobachten.

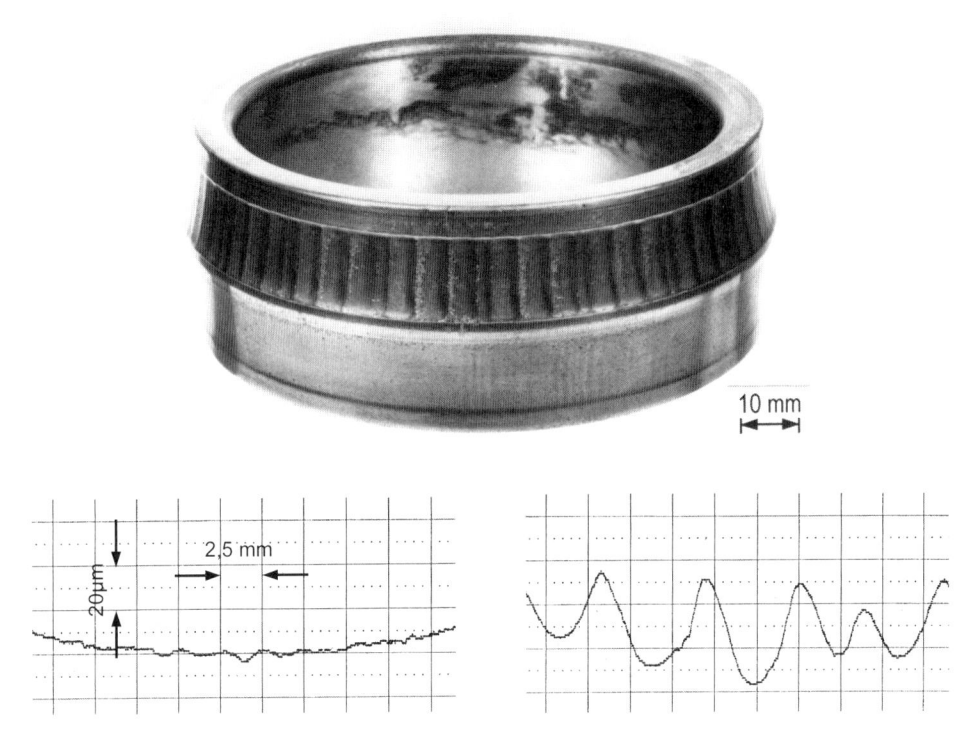

Bild 6.170: Riffel an einem Pendelrollenlager 22217 (85x150x36) einer Schleuderwalze infolge von Stromdurchgang (n = 60 bis 1300 min^{-1})
oben: Übersichtsaufnahme
unten: Profilschriebe im Bereich schwacher (links) und fortgeschrittener Riffelbildung (rechts)

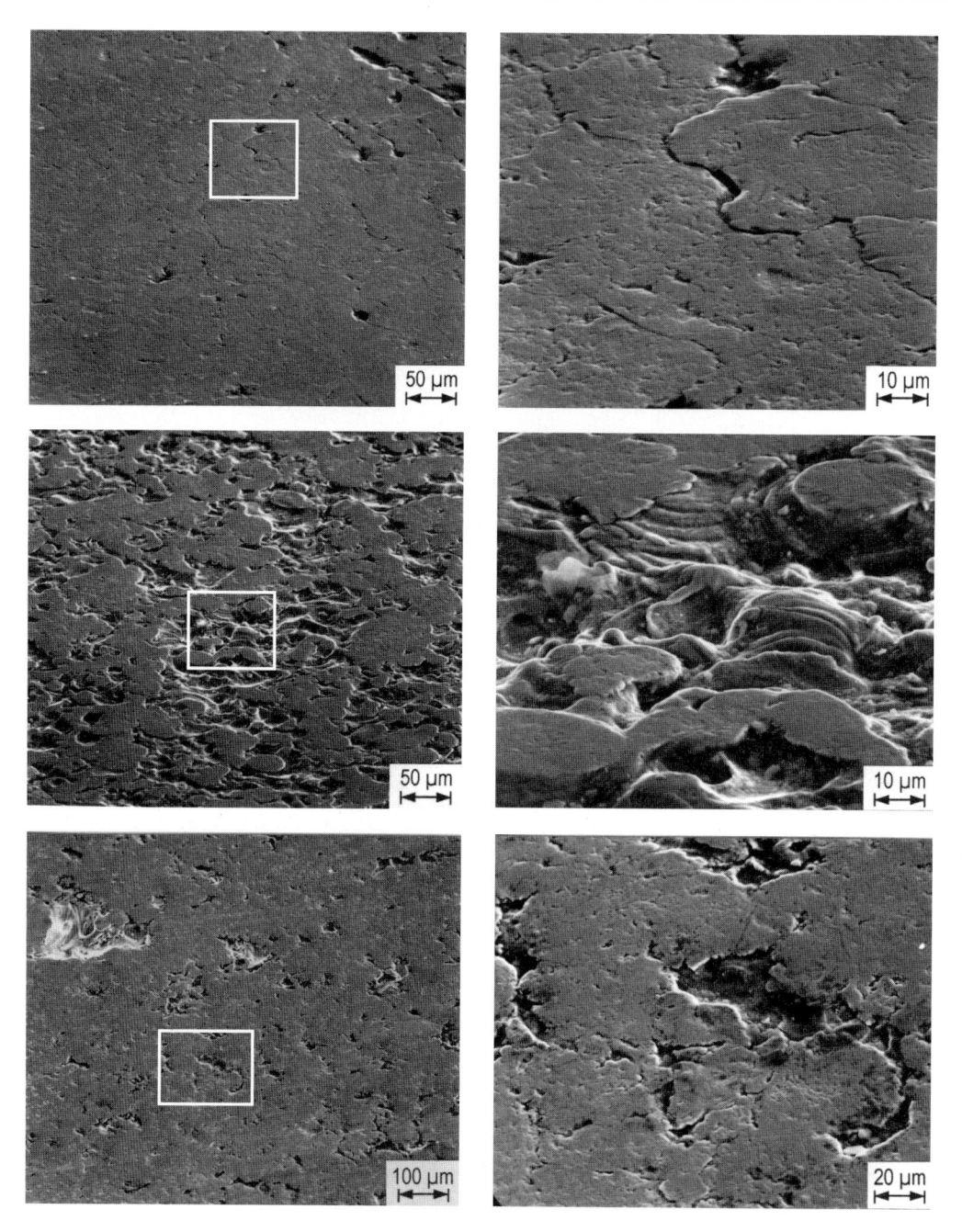

Bild 6.171: Oberflächenerscheinungen im Bereich der durch Riffelbildung geschädigten Laufflächen
oben: Rissbildungen auf den Kämmen der stark verriffelten Lauffläche
Mitte: Schmelzerscheinungen im Riffeltal der stark verriffelten Lauffläche
unten: Ausbrüche, plastisch verformte Schmelzstrukturen und Rissbildungen der schwach verriffelten Lauffläche

6.3 Verschleißerscheinungsformen bei Mischreibung unter Elastohydrodynamik

Betrachtet man das Gefüge im Bereich der ausgeprägten Riffel anhand eines Querschliffes, **Bild 6.172**, so erkennt man häufig sowohl auf den Kämmen als auch im Tal weiße, strukturlose Schichten unterschiedlicher Stärke. Am Kamm beträgt die Schicht rd. 6 µm und im Tal bis zu 30 µm. Außer den Schmelzstrukturen auf der Oberfläche deuten auch die Gasporen in der Schicht auf einen Schmelzvorgang hin. Zwischen der Schmelzzone und dem Grundwerkstoff befindet sich eine schmale, sich dunkel abhebende Anlasszone. Die Härte der Schicht liegt zwischen 800 und 1000 HV 0,015. Im Bereich des Kammes ist die dünne Schicht von unter 10° bis 20° schräg zur Oberfläche verlaufenden Rissen durchsetzt.

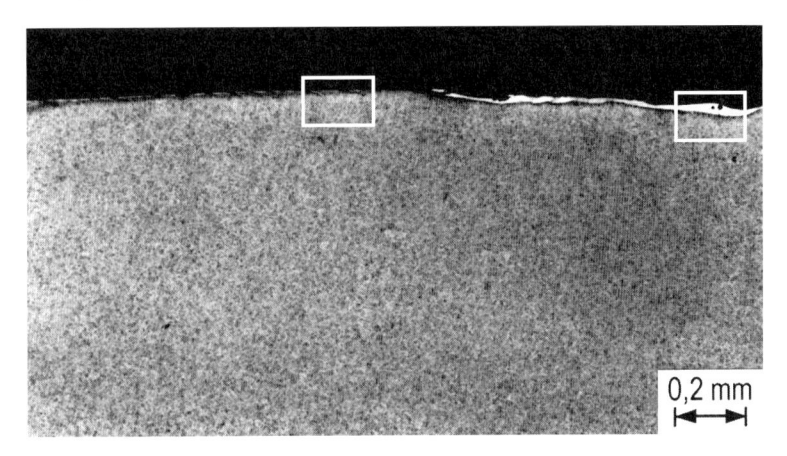

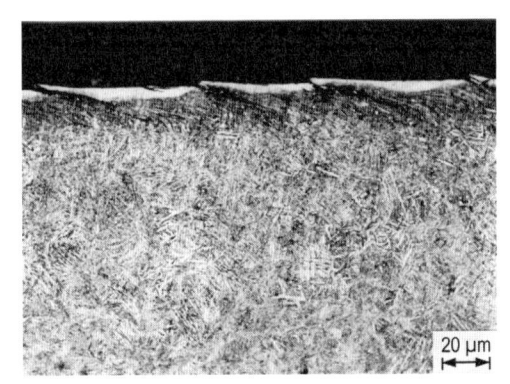

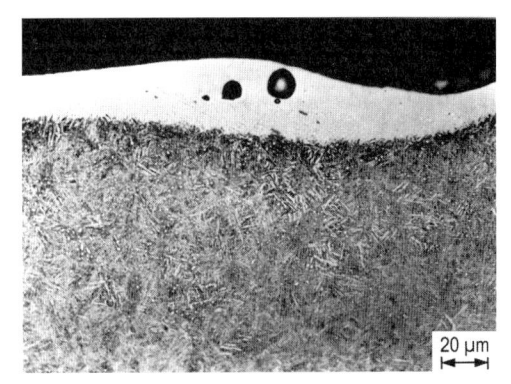

Bild 6.172: Gefüge im Bereich der fortgeschrittenen Riffelbildung (Querschliff) eines Pendelrollenlagers durch Stromdurchgang
oben: Übersichtsaufnahme
unten links: dünne linsenförmige Schmelzzonen und Rissbildungen auf den Kämmen
unten rechts: dicke Schmelzzonen im Bereich zwischen den Kämmen

Schäden durch Stromdurchgang an Wälzpartnern lassen sich nur bedingt vermeiden. Sicherer Schutz bietet nur eine Unterbrechung des Stromes. Bei Wälzlagern besteht die Möglichkeit, die Lagerstelle zu isolieren, z. B. durch Verwendung eines mit Oxidkeramik beschichteten Lageraußenringes [151] oder durch Anbringen einer Strombrücke zur Herabsetzung der

Stromdichte [126, 237, 239]. Die Schleifkontakte müssen dabei jedoch die elektrischen und mechanischen Anforderungen erfüllen. Der Versuch durch elektrisch leitfähigen Schmierstoff (z. B. Graphit oder Silberpartikel im Fett) den schädlichen Auswirkungen beizukommen, ist nicht immer erfolgreich [239]. Abhilfemaßnahmen gegen umrichterbedingte Lagerströme müssen individuell auf die verschiedenen Lagerstromarten abgestimmt werden [238]. Einige Ströme lassen sich durch Filter, Erdung oder mit Aluminiumoxid beschichtete Lageraußenringe nur reduzieren. Dagegen können mit Hybridlagern (Ringe aus Stahl, Wälzkörper aus Keramik) alle Stromformen unterdrückt werden. Bei Zahnrädern bietet sich an, das Gehäuse gegen das Fundament zu isolieren und isolierte Wellenkupplungen zu verwenden [241].

6.4 Verschleißerscheinungsformen bei ungeschmierter Wälzreibung

In manchen Anwendungsgebieten wie z. B. der Raumfahrt ist eine herkömmliche Schmierung von Wälzpaarungen mit Öl oder Fett aus physikalischen Gründen nicht geeignet, weshalb auf Beschichtungen oder Festschmierstoffe (z. B. MoS_2) ausgewichen werden muß. Für Beschichtungen kommen Weichmetalle und Hartstoffbeschichtungen mittels PVD-Verfahren in Frage. Wesentlich dabei ist, dass die Schichten gut haften.

Zahlreiche Verschleißerscheinungsformen sind insbesondere im Transportwesen bei Rad/Schiene-Systemen bekannt geworden. Kranfahrwerke sind vor allem durch plastische Oberflächenverformung, Profiländerung und Abblätterungen gefährdet [242]. Bei schienengebundenen Verkehrsmitteln sind es die Laufflächen von Eisenbahnrädern und Schienen, die von Ausbrüchen und Abblätterungen [243], die Raddurchmesser, die von unterschiedlichen Kreisformabweichungen (z. B. singuläre Flachstellen, periodische Radienabweichungen wie Polygonisierung) [203, 244 bis 246], Rad und/oder Schiene, die von Riffelbildung [245, 247 bis 259] sowie Laufflächen und Fahrkanten von Schienen, die durch Rissbildungen und Ausbrüche [260] gefährdet sind.

6.4.1 Profiländerung

Zylindrische Wälzflächen des Systems Rad/Schiene von Kranlaufwerken oder gekrümmte von Raupenfahrwerken können bei zu hoher Beanspruchung durch plastische Verformung im Laufe des Betriebes ihr Profil verändern, **Bild 6.173**. Durch die fehlende Stützwirkung der fließgefährdeten Radränder bilden sich ein konvexes Profil und ein Bart aus. Das entsprechend konkave Profil der Schiene passt sich durch Verformung und Verschleiß an. Auf den Laufflächen befinden sich folienartig ausgeformte Werkstoffbereiche, die abzublättern beginnen. Eine Bartbildung ist bei Rädern mit überstehenden Rändern oder bei Rädern mit zwei Spurkränzen wegen der Stützwirkung nicht möglich. Ist das Rad breiter als der Schienenkopf, stellt sich ein konkav gekrümmtes Radprofil und entsprechend am Schienenkopf ein konvexes Profil ein. Da das sich einstellende Profil formstabil ist, bietet sich an, von Anfang an ein solches Profil vorzugeben. Bewährt haben sich Krümmungsradien für das Profil, die etwa der 3-fachen Rad- bzw. Schienenkopfbreite entsprechen [242].

6.4 Verschleißerscheinungsformen bei ungeschmierter Wälzreibung 343

Die schadensverursachenden Voraussetzungen sind entweder zu hohe Hertzsche Pressung in Verbindung mit verstärkend wirkendem Tangentialschub oder zu niedrige Werkstoffkennwerte bzw. Härte.

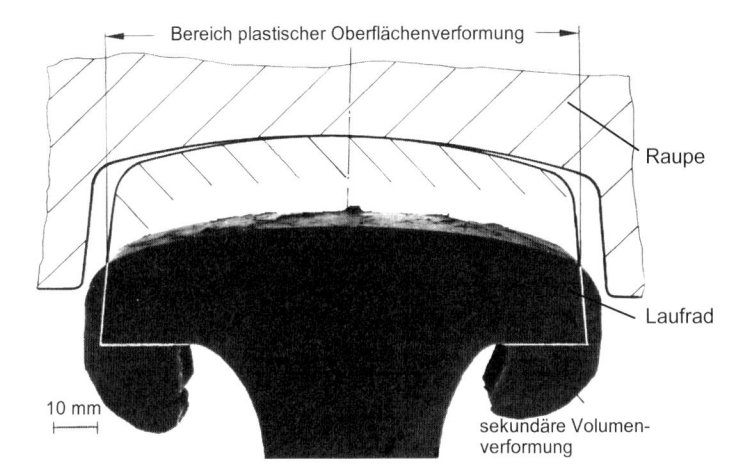

Bild 6.173: Profiländerung durch plastische Oberflächenverformung am Laufrad (Vergütungsstahl) eines Raupenfahrwerkes [227, VDI-Richtlinie 3822, Blatt 5]; auf der Lauffläche folienartige Abblätterungen andeutungsweise erkennbar

Die starke plastische Verformung, wie sie beim Laufrad des Raupenfahrwerks durch das nicht angepasste Werkstoffverhalten an die Beanspruchungsbedingungen auftrat, vgl. Bild 6.173, tritt beim System Rad/Schiene spurgebundener Verkehrsmittel nicht auf. Die metallographisch sichtbare plastische Verformung ist dort wesentlich schwächer ausgeprägt. Sie erstreckt sich in der Regel auf einige 1/10 mm. Der Nachweis über den Härteverlauf liefert Verfestigungstiefen im Millimeterbereich. Die Profiländerung ergibt sich vor allem durch den ungleichmäßigen Verschleiß in Längs- bzw. Umfangsrichtung und quer zu den Profilen von Rad und Schiene, kennzeichnende Beispiele **Bild 6.174**. Er hängt von der sich während des Betriebes ändernden Lage der Kontaktstelle mit den dort wirkenden Geschwindigkeiten und von der Häufigkeit der Überrollungen ab. Dieser adhäsiv bedingte Verschleiß führt insbesondere auf der Lauffläche und am Spurkranz zu Profiländerungen, die den Lauf und die Entgleisungssicherheit verschlechtern. Daher werden vorgegebene Grenzmaße in regelmäßigen Zeitabständen überprüft. Sind die Grenzwerte erreicht, werden die Räder reprofiliert. Auch für die Spurweite der Gleise sind Grenzmaße festgelegt. Angestrebt werden wenigstens 500 000 km zwischen den Reprofilierungen [195]. Hohe Beanspruchungen durch Gleitvorgänge und demzufolge hoher Verschleiß treten beim Befahren der Schienenbögen im Bereich des Spurkranzes und an der Flanke der bogenäußeren Schiene auf [203]. Der Verschleiß ist bei sogenannten Treibradsätzen wegen des Längsschlupfes höher als bei Laufradsätzen. Beim Befahren von engen Bögen kann es zu einer Polygonisierung der Räder kommen, die zu hoher dynamischer Belastung führt. Der Radverschleiß zeigt sich bei Bogenradien < 750 m auch vom Konstruktionsprinzip des Laufwerkes abhängig.

Für hohe Geschwindigkeiten ist ein vom Verschleiß unabhängiges konstant bleibendes Profil notwendig.

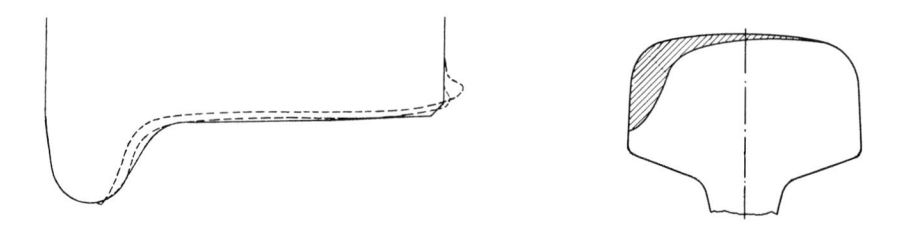

Bild 6.174: Profiländerung auf den Laufflächen von Rad (links) und Schiene (rechts) durch kontinuierlichen Verschleiß

6.4.2 Riffel

Auch im ungeschmierten Zustand können sich in regelmäßiger Folge quer zur Bewegungsrichtung Zonen mit erhöhtem Verschleiß und Zonen mit niedrigem Verschleiß abwechseln, wie beispielsweise bei Kurvenscheiben [261, 262] oder bei Laufringen von Druckwalzen von Offsetdruckmaschinen [263]. Es handelt sich hierbei um ein häufig auftretendes Phänomen dynamisch beanspruchter kraftschlüssiger Wälzsysteme mit Zwangserregung. Im Unterschied zu geschmierten Systemen sind die ungeschmierten anfälliger gegen Riffelbildung wegen ungünstiger Reibungszustände (Grenzreibung) und andersartiger Verschleißmechanismen (Tribooxidation, Adhäsion).

Die Riffelbildung ungeschmierter Wälzpaarung wurde in [258] experimentell und [257] analytisch untersucht. Nach [258] haben sich die drei wesentlichen Größen – Schlupf, Tribooxidation und Schwingungsfähigkeit der Reibpartner im Aufstandspunkt – als bedeutsam erwiesen. Riffel werden hervorgerufen sowohl durch ungleichmäßigen Verschleiß (*stick-slip* ähnliche Gleitbewegungen) als auch durch plastische Verformungen der oberflächennahen Zonen. Schlupf in Verbindung mit Tribooxidation ist bei verschleißbedingten Riffeln und maximale Belastung bei verformungsbedingten Riffeln die wichtigste Einflussgröße. Auf den bedeutenden Einfluss der Tribooxidation auf die Riffelbildung hat bereits [264, 265] hingewiesen. Unter Stickstoffatmosphäre unterblieb die Oxidation und somit auch die Riffelbildung. Wenn Riffel erzeugende Beanspruchungsschwankungen durch Systemeigenschwingungen hervorgerufen werden, scheint durch eine Verstärkung der Dämpfung der Systemschwingungen die Riffelbildung unterbunden oder verringert werden zu können. Zwischen Riffelanzahl und dem Verhältnis der Eigenfrequenz des Gesamtsystems und der Drehfrequenz des Antriebswälzkörpers besteht nach [257] ein Zusammenhang, während ein Zusammenhang zwischen Riffelbeständigkeit und Werkstoffkennwert nicht eindeutig ist [258].

Die bekanntesten Erscheinungen sind die seit über 100 Jahren existierenden Riffel auf Schienenlaufflächen schienengebundener Fahrzeuge wie Eisenbahn und Straßenbahn, **Bild 6.175**. Diese mehr oder weniger periodischen Verschleißerscheinungen stellen insbesondere die Bahn vor allem durch den Einsatz der Hochgeschwindigkeitszüge vor größere Probleme. Die Riffel

6.4 Verschleißerscheinungsformen bei ungeschmierter Wälzreibung

sind verantwortlich für Lärmbelästigung bei höheren Zuggeschwindigkeiten, für dynamische Zusatzbeanspruchungen in den Schienenbefestigungen und Radlagern sowie ungleichmäßige Schottersetzungen und für Schwellenbrüche [247, 249, 252, 259].

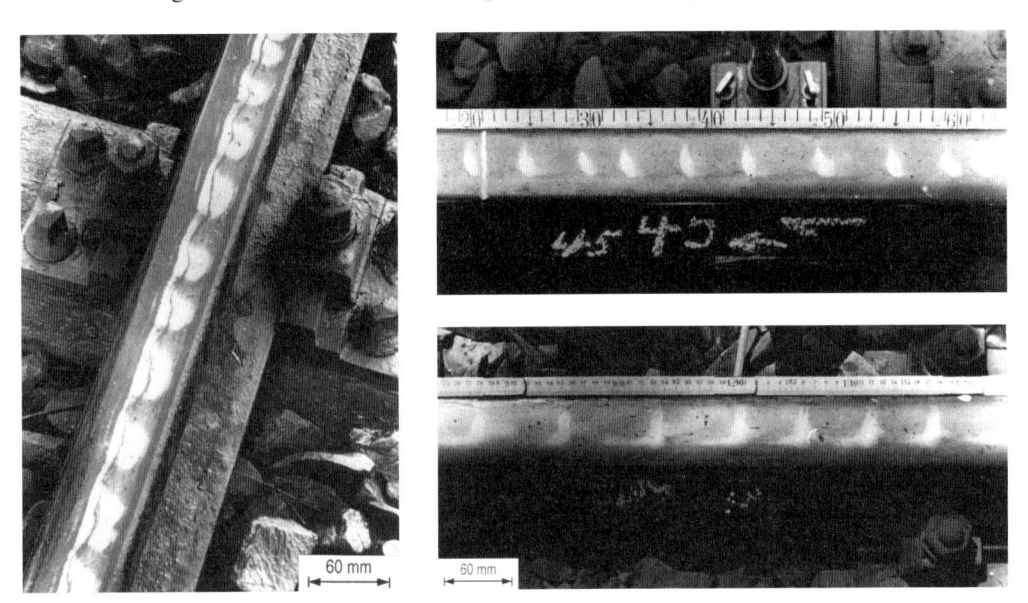

Bild 6.175: Beispiele von Riffeln auf Eisenbahnschienen

Die Wellenberge der Riffel stellen helle geglättete Bereiche dar, während die Täler matt erscheinen und mit Eisenoxiden belegt sind [248]. Auf den Laufflächen der Räder werden ebenfalls Riffel beobachtet, die im Gegensatz zu den Schienenriffeln immer gleiche Abstände aufweisen [247]. Ein weiteres Riffelphänomen stellen die Bremsriffel auf den Laufflächen klotzgebremster Räder dar, die mit Graugussklötzen gebremst werden [245]. Die Wellenlänge dieser periodischen Radienabweichungen wird mit rd. 50 mm bei einer Amplitude von 0,1 mm angegeben. Vermieden werden können diese Riffel, wenn der Graugussbremssohlen z. B. durch Sintermetal-Bremssohlen ersetzt werden. Für die Schienenriffel werden mittlere Abstände von 41 bis 45 mm angegeben. Die Schwankungen um diesen Mittelwert weisen auf wiederkehrende Welligkeiten von 250 mm hin, die als Schwebungen interpretiert werden. Diese periodischen Welligkeiten sind unabhängig von Schiene, Schwellenabstand, Fahrgeschwindigkeit und Schwellenart. Eine Auswertung der Abstände nach Häufigkeiten ergab Werte, die ganzzahlige Bruchteile der Radbreite von 135 mm lieferten, was als Zusammenhang mit den Wellenmoden des Radkranzes gedeutet wurde [249]. In [250] werden auch Abstände zwischen 20 und 120 mm genannt. Der Höhenunterschied zwischen Riffelberg und -tal beträgt bis zu 0,4 mm [251].
Die Riffel sind ortsfest, d. h. sie wandern nicht. Bergauf befahrene Schienen weisen mehr Riffel auf als bergab befahrene [247]. Der Schienenwerkstoff (Festigkeit, Gefüge, Eigenspannungen) hat keinen Einfluss auf die Riffelbildung [248].

Eine allgemeingültige Erklärung für die Riffelbildung gibt es noch nicht. In [250, 259] wird von einem Modell ausgegangen, das von kleinen Profilunregelmäßigkeiten der Schienenlauffläche angeregte Schwingungen von Rad und Schiene mit Verschleißvorgängen verknüpft. Beim Überrollen des Radsatzes der stets vorhandenen kleinen Profilirregularitäten auf den Schienen kommt es zu Strukturschwingungen und damit zu Schwankungen der Kontaktkräfte. Die ebenfalls schwankenden Reibungskräfte führen zu Änderungen in der Reibarbeit und damit letztlich zu Schwankungen im Verschleiß. Die Überrollungen der Profilstörungen finden in Bruchteilen von Sekunden statt und stellen kurzzeitdynamische Vorgänge dar, während die verschleißbedingten Profiländerungen sich erst nach langer Laufzeit mit vielen Überrollungen zeigen. Es findet ein Rückkopplungsmechanismus zwischen Kurzzeit- und Langzeitverhalten statt, der zu einer bevorzugten Ausprägung einer bestimmten Wellenlänge führt und sich erst nach Millionen von Überrollungen in Riffelmustern äußert. Hohe Riffelwachstumsraten treten bei hoher dynamischer Steifigkeit in vertikaler Richtung (hohe Normalkraftschwankungen) und bei hoher dynamischer Nachgiebigkeit in lateraler Richtung (hoher Schlupf und hohe Schlupfkräfte) der Schiene auf.

Vollständig lässt sich die Riffelbildung nicht vermeiden. Bisher bestand die Abhilfe nur im Abschleifen der Schienen, das von der Bahn ab einer Riffeltiefe von 0,08 mm durchgeführt wird. Eine Verzögerung in der Entwicklung von Riffeln ergibt sich, wenn die Anfangsrauigkeit neuer Schienen durch Beschleifen reduziert wird [250]. Die Vermeidung von Monoverkehr mit identischen Fahrzeugen und konstanten Geschwindigkeiten auf riffelgefährdeten

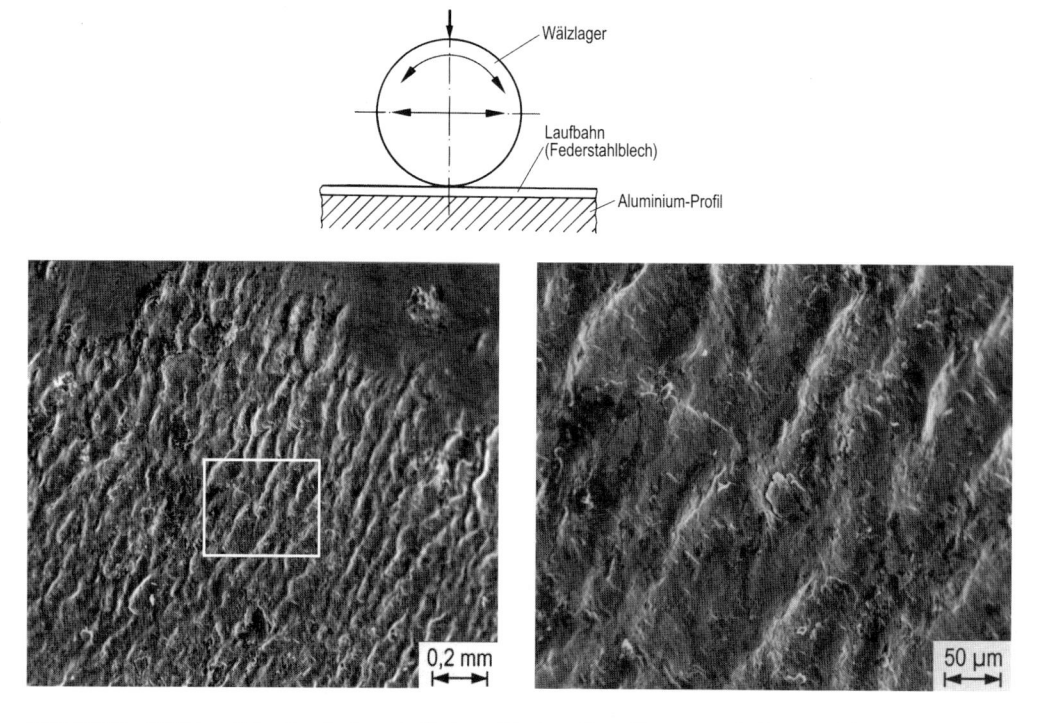

Bild 6.176: Riffel auf der Laufbahn aus Federstahl eines Portalkranes zwischen Wälzlager und Federblech, vgl. Bild 5.14

Strecken stellt eine weitere Möglichkeit dar, die Riffelbildung zu reduzieren [251]. Verzögert werden kann die Riffelbildung auch durch Einbau von weichen Zwischenlagen zwischen Schiene und Schwellen, wodurch die Kräfte im Kontakt reduziert werden.

Selbst bei Kranlaufbahnen können Riffel entstehen. Durch den Schräglauf der Rollen (Wälzlager) auf der Laufbahn aus Federstahl eines Portalkranes wurden Riffel erzeugt, **Bild 6.176**. Die Beanspruchung hat auch zu Schwingungsverschleiß in der Kontaktebene Federstahl/Aluminiumprofil geführt, wodurch sich ebenfalls ein Riffelmuster gebildet hat, vgl. Bild 5.14. Der Riffelbildung kann hier durch Verringerung von Schlupf entgegengewirkt werden, was durch konstruktive Maßnahmen (exakte Ausrichtung einstellbarer Rollen) und Reduzierung Hertzscher Pressung sowie durch Schmierung erreichbar ist.

6.4.3 Rissbildungen und Ausbrüche

Über die Kontaktflächen zwischen Rad und Schiene werden Normal-, Spurführungs- und Traktionskräfte geleitet, die bis an die zulässige Werkstoffbeanspruchung reichen können. Eine Überschreitung der Streckgrenze führt bereits nach einigen 1000 km zu einer Kaltverfestigung mit Aufbau von Druckeigenspannungen. Bei Erschöpfung des Verformungsvermögens kann es bei fortgesetzter Beanspruchung zu Rissbildung kommen. Berücksichtigt man noch die aus dem Schlupf resultierenden Temperaturspannungen und die Normalkraftschwankungen bei einer Riffelüberrollung, so kann die Vergleichsspannung leicht die zulässige Beanspruchung überschreiten [197, 267]. Die zunächst mikroskopischen Werkstofftrennungen vereinigen sich zu größeren Einheiten und können schließlich zu Ausbrüchen führen. Bei angetriebenen Radsätzen stellen sich in der Kontaktfläche in der Regel höhere Temperaturen ein als bei gebremsten Laufradsätzen. So lange sich Rad und Schiene auf gleichem Temperaturniveau befinden, sind die thermischen Spannungen in beiden Partnern gleich. Mit zunehmender Beanspruchungsdauer erwärmt sich der Radsatz kontinuierlich bis zu einer stationären Radtemperatur, während die Erwärmung der Schiene in der Kontaktzone nur auf eine dünne Oberflächenzone beschränkt bleibt. Die Schiene erfährt dadurch eine höhere thermische Beanspruchung in Form von Druckspannungen als die Räder. Eine Überlagerung aller Spannungsanteile ergibt für die Schiene die höchste und für die Räder die niedrigste Beanspruchung. Beim Bremsen sind dagegen die Räder höher beansprucht.

Das Beispiel in **Bild 6.177** gibt die schuppenartige Rissbildung und einzelne Ausbrüche an den Rissrändern auf der Lauffläche eines Eisenbahnrades wieder.

Bei dem Zerrüttungsschaden in Form von Ausbrüchen und Rissbildungen auf der Lauffläche einer Eisenbahnschiene, **Bild 6.178**, handelt es sich vermutlich um eine tonerdehaltige Schienengüte früherer Fertigung, bei denen die Ausbrüche in der Regel von diesen harten nichtmetallischen Einschlüssen ausgingen. Die Entwicklung bis zum Ausbruch erstreckt sich in der Regel über mehrere Jahre.

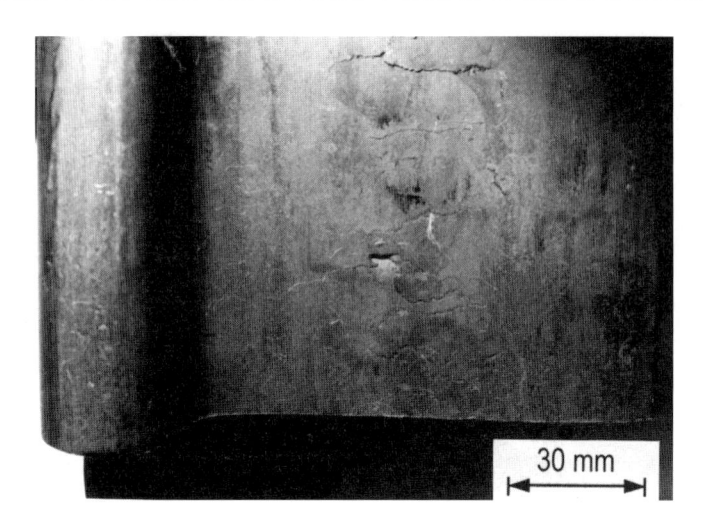

Bild 6.177: Schuppenförmige Rissbildung und beginnende Ausbrüche auf der Lauffläche eines Eisenbahnrades

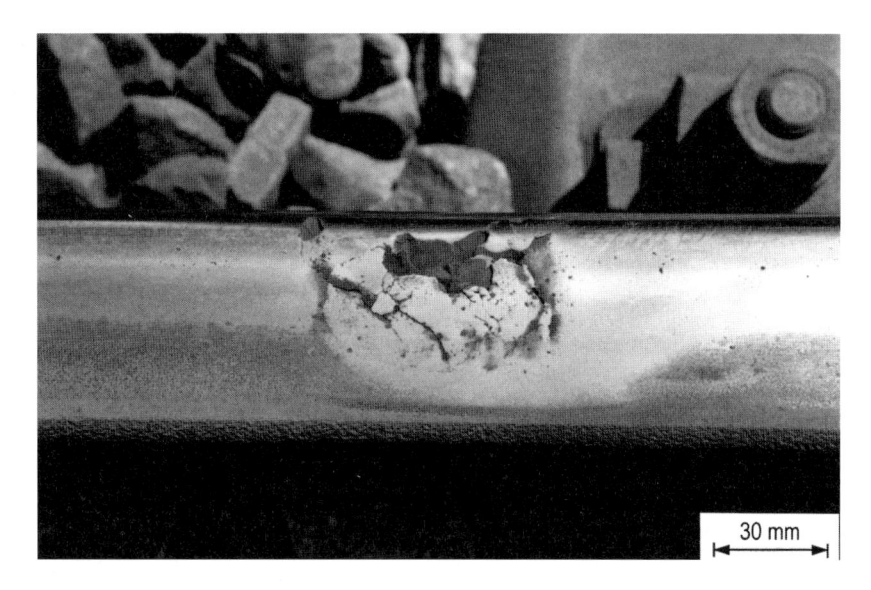

Bild 6.178: Ausbrüche auf der Lauffläche einer Eisenbahnschiene

Die wiederholt hohe Beanspruchung im Kontakt durch Normalkraft und Tangentialkraft an Fahrkanten außen liegender Schienen in Gleisbögen mit Radien zwischen 300 bis 3.000 m führt zu plastischen Verformungen, die schließlich aufreißen. Die Rissbildungen sind unter dem Namen *head checks* bekannt, **Bild 6.179**. Bei Rissfortschritt können dann sogar die Schienen quer brechen [260]. Die Rissbildungen werden durch in regelmäßigen Abständen durch gleisbefahrbare Schienenschleifmaschinen abgeschliffen.

6.4 Verschleißerscheinungsformen bei ungeschmierter Wälzreibung 349

Bild 6.179: Rissbildungen (*head checks*) an der Fahrkante einer Eisenbahnschiene [260, Th. Hempe]

6.4.4 Gefügeänderung

Durch die Schlupfbeanspruchung in den Kontaktstellen erfährt der Werkstoff von Rad und Schiene eine hohe plastische Verformung, die bis in eine Tiefe von mehreren Millimetern reichen kann. Die dabei entstehende Aufhärtung der Laufflächen erstreckt sich über eine größere Tiefe, als es metallographisch im Schliff erkannt wird. Abhängig von der im Kontakt umgesetzten Energie kann es auch zu einer temperaturinduzierten Phasenumwandlung in strukturlosen Martensit oder zu einer unvollständigen Umwandlung im Übergangsbereich zum perlitischen Grundwerkstoff kommen. Bei wiederholter Temperatureinwirkung wird der Martensit angelassen. Dieser Mechanismus liegt beispielsweise Schleuderstellen mit hohem Energieeintrag zugrunde. Auch für das Phänomen Schienenriffel wird in einer älteren Gefügeuntersuchung verriffelter Schienen [255], die u. a. eine Röntgenanalyse einschloss, dieser Mechanismus nachgewiesen. Im Unterschied zu dieser Deutung wird in einer neueren umfangreichen Untersuchung [256] aufgrund unterschiedlicher Mikrostrukturen im Schichtaufbau daneben auch ein anderer Mechanismus vorgestellt. Hierbei wird ein dem mechanischen Legieren ähnlicher Prozess angenommen, da die Temperaturen im Kontaktbereich beim regulären Bahnbetrieb weit unterhalb der Austenitisierungstemperatur (rd. 400 °C) liegen [266]. Danach handelt es sich um ein nanokristallines (Korngröße rd. 20 nm) mit Kohlenstoff übersättigtes ferritisches Gefüge hoher Härte von 1100 HV, das schichtartig aufgebaut ist. Diese inhomogene Struktur weist auf ein Schichtwachstum hin. Für die Gefügeänderungen werden temperaturinduzierte Spannungen in Verbindung mit hohen Verformungen und Scherspannungen, die eine Zementitauflösung bewirken, verantwortlich gemacht. Da in einem Fall in einer Schicht aber auch Restaustenit gefunden wurde, was auf eine Bildungstemperatur von rd. 800 °C schließen lässt, wird ein dem Austenitformhärten ähnlicher Prozess vermutet. Durch die Selbstabschreckung bildet sich dann nanokristalliner Martensit.

Bild 6.180 zeigt ein Gefüge der Lauffläche einer Schiene aus einem überwiegend perlitischen Stahl mit einer weißen, homogenen und strukturlos erscheinenden, rd. 50 μm dicken Schicht, die sich gegen die hellgraue, rd. 150 µm dicke Zone abhebt. Die durch die Tangentialbeanspruchung abgelenkten Risse ändern in der hellgrauen Zone ihre Richtung und orientieren sich senkrecht zur Oberfläche. Von den Rissen können Ausbrüche oder sogar Schienenbrüche ausgehen. Die hellgraue Zwischenzone mit den noch bestehenden Resten des Korngrenzenferrits deutet darauf hin, dass es sich um eine ungenügende Austenitisierung mit unvollständiger Ferritauflösung handelt. Die metallographisch sichtbare Verformung des perlitischen Grundwerkstoffes ist im Übergangsbereich zur Zwischenzone aus dem Verlauf des Korngrenzenferrits abzulesen.

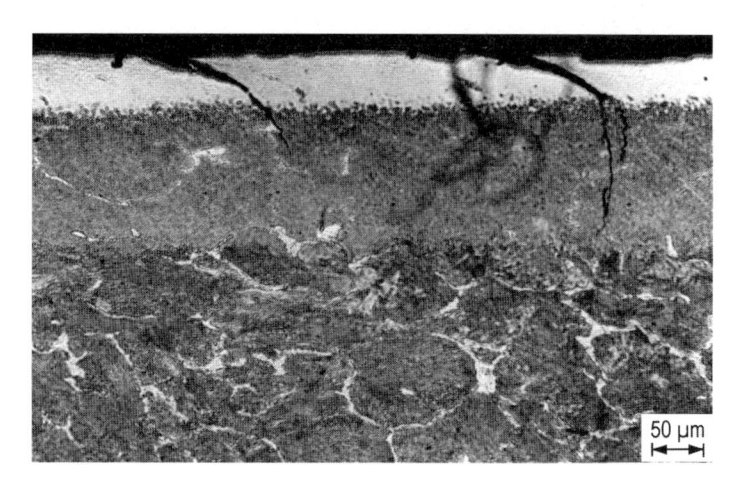

Bild 6.180: Gefügeänderung mit Rissbildung in der Lauffläche einer Eisenbahnschiene (Längsschliff)

Bild 6.181: Gefügeänderung im Bereich eines Riffelberges einer UIC60-Schiene (Querschliff); Profiltyp UIC60, Güte 900B, R_m = 880 N/mm², C = 0,55 bis 0,75 %, Mn = 1,3 bis 1,7 %
[256, G. Baumann]

Eine nach dem Mechanismus des mechanischen Legierens entstandene weiße Schicht gibt **Bild 6.181** wieder [256]. Die rd. 100 μm dicke Schicht im Bereich eines Riffelberges weist keinen thermisch bedingten Gefügegradienten zwischen Schicht und Grundwerkstoff auf wie in Bild 6.180. Sie grenzt sich daher vom unbeeinflussten perlitischen Grundwerkstoff scharf ab. Die normalerweise in Fahrtrichtung vorliegende Verformung ist im Querschliff nicht sichtbar. Neben Korrosionsnarben ist noch andeutungsweise der Korngrenzenferrit in der weißen Schicht zu erkennen. Nach einer Tiefätzung zeichnet sich bei hoher Auflösung im Rasterelektronenmikroskop eine Schichtung ab, **Bild 6.182**, die unterschiedliche Strukturen aufweist und aus sechs Lagen besteht. Daraus kann geschlossen werden, dass es sich um einen mehrstufigen Prozess handelt.

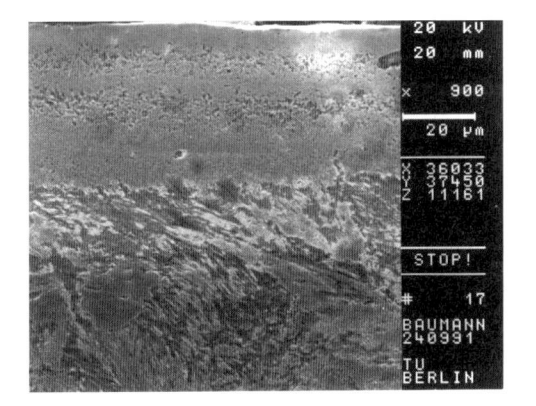

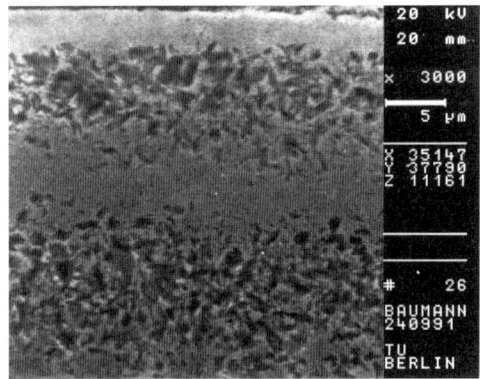

Bild 6.182: Weiße Schicht aus dem Bereich des Riffelberges einer UIC60-Schiene [256, G. Baumann] links: Übersicht, rechts: Ausschnitt

Literaturverzeichnis

[1] Kloos, K. H. und E. Broszeit: Grundsätzliche Betrachtungen zur Oberflächenermüdung. Zeitschrift für Werkstofftechnik 7 (1976) 3, S. 85 – 96

[2] Neupert, B: Beanspruchungen von Wälzelementen in oberflächennahen Randschichten. VDI-Zeitschrift 125 (1983) 23/24, S. 979 – 987

[3] Dowson, D. und G. R. Higginson: Elasto-Hydrodynamic Lubrication. Pergamon Press Oxford, London, Edinburgh, New York, Toronto, Paris, Braunschweig 1966

[4] Dowson, D.: Elastohydrodynamics. Proc. Instn. Mech. Engrs., Vol. 182, Pt 3A, (1967), S.151 – 167

[5] Van Leeuwen, H. J. und M. J. W. Schouten: Die Elastohydrodynamik: Geschichte und Neuentwicklungen. VDI Berichte Nr. 1207, 1995

[6]   Cheng, H.: A numerical solution of the elastohydrodynamic film thickness in an elliptical contact. ASME Journal of Lubr. Techn. (1970) 1, S. 155 – 162

[7]   Börnecke, K.: Beanspruchungsgerechte Wärmebehandlung von einsatzgehärteten Zylinderrädern. Diss. RWTH Aachen 1976

[8]   Schlicht, H. und E. Broszeit: Über die Beanspruchung oberflächennaher Werkstoffbereiche von Zahnflanken bei Voll- und Mangelschmierung. Mat.-wiss. u. Werkstofftechnik 38 (2007) 8, S. 591 – 602

[9]   Murch, L. E. und W. R. D. Wilson: A thermal elastohydrodynamic inlet zone analysis. Transaction of the ASME, Journal of Lubrication Technolgy April (1975), S. 213 – 216

[10] Tallian, T. E. et al.: Lubricant films in rolling contact of rough surfaces. ASLE Transactions 7 (1964), S. 109 – 126

[11] Münnich, H.: Bedeutung der elastohydrodynamischen Schmierung für die Schmierstoffanwendung. Erdöl und Kohle – Erdgas – Petrochemie 36 (1983) 10, S. 461 – 465

[12] Czichos, H.: Influence of asperity contact conditions on the failure of sliding elastohydrodynamic contacts. Wear 41 (1977), S. 1 – 14

[13] Schmidt, U., H. Bodschwinna und U. Schneider: Mikro-EHD: Einfluß der Oberflächenrauheit auf die Schmierfilmausbildung in realen EHD-Wälzkontakten. Teil I: Grundlagen. Antriebstechnik 26 (1987) 11, S. 55 – 60
      Teil II: Ergebnisse und rechnerische Auslegung eines realen EHD-Wälzkontakts. Antriebstechnik 26 (1987) 12, S. 55 – 60

[14] Kaneta, M. und Murakami,Y.: Effects of oil hydraulic pressure on surface crack growth in rolling/sliding contact. Tribology international 20 (1987) 4, S. 210 – 217

[15] Ilg, U., H. Wohlfahrt und E. Macherauch: Überrollungsbedingte Zustandsänderungen bei unterschiedlich wärmebehandeltem 100Cr6. Härterei-Technische Mitteilungen 46 (1991) 1, S. 16 – 23

[16] DIN 3990-5, 1987-12: Tragfähigkeitsberechnung von Stirnrädern. Dauerfestigkeitswerte und Werkstoffqualitäten.

[17] Niemann, G. und H. Winter: Maschinenelemente Bd. 3, 2. Auflage, Springer-Verlag Berlin, Heidelberg, New York, Tokyo 2004

[18] DIN 3990-2, 1987-12: Tragfähigkeitsberechnung von Stirnrädern. Berechnung der Grübchentragfähigkeit

[19] DIN 3996, 1998-9: Tragfähigkeitsberechnung von Zylinderschneckengetrieben mit Achswinkeln $\Sigma = 90°$.

[20] Brügel, E.: Praxisnahe Prüfstanderprobung von Getriebekomponenten. Tribologie + Schmierungstechnik 35 (1988) 2, S. 69 – 74

[21] Ehrlenspiel, K.: Schäden an stationären Getrieben und ihre Verhütung. In: Schäden an geschmierten Maschinenelementen, Expert-Verlag (1979)

[22] Joachim, F. J., H. E. Thies und E. Brügel: Lebensdauerschmierung bei Fahrzeuggetrieben. Tribologie + Schmierungstechnik 39 (1992) 6, S. 317 – 324

[23] Beisteiner, F. und D. Messerschmidt: Zur Bemessung von Zahnrad-Getrieben in der Fördertechnik. Fördern und Heben 22 (1972) 16, S. 907 – 911

[24] Beisteiner, F. und K.-H. Sperrle: Flankenfestigkeit großmoduliger Getrieberäder aus Ck45 bei Durchlaufbetrieb im Zeitfestigkeitsbereich. Fördern und Heben 32 (1982) 9, S. 691 – 696

[25] Beisteiner, F. und H. Neubert: Flankentragfähigkeit großmoduliger Getrieberäder aus 42CrMo4 bei Durchlauf- und Reversierbetrieb im Zeitfestigkeitsbereich. Fördern und Heben 35 (1985) 11, S. 851 – 856

[26] Beisteiner, F., D. Messerschmidt und H. Neubert: Flankentragfähigkeit vergüteter Getrieberäder. Fördern und Heben 37 (1987) 7, S. 475 – 477

[27] Engel, L.: Getriebeschäden. Schmiertechnik + Tribologie 27 (1980) 5, S. 163 – 172

[28] Höhn, B.-R. und P. Oster: Von vergüteten zu einsatzgehärteten Zahnrädern. Antriebstechnik 40 (2001) 7, S, 39 – 42

[29] Predki, W.: Tragfähigkeitsberechnung von Schneckengetrieben. Antriebstechnik 40 (2001) 7, S. 43 – 46

[30] DIN 3979, 1979-7: Zahnschäden an Zahnradgetrieben.

[31] ZF-Norm 201: Begriffsbestimmung von möglichen Zahnradschäden. 3. Auflage, Zahnradfabrik Friedrichshafen AG, Januar 1975

[32] Allianz-Handbuch der Schadenverhütung. Stationäre Getriebe, S. 755 – 756. 3. neubearbeitete und erweiterte Auflage, VDI-Verlag 1984

[33] Rist, R. und A. Bartel: Betriebsschäden an Zahnflanken. Betriebstechnik 1 (1960) 5/6, S. 140 – 144 und S. 174 – 176

[34] Goll, S.: Schäden an Zahnrädern für Fahrzeuggetriebe und ihre Verhütung. In: Schäden an geschmierten Maschinenelementen. Expert Verlag (1979)

[35] Bley, W.: Terminologie der Verschleißformen. Antriebstechnik 15 (1976) 3, S. 115 – 118

[36] Benedict, G. H.: Gears. In: Standard handbook of lubrication engineering. S. 20-1 – 20-24. Mc Graw-Hill Book Company New York, San Francisko, Toronto, London, Sydney 1968

[37] Failure of Gears. In: Metals Handbook, Vol. 10 Failure Analysis and Prevention, S. 507 – 524. 8th Edition, American Society for Metals (1975)

[38] Graham, J. D.: Pitting of gear teeth. In: Handbook of mechanical wear, S. 131 – 154. The University of Michigan Press, Ann Arbor (1961)

[39] Kelly, B. W.: The importance of surface temperature to surface damage. In: Handbook of mechanical wear, S. 155 – 172. The University of Michigan Press, Ann Arbor (1961)

[40] Dudley, D. W.: Gear Wear. In: Wear control handbook, S. 755 – 830. ASME, New York (1980)

[41] Ziegler, H.: Verzahnungssteifigkeit und Lastverteilung schrägverzahnter Stirnräder. Diss. RWTH Aachen 1971

[42] Rettig, H.: Innere dynamische Zusatzkräfte bei Zahnradgetrieben. Antriebstechnik 16 (1977) 11, S. 655 – 663

[43] Winter, H. und K. Michaelis: Fresstragfähigkeit von Stirnradgetrieben. Antriebstechnik 14 (1975) 7, S. 405 – 409 und 8, S. 461 – 465

[44] Blok, H.: The flash temperature concept. Wear 6 (1963), S. 483 – 494

[45] Lechner, G.: Untersuchungen zur Schmierfilmbildung an Zahnrädern. VDI-Zeitschrift 111 (1969) 4, S. 269 – 274

[46] Oster, P.: Grundlagen und Anwendung der Elastohydrodynamik. Antriebstechnik 24 (1985) 11, S. 62 – 65

[47] Wellauer, E. J. und G. A. Holloway: Application of EHD oil film theory to industrial gear drives. Transaction of the ASME, Journal of Engineering for Industry May (1976), S. 626 – 634

[48] Elstorpff, M.-G.: Einflüsse auf die Grübchentragfähigkeit einsatzgehärteter Zahnräder bis in das höchste Zeitfestigkeitsgebiet. Diss. TU München 1993

[49] Oster, P.: Beanspruchung der Zahnflanken unter Bedingungen der Elastohydrodynamik. Diss. TU München 1982

[50] Plewe, H.-J.: Untersuchungen über den Abriebverschleiß von geschmierten langsamlaufenden Zahnrädern. Diss. TU München 1980

[51] Sommer, K.: Reaktionsschichtbildung im Mischreibungsgebiet langsamlaufender Wälzlager. Diss. Universität Stuttgart 1997

[52] Föhl, J., K. Sommer und A. Gerber: Reaktionsschichtbildung. Verschleiß- und Reibungsminderung durch Reaktionsschichtbildung bei langsamlaufenden Wälzlagern und Zahnrädern. FVA-Forschungsvorhaben Nr. 126/II, Heft 330, 1991

[53] Nass, U.: Tragfähigkeitssteigerung von Schneckengetrieben durch Optimierung der Schneckenbronze. Diss. Ruhr-Universität Bochum 1995

[54] Lange, N.: Hoch fresstragfähige Schneckengetriebe mit Rädern aus Sphäroguss. Diss. TU München 2000

[55] Pfäfflin, B. und K. Langenbeck: Erfolgreiche Untersuchungen zu Schneckengetrieben mit Rädern aus einsatzgehärtetem Stahl. Antriebstechnik 38 (1999) 5, S. 61 – 65

[56] Niemann, G. und H. Winter: Maschinenelemente Bd. II, 2. Auflage, Springer-Verlag Berlin, Heidelberg, New York, Tokyo 1983

[57] Niemann, G. und G. Lechner: Die Freß-Grenzlast bei Stirnrädern aus Stahl. Erdöl und Kohle – Erdgas – Petrochemie 20 (1967) 2, S. 96 – 106

[58] Collenberg, H. F.: Untersuchungen zur Freßtragfähigkeit schnellaufender Stirnradgetriebe. Diss. TU München 1991

[59] Winter, H., K. Michaelis und H. F. Collenberg: Kontaktzeit-Methode zur Berechnung der Freßtragfähigkeit von Stirnradgetrieben. Antriebstechnik 31 (1992) 2, S. 57 – 65

[60] Joachim, J. F. und H. Thies: Tribologische Beeinflussung der Gebrauchsdauer von Zahnradgetrieben. Tribologie + Schmierungstechnik 36 (1989) 1, S. 6 – 12

[61] Michaelis, K.: Die Intergraltemperatur zur Beurteilung der Fresstragfähigkeit von Stirnradgetrieben. Diss. TU München 1987

[62] Razim, C. und U. Rodrian: Untersuchungen zum Schichtaufbau und Verschleißverhalten hochbelasteter, nitrierter Schraubenräder. Härterei-Technische Mitteilungen 40 (1985) 4, S. 141 – 149

[63] DIN 3990-4:1987-12: Tragfähigkeitsberechnung von Stirnrädern. Berechnung der Freßtragfähigkeit

[64] DIN ISO 14635-1:2006-05: Zahnräder-FZG-Prüfverfahren-Teil 1: FZG-Prüfverfahren A/8,3/90 zur Bestimmung der relativen Fresstragfähigkeit von Schmierölen.

[65] Winter, H., B.-R. Höhn, K. Michaelis und L. Schenk: Fressen bei Großzahnrädern. Antriebstechnik 40 (2001) 3, S. 65 – 70 und 4, S. 111 – 115

[66] Weck, M. und J. Leng: Einsatzmöglichkeiten von PVD-Schichten auf wälzbeanspruchten Bauteilen. Antriebstechnik 35 (1996) 5, S. 41 – 44

[67] Michler, T. und M. Laakmann: Verbesserung der tribotechnischen Eigenschaften von Verzahnungen durch WC/C-Schichten. Antriebstechnik 38 (1999) 6, S. 67 – 70

[68] Brand, J., C. Brand, R. Wittroff, M. Weck, H. Schlattmeier und C. Bugiel: Steigerung der Leistungsfähigkeit von wälzbeanspruchten Oberflächen durch den Einsatz von DLC-Schichten. Tribologie + Schmierungstechnik 51 (2004) 6, S. 27 – 32

[69] Weck, M., O. Hurasky-Schönwerth, H. Schlattmeier und C. Bugiel: WC/C-Beschichtung im Zahneingriff – eine umweltfreundliche Alternative? Antriebstechnik 42 (2003) 5, S. 43 – 46

[70] Dinter, R. M.: Riefen und Risse auf Schneckenflanken von Zylinder-Schneckengetrieben. Diss. RU Bochum 1997

[71] Schulz, M., J. Sauter, und I. Schmidt: Schadensuntersuchung an Zahnrädern und Wälzlagern. Fortschrittliche REM-Analyse in der Hochtechnologie, Werkstoff-Forschung, Schadensanalyse, Qualitätssicherung. 13. Vortragsveranstaltung des Arbeitskreises „Rastermikroskopie in der Materialprüfung" vom 18. bis 20. April 1983 im Arabella-Konferenz-Zentrum München. Deutscher Verband für Materialprüfung e. V.

[72] Schlöttermann, K.: Auslegung nitrierter Zahnräder. Diss. RWTH Aachen 1988

[73] Rettig, H. und G. Schönnenbeck: Graufleckigkeit – eine Schadensgrenze bei Zahnradgetrieben? Antriebstechnik 19 (1980) 7-8, S. 325 – 327

[74] Emmert, S.: Untersuchungen zur Zahnflankenermüdung (Graufleckigkeit, Grübchenbildung) schnellaufender Stirnradgetriebe. Diss. TU München 1994

[75] Schönnenbeck, G.: Ein Beitrag zum Einfluss der Schmierstoffe auf die Zahnflankenermüdung. Mineralöltechnik 6 (1987) S. 1 – 25

[76] Schönnenbeck, G.: Einfluß der Schmierstoffe auf die Zahnflankenermüdung (Graufleckigkeit und Grübchenbildung) hauptsächlich im Umfangsgeschwindigkeitsbereich 1...9 m/s. Diss. TU München 1984

[77] DIN 3962-1:1978-08: Toleranzen für Stirnradverzahnungen. Toleranzen für Abweichungen einzelner Bestimmungsgrößen

[78] Blackburn, J. H. et al.: Der Einfluss des Schmierstoffes auf die Graufleckigkeit von Zahnflanken. Schmiertechnik und Tribologie 27 (1980) 2, S. 40 – 45

[79] Volger, J. G.: Ermüdung der oberflächennahen Bauteilschicht unter Wälzbeanspruchung. Diss. RWTH. Aachen 1991

Literaturverzeichnis 357

[80] Leube, H.: Untersuchungen zur Randschichtermüdung an einsatzgehärteten Zylinderrädern. Einfluß von Werkstoff, Gefüge und Oberflächentopographie. Diss. RWTH Aachen 1986

[81] Uetz, H. und M. A. Khosrawi: Reaktionsschichtbildung bei hochbelastbaren Schmierölen. Tribologie + Schmierungstechnik 31 (1984) 3, S. 144 – 152

[82] Bayerdörfer, I.: Einfluss von betriebsbedingten Schmierstoffveränderungen auf die Flankentragfähigkeit einsatzgehärteter Stirnräder. Diss. TU München 2000

[83] Lützig, G.: Großgetriebe-Graufleckigkeit: Einfluss von Flankenmodifikation und Oberflächenrauheit. Diss. Ruhr-Universität Bochum 2007

[84] Liu, W.: Einfluss verschiedener Fertigungsverfahren auf die Graufleckentragfähigkeit von Zahnradgetrieben. Diss. TU München 2004

[85] Haslinger, K.: Untersuchungen zur Grübchentragfähigkeit profilkorrigierter Zahnräder. Diss. TU München 1991

[86] Vetter, J. und G. Barbezat: Verbesserte Oberflächen in der Automobilindustrie. Hart, korrosionsfest, reibungsmindernd. Sulzer Technical Review 1 (2007), S. 8 – 11

[87] Tobie, T.: Zur Grübchen- und Zahnfußtragfähigkeit einsatzgehärteter Zahnräder. Diss. TU München 2001

[88] Käser, W.: Beitrag zur Grübchenbildung an gehärteten Zahnrädern. Einfluss von Härtetiefe und Schmierstoff auf die Flankentragfähigkeit. Diss. TU München 1977

[89] Weck, M. und A. Gohritz: Bestimmung der Zahnflankentragfähigkeit von Zahnradgetrieben durch einfache Rollenversuche. VDI-Berichte Nr. 354 (1979), S. 125 – 137

[90] Patki, G. S.: Abschätzung von Schäden durch Grübchenbildung auf Stirnradzähnen. Fördern und Heben 28 (1978) 4, S. 259 – 262

[91] Winter, H.: Flankentragfähigkeit geradverzahnter Stirnräder. Versuchsauswertung und Verlauf der Grübchenbildung. Das Industrieblatt (1960) Mai, S. 309 – 315

[92] Weiß, T.: Zum Festigkeits- und Verzugsverhalten von randschichtgehärteten Zahnrädern. Diss. TU München 1983

[93] Goll, S.: Einflüsse auf die Tragfähigkeit einsatzgehärteter Zahnräder. Maschinenmarkt 86 (1980) 61, S. 1184 – 1186

[94] Sauter, J., I. Schmidt und M. Schulz: Einflussgrößen auf die Leistungsfähigkeit einsatzgehärteter Zahnräder. HTM 45 (1992) 2, S. 98 – 104

[95] Razim, C.: Restaustenit – zum Kenntnisstand über Ursache und Auswirkungen bei einsatzgehärteten Stählen. HTM 40 (1985) 4, S. 150 – 165

[96] Kosche, H.: Das schadensfreie Verzahnungsschleifen von einsatzgehärteten Zylinderrädern aus 16MnCr5. Diss. RWTH Aachen 1978

[97] Bötsch, H.: Der Einfluss der Oberflächenbearbeitung und -behandlung auf die Flankentragfähigkeit von Stirnrädern aus Vergütungsstahl. Diss. TU München 1965

[98] Kubo, A. und F. Joachim: Flankenrauheit, wichtige Einflussgröße auf die Flankentragfähigkeit von Zahnrädern. Antriebstechnik 18 (1979) S. 361 – 362

[99] Winter, H., Th. Hösel und F. J. Joachim: Einfluss des Gegenradwerkstoffes auf die Grübchentragfähigkeit vergüteter und normalisierter Zahnräder. Antriebstechnik 23 (1984) 10, S. 69 – 73 und 12, S. 41 – 44

[100] Knauer, G.: Einfluss des Schwefelgehaltes auf die Grübchen- und Zahnfußdauerfestigkeit einsatzgehärteter Zahnräder. Antriebstechnik 29 (1990) 10, S. 71 – 75

[101] Simon, M.: Messung von elasto-hydrodynamischen Parametern und ihre Auswirkung auf die Grübchentragfähigkeit vergüteter Scheiben und Zahnräder. Diss. TU München 1984

[102] Knauer, G.: Ermüdungsmechanismen und ihre Auswirkungen auf die Grübchentragfähigkeit einsatzgehärteter Zahnräder. HTM 47 (1992) 5, S. 302 – 310

[103] Fresen, G.: Untersuchungen über die Tragfähigkeit von Hypoid- und Kegelradgetrieben (Grübchen, Ridging, Rippling, Graufleckigkeit und Zahnbruch). Diss. TU München 1981

[104] Laukotka, E. M.: Schmierung von Schneckengetrieben und dafür geeignete Schmierstoffe. Tribologie und Schmierungstechnik 51 (2004) 1, S. 14 – 22

[105] Brugger, H., G. Kraus und M. Schulz: Die Zahnflankenlebensdauer von einsatzgehärteten Zylinderrädern unter besonderer Betrachtung der Betriebstemperatur, des Schmiermittels und des Werkstoffzustandes. Vortrag beim „Congres mondial des engrenages" (Internationale Zahnradkonferenz) in Paris am 23.6. 1977

[106] Henzel, B.: Wasserstoffaufnahme im Wälzkontakt einsatzgehärteter Zahnräder. Diss. TU München 1988

[107] Lange, G.: Schäden durch Wasserstoff. In: Systematische Beurteilung technischer Schadensfälle, 5. Auflage 2001. Wiley-VCH

[108] Schreiber, H.-H.: Lebensdauerversuche mit Wälzlagern – ihre Aussagegenauigkeit und Planung. Wälzlagertechnik (1963) 3, S. 2 – 12

Literaturverzeichnis

[109] Brockmüller, U.: Wälzlagerschäden und ihre Verhütung. Der Konstrukteur 7-8 (1987), S. 54 – 64

[110] Köttritsch, H., M. Albert und A. Schildberger: Wälzlagerschäden. In: Wälzlagertechnik, Teil 1. Expert Verlag (1985), S. 314 – 349

[111] Engel, L. und H. Winter: Wälzlagerschäden. Antriebstechnik 18 (1979) 3, S. 71 – 74

[112] Hallinger, L.: Früherkennung und Verhütung von Wälzlagerschäden: Vermeiden von Fertigungsstillstand. Schweizer Maschinenmarkt 14 (1987), S. 88 – 91

[113] FAG Publ. Nr. 81115 DA (1986): Schmierung von Wälzlagern

[114] Albert, M., H. Köttritsch und A. Schildberger: Wälzlagerschäden. Teil 1: Begriffe, Merkmale, Ursachen. Maschinenwelt-Elektrotechnik 37 (1982) 3, S. 66 – 72. Teil 2: Schäden in der Wälzlagerpraxis. Maschinenwelt-Elektrotechnik 37 (1982) 5, S. 122 – 127

[115] FAG Publ.-Nr. 82102/2 DA: Wälzlagerschäden. Schadenserkennung und Begutachtung gelaufener Wälzlager.

[116] Technische Produktinformation TPI 109 (2001): Schadensanalysen. Das INA-Schadensarchiv.

[117] SKF Produktinformation 401 (1994): Wälzlagerschäden und ihre Ursachen

[118] Albert, M. und H. Köttritsch: Wälzlager. Theorie und Praxis. Springer-Verlag Wien, New York (1987) S. 290 – 323

[119] Kraus, O.: Schäden und Schadensverhütung an Gleit- und Wälzlagern in elektrischen Maschinen. Der Maschinenschaden 53 (1980) 3, S. 86 – 94

[120] Jürgensmeyer, W.: Die Ursachen von Wälzlagerschäden. Der Maschinenschaden 26 (1953) 11/12, S. 121 – 130 und 27 (1954) 3/4, S. 41 – 47

[121] Eschmann, P., L. Hasborgen und J. Brändlein: Die Wälzlagerpraxis, 2. Auflage. R. Oldenbourg Verlag München Wien (1978)

[122] Lorösch, H.-K.: Die Gebrauchsdauer von Wälzlagern hängt nicht nur von der Tragzahl ab. Wälzlagertechnik – Industrietechnik (FAG) 1992 – 503, S. 15 – 21

[123] Bachmeier, H.: Wälzlagerschäden und ihre Verhütung. In: Schäden an geschmierten Maschinenelementen. Expert Verlag (1979)

[124] Sturm, A. et al.: Wälzlagerdiagnose an Maschinen und Anlagen. Verlag TÜV Rheinland GmbH, Köln (1985), S. 48 – 52

[125] Failures of Rolling-Element Bearings. In: Metals Handbook, Vol. 10 Failure Analysis and Prevention, S. 416 – 437. 8th Edition American Society for Metals (1975)

[126] Allianz-Handbuch der Schadenverhütung. Wälzlager: Schadensarten, Ursachen, Abhilfemaßnahmen, S. 702 – 712. 3. neubearbeitete und erweiterte Auflage, VDI-Verlag 1984)

[127] Tallian, T. E., G. H. Baile, H. Dalal und O. G. Gustafsson: Rolling bearing damage. A morphological atlas. SKF Industries, Inc. Technology Center, King of Prussia, Pa (1974)

[128] Nierlich, W. und J.Volkmuth: Schäden und Schadensverhütung bei Wälzlagern. Teil I: Schadensformen. Antriebstechnik 40 (2001) 1, S. 48 – 52. Teil II: Beanspruchungsanalyse und Schadensverhütung. Antriebstechnik 40 (2001) 2, S. 49 – 53

[129] ISO 15243: 2004 (E): Rolling bearings – Damage and failures – Terms, characteristics and causes

[130] Brändlein, J.: Gestaltung von Gehäusen für Wälzlagerungen – Teil I und Teil II. Antriebstechnik 34 (1995) 9, S. 61 – 65 und 10, S. 69 – 71

[131] Münnich, H.: Einfluss der Schmierung auf Lebensdauer, Reibung und Verschleiß von Wälzlagern. Schmiertechnik 15 (1968) 2, S. 87 – 97

[132] Pahl, G. und W. Rüblinger: Feststoffschmierung in Wälzlagern für nichtatmosphärische Einsatzbedingungen. VGB Kraftwerkstechnik 63 (1983) 3, S. 212 – 217

[133] Hengerer, F.: Werkstoffe für Wälzlager. In: Wälzlagertechnik, Teil 1, S. 99 – 121. Expert Verlag (1985)

[134] Hengerer, F. et al.: Maßstabilität von Wälzlagerstählen mit ca. 1 % Kohlenstoff. Kugellager-Zeitschrift 62 (1988) Nr. 231 (2), S. 26 – 31

[135] Korenn, H.: Wälzlager bei außergewöhnlichen Betriebsbedingungen. VDI-Berichte Nr. 141 (1970)

[136] Werries, H.: Wälzlager für wasserhaltige Hydraulikflüssigkeiten. Antriebstechnik 34 (1995) 12, S. 62 – 65

[137] Böhmer, H.-J.: Einige grundlegende Betrachtungen zur Wälzermüdung. In: Forschung – Grundlage für Produkte der Zukunft. FAG Publ.-Nr. WL 40205 DA

[138] Schlicht, H., E. Schreiber und O. Zwirlein: Ermüdung bei Wälzlagern und ihre Beeinflussung durch Werkstoffeigenschaften. Antriebstechnik 26 (1987) 10, S. 49 – 54

[139] Kloos, K. H. und E. Broszeit: Zur Frage der Dauerwälzfestigkeit. Zeitschrift für Werkstofftechnik 5 (1974) 4, S. 181 – 189

[140] Tardy, P. und T. Marton: Nichtmetallische Einschlüsse, Mikrorisse und Grübchenbildung bei der Oberflächenermüdung von Wälzlagerstählen. Arch. Eisenhüttenwesen 53 (1982) 10, S. 409 – 414

[141] Böhm, K., H. Schlicht, O. Zwirlein und R. Eberhardt: Nichtmetallische Einschlüsse und Überrollungslebensdauer. Arch. Eisenhüttenwesen 46 (1975) 8, S. 521 – 526

[142] Schlicht, H.: Einfluss der Stahlherstellung auf das Ermüdungsverhalten von Bauteilen bei kräftefreier und kräftegebundener Oberfläche. ZwF 73 (1978) 11, S. 589 – 598

[143] Schüssler, R.: Einfluss nichtmetallischer Einschlüsse auf die Lebensdauer von Wälzlagern. Schmierungstechnik 11 (1980) 2, S. 36 – 39

[144] Beswick, J. M., J. Volkmuth und F. Hengerer: Wälzlagerstahl als Werkstoff für Sicherheitsbauteile im Fahrzeugbau. Härterei-Technische Mitteilungen 45 (1990) 5, S. 266 – 273

[145] Hengerer, F.: Wälzlagerstahl 100Cr6 – ein Jahrhundert Werkstoffentwicklung. HTM 57 (2002) 3, S. 144 – 155

[146] Uetz, H., J. Föhl und K. Sommer: Einfluss von Reaktionsschichten auf das tribologische Verhalten langsamlaufender Wälzpaarungen. Antriebstechnik 28 (1989) 10, S. 57 – 62

[147] Inacker, O., P. Beckmann und P. Oster: Nanostruktur tribologischer Schichten. Tribologie + Schmierungstechnik 47 (2000) 2, S. 10 – 12

[148] Reichelt, M. et al.: Elektronenmikroskopische und Rastersonden-Untersuchungen des Verschleißschutzes durch Reaktionsschichten in langsam laufenden Wälzlagern. Tribologie + Schmierungstechnik 52 (2005) 2, S. 18 – 23

[149] Reichelt, M. et al.: Einfluss der Schmierstoffvariation auf die Reaktionsschichtbildung bei Axialzylinderrollenlagern. Tribologie + Schmierungstechnik 53 (2006) 2, S. 21 – 25

[150] Hiltscher, G.: Anschmierungen bei Wälzlagern – ein Beitrag zur theoretischen und experimentellen Lösung des Problems. Diss. Universität Erlangen-Nürnberg 1989

[151] Ortegel, F.: Wälzlager in Elektromaschinen. In: Wälzlager in Elektromaschinen und in der Bürotechnik. FAG Publ.-Nr. WL 01 201 DA

[152] Scherb, B. und P. Giese: Anschmierverhalten vollrolliger Zylinderrollenlager. Antriebstechnik 33 (1994) 12, S. 54 – 58

[153] Hansberg, G.: Freßtragfähigkeit vollrolliger Planetenrad-Wälzlager. Diss. Ruhr-Universität Bochum 1991

[154] Lorösch, H.-K.: Abgestimmte Wärmebehandlung minimiert Lagerverschleiß. Wälzlagertechnik 27 (1988) 2, S. 8 – 12

[155] Schlicht, H. und O. Zwirlein: Werkstoffeigenschaften und Überrollungslebensdauer. ZwF 76 (1981) 6, S. 298 – 303

[156] Joannides, E. und B. Jacobson: Verunreinigungen im Schmierstoff verkürzen die Lagerlebensdauer. Tribologie + Schmierungstechnik 37 (1990) 3, S. 144 – 149

[157] SKF Hauptkatalog 5000 G (Januar 2004)

[158] Lösche, T., M. Weigand und G. Heurich: Verfeinerte Lebensdauerberechnung für Wälzlager macht Leistungsreserven deutlich. Antriebstechnik 32 (1993) 7, S. 40 – 44

[159] DIN ISO 281: 1993-1: Dynamische Tragzahlen und nominelle Lebensdauer

[160] Lorösch, H.-K.: Prüfung von Getriebelagerungen. Antriebstechnik 26 (1987) 3, S. 46 – 56

[161] Schlicht, H.: Werkstoffeigenschaften, abgestimmt auf die tatsächlichen Beanspruchungen im Wälzlager. Wälzlagertechnik (1981) 1, S. 24 – 29

[162] Stöcklein, W.: Aussagekräftige Berechnungsmethode zur Dimensionierung von Wälzlagern. Tribologie + Schmierungstechnik 34 (1987) 5, S. 270 – 279

[163] Lorösch, H.-K.: Neues Verfahren zur Bestimmung der Lebensdauer von Lagern in Zahnradgetrieben. VDI Berichte 626 (1987), S. 267 – 282

[164] Lorösch, H.-K.: Die Lebensdauer des Wälzlagers bei unterschiedlichen Lasten und Umweltbedingungen. Wälzlagertechnik (1981) 1, S. 17 – 23

[165] Lorösch, H.-K.: Einfluss von festen Verunreinigungen auf die Lebensdauer von Wälzlagern. Antriebstechnik 23 (1984) 10, S. 63 – 69

[166] Macpherson, P. B.: The value of laboratory simulation testing for predicting gearbox performance. AGARD Conference Proceedings No. 394 Aircraft gear and bearing tribological systems. 60th Meeting of the Structures and Materials Panel of AGARD in San Antonio, Texas, USA on 22-26 April 1985

[167] Götz, F.: Berechnung der Spannungen, Verformungen und Temperaturen an Oberflächendefekten in Gleit-Wälzkontakten. Diss. TU München 1992

[168] Günther, D., F. Hoffmann und P. Mayr: Steigerung der Gebrauchsdauer von wälzbeanspruchten Bauteilen unter verschmutztem Schmierstoff. Härterei-Technische Mitteilungen 59 (2004) 2, S. 98 – 112

[169] FAG Wälzlagerkatalog: WL 41510/3 DB

[170] Kleinlein, E.: Wälzlagerschmierung. Schmierstoffe bei Mischreibung. Tribologie + Schmiertechnik 39 (1992) 2, S. 65 – 71

[171] Peppler, P.: Chilled cast iron engine valvetrain components. SAE Technical Paper Series 880 667 (1988)

[172] Uhe, H.: Zur Reibung von Nockentrieben mit Flachstößeln. Fortschritt-Berichte VDI-Reihe 1 Nr. 129 (1985)

[173] Eyre, T. S. und B. Crawley: Camshaft and cam follower materials. Tribology International (1980) Aug., S. 147 – 152

[174] Holland, J.: Zur Ausbildung eines tragfähigen Schmierfilmes zwischen Nocken und Stößel. MTZ 39 (1978) 5, S. 225 – 231

[175] Müller, R.: Der Einfluß der Schmierverhältnisse am Nockentrieb. MTZ 27 (1966) 2, S. 58 – 61

[176] Peppler, P.: Forderungen an die Randzone bei Nocken und ihren Gegenläufern. VDI Berichte Nr. 866 (1990), S. 123 – 137

[177] Wilson, R. W.: Designing against wear. Wear of cams and tappets. Tribology 2 (1969) 8, S. 166 – 168

[178] Just, E.: Determining wear of tappets and cams at Volkswagen. Metal Progress Aug. (1970), S. 110 – 112, 114

[179] Thumuki, C. et al.: Development of sintered integral camshaft. Metal Powder Report Vol. 38 (1983) 8, S. 433 – 435

[180] Weinert, K. und M. Hagedorn: Herstellung gebauter Nockenwellen durch Aufweiten mit Walzwerkzeugen. MTZ 64 (2003) 4, S. 320 – 327

[181] Meusburger P., H. Weissenhorn und R. Geiger: Das ThyssenKrupp Presta-Fügeverfahren, Grundlage der gebauten Nockenwelle. Thyssen Krupp techforum Dez. 2003

[182] Krentscher, B.: Pulvermetallurgisch hergestellte Bauteile aus Sonderwerstoffen. VDI-Berichte Nr. 600.3 (1987)

[183] Werner, G. D. und Ziese, J.: Verbesserung der Verschleißbeständigkeit an Nockenwellen durch gezielte Nitrier- und Oxidierbedingungen. VDI-Berichte Nr. 506 (1984)

[184] Chatterley, T. C.: Cam and cam-follower reliability. SAE Paper No. 88 50 33 (1988)

[185] Hrsg.: Daimler-Benz AG: Werkstofftechnik im Automobil. VDI-Verlag 1985

[186] Fuhrmann, W.: Beitrag zur Kenntnis des Einlaufs von Nocken und Stößeln. MTZ 46 (1985) 4, S. 147 – 148

[187] Girguis, S. L. et al.: Constant velocity joints and their applications. SAE, Technical Paper 780098, Warrendale (1978)

[188] Universal joint and driveshaft design manual. SAE, Advances in Engineering, Series No. 7, Warrendale (1979)

[189] Bauer, C.: Untersuchungen zu Beanspruchung, Fertigungstechnik, tribologischem Verhalten und Verschleißprüftechnik von Kugel-Gleichlaufverschiebegelenken. Fortschritt-Berichte VDI Reihe 1 Nr. 161 (1988)

[190] Weidemann, Ch.: Fahrdynamik und Verschleiß starrer und gummigefederter Eisenbahnräder. Diss. RWTH Aachen 2001

[191] Schneidersmann, E. O. und G. Kraft: Tangential- und Axialschlupf als Parameter des Laufradverschleißes. Schmiertechnik + Tribologie 26 (1979) 6, S. 220 – 222

[192] Yin, Xuejun: Experimentelle Untersuchung des instationären Rollkontakts zwischen Rad und Fahrbahn. Fortschritt-Berichte VDI Reihe 12, Nr. 313, VDI Verlag GmbH Düsseldorf 1997

[193] Holland, J. und F. Rick: Einfluß der Kontakttemperatur auf den Kraftschlussbeiwert. Tribologie + Schmierungstechnik 44 (1997) 2, S. 73 – 78

[194] Meinders, T. B.: Dynamik und Verschleiß von Eisenbahnradsätzen. Diss. Universität Stuttgart 2005

[195] Kim, Ki-Hwan: Verschleißgesetz des Rad-Schiene-Systems. Diss. RWTH Aachen 1996

[196] Kalker, J. J. : On the rolling contact of two elastic bodies in the presence of dry friction. Diss. TH Delft 1967

[197] Böhmer, A., M. Ertz, K. Kothe, F. Bucher und T. Klimpel: Beanspruchungen von Schienen unter statischen, dynamischen und thermischen Belastungen. ZEVrail Glasers Annalen 127 (2003) 3/4, S. 116 – 130

[198] Hesse, W.: Verschleißverhalten des Laufrad-Schiene-Systems fördertechnischer Anlagen. Diss. Ruhr-Universität Bochum 1983

[199] Beagley, T. M.: Severe wear of rolling/sliding contacts. Wear 36 (1976), S. 317 – 335

[200] Krause, H. und G. Poll: Verschleiß bei gleitender und wälzender Relativbewegung. Tribologie + Schmierungstechnik 31 (1984) 4, S. 209 – 214, 5, S. 285 – 289

[201] Krause, H.: Mechanisch-chemische Reaktionen bei der Abnutzung von St60, V2A und Manganhartstahl. Diss. RWTH Aachen 1966

[202] Horbach, R.: Kugelgraphitguß für Kranlaufräder. VDI-Z 124 (1982) 5, S. S29-S31

[203] Müller, R. und M. Diener: Verschleißerscheinungen an Radlaufflächen von Eisenbahnfahrzeugen. ZEV + DET Glasers Annalen 119 (1995) 6, S. 177 – 192

[204] Schmedders, H., H. Bienzeisler, K.-H. Tuke und K. Wick: Kopfgehärtete Schienen für höchste Betriebsansprüche. Eisenbahntechnische Rundschau 39 (1990) 4, S. 195 – 199

[205] Moser, A. und R. Oswald: Herstellung und Einsatz aus der Walzhitze kopfgehärteter Schienen. ETR 40 (1991) 1-2, S. 87 – 92

[206] Bienzeisler, H., H. Schmedders und K. Wick: Moderne Schienenerzeugung bei der Thyssen Stahl AG. Thyssen Technische Berichte 1988) 1, S. 147 – 159

[207] Weber, L., R. Schweitzer und W. Heller: Sonderdesoxidierte Schienenstähle mit hohem Widerstand gegen ErmüdungsschädenEisenbahntechnische Rundschau 36 (1987) 4, S. 251 – 254

[208] Steindorf, H., E. Broszeit und K. H. Kloos: Gefüge und Anlassverhalten von weißen Bändern. Z. Werkstofftechnik 18 (1987), S. 428 – 435

[209] Österlund, R. und O. Vingsbo: Phase changes in fatigued ball bearings. Metallurgical Transactions A Vol.11 A (1980) Mai, S. 701 – 707

[210] Hollox, G. E., A. P. Voskamp und E. Joannides: Ermüdungssichere Auslegung von Wälzlagerkomponenten. Kugellager-Zeitschrift 62 (1987) Nr. 231 (1), S. 20 – 27

[211] Schlicht, H.: Über die Entstehung von White Etching Areas (WEA) in Wälzelementen. Härterei-Technische Mitteilungen 28 (1973) 2, S. 112 – 123

[212] Schlicht, H.: Der Überrollungsvorgang in Wälzelementen. Härterei-Technische Mitteilungen 25 (1970) 1, S. 47 – 55

[213] Schlicht, H.: Strukturelle Änderungen in Wälzelementen. Wear 12 (1968), S. 149 – 163

[214] Muro, H. and N. Tsushima: Microstructural, microhardness and residual stress changes due to rolling contact. Wear 15 (1970), S. 308 – 330

[215] Monnot, J., R. Tricot and A. Guenssier: Résistance à la fatigue et endurance des aciers pour roulements. Revue de Métallurgie (1970), S. 619 – 638

[216] Martin, J. A., S. F. Borgese and A. D. Eberhardt: Microstructural alternations of rolling-bearing steel underjoning cyclic stressing. Journal of Basic Engineering (1966), Sept., S. 555 – 567

[217] Zwirlein, O. und H. Schlicht: Werkstoffanstrengung bei Wälzbeanspruchung – Einfluss von Reibung und Eigenspannungen. Z. f. Werkstofftechnik 11 (1980), S. 1 – 14

[218] Zwirlein, O. und H. Schlicht: Rolling contact fatigue mechanisms – Accelerated testing versus field performance. Rolling contact fatigue testing of bearing steels, ASTM 771, J.J.C. Hoo, Ed., American Society for Testing and Materials (1982), S. 358 – 379

[219] Schlicht, H.: Über adiabatic shearbands und die Entstehung der „Steilen Weißen Bänder" in Wälzlagern. Mat.-wiss. und Werkstofftechnik 39 (2008) 3, S. 217 – 226

[220] Schreiber, E.: REM-Untersuchungen von Ermüdungserscheinungen unter der Oberfläche von Wälzelementen. Mikrostrukturelle und mikroanalytische Charakterisierung in Werkstoffentwicklung und Qualitätssicherung. 14. Vortragsveranstaltung des Arbeitskreises „Rastermikroskopie in der Materialprüfung" vom 25. bis 27. April 1990 in Berlin, Deutscher Verband für Materialforschung und -prüfung e.V. (DVM)

[221] Hiraoka, K., M. Nagao, and T. Isomoto: Study on flaking Process in bearings by white etching area generation. Journal of ASTM Intenational, Vol. 3, Issue 5 (May 2006)

[222] Knauer, G.: Zur Grübchentragfähigkeit einsatzgehärteter Zahnräder. Einfluß von Werkstoff, Schmierstoff und Betriebstemperatur. Diss. TU München 1988

[223] Schreiber, E.: Werkstoffliche Analyse – ein Instrument zur Ermittlung realer Beanspruchungsverhältnisse. In: Forschung – Grundlage für Produkte der Zukunft. FAG Publ.-Nr. WL 40205 DA

[224] Schreiber, E.: Untersuchungen von Schadensfällen an Wälzlagern. VDI Berichte 862 Bauteilschäden Ursachen und Verhütung, S. 161 – 182

[225] Rettig, H.: Tragbildfehler bei Zahnrädern. Schäden durch ungleichmäßige Lastverteilung und ihre Ursachen. Der Maschinenschaden 37 (1964) 1/2, S. 3 – 13

[226] Bartel, A. A.: Farben können täuschen. Die Verfärbung beanspruchter Festkörperoberflächen und ihre Deutung. Der Maschinenschaden 43 (1970) 5, S. 171 – 182

[227] VDI-Richtlinie 3822, Blatt 5: Schäden durch tribologische Beanspruchungen

[228] Dittrich, O.: Die Schmierung stufenloser mechanischer Getriebe. Tribologie + Schmierungstechnik 36 (1989) 2, S. 91 – 95

[229] Zoch, W.: Werkstoff und Wärmebehandlung – entscheidend für die Leistungsfähigkeit der Wälzlager. In: Forschung – Grundlage für Produkte der Zukunft. FAG Publ.-Nr. WL 40205 DA

[230] Nierlich, W., J. Gegner und M. Brückner: XRD residual stress analysis for the clarification of failure modes of rolling bearings. HTM 62 (2007) 1, S. 27 – 31

[231] Voskamp, A. P., W. Nierlich und F. Hengerer: Untersuchung der Leistungsfähigkeit von Wälzlagern. HTM 53 (1998) 1, S. 17 – 24

[232] Sommer, K. und Ch. Düll: Bestimmung des Verschleißzustandes und mögliche Schadensfrüherkennung aufgrund der Untersuchung von Abriebpartikeln mit dem Ferrographen. Tribologie. Reibung Verschleiß Schmierung Bd. 5 Springer-Verlag Berlin Heidelberg New York 1983, S. 9 – 124

[233] Neupert, K.: Verschleißtragfähigkeit und Wirkungsgrad von Zylinder-Schneckengetrieben. Diss. TU München 1990

[234] Streng, H.: Ermüdungsverhalten von Zahnradpaarungen. VDI-Berichte Nr. 268 (1976), S. 207 – 220

[235] Langenbeck, K.: Der Verschleiß und die Fresslastgrenze der Hypoidgetriebe. Diss. TH München 1966

[236] Schenk, O.: Stromdurchgang durch Wälzlager. Der Maschinenschaden (1953) 11/12, S. 131 – 135

[237] Pittroff, H.: Wälzlager im elektrischen Stromkreis. Elektrische Bahnen 39 (1968) 3, S. 54 – 61

[238] Binder, A. und A. Mütze: Schäden sicher verhindert. Abhilfemaßnahmen für umrichterbedingte Lagerströme in Industrieantrieben. Antriebstechnik 1 (2005), S. 36 – 40

[239] Preisinger, G.: Elektroerosion im geschmierten Kontakt zwischen Wälzkörpern und Laufbahnen. Tribologie + Schmierungstechnik 50 (2003) 3, S. 37 – 40

[240] Kohaut, A.: Riffelbildung in Wälzlagern infolge elektrischer Korrosion. Zeitschrift für angewandte Physik 1 (1948) 5, S. 197 – 211

[241] Allianz-Handbuch der Schadenverhütung. Stationäre Getriebe, S. 748. 3. neubearbeitete und erweiterte Auflage. VDI-Verlag 1984

[242] Warkenthin, W.: Festigkeitsoptimale Rollflächenprofile von Rad und Schiene bei Kran- und Katzfahrwerken. Hebezeuge und Fördermittel 33 (1993) 10, S. 423 – 424, 11, S. 477 – 478 und 12, S. 533 – 534

[243] Rudolph, W.: Die Laufflächenschäden der Eisenbahnräder und ihre Entstehung. Glasers Annalen 88 (1964) 3, S. 98 – 109

[244] Lange, H., F. Hildebrandt und F. Hogenkamp: Zur Wahl von Rad- und Reifenwerkstoffen und zum Verhalten der Werkstoffe im Großversuch mit Radprofil II bei Reisezugwagen. Glasers Annalen 98 (1974) 4, S. 93 – 100

[245] Müller, R.: Veränderungen von Radlaufflächen im Betriebseinsatz und deren Auswirkungen auf das Fahrzeugverhalten (Teil 1 und Teil 2). ZEV+DET Glasers Annalen 122 (1998) 11, S. 675 – 688; 12, S. 721 – 738

[246] Pallgen, G.: Unrunde Räder an Eisenbahnfahrzeugen. EI Eisenbahningenieur 49 (1998) 1, S. 56 – 60

[247] Werner, K.: Schienenriffeln als Resonanzeffekt bei geschwindigkeitsabhängiger Frequenzaufspaltung von Radkranz-Biegeeigenschwingungen und nichtlinearen Kontaktkräften zwischen Rad und Schiene. Eisenbahntechnische Rundschau 25 (1976) 6, S. 381 – 391

[248] Schultheiß, H.: Riffelbildung auf Schienen. Stahl und Eisen 105 (1985) 25-26, S. 1457 – 1462

[249] Werner, K.: Diskrete Riffelabstände und die Suche nach den Ursachen der Schienenriffeln. ZEV-Glasers Annalen 110 (1986) 10, S. 353 – 359

[250] Knothe, K. und A. Valdivia: Riffelbildung auf Eisenbahnschienen – Wechselspiel zwischen Kurzzeitdynamik und Langzeit-Verschleißverhalten. ZEV-Glasers Annalen 112 (1988) 2, S. 50 – 57

[251] Walloschek, P.-U.: Beitrag zur Ermittlung der Ursachen der Riffelbildung beim Rad/Schiene-System. Fortschritt-Berichte VDI Reihe 12 Nr. 112 (1987)

[252] Ilias, H.: Nichtlineare Wechselwirkungen von Radsatz und Gleis beim Überrollen von Profilstörungen. Fortschritt-Berichte VDI Reihe 12 Nr. 297 (1996)

[253] Hölzl, G.: Bedeutung der diskret gelagerten Schiene und der Anfangsrauhigkeit für den Verriffelungsprozeß und für das Rollgeräusch. Diss. Technische Universität Berlin 1996

[254] Müller, S.: Linearized Wheel-Rail Dynamics – Stability and Corrugation. Fortschritt-Berichte VDI Reihe 12 Nr. 369 (1998)

[255] Naumann, F. K.: Gefügeuntersuchungen an verriffelten Schienen. Arch. Eisenhüttenwesen 32 (1961) 9, S. 617 – 626

[256] Baumann, G.: Untersuchungen zu Gefügestrukturen und Eigenschaften der „Weißen Schichten" auf verriffelten Schienenlaufflächen. Diss. Technische Universität Berlin 1998

[257] Pawlowski, A.: Ein Beitrag zur Klärung der Riffelbildung – Analytische Untersuchungen am Beispiel von zwei Wälzkörpern. Fortschritt-Berichte VDI Reihe 1 Nr. 153 (1987)

[258] Krause, H. und T. Senuma: Grundlagenuntersuchungen über die Riffelbildung in Wälzreibungssystemen. Fortschritt-Berichte VDI Reihe 5, Nr. 53 (1981)

[259] Knothe, K., Hempelmann K. und B. Ripke: Auslösemechanismen für Schienenriffeln. In: Reibung und Verschleiß bei metallischen und nichtmetallischen Werkstoffen. Symposium der Deutschen Gesellschaft für Materialkunde 1989. DGM-Informationsgesellschaft 1990

[260] Hempe, Th. und Th. Siefer: Schienenschleifen als Bestandteil einer technisch-wirtschaftlichen Gleisinstandhaltung. ZEVrail Glasers Annalen 131 (2007) 3, S. 78 – 90

[261] Hugk, H.: Dynamische Probleme beim Kurvenrollen-Eingriff. Maschinenbautechnik 14 (1965) 7, S. 389 – 391

[262] Nerge, G.: Dynamische Untersuchungen zum Verschleißverhalten der Kurvenmechanismen. Maschinenbautechnik 16 (1967) 2, S. 57 – 59

[263] Engl, A.: Ursachen periodischer Verschleißerscheinungen an Laufringen von Druckmaschinen. Diss. RWTH Aachen 1985

[264] Fink, M.: Wie entstehen die geheimnisvollen Riffeln auf Eisenbahnschienen? Umschau 54 (1954) 16, S. 499 – 502

[265] Fink, M.: Die riffelfreie Eisenbahn und das riffelfreie Wälzlager. Umschau 56 (1956) 20, 15. Okt., S. 614 – 616

[266] Knothe, K. und S. Liebelt: Determination of temperatures for sliding contact with applications for wheel/rail-systems. Wear 189 (1995), S. 91 – 99

[267] Ertz, M. und K. Knothe: Thermal stresses and shakedown in wheel/rail contact. Archive of Applied Mechanics 72 (2003), S. 715 – 729

7 Abrasivverschleiß

7.1 Grundlagen

In diesem Kapitel werden tribologische Systeme behandelt, bei denen überwiegend Abrasivstoffe eine wichtige Rolle spielen. Daher wird der Begriff Abrasivverschleiß hier im Sinne einer Verschleißart und weniger im Sinne eines Verschleißmechanismus verwendet. Mit diesem Begriff verbindet man meist Industriezweige der Rohstoffgewinnung und -aufbereitung wie z. B. Bergbau, Hüttenindustrie, Zementindustrie, Tiefbohrtechnik, Bauindustrie, Kunststoffverarbeitung, Landwirtschaft u. a., in denen große Mengen an abrasiv wirkenden Stoffen verarbeitet werden. Außer beim Abbau von Mineralien sind es hauptsächlich Zerkleinerungs-, Transport- und Mischprozesse, die auch heute noch enormen Verschleiß an Maschinenkomponenten erzeugen und Kosten in Milliardenhöhe verursachen. Hierbei handelt es sich in der Regel um offene Systeme, bei denen ständig neuer Abrasivstoff auf die Bauteile einwirkt. Die Abrasivstoffe übernehmen im Sinne des tribologischen Systems die Funktion des Gegenkörpers oder eines Zwischenstoffes, der in grob stückiger oder körniger Form vorliegen kann. Eine große Zahl von in der Natur vorkommenden Mineralien und Industriestoffen beanspruchen auf diese Art zahlreiche Bauteile in Maschinen und Anlagen. Aufgrund ihrer Härte sind sie häufig in der Lage einen anderen Körper zu furchen oder zu ritzen. Die Adhäsion spielt in derartigen Systemen eine untergeordnete Rolle. Die Vielfalt der Erscheinungen dieser Verschleißart und die Unterschiede in der Verschleißhöhe, die mehrere Zehnerpotenzen ausmachen können, sind nicht auf verschiedene Mechanismen zurückzuführen, sondern in erster Linie auf das breite Eigenschaftsspektrum der angreifenden Stoffe und die großen Unterschiede in der Beanspruchungshöhe. Die Bauteile sind daher in der Regel mit einem großen zur Verfügung stehenden Verschleißvolumen ausgestattet.

Die Nomenklatur für die einzelnen Beanspruchungsarten ist in der Praxis nicht einheitlich. Trotz Normungsversuchen wird in der Literatur manchmal keine klare Trennung zwischen Furchung als Verschleißart und Abrasion als Mechanismus vorgenommen. Auch der Übergang vom Abrasivverschleiß durch lose Kornschüttungen zur Erosion durch mehr oder weniger vereinzelte Körner, d. h., wenn die Beweglichkeit zunimmt, gestaltet sich meistens fließend und ist letztlich eine Frage der Beanspruchungshöhe, ohne dass dabei sich grundlegend andere Vorgänge abspielen. In Anlehnung an die englischen Begriffe werden hier für die Einteilung folgende Begriffe verwendet, vgl. auch Tabelle 2.4 und 7.1:

- Zweikörper-Abrasivverschleiß (*two body abrasion*), unterteilt in Abrasiv-Gleitverschleiß und Erosion
    - Abrasiv-Gleitverschleiß steht für eine Beanspruchung durch Festgestein, stückiges Gut (gebundene Körner) oder Kornschüttungen (verdichtet oder als lose Körner) [1]. In der genannten Reihenfolge nimmt die Beanspruchung im Allgemeinen ab, was sich in einer feineren Oberflächenstruktur der verschleißenden Bauteile bemerkbar macht. Kornschüttungen bilden einen fließenden Übergang zur Erosion (Kap. 8.2 bis 8.3).
    - Erosion steht insbesondere für Beanspruchungen durch einzelne in einem Trägermedium (Gas, Flüssigkeit) transportierte Körner. Beim Trägermedium Gas wird die Erosion auch als Strahlverschleiß bezeichnet. Beim Trägermedium Flüssigkeit ist auch

7.1 Grundlagen

noch mit Korrosion zu rechnen. Auf die Erosion und Erosionskorrosion wird in Kap. 8 umfassend eingegangen.

- Dreikörper-Abrasivverschleiß
    - Dreikörper-Abrasivverschleiß (*three body abrasion*) liegt vor bei Beanspruchungen durch lose Körner oder stückiges Gestein in einem Spalt [1].

Die einzelnen Beanspruchungsarten des Abrasivverschleißes veranschaulicht **Bild 7.1** mit den genannten Einteilungen [2]:

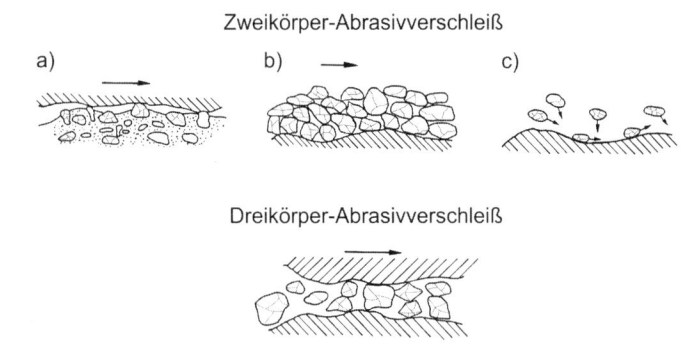

Bild 7.1: Einteilung der Beanspruchungsarten bei Anwesenheit von Abrasivstoffen in Zweikörper-Abrasivverschleiß und Dreikörper-Abrasivverschleiß [2]
  a) Abrasiv-Gleitverschleiß (gebundenes Korn),
  b) Übergang von Abrasiv-Gleitverschleiß zu Erosion (Kornschüttung, lose Körner),
  c) Erosion (einzelne Körner)

Zum Zweikörper-Abrasivverschleiß:

a) Abrasivkörner befinden sich in einer festen Bindung, z. B. als Gemenge verschiedener Minerale im Festgestein oder als verdichtete Schüttung, aus dem sie partiell überstehen. Die Körner führen eine reine Gleitbewegung aus (Abrasiv-Gleitverschleiß).

b) Ein Kornkollektiv in Form einer Schüttung gleitet an einer Oberfläche entlang. Die Körner können dabei sowohl Gleit- als auch Rollbewegungen ausführen. Die freie Beweglichkeit der Körner hängt von der Kornform, von der Schüttung (Masse, Verdichtung) und von der Reaktion des Grundkörpers ab.

c) Ein Kornkollektiv oder einzelne Körner werden mittels eines Trägermediums (gasförmig oder flüssig) oder durch Fliehkräfte transportiert und beanspruchen dynamisch die Oberfläche des Grundkörpers. Diese dynamische Beanspruchung wird von der Strömungsgeschwindigkeit und dem Auftreffwinkel der Körner beeinflusst.

Zum Dreikörper-Abrasivverschleiß:

Lose Körner oder stückiges Gestein befinden sich zwischen Grund- und Gegenkörper, die sich relativ zueinander bewegen. Durch die Bewegung werden die Körner in den Spalt eingezogen, zerkleinert und führen im Spalt eine Art Roll-Gleitbewegung aus. Der Verschleiß wird dabei u. a. von der Geometrie des Spaltes (Einzugsbedingungen) und vom Verhältnis Korngröße/Spalt bestimmt [3].

Die Merkmale des Abrasivverschleißes sind in **Tabelle 7.1** nach [4] zusammengestellt.

Ein charakteristisches Kennzeichen des gesamten Abrasivverschleißgebietes ist das von der Korn- und Werkstoffhärte abhängige Tieflage/Hochlage-Verschleißverhalten, das außerdem noch von weiteren Größen wie Werkstoffstruktur, Art des Versagens, der Korngröße und der Menge des Abrasivstoffes sowie dem Umgebungsmedium, ferner von der Bauteilgeometrie mitbestimmt wird. Neben der dadurch gegebenen tribologisch möglichen optimalen Werkstoffauswahl gibt es zahlreiche konstruktive Möglichkeiten zur Verschleißminderung bzw. Schadensverhütung wie besseren Ausnutzungsgrad (verschlissene Masse bezogen auf die Ausgangsmasse), verschleißgünstige Geometrie, Konzentration oder Verteilen des Abriebes, autogener Verschleißschutz, Nachstellmöglichkeit und Möglichkeit des Bauteilwendens sowie leichtere Auswechselbarkeit [5]. Letztere ist vor allem geboten, wenn man bei einem Bauteil den Verschleiß bis zu einem bestimmten, z. B. aus Festigkeits- oder Funktionsgründen begrenzten Querschnitt zulässt.

Die Oberflächen werden hauptsächlich durch Riefen geschädigt, die beim Gleiten der Abrasivstoffe mit ihren geometrisch unbestimmten Schneidenformen entstehen. Dabei finden abhängig vom Werkstoffzustand ein Mikroverformen, Mikrospanen oder Mikrobrechen und deren Kombination statt, jedoch können auch Wälz- und Stoßbeanspruchungen auftreten oder überlagert sein. Vielfache Beanspruchungswiederholungen können ebenfalls durch Erschöpfung des Verformungsvermögens zu Zerrüttungsprozessen führen, die jedoch durch immer wieder frisches schleißendes Material an der Bauteil- bzw. Werkzeugoberfläche nur in den seltensten Fällen erkannt werden. In vielen Fällen bewirkt der Verschleiß erhebliche geometrische Änderungen mit der Folge von Wirkungsgradminderungen.

Zur Beurteilung des Verschleißverhaltens durch Abrasivstoffe hat sich ihre Härte als einer der wichtigsten Einflussgrößen erwiesen. In der Mineralogie und Geologie ist die Ritzhärteprüfung hierfür gebräuchlich, bei der das jeweils härtere Mineral das vorangehende weichere zu ritzen vermag. Auf Basis dieser einfachen Härteprüfung wurde die bekannte Härteskala von Mohs mit zehn Standardmineralen von Talk bis Diamant erstellt, **Tabelle 7.2**. Die Skala, die nicht linear geteilt ist, gibt nur die relative Härte wieder. Die Härte von Mineralen ist mit den in der Werkstoffprüfung üblichen Härteprüfverfahren für metallische Werkstoffe, z. B. nach Vickers, wegen ihrer Sprödigkeit nur mit größerem Aufwand zu ermitteln. Daher müssen die Härteindrücke mit sehr kleinen Lasten erzeugt werden, damit keine Risse oder gar Ausbrüche auftreten. Wegen der Lastabhängigkeit der Mikrohärte kann mit einem Korrekturverfahren nach [6] die lastunabhängige Makrohärte bestimmt werden. Die Vickershärte wird bekanntlich als Quotient aus der Prüfkraft F dividiert durch die Eindruckoberfläche A

$$HV = \frac{F}{A} = 1{,}891 \cdot 10^5 \cdot \frac{F}{d^2} \qquad (7.1)$$

7.1 Grundlagen

Tabelle 7.1: Vergleich der Merkmale des Abrasivverschleißes [4]

Bezeichnung	Zweikörper-Abrasivverschleiß			Dreikörper-Abrasivverschleiß	
	Abrasiv-Gleitverschleiß		Erosion		
Symbol					
Grundkörper 1					
Gegenkörper 2	Rauheitsspitzen eines massiven Abrasivstoffes (Festgestein)	Abrasivstoff gebunden (Schüttung verdichtet)	Abrasivstoff lose (Schüttung mit Kornkollektiv)	Abrasivstoff stückig, körnig	verschleißende Festkörperoberfläche
Zwischenstoff 3			—		fest (stückig, körnig)
Umgebungs-medium		verschleißende Festkörperoberfläche		flüssig, gasförmig	
Relativbewegung zwischen Grund- und Gegenkörper	gleiten	gleiten	gleiten rollen strömen	stoßen gleiten	gleiten	stoßen, gleiten
Bewegung des Abrasivstoffes		gleiten	gleiten rollen	stoßen gleiten	rollen, wälzen	gleiten, rollen, stoßen
Beanspruchungs-merkmal	vorgegebene Kraft	vorgegebene Kraft	vorgegebene Kraft	vorgegebene Energie	vorgegebene Kraft	vorgegebene Kraft vorgegebener Spalt
relative Beanspru-chungsintensität	hoch	hoch	niedrig	sehr hoch	niedrig, hoch	niedrig, hoch sehr hoch
Beispiele aus der Praxis	Gesteins-bohren, Baggerzahn	Pressen feuer-fester Steine (Schleifen, Honen)	Feststoff-transport in Rinnen, Rutschen Rohren	Übergabestellen beim Feststofftrans-port, Prallplatten, Schleuderrad	unerwünschte Prozesse in Lagern, Gelenken, Führungen (Läppen)	Zerkleinerungs- u. Mahlprozesse

gebildet mit F als Prüfkraft in N und d als Mittelwert der beiden gemessenen Eindruckdiagonalen in μm. Der Faktor ergibt sich aus der Geometrie der Diamantpyramide und des Umrechnungsfaktors 0,102. Die Eindruckdiagonale d wird nun um ein werkstoffspezifisches Korrekturglied δ erweitert, das die elastische Rückfederung nach der Entlastung berücksichtigt:

$$HV_{korr} = 1{,}891 \cdot 10^5 \cdot \frac{F}{(d+\delta)^2} \tag{7.2}$$

Durch Umformen erhält man folgende Geradengleichung

$$F^{0,5} = \left(\frac{HV_{korr}}{1{,}891 \cdot 10^5}\right)^{0,5} \cdot d + \left(\frac{HV_{korr}}{1{,}891 \cdot 10^5}\right)^{0,5} \cdot \delta, \tag{7.3}$$

in der der Klammerausdruck die Steigung m und $m \cdot \delta$ den Achsenabschnitt b der Geraden y = md+b darstellt

$$F^{0,5} = m \cdot d + m \cdot \delta \tag{7.4}$$

Betrachtet man das Korrekturglied als konstant, was mit ausreichender Genauigkeit möglich ist und in vielen Messreihen bestätigt wurde, so gewinnt man eine Gerade, indem man $F^{0,5}$ über d aufträgt. Durch Variation der Prüfkraft und Ausmessen der zugehörigen Eindruckdiagonalen erhält man die in **Bild 7.2** aufgeführten Beispiele. Die Messpunkte liegen bei einwandfreien Eindrücken auf einer Geraden. Während Eindrücke mit Ausbrüchen davon abweichen, wirken sich Rissbildungen in den Eckpunkten der Eindrücke meistens nicht aus.

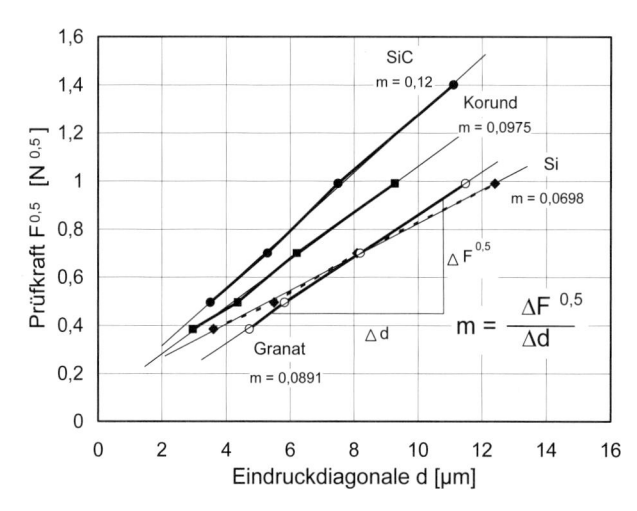

Bild 7.2: Prüfkraft $F^{0,5}$ in Abhängigkeit der Eindruckdiagonalen d zur Bestimmung der korrigierten Vickershärte HV_{korr} am Beispiel von SiC, Korund, Granat und Si; m = Steigung der Regressionsgeraden

7.1 Grundlagen

Durch Bestimmung der Steigung m lässt sich dann die lastunabhängige Makrohärte HV_{korr} berechnen aus

$$HV_{korr} = 1{,}891 \cdot 10^5 \cdot m^2 = 1{,}891 \cdot 10^5 \left(\frac{\Delta F^{0{,}5}}{\Delta d} \right)^2 \tag{7.5}$$

Den Zusammenhang zwischen der Härte nach Mohs und derjenigen nach Vickers ist durch die Beziehung

$$M = 0{,}675 \sqrt[3]{HV} \tag{7.6}$$

gegeben [7], die einer russischen Arbeit entnommen ist. Bei der Vickershärte handelt es sich um die Mikrovickershärte, allerdings ohne Angabe der Prüflast und ohne Angabe der Streuung. Auch wird die Anisotropie der Härte der Minerale nicht berücksichtigt, die nach [8] in Abhängigkeit der Kristallorientierung üblicherweise um 5 bis 30 % schwanken, aber auch vereinzelt Werte bis 200 % erreichen kann. Trotzdem dient dieser Zusammenhang als brauchbare Orientierung. Die inverse Funktion der Gleichung (7.6) geht aus dem Diagramm in **Bild 7.3** hervor. Es zeigt gleichzeitig den großen Sprung zwischen Korund und Diamant.

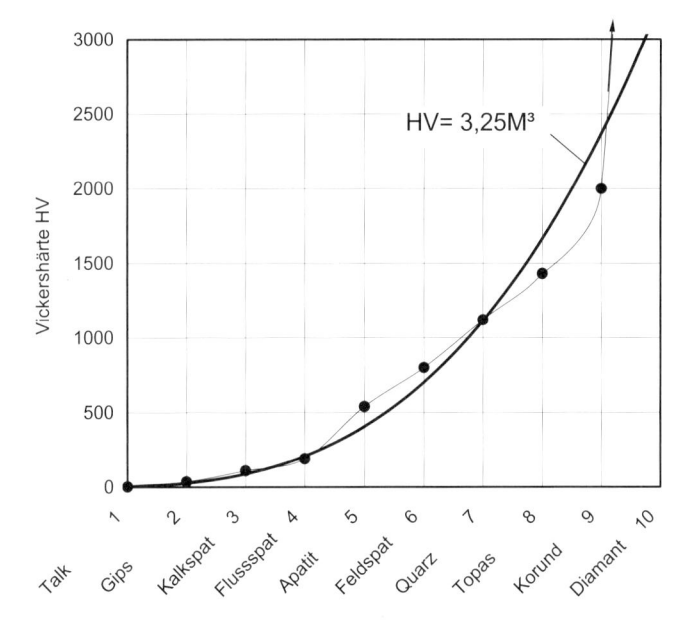

Bild 7.3: Abhängigkeit der Vickershärte von der Mohsschen Härte

In den nachfolgenden **Tabellen 7.2** bis **7.5** sind einige Härtewerte von Mineralien sowie Gefüge- und Hartstoffphasen metallischer Werkstoffe zusammengestellt [7, 9, 10].

Tabelle 7.2: Härteskala nach Mohs [7] und Schleifhärte nach Rosiwal [10]

Stoff	chemische Formel	Mohshärte	Relative Schleifhärte nach Rosiwal
Talk	$Mg_3(OH)_2Si_4O_{10}$	1	0,03
Gips	$CaSO_4 \cdot 2H_2O$	2	1,04
Kalkspat (Calcit)	$CaCO_3$	3	3,75
Flussspat (Fluorit)	CaF_2	4	4,17
Apatit	$Ca_5F(PO_4)_3$	5	5,42
Feldspat	$KAlSi_3O_8$, $CaAl_2Si_2O_8$	6	31
Quarz	SiO_2	7	100
Topas	$Al_2F_2SiO_4$	8	146
Korund	Al_2O_3	9	833
Diamant	C	10	117 000

Tabelle 7.3: Mineralien und Erze [9]

Stoff	chemische Formel	Mohshärte	Vickershärte	Vickershärte korrigiert $HV_{korr.}$ [1)
Kalkstein (Jura)				130
Dolomit (Flusssand Neckar)				140
Dolomit				370
Brauneisenerz				300
Anthrazit				300 – 400
Zementklinker				450 – 580
Hochofenzementgrieß (80 % Glas, 17 % Tricalziumsilikat, 3 % Anhydrit)				520
Hochofenschlacke (98 % Glas, 2 % Carbonate)				640
Feldspat		6		600 – 750
Basalt				650 – 800
Schmelzbasalt				740
Glas (Schleifpapier)				590
Flint (Schleifpapier)			800 – 1000	950
Granat (Schleifpapier)	$Fe_3Al_2Si_3O_{12}$ $Mg_3Al_2Si_3O_{12}$	6,5 – 7,5		1500
Korund (Schleifpapier)	Al_2O_3	9		1800
Siliziumcarbid (Schleifpapier)	SiC			2700
Magnetit	Fe_3O_4	5,5 – 6,5		500 – 950
Hämatit (Venezuela)	Fe_2O_3	6,5	880	700
Schwefelkies	FeS_2			800 – 1400
Silizium	Si			920
Sinterbauxit			1000	850
Quarz	SiO_2	7	900 – 1300	1040

[1)] vgl. Formel (7.5) und Bild 7.2

7.1 Grundlagen

Tabelle 7.4: Gefügephasen [9]

Gefügephasen in Eisenwerkstoffen	Vickershärte	Vickershärte korrigiert $HV_{korr.}$ [1]
Ferrit	100 – 110 HV 10	
Perlit, lamellar (abhängig vom Lamellenabstand)	180 – 400 HV 10	
Perlit, körnig	135 – 250 HV 10	
Bainit	280 – 700 HV 10	
Martensit (abhängig vom C-Gehalt)	300 – 900 HV 10	
CrNi-Austenit (abgeschreckt)	135 – 220 HV 10	
Mn-Austenit (abgeschreckt)	190 – 230 HV 10	
Zementit (Fe_3C) (Hartguss)	1100 HV 0,1	860
Steadit (Phophideutektikum)	550 – 725 HV 0,02	
Ledeburit (Hartguss)	470 – 700 HV 0,5	

[1] vgl. Formel (7.5) und Bild 7.2

Tabelle 7.5: Hartstoffphasen [9]

Hartstoffphasen	Mikrovickershärte [2] HV 0,05 (HV 1)	Hartstoffphasen	Mikrovickershärte [2] HV 0,05 (HV 1)
Boride		**Nitride**	
CrB	2140	BN	4700 (HV1)
CrB_2	2250	Nb_2N	2123
FeB	1900 – 2100	TiN	2450
Fe_2B	1800 – 2000		
NbB	2200		
NbB_2	2600		
TiB	2800		
TiB_2	3480		
VB	2300		
WB	3750		
Carbide		**Oxide**	
B_4C	3160 (HV 1)	Al_2O_3	1920
Cr_3C_2	2280	FeO	550
Cr_7C_3	2200	SiO_2	1100
$Cr_{23}C_6$	1650	TiO	1900
NbC	2400	TiO_2	1180
Nb_2C	2123	ZrO_2	1600
TiC	3200		
VC	2944		
VC_2	2000		
WC	2080		
W_2C	1990		

[2] In der Literatur werden unterschiedliche Härtewerte genannt und das häufig ohne Angabe der Prüflast

Die Schleifhärte nach Rosiwal wurde für die Mineralien der Mohsschen Härteskala nach einem geregelten Abschleifverfahren bestimmt [11]. Hierbei wurde mit 100 g Korund der Korngröße 0,2 mm eine Fläche von 4 cm² der zu untersuchenden Mineralien 8 Minuten lang unter einer Anpresskraft von 6,8 N abgetragen. Der Abtrag, der aus kleinen Bruchstücken besteht, wird durch Wägung ermittelt. Für Quarz wurde er zu 100 gesetzt und der der anderen Mineralien entsprechend umgerechnet. Die Schleifhärte hat heute ihre Bedeutung bei der Beurteilung der Abrasivität von Festgestein auf Bearbeitungswerkzeuge. Sie wird maßgeblich vom Gehalt harter Mineralien bestimmt. Der Verschleiß der Werkzeuge steigt mit dem Quarzgehalt. Der äquivalente Quarzanteil S wird über die Schleifhärte nach folgender Formel

$$S = \sum_{i=1}^{n} A_i \cdot R_i \qquad (7.7)$$

mit A_i = Anteile der Mineralart (Verhältniszahl), R_i = relative Schleifhärte nach Rosiwal und n = Anzahl der Minerale bestimmt.

7.2 Zweikörper-Abrasivverschleiß – Abrasiv-Gleitverschleiß durch gebundenes Korn

Diese Verschleißart ist durch die tangentiale Beanspruchung des Grundkörpers mit abrasiv wirkenden mineralischen Stoffen in Form von Festgestein oder gebundenem Korn (früher auch „Gegenkörperfurchung" genannt) gekennzeichnet. Sie kommt z. B. beim Gesteinsbohren oder bei Vortriebsmaschinen für den Tunnelbau, bei Baggerzähnen und bei der Beanspruchung von Pressmatrizen zur Herstellung feuerfester Steine oder von Schleifscheiben durch verdichtete Pressmassen vor. Die Folge ist tiefgreifendes Furchen, weshalb diese Verschleißart auch Furchungsverschleiß genannt wird. Bei der Beanspruchung können die Prozesse Mikrospanen und Mikroverformen ablaufen, vgl. Bild 7.5. Die Höhe des Verschleißes wird u. a. entscheidend von der Länge des zurückgelegten Gleitweges und der Eindringgeometrie der Abrasivkörner bestimmt. Bei hartstoffreichen Werkstoffen tritt daneben auch Mikrobrechen der Hartstoffe auf. Das Verschleißbild weist parallele Riefen in Gleitrichtung auf, deren Länge häufig begrenzt ist, weil das Abrasivkorn im Zuge der Beanspruchung durch Bruch zerstört wird.

Der Übergang von Verschleißprozessen mit gebundenem zu denjenigen mit losem Korn ist in vielen Fällen fließend und oft nicht genau abzugrenzen. Der Verschleißprozess mit losem Korn stellt einen Übergang zur Erosion dar, insbesondere dann, wenn die Beweglichkeit stark zunimmt, sei es mit kleinerem Korn, vor allem bei niedrigerem Pressdruck oder bei Anwesenheit eines Trägermediums. Das Verschleißverhalten ist dann oft mitgeprägt durch den Charakter der Strömung.
Aufgrund dieser entscheidenden Unterschiede zwischen der Wirkung gebundener und loser Körner, vor allem hinsichtlich der Pressung und des daraus resultierenden Verschleißniveaus sowie der sich ausbildenden Erscheinungsformen, wird der Verschleiß mit losem Korn in Kap. 8 behandelt.

7.2.1 Beanspruchungsbedingte Einflüsse

Laboruntersuchungen mit dem Schleifpapierverfahren führen in Abhängigkeit von der Pressung p zu einer Potenzfunktion des Verschleißes W

$$W = a \cdot p^n \tag{7.8}$$

mit a als Werkstoffkonstante und n als Kennwert für die Empfindlichkeit gegen Pressungssteigerung. Die Werte für n liegen zwischen 0,7 und 1 und unterscheiden sich bei den untersuchten Werkstoffen (St37, C60H, Sinterkorund und Glas) und Abrasivstoffen (Flint, Korund und SiC) nur geringfügig [12].

Die Geschwindigkeit hat im Allgemeinen nur geringen Einfluss auf den Verschleiß, wird jedoch bedeutend, wenn z. B. beim Gesteinsbohren mit hohen Schnittgeschwindigkeiten kritische Temperaturen erreicht werden, bei denen ein Versagen durch progressiven Verschleiß eintritt, **Bild 7.4** [13, 14]. Der Verschleißanstieg setzte bei rd. 550 °C ein. Die kritische Temperatur war bei dem verwendeten Hartmetall mit der Erweichungstemperatur des Bindemittels erreicht. Durch Überschreiten einer kritischen Temperatur kann auch Rissbildung durch Temperaturwechsel (Brandrisse) bei hoch carbidhaltigen Auftragsschweißungen, vgl. Bild 7.24, und Hartmetallen, Bild 7.25, einsetzen.

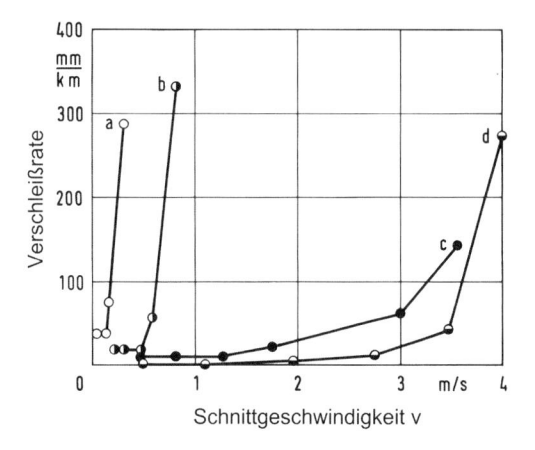

Gesteinsaufbau und Eigenschaften		Bezeichnung			
		a	b	c	d
Quarzgehalt	%	98	63	59	58
mittlerer Korndurchmesser	mm	0,550	0,350	0,275	0,175
Bindungsfestigkeit (Zugfestigkeit)	N/mm²	23,6	12,1	6,9	5,9

Bild 7.4: Verschleiß von Hartmetall beim Gesteinsbohren von Sandstein im Streckenvortrieb abhängig von der Schnittgeschwindigkeit [13, 14]

7.2.2 Strukturbedingte Einflüsse

Für die Prozesse zwischen Werkstoff und Abrasivstoff hat sich die Härte des Abrasivstoffes H_A bzw. das Härteverhältnis Werkstoff/Abrasivstoff H_W/H_A als wesentliche Größe erwiesen [15, 16]. Ein hartes Korn kann in einen weichen Werkstoff tief eindringen und beim Einsetzen tangentialer Bewegung ein entsprechendes Werkstoffvolumen durch Verformen verdrängen oder durch Spanen abtrennen. Ist der Werkstoff selbst auch hart oder sogar härter als das Korn, so kann das Korn nicht mehr eindringen oder das Korn wird zerkleinert. Für einen in seiner Mikrostruktur weitgehend homogen aufgebauten Werkstoff (unlegierte C-Stähle) gibt es daher einen Übergangsbereich von einem niedrigen Verschleißniveau (Tieflage), wenn das Abrasivkorn weicher ist als der Werkstoff, zu einem hohen Verschleißniveau (Hochlage), wenn das Korn härter ist als der Werkstoff, **Bild 7.5**. Vergleicht man zwei unterschiedlich harte Werkstoffe miteinander, so verlagert sich beim härteren nicht nur der Übergang in die Hochlage zur höheren Abrasivstoffhärte, sondern auch innerhalb der Hochlage ist der Verschleiß des härteren geringer als der des weicheren. Ist die Hochlage erreicht, so nimmt mit weiterer Steigerung der Abrasivstoffhärte der Verschleiß homogener Werkstoffe praktisch nicht mehr weiter zu. Beim Schleifpapierverfahren liegen die H_W/H_A-Werte beim Übergang zwischen 0,5 und 1,0. Heterogene Werkstoffe mit Hartstoffphasen, wie z. B. carbidische Phasen in ledeburitischen Kaltarbeitsstählen verzögern den Anstieg zu höheren Abrasivkornhärten. Der Schutz der schon in der Hochlage befindlichen weichen Matrix ist um so besser, je größer der Carbidanteil ist, weil dadurch der freie Carbidabstand in der Matrix, in der furchender Hochlagenverschleiß stattfindet, klein bleibt. Im Zuge der Furchung kann auch Mikrobrechen z. B. der harten Phasen auftreten. Wichtig dabei ist, dass die Carbide in der Matrix gut verankert sind. In einer perlitischen Matrix werden die Carbide leichter herausgebrochen als in einer martensitischen.

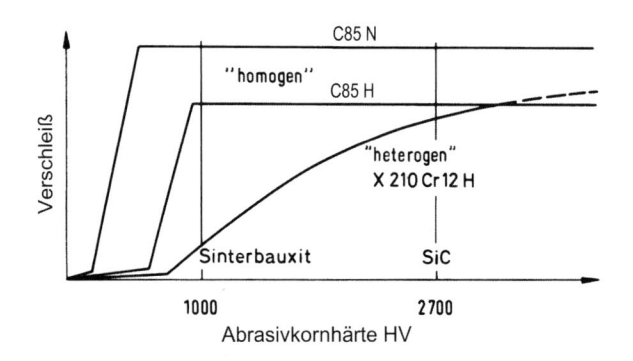

Bild 7.5: Einfluss der Abrasivkornhärte auf den Abrasiv-Gleitverschleiß bei homogenen und heterogenen Werkstoffen (Tieflage/Hochlage)

Der Abtrag durch gebundenes Korn lässt sich auf drei Grundvorgänge zurückführen [17], die in **Bild 7.6** in Form von Aufnahmen und Symbolen wiedergegeben sind.

7.2 Zweikörper-Abrasivverschleiß – Abrasiv-Gleitverschleiß durch gebundenes Korn   381

Mikroverformen:
normalgeglühter Werkstoff (C15)

Mikrospanen:
links vergüteter Werkstoff, rechts gehärteter Werkstoff (C60 H)

Mikrobrechen:
Werkstoff mit Carbiden (X210Cr12)

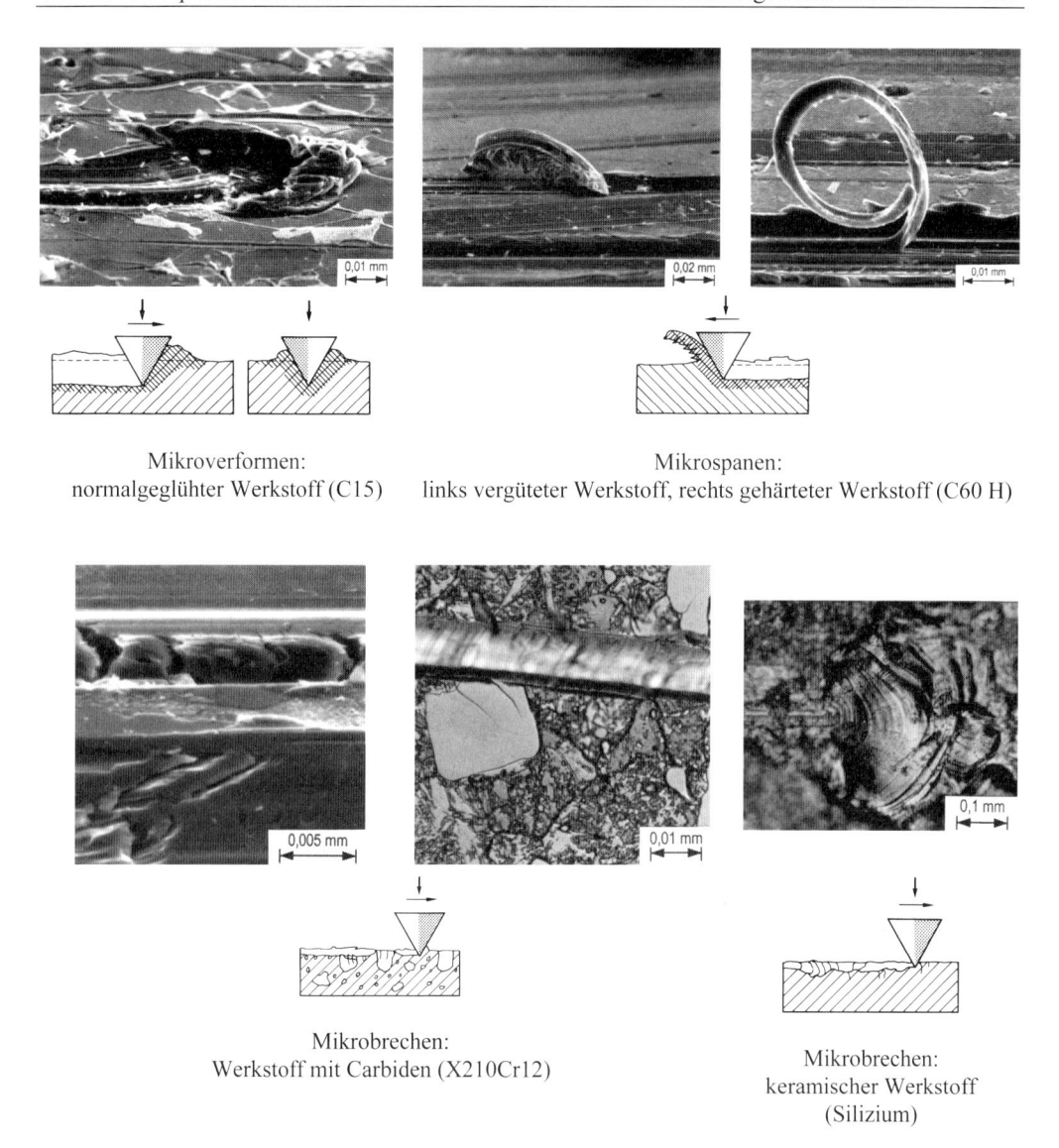

Mikrobrechen:
keramischer Werkstoff
(Silizium)

Bild 7.6: Beispiele für die Grundmechanismen des abrasiven Verschleißes [4]

- Mikroverformen: Abtragloses Furchen mit seitlichem Aufwerfen von Werkstoff entlang der Ritzspur und vor dem Abrasivkorn. Wiederholtes Mikroverformen führt zu Mikroermüden durch Erschöpfung des Verformungsvermögens (hier nicht bildlich dargestellt).

- Mikrospanen: Furchen durch Herausschneiden von Werkstoff entlang der Ritzspur. Die Spanform hängt vom Gefügezustand und von der Geometrie des Kornes ab: Scherspan bei vergütetem und Spiralspan bei gehärtetem Gefüge. Bei verformungsfähigen Werkstoffen ist dieser Vorgang verschleißbestimmend.

- Mikrobrechen: Bei hartstoffreichen Werkstoffen brechen z. B. Carbide nach vorausgegangener Rissbildung und bei spröden Werkstoffen, wie Keramik, größere Bereiche muschelförmig aus.

Das in Bild 7.5 wiedergegebene Verhalten lässt sich mittels Schleifpapierverfahren unter Verwendung unterschiedlicher Schleifkornarten simulieren, **Bild 7.7** [12]. Durch einen geeigneten Bewegungsablauf wird dabei sichergestellt, dass immer frisches Abrasivkorn zum Eingriff gelangt. Es zeichnet sich bei allen Werkstoffen deutlich das Tieflage/Hochlageverhalten ab. Der weiche Stahl St37 befindet sich bereits bei Beanspruchung mit Glas in der Hochlage, während dies für den gehärteten Ck35 mit 660 HV10 erst bei Flint zutrifft. In der Hochlage ist der Verschleiß des harten Werkstoffes erwartungsgemäß niedriger als der des weichen. Beim unlegierten Hartguss, dessen Gefüge aus Zementit (Fe_3C) und Perlit besteht, lässt sich der Übergang in die Hochlage nicht seiner integralen Härte von 650 HV10 zuordnen. Durch den heterogenen Gefügeaufbau aus harten Carbiden (1100 HV10) und weicher Matrix (300 HV10) ist der Furchungsprozess unterbrochen, solange die Abrasivkornhärte nicht die Carbidhärte übersteigt. Dies führt zu einem verzögerten Anstieg. In der Hochlage ist dann offenbar die geringe Verformungsfähigkeit der Carbide die Ursache für den höheren Verschleiß des Hartgusses verglichen mit dem martensitischen Gefüge des Ck35, da Mikrobruchprozesse hinzukommen.

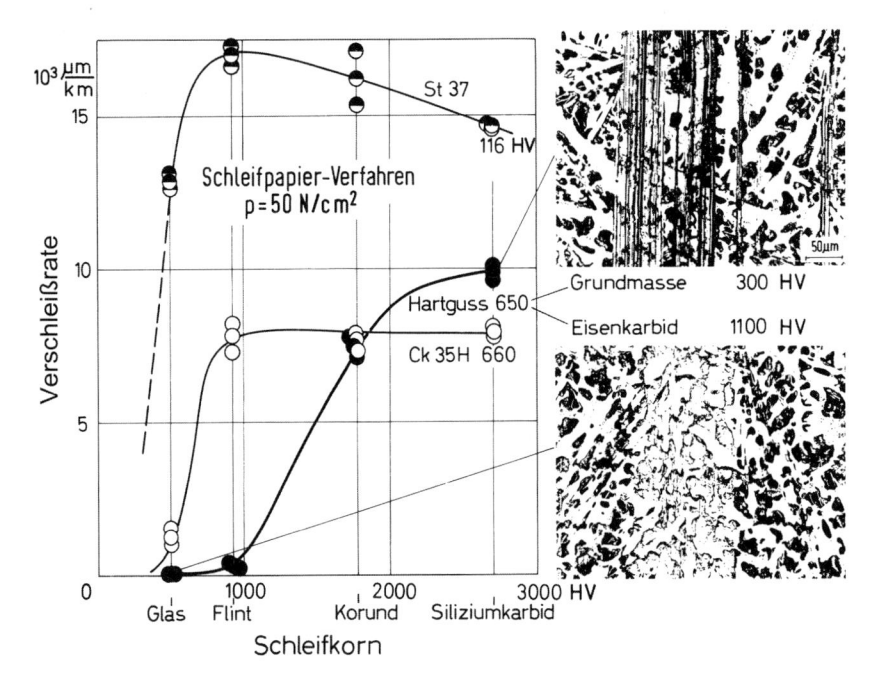

Bild 7.7: Tieflagen-/Hochlagenverschleiß bei weitgehend homogenen Werkstoffen (St37 und Ck35H) und bei heterogenem Werkstoff (unlegierter Hartguss) [12]

7.2 Zweikörper-Abrasivverschleiß – Abrasiv-Gleitverschleiß durch gebundenes Korn

Die Gefügeaufnahmen der Hartgussproben zeigen deutlich die Unterschiede im Furchungsprozess zwischen Hochlage und Tieflage. Im Vergleich zu Glas, das nur die weiche Matrix furcht, ist SiC in der Lage auch den Zementit des Hartgusses zu furchen. Das Verschleißverhältnis macht annähernd zwei Größenordnungen aus und gibt die Richtung an, die bei Systemoptimierung beschritten werden muss. Der erzielbare Gewinn im Verschleißverhalten durch Härtesteigerung ist im Bereich der Hochlage jedoch längst nicht so groß wie bei Verlagerung des Verschleißprozesses von der Hochlage in die Tieflage.

Die häufig bestehende Unkenntnis über die verschleißwirksamen Bestandteile von in der Natur vorkommenden Abrasivstoffen, z. B. in Erzabbaugebieten, kann zu vorzeitigem Ausfall von Bauteilen führen [18]. Daher wurden Anstrengungen unternommen, die Abrasivität verschiedener Stoffe z. B. mit der in **Bild 7.8** wiedergegebenen Prüfeinrichtung zu ermitteln. Die zunächst losen Körner der zerkleinerten Gesteine (Granit, Basalt, Grauwacke und Diabas) und Ziegel werden gegen die rotierende metallische Probe gepresst. Durch den hohen Anpressdruck werden sie in ihrer Beweglichkeit behindert, so dass sie weitgehend Gleitbewegungen ausführen. Damit lässt sich die Bewährungsfolge natürlicher Abrasivstoffe unter hoher Last aufstellen, **Bild 7.9**, die dann auf die Praxis übertragen werden. Somit können Aussagen über die Lebensdauer abrasiv beanspruchter Baugruppen gemacht werden.

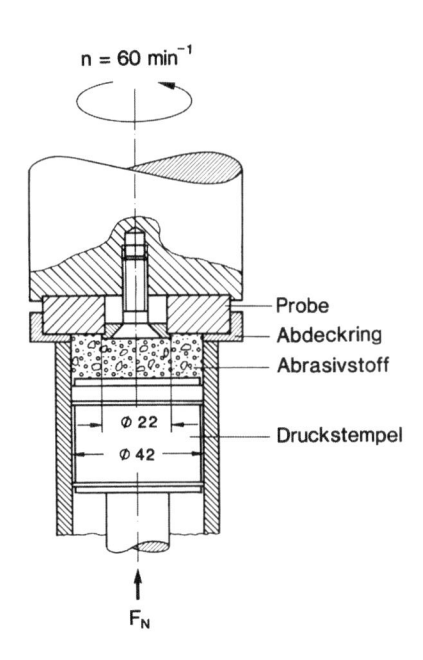

Bild 7.8: Laborprüfeinrichtung zur Simulation von Abrasiv-Gleitvorgängen unter hoher Beanspruchung für beliebige Abrasivstoffe [18]

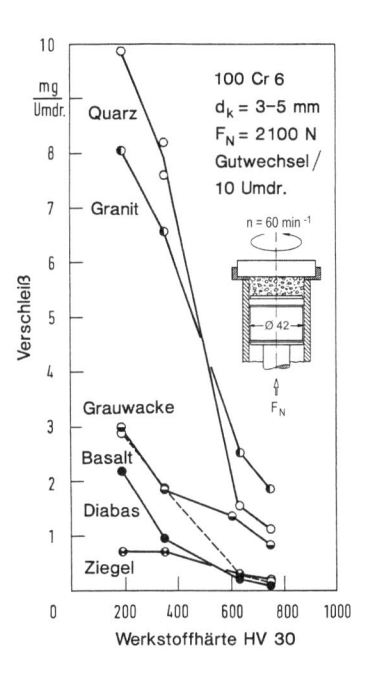

Bild 7.9: Bewährungsfolge verschiedener Abrasivstoffe in Abhängigkeit von der Werkstoffhärte des 100Cr6; d_k = Korngröße, Prüfeinrichtung nach Bild 7.8 [18]

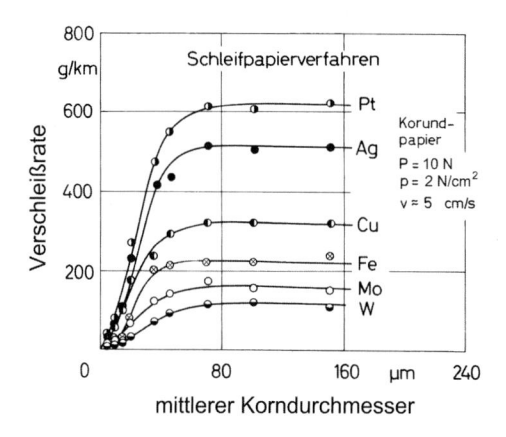

Bild 7.10: Einfluss der Korngröße gebundener Körner auf den Verschleiß homogener Metalle [21]

Neben der Abrasivstoffhärte ist auch noch die Korngröße des Abrasivstoffes für den Verschleiß von Bedeutung. In verschiedenen Laboruntersuchungen wurde mit gebundenem Korn mittels Schleifpapier im Gegensatz zu losem Korn nur bis zu einer Korngröße von etwa 40 bis 100 µm bei homogenen Werkstoffen (Al, Cu, Mo, W, Fe, Pt, Ag) zunehmender Verschleiß beobachtet, der dann in einen korngrößenunabhängigen Bereich übergeht [19 bis 21], **Bild 7.10**. Begründet wird dies mit Kornbruch (Abstumpfung), Zuschmieren der Zwischenräume zwischen den Körnern und Einbetten der Körner in das weiche Metall.

Bei unterschiedlich harten Werkstoffen wirkt sich die Korngröße im Millimeterbereich sowohl auf das Verschleißniveau als auch auf den Verschleißverlauf aus, **Bild 7.11**. Während mit zunehmender Korngröße der Verschleiß des gehärteten Stahles 100Cr6 degressiv ansteigt,

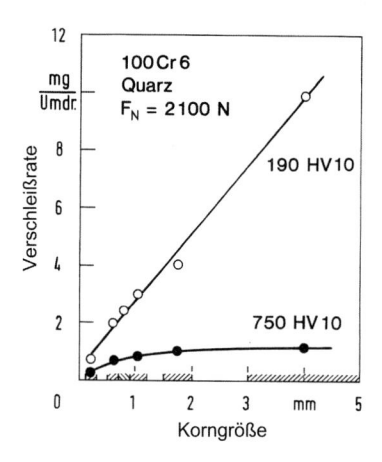

Bild 7.11: Korngrößeneinfluss von Quarz auf den Verschleiß von 100Cr6 bei zwei verschiedenen Werkstoffhärten, ermittelt mit der in Bild 7.8 wiedergegebenen Prüfeinrichtung [18]. Die Schraffur gibt den jeweiligen Korngrößenbereich an.

7.2 Zweikörper-Abrasivverschleiß – Abrasiv-Gleitverschleiß durch gebundenes Korn 385

ist beim weichgeglühten Zustand eine lineare Abhängigkeit zu verzeichnen. Bei harten Werkstoffen stellt sich wegen der geringeren Eindringtiefe eine höhere Flächenpressung in den Kontaktstellen der Körner ein als bei weichen, so dass es dort eher zum Bruch des Kornes kommt.

Im Bereich der Verschleißhochlage wurde für den Abrasiv-Gleitverschleiß ein grundsätzlicher Zusammenhang zwischen Verschleißwiderstand und Werkstoffhärte gefunden, **Bild 7.12**. Für reine Metalle und nichtmetallische Werkstoffe steigt der Widerstand mit zunehmender Härte. Wird die Härtesteigerung durch Wärmebehandlung erreicht, so erfolgt die Zunahme des Widerstandes langsamer als bei reinen Metallen. Eine Härtesteigerung durch Kaltverformung oder Ausscheidungshärtung bewirkt bei dieser Beanspruchungsart dagegen keine Erhöhung des Verschleißwiderstandes, da davon auszugehen ist, dass mit dem Furchungsprozess ohnehin eine Kaltverfestigung in der beanspruchten Grenzschicht verbunden ist und die Ausscheidungen solcher dispersionsgehärteten Werkstoffe kleiner als der Furchungsquerschnitt sind. Dieses Verhalten zeigt, dass die Härte zwar eine dominierende aber nicht die alleinige Einflussgröße darstellt. Das günstige Verhalten der Manganstähle ist einerseits auf die hohe Verformbarkeit des Austenits und andererseits auf den verformungsinduzierten Martensit zurückzuführen. Das gleiche trifft auch auf Stähle mit instabilem Restaustenit zu. Bei unlegierten und erst recht bei legierten Hartgusssorten können sowohl eine zähe Matrix als auch ein hoher Anteil an Carbiden zur Verringerung des Verschleißes beitragen, wobei je nach Beanspruchung häufig zwischen hoher Zähigkeit und hohem Verschleißwiderstand abzuwägen ist [22]. In [23] werden werkstoffkundliche Zusammenhänge dargestellt.

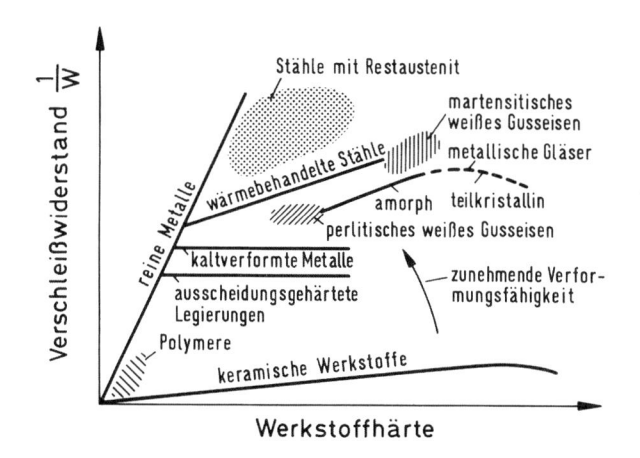

Bild 7.12: Verschleißwiderstand verschiedener Werkstoffgruppen abhängig von der Werkstoffhärte – schematisiert – dargestellt im Chruschtschow-Diagramm, Schleifpapierverfahren, Siliziumcarbid der Körnung 80 (Korngröße d_k = 180–210 µm) [4]

Am Beispiel legierter Stähle mit unterschiedlicher Mikrostruktur, z. B. unterschiedlichen Restaustenitgehalten (RA), wird deutlich, dass neben der Werkstoffhärte die Verformbarkeit der Werkstoffe von Bedeutung ist. Bei gleicher Legierung hat ein ledeburitischer Chromstahl mit hohem instabilem Restaustenitgehalt höheren Verschleißwiderstand als einer mit niedrigem

Gehalt, wie im quantitativen Chruschtschow-Diagramm in **Bild 7.13** zu sehen ist. Die verschiedenen Restaustenitgehalte wurden durch unterschiedlich hohe Austenitisierungstemperaturen eingestellt, wobei sich teilweise auch die Größe der Chromcarbide verringert hat. Die Proben wurden aus Betriebsschleißplatten herausgearbeitet, mit denen die Pressformen zur Herstellung feuerfester Steine ausgekleidet werden. Die beiden anderen austenitischen Werkstoffe X120Mn12 und X5CrNi18-9 weisen geringeren Widerstand auf; der Manganhartstahl wegen zu geringer Kaltverfestigung und der Austenit wegen zu großer Stabilität. Die mit G bezeichnete Gruppe stellt die drei ledeburitischen Chromstähle im weichgeglühten Zustand dar.

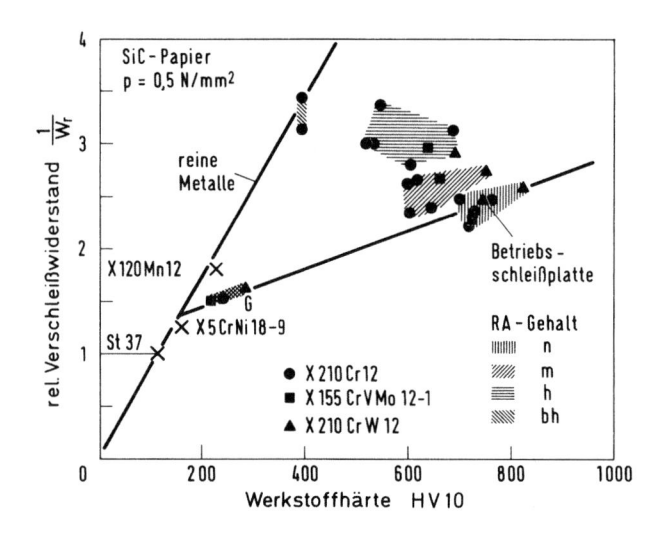

Bild 7.13: Quantitative Darstellung des Verschleißwiderstandes ledeburitischer Chromstähle mit unterschiedlichen RA-Gehalten im Chruschtschow-Diagramm (Schleifpapierverfahren mit Körnung 80 (Korngröße d_k = 180–210 µm); RA-Gehalte: n = rd. 10 %, m = 30–40 %, h = 60–70 %, bh = rd. 90 %; G = weichgeglühter Zustand der drei ledeburitischen Chromstähle) [4]

Verantwortlich für die höhere Verschleißbeständigkeit restaustenithaltiger Gefüge ist die mit der Verformung verbundene Härtesteigerung und Ausbildung von Druckeigenspannungen durch das Umklappen von Restaustenit in Verformungsmartensit (spannungsinduzierte Martensitbildung) [17, 24, 25, 26], **Bild 7.14** [4]. Durch die Druckeigenspannungen in der Randzone wird der Rissbildung entgegen gewirkt [27].

Der günstige Einfluss des Restaustenits hat sich auch im Betrieb beim Pressen feuerfester Steine aus Siliziumcarbid gezeigt, **Bild 7.15**. Trotz abnehmender Härte mit steigendem RA-Gehalt stellte sich sowohl im Betrieb als auch im Modellversuch ein günstigeres Verschleißverhalten ein. Im Betrieb konnte die Stückzahl der gepressten Grünlinge nahezu verdoppelt werden. Durch Tiefkühlung einer Probe mit besonders hohem RA-Gehalt (bh) ist ein beträchtlicher Anteil des RA-Gehaltes in Martensit umgewandelt worden (temperaturinduzierter Martensit (t)), wodurch der Verschleiß wieder angestiegen ist.

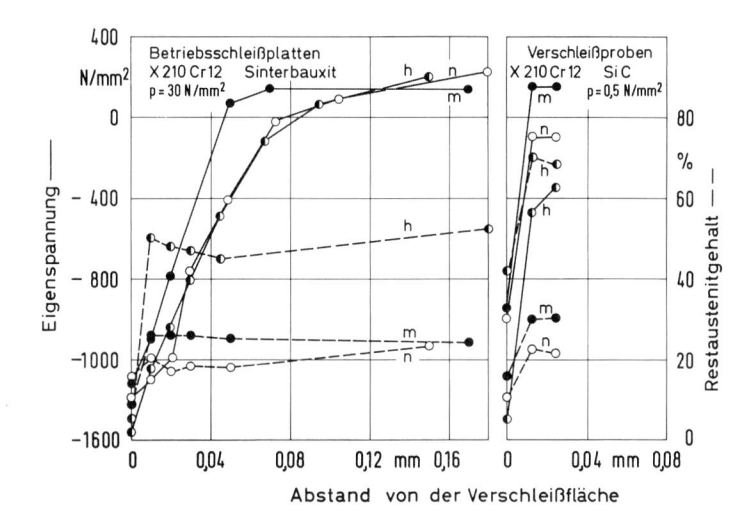

Bild 7.14: Verlauf der Eigenspannungen und der RA-Gehalte einer Pressmatrize aus X210Cr12 nach der Betriebsbeanspruchung mit Sinterbauxit und von Verschleißproben nach einer Beanspruchung mit SiC-Papier der Körnung 80 (Korngröße d_k = 180 – 210 µm) im Modellversuch (RA-Gehalte: n = rd. 10 %, m = 30–40 %, h = 60–70 %) [4]

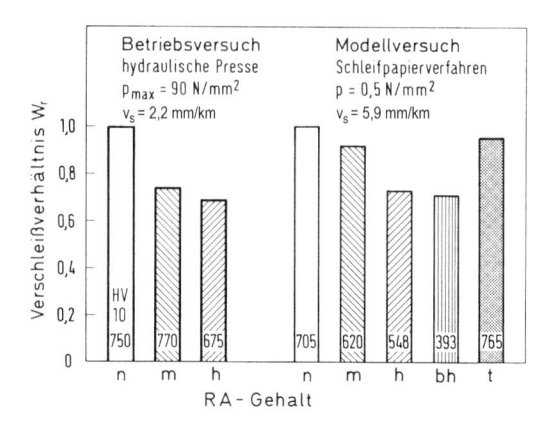

Bild 7.15: Einfluss des Restaustenitgehaltes von X210Cr12 auf den Verschleiß unter Verwendung von SiC; Vergleich der Versuchsergebnisse aus dem Betrieb mit denen des Labors; n = niedrig (rd. 10 %), m = mittel (rd. 35 %), h = hoch (rd. 70 %), bh = besonders hoch (rd. 90 %), t = tiefgekühlt auf –196 °C; Korngröße im Betriebsversuch 0 bis 6 mm und im Modellversuch mit SiC-Papier der Körnung 80 (Korngröße d_k = 180 – 210 µm); v_s = Verschleiß in mm/km Gleitweg (Bezugsgröße) [4].

Beim Einsatz von Streckenvortriebsmaschinen spielt die Abrasivität von Festgesteinen, die in der Regel inhomogen aufgebaut sind, eine große Rolle. Die ausschließliche Charakterisierung durch eine integrale Härte, sofern dies überhaupt möglich ist, reicht nicht aus, weshalb auch kaum die Tieflage/Hochlage zum Ausdruck kommt wie bei homogenen körnigen Stoffen mit einheitlicher Härte. Die Abrasivität hängt bei Gesteinen vom mineralogischen Aufbau ab, im Wesentlichen vom Gehalt schleißscharfer Mineralien, ihrer Korngröße und der Zugfestigkeit (Festigkeit des Bindemittels). Dabei ist von besonderer Bedeutung der Quarzgehalt. Quarz ist das in der Natur am meisten verbreitete Mineral, aber auch eines der härtesten. Daneben ist auch die Festigkeit wichtig, da sie das Zerkleinerungsverhalten beeinflusst. Durch Zusammenfassen dieser drei relevanten Einflussgrößen zu einem Verschleißkoeffizienten F

$$F = S \cdot d_m \cdot R_m \text{ [N/mm]} \tag{7.9}$$

konnte ein weitgehend linearer Zusammenhang mit dem Verschleiß von St50 für die Sedimentgesteine des Ruhrkarbons (Schieferton, Sandschieferton und Sandstein) ermittelt werden [13, 14]. In dem Koeffizienten F bedeutet S den äquivalenten Quarzanteil (Summe der experimentell ermittelten Schleifhärte der anteiligen schleißscharfen Minerale bezogen auf Quarz) nach Gleichung (7.7), d_m den mittleren Korndurchmesser von Quarz und R_m die Zugfestigkeit des Gesteines. Quarz hat die Schleifhärte 100, vgl. Tabelle 7.2. Der wirtschaftliche Grenzwert von F beispielsweise für das Schneiden von Gesteinen mit Hartmetall bestückter Kegelmeißel von Teilschnittvortriebsmaschinen liegt bei 0,3 N/mm [28].

Dieser Verschleißkoeffizient, der auf die Gesteine des Ruhrkarbons beschränkt ist, wurde in [29] auf magmatische und metamorphe Gesteine (Basalt, Gabbro, Granit, Gneis, Quarzit) erweitert. Der in Modellversuchen mit Diskenmeißeln der Härte von 60 HRC im verkleinerten Maßstab gewonnene Zusammenhang zwischen Verschleißrate und Normalkraft gibt **Bild 7.16** wieder.

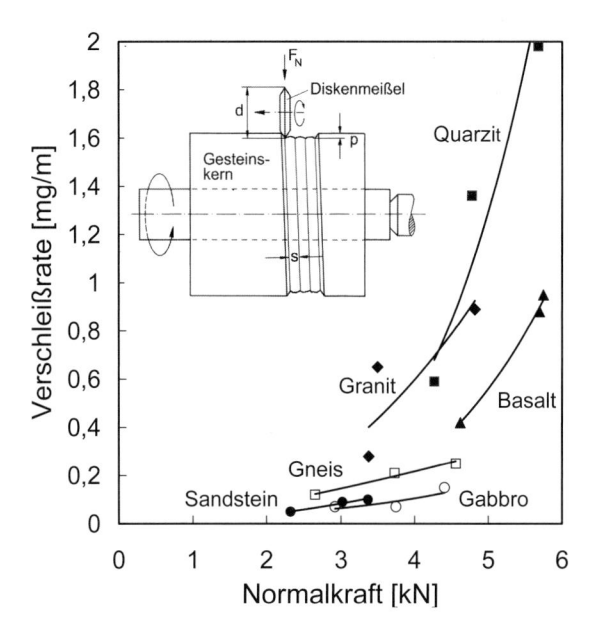

Bild 7.16: Zusammenhang zwischen Verschleißrate und Normalkraft verschiedener Festgesteine im Modellversuchen (Spurabstand s = 6 mm und Meißeldurchmesser d = 35 mm) [29]

7.2 Zweikörper-Abrasivverschleiß – Abrasiv-Gleitverschleiß durch gebundenes Korn

Aufgrund dieser Ergebnisse konnte gezeigt werden, dass ein modifizierter Verschleißkoeffizient

$$F_{mod} = S \cdot I_{S50} \cdot \sqrt{d_Q} \quad [N/mm^{1,5}] \tag{7.10}$$

die Schleißschärfe für alle Gesteine hinreichend genau wiedergibt. Für den Diskenmeißel wurde mit dem modifizierten Verschleißkoeffizienten F_{mod} die Verschleißprognoseformel W

$$W = 0{,}45 \cdot F_{mod} \cdot \frac{F_N^2}{d \cdot \sqrt{s}} \quad [mg/m] \tag{7.11}$$

entwickelt.

In den Gleichungen (7.10) und (7.11) bedeuten

F_N = Normalkraft in kN
S = relative Schleifhärte dimensionslos (Summe der Schleifhärten der schleißscharfen Minerale bezogen auf Quarz, Gleichung (7.7))
I_{S50} = Punktlast-Index in N/ mm² (indirekte Bestimmung der Zugfestigkeit; Gesteinsproben werden mittels Punktlastversuch zwischen zwei kegelförmige Spitzen im Abstand von 50 mm in eine Druckpresse eingespannt und bis zum Bruch belastet)
d_Q = Durchmesser der Quarzkörner, die > 1 mm sind, in mm; kleinere Werte werden mit 1 bewertet
d = Durchmesser des Diskenmeißels in mm
s = Spurweitenabstand in mm
Der Faktor 0,45 hat die Dimension mg·mm³/(m·N³)

Die Bedeutung der Größe des Quarzkornes in Gleichung (7.10) des modifizierten Verschleißkoeffizienten F_{mod} ist im Vergleich zur Gleichung (7.9) deutlich reduziert. In die Verschleißbeziehung nach Gleichung (7.11) geht die Normalkraft quadratisch ein.

Maßnahmen zum Schutz vor abrasivem Verschleiß zielen hauptsächlich darauf ab, Hartstoffe wie z. B. Carbide, Boride, Nitride unter Berücksichtigung ihrer Härte in geeigneter Menge, Größe und Verteilung in einer harten Matrix schmelzmetallurgisch zu erzeugen oder pulvermetallurgisch einzubringen. Beruht doch die Wirkung der Härte der Hartphasen und Matrix allgemein darauf, dass das Eindringen der Abrasivstoffe mit steigender Härte abnimmt. Sie sollte daher höher sein als die der Abrasivstoffe. Steigender Hartphasenanteil bedeutet geringeren Abstand zwischen den Phasen, so dass die weniger beständige Matrix zurückgedrängt wird. An herkömmlichen Verfahren sind zu nennen: Gießen [30, 31], Auftragsschweißen [32] und thermisches Spritzen [33]. Ein jüngeres Verfahren stellt die pulvermetallurgische Herstellung dar, bei der ein Stahlmatrixpulver mit Hartstoffpulver heißisostatisch gepresst wird und anschließend einer Wärmebehandlung unterzogen wird [34 bis 37].

Zur Erhöhung der abrasiven Verschleißbeständigkeit 12%iger ledeburitischer Chromstähle (X210Cr12, X165CrV12, X155CrVMo12-1) wurde im Labormaßstab Nb bzw. Ti in stöchiometrischem Verhältnis zu C zulegiert [30]. Die dabei primär erstarrten, groben und regellos verteilten Carbide vom Typ MC mit der wesentlich höheren Härte von 2200 bis 3100 HV im Vergleich zu den ledeburitischen M_7C_3-Carbiden mit einer Härte von nur 1200 bis 1600 HV haben zu höherem Verschleißwiderstand geführt, was sich besonders im Gusszustand bemerkbar macht. Durch die regellose Verteilung der MC-Carbide wird die von dem Netz der ledeburitischen Carbide umschlossene Matrix besser geschützt.

Manganhartstähle, die als Guss- und Schmiedestücke sowie als Auftragsschweißungen verwendet werden, entwickeln ihre Verschleißbeständigkeit nur, wenn eine ausreichende Oberflächenverfestigung durch schlagende, stoßende oder rollende Beanspruchung erzielt wird. Es hat nicht an Versuchen gefehlt, die Verschleißbeständigkeit dieser Stahlgruppe durch Zugabe von Ti, Nb, V, Cr, Mo und B einzeln oder gemischt zu steigern [31], was auch bedingt gelungen ist.

Auftragsschweißungen auf der Basis Fe-Cr-C-B mit weniger als 15 % Cr bei hohem B/(B+C) Verhältnis mit Ausscheidungen von primärem Eisenborid des Typs M_2B weisen nicht nur deutlich höheren Verschleißwiderstand auf, sondern sind auch kostengünstiger als die mit Nb und Ti legierten [32].

Das folgende Beispiel zeigt das Verschleißverhalten von Spritzschichten auf der Basis von NiCrBSi mit verschiedenen Gehalten an Wolframcarbid WC im Vergleich zu gehärtetem Stahl 100Cr6, **Bild 7.17** [33]. Die reine Spritzschicht mit einer Härte von 450 HV verhält sich bei allen Abrasivstoffen ungünstiger als der gehärtete Stahl 100Cr6 mit der Härte von 750 HV, obwohl die Matrix bereits fein verteilte Hartstoffe enthält. Da die Größe der Hartstoffe im Vergleich zum Riefenquerschnitt zu klein ist, werden sie beim Furchungsprozess mit abgetragen und können somit zur Erhöhung des Verschleißwiderstandes nicht beitragen. Die Zugabe von 36 % WC verbessert deutlich das Verschleißverhalten. Eine Matrix mit einer höheren

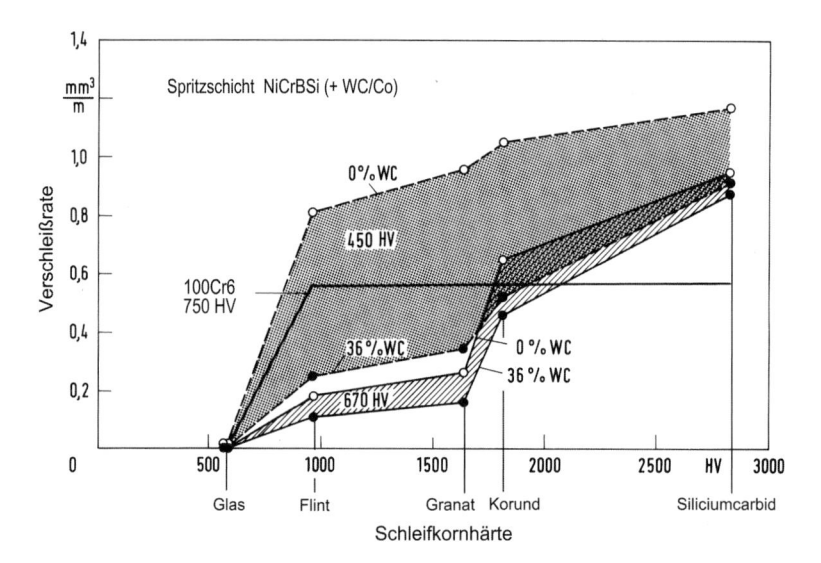

Bild 7.17: Verschleißverhalten von Spritzschichten unterschiedlicher Grundhärte (450 und 670 HV) und verschiedener Volumenanteile an Wolframcarbiden [33]

Grundhärte von 670 HV ist sogar im unteren Härtebereich der Abrasivstoffe günstiger als die WC-haltige weichere Matrix. Wird der Matrix mit der hohen Härte 36 % WC zugegeben, ist eine nur noch geringe Steigerung des Verschleißwiderstandes erreichbar. Bei Beanspruchung mit Siliziumcarbid sind alle Spritzschichten ungünstiger als der martensitisch gehärtete Stahl 100Cr6. Offenbar findet ein Wechsel im Mechanismus vom Mikrospanen zum Mikrobrechen statt.

Bei der Herstellung von Werkstoffen mit einem hohen Anteil an Hartstoffen bietet das heißisostatische Pressverfahren gegenüber den Gießverfahren Vorteile. So können Werkstoffe mit einem Hartphasenanteil bis zu 50 % rissfrei gefertigt werden und die Hartphasengröße ist von den Erstarrungsbedingungen unabhängig [34]. Außerdem ist man freier in der Wahl des Hartstofftyps. In **Bild 7.18** sind die Ergebnisse mit dem Schleifpapierverfahren wiedergegeben, die die Überlegenheit der pulvermetallurgisch (PM) hergestellten Werkstoffe gegenüber handelsüblicher Legierungen zeigt. Die Gebrauchshärte war durch Wärmebehandlung bei allen Werkstoffen zwischen 61 und 63 HRC eingestellt. Der hohe Verschleiß des handelsüblichen Ferro-TiC wird im Vergleich zu den anderen mit überwiegendem Mikrobrechen erklärt. Der niedrigste Verschleiß des PM-Verbundes wird mit Wolframschmelzcarbiden (WSC) erreicht.

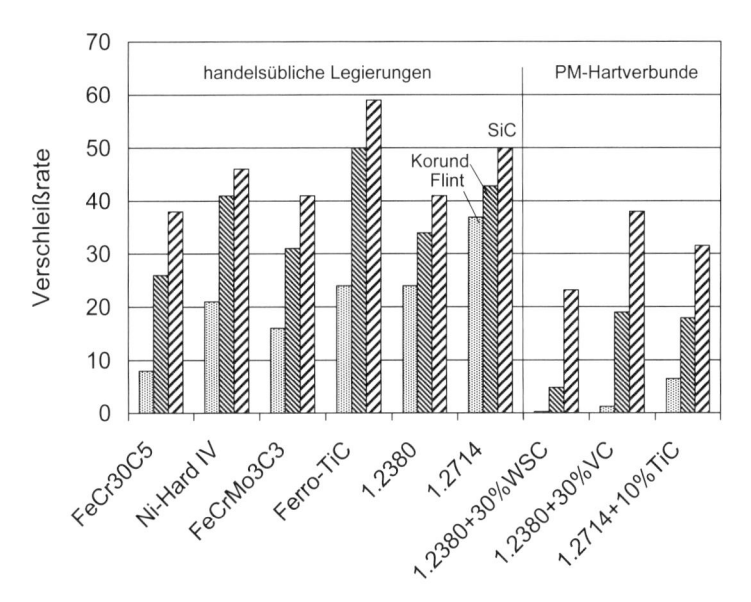

Bild 7.18: Vergleich der Verschleißraten (auf Gleitweg und Probenfläche bezogene Höhenabnahme) konventioneller Hartlegierungen und neu entwickelter PM-Verbundwerkstoffe (Schleifpapierverfahren) [34]
FeCr30C5 = Auftragsschweißung, Ni-Hard IV = Ni-leg. Chromgusseisen, FeCrMo3C3 = Hartguss, Ferro-TiC = PM-Verbund, 1.2380 = PM-Stahl (X230CrVMo13-4), 1.2714 = PM-Warmarbeitsstahl 56NiCrMoV7, WSC = Wolframschmelzcarbid

7.3 Verschleißerscheinungsformen bei Abrasiv-Gleitverschleiß durch gebundenes Korn

7.3.1 Riefen

Die dominierenden Einzelerscheinungen sind Riefen, die je nach Größe und Eigenschaften des Abrasivstoffes, des Werkstoffes und deren von der Beanspruchung abhängenden Interaktionen unterschiedlich ausgebildet sind. Die Oberflächen können makroskopisch sogar poliert erscheinen und mikroskopisch trotzdem Riefen aufweisen.

Bild 7.19: Kegelmeißel eines Schneidkopfes für Vortriebsmaschinen. Härte der Hartmetallspitze 1050 HV30, Härte des stählernen Schaftwerkstoffes 45 HRC. Einsatzdauer 0,5 h (30 bis 40 cm Vortrieb) in Sandstein mit rd. 60 % Quarz [38]
links: Übersichtsaufnahme
rechts: Verschleißfläche des Kegelmantels mit Riefen

7.3 Verschleißerscheinungsformen bei Abrasiv-Gleitverschleiß durch gebundenes Korn

Für die hohe Beanspruchung der selbsttätig umlaufenden und sich selbstschärfenden Kegelmeißel im Schneidkopf von Vortriebsmaschinen, **Bild 7.19**, wird aus Festigkeitsgründen ein härtbarer Werkstoff mit noch ausreichender Zähigkeit benötigt. Das eigentliche Bearbeitungswerkzeug stellt die Hartmetallspitze dar. Die Härte des Meißels im kegeligen Schaftbereich mit 45 HRC ist jedoch für einen Vortrieb in quarzhaltigem Gestein ungenügend, weshalb dieser Bereich besonders schnell verschleißt. Bei dem vorliegenden ungünstigen Härteverhältnis wird durch die Gleitbeanspruchung die Kegelmantelfläche gerieft. Da die Standzeiten recht kurz sein können, wird das Bauteil als Auswechselteil konstruiert. Durch geeignete Wahl von Anordnung und Geometrie der Meißel lassen sich optimale Standzeiten erreichen [39].

Der Verschleiß von Pressmatrizen aus ledeburitischen Stählen, die zur Herstellung von Feuerfeststeinen benötigt werden, lässt sich wegen der hohen Härte von Siliziumkarbid bzw. Bauxit nicht in die Tieflage verlagern. Man sucht deshalb durch gezielte Einstellung eines instabilen

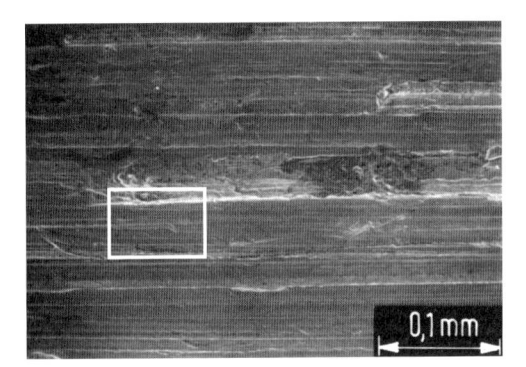

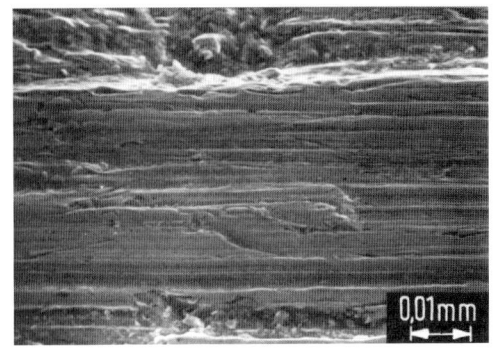

Bild 7.20: Riefen auf der Oberfläche einer Pressmatrize aus X155CrVMo12-1 mit niedrigem RA-Gehalt (rd. 10 %), Pressmasse SiC der Korngröße d_k = 0 bis 6 mm, p = 90 N/mm^2 [38]

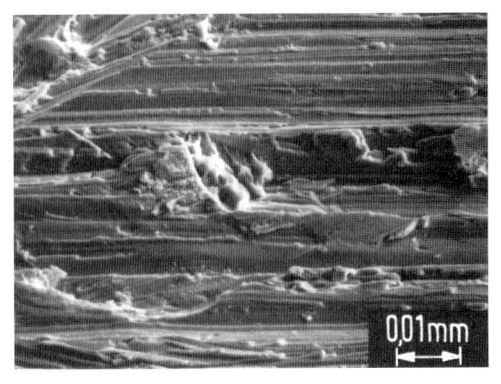

Bild 7.21: Riefen auf einer Probe aus X155CrVMo12-1 mit niedrigem RA-Gehalt (rd. 10 %) erzeugt mit SiC-Papier der Körnung 80 (Korngröße d_k = 180–210 μm), p = 0,5 N/mm^2; Bild rechts zeigt ein eingebettetes SiC-Bruchstück am Ende einer Riefe [38]

restaustenithaltigen Gefüges, in dem man die Austenitisierungstemperatur erhöht, den Verschleiß zu reduzieren, vgl. Bild 7.15. Das Erscheinungsbild, **Bild 7.20**, zeigt eine deutliche Riefung unter hohem Druck in Richtung der Hauptbewegung der gleitenden Pressmasse aus SiC der Korngröße 0 bis 6 mm mit geringen Verformungsgraten. Die durch SiC-Papier erzeugte Verschleißfläche einer Probe gleichen Werkstoffes deutet dagegen auf ein ausschließliches Mikrozerspanen mit Gratbildung durch die scharfen Kanten der SiC-Körner hin bei vergleichsweisem geringen Druck, **Bild 7.21**.

7.3.2 Einbettung

Ist das Korn härter als der Werkstoff, dann besteht insbesondere bei hoher Pressung die Möglichkeit, dass die Körner oder Reste zerbrochener Körner am Ende der Riefe in die Oberfläche eingebettet werden, Bild 7.21 und **Bild 7.22**. Vor allem in Bewegungsrichtung vor dem Abrasivstoff bildet sich bei verformungsfähigen Werkstoffen eine Aufwerfung. Eine dichte Besetzung der Oberfläche mit eingebetteten harten Partikeln kann die Oberfläche vor stärkerem Verschleiß schützen.

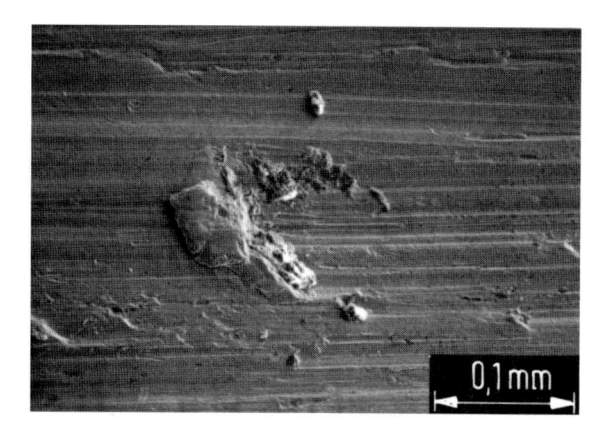

Bild 7.22: Einbettung von Bauxit auf der Oberfläche einer Pressmatrize aus X210Cr12 mit rd. 70 % Restaustenit; Pressmasse Bauxit, p = 30 N/mm² [24]

7.3.3 Ausbrüche

Der Schaden ist dadurch gekennzeichnet, dass Verschleißpartikel aus sich spröde verhaltenden Werkstoffen, insbesondere mit harten Phasen, ohne erkennbare plastische Verformung ausbrechen. Es entstehen oft örtlich spröde muschelförmige Brüche wie bei einer Formplatte für Schamottesteine aus chromlegiertem Hartguss, **Bild 7.23**. Vorhandene harte Phasen können nach vorausgegangener Rissbildung teilweise oder ganz ausbrechen. Oft ist auch eine Stoßbeanspruchung überlagert. Dabei ist es schwierig zu entscheiden, ob ein Schwing- oder Gewaltbruch vorliegt, da die Fortschrittsmarkierungen nicht unbedingt Schwingstreifen darstellen müssen, vgl. Bild 7.6 muschelförmiger Ausbruch aus Silizium.

7.3 Verschleißerscheinungsformen bei Abrasiv-Gleitverschleiß durch gebundenes Korn   395

Bild 7.23: Ausbruch im Bereich der Ausstoßzone einer Formplatte aus chromhaltigem Hartguss für Schamottesteine [40, VDI Richtlinie 3822, Blatt 5]

Durch Erhöhung der Verformungsfähigkeit bzw. durch Verbesserung der Bindung harter Phasen mit dem Grundwerkstoff und Vermeidung von Stößen kann die Standzeit verlängert werden.

7.3.4 Brandrisse

An Werkzeugen, insbesondere hoch beanspruchten Grabwerkzeugen, kann sich ein (meist feinmaschiges < 2 mm) Rissnetz aufgrund thermisch-mechanischer Beanspruchung durch verdichteten Boden, Kohle oder Gestein entwickeln, das im Vergleich zu der von Schweißeigenspannungen ausgelösten Rissbildung viel feiner ist, **Bild 7.24**. Im so geschädigten Gefüge kann schließlich Risswachstum zu Ausbrüchen führen, in denen dann verstärkt Erosion stattfindet. Besonders gefährdet sind offensichtlich die Kantenbereiche. Bei Reparaturauftragsschweißungen sollten daher diese Bereiche abgeschliffen werden. Für Brandrisse wird häufig auch der Begriff Temperaturwechselrisse verwendet. Temperaturwechselrisse beruhen jedoch auf thermisch bedingten Wechselspannungen ohne zusätzliche äußere mechanische Beanspruchung.

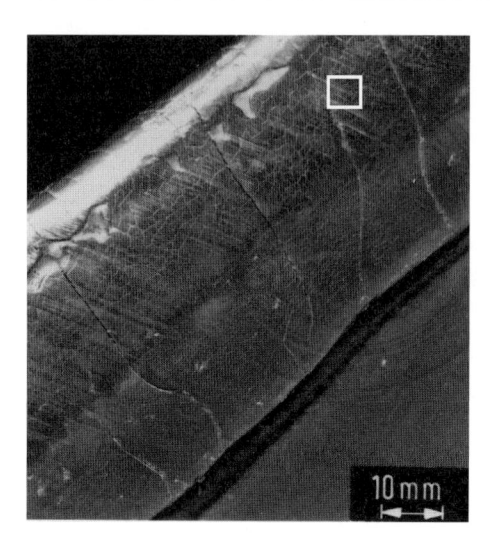

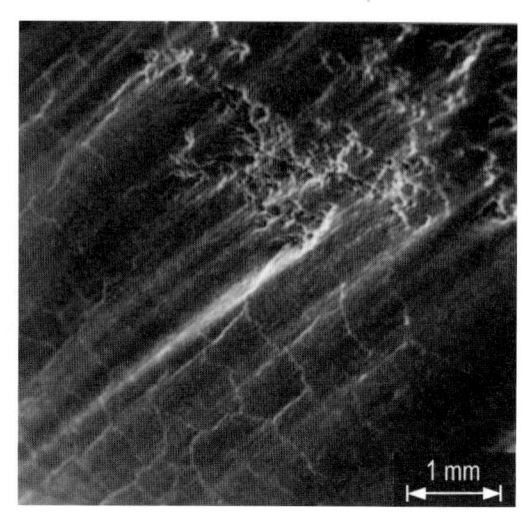

Bild 7.24: Feine netzartige Brandrisse in der Auftragsschweißung mit von Schweißeigenspannungen ausgelösten groben Rissen an der Unterseite einer Spitzenschneide des Eimers eines Schaufelradbaggers, vgl. Bild 7.28
links: Übersicht Schweiß- und Brandrisse sowie Erosionsformen;
rechts: netzartige Brandrisse Ausschnitt aus Bild 7.24 links (um 65° gegen den Uhrzeigersinn gedreht)

Das Beispiel des Kegelmeißels einer Vortriebsmaschine zeigt, dass derartige Rissbildungen auch bei Hartmetall auftreten können, **Bild 7.25**. Wegen der hohen, oft nicht vermeidbaren Beanspruchung werden die Bauteile daher als Wechselwerkzeuge konstruiert.

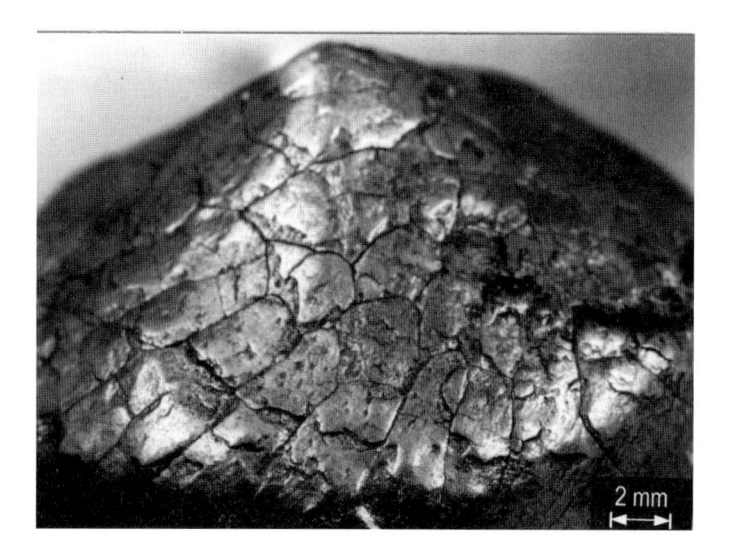

Bild 7.25: Netzartige Brandrisse an der Hartmetallspitze des Kegelmeißels von Bild 7.19

7.3.5 Gefügeänderung

Durch hohe Pressung mit dem Gegenstoff (Pressmassen oder Gestein) kann sich die Temperatur im Randgefüge des Werkzeuges aus härtbaren Stählen so stark erhöhen, dass Anlasswirkungen und sogar Neuhärtungszonen mit der Folge einer Verringerung des Verschleißwiderstandes eintreten, **Bild 7.26**. Liegt im Gefüge instabiler Restaustenit vor, so kann sich bei entsprechend hoher Beanspruchung verformungsinduzierter Martensit bilden, **Bild 7.27**. Aufgrund der besonderen Schliffpräparation und der hohen Auflösung wird erkennbar, dass sich im verformten Randbereich von rd. 10 µm kein Restaustenit mehr abzeichnet, während er in größerer Tiefe an den hellen eckigen Gefügebereichen noch metallographisch sichtbar ist.

Bild 7.26: Neuhärtungszone im Grund einer Verschleißriefe auf einer Betriebsschleißplatte aus 155CrVMo12-1 mit niedrigem Restaustenit, Pressmasse SiC, p = 90 N/mm² [24]

Dieser letztgenannte Vorgang wird bewusst durch die Wahl eines Werkstoffes mit instabilem Restaustenit herbeigeführt, vgl. Bild 7.14 und 7.15. Bei hoher Stoßbeanspruchung mit großem Druck können weiße Scherbänder im Bereich der maximalen Schubspannung auftreten, die jedoch meist mit Rissen verbunden sind, wodurch größere Bereiche abplatzen können. Auch bei unsachgemäßem Schleifen können Neuhärtungszonen entstehen.

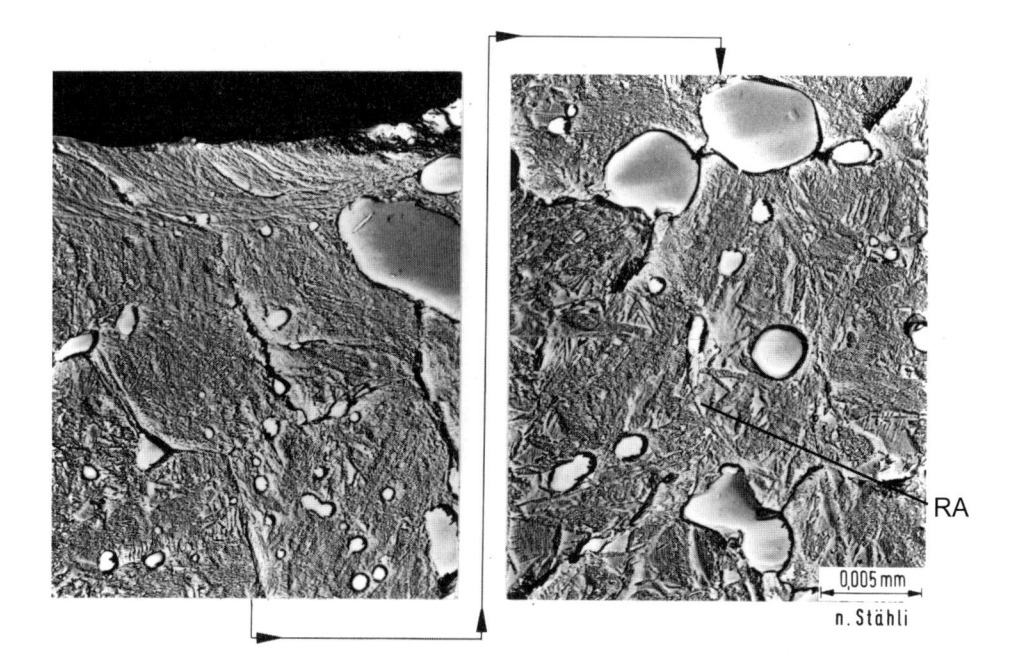

Bild 7.27: Umwandlung des Restaustenits (RA) in verformungsinduzierten Martensit im Randgefüge der Betriebsschleißplatte (X210Cr12, rd. 70 % Restaustenit) einer Matrize zur Herstellung feuerfester Steine (elektronenmikroskopische Aufnahmen eines Oberflächenabdrucks mit Kontrastierung durch Schrägbedampfung) [41]

7.3.6 Profiländerung

Unter diesem Begriff sind in bestimmten Branchen auch die Begriffe Abstumpfung oder Kolk üblich. Das Schadensmerkmal lässt sich charakterisieren durch einen ausgedehnten Abtrag im Bereich der Funktionsflächen, wodurch Abweichungen von der ursprünglichen Bauteilgestalt entstehen. Bei Verbundlösungen besteht die Gefahr, dass der Trägerwerkstoff verschleißt und die Haltewirkung für den verschleißbeständigen Einsatz verloren geht. Eine Profiländerung führt in der Regel zu einer ungünstigen Funktion, ja sogar zu einer schädlichen Geometrie, vgl. Bild 7.19. Manchmal ist die Gleitrichtung durch eine Strömungsrichtung markiert. Im Allgemeinen erscheinen die Verschleißflächen metallisch blank, die abhängig vom Abrasivkorn unterschiedlich große bis mikroskopisch feine Riefen aufweisen können. Besonders gefährdete Bereiche werden durch Auftragsschweißungen geschützt wie beispielsweise beim Schaufelradbagger die Spitzenschneide des Eimers, **Bild 7.28**. Nach Ausbrüchen und örtlichem Abtrag im Bereich der Auftragsschweißung an der Spitze wurde der ungeschützte Grundwerkstoff unterspült, mit der Folge eines ständigen Wechsels zwischen Unterspülung und Ausbruch. Die geometrische Änderung im Zentimeterbereich bewirkt eine Erhöhung des Bewegungswiderstandes. Ein Brechen der Spitze lässt sich nicht immer vermeiden, vor allem dann nicht, wenn die Spitze gegen größere Steine (Findlinge) stößt oder beim Ablegen infolge des hohen Gewichts des Baggerauslegers zu hart aufgesetzt wird. Als Abhilfe sind funktionsgerechtes Auf-

7.3 Verschleißerscheinungsformen bei Abrasiv-Gleitverschleiß durch gebundenes Korn

bringen eines Verschleißschutzwerkstoffes (Auftragsschweißung) und härtere sowie vermehrte Hartstoffanteile im Schweißwerkstoff möglich. Außerdem lässt sich die Standzeit durch Änderung des Anstellwinkels beeinflussen.

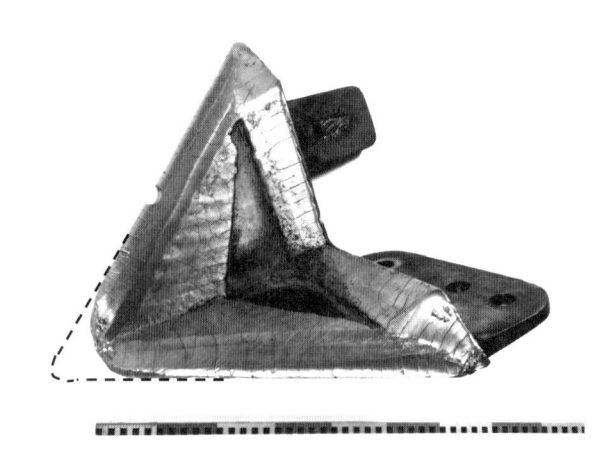

Bild 7.28: Schaufelrad eines Baggers zur Braunkohleförderung, Raddurchmesser 21,6 m
links: Grabgefäße (Eimer) mit Spitzenschneiden
rechts: abgestumpfte Spitzenschneide eines Eimers mit Auftragschweißung aus 5 % C, 22 % Cr, 7 % Nb und 1 % B (750 HV30) mit Rissbildungen überwiegend quer zu den Schweißraupen; Abrasivstoff quarzhaltiger Abraum und Braunkohle; Umfangsgeschwindigkeit an der Schneide 2,64 m/s

Bei Pressmatrizen zur Herstellung feuerfester Steine führen die Abrasivstoffe durch örtlich verschieden hohe Beanspruchungen – meist in der Hochlage – zu einem ungleichmäßigen Abtrag in der Funktionsfläche, **Bild 7.29**. Ab einer bestimmten Kolktiefe können die Maßtoleranzen der Formsteine nicht mehr eingehalten werden oder aber es entstehen beim Ausstoßen der Grünlinge Risse oder Bruch. Mikroskopisch machen sich Riefen und Einbettungen bemerkbar, vgl. Bild 7.20 und 7.22. Bei den harten Gegenstoffen wie Siliziumcarbid oder Bauxit war die anzustrebende Tieflage durch Wahl eines hartstoffreichen Werkstoffes aus Festigkeitsgründen wegen des „Atmens" der Pressform zum damaligen Zeitpunkt nicht möglich. Deshalb wurden bei den untersuchten ledeburitischen Stählen u. a. X210Cr12 durch Wärmebehandlung hohe Restaustenitgehalte (bis zu 70 %) eingestellt. Dadurch konnten Standzeitverlängerungen bei Siliziumcarbid um rd. 100 % und bei Bauxit um rd. 25 % gegenüber dem konventionell gehärteten Stahl erzielt werden.

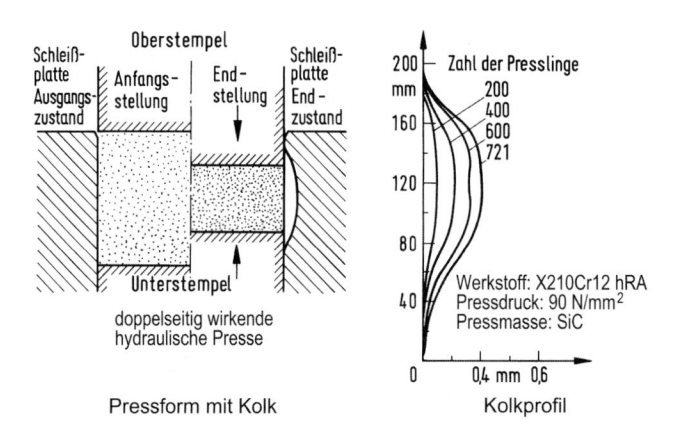

Bild 7.29: Kolktiefe (überhöht dargestellt) an einer Pressmatrize aus X210Cr12 mit hohem Restaustenit (hRA) zur Herstellung feuerfester Steine aus SiC [41]

7.4 Dreikörper-Abrasivverschleiß

Zahlreiche Bauteile wie Bolzen und Buchsen in Raupenlaufwerken von Baggern, Förderketten, Führungen, Gleitbahnen und Lager in staubiger Atmosphäre unterliegen unbeabsichtigt dieser Verschleißart. Zwischen die von diesen Bauteilpaarungen gebildeten Kontaktflächen gelangen nur spaltgroße Körner. Bei den der Aufbereitungs- und Verfahrenstechnik zugrundeliegenden Zerkleinerungsprozessen wie Brechen und Mahlen von Festgestein und Erzen kommt dagegen ein großes Spektrum von Gesteins- und Korngrößen vor. Dementsprechend wird hier u. a. die Einteilung nach der Korngröße (Grob-, Mittel-, Fein-, und Feinstzerkleinerung) oder nach den Festigkeitseigenschaften des Gutes (Hart-, Mittelhart- und Weichzerkleinerung) vorgenommen [42, 43]. Die Grobzerkleinerung erfolgt nach dem Druckprinzip z. B. beim Backen-, Kegel- und Profilwalzenbrecher. Hierbei handelt es sich um eine Einzelkornzerkleinerung. Unter die Feinzerkleinerung fällt die Gutbettzerkleinerung, bei der durch die Druckbeanspruchung das Gut verdichtet und dabei ein Spannungszustand aufgebaut wird, wodurch das Gut zerkleinert wird.

Dieses ohnehin komplexe Teilgebiet wird durch die Wirkung oft stark schwankender Abrasivstoffmengen, die abhängig von Bauteilgeometrie und Kinematik zwischen die Kontaktflächen gleitender, rollender oder stoßender Partner gelangen, noch unübersichtlicher, vgl. Tabelle 7.1. So treten bei der Druckzerkleinerung auch Gleitvorgänge auf, wenn das Korn dabei bricht und über den in der Mitte sich bildenden Kegel abgleitet. Hinzu kommt, dass der Abrasivstoff strukturabhängig in ständig veränderter Form infolge von Zerkleinerung und Einbettung in Wechselwirkung mit den Festkörpern tritt, die wiederum über den Abrasivstoff oder durch unmittelbaren Kontakt eine gegenseitige Beeinflussung erfahren. Die Größe der Körner nimmt bei deren Zerstörung abhängig von Festigkeit und Zusammensetzung des Gesteins und Härte der Partner meist sehr schnell ab, die Kornfestigkeit steigt hierdurch aufgrund der Abnahme von Größe und Anzahl der Fehlstellen im Korn um bis zu drei Größenordnungen [44 bis 46]. Wird der Druckbeanspruchung eine Gleitbewegung überlagert, so erniedrigt sich die Druckfestigkeit der Körner infolge der einwirkenden Tangentialkräfte [47]. Da sich in der Grenzfläche außer den Kontaktarten über ein Einzelkorn oder ein Gutbett auch direkte Kontak-

7.4 Dreikörper-Abrasivverschleiß

te zwischen den Partnern einstellen können, sind sowohl die Mechanismen der Abrasion mit Mikroverformen, Mikrospanen und Mikrobrechen und der Oberflächenzerrüttung als auch der Mechanismus der Adhäsion wirksam.

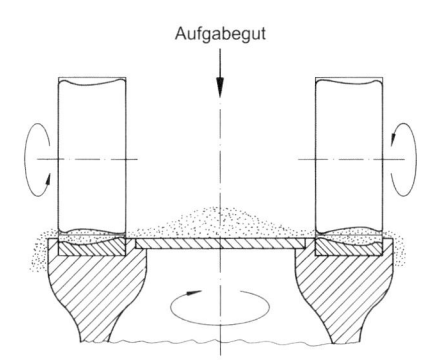

Bild 7.30: Prinzipskizze einer Wälzmühle mit zylindrischen Rollen und Verschleißprofilen von Mahlbahn und Rollen

Als Beispiel für die unterschiedliche tribologische Beanspruchung während eines Mahlprozesses im Zuge der Gutbettzerkleinerung wird hier die vertikale Wälzmühle beschrieben, **Bild 7.30**. Neben den konstruktiven Ausführungen mit zylindrischen Walzen gibt es auch solche mit kegeligen und balligen Walzen sowie mit Kugeln. Die ortsfesten Walzen (im Allgemeinen drei bis vier) werden mit hoher Kraft auf das Mahlgut gedrückt, das in der Mitte der rotierenden Mahlbahn zugegeben wird. Die über Reibschluss angetriebenen Rollen zerkleinern durch Druck und Schub das Mahlgut. Bei zylindrischen Walzen findet reines Abrollen auf der ebenen Mahlbahn nur bei einem bestimmten Radius statt. Bei kleinerem und größerem Radius kommt es zu Schlupf mit der Folge einer Scherbeanspruchung im Gutbett. Von dem auf die rotierende Mahlbahn aufgegebenen Gut (frisches Gut und vom Sichter abgetrennter grober Anteil) wandern aufgrund der Fliehkraft die Körner nach außen. Über einen Düsenring am Außenrand der Mahlbahn transportiert von unten zugeführte heiße Luft das teilweise gemahlene Gut zum über dem Mahlraum angeordneten Sichter, wo eine Abtrennung nach Korngrößen erfolgt. Der Feinanteil verlässt die Mühle als Fertigprodukt, während der Grobanteil wieder auf die Mahlbahn zurückfällt. Auf den Oberflächen der zylindrischen Rollen und der Mahlbahn zeichnen sich mikroskopisch zwei unterschiedlich von innen nach außen ineinander übergehende Bereiche ab, die von der Kinematik der Körner geprägt werden. Aufgrund eingeschränkter Beweglichkeit der Körner im Gutbett führen diese Gleitbewegungen auf Mahlbahn und Rolle aus und hinterlassen zum Außenrand hin dementsprechend unterschiedlich lange Riefen. Auf der Mahlbahninnenseite, wo vorwiegend nach der Zerkleinerung die kleineren Körner verweilen, sind dagegen überwiegend Druckstellen zu beobachten, die ähnlich wie bei einem Läppvorgang, **Bild 7.31**, auf rollende oder wälzende Bewegung hinweisen. Der Abtrag erfolgt hier am Innenrand überwiegend durch Zerrüttungsprozesse. Ist durch die wiederholten Druckvorgänge durch die Körner das Verformungsvermögen der aufgeworfenen Ränder erschöpft, brechen diese ab. Im Vergleich zum gerieften Bereich am Außenrand, in dem der Abtrag durch Mikrozerspanung erfolgt, ist am Innenrand der Verschleiß deutlich geringer. Im Laufe des Betriebes stellen sich daher häufig makroskopisch die in Bild 7.30 skizzierten geometrischen Abweichungen von der Sollform der Mahlbahn und der Rollen ein. Neben diesen Profiländerungen der Kontaktflächen werden auch Riffel insbesondere an den Walzenoberflächen beobachtet, vgl. Kap. 7.5.5.

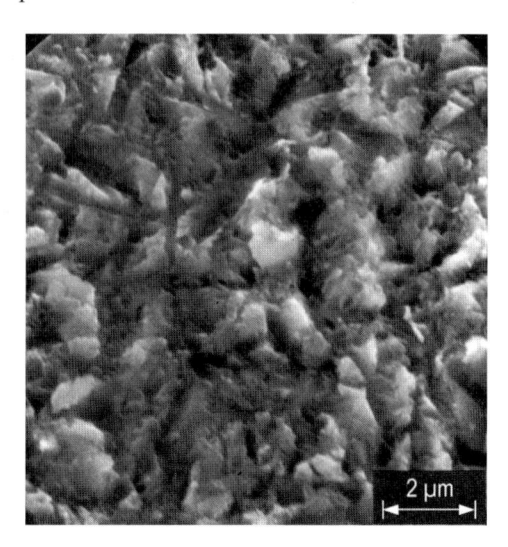

Bild 7.31: Läppstruktur auf der Oberfläche eines Schlitzträgers einer Kraftstoff-Einspritzvorrichtung aus X105CrMo17 mit einer Härte von 800 HV 10

Aus all diesen Gründen – auch betriebsbedingt Kinematik, Stofftransport, Geometrie der Teile – können an einem Bauteil positionsabhängig die unterschiedlichsten Verschleißprozesse ablaufen und die Lebensdauer gleichartiger Bauteile starken Schwankungen unterworfen sein. Darüber hinaus ist der Dreikörper-Abrasivverschleiß trotz vieler teilweise widersprüchlicher Einzelergebnisse nicht genügend erforscht, was darin zu suchen ist, dass die wirksam werdenden Mechanismen wie Abrasion, Adhäsion, Tribooxidation, Zerrüttung sowie erosive, tribochemische und korrosive Einflüsse bei den verschiedenen Bauteilen und Prüfeinrichtungen nicht in reiner Form, sondern in verschiedener Weise überlagert auftreten können. Zudem stehen die werkstofftechnischen Kenngrößen, die gefügestrukturellen sowie die Oberflächeneigenschaften in starker wechselseitiger Beziehung zueinander.

7.4.1 Beanspruchungsbedingte Einflüsse

Die Beanspruchung im Betrieb dürfte ähnlich hoch sein wie bei gebundenem Korn und richtet sich vornehmlich bei Zerkleinerungsprozessen nach der Kornfestigkeit und der Korngröße des Abrasivstoffes. Bei der Gutbettzerkleinerung von Zementklinker in Walzenmühlen (gegenläufig rotierende Walzenpaare) können z. B. Flächenpressungen von über 500 MPa auftreten [36]. Dagegen dürfte die Geschwindigkeit eher von untergeordneter Bedeutung für den Verschleiß sein, da sie ohnehin mit bis zu 2 m/s gering ist. Sie wirkt sich vor allem auf das Zerkleinerungsergebnis aus [48]. Kleinere Geschwindigkeiten bewirken feineres Korn und bessere Energieausnutzung. Sie werden für die Feinzerkleinerung < 0,4 m/s angegeben. Bei Wälzmühlen sind dagegen die Umfangsgeschwindigkeiten höher, sie reichen bis zu 6 m/s.

7.4.2 Strukturbedingte Einflüsse

7.4.2.1 Abrasivstoff als Zwischenstoff

Dem Abrasivstoff kommt mit seinen spezifischen Eigenschaften wie Härte, Härteverhältnis Werkstoff/Abrasivstoff, Korngröße, Stückgröße und Menge entscheidende Bedeutung zu bezüglich des Verschleißverhaltens und auch der Lebensdauervorhersage. Bei manchen Dreikörper-Systemen gibt es Zonen, in denen der Abrasivstoff zu- und abgeführt wird und die dadurch Erosionsprozessen unterliegen.

7.4.2.2 Grund- und Gegenkörper

Die bei Dreikörper-Abrasivverschleiß oft verwendeten verschleißbeständigen Werkstoffe wie legierter Stahlguss, Werkzeugstahl, Manganhartstahl, weißes Gusseisen, legierter Hartguss, Stellit und Hartmetall zeigen ein von den in der Grenzfläche ablaufenden Mechanismen geprägtes Verhalten, das vor allem durch den Schutz der harten Phasen in der Matrix als Träger des Verschleißwiderstandes (gegen Freilegen, Ausbrechen, Hinterspülen, Mikrospanen u. a.) und deren Interaktion untereinander und gegenüber dem angreifenden Korn bestimmt wird. Die in den letzten Jahren entwickelten pulvermetallurgischen Verbundwerkstoffe bieten durch die größere Variationsbreite im Vergleich zu Gusswerkstoffen eine verbesserte Verschleißbeständigkeit.

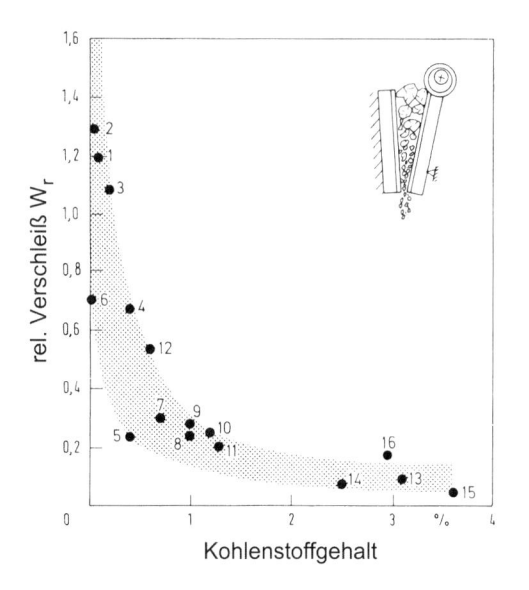

Nr.	Werkstoff
1	Austenitischer Stahl AISI 304
2	Austenitischer Stahl AISI 316
3	C-armer Stahl T1A, geglüht
4	NiCrMo-Stahl AISI 4340, perlitisch
5	NiCrMo-Stahl AISI 4340, vergütet
6	Maragingstahl 8Cr-18Ni-5Mo, martensitisch
7	Manganhartstahl 6Mn-Cr-1Mo (0,7 %C)
8	Manganhartstahl 6Mn-Cr-1Mo (1,2 %C)
9	Manganhartstahl 12Mn (1 %C)
10	Manganhartstahl 12Mn-2Cr (1,18 %C)
11	Manganhartstahl 12Mn-1Mo (1,28 %C)
12	Manganhartstahl 12Mn (0,6 %C), ausscheidungsgehärtet
13	Weißes Gusseisen 27Cr-5Mo-3C
14	Weißes Gusseisen 15Cr-3Mo-2,5C
15	Weißes Gusseisen 15Cr-3Mo-3,5C
16	Auftragsschweißung 20Cr-3,5Mo-3C

Bild 7.32: Relativer Verschleiß von Brecherbacken verschiedener Werkstoffe in Abhängigkeit vom C-Gehalt; Aufgabegut Moränenkies (18 % Quarz und Quarzit, 28 % Basalt, 20 % Granit und Gneis, 34 % Kalkstein und Schiefer) mit einer Ausgangskorngröße von 38 bis 51 mm; Referenzwerkstoff (bewegte Backe) aus niedriglegiertem Stahl (0,19 % C, 0,28 % Si, 0,84 % Mn, 0,18 % Mo, 0,56 % Cr) [49]

Die folgenden Beispiele zeigen das Verschleißverhalten unterschiedlicher Werkstoffe bei hoher Beanspruchungsintensität im Backenbrecher und Kegelbrecher. In einem Laborbackenbrecher sind verschiedene Stahl- und Gusseisensorten beim Brechen von Moränenkies untersucht worden. Die Ergebnisse sind als Verschleißwiderstand über den C-Gehalt aufgetragen, **Bild 7.32**.

Von den austenitischen und martensitischen Auftragsschweißungen sowie den weißen Gusseisen weisen die Werkstoffe mit austenitischer Matrix und hohem C-Gehalt bei gleichem Härteverhältnis einen höheren Verschleißwiderstand auf als die Werkstoffe mit martensitischer Matrix, **Bild 7.33**. Davon weicht das weiße Gusseisen G-X300CrMo15-3 (Nr. 13) mit dem höchsten Widerstand deutlich ab. Die verwendeten Werkstoffe sind in **Tabelle 7.6** zusammengestellt.

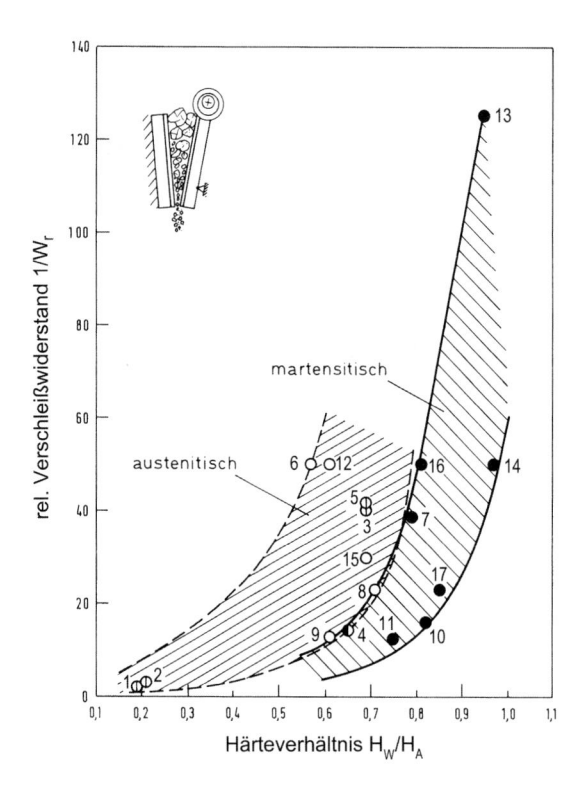

Bild 7.33: Verschleißwiderstand von Brecherbacken mit Auftragsschweißungen martensitischer und austenitischer Matrix und aus weißem Chromgusseisen in Abhängigkeit vom Härteverhältnis (H_w = Werkstoffhärte, H_A = Abrasivstoffhärte). Referenzwerkstoff (feststehende Backe) gehärtet und angelassen auf 275 HV. Spaltweite 3,2 mm, Brechgut 4 x 250 kg Toscanit (alkaligranitisches Ergussgestein 950 $HV_{korr.}$), Aufgabekorngröße 40 mm [50]

7.4 Dreikörper-Abrasivverschleiß

Tabelle 7.6: Werkstofftabelle zu Bild 7.33

Nr.	Werkstoff	Matrix	chemische Zusammensetzung in Massen-%								
			C	Mn	Si	Ni	Cr	Mo	Ti	Nb	V
1	Mn-Auftragsschweißung	A[1]	0,59	11,3	0,30	3,48	0,05	0,01	0,26	0,01	0,03
2		A	0,76	14,5	0,44	2,03	0,01	0,64	0,19	0,01	0,02
3	Chromcarbidhaltige Auftragsschweißung	A	3,3	0,25	1,0	0,59	30,2	0,97	0,01	0,01	0,35
4		M[2]	3,4	0,25	0,13	0,07	21,7	0,01	0,01	0,01	0,04
5		A	3,2	0,88	1,08	0,06	22,7	0,81	0,03	0,01	0,04
6	G-X330NiCr4-2	A	3,15	0,48	0,29	3,45	2,10	0,01	-	-	-
7		M	3,15	0,48	0,29	3,45	2,10	0,01	-	-	-
8		A	3,43	0,57	0,35	4,10	2,42	0,06	-	-	-
9	G-X300CrNiSi9-5-2	A	2,83	0,75	3,00	5,50	9,80	0,02	-	-	-
10		M	2,83	0,75	3,00	5,50	9,80	0,02	-	-	-
11		M	3,46	0,55	1,89	5,30	9,40	0,15	-	-	-
12	G-X300CrMo15-3	A	3,26	0,35	0,38	0,08	14,7	2,85	-	-	-
13		M	3,26	0,35	0,38	0,08	14,7	2,85	-	-	-
14		M	2,98	0,83	0,99	0,43	15,4	2,73	-	-	-
15	G-X260Cr27	A	2,92	0,45	0,65	0,06	27,2	0,70	-	-	-
16		M	2,92	0,45	0,65	0,06	27,2	0,70	-	-	-
17		M	2,70	0,92	0,83	0,47	26,6	0,03	-	-	-

[1] Austenit, [2] Martensit

In einer neuen Studie [51] mit einem Laborkegelbrecher wurden verschiedene gesinterte Verbundwerkstoffe bei der Zerkleinerung von Granit mit der Druckfestigkeit von 194 MPa und Glimmergneis mit einer Druckfestigkeit von 63,7 MPa untersucht, **Bild 7.34**. Hierbei wurden

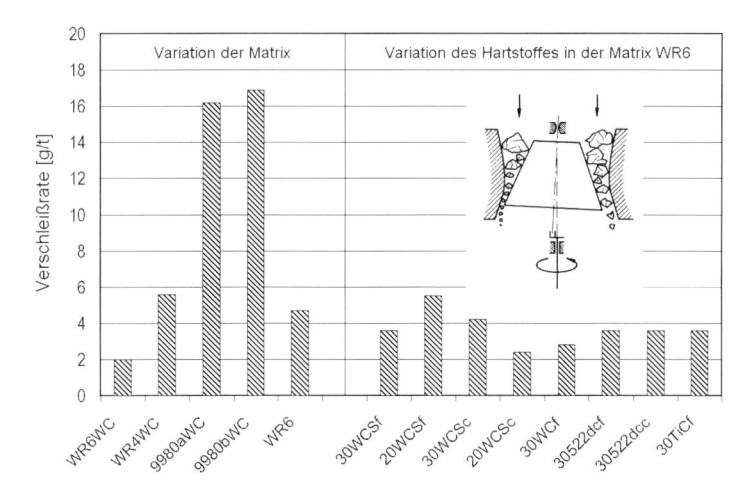

Bild 7.34: Verschleißverhalten verschiedener pulvermetallurgisch hergestellter Verbundwerkstoffe für den Kegelmantel bei der Zerkleinerung von Granit in einem Laborkegelbrecher [51]

zwei Wege beschritten. In einem ersten Schritt wurde eine Werkstoffgruppe verwendet, bei der die Matrix variiert und der Hartstoffgehalt konstant gehalten wurde, **Tabelle 7.7** und **7.8**. In der zweiten Gruppe wurde bei konstanter Matrix der Hartstoff variiert, **Tabelle 7.9**. Dargestellt ist der Verschleiß des Kegelmantels. Die wichtigsten Parameter, die das Verschleißverhalten beeinflussen, sind bekanntlich der Gehalt und die Art der harten Phasen. Steigender Carbidgehalt reduziert den Verschleiß. Bei gleichem Carbidgehalt hängt der Verschleiß sehr von der Matrix ab. Der Tendenz nach nimmt der Verschleiß mit steigender Carbidgröße und steigendem Carbidabstand ab. Der geringste Verschleiß stellt sich mit der hoch chromhaltigen Legierung und mit Wolframcarbiden WR6WC ein.

Tabelle 7.7: Chemische Zusammensetzung der Matrix für die verwendeten Verbundwerkstoffe in Bild 7.34

Bezeichnung der Matrix	Chemische Zusammensetzung der Matrix in Massen-%								
	C	Cr	V	Mo	Mn	Ni	Co	Si	Fe
WR4 (Werkzeugstahl)	1,8	5,25	9,0	1,3	<0,5	-	-	0,9	Rest
WR6 (Werkzeugstahl)	2,90	5,25	11,5	1,3	<1,0	-	-	<1,0	Rest
9980 (martensitischer Stahl)	0,03	15,3	0,15	0,9	0,75	5,3	0,1	0,45	Rest

Tabelle 7.8: Zusammensetzung der Verbundwerkstoffe mit unterschiedlicher Matrix und gleichem Hartstoff in Bild 7.34

Bezeichnung der Verbundwerkstoffe	Matrix	Matrix-anteil Massen-%	Hart-stoff	Hartstoff-anteil Massen-%	Korngröße der Hartstoffe [µm]	Matrix-härte HV
WR4WC	WR4	75	WC/Co	25	200–400	575
WR6WC	WR6	75	WC/Co	25	200–400	695
9980aWC	9980	75	WC/Co	25	200–400	320
9980bWC	9980	65	WC/Co	35	200–400	320
WR6	WR6	100	-	-	-	695

Tabelle 7.9: Zusammensetzung der Verbundwerkstoffe mit gleicher Matrix und verschiedenen Hartstoffen in Bild 7.33

Bezeichnung der Verbundwerkstoffe	Matrix	Matrixanteil Volumen-%	Hartstoff	Hartstoffanteil Volumen-%	Korngröße der Hartstoffe [µm]
30WCSf	WR6	70	WC	30	45–90
20WCSf	WR6	80	WC	20	45–90
30WCSc	WR6	70	WC	30	250–425
20WCSc	WR6	80	WC	20	250–425
30WCf	WR6	70	WC/Co	30	100–200
30522dcf	WR6	70	WC/Co	30	45–90
30522dcc	WR6	70	WC/Co	30	200–300
30TiCf	WR6	70	TiC	30	75–250

7.4 Dreikörper-Abrasivverschleiß

Bei den Eisenwerkstoffen bietet neben einer harten martensitischen Matrix mit geeigneter Art, Menge und Größe an harten Phasen auch eine austenitische Matrix bzw. eine solche mit Restaustenit nicht zuletzt dann Vorteile, wenn infolge der Instabilität des Austenits durch die Beanspruchung eine Umwandlung in (vergleichsweise günstigeren) verformungsinduzierten Martensit mit der gleichzeitigen Ausbildung von Druckeigenspannungen bewirkt wird, vgl. Bild 7.14.

Die geometrische Gestaltung von Grund- und Gegenkörper (konstante oder konische Spaltformen) sind für die Einzugsbedingungen des körnigen Zwischenstoffes sowie der kinematischen Abläufe von Bedeutung, da sie den Verschleiß mitbestimmen. So findet vor dem Spalt eine Korngrößenselektion statt. Das Beispiel in **Bild 7.35** zeigt den Einfluss der Korngröße des Mischgutes auf den Verschleiß der Mischerschaufel im Modellbetonmischer mit konstantem Spalt zwischen Schaufel und Boden. Spaltgroße Körner verursachen den höchsten, die anderen Korngrößen wesentlich geringeren Verschleiß. Diese Beobachtungen werden auch bei verschmutzungsempfindlichen hydraulischen Komponenten gemacht, wenn die Schmutzpartikel in ähnlich großen Spalten hohe Strömungsgeschwindigkeiten erfahren [52].

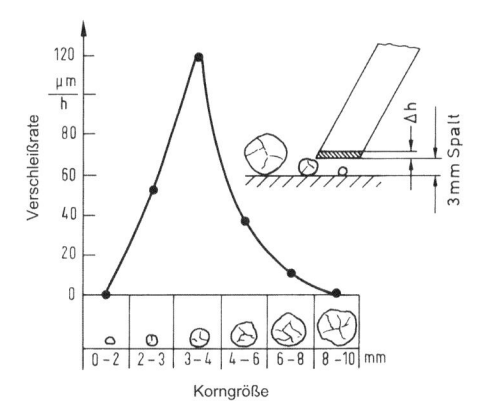

Bild 7.35: Verschleiß der Mischerschaufelkante eines Modellbetonmischers in Abhängigkeit der Korngröße des Mischgutes (trockener Sand) bei konstantem Spalt [3]

Bei der Einzelkornzerkleinerung in Kegelbrechern bestimmt die Spaltgeometrie den Zerkleinerungsgrad, der innerhalb des Spaltes variiert. Der höchste Verschleiß im Brechraum ist dort zu erwarten, wo der Zerkleinerungsgrad am größten ist. Im Ein- und Auslaufbereich des Brechraums ist der Verschleiß am geringsten [42].

Die extrem hohe Beanspruchung und die im konischen Spalt ablaufenden Prozesse werden am Beispiel der Kettenförderer aufgezeigt, bei denen abrasiv wirkendes Fördergut in die Kettengelenke gelangt, **Bild 7.36** [53]. Der Verschleiß konzentriert sich dabei nicht zwangsläufig auf die Stelle höchster Belastung, da in der Kraftübertragungszone der Zutritt des Abrasivstoffes im Allgemeinen erschwert ist, so dass hier überwiegend adhäsiver und nicht abrasiver Verschleiß vorliegt. Dabei ist zu berücksichtigen, dass u. a. die Korngröße entscheidet, ob und in

Bild 7.36: Eingriffsverhältnisse am Antriebskettenrad von Kettenförderern [RUD Ketten] und charakteristische Verschleißstellen in Kettengelenken infolge von Abrasivwirkung durch das Fördergut [53]

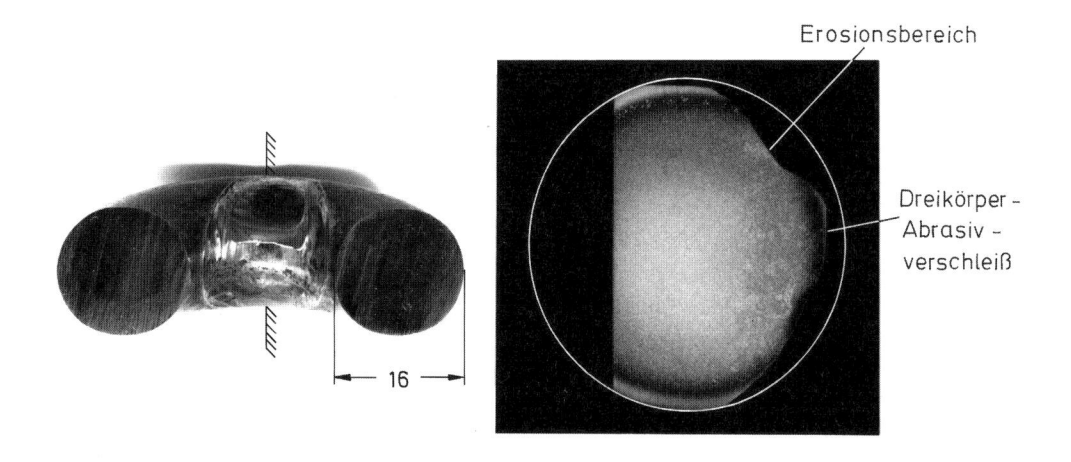

Bild 7.37: Erosionsbereich im sich periodisch verengenden Spalt des Kettengliedes außerhalb der Kraftübertragungszone durch Hochofenzementgrieß [53]

wie weit der Abrasivstoff in die Kontaktzone eindringen kann. Außerhalb dieser Zone tritt bei den Kettengliedern in den konstruktiv divergierenden Spalten Erosion auf, **Bild 7.37**. Durch die Schwenkbewegung der Kettenglieder beim Lauf über das Kettenrad wird der sich in den Spalten stauende Abrasivstoff verdichtet und herausgequetscht. Hier finden Furchungsprozesse statt, die auch ein entsprechendes Strömungsbild erkennen lassen. Das im Spalt vorliegende verdichtete Fördergut bildet eine Art Gutbett, trennt die Partner und verhindert hier somit den adhäsiven Verschleiß. Gleichzeitig wirkt das Fördergut jedoch abrasiv. Die Gesamtwirkung hängt davon ab, wie stark abrasiv ein Fördergut ist.

7.4 Dreikörper-Abrasivverschleiß

Untersuchungen zur Einstufung der Abrasivität einzelner mineralischer Stoffe in einem Simulationstest haben ergeben, dass Hochofenzementgrieß und Hochofenschlacke wenig abrasiv wirken (Tieflage), so dass der Verschleiß sogar niedriger ausfällt als ohne Zwischenstoff, **Bild 7.38** [53]. Bei der verwendeten Flugasche wird deutlich, wie wichtig die Kenntnis der Zusammensetzung des Abrasivstoffes für die Lebensdauer einer Kette ist. Die Flugaschen, die aus einem Steinkohleverbrennungsprozess stammen, bestehen überwiegend aus Glas (75 bzw. 80 %) in Form von Sphärolithen (mittlere Korngröße d_k = 20 µm) und geringen Quarzanteilen von 4 bzw. 8 %. Es ist nicht überraschend, dass der Verschleiß stark vom Quarzgehalt abhängig ist, sondern dass sich kein linearer Zusammenhang zwischen Quarzgehalt und Verschleiß einstellt. Während der Verschleiß bei der Flugasche mit 4 % Quarz noch unter den Werten der Paarung ohne Abrasivstoff liegt, erreicht er bei der Flugasche mit einem Quarzgehalt von 8 % bereits etwa 50 % des Verschleißes, der sich bei reinem Quarz ergibt. Erfahrungen aus der Praxis zeigen, dass Quarzgehalte bis zu 20 % auftreten können, die Verschleißwerte von reinem Quarz erreichen können. Hämatit ist zwischen die beiden Flugaschen einzuordnen.

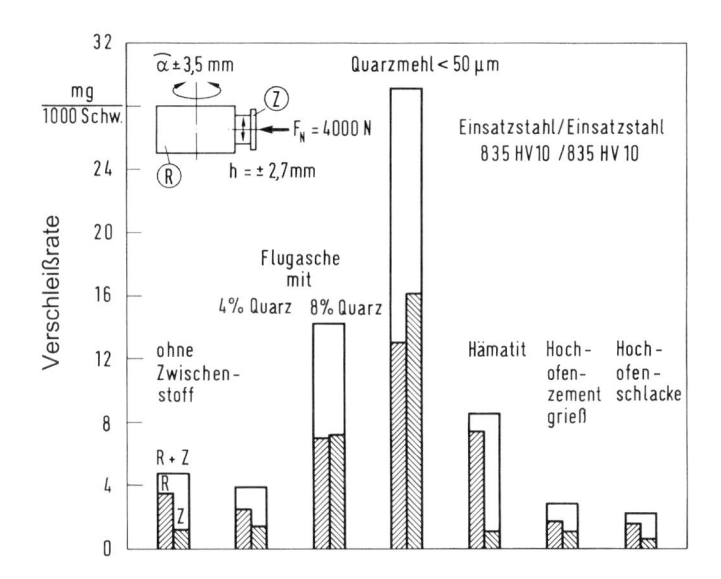

Bild 7.38: Abrasivität verschiedener Fördergüter. Die Probenpaarung ist vollständig vom Fördergut umgeben (R = Ringprobe, Z = Zylinderprobe) [53]

Ein besonderes Merkmal der Verschleißart Dreikörper-Abrasivverschleiß ist es, dass der Abrasivstoff verschieden harte Partner einer Werkstoffpaarung unterschiedlich stark schädigt, was auch schon aus früheren Untersuchungen bekannt ist, **Bild 7.39** [54]. Das Verhältnis der Härte von Grund- und Gegenkörper zu der des Abrasivstoffes bestimmt auch die Relativbewegung des Korns in der Grenzfläche mit und den Umstand, welcher Partner stärker verschleißt, und auch ob das Korn zerkleinert wird. Unter den einwirkenden Kräften dringt das Korn in den weicheren Körper tiefer ein und wird dort weitgehend fixiert, so dass die Gleitbeanspruchung hauptsächlich zwischen Korn und härterem Partner stattfindet. Dadurch verschleißt der härtere Partner stärker als der weiche, wie auch das folgende Beispiel mit Paarungen unterschiedlicher

Härte zeigt, **Bild 7.40** [53]. Der Verschleiß ist im Wesentlichen proportional zu dem zurückgelegten Gleitweg. Dadurch können Systeme unterschiedlicher Geometrien verglichen werden.

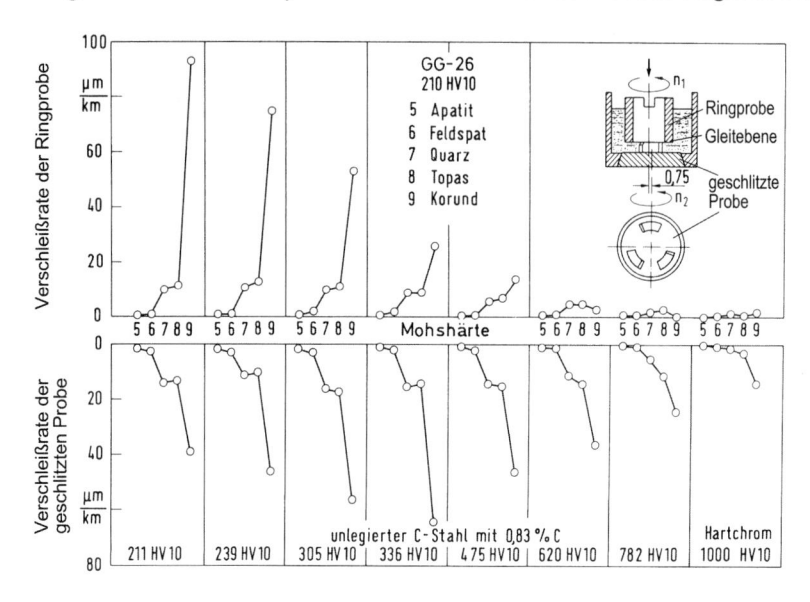

Bild 7.39: Einfluss verschiedener Minerale auf den Verschleiß von Grund- und Gegenkörper in Abhängigkeit von der Abrasivstoffhärte nach Mohs und der Gegenkörperhärte. Korngröße d_k = 10 bis 20 µm, Öl/Abrasivstoff = 100 cm³:16g, p = 1,47 N/mm², v = 1 m/s, n_1 = 400 min⁻¹, n_2 = 1,5 min⁻¹ [54]

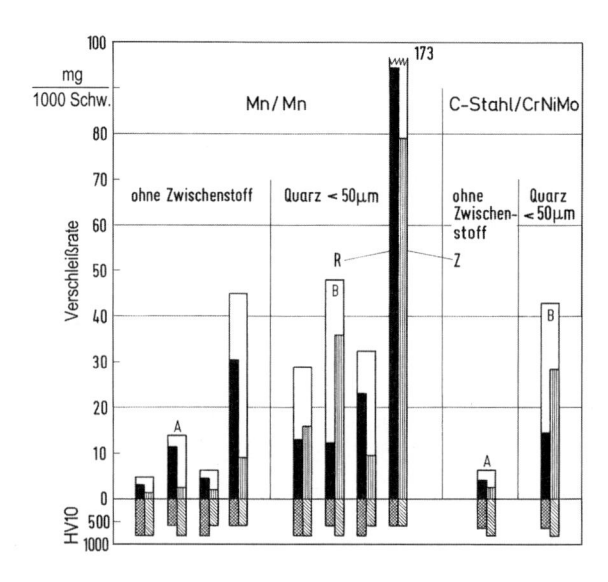

Bild 7.40: Einfluss der Paarungshärte auf den Verschleiß mit und ohne Zwischenstoff (Probenanordnung wie in Bild 7.38) [53]

7.5 Verschleißerscheinungsformen bei Dreikörper-Abrasivverschleiß

Dieses durch das Einbetten harter Zwischenstoffe in den weicheren Werkstoff bedingte meist ungünstige Verhalten des härteren Werkstoffes ist ein typisches Merkmal dieser Verschleißart in der Hochlage. Die Erhöhung der Härte eines Partners indes zieht im Allgemeinen eine Verschleißminderung beider Partner nach sich. Bei weichen Zwischenstoffen stellt sich dieses Verhalten nicht ein, außerdem ist eine wesentlich geringere Differenzierung vorhanden. Diese Beispiele zeigen besonders anschaulich, dass bei einer Analyse von Verschleißproblemen beide Partner und der Zwischenstoff zu betrachten sind.

7.5 Verschleißerscheinungsformen bei Dreikörper-Abrasivverschleiß

Die Verschleißerscheinungsformen dieser Verschleißart sind denen bei Abrasiv-Gleitverschleiß mit gebundenem und losem Korn ähnlich, haben jedoch gelegentlich besondere Merkmale, wenn Kornzerkleinerung und partiell metallischer Kontakt auftreten.

7.5.1 Riefen

Das Riefenbild unterscheidet sich grundsätzlich nicht von denen, die beim Abrasiv-Gleitverschleiß auftreten, vgl. Kap. 7.3, jedoch sind die Riefen manchmal weniger einheitlich ausgerichtet, da der Abrasivstoff mehr Freiheitsgrade (drei zum Gleiten und drei zum Rollen) besitzt, **Bild 7.41** bis **7.44**.

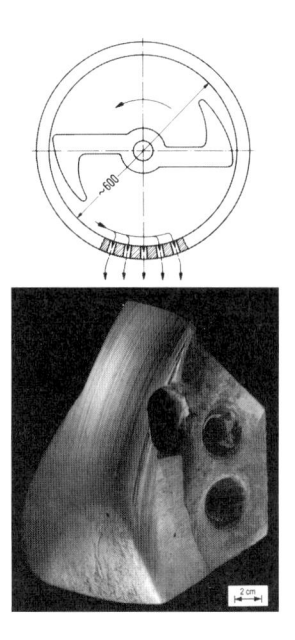

Bild 7.41: Riefen am Haspelwerkzeug (chromlegierter Stahlguss 600 HV50) einer Tonzerkleinerungsmaschine durch steiniges Material im Lehm Durchsatz 30 t/h

Im verengenden Spalt einer Tonzerkleinerungsmaschine, der von der Haspel und dem zylindrischen Korb gebildet wird, Bild 7.41, verursachen insbesondere die spaltgroßen Steine den Verschleiß, wodurch die unzulässige Spalterweiterung zu einer Wirkungsgradminderung führte. Auf der poliert erscheinenden, dreieckförmigen Verschleißfläche sind größere Riefen zu beobachten, die von der allgemeinen durch die Umfangsgeschwindigkeit vorgegebenen Richtung abweichen. Dies deutet darauf hin, dass eingeklemmte Steine durch ihre kantige Form von der vorgegebenen Gleitrichtung abwichen. Durch Auftragsschweißen einer Chromlegierung auf Fe-Basis mit 4 % C und 33 % Cr konnte die Standzeit von wenigen Stunden auf Monate verlängert werden.

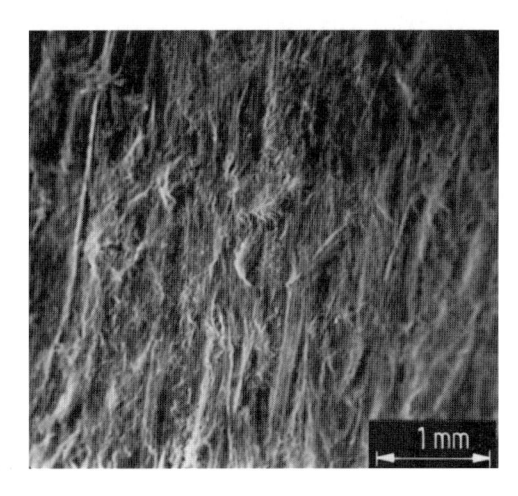

Bild 7.42: Riefen auf der durch Zerkleinerung von stückigem Silizium beanspruchten Oberfläche eines Backenbrechers aus dem Gusswerkstoff G-X300CrMo15-3 (64 HRC), Ausschnitt aus Bild 7.50

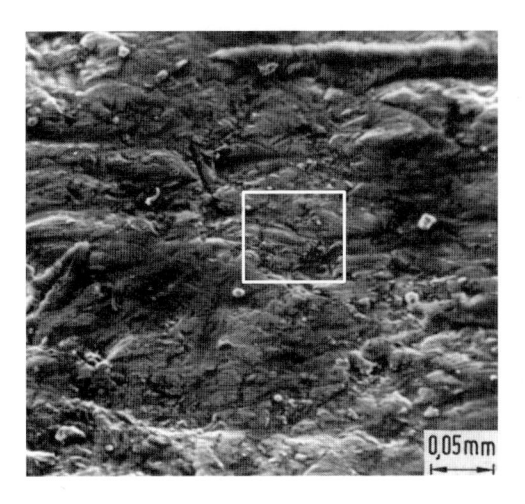

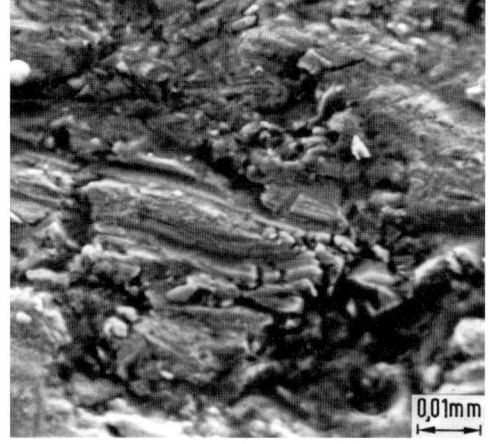

Bild 7.43: Riefen an Mahlkugeln aus Ni-Hard 4 mit 650 HV50 infolge Druckzerkleinerung und Scherung, Mahlgut Grauwacke [38]

7.5 Verschleißerscheinungsformen bei Dreikörper-Abrasivverschleiß

Die beanspruchte Oberfläche eines Backenbrechers weist ein Riefenbild auf, das durch kurze vielfach regellose Riefen gekennzeichnet ist, Bild 7.42, was auch aufgrund der Arbeitsweise des Brechers zu erwarten ist. Ähnliches gilt auch für Mahlkugeln, Bild 7.43.

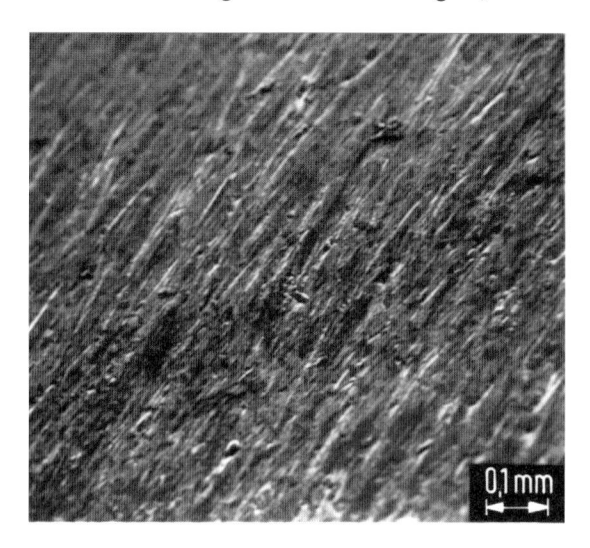

Bild 7.44: Riefen in der Erosionszone des sich verengenden Spaltes im Gelenk eines randschichtgehärteten Rundstahlbolzens einer Kette; Fördergut Hämatit; Ausschnitt a aus Bild 7.48 und vgl. Bild 7.53

Zwischen den Kettengliedern z. B. von Kettenförderern verdichtet sich häufig außerhalb der Kontaktzone im sich verengenden Spalt das abrasiv wirkende Fördergut zu einem Gutbett beim Umlaufen der Kette über das Kettenrad. Durch die Schwenkbewegungen der Kettenglieder wird das Gut herausgequetscht, wodurch Erosionsmulden entstehen können, vgl. Bild 7.48 und 7.53. Die einzelnen Körner sind dann innerhalb des Gutbettes in ihrer Beweglichkeit so behindert, dass durch die Bewegung im Gelenk die Vorzugsrichtung der Riefen in den Erosionsmulden vorgegeben werden, Bild 7.44.

Eine Abhilfe gestaltet sich schwierig, da zum einen das Eindringen des Fördergutes kaum verhindert werden kann und zum anderen einer Verlagerung des Verschleißprozess in die Tieflage durch Wahl von härteren Werkstoffen als Abrasivstoffe Grenzen gesetzt sind. Auch muss aus Festigkeitsgründen insbesondere unter Berücksichtigung dynamischer Beanspruchungen ein geeigneter Werkstoff mit entsprechender Wärmebehandlung ausgewählt werden. Nach wie vor stellen Einsatzstähle oder randschichtgehärtete Stähle mit ausreichender Härte und Einsatzhärtungstiefe bzw. Randhärtetiefe den günstigsten Werkstoff dar.

7.5.2 Einbettung

Bei Bewegung von Grund- und Gegenkörper mit einem härteren Zwischenstoff erfahren diese eine örtliche Verformung, die bei dem weicheren Partner stärker ausgeprägt ist und zu einer Einbettung und meist auch zu einer Zerstörung des Kornes führt. In **Bild 7.45** ist eine Kontaktzone eines Rundstahlbolzens mit einem Kettenglied wiedergegeben. Das Korn oder Reste davon werden in der Kontaktzone eingebettet oder auch nur lokal verschmiert. So wird zwar die Adhäsion verringert oder verhindert, statt dessen wirkt jedoch der Zwischenstoff abrasiv. Gegenüber adhäsivem Verschleiß haben sich Hochofenzementgrieß und Hochofenschlacke als verschleißmindernd erwiesen, vgl. Bild 7.38, während Hämatit, quarzhaltige Flugasche und Quarz als verschleißfördernd einzustufen sind [53].
Bei angestrebter gleichmäßiger Abnutzung beider Bauteile ist es zweckmäßig, beide gleich hart zu machen.

Bild 7.45: Einbettungen in der Kontaktzone eines randschichtgehärteten Rundstahlbolzens einer Kette; Fördergut Hämatit; Ausschnitt b aus Bild 7.48 und vgl. Bild 7.53

7.5.3 Schubrisse

Bei örtlich fehlendem Zwischenstoff in der Kontaktfläche kann es aufgrund adhäsiver Wirkungen zwischen den Partnern zu Schubrissen wie in der Gleitfläche einer Rundstahlbolzenkette kommen, **Bild 7.46**, die die gleichen Ursachen wie bei metallischem Gleitverschleiß haben, vgl. 4.2.9, und zu ähnlichen Schädigungen führen. Derartige Rissbildungen können Ausgangspunkt für Schwingbrüche darstellen.

7.5 Verschleißerscheinungsformen bei Dreikörper-Abrasivverschleiß

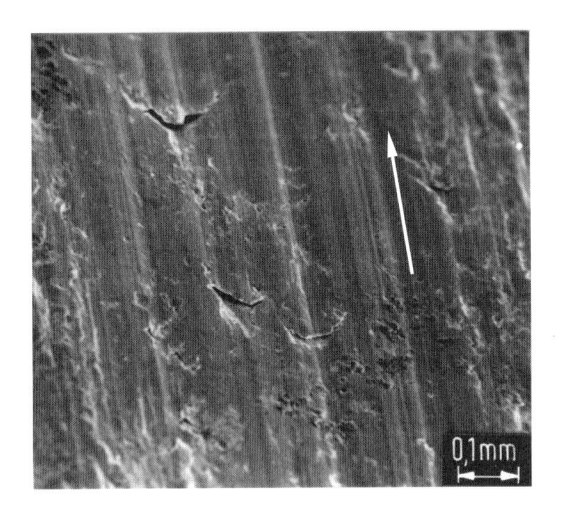

Bild 7.46: Schubrisse im gerieften Bereich der Kontaktzone eines randschichtgehärteten Rundstahlbolzens einer Kette, Ausschnitt c aus Bild 7.48 und vgl. Bild 7.53; der Pfeil gibt die Gleitrichtung an

7.5.4 Mulden

Beim Dreikörper-Abrasivverschleiß können sich die Abrasivstoffe, z. B. bei Kettengliedern im Einzugsbereich vor dem Spalt, infolge eines Überangebotes und/oder infolge ihrer Korngröße stauen. Durch Kinematik und Geometrie von Grund- und Gegenkörper verdichtet sich der Abrasivstoff zu einem Gutbett, wodurch es bei der eingeschränkten Beweglichkeit der Körner zu Erosionsprozessen kommt, die unter Umständen mit hohen Kraftwirkungen ablaufen, **Bild 7.47** und **7.48**, und die z. B. bei umlaufender Bewegung der Kette über das Kettenrad die Vorgänge im Spalt selbst überdecken können. Aus der Form der Mulden lässt sich die Richtung der Schwenkbewegung ablesen. In der linken Kontaktzone erfolgte die Bewegung in der Kettengliedebene und in der rechten senkrecht dazu, Bild 7.47. Aufgrund des Härtegradienten nimmt die Verschleißgeschwindigkeit mit steigender Erosionstiefe zu.

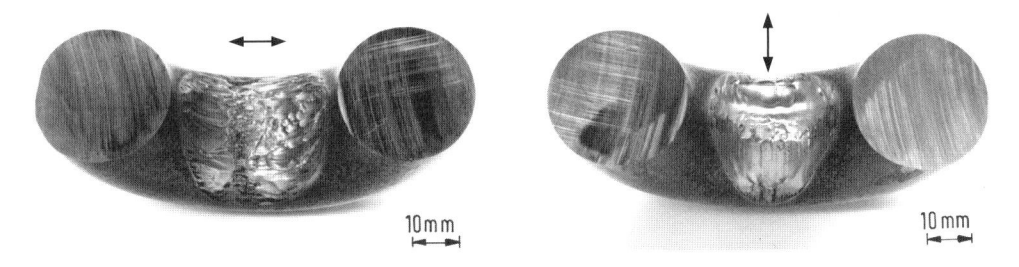

Bild 7.47: Mulden in der Kontaktzone von Rundstahlkettengliedern; Fördergut Hochofenzementgrieß; Pfeile geben die Schwenkrichtung des Kettengliedes an

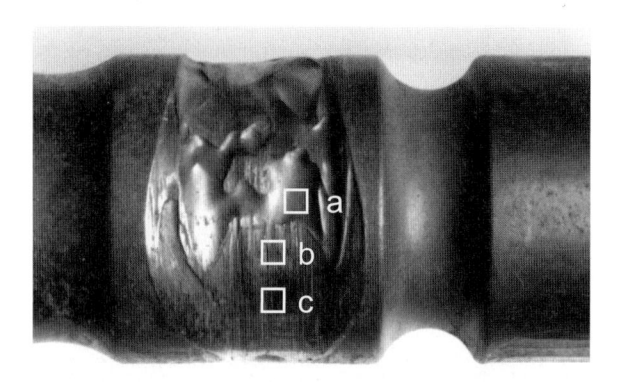

Bild 7.48: Mulden im Spalt der Kontaktzone eines randschichtgehärteten Rundstahlbolzens einer Kette (Bolzendurchmesser 44 mm), Ausschnitt aus Bild 7.53 oben; Fördergut Hämatit

Die Prozesse lassen sich in ihrer Wirkung nur bedingt durch Verlagerung des Verschleißes in die Tieflage beherrschen. Bei hartem Zwischenstoff gibt es oft keinen Werkstoff, der eine ausreichend hohe Härte aufweist und gleichzeitig die Festigkeits- und Zähigkeitsanforderungen erfüllt. In Betracht kommen als kostengünstige Lösungen einsatz- oder induktionsgehärtete Stähle.

7.5.5 Riffel

Bei Wälzmühlen bilden sich, wie man Literaturangaben entnehmen kann, nicht selten im Laufe des Betriebs an Rollen in axialer Richtung und Mahltellern in radialer Richtung verlaufende Riffel, deren Ursachen noch wenig erforscht sind [55 bis 58]. Aufgrund der Erkenntnisse, die bei den Wälzpaarungen vorliegen, ist jedoch auch hier zu vermuten, dass die Entstehung von Riffeln auf ein Schwingungsproblem zurückzuführen ist. Diese Vermutung wird durch Mahlversuche mit Kalkstein [59] und mit Zementklinker [60] gestützt. Die Schwingungen hängen von den Betriebsbedingungen (Drehzahl des Mahltellers), der Gleichmäßigkeit der Zufuhr des Aufgabegutes, der Ausbildung eines stabilen Gutbettes und insbesondere von der Korngrößenverteilung ab [59]. Bei einem Feinanteil 10 bis 15 % unter 75 µm stellte sich ein stabiles Mahlbett ein. Bei geringerem Feinanteil ergaben sich hochfrequente Schwingungen. Lag der Feinanteil über 20 %, begannen die Walzen zu gleiten anstatt zu rollen und „Wellenbewegungen" auszuführen.

Von einer kritischen Walzendrehzahl bei der Verdichtung von chloridischen Kalidüngesalzen wird in [48] berichtet, ab der sich eine Querstreifung einstellte, die zu einem Rattern der Anlage führte. Begründet wird dieses Phänomen mit der mit dem Gut verdichteten Luftmenge, die ab einer kritischen Drehzahl nicht rasch genug entgegen der Einzugsrichtung des Gutes entweichen kann.

Die Riffel werden sowohl auf auftragsgeschweißten Rollen, auf Rollen aus den Werkstoffen Meehanite-Guss (nach besonderem Schmelz- und Gießverfahren hergestellter Grauguss mit feiner und gleichmäßiger Graphitverteilung), Sphäroguss, Hartguss und Rollen in Verbundwerkstoffausführung als auch auf Rollensegmenten beobachtet, **Bild 7.49**. Die Werkstoffe

7.5 Verschleißerscheinungsformen bei Dreikörper-Abrasivverschleiß   417

scheinen daher keine Rolle zu spielen, da bei den genannten massiven Gussausführungen und Auftragsschweißungen keine periodisch auftretenden Gefügeinhomogenitäten (abkühlungsbedingte Unterschiede in der Gefügeausbildung mit entsprechender Härte) zu unterstellen sind.

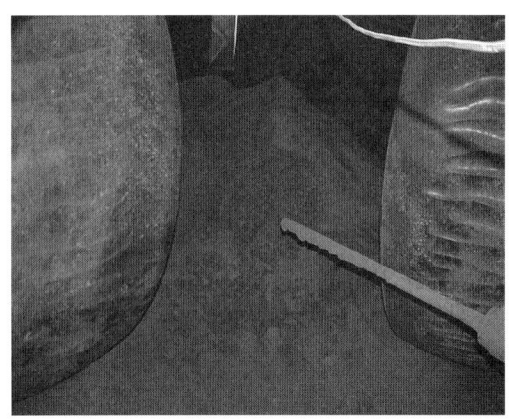

Bild 7.49: Riffel auf den Rollenmänteln einer Zementmühle [Verein deutscher Zementwerke VDZ]
links: Auftragsschweißung auf einer kegeligen Rolle; rechts ballige Rolle aus Hartguss

7.5.6 Profiländerung

Bauteile nehmen örtlich oder flächenhaft infolge von Verschleiß eine andere Gestalt an, oder die Dimension wird zu kleineren Abmessungen verändert bis zur teilweisen oder vollständigen Funktionsunfähigkeit bzw. bis zum Versagen durch Verformen oder Bruch. Grundsätzlich lässt sich der Verschleiß durch Wahl entsprechender Härte auf das leichter auswechselbare Teil verlagern.

Bei der Druckzerkleinerung mittels Backenbrecher nimmt der Verschleiß etwa von Backenmitte in Richtung des sich verengenden Spalts zu, da hier die Beanspruchung aufgrund des kleiner werdenden Kornes zunimmt. Wie das Beispiel in **Bild 7.50** zeigt, sind die Zahnprofile der Brechbacke im Hauptbeanspruchungsgebiet vollkommen abgenutzt, wodurch die geforderte Zerkleinerung nicht mehr gewährleistet ist.

Durch Drehen der Backen lässt sich der Werkstoff besser ausnutzen und eine weitgehend vollflächige Abnutzung erreichen. Durch konstruktive Maßnahmen und Betriebsweise (optimale Hubfrequenz) kann der Verschleiß pro durchgesetztem Gestein minimiert werden. Von den Werkstoffen haben sich Manganhartstähle und hoch CrMo-legierte weiße Gusseisen bewährt.

Bild 7.50: Profiländerung der keilförmigen Rippen einer Brechbacke im Hauptbeanspruchungsgebiet, Detailansicht vgl. Bild 7.42, Werkstoff G-X300CrMo15-3 (64 HRC). Zerkleinerungsgut (stückig) Silizium (924 HV_{korr}). Durchsatz 3000 bis 4000 t (rd. 3 Monate Betriebszeit) [38]

Für die Variationsmöglichkeiten der Profiländerung von Mahlkugeln, **Bild 7.51**, können folgende Gründe ausschlaggebend sein, die nicht immer ursächlich auf den Verschleiß zurückzuführen sind:

- Kalottenbildung durch vorhandene Lunker
- Ungleichmäßiger Verschleiß durch ungleichmäßige Wärmebehandlung
- Abplatzer oder Zerspringen der Kugeln durch besonders hohe Härte der Kugeln
- Abplatzer infolge gebildeter weißer (martensitisch-austenitisch) Scherbänder

7.5 Verschleißerscheinungsformen bei Dreikörper-Abrasivverschleiß

Bild 7.51: Profiländerung von Mahlkugeln aus Cr-legierten Hartguss (G-X260Cr27) zum Mahlen von Zementklinker

Ein kennzeichnendes Beispiel der Verschleißzonen an Bauelementen von Baumaschinen-Raupenlaufwerken geht aus **Bild 7.52** hervor [61]. Die asymmetrischen Verschleißzonen werden durch die unterschiedliche Kinematik von Buchse und Verzahnung während der Vorwärts- und Rückwärtsfahrt hervorgerufen. Bei der Vorwärtsfahrt gleitet die Buchse an der Zahnflanke, wodurch an der Buchse eine segmentartige Verschleißzone entsteht, während sich bei der Rückwärtsfahrt durch die Schwenkbewegung der Buchse eine gekrümmte Verschleißzone ausbildet. Die Oberflächentopographie der durch die Rückwärtsfahrt beanspruchten Zonen unterscheidet sich durch tiefere und längere Riefen als die der durch die Vorwärtsfahrt entstandenen. Da der Verschleiß vom Gleitweg abhängig ist, lässt sich durch eine Vergrößerung des Antriebsrades und Erhöhung der Zähnezahl der Schwenkwinkel verkleinern und somit der Verschleiß verringern. Das bedeutet allerdings auch eine höhere Antriebsleistung und größeren konstruktiven Aufwand.

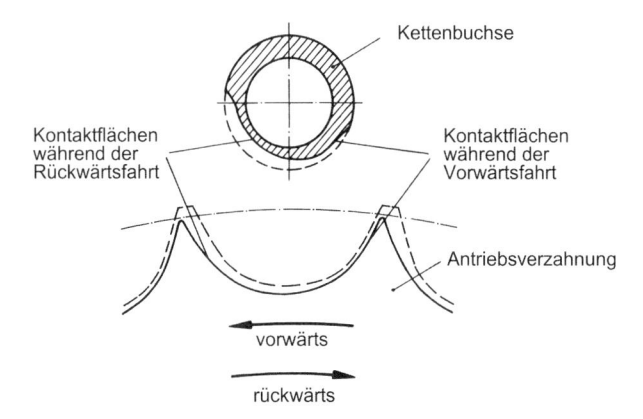

Bild 7.52: Verschleiß an Kettenbuchse und Antriebsradverzahnung eines Raupenlaufwerkes während der Vorwärts- und Rückwärtsfahrt nach [61]

Bei der Rundstahlbolzenkette ist aus Festigkeitsgründen nur eine bestimmte Grenze der Querschnittsreduzierung zugelassen, **Bild 7.53**.

Bild 7.53: Profiländerung in der Kontaktzone zwischen Bolzen und Kettenglied an einer Rundstahlbolzenkette (Bolzendurchmesser 44 mm)
oben: nach längerem betrieblichen Einsatz in einem Becherwerk für Hämatit, Bildung von Riefen, vgl. Bild 7.44, von Einbettungen, vgl. Bild 7.45, von Schubrissen, vgl. Bild 7.46 und Mulden, vgl. Bild 7.48
unten: neue Rundstahlbolzenkette

Das Problem des Verschleißes der Baggerbolzen und Buchsen, **Bild 7.54**, das vor allem durch eindringenden Sand gegeben ist, kann dadurch gelöst werden, dass Abdichtung und Schmierung vorgesehen wird. Solche Lösungen sind z. B. bei Raupenlaufwerken bekannt, aber aufwendig und teuer. Deshalb nimmt man seither noch den relativ großen Verschleiß des Bolzens in Kauf und betrachtet ihn als Verschleißteil.

7.5 Verschleißerscheinungsformen bei Dreikörper-Abrasivverschleiß

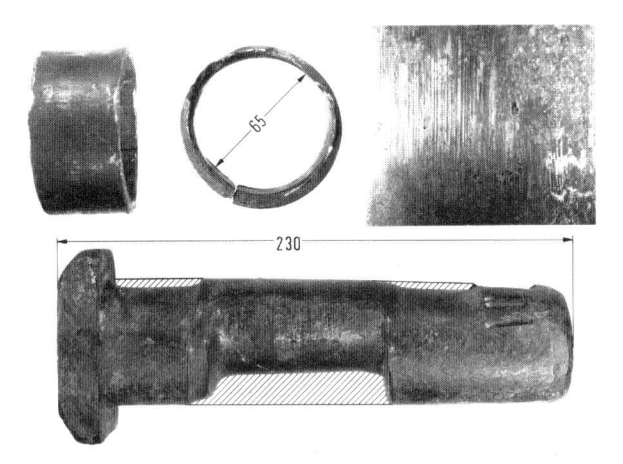

Bild 7.54: Profiländerung an Bolzen (Manganhartstahl) und Buchse (Federstahl) durch eingedrungenes Bodenmaterial im Pendelgelenk eines Baggers

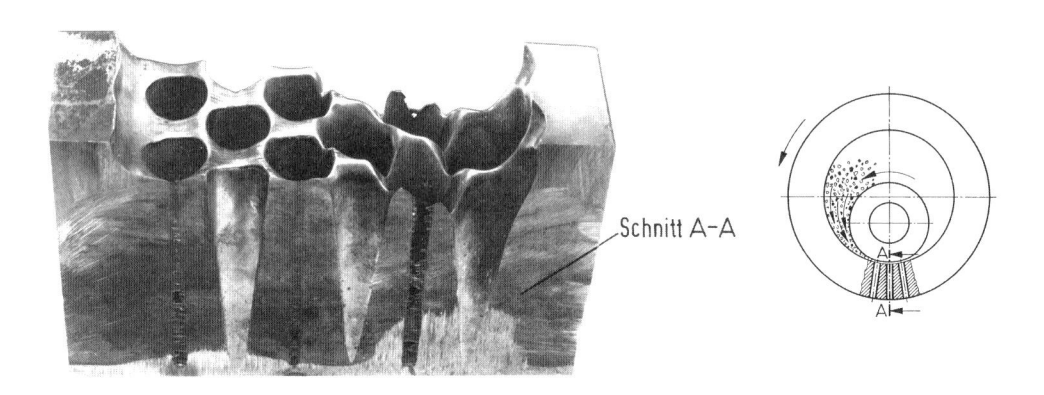

Bild 7.55: Profiländerung einer Matrize aus einsatzgehärtetem Chromstahl zur Herstellung von Futtermittelgranulat

Die gehärtete Einsatzzone einer Matrize aus chromlegiertem Automatenstahl zur Herstellung von Futtermittelgranulat, **Bild 7.55**, war nach relativ kurzer Standzeit abgetragen, wodurch die Verschleißgeschwindigkeit beträchtlich anstieg und die Funktionsfähigkeit beeinträchtigt war. Im Kontaktbereich zwischen den beiden Partnern, von dem der Verschleiß matrizenseitig seinen Ausgang nahm, liegt Dreikörper-Abrasivverschleiß, dagegen in den Bohrungen Zweikörper-Abrasivverschleiß vor. Durch Verwendung eines durchhärtenden Stahles mit Primärkarbiden kann günstigeres Verschleißverhalten erzielt werden.

Literaturverzeichnis

[1]   Czichos, H.: Tribology – a system approach to the science and technology of friction and wear. Tribology series, Vol. 1, 1978, S.112 – 118. Elsevier Scientific Publishing Company Amsterdam Oxford New York

[2]   Föhl, J.: Vorlesungsmanuskript Tribologie. Materialprüfungsanstalt (MPA) Universität Stuttgart 1987

[3]   Wahl, H.: Verschleiß metallischer Gleitflächenpaarungen unter Mitwirkung festkörniger Zwischenstoffe (Metall:Metall-Korn-Gleit-Verschleiß). Aufbereitungstechnik 10 (1969) 6, S. 305 – 322

[4]   Uetz, H. und K. Sommer: Abrasiv-Gleitverschleiß. In: Abrasion und Erosion, S. 108 – 157. Carl Hanser Verlag München Wien 1986

[5]   Wahl, W.: Konstruktive Maßnahmen als Möglichkeiten des Verschleißschutzes. In: Abrasion und Erosion, S. 317 – 330. Carl Hanser Verlag München Wien 1986

[6]   von Engelhardt, W. und S. Haussühl: Festigkeit und Härte von Kristallen. Fortschritte der Mineralogie 42 (1964), S. 5 – 49

[7]   Ludwig, N.: Über den Vergleich der Härteskala nach Mohs mit den Ergebnissen anderer Härteprüfverfahren. Metalloberfläche 5 (1951) 3, S. A33 – A42

[8]   Gahm, J.: Einige Probleme der Mikrohärtemessung. Zeiss-Mitteilungen 5 (1969), H. 1 – 2, S. 40 – 80

[9]   Uetz, H., K.-J. Groß und J. Wiedemeyer: Grund- und Ordnungsfragen. In: Abrasion und Erosion, S. 30 – 57. Carl Hanser Verlag München Wien 1986

[10] Klockmann, F.: Lehrbuch der Mineralogie. 16. Auflage, überarbeitet und erweitert von P. Ramdohr und H. Strunz, Ferdinand Enke Verlag Stuttgart 1978, S. 221

[11] Rosiwal, A.: Neuere Ergebnisse der Härtebestimmung von Mineralien und Gesteinen. Ein absolutes Maß für die Härte spröder Körper. Verhandlungen der Kaiserlich- Königlichen Geologischen Reichsanstalt 1916 Nr. 5 und 6, S. 117 – 147

[12] Gürleyik, M.: Gleitverschleißuntersuchungen an Metallen und nichtmetallischen Hartstoffen unter Wirkung körniger Stoffe. Diss. TH Stuttgart 1967

[13] Schimazek, J. und H. Knatz: Die Beurteilung der Bearbeitbarkeit von Gesteinen durch Schneid- und Rollenbohrwerkzeuge. Erzmetall 29 (1976) 3, S. 113 – 119

[14] Schimazek, J. und H. Knatz: Der Einfluß des Gesteinsaufbaus auf die Schnittgeschwindigkeit und den Meißelverschleiß von Streckenvortriebsmaschinen. Glückauf 106 (1970) 6, S. 274 – 278

[15] Wahl, H.: Verschleißprobleme im Braunkohlenbergbau. Braunkohle, Wärme und Energie 3 (1951), S. 75 – 87

[16] Wellinger, K. und H. Uetz: Gleiverschleiß, Spülverschleiß und Strahlverschleiß unter der Wirkung von körnigen Stoffen. VDI-Forschungsheft 449. Beilage zu „Forschung auf dem Gebiet des Ingenieurwesens", Ausgabe B Band 21 (1955)

[17] Zum Gahr, K.-H.: Abrasiver Verschleiß metallischer Werkstoffe. Fortschr.-Ber. VDI-Z., Reihe 5, Nr. 57 (1981)

[18] Föhl, J. und K. Sommer: Abschlußbericht des Teilvorhabens: Abrasivität mineralischer Stoffe (1991). Verbundvorhaben 03 T 0014E 6: Abrasivverschleiß von Bau- und Baustoffmaschinen (BMFT)

[19] Misra, A. und I. Finnie: Some observations on two-body abrasive wear. Wear 68 (1981), S. 41 – 56

[20] Larsen-Basse, J.: Some effects of specimen size on abrasive wear. Wear 19 (1972), S. 27 – 35

[21] Goddard, J. und H. Wilman: A theory of friction and wear during the abrasion of metals. Wear 5 (1962), S. 114 – 135

[22] Zum Gahr, K.-H. und K. Röhrig: Widerstand weißer Chrom-Molybdän-Gußeisen gegen Rissausbreitung und Abrasivverschleiß. Gießerei-Forschung 32 (1980) 2, S. 35 – 42

[23] Zum Gahr, K.-H.: Microstructure and wear of materials. Tribology Series, Vol. 10, 1987. Elsevier Amsterdam Oxford New York Tokio

[24] Zum Gahr, K.-H.: Werkstoffgefüge und abrasives Verschleißverhalten metallischer Werkstoffe. Härtereitechnische Mitteilungen 35 (1980) 4, S. 182 – 191

[25] Uetz, H. et al.: Verschleißverhalten von Werkstoffen für Pressmatrizen bei der Herstellung feuerfester Steine. Sprechsaal, ceramics, glass, cement 111 (1978) 2, S. 65 – 74

[26] Bauschke, H. M., E. Hornbogen und K.-H. Zum Gahr: Abrasiver Verschleiß austenitischer Stähle. Metallkunde 72 (1981) 1, S. 1 – 12

[27] Hornbogen, E.: Martensitic transformation at a propagating crack. Acta Metallurgica 26 (1978), S. 147 – 152

[28] Mertens, V.: Verbesserung der Schneidtechnik von Teilschnitt-Vortriebsmaschinen. Glückauf 115 (1979) 18, S. 898 – 902

[29] Ewendt, G.: Erfassung der Gesteinsabrasivität und Prognose des Werkzeugverschleißes beim maschinellen Tunnelvortrieb mit Diskenmeißeln. Diss. Uni Bochum 1989

[30] Trojahn, W.: Gefüge und Eigenschaften ledeburitischer Chromstähle mit Niob und Titan. Fortschr.-Ber. VDI Reihe 5, Nr. 90 (1985)

[31] Franke, H.-G.: Beitrag zur Verbesserung des abrasiven Verschleißwiderstandes und der Streckgrenze von Manganhartstählen. Fortschr.-Ber. VDI Reihe 5, Nr. 134 (1987)

[32] Fischer, A.: Hartlegierungen auf Fe-Cr-C-B-Basis für die Auftragsschweißung. Fortschr.-Ber. VDI-Z. Reihe 5, Nr. 83 (1984)

[33] Föhl, J, T. Weißenberg und J. Wiedemeyer: General aspects for tribological applications of hard particle coatings. Wear 130 (1989), S. 275 – 288

[34] Theisen, W.: PM-Verbundwerkstoffe zum Verschleißschutz. HTM 55 (2000) 1, S. 45 – 51

[35] Wewers, B. und H. Berns: Verschleißbeständige MMC mit in situ Karbiden. Mat.-wiss. u. Werkstofftech. 34 (2003), S. 453 – 463

[36] Schumacher, M. und W. Theisen: Hexadur® – Ein neuer Verschleißschutz für Hochdruck-Walzenmühlen. ZKG International 50 (1997) 10, S. 529 – 539

[37] Theisen, W.: Schäden an verschleißbeständigen PM-Schichten. VDI-Berichte Nr. 1605 (2001)

[38] Uetz, H. und K. Sommer: Dreikörper-Abrasivverschleiß. In: Abrasion und Erosion, S.158 – 225. Carl Hanser Verlag München Wien 1986

[39] Kleinert, H.-W.: Neue Ergebnisse aus dem Versuchsstand „Schneidköpfe für Teilschnitt-Vortriebsmaschinen". Glückauf 118 (1982) 9, S. 459 – 464

[40] VDI 3822, Blatt 5, Januar 1999: Schadensanalyse. Schäden durch tribologische Beanspruchungen

[41] Uetz, H., J. Föhl und K. Sommer: Verschleißprüftechnik. In: Abrasion und Erosion, S. 60 – 107. Carl Hanser Verlag München Wien 1986

[42] Silbermann, F.: Beitrag zur Modellierung der Arbeitsweise von Kegelbrechern in Bezug auf den Materialstrom. Diss. TU Bergakademie Freiberg (2004)

[43] Sobol, R.: Modellierung der Druckzerkleinerung bei unterschiedlichen Krafteinleitungsbedingungen. Diss. TU Bergakademie Freiberg (2008)

[44] Rumpf, H.: Die Einzelkornzerkleinerung als Grundlage einer technischen Zerkleinerungswissenschaft. Chemie-Ing.-Techn. 37 (1965), 3, S. 187 – 202

[45] Schönert, K.: Einzelkorn-Druckzerkleinerung und Zerkleinerungskinetik. Untersuchung an Kalk-, Quarz- und Zementklinkerkörnern des Größenbereiches 0,1 bis 3 mm. Diss. Th Karlsruhe 1966

[46] Steier, K. und K. Schönert: Verformung und Bruchphänomene unter Druckbeanspruchung von sehr kleinen Körnern aus Kalkstein, Quarz und Polystyrol. 3. Europäisches Symposium „Zerkleinern" in Cannes vom 5.-8.10.1971. Dechema-Monographien Nr. 1292–1326, Bd. 69 Teil 1, S. 167 – 192

[47] Heß, W. und K. Schönert: Druck-Scher-Beanspruchung von Kugeln und unregelmäßig geformten Partikeln. 4. Europäisches Symposion „Zerkleinern" in Nürnberg vom 15.–17.09.1975. Verlag Chemie, Weinheim 1976

[48] Husemann, K. und T. Mütze: Geschwindigkeitseinfluss bei der Gutbeanspruchung. Chemie Ingenieur Technik 79 (2007) 3, S. 296 – 302

[49] Borik, F. and W. G. Scholz: Gouging abrasion test for materials used in ore and rock crushing. Part II: Effect of metallurgical variables on gouging wear. Journal of materials 6 (1971) 3, S. 590 – 605

[50] Watson, J. D. and P. J. Mutton: Evaluation of wear resistance of hardfacing alloys. Australian Welding Research 10 (1981) November, S. 1 – 15

[51] Kivikytö-Reponen, P., S. Ala-Kleme, J. Hellman, J. Liimatainen and S.-P. Hanula: The correlation of material characteristics and wear in a laboratory scale cone crusher. Wear 267 (2009), S. 568 – 575

[52] Lawrence, M. D.: Experimentelle und analytische Untersuchung der Verschmutzungsempfindlichkeit hydraulischer Komponenten. Diss. RWTH Aachen 1989

[53] Föhl, J. und K. Sommer: Untersuchungen des Dreikörper-Abrasivverschleißes im Gelenk von Rundstahl- und Rund-Stahl-Bolzenketten. Tribologie Bd. 9 (1985), S. 413 – 455. Springer-Verlag Berlin Heidelberg New York Tokio

[54] Brockstedt, H. C.: Verschleiß bei verunreinigten Schmiermitteln. Diss. TH Stuttgart 1942

[55] Westhoff, G.: Betriebserfahrungen mit Walzenringmühlen. Energie, 16 (1964) 2, S. 41 – 47

[56] Wahl, W.: Verbesserung des Verschleißschutzes der Mahlwalzen von Walzenschüsselmühlen. Zement-Kalk-Gips 47 (1994) 4, S. 206 – 210

[57] Kalenborn Kalprotect GmbH & Co. KG: Verschleißbereiche in Vertikalmühlen inkl. der Mahlwerkzeuge und deren Regeneration. Kalpraxis Ausgabe 6.07

[58] Röhrig, K.: Verschleißbeständige weiße Gußeisenwerkstoffe. Eigenschaften und Anwendung. ZGV-Zentrale für Gussverwendung im Deutschen Gießereiverband

[59] Musto, R. L. und M. R. Dunn: Auswirkung der Geschwindigkeit und der Geometrie des Mahltellers auf den Wälzmühlenbetrieb. Zement-Kalk-Gips 38 (1985) 12, S. 709 – 711

[60] Brundiek, H.: Die Loesche-Mühle für die Zerkleinerung von Zementklinker und Zumahlstoffen in der Praxis. Zement-Kalk-Gips 47 (1994) 4, S. 179 – 186

[61] Segieth, Ch.: Verschleißuntersuchungen an Raupenlaufwerken von Baumaschinen. Fortschritt-Berichte VDI Reihe 1, Nr. 192 (1990)

8 Erosion und Erosionskorrosion

8.1 Allgemeine Grundlagen

Unter der Verschleißart Erosion wird die tribologische Beanspruchung von Werkstoffoberflächen durch weitgehend frei bewegliche Abrasivstoffe, durch einphasige strömende Fluide (Flüssigkeiten oder Gase) und mehrphasige strömende Fluide (Flüssigkeiten und/oder Gas mit Abrasivstoffen) behandelt. Wirkt bei strömenden Flüssigkeiten außer der mechanischen Beanspruchung noch Korrosion mit, so bezeichnet man diesen Vorgang als Erosionskorrosion. Entsprechend kann zwischen folgenden Beanspruchungen unterschieden werden:

- Erosion mit Abrasivstoffen, vgl. Tabelle 2.4 und 7.1
    - Abrasiv-Gleitverschleiß durch loses Korn (Erosion)
    - Strahlverschleiß
    - Hydroerosiver (hydroabrasiver) Verschleiß

- Erosion ohne Abrasivstoffe, vgl. Tabelle 2.4
    - Erosion durch Kavitation
    - Erosion durch Tropfenschlag (Flüssigkeitstropfen, Nassdampf)
    - Erosion durch heiße Gase

- Erosionskorrosion ohne und mit Feststoffen

Der Erosion durch Mitwirkung von Abrasivstoffen ist die hohe Beweglichkeit der Körner gemeinsam, die auf die Oberfläche gleitend, rollend und stoßend einwirken. Das Oberflächenerscheinungsbild, das sich dabei einstellt, wird dabei von der Strömung geprägt. Die Erosion (Abrasiv-Gleitverschleiß) durch loses Korn wird vorwiegend bei trockenen Mischprozessen oder bewegten Schüttgütern beobachtet. Strahlverschleiß (Zweiphasengemisch fest/gasförmig), der z. B. beim pneumatischen Feststofftransport zu beobachten ist, ist durch hohe Partikelgeschwindigkeit mit der Folge der Partikelzerkleinerung gekennzeichnet. Der hydroerosive (abrasive) Verschleiß tritt vor allem beim Fördern von feststoffhaltigen Flüssigkeiten auf (Zweiphasengemisch fest/flüssig), z. B. in Pumpen, Rohrleitungen. Während die Geschwindigkeiten der häufig turbulenten Strömung zwischen 0,5 und 5 m/s gering sind, ist die Abrasivstoffkonzentration mit 45 bis 70 % hoch.

Wenn durch erhöhte Strömungsgeschwindigkeiten (Turbulenzen) oder durch Schwingungen der Dampfdruck in Flüssigkeiten unterschritten wird, kommt es zur Blasenbildung, die bei Druckanstieg wieder zusammenbrechen. Diesen Vorgang bezeichnet man als Kavitation. Je nach Entstehung unterscheidet man zwischen Strömungs- und Schwingungskavitation. Brechen die Blasen in Wandnähe zusammen, so kann es zur örtlichen Oberflächenschädigung durch die bei der Blasenimplosion entstehenden Mikroflüssigkeitsstrahlen oder Schockwellen kommen, die als Kavitationserosion bezeichnet wird. Kavitation durch erhöhte Strömungsgeschwindigkeiten kann beispielsweise an Pumpenrädern, Gleitlagern, Schiffsschrauben auftreten, während die schwingungsbedingte Kavitation beispielsweise bei wassergekühlten Zylinderbüchsen beobachtet wird. Schnell schaltende Ventile können auch kurz nach dem Abschalten zu Kavitationserosion auf der Niederdruckseite neigen.

Erosion durch Flüssigkeitstropfen ist eine vorwiegend mechanische Beschädigung, die durch hohe Aufprallgeschwindigkeit entsteht. Betroffen sind Bauteile wie Rotorblätter von Hubschraubern, wenn sie durch ein Regengebiet fliegen oder Turbinenschaufeln, die mit Nassdampf beaufschlagt werden, wobei die Zerstörung der Schutzschicht, die sich durch Reaktion zwischen Metall und Umgebung gebildet hat, wie bei hydroerosivem Verschleiß auch hier eine Rolle spielt.

Die Strömungsverhältnisse insbesondere in der wandnahen Grenzschicht (laminar oder turbulent) haben starken Einfluss auf die Verschleißerscheinungsformen der Erosion, die bei den jeweiligen Erosionsarten beschrieben sind. Außer gleichmäßigem Abtrag entstehen infolge von Strömungsinstabilitäten unterschiedliche Erscheinungsformen. Korrelationen zwischen den Strömungsverhältnissen und den Erscheinungsformen sind nur qualitativ bekannt, wie bei Wirbelfeldern, gekrümmten und rotierenden Strömungsfeldern, Querwirbeln oder Längswirbeln. Lokal können dadurch Beanspruchungen auftreten, die wesentlich höher sind als diejenigen gemäß Auslegung. Deshalb ist eine strömungsgünstige Form ohne Störstellen in den meisten Fällen von Vorteil.

Bei Anwesenheit flüssiger Medien ist häufig eine mehr oder weniger große elektrochemische oder chemische Korrosionskomponente überlagert, wobei das Verhältnis von mechanischer zu korrosiver Komponente sehr unterschiedlich sein kann. Mögliche Schutzschichten werden durch die Wirkung der Abrasivstoffe angegriffen, können aber auch bereits durch Strömungskräfte allein zerstört werden. Es wechseln sich Metallauflösung und Schichtbildung ab. Man spricht dann von Erosionskorrosion bzw. Erosion und Korrosion, wenn Strömungskräfte ausreichend hoch sind oder Feststoffe beteiligt sind.

8.2 Grundlagen Abrasiv-Gleitverschleiß durch loses Korn (Erosion)

8.2.1 Allgemeines

Der Verschleiß durch loses Korn (früher mit „Teilchenfurchung" bezeichnet) wird verursacht, wenn körniges Material unter meist niedrigerer Beanspruchungsintensität im Vergleich zur Beanspruchung durch gebundenes Korn, vgl. Kap. 7.2, über die Werkstückoberfläche bewegt wird. Dementsprechend sind die Riefen weniger tief ausgebildet und zeugen aufgrund ihrer Richtungsänderungen von größerer Beweglichkeit als bei der Beanspruchung durch gebundenes Korn. Beispiele hierfür sind der Stofftransport in Rutschen oder Schurren, ferner Eimermesser von Baggerschaufeln, Mundstücke für Tonpressen oder Maschinen für die Herstellung von Artikeln aus Kunststoffen, die mit härteren Abrasivstoffen wie Glasgranulat oder Titandioxid-Körnern gefüllt sind.

8.2 Grundlagen Abrasiv-Gleitverschleiß durch loses Korn (Erosion)

Bei der Beanspruchung durch loses Korn gleitet zwar das Haufwerk (Summe aller Körner) oder größere Teile davon über den Grundkörper, deshalb Abrasiv-Gleitverschleiß genannt, aber das Einzelkorn selbst führt auf der Oberfläche neben der gleitenden Bewegung oft auch noch eine wälzende und gar stoßende Bewegung aus. Daher werden verschiedene aus der Bewegungsform resultierende Merkmale auf der beanspruchten Oberfläche, wie unterschiedlich lange Riefen in uneinheitlicher Richtung und Eindrückungen beobachtet. In guter Übereinstimmung mit der Praxis lässt sich diese Beanspruchung im Verschleißtopf simulieren. Betrachtet man die Bewährungsfolgen der Werkstoffe bei der gleitenden Beanspruchung durch gebundenes und loses Korn, so müssen diese nicht unbedingt übereinstimmen, vor allem dann nicht, wenn aufgrund einer hohen Beweglichkeit der Körner selektive Erosion bei hartstoffhaltigen Werkstoffen auftritt [1, 2]. Hinsichtlich des Verschleißniveaus können auch mehrere Größenordnungen zwischen beiden Beanspruchungsarten liegen. Grundsätzlich stellt sich wie bei gebundenem Korn ebenfalls eine ausgeprägte Tieflage-/Hochlage-Gesetzmäßigkeit abhängig von der Abrasivkornhärte ein.

8.2.2 Beanspruchungsbedingte Einflüsse

Bei rein gleitender Beanspruchung ist praktisch keine Abhängigkeit von der Geschwindigkeit festzustellen, jedoch bei bestimmten Systemen, bei denen sich durch eine Geschwindigkeits- und Pressungszunahme eine deutliche Temperaturerhöhung einstellt oder Stoßkomponenten hinzukommen. Aufgrund der milderen Beanspruchung im Vergleich zum gebundenen Korn sind die Oberflächen durch feinere Riefen gekennzeichnet und erscheinen daher häufig poliert, insbesondere bei feinem Korn.

Die Temperatur hat auf das Verschleißverhalten verschiedener Werkstoffe unterschiedlichen Einfluss, **Bild 8.1**, wobei an St35 und C60H im unteren Temperaturbereich die Oxidschicht-

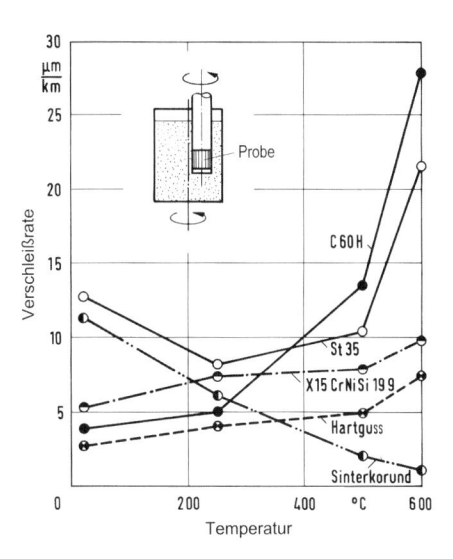

Bild 8.1: Verschleiß in Abhängigkeit von der Temperatur. Versuchsbedingungen: Verschleißtopf, Korund d_k = 3 bis 5 mm, v = 2,8 m/s [3]

bildung verschleißhemmend und im oberen Bereich (infolge von Verzunderung) verschleißfördernd wirkt, während austenitische Werkstoffe und Hartguss weniger davon abhängig sind und Sinterkorund mit hohem Porengehalt durchweg mit der Temperatur abfallenden Verschleiß zeigt [3].

8.2.3 Strukturbedingte Einflüsse

Gegenüber dem Verschleiß durch gebundenes Korn in Bild 7.7 fällt die Beanspruchung durch loses Korn im Allgemeinen milder aus, die bis zu drei Größenordnungen niedrigeren Verschleiß bewirkt, **Bild 8.2** [3]. Beim Vergleich des gleitwegbezogenen Verschleißes ist zu beachten, dass der Gleitweg des losen Kornes aufgrund eines hohen Anteils an Rollbewegungen geringer ausfällt als bei gebundenem Korn. Heterogene Abrasivstoffe wie Erze oder Gesteine bewirken infolge der zahlreichen verschiedenartigen und unterschiedlich harten Komponenten eine Erweiterung des Anstiegsbereiches [4].

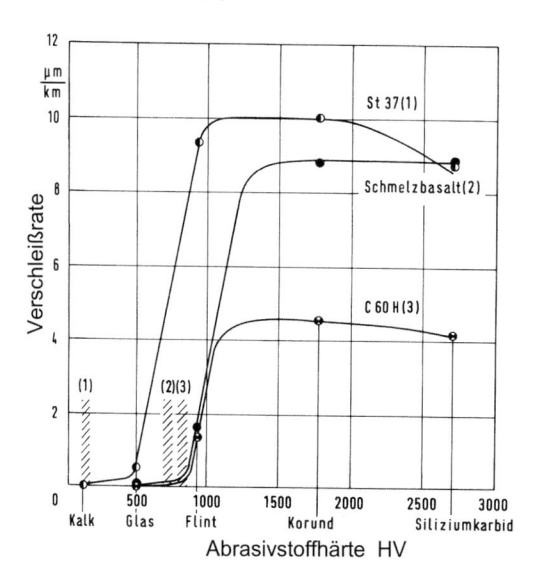

Bild 8.2: Einfluss der Schleifkornhärte verschiedener Werkstoffe bei Beanspruchung im Verschleißtopf durch loses Korn; die Schraffur gibt die Bereiche der Werkstoffhärte an: (1) 128 HV 10 für St37, (2) 740 HV 10 für Schmelzbasalt und (3) 840 HV 10 für C60H [3]. Der Kurvenlauf zwischen den Messpunkten soll den sprunghaften Verlauf zwischen Hoch- und Tieflage andeuten

Einen weiteren Einflussparameter stellt die Korngröße dar. Bei Untersuchungen im Verschleißtopf mit Quarzsanden ergibt sich im Korngrößenbereich 0,25 bis 1,25 mm ein degressiver und im Bereich von 1 bis 20 mm ein linearer Anstieg des Verschleißes mit der Korngröße [5, 6]. Beim Übergang von grobem Quarzsand der Korngröße d_k = 1,5-2 mm auf eine kleinere mit d_k < 50 µm wirkt sich sowohl die korngrößenabhängige Beanspruchung als auch die selektive Erosion aus, **Bild 8.3** [7]. Bei dem weitgehend homogenen gehärteten Stahl 100Cr6 und der heterogenen Spritzschicht NiCrBSi mit hoher Matrixhärte wirkt sich das gröbere Korn

8.2 Grundlagen Abrasiv-Gleitverschleiß durch loses Korn (Erosion) 431

aufgrund der höheren Beanspruchung verschleißfördernd aus. Ferro-TiC P143 mit weicher Matrix zeigt sich von der Korngröße unbeeindruckt. Parallel mit der Beanspruchung durch den feinen Quarz geht auch eine selektive Erosion einher, wodurch die weichere Matrix ausgewaschen wird, vgl. Bild 8.13.

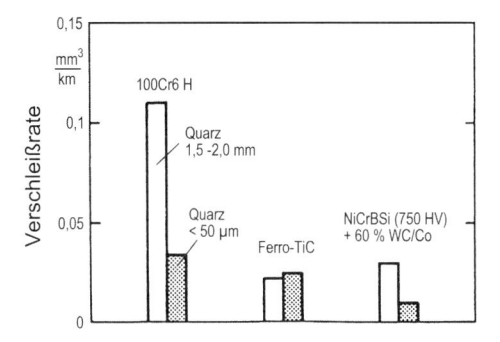

Bild 8.3: Auswirkung der Beanspruchungshöhe durch grobes und feines Korn auf den Verschleiß von weitgehend homogenen und heterogenen Werkstoffen im Verschleißtopf [7]

Auch die Kornform kann erheblichen Einfluss auf die Verschleißhöhe ausüben. Während bei gebundenem Abrasivstoff oder stückigem Gut in der Regel scharfkantiges Gut vorliegt, ist bei losen Abrasivstoffen sowohl mit rundlichen Körnern (naturgerundet) als auch mit scharfkantigen Körnern (gebrochen) zu rechnen. Mit scharfkantigen Körnern wird gegenüber rundlichen Körnern ein Vielfaches an Verschleiß bewirkt [8]. In geschlossenen Systemen wie z. B. Prüfsystemen muss dieser Parameter beachtet werden, da sich mit zunehmender Beanspruchungsdauer vor allem aufgrund gegenseitiger Abnutzung der Körner eine Kornrundung einstellt und somit auch der Verschleiß abnimmt. Daher ist die Beanspruchungsdauer auf ein sinnvolles experimentell zu ermittelndes Maß abzusichern.

Vor dem Hintergrund der abrasiven Verschleißbeanspruchung durch mit Staub, Farbstoff- und Mattierungssubstanzen behaftete Garne und Fasern in der Textilindustrie wurde die Auswirkung der Werkstoffhärte verschiedener Werkstoffgruppen im Verschleißtopf mit Korund der Körnung 70 (d_k = 210 µm) untersucht [9]. Neben NE-Metallen wurden Stähle im gehärteten und vergüteten Zustand, galvanisch und chemisch abgeschiedenen Schichten, thermochemische Schichten, CVD-Schichten und Plasmaspritzschichten einbezogen, **Bild 8.4**.
Den geringsten Verschleiß von den Stählen erfährt der gehärtete ledeburitische Kaltarbeitsstahl X220CrVMo12-2. Selbst im weichgeglühten Zustand stellt sich aufgrund der groben Primärcarbide noch niedrigerer Verschleiß ein als beim gehärteten Stahl 100Cr6. Die Heterogenität der Plasmaspritzschichten beeinflusst die Verschleißbeständigkeit deutlich. Nur die porenarme nachträglich umgeschmolzene Plasmaschicht NiCrBSi (Nr.32 in Bild 8.4) weist eine hohe Beständigkeit auf. Umgekehrt besitzen die chemisch abgeschiedenen Ni-P-Schichten zwar eine ausgezeichnete Homogenität und sind aber trotzdem nicht besonders beständig, was mit dem amorphen Gefügezustand zusammenhängen könnte. Besseren Verschleißschutz zeigen die Schichten über 1000 HV, bei denen Abscheidungsbedingungen, Wachstumsstruktur und Eigenspannungen von Bedeutung sein können. Da das System sich ab dieser Härte in der Ver-

schleißtieflage befindet, steigt die Verschleißbeständigkeit nur noch wenig. Diese Schichten weisen allerdings wegen ihrer geringen Dicke nur eine begrenzte Verschleißreserve auf.

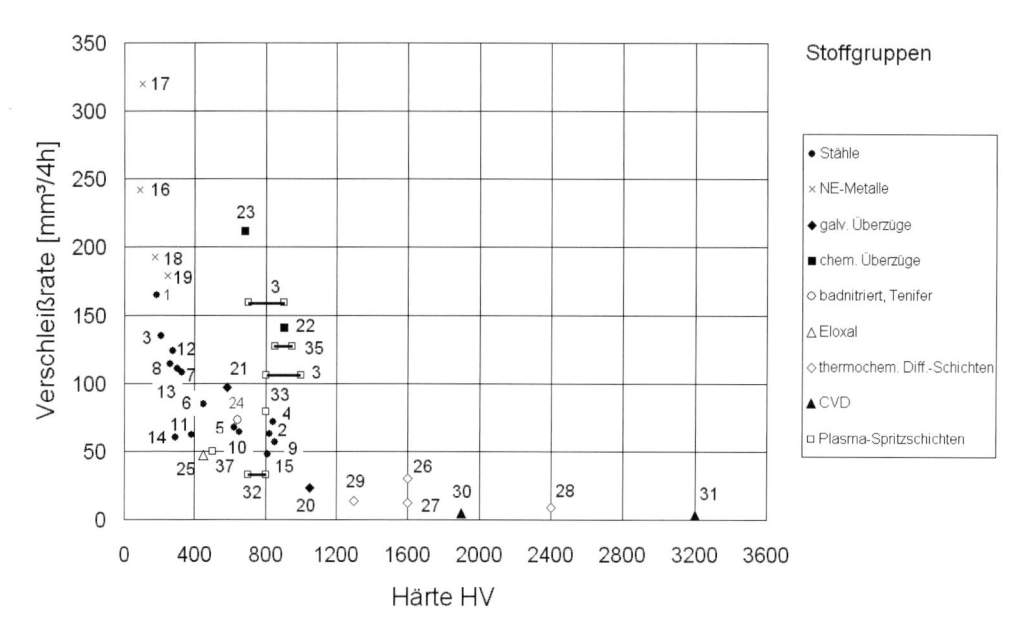

Bild 8.4: Ergebnisse von Verschleißtopfversuchen mit Werkstoffen unterschiedlicher Härte gegen Korund der Körnung 70 ($d_k = 210$ µm) [9]

8.3 Verschleißerscheinungsformen bei Erosion durch loses Korn

Bei der Bewegung eines Massegutstromes, bei Mischprozessen körniger bis pulverförmiger Abrasivstoffe oder auch Zerkleinerungsprozessen können sich verschiedene Verschleißerscheinungsformen auf den beanspruchten Oberflächen ausbilden, die von einer Reihe von Parametern beeinflusst werden, wie Strömungsgeschwindigkeit, Beanspruchungshöhe, Beweglichkeit der Abrasivstoffe, Korngröße, Härteverhältnis von Abrasivstoff zu Werkstoff und Gefüge (homogen oder heterogen). Turbulente Strömungsverhältnisse können makroskopisch bei homogenen Werkstoffen wellenartige Erosionsformen erzeugen, die vom sich einstellenden Turbulenzgrad abhängen oder bei Auftragsschweißungen im Bereich von Poren, Rissbildungen oder Schlackeneinschlüssen induziert werden. Im mikroskopischen Bereich sind die Erscheinungsformen noch vielfältiger. Bei homogenen Werkstoffen sind es vor allem Riefen unterschiedlicher Anordnung und bei heterogenen die selektive Erosion.

8.3.1 Querwellen, Mulden

Bei Zerkleinerungsprozessen von stückigem Gut beispielsweise in Hammermühlen wird das Gut von pendelnd aufgehängten Hämmern unter hohen Umfangsgeschwindigkeiten (20 bis

8.3 Verschleißerscheinungsformen bei Erosion durch loses Korn 433

60 m/s) erfasst und durch Prallbeanspruchung zerkleinert. Hierbei entsteht bei sich spröd verhaltendem Gut hoher Feinanteil, der zu Erosionserscheinungen in Form von Querwellen an den Hämmern führt, **Bild 8.5**. Die feinen Riefen verlaufen hier in Strömungsrichtung.

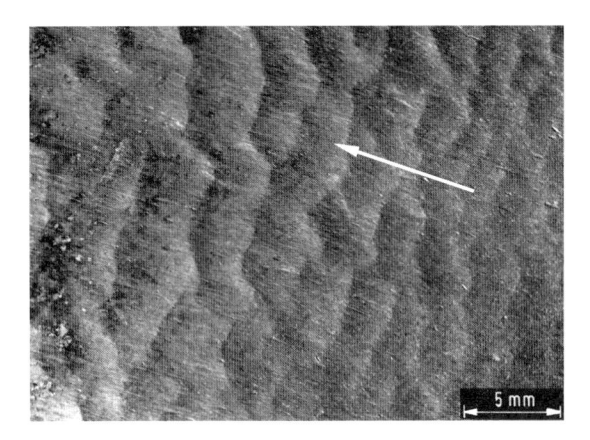

Bild 8.5: Querwellen mit in Strömungsrichtung verlaufenden parallelen Riefen am Hammer einer Hammermühle, vgl. Bild 8.19; der Pfeil gibt die Strömungsrichtung an

In einer Mischertrommel aus St52.3 (200 HV) für quarzhaltigen Putz, **Bild 8.6**, hatte sich nach nur 8 Monaten Betriebsdauer an der Wandung im Bereich der Mischerschaufeln und an den Mischerschaufeln selbst ein Feld von Querwellen ausgebildet, **Bild 8.7**. Der Mischprozess erfolgte durch die auf der Welle versetzt angeordneten Mischerarme und durch die getrennt angetriebenen Messerköpfe. Die im Strömungsfeld entstandenen Wirbel haben zu einer erhöhten Beanspruchung beigetragen mit der Folge einer deutlichen Wandschwächung. Es ist davon auszugehen, dass sich der durch die Rotation der Mischerarme erzeugten Hauptströmung des Korngemisches in Wandnähe eine Sekundärströmung in Form eines Wirbelfeldes überlagert hat, die zur Bildung von Querwellen mit aneinandergereihten Mulden geführt haben. Aufgrund der in den Mulden sich schwach abhebenden ringförmigen Wellenstruktur ist auf die Wirkung überlagerter Wirbel mit senkrecht zur Oberfläche angeordneter Achse zu schließen, **Bild 8.8**.

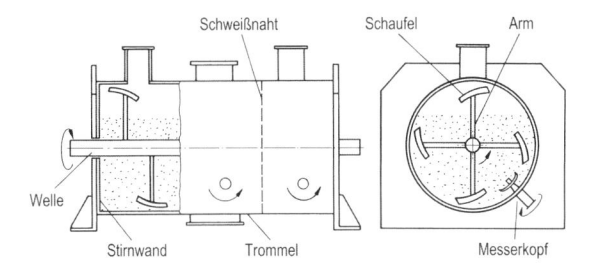

Bild 8.6: Prinzipskizze der Mischertrommel für Putz (Trommeldurchmesser 1100 mm, feinkörniger Putz aus 70 % Quarz der Korngröße $d_k \leq 7$ mm, Geschwindigkeit der Rührarme rd. 6,5 m/s) [10]

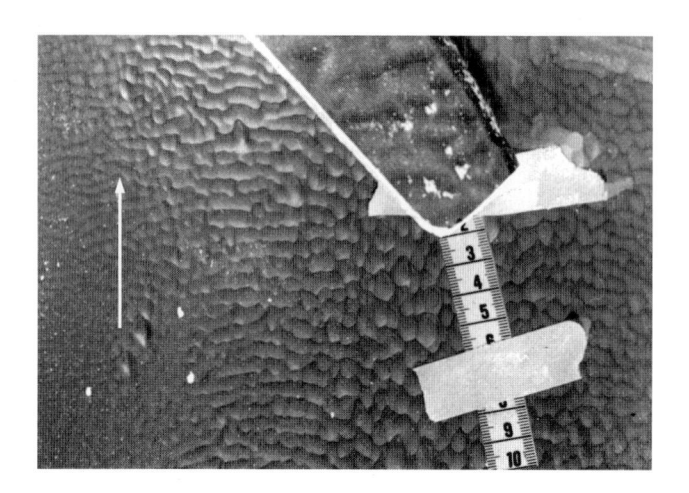

Bild 8.7: Durch ein Wirbelfeld erzeugte Querwellen mit aneinandergereihten Mulden an der Trommelwand und Schaufel einer Mischertrommel [10]; der Pfeil gibt die Bewegungsrichtung der Schaufel an

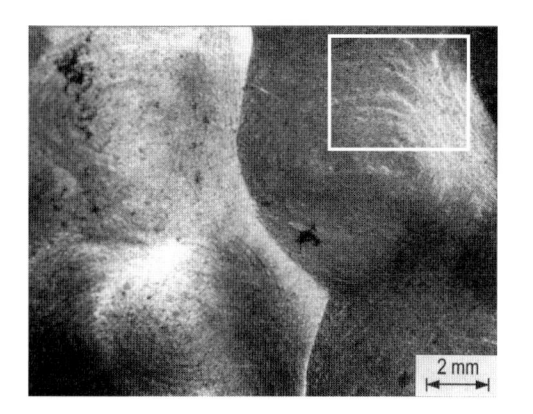

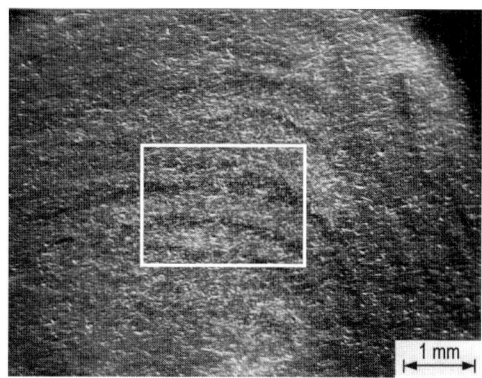

Bild 8.8: Ringförmige ausgeprägte Wellenstrukturen innerhalb der Querwellen [10]; rechts Ausschnitt, Vergrößerungsausschnitt vgl. Bild 8.10

Um den Verschleißprozess in die Tieflage bzw. den Anstieg zu verlagern, bietet sich an, die Trommel innen mit einer Auftragsscheißung zu versehen. Eine weniger wirksame Maßnahme stellt die Verwendung verschleißbeständiger Bleche im vergüteten Zustand mit Härten um 500 HB dar, die zudem noch wegen des erhöhten C-Gehaltes schlechter schweißbar sind. Eine weitere Maßnahme stellt die Verringerung der Umfangsgeschwindigkeit dar, wodurch die Beanspruchung durch das Mischgut reduziert wird.

Auf den Laufflächen von Hochgeschwindigkeits-Stahl-Spinnringen werden neben Fresserscheinungen mit Werkstoffübertrag, vgl. Bild 4.55, auch Erosionsmulden beobachtet, **Bild 8.9**, die sich im Bereich dieser überstehenden Oberflächenbeschädigung durch Auspolieren der

8.3 Verschleißerscheinungsformen bei Erosion durch loses Korn   435

Vertiefungen mit erosiv wirkendem Fasermaterial (Staub, Pigmente) des kreisenden Läufers bilden.

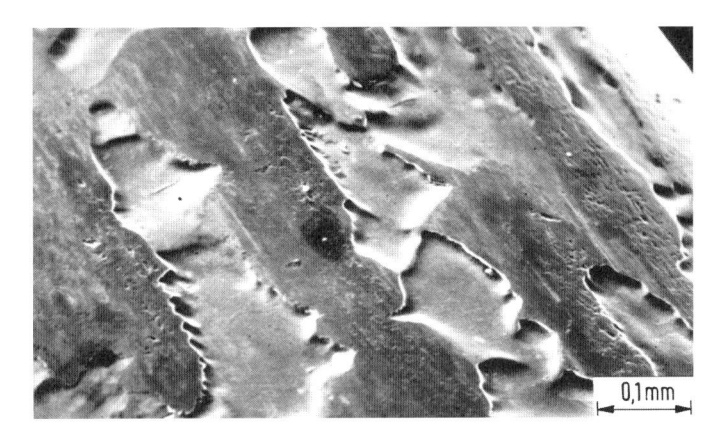

Bild 8.9: Erosionsmulden auf einem Spinnring [G. Stähli]

8.3.2 Riefen

Mikroskopisch erzeugen körnige Abrasivstoffe auf der Oberfläche homogener und heterogener Werkstoffe zahlreiche Riefen, deren Größe von der Beanspruchungshöhe, der Korngröße und dem Härteverhältnis abhängt.

In den ringförmigen Wellenstrukturen innerhalb der einzelnen Mulden, Bild 8.8, spiegelt sich nicht die Anordnung der Riefenbildung wider, **Bild 8.10**, die aufgrund der überlagerten Wirbel zu erwarten wäre. Die langen Riefen sind im Gegenteil überwiegend in einer Richtung orientiert und folgen nicht den ringförmigen Wellen. Dies lässt vermuten, dass in der Strömung eine Trennung nach der Korngröße erfolgt ist. Die großen Körner folgen der Hauptströmung und erzeugen die abgebildeten Riefen, während die kleinen der Sekundärströmung folgen und keine ringförmige Orientierung erkennen lassen.

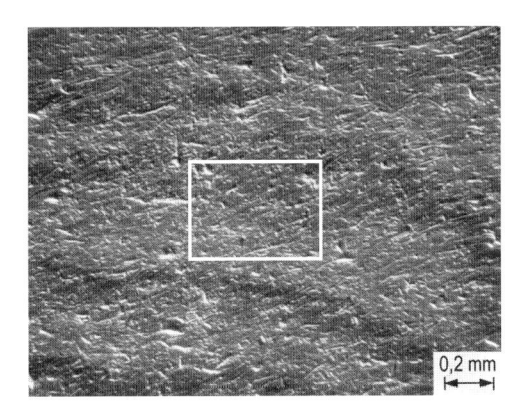

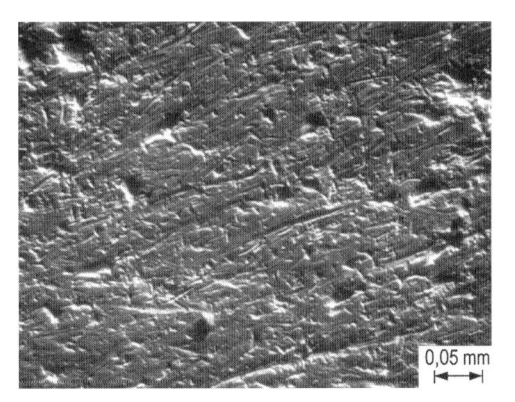

Bild 8.10: Riefenbildung im Wellengrund, Ausschnitt aus Bild 8.8 rechts

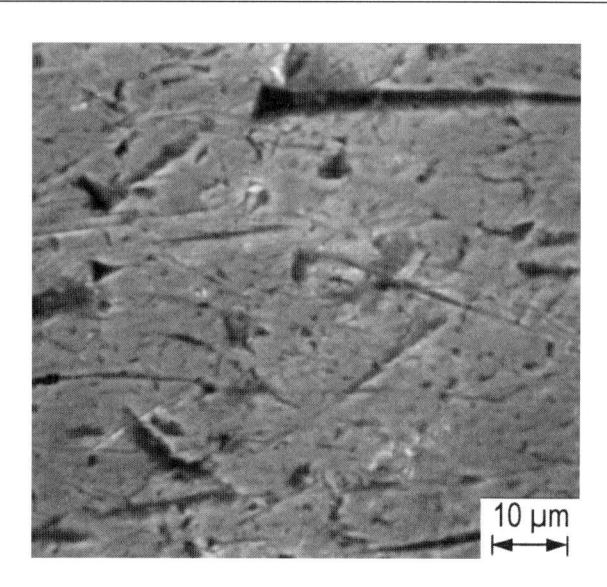

Bild 8.11: Riefen und Eindrückungen auf einer Verschleißtopfprobe aus 100Cr6 (730 HV); Abrasivstoff Quarz, Korngröße d_k = 1,5 bis 2 mm, Geschwindigkeit v = 0,44 m/s, Gleitweg s = 30 km [11]

Gleiten die Abrasivstoffe mit geringer Geschwindigkeit auf der Oberfläche wie bei Versuchen im Verschleißtopf, so entstehen unregelmäßig angeordnete Riefen verschiedener Länge und Breite, **Bild 8.11**. Die unterschiedliche Ausbildung der Riefen deutet darauf hin, dass die Beanspruchung durch die Einzelkörner infolge der freien Beweglichkeit stark schwankt. Bei verformungsfähigen Werkstoffen kann aus der keilförmigen Riefenform auf die Gleitrichtung des Kornes geschlossen werden. Sie setzt zunächst an der Keilspitze ein und verbreitert und vertieft sich in Bewegungsrichtung, bis das Korn infolge wachsenden Widerstandes aus der Vertiefung herauskippt oder auch bei stärkerer Fixierung abbricht. Die Druckstellen weisen darauf hin, dass einzelne Körner auch Roll- und Stoßbewegungen ausführen.

8.3.3 Selektive Erosion

Die Beanspruchung heterogener Werkstoffe führt abhängig von der Korngröße und dem Härteverhältnis der Abrasivstoffe zur Matrix zu selektiver Erosion. Sie ist durch einen lokal ungleichmäßigen Abtrag gekennzeichnet und wird von der Bewegungsrichtung mitgeprägt. Befinden sich im Kornkollektiv Korngrößen, die kleiner als der Abstand der harten Phasen sind, und ist die Matrix auch noch weicher als die Hartphase, so wird die weiche Matrix abgetragen und die Hartphase freigelegt. Auf der Schnecke einer Saatgutpresse aus dem ledeburitischen Kaltarbeitsstahl X165CrMoV12 sind im Zuge des Verarbeitens ölhaltigen Saatgutes mit den darin enthaltenen quarzhaltigen Verunreinigungen die Primärcarbide freigelegt worden, **Bild 8.12**. Sogar an einigen Carbiden zeichnet sich die Riefung durch die Quarzkörner ab.

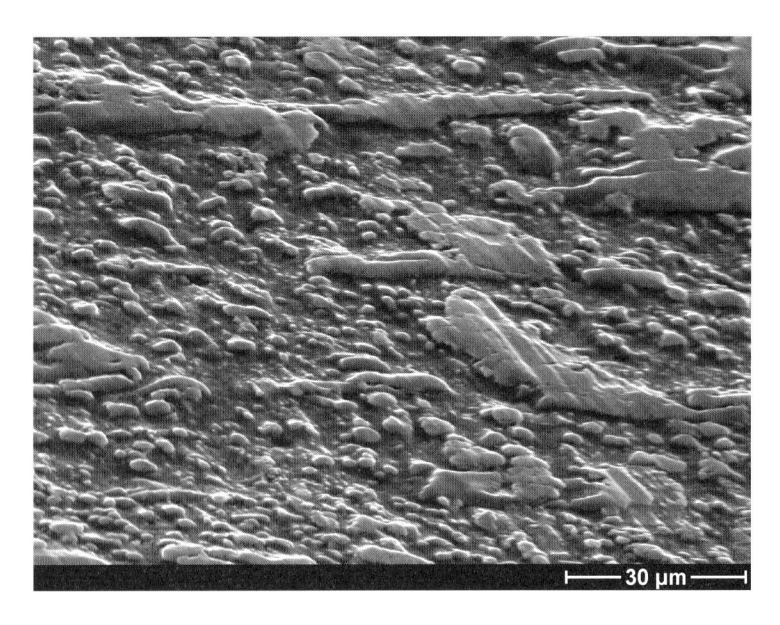

8.3 Verschleißerscheinungsformen bei Erosion durch loses Korn   437

Bild 8.12: Selektive Erosion auf der Oberfläche der Schnecken aus X165CrMoV12 einer Saatgutpresse mit Riefen auf den Carbiden, verursacht durch quarzhaltige Verunreinigungen in ölhaltigem Saatgut

Bei hoher Beweglichkeit der Körner und bei einer unter der Hartstoffphase liegenden Korngröße bildet sich häufig in Anströmrichtung vor der harten Phase eine steile Flanke und im Strömungsschatten ein flach abfallender Schweif aus, **Bild 8.13**. Die geringe Größe der Quarzkörner verursacht keine sichtbaren Riefen im Gegensatz zu Bild 8.12. Die Strömungsrichtung ist im Bild durch einen Pfeil gekennzeichnet.

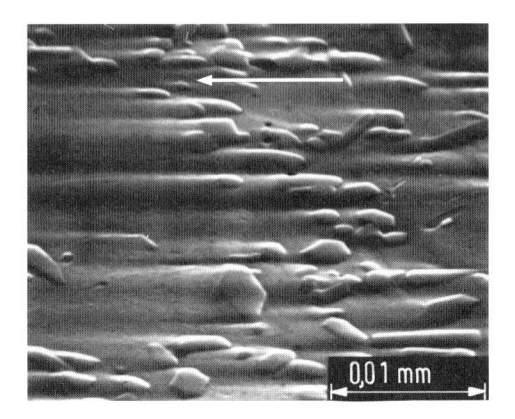

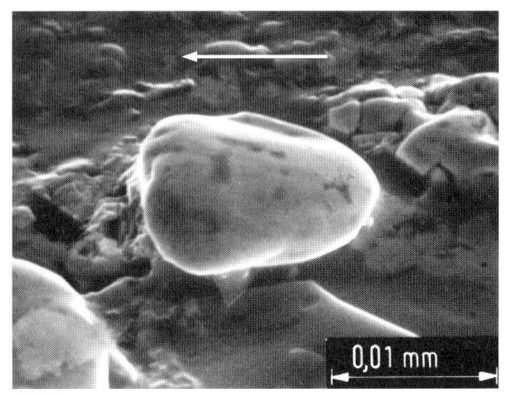

Bild 8.13: Selektive Erosion an einer thermischen Spritzschicht durch feinkörnigen Quarz nach Versuchen im Verschleißtopf (v = 0,44 m/s, s ~ 100 km, mittlere Korngröße d_k ~ 4 µm) [7]
links: NiCrBSi;
rechts: NiCrBSi mit Hartstoffen (40 % NiCrBSi + 60 % WC/Co 88/12)

Bild 8.14: Mischerschaufel eines Tellermischers aus unlegiertem Baustahl (135 HV10) mit Hartauftragsschweißung aus 40 % Fe, 60 % W_2C (750 HV10, Legierungskurzzeichen Fe20 nach DIN EN 14700:2005-08), Abrasivstoff Kalksandsteingemisch, Korngröße d_k = 2 mm [11]

Die besonders gefährdete Kante einer Mischerschaufel, **Bild 8.14**, aus unlegiertem Baustahl war durch eine Hartauftragsschweißung vor Verschleiß geschützt. Im Laufe des Betriebes zeigte sich, dass es notwendig ist, den Verschleißschutz über einen größeren Bereich auszudehnen. Während im Grundwerkstoff vom Rand der Auftragsschweißung ausgehende und im Strömungsschatten liegende makroskopisch lang gezogene Vertiefungen entstanden sind, die mikroskopisch dagegen eher auf einen senkrechten Aufprall der rundlichen Körner hinweisen, **Bild 8.15 links**, hat die Auftragsschweißung zwar ihren Schutz nicht verfehlt, die weichere Matrix zwischen den Hartphasen ist jedoch abgetragen worden, **Bild 8.15 rechts**. Um die Standzeit zu erhöhen, ist es notwendig, sowohl einen größeren Bereich zu schützen, als auch nach einer dichteren Hartstoffbelegung zu trachten, um Hinterspülen zu vermeiden.

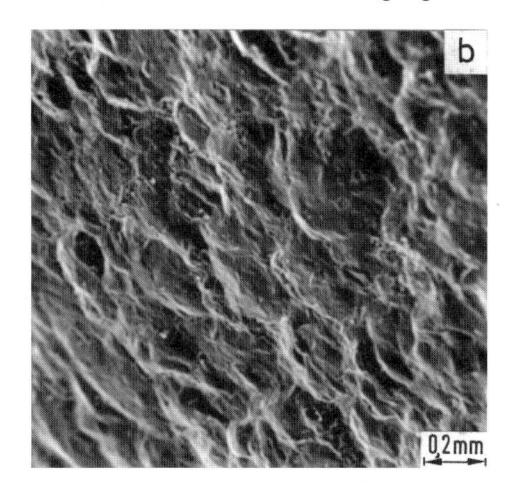

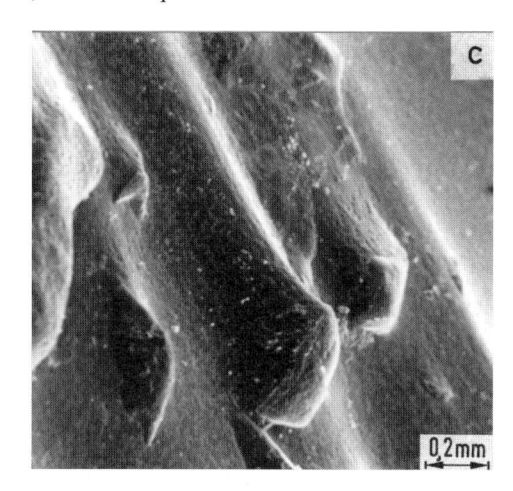

Bild 8.15: Ausschnitte aus der Mischerschaufel, Bild 8.14 [11]
  links: ungeschützter Bereich des Grundwerkstoffes
  rechts: selektive Erosion der Hartauftragsschweißung

8.3 Verschleißerscheinungsformen bei Erosion durch loses Korn 439

Bei dem folgenden Beispiel handelt es sich überwiegend um einen Einsatzbereich, in dem eine unterschiedliche Beweglichkeit des Kornes vorliegt, weshalb es hier eingeordnet wird. Im Bereich der Auftragsschweißung an der Spitzenschneide eines Eimers eines Schaufelradbaggers, vgl. Bild 7.28, sind Erosionsmulden zu beobachten, die von Störstellen, wie Poren, Schlackeneinschlüssen und Rissbildungen, ausgehen und sich über größere Strecken hinziehen, **Bild 8.16**. An den Störstellen liegt dem Verschleiß offensichtlich eine höhere Beanspruchung zugrunde.

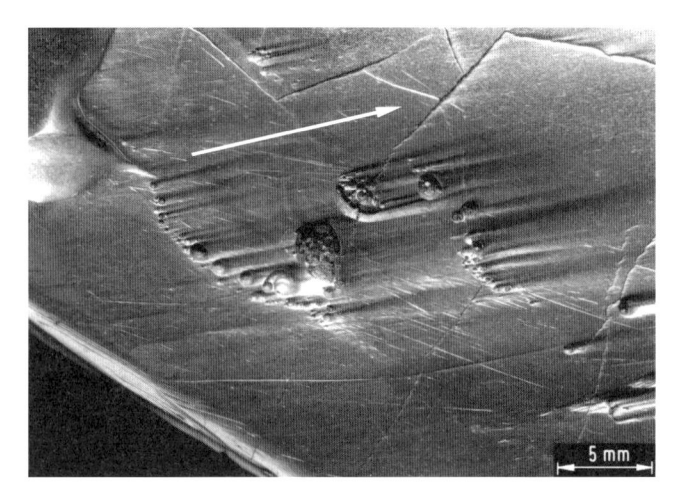

Bild 8.16: Erosionsmulden ausgehend von Schweißporen in der Auftragsschweißung aus 5 % C, 22 % Cr, 7 % Nb und 1 % B (Härte 750 HV30) auf der Oberseite einer Spitzenschneide, vgl. Bild 7.28 und [11]. Der Pfeil gibt die Strömungsrichtung an.

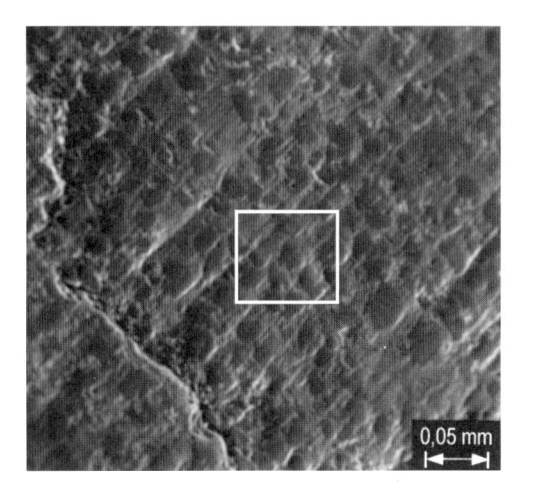

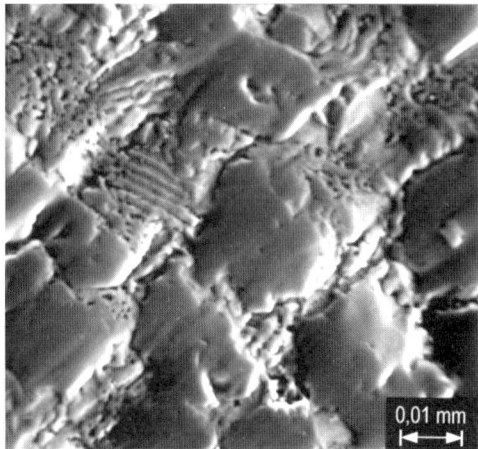

Bild 8.17: Auftragsschweißung auf der Unterseite der in Bild 7.24 wiedergegebenen Spitzenschneide mit reliefartigen hervorstehenden Carbiden und ausgewaschener Grundmasse (selektive Erosion) [11]

Das heterogene Gefüge der Auftragsschweißung auf der Unterseite der Spitzenschneide ist so dicht mit Carbiden belegt, dass die Zwischenräume aus austenitisch-martensitischer Matrix, die auch noch mit eutektischen Carbiden belegt sind, nur reliefartig ausgewaschen sind, **Bild 8.17**. Die überwiegende Korngröße des Abrasivstoffes ist offensichtlich größer als der Carbidabstand, so dass ein Freilegen der Hartphasen unterblieb.

Die Störstellen auf Auftragsschweißungen lassen sich durch Anwendung von Schweißzusatzwerkstoffen mit günstiger Verarbeitbarkeit wie leichte Ablösbarkeit der Schlacke und durch geeignete Wahl der Schweißparameter reduzieren bzw. vermeiden. Unorientiertes Gefüge, das nicht so widerstandsfähig gegen Abrasivverschleiß ist, sollte jedoch vermieden werden, wozu die Strichraupentechnik mit dünnen Elektroden geeignet ist. Damit kann gleichzeitig auch eine feinere, verschleißgünstigere Ausbildung der Carbide mit kleineren freien Zwischenabständen erzielt werden. Auftragsschweißungen mit hoher Härte und hohem Hartphasenanteil sind schwierig rissfrei aufzubringen, was bei dynamischer Beanspruchung unter Umständen zu Schwingbrüchen führen kann.

8.3.4 Profiländerung

Beim Verarbeiten ölhaltiger Saaten lässt es sich nicht vermeiden, dass Verunreinigungen in Form von Sand, der überwiegend aus Quarz besteht, in die Pressen gelangt. Seine hohe Härte von 1000 bis 1300 HV führt dazu, dass einsatzgehärtete Schnecken nach Abtrag der gehärteten Randzone aufgrund der einsetzenden erhöhten Verschleißgeschwindigkeit ausfallen, indem die als Schnecke ausgebildeten Förderelemente in der Höhe abgetragen und unterhöhlt werden, **Bild 8.18**.

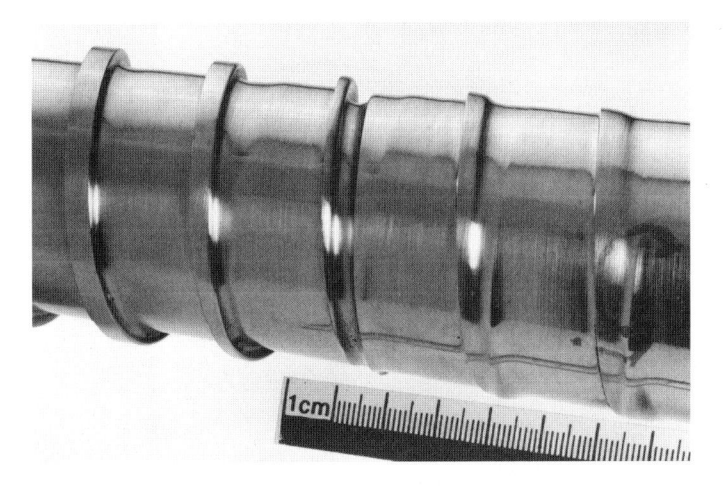

Bild 8.18: Profiländerung der Schnecke aus Einsatzstahl einer Saatgutpresse für Ölsaaten

Die Empfehlung als Werkstoff einen ledeburitischen Kaltarbeitsstahl zu verwenden, hat zwar zu einer Standzeiterhöhung geführt, aber durch das Auswaschen der Matrix (selektive Erosion)

und damit Freilegung der Primärcarbide werden die Bewegungswiderstände so hoch, dass es zu einer Überhitzung der Anlage kommen kann, vgl. Bild 8.12.

Die ursprünglich quaderförmige Gestalt des pendelnd aufgehängten Hammers einer Hammermühle weist durch die Beanspruchung mit stückigem Gut stark abgerundete Formen auf, **Bild 8.19**. Auf der Oberfläche zeichnen sich Querwellen ab, vgl. Bild 8.5.

Bild 8.19: Profiländerung des Hammers einer Hammermühle

8.4 Grundlagen Strahlverschleiß

8.4.1 Allgemeines

Strahlverschleiß ist eine Verschleißart, bei der der Werkstoffabtrag durch freifliegende furchende und/oder stoßende Partikel (Vielfachstoß) entsteht, die in einem Gasstrom geführt oder durch Fliehkräfte beschleunigt werden. Die Geschwindigkeiten liegen in einem Bereich, in dem ein Verschleiß durch das Trägergas gewöhnlich vernachlässigbar ist. Durch Strahlverschleiß können sich unter ungünstigen Umständen recht schnell große Verschleißbeträge und örtliche Zerstörungen an Bauteilen einstellen. Bei flachem Anstrahlwinkel $\alpha \approx 0°$ spricht man von Gleitstrahlverschleiß, wobei die Werkstoffschädigung bei duktilen Werkstoffen örtlich sowohl durch Furchungsprozesse als auch durch zeitbruchartige Prozesse erfolgt. Bei nahezu senkrechtem Auftreffen ($\alpha \approx 90°$) ist der Begriff Prallstrahlverschleiß üblich. Wiederholtes Verformen und Zerrütten durch viele Einzelstöße kennzeichnen das Versagen bei duktilen und Ausbrechen das Versagen bei sich spröd verhaltenden Werkstoffen. Bei dazwischen liegenden Winkeln ($0° < \alpha < 90°$ Schrägstrahlverschleiß) überlagern sich die winkelabhängigen Mechanismen des Werkstoffabtrages.

Hinsichtlich der Verschleißwirkung und der Erscheinungsform sind aufgrund unterschiedlicher Beanspruchungsverhältnisse zwei Gruppen zu unterscheiden:
Die erste Gruppe zeichnet sich dadurch aus, dass das strömende Medium durch die geringe Größe mitgeführter Partikel erodierend wirkt. Die Partikel folgen wegen ihrer geringen Größe (z. B. in Form von Staub) weitgehend der Strömung, auch im Bereich der Grenzschicht, wodurch sich die Strömungsverhältnisse im Verschleißbild annähernd widerspiegeln. Beispiele sind Staubabscheider, Zyklone, Ventilatoren, Gasturbinen u. a.
Bei der zweiten Gruppe sind die Partikel aufgrund ihrer Größe so träge, dass sie einer Richtungsänderung der Strömung infolge Störstellen oder Umlenkungen nicht folgen können. Unter weitgehender Beibehaltung ihrer ursprünglichen Flugrichtung treffen sie auf die Werkstoffoberfläche unter größeren Winkeln auf. Dem Abtragsprozess der Abrasion ist daher noch eine Stoßkomponente überlagert, die örtlich zu Verformungen und Zerrüttungen führt. An Bauteilen bilden sich makroskopisch unterschiedliche Erscheinungsformen bzw. Schädigungen aus wie Mulden oder dachformartige Profile. Beispiele sind Rohrleitungen für pneumatischen Feststofftransport, insbesondere Krümmer, Strahlmühlen, Roste von Putzschleuderanlagen in Gießereien und Überhitzerrohre.
Überlagerungen der Wirkungen beider Gruppen oder getrenntes Auftreten an verschiedenen Stellen eines Bauteils sind möglich.
Während bei den Verschleißarten des Abrasiv-Gleitverschleißes (vgl. Kap.7.2 Abrasiv-Gleitverschleiß durch gebundenes Korn) meist bestimmte Normalkräfte im Rahmen der Konstruktion und des Beanspruchungskollektives vorgegeben sind, hängt beim Strahlverschleiß die Beanspruchung hauptsächlich vom elastisch-plastischen Verhalten beider Partner ab [12]. Hinzu kommt noch das Zerkleinerungsverhalten des Abrasivkorns, ferner das adhäsive Verhalten der Partner (z. B. bei metallischem Strahlmittel) beim Kontakt.

8.4.2 Beanspruchungsbedingte Einflüsse

Die phänomenologischen Zusammenhänge zwischen Verschleiß und den wesentlichen Beanspruchungsgrößen, wie Anstrahlwinkel, Partikelgeschwindigkeit, Temperatur, Partikeleigenschaften, Werkstoffeigenschaften, Korngröße und die pro Zeiteinheit auftreffenden Körner, sind seit langem bekannt [13].

8.4.2.1 Anstrahlwinkel

Stähle verschiedener Härte, Hartguss, Elastomere und keramische Werkstoffe zeigen bei der Strahlverschleißprüfung an Platten in der Hochlage jeweils andersartige, typische Kurvenverläufe der Verschleißgeschwindigkeit in Abhängigkeit von Winkel, **Bild 8.20** [5]. Das bei duktilen Stählen sich zwischen 15° und 45° befindliche Verschleißmaximum (in diesem Beispiel für St37 bei rd. 30°) rückt mit zunehmender Werkstoffhärte immer mehr in Richtung einer Prallstrahlbeanspruchung bei 90°, bei der spröde Werkstoffe wie gehärteter Stahl, Hartguss oder Schmelzbasalt besonders empfindlich sind. Bereits beim ersten Stoß können bei spröden Werkstoffen Ausbrüche erfolgen, da die Anzahl der Stöße bis zur Erschöpfung der Energieakkumulation geringer ist als bei duktilen Werkstoffen. Elastomere verhalten sich dagegen im Prallbereich günstig, werden aber mit zunehmender Gleitkomponente anfälliger. Hinzu kommt

8.4 Grundlagen Strahlverschleiß

bei den Elastomeren noch die thermische Beanspruchung, die sich auf die Zerstörung der Oberfläche auswirkt.

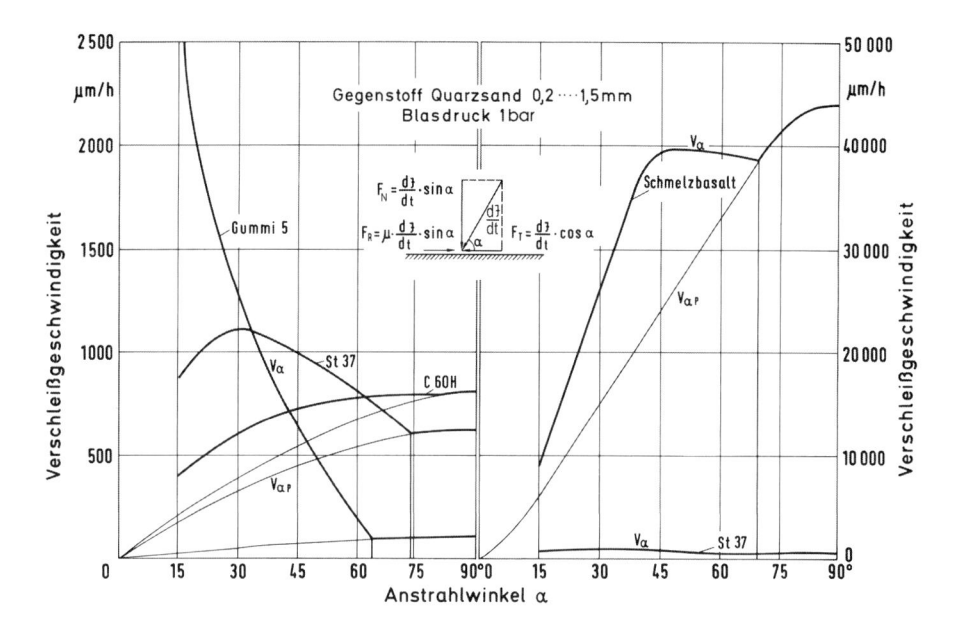

Bild 8.20: Verschleißverhalten unterschiedlicher Werkstoffe in Abhängigkeit vom Strahlwinkel; Zerlegung der Stoßkraft (Impulsäderung dI/dt) in Normal- und Gleitkomponente; V_α = Strahlverschleiß (gesamt), $V_{\alpha P}$ = Prallstrahlverschleiß, I = Impuls = m·v; St37 mit 110 HV 10, C60 H mit 830 HV 10, Schmelzbasalt mit 725 HV, Gummi 5 (Perbunan) mit 58 bis 63 Shore A [5]

Makroskopisch bilden sich bei flachen Anstrahlwinkeln zwischen 20° und 60° auf der gestrahlten Oberfläche duktiler Werkstoffe quer zur Strahlrichtung parallele Wellenfronten, so genannte Riffelmuster, die in Strahlrichtung wandern und deren Abstände bis zur Bildung des stationären Zustandes wachsen [14, 15, 16]. Aber auch bei zähharten und spröden Werkstoffen wie gehärteten Werkzeugstahl und Glas [14] können Riffel entstehen, wenn das Strahlgut nur fein genug (um 10μm) ist. Dieses Verhalten wird mit einer Mikroplastizität erklärt.

Nach neueren vergleichenden Untersuchungen [17, 18] an Reinaluminium mit kugeligem und scharfkantigem Strahlgut der Korngröße von rd. 400 μm treten die Riffel am deutlichsten bei flachem Anstrahlwinkel auf und verringern sich mit steigendem Winkel. Bei 90° entstehen keine Riffel mehr, sondern statistisch verteilt neben Vertiefungen auch Erhöhungen. Bei rotierender und geneigter Probe entwickeln sich gleichartige Erscheinungen, da die Verformung von allen Seiten erfolgt. An der eutektischen Al-12Si-Legierung entwickelten sich mit scharfkantigem Strahlgut keine Riffel. Die Riffel bei Reinaluminium sind nicht das Ergebnis eines Werkstoffabtrages, sondern eines reinen Verformungsprozesses in Richtung der Strahlgeschwindigkeit. Bei gerundetem Strahlgut entwickeln sich die Riffel innerhalb der Inkubationsphase und erst danach setzt geringer Abtrag durch überwiegende Zerrüttung ein, während bei kantigem Gut neben der Riffelbildung durch Verformung gleichzeitig auch ein Abtrag infolge von Mikrozerspanung einsetzt. Bereits in [19] wird die Riffelbildung mit spezifischen Verformungsbedingungen erklärt. Ein Zusammenhang mit der Wirbelbildung des Trägermediums wird jedoch ausgeschlossen, da die Riffel auch im Vakuum entstehen. In einer Abhandlung [20] wird mittels Theorie kinematischer Wellen ein Modell vorgestellt, das zeigt, wie stabile Riffelstrukturen durch statistisch verteilte Partikel in einem Strahlenbündel an Oberflächen duktiler Werkstoffe entstehen können.

In **Bild 8.21** sind zwei Beispiele aus Versuchen mit weichgeglühtem 100Cr6 dargestellt, denen eine Beanspruchung mit unterschiedlichen Korngrößen zugrunde liegt [21]. Die Abstände sind vom Korndurchmesser des Strahlgutes abhängig. Für kugelige Körner (Stahlschrot, Glaskugeln und Al_2O_3-Kugeln) beträgt der Riffelabstand $\lambda = (3-4) \cdot d_K$ und für kantengerundeten Quarz $\lambda = (1-1,5) \cdot d_K$ mit d_K als Korndurchmesser. Die Riffelberge schieben sich schuppenförmig über die davor liegenden Oberflächenbereiche.

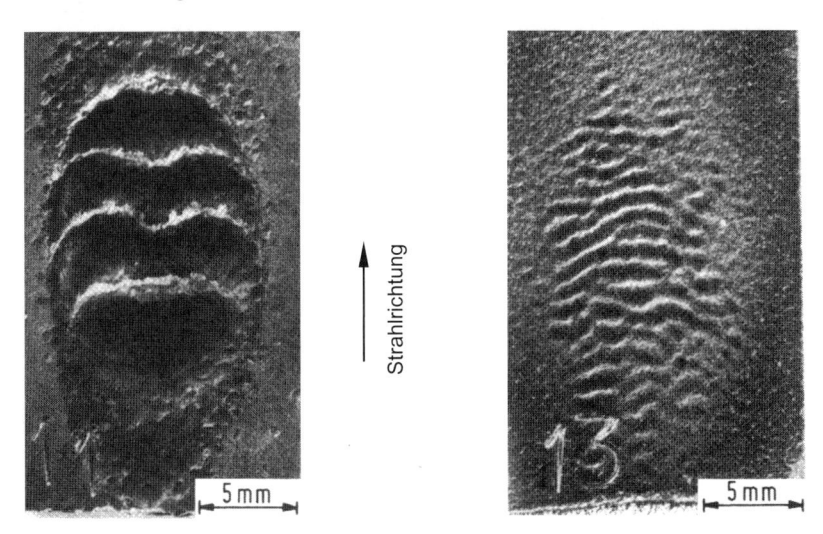

Bild 8.21: Riffel auf einer bestrahlten Probe aus 100Cr6, weichgeglüht [21]; sie entstehen nicht durch Erosion, sondern durch plastische Deformation (Wanderwellen)
links: Stahlschrot d = 2,2 bis 3,2 mm, α = 30°, v = 50 m/s;
rechts: Glaskugeln d = 0,75 bis 0,95 mm, α = 30°, v = 80 m/s

Aus der Zerlegung der Stoßkräfte in eine Normal- und Tangentialkomponente kann abgeleitet werden, vgl. Bild 8.20, dass sich bei flachen Winkeln harte Werkstoffe infolge größeren Widerstandes gegen Furchung günstiger verhalten, während bei großen Anstrahlwinkeln die Kräfte von duktilen Werkstoffen durch plastische Verformung begrenzt und von Elastomeren elastisch aufgenommen werden. Die dünn ausgezogenen Kurvenverläufe $V_{\alpha P}$ stellen den Verschleiß durch die Prallkomponente dar, die mit abnehmendem Winkel gegen null geht. Bei einem Anstrahlwinkel von 0° tritt theoretisch kein Verschleiß auf, was jedoch in der Praxis nicht zutrifft. Bei flachen Winkeln erfolgt der Abtrag hauptsächlich durch Mikrozerspanung, jedoch ist aus Einzelstoßversuchen bekannt, dass ein beträchtlicher Anteil der translatorischen Ausgangsenergie in Rotationsenergie des Kornes umgewandelt wird, dessen Anteil von der Härte der Partner abhängig ist [12]. Daher liegt kein ausschließlicher Mikrozerspanungspro-

8.4 Grundlagen Strahlverschleiß 445

zess vor. Bei senkrechtem Aufprall sind durch den Vielfachstoß Verformung und Zerrüttung (zeitbruchartiger Prozess) maßgebend. Die sich einstellenden Erscheinungsformen unter einem Anstrahlwinkel von 15° und 90° gibt beispielhaft **Bild 8.22** wieder. Bei Hartguss zeichnet sich vor und neben der Riefe im Bereich der im Vergleich zu den Carbiden weicheren Matrix mikroplastisches Verhalten ab. In der Umgebung der Stoßkrater bei St37 bilden sich dünne schuppenförmige Zonen, die nach einer bestimmten Anzahl von Stößen zu Verschleißpartikeln werden.

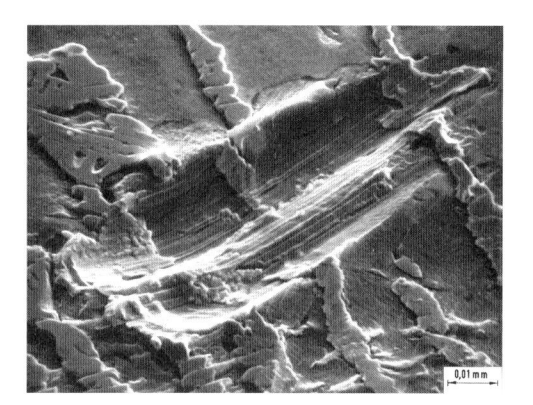

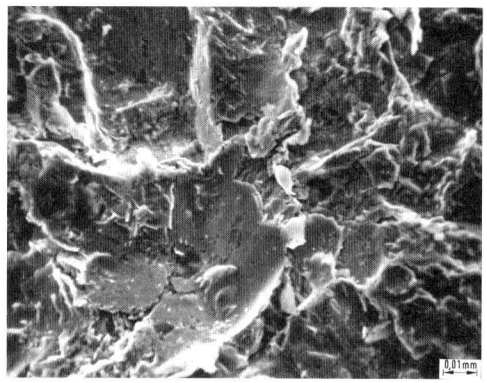

Bild 8.22: Mikroskopische Erscheinungsform durch Strahlverschleiß mit rundlichen Quarzpartikeln
links: Hartguss, Einzelkorn unter 15°; rechts: St37, Vielfachstoß unter 90°

Dass beim Stoßprozess in der Grenzschicht auch hohe Temperaturen auftreten können, verdeutlicht **Bild 8.23**. Durch den 90°-Einzelstoß einer Hartgusskugel auf die Oberfläche eines Sinterhartmetalls ist um die Kontaktstelle eine kreisförmige Werkstoffübertragung mit Aufschmelzungen erfolgt [12].

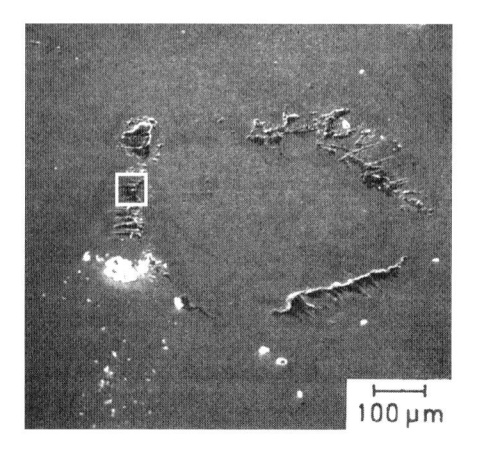

Bild 8.23: Werkstoffübertrag mit Aufschmelzungen in der Umgebung der kreisförmigen Kontaktstelle beim Einzelstoß einer Hartgusskugel gegen Sinterhartmetall; $\alpha = 90°$, $d_k = 0,9$ mm, $v = 225$ m/s [12]

8.4.2.2 Partikelgeschwindigkeit

Der Verschleiß W wächst mit zunehmender Partikelgeschwindigkeit v exponentiell an [5], Bild 8.24, und kann mit einen empirisch ermittelten Exponentialausdruck durch die winkelabhängige Beziehung

$$W = C(\alpha) \, v^{n(\alpha)} \tag{8.1}$$

wiedergegeben werden [22]. Diese Beziehung, der die Gleichung der kinetischen Energie zugrunde liegt, stellt keinen physikalisch-werkstoffkundlichen Zusammenhang zwischen Verschleiß und den im Werkstoff ablaufenden Schädigungsprozessen dar. Der Exponent n erweist sich als werkstoff- und winkelabhängig, muss aber nicht über den gesamten Geschwindigkeitsbereich konstant sein. Für die meisten duktilen Werkstoffe ist er kleiner als 2 und für die spröden deutlich größer als 2. Als Steigung der Geraden im Verschleiß-Geschwindigkeits-Diagramm, **Bild 8.24**, ergibt sich beispielsweise für St37 n = 1,4, für C60H n = 1,6 und für Gummi n = 4,6. Beim spröden Werkstoff Schmelzbasalt vergrößert sich der Exponent bei hohen Geschwindigkeiten von 1,3 auf 2,9.
Die Angaben in der Literatur [23] reichen von n = 1,75 für weichen Stahl [24] bis n = 6,5 für Glas [25].

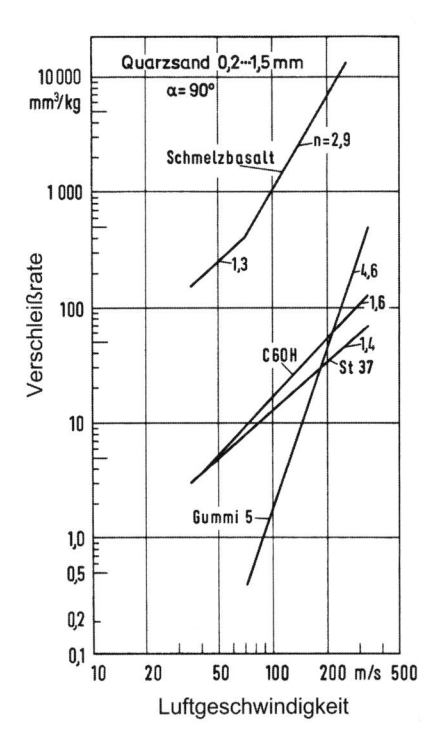

Bild 8.24: Einfluss der Partikelgeschwindigkeit auf den Prallstrahlverschleiß (bezogen auf die durchgesetzte Strahlmittelmasse); St37 mit 110 HV 10, C60 H mit 830 HV 10, Schmelzbasalt mit 725 HV, Gummi 5 (Perbunan) mit 58 bis 63 Shore A [5]

8.4 Grundlagen Strahlverschleiß

Zur Winkelabhängigkeit des Exponenten liegen unterschiedliche Versuchergebnisse vor. Einige Untersuchungen weisen auf keine oder nur schwache Abhängigkeiten von n mit dem Winkel hin [26]. Andere wiederum liefern eine deutliche Abhängigkeit beispielsweise für den Werkstoff C45 N mit n = 6 bei 90° und n = 2,8 bei 30° [15]. Diese Abhängigkeit äußert sich mit zunehmender Strahlgeschwindigkeit in einer Verschiebung des Verschleißmaximums in Richtung größerer Winkel, **Bild 8.25**. Die mit Erhöhung der Geschwindigkeit einhergehende Beanspruchungsintensität bewirkt reduziertes Plastifizierungsvermögen. Ein ähnliches Verhalten, das ebenfalls durch die Energie des Einzelstoßes beeinflusst wird, wird auch mit zunehmender Korngröße beobachtet, vgl. Bild 8.28.

Der Exponent ist in erster Linie ein Ausdruck unterschiedlicher Werkstoffreaktionen und Versagensmechanismen, er gibt aber auch Hinweise auf die Energieaufteilung bei der Wechselwirkung [27]. Zerstörbare, splitternde Partikel führen ab einer bestimmten Korngeschwindigkeit zu kleiner werdendem Verschleißzuwachs als Folge einer weitgehenden Kornzertrümmerung. Der Exponent kann in erster Näherung für praktische Belange als vom Winkel unabhängig angesehen werden.

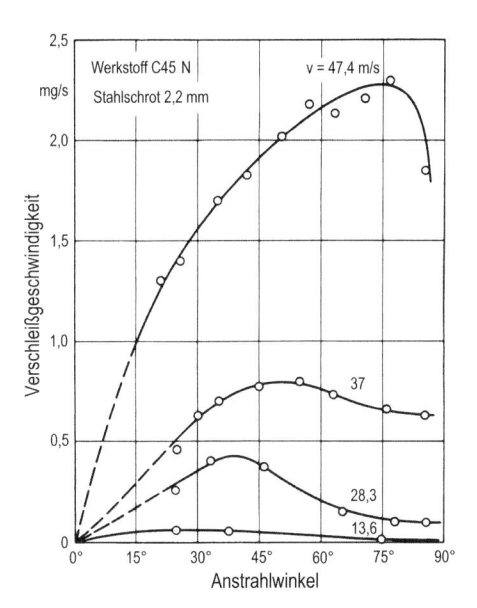

Bild 8.25: Einfluss der Partikelgeschwindigkeit auf die Lage des Verschleißmaximums in Abhängigkeit vom Anstrahlwinkel [15]

8.4.2.3 Temperatur

Der Strahlverschleiß vieler metallischer Werkstoffe bleibt bis zu Temperaturen um 400 °C nahezu konstant oder nimmt sogar ab, **Bild 8.26** [28]. Sinterkorund hat im Vergleich zur Raumtemperatur bei 500 °C einen gegenüber den Metallen sehr niedrigen Verschleiß.

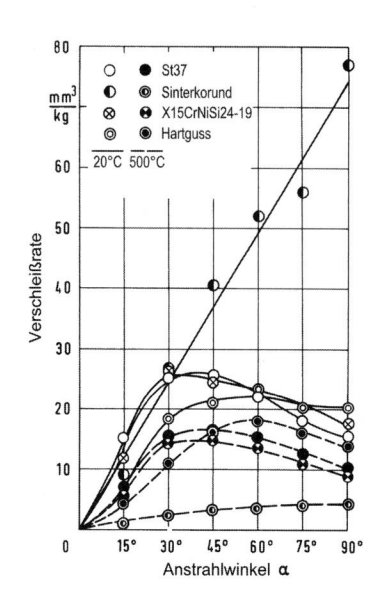

Bild 8.26: Winkelabhängigkeit des Verschleißes bei 20 und 500 °C; Flusssand (Neckar) d_k < 3 mm, v = 40 m/s [28]

Untersuchungen an Rohren in Kesseln mit Feststofffeuerung [29], die durch die in Rauchgasen mitgeführten Quarzgehalte aus der Braunkohle hohem Verschleiß mit der Folge von Rohrreißern unterliegen, zeigen bis 500 °C im Geschwindigkeitsbereich 10 bis 40 m/s eine Verringerung des Verschleißes, der abhängig vom Werkstoff mit zunehmender Temperatur wieder ansteigen kann, **Bild 8.27**. Beim Stahl X20CrMoV12-1 stellt sich erst ab 600 °C wieder

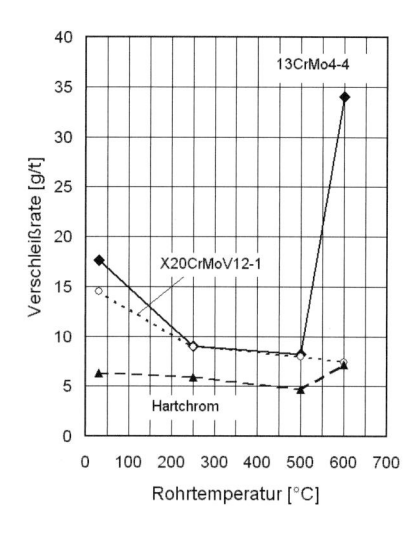

Bild 8.27: Verschleiß von Rohraußenwänden verschiedener Kesselwerkstoffe in Abhängigkeit von der Rohrtemperatur; Rohrdurchmesser 44,5 mm, Quarz d_k < 0,1 mm, v = 30 m/s [29]

8.4 Grundlagen Strahlverschleiß

eine Zunahme ein. Dieses Verhalten wird mit einer festhaftenden Oxidschicht begründet, die mit feinem Korn nicht durchschlagen werden kann. Hartverchromte Rohre weisen insgesamt ein günstigeres Verhalten auf als die üblichen Kesselstähle.

Bei Nickelbasislegierungen wie NiCr19Fe19NbMo (2.4668) steigt der Verschleiß im gesamten Anstrahlwinkelbereich von 0 bis 90° ab 400 °C besonders stark an [30].

8.4.2.4 Partikeldurchsatz

Ein weiterer Parameter, der die Höhe des Verschleißes beeinflusst, ist die pro Zeit aufgestrahlte Masse. Mit abnehmendem Durchsatz stellt sich eine exponentielle Verschleißzunahme (bezogen auf die durchgesetzte Strahlmittelmasse) ein. Dies lässt sich mit der zunehmenden Wirkung der Körner durch Einzelstoß erklären, da durch die Vereinzelung der Körner die gegenseitige Behinderung abnimmt.

8.4.2.5 Partikelgröße

Die Partikelgröße hat insbesondere in dem für die Praxis wichtigen Bereich der Stäube (z. B. Flugaschen) einen großen Einfluss auf Verschleißhöhe und Erscheinungsform. In der Regel nimmt der auf die Masse des Strahlmittels bezogene Verschleiß für metallische Werkstoffe im Bereich kleinster Korngrößen zunächst stark zu, ab einer bestimmten Korngröße nur noch schwach und erreicht schließlich einen Grenzwert d_g, **Bild 8.28** [31]. Dieser Grenzwert verschiebt sich mit zunehmender Korngeschwindigkeit in Richtung des größeren Kornes.

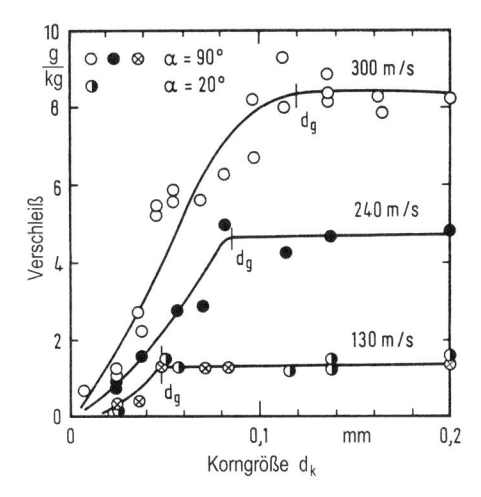

Bild 8.28: Einfluss der Korngröße von gebrochenem Quarz auf den Verschleiß des Chrom-Stahles (0,15 % C, 11 % Cr, 0,6 % Mo, 0,4 % V, 0,3 % Nb) bei verschiedenen Geschwindigkeiten und Anstrahlwinkeln [31]

Von ähnlichen Ergebnissen wird in [32] bei Verwendung von Flugasche berichtet, nach denen der Verschleiß nur bis zu einer Korngröße von 120 μm zunimmt und danach etwa bis zu einer untersuchten Korngröße von 200 μm auf diesem Niveau bleibt.

Nach [33] werden die Verhältnisse jedoch komplizierter, wenn die Korngröße 0,15 mm überschreitet, **Bild 8.29**. Es gibt Fälle, bei denen der Verschleiß mit steigender Korngröße nach Erreichen des Maximums wieder abnimmt oder auch weitgehend unbeeinflusst wird. Wahrscheinlich hängt der Verschleiß mit dem Bruchverhalten der Körner (mit zunehmender Korngröße steigt die Fehlstellenzahl) und der Härte des Werkstoffes (mit zunehmender Härte verringert sich die zur Zerstörung des Kornes notwendige Belastung) zusammen.

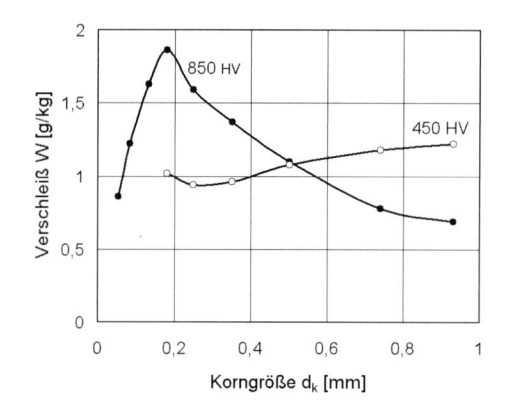

Bild 8.29: Einfluss der Korngröße von Quarzsand auf den Verschleiß eines Kohlenstoffstahles mit 0,8 % C bei zwei verschiedenen Härten; Anstrahlwinkel α = 90°, Strahlgeschwindigkeit v = 166 m/s [33]

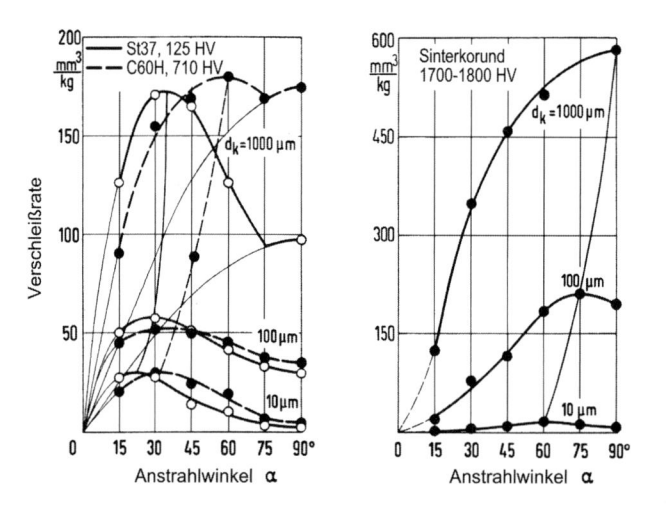

Bild 8.30: Einfluss der Korngröße d_k auf das Werkstoffverhalten von St37, C60H und Sinterkorund; Strahlgut kantiger Korund, Strahlgeschwindigkeit v = 130 m/s [34]

8.4 Grundlagen Strahlverschleiß

Im Anstrahlwinkelschaubild verschiebt sich mit steigender Korngröße das Verschleißmaximum zu größeren Winkeln, **Bild 8.30** [34]. Mit der Korngröße nimmt auch die Energie des Einzelstoßes ($E \sim d^3$) zu, wodurch sich die Schädigung in einer Reduzierung des Verformungsvermögens äußert und zu Sprödbrüchen führt. Selbst das spröde Sinterkorund ändert seine Charakteristik und zeigt beim kleinen Korn noch mikroduktiles Verhalten [34, 14]. Daher können Kornfraktionen das Verschleißniveau beträchtlich beeinflussen.

8.4.3 Strukturbedingte Einflüsse

8.4.3.1 Partikeleigenschaften

Für homogene Metalle stellt sich auch bei Strahlverschleiß aufgrund der Winkelabhängigkeit ähnlich wie bei den Arten des Abrasiv-Gleitverschleißes eine Tieflage/Hochlage-Gesetzmäßigkeit (vgl. Bild 7.5, 7.7, 7.17 und 8.2) ein, schematische Darstellung **Bild 8.31** [23]. Im Bereich der Tieflage steigt der Verschleiß mit zunehmender Partikelhärte zunächst geringfügig an. Bei Härtegleichheit von Werkstoff und Partikel ist ein steiler Anstieg zu verzeichnen, der in eine härteunabhängige Hochlage übergeht. Dies gilt für Gleitstrahl- und Prallstrahlbeanspruchung gleichermaßen. Bei Gleitbeanspruchung sind die Hochlagenwerte eines duktilen Werkstoffes wegen des geringeren Widerstands gegen Furchung höher als die des harten, während bei Prallstrahlbeanspruchung die härteren metallischen Werkstoffe wegen des geringeren Energieaufnahmevermögens stärker verschleißen als die weichen.

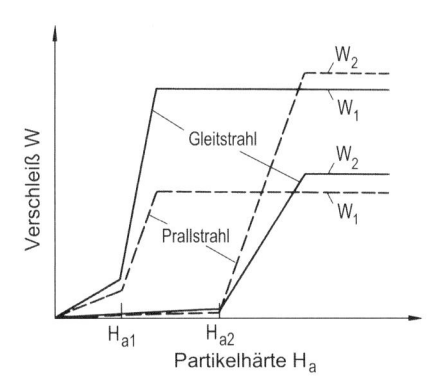

Bild 8.31: Tieflage/Hochlage-Gesetzmäßigkeit bei Strahlbeanspruchung; W_1 Verschleiß duktiler Werkstoffe, W_2 Verschleiß spröder Werkstoffe [23]

Die experimentell ermittelten Kurven für Prallbeanspruchung können vom schematischen Verlauf abweichen, **Bild 8.32**, da neben der Kornhärte weitere Korneigenschaften von Einfluss sind [35]. Die für St37 und Gummi (88 bis 90 Shore A) festgestellten Maxima zu Beginn der Hochlage sind Folgen der gegenüber den anderen Strahlmitteln größeren "Schleißschärfe" von Glas und Flint. Bei den heterogenen Hartmetallen H2 (91,5 % WC, 1,5 % TaC + VC, 7 % Co) und G3 (85 % WC, 15 % Co) verschiebt sich der Steilanstieg zu höheren Strahlguthärten; eine Hochlage stellt sich nicht ein. Während sich H2 günstiger als der gehärtete unlegierte Stahl

C60H bei Verwendung von SiC verhält, verschleißt G3 deutlich stärker. Der spröde Schmelzbasalt hat schon im nominellen Tieflagenbereich hohe Verschleißwerte infolge seiner starken Neigung zu Ausbrüchen, ist also bei dieser hohen Beanspruchung recht empfindlich, hat aber bei niedrigerer Beanspruchung (kleine Winkel, kleine Korngrößen und/oder kleine Geschwindigkeiten) durch Stäube zahlreiche bewährte Anwendungsbereiche, z. B. für Auskleidungen von Sichtern, Zyklonen und Ventilatoren.

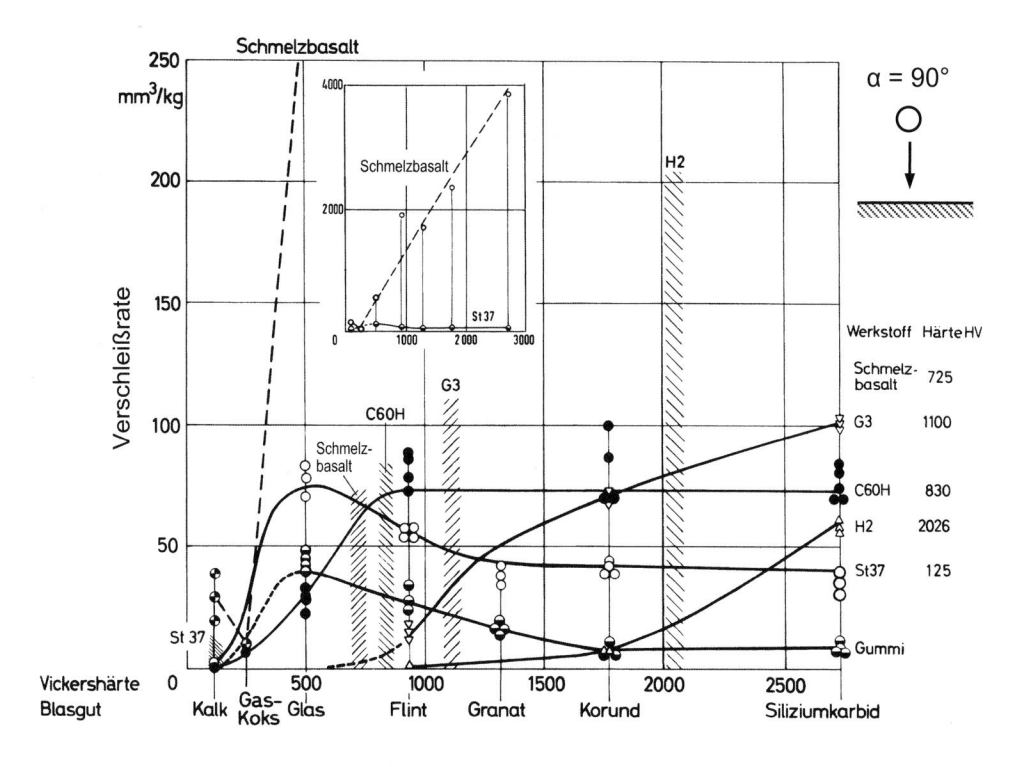

Bild 8.32: Abhängigkeit des Verschleißes von der Partikelhärte für Stähle, Hartmetalle, Schmelzbasalt und Gummi bei Prallstrahlbeanspruchung. Kalk und Gaskoks d_k = 0,2 bis 3 mm, die übrigen Strahlmittel Körnung 30 (d_k = 0,5 bis 0,71 mm), Strahlgeschwindigkeit v = 40 m/s, Anstrahlwinkel α = 90°; schraffiert ist der Bereich der Werkstoffhärte [35]

Für die Praxis hat auch die Partikelform großen Einfluss auf die Schleißschärfe, deren Dominanz beispielsweise bei verformungsfähigen Werkstoffen bekannt ist. In **Bild 8.33** ist ein Beispiel für das Verschleißverhalten der eutektischen Al-12Si-Legierung bei Verwendung einer extremen Strahlgutmischung aus kantigem Al_2O_3 und Glaskugeln wiedergegeben [17]. Mit zunehmendem Glaskugelgehalt nimmt der Verschleiß bei allen Winkeln deutlich ab.

Auch Polymere verschleißen mit scharfkantigem Korn stärker. So ist der Verschleiß z. B. von Polyurethan (85 Shore A) beim Strahlen (v = 100 m/s) mit scharfkantigen Quarzpartikeln gegenüber kantengerundetem Quarz rd. 5 bis 10 mal höher.

8.4 Grundlagen Strahlverschleiß

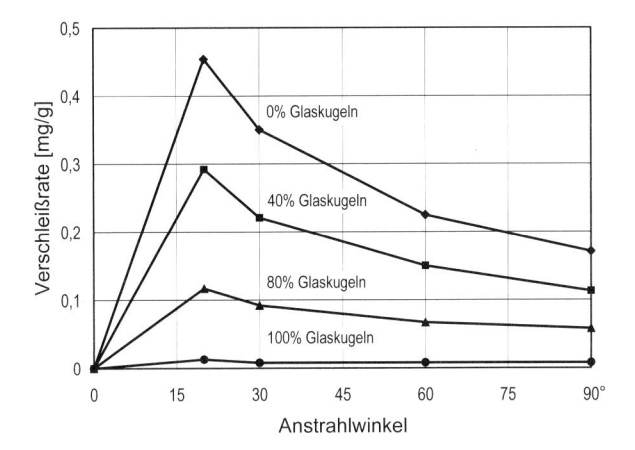

Bild 8.33: Einfluss der Partikelform auf den Verschleiß der eutektischen Al-12Si-Legierung unter Verwendung einer Strahlgutmischung aus kantigem Al_2O_3 und Glaskugeln; $d_k = 400$ μm, Strahlgeschwindigkeit $v \approx 60$ m/s [17]

8.4.3.2 Werkstoffeigenschaften

Einen ähnlichen Zusammenhang zwischen Verschleißwiderstand und Werkstoffhärte wie bei Gleitbeanspruchung in der Hochlage entsprechend Bild 7.11 und 7.12 ergibt sich auch bei Prallstrahlbeanspruchung zwischen 75° und 90°, **Bild 8.34** [27, 35]. Die Ergebnisse wurden mittels Schleuderrad gewonnen. Für reine Metalle steigt zwar der Verschleißwiderstand ebenfalls linear an, aber für gehärtete Stähle sinkt der Widerstand mit der Werkstoffhärte wegen der einhergehenden Abnahme der Duktilität. Bei Gleitbeanspruchung besteht für die wärmebehandelten Stähle dagegen steigende Tendenz.

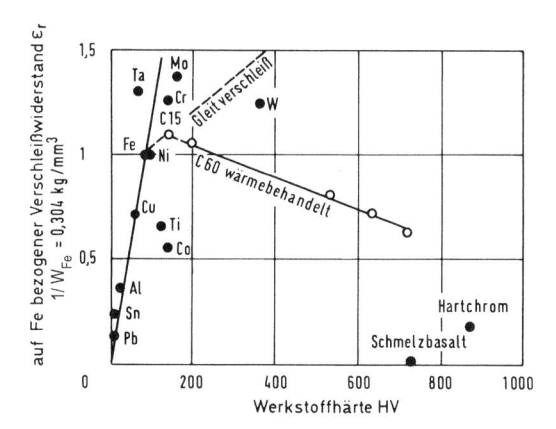

Bild 8.34: Verschleißwiderstand ε_r (bezogen auf $1/W_{Fe}$) reiner Metalle und wärmebehandelter Stähle in Abhängigkeit von der Werkstoffhärte; Strahlmittel Quarz $d_k = 0{,}1$ bis $0{,}5$ mm, Strahlgeschwindigkeit $v = 37$ m/s, Anstrahlwinkel $\alpha = 75°$ bis $90°$ [27, 35] Der Verschleißwiderstand ist der Kehrwert der Verschleißrate in mm^3 pro durchgesetzte Strahlmittelmenge in kg

Wie bereits weiter vorne erwähnt wurde, ist wegen der bei verschiedenen Anstrahlwinkeln unterschiedlichen Verschleißmechanismen zwischen Gleit- und Prallstrahlbeanspruchung zu unterscheiden. Da bei kleinen Strahlwinkeln der Werkstoff überwiegend durch Furchung – Werkstoffverformung, Mikrozerspanung und Mikrobrechen – beansprucht wird, sind die für Abrasiv-Gleitverschleiß gültigen Gesetzmäßigkeiten eher maßgebend. Bei Prallbeanspruchung beruht dagegen der Verschleiß auf Oberflächenzerrüttung durch Energieakkumulation (Zeitbruch).

Bei dem bisher geschilderten Werkstoffverhalten weist das Strahlgut stets eine höhere Härte auf als der Werkstoff, d. h. der Werkstoff befindet sich in der Verschleißhochlage. Durch eine Härtesteigerung der Werkstoffe über die Härte des Strahlgutes hinaus kann der Verschleiß in die Tieflage verlagert werden. Für den Anstrahlwinkel $\alpha = 90°$ ist dieses Verhalten mit zunehmender Werkstoffhärte in **Bild 8.35** dargestellt [5, 23]. Erreicht der Werkstoff die Härte des Strahlgutes, geht der Verschleiß in die Tieflage über. Im Bereich niedriger Werkstoffhärte im Vergleich zum Strahlgut befindet sich der Werkstoff also in der Hochlage und im Bereich hoher Härte in der Tieflage. Voraussetzung ist allerdings, dass der Hauptanteil der insgesamt umgesetzten Energie, die von den Festigkeits- und Verformungsgrößen abhängt, in eine Schädigung des Strahlgutes (Verformung oder Bruch) umgesetzt wird und nicht in eine des Werkstoffes.

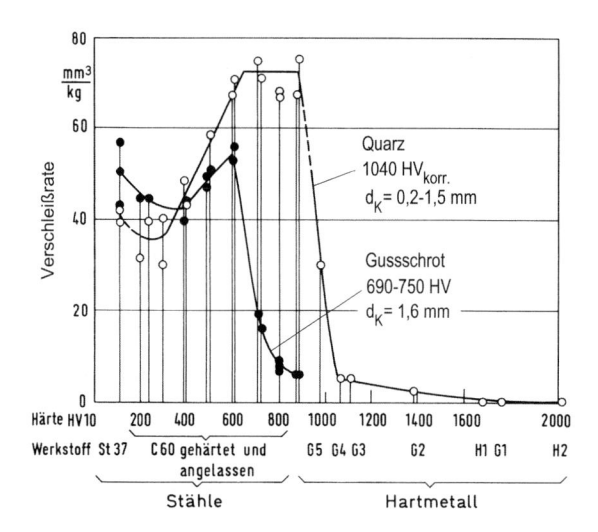

Bild 8.35: Einfluss der Werkstoff- und Strahlguthärte auf das Verschleißverhalten; Anstrahlwinkel $\alpha = 90°$, Strahlgeschwindigkeit $v = 70$ m/s (Quarz), $v = 40$ m/s (Gussschrot) [5, 23]

Für die sehr unterschiedlichen Werkstoffe Polymere, Glas, Metalle und Keramik besteht der in **Bild 8.36** wiedergegebene Zusammenhang zwischen Verschleiß und Elastizitätsmodul [36]. Als Verschleißmaß ist das volumetrische Verschleißverhältnis W_V und das Verhältnis der Muldentiefe jeweils bezogen auf die Werte von St37 einer nach einer Stunde Strahlzeit entstandenen Mulde herangezogen. Bei einem E-Modul von 10000 N/mm^2 teilen sich die untersuchten Werkstoffe in zwei Gruppen. Links des Maximums befinden sich die Polymere (Poly-

8.4 Grundlagen Strahlverschleiß

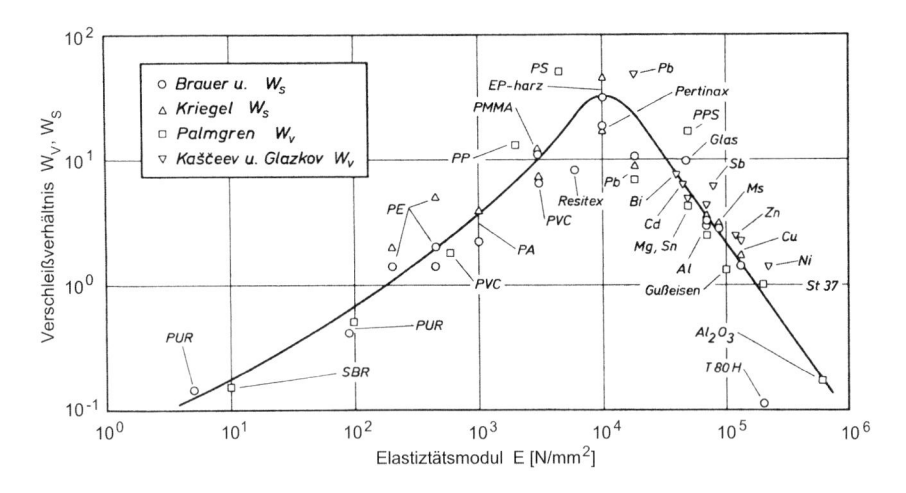

Bild 8.36: Abhängigkeit des volumetrischen Verschleißverhältnisses $W_V = \Delta V/\Delta V_{St37}$ und der bezogenen Muldentiefe $W_S = \Delta s/\Delta s_{St37}$ vom Elastizitätsmodul [36]

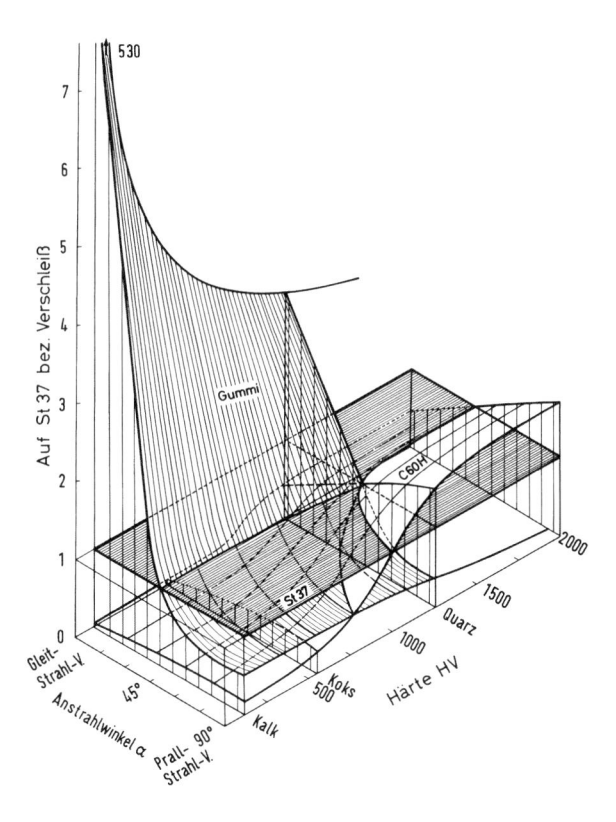

Bild 8.37: Relativer Verschleiß in Abhängigkeit vom Anstrahlwinkel für charakteristische Werkstoffe (C60H; Gummi) bezogen auf St37 unter Verwendung von Kalk, Quarz und Gaskoks [37]

urethan PUR, Styrolbutadien-Kautschuk SBR, Polyvinylchlorid PVC, Polyethylen PE, Polyamid PA, Polypropylen PP, Polymethylmethacrylat PMMA, Epoxid-Harz EP-Harz und Polystyrol PS), deren Verschleiß mit dem E-Modul zunimmt und rechts des Maximums die metallischen und keramischen Werkstoffe. In den untersuchten Werkstoffen spiegelt sich neben dem elastischen Verformungsverhalten (gekennzeichnet durch E-Modul) auch unterschiedliches Energieumsetzungsverhalten wieder, woraus die Versagensmechanismen Mikroverformen (elastisch bzw. viskoelastisch, elastisch/plastisch und plastisch), Mikrospanen und Mikrobrechen resultieren. Immerhin zeigen Polymere kleineren E-Moduls den erwarteten geringeren Verschleiß, da die Energieumsetzung im Fall des weitgehend elastischen Stoßes hauptsächlich vom E-Modul bestimmt wird. Einen Überblick über das Verhalten verschiedenartiger Werkstoffe unter dem Aspekt der Energieumsetzung und unter dem der Winkelabhängigkeit vermittelt **Bild 8.37** [37].

Die Werkstoffauswahl richtet sich u. a. nach Anstrahlwinkel, Geschwindigkeit und Härte der zu fördernden Partikel. Verwendet werden vorgefertigte Verbundstahlbleche, die entweder durch Warmwalzen eines Bleches aus härtbarem Stahl mit einem Blech aus unlegiertem kohlenstoffarmen Stahl gefügt oder bei denen auf ein Grundblech mittels Auftragsschweißen mm-dicke hartstoffreiche Schichten aufgebracht und dann weiter verarbeitet werden. Oft wird auch das fertige Bauteil direkt mit einer carbidreichen Auftragsschweißung versehen. Die Zusammensetzung der Auftragsschweißung, die nach DIN EN 14700 in verschiedene Legierungsgruppen auf Fe-, Ni- und Co-Basis unterteilt sind, richtet sich nach dem Anwendungsfall [38]. Bei den Hartstoffphasen handelt es sich meistens um Carbide der Elemente Cr, W, Nb, V, Ti oder um Boride der Elemente Ni und Cr.

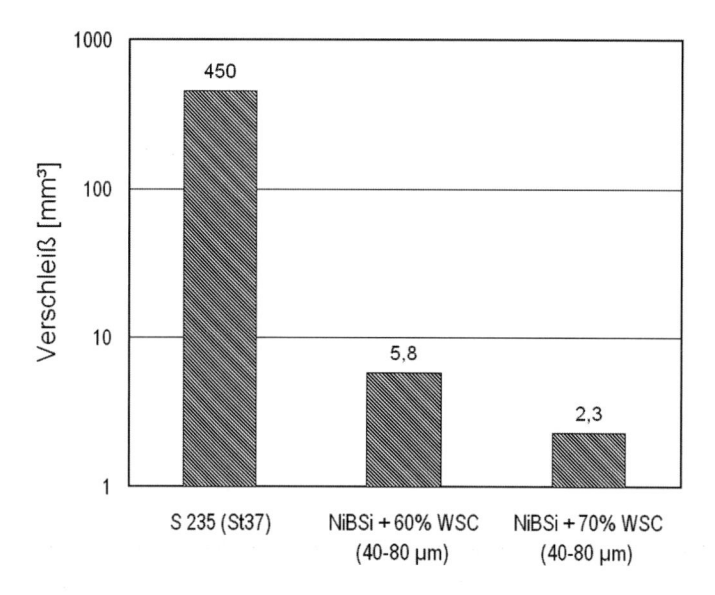

Bild 8.38: Verschleißverhalten einer Plasmapulverauftragsschweißung (PTA) der Legierung NiBSi mit unterschiedlichem Hartstoffgehalt an Wolframschmelzcarbid WSC im Vergleich zu St37 [39]; Strahlgut Zement d_k = 18 µm, Anstrahlwinkel α = 10°, Strahlgeschwindigkeit v = 170 m/s, Förderrate 0,135 kg/min, Strahldauer 0,5 h

8.4 Grundlagen Strahlverschleiß

In **Bild 8.38** ist ein Beispiel für das Strahlverschleißverhalten einer Plasmapulverauftragsschweißung (*PTA = Plasma Transferred Arc*) der Legierung NiBSi mit Wolframschmelzcarbiden WSC vergleichend mit dem Stahl S235 (St37) dargestellt. Die Werkstoffe sind unter einem flachen Anstrahlwinkel von 10° mit Zement der Korngröße d_k = 18 µm beansprucht worden. Die deutliche Erhöhung der Verschleißbeständigkeit durch vermehrten Hartstoffgehalt weist auf einen abnehmenden Abstand zwischen den Carbiden hin und somit auf eine Reduzierung der selektiven Erosion [39].

Der kombinierten Beanspruchung durch Strahlverschleiß, Hochtemperaturkorrosion und Oxidation, wie sie beispielsweise in Verdichtern, Dampfturbinen, stationären Gasturbinen und Strahltriebwerken auftritt, wird häufig durch Beschichtungen begegnet. Vom Strahlverschleiß sind besonders betroffen die Schaufeln im Hochdruckteil von Dampfturbinen durch Magnetitpartikel oder die Verdichterschaufeln von Gasturbinen durch Sand und Staub [40]. Um den hohen Betriebstemperaturen bis zu 1200 °C in Flugtriebwerken und stationären Gasturbinen Stand zu halten, werden neben aufwendigen Kühlsystemen auch keramische Wärmedämmschichten mittels thermischer Spritzverfahren aufgebracht [41]. Als Verfahren kommen PVD-, atmosphärische Plasmaspritzen (APS) und Hochgeschwindigkeitsflammspritzen (HVOF) in Frage. Bewährt hat sich ein mit Yttriumoxid teilstabilisiertes Zirkoniumoxid. Durch die Zugabe von 2,5 bis 8 % Yttriumoxid wird im Temperaturbereich die Phasenumwandlung von einem tetragonalen in ein monoklines Gitter mit einer Volumenzunahme von 8 bis 12 % unterdrückt, so dass die tetragonale Phase bestehen bleibt.

In einer vergleichenden Studie wurde für thermisch hoch beanspruchte Zonen in Gasturbinen bei Raumtemperatur und 910 °C das Strahlverschleißverhalten von zwei unterschiedlich gefertigten Wärmedämmschichten aus ZrO_2-8 Gew.-% Y_2O_3 untersucht [41]. Die Beanspruchung erfolgte unter einem Strahlwinkel von 90° mit Korund der mittleren Korngröße von

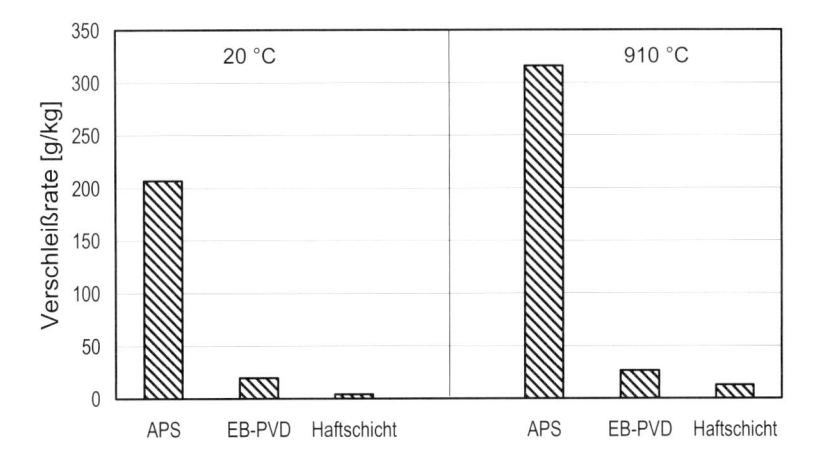

Bild 8.39: Verschleißverhalten unter Prallstrahlbeanspruchung zweier unterschiedlich hergestellter Schichten aus ZrO_2+8 Gew.% Y_2O_3 nach dem atmosphärischen Plasma-Spritzverfahren (APS) und nach dem PVD-Verfahren sowie einer Haftschicht MCrAlY; Strahlmittel Korund d_k = 100 µm, v = 140 m/s bei RT und v = 230 m/s bei 910 °C [41]

$d_k = 100$ μm. Bei diesem Strahlwinkel stellt sich ein maximaler Verschleiß ein. Die Partikelgeschwindigkeit betrug bei Raumtemperatur 140 m/s und bei 910 °C 230 m/s. Dabei zeigte sich, dass die mittels PVD aufgebrachte Schicht eine etwa 10-fach größere Verschleißbeständigkeit aufwies als die atmosphärische Plasma-Spritzschicht (APS), **Bild 8.39**. Dieses Verhalten wird mit den unterschiedlichen Strukturen der Schichten begründet. Während bei der Plasma-Spritzschicht, die zahlreiche Fehlstellen wie Poren, Einschlüsse und Risse enthält, die Ausbrüche entlang der schwachen Bindung zwischen den erstarrten Tropfen und im Bereich der Fehlstellen erfolgt, finden die örtlichen Ausbrüche nahe der Oberfläche der Stengelstruktur der PVD-Schicht statt.

Plasmaspritzschichten weisen gewöhnlich aufgrund ihrer lamellaren, mit Fehlstellen behafteten Schichtstruktur [42] und PVD- sowie CVD-Schichten aufgrund ihrer rissanfälligen Stengelstruktur noch Schwachstellen auf. Daher wurde eine Zweilagenschicht mittels CVD-Verfahren entwickelt, deren oberste 12 μm dicke Lage sich durch ein porenfreies und feinkörniges Gefüge auszeichnet [40]. Diese Schicht besteht aus W und W_2C. Die darunter liegende 7 μm dicke Schicht besitzt eine stengelige Struktur und besteht aus Wolfram. Die Zweilagenschicht wurde auf den Substratwerkstoff Ti6Al4V aufgebracht. Die Ergebnisse der Strahlverschleißversuche zeigt **Bild 8.40**. Im Vergleich zu den beiden PVD-Schichten mit ihren etwas porösen und stengeligen Strukturen weist die zweilagige CVD-Schicht einen deutlich höheren Verschleißwiderstand auf und ebenso der Grundwerkstoff.

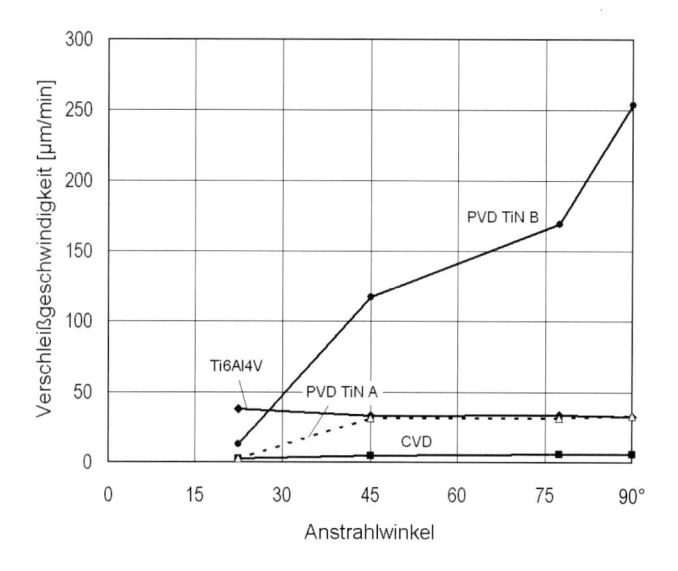

Bild 8.40: Werkstoffverhalten von Substrat Ti6Al4V, einer zweilagigen CVD-Schicht aus W und W_2C mit einer Härte von 2400 HV und zweier PVD-Schichten aus TiN, A mit einer Härte von 2100 HV und B (Härte nicht bestimmt); Strahlgut Al_2O_3, $d_k = 50$ μm, v = 93 m/s [40]

Die Bedeutung der Bindephase in Verbundwerkstoffen ist Gegenstand der Untersuchung in [43]. Bei den gesinterten Verbundwerkstoffen handelt es sich um einen konstanten Hartphasenanteil von 80 % aus Cr_7C_3 und Cr_3C_2 und einer $CrNi_3$-Bindephase von 20 %, deren Zu-

8.4 Grundlagen Strahlverschleiß

sammensetzung durch Zulegieren mit 3 % bzw. 10 % Mo und 3 % bzw. 10 % Cu variiert wurde. Gestrahlt wurde mit Quarzsand der Korngröße 0,1 bis 0,3 mm. Bei beiden Anstrahlwinkeln von 30° und von 75° sowie den Strahlgeschwindigkeiten von 30 und 80 m/s stellte sich bei der Variante mit der CrNi$_3$-Bindephase mit 10 % Mo (integrale Härte 1220 HV 10) der niedrigste Verschleiß ein. Der höchste Verschleiß ergab sich mit der CrNi$_3$-Bindephase mit 10 % Cu (integrale Härte 1010 HV 10). Die höhere Beständigkeit der Mo-legierten Variante wird mit der geringeren Anfälligkeit gegen inter- und transkristalline Rissbildung im Vergleich zu der Cu-legierten CrNi$_3$-Matrix und zu der unlegierten Variante erklärt.

Außer durch geeignete Werkstoffwahl aufgrund der Hoch-Tieflage-Gesetzmäßigkeit lässt sich auch über die Beanspruchungsparameter aufgrund der Energieumsetzung beim Stoß der Verschleiß reduzieren. Dies gelingt z. B. durch Verringerung der Strahlgeschwindigkeit und durch Variation des Strahlwinkels.

Die Gesetzmäßigkeiten des Strahlverschleißes in mathematische Beziehungen zu fassen, ist vielfach versucht worden [16, 25, 26, 44]. Die gefundenen Beziehungen sind in der Literatur nachzulesen. Die Übereinstimmung der experimentellen Ergebnisse mit den theoretischen Berechnungen ist mehr oder weniger gut gelungen, vor allem dann, wenn nur wenige Werkstoffe berücksichtigt wurden. Sie basieren auf mechanisch-energetischen Vorstellungen, getrennt nach Gleit- und Prallstrahl. Dabei werden die Werkstoffkenngrößen als konstant angenommen. Probleme bereiten jedoch die auftretenden winkelabhängigen Mechanismen Abrasion und Zerrüttung, sie in die Betrachtungen einzubeziehen.

In [21] wird dargelegt, dass das Verschleißverhalten kristalliner und amorpher Werkstoffe u. a. von dynamischen Werkstoffreaktionen bestimmt wird, die sich als Folge der Wechselwirkungen zwischen Korn und Werkstoff während des Stoßes einstellen. Die Unterschiede im Verschleißverhalten gleicher Werkstoffe aber verschiedener Strahlgüter sind auf die unterschiedlichen Werkstoff- bzw. Kornreaktionen zurückzuführen. Die Wechselwirkungen induzieren eine spezifische Verformungsgeschwindigkeit, wodurch ein neuer Werkstoffzustand entsteht. Das Verschleißverhalten wird von der dynamischen Veränderung der statischen Eigenschaften wie Festigkeit und Verformbarkeit maßgeblich beeinflusst.

Das Verschleißverhalten verschiedener Werkstoffgruppen (Metalle, Kunststoff und Keramik) wurde in [45] mit trigonometrischen Funktionen, welche die wiederholte Verformung und die Zerspanung berücksichtigen, und der Werkstoffhärte verknüpft, wodurch mittels einer grundlegenden Gleichung der Verschleiß bei gegebenem Anstrahlwinkel abgeschätzt werden kann. Durch Normierung des Verschleißes auf den Prallverschleiß werden die Kurvenverläufe vereinfacht. Die Konstanten und Exponenten hängen von den Stoßbedingungen ab. Die Abweichung der Exponenten der Werkstoffhärte des Kunststoffs Polyamid und der Keramik Al$_2$O$_3$ im Vergleich zu den Metallen weist darauf hin, dass die Beziehung auf Metalle begrenzt bleibt. Erweiterungen werden in [46, 47] für Metalle dargestellt, die neben der Werkstoffhärte, den Partikeleigenschaften, der Geschwindigkeit und dem Anstrahlwinkel auch das Relaxationsverhalten während des Härteeindruckes berücksichtigen [47].

Im Bestreben die Lebensdauer von Überhitzerrohren in Kohlekraftwerken, die einer Beanspruchung durch Flugasche unterliegen, abschätzen zu können, wurde eine mathematische Beziehung zwischen Verschleiß und den relevanten Einflussparametern wie Partikelgeschwindigkeit, Korngröße, Partikelbeladung, Anstrahlwinkel, Dichte der Flugasche, Anfangsrauigkeit, Feuchtigkeit der Flugasche, Ti-Gehalt des Titandioxids in der Flugasche und Cr-Gehalt der Rohre aufgestellt [32]. Die einzelnen Parameter wurden in geeigneter Weise zu dimensionslosen Gruppen zusammengefasst. Die Einflussstärke wird durch Exponenten ausgedrückt. Dabei zeigte sich, dass der Verschleiß empfindlich von Partikelgeschwindigkeit, Partikelbeladung und Oberflächenrauigkeit abhängt, während Korngröße, Anstrahlwinkel, Feuchtigkeit und TiO_2 zweitrangig sind. Der mathematische Zusammenhang gilt nur für Bedingungen bei Raumtemperatur, nicht jedoch bei erhöhten Temperaturen, die das Verschleißverhalten beträchtlich beeinflussen können, vgl. Bild 8.27.

8.5 Verschleißerscheinungsformen bei Strahlverschleiß

Wie bei den anderen Erosionsarten werden auch hier die unterschiedlichsten makroskopischen Erscheinungsformen beobachtet. Sie reichen von Mulden, deren Form von Größe und Auftreffwinkel des Strahlenbündels abhängt, über die Bildung von Schultern, Riffeln und wellenartigen Strukturen bis zu Profiländerungen. Mikroskopisch zeigen die bestrahlten Oberflächen Eindrückungen, in denen sich die Geometrie der Partikel abbildet.

8.5.1 Querwellen, Mulden

Auf der Werkstückoberfläche entsteht ein im Strahlauftreffgebiet konzentrierter flacher bis kegelförmiger Abtrag größeren Ausmaßes. Die Ausbildungsform ist insbesondere vom Strahlwinkel und Größe des Strahlbündels abhängig, kennzeichnendes Beispiel für Stahl in **Bild 8.41** [22]. Ausgehend von geringem Abtrag wird die Mulde immer tiefer, so dass sich bei flachen Winkeln eine Prallstrahlfront einstellt. Unterhöhlungen mit Zungenbildung sind möglich. Es kann zu Durchschlägen von Wandungen kommen. Mikroskopisch ist die Oberfläche geprägt durch feine Riefen, Stoßverformungen, Ausbrechungen, Aufrauungen und möglicherweise auch durch Einbettungen des Strahlmittels. Schadensverursachende Voraussetzungen

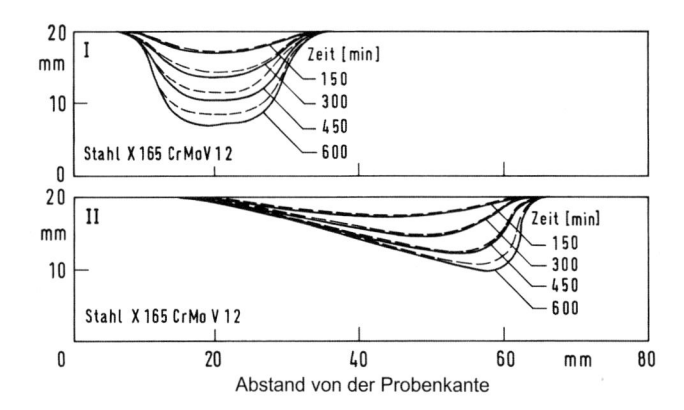

Bild 8.41: Zeitliche Entwicklung der Muldenbildung bei den Anstrahlwinkeln α = 90° (oben) und α = 30° (unten) auf einer ebenen Platte aus X165CrMoV12 der Härte 271 HV 2. Die gestrichelten Kurven geben den experimentell ermittelten und die ausgezogenen Kurven den speziell für diese Fälle berechneten Verlauf wieder. Versuchsbedingungen: Partikelgeschwindigkeit v = 29 m/s, Strahlmitteldurchsatz ṁ = 0,8 kg/min, Strahlmittel kantiger Hartguss d_k = 0,4 bis 0,8 mm der Härte 650 bis 850 HV 1 [22]

8.5 Verschleißerscheinungsformen bei Strahlverschleiß

bestehen in hoher Strömungsgeschwindigkeit, Härte und Form der Partikel, Partikelkonzentration sowie Anstrahlwinkel.

Die beim Abbau von Steinkohle entstandenen Hohlräume werden u. a. pneumatisch mit Aufbereitungsabgängen wieder befüllt. Für den Transport dienen Blasversatzrohre, die durch Muldenbildung bis zum Durchschlag der Wand ausfallen können. Gefährdet sind vor allem versetzt verlegte und nicht fluchtend verlegte Rohre und insbesondere Rohrbögen. Selbst bei kleinen Winkeln verschleißen die Rohre stärker als fluchtend angeordnete Rohre, **Bild 8.42**. **Bild 8.43** gibt z. B. eine zungenförmige Mulde mit Durchschlag infolge eines Fluchtungsfehlers wieder. Die Form deutet auf ein schmales Strahlbündel hin. Die Konsequenz in konstruktiver Hinsicht war im Rahmen von Betriebsversuchen eine Verstärkung der Kupplung zur Gewährleistung der Geradführung (Fluchtung) und in betrieblicher Hinsicht ein nach bestimmtem Durchsatz notwendiges dreimaliges Drehen der Rohre um 120°, um den Rohrwerkstoff besser zu nutzen. Die dadurch erzielte wesentliche Standzeitverlängerung überwog deutlich den Werkstoffeinfluss (gehärteter Kohlenstoffstahl, nicht gedreht, gegenüber weichem Kohlenstoffstahl, dreimal gedreht) [48]. Auch Rohrleitungen mit Hartgusseinsätzen oder Auskleidungen mit Schmelzbasalt haben sich bewährt.

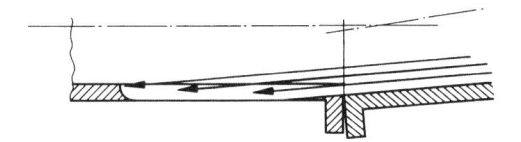

Bild 8.42: Muldenbildung durch Fluchtungsfehler

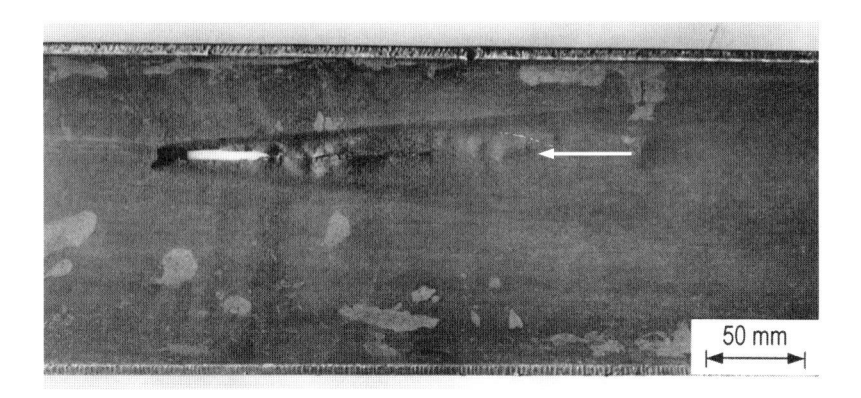

Bild 8.43: Zungenförmige Mulde mit Durchschlag in einem Blasversatzrohr aus Verbundstahl (innere Lage rd. 700 HV 10, äußere Lage rd. 200 HV 10); der Pfeil gibt die Strahlrichtung an

Die besondere Gefährdung von Rohrkrümmern in Rohrleitungen leitet sich von der Winkelabhängigkeit des Verschleißes ab, da ein großer Winkelbereich überstrichen wird und für jedes Durchmesserverhältnis D/d ein maximaler Auftreffwinkel unter der Annahme existiert, dass die Körner bei der pneumatischen Förderung bis zu einer bestimmten Korngröße sich weitgehend auf einer geraden Bahn bewegen [49]. Bei hydraulischer Förderung dagegen nähern sich die Körner einer Kreisbahn an. Bei einer bestimmten Geschwindigkeit und Korngröße kann sogar der Fall eintreten, dass sie nicht mehr auf die Wand auftreffen. Mit sinkendem Durchmesserverhältnis nimmt der maximale Auftreffwinkel zu und erreicht bei D/d = 1 den maximalen Winkel von 90°. Bei dem in **Bild 8.44 links** dargestellten 90°-Krümmer mit einem Durchmesserverhältnis von D/d = 6 trifft das am Innenrand eintretende Korn unter 45° auf die nicht verschlissene Wand. An dieser Stelle findet in diesem Beispiel der maximale Verschleiß statt. In Wirklichkeit variiert der Winkel in Abhängigkeit vom Werkstoff, von der Geschwindigkeit und von der Korngröße, vgl. Bild 8.20, 8.25 und 8.30. Die übrigen Körner treffen unter einem flacheren Winkel auf die Wand, weshalb hier geringerer Verschleiß stattfindet. Es entsteht so eine Mulde mit flachem Einlauf und steilem Auslauf, mit deren zeitlicher Entwicklung sich der Auftreffwinkel ändert, vgl. Bild 8.41. Wird das Durchmesserverhältnis reduziert wie in **Bild 8.44 rechts**, so treffen die Körner mit größerem Winkel als 45° auf die Wand. Der durch sie verursachte Verschleiß ist etwas geringer als derjenige unter 45°, wodurch die Mulde flacher wird. Je kleiner der Rohrdurchmesser ist, desto kleiner ist die Verschleißzone. Das Verschleißmaximum liegt bei einem Durchmesserverhältnis von D/d = 5. Bei kleineren und größeren Verhältnissen nimmt der Verschleiß jeweils ab. Bei D/d = 1 liegt ein Minimum vor. Für große Durchmesserverhältnisse nimmt der Verschleiß ebenfalls ab und nähert sich dem des geraden Rohres an. Abhängig vom Durchmesserverhältnis gibt es Winkelbereiche des Krümmers, in denen kein Verschleiß auftritt, was dann der Fall ist, wenn der Krümmungswinkel γ größer ist als der maximale Auftreffwinkel β des Grenzkornes am inneren Krümmungsrand.

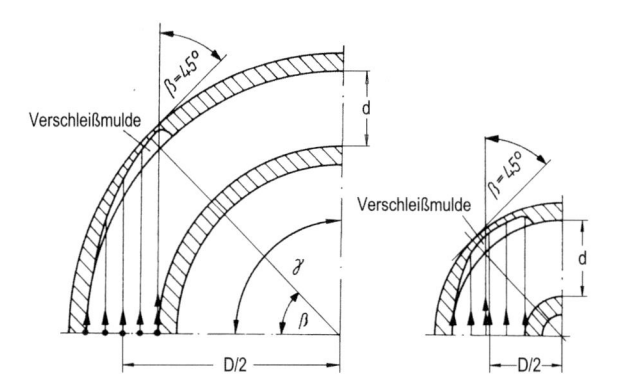

Bild 8.44: Entstehung einer Verschleißmulde im 90°-Rohrbogen (Krümmungswinkel $\gamma = 90°$, β = Auftreffwinkel) [49]
links: Durchmesserverhältnis D/d = 6;
rechts: Durchmesserverhältnis D/d = 2

Bild 8.45 zeigt eine Verschleißmulde mit Durchschlag an einem aufgeschnittenen 90°-Krümmer aus dem Stahl C60, gehärtet, wie sie bei pneumatischer Sandförderung beobachtet werden kann.

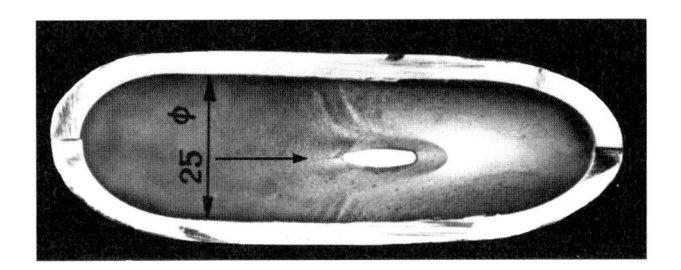

8.5 Verschleißerscheinungsformen bei Strahlverschleiß

Bild 8.45: Verschleißmulde mit Durchschlag an einem 90°-Krümmer aus gehärtetem Stahl C60 einer Leitung für pneumatische Sandförderung [5]; der Pfeil gibt die Durchflussrichtung an

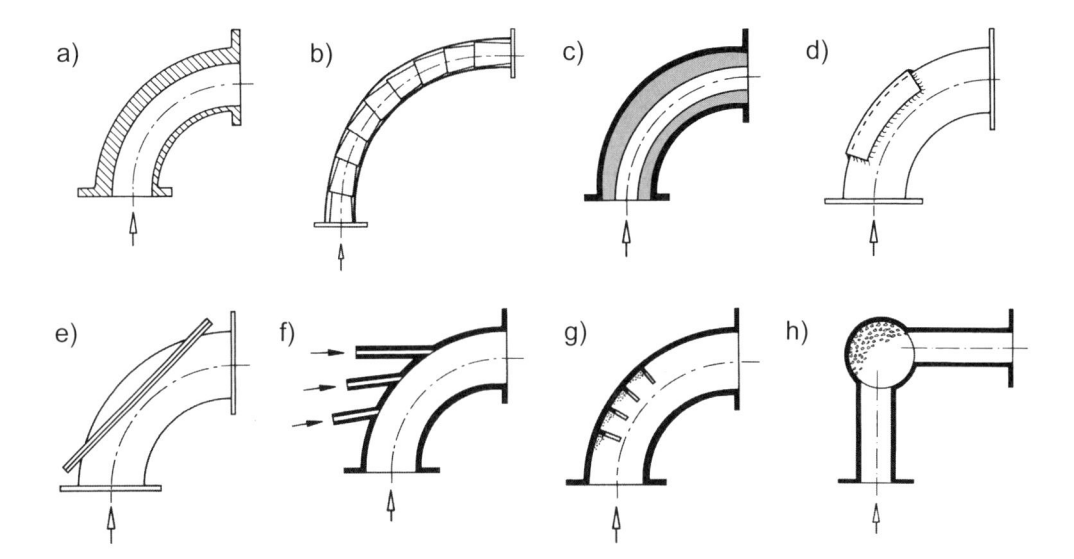

Bild 8.46: Beispiele konstruktiver Verschleißschutzmaßnahmen bei Rohrbögen in pneumatischen Förderanlagen
a) Rohrbogen mit äußerer Wandverstärkung aus Hartguss; b) Segmente aus Hartguss mit Gummiummantelung [51]; c) fugenlose Auskleidung mit zementgebundenen Hartstoffen, verschleißgefährdete äußere Bogenwand ist verstärkt [52]; d) äußere Bogenwand verstärkt durch Aufschweißen eines Bleches [50]; e) auswechselbarer Bereich der verschleißgefährdeten Zone [53]; f) Einblasen von Luft in die verschleißgefährdete Zone [50]; g) und h) Einschweißen von Querrippen [50] bzw. Rohrbogenerweiterung zur Erzeugung eines autogenen Verschleißschutzes durch Ausbildung eines Feststoffpolsters

Als Maßnahmen für den Verschleißschutz kommen in Frage:

- geeignete Betriebsbedingungen wie niedrige Fördergeschwindigkeiten bei hohen Gutbeladungen [50]
- günstige Leitungsführung mit geringer Anzahl von Umlenkungen und günstigem Durchmesserverhältnis [49, 50]

- geeignete Werkstoffe wie härtbare Stähle, Bögen oder Formstücke aus Hartguss, Schmelzbasalt, Oxidkeramik und fugenloses Auskleiden mit zementgebundenen Hartstoffen [51, 52] sowie Auskleidungen mit Polyurethan, **Bild 8.46 a bis c**
- konstruktive Maßnahmen wie auswechselbare Krümmer mit Flansch anstelle von eingeschweißten Krümmern, Verstärken der äußeren Krümmerwand z. B. durch Aufschweißen von Formstücken, Auswechseln des verschleißgefährdeten Krümmerbereiches [53], Einblasen von Luft in den Bereich der entstehenden Verschleißmulde, wodurch die Strahlrichtung abgelenkt wird [50], Einschweißen von Querrippen in den Krümmer und besondere Krümmergestaltung als autogener Verschleißschutz, **Bild 8.46 d bis h**

Bild 8.47: Schultern auf einer Schlagplatte aus Manganhartstahl einer Kohlestaubmühle; der Pfeil gibt die Strahlrichtung an

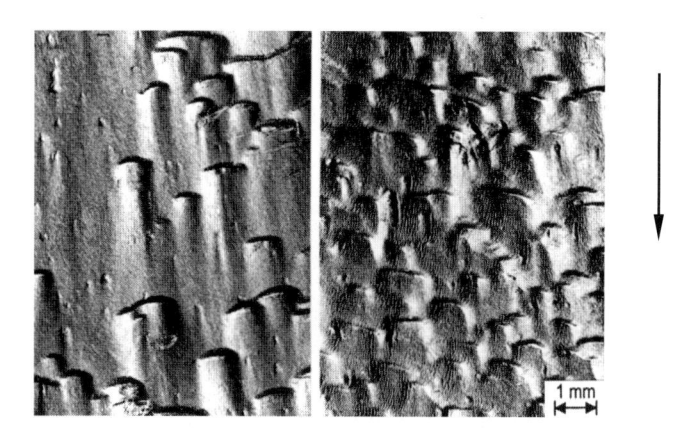

Bild 8.48: Schultern auf einem Zyklonabscheider aus einer Al-Si-Legierung am Rand des Durchschlags aus dem Rauchabzug eines Kohlekraftwerkes [5]; der Pfeil gibt die Strahlrichtung an

8.5 Verschleißerscheinungsformen bei Strahlverschleiß 465

An der Stirnseite einer Schlagplatte aus Manganhartstahl einer Kohlenstaubmühle für Rohbraunkohle, **Bild 8.47**, trat Prallstrahlverschleiß durch direktes Auftreffen der mit Quarzkörnern beladenen Kohleteilchen (1 bis 3 mm) und Schulterbildung an der Plattenfläche auf. Durch einmaliges Drehen der Platten wird der Werkstoff besser ausgenutzt. Aus Festigkeitsgründen können keine durchgehend harten Platten eingesetzt werden. Auftragsschweißungen sind verschleißtechnisch günstiger, aber nicht immer wirtschaftlicher als der kompakte Werkstoff.

Am Staubabscheider (Zyklonabscheider) aus einer Al-Si-Legierung vom Rauchgasabzug eines Kohlekraftwerkes haben die Schultern andere Formen angenommen, **Bild 8.48**. Der Werkstoff des aus Gewichtsgründen aus einer Leichtmetalllegierung gestalteten Zyklons ist ungeeignet für den verwendeten Zweck. Haltbarer sind Zyklone aus harten Werkstoffen, z. B. möglichst porenfreier Hartkeramik.

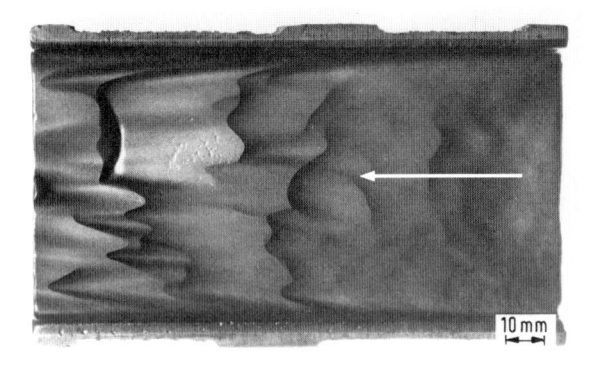

Bild 8.49: Querwellen auf einer Wurfschaufel aus Hartguss für eine Strahlanlage zum Gussputzen; der Pfeil gibt die Strahlrichtung an

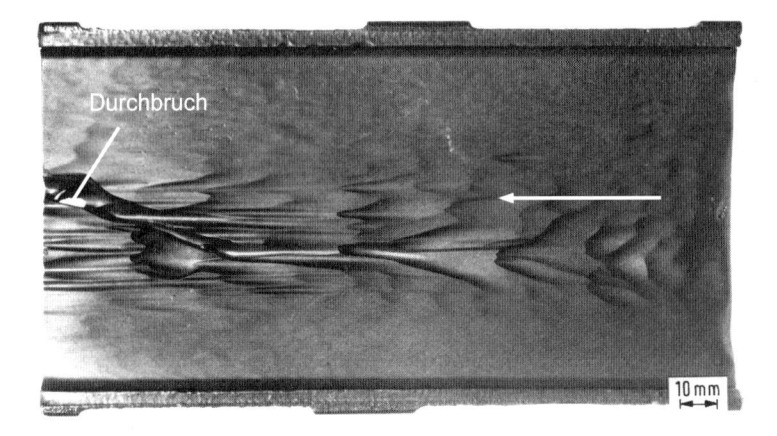

Bild 8.50: Querwellen, teilweise zu tiefen Rillen entartet, mit Durchbruch auf einer Wurfschaufel aus Hartguss für eine Strahlanlage zum Gussputzen; der Pfeil gibt die Strahlrichtung an

Die in ein Schaufelrad eingesetzten Wurfschaufeln für Strahlanlagen zum Gussputzen sind durch die auf die Körner wirkenden Fliehkräfte hochbeanspruchte Bauteile und unterliegen dem Strahlverschleiß, wobei angenommen wird, dass die Partikel nicht kontinuierlich auf der Schaufelfläche gleiten, sondern mehrfach springen und jeweils wieder aufgefangen werden. Verschleißfördernd können sich Sandreste im Strahlmittel auswirken, wenn es unvollständig gereinigt wird [54]. Anfänglich bilden sich allmählich Querwellen, **Bild 8.49**, die in fortgeschrittenem Stadium in tiefe Rillen übergehen und letztlich zum Durchbruch führen können, **Bild 8.50**.

Die Verschleißerscheinungen sind von der Werkstoffhärte abhängig. Eine Optimierung ist über den Schaufelwerkstoff und geringfügig auch über die Schaufelform möglich. Bewährt haben sich die Werkstoffe hochlegierter Hartguss (Cr, Mo, C, W), harte Auftragsschweißungen und insbesondere Hartmetallbeläge als Verbundlösung [55].

Bandübergabestellen, Aufprallflächen in Bunkern oder Einlaufschurren von Schüttgütern wie beispielsweise Zement, Abraum, Sinter, Kies, Sand stellen Anlagebereiche dar, die beim Aufprallen des Gutes infolge des überstrichenen großen Winkelbereiches beträchtlichen Verschleiß erfahren. **Bild 8.51** zeigt den Durchbruch der Prallplatte eines Zementsilos.

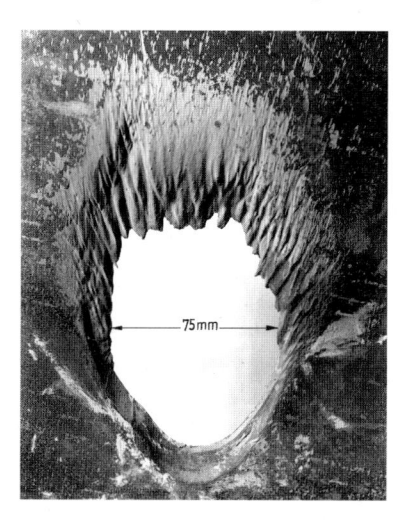

Bild 8.51: Prallplatte aus St70 eines Zementsilos

Möglichkeiten des Verschleißschutzes gegen Prallbeanspruchung bestehen durch Verringerung der Fallhöhe, durch Verwendung eines geeigneten Werkstoffes oder durch konstruktive Maßnahmen. Für derartige Beanspruchung hat sich Gummi wegen der elastischen Energieaufnahme besonders bewährt, vgl. Bild 8.37. Durch schräges Anstellen einer Prallplatte aus Gummi, um ein weitgehend senkrechtes Auftreffen des Schüttgutes zu ermöglichen oder durch Profilierung der Prallplatte, wie in **Bild 8.52 links** dargestellt, lässt sich eine wesentliche Steigerung der Standzeit erreichen. Auch autogener Verschleißschutz kann eine einfache und wirksame Maßnahme darstellen. Mittels geeigneter Konstruktion etwa durch mit Waben ver-

8.5 Verschleißerscheinungsformen bei Strahlverschleiß   467

sehene Prallplatten, in denen sich das Schüttgut ansammeln kann, wird das Bauteil geschützt [56]. Ein weiteres Beispiel gibt **Bild 8.52 rechts** wieder [57]. Durch entsprechende Gestaltung der Übergabestation kann sich ein Schüttgutpolster ausbilden.

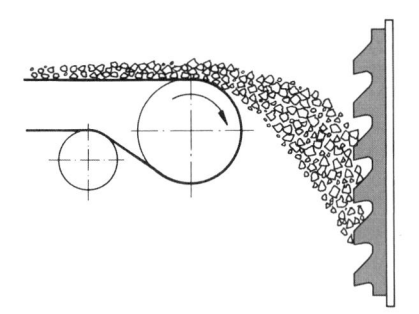

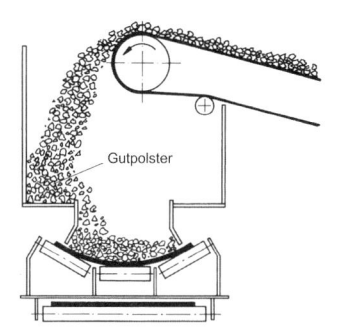

Bild 8.52: Tribologisch gerechte Gestaltung einer Prallwand an einer Bandübergabestelle
links: mittels profiliertem Gummi [56], rechts: autogener Verschleißschutz [57]

8.5.2 Riffel

Die aus Strahlverschleißversuchen bekannten Riffel, die bei flachen Anstrahlwinkeln in der Verschleißmulde duktiler Metalle auftreten können, werden auch in der Praxis bei pneumatischer Feststoffförderung in Rohrkrümmern gefunden, **Bild 8.53**. Der 90°-Krümmer aus Flussstahl, der in einer Leitung zur Förderung von rundem Hartgussschrot eingebaut war, weist außer den Riffeln etwa im Bereich von 45° höchsten Verschleiß mit einem Durchschlag auf [36]. Hier lag primär ein Verformungsprozess zugrunde, der zunächst zur Riffelbildung führte, und erst sekundär im Laufe der Beanspruchung durch einen überwiegenden Zerrüttungsprozess zum Werkstoffabtrag, vgl. Kap. 8.4.2.1.

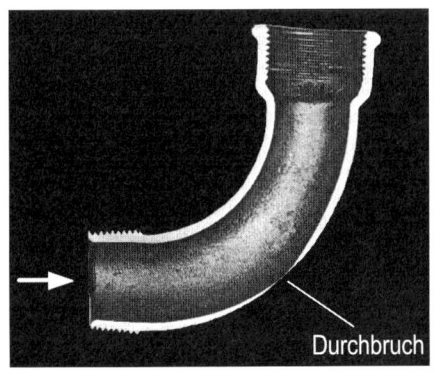

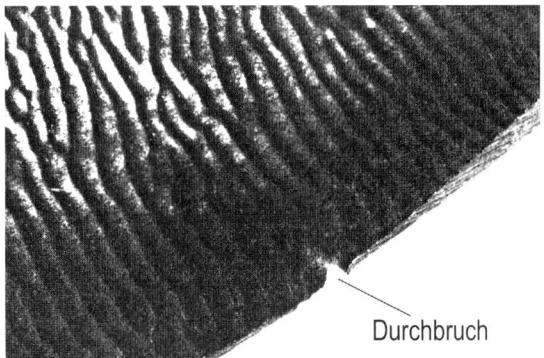

Bild 8.53: Riffel in einem 90°-Rohrkrümmer einer Leitung zur pneumatischen Förderung von rundem Hartgussschrot; Flussstahl NW 1 Zoll, Durchmesserverhältnis D/d = 6, Wanddicke s = 3 mm [36]
links: Übersicht, rechts: Ausschnitt mit Riffeln

Neben dem in Bild 8.48 wiedergegebenen Erscheinungsbild mit Schultern auf der Oberfläche des Zyklonabscheiders aus einer Al-Si-Legierung haben sich quer zur Strömungsrichtung entstandene periodisch wiederkehrende Wellen in Form von Riffeln gebildet, **Bild 8.54**.

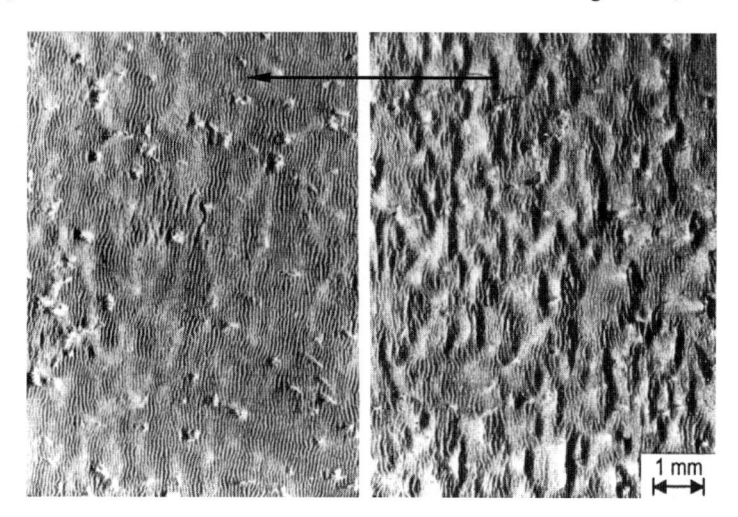

Bild 8.54: Riffel an einem Zyklonabscheider aus einer Al-Si-Legierung in größerer Entfernung vom Rand des Durchschlags aus dem Rauchabzug eines Kohlekraftwerkes [5]; der Pfeil gibt die Strahlrichtung an; beide Bilder haben gleichen Maßstab

Die Entstehung der parallelen Anordnung der Riffel unter Einwirkung von Partikelstrahlen quer zur Strahlrichtung ist noch nicht restlos geklärt; sie hängt wahrscheinlich mit den Verformungsbedingungen zusammen. Es ist anzunehmen, dass die Körner Ablenkungen erfahren, die durch gegenseitige Stöße und durch anfänglichen Verschleiß hervorgerufene Unebenheiten ausgelöst werden, vgl. Bild 8.69 (Bewegungsmuster durch Rückkopplungsprozesse).

8.5.3 Eindrückungen

Strahlgut hinterlässt mikroskopisch gesehen auf verformbaren Stahloberflächen Eindrücke, aus denen auf die Form der Partikel oder auf deren Oberflächenstruktur geschlossen werden kann, sofern keine Zerkleinerung der Partikel stattfindet, vgl. auch Bild 8.22. Die Ein-drückungen lassen sich besonders gut in denjenigen Oberflächenbereichen beobachten, in denen die Beanspruchung überwiegend noch durch Einzelkörner erfolgt ist. Kantiges gebrochenes Strahlgut hinterlässt beispielsweise eckige Eindrücke, **Bild 8.55 links**. Wenn allerdings die Partikel eine bestimmte Größe überschreiten oder der bestrahlte Werkstoff härter als das spröde Strahlgut ist, zerlegt sich das Korn. Reste davon betten sich ein, **Bild 8.55 rechts**.

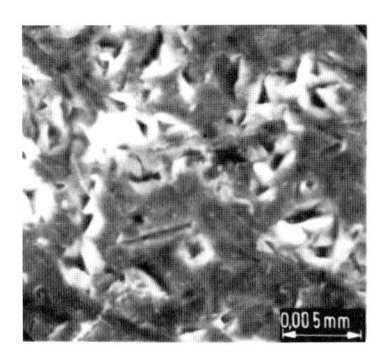

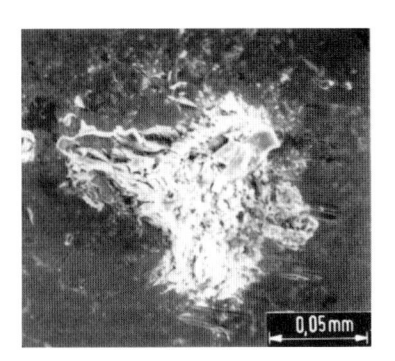

8.5 Verschleißerscheinungsformen bei Strahlverschleiß

Bild 8.55: Eindrückungen von kantigen (gebrochenem) Korundkorn auf C60, gehärtet, unter einem Anstrahlwinkel von 90° bei einer Geschwindigkeit von 130 m/s [35]
links: Korngröße d_k = 10 µm;
rechts: eingebettete Bruchstücke eines Kornes der Korngröße d_k = 1000 µm

Beim Beschuss von Stahloberflächen mit kugeligen und harten Partikeln bildet sich nicht nur die Kugel ab, sondern auch deren Oberflächenstruktur. Die im folgenden Beispiel verwendeten Al_2O_3-Kugeln weisen eine raue Struktur auf, **Bild 8.56**, die sich im 90°-Eindruck einer weichgeglühten Stahlprobe aus 100Cr6 wiederspiegelt, **Bild 8.57**. Aus der Eindrückung, die unter einem flachen Winkel von 30° erfolgt, **Bild 8.58**, kann auch noch auf die Kinematik der Kugel geschlossen werden. Auf der Eintrittseite der Eindrückung hinterlässt die Kugel zunächst Mikroriefen, Bild 8.58 rechts. Beim weiteren Eindringen der Kugel in das weichgeglühte Gefüge bildet sich deren Oberflächenstruktur ab, Bild 8.58 Mitte. Das bedeutet, dass die ursprüngliche translatorische Bewegung in eine rotatorische übergegangen ist. Bei gehärtetem Stahl dagegen erfolgt die Mikroriefung über die gesamte Eindrückung, d. h. die translatorische Bewegung wird nicht vollständig in eine Drehbewegung umgewandelt.

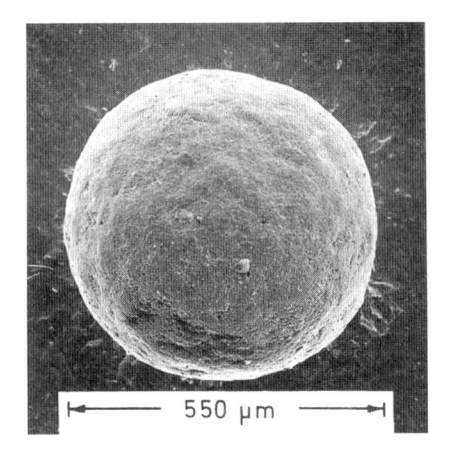

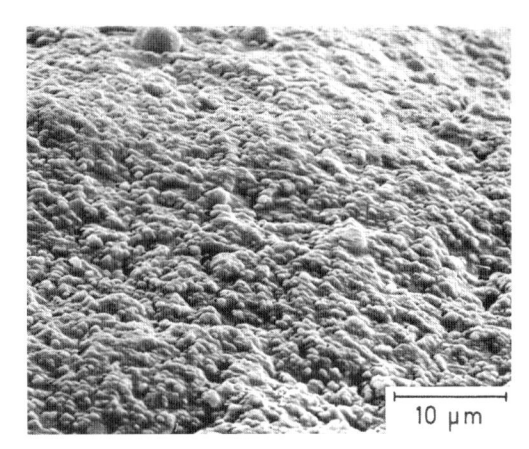

Bild 8.56: Oberflächenstruktur der Al_2O_3-Kugel, Durchmesser d_k = 0,55 mm [12]
links: Übersicht der Kugel;
rechts: vergrößerter Ausschnitt aus der Oberfläche

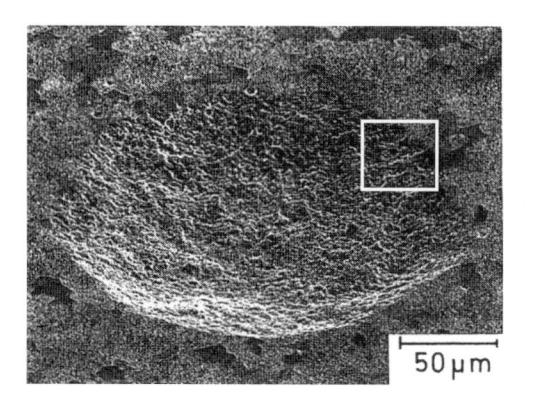

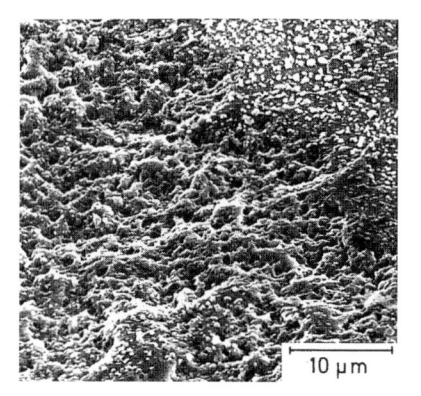

Bild 8.57: Eindrückung auf weichgeglühtem Stahl 100Cr6 220 HV 10 durch Beschuss mit einer Al_2O_3-Kugel unter 90° und 75 m/s [12]
links: Übersicht
rechts: vergrößerter Ausschnitt vom rechten Rand der Eindrückung

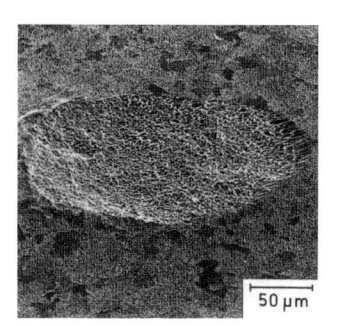

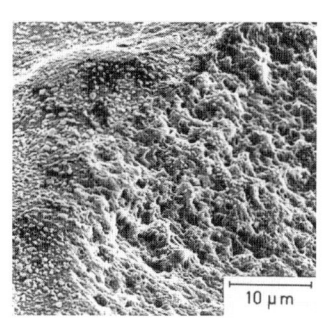

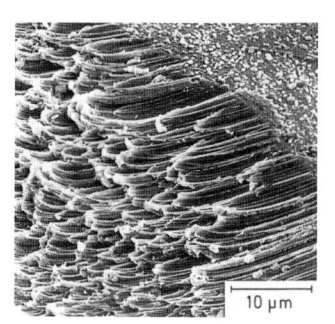

Bild 8.58: Eindrückung auf weichgeglühtem Stahl 100Cr6 220 HV 10 durch Beschuss mit einer Al_2O_3-Kugel unter 30° und 75 m/s [12]
links: Übersicht
Mitte: Abdruck der Oberflächenstruktur im Austrittsbereich
rechts: Mikroriefen im Eintrittsbereich

8.5.4 Profiländerung

Die Winkelabhängigkeit des Strahlverschleißes verschiedener Werkstoffgruppen kann betriebsbedingt auch zu makrogeometrischen Änderungen der Bauteile führen, wenn diese dem gesamten Strahlwinkelbereich ausgesetzt sind. Weisen die Bauteile solche Formen auf, dessen Bereiche gerade im kritischen Winkelbereich liegen, wo die größte Empfindlichkeit bezüglich des Strahlwinkels herrscht, so ist dort mit dem höchsten Abtrag zu rechnen. Zudem kann sich auch noch im Laufe der Beanspruchung der Strahlwinkel ändern. Werden Rundprofile aus Stahl bestrahlt, so ändert sich, sofern der Strahlbereich größer als der Durchmesser ist, aufgrund des gesamten Strahlwinkelbereiches von 0° bis 90° das Profil und geht über in ein dachförmiges Profil. **Bild 8.59** zeigt die stufenweise zeitliche Entwicklung der sich einstellenden

8.5 Verschleißerscheinungsformen bei Strahlverschleiß

Konturen im Versuch [22]. Bei dem weichgeglühten Kaltarbeitsstahl X165CrMoV12 mit einer Härte von 271 HV 2 stellt sich der maximale Verschleiß bei einem Winkel von 60° ein.

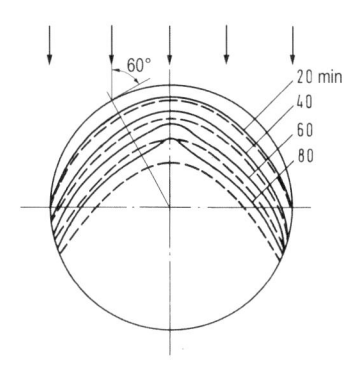

Bild 8.59: Zeitliche Abhängigkeit der Profiländerung des Rundprofiles aus X165CrMoV12 der Härte 271 HV 2. Die gestrichelten Kurven geben den experimentell ermittelten und die ausgezogenen Kurven den berechneten Verlauf wieder. Versuchsbedingungen: Partikelgeschwindigkeit v = 29 m/s, Strahlmitteldurchsatz $\dot{m}$ = 0,8 kg/min, Strahlmittel kantiger Hartguss d_k = 0,4 bis 0,8 mm der Härte 650 bis 850 HV 1 [22]

Dieser winkelabhängige Abtrag wird in der Praxis häufig beobachtet, z.B. an Kesselrohren. Der ungleichmäßige Abtrag in Umfangsrichtung führte zu einer Wandschwächung und schließlich zum Bersten eines der Rohre, **Bild 8.60**. In einem Braunkohlekraftwerk war durch Auftreffen von Quarzpartikeln, die im Rauchgas mitgeführt wurden, der Rohrquerschnitt des Überhitzers so geschwächt, dass als Sekundärschaden ein Rohrreißer auftrat. Die Profiländerung entsteht durch die unterschiedlichen Anstrahlwinkel in Verbindung mit dem bei duktilen Werkstoffen auftretenden Verschleißmaximum bei 30° bis 45°, vgl. Bild 8.20 und 8.30.

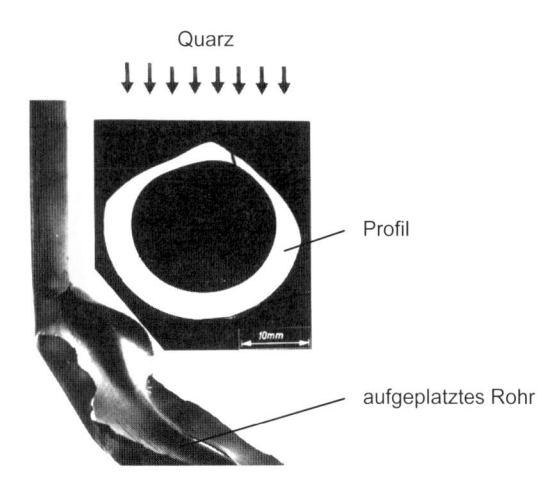

Bild 8.60: Profiländerung an einem Überhitzerrohr eines Braunkohlekessels durch im Rauchgas mitgeführte Quarzkörner (Rohrdurchmesser 26 mm) [58, 59, VDI 3822, Blatt 5]

Die Beanspruchung im gesamten Winkelbereich macht Abhilfemaßnahmen schwierig. Da die Entfernung des Quarzsandes aus der Braunkohle vor dem Verfeuern zu kostspielig ist, strebt man Kesselkonstruktionen an, bei denen die Partikel durch Umlenkung des Rauchgasstromes abgelenkt und abgefangen werden. In [29] sind auch einige konstruktive Maßnahmen für den direkten Rohrschutz aufgeführt, **Bild 8.61**. Dabei sind wärmetechnische Nachteile abzuwägen und unzulässige Verengungen der Rohrabstände zu vermeiden. Von den in Bild 8.61 wiedergegebenen Verschleißschutzmaßnahmen ist diejenige mit angeschweißten Rundeisen, **Bild 8.62**, nicht besonders wirksam, da der Verschleiß sich im Wesentlichen immer noch auf das Rohr selbst konzentriert [60]. Die Rundeisen sind dagegen im besonders gefährdeten Winkelbereich wirksamer gewesen. Die Beschränkung des Anstrahlwinkels auf den Prallstrahlbereich reicht nicht aus.

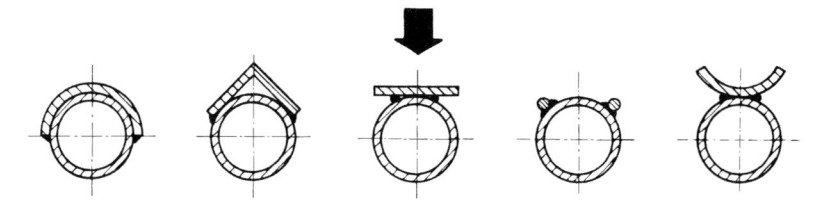

Bild 8.61: Gebräuchlicher Verschleißschutz für Kesselrohre [29]

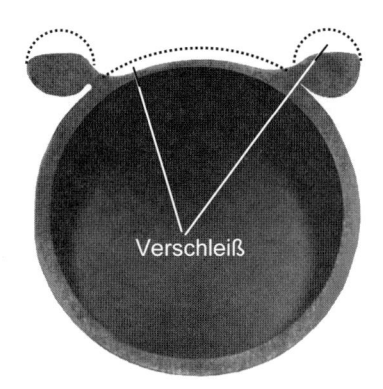

Bild 8.62: Profiländerung an einem Kesselrohr aus St35.8 (Abmessung 51 x 3 mm) mit Rundeisenschutz aus St00 im Querschliff; Standzeit rd. 10.000 h bei 250 bis 300 °C Rohrwandtemperatur im Braunkohlenkessel [60]

Werkstoffseitig bietet die Verwendung Cr-legierter Kesselstähle eine weitere Möglichkeit zur Erhöhung der Beständigkeit, da diese Stähle eine höhere Zunderbeständigkeit bei gleichzeitig guter Haftung des Zunders aufweisen, oder durch die aufwendigere Hartchrombeschichtung, vgl. Bild 8.27.
Seit Jahren werden auch Kesselrohre in kohlebefeuerten Kraftwerken mit Hartmetall-Spritzschichten vor Erosion durch Strahlverschleiß und auch vor Korrosion geschützt [61]. Diese Schichten werden mittels Hochgeschwindigkeitsflammspritzen (HVOF) aufgebracht.

8.5 Verschleißerscheinungsformen bei Strahlverschleiß

Bei der Förderung feststoffbeladener Luft (Zement-, Klinker- oder Kohlestäube) durch Radialventilatoren sind u. a. die Partikelbahnen (Auftreffwinkel) und die Partikelgeschwindigkeiten, die von der Schaufelform beeinflusst werden, für die tribologische Beanspruchung wegen ihrer starken Abhängigkeit von besonderer Bedeutung. Die Partikelbahnen fächern nach der Korngröße auf, weshalb auch die Auftreffwinkel variieren [62]. Mit zunehmender Korngröße werden die Winkel steiler. Insgesamt sind jedoch die Auftreffwinkel längs der Schaufelkontur flach ($< 30°$). Abhängig von der Feststoffkonzentration erfolgt eine Beeinflussung der Partikel durch die Gasströmung, die mit abnehmender Konzentration, z. B. bei der Entstaubungstechnik, vernachlässigbar wird [63]. Bei hohen Feststoffkonzentrationen dagegen ist neben dem Verschleiß außerdem noch zu berücksichtigen, dass Feststoffablagerungen zur Unwucht führen können, die vom Schaufelwinkel und Böschungswinkel abhängig ist.

Besonders gefährdet durch Verschleiß sind am Laufrad die Zonen des Laufradbodens und die Schaufeleintrittskanten, die einer Prallbeanspruchung ausgesetzt sind. Kleine Korngrößen bewirken einen über die Schaufelbreite weitgehend verteilten Verschleiß. Beim Gehäuse ist es die Spiralwand, die von den aus dem Laufradkanälen austretenden Partikel durch Prallen und Gleiten beansprucht werden.

An den Schaufeleintrittskanten eines Saugzuggebläses für ein Kohlekraftwerk, **Bild 8.63**, sind infolge von Strahlverschleiß durch harte Staubpartikel (Härte maximal rd. 600 HV_{korr}) starke Profiländerungen an den relativ weichen Werkstoffen und Schweißungen (Hochlagenverschleiß) aufgetreten, so dass sogar an der Blechwand ein Durchbruch eintrat. In diesem Falle lässt sich Abhilfe schaffen durch vorgehängte Hartgussplatten oder harte Auftragsschweißungen mit glatter Oberfläche.

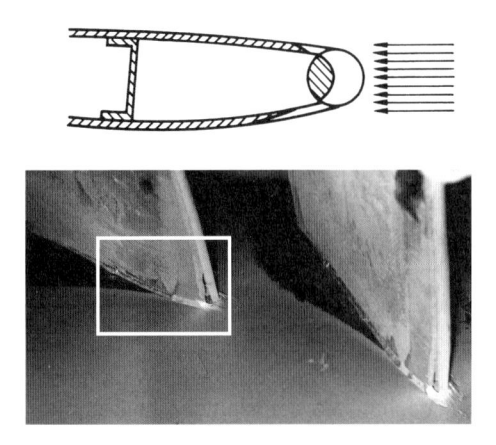

Bild 8.63: Profiländerungen an den Schaufeleintrittskanten eines Saugzuggebläses für ein Kohlekraftwerk durch Flugasche (Rundstahl aus St50, Durchmesser 17 mm, Seitenbleche aus St37)

Für die rotierenden Teile erweisen sich wegen der kombinierten Beanspruchung (mechanisch und tribologisch) die Verschleißschutzmaßnahmen als ungleich schwieriger als für die statisch beanspruchten Gehäuseteile. Bei der Wahl eines geeigneten Verschleißschutzes bei Ventilatoren und Verdichtern ist neben dem Anstrahlwinkel immer auch die Härte der Feststoffe zu berücksichtigen. Folgende Möglichkeiten bieten sich an [39, 63]:

- Verschleißbeständige Werkstoffe mit erhöhtem C-Gehalt in vergütetem Zustand
- Thermochemische Wärmebehandlung, wie z. B. Einsatzhärten, Carbonitrieren oder Borieren
- Verbundstahlbleche durch Warmwalzen zweier Bleche mit unterschiedlichen Eigenschaften (Blech aus einem unlegierten kohlenstoffarmen Stahl mit einem Blech aus legiertem härtbarem Stahl). Sie verbinden gute Verschleißbeständigkeit mit hoher Bruchsicherheit.
- Verbundstahlbleche mit Auftragsschweißung auf einen unlegierten kohlenstoffarmen Stahl
- Auftragsschweißung am fertigen Bauteil mit Cr-Mn-Si-B-Legierungen und Wolframcarbiden als Hartstoffe z. B. an der Schaufeleinlaufkante (Prallstrahl) [63] oder Laserstrahlpanzerungen mit Ni-B-Si-Legierungen mit Wolframschmelzcarbiden des Typs WC-W_2C [39].
- Thermische Spritzschichten aus pulverförmigen Hartstoffen wie Wolfram-Chrom-Carbiden oder Titancarbiden oder Hartlegierungen, die mit einem Brenner gesintert oder im Ofen eingeschmolzen werden. Das Einschmelzen liefert eine porenfreie, glatte Oberfläche
- Formteile aus Keramik wie Al_2O_3, Zirkonoxid und Titanoxid, die mittels Kleber (Temperaturbegrenzung) oder durch Zementierung befestigt werden

Der Erosionsprozess in Gasturbinen kann sich verstärken, wenn in den Gasen noch Feststoffpartikel mitgeführt werden. Bei Gasturbinen, in denen Temperaturen bis zu 1500 °C herrschen können, bewirken vor allem die mit der Verbrennungsluft angesaugten festen Verunreinigungen oder staubhaltige Brennstoffgase an den Schaufeln der Verdichter und Turbinen sowie an den Brennern Erosion unter hohen Temperaturen (Strahlverschleiß), **Bild 8.64** [64]. Die in den Verbrennungsgasen enthaltenen Elemente wie Na, Ka, V, Pb, S und Zn sind für Hochtemperaturkorrosion verantwortlich und bilden in Verbindung mit Ca harte Beläge an den Schaufeln, die, wenn sie abplatzen, ebenfalls zur Erosion an den Schaufeln beitragen können, **Bild 8.65**.

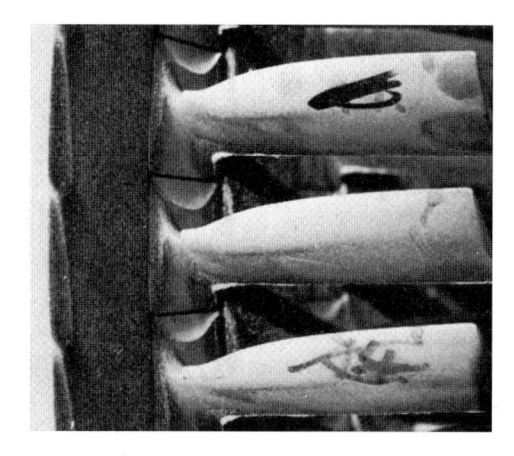

Bild 8.64: Erosion durch feststoffhaltige Ansaugluft an den Leitschaufeln des Brennluftverdichters einer stationären Gasturbine [64]

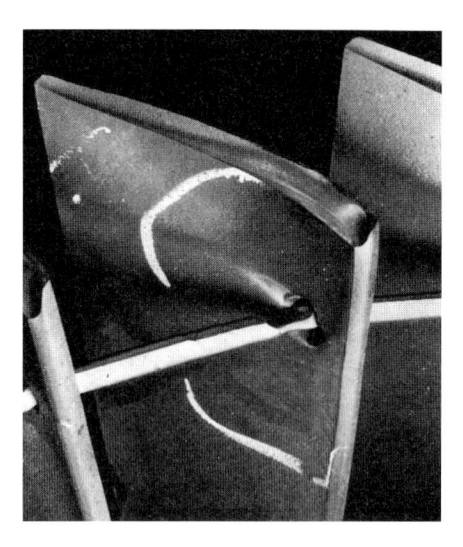

Bild 8.65: Erosion durch abgeplatzte Belagspartikel im Bereich des Dämpferdrahtes an den Schaufeln einer stationären Gasturbine [64]; die Erosionszone ist weiß umrandet

8.6 Grundlagen hydroerosiver (hydroabrasiver) Verschleiß

8.6.1 Allgemeines

Bei der Förderung von Flüssigkeit-Feststoff-Gemischen (Zweiphasen-Strömungen) wird der Abtrag an Bauteilen hauptsächlich durch mitgeführte Feststoffpartikel verursacht. Der Materialverlust infolge von Korrosion tritt demgegenüber im Allgemeinen zurück. Die beanspruchten Oberflächen sind daher in der Regel metallisch blank. Dieser Beanspruchung sind in der Aufbereitungstechnik z. B. Rührer in Flotationszellen bei der Nassmetallaufbereitung oder Pumpen in der Wasseraufbereitung, im Bergbau und in der Hüttenindustrie, Rohre in der Fördertechnik bei hydraulischer Förderung körniger Feststoffe (Kohle, Erze, Flugaschen) und Turbinen und Regelorgane im Wasserkraftmaschinenbau, insbesondere bei Hochwasser bzw. Überflutungen, ausgesetzt. Die Feststoffkonzentrationen ereichen beispielsweise bei der hydraulischen Kohleförderung Werte bis zu rd. 65 Gew.-% [65, 66, 67]. Der ungewollt in das Fördermedium von Pumpen gelangte Feststoff ist dagegen bedeutend geringer. Der Feststoffgehalt wird in [68] für Brunnenwasser mit 0,3 ppm, Erdölquellen mit 6 bis 600 ppm (Spitzenwerte 3000 ppm) und für Gletscherwasser mit 500 ppm (Spitzenwerte 2500 ppm) angegeben.

Der Werkstoffabtrag wird von den strömungsmechanischen Gesetzmäßigkeiten und den Eigenschaften des Flüssigkeit-Feststoff-Gemisches und des Werkstoffes bestimmt. Während die strömungsmechanischen Eigenschaften von der Bauteilgeometrie, der Oberflächentopografie und Strömungsgeschwindigkeit abhängen, werden die physikalischen Eigenschaften des Zweiphasengemisches von der Konzentration, Korngrößenverteilung, Art, Form, Dichte, Härte und Sinkgeschwindigkeit der Feststoffe beeinflusst.

Abhängig von den Gegebenheiten in den Strömungsfeldern führen die Feststoffe unterschiedliche Bewegungen aus. In Rohrleitungen nimmt mit sinkender Strömungsgeschwindigkeit über den Rohrquerschnitt infolge steigenden Schwerkrafteinflusses die Konzentration zu, wobei sich ein kontinuierlicher Übergang vom quasihomogenen Zustand bis zur vollständigen Entmischung mit völligem Stillstand der Feststoffbewegung einstellt [65, 66, 69, 70, 71]. Die Zwischenzustände sind durch schwebende, springende, rollende und gleitende Bewegungen gekennzeichnet. Ein Teil der Feststoffe gleitet dabei als Strähne am Sohleboden. Für einen sicheren und wirtschaftlichen Transport muss eine turbulente Strömung durch eine Mindestgeschwindigkeit in Langstreckenpipelines nach [72] von 1,5 bis 2,2 m/s und nach [67] von 0,5 bis 5 m/s erzeugt werden, bei der sich noch keine Feststoffe ruhend absetzen, d. h. die Strömungsgeschwindigkeit muss auf die Absetzgeschwindigkeit abgestimmt sein. Dabei ist auch zu berücksichtigen, dass mit zunehmender Konzentration die Absetzbewegungen der Feststoffe durch gegenseitige Behinderung verringert werden können.

Bei Strömungsumlenkungen, z. B. in Rohrbögen oder Pumpen, sind die Partikel wegen ihrer höheren Dichte stärkeren Zentrifugalkräften ausgesetzt als die sie umgebende Flüssigkeit und bewegen sich daher auf einer gekrümmten Bahn zur äußeren Wand hin. Durch die dabei auftretende Entmischung wird ein relativ kleines Flächenelement der Wand durch eine auf diese Weise entstehende Partikelkonzentration im Vergleich zu einer geraden Rohrströmung stärker beansprucht, wodurch sich der Verschleiß in Form einer Verschleißmulde ausbildet, die schließlich zum Durchbruch der Wandung führt, **Bild 8.66**. Die Verschleißmulde befindet sich in der Nähe des Krümmeraustrittes. Je größer das Durchmesserverhältnis D/d desto geringer ist der Verschleiß. Besonders gefährdet sind Krümmer mit einem Verhältnis zwischen 4 und 7, bei dem mit einem Durchschlag gerechnet werden kann, **Bild 8.67** [69]. Ebenso wie das Durchmesserverhältnis für den Verschleiß von Bedeutung ist, so spielt auch der Krümmungswinkel γ eine Rolle. Mit zunehmendem Krümmungswinkel γ steigt der Verschleiß stetig an und erreicht mit 90° den höchsten Wert.

Örtlich begrenzter Verschleiß wird auch durch nicht tribologisch gerechte Auslegung, Fertigung und Fehler beim Transport oder bei der Lagerung begünstigt. Die dabei vorkommenden Strömungshindernisse wie in die Strömung hereinragende Schweißnähte, Knickstellen, Fugen, Beulen und Versatz wirken sich bei Flüssigkeit-Feststoff-Gemischen stärker verschleißinduzierend aus als bei Einphasenströmungen, **Bild 8.68**.

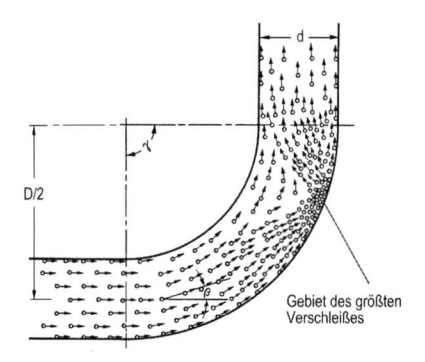

Bild 8.66: Hydraulischer Feststofftransport in einem 90°-Rohrkrümmer mit Angabe des größten Verschleißgebietes [69]

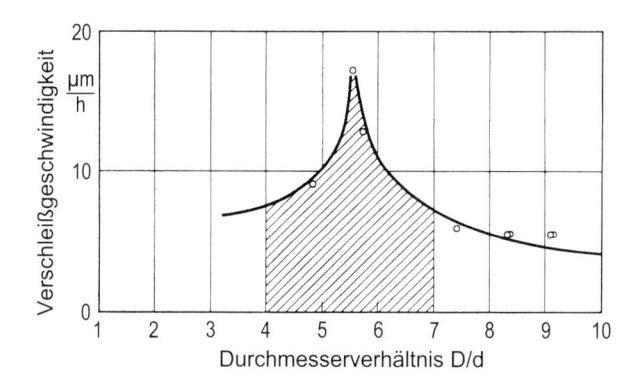

8.6 Grundlagen hydroerosiver (hydroabrasiver) Verschleiß

Bild 8.67: Verschleißgeschwindigkeit bei 90°-Krümmern aus St34 in Abhängigkeit vom Durchmesserverhältnis. Versuchsbedingungen: Strömungsgeschwindigkeit v = 13 m/s, Fördergut Eisenerz der mittleren Korngröße 0,11 mm, Eisenerzkonzentration in Wasser 20 Vol-% [69]; Durchmesserverhältnis D/d vgl. Bild 8.66

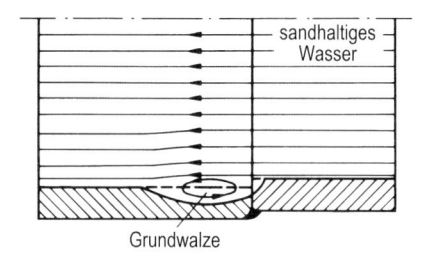

Bild 8.68: Muldenbildung durch Wirbel im Bereich eines Rohrversatzes bei feststoffhaltigen Flüssigkeiten [69]

Die Förderung feststoffhaltiger Flüssigkeiten mit Pumpen führt zu einem veränderten Betriebsverhalten gegenüber Klarwasserförderung bei gleichen Betriebsbedingungen. Diese Änderungen äußern sich in verminderter Förderhöhe, geringerem Förderstrom und schlechterem Wirkungsgrad. Durch fortschreitenden Verschleiß von Gehäuse und Laufrad ändert sich der Arbeitspunkt auf der Pumpenkennlinie in Richtung abnehmenden Förderstromes. Der Dichtspalt ist bei Feststoffförderung besonders starkem Verschleiß ausgesetzt, wenn spaltgroße Körner sich verklemmen und somit die Geometrie verändern. Der hierdurch vergrößerte Spaltstrom verringert den Wirkungsgrad. Bei Pumpen mit Kanalrädern verlagert sich der Verschleißort von der Saugseite zur Druckseite mit zunehmender Korngröße und steigendem Volumenstrom [70].

Die häufig zu beobachtende Entstehung einer Vielzahl kleinerer Mulden ist auf Ablösungen und stationäre Wirbel in der Grenzschicht zurückzuführen, wie sie an Unebenheiten der Werkstoffoberfläche entstehen, **Bild 8.69** [73]. Dabei werden die in der Flüssigkeit enthaltenen Feststoffpartikel, insbesondere die der Strömung folgenden kleinen, in den Wirbeln infolge von Zentrifugalkräften gegen die Werkstoffoberfläche gepresst und bewirken lokal hohe Andruckkräfte, wodurch verstärkte Erosion stromaufwärts in den Bereichen A eintritt und sich scharfe Kanten ausbilden, vgl. auch Bild 8.102 und 8.103. Entsprechende Erscheinungen treten hinter singulären Strömungshindernissen auf, vgl. Bild 8.68. Die Verschleißfläche lässt im Mikrobereich anhand der Riefen sowohl Rückschlüsse auf die Anwesenheit von Feststoffen und deren Korngröße als auch auf Beanspruchungsrichtung und -intensität zu.

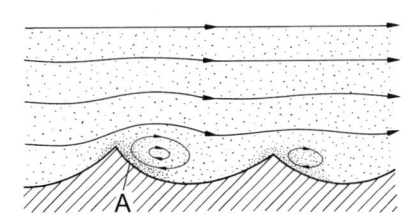

Bild 8.69: Muldenbildung durch Wirbel in Wandnähe bei feststoffhaltigen Flüssigkeiten [73]

Zur Untersuchung strömungsabhängiger Erosionskorrosion werden verschiedene Prüfeinrichtungen eingesetzt, die mehr oder weniger gut die wirklichen Strömungsverhältnisse widerspiegeln. Häufig werden u. a. Modellströmungen durch Rühren (Verschleißtopf), Spaltströmungen zwischen rotierender Scheibe und fester Wand erzeugt oder Strömungen in Rohren simuliert [74, 75]. Wenn jedoch das Verhalten bei abgelösten Strömungen in Rohrleitungen oder Armaturen untersucht werden soll, wie sie häufig in der Verfahrenstechnik zu beobachten sind, hat sich das System der Rohrströmung mit plötzlicher Verengung und Erweiterung bewährt. Die nachfolgenden Darstellungen beruhen auf Untersuchungen mit diesen Prüfeinrichtungen.

8.6.2 Beanspruchungsbedingte Einflüsse

Die Abhängigkeit des Verschleißes von der Strömungsgeschwindigkeit lässt sich in erster Näherung in Form einer Potenzfunktion

$$W = C_0 \cdot \left(\frac{v}{v_0}\right)^n \tag{8.2}$$

angeben, wobei die Konstante C_0 und der Exponent n von Werkstoff, Auftreffwinkel und Abrasivstoff abhängig sind. Die Konstante wird bei der Referenzgeschwindigkeit v_0 bestimmt. Der Exponent variiert je nach Prüfeinrichtung bzw. Bauteil und Werkstoff zwischen n = 1 und 3 [76 bis 79].
Nach [67, 80] haben Untersuchungen an horizontalen Rohrleitungen für die hydraulische Förderung von Kohle und ähnlich abrasiv wirkenden Produkten der Korngrößen 1 bis 60 mm einen exponentiellen Zusammenhang (3. Potenz) zwischen Wanddickenabnahme (Verschleiß) Δs und der dimensionslosen Froude-Zahl $Fr = v/\sqrt{g \cdot d}$ ergeben:

$$\Delta s = 0{,}97 \, Fr^3 \; [mm/10^6 \, t \; Fördermenge] \tag{8.3}$$

8.6 Grundlagen hydroerosiver (hydroabrasiver) Verschleiß   479

In die Froude-Zahl gehen die Fördergeschwindigkeit v, die Erdbeschleunigung g und der Rohrdurchmesser d ein.

In **Bild 8.70** sind Versuchsergebnisse wiedergegeben, die mit Wasser bei hoher Feststoffbeladung mit Neckarsand der Korngröße $d_k \leq 5$ mm (volumetrisches Mischungsverhältnis 2:1) im Verschleißtopf mit rotierenden Rohrabschnitten des Durchmessers 110 mm durchgeführt wurden [80]. Werkstoffabhängig ergab sich für den Exponenten ein Bereich zwischen 1 und 1,8. Der niedrigste Exponent stellt sich für den unlegierten und gehärteten Stahl St70 H und der höchste für den St37 ein. Die Ergebnisse liefern somit auch eine deutliche Abhängigkeit von der Werkstoffhärte. Der vergütete korrosionsbeständige Werkstoff X40Cr13 bringt gegenüber dem gehärteten Werkstoff St70 H unter den angewandten Bedingungen bei Geschwindigkeiten > 8 m/s keinen Vorteil, was auf die vorherrschende Abrasion zurückzuführen ist.

Die unterschiedlichen Exponenten sind wahrscheinlich nicht nur werkstoffabhängig, sondern auch durch die Prüfanordnung bedingt, mit der die Wirkung des hydraulischen Feststofftransports in Rohrleitungen simuliert wurde. Bei der Übertragbarkeit sollten daher ähnliche Strömungsverhältnisse wie in Rohrleitungen vorliegen. Oft sind die tatsächlichen lokalen Geschwindigkeiten und Auftreffwinkel im Moment des Aufpralls der Partikel nicht bekannt, weshalb eine Übereinstimmung der Verschleißerscheinungsformen an Versatzrohr und Proben anzustreben ist, die in diesem Fall gegeben war.

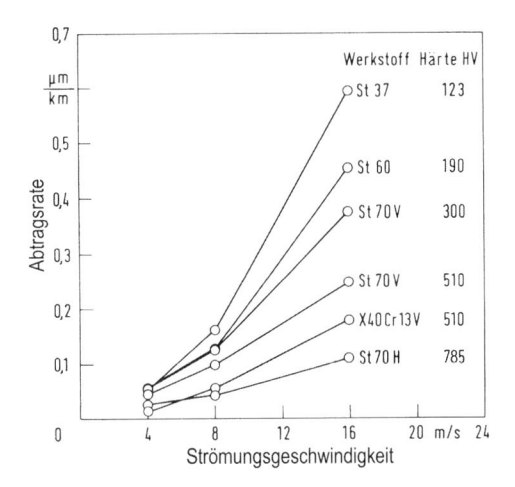

Bild 8.70: Einfluss der Strömungsgeschwindigkeit auf die Abtragsrate unterschiedlich harter Stähle [76]. Verschleißtopfprüfung mit Rohrabschnitten; Wasser/Neckarsand 2:1 (Volumenverhältnis), Korngröße $d_k \leq 5$ mm

Ergebnisse aus Untersuchungen [81] mit im Verschleißtopf rotierenden, unter 45° angestellten Flachproben, aber unter Verwendung von demineralisiertem Wasser (Deionat) mit wesentlich geringerer Feststoffbeladung von nur 5 Masse-% Quarz der Korngröße d_k = 0,1 bis 0,3 mm zeigen eine exponentielle Geschwindigkeitsabhängigkeit des Verschleißes mit Exponenten zwischen rd. 1,6 und 2,3, **Bild 8.71**. Dies steht in relativ guter Übereinstimmung mit der kine-

tischen Energie der Abrasivstoffpartikel, die dem Quadrat der Partikelgeschwindigkeit entspricht und auch mit Ergebnissen, die unter Strahlverschleißbedingungen erzielt werden.
Den höchsten Verschleiß erfährt Messing CuZn39Pb3, was wahrscheinlich auf die Korrosionsanfälligkeit zurückzuführen ist. Von den Stählen ergibt sich der höchste Abtrag beim Austenit, die C-Stähle ordnen sich entsprechend ihrer Härte ein. Demzufolge zeigt sich bereits bei dieser relativ milden erosiven Beanspruchung eine Dominanz der abrasiven Komponente. Die C-Stähle verhalten sich erwartungsgemäß mit höherer Härte günstiger. Der korrosionsbeständige Stahl XCrNi18-9 bringt keinen Vorteil, er verschleißt sogar stärker als der weichere Stahl Ck45 w. Stähle mit zunehmender Verschleißbeständigkeit gegen Abrasion (abnehmender Geschwindigkeitsexponent) sind gleichzeitig weniger empfindlich gegenüber einer Geschwindigkeitssteigerung [81].
Bei Verwendung des feststofffreien Mediums, luftgesättigtes vollentsalztes Wasser (Deionat), **Bild 8.72**, zeigt sich, dass selbst eine Geschwindigkeit von 10,8 m/s nicht in der Lage ist, die Deckschicht zu zerstören oder einen Abtrag am Metall zu erzielen, wenn die mechanische Komponente durch Abrasivstoffe fehlt. Die Deckschichtbildung hängt bei nicht korrosionsbeständigen Stählen von der Zusammensetzung des Mediums und der Prüfgeschwindigkeit ab. Sie ist für die Transportgeschwindigkeit der für den Deckschichtaufbau notwendigen Agenzien verantwortlich.

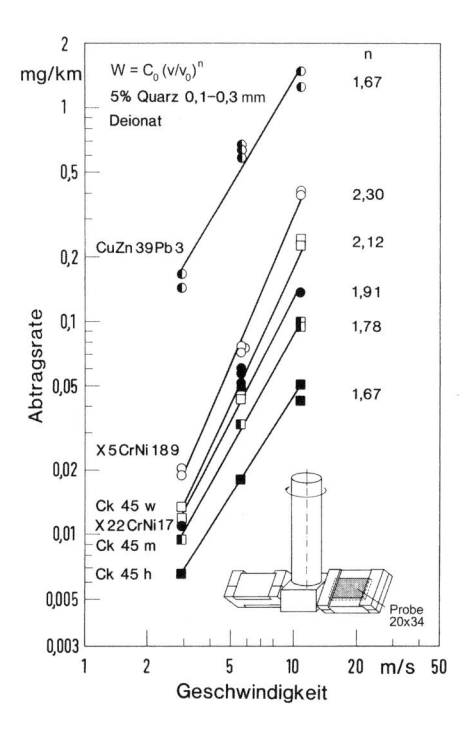

Bild 8.71: Einfluss der Geschwindigkeit auf die Abtragsrate von Stählen und Messing bei Erosion und Korrosion mit feststoffhaltiger Flüssigkeit (Quarz/Wasser) nach dem Verschleißtopfverfahren, s. Gleichung (8.2); der Werkstoff Ck45 liegt in drei Zuständen vor: w (weich) mit 200 HV 10, m (mittel) mit 400 HV 10 und h (hoch) mit 600 HV 10 [81]; werkstoffabhängige Abtragsrate C_0 bei $v_0 = 3$ m/s

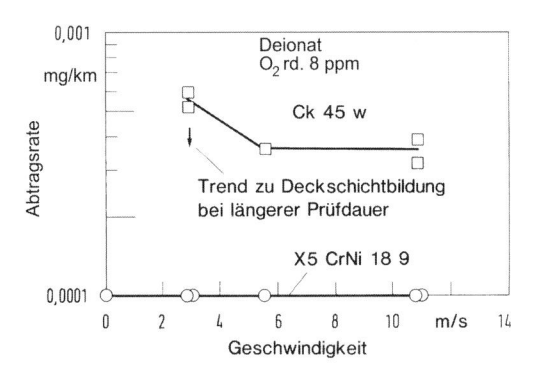

8.6 Grundlagen hydroerosiver (hydroabrasiver) Verschleiß

Bild 8.72: Einfluss der Geschwindigkeit auf die Abtragsrate des unlegierten Stahles C45 w und des Austenits X5CrNi18-9 mit feststofffreiem Medium (luftgesättigtes Deionat) [81]

Parameteruntersuchungen in einem Zweiphasenkreislauf mit plötzlicher Rohrverengung und Rohrerweiterung weisen die besonders beanspruchten Bereiche auf, **Bild 8.73** [74]. Diese Prüfanordnung gestattet, viele Probleme mit ungestörten und gestörten turbulenten Strömungen zu simulieren. Die Querschnittsverengung bewirkt kleine Ablösegebiete in den Rohrecken und zu Beginn der Verengung sowie ein größeres Ablösegebiet ab der Erweiterung in Strömungsrichtung. Dieses Beispiel zeigt für den Werkstoff X20Cr13 mit quarzhaltigem Formationswasser die gefährdeten Stellen. Am Eintritt in die Verengung stellt sich das erste und höchste Maximum ein, fällt in der Verengung ab und erreicht nach der Rohrerweiterung ein Minimum. Im Bereich der Wiederanlegung der Strömung entsteht dann das zweite Verschleißmaximum. Die mit zunehmender Strömungsgeschwindigkeit ansteigende Abtragsrate im Wiederanlegungspunkt erfolgt mit einem Exponenten von 1,85. Ähnliche Kurvenscharen der Abtragsrate ergeben sich auch mit steigender Abrasivstoffkonzentration.

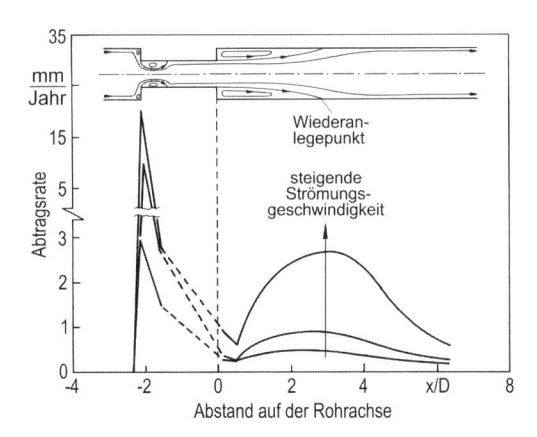

Bild 8.73: Abtragsraten von X20Cr13 längs der Rohrachse in sauerstofffreiem Formationswasser (3,8 g/l NaCl, 0,44 g/l $CaCl_2$ und 0,07 g/l $MgCl_2$) mit einem Quarzgehalt von 0,1 % der Korngröße d_k = 0,45 mm, begast mit CO_2 bei p = 3 bar, ϑ = 60 °C, mittlere Strömungsgeschwindigkeit von 1 bis 5,7 m/s [74]

8.6.3 Strukturbedingte Einflussgrößen

8.6.3.1 Abrasivstoffhärte

Den Einfluss der Abrasivstoffhärte verdeutlichen Versuchsergebnisse, die nach dem Verschleißtopfverfahren ermittelt wurden, **Bild 8.74** [5]. Die beiden Stähle St37 und C60H unterschiedlicher Härte lassen ein charakteristisches Tieflage/Hochlage-Verhalten erkennen. Der Verschleiß nimmt erheblich zu, sobald die Abrasivstoffhärte die Werkstoffhärte übersteigt, vgl. Kap. 7.2.2. Der gehärtete Stahl verhält sich sowohl bezüglich des Beginns des Anstiegs als auch des Verschleißniveaus günstiger als der weichere Stahl. Der Verschleiß von Polyurethan ist hier von der Partikelhärte nahezu unabhängig, da sich das Elastomer, dessen Härte weit unter der der weichsten der angewandten Abrasivstoffe liegt, gegenüber allen Abrasivstoffen in der Hochlage befindet mit allerdings niedrigem Niveau. Offensichtlich kann das Elastomer die unter diesen Prüfbedingungen auftretenden niedrigeren Scher- und Stoßkräfte überwiegend elastisch aufnehmen. Polyurethan wird zudem unter diesen Bedingungen von Wasser praktisch nicht angegriffen, während die Stähle immer einer zusätzlichen korrosiven Beanspruchung unterliegen, vgl. Bild 8.84. Diese Ergebnisse werden durch die vielfache Bewährung von Elastomeren (Polyurethan und Gummi) bei Hydroabrasion in der Praxis bestätigt.

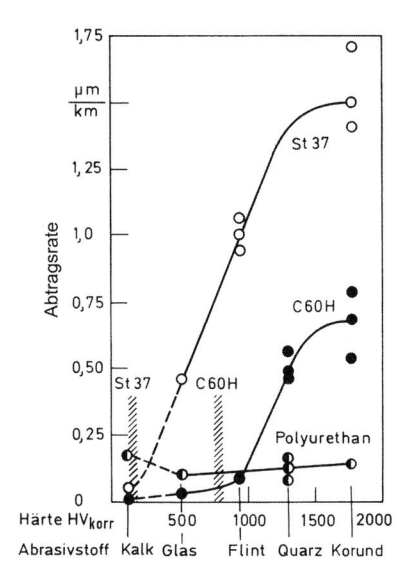

Bild 8.74: Einfluss der Abrasivstoffhärte auf die Abtragsrate nach dem Verschleißtopfverfahren; Wasser/Abrasivstoff 1:1 (volumetrisch), Korngröße d_k < 3 mm, Geschwindigkeit der Probe v = 6,4 m/s; die Schraffur gibt die Bereiche der Werkstoffhärte an: 110 HV 10 für St37, 750 HV 10 für C60 H [5]

In einer Rohrströmung mit plötzlicher Rohrerweiterung in einem Kreislaufsystem wurden Beanspruchungsbedingungen simuliert, **Bild 8.75**, wie sie bei der Verwendung von Medien in

8.6 Grundlagen hydroerosiver (hydroabrasiver) Verschleiß

Rauchgasentschwefelungsanlagen, Formations- und Meerwasseruntersuchungen vorkommen [82]. Mit einer solchen Rohrerweiterung wurde die Abrasivität von drei Abrasivstoffen auf

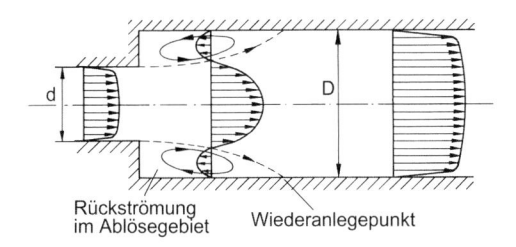

Bild 8.75: Turbulente Rohrströmung mit Ablösung und Rückströmung nach plötzlicher Rohrerweiterung nach DIN 50920 [82]

verschiedene Werkstoffe in einem Zweiphasenkreislauf untersucht. Diese Prüfstrecke mit der plötzlichen Durchmessererweiterung im Einlaufbereich von d = 20 mm auf D = 40 mm wurde senkrecht angeordnet. Ein Teilergebnis hieraus zeigt die Abtragsraten hochlegierter Werkstoffe für die Abrasivstoffe Quarzmehl, Gips und Kalk mit jeweils 10 Masse-%, **Bild 8.76** [83]. Der pH-Wert wurde auf 7 und die Chloridkonzentration von 30g/l mit NaCl eingestellt. Quarz verursacht bei weiten den höchsten Abtrag, der teilweise bis zum 10-fachen des Abtrages durch Kalk beträgt. Der beständigste Werkstoff in dieser Bewährungsfolge ist der Duplex-Gusswerkstoff G-X40CrNiMo27-5, was im Vergleich zum Chromgusseisen G-X180CrMo25-2 auf die höhere Korrosionsbeständigkeit durch den Ni-Gehalt zurückzuführen sein dürfte.

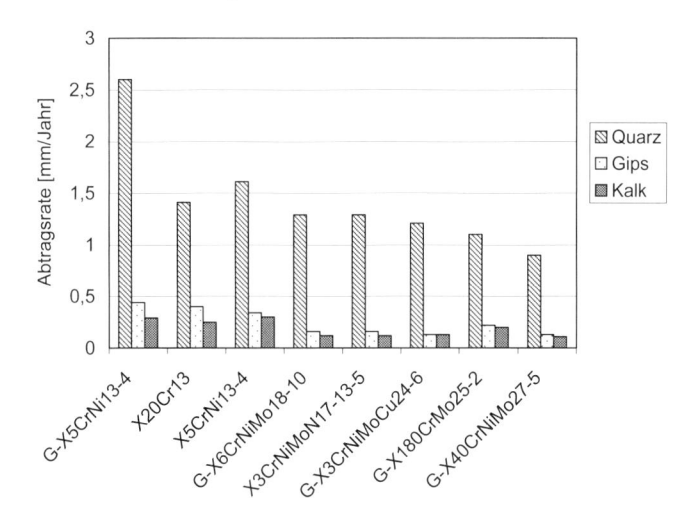

Bild 8.76: Abtragsraten hochlegierter Werkstoffe im Wiederanlegepunkt der Strömung in der Prüfstrecke mit Quarz der Korngröße d_k = 30–70µm, Gips d_k = 25–30µm und Kalk d_k = 30 µm, ϑ = 60 °C, v = 12 bzw. 3 m/s bei den Durchmessern 20 bzw. 40 mm, pH = 7, Wasser mit 30 g/l NaCl [83]

8.6.3.2 Korngröße

Allgemein kann davon ausgegangen werden, dass der Verschleiß mit der Korngröße wegen zunehmender Energiekonzentration beim Einzelstoß des Kornes zwar ansteigt, es muss aber auch das korngrößenabhängige Bewegungsverhalten der Körner (Bahnkurven, Auftreffwinkel, Geschwindigkeit) auf das Werkstoffverhalten (weich/hart) bezüglich des Auftreffwinkels und eventuell das Zerkleinerungsverhalten der Körner in geschlossenen Systemen berücksichtigt werden, **Bild 8.77** [84]. Zwischen der Abtragsrate W und der mittleren Korngröße d_k wurde folgender Zusammenhang ermittelt:

$$W = C_0 \cdot e^{2,3 \cdot m \cdot d_k} \tag{8.4}$$

Die Konstante C_0 entspricht einer theoretischen Abtragsrate bei $d_k = 0$ mm und ist aus Versuchen durch Extrapolation zu ermitteln. Die Korngröße d_k wird in mm und der Exponent m nach Bild 8.77 eingesetzt. Der Exponent m hängt von dem Werkstoff, dem Abrasivstoff, der Abrasivstoffkonzentration und der Geschwindigkeit ab. Für einen Quarzgehalt von 5 % liegt der Exponent zwischen 1,26 (Messing) und 1,97 (Ck w), für 50 % Quarz für die korrosionsbeständigen Stähle bei rd. 1.

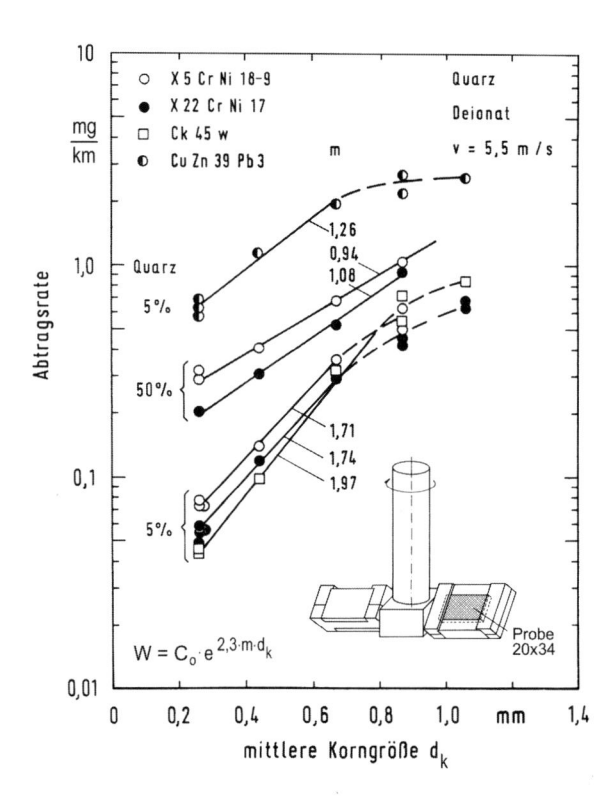

Bild 8.77: Einfluss der Korngröße auf den Verschleiß unterschiedlicher Werkstoffe; Verschleißtopfverfahren, v = 5,5 m/s [84]

8.6 Grundlagen hydroerosiver (hydroabrasiver) Verschleiß

Bei niedrigem Feststoffgehalt zeigen die Werkstoffe eine höhere Sensibilität gegenüber der Korngröße. Die Abweichungen von den Geraden (gestrichelt eingezeichnet) ab der mittleren Korngröße von 0,8 mm dürfte auf die Kornzerkleinerung zurückzuführen sein, bedingt durch den größeren Energieinhalt und durch höhere Bruchwahrscheinlichkeit infolge der höheren Fehlstellenzahl im Korn.

Entsprechend der kinetischen Energie der in der Strömung mitgeführten Partikel würde man erwarten, dass der Abtrag der dritten Potenz der Korngröße proportional ist. Bei Verwendung der Versuchsanordnung mit plötzlicher Rohrerweiterung [74] konnte jedoch gezeigt werden, dass zwischen der Abtragsrate und der Korngröße der Zusammenhang

$$W \sim d_k^4 \tag{8.5}$$

besteht. Begründet wird dies mit der durch den Partikelstoß induzierten Korrosion.

Will man das Werkstoffverhalten von Strömungsprofilen beispielsweise von Wasserkraftturbinen untersuchen, benötigt man Prüfanordnungen, mit denen sich praxisnahe Strömungsverhältnisse erreichen lassen [85]. Die Strömungsprofile dieser Turbinen unterliegen hohen Abtragsraten, wenn sie von sandhaltigem Wasser durchströmt werden. Die Sandbeladung ist dabei regionalen und saisonalen Schwankungen unterworfen. Die Abtragsraten werden dabei besonders von der Sandkonzentration, der Korngrößenverteilung, vom Auftreffwinkel der Körner und der Strömungsgeschwindigkeit bestimmt. Das Beispiel einer Prüfstrecke im Strömungskreislauf geht aus **Bild 8.78** hervor. Das Wasser-Feststoffgemisch wurde mittels Exzenterschneckenpumpe von einem Vorratsbehälter angesaugt und über ein Rohrleitungssystem durch die Prüfstrecke gepumpt. Am Eintrittsquerschnitt betrug die mittlere Geschwindigkeit rd. 28 m/s und am sich verengenden Austrittsquerschnitt rd. 40 m/s. Der Quarzgehalt wurde mit 2 Masse-% eingestellt.

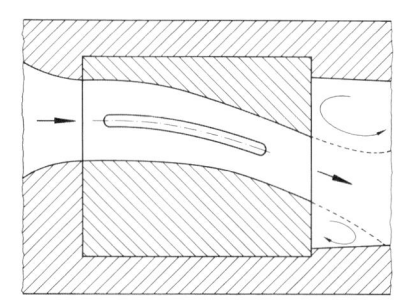

Bild 8.78: Strömungskanal mit Turbinenschaufel [85]

Der Abtrag wurde mittels eines Laser-Oberflächenmessgerätes an 15 Messstellen der Schaufelprofile bestimmt, **Bild 8.79**.

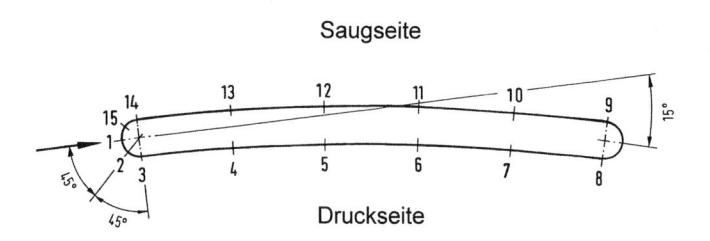

Bild 8.79: Messstellen am Schaufelprofil [85]

Die Erosionswirkung von zwei Quarzfraktionen mit den Korngrößenbereichen von 0,4 bis 60 µm und 0,1 bis 0,3 mm ist in **Bild 8.80** und **8.81** für die 15°-Probe aus dem Grundwerkstoff X5CrNi14-3 beispielhaft dargestellt. Der Abtrag durch das Quarzmehl, der für zwei verschiedene Laufzeiten in Bild 8.80 wiedergegeben ist, erfolgt nicht ganz symmetrisch zum Staupunkt. Druckseitig (im Bild links vom Staupunkt) ist erwartungsgemäß auf der Austrittsseite geringfügig höherer Abtrag aufgetreten. Im Staupunkt selbst ist der Abtrag am niedrigsten. Die im Staupunkt entstandenen lokalen Erosionsmulden weisen auf Turbulenzen hin, denen die Quarzmehlkörner gefolgt sind. Wegen der schwierigen Ausmessung (Hinterschneidungen) sind die Erosionsmulden nicht berücksichtigt. Werden die Versuche mit deutlich gröberem Quarz durchgeführt, so tritt lokal der höchste Verschleiß im Anströmbereich rechts und links vom Staupunkt auf, Bild 8.81. Dieser Verschleißverlauf ist offensichtlich vom Auftreffwinkel der Körner bestimmt. Aus Strahlverschleißversuchen ist bekannt, dass bei zähen Werkstoffen ein Verschleißmaximum bei rd. 30° auftritt, vgl. Bild 8.20.

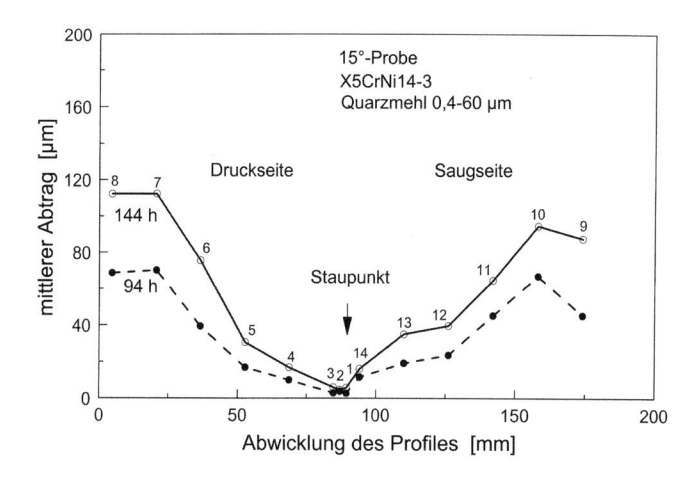

Bild 8.80: Mittlerer lokaler Abtrag der 15°-Probe aus X5CrNi14-3 entlang der Profilabwicklung nach 94 h und 144 h unter Verwendung von Quarzmehl der Korngröße d_k = 0,4 bis 60 µm [85]

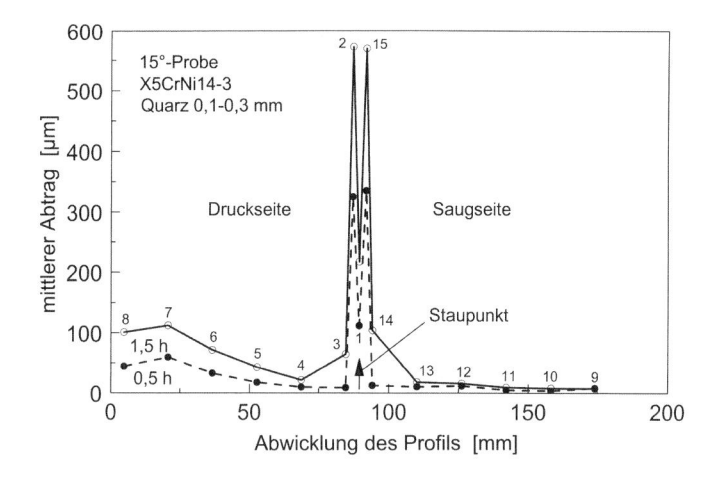

8.6 Grundlagen hydroerosiver (hydroabrasiver) Verschleiß

Bild 8.81: Mittlerer lokaler Abtrag der 15°-Probe aus X5CrNi14-3 entlang der Profilabwicklung nach 0,5 h und 1,5 h unter Verwendung von Quarz der Korngröße $d_k = 0,1$ bis 0,3 mm [85]

Der halbkreisförmige Anströmbereich der Schaufel geht durch den winkelabhängigen Verschleiß in eine dachförmige Kontur über, **Bild 8.82 rechts**, vgl. auch Bild 8.60. Im Gegensatz zum Quarzmehl, das der Strömung in den lokalen Turbulenzen folgt und Erosionsmulden verursacht, **Bild 8.82 links**, tritt bei den größeren Quarzkörnern dieser Effekt nicht in Erscheinung. Die Korngröße prägt auch das optische Erscheinungsbild. Durch die Quarzmehlbeanspruchung wird die Oberfläche der unbeschichteten Proben poliert, während sie mit steigender Korngröße erwartungsgemäß in einen matt erscheinenden Zustand übergeht.

Bild 8.82: Erosionsmulden im halbkreisförmigen Anströmbereich der 15°-Schaufeln aus X5CrNi14-3 [85]
links: lokale Erosionsmulden durch Quarzmehl der Korngröße $d_k = 0,4$ bis 60 µm;
rechts: Änderung des halbkreisförmigen Anströmprofiles in ein dachförmiges Profil durch Quarz der Korngröße $d_k = 0,1$ bis 0,3 mm

Bei der 0°-Probe ist der Abtrag symmetrisch zum Staupunkt ausgebildet. Zur Abströmkante hin steigt der Abtrag geringfügig an. Mit steigender Probenkrümmung (15°- und 30°-Probe) nimmt der Abtrag auf der Druckseite (konkave Seite) in Abströmrichtung zu. Auf der Saugseite (konvexe Seite) ist der Verschleiß im Vergleich zur 0°-Probe geringer.

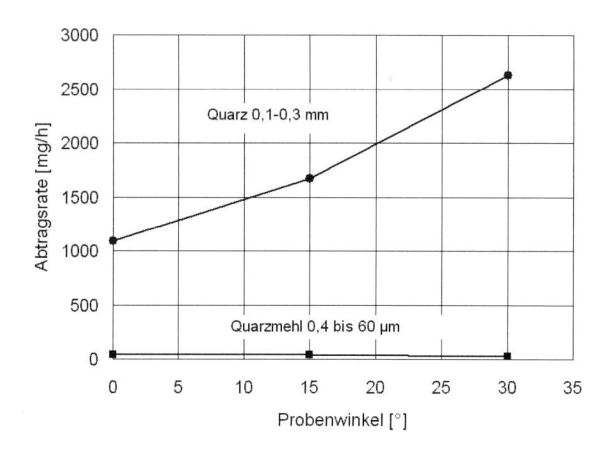

Bild 8.83: Einfluss des Probenwinkels auf die integrale Abtragsrate des Werkstoffes X5CrNi14-3 bei Quarz der Korngrößen d_k = 0,1 bis 0,3 mm und 0,4 bis 60 µm [85]

Die Krümmung der Proben wirkt sich in der Weise aus, dass mit zunehmendem Winkel bei der Korngröße 0,1 bis 0,3 mm die integralen Abtragsraten (durch Wägung ermittelt) ansteigen, **Bild 8.83**, während sie beim Quarzmehl ohne Einfluss ist, wenn man von den lokalen Erosionsmulden absieht.

Die mit zunehmender Korngröße einsetzende höhere mechanische Beanspruchung kann dazu führen, dass der Korrosionseinfluss zurückgedrängt wird und eine Umkehrung der Bewährungsfolge eintritt [84]. Dann wirkt sich primär wieder die Härte auf das Verhalten aus.

Bei geschlossenen Pumpenlaufrädern bedeutet eine Zunahme der Korngröße (von Sand über Feinkies zu Grobkiesen) eine Verlagerung des Verschleißortes, d. h. der Verschleiß wandert von der Schaufelsaugseite über die Kanalmitte zur Schaufeldruckseite [70]. Ein anderes Verhalten kann in einem bestimmten Korngrößenbereich für hartstoffhaltige Werkstoffe erwartet werden, bei denen sehr kleine Partikel die weiche Matrix selektiv erodieren und damit die eingelagerten harten Phasen aus der Werkstoffoberfläche herauslösen können, während größere Partikel nicht in die Matrixbereiche zwischen den Hartstoffen aufgrund zu geringer freier Abstände gelangen, vgl. auch selektive Erosion Kap. 8.3.3.

Wie beim Abrasiv-Gleitverschleiß durch loses Korn, vgl. Kap. 8.2, ist die Kornform für den Materialabtrag ebenfalls von Bedeutung. Beim Auftreffen scharfkantiger Abrasivstoffe wird in der Werkstoffoberfläche lokal eine höhere Energie umgesetzt als bei kantengerundeten Körnern. Sie sind daher eher in der Lage, in den Werkstoff einzudringen und Material abzutragen.

8.6 Grundlagen hydroerosiver (hydroabrasiver) Verschleiß

8.6.3.3 Befeuchtung

Angefeuchtete körnige Feststoffe beanspruchen deutlich stärker die Bauteiloberfläche als trockene Stoffe, da durch die Flüssigkeitsmenisken (sog. Kohärenzkräfte) ein besonders guter Zusammenhalt der Körner entsteht. Dieses Phänomen lässt sich im Verschleißtopf an metallischen Werkstoffen zeigen, **Bild 8.84** [5]. Mit zunehmendem Mischungsverhältnis Wasser/Sand steigt der Verschleiß der metallischen Werkstoffe zunächst an und erreicht ein Maximum. Bei weiterem Anstieg des Wasseranteils verringert sich der Verschleiß wieder und geht dann ins Gebiet des Hydroabrasivverschleißes über. Mit steigendem Wasseranteil nimmt der Zusammenhalt der Körner wieder ab und folglich ihre Beweglichkeit zu. Die hohe Empfindlichkeit der Elastomere bei trockenem Abrasivgut im Vergleich zu den Stählen nimmt mit steigendem Wasseranteil stetig ab, bis sich Elastomere und Stähle nur noch gering voneinander unterscheiden.

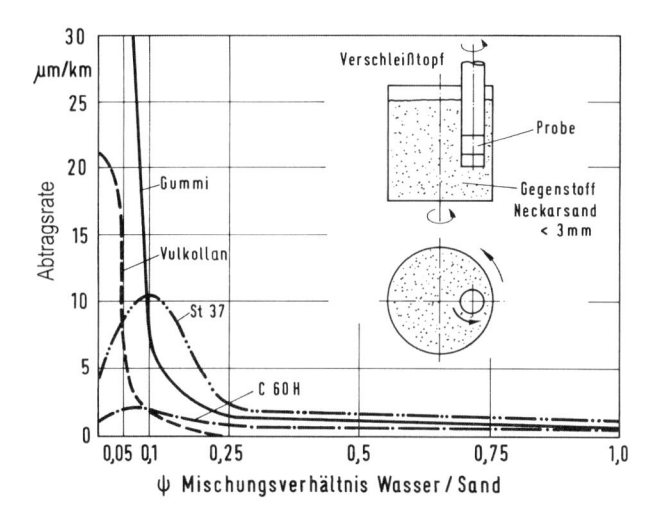

Bild 8.84: Einfluss der Befeuchtung auf das Verschleißverhalten [5]. Versuchsbedingungen: rundlicher Flusssand (Neckar) d_k = 0 bis 3 mm, v = 2,5 m/s bei einem volumetrischen Mischungsverhältnis ψ = 0 bis 0,25 bzw. 5 m/s bei einem Mischungsverhältnis ψ = 1 (im Bereich des Mischungsverhältnisses > 0,25 bis < 1 wurden keine Versuche durchgeführt); Gummi (Naturkautschuk) 68 bis 72 Shore A, Vulkollan (Polyurethan) 72 Shore A, (vgl. auch Bild 8.91 bei ψ = 1 und 1%iger H_2SO_4)

Dass Korrosion neben Abrasion mitwirkt, wird deutlich, wenn die Versuche in Argon statt in Luft durchgeführt werden, **Bild 8.85** [86]. Der Abtrag erreicht in beiden Fällen bei dem Mischungsverhältnis Wasser/Sand von 0,05 ein Maximum. Der prozentuale Anteil der Korrosion am Abtrag ist über den gesamten untersuchten Bereich im Rahmen der Versuchsstreuung nahezu konstant. Durch die abrasive Beanspruchung wird die Oberfläche aktiviert, so dass die Korrosion schneller ablaufen kann. Werkstoffe, die üblicherweise aufgrund einer Oberflächenpassivierung im Allgemeinen korrosionsbeständig sind, erfahren trotz- dem einen Korrosionsabtrag, da durch die tribologische Beanspruchung die Schutzschichten verletzt und/oder abgetragen werden und sich ständig neu nachbilden. Bei solchen kombinierten Beanspruchungen ist es oft schwierig zu entscheiden, welche Beanspruchung im Schadensfall überwog und nach welchen Gesichtspunkten – korrosiv oder tribologisch – der Werkstoff ausgewählt werden soll.

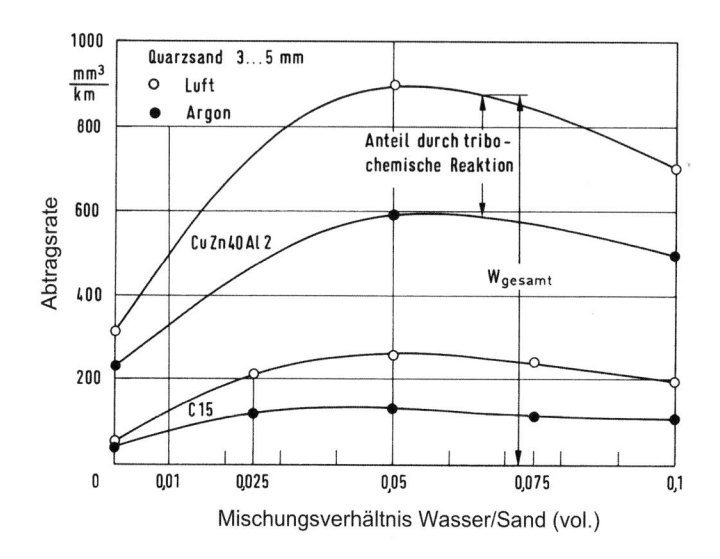

Bild 8.85: Mechanischer und chemischer Einfluss auf den Verschleiß bei Umgebungsmedium Luft und Argon im Verschleißtopf, vgl. Bild 8.84 [86]

Die Befeuchtung wirkt sich bei gröberem Korn schwächer aus als bei feinerem Korn [5]. Befeuchtung oder grenzflächenaktive Medien bewirken bei metallischen Werkstoffen stets höheren Verschleiß als in trockener Luft, bei Elastomeren ist es meist umgekehrt. So stellt sich auch bei Prallmühlen mit nassem Mahlgut ein um rd. 1,5- bis 2-fach höherer Verschleiß ein als mit trockenem Mahlgut.

8.6.3.4 pH-Wert

Den mechanischen Wirkungen des hydroabrasiven Verschleißes ist oft noch eine beträchtliche elektrochemische Korrosionskomponente überlagert, wenn der pH-Wert im sauren Bereich liegt. Steigender pH-Wert bewirkt bei Stählen eine Verringerung des Abtrages infolge Abschwächung der Korrosion [81, 84]. In dem Beispiel in **Bild 8.86** wird der Verschleiß im basischen Bereich fast nur noch durch die Feststoffe bewirkt. Beim Übergang zu einem pH-Wert von 4,5 tritt für die Cr-Ni-Stähle bereits eine Verdoppelung des Abtrages ein. Die unlegierten C-Stähle erfahren eine signifikante Erhöhung der Abtragsrate um bis zum 10-fachen, wobei die höhere Werkstoffhärte keine Vorteile bringt. Im basischen Bereich stellt sich eine Rangordnung der Abtragsrate nach der Härte ein.

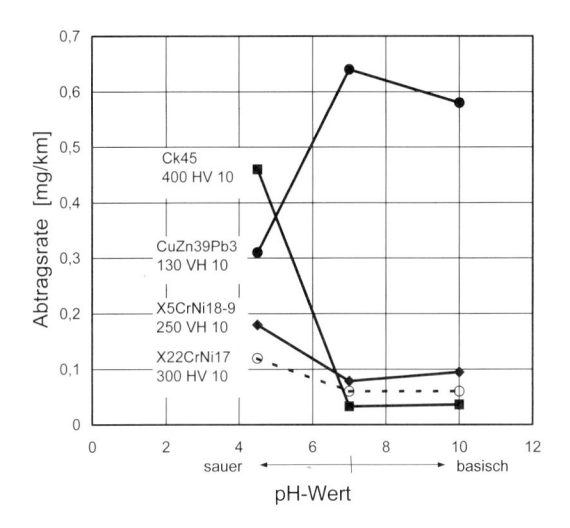

8.6 Grundlagen hydroerosiver (hydroabrasiver) Verschleiß

Bild 8.86: Einfluss des pH-Wertes auf den Abtrag bei kombinierter Beanspruchung durch Erosion und Korrosion; Verschleißtopfprüfung; 5 Gew.-% Quarz, Korngröße d_k = 0,1 bis 0,3 mm, v = 5,5 m/s [81, 84]

Die folgenden vier **Bilder 8.87 bis 8.90** zeigen mikroskopische Erscheinungsformen auf der Oberfläche von Proben aus dem unlegierten Vergütungsstahl C45, die sich bei Änderung der Prüfbedingungen wie Geschwindigkeit, pH-Wert und Feststoff ergeben haben. Sie ermöglichen eine Interpretation ähnlicher Erscheinungen an Bauteilen.

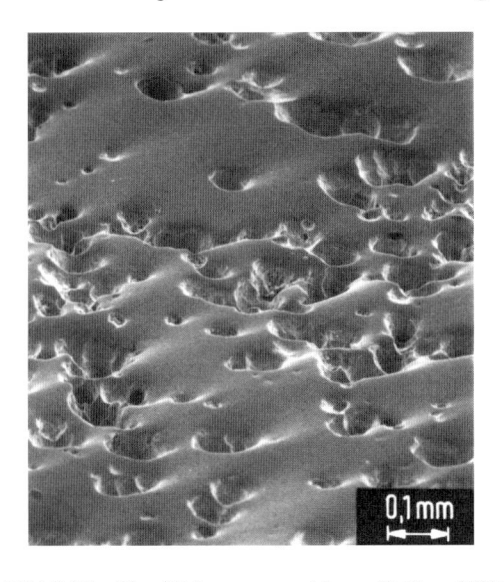

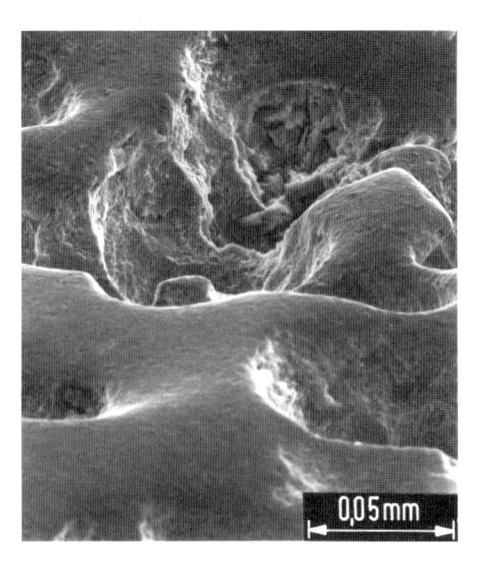

Bild 8.87: Oberflächentopographie an Ck45 m (400 HV 10), 5 % Quarz, Korngröße d_k = 0,1 bis 0,3 mm, pH-Wert = 4,5, v = 5,5 m/s, Abtrag von 930 mg nach 100h; Verschleißtopf vgl. Bild 8.71 [81, 84]

Die Prüffläche der Proben aus Ck45, die in einem feststoffhaltigen sauren Medium lief, ergibt makroskopisch eine narbige, metallisch glänzend erscheinende Fläche, die bei höherer Vergrößerung als eine wellige, durch den Erosionsprozess stark eingeglättete Oberfläche erkennbar wird und von vielen Korrosionsnarben durchsetzt ist, Bild 8.87 [81, 84]. Riefen sind bei dieser Vergrößerung nicht erkennbar.

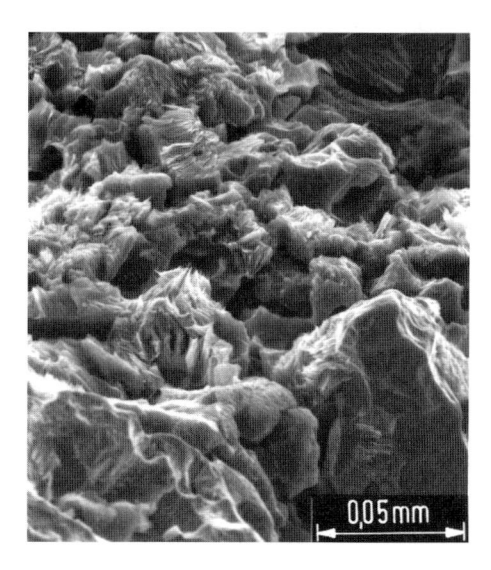

Bild 8.88: Oberflächentopographie an Ck45 w (200 HV 10), pH-Wert = 4,5, v = 5,5 m/s, ohne Quarz, Abtrag von 1910 mg nach 100h; Verschleißtopf vgl. Bild 8.71 [81, 84]

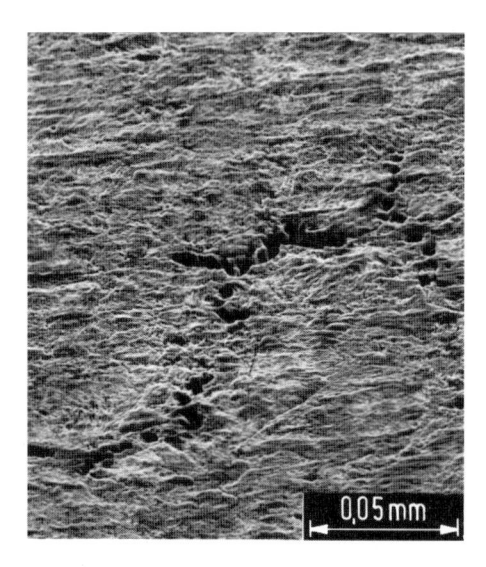

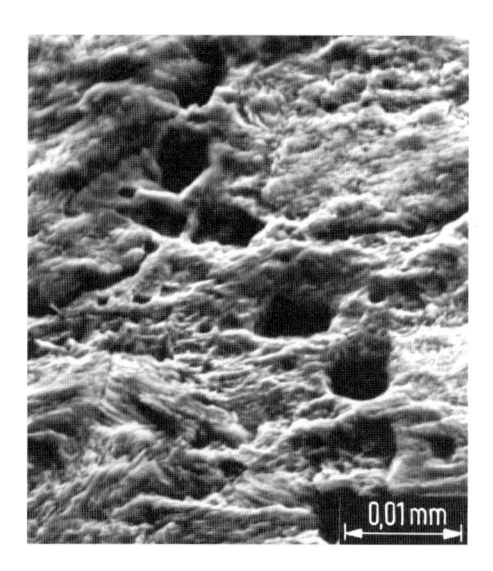

Bild 8.89: Oberflächentopographie an Ck45 w nach Stillstandskorrosion pH-Wert = 4,5, v = 0 m/s, Abtrag von 14 mg nach 100h; Verschleißtopf vgl. Bild 8.71 [81, 84]

8.6 Grundlagen hydroerosiver (hydroabrasiver) Verschleiß

Unter gleichen Prüfbedingungen jedoch ohne Zusatz von Quarz stellt sich makroskopisch dagegen eine matte, dunkelgraue Prüffläche ein, die mikroskopisch durch den Korrosionsprozess stark zerklüftet ist, Bild 8.88. Der Austenit X5CrNi18-9 (hier nicht abgebildet) weist unter gleichen Bedingungen keinen Abtrag auf; die Probenoberfläche erscheint metallisch blank.

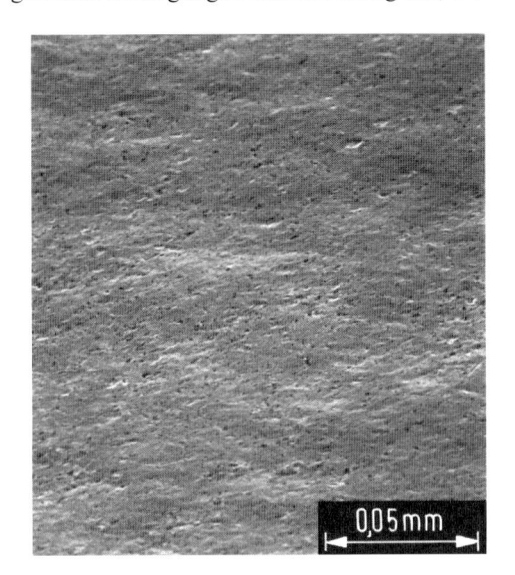

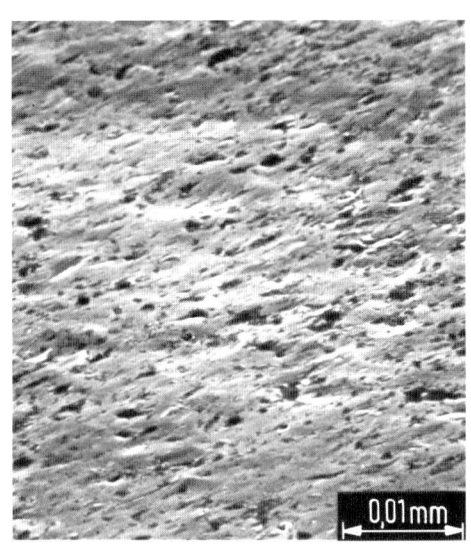

Bild 8.90: Oberflächentopographie an Ck45 w; 5 % Quarz, Korngröße d_k = 0,1 bis 0,3 mm, Deionat, v = 5,5 m/s, Abtrag von 70 mg nach 80 h; Verschleißtopf vgl. Bild 8.71 [81, 84]

Sind die Proben aus Ck45 w dagegen dem ruhenden Medium mit einem pH-Wert von 4,5 ausgesetzt, so stellt sich ein deutlich niedrigerer Abtrag ein als im bewegten Medium. Auch die Prüffläche zeigt eine deutlich andere Oberflächentopographie, Bild 8.89. Die Korrosion erfolgt bevorzugt punktförmig an den Korngrenzen, was auf einen selektiven Angriff hinweist.

Erfolgt eine nahezu ausschließliche mechanische Beanspruchung durch den Abrasivstoff, die korrosive Komponente wird durch Verwendung eines neutralen Mediums (Deionat = vollentsalztes Wasser) zurückgedrängt, so stellt sich makroskopisch eine leicht gewellte metallisch blanke Oberfläche ein, Bild 8.90. Bei höherer Vergrößerung werden kurze Riefen sichtbar.

8.6.3.5 Werkstoffverhalten

In einer älteren Untersuchung [87] wurde für 286 verschiedene Werkstoffe in sandhaltigem Wasser mittels Verschleißtopf (Wasser/Sand 2:1, Flusssand der Körnung 3 bis 5 mm, Probengeschwindigkeit rd. 6 m/s) eine Bewährungsfolge in Form einer Widerstandsziffer aufgestellt. Diese Ziffer gibt an, um wie viel der Werkstoff widerstandsfähiger ist als der Bezugswerkstoff C15. Für die NE-Metalle wurde eine Ziffer < 1 ermittelt und für die Eisenwerkstoffe und Hartmetalle lag sie zwischen 1 und 170.

Eine kombinierte Beanspruchung unterschiedlicher Werkstoffe durch Erosion mit gebrochenem Quarz und durch Korrosion mit 1%iger Schwefelsäure (entspricht etwa einem pH-Wert = 1) zeigt bei Überlagerung beider Prozesse, dass die einzelnen Abtragsraten nicht einfach addiert werden können, **Bild 8.91** [5]. So ist bei kombinierter Beanspruchung die Abtragsrate von St37 nur wenig höher als bei reiner Verschleißbeanspruchung. Bei den übrigen Stählen entspricht die Summe aus Verschleiß und Korrosion etwa der kombinierten Beanspruchung. Bemerkenswert ist, dass ein gehärteter Werkstoff (C60) durch seinen höheren Verschleißwiderstand größeren Schutz bei kombinierter Beanspruchung bieten kann als der austenitische und der ferritische korrosionsbeständige Stahl. Die Elastomere erfahren dagegen durch die kombinierte Beanspruchung einen höheren Abtrag als es der Summe der einzelnen Abträge aus mechanischer und korrosiver Beanspruchung entspricht.

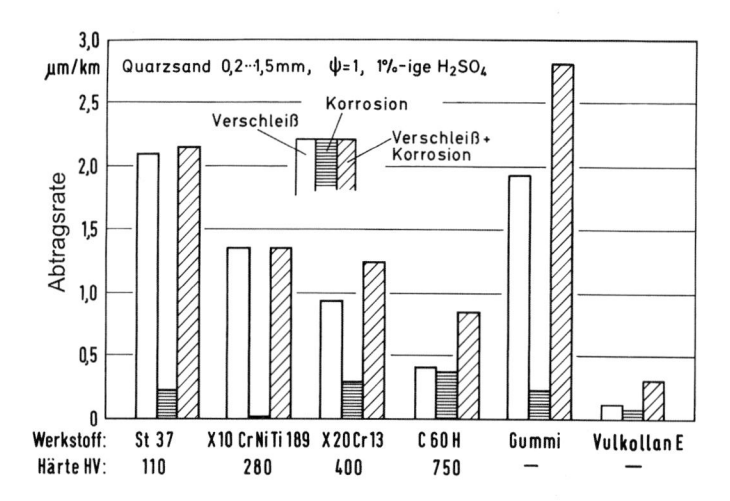

Bild 8.91: Abtragsraten verschiedener Werkstoffe bei kombinierter Beanspruchung [5]. Gummi (Perbunan) 88 bis 90 Shore A, Vulkollan E (Polyurethan) 72 Shore A; volumetrisches Mischungsverhältnis Wasser:Sand $\psi = 1$, Geschwindigkeit der Probe v = 6,4 m/s

Das Verhalten von Werkstoffen, die im Offshorebereich eingesetzt werden, ist in einer Rohrströmung mit Verengung vergleichend unter erosiv-korrosiven und unter erosiven Bedingungen jeweils mit einem Quarzgehalt von 0,1 % untersucht worden [74]. Das korrosive Medium bestand aus CO_2-haltigem Formationswasser und das inerte Medium aus Deionat. Formationswasser ist das bei der Erdölförderung anfallende Lagerstättenwasser, das beträchtlichen Salzgehalt aufweisen kann. Die Prüfanordnung geht aus Bild 8.73 hervor. Die Abtragsraten der Werkstoffe in beiden Medien sind im Bereich des Wiederanlegepunktes in **Bild 8.92** zu entnehmen. Die erwartungsgemäß hohe Abtragsrate des unlegierten Einsatzstahles C15 geht zu rd. 90 % auf den korrosiven Anteil zurück. Beim ferritischen Chromstahl X20Cr13 beträgt der erosive Anteil rd. 36 %. Bei den hochlegierten ferritisch-austenitischen Duplex-Stählen und austenitischen Stählen geht der korrosive Anteil auf Kosten des erosiven zurück. Bei den gehärteten Gusswerkstoffen, die die niedrigsten Abtragsraten zeigen, liegt der Hauptanteil des Abtrags in der Korrosion.

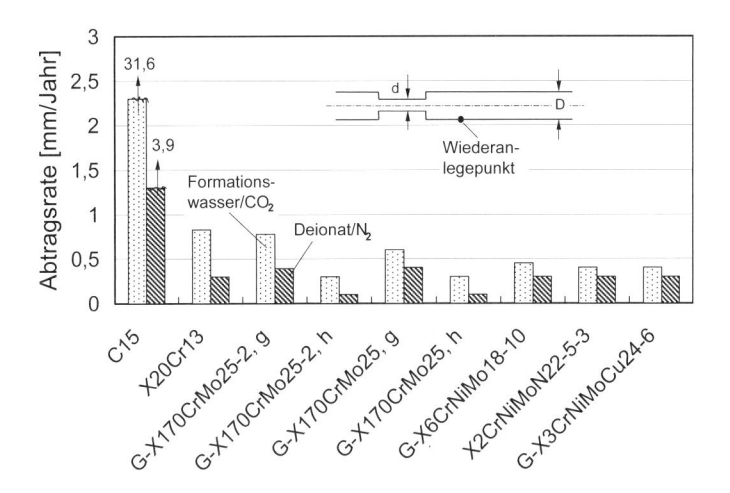

8.6 Grundlagen hydroerosiver (hydroabrasiver) Verschleiß

Bild 8.92: Abtragsraten verschiedener Werkstoffe im Wiederanlegepunkt einer Rohrströmung mit Verengung in erosiv-korrosivem Formationswasser mit Quarz und erosivem Deionat mit Quarz. Sauerstofffreies Formationswasser (3,8 g/l NaCl, 0,44 g/l $CaCl_2$ und 0,07 g/l $MgCl_2$) begast mit CO_2 bei p = 3 bar, pH-Wert = 3,6, Deionat begast mit N_2, pH-Wert = 6,8, Quarzgehalt = 0,1 %, Korngröße d_k = 0,45 mm, Temperatur ϑ = 60 °C, mittlere Strömungsgeschwindigkeit 3,5 m/s, Rohrdurchmesser d = 25 mm und D = 50 mm [74]

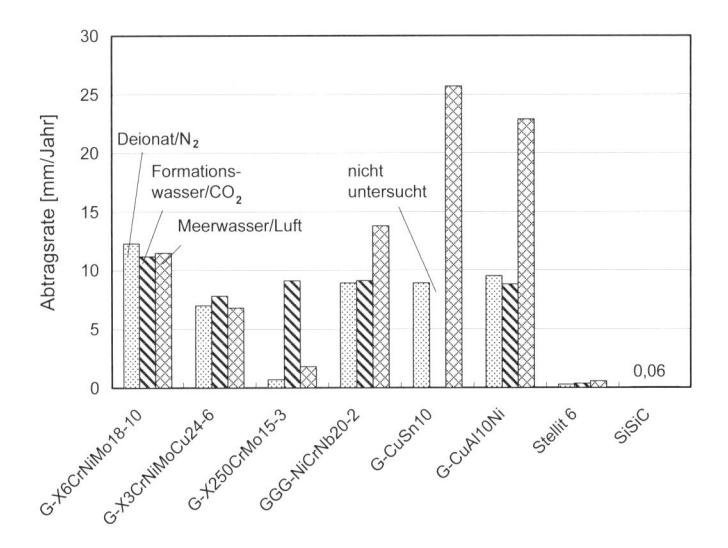

Bild 8.93: Abtragsraten verschiedener Werkstoffe in einer Rohrströmung in erosivem Deionat, in erosiv-korrosivem Formationswasser und Meerwasser; Deionat mit N_2 begast, Formationswasser (38,0 g/l NaCl, 4,4 g/l $CaCl_2$, 0,7 g/l $MgCl_2$) begast mit CO_2, pH-Wert = 3,6 und künstliches Meerwasser (24,53 g/l NaCl, 5,20 g/l $MgCl_2$, 4,09 g/l Na_2SO_4, 1,16 $CaCl_2$, 0,895 g/l KCl und 0,201 g/l $NaHCO_3$) begast mit Luft, pH-Wert = 5,6, Quarzgehalt = 0,5 %, Korngröße d_k = 0,47 mm, Temperatur ϑ = 60 °C, mittlere Strömungsgeschwindigkeit 16 m/s, Rohrdurchmesser d = 18,1 mm [75]

Untersuchungen zum Hydroerosivverschleiß und zur Erosionskorrosion haben für zahlreiche Werkstoffe in ungestörter Rohrströmung einen exponentiellen Zusammenhang zwischen Abtragsrate und Geschwindigkeit ergeben, der sich als werkstoffabhängig erwiesen hat, besonders bei heterogenen Werkstoffen [75]. Die Feststoffkonzentration geht dagegen nur linear in die Abtragsrate ein. Die heterogenen Werkstoffe werden selektiv abgetragen, die homogenen dagegen flächig. In **Bild 8.93** ist das Verhalten der Werkstoffe in drei verschiedenen Medien dargestellt. Die ausschließliche erosive Beanspruchung erfolgt durch das mit Stickstoff begaste Deionat. Stellit und SiSiC erwiesen sich in allen drei Medien am beständigsten. Auch das martensitische Gusseisen G-X250CrMo15-3 zeigt im Deionat und Meerwasser sein bekannt gutes Verhalten. Gegenüber Formationswasser ist G-X250CrMo15-3 allerdings sehr anfällig. Von den hochlegierten säurebeständigen Gusswerkstoffen G-X6CrNiMo18-10 und G-X3CrNiMoCu24-6 ist letzterer in allen drei Medien der beständigere. Die beiden Bronzen unterliegen starker Korrosion im Meerwasser, ebenso der Sphäroguss.

Dem Verschleiß in Kreiselpumpen kann durch konstruktive, werkstoffliche und betriebliche Maßnahmen in begrenztem Rahmen begegnet werden [68, 88 bis 91]. Vorteilhaft sind strömungsgünstige Konstruktionen wie beispielsweise keine vorspringenden Stufen und Hinterschneidungen im Bereich der Seitenräume, die den Abrasivstoffen durch Wirbelbildung Angriffsflächen bieten, in denen sie lange verweilen können oder die Möglichkeit haben, sich im Laufe des Betriebs zu sammeln. Günstige Ein- und Austrittswinkel der Schaufeln im Laufrad entscheiden über den vom Auftreffwinkel abhängenden Verschleiß. Von besonders hohem Verschleiß sind diejenigen Bereiche betroffen, die unter einem Auftreffwinkel von Partikeln beansprucht werden, bei dem max. Verschleiß auftritt wie beispielsweise am Gehäusesporn und an Eintrittskanten der Schaufeln von Laufrädern. Je nach Werkstoff kann das zwischen einem Auftreffwinkel zwischen 30° und 90° sein.

Für ausgesprochen hohe Beanspruchungen, wie sie beispielsweise in Baggerpumpen vorzufinden sind, werden Manganhartstähle mit Erfolg eingesetzt. Legiertes martensitisches Gusseisen (15 % Cr, 3 % Mo), Ni-hard (4 % Ni, 2 % Cr) oder hochchromhaltiges Gusseisen (28 % Cr) haben sich für mildere Beanspruchungen bewährt. Bei hohem Feststoffanteil können Sinterwerkstoffe aus SiC und WC für Dichtungselemente wie Spaltringe von Vorteil sein. Spritzschichten aus WC in einer Cr-Co-Matrix, die mittels Hochgeschwindigkeitsflammspritzen (HVOF) aufgebracht werden, können die Standzeiten der Komponenten erheblich verlängern, sofern gute Haftfestigkeit und geringer Porenanteil gewährleistet sind. Auch Gummi findet wegen seiner besonderen Eigenschaft der Dämpfung, wenn er in ausreichender Dicke vorliegt, steigende Einsatzbereiche mit Korngrößen < 3 mm.

Als besonderer Verschleißschutz soll sich im Vergleich zu den sonst üblichen metallischen Werkstoffen ein SiC-Mineralguss bewährt haben, der aus SiC mit einer Korngröße im µm- bis mm-Bereich und Epoxidharz als Bindemittel besteht [92]. Aus dem Zweikomponentenwerkstoff können komplette Pumpengehäuse gefertigt werden. Ab bestimmten Abmessungen werden Stahlgehäuse mit diesem Werkstoff ausgekleidet. Nach Untersuchungen in [93] kann dieser Werkstoff nur bei milder Beanspruchung (geringe Strömungsgeschwindigkeit und kleine Korngrößen) eingesetzt werden, da die Matrix leicht abgetragen wird und die SiC-Körner wegen schwacher Bindung in der Matrix herausbrechen.

Bisher wurden beim Abbau und bei der Verarbeitung ölhaltiger Sande für die Komponenten wie Pumpen, Rohre, Düsen, Zyklone und Ventile hoch chromhaltige weiße Gusseisensorten mit bis zu 3 % C und 27 % Cr eingesetzt, deren Beständigkeit auf den M_7C_3 Primärcarbiden beruht [94]. Durch verbesserte Gießtechniken ließen sich die Gehalte von C und Cr bis auf 5 % bzw. 35 % erhöhen. Diese Legierungen waren früher nicht gießbar. Durch rasche Erstarrung und Abschreckung in Kokillen stellt sich ein Gefüge mit einem hohen feinen Carbidanteil ein. Das Gussgefüge besteht ebenfalls aus Primärcarbiden M_7C_3 und einem Eutektikum aus Austenit und Carbiden. Gewöhnlich wird das Gefüge durch Wärmebehandlung in Martensit und Sekundärcarbide umgewandelt. Diese hypereutektischen Legierungen haben einen mit 44 % höheren Carbidanteil als die sonst üblichen mit nur 18 bis 22 %. Sowohl im Versuch als auch in der Praxis konnte die Lebensdauer gesteigert werden.

8.7 Verschleißerscheinungsformen bei hydroerosivem Verschleiß

Die makroskopischen Erscheinungsformen, die an den Oberflächen mediumsumschließender Bauteile beobachtet werden können, sind aufgrund der Strömungsbedingungen sowie der Art und Konzentration der Feststoffe besonders reich an Variationen. Sie gehen häufig auf wandnahe Sekundärströmungen zurück, die ein kompliziertes räumliches Gebilde darstellen und für gekrümmte Kanäle typisch sind. Sie bewirken Strömungsverluste, die ein Mehrfaches der Reibungsverluste betragen können. Die Ausbildung von Wellenstrukturen hat zu den phänomenologischen Begriffen wie Längs- und Querwellen, Mulden sowie Rillen geführt.

Beim Fördern feststoffhaltiger Medien sind vor allem Pumpen in solchen Bereichen gefährdet, in denen hohe Strömungsgeschwindigkeiten durch Überlagerung von Haupt- und Sekundärströmungen in Form von Wirbeln auftreten. Bei radialen Kreiselpumpen sind dies z. B. die Gehäusekontur, die Laufradkanäle, die Seitenräume zwischen Laufrad und Gehäuse und konzentrische Ringspalte zwischen Welle und Gehäuse. In diesen Bereichen treffen die Feststoffe in den unterschiedlichsten Winkeln auf die Oberfläche auf. Makroskopisch können sich drastische Wanddickenreduzierungen bis zum Durchbruch einstellen.

8.7.1 Längs- und Querwellen, Mulden, Rillen

Die wellenartigen Strukturen auf der Saugseite der Schaufeln des Laufrades einer Trübepumpe zur Förderung von Kohlerohschlamm, die sich bevorzugt quer zur Strömungsrichtung ausgebildet haben, weisen auf einen hohen Turbulenzgrad in der Strömung hin, **Bild 8.94**.

Druckdeckel und Schleißwand einer Kanalradpumpe zeigen unter Einwirkung einer Feststoffsuspension (Aluminiumhydroxid-Suspension mit Feststoffgehalt 300-400 g/l $Al(OH)_3$) konzentrische Ringe mit überlagerten wellenartigen Strukturen, die quer zur Strömungsrichtung entstanden sind, **Bild 8.95**.

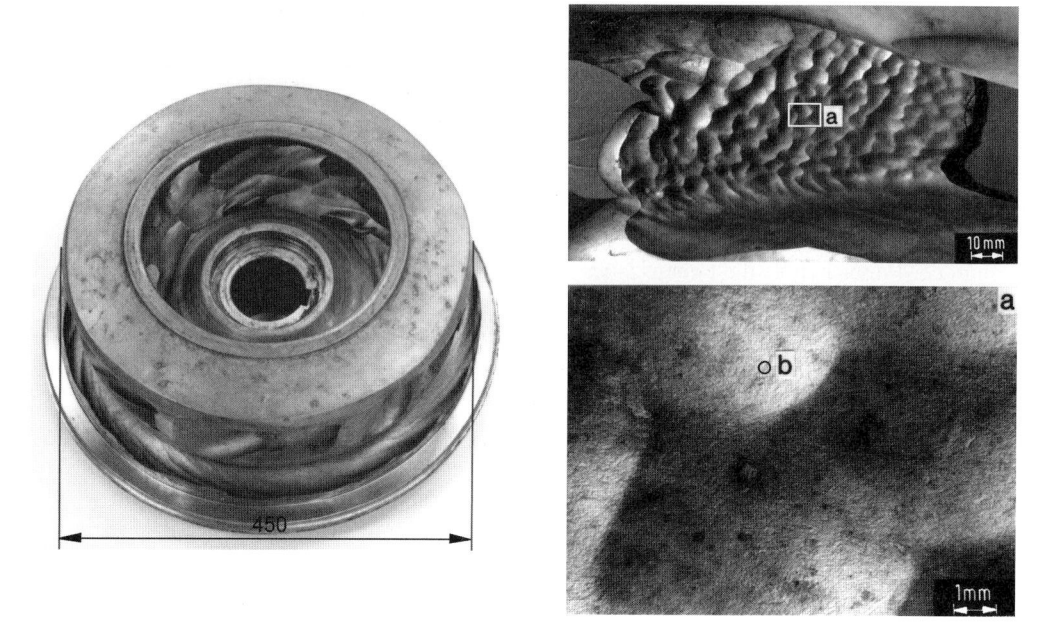

Bild 8.94: Laufrad aus G-X120CrMo29-2 mit Querwellen auf den Schaufeln einer Trübepumpe für Kohlerohschlamm mit einem Feststoffgehalt von 120 g/l und einer Korngröße ≤ 0,5 mm, 33 % Aschegehalt aus Tonmineralien, Silikaten, Karbonaten und Pyrit
links: Übersichtsaufnahme des Laufrades,
rechts oben: Muldenfeld mit Querwellen auf der Saugseite der Laufradschaufel;
rechts unten: einzelne Mulden, Ausschnitt a

Bild 8.95: Querwellen als Abbild des abrasiv wirkenden Wirbelfeldes am Druckdeckel einer Kanalradpumpe aus Norihard (G-X250CrMo15-3, 790 HV 50), Fördermedium Aluminiumhydroxid-Suspension mit Feststoffgehalt 300-400 g/l, Betriebszeit 15921 h [KSB Aktiengesellschaft]

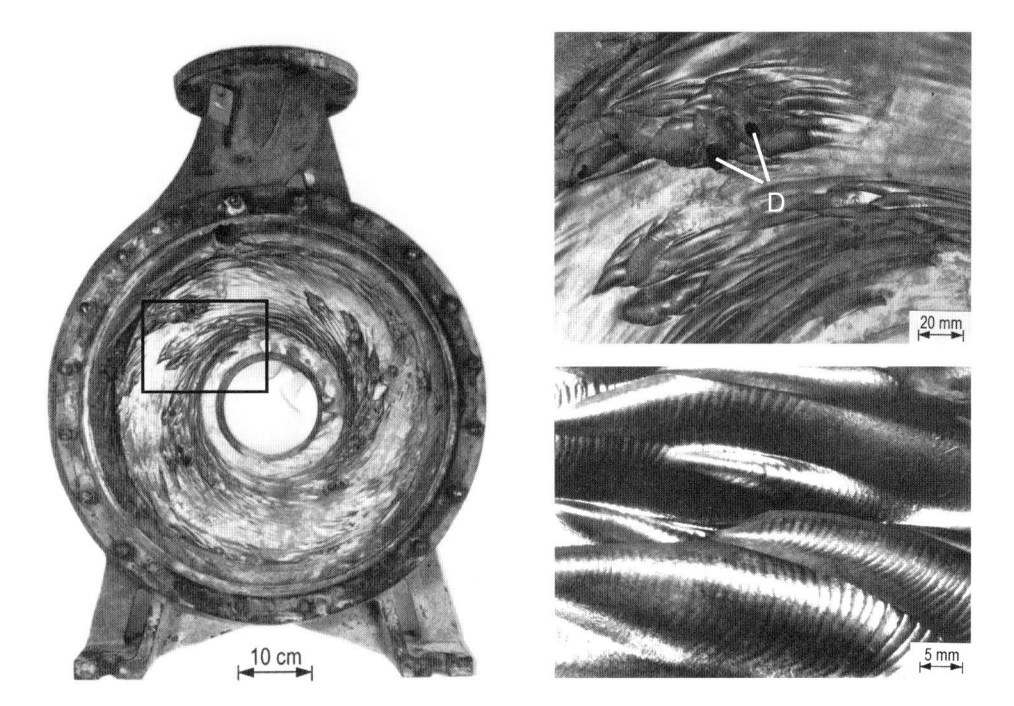

8.7 Verschleißerscheinungsformen bei hydroerosivem Verschleiß 499

Bild 8.96: Längswellen auf der saugseitigen Schleißwand einer Kanalrad-Kreiselpumpe aus Norihard (G-X250CrMo15-3, 790 HV 50); Fördermedium Aluminiumhydroxid-Suspension mit Feststoffgehalt 800 g/l [KSB Aktiengesellschaft]
links: Gehäuseinnenseite;
rechts oben: Ausschnitt mit Längswellen mit Durchbruch bei D;
rechts unten: vergrößerter Ausschnitt

An der saugseitigen Schleißwand einer Kanalrad-Kreiselpumpe ist starke Erosion durch eine Förderflüssigkeit mit Aluminiumhydroxid als Abrasivstoff aufgetreten, **Bild 8.96**. Das sich einstellende spiralförmige Wirbelfeld hat zu Längswellen und tiefen Auswaschungen bis zu örtlichen Wanddurchbrüchen D geführt. Im vergrößerten Ausschnitt erkennt man quer zur Wirbelachse überlagerte feine Wellenstrukturen, die möglicherweise auf die Wirkung spiralförmiger Längswellen mit enger Steigung schließen lassen.

Die in **Bild 8.97** wiedergegebene Trübepumpe (Kanalradkreiselpumpe), vgl. zugehöriges Laufrad Bild 8.94, diente zur Förderung von Kohlerohschlamm mit einem Feststoffgehalt von 120 g/l. Die Korngröße des Feststoffes lag zu 90 % unter 0,5 mm, der Aschegehalt bestehend aus Tonmineralien, Silikaten, Karbonaten und Pyrit betrug 33 %. Aufgrund der niedrigen Härte befand sich die aus Chromstahlguss (rd. 270 HV 10) hergestellte Pumpe in der Verschleißhochlage. Prädestiniert für die Erosion an der antriebsseitigen und saugseitigen Schleißwand ist der mit E1 bezeichnete Bereich, da stationäre Wirbel besonders günstige Angriffsbedingungen finden. Die Längswirbel, deren Achsen in Umfangsrichtung verlaufen, können sich an den Bund anlegen, **Bild 8.98**. In diesem Bereich erfolgte auch der Durchbruch. Das Spiralgehäuse ist in den Bereichen E2 der beiden Ecken durch Sekundärströmungen, die aufgrund des durch die Fliehkraft erzeugten radialen Druckgefälles von außen nach innen als Doppelwirbel entstehen, und im Bereich des Spornes gefährdet. Im Ringspalt E3, der von Gehäusebohrung und Laufrad gebildet wird, sind durch Taylor-Wirbel (vgl. Bild 8.119) Längswellen entstanden.

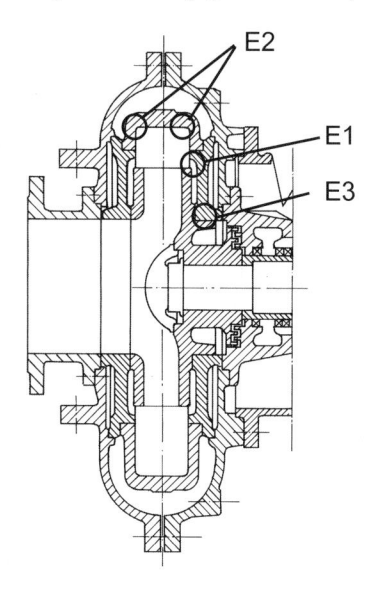

Bild 8.97: Trübepumpe für Kohlerohschlamm im Schnitt mit Lage der erosionsgefährdeten Bereiche E1, E2 und E3

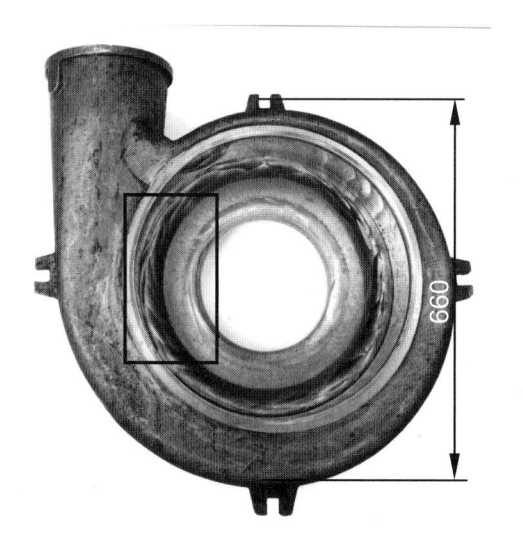

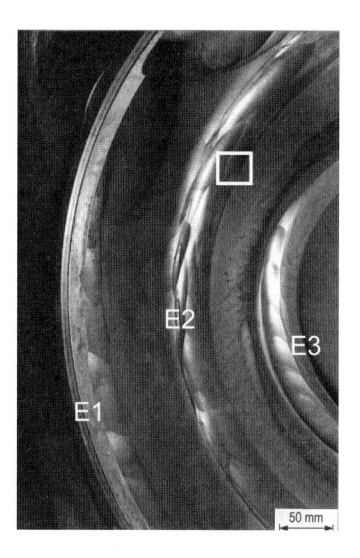

Bild 8.98: Panzereinsatz der Trübepumpe für Kohlerohschlamm aus G-X120CrMo29-2
   links: Gehäuse,
   rechts: Wiedergabe der drei Erosionsbereiche E1, E2 und E3 mit Längswellen

8.7 Verschleißerscheinungsformen bei hydroerosivem Verschleiß

Bei der Werkstoffauswahl für Abwasserpumpen muss Art, Konzentration und Korngröße der Feststoffe sowie der pH-Wert bekannt sein. Insbesondere hohe Sandkonzentrationen können zu einem vorzeitigen Ausfall der Pumpen führen, wenn ein ungeeigneter Werkstoff eingesetzt wird. Auch im Abwasser können hohe Sandkonzentrationen auftreten, die zu einem vorzeitigen Ausfall von Pumpen führen, wenn ein ungeeigneter Werkstoff verwendet wird. Die Sandkonzentrationen hängen von regionalen (Dorf, Stadt, Baugebiet) und meteorologischen (Regenwasser, Regenintensität) Einflüssen ab. Der Sandanfall im Bundesgebiet bewegt sich zwischen 2 und 12 l/Einwohner und Jahr [95 bis 97] bzw. zwischen 0,002 und 0,02 Vol.-% [98]. Spitzenwerte stellen sich bei Regen ein.

Das folgende Beispiel zeigt das Spiralgehäuse einer Abwasserpumpe aus GG-20, bei dem saugseitig ein verschleißbedingter Durchbruch D nach rd. 6700 Betriebsstunden aufgetreten war, **Bild 8.99**. In der während des Betriebes sich bildenden Ringströmung zwischen Gehäuse und Laufrad, den dabei verursachten Wirbeln in der Hohlkehle und durch den mitgeführten Sandanteil entstand hoher Verschleiß, so dass die Gewindesacklöcher S für die Befestigung des Rohrflansches von der Innenseite her angeschnitten wurden. Die hierdurch im Ringraum einsetzende verstärkte Wirbelbildung beschleunigte den Abtrag in Form von langgestreckten Mulden in Drehrichtung, so dass es dann zum Wanddurchbruch kam. Die Mulden waren um so größer, je stärker die Sacklochbohrungen angeschnitten waren. Die Analysen der vom Abwasser mitgeführten Sandfracht, die im Vergleich zum Bundesdurchschnitt mit 5,3 bis 7 l/Einwohner und Jahr bzw. 0,001 bis 0,011 Vol.-% nicht überhöht war, ergaben überwiegend Quarz (90 %), etwas Feldspat (6 %), Karbonat (1 %) und einen Rest Sonstiges. Die häufigste Korngröße lag zwischen 0,5 und 1 mm. Die hohe Härte von Quarz mit 1000-1300 HV_{korr} und von Feldspat mit 600-750 HV_{korr} übertrifft bei weitem die Härte des verwendeten perlitischen Graugusses mit rd. 170 HV 10, d. h. der Verschleiß befindet sich in der Hochlage.

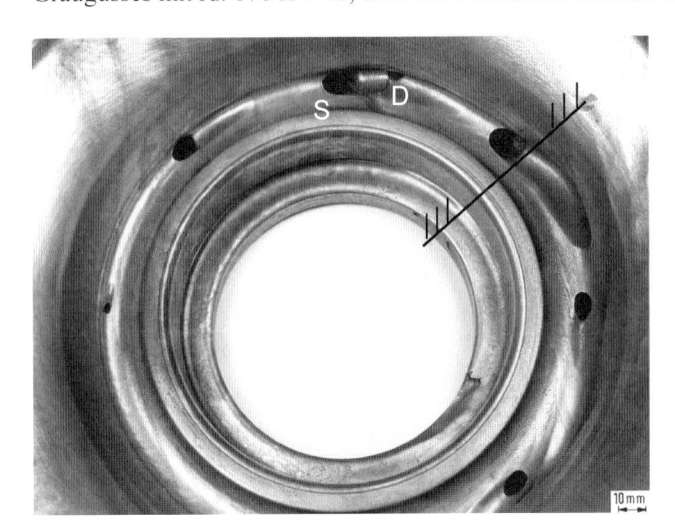

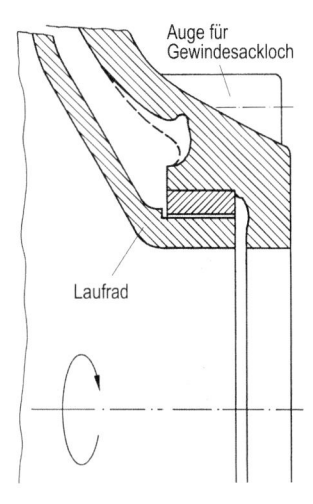

Bild 8.99: Innenseite des Gehäuses einer Abwasserpumpe aus GG-20
links: Längswellen im saugseitigen Innenraum mit angeschnittenen Sacklochbohrungen;
rechts: Querschnitt durch Laufrad und Gehäuse

Grauguss ist für das Pumpengehäuse unter diesen Betriebsbedingungen nicht sonderlich geeignet. Daher kommen hier u. a. carbidreiche Gusswerkstoffe in Frage, die den Verschleiß in Richtung Übergangsgebiet zwischen Tief- und Hochlage verschieben. Die Wirkung einer korrosiven Komponente ist im Vergleich zur Abrasion als gering einzuschätzen, da der pH-Wert sich überwiegend im basischen Bereich befand. Die Grenzwerte lagen in einem Bereich von pH = 6 bis 9,3. Eine Deckschicht konnte sich auf der metallisch blanken Innenoberfläche infolge der Abrasion nicht ausbilden.

Gleichsinnig drehende spiralförmige Wirbel haben Längswellen auf der rotierenden Scheibe einer Prüfvorrichtung in Form logarithmischer Spiralen verursacht, **Bild 8.100**, die in einer Erztrübe rotierte. Durch Verwendung von Gummi oder Polyurethan können bei kleineren Korngrößen wesentliche Verbesserungen erlangt werden.

Bild 8.100: Längswellen infolge spiralförmiger Wirbel auf der Scheibe einer Rührvorrichtung aus 100Cr6, gehärtet, Medium Erztrübe, 60 % der Körner unter 40 µm, n = 2100 min^{-1} [2, 5]

Bei mechanischen Rührverfahren werden zur Herstellung von Suspensionen u. a. schnelllaufende Propellerrührer eingesetzt. Die Gummierung des in **Bild 8.101** wiedergegebenen Propellers ist vor allem außerhalb des Ringes an den Flügeln im Bereich der höchsten Umfangsgeschwindigkeit soweit abgetragen, dass sich an den Anströmkanten Längswirbel mit Durchbrüchen gebildet haben. Innerhalb der Mulde sind Spuren einer Wirbelbewegung zu erkennen, Bild 8.101 rechts oben und rechts unten. Durch selektive Erosion wurden Karbide frei gelegt.

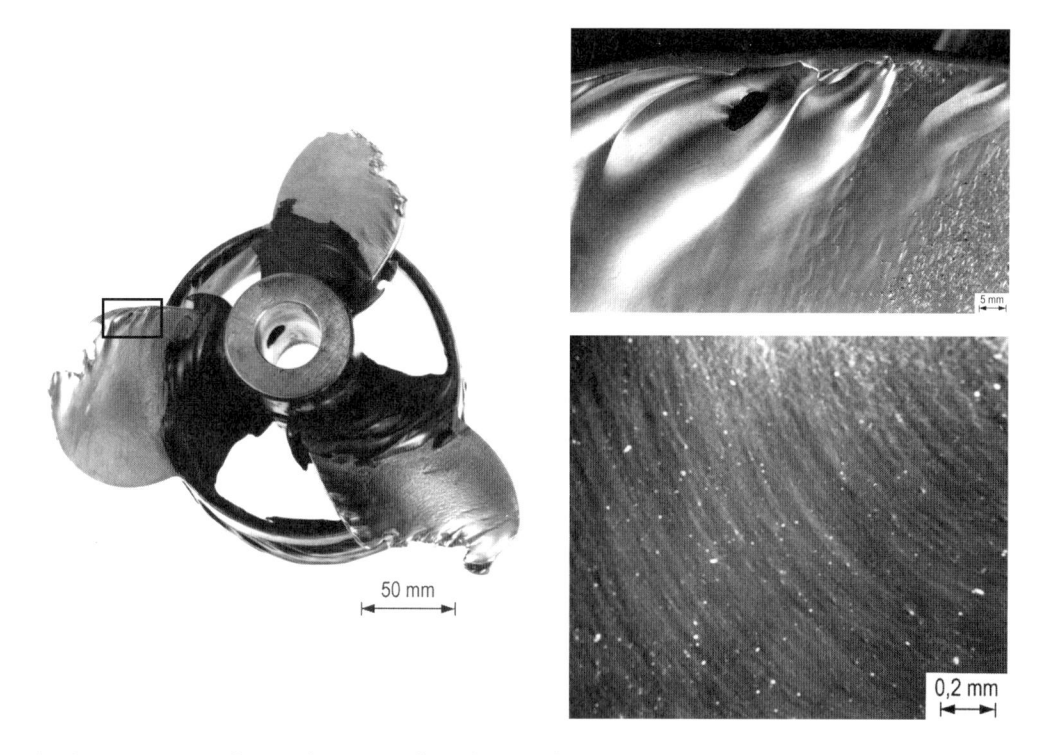

8.7 Verschleißerscheinungsformen bei hydroerosivem Verschleiß 503

Bild 8.101: Längswellen an einem Propeller mit Gummierung; Medium: Aktivkohle/Wasser = 1:4
links: Übersicht; rechts: Ausschnitte

Sandhaltiges Wasser führt häufig an Laufrädern von Wasserturbinen zu zahlreichen aneinandergereihten kleinen Mulden, die auf die Wirkung von Wirbelfeldern an der Schaufeloberfläche zurückzuführen sind. In den Bechern eines Peltonlaufrades aus 13%igem Chromstahl sind sie innerhalb weniger Wochen infolge von Überschwemmungsfluten entstanden, **Bild 8.102**, wobei größere Mengen an abrasiv wirkenden harten Partikeln im Wasser mitgeführt wurden. Aber auch geringe Sandkonzentrationen können bei den Strahlgeschwindigkeiten von bis 140 m/s beträchtliche Erosion bewirken [99]. Die einzelnen Mulden sind durch scharfe Kanten getrennt. Durch die oberflächennahen Wirbel werden die Partikel durch Zentrifugalkräfte an die Schaufel gedrückt, wodurch stromaufwärts verstärkt Verschleiß auftritt, Modellvorstellung vgl. Bild 8.69.

Neben den Sandkonzentrationen spielt für die Standzeit des Laufrades auch die Bechergeometrie eine wichtige Rolle [99]. Hierzu zählen die Schneidengeometrie und der Austrittswinkel des Strahls. Scharfe Schneiden bekommen Scharten, die die Strömung stören, und stumpfe Schneiden bewirken Strömungsablösung. Zu große Eintrittswinkel verursachen durch Turbulenzen ausgelöste wellenförmige Erosionserscheinungen. Der Austrittswinkel hat unter energetischen Gesichtspunkten Bedeutung. Ist der Austrittswinkel zu groß, so kann nicht die maximale Energie abgegeben werden und ist der Winkel zu klein, so geht durch die Wasserbeaufschlagung der Becherrücken Energie verloren. Die wellenförmigen Erosionserscheinungen beginnen oft im Austrittsbereich der Strahles.

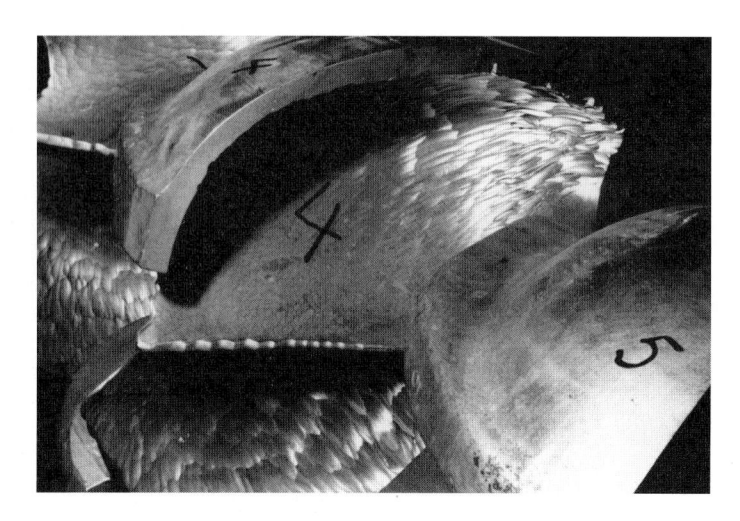

Bild 8.102: Mulden durch hydroerosiv wirkende Wirbelfelder in den Bechern eines Peltonlaufrades aus 13%igem Chromstahlguss [J. M. Voith]

Ähnliche Erosionsformen zeigen sich auch am Laufrad einer Francisturbine, **Bild 8.103**, und sind auf die gleiche Ursache zurückzuführen. Das Zurückhalten der Abrasivstoffe wäre die beste Gegenmaßnahme, was aber technisch bei Hochwasser meist nicht möglich ist.

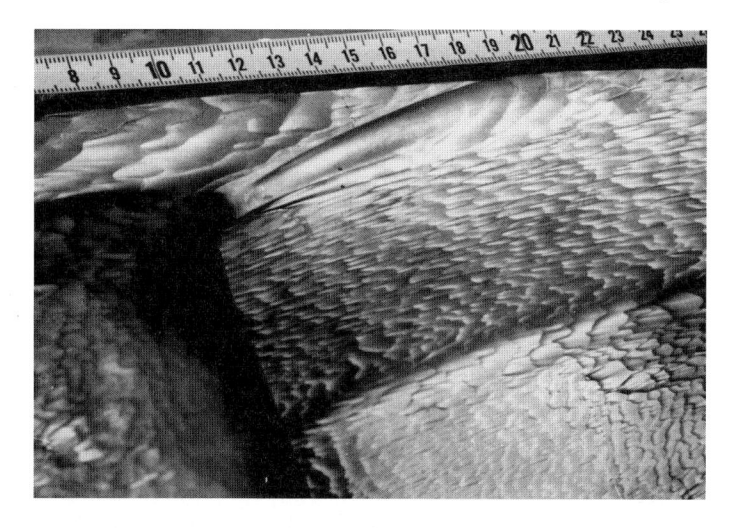

Bild 8.103: Mulden durch hydroerosiv wirkende Wirbelfelder auf der Eintrittseite der Schaufeln eines Francislaufrades aus 13%-igem Chromstahlguss [J. M. Voith, 60]

Spülversatzrohre dienen im Bergbau dem hydraulischen Transport von Feststoffen wie Sanden, Erzen oder Kohle in Rohrleitungen und unterliegen meist erheblichem Verschleiß hauptsächlich auf der Sohle des Rohres. Dort bilden sich Längsrillen infolge der sich auf der Sohle

8.7 Verschleißerscheinungsformen bei hydroerosivem Verschleiß 505

bewegenden Feststoffsträhnen. Die Rohre geringerer Härte (180 HV 30) weisen feinere Rillen ähnlich einer Schleifstruktur auf als diejenigen Rohre höherer Härte (240 HV 30) mit "weicheren" Formen, **Bild 8.104**. Ein zweimaliges Drehen der Rohre nach bestimmtem Durchsatz um 120° ähnlich wie die Blasversatzrohre, vgl. 8.5.1 Querwellen, Mulden, gestattet eine bessere Werkstoffausnutzung. Bewährt haben sich als Werkstoffe Schmelzbasalt, flammgehärtete Rohre, gummierte und mit Polyurethan ausgekleidete Rohre [100].

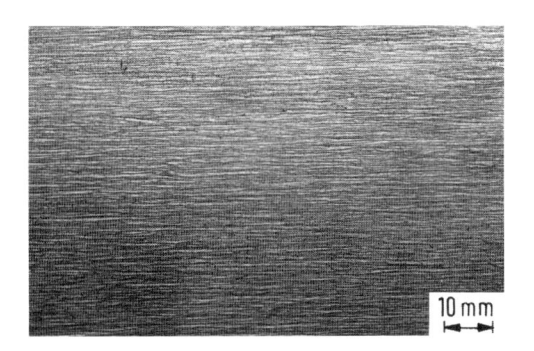

Bild 8.104: In Strömungsrichtung verlaufende Längsrillen in Spülversatzrohren St70 [80, 5];
links: 180 HV 30; rechts: 240 HV 30

Das Regelventil, **Bild 8.105 links**, das im Brauchwasserkreislauf für die Presse eines Walzwerkes eingebaut war, war nach wenigen Tagen durch starken einseitigen Verschleiß im Bereich der kegeligen Sitzfläche unbrauchbar geworden. Die makroskopisch deutlich sichtbaren in Strömungsrichtung verlaufenden Längsrillen auf der kegeligen Mantelfläche enden im Übergangsbereich zum Teller in Hinterschneidungen, **Bild 8.105 rechts**.

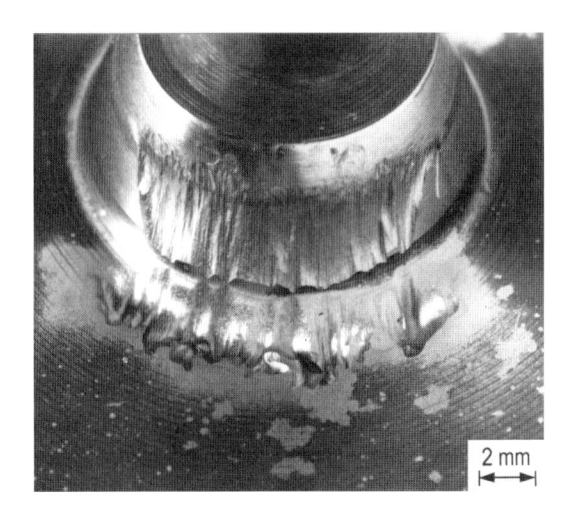

Bild 8.105: Regelventil für die Presse eines Walzwerkes
links: Übersichtsaufnahme; rechts: in Strömungsrichtung verlaufende Längsrillen im Bereich der kegeligen Sitzfläche

In einem hydraulischen Prüfstand zur Untersuchung von Profilen für Turbinenschaufeln hat sich in der Prüfkammer im Bereich der Probendurchführung zwischen Probe und Kanaldeckel eine Spaltströmung eingestellt, die zu einer hufeisenförmigen Erosionsform auf der Probe durch das quarzhaltige Wasser geführt hat, **Bild 8.106**.

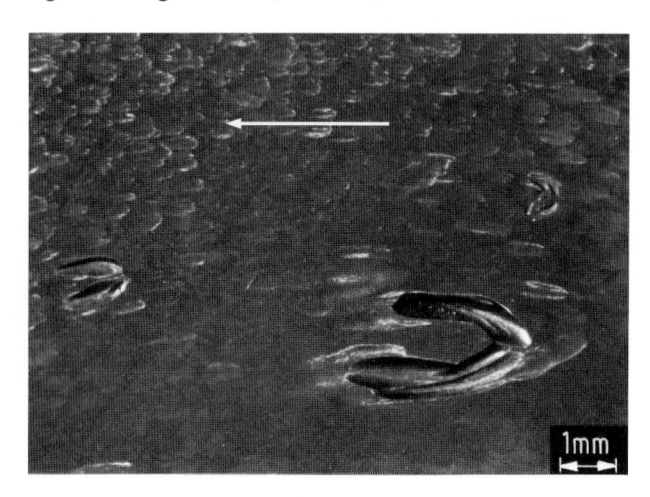

Bild 8.106: Hufeisenförmige Mulde aufgrund einer Spaltströmung mit quarzhaltigem Wasser (2 Masse-% Quarz, d_k = 0,1 bis 0,3 mm); der Pfeil gibt die Strömungsrichtung an

Gelangen harte Staubteilchen in Hydrauliksysteme, so können sich z. B. im Bereich eines Ventilsitzes im Laufe des Betriebs infolge von hohem hydraulischem Druck erosiv Kanäle ausbilden, die die Ventilfunktion beeinträchtigen, **Bild 8.107**. Dieser Erosionserscheinung gehen zunächst Eindrückungen voraus, vgl. Bild 8.108, aus denen im weiteren Verlauf Kanäle erwachsen, vgl. Bild 8.109.

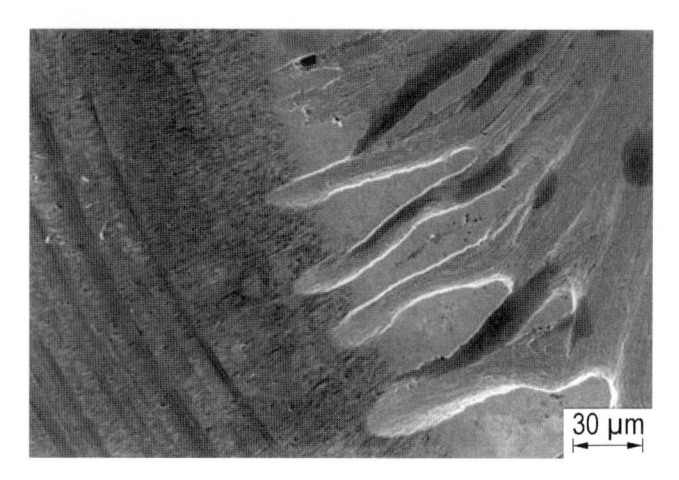

Bild 8.107: Hydroerosiv bedingte Rillen in Strömungsrichtung an einem Ventilsitz aus gehärtetem 100Cr6

8.7.2 Eindrückungen

Bei Schaltventilen mit extrem hohem Staubanteil drücken sich die harten Partikel beim Schließen des Ventils zunächst in unregelmäßiger Verteilung in den Sitz, **Bild 8.108**. Diese Vorstufe führt unterstützt durch die Strömung zu gerichteten Eindrückungen, **Bild 8.109**, so dass dann bei Durchgängigkeit durch die hohe Strömungsgeschwindigkeit Kanäle erodiert werden können, vgl. Bild 8.107. Diese weisen eine glattere Kontur auf als die unregelmäßige Kontur der Vorstufen. Außerhalb der Ventilsitzfläche im Bereich der Bohrung verursachen die Staubteilchen Riefen, Bild 8.109. Die Strömungsrichtung, die von rechts nach links verläuft, kann bei entsprechender Vergrößerung an den keilförmigen Riefen abgelesen werden.

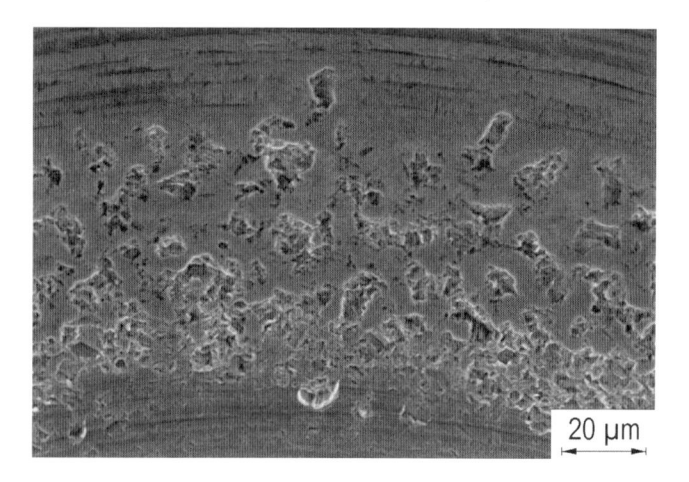

Bild 8.108: Eindrückungen an einem Ventilsitz aus gehärtetem 100Cr6 durch harte Staubteilchen.

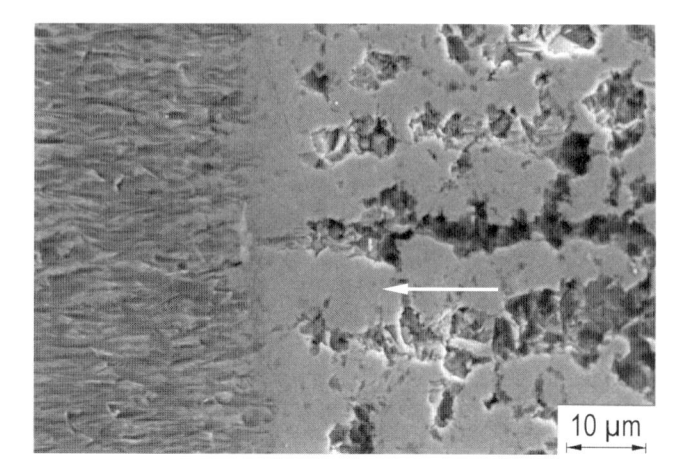

Bild 8.109: Eindrückungen partiell zu Kanälen erweitert an einem Ventilsitz aus gehärtetem 100Cr6 durch harte Staubteilchen; links im Bild außerhalb der Sitzfläche Riefenbildung in Strömungsrichtung von rechts nach links

Die unter flachem Winkel auftreffenden Partikel dringen zunächst nur wenig in die Oberfläche ein. Mit zunehmender Eindringtiefe verbreitert sich die Riefe und endet schließlich abrupt. Die Länge der Riefen wird vom Auftreffwinkel und der kinetischen Energie der Partikel sowie vom Verformungsvermögen des Werkstoffes bestimmt.

8.7.3 Riefen

Die durch Abrasivstoffe beanspruchten Oberflächen erscheinen häufig metallisch blank und die von ihnen verursachten Riefen sind in der Regel erst bei höherer Vergrößerung zu erkennen. Die Orientierung der Riefen kann Hinweise auf die wirksam gewesene Strömungsstruktur geben. Die in **Bild 8.110** wiedergegebenen Riefen auf der Gehäuseinnenoberfläche einer Abwasserkreiselpumpe aus GG-20, die durch eine einheitliche Bewegungsrichtung gleitender und unter flachem Winkel auftreffender Quarzpartikel gekennzeichnet sind, weisen auf eine geordnete Bewegung innerhalb der Strömung hin. Die Verformungsfähigkeit des Graugusses lässt sich an den Werkstoffaufwerfungen ablesen.

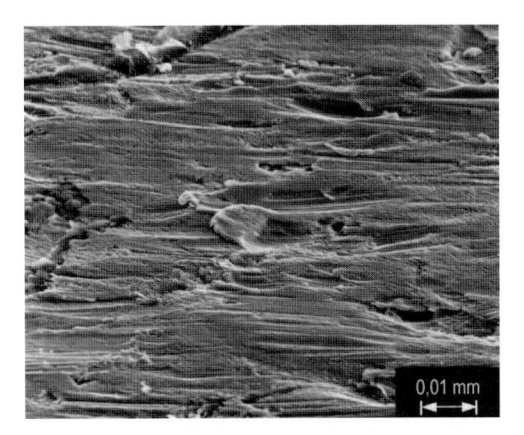

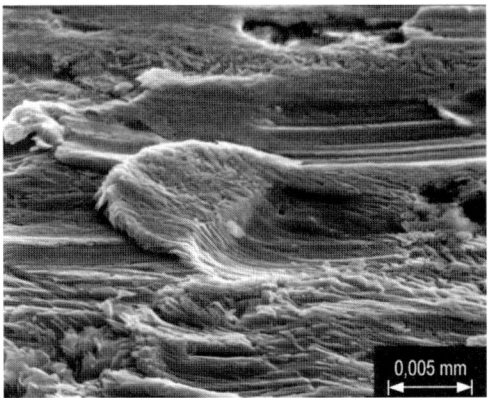

Bild 8.110: Riefen im Gehäuse einer Abwasserpumpe aus GG-20 durch hohen Quarzanteil

Die Mikrogeometrie in den Längswellen der Schleißwand weist ebenfalls eine ausgeprägte gerichtete Riefenbildung auf, die auf die abrasive Wirkung der harten Feststoffpartikel zurückgeht, **Bild 8.111**. Die Richtung der Riefen schräg zur Hauptströmungsrichtung lässt auf Sekundärströmungen in Umfangsrichtung schließen.

Im Gegensatz zu dieser regelmäßigen Ausrichtung der Riefen ist aus der unregelmäßigen Riefenanordnung, **Bild 8.112,** in den Querwellen auf der Saugseite der Schaufeln des Laufrades einer Trübepumpe aus G-X120CrMo29-2, vgl. Bild 8.94, auf starke Turbulenzen zu schließen. Verursacht wurden die Riefen in diesem Fall durch Partikel, deren Härte über der Werkstoffhärte von 270 HV 10 lag, insbesondere durch den Pyritanteil im Kohlerohschlamm. Auch hier ist zu beachten, dass durch die Wirbel – abgesehen von der höheren Beanspruchung – längs des durch die Strömungsform gegebenen längeren Weges die Partikel länger in Berührung mit der Oberfläche sind als bei einer wirbelfreien Strömung.

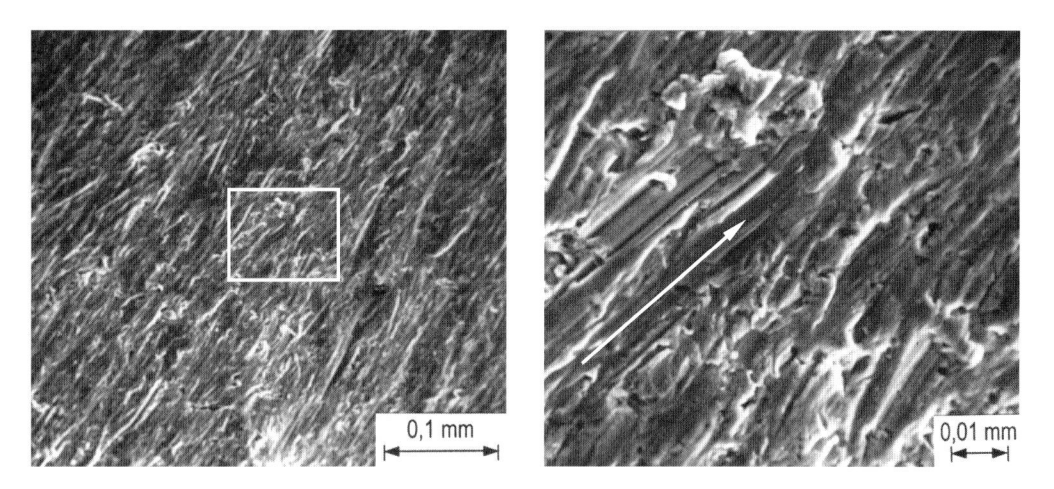

8.7 Verschleißerscheinungsformen bei hydroerosivem Verschleiß 509

Bild 8.111: Riefen im Bereich der Längswirbel der Schleißwand einer Trübepumpe, Ausschnitt aus Bild 8.98 rechts; der Pfeil gibt die Strömungsrichtung an

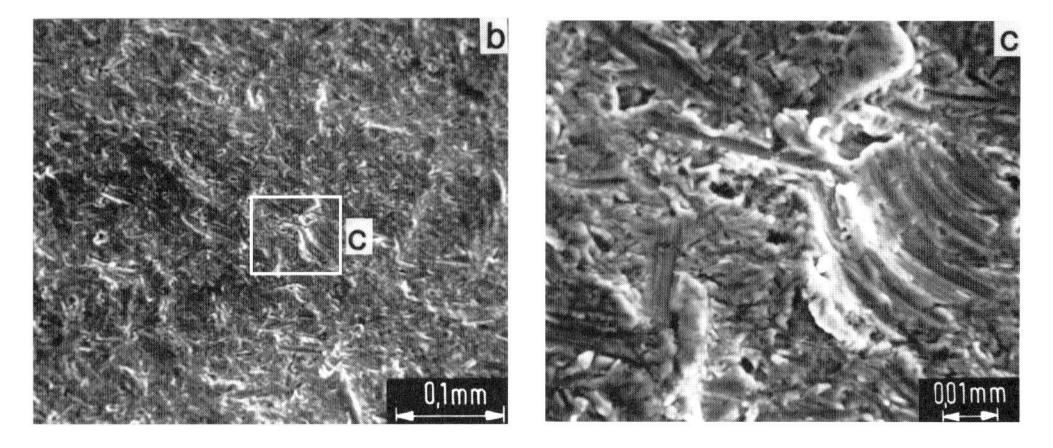

Bild 8.112: Riefen auf der mit Querwellen versehenen Saugseite der Schaufeln des Laufrades einer Trübepumpe aus G-X120CrMo29-2, linkes Bild (Ausschnitt b) vgl. Bild 8.94

8.7.4 Selektive Erosion

Abhängig von der Gefügestruktur zeichnet sich mikroskopisch oft eine weitere Erscheinungsform ab, die der selektiven Erosion, die manchmal jedoch erst bei hoher Vergrößerung sichtbar wird. In der in Bild 8.99 wiedergegebenem Abwasserpumpe zeichnet sich eine selektive Erosion durch den Feinanteil im Abwasser ab, von der der Ferrit in der Perlitstruktur betroffen ist, **Bild 8.113**. Aufgrund der im überwiegend basischen Bereich von pH = 6 bis 9,3 betriebenen Pumpe ist von einer untergeordneten korrosiven Komponente auszugehen.

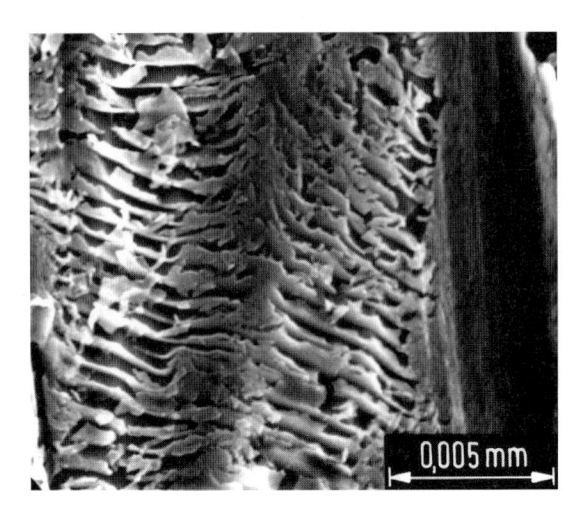

Bild 8.113: Selektive Erosion der Ferritlamellen im Perlit einer im basischen Bereich betriebenen Abwasserpumpe aus GG-20

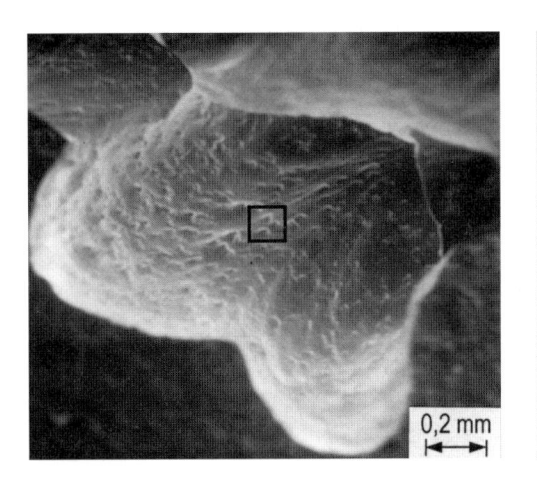

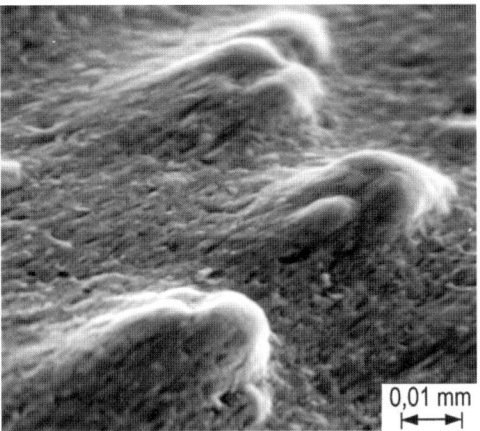

Bild 8.114: Regelventil für die Presse eines Walzwerkes, vgl. Bild 8.105;
links: Erosionsmulde;
rechts: freigelegte Carbide durch selektive Erosion in der Erosionsmulde

Bei hartstoffhaltigen Werkstoffen, wie z. B. ledeburitischen Stählen, kann die Matrix um die harten Phasen in Anströmrichtung und seitlich davon abgetragen werden, während sie im Strömungsschatten weitgehend geschützt ist. Bei dem in Bild 8.105 wiedergegebenem Regelventil stellt die scharfe Umlenkung des Wasserstrahles im Bereich zwischen Kegel und Teller in Verbindung mit der Verwirbelung eine hohe Beanspruchung dar, die zur selektiven Erosion der Karbide führte. Die mikroskopischen Strömungsfiguren werden von den frei gelegten Karbiden geprägt, **Bild 8.114**. In der Matrix sind bei höherer Vergrößerung mehr oder weniger scharfe feine Riefen zu erkennen, die den Schluss zulassen, dass harte feine Partikel (möglicherweise feiner Zunder) mitgeführt wurden.

8.7.5 Profiländerung

In vielen Fällen liegt die Härte der Abrasivstoffe über derjenigen des metallischen Werkstoffes, so dass die Lebensdauer oft sehr beschränkt ist. Als Alternative wird daher häufig auf eine Auskleidung mit Elastomeren zurückgegriffen. Bei Pumpen für Schlamm und Sand konnte gegenüber Grauguss durch eine Auskleidung mit Polyurethan die rd. 10-fache Standzeit und bei Flotationszellen für Erztrüben durch Auskleidung der Rührer mit Weichgummi gegenüber Stahlgussrührern eine 4- bis 6-fache Standzeiterhöhung erzielt werden [101]. Mit Polyurethan beschichtete Pumpenflügelräder einer Schlammpumpe erreichen eine rd. 100-fache Lebensdauer im Vergleich zu Gusseisen, **Bild 8.115**.

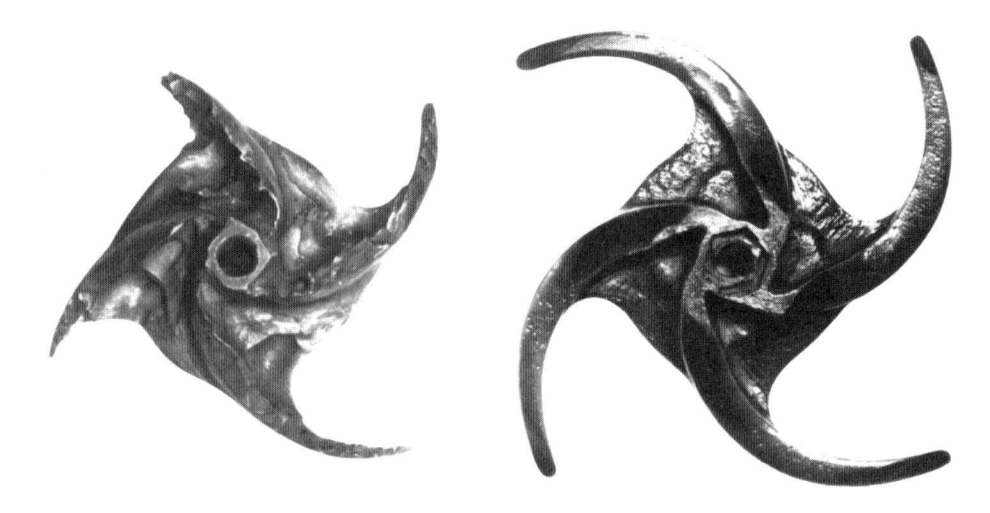

Bild 8.115: Lebensdauerverlängerung von Pumpenflügelrädern einer Schlammpumpe durch geeignete Werkstoffwahl; links: Gusseisen, rechts: Polyurethanummantelung

8.8 Grundlagen Erosionskorrosion

8.8.1 Allgemeines

Bei Erosionskorrosion nach DIN EN ISO 8044, 1999-11 [102] werden Werkstoffoberflächen durch ein- oder mehrphasige Strömungen (flüssig/fest, flüssig/gasförmig, flüssig/fest/gasförmig) sowohl mechanisch als auch korrosiv geschädigt, wobei eine anteilige Aufteilung systemabhängig ist und nach [80] nicht quantifiziert werden kann, da Korrosionsprozesse durch die mechanische Beanspruchung angeregt werden. Durch die mechanische Beanspruchung werden sowohl Deck- und Passivschichten sowie der Grundwerkstoff abgetragen als auch ein Aufbau schützender Schichten verhindert. Bei der aus der Strömung resultierenden mechanischen Beanspruchung handelt es sich um Wandschubspannungen (Erosion) und Druckschwankungen (Kavitation). Bei technischen Systemen mit einphasiger Strömung sind unter den üblichen Geschwindigkeiten von wenigen Metern pro Sekunde die Wandschubspannungen viel zu gering, um an die Festigkeit der meisten Werkstoffe heranzureichen [103, 104]. Auch im Bereich von Störstellen, wo Wirbelbildungen mit Strömungsablösungen und wiederanliegenden Strömungen auftreten, reichen die Wandschubspannungen oft nicht aus, um Werkstoff abzutragen. Daher sind Schäden selten, die allein durch die mechanische Wirkung einphasiger Strömungen verursacht werden. Die mechanische Beanspruchung durch mehrphasige Strömungen ist dagegen deutlich höher.

Die Strömung wirkt sich auf die Korrosionsgeschwindigkeit je nach System unterschiedlich aus. Dabei sind drei Fälle zu unterscheiden, **Bild 8.116** [105, 106]. In Strömungssystemen ohne erzwungene (natürliche) Konvektion beispielsweise bei Loch- und Spaltkorrosion wird die Korrosion durch die Anreicherung von Wasserstoffionen und Chloridionen im Loch bzw. im Spalt gefördert, wodurch es zu einem lokal ausgeprägten Maximum der Korrosionsrate kommen kann, Bild 8.116 links. Hierzu zählt auch der Fall fehlender Deckschichtausbildung, wenn der strömungsbedingte notwendige Stofftransport ausbleibt, und Stillstandskorrosion.

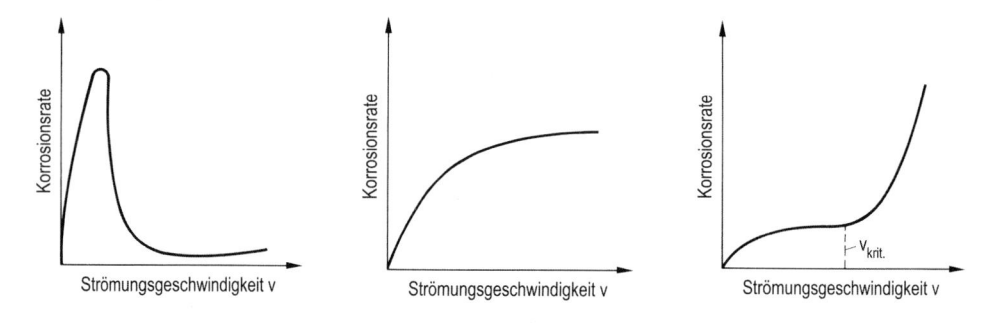

Bild 8.116: Schematische Darstellung der strömungsabhängigen Korrosionsraten [105]
links: natürliche Konvektion (Loch- und Spaltkorrosion);
Mitte: stofftransportbestimmte Korrosion (gleichmäßige Flächenkorrosion);
rechts: mechanisch-chemische Korrosion (Erosions- und Kavitationskorrosion)

In Strömungen mit erzwungener Konvektion wird die Korrosionsrate durch den Transport von Reaktanden und Reaktionsprodukten bestimmt, was zu einem gleichmäßigen Flächenabtrag führt, Bild 8.116 Mitte. Es bildet sich eine Mischkinetik aus durch das Zusammenwirken von Stofftransportvorgängen und Phasengrenzreaktionen. Bei diesem System liegen ebenfalls keinerlei mechanische Beanspruchungen vor.

Der dritte Fall steht für Strömungen mit mechanischer Beanspruchung an der Grenzfläche, wie sie bei Erosionskorrosion und auch bei Kavitationskorrosion vorliegen, Bild 8.116 rechts. Die korrosive Komponente wässriger Medien wird ausgelöst, wenn aufgrund elektrochemischer Prozesse oxidische Reaktionsschichten, die den weiteren Korrosionsprozess behindern (als Deckschicht) oder zum Erliegen bringen (als Passivschicht), aber ab einer systemabhängigen kritischen Strömungsgeschwindigkeit, durch Erosion schneller abgetragen werden als sie ent-

8.8 Grundlagen Erosionskorrosion

stehen können. Gebiete mit erhöhten Strömungsgeschwindigkeiten können beispielsweise Störstellen wie Löcher, Schweißnähte oder scharfe Strömungsumlenkungen sein. Bei derartigen Reaktionsschichten können bereits die Kräfte einphasiger Strömungen ausreichen, um die Schichten wegen ihrer geringen Festigkeit oder auch Haftung relativ leicht zu zerstören und abzutragen. Auch poröse Beläge bieten den Strömungskräften gute Angriffsflächen. Dadurch kann die Korrosion auf der ständig neu freigelegten Werkstoffoberfläche ungehindert ablaufen, wodurch das Material beschleunigt in Lösung geht. Der metallische Werkstoff selbst wird dabei nicht mechanisch abgetragen, weshalb die Festigkeit keinen Einfluss hat. Es ist jedoch möglich, die meist lockeren und porösen korrosionsbedingten Deckschichten wie beispielsweise auf Kupferwerkstoffen oder unlegierten Eisenwerkstoffen abzutragen. So konnte an Cu-Basislegierungen experimentell unter Meerwasserbedingungen gezeigt werden, dass trotz der geringen Wandschubspannung ab einer kritischen Geschwindigkeit die aus Korrosionsprodukten bestehenden Deckschichten abgetragen werden können [103].

Die Vorstellung über die Erosionskorrosion lässt sich anhand des in **Bild 8.117** wiedergegebenen Modells veranschaulichen [107]. Wird der mit einer Primärschicht bedeckte Werkstoff einem korrosiven Medium ausgesetzt, so kommt es zur Umbildung dieser Schicht und zur Bildung einer porösen Sekundärschicht mit anodischen und kathodischen Stellen. Die in den Poren zunächst nur schwach ausgebildeten Transportvorgänge korrosiver Agenzien und Reaktionsprodukten werden in Bereichen erhöhter Strömungsgeschwindigkeit z. B. an Störstellen verstärkt. Die dadurch erhöhten Anodenreaktionen bewirken eine Porenvergrößerung und einen Abbau der Deckschicht durch Hydrolyse. Bei fortgesetztem Einwirken des Korrosionsmediums wird die anodische Transporthemmung aufgehoben, was zur Trennung der anodischen und kathodischen Bereiche und damit zur Erosionskorrosion führt.

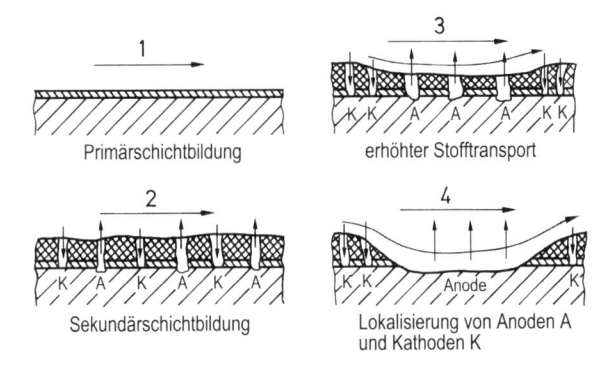

Bild 8.117: Mechanismus der Erosionskorrosion in Anlehnung an [107]

Für die Praxis ist neben der kritischen Strömungsgeschwindigkeit auch der geometrieabhängige Turbulenzgrad von Bedeutung, da dadurch hohe Geschwindigkeiten im Mikrobereich auftreten.

Betroffen von Erosionskorrosion sind u. a. Speisewasser und Nassdampf führende Bauteile von Kraftwerken wie Rohrleitungen, Rohrbogen, Pumpen, ferner Kondensatoren, hydraulische Anlagen und Wasserversorgungsanlagen aus Kupferwerkstoffen.

8.8.2 Beanspruchungsbedingte Einflüsse

Die Strömungsgeschwindigkeit ist von den beanspruchungsbedingten Größen der wohl entscheidendste Parameter für den Erosionskorrosionsvorgang, da hierdurch für diesen Vorgang wichtige Parameter geändert werden. Technische Oberflächen weisen immer Rauheiten auf, die bereits vorhandene turbulente Strukturen in den Wandgrenzschichten weiter verstärken, wodurch der Stoffaustausch besonders groß wird und somit die Ionenkonzentration durch immer wieder frisch herantransportiertes Fluid mitbestimmt wird. Abgesehen davon erfährt die Oberfläche durch den höheren Energieinhalt der wandnahen Strömung eine stärkere Beanspruchung.

Aus der Vielfalt von Wirbelströmungen sind zwei Beispiele für geordnete Wirbelbildungen herausgegriffen, die für viele Strömungsvorgänge von Bedeutung sind. An gekrümmten Wänden werden häufig in Längsrichtung vorschießende abwechselnd links und rechts drehende Längswirbel infolge von Zentrifugalkraft und dem Druckgefälle normal zu den Stromlinien hervorgerufen. Die Längsachsen dieser Wirbel fallen mit der Grundströmung zusammen. Die Vorraussetzungen für das Entstehen solcher Wirbel sind beispielsweise in spiralförmigen Pumpengehäusen und in Ringspalten zwischen Pumpengehäuse und Laufrad anzutreffen.

An konkaven Wänden sind die in der Grenzschicht zu beobachtenden Wirbel als Görtler-Wirbel bekannt, **Bild 8.118** [108, 109].

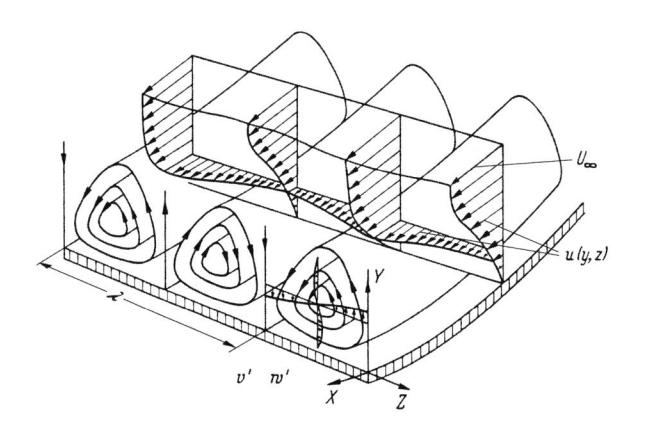

Bild 8.118: Görtler-Wirbel in der Grenzschicht an einer konkaven Wand [108]

Das zweite Beispiel für eine geordnete Wirbelbildung sind die Taylor-Wirbel. Im Ringraum, der von zwei Zylindern gebildet wird und davon der innere rotiert, führt eine instabile Schichtung ab einer Reynolds-Zahl zur Bildung regelmäßiger abwechselnd rechts und links drehender Ringwirbel mit in Umfangsrichtung der Zylinder orientierten Achsen, die als Taylor-Wirbel bezeichnet werden, **Bild 8.119**. Die Bedingung für das Auftreten laminarer Taylor-Wirbel im Ringspalt wird durch die Taylorsche Kennzahl Ta ausgedrückt [110]:

$$Ta = \frac{u \cdot s}{v} \cdot \sqrt{\frac{s}{r_i}} \geq 41{,}3 \qquad (8.6)$$

8.8 Grundlagen Erosionskorrosion

mit
u = Umfangsgeschwindigkeit der Welle
s = Spalt r_a-r_i
ν = kinematische Viskosität
r_i = Radius des inneren Zylinders
r_a = Radius des äußeren Zylinders

Den Ausdruck (u·s)/ν bezeichnet man als Reynolds-Zahl Re.

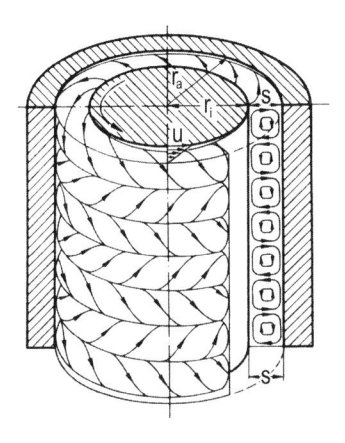

Bild 8.119: Taylor-Wirbel [110]

Die Strömung bleibt auch nach erheblicher Überschreitung der Stabilitätsgrenze noch laminar. Turbulenz setzt bei Taylorschen Kennzahlen und Reynolds-Zahlen weit oberhalb der Stabilitätsgrenze ein, was erst bei sehr hohen Umfangsgeschwindigkeiten der Fall ist [110, 111].

Wirbel sind deshalb besonders verschleißintensiv, weil – abgesehen von der örtlich erhöhten Strömungsbeanspruchung im Wirbel – in einer solchen Strömung aufgrund des günstigen Stoffaustausches keine Sättigung der Ionenkonzentration in Wandnähe stattfindet. Damit bleibt die Reaktionshemmung aus.

Wie eine Reihe von Untersuchungen und Erfahrungen zeigen, nimmt die Erosionskorrosion mit steigender Geschwindigkeit zu [103, 112 bis 118]. In **Bild 8.120** sind einige Beispiele für Stähle aus dem Turbinen- und Kraftwerksbau wiedergegeben [112], die erosionskorrosionsgefährdeten Stellen ausgesetzt sind. Die Werkstoffe lassen sich zwei Gruppen zuordnen. Bei der stark von der Strömung abhängigen Gruppe ist ein mehr mechanischer (Wandschubspannungen) Deckschichtenverschleiß und bei der schwach abhängigen Cr-legierten Gruppe eine stofftransportbestimmte Phasengrenzreaktion zu vermuten.

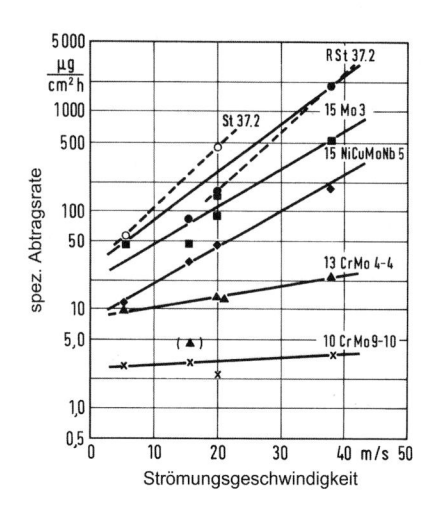

Bild 8.120: Einfluss der Strömungsgeschwindigkeit auf die spezifische Abtragsrate durch Erosionskorrosion in einphasiger Strömung mit vollentsalztem Wasser (p = 40 bar, ϑ = 180 °C, pH = 7, O_2-Gehalt < 5µg/kg, Versuchsdauer 200 h) [112, Siemens]

Mittels einer Prüfanordnung nach dem Prinzip der rotierenden Scheibe in einem Gehäuse wurden drei verschiedene Gusswerkstoffe GG-25, GGG-40 und GGG-70 in Abhängigkeit von der Strömungsgeschwindigkeit untersucht, **Bild 8.121** [119]. Der verwendete Strömungskreislauf kann wahlweise als geschlossener oder als offener Kreislauf geschaltet werden. Als Medium wurde chlorid- und sauerstoffhaltiges, heißes Wasser von 95 °C gewählt. Für die Werkstoffe GG-25 und GGG-40 geht die Korrosionsrate bei kavitationsfreiem Betrieb nach Erreichen eines Maximums mit steigender Geschwindigkeit zurück. Das gleiche Verhalten zeigt auch der

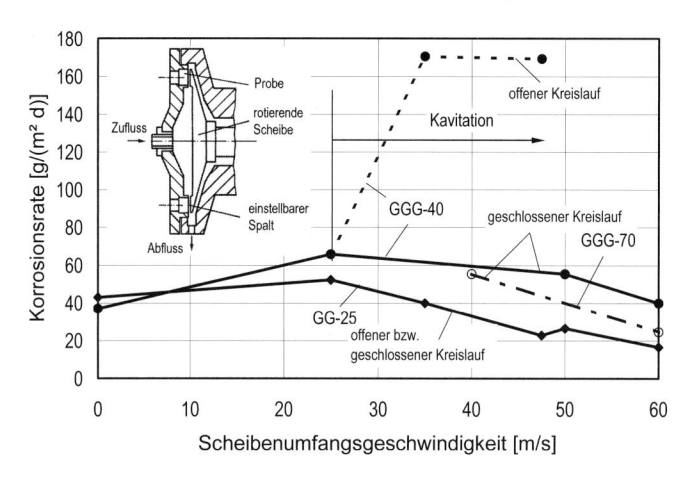

Bild 8.121: Einfluss der Scheibengeschwindigkeit in einer Prüfeinrichtung auf die Korrosionsraten dreier Gusseisenwerkstoffe nach einer Versuchsdauer von 100 h; Chloridgehalt = 200 ppm, pH-Wert = 7; Sauerstoffgehalt = 800 ppb, ϑ = 95 °C, Spaltweite = 2 mm [119]

8.8 Grundlagen Erosionskorrosion

Sphäroguss GGG-70. Die perlitische Matrix von Grauguss GG-25 und Sphäroguss GGG-70 verhält sich günstiger als die ferritische des Sphäroguss GGG-40. Wird von der geschlossenen Betriebsweise auf eine offene Betriebsweise übergegangen, so setzt ab einer Geschwindigkeit von 25 m/s Kavitation ein. Durch die mechanische Zusatzkomponente steigt die Abtragsrate des Sphärogusses durch Kavitationserosion deutlich an, während der Grauguss GG-25, dessen Kurvenverlauf für beide Betriebsarten identisch ist, von der Kavitation unbeeinflusst bleibt. Die perlitische Matrix mit Graphitlamellen bildet mechanisch stabilere Schutzschichten als die ferritische Matrix mit Kugelgraphit.

Untersuchungen von [119] mit verschiedenen Bronzen in Meerwasser bei hohen Strömungsgeschwindigkeiten im Spalt einer Prüfeinrichtung haben gezeigt, dass sich Al-Bronzen günstiger verhalten als Zn-und Sn-Bronzen, und dass sich durch Zulegieren von Cr eine weitere Verbesserung erzielen lässt, **Bild 8.122**.

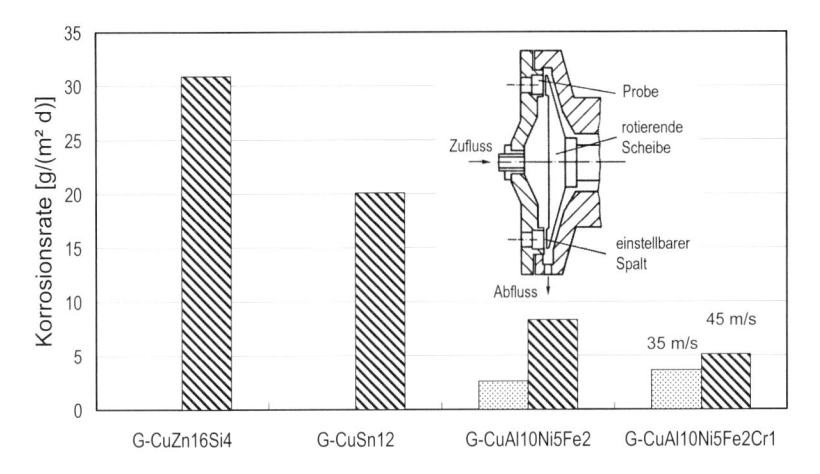

Bild 8.122: Korrosionsraten von Cu-Bronzen in schnell strömendem künstlichem Meerwasser in einer Prüfeinrichtung bei einer Temperatur von 35 °C und einer Spaltweite von 0,5 mm [119]

Ein besonderes Kennzeichen von Erosionskorrosion ist ihr Auftreten oberhalb einer kritischen Strömungsgeschwindigkeit. Sie stellt keine feste Größe dar, da sie vom Korrosionssystem und den Strömungsparametern (Phasenzustand, Turbulenzgrad) abhängt.
Richtwerte für die bei einigen Werkstoffen zulässigen Strömungsgeschwindigkeiten unter Wirkung reinen Wassers und von Meerwasser sind in **Tabelle 8.1** zusammengestellt [113, 120]. Hierbei handelt es sich um mit großem Sicherheitsfaktor versehene Erfahrungswerte.

Maximal zulässige Strömungsgeschwindigkeiten für verschiedene Kupferlegierungen weisen aus, dass offensichtlich die Beständigkeit gegenüber Erosionskorrosion mit der Härte bzw. Festigkeit des Werkstoffs zunimmt, wobei sich vornehmlich solche Legierungselemente positiv auswirken, die die Festigkeit der Deckschicht erhöhen, **Bild 8.123** [121]. Ein Fe-Anteil von bis zu 3 % erhöht sowohl die Festigkeit als auch die Beständigkeit gegen Erosionskorrosion.

Tabelle 8.1: Richtwerte maximal zulässiger Strömungsgeschwindigkeiten gegen Erosionskorrosion für reines Wasser und Meerwasser [113, 120]

Werkstoff	Geschwindigkeit m/s	
	Reines Wasser	**Meerwasser**
Aluminium	1,2 – 1,5	1,0
Kupfer	1,8	1,0
Kupfer + Arsen	2,1	1,0
Kupfer +Fe	4,0	1,5
CuZn28Sn	2,0 – 2,4	1,5 – 2,0
Al-Bronze	rd. 3,0	rd. 2,0
CuNi10Fe	5,0	2,4
CuNi30Fe	6,0	4,5
Stahl	3 – 6	2 – 5
Ni-Legierungen	bis 30	15 – 25
Kunststoffe	6 – 8	6 – 8

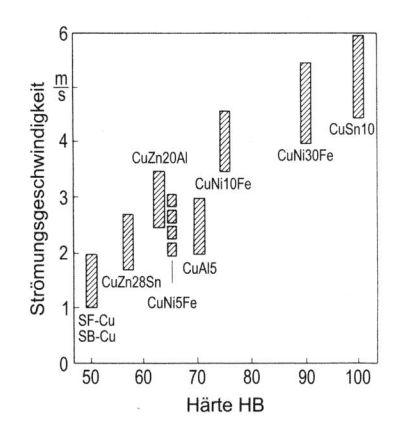

Bild 8.123: Maximal zulässige Strömungsgeschwindigkeiten für Wasser in Abhängigkeit von der Härte unterschiedlicher Kupferwerkstoffe [121]

In Wasserverteilungs- und -speichersystemen aus Kupfer und Kupferlegierungen sollte nach DIN EN 12502-2:2004 die rechnerische Strömungsgeschwindigkeit bei intermittierendem Betrieb 3 m/s und bei längerem Durchfluss (länger als 15 min) 2 m/s nicht überschreiten [122]. In Zirkulationssystemen für erwärmtes Wasser ist Erosionskorrosion liegt die Grenze bereits bei rd. 0,5 m/s.

Der Aufbau stabiler Deckschichten in wasserführenden Systemen aus unlegierten und niedriglegierten Stählen und Gusseisen ist nach DIN EN 12502-5:2004 in sauren Wässern und in Wässern mit sehr geringem Sauerstoffgehalt nicht möglich [123]. Da die Schichten sehr weich sind, wirken sie bei turbulenten Strömungsverhältnissen kaum schützend. Eine kritische Strömungsgeschwindigkeit wird nicht genannt, lediglich der allgemeine Hinweis, dass die Erosionskorrosion mit steigender Strömungsgeschwindigkeit ansteigt.

8.8 Grundlagen Erosionskorrosion

Ebenso wichtig ist die Wassertemperatur, da sie die Reaktionsgeschwindigkeit und Art der Deckschicht wesentlich beeinflusst. Die in Einphasenströmung mit vollentsalztem, neutralem und praktisch sauerstofffreiem Wasser durchgeführten Untersuchungen zeigen bei einer Temperatur zwischen 150 bis 180 °C eine maximale Abtragsrate für ferritische Stähle, die mit weiterer Temperaturerhöhung wieder abnimmt, **Bild 8.124** [112]. Erklärt wird dieser von der Temperatur abhängige Verlauf der Abtragsrate mit der Bildung von zwei getrennten Reaktionsmechanismen. Im Bereich der ansteigenden Abtragsrate bildet sich bei niedriger Temperatur eine wenig beständige $Fe(OH)_2$-Schicht, die mit Erreichen des Maximums sich in eine beständigere Magnetitschicht (Fe_3O_4) umzuwandeln beginnt.

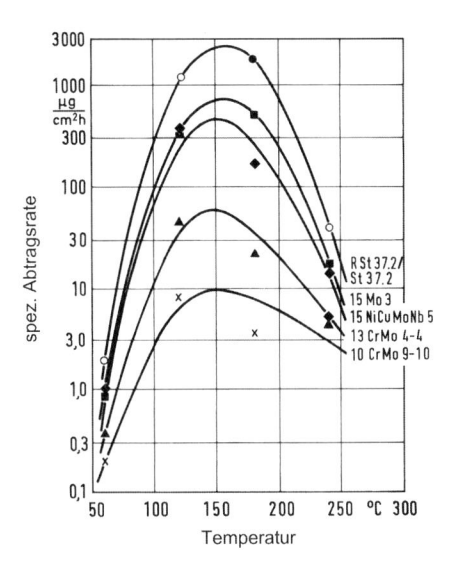

Bild 8.124: Einfluss der Wassertemperatur auf die spezifische Abtragsrate verschiedener ferritischer Stähle (p= 40 bar, v = 35 m/s, neutrale Fahrweise, pH-Wert = 7, O_2-Gehalt < 40µg/kg, Versuchsdauer 200 h) [112, Siemens]

8.8.3 Strukturbedingte Einflüsse

Hier spielen die Eigenschaften des strömenden Mediums wie die Wasserchemie eine Rolle und dabei besonders der Sauerstoffgehalt und der pH-Wert [112]. Eine Erhöhung beider Einflussgrößen steigert jeweils die Beständigkeit oxidischer Schutzschichten auf verschiedenen in der Kraftwerkstechnik eingesetzten Stählen. Ab einem O_2-Gehalt > 150 µg/kg stellt sich eine nahezu konstante vergleichsweise niedrige Abtragsrate ein, **Bild 8.125**. Der pH-Wert wirkt sich erst ab einem Wert > 9,5 deutlich auf den Korrosionsschutz aus, **Bild 8.126**. Eine alkalische Fahrweise in Kraftwerken (Druckwasserreaktoren) mit pH-Werten > 9,5 setzt voraus, dass keine Komponenten aus Cu-Legierungen (z. B. Messing-Rohre in Kondensatoren) im entsprechenden Kreislauf enthalten sind, die durch Ammoniak korrosiv angegriffen werden.

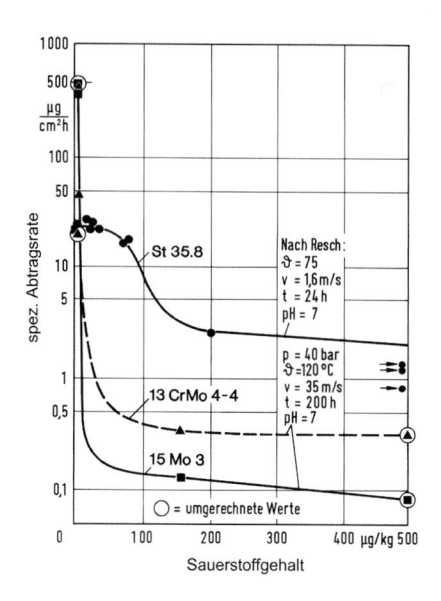

Bild 8.125: Einfluss des Sauerstoffgehaltes auf die spezifische Abtragsrate in einphasiger Strömung mit vollentsalztem Wasser [112, Siemens]

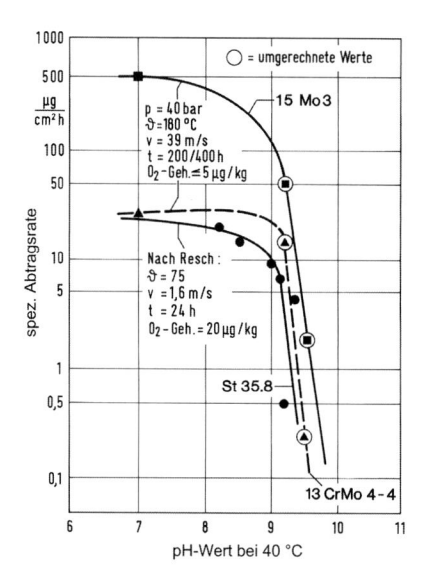

Bild 8.126: Einfluss des pH-Wertes auf die spezifische Abtragsrate in einphasiger Strömung mit vollentsalztem Wasser [112, Siemens]

Große praktische Bedeutung hat die Zusammensetzung des Werkstoffes. Austenitische Stähle sind beständig und die Widerstandsfähigkeit ferritischer Stähle wird mit zunehmenden Anteilen an den Legierungsbestandteilen Cr, Mo und Cu größer. So kann in Speisewasserkraft-

8.8 Grundlagen Erosionskorrosion

werksleitungen Erosionskorrosion bei 13%igem Cr-Stahl ausgeschlossen werden [124]. Auch schon niedrigere Cr-Gehalte genügen in vielen Fällen [112, 125], vgl. Bild 8.120.
Der Einfluss des pH-Wertes auf die Erosionskorrosion bleibt nicht auf Stähle beschränkt, auch Kupferwerkstoffe sind betroffen. Eine Absenkung des pH-Wertes in den sauren Bereich von Süßwasser oder Meerwasser führt zu höheren Erosionskorrosionsraten [104].

Änderungen in der Fahrweise von Wasser-Dampf-Kreisläufen können zu erhöhten Abtragsraten bisher bewährter Werkstoffe bei Einsatz in heißwasserführenden Hochdruck-Regelventilen an Sitz und Kegel führen [126]. Durch Umstellung der alkalischen Fahrweise (pH-Wert = 9, $O_2 < 40$ ppm) auf eine Kombi-Fahrweise (pH-Wert = 8,2 bis 8,4, $O_2 \approx 200$ ppm) nahm infolge des höheren Sauerstoffgehaltes die Lebensdauer der Komponenten aus Stellit 6 (Feinguss) beträchtlich ab. Von einer Vielzahl in einer Versuchsstrecke im Speisewassersystem bei einer Strömungsgeschwindigkeit von 200 m/s und einer Temperatur von 170 °C untersuchter Werkstoffe erwiesen sich die gehärteten Cr-Stähle X22CrNi17 (480 HV30) und X90CrMoV18 (630 HV30) sowie der vergütete Cr-Stahl X35CrMo17 (390 HV30) als günstig. Von allen untersuchten Werkstoffen war Zirkonoxid am beständigsten, während die Varianten von Stellit 6 durch höchste Abtragsraten bei beiden Fahrweisen gekennzeichnet sind. Bei dieser hohen Strömungsbeanspruchung haben sich besonders die Gefügeinhomogenitäten im Feinguss aus Stellit 6 und weniger die korrosiv wirkenden Einflussgrößen des Wassers wie pH-Wert und Sauerstoffgehalt ausgewirkt.

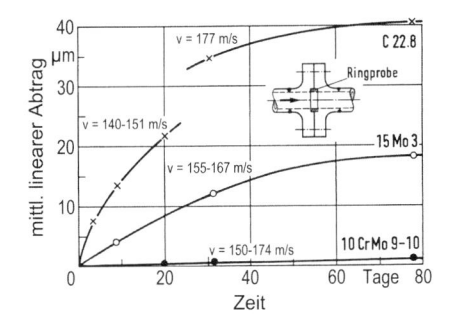

Bild 8.127: Nassdampferosionskorrosion für verschiedene Kesselstähle ermittelt in einer Nassdampfversuchsstrecke an ringförmigen Proben, die einer Heißdampfvorbehandlung zur Magnetitschichtbildung unterworfen wurden; Dampfgehalt x = 0,75 bei ϑ = 185 bis 200 °C [128]

Bei Erosionskorrosion in Zweiphasenströmungen (Wasser/Dampf) wirkt auch Tropfenschlag je nach Höhe der Nässe mehr oder weniger mit. Zunehmende Nässe führt zu einer steigenden Abtragsrate [127]. Wie bei der Einphasenströmung genügen beispielsweise bei Naßdampferosionskorrosion gegenüber unlegiertem Stahl schon geringe Prozentsätze an Mo bzw. Mo und Cr, um den Abtrag zu senken bzw. in einen nahezu abtragslosen Zustand zu überführen, **Bild 8.127** [128]. Ein ähnlicher Verlauf ergibt sich auch bei blanken nicht mit Heißdampf vorbehandelten Proben. Dem Diagramm ist auch die ausgeprägte Zeitabhängigkeit der Erosionskorrosion zu entnehmen, die für die Beurteilung des Langzeitverhaltens von Bedeutung ist. Die Erosionskorrosionsgeschwindigkeit nimmt mit der Beanspruchungsdauer deutlich ab.

Im Übrigen ist die Abtragsgeschwindigkeit im zweiphasigen Nassdampf durch den zusätzlichen Nassdampf um mehr als eine Zehnerpotenz größer als im Heißdampf. Dreilagige austenitische Beschichtungen durch Flammspritzen in Nassdampf führenden Leitungen können vor allem bei lokalen Reparaturen vorteilhaft sein [129].

Neben den Konditionierungs- und werkstofflichen Möglichkeiten kommen als weitere Abhilfe konstruktive, chemische und elektrochemische Maßnahmen in Betracht, die auf das System abgestimmt sein müssen, wie

- Senken der Strömungsgeschwindigkeit durch Ausführung größerer Strömungsquerschnitte
- Verhinderung örtlicher Turbulenzen, Vermeidung von Stauflächen, scharfen Umlenkungen der Strömung und Schweißnahtüberhöhungen. Die Bewertung der Bauteilgeometrie und die davon abhängigen Strömungsverhältnisse hinsichtlich Erosionskorrosion sind mit einem dimensionslosen Formfaktor möglich [124]. Er stellt ein Maß für den Stoffaustausch in Wandnähe dar. Beispiele aus dem Kraftwerksbau sind größere Biegeradien in Rohren, besser dimensionierte Einströmung an Sammelbehältern, Hosenrohre anstatt T-Verzweigungen oder Umlenkbleche am Sattdampfeintritt in Vorwärmern. In Rohrleitungssystemen sind strömungsstörende und damit turbulenzerzeugende Komponenten häufig in kurzen Abständen hintereinander installiert. In solchen Fällen ist oft die turbulenzerzeugende Wirkung einer ersten Komponente noch nicht ganz abgeklungen, wenn die Wasserströmung in eine zweite Komponente eintritt. Die Reichweite turbulenter einphasiger Strömungen ist mit dem 10-fachen Rohrdurchmesser D anzunehmen, während die Reichweite für zweiphasige Wasser-Dampfströmungen wesentlich größer ist [130].
- Vermeidung direkter Wandanströmung
- wasserchemische Maßnahmen wie Erhöhung des pH-Wertes und des Sauerstoffgehaltes
- Elektrochemische Schutzverfahren bei Cu-Werkstoffen z. B. kathodischer Schutz [131]

8.9 Verschleißerscheinungen durch Erosionskorrosion

Die Erscheinungsformen sind auch bei Erosionskorrosion vielfältig, die in zahlreichen Abhandlungen untersucht worden sind [114, 122, 132, 133]. Es werden flächige, mulden-, wellen- und riffelartige von der Strömung geprägte Formen gefunden. Sie treten häufig auch lokal begrenzt in Zonen durch Turbulenzen gestörter Strömungen auf.

8.9.1 Auswaschungen, Querwellen, Mulden

Die Bedingungen hoher Beanspruchung durch einphasige Strömungen bestehen dort, wo eine unter Hochdruck stehende Flüssigkeit mit großer Geschwindigkeit in einen Raum niedrigeren Druckes ausströmt. An einem in einen Speisewasserbehälter eingewalzten Rohr ist durch einen herstellungsbedingten Längsriss Speisewasser unter hohem Druck von 160 bar ausgeströmt und hat den engen Spalt bis zur Ausbildung des unregelmäßigen Durchbruchs erodiert, **Bild**

8.9 Verschleißerscheinungen durch Erosionskorrosion

8.128. Die Strömungskräfte hatten wesentlichen Anteil an dem Schaden, auch wenn eine korrosive Komponente nur von untergeordneter Bedeutung war, handelt es sich streng genommen um Erosionskorrosion.

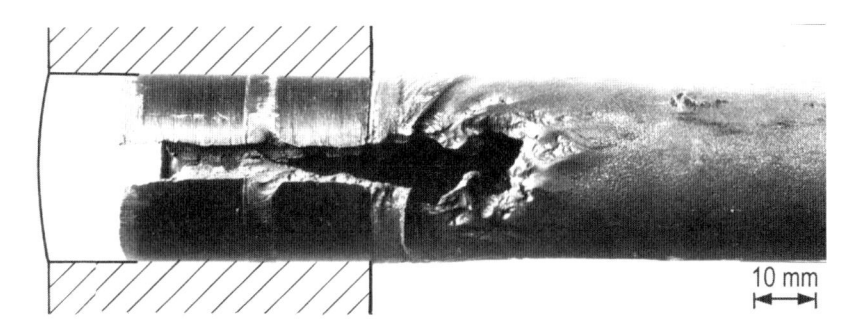

Bild 8.128: Auswaschung im Bereich eines Längsrisses des eingewalzten Rohres eines Speisewasservorwärmers durch unter hohem Druck (160 bar) ausgeströmtes Wasser

Die Empfindlichkeit von Kupferwerkstoffen gegenüber hohen Strömungsgeschwindigkeiten zeigt sich am Beispiel in **Bild 8.129**. Durch zu starkes Anziehen der Schlauchklemme bildete sich ein Spalt zwischen Elastomerschlauch und Kupplungsstück, so dass Leckwasser austreten konnte. Vermutlich ist es im Laufe der Beanspruchung zu örtlich begrenzter Erosionskorrosion längs der Strömung und bei längeren Stillständen auch zu drei Lochfraßstellen gekommen.

Bild 8.129: Auswaschung an einem Kupplungsstück aus Messing CuZn37 [59, VDI 3822, Blatt 5]

Diese haben sich durch Erosionskorrosion erweitert und so zu der blank polierten fächerförmigen Erscheinung und den zwei in Umfangsrichtung verlaufenden Rillen in der Stoßstelle der beiden Elastomerschläuche beigetragen.

Aus den beiden folgenden Beispielen geht hervor, wie auch Strömungshindernisse die Erosionsformen durch Wirbelbildung prägen können.

Ein Doppelrohrkondensator, **Bild 8.130**, war nach wenigen Monaten Betriebszeit wegen eines Durchbruches des kühlwasserführenden Kupferrohres ausgefallen, so dass eine getrennte Kreislaufführung von Kühlwasser und Kühlmittel unmöglich wurde. Der Kondensator wies vor allem im Bereich der eingelöteten Rohrenden Erosionsschäden in Form grabenartiger Auswaschungen infolge von Wirbelbildung und Sekundärströmungen auf. Diese Strömungsinstabilitäten wurden durch Hindernisse verursacht, die aus Lotansammlungen – herrührend vom Einlöten der Kupferrohre in die Stahlhalterung – und in die Rohröffnung bzw. die Strombahn hineinragende Gummidichtungen bestanden. In den Wirbeln an den Strömungshindernissen stellte sich eine Beanspruchung ein, die höher ist als die in der glatten Strömung ($v = 1{,}4$ bis $2{,}4$ m/s). Bei den im Betrieb aufgetretenen hohen Beanspruchungen kann sich keine stabile Schutzschicht ausbilden; bei Kupferwerkstoffen sollte die Strömungsgeschwindigkeit 1,8 m/s nicht überschreiten. Der Werkstoff war nicht zu beanstanden, ein Angriff durch abrasiv wirkende Stoffe konnte aufgrund der Wasseranalyse ausgeschlossen werden. Der verhältnismäßig hohe Chloridgehalt des verwendeten Kühlwassers hat die Abnutzung infolge von überlagerter Korrosionswirkung begünstigt. Nachteilig war außerdem das schwach saure Kühlwasser (pH-Wert rd. 6), von dem ebenfalls die Schutzfilmbildung negativ beeinflusst wurde.

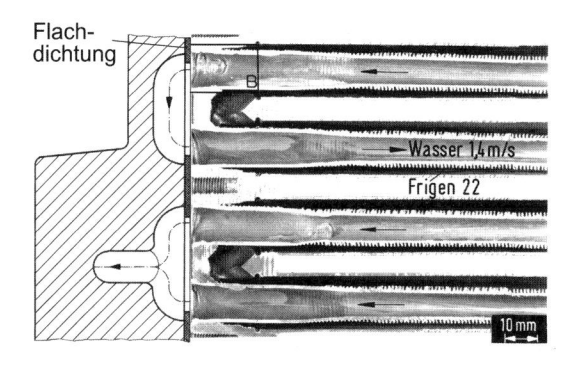

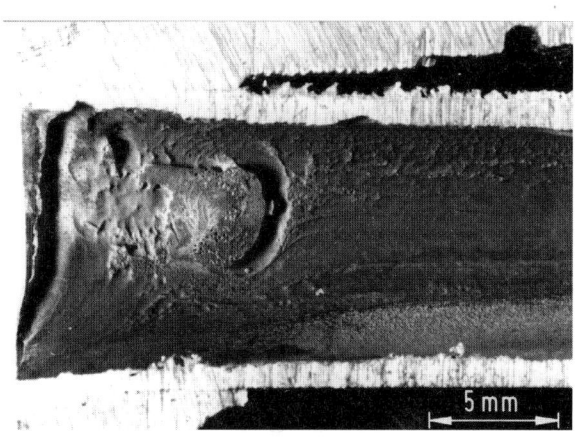

Bild 8.130: Auswaschungen in einem Doppelrohrkondensator durch Querschnittsbehinderungen von Lot und Gummidichtungen
oben: Übersicht, unten: Ausschnitt B

8.9 Verschleißerscheinungen durch Erosionskorrosion

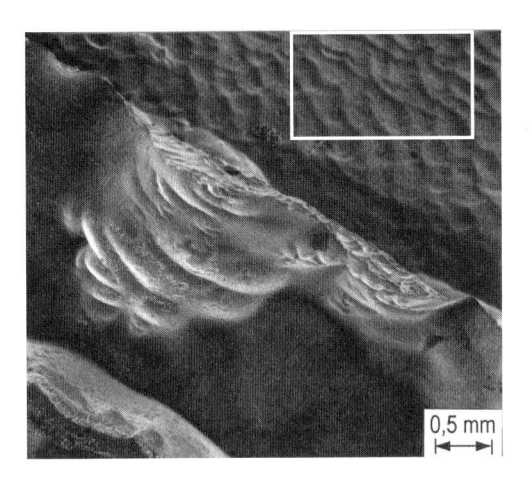

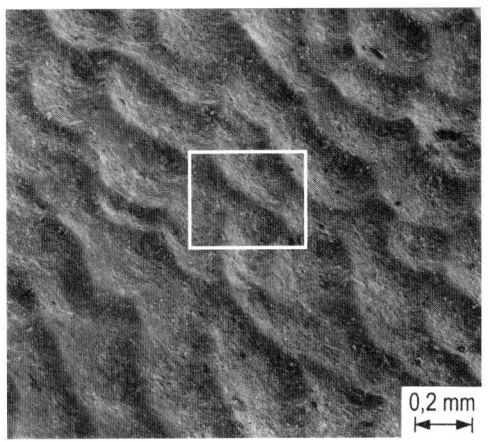

Bild 8.131: Querwellen in Strömungsrichtung nach einer Schweißnaht in einer Nassdampf führenden Rohrleitung aus unlegiertem Stahl mit niedrigem C-Gehalt (p = 9,2 bar, ϑ = 174 °C)
links: Übersicht; rechts: Ausschnitt

Die Ausbildung der wellenartigen Struktur in einer Nassdampf führenden Rohrleitung ist auf die von der Umfangsschweißnaht induzierten Wirbel zurückzuführen, **Bild 8.131**. Die erodierten Bereiche erscheinen makroskopisch teilweise schwarzbraun und teilweise glänzend.

Bei großflächigem Abtrag nehmen die Auswaschungen unregelmäßige Formen und Tiefen an, die ebenfalls den Strömungscharakter widerspiegeln und sich in der Regel im beanspruchten Bereich nicht periodisch wiederholen. Aufgrund der besonderen Form kann die Auswaschung einen Übergang zur Mulde zum Teil mit Unterhöhlungen darstellen. Die abgetragenen Oberflächen heben sich gelegentlich visuell als glatte, matt glänzende Stellen von der Umgebung ab und lassen manchmal mikroskopisch noch Korrosionsnarben erkennen. Oft sind zusätzliche, periodische Wellen- bzw. Schulterbildung überlagert. Mechanisch nicht stabile Deck- und Passivschichten werden durch Scherkräfte mit der Folge erhöhter Korrosionsgeschwindigkeit des Grundwerkstoffes abgetragen. Wanddickenschwächungen können zur Leckage und aufgrund erhöhter Innendruckbeanspruchung der Restwanddicke zu einem Bruch führen. Beispiele betroffener Bereiche in dampf- und wasserführenden Komponenten sind Bögen, Stutzen, Formstücke, Wärmetauscher und Armaturen [134].

Großflächige Auswaschungen, die längs der Oberfläche vorherrschende Turbulenz widerspiegeln, finden sich auch im Bereich von Kesselspeisepumpen. Bei dem in **Bild 8.132** wiedergegebenen Beispiel handelt es sich um eine fünfstufige Kesselspeisepumpe [132]. Das Speisewasser bestand aus einem Gemisch aus Kondensat und voll entsalztem Brunnenwasser. Die Auswaschungen erreichten stellenweise eine Tiefe bis zum Durchbruch. Die nicht abgetragenen Bereiche waren geschützt durch einen braunen Belag, der zu rd. 71 % aus Fe_3O_4 und zu 29 % aus CuO bestand.

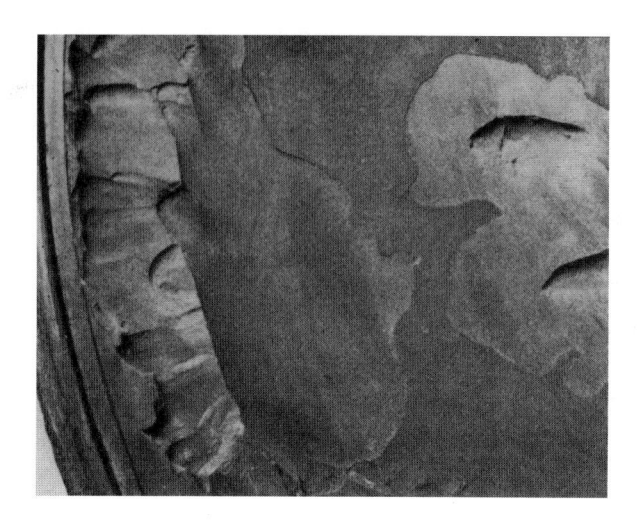

Bild 8.132: Auswaschungen am Deckel des Einlaufgehäuses einer fünfstufigen Kesselspeisepumpe aus GS-C25 nach 14000 Betriebsstunden; Speisewasser aus einem Gemisch aus Kondensat und voll entsalztem Brunnenwasser mit einem Salzgehalt von 0,4 bis 0,6 mg/l und einem mittleren O_2-Gehalt von 5µg/l [132]

Den äußerlich glatt erscheinenden großflächigen Auswaschungen durch Nassdampf ist vielfach eine Feinstruktur von in dichter Folge nebeneinander liegenden kleinen Mulden im Millimeterbereich und kleiner überlagert, **Bild 8.133 bis 8.135**.

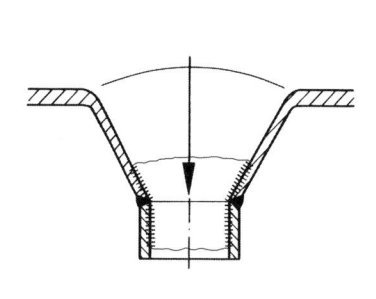

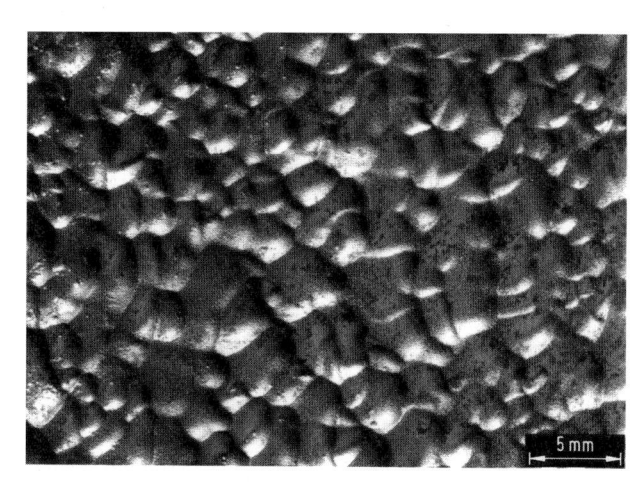

Bild 8.133: Mulden im Bereich von Auswaschungen in einem Kondensataustrittsstutzen aus St37
links: Skizze; rechts: Ausschnitt aus dem zylindrischen Rohrabschnitt

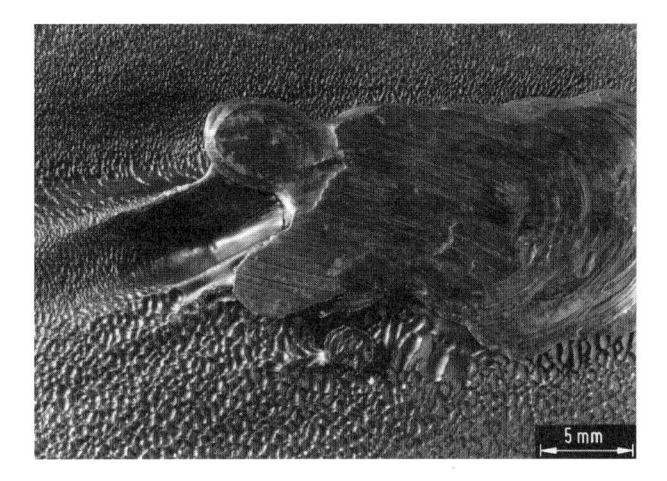

8.9 Verschleißerscheinungen durch Erosionskorrosion 527

Bild 8.134: Mulden im Bereich der Auswaschung in einer Abdampfleitung mit einer Auftragsschweißung [134]

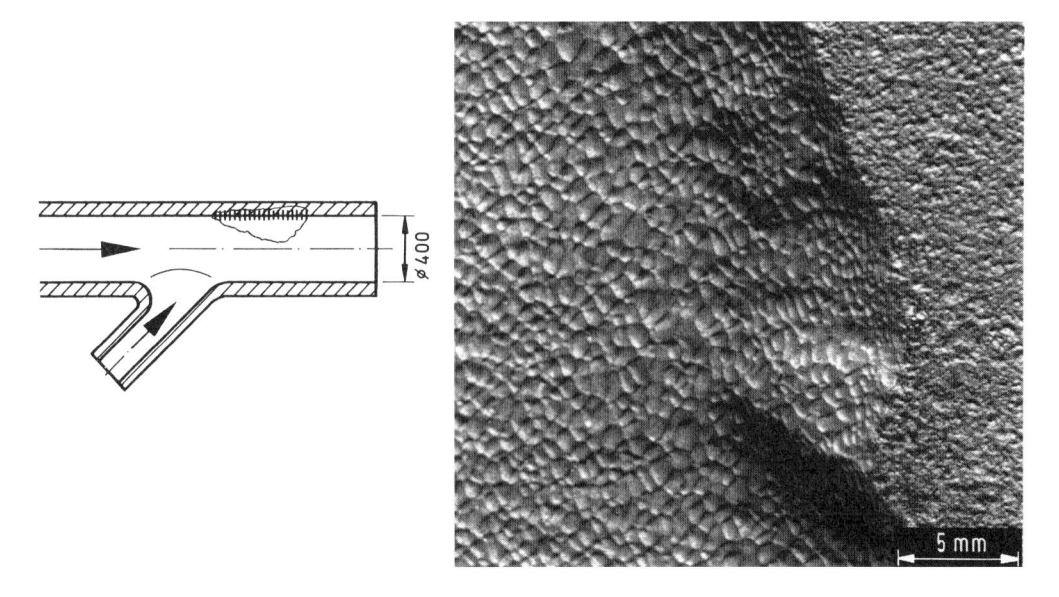

Bild 8.135: Mulden im Bereich der Auswaschung an der Rohrvereinigung aus St35 einer Anzapfleitung (p = 22 bar, ϑ = 220 °C, v = 44 m/s, Nässe 8 %, pH-Wert = 9,3, O_2-Gehalt < 2 ppb) [134]

Weitere Merkmale von Erosionserscheinungen sind Schultern mit steilen Anström- und flachen Abströmwinkeln. Eine Deckschichtbildung ist infolge hoher Strömungsgeschwindigkeit beeinträchtigt bzw. nicht möglich. In Bauteilen für Dampfkesselanlagen wie Frischdampf- oder Zwischenüberhitzer-Austrittsammlern werden in strömungsbedingten Toträumen wie Besichtigungsstutzen, Endkappen oder Kugelböden infolge überhöhter Geschwindigkeit im

Bereich der Dampfwirbel starke Abtragungen beobachtet. Untersuchungen an 18 unterschiedlichen Heißdampf-Formstücken nach einer Langzeitbeanspruchung ergaben, dass die kritische Strömungsgeschwindigkeit für das Auftreten von Heißdampf-Erosionskorrosion oberhalb 65 m/s liegen muss [114]. Von entscheidender Bedeutung ist die strömungsgünstige Ausbildung der Zu- und Abfuhr des Dampfes. Am Besichtigungsstutzen eines Zwischenüberhitzer-Austrittsammlers eines Kraftwerkes (Heißdampf 540 °C, 41 bar) hat sich nach 45000 Betriebsstunden bedingt durch Wirbelbildung ein Schaden in Form von Schultern mit Durchbruch eingestellt, Bild 8.136.

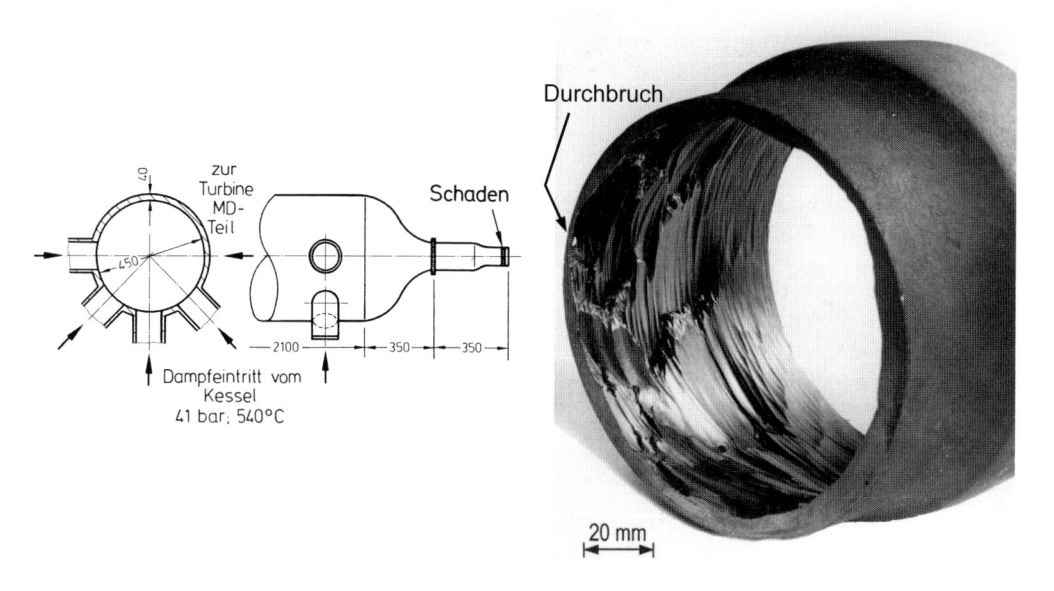

Bild 8.136: Schulterbildung durch Heißdampf im Besichtigungsstutzen eines Zwischenüberhitzer-Austrittsammlers aus 10CrMo9-10 [114, VDI 3822, Blatt 5]

8.9.2 Riffel

In ferritischen Rohrleitungen von Dampferzeugern bilden sich unter bestimmten Struktur- und Beanspruchungsbedingungen (O_2-Gehalt, pH-Wert, Temperatur und Strömungsgeschwindigkeit) aufgrund chemischer Reaktionen zwischen Wasser bzw. Wasserdampf und dem Rohrwerkstoff gewollt oxidische Schutzschichten aus Magnetit (Fe_3O_4), die vor weiterer Korrosion weitgehend schützen und so die geplante Nutzungsdauer der Komponenten gewährleisten. Voraussetzung für einen Schutz sind allerdings gut haftende und dichte Schichten. Ab einer bestimmten Grenzgeschwindigkeit (3 bis 5 m/s) entstehen jedoch infolge von Erosionskorrosion so genannte Riffelmuster, **Bild 8.137**, bei denen es sich um periodische Wellenstrukturen quer zur Strömungsrichtung handelt [135]. In [136] wird von selbstorganisierenden Rauheitsstrukturen gesprochen, die denen winderzeugter Sandriffeln entsprechen. Die Riffel, die eine Höhe von bis zu 30 µm und einen Abstand von rd. 250 µm aufweisen, erhöhen die Wandrauigkeit und damit die Wandreibung, wodurch sich unerwünscht hoher Druckverlust einstellt.

8.9 Verschleißerscheinungen durch Erosionskorrosion

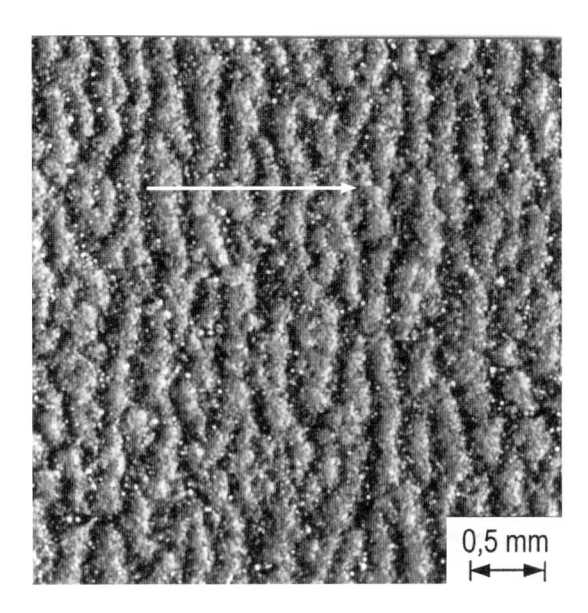

Bild 8.137: Riffel in der kristallinen Magnetitschicht eines Speisewasserrohres aus 13CrMo4-4 (v = 5 bis 7 m/s, ϑ = 375 °C, p = 300 bar); der Pfeil gibt die Strömungsrichtung an

In Bild **8.138** ist schematisch der Prozess der Riffelbildung einer Magnetitschicht mit Erhebungen und Tälern wiedergegeben, bei der ein Abtragen der Schicht durch in Lösunggehen erfolgt.

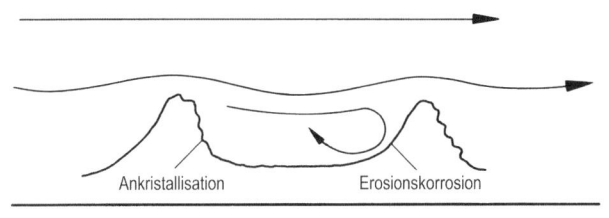

Bild 8.138: Schematische Darstellung der Riffelbildung einer Magnetitschicht

Die Turbulenzverhältnisse an der Wand und die damit gekoppelten Stoffaustauschvorgänge bewirken in Strömungsrichtung (Luvseite) ein Auflösen der Magnetitkristalle, **Bild 8.139**, und auf der entgegengesetzten Richtung (Leeseite) eine Wiederankristallisation. Wenn die Reaktionsprodukte schneller abgetragen werden, als sie sich neu bilden können, bleibt die Metalloberfläche frei, die dann allerdings einer erhöhten Korrosion unterworfen ist. Die Geschwindigkeit der Metallauflösung wird dabei durch die Kinetik kathodischer und anodischer Teilreaktionen bestimmt. Durch eine immer vorhandene Anfangsrauigkeit werden die Turbulenzerscheinungen angestoßen, wodurch sich ein selbststabilisierendes Strömungsmuster ausbildet [135].

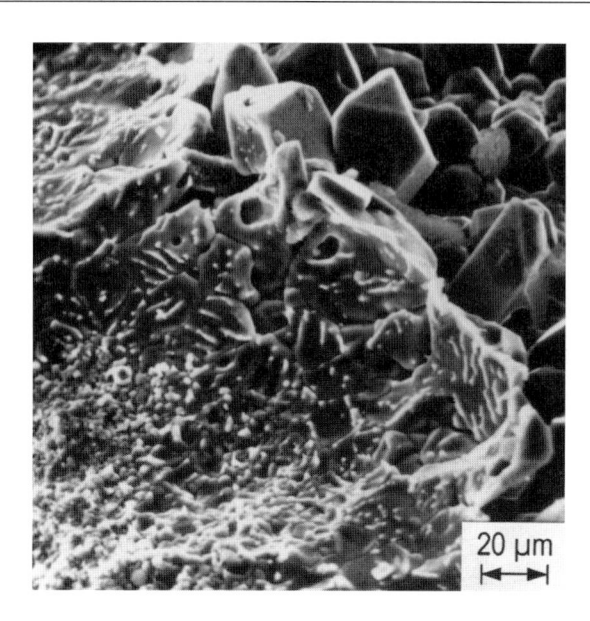

Bild 8.139: Magnetitkristalle im Bereich einer Riffel in einem Speisewasserrohr aus 13CrMo4-4 (v = 5 bis 7 m/s, ϑ = 375 °C, p = 300 bar); auf der Anströmseite sind die Kristalle infolge von Erosionskorrosion abgetragen, Strömungsrichtung von links nach rechts

Als Abhilfe hat sich eine Verminderung der Geschwindigkeit bewährt, bei der sich die Magnetitschicht ungestört ausbilden kann. Die Beständigkeit gegen Erosionskorrosion nimmt mit dem Gehalt an Legierungselementen, insbesondere Chrom, zu.

8.9.3 Längswellen

In Strömungsrichtung verlaufende, durch Längswirbel hervorgerufene schraubenlinienförmige Vertiefungen charakterisieren die Verschleißerscheinungsform der Längswellen. In manchen Fällen ist ein Übergang zur Schulterbildung zu beobachten. Infolge hoher Strömungsgeschwindigkeiten kann sich keine Schutzschicht bilden, so dass laufende Abtragung eintritt.

Typische Längswirbel am Spaltring einer Kesselwasserspeisepumpe verursachten die in **Bild 8.140** wiedergegebene Längswellenstruktur. Der Pfeil gibt die Strömungsrichtung an. 13%iger Chromstahl sollte in einphasigen Medien aufgrund seiner Passivschicht beständig sein. Möglicherweise waren Feststoffe in Verbindung mit dem sich einstellenden Wirbelfeld beteiligt und haben die Passivschicht abgetragen.

An einem Wasserleitungsrohr aus SB-Cu sind parallel zur Rohrachse durch die Oberflächentopographie induzierte Längswellen zu beobachten, **Bild 8.141** [121].

8.9 Verschleißerscheinungen durch Erosionskorrosion 531

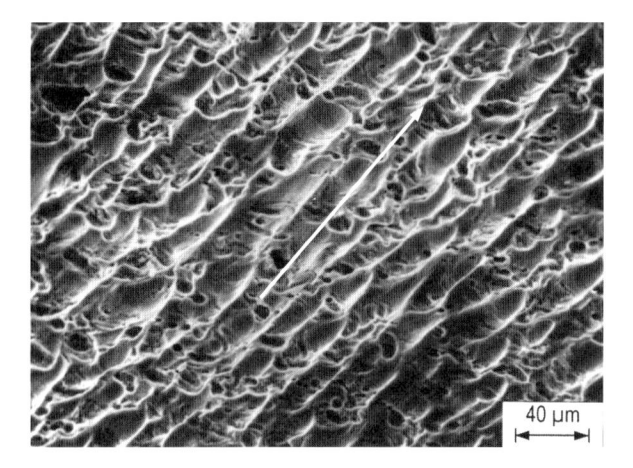

Bild 8.140: Längswellen durch Taylorwirbel mit Korrosionsnarben am Spaltring einer Kesselwasserspeisepumpe aus 13%igem Chromstahl; ϑ = 132 bis 172 °C, Fördermedium: vollentsalztes Kesselspeisewasser, Laufzeit rd. 42000 h [60, KSB Aktiengesellschaft]

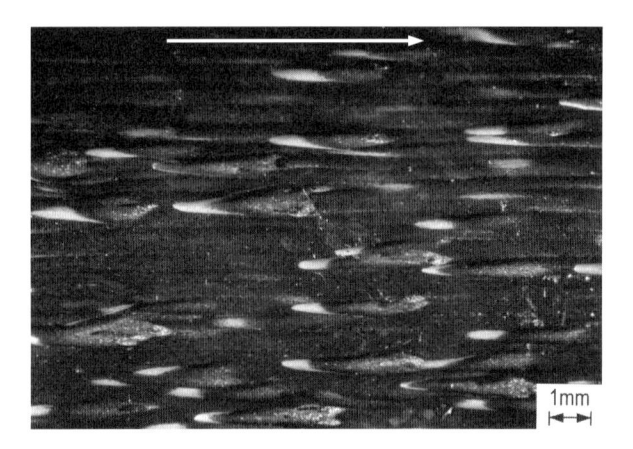

Bild 8.141: Längswellen in einem SB-Cu-Rohr [121, VDI 3822, Blatt 5]

8.9.4 Selektive Korrosion

Hierunter versteht man den bevorzugten Angriff auf bestimmte Gefügephasen, Korngrenzen und auch Oberflächenbereiche unter besonderen Bedingungen. Die übrigen Gefügebereiche bleiben passiv.

In den durch die Turbulenzen induzierten Querwellen, vgl. Bild 8.131, spiegelt sich mikroskopisch das bainitische Gefüge in der Wärmeeinflusszone (WEZ) der Umfangsschweißnaht wider, **Bild 8.142**. Im Schliff zeichnet sich ab, dass bevorzugt Anteile der nadeligen bainitischen Phase aufgelöst werden, **Bild 8.143**.

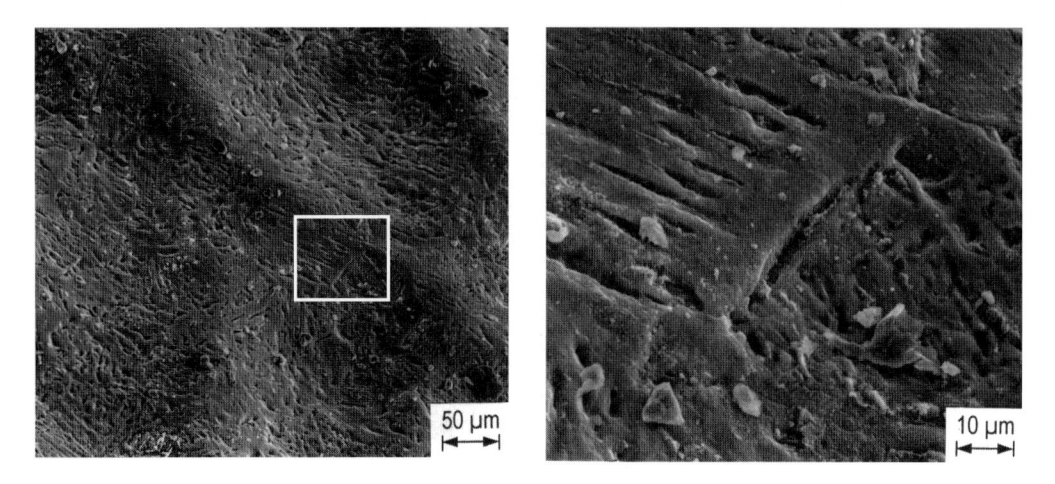

Bild 8.142: Selektive Korrosion, Detailaufnahme aus Bild 8.131

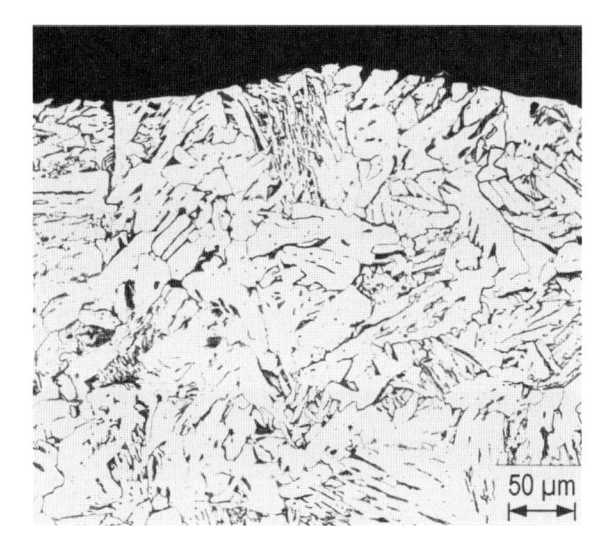

Bild 8.143: Bainitisches Gefüge in der Wärmeeinflusszone (WEZ) der Umfangsschweißnaht mit selektiver Korrosion im Bereich der Querwellen, vgl. Bild 8.131 und Bild 8.142

8.10 Grundlagen Kavitationserosion

8.10.1 Allgemeines

Unter Kavitation werden Bildung und anschließendes Zusammenbrechen von Dampf- oder Gasblasen in strömenden oder schwingenden Flüssigkeiten verstanden. Physikalisch beruht der Effekt auf der Druck- und Temperaturabhängigkeit des Phasenüberganges von der flüssigen in

8.10 Grundlagen Kavitationserosion

die dampfförmige Phase und umgekehrt. Die stoßartig freigesetzte Energie beim Kollabieren der Blasen führt zu Werkstoffschädigungen, die zuerst an schnelllaufenden Schiffschrauben und später auch an Wasserturbinen beobachtet wurden. Heute treten Kavitationsprobleme bei einer Vielzahl von Aggregaten wie Turbinen, Pumpen, Zylinderlaufbüchsen von Verbrennungsmotoren, Leitungen und Steuerungsorganen von Kühlkreisläufen, ölhydraulischen Systemen mit schnell schaltenden Ventilen sowie in Schmierspalten von Gleitlagern auf. **Bild 8.144** zeigt einen Blasenzopf durch Wirbelbildung, der vom rotierenden Laufrad einer Francisturbine erzeugt wurde [137]. Für die Blasenbildung ist der niedrige Druck im Wirbelkern verantwortlich.

Bild 8.144: Blasenzopf unter dem rotierenden Laufrad einer Francisturbine [137]

Der Begriff Kavitation wird sowohl für den physikalischen Vorgang in der Flüssigkeit als auch häufig abkürzend statt der genaueren Bezeichnung Kavitationserosion für die Werkstoffzerstörung der Oberfläche benutzt. Abgesehen von Werkstoffzerstörungen kann Kavitation in der Flüssigkeit selbst zu Störungen führen. So können z. B. beim Betrieb hydraulischer Anlagen durch die Ausbildung eines Blasenfeldes der Flüssigkeitsdurchsatz verringert werden, die Förderhöhe abnehmen oder sich der hydraulische Wirkungsgrad verschlechtern. Weiterhin können kavitationsbedingte Schwingungen Vibrationen verursachen, die Leitungen (vgl. Bild 8.161) und Bauwerke schädigen oder unerwünschte Geräuschbildung verursachen.

Auch die Eigenschaften von Hydraulikflüssigkeiten können durch die hohe Beanspruchung im Zuge der Blasenimplosion nachteilig beeinflusst werden. So können Flüssigkeiten auf Mineralölbasis durch den in den Kavitationsblasen enthaltenen Luftsauerstoff oxidieren [138]. Entstehen dabei hohe Temperaturen, kann sich das Luft- und Öldampfgemisch in der Blase sogar lokal entzünden, wodurch sich der Alterungsprozess des Öls beschleunigt (Mikrodieseleffekt) [139].

8.10.2 Entstehung und Wirkung von Kavitation

Die Kavitationsblasen entstehen entweder durch Absenkung des hydrostatischen Druckes bei konstanter Temperatur unter den Dampfdruck der Flüssigkeit oder unter den Partialdruck in ihr gelöster Gase (Pseudokavitation) oder durch Erhöhung der Temperatur bei konstantem Druck. In der Technik ist vor allem die Druckabsenkung durch Geschwindigkeitserhöhung von Bedeutung. Das Verdampfen beginnt an mikroskopisch kleinen gasförmigen oder festen Kernen an so genannten Kavitationskeimen. Für die Auslösung von Kavitation ist daher der Gehalt an freien oder gelösten Gasen oder auch festen Teilchen in der Flüssigkeit mit entscheidend. Nach [140, 141] besteht kein Unterschied im Kavitationsverhalten von Blasen- oder Partikelkeimen bei gleichem Keimgehalt. So können in Abhängigkeit vom Zustand der Flüssigkeit drei Fälle für den Kavitationsbeginn unterschieden werden:

- $p = p_D$ Kavitationsbeginn bei Erreichen des Dampfdruckes (klassische Vorstellung)
- $p < p_D$ Kavitationsbeginn unterhalb des Dampfdruckes
- $p > p_D$ Kavitationsbeginn oberhalb des Dampfdruckes (Pseudokavitation)

Flüssigkeiten mit geringem Gasgehalt sind weniger kavitationsanfällig. Das Maximum der Kavitationserosion liegt etwa im Bereich zwischen 10 % und 90 % der Gassättigung. Gelangen die Blasen dann in Gebiete höheren Drucks, brechen sie schlagartig zusammen. Blasenbildung und -zusammenbruch müssen daher nicht am gleichen Ort stattfinden. Mit Hochgeschwindigkeitskameras gelang es den zeitlichen Ablauf kollabierender Blasen zu dokumentieren [142, 143]. Blasen in der Flüssigkeit implodieren kugelsymmetrisch und lösen Schockwellen aus, die die Oberfläche schädigen können, **Bild 8.145 links oben**. Die Blasen in unmittelbarer Nähe fester Oberflächen dagegen deformieren sich wegen der hier vorliegenden asymmetrischen Strömungs- und Druckverteilungen in der Weise, dass sie sich auf der der Wand abge-

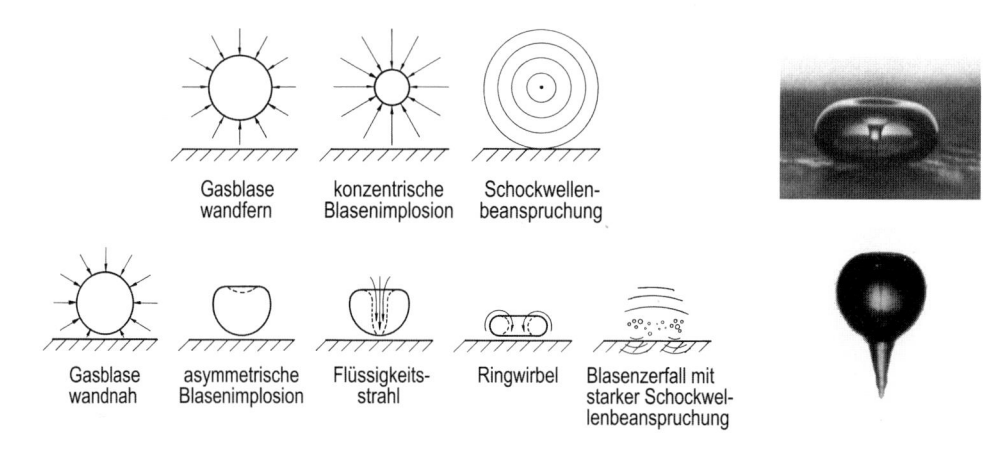

Bild 8.145: Stadien des Blasenzusammenbruchs, links und Fotos kollabierender Blasen in Wasser mit Strahlbildung (Hydrojet), rechts
rechts oben: Gas-Dampfblase bei einem Druck von 0,04 bis 0,05 bar in einem 60 Hz-Schallfeld, Blasendurchmesser rd. 2 mm (unveröffentlichtes Photo von Prof. L. A. Crum, University of Mississippi) [144, 145], rechts unten: deutlich sichtbarer Hydrojet [137]

8.10 Grundlagen Kavitationserosion

wandten Seite abflachen, sich einbeulen und eine torusähnliche Gestalt annehmen, worauf sie mit hoher Geschwindigkeit von einem Mikroflüssigkeitsstrahl durchdrungen werden, **Bild 8.145 links unten**. Die Ringwirbel zerfallen nach dem Kollaps in viele Bläschen und erzeugen Schockwellen. Beispiele kollabierender Blasen in Wasser gibt **Bild 8.145 rechts** wieder [144, 145, 137].

Die Stoßdauer liegt zwischen einigen Mikro- und Millisekunden [146, 147]. Die Heftigkeit der Implosion erklärt sich aus der Bildung von Mikroflüssigkeitsstrahlen, die mit außerordentlich hoher Geschwindigkeit (Größenordnung von 500 bis 1000 m/s) bei einem Strahldurchmesser von etwa 10 % des Blasendurchmessers auf die Oberfläche schießen. Die hohen Geschwindigkeiten entstehen bei zusätzlicher Wirkung von Schockwellen durch in der Nähe implodierender Blasen. Die durch den Mikrostrahl beanspruchte Fläche konzentriert sich bei metallischen Werkstoffen auf die Größe eines Gefügekornes. Der dabei auftretende Druck erreicht Werte unter Mitwirkung der Schockwellen zwischen 750 und 1500 N/mm². Kollabiert die Blase ohne Mikrojet im Abstand des Blasendurchmessers vor der Wand, so ist die Druckwirkung deutlich geringer. Der entstehende Druck durch den Mikrojet kann mit der Joukowsky-Stoßformel

$$p = \rho \cdot v \cdot c \qquad (8.7)$$

mit der Dichte ρ der Flüssigkeit, der Geschwindigkeit v des Mikrojets und der Schallgeschwindigkeit c in der Flüssigkeit abgeschätzt werden. Wirkt dieser auf die Werkstoffoberfläche ein, so kann es bei wiederholtem Vorgang zur Zerrüttung der Oberfläche mit den bekannten Schädigungsstufen (Verformung, Rissinitiierung, Rissfortschritt und Ausbruch) und in der Folge auch zur großflächigen Kavitationserosion kommen.

Von den Flüssigkeitseigenschaften kommt dem Gasgehalt besondere Bedeutung zu. Bei sehr niedrigen Gasgehalten stellt sich wahrscheinlich wegen fehlender Kavitationskeime keine Erosion ein. Erst mit zunehmendem Gasgehalt setzt Erosion ein und erreicht schließlich ein Maximum aufgrund ausreichender Anzahl von Keimen und noch nicht wirksamer Dämpfung durch den Gasgehalt. Mit weiterer Erhöhung des Gasgehaltes in den Bereich der Sättigung oder Übersättigung verringert sich die Verschleißrate durch in den Blasen enthaltenes Gas, z. B. Luft, die eine Dämpfung des Blasenzusammensturzes bewirken, da sich Gasblasen langsamer wieder auflösen als Dampfblasen der Flüssigkeit [148, 149]. Diese Erkenntnis macht man sich bei kavitationsgefährdeten Rührern oder bei hydraulischen Strömungsmaschinen mit kritischen Zonen [148, 150] zunutze, in dem man in die Flüssigkeit Luft einbläst.

Auch die Art des Gases ist von Bedeutung, wenn Korrosion mit im Spiel ist [149]. Das zeigt sich bei der Begasung mit Sauerstoff, der bei den höheren Temperaturen im Vergleich zu N_2 und CO_2 hohe Abtragsraten hervorruft, **Bild 8.146**. Stickstoff und noch stärker Kohlendioxid verringern den Abtrag. Die beiden Gase wirken nicht nur dämpfend auf die mechanische Beanspruchung, sondern verdrängen auch den Luftsauerstoff, der zur Korrosion beiträgt.

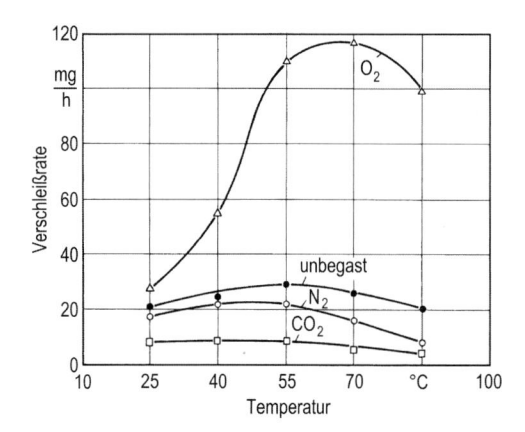

Bild 8.146: Einfluss von verschiedenen Gasen auf die Verschleißrate von C60 normalgeglüht in Wasser mit 10°dNKH (Nichtcarbonathärte); Versuchsbedingungen: Amplitude 25 μm, Frequenz 19 kHz, Atmosphärendruck [149]

Daneben wirkt sich die Oberflächenspannung auf die Kavitationserosion insofern aus, als sie das Keimspektrum und das Blasenwachstum beeinflusst [148, 151]. Zunehmende Oberflächenspannung hemmt das Blasenwachstum. Kavitationserosion tritt bei den stark wasserhaltigen Hydraulikflüssigkeiten HFA im Vergleich zu den anderen Gruppen HFC und HFD sowie zu Mineralöl besonders stark in Erscheinung [152]. Eine Erhöhung der Betriebsviskosität bei konstanter Temperatur führt zu einer Verringerung des Abtrages [153]. Darüber hinaus wirkt sich der Wassergehalt in Druckflüssigkeiten von Hydrauliksystemen auf die Kavitationserosion aus, da Wasser aufgrund seines hohen Dampfdruckes in Strömungswiderständen bereits bei kleineren Druckdifferenzen als Mineralöl kavitiert [154]. Fremdluft und Gegendruck beeinflussen ebenfalls die Kavitationserosion.

8.10.3 Beanspruchungsbedingte Einflüsse

Zu den beanspruchungsbedingten Einflüssen zählen hauptsächlich der Druck und die Temperatur in der Flüssigkeit. Die lokale Druckabsenkung unter den Dampfdruck der Flüssigkeit kann durch Schwingungen (Schwingungskavitation) verursacht werden oder durch hohe Strömungsgeschwindigkeiten (Strömungskavitation). Durch hohe Temperaturen wird der Dampfdruck der Flüssigkeit erhöht und damit die Neigung zur Kavitation verstärkt.

Bei der Schwingungskavitation oder auch in der Hydraulik als akustische Kavitation bezeichnet wird durch die schwingende Oberfläche die angrenzende Flüssigkeit beträchtlichen Druckschwankungen unterworfen, wobei während der Kontraktion von Stoß- oder Schallwellen ausreichender Amplitude der zum Verdampfen erforderliche Unterdruck erreicht wird. Blasenbildung und Zusammenbruch folgen im zyklischen Wechsel am gleichen Ort aufeinander. Mit einer Erhöhung der Amplitude wird die Werkstoffzerstörung verstärkt, da damit die Blasengröße und -bildungsrate zunimmt. Bei schnellen Schaltvorgängen, z. B. Wasserschlag, kann auf der Ablaufseite eines Ventils Kavitationserosion entstehen, da durch das schnelle Schlie-

8.10 Grundlagen Kavitationserosion

ßen die Strömung abreißt, Dampfblasen entstehen und durch die nachfolgenden Druckschwingungen der Flüssigkeitssäule die Blasen wieder zerfallen.

Bei der Strömungskavitation wird der Druck im Verlauf der Strömungsführung durch Erhöhen der Strömungsgeschwindigkeit auf bzw. unter den Dampfdruck abgesenkt und steigt bei Verringerung der Geschwindigkeit entsprechend der von Bernoulli formulierten Gesetzmäßigkeit

$$p + \frac{\rho}{2} \cdot v^2 = \text{const} \qquad (8.8)$$

wieder an. Danach lässt sich mit der dimensionslosen Kavitationszahl σ näherungsweise das Kavitationsverhalten beschreiben, das vom statischen Druck p_∞ und von der Geschwindigkeit v_∞ der ungestörten Strömung (z. B. ohne Turbulenz), vom Dampfdruck p_d des Mediums sowie der Dichte ρ des Mediums abhängt:

$$\sigma = \frac{(p_\infty - p_d)}{\rho/2 \cdot v_\infty^2} = \frac{\text{Druckenergie}}{\text{Strömungsenergie}} \qquad (8.9)$$

$\sigma = 1$ bedeutet vollständige Umsetzung der Druckenergie in kinetische Energie. Bei weiterer Erhöhung der Strömungsgeschwindigkeit tritt mit Sicherheit Dampfbildung ein, d. h. je kleiner σ wird, desto größer ist die Anfälligkeit für Kavitation. Allerdings wird bei technischen Fluiden der Kavitationsbeginn von gelöster Luft, Verunreinigungen, Oberflächenrauigkeiten, Temperatur, Oberflächenspannung und durch Turbulenzen hervorgerufene Druckpulsation [148] mit beeinflusst, weshalb die Bestimmung von σ nur näherungsweise sein kann. Durch Turbulenz, insbesondere bei hohem Schergefälle in der Strömung können Unterdruckzonen entstehen, in denen im Mittel noch nicht der Dampfdruck erreicht ist. Daher ist σ nur ein grober Hinweis auf Kavitation.
Reine und unter hohem Druck gesetzte Flüssigkeiten kavitieren nur schwer.

Kavitationserosion wird auch durch die Temperatur beeinflusst, was in Versuchen ausgiebig untersucht wurde. Mit steigender Temperatur erhöht sich der Verschleiß und fällt nach Erreichen eines Maximums wieder ab, **Bild 8.147**. Diese maximale Verschleißlage stellt sich bei den vorliegenden Versuchsbedingungen unabhängig vom Werkstoff (NE-Metalle, Stähle und Guss) z. B. bei Wasser in einem Temperaturbereich von 40 °C bis 60 °C ein [149, 154 bis 156]. Bei Mineralöl ist der Verschleiß in diesem Temperaturbereich durchweg geringer [153]. Der Verschleißanstieg wird auf die Verringerung des Gasgehaltes in der Flüssigkeit und auf die Zunahme der Blasenbildung durch den ansteigenden Dampfdruck zurückgeführt. Die Abnahme des Verschleißes nach Überschreiten des Maximums wird verursacht durch die Verringerung der Druckdifferenz zwischen Umgebungsdruck und Dampfdruck. Die Druckdifferenz ist entscheidend für die Intensität des Blaseneinsturzes. Daher bestimmt sie die Höhe des Verschleißes. Am Siedepunkt ist die Differenz Null (Umgebungsdruck und Dampfdruck sind gleich groß), d. h. es findet kein Verschleiß statt.

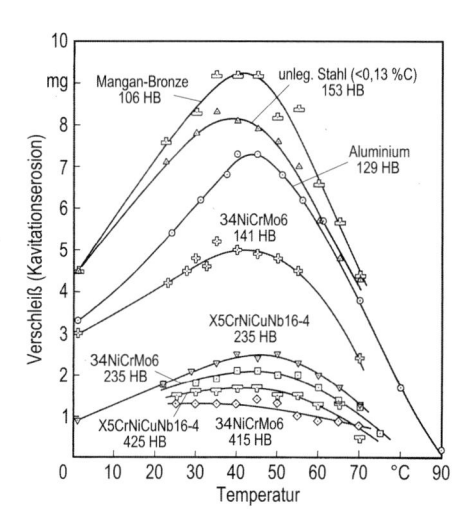

Bild 8.147: Temperaturabhängigkeit der Kavitationserosion verschiedener Werkstoffe in destilliertem Wasser mit einem pH-Wert von 8, ermittelt mit einem magnetostriktiven Schwinggerät [155]; Umgebungsdruck 1 bar, Frequenz 15 kHz, aufgetragen ist der Verschleiß nach einer Beanspruchungsdauer von 15 min

Kavitation ist stets von einem charakteristischen prasselnden bis stark klopfenden Geräusch und Knallen bis in den Ultraschallbereich begleitet, das durch die Implosion der Kavitationsblasen entsteht.

8.10.4 Werkstoffverhalten

Die Kavitationserosion beginnt nach einer von Kavitationsintensität und Werkstoff abhängigen Inkubationsphase, in der sich kein oder ein außerordentlich geringer Werkstoffabtrag einstellt. In dieser Zeit findet im Allgemeinen eine plastische Verformung mit anschließender Rissbildung und Rissausbreitung statt. Bei fortgesetzter Beanspruchung stellt sich allmählich ein Werkstoffabtrag ein, der in einen stationären Zustand übergeht. Dieser ist durch eine zunehmende Aufrauung der Oberfläche gekennzeichnet, die durch einzelne Bruchvorgänge hervorgerufen wird. **Bild 8.148** gibt die Inkubationsphase und die stationäre Phase eines austenitischen Cr-Ni-Stahles wieder. Nach erfolgter Aufrauung nimmt der weitere Werkstoffabtrag aufgrund der Dämpfungswirkung der in den Vertiefungen sich einlagernden Flüssigkeit und Blasen meist einen degressiven Verlauf. Dieses Verhalten wird bei Verwendung von magnetostriktiven oder piezoelektrischen Schwingern beobachtet und tritt bei Strömungskavitation dagegen selten auf. Bei letzterer kann sich jedoch ein zweites Maximum oder ein erneuter Anstieg der Erosion einstellen [148]. Entsprechend der Kavitationsbeständigkeit ergeben sich für die Werkstoffe Unterschiede in der Dauer der Inkubationsphase und des nachfolgenden Abtrages. Beim Verschleiß handelt es sich um einzelne Partikel, die nach Erschöpfung des Verformungsvermögens aus der Oberfläche ausbrechen. Die Ausbrüche sind in der Regel körniger Natur, **Bild 8.149** [153].

8.10 Grundlagen Kavitationserosion

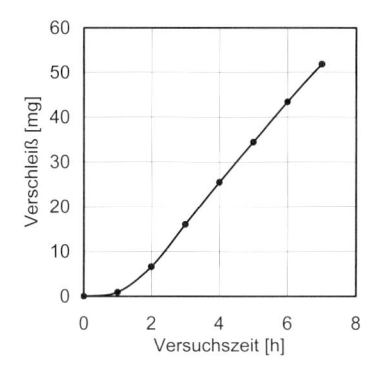

Bild 8.148: Verschleiß eines austenitischen Cr-Ni-Stahles; (Schwingungskavitation mittels Ultraschall-Kavitationsgerät: Amplitude 31µm, f_s = 20 kHz, Wasser bei 20 °C)

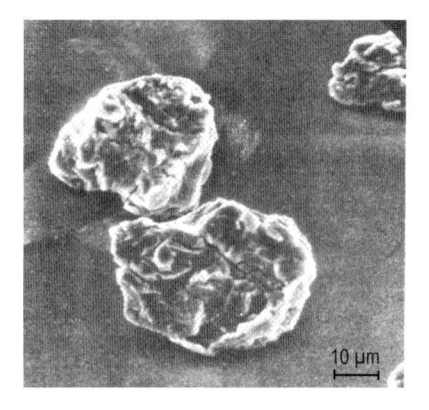

Bild 8.149: Körnige Partikel aus Sondermessing CuZn37Mn3Al2PbSi [153]; Versuchseinrichtung vgl. Bild 8.150, Beanspruchungsbedingungen: p_1 = 350 bar, p_2 = 2 bar, ϑ = 50 °C, mineralölbasisches Hydrauliköl HLP 36

Wie bei allen anderen Arten der Erosion, bei denen flüssige Medien beteiligt sind, wird auch bei Kavitationserosion immer dann, wenn sie in einem korrosiven Medium stattfindet, der mechanischen Beanspruchung ein korrosiver Anteil überlagert. Die Höhe der einzelnen Anteile ist von der Korrosionsempfindlichkeit des Werkstoffes, der Kavitationsintensität und dem Kavitationswiderstand abhängig. Kavitationsbeanspruchungen geringer Intensität begünstigen dabei in erster Linie die Korrosion. Unter der Wirkung der auftretenden Schockwellen, Druckwellen und Flüssigkeitsstöße können weichere Deck-, Schutz- oder Passivschichten auch dann noch zerstört und abgetragen werden, wenn die in der Oberfläche eingebrachten Spannungen zu einer Schädigung des Grundwerkstoffes selbst nicht ausreichen. Dadurch wird immer wieder die blanke Metalloberfläche freigelegt und dem Korrosionsangriff ausgesetzt. Bei stärkerer Kavitationsbeanspruchung führt die plastische Verformung der Werkstoffgrenzschicht zu einer mechanischen Aktivierung und damit zu einer höheren Reaktionsbereitschaft.

Als Folge örtlicher Verformungen kann es zur Ausbildung von Lokalelementen kommen. An Gleitstufen und Rissen werden günstige Bedingungen für Spannungsrisskorrosion geschaffen. Die Bedeutung der Korrosion für den gesamten Schädigungsprozess ist auch daran zu erkennen, dass bestimmte Bauteile wie Schiffsschrauben oder Turbinenläufer durch Opferanoden oder Fremdstrompolarisation wirksam geschützt werden können.

Es hat nicht an Versuchen gefehlt, einen einfachen Zusammenhang zwischen leicht zu bestimmenden Werkstoffkennwerten und der Kavitationserosion herzustellen [152, 157, 158]. Eine von den allgemein gebräuchlichen Werkstoffkenngrößen wie Festigkeit, Härte, Zähigkeit oder Dauerfestigkeit ausgehende Beurteilung ist wegen der hohen Beanspruchungsgeschwindigkeit, der extrem kurzen Wirkungsdauer der Stöße und der Komplexität der Beanspruchung – insbesondere unter Mitwirken von Korrosion – nur bedingt möglich. Generell ist die Festigkeit bzw. Dauerfestigkeit die dominierende Einflussgröße auf den Kavitationswiderstand, da ein Zusammenhang mit dem Mechanismus der Zerrüttung zu sehen ist. Häufig wird auch die Härte herangezogen, wobei sich unter Voraussetzung gleichartiger sonstiger Eigenschaften der Werkstoff mit höherer Härte jeweils günstiger verhält [146]. Nach [68] lässt sich der Kavitationswiderstand $1/W$ für ähnliche Werkstoffgruppen nach der Beziehung

$$1/W = 1/R_m^2 \qquad (8.10)$$

mit der Zugfestigkeit R_m abschätzen.

In einer Prüfanordnung „Düse-Probe" zur Untersuchung der Strahlkavitation, wie sie z. B. bei Druckbegrenzungsventilen auftritt, wurden unter Verwendung der schwer brennbaren Hydraulikflüssigkeit HFA an einer größeren Anzahl von Werkstoffen Abtragsraten ermittelt. Diese Prüfanordnung zeichnet sich durch ihre gute Wiederholgenauigkeit der Versuchsergebnisse aus. Bei der Flüssigkeit handelt es sich um ein 3%iges synthetisches Konzentrat in Wasser. Einige der Ergebnisse sind in **Bild 8.150** wiedergegeben [152].
Da anhand einzelner Werkstoffkennwerte allein der Kavitationswiderstand nicht ausreichend zu beschreiben ist, wurden mehrere Werkstoffkennwerte metallischer duktiler Werkstoffe aus dem Zugversuch berücksichtigt, wie Streckgrenze, Zugfestigkeit, E-Modul und volumenbezogene Formänderungsarbeit sowie die Härte nach Vickers. Mit der empirisch gewonnenen Beziehung (8.11) kann eine Werkstoffvorauswahl getroffen werden [152]. Danach ergibt sich die maximale Verschleißgeschwindigkeit in mm³/h für metallische Werkstoffe zu

$$\dot{V}_{max} = 27252 \cdot \frac{E^{0,562} \cdot R_{p0,2}^{0,618}}{\rho_W \cdot R_m^{1,071} \cdot W^{0,125} \cdot H^{1,971}} \ [mm^3/h] \qquad (8.11)$$

Darin bedeuten H die Vickershärte, E der Elastizitätsmodul in N/mm², $R_{p0,2}$ die 0,2-Dehngrenze in N/mm², R_m die Zugfestigkeit in N/mm², W die volumenbezogene Formänderungsarbeit bis zum Bruch bezogen auf $A_0 \cdot L_0$ (A_0 = Anfangsquerschnitt, L_0 = Anfangsmesslänge) in N/mm² und ρ_W die Dichte des Werkstoffes in mg/mm³. Die Abschätzung wurde an 20 Werkstoffen verifiziert. Unter Zugrundelegung des Kavitationsmodells „Düse-Probe" kann mit den gewählten Versuchsbedingungen der Abtrag auf 8 % genau vorausbestimmt werden.

8.10 Grundlagen Kavitationserosion

Ist die volumenbezogene Formänderungsarbeit nicht bekannt, so lässt sich diese näherungsweise nach der Beziehung

$$W \approx 0{,}9 \cdot R_m \cdot A_5 \tag{8.12}$$

mit der Zugfestigkeit R_m in N/mm² und der Bruchdehnung A_5 bestimmen.

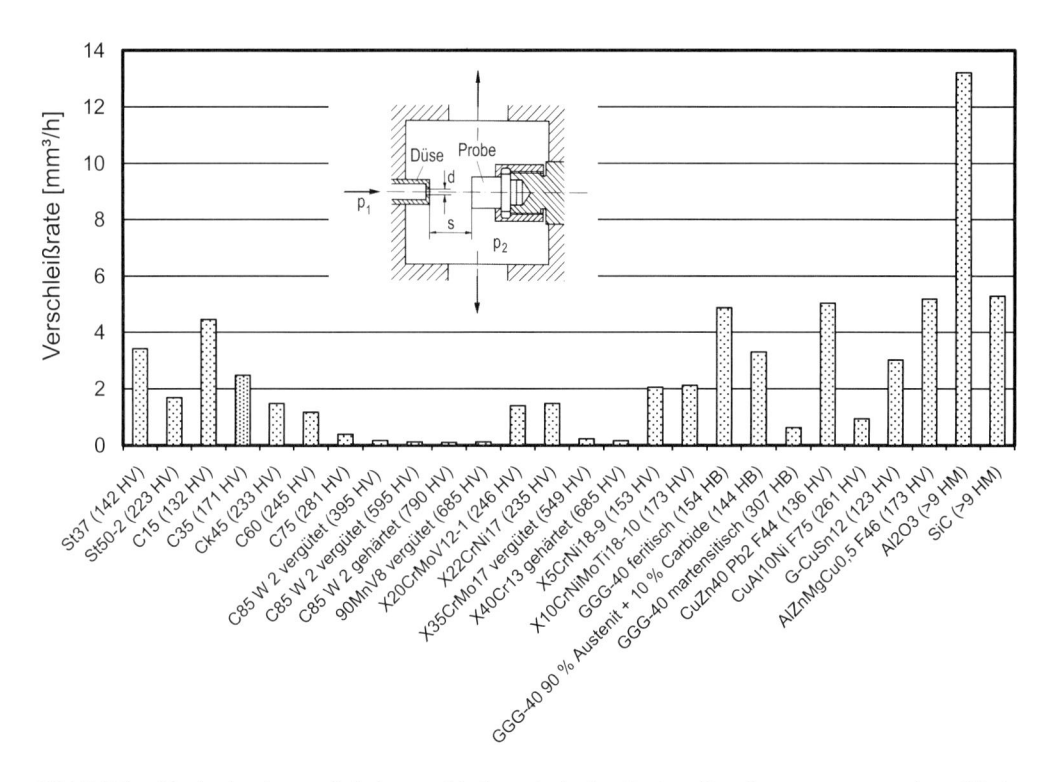

Bild 8.150: Kavitationsbeständigkeit verschiedener in hydraulischen Bauelementen verwendeter Werkstoffe; Prüfbedingungen: p_1 = 250 bar, p_2 = 1,3 bar, d = 0,45 mm, s = 21 mm, Medium HFA 3%ige Lösung, ϑ = 34 °C, ν = 0,8 mm²/s [152]

Bei Gusswerkstoffen hängt die Beständigkeit von der volumenbezogenen Graphitoberfläche, dem Perlitflächenanteil und der Perlitmikrohärte HV 0,1 ab. Die Mikrohärte wird von der Streifigkeit des Perlits beeinflusst. Mit abnehmendem Lamellenabstand steigt die Härte des Perlits an. Gusswerkstoffe mit kleiner bezogener Graphitoberfläche wie Sphäro- und Vermiculargusss weisen eine vergleichsweise hohe Kavitationsresistenz auf. Diese Zusammenhänge sind ebenfalls über eine empirisch gewonnene Beziehung statistisch abgesichert [152].

Elastomere eignen sich nicht zuletzt wegen ihrer Korrosionsbeständigkeit bei niedriger Kavitationsintensität, während sie bei stärkerer Kavitation den Metallen unterlegen sind. Aufvulkanisierte Gummischichten können sich trotz ihrer guten Dämpfungseigenschaften aber wegen ihrer geringen Wärmeleitfähigkeit bis zur Vercrackung erwärmen. Das Thermoplast Polyamid

12 zeigt im Vergleich zum CrNiMo-Stahlguss eine außerordentlich hohe Kavitationsbeständigkeit, die sich weder in einem Werkstoffabtrag noch in einer Oberflächenbeschädigung äußert [159].

Im Pumpenbau sind kavitationsbedingte Verhältniszahlen des Verschleißes verschiedener Werkstoffe bezogen auf GG-25 bekannt, **Tabelle 8.2** [160]. Mit kleiner werdender Verhältniszahl nimmt die Kavitationsbeständigkeit zu. Die Verhältniszahlen sind noch stark von der Art der Kavitationsbelastung und dem Werkstoffzustand abhängig.

Tabelle 8.2: Verschleißverhältniszahlen für Pumpenwerkstoffe bei Beanspruchung durch Kavitation [160]. Eine kleine Verhältniszahl bedeutet höhere Kavitationsbeständigkeit

Werkstoff	Verhältniszahl
GG-25	1
GS-C25	0,8
G-CuSn 10	0,5
G-X20Cr14	0,2
G-AlBz10Fe	0,1
G-X6CrNi18-9	0,05

Die Fähigkeit metastabiler austenitischer Cr-Mn-Stähle im Zuge der Beanspruchung zu Phasenumwandlungen des Mn-Austenits in Martensit, kann beispielsweise auch zur Erhöhung der Kavitationsbeständigkeit genutzt werden. In [161] wird über die Auswirkung der Verformung des Werkstoffes X35CrMn13-10 im Vergleich zum Manganhartstahl X120Mn12 im Rahmen von Kavitationsversuchen berichtet. Der metastabile Austenit wandelt durch die mechanische Beanspruchung in hexagonalen ε- und sekundär weiter in den kubischraumzentrierten α-Martensit um. Eine Vorumformung von 30 % bei 400 °C lieferte die besten Voraussetzungen für eine Erhöhung der Kavitationsbeständigkeit. Die dadurch hervorgerufene Verfestigung und druckinduzierte $\gamma \rightarrow \varepsilon \rightarrow \alpha$-Umwandlung ergab nur ein Drittel der Erosionsrate und eine doppelt so lange Inkubationsphase wie beim Werkstoff X120Mn12.

Bei den ferritisch-austenitischen Duplex-Stählen, die die mechanischen und korrosiven Eigenschaften nichtrostender ferritischer Cr-Stähle und austenischer Cr-Ni-Stählen verknüpfen, wird das Verschleißverhalten vom Ferrit/Austenit-Verhältnis bestimmt [162]. Mit steigendem Ferritanteil nimmt die Verschleißrate zu. Der Austenit stellt aufgrund seines größeren Verformungs- und Verfestigungsvermögens die kavitationsbeständigere Phase dar.

Die Entwicklung eines thermochemischen Diffusionsverfahrens (Kolsterisieren®), bei dem Kohlenstoff bei Temperatur < 300 °C eindiffundiert, hat das Anwendungsfeld korrosionsbeständiger austenitische, ferritisch-austenitische Stähle (Duplex-Stähle) und Nickelbasislegierungen auch für tribologische Beanspruchungen erweitert [163]. Durch den interstitiell eingelagerten Kohlenstoff werden Druckeigenspannungen bei einer Oberflächenhärte von 1000 bis 1200 HV0,05 erzeugt unter Beibehaltung der Korrosionsbeständigkeit. Durch diese Veränderung der Oberflächeneigenschaft wird u. a. die Adhäsionsneigung der Austenite und Ni-Basislegierungen reduziert und die Beständigkeit gegen Oberflächenzerrüttung erhöht.

8.10 Grundlagen Kavitationserosion

Mit den nachfolgend aufgeführten Maßnahmen, denen metallurgische, Wärmebehandlungs- und Bearbeitungsverfahren zugrunde liegen, lässt sich die Kavitationsbeständigkeit steigern [157]:

- Ausscheidungen im Gefüge
- Martensit
- Austenitformhärten
- Druckeigenspannungen 1. Art (Makrospannungen über mehrere Gefügekörner)
- Verringerung der Oberflächenrauheit
- Erhöhung der Zähigkeit
- Erhöhung der Härte
- Feinkörnigkeit
- Erhöhung der Korrosionsbeständigkeit

8.10.5 Möglichkeiten der Einflussnahme auf die Kavitationserosion

Abgesehen von den im Kap. 8.10.4 Werkstoffverhalten genannten werkstofftechnischen Möglichkeiten die Kavitationserosion zu beeinflussen, bestehen grundsätzlich noch drei weitere systemabhängige Möglichkeiten:

- Verbesserung der hydrodynamischen Gestaltung
- Eingriff in die Betriebsbedingungen
- Eingriff in die Eigenschaften der Flüssigkeit

Durch strömungsgünstige konstruktive Gestaltung der strömungsführenden Komponenten kann der Kavitation begegnet werden, indem allgemein Querschnittsverengungen und scharfe Umlenkungen und Kanten, in denen es aufgrund der Geschwindigkeitserhöhungen oder Ablösungen zu einer Dampfdruckunterschreitung kommen kann, vermieden werden. Bei Kreiselpumpen spielt insbesondere die Geometrie der Laufräder (z. B. Laufradeintrittsdurchmesser, Laufradeintrittswinkel, Schaufelzahl, Schaufelverlauf) eine wichtige Rolle, da im Eintrittsbereich der niedrigste Druck zu erwarten ist [151]. Laufräder mit weit in den Saugraum vorgezogene Schaufeln sowie kurze Saugleitungen mit großem Querschnitt haben sich bewährt. Glatte Oberflächen wirken sich günstig aus, da sie die Inkubationsdauer verlängern, die nachfolgende Kavitationserosion allerdings wird kaum beeinflusst [148]. Eine Reduzierung des Blasenvolumens gelingt durch Vergrößerung der Zulaufhöhe und Verringerung der Aufstellungshöhe der Pumpe. Unter den betrieblichen Maßnahmen ist die Druckbeaufschlagung in geschlossenen Systemen (damit an keiner Stelle der Dampfdruck erreicht wird), Einhaltung einer möglichst niedrigen Flüssigkeitstemperatur und Pumpen mit niedrigen Drehzahlen zu nennen. Über die Flüssigkeit kann die Kavitationserosion durch eine saugseitige Luftzufuhr, die über die Sättigung hinausgeht (Zweiphasenströmung), verringert werden [148, 151]. In geschlossenen Systemen wie z. B. in Kühlkreisläufen von Verbrennungskraftmaschinen kann durch geeignete Additive der Kavitationserosion begegnet werden, die, abgesehen vom Korrosionsschutz, eine Benetzung der Werkstoffoberfläche durch Herabsetzen der Oberflächenspannung und ein Anheben des Siedepunktes bewirken.

In Hydraulikanlagen, die mit Hydraulikölen oder schwer entflammbaren Druckflüssigkeiten betrieben werden, zählen Druckbegrenzungsventile, Radialkolbenpumpen, Saugleitungen und Krümmer zu den kavitationsgefährdeten Bauteilen [152, 164]. In Zonen hoher Strömungsgeschwindigkeit in Querschnittsverengungen oder in Wirbelzonen nach scharfen Umlenkungen oder in Querschnittserweiterungen scheidet sich die in den Ölen gelöste Luft (Hydrauliköle enthalten 5 bis 12 % Luft bei 20 °C und Atmosphärendruck [164]) aus. Ölbestandteile mit niedrigem Dampfdruck können mit der Luft zu zündfähigen Gemischen führen, die beim Implodieren Lichtblitze hervorrufen. Die dabei auftretenden Temperaturen können Verkohlen der Dichtungselemente und Ölalterung bewirken. In Ventilen von Hydraulikanlagen sind vor allem die Ventilhülsen und Strömungsumlenkungen im Ventilgehäuse sowie in Kolbenpumpen die Steuerplatten betroffen, wenn hohe Druckdifferenzen vorliegen. Zur Verminderung der Kavitation bieten sich an, die Druckdifferenz in mehreren Stufen abzubauen, die Strömungsführung günstiger zu gestalten, die Kavitationsgrenzen zu höheren Druckdifferenzen zu verschieben, die kavitierende Hauptströmung durch Störstrahlen zu beeinflussen, geringere Strömungsgeschwindigkeiten anzustreben und pulsierende Drücke zu vermeiden.

8.11 Verschleißerscheinungsformen durch Kavitationserosion

8.11.1 Erosion durch Schwingungs- und Strömungskavitation

Makroskopisch zeigt sich die Kavitationserosion in einer punktförmigen, rosettenartigen oder flächigen Zerstörung der Oberflächen, die sich nur an bestimmten Bauteilbereichen befindet. Verwechselt werden kann der punktförmige Angriff mit Lochkorrosion [102], was eine sorgfältige Untersuchung unter Einbeziehung der Betriebsbedingungen und eine Berücksichtigung der Voraussetzungen für Lochkorrosion erfordert.

An wassergekühlten (nassen) Zylinderlaufbuchsen von Verbrennungsmotoren kann durch Kolbenschläge im oberen und unteren Umkehrpunkt an die Laufbuchse hervorgerufene Schwingungsanregung Kavitation erzeugt werden [165 bis 171]. Bei entsprechender Intensität entsteht beim Zurückfedern der Zylinderwand in der Kühlflüssigkeit ein Unterdruckgebiet mit Dampfblasen, die beim Ausfedern implodieren und den Werkstoff einschließlich eventuell durch Korrosion entstandene Schutzschichten lochartig schädigen. Die Kavitationserosion ist nur auf die Druck- und/oder Gegenseite im oberen und unteren Totpunkt des Kolbens beschränkt. Sie beginnt bei Beschleunigungen von rd. 140 g und verstärkt sich bis 400 g [167]. Die stärksten Druckschwingungen treten dabei nach dem Zünd-OT auf. Die Intensität hängt vom Kolbenspiel, von der Größe des Kippmoments des Kolbens, vom Verbrennungsablauf, von Belastung und Drehzahl ab.

Es entstehen bei dieser Art der Beanspruchung lokal begrenzte, kraterförmige Vertiefungen mit rundlichen oder unregelmäßigen Konturen. Auch Unterhöhlungen im Werkstoff werden häufig beobachtet. Bei der in **Bild 8.151** wiedergegebenen Zylinderlaufbuchse aus Grauguss ist zur Kavitationserosion zusätzlich noch Spongiose aufgetreten, vgl. Gefügebild rechts unten. Unter Spongiose versteht man eine selektive Korrosion, die bei perlitischem Grauguss und ferritischen Sphäroguss in sauerstoffarmen wässrigen Medien auftritt. Hierbei wird das Eisen selektiv herausgelöst, während Graphit, Zementit und auch Phosphideutektikum als poröses

8.11 Verschleißerscheinungsformen durch Kavitationserosion

Gerüst stehen bleiben. Die leicht löslichen Korrosionsprodukte des zweiwertigen Eisens können mangels Sauerstoff nicht zu dem schwer löslichen dreiwertigen Fe oxidiert werden, so dass sich keine korrosionshemmenden Schutzschichten bilden können.

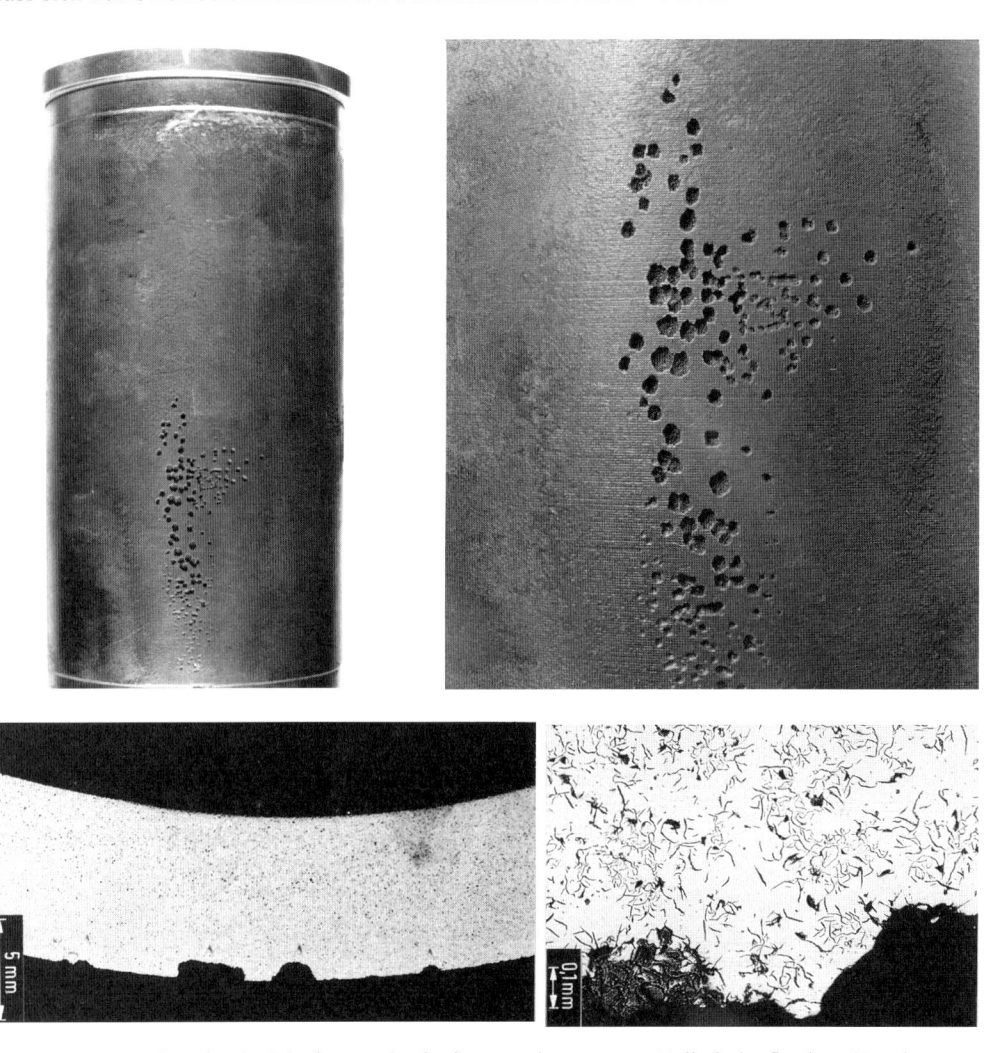

Bild 8.151: Erosion durch Schwingungskavitation an einer nassen Zylinderlaufbuchse (Durchmesser 115 mm) aus Grauguss in Verbindung mit Spongiose
oben: Übersicht und Ausschnitt, unten: Gefüge poliert, in einer Vertiefung Spongiose (rechts unten)

Kavitationserosion im Kühlsystem von Verbrennungskraftmaschinen kann nach [171] verursacht werden durch:

- nicht ausreichendes Frostschutzmittel (dadurch ungenügende Blasenreduzierung)
- undichtes Kühlsystem (kein Druckaufbau zur Vermeidung der Blasenbildung möglich)

- zu großes Spiel der Laufbüchse im Kurbelgehäuse (mangelnde Dämpfung durch das Gehäuse)
- ungenügende Erwärmung des Kühlwassers (demzufolge zu niedriger Druck im Kühlsystem)

Durch werkstofftechnische und konstruktive Maßnahmen bei gleichzeitig wirtschaftlichen Gesichtspunkten ist der Kavitation nur mäßig beizukommen. Daher ist dem Kühlkreislauf besondere Beachtung zu schenken, indem die Ansaugung von Luft vermieden, die Dichtheit gewährleistet und das Kühlwasser mit Schutzmitteln versehen wird. In der Untersuchung [172] über die Wirksamkeit von Kavitationsinhibitoren wurde denjenigen auf der Basis von Aminopyridin gute Schutzwirkung zugesprochen. Auch der Frage des Korrosionsschutzes muß bei den heute verwendeten verschiedenen Werkstoffen im Kühlsystem von Verbrennungskraftmaschinen besondere Beachtung geschenkt werden. In einer Studie [173] wurden mit drei Prüfverfahren (Kavitation, Heißtest und Druckalterung) monoethylenglykol- und monopropylenglykolbasierte Kühlmittel mit Gefrierschutzmitteln an drei Al-Legierungen untersucht. Dabei konnte gezeigt werden, dass eine Inhibitorformulierung nicht alle Werkstoffe gleich gut schützen kann und die Bewertung auch abhängig vom Prüfverfahren ist.

Bei Gleitlagern hochtouriger Maschinen wird gelegentlich Erosion durch Schwingungskavitation beobachtet, deren Ursache in periodisch wirkenden Kräften (z. B. Unwucht, Fremderregung durch hochtourige Zahnradgetriebe) liegt. Durch die phasenverschobene Relativbewegung von Wellen und Lagerschale wechselt sich Überdruck in der Spaltverkleinerung mit Unterdruck in der Spaltvergrößerung ab [174 bis 176]. Die Schäden treten dabei in der Regel im unbelasteten Lagerschalenteil auf. Eine zuverlässige Vorhersage ist nicht möglich. An Maßnahmen zur Abhilfe bieten sich beispielsweise an, Erregerfrequenzen zu ändern, Schwingungen zu dämpfen und den Spielraum der Welle durch Verwendung von Mehrflächengleitlagern einzuengen. Durch niedrigsiedende Beimengungen im Öl (z. B. Kraftstoff, Wasser) und hohe Schmierstofftemperaturen wird die Kavitation gefördert [177]. Wenn in bewährten Konstruktionen plötzlich Kavitation auftritt, ist das überwiegend auf Wasser im Öl zurückzuführen, da Wasser einen niedrigeren Dampfdruck als Öl hat [178]. Hierfür genügen bereits 0,2 % Wasser im Öl.

Relativbewegungen können sich auch durch elastische Verformungen dünnwandiger Lagerschalen ergeben, die nicht formschlüssig anliegen oder aufgrund von Hohlstellen elastische Beweglichkeit aufweisen [179, 180] oder sich durch Verformung der Pleuelstange (zu geringe Biegesteifigkeit) [181] oder der Bohrung (Pleuelauge) einstellen [182]. Das Erscheinungsbild der Erosion in Gleitlagern durch Schwingungskavitation weist punkt- oder rosettenförmige Zerstörungen auf. Meist liegt die Beanspruchung außerhalb der Belastungszone, weshalb die Funktionssicherheit im Allgemeinen nicht beeinträchtigt wird.

An Hauptgleitlagern von Kolbenmaschinen verursacht auch Strömungskavitation Schäden, wenn im Ölstrom durch Unterdruck gebildete Gasbläschen durch die Strömung in Zonen höheren Drucks von Unstetigkeitsstellen wie z. B. am Ölnutauslauf von Gleitlagerschalen oder im Anschluss von Öleinlauftaschen gelangen [179, 182]. Begünstigt wird der abrupte Druckwechsel durch ungünstige Ölströmung am Ölnutübergang zur Lauffläche, **Bild 8.152**. Das Erscheinungsbild ist makroskopisch gekennzeichnet durch unterschiedliche, meist pilz- oder baumkronenartige Auswaschungen, die den Stromfäden folgen, und zum Teil durch „Anfres-

8.11 Verschleißerscheinungsformen durch Kavitationserosion

sungen" an den Rändern des Ölnutauslaufes. Durch die Mitwirkung von Hydroerosion wird es oftmals schwierig, Kavitationserosion zu erkennen, vor allem dann, wenn die Hydroerosion überwiegt oder schon weit fortgeschritten ist. Bei diesem Schädigungsmechanismus spielt offensichtlich die Gleitgeschwindigkeit die entscheidende Rolle, da eine Schädigung auch ohne Übergänge eintreten kann wie bei hochtourigen und hochbelasteten Zitronenspiellagern [179]. Schwingungen und gelöste Gase können dem Schaden Vorschub leisten.

Bild 8.152: Erosion durch Strömungskavitation am Ölnutauslauf unter möglicher Mitwirkung von Hydroerosion [182, Miba-Gleitlager-Handbuch]

In Hauptgleitlagern werden auch Kavitationsschäden hinter dem Ölnutauslauf beobachtet, die durch Druckschwingungen in der radialen Ölbohrung der Kurbelwelle durch Strömungsumkehr bei der Weiterleitung des Öles im Lagerzapfen entstehen. Den Vorgang soll **Bild 8.153** verdeutlichen [183]. Das Öl strömt über die Nut der Oberschale in die Durchgangsbohrung des Hauptlagers, von der mittig eine weitere Bohrung in den Pleuelzapfen (im Bild gestrichelt an-

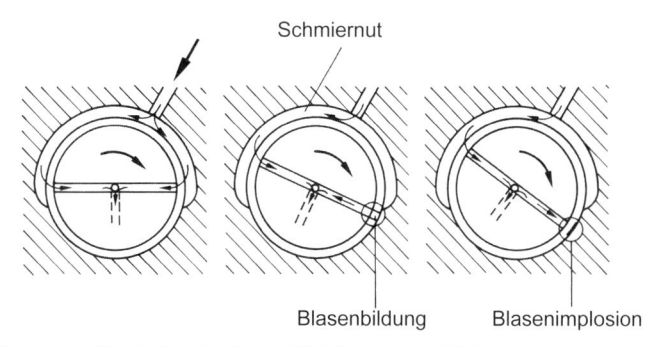

Bild 8.153: Entstehung von Kavitation in einem Gleitlager nach [183]

gedeutet) führt. Die Nut ist so angeordnet, dass ein Bohrungsende immer mit der Nut verbunden ist. Sobald ein Bohrungsende die Nut verlässt, wird die Ölzufuhr auf dieser Seite abrupt gestoppt. Dadurch entsteht ein Unterdruckgebiet mit Blasen, die von dem Ölstrom mitgenommen werden. Am anderen Bohrungsende, das sich bereits im Nutbereich befindet, baut sich ein Gegendruck auf. Während dieses wechselseitigen Ein- und Austretens der Bohrungen aus der Ölnut entstehen an den Bohrungsöffnungen im fließenden Öl schnell wechselnde Drücke, die Voraussetzungen für den Kollaps der Kavitationsblasen bilden [181].

Das Ergebnis dieses Vorganges gibt **Bild 8.154** wieder, der als Absteuerkavitation bezeichnet wird [182]. In der vom Unterdruck betroffenen Zone bilden sich makroskopisch charakteristische Kreis-, Halbmond- oder Nierenformen, die je nach Gleitgeschwindigkeit verschieden weit hinter dem Ölnutauslauf im Schmierspalt liegen und meist in Ölflussrichtung weisen [181 bis 185]. Ursache sind die Druckschwingungen in der Ölbohrung der Kurbelwelle, daher zu vergleichen mit der Schwingungskavitation (oder akustischen Kavitation) bei schnell schaltenden Ventilen, vgl. Bild 8.162.

Bild 8.154: Erosion durch Schwingungskavitation (Absteuerkavitation)
[178, Miba-Gleitlager-Handbuch]

Mikroskopisch erscheinen die Gleitflächen der Lagerschalen im Anfangsstadium aufgeraut, vgl. Abschnitt 8.11.2 Aufrauungen. Im fortgeschrittenen Stadium kann die Gleitschicht teilweise oder vollständig abgetragen sein. Bei nur oberflächlicher Schädigung bzw. wenn die Schädigungen nicht in der Belastungszone liegen, ist die Funktion nicht beeinträchtigt, und ein Lageraustausch ist nicht erforderlich. Zu empfehlen ist eine flach auslaufende Nut, um den Druckstoß zu mindern, die jedoch nicht bis in die Hauptbelastungszonen reichen sollte [181]. Diese Empfehlung wird durch die Studie in [186] bestätigt, in der verschiedene Geometrien

8.11 Verschleißerscheinungsformen durch Kavitationserosion 549

des Nutauslaufes untersucht wurden. Zur Vermeidung von Strömungskavitation haben sich Nutausläufe von 20° und 14° sowie alternativ ein Radius von R20 als besonders günstig herausgestellt.

In **Bild 8.155** ist eine Lagerschale mit Kavitationserosion aus einem Notstromdiesel wiedergegeben, bei der vermutet wurde, dass durch die langen Stillstandsphasen und somit nur gelegentlichen Betrieb der Schmierstoff sich mit Wasser anreichern konnte, was durch den niedrigeren Dampfdruck des Wassers zur Kavitation führte.

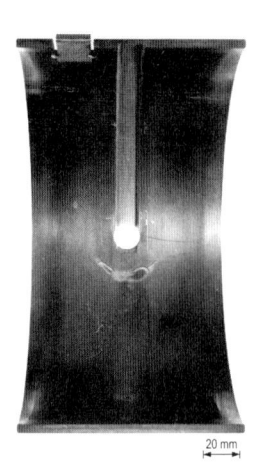

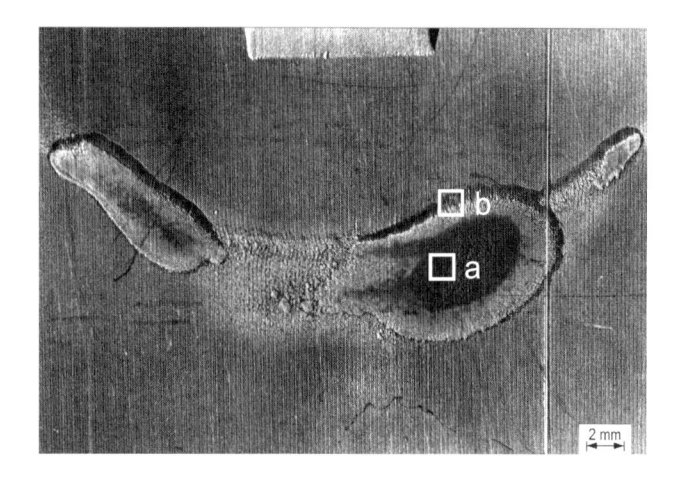

Bild 8.155: Erosion durch Strömungskavitation auf der Lagerschale eines Notstromdieselmotors (Laufschicht aus Pb, Sn und Cu, Zwischenschicht aus Blei-Bronze)
links: Übersicht; rechts: vergrößerter Ausschnitt

Bei Spurlagern besteht Kavitationsgefahr, wenn die Stirnfläche der Welle eine taumelnde Bewegung ausführt, die z. B. durch eine umlaufende Biegebeanspruchung hervorgerufen wird. Gefährdung liegt schon bei einem Winkelfehler der Achse von 1/400 vor [187].

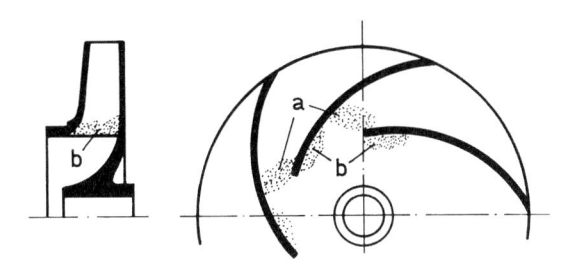

Bild 8.156: Kavitationszonen am Laufrad von Kreiselpumpen [188]

Kavitationsschäden an Laufrädern von Kreiselpumpen werden im Allgemeinen an Umlenkungen und Querschnittsverengungen beobachtet wie z. B. an den Schaufeln auf der Saugseite im Bereich der Eintrittskante und an den Seitenwänden, **Bild 8.156**. Bei starker Kavitation können auch die Schaufelspitzen am Austritt, die Zunge des Gehäuses und Leitschaufeln geschädigt werden. Kavitation geht mit einem Anstieg des Geräuschpegels einher und ist mit einem Verlust an Förderhöhe und Abnahme des Wirkungsgrades verbunden.

Schreitet die Kavitation bis zum Durchschlag fort, Bild 8.157, so ist meist eine Sanierung erforderlich, da u. a. verminderte bzw. unzureichende Förderhöhe vorliegt.

Bild 8. 157: Erosion durch Strömungskavitation am Laufrad einer Kreiselpumpe aus GG-25. Fördermedium Kühlwasser von 35 °C, Standzeit 11580 h [KSB Aktiengesellschaft]

Bild 8.158: Erosion durch Strömungskavitation an der Wassereintrittsstelle eines Francislaufrades [J. M. Voith GmbH, 59, VDI 3822, Blatt 5]

Weitere Erosionserscheinungen durch Strömungskavitation aus dem Wasserkraftmaschinenbau zeigen die folgenden Beispiele, die ebenfalls über eine nur oberflächliche Aufrauung hinausgehen. Die Bereiche sind stark zerklüftet. Im Bereich des Wassereintritts eines Francislaufrades, **Bild 8.158**, hat die Zerstörung bereits zum Durchschlag geführt. Eine ebenfalls weit

8.11 Verschleißerscheinungsformen durch Kavitationserosion

fortgeschrittene Zerstörung hat die Düsennadel einer Freistrahlturbine erfahren, makroskopische Aufnahme, **Bild 8.159**.

Bild 8.159: Erosion durch Strömungskavitation an der Düsennadel einer Freistrahlturbine

Auch Bauteile von Hydraulikpumpen können betroffen sein, wie das Beispiel des Turbinenrades aus Silumin einer Hydraulikkupplung zeigt, **Bild 8.160**.

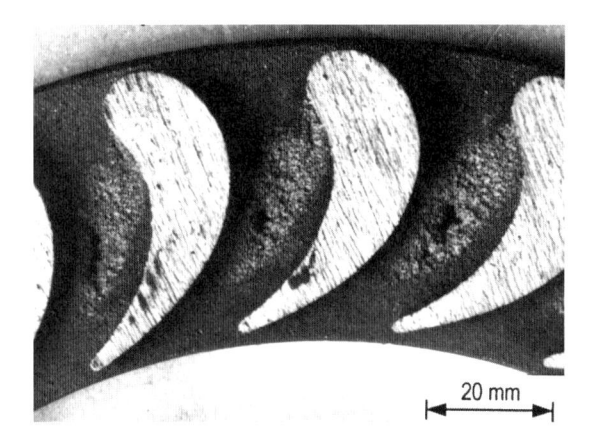

Bild 8.160: Erosion durch Strömungskavitation an einem Turbinenrad aus Silumin einer Hydraulikkupplung [J. M. Voith GmbH, 59, VDI 3822, Blatt 5]

In einer Speisewasserleitung trat Kavitationserosion in einem Bereich auf, in dem eine Druckreduktion von 150 auf 10 bar durchgeführt wurde. Die dadurch entstehenden starken Wirbel versetzten das Rohrsystem in Querschwingung mit der Folge von großflächiger Schwingungskavitation, **Bild 8.161**. Diese Erosion wurde entdeckt, weil sich aufgrund der Kerbwirkung der Kavitationskrater ein Schwingbruch längs des Rohres entwickelte, der zur Leckage führte.
In diesem Fall kann der Erosion vorgebeugt werden, indem man durch Einspannen und Festhalten des Rohres die Schwingungen reduziert bzw. vermeidet. Die andere Möglichkeit besteht darin, den starken Druckabfall zu reduzieren und damit die Schwingungsursache durch Wirbelbildung zu verringern bzw. zu vermeiden.

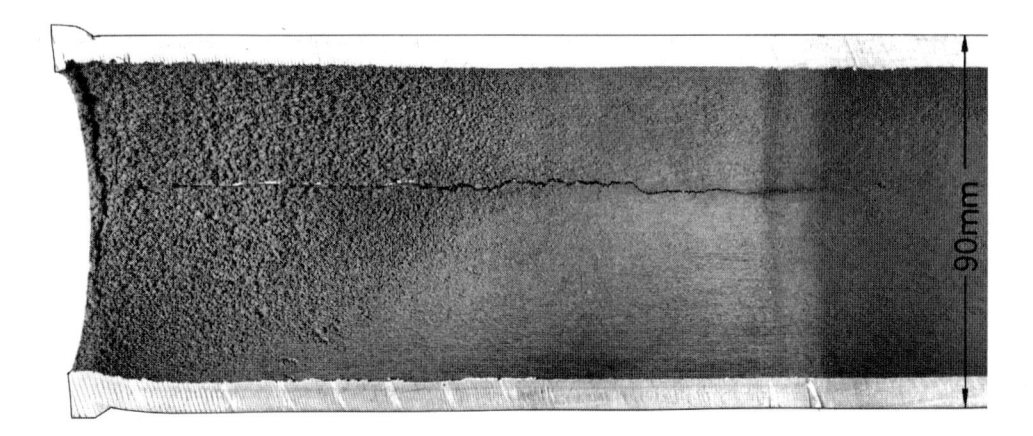

Bild 8.161: Erosion durch Schwingungskavitation in einer Speisewasserleitung

Das **Bild 8.162** zeigt die Erosion am Bohrungsrand eines Ventilsitzes durch akustische Kavitation, die durch die Trägheit der Flüssigkeit nach schnellem Schließen am Ventilauslass aufgrund kurzzeitigen Unterdrucks und nachfolgender Druckschwingungen in der Niederdruckleitung entstehen kann.

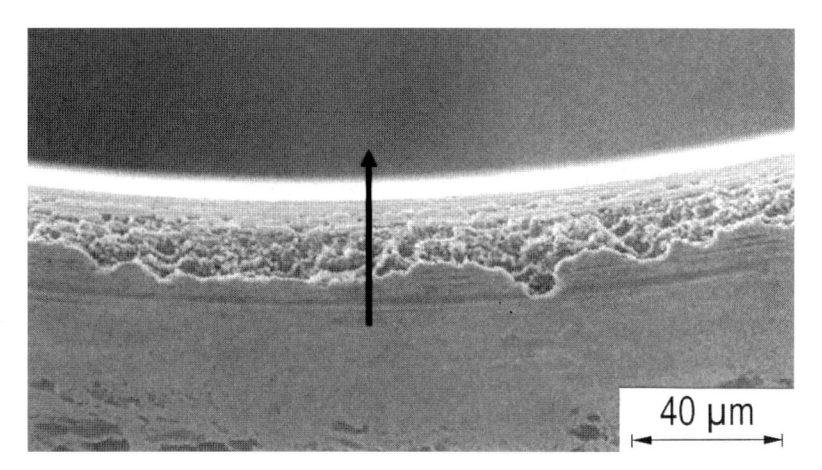

Bild 8.162: Erosion durch Schwingungskavitation (akustische Kavitation) am Bohrungsrand eines Ventilsitzes. Der Pfeil gibt die Auslassrichtung an, der glatte Bereich unten ist die Sitzfläche.

8.11.2 Aufrauung

Wie bei Zerrüttungsprozessen allgemein setzt der Schädigungsprozess nach einer Inkubationsphase zunächst punktförmig ein, der sich dann beschleunigt auf größere Oberflächenbereiche ausbreitet. Im fortgeschrittenen Stadium erscheint der geschädigte Bereich makroskopisch matt

8.11 Verschleißerscheinungsformen durch Kavitationserosion

und aufgeraut. Abhängig von der Duktilität des Werkstoffes entstehen mikroskopisch unterschiedliche Oberflächenstrukturen.

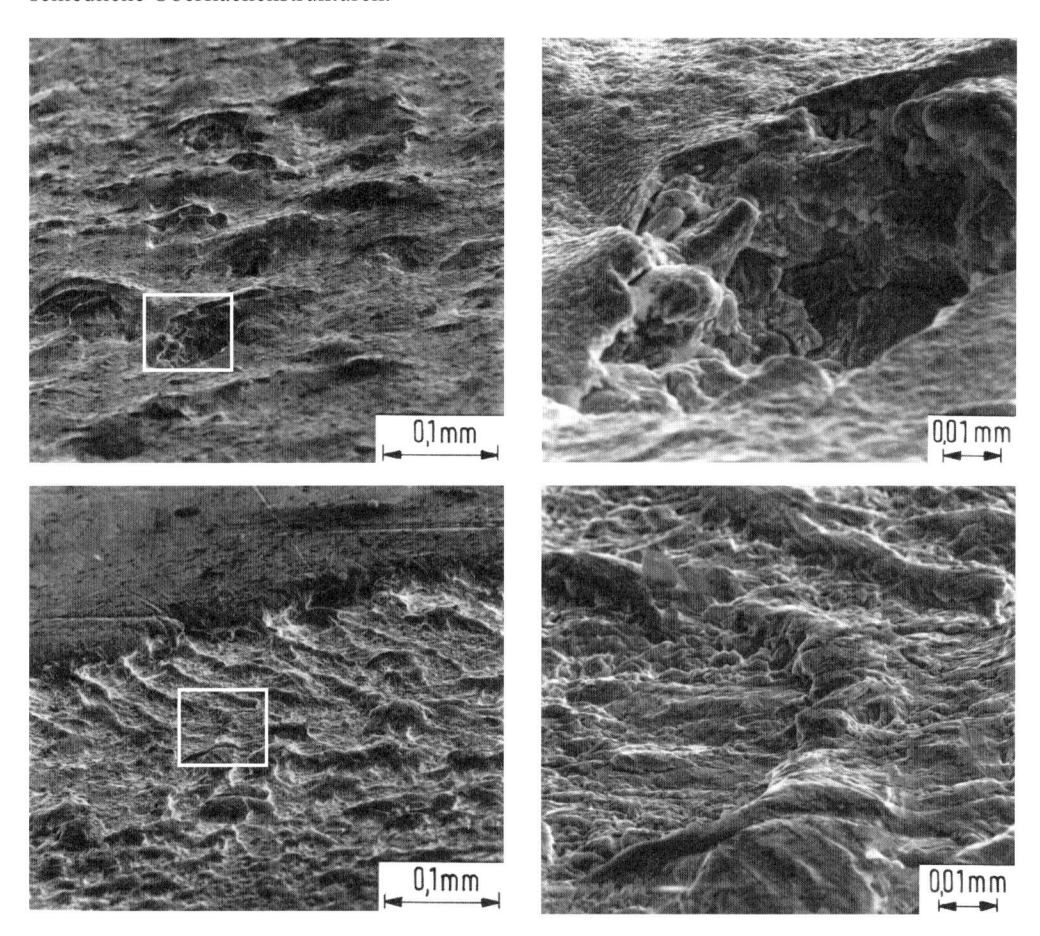

Bild 8.163: Aufrauung durch Strömungskavitation auf der Lagerschale eines Notstromdieselmotors (Laufschicht aus Pb, Sn und Cu, Zwischenschicht aus Blei-Bronze), vgl. Bild 8.155
oben: Einschlagkrater mit Aufwerfungen in der Gleitschicht, Ausschnitt a nach Bild 8.155 im Zentrum;
unten: fortgeschrittenes Stadium mit Gleitschichtresten, Ausschnitt b nach Bild 8.155 am Rand

Bei sehr verformungsfähigen Werkstoffen wie bei Gleitschichten von Lagerschalen bilden sich weiche verformungsreiche Strukturen, **Bild 8.163**. Zahlreiche Einschlagkrater mit Aufwerfungen zeugen von einem wenig beanspruchten Bereich, Bild 8.163 oben. Im Randbereich der offensichtlich stärker geschädigten Kavitationserosionszone, vgl. Bild 8.155, sind nur noch Reste der Laufschicht zu erkennen, Bild 8.163 unten.

Auf Kavitationserosion durch hochfrequente Schwingungen gehen die unregelmäßigen Konturen an dem zerstörten Weißmetallausguss eines Gleitlagers zurück, **Bild 8.164** und **8.165**. Bei den vereinzelten Hohlräumen handelt es sich um Hinterschneidungen, die einen Zugang zur Oberfläche haben. Diese Strukturen sind nicht auf selektive Korrosion zurückzuführen. Auch handelt es sich nicht um eine dynamische Überbeanspruchung (wechselnde Schmierfilmdrücke). Im Unterschied zur Kavitation treten dort Risse auf, die im Allgemeinen unter 45° zur Oberfläche verlaufen. Makroskopisch bildet sich in der Gleitfläche ein Rissnetzwerk aus. Im fortgeschrittenen Stadium führt es zur Pflastersteinbildung, vgl. Abschnitt 4.2.4 Ausbrüche.

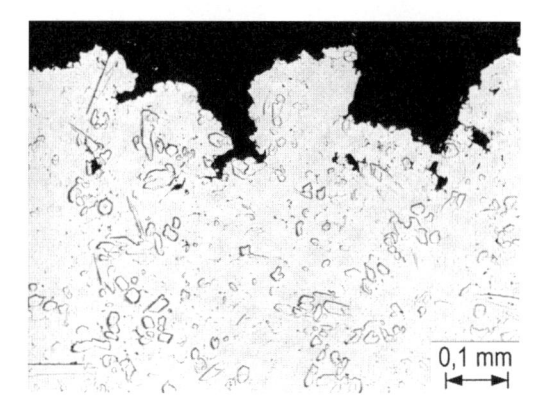

Bild 8.164: Beginnende Zerstörung der Gleitfläche aus Weißmetall durch Kavitationserosion (polierter Schliff) [189, ECKA Granulate Essen GmbH]

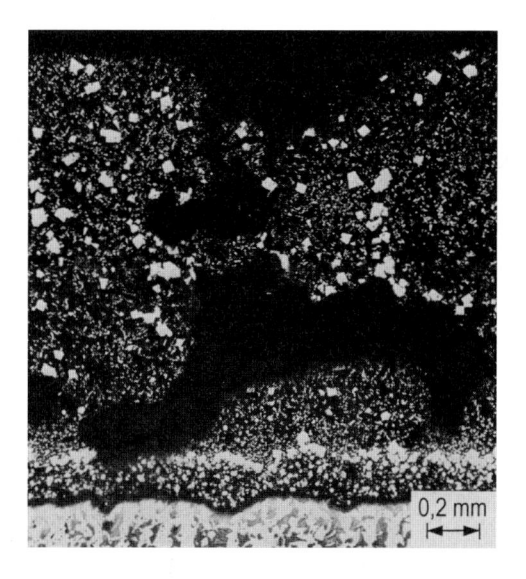

Bild 8.165: Fortgeschrittene Zerstörung des Weißmetallausgusses durch Kavitationserosion (geätzter Schliff) [189, ECKA Granulate Essen GmbH]

8.11 Verschleißerscheinungsformen durch Kavitationserosion

Aufgeraute Strukturen infolge von Mikrobrüchen beim typischen Standardturbinenstahl, dem ferritischen Cr-Stahl X5CrNi13-4, sind in **Bild 8.166** zu erkennen. Außer einer plastischen Verformung in Form von Mikrograten weist das Gefüge in der Regel transkristallin verlaufende Mikrorisse auf, die das Ausbrechen kleiner Werkstoffteilchen einleiten. Oft treten auch Unterhöhlungen auf, Bild 8.166 und 8.164 sowie 8.165.

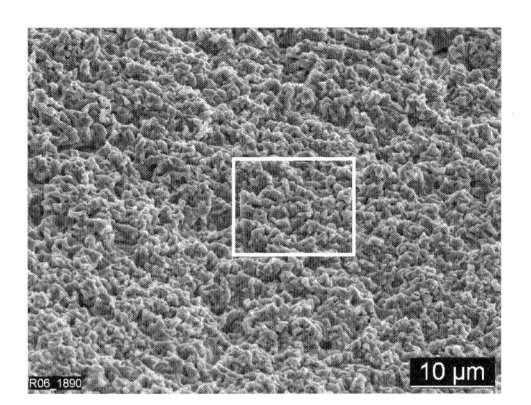

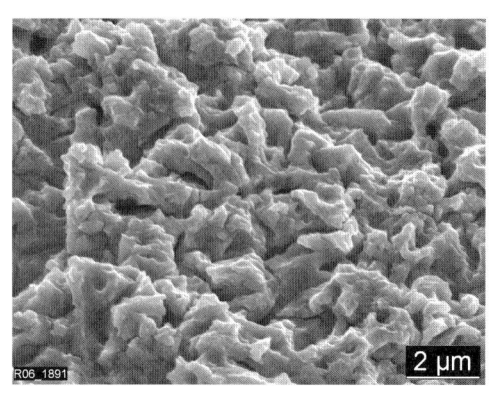

Bild 8.166: Aufrauung durch Schwingungskavitation auf einer Probe aus X5CrNi13-4 mit transkristallin verlaufenden Rissen, erzeugt mit Ultraschall-Kavitationsgerät (Prüfbedingungen: f_s = 20 kHz, Amplitude 31µm, Wasser mit 20 °C)

Die folgenden **Bilder 8.167 und 8.168** zeigen Aufrauungen durch Strömungskavitation an Ventilen aus gehärtetem 100Cr6.

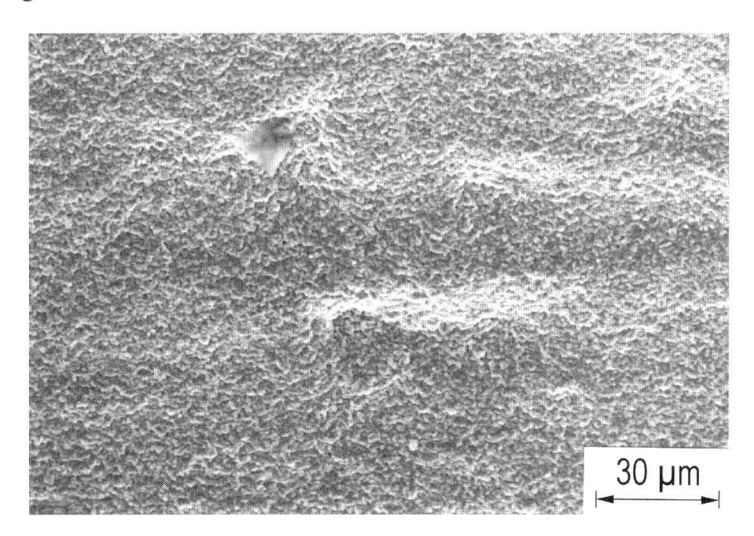

Bild 8.167: Aufrauung durch Strömungskavitation an der Oberfläche eines Bauteiles hinter dem Auslass eines Ventils; nahezu senkrechte Anströmung mit Kavitationsblasen beladenem Fluid

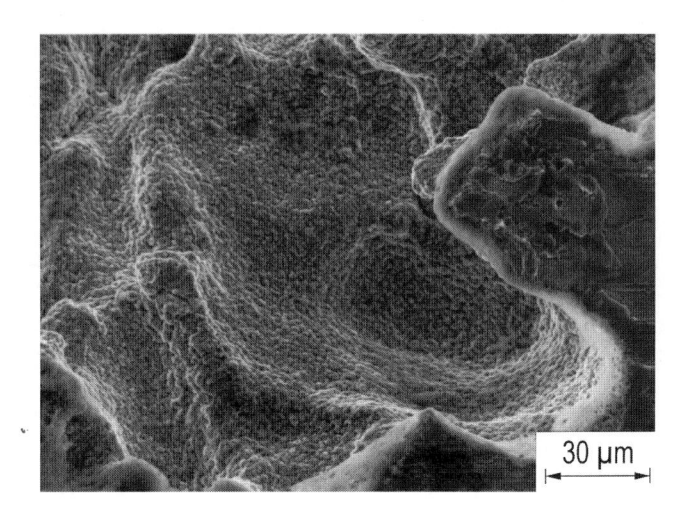

Bild 8.168: Aufrauung durch Strömungskavitation an der Oberfläche eines Bauteiles hinter dem Auslass eines Ventils. Die turbulente Strömung führt zu örtlichen Mulden, sonst vergleichbar mit Bild 8.167.

Die Oberflächenzerrüttung wird in der infolge von Blasenimplosionen erzeugten Kraterstruktur durch ein transkristallines Rissnetzwerk erkennbar, **Bild 8.169**.

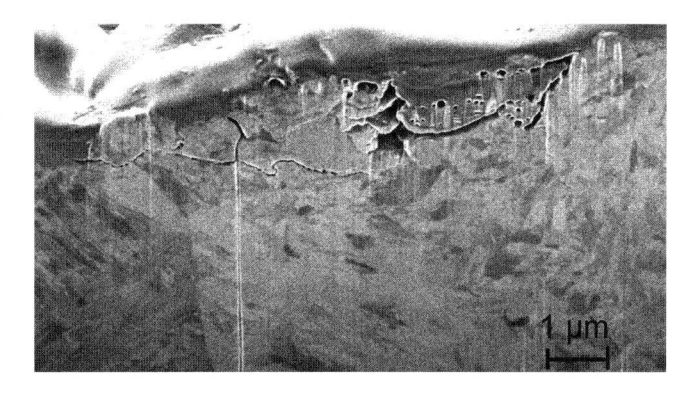

Bild 8.169: Rissbildung durch Oberflächenzerrüttung durch Kavitation einer Probe aus gehärtetem 100Cr6 (FIB-Aufnahme (*Focused Ion Beam*); die hellen Riefen sind präparationsbedingt)

Bild 8.170 zeigt eine DLC-Schicht auf einer Probe aus gehärtetem 100Cr6, die einer Beanspruchung durch Schwingungskavitation in einem Ultraschall-Kavitationsgerät mit Wasser ausgesetzt war. Die Versuchsdauer betrug 1,5 h. Im Übersichtsbild links zeichnen sich drei Bereiche ab – ursprüngliche Oberfläche (links unten), geschädigter Bereich und abgeplatzter Bereich (rechts oben). Die Zerstörung erfolgt innerhalb der Schicht; bei ungenügender Haftung lösen sich auch Bereiche der Schicht vom Grundwerkstoff ab. Die Mikrograte in der Bruchstruktur weisen auf eine gewisse Duktilität hin.

8.11 Verschleißerscheinungsformen durch Kavitationserosion

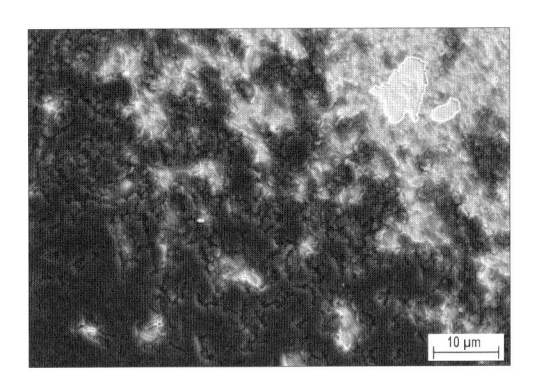

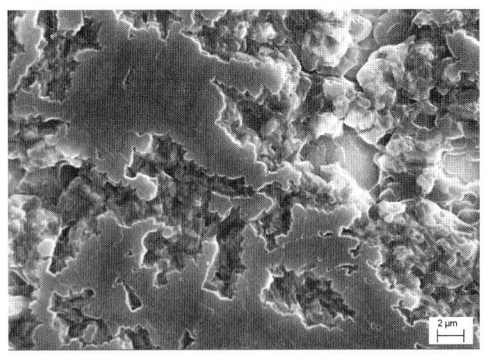

Bild 8.170: Aufrauung durch Schwingungskavitation einer DLC-Schicht
links: Übersicht, DLC-Schicht dunkel, restliche DLC-Schicht hell,
oben rechts freigelegter Grundwerkstoff 100Cr6
rechts: Detailansicht

Bei spröden Werkstoffen erkennt man die dynamische Beanspruchung an den bogenförmigen Rissfortschrittsmarkierungen, **Bild 8.171**, die jedoch auch bei Gewaltbrüchen zu beobachten sind. Daher ist zur Unterscheidung immer auch die Beanspruchungssituation mit einzubeziehen. Vorhandene Strömung kann das Erscheinungsbild beeinflussen.

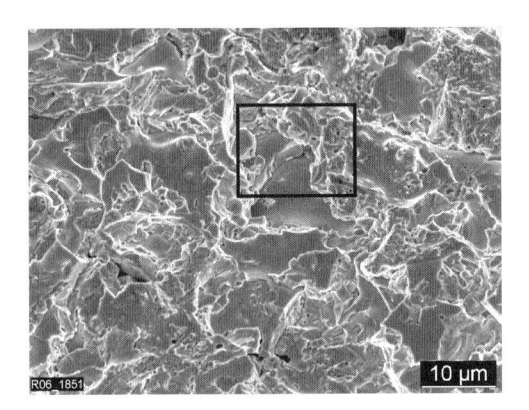

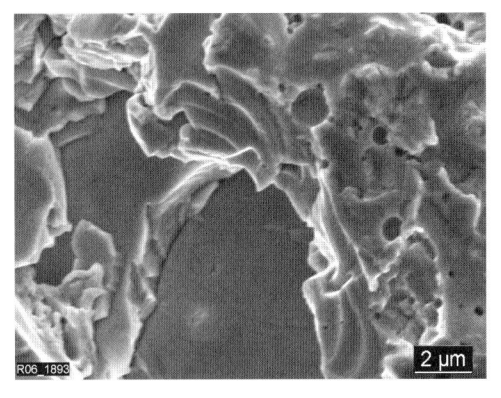

Bild 8.171: Aufrauung durch Schwingungskavitation einer mittels Hochgeschwindigkeitsflammspritzen (HVOF *High Velocity Oxy-Fuel*) erzeugten WC/Co-Schicht mit bogenförmigen Rissfortschrittsmarkierungen (rechtes Bild), erzeugt im Ultraschall-Kavitationsgerät (Prüfbedingungen: f = 20 kHz, Amplitude 31 µm, Wasser mit 20 °C)

Ein metallographischer Schliff durch den von Schwingungskavitation geschädigten Bereich einer Speisewasserleitung, vgl. Bild 8.161, zeigt die typischen Oberflächenzerstörungen, **Bild 8.172**. Der transkristallin verlaufende Anriss geht von einem Kavitationskrater aus. Zwillingsbildung, die nur in der Nähe des kavitierten Bereichs bis zu einer Tiefe von einigen ferritischen Körnern vorlag (im Bild nicht wiedergegeben), deutet auf die impulsartige Beanspruchung hin.

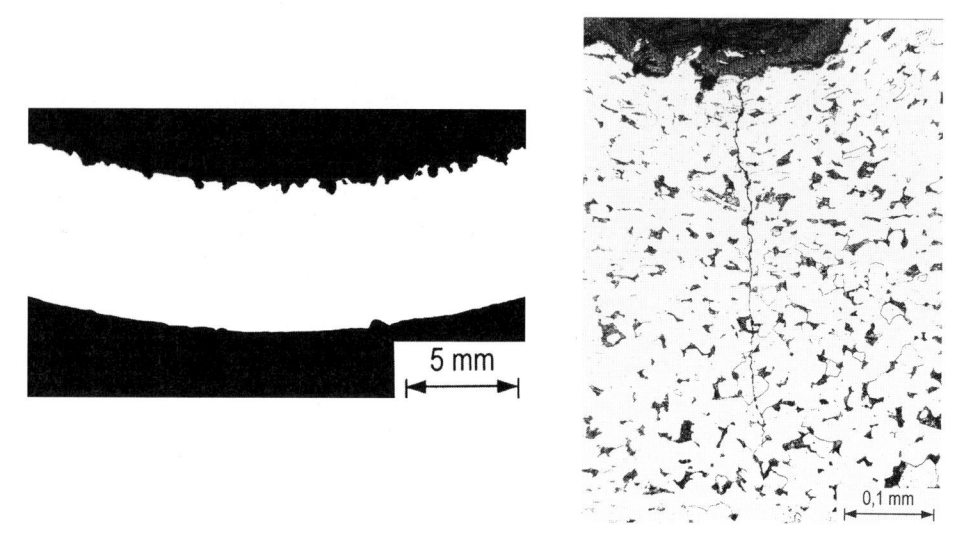

Bild 8.172: Aufrauung durch Schwingungskavitation in einer Speisewasserleitung, vgl. Bild 8.161

Aufrauungen werden in der Wasserkraftmaschinentechnik auch als „Anfressungen" bezeichnet. Dieser Begriff hat jedoch mit Fresserscheinungen oder Fressern gemäß Abschnitt 4.2.7 nichts zu tun. Dem Erscheinungsbild an der Schaufeleintrittskante eines Pumpenlaufrades liegt eine sich nur schwach abzeichnende Strömung zugrunde, **Bild 8.173**. Die Ursache liegt im Absenken des Druckes unter den Dampfdruck durch hohe Strömungsgeschwindigkeit an der Schaufeleintrittskante.

Bild 8.173: Aufrauung („Anfressungen") durch Strömungskavitation an einer Schaufeleintrittskante eines Pumpenlaufrades [59, VDI 3822, Blatt 5]

8.11 Verschleißerscheinungsformen durch Kavitationserosion 559

Die mikroskopische Darstellung der Kavitationserosion der Düsennadel, Bild 8.159 verdeutlicht die Zerklüftung mit Hinterschneidungen, **Bild 8.174**. Die Aufrauung geht in eine schwammartige Struktur über.

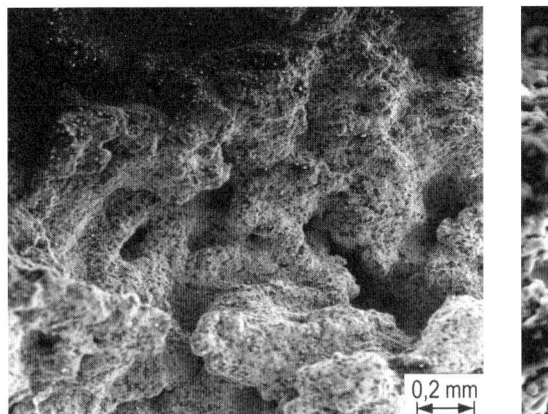

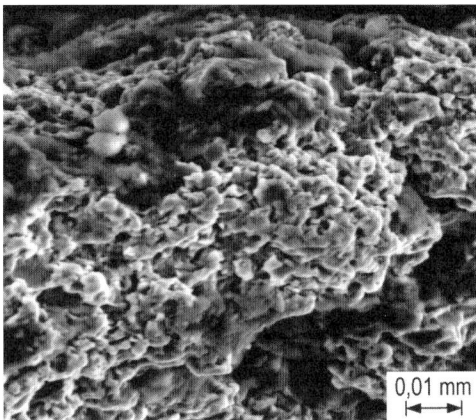

Bild 8.174: Detailaufnahmen aus dem kavitierten Bereich der Düsennadel, Bild 8.159

Aus Wirtschaftlichkeitsgründen wird manchmal bei bestimmten Wasserkraftmaschinen eine begrenzte Kavitation für gewisse Betriebszustände zugelassen. Eine Abhilfe können Auftragsschweißungen mit artgleichen Werkstoffen darstellen.
Neben den werkstofftechnischen lassen sich auch konstruktive und betriebliche Maßnahmen ergreifen. An konstruktiven Maßnahmen sind zu nennen: Verwendung von zweiflutigem Laufrad anstelle eines einflutigen, Anwendung eines Vordralls, Verwendung von Laufrädern mit vergrößerter Austrittsbreite, Vermeidung von scharfen Krümmungen im Laufrad, Vergrößerung der Schaufelzahl bei schnellläufigen Pumpen. Die betrieblichen Maßnahmen sind beschränkt auf eine Installation mit geringer Ganghöhe, geringe Strömungsgeschwindigkeit, Förderung möglichst kühler Flüssigkeiten, Einführung von Druckwasser im Saugrohr und Einführung von geringen Luftmengen mit Saugrohr.

8.11.3 Ausbrüche

Diese makroskopische Erscheinungsform stellt einen weiter fortgeschrittenen Zustand von Kap. 8.11.2 dar und wird z. B. bei Gleitlagern mit ausgegossenem Weißmetall beobachtet. Bei der Zerstörung des Lagerschalenausgusses brechen kleine Metallpartikel aus der Lauffläche infolge Schwingungskavitation heraus, **Bild 8.175**, die im fortgeschrittenen Stadium den Eindruck von größeren flächenhaften Ausbrüchen erwecken. In der oberen Lagerschale sind die Ausbrüche, die sich zwischen den Ölzuflussbohrungen befinden, noch nicht so weit fortgeschritten wie in der unteren Schale. Bei guter Bindung bleiben noch Reste von Lagermetall auf der Stahloberfläche haften. Dieses Bild ist ein Beispiel dafür, dass ohne Kenntnis der Beanspruchungen und Durchführung weiterer Untersuchungen das Erscheinungsbild auch einer Ermüdung durch dynamische Überlastung zugeordnet werden könnte. Erst im Schliff zeigen sich die für Kavitation charakteristischen Zerklüftungen der Oberfläche, Bild 8.164, die im fortgeschrittenem Stadium zur Hohlraumbildung im Gefüge führen und sich bis zur Bindezone ausbreiten können, Bild 8.165.

Bild 8.175: Ausbrüche durch Schwingungskavitation an einem zweiteiligen Radialgleitlager mit Weißmetallausguss [189, ECKA Granulate Essen GmbH]

8.12 Grundlagen Tropfenschlagerosion

8.12.1 Allgemeines

Tropfenschlagerosion wurde zuerst an Laufschaufeln von Dampfturbinen durch Nassdampf und auch an Bechern des Peltonlaufrades durch divergierenden Wasserstrahl beobachtet. Bei den Dampfturbinen sind die letzten Stufen der Beschaufelung von Kondensations- und Sattdampfturbinen betroffen [149, 190, 191]. Aus dem Dampfstrom bilden sich bei Entspannung des Dampfes Kondensationströpfchen (Nebel) < 0,2 µm [192], die sich auf den Leitschaufeln niederschlagen und so einen Nässefilm bilden. Daraus lösen sich von den Austrittskanten der Leitschaufeln größere Tropfen ab, die vom Dampf mitgerissen werden und in der Nähe der Eintrittskanten der Laufradschaufeln entgegen ihrer Drehrichtung aufschlagen, **Bild 8.176**. Die Erosion verursachende Tropfengröße liegt bei einem Durchmesserbereich von d = 50 bis 450 µm. Kleinere Tropfen bewirken dagegen kaum Erosion. Die Geschwindigkeiten der Tropfen betragen 100 bis 600 m/s [193].

Bei den heute üblichen hohen Fluggeschwindigkeiten kann Tropfenschlag auch an Bauteilen von Flugkörpern, z. B. an Überschallflugzeugen oder an Rotorblättern von Hubschraubern beim Durchfliegen von Regenzonen erhebliche Schäden verursachen („Regenerosion").

8.12 Grundlagen Tropfenschlagerosion

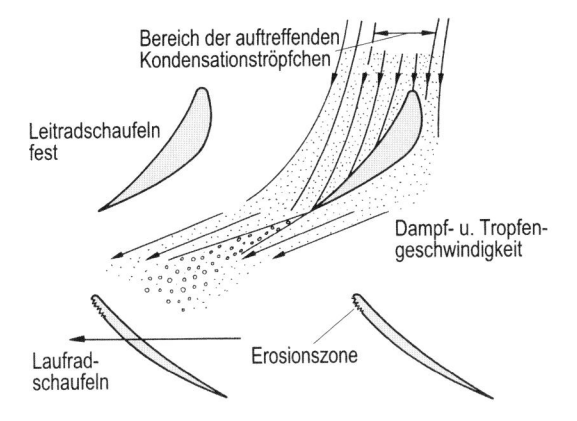

Bild 8.176: Entstehung des Tropfenschlags an Laufradschaufeln in Anlehnung an [192]

8.12.2 Beanspruchungsbedingte Einflüsse

Die Werkstoffbeanspruchung bei Tropfenschlag ist gekennzeichnet durch das wiederholte Auftreffen von Tropfen, Flüssigkeitsstrahlen oder unterbrochenen Flüssigkeitsstrahlen auf die Werkstoffoberfläche mit hoher kinetischer Energie $E = f(d^3, v^2)$. Beim Auftreffen des Flüssigkeitstropfens strömt die Flüssigkeit an der Phasengrenze vom Stoßzentrum ausgehend längs der Oberfläche mit einer höheren Geschwindigkeit als die Aufprallgeschwindigkeit radial nach außen. Bei einer Aufprallgeschwindigkeit von 100 m/s wurde eine Abströmgeschwindigkeit von rd. 600 m/s gemessen [194]. Der mittels piezoelektrischen Druckaufnehmern gemessene Druck durch Wassertropfen von 5 mm Durchmesser ergaben den in **Bild 8.177** dargestellten

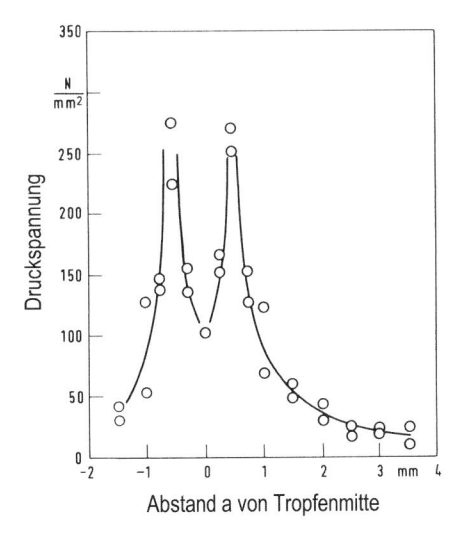

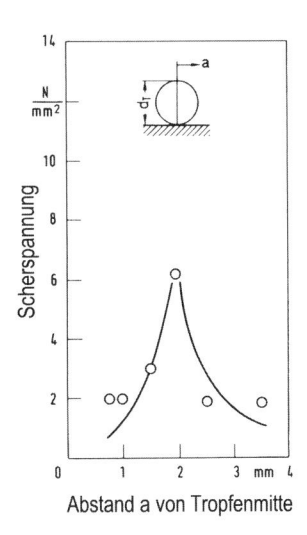

Bild 8.177: Druck- und Scherspannungsverlauf beim Aufschlag eines Wassertropfens mit $d_T = 5$ mm, Aufschlaggeschwindigkeit $v = 100$ m/s [194]

Druckverlauf. Die höchste Druckspannung entsteht dabei außerhalb des Stoßzentrums im Abstand von 0,5 mm. Die Scherspannung erreicht ein Maximum im Abstand von rd. 2 mm. Im Aufschlagzentrum bilden sich bei verformungsfähigen Werkstoffen ringförmige Verformungsstrukturen und bei spröden Werkstoffen Risse. Wiederholtes Auftreffen von Tropfen zerrüttet die Oberfläche.

Der Werkstoffabtrag beginnt – wie bei Kavitationserosion – nach entsprechender Inkubationsphase zunächst progressiv und nimmt mit zunehmender Zerklüftung der Oberfläche meist degressiven Verlauf an. Die hohe dynamische Beanspruchung durch die Tropfen, die Werkstofffestigkeit übersteigende Spannungen und tiefgreifende Zerstörungen im Werkstoff erzeugen, wird beim Schneiden mit Flüssigkeitsstrahlen genutzt.

Die in Kap. 8.10 erwähnte Joukowsky-Stoßformel (8.7) ist auch bei senkrechtem Tropfenschlag zur überschlägigen Bestimmung des Aufschlagdruckes anwendbar.

Unter den mechanischen Einflussgrößen sind vor allem Aufprallgeschwindigkeiten, Tropfengröße und Aufprallwinkel von Bedeutung [146]. Messungen des Verschleißes in Abhängigkeit von der Geschwindigkeit (Bereich der Regenerosion) zeigen deutlich unterschiedliches Werkstoffverhalten und progressiven Anstieg, **Bild 8.178**. Der Verschleiß ist dabei als Erosionstiefe bezogen auf die Höhe der Säule des aufgeprallten Wassers (Summe aller Tropfen als Wassersäule) dargestellt. Zur Charakterisierung des Tropfenfeldes werden der Tropfendurchmesser d und die Wasservolumkonzentration ρ_{WL} verwendet. ρ_{WL} ist das Verhältnis des im von der Probe überstrichenen Luftvolumen enthaltenen Wasservolumens zum Luftvolumen. Eine Übertragbarkeit auf niedrigere Geschwindigkeitsbereiche ist nicht ohne weiteres möglich, vor allem Gläser, Polyurethan und Keramik dürften sich dann günstiger verhalten.

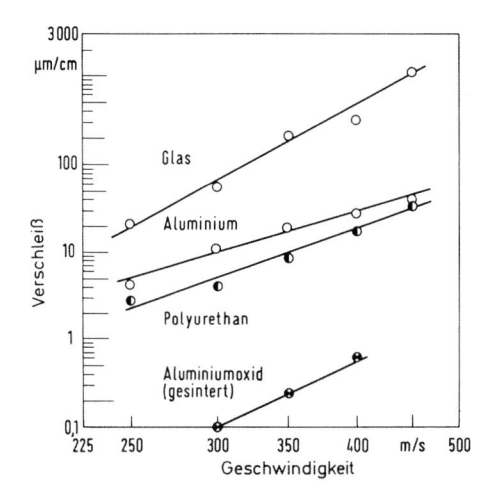

Bild 8.178: Einfluss der Probengeschwindigkeit auf die Tropfenschlagerosion; Versuchsbedingungen: Tropfendurchmesser d = 1,2 mm, Wasservolumkonzentration ρ_{WL} = 1,2·10^{-5} bei Al, Polyurethan und Al$_2$O$_3$ und ρ_{WL} = 1,5·10^{-6} bei Glas [146]

Der Aufprallwinkel beeinflusst auch beim Tropfenschlag die Werkstoffzerstörung, wobei die Normalkomponente der Auftreffgeschwindigkeit in erster Näherung den Aufpralldruck be-

8.12 Grundlagen Tropfenschlagerosion

stimmt, der um so höher ist, je steiler der Aufprallwinkel, **Bild 8.179**. Der Verschleiß gibt die mittlere Erosionstiefe wieder. Die Tangentialkomponente der Geschwindigkeit bewirkt zwar eine erhöhte Scherbeanspruchung der Oberfläche, aber da die meisten Metalle unter üblichen Tropfenschlagbedingungen eine genügend hohe Scherfestigkeit aufweisen, werden sie überwiegend durch die Normalkomponente des Tropfenschlages zerstört.

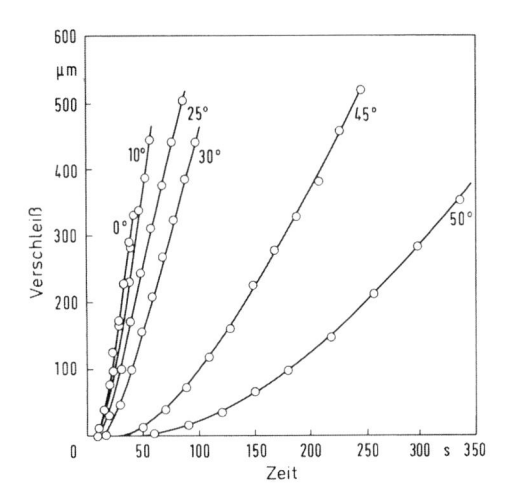

Bild 8.179: Winkelabhängigkeit der Verschleißes von Reinaluminium durch Tropfenschlag [146]; Probengeschwindigkeit v = 400 m/s, Tropfendurchmesser 1,2 mm, Wasservolumkonzentration $\rho_{WL} = 1{,}2 \cdot 10^{-5}$, 0° = senkrechter Aufschlag

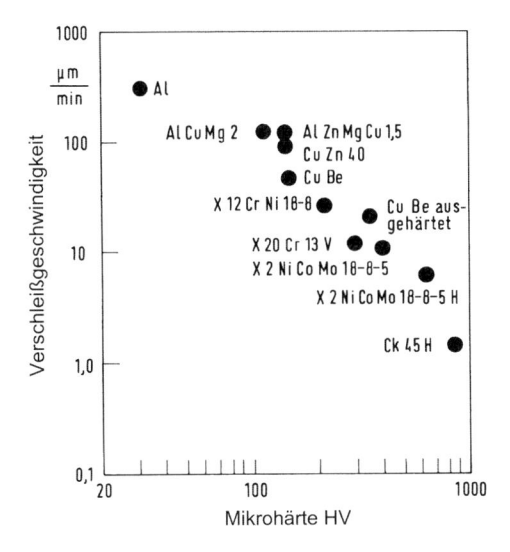

Bild 8.180: Einfluss der Härte auf den Verschleiß unterschiedlicher Werkstoffe durch Tropfenschlagerosion; Versuchsbedingungen: Probengeschwindigkeit v = 410 m/s, Tropfendurchmesser d = 1,2 mm, Wasservolumkonzentration $\rho_{WL} = 1{,}2 \cdot 10^{-5}$ [146]

Korrosive Einflüsse können ebenfalls zur Werkstoffschädigung durch Tropfenschlag beitragen, wodurch der Abtragsprozess meist beschleunigt wird, vor allem dann, wenn Deck- oder Passivschichten durch Flüssigkeitsstöße abgelöst oder örtlich zerstört werden, wodurch die Werkstoffoberfläche verstärkt dem Korrosionsangriff unterliegt. Aufgrund der komplexen Beanspruchung gelten ähnliche Prinzipien bzgl. der Werkstoffeigenschaften, um Beständigkeit zu erlangen wie bei Kavitation. So wird auch hier der dominierende Einfluss der Härte auf den Verschleiß bei Tropfenschlagerosion an verschiedenen Werkstoffen deutlich, **Bild 8.180**.

8.13 Verschleißerscheinungen bei Tropfenschlagerosion

8.13.1 Mulden

Diese makroskopische Erscheinung ist ähnlich wie bei Strahlverschleiß (Feststoffpartikel im Gasstrom), wenn die Beanspruchung auf einen kleinen Bereich begrenzt bleibt, vgl. Kap. 8.5.1 Querwellen, Mulden. Im Falle eines Entfettungsbehälters aus Werkstoff USt37, der zum Reinigen von Kleinteilen diente, sind durch örtlich aufprallende Flüssigkeitsstrahlen Mulden und Unterhöhlungen entstanden, **Bild 8.181**. Die größeren Vertiefungen haben zum Durchbruch geführt. Der Strahl ist offensichtlich über längere Zeit auf ein und dieselbe Stelle der Wand aufgetroffen, wobei eine erosive Mitwirkung aus dem Sumpf stammender Feststoffpartikel nicht ausgeschlossen werden kann.

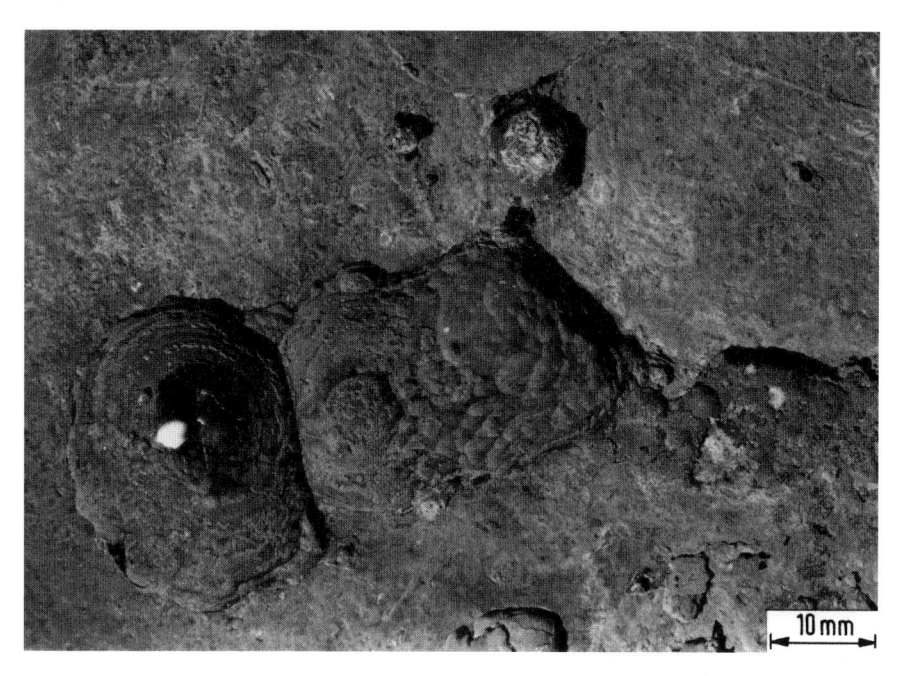

Bild 8.181: Mulden mit Durchbruch und Unterhöhlungen in einem Bodenblech eines Entfettungsbehälters durch aufprallenden Flüssigkeitsstrahl [59, VDI 3822, Blatt 5]

8.13 Verschleißerscheinungen bei Tropfenschlagerosion 565

Ein solcher Schaden kann vermieden oder deutlich abgeschwächt werden, wenn der Strahl nicht konzentriert längere Zeit auf einen Punkt gerichtet wird, sondern bewegend geführt wird oder der Strahl nur im befüllten Behälter wirkt. Eine andere Möglichkeit besteht darin, eine auswechselbare Prallplatte einzulegen. Gepulste Flüssigkeitsstrahlen sind hier zu vermeiden, da durch jeden Tropfen ein Druckstoß (Joukowsky-Stoß) nach der Gleichung (8.7) wirksam wird. Beim Dauerstrahl wirkt nur der kleinere Impulsdruck

$$p = \rho \cdot v^2 \tag{8.13}$$

mit der Dichte ρ der Flüssigkeit und der Strahlgeschwindigkeit v.

8.13.2 Aufrauung

Durch wiederholtes senkrechtes oder schräges Auftreffen von einer Vielzahl von Tropfen mit hoher Geschwindigkeit auf die Oberflächen erscheinen diese makroskopisch matt. Mikroskopisch stellen sich die matten Bereiche als aufgeraute Strukturen dar. Die Verschleißerscheinungen sind vor allem bei senkrechtem Aufprall denen bei Kavitationserosion (vgl. Kap. 8.10) ähnlich. Oft sind sie auch durch den Strömungscharakter geprägt.

Bild 8.182 zeigt ein Kondensatorrohr aus Messing, das mit Nassdampf beaufschlagt wurde. Die Anströmrichtung erfolgte unter einem flachen Winkel von links nach rechts. Das Aussehen ist oft ähnlich wie bei Kavitationserosion.

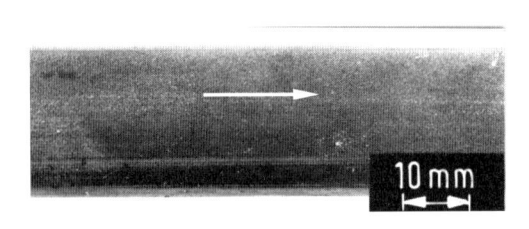

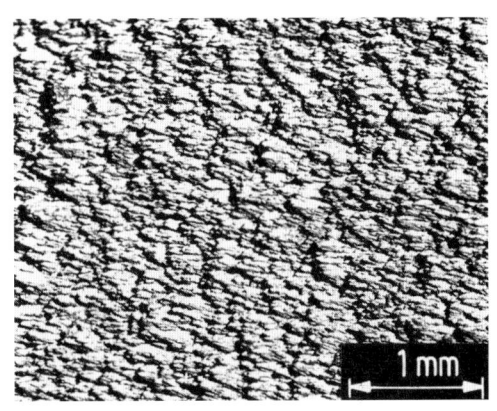

Bild 8.182: Aufrauung eines Kondensatorrohres aus CuZn37; der Pfeil gibt die Anströmrichtung wieder [59, VDI 3822, Blatt 5]
links: Übersicht, rechts: Ausschnitt (lichtoptische Aufnahme)

Mikroskopisch entstehen oft bei flachen Auftreffwinkeln höcker- oder schulterartige Erhebungen, wie an den Messingrohren eines Kondensators, **Bild 8.183**, die das matte Aussehen verursachen.

Bild 8.183: Weiter vergrößerter Ausschnitt (REM-Aufnahme) aus Bild 8.182 [59, VDI 3822, Blatt 5]

Bei senkrechtem Auftreffen ergibt sich ein örtlich tieferer Abtrag wie an Dampfturbinenschaufeln, die im Gebiet des Nassdampfes eingesetzt waren oder gar ein Abtrag mit nadelförmig stehen bleibenden Werkstoffresten, **Bild 8.184**. Derartige Schädigungen können Schwingbrüche auslösen. Bei schrägem Auftreffwinkel ist die Struktur durch die Ausströmrichtung geprägt. Häufig finden sich selbst an nominell korrosionsbeständigen Werkstoffen Korrosionsnarben, die durch ein Entfernen der Schutzschicht infolge der hohen Beanspruchung entstehen. Der Werkstoffabtrag wird dann durch Korrosion beschleunigt.

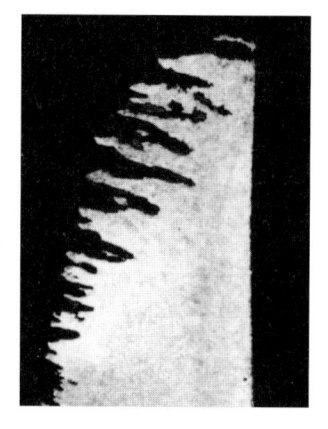

Bild 8.184: Aufrauung durch Tropfenschlag auf einer Turbinenschaufel [195, VDI 3822, Blatt 5]

Als Abhilfe kommen bei Dampfturbinen folgende Maßnahmen in Betracht:

- Axialabstand zwischen den Schaufelkränzen (Leit- und Laufschaufel) vergrößern [150, 190, 191]
- Abrunden der Eintrittskanten von Laufschaufel [150]
- Schärfen der Leitschaufelaustrittskanten zur Unterbindung großer Tropfen [190]

8.13 Verschleißerscheinungen bei Tropfenschlagerosion

- Wasserabscheidung z. B. durch Absaugen des Wasserfilms an den Leitschaufeln oder Entwässerungsschlitze [190]
- Randschichthärtung der Laufschaufeleintrittskanten [150, 190 bis 193]

In einen Sammler aus dem Werkstoff 10CrMo9-10, der der Entwässerung eines Frischdampfsystems dient, ist aufgrund der Betriebsbedingungen über die Einlassstutzen Nassdampf mit hoher Strömungsgeschwindigkeit geströmt. Im Frischdampfsystem herrschten Betriebsbedingungen von rd. 60 bar und rd. 270 °C und im Sammler von rd. 0,06 bar und 150 °C. Diese Be-

Bild 8.185: Durch senkrechten Tropfenschlag erzeugte kegelige Mikrotopographie

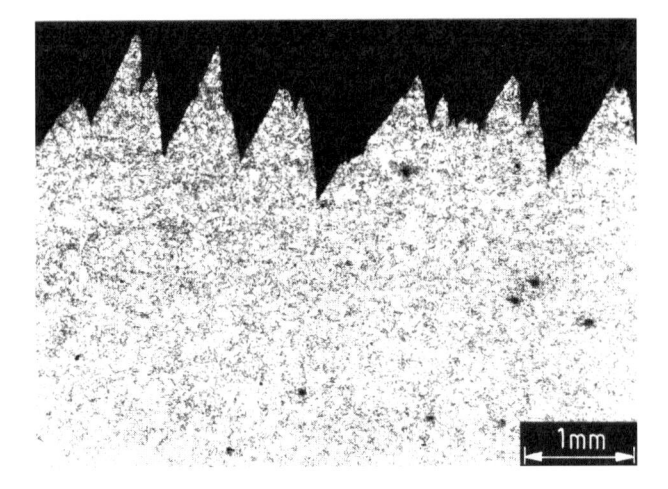

Bild 8.186: Schliff durch die kegelig aufgeraute Oberfläche in Bild 8.185

anspruchung führte auf der dem Einlassstutzen gegenüberliegenden Wand zu einer Wanddickenabnahme. Farblich hob sich dieser Bereich von der Umgebung deutlich ab und ist aufgeraut. Die Aufrauung nimmt vom Zentrum nach außen hin ab. Durch den senkrechten Aufprall erscheint die Oberfläche im REM als eine Anordnung von zahlreichen Kegeln, **Bild 8.185**. Im Schliff bestätigt sich die Aufrauung durch die kegelige Ausbildung der Mikrotopographie, **Bild 8.186**. Ein Zusammenhang der Oberflächenstruktur mit der Ausbildung des Vergütungsgefüges mit einer Härte von rd. 170 HV 10 besteht nicht.

8.14 Gaserosion

Gaserosion ruft eine Schädigung der Werkstoffoberfläche durch schnell strömende Gase hervor, deren Erhitzung durch hohe Strömungsgeschwindigkeit infolge Wandreibung erfolgt oder die von vornherein einen hohen Wärmeinhalt haben. Die hohen Oberflächentemperaturen bewirken Diffusion der Mediumskomponenten (Sauerstoff, Stickstoff, Kohlenstoff), Verdampfen, Schmelzen, Sublimation, chemische Umsetzung und Gefügeänderungen. Materialverluste treten dabei u. U. molekül- bzw. ionenweise auf. Die Erscheinungen reichen von Gefügebeeinträchtigungen durch Riss- und Porenbildung oberflächennaher Zonen bis zum örtlichen Teigigwerden bzw. Aufschmelzen des Werkstoffes und deren „Abblasen" ähnlich einem Brennschneidvorgang. Die Vorgänge können auch mit Ablation, vgl. 2.4.5, bezeichnet werden.
Betroffen sind z. B. Auslassventile von Verbrennungsmotoren oder Schaufeln von Gasturbinen und Triebwerken. Die Werkstoffauswahl richtet sich insbesondere nach der thermischen Beanspruchung. Auslassventile werden häufig aus austenitischen Werkstoffen gefertigt wie z. B. aus X53CrMnNiN21-9. Für Gasturbinenschaufeln werden ferritische Cr-Stähle oder Cr-Ni-Mo-V-Vergütungsstähle und für Triebwerksschaufeln Ti- oder Ni-Basislegierungen eingesetzt. Vor allem bei höheren Temperaturen werden die Schaufeln häufig zusätzlich beschichtet. In [196] ist der Verschleißwiderstand gegen Heißgaserosion verschiedener Beschichtungen für einen Temperaturbereich zwischen 400 °C und 1000 °C dargestellt. Danach weisen die Beschichtungen in der Reihenfolge Stellite 31, Cr_3C_2/NiCr-Spritzschicht, Stellite 12, CoCrMoSi-Spritzschicht und die CoCrW-Legierung zunehmende Beständigkeit auf.

Auch heiße Explosionsgase können die Werkstoffoberfläche von Düsen beim Entweichen ins Freie schädigen, **Bild 8.187**. Beim Zünden von Treibladungspulver in einer Schnellzerreißprüfmaschine führt die thermische Beanspruchung durch die heißen Gase von rd. 900 °C und die hohe Strömungsgeschwindigkeit (Explosionsdruck rd. 500 bar) zu interkristalliner Rissbildung und zur selektiven Erosion des martensitischen Gefüges, **Bild 8.188**. Merkmale, die auf eine mechanische Mitwirkung von festen Reaktionsprodukten hinweisen, liegen nicht vor.

Eine Möglichkeit zur Erhöhung der Erosionsbeständigkeit wird in [197] durch die Beschichtung mit Tantal aufgezeigt. Eine beschichtete Düse wurde von gepulsten Treibmittelgasen mit einer Impulsdauer von 20 ms, einer Temperatur von 2500 K (2227 °C) und einem Druck von 100 MPa durchströmt. Die Gaszusammensetzung bestand zu 99 % aus CO_2, H_2O, H_2, N_2 und CO. Das gute Abschneiden der Beschichtung gegenüber dem unbeschichteten legierten Werkstoff wird auf die Bildung einer stabilen Schicht aus Ta_2O_5 und deren gute Haftung zurückgeführt. Eine mituntersuchte Beschichtung aus Nb erwies sich dagegen schlechter als der unbeschichtete legierte Grundwerkstoff.

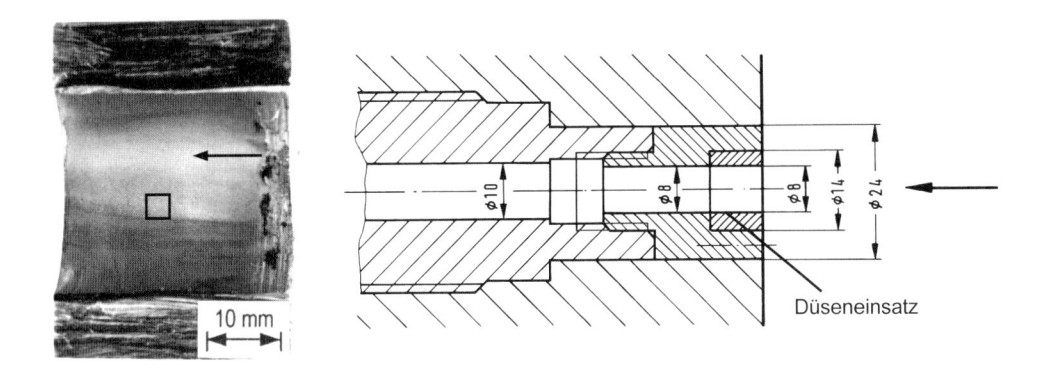

Bild 8.187: Düseneinsatz aus 30CrNiMo8 nach Beanspruchung durch heiße Gase einer Explosionsladung

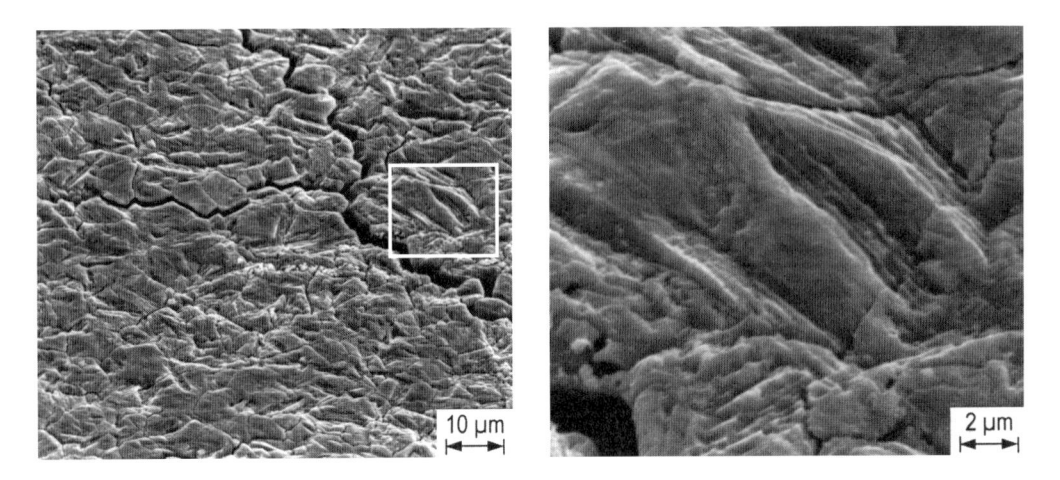

Bild 8.188: Oberfläche der Düsenbohrung mit interkristallinen Rissen, Ausschnitt aus Bild 8.187

Literaturverzeichnis

[1] Stähli, G.: Verschleiß – eine Systemeigenschaft. Material und Technik 8 (1980) 4, S. 183 – 195

[2] Uetz, H. und K. Sommer: Abrasiv-Gleitverschleiß. In: Abrasion und Erosion, S. 148 – 150. Carl Hanser Verlag München Wien 1986

[3] Wellinger, K. und H. Uetz: Gleit-, Spül- und Strahlverschleißprüfung. Wear 1 (1957/58) 3, S. 225 – 231

[4]   Wellinger, K. und H. Uetz: Verschleiß durch körnige mineralische Stoffe. Jernkont. Ann. 147 (1963) 10, S. 845 – 904

[5]   Wellinger. K. und H. Uetz: Gleitverschleiß, Spülverschleiß und Strahlverschleiß unter der Wirkung von körnigen Stoffen. VDI-Forschungsheft 449. Beilage zu „Forschung auf dem Gebiet des Ingenieurwesens", Ausg. B, Bd. 21 (1955), S. 1 – 40

[6]   Gürleyik, M. Y.: Gleitverschleiß-Untersuchungen an Metallen und nichtmetallischen Hartstoffen unter Wirkung körniger Gegenstoffe. Diss. TH Stuttgart 1967

[7]   Föhl, J., T. Weißenberg und J. Wiedemeyer: General aspects for tribological applications of hard particle coatings. Wear 130 (1989), S. 275 – 288

[8]   Uetz, H. und K. Sommer: Abrasiv-Gleitverschleiß. In: Abrasion und Erosion, S. 140. Carl Hanser Verlag München Wien 1986

[9]   Stähli, G. und H. Beutler: Bewertung des Verschleißverhaltens bei abrasiver und adhäsiver Gleitbeanspruchung durch Modellversuche. Techn. Rundschau Sulzer 58 (1976) 1, S. 33 – 40

[10] Uetz, H., K.-J. Groß und J. Wiedemeyer: Grund- und Ordnungsfragen. In: Abrasion und Erosion, S. 26 – 29. Carl Hanser Verlag München Wien 1986

[11] Uetz, H. und K. Sommer: Dreikörper-Abrasivverschleiß. In: Abrasion und Erosion, S. 166 – 168. Carl Hanser Verlag München Wien 1986

[12] Föhl, J.: Untersuchung der Werkstoffreaktion bei Einzelstoß mit harten Partikeln zur Vertiefung des Verständnisses von Erosionsverschleiß. Metallkunde 80 (1989) 10, S. 710 – 718

[13] Wahl, H. und E. Maier: Untersuchungen über den Verschleiß von Blasversatzrohren und -krümmern. Verlag Glückauf GmbH Essen 1952

[14] Sheldon, G. L. and Finnie, I.: On the ductile behaviour of nominally brittle materials during erosive cutting. Journal of engineering for industry, Serie B, (1966) 11, S. 387 – 392

[15] Bode, C. und H. Schaetz: Eine neue, einfache Versuchsanordnung zur Ermittlung der Partikelgeschwindigkeit im Luftstrom bei Strahlverschleißuntersuchungen. Chem. Techn. 18 (1966) 2, S. 93 – 98

[16] Bitter, J. G. A.: A study of erosion phenomena, part I. Wear, 6 (1963), S. 5 – 21

[17] Talia, J. E., Y. A. Ballout and R. O. Scattergood: Erosion ripple formation mechanism in aluminium and aluminium alloys. Wear 196 (1996), S. 285 – 294

[18] Ballout, Y. A., J. A. Mathis and J. E. Talia: Effect of particle tangential velocity on erosion ripple formation. Wear 184 (1995), S. 17 – 21

[19] Kleis, I. und H. Uuemois: Untersuchung des Strahlverschleißmechanismus von Metallen. Z. f. Werkstofftechnik 5 (1974) 7, S. 381 – 389

[20] Carter, G. and M. J. Nobes: A kinematic wave description of ripple development on sand-blasted ductile solids. Wear 96 (1984), S. 227 – 238

[21] Groß, K.-J.: Erosion (Strahlverschleiß) als Folge der dynamischen Werkstoffreaktion beim Stoß. Diss. Uni Stuttgart 1988

[22] Marx, W.: Berechnung der Formänderung von Profilen infolge Strahlverschleiß. Diss. Universität Stuttgart 1983

[23] Groß, K.-J. und H. Uetz: Strahlverschleiß. In Uetz, H.: Abrasion und Erosion, S. 236 – 278. Carl Hanser Verlag München Wien 1986

[24] Gommel, G.: Wechselbeziehung zwischen Zerkleinerung und Verschleiß bei Prallbeanspruchung. Aufbereitungs-Technik 8 (1967) 12, S. 679 – 687

[25] Finnie, I.: Erosion of surfaces by solid particles. Wear 3 (1960), S. 87 – 103

[26] Finnie, J. and D. H. Mc Fadden: On the velocity dependence of the erosion of ductile metals by solid particles at low angles of incidence. Wear 48 (1978) 2, S. 181 – 190

[27] Uetz, H. und J. Föhl: Wear as an energy transformation process. Wear 49 (1978), S. 253 – 264

[28] Wellinger, K. und H. Uetz: Verschleiß durch körnige mineralische Stoffe. Aufbereitungs-Technik 4 (1963) 8, S. 319 – 335

[29] Fehndrich W.: Verschleißuntersuchungen an Kesselrohren. Diss. TH Karlsruhe 1968

[30] Tabakoff, W., J. Ramchandran and A. Hamed: Temperature effects on the erosion of metals used in turbo-machinery. Proc. 5th Int. Conf. on Erosion by solid and liquid impact, Cambridge 1979

[31] Goodwin, J. E., W. Sage and G. P. Tilly: Study of Erosion by solid Particles. Proc. Instn. Mech. Engrs. 184 (1969-70) 15, S. 279 – 291

[32] Nagarajan, R., B. Ambedkar, S. Gowrisankar and S. Somasundaram: Development of predictive model for fly-ash erosion phenomena in coal-burning boilers. Wear 267 (2009), S. 122 – 128

[33] Kleis, I.: Probleme der Bestimmung des Strahlverschleißes bei Metallen. Wear 13 (1969), S. 199 – 215

[34] Uetz, H. und J. Föhl: Einfluss der Korngröße auf das Strahlverschleißverhalten von Metall und nichtmetallischen Hartstoffen. Wear 20 (1972), S. 299 – 308

[35] Uetz, H. und M. A. Khosrawi: Strahlverschleiß. Aufbereitungstechnik 21 (1980) 5, S. 253 – 266

[36] Glatzel, W.-D. und H. Brauer: Prallverschleiß. Chem.-Ing.-Tech. 50 (1978) 7, S.487 – 497

[37] Uetz, H.: Strahlverschleiß. Mitteilungen der Vereinigung der Großkesselbetreiber 49 (1969) 1, S. 50 – 57

[38] DIN EN 14700, August 2005: Schweißzusätze – Schweißzusätze zum Hartauftragen

[39] Wesling, V., R. Reiter und J. Oligmüller: Untersuchungen zum Erosionsverschleiß an schweißtechnisch hergestellten Beschichtungen. Mat.-wiss. u. Werkstofftech. 39 (2008) 1, S. 83 – 87

[40] Garg, D. and P. N. Dye: Erosive wear behaviour of chemical vapour deposited multilayer tungsten carbide coating. Wear 162-164 (1993) S. 552 – 557

[41] Nicholls, J. R., M. J. Deakin and D. S. Rickerby: A comparison between the erosion behaviour of thermal spray and electron beam physical vapour deposition thermal barrier coatings. Wear 233 – 235 (1999), S. 352 – 361

[42] Westergård, R., N. Axén, U. Wiklund and S. Hogmark: An evaluation of plasma sprayed ceramic coatings by erosion, abrasion and bend testing. Wear 246 (2000), S. 12 – 19

[43] Hussainova, I., I. Jasiuk, M. Sardela and M. Antonov: Micromechanical properties and erosive wear performance of chromium carbide based cermets. Wear 267 (2009), S. 152 – 159

[44] Beckmann, G. and J. Gotzmann: Analytical model of the blast wear intensity of metal based on a general arrangement for abrasive wear. Wear 73 (1981), S. 325 – 353

[45] Oka, Y. I., H. Ohnogi, T. Hosokawa and M. Matsumura: The impact angle dependence of erosion damage caused by solid particle impact. Wear 203–204 (1997), S. 573 – 579

[46] Oka, Y. I., K. Okamura and T. Yoshida: Practical estimation of erosion damage caused by solid particle impact. Part 1: Effects of impact parameters on a predictive equation. Wear 259 (2005), S. 95 – 101

[47] Oka, Y. I. and T. Yoshida: Practical estimation of erosion damage caused by solid particle impact. Part 2: Mechanical properties of materials directly associated with erosion damage. Wear 259 (2005), S. 102 – 109

[48] Voss, K.-H.: Blasversatz im Steinkohlenbergbau. VDI-Berichte Nr. 371 (1980), S. 179 – 186

[49] Bauer, H. und E. Kriegel: Verschleiß an Rohrkrümmern beim pneumatischen und hydraulischen Feststofftransport. Chemie-Ing.-Techn. 37 (1965) 3, S. 265 – 276

[50] Schuchart, P.: Verschleißschutz in pneumatischen Förderanlagen. Maschinenmarkt 75 (1969) 78, S. 1730 – 1732

[51] N. N.: Hart und schlagfest: Kalenborner Hartguss Kalmetall-C. Kalpraxis Ausgabe 04.06, www.kalenborn.de

[52] N. N.: Kalcret ist der bewährte Verschleißschutz-Werkstoff für die Zementindustrie. Kalpraxis Ausgabe 12.06, www.kalenborn.de

[53] Wahl, W.: Konstruktive Maßnahmen als Möglichkeit des Verschleißschutzes. In Uetz, H.: Abrasion und Erosion, S. 317 – 330. Carl Hanser Verlag München Wien 1986

[54] Toedtli, S.: Entwicklungsarbeiten an Schleuderstrahlanlagen. Stahl und Eisen 98 (1978) 7, S. 343 – 349

[55] Kampschulte, G., M. Schlatter und P. Willems: Verschleißminderung an Schleuderrädern durch konstruktive und werkstofftechnische Maßnahmen und Erprobung im Feldversuch. Frauenhofer-Institut für Produktionstechnik und Automatisierung, Stuttgart

[56] Schweins, B.: Verschleiß im Braunkohletagebau. In Uetz, H.: Abrasion und Erosion, S. 598 – 637. Carl Hanser Verlag München Wien 1986

[57] Beigel, B. und W. Berndgen: Verschleiß in der Zementindustrie. In Uetz, H.: Abrasion und Erosion, S. 717 – 764. Carl Hanser Verlag München Wien 1986

[58] Uetz, H. und J. Föhl: Forschungs- und Prüftätigkeit auf dem Gebiet „Verschleiß und Tribologie" der Staatlichen Materialprüfungsanstalt an der Universität Stuttgart (MPA). Braunkohle, Wärme und Energie 20 (1970) 1, S. 1 – 9

[59] VDI 3822, Blatt 5, Januar 1999: Schadensanalyse; Schäden durch tribologische Beanspruchungen

[60] Fehndrich, W.: Verschleißuntersuchungen an Kesselrohren. Mitteilungen der VGB 49 (1969) 1, S. 58 – 70

[61] N. N.: Erosions- und Korrosions-Schutzschichten für Verdampferwände und Kesselrohre in Kraftwerken und Müllverbrennungsanlagen. Sulzer Metco Coating Services-SUME®BOIL, 1. Ausgabe/April 2005

[62] Schlag, P. und E. Muschelknautz: Staubbewegung in Kreiselrädern. Chem.-Ing.-Tech. 63 (1991) 4, S. 394 – 395

[63] Bommes, L., J. Fricke und K. Klaes: Ventilatoren. Vulkan-Verlag Essen 1994

[64] Leopold, J.: Stationäre Gasturbinen – Entwicklungsstand, Betriebs- und Schadenerfahrungen. Der Maschinenschaden, 49 (1976) 5, S. 181-192

[65] Gaessler, H.: Transport von Kohle und Verbrennungsrückständen durch Rohrleitungen. VGB Kraftwerkstechnik 60 (1980) 9, S. 684 – 695

[66] Gödde, E.: Zur kritischen Geschwindigkeit heterogener hydraulischer Förderung. 3R international 18 (1979) 12, 758 – 763

[67] Gaessler, H. und W. Prettin: Planungsgrundlagen für die hydraulische Kohlenförderung. Glückauf-Forschungshefte 36 (1975) 5, S. 185 – 194

[68] Gülich, J. F.: Kreiselpumpen. Handbuch für Entwicklung, Anlagenplanung und Betrieb. Springer-Verlag Berlin Heidelberg New York 2004

[69] Brauer, B. und E. Kriegel: Verschleiß an Rohrleitungen bei hydraulischer Förderung von Feststoffen. Stahl u. Eisen 84 (1964) 10, 1313 – 1322

[70] Wiedenroth, W.: Untersuchungen über die Förderung von Sand-Wasser-Gemischen durch Rohrleitungen und Kreiselpumpen. Diss. TH Hannover 1967

[71] Kriegel, E. und B. Brauer: Hydraulischer Transport körniger Feststoffe durch waagrechte Rohrleitungen. VDI-Forschungsheft 515 (1966)

[72] Gödde, E. und E. Kriegel: Werkstoffe für Rohre zum hydraulischen Transport von Feststoffen. Maschinenmarkt 88 (1982) 97, S. 2074 – 2077

[73] de Haller, P.: Erosion und Kavitations-Erosion. In E. Siebel: Handbuch der Werkstoffprüfung, Bd. 2 (1939), S. 295 – 309

[74] Kohley, T.: Parameterstudie zum Verhalten metallischer Werkstoffe in korrosiven, partikelhaltigen Flüssigkeitsströmungen. Diss. TH Darmstadt 1989

[75] Weber, S.: Erosive und korrosive Werkstoffbeanspruchung in Hochgeschwindigkeitsströmungen. Diss. Technische Universität Clausthal 1989

[76] Wellinger, K. und H. C. Brockstedt: Verschleiß von Spülversatzrohren und Versuche zur Ermittlung des Verschleißwiderstandes verschiedener Werkstoffe für Spülversatzrohre. Glückauf 81 (1945) 4, S. 45 – 51

[77] Simon Ka-Keung Li, J. A. C. Humphrey, und A. V. Levy: Erosive wear of ductile metals by a particle-laden high velocity liquid jet. Wear 73 (1981) S. 295 – 309

[78] Wong, G. S. et al.: Coal slurry feed pump for coal liquefaction. EPRI AF-853 Final Report Californien (1978)

[79] Turcaninov, S. P.: Rohrverschleiß bei hydraulischer Förderung grobkörnigen Gutes. Fördern und Heben (1962) 5, S. 362 – 366

[80] Gaessler, H.: Stahlrohre für Feststoffpipelines. Transrohr 80, VDI-Berichte 371

[81] Föhl, J. und T. Weißenberg: Erosion und Korrosion metallischer Werkstoffe in feststoffhaltigen Wässern. Werkstoffe und Korrosion 42 (1991) S. 410 – 420

[82] DIN 50920, Teil 1, Okt. 1985: Korrosionsuntersuchungen in strömenden Flüssigkeiten

[83] Stähle für Mehrphasenströmungen. Vorhaben Nr. 121. Forschungskuratorium Maschinenbau e. V. Heft 158 (1991)

[84] Weißenberg, T.: Erosion und Korrosion in Feststoffsuspensionen. Abschlußbericht, MPA-Auftrags-Nr. 800 035 (Mai 1989)

[85] Föhl, J. und K. Sommer: Anforderungsgerechte Beschichtung von Turbinenlaufrädern chinesischer Wasserkraftanlagen. Abschlussbericht 88 16 01 (März 2000)

[86] Uetz, H., Y. Q. Zhang und Q. Y. Chen: Einfluß der Befeuchtung auf den Abrasivverschleiß. Aufbereitungstechnik 23 (1982) 10, S. 559 – 564

[87] Stauffer, W. A.: Verschleiß durch sandhaltiges Wasser in hydraulischen Anlagen. Schweizer Archiv (1958), Juli, S. 218 – 230 und August, S. 248 – 263

[88] Holzenberger, K.: Betriebsverhalten von Kreiselpumpen beim hydraulischen Feststofftransport. VDI-Berichte Nr. 371 (1980), S. 59 – 66

[89] Welte, A.: Verschleißerscheinungen an Baggerkreiselpumpen. VDI-Berichte Nr. 75 (1964) S. 111 – 127

[90] Wilson, G.: The design aspects of centrifugal pumps for abrasive slurries. Hydrotransport 2. The second international conference on the hydraulic transport of solids in pipes, 20th – 22nd Sept. 1972, S. H2-25 – H2-52

[91] Schneider, G.: Verschleißbestimmende Faktoren bei Feststofftransportpumpen. Industrieanzeiger 106 (1984) 9, S. 18 – 20

[92] Düchting, W.: Mit SiC-Mineralguss die Lebenszykluskosten senken. Düchting Pumpen Maschinenfabrik GmbH & Co KG

[93] Prechtl, W.: Verschleißverhalten mehrphasiger Werkstoffe unter hydroabrasiven Bedingungen. Diss. Uni Erlangen-Nürnberg 2001

[94] Llewllyn, R. J., S. K. Yick and K. F. Dolman: Scouring erosion resistance of metallic materials used in slurry pump service. Wear 256 (2004), S. 592 – 599

[95] Pürschel, W.: Wasserwirtschaft und Wasserbau. Abwasserbehandlung. 1. Auflage, Georg Westermann Verlag Braunschweig 1967

[96] Schoklitsch, A.: Handbuch des Wasserbaus. Springer-Verlag Wien 1962

[97] Degremont Handbuch: Wasseraufbereitung, Abwasserreinigung. Bauverlag GmbH Wiesbaden und Berlin 1974

[98] Lehr- und Handbuch der Abwassertechnik, Bd. III: Grundlagen für Planung und Bau von Abwasserkläranlagen und mechanische Klärverfahren. Verlag von Wilhelm Ernst und Sohn Berlin München 1983

[99] Müller, J. und M. Ursin: Erfahrungsgestützte Aufwertung von Pelton-Laufrädern. Bulletin SEV/VSE 18/02. grimselhydro.ch

[100] Gödde, E. und E. Kriegel: Verschleißschutz beim Rohrtransport von Feststoffen. Europa Industrie Revue 3 (1983) S. 69 – 72

[101] Clement, M.: Verschleißerscheinungen in Flotationszellen. Wear 1 (1957/58), S. 58 – 63

[102] DIN EN ISO 8044, 1999-11: Korrosion von Metallen und Legierungen – Grundbegriffe und Definitionen

[103] Efird, K. D.: Effect of fluid dynamics on the corrosion of copper-base alloys in sea water. Corrosion 33 (1977) 1, S. 3 – 8

[104] Syrett, B. C.: Erosion-corrosion of copper-nickel alloys in sea water and other aqueous environments. A literature review. Corrosion 32 (1976) 6, S. 242 – 252

[105] Herbsleb, G.: Strömungsabhängige Korrosion in Rohrleitungen. 3R International 26 (1987) 5, S. 319 – 325

[106] Wendler-Kalsch, E. und H. Gräfen: Korrosionsschadenskunde. Springer-Verlag Berlin Heidelberg 1998

[107] Loss, C. und E. Heitz: Zum Mechanismus der Erosionskorrosion in schnell strömenden Flüssigkeiten. Werkstoffe und Korrosion 24 (1973) 1, S. 38 – 48

[108] Wortmann, F. X.: Experimentelle Untersuchungen laminarer Grenzschichten bei instabiler Schichtung. Proceed. XI. Int. Congr. Appl. Mech. Munich (1964), S. 815 – 825

[109] Wortmann, F. X.: Längswirbel in instabilen laminaren Grenzschichten. Der Ingenieur 83 (1971) 49, S. L52 – L58

[110] Schlichting, H.: Grenzschicht-Theorie. 8. Auflage, Verlag G. Braun Karlsruhe,1982, S. 535 – 538

[111] Prandtl, L.: Führer durch die Strömungslehre. 6. Auflage 1965 Friedr. Vieweg & Sohn Braunschweig, S. 174

[112] Kastner, W., K. Riedle und H. Tratz: Experimentelle Untersuchungen zum Materialabtrag durch Erosionskorrosion. VGB Kraftwerktechnik 64 (1984) 5, S. 452 – 465

[113] Weber, J.: Die Schädigung von Konstruktionswerkstoffen infolge Zusammenwirken von Erosion, Kavitation und Korrosion. VDI-Berichte Nr. 235 (1975) S. 69 – 81

[114] Kunze, E. und J. Nowak: Erosionskorrosionsschäden in Dampfkesselanlagen. Werkstoffe und Korrosion 33 (1982) 5, S. 262 – 273

[115] Fleetwood, M. J.: Nichteisenmetalle für die Meerestechnik. Werkstoffe und Korrosion 21 (1970) 4, S. 267 – 273

[116] Copson, H. R.: Effects of velocity on corrosion by water. Industrial and engineering chemistry 44 (1952) 8, S. 1745 – 1752

[117] Sneek, E. J. und A. Snel: Untersuchungen über Erosionskorrosionsvorgänge im Eintrittsbereich von Kondensatorrohren im künstlichen Meerwasser. VGB Kraftwerkstechnik 62 (1982) 3, S. 227 – 232

[118] Haase, B. und P. Schreckenberg: Zur strömungsabhängigen Korrosion von Cupronickel- und Messingrohren in chlor- und feststoffhaltigen Salzwässern. Chem.-Ing.-Tech. 59 (1987) 2, S. 174 – 175

[119] Heil, K., E. Heitz und J. Weber: Versuchsanlage für Werkstoffuntersuchungen bei hohen Strömungsgeschwindigkeiten. Materialprüfung 23 (1981) 5, S. P166 – 170

[120] Kuron, D.: Korrosion durch Kühlwasser und Schutzmaßnahmen. In: Die Praxis des Korrosionsschutzes. Herausgeber W.J. Bartz, Grafenau/Württ. Expert Verlag (1981)

[121] Sick, H.: Die Erosionsbeständigkeit von Kupferwerkstoffen gegenüber strömendem Wasser. Werkstoffe und Korrosion 23 (1972) 1, S. 12 – 18

[122] DIN EN 12502-2:2004: Korrosionsschutz metallischer Werkstoffe – Hinweise zur Abschätzung der Korrosionswahrscheinlichkeit in Wasserverteilungs- und -speichersystemen – Teil 2: Einflussfaktoren für Kupfer und Kupferlegierungen

[123] DIN EN 12502-5:2004: Korrosionsschutz metallischer Werkstoffe – Hinweise zur Abschätzung der Korrosionswahrscheinlichkeit in Wasserverteilungs- und -speichersystemen – Teil5: Einflussfaktoren für Gusseisen, unlegierte und niedriglegierte Stähle

[124] Keller, H.: Erosionskorrosion an Naßdampfturbinen. VGB Kraftwerkstechnik 54 (1974) 5, S. 292 – 295

[125] van den Hoven, A.F.: Erosionskorrosion im Wasser-Dampfkreislauf. VGB Kraftwerkstechnik 66 (1986) 8, S. 762 – 767

[126] Bischof, H., D. Scheer und O. Willmes: Praxisnahe Verschleißversuche an Werkstoffen für wasserführende Hochdruck-Regelarmaturen im Kraftwerksbereich. VGB Kraftwerkstechnik 56 (1984) 3, S. 248 – 253

[127] Kunze, E. und W. Allgaier: Erosionskorrosion in Naßdampf. VGB Kraftwerkstechnik 65 (1985) 1, S. 64 – 70

[128] Kunze, E. und J. Nowak: Erosionskorrosions-Untersuchungen in einer Naßdampfversuchsstrecke. Werkstoffe und Korrosion 33 (1982) 1, S. 14 – 24

[129] Tavast, J.: Flamespraying combats erosion-corrosion in wet steam. Nuclear engineering international 33 (1988), S. 44

[130] Henzel, N., W. Kastner, B. Stellwag und X. Erve: Vorhersagemodell zur erosionskorrosionsbedingter Wanddickenschwächungen in Rohrleitungen. Sicherheit und Verfügbarkeit in der Anlagentechnik. 14. MPA Seminar vom 6.-7.10.1988, Stuttgart

[131] Allgaier, W.: Erosionskorrosion. In: Uebing, D. und D. Schlegel: Einflußgrößen der Zeitsicherheit bei technischen Anlagen. Friedr. Vieweg & Sohn, Verlag TÜV Rheinland 1985, S. 289 – 305

[132] Borsig, F.: Bild der Erosion und der Erosionskorrosion. Der Maschinenschaden 41 (1968), S. 4 – 14 und 51 – 56

[133] Allianz-Handbuch der Schadenverhütung. Kondensationsanlagen, S. 315 – 348. 3. neubearbeitete und erweiterte Auflage, VDI-Verlag 1984

[134] Werner, H. und H. Steinmill: Erosionskorrosion in Leichtwasserreaktoren. 16. Technischer Bericht, MPA-Auftrags-Nr. 848 000

[135] Pfau, B.: Magnetitschutzschicht in Verdampferrohren von Zwangsdurchlaufkesseln – Riffelrauhigkeit. Technik der Wärmekraftwerke. Beiträge zur Kraftwerksforschung. Ergebnisse aus dem Sonderforschungsbereich „Wärmekraftwerk" der Universität Stuttgart. Herausgegeben von Rudolf Quack und Jakob Wachter. VCH Verlagsgesellschaft mbH Weinheim, 1987, S. 73 – 90,

[136] Koch, Th.: Zur empirisch/analytischen Bestimmung von Verlustbeiwerten selbstorganisierender Rauheitsstrukturen in Druckrohrleitungen. Diss. BTU Cottbus 2006

[137] Brennen, C. E.: Cavitation and Bubble Dynamics. Oxford University Press 1995

[138] Lipphardt, P.: Untersuchung der Kompressionsvorgänge bei Luft-in-Öl-Dispersionen und deren Wirkung auf das Alterungsverhalten von Druckübertragungsmedien auf Mineralölbasis. Diss. TH Aachen 1975

[139] Samson AG: Kavitation in Stellventilen. 2003/11.L351

[140] Kümmel, K.: Theoretische und experimentelle Untersuchungen über die Rolle der Strömungskeime bei der Entstehung von Flüssigkeitskavitation. Diss. TU Darmstadt 1978

[141] Brunn, B.: Kavitation und die Zugfestigkeit von Flüssigkeiten. Diss. TU Darmstadt 2006

[142] Lauterborn, W.: Kavitation durch Laserlicht. Acustica 31 (1974) 2, S. 51 – 78

[143] Knapp, R. T., J. W. Daily and F. G. Hammit: Cavitation. New York Mc Graw-Hill Book Company (1970)

[144] Prosperetti, A.: Bubble phenomena in sound fields: part two. Ultrasonics 22 (1984), May, S. 115 – 124

[145] Leighton, T. G.: The acoustic bubble, S. 534. Academic Press London San Diego New York Boston Sydney Tokyo Toronto 1994

[146] Rieger, H.: Kavitation und Tropfenschlag. Werkstofftechnische Verlagsgesellschaft m. b. H. Karlsruhe 1977

[147] Philipp, A. und W. Lauterborn: Cavitation erosion by single laser-produced bubbles. Journal of Fluid Mechanics 361 (1998), S. 75 – 116

[148] Grein, H.: Kavitation – eine Übersicht. Sulzer-Forschungsheft 1974, S. 87 – 112

[149] Schulmeister, R.: Über den Einfluß der Wasserbeschaffenheit auf die Werkstoffzerstörung durch Kavitation und Korrosion. Metalloberfläche 21 (1967) 3, S. 68 – 73

[150] Sigloch, H.: Strömungsmaschinen. Grundlagen und Anwendungen. 3. neu bearbeitete Auflage, Hanser Verlag München 2006

[151] Gülich, J. F.: Beitrag zur Bestimmung der Kavitationserosion in Kreiselpumpen auf Grund der Blasenfeldlänge und des Kavitationsschalls. Diss. TH Darmstadt 1989

[152] Berger, J.: Kavitationserosion und Maßnahmen zu ihrer Vermeidung in Hydraulikanlagen für HFA-Flüssigkeiten. Diss. RW TH Aachen 1983

[153] Kleinbreuer, W.: Untersuchung der Werkstoffzerstörung durch Kavitation in ölhydraulischen Systemen. Diss. RW TH Aachen 1979

[154] Wiegand, H. und R. Schulmeister: Untersuchungen am Schwinggerät über den Einfluß von Frequenz, Amplitude, Druck und Temperatur auf die Werkstoffzerstörung durch Kavitation. Motortechnische Zeitschrift 29 (1968) 2, S. 41 – 50

[155] Plesset, M. S.: Temperature effects in cavitation damage. Journal of Basic Engineering 94 (1972) Sept., S. 559 – 566

[156] Kwok, C. T., H. C. Man und L. K. Leung: Effect of temperature, pH and sulphide on the cavitation erosion behaviour of super duplex stainless steel. Wear 211 (1997), S. 84 – 93

[157] Piltz, B. H.: Werkstoffzerstörung durch Kavitation. VDI-Verlag Düsseldorf 1966

[158] Garcia, R. und F. G. Hammit: Cavitation damage and correlation with material and fluid properties. Journal of Basic Engineering, 89 (1967) 4, S. 753 – 763

[159] Schröder, V.: Kavitationserosionsuntersuchungen mit Werkstoffproben aus Chrom-Nickel-Stahlguß und Polyamidguß. Z. Werkstofftechnik 17 (1986), S. 378 – 384

[160] Kreiselpumpenlexikon. Klein, Schanzlin & Becker AG, 2. Auflage 1974

[161] Gdynia-Zylla, I.-M.: Gefügeoptimierung von metastabilen austenitischen Cr-Mn-Stählen zur Erhöhung der Kavitationsbeständigkeit durch verformungs-induzierte martensitische Umwandlung. Fortschritt-Berichte VDI Reihe 5 Nr. 217 1991

[162] Ibach, A.: Verschleißverhalten von nichtrostenden ferritisch-austenitischen Duplex-Stählen – Abrasion und Erosion. Diss. RU Bochum 1994

[163] Schild, T. M.: Edler Schutzschild. Korrosionsfestes Oberflächenhärteverfahren von rostfreiem, austenitischem Edelstahl. Chemie Technik 29 (2000), H. 4, S. 180 – 181

[164] Lohrentz, H.-J.: Mikro-Dieseleffekt als Folge der Kavitation in Hydrauliksystemen. Ölhydraulik und Pneumatik 18 (1974) 3, S. 175 – 180

[165] Leith, W. C. und W. S. Mc Ilquham: Accelerated cavitation erosion and sand erosion. Preprint 93a (1961), ASTM

Literaturverzeichnis 581

[166] Pflaum, W. und V. Tandara: Zur Kavitation an Zylinderlaufbüchsen von Dieselmotoren. MTZ 30 (1969) 3, S. 82 – 91

[167] Pflaum, W. und L. Haselmann: Wärmeübergang bei Kavitation. MTZ 38 (1977) 1, S. 25 – 30

[168] Affenzeller, J., E. Schreiber und H. Janisch: Nachweis von Kavitation an Zylinderbüchsen mittels Quarzdruckgebern. MTZ 41 (1980) 11, S. 499 – 505

[169] Zürner, H. J., W. Schibalsky und H. Müller: Kavitation und Korrosion an Zylindern von Dieselmotoren. MTZ 49 (1988) 9, 369 – 374

[170] Yonezawa, T. und H. Kanda: Analysis of cavitation erosion on cylinder liner and cylinder block. SAE 850401 (1986)

[171] N. N.: Motorenteile und Filter: Schadensbilder, Ursachen und Vermeidung. www.mahle.com

[172] Pini, G. und J. Weber: Prüfung und Auswahl von Kavitationsinhibitoren. Werkstoffe und Korrosion 27 (1976), S. 425 – 431

[173] Berger, C. et al.: Korrosions- und Kavitationsverhalten von Leichtmetallen in Kühlkreisläufen von Verbrennungskraftmaschinen. Materials and Korrosion 50 (1999), S. 73 – 80

[174] Frössel, W.: Schwingungskavitation in Gleitlagern. Der Maschinenmarkt 66 (1960) 13, S. 23 – 27

[175] Möhle, H.: Lagerkavitation erkannt – nur halb so schlimm. Maschinenmarkt 77 (1971) 21, S. 428 – 431

[176] Möhle, H.: Einige Gedanken zur Kavitation in Gleitlagern. Der Maschinenschaden 40 (1967) 4, S. 125 – 133

[177] Metals Handbook. Failure Analysis and Prevention, S. 406 – 407. 8th Edition 1975, Vol. 10, American Society for Metals

[178] Koring, R.: Persönliche Mitteilung

[179] Allianz-Handbuch der Schadenverhütung. Gleitlager, S. 680 – 682. 3. neubearbeitete und erweiterte Auflage, VDI-Verlag 1984

[180] Zimmermann, K.-D.: Über das Betriebsverhalten von Gleitlagern im Fahrzeugdieselmotor unter besonderer Berücksichtigung der Lagerkavitation. MTZ 30 (1969) 1, S. 24 – 28

[181] Engel, U.: Schäden an Gleitlagern in Kolbenmaschinen. Ingenieurbericht Nr. 8/87 der Glyco-Metallwerke

[182] Gleitlager-Handbuch. Miba Gleitlager AG, Laakirchen 1985

[183] James, R. D.: Erosion damage in engine bearings. Tribology International (1975) 8, S. 161 – 170

[184] Garner, D. R., R. D. James and J. F. Warriner: Cavitation erosion damage in engine bearings: Theory and practice. Journal of Engineering for Power 102 (1980) 10, S. 847 – 857

[185] Roemer, E.: Gleitlagerschäden in Kolbenmaschinen und ihre Verhütung. In: Schäden an geschmierten Maschinenelementen. Expert-Verlag 1979

[186] Wollfarth, M. und R. Haller: Kavitation: Im Gleitlager entscheidet nicht immer die Nut. Tribologie + Schmierungstechnik 44 (1997) 2, S. 61 – 63

[187] Lutz, O.: Kavitation in Gleitlagern. Antriebstechnik 12 (1973) 9, S. 251 – 257

[188] Troskolanski, A.T. und S. Lazarkiewicz: Kreiselpumpen. Birkhäuser Verlag Basel und Stuttgart 1976, S. 384

[189] Hilgers, W.: Erkennung der Ursachen von Schäden an dickwandigen Verbundlagern. Gleitlagertechnik Th. Goldschmidt AG (1992), S. 61 – 77

[190] Rysy, W.: Kernkraftwerke. Technischer Verlag Resch 1986, S. 107 – 108

[191] Hiersig, H. W.: Lexikon Maschinenbau. VDI-Verlag 1995, S. 309

[192] Schwerdtner, O. A. und H.-G. Hosenfeld: Entwicklungen zur Vermeidung von Schaufelerosionen in ND-Endstufen. VGB Kraftwerkstechnik 57 (1977) 4, S. 227 – 235

[193] Ruml, Z.: Erosion von Dampfturbinen-Schaufelwerkstoffen. Schmierungstechnik 19 (1988) 2, S. 39 – 43

[194] Rochester, M. C. und Brunton, J. H.: Pressure distribution during drop impact. Proc. 5th Int. Conf. on Erosion by Solid and Liquid Impact. Cambridge (1979), S. 6-1 – 6-7

[195] Allianz-Handbuch der Schadenverhütung. Dampfturbinen, S. 305 – 306. 3. neubearbeitete und erweiterte Auflage, VDI Verlag 1984

[196] Meetham, G. W.: Coating requirements in gas turbine engines. Journal of Vacuum Science and Technology A, 3 (1985) 6, Nov/Dec, S. 2509 – 2515

[197] Grabatin, H. et al.: Resistance of tantalum and columbium coatings to propellant gas erosion. Journal of Vacuum Science and Technology A, 3 (1985) 6, Nov/Dec, S. 2545 – 2550

9 Anhang

9.1 Farbiger Bildteil

Bild 2.12 und 6.45: Reaktionsschicht auf einer Zylinderrolle aus 100Cr6 eines Axialzylinderrollenlagers 812 12 unter Verwendung von Polyglykol (F_N = 80 kN, n = 7,5 min^{-1}, ϑ = 150 °C)

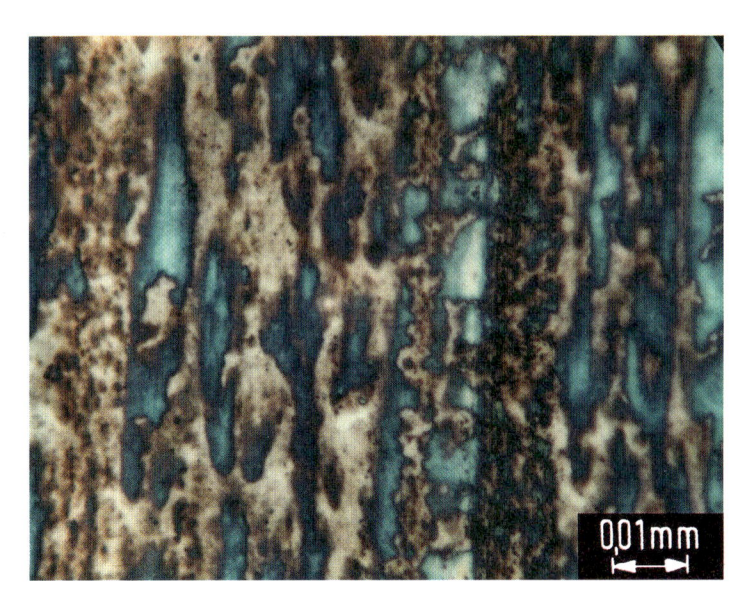

Bild 4.70: Reaktionsschicht auf der Scheibe aus 20MoCr4, ATF-Öl, v = 1 m/s (Modellversuch Stift/Scheibe, vgl. Bild 4.69)

Bild 4.71: Lackartige, transparente und rissige Reaktionsschicht in den ursprünglichen Bearbeitungsriefen der Scheibe aus 20MoCr4, ATF-Öl, v = 1 m/s (Modellversuch Stift/Scheibe, vgl. Bild 4.69)

Bild 5.6: Belagbildung überwiegend in Form von α-Fe_2O_3 an einer Spannhülse (Durchmesser 30 mm) einer geteilten Bremsscheibe, Oberfläche gestrahlt

9.1 Farbiger Bildteil 585

Bild 5.12: Tribooxidation auf der Außenfläche der Nadelbüchse eines Kreuzgelenks (Außendurchmesser 23 mm)

Bild 5.16: Verschlissene Lagersitzfläche mit rotbraunen Oxidbelägen am Wellenende (austenitischer Werkstoff 1.4305)

Bild 5.29: Wurmspuren mit Anlauffarben am Zahnkopf einer Walzwerks-Zahnkupplung aus 42CrMo4, vergütet

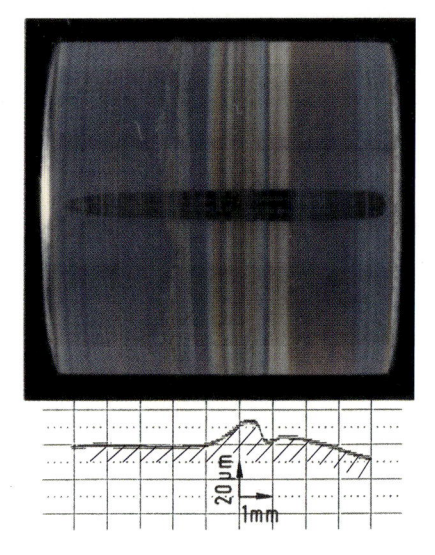

Bild 6.44: Reaktionsschicht auf der Rolle und Oberflächenprofil der Rolle des Axialzylinderrollenlagers 81212 nach Versuchsende; Schmierstoff: FVA-3HL+1% ZnDTP (L); Versuchsbedingungen vgl. Bild 6.43 [146, 51]

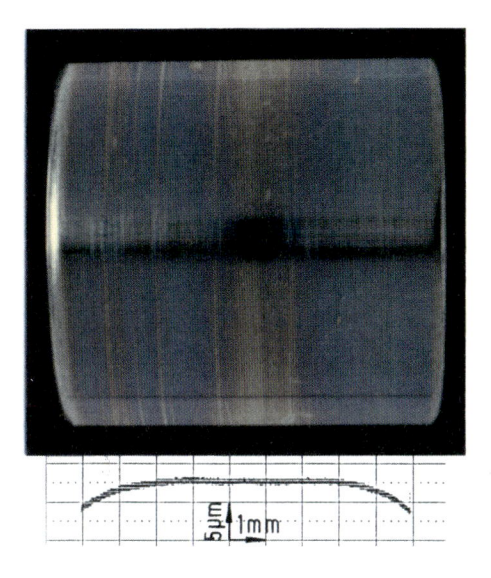

Bild 6.84: Reaktionsschicht einer Rolle aus 100Cr6 nach 500 h bei 80 °C mit einem handelsüblichen Mineralöl A01; links: Übersicht; rechts: Ausschnitt [51]

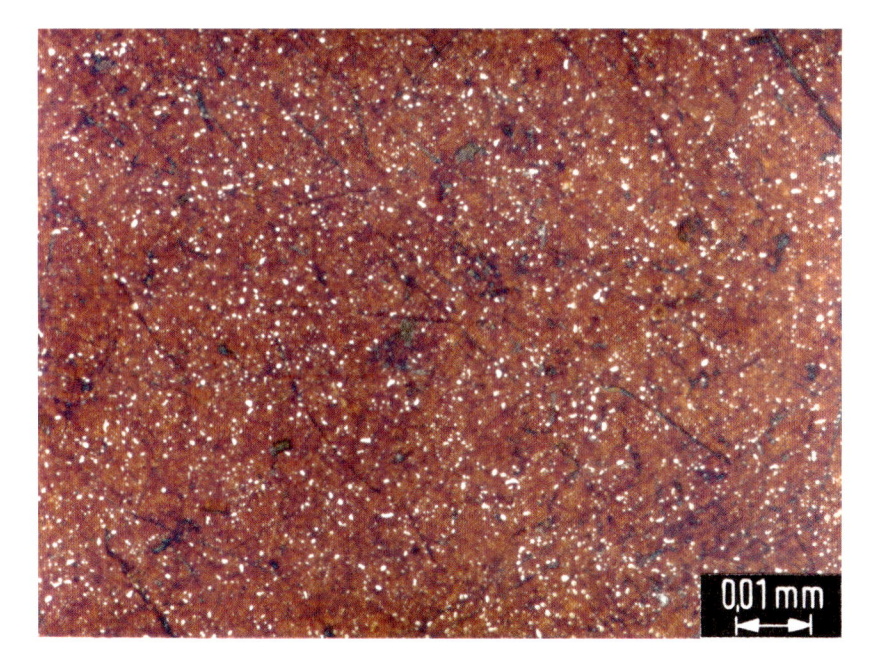

Bild 6.85: Anlassfarbe einer Rolle aus 100Cr6 nach einer Temperatureinwirkung von 250 °C/0,5 h an Luft. Die Carbide erscheinen weiß

9.2 Gegenüberstellung von alter (DIN) und neuer (Euro-Norm) Werkstoffbezeichnung

Unlegierte Stähle					
bisher [1]			neu [2]		
Werkstoff-Nummer	Kurzzeichen	Norm	Werkstoff-Nummer	Kurzzeichen	Norm
1.0030	St 00	DIN 1629-1	–	–	–
1.0100	St 34	DIN 17100	–	–	–
1.0114	RSt 37-2	DIN 17100	1.0038	S235JRG2	EN 10025
1.0120	St 37	DIN 17100	1.0120	S235JRC	EN 10025
1.0161	St 37-2	DIN 17100	1.0037	S235JR	EN 10025
1.0308	St 35	DIN 2391-2	1.0308	E235	EN 10305-1
1.0531	St 50	DIN 1652	1.0531	S550GD	EN 10025
1.0532	St 50-2	DIN 17100	1.0050	E295	EN 10025
1.0543	St 60-2	DIN 17100	1.0060	E335	EN 10025
1.0632	St 70-2	DIN 17100	1.0070	E360	EN 10025
1.0831	St 52	DIN 2391-2	1.0580	E355	EN 10305-1
1.0841	St 52-3	DIN 17100	1.0570	S355J2G3	EN 10025

[1] Wellinger, K., P. Gimmel und M. Bodenstein: Werkstoff-Tabellen der Metalle. 7. Auflage 1972, Alfred Kröner Verlag Stuttgart
[2] Stahl-Eisen-Liste, 10. Auflage 1999, Verlag Stahleisen GmbH Düsseldorf

Tiefziehbleche					
bisher [1]			neu [2]		
Werkstoff-Nummer	Kurzzeichen	Norm	Werkstoff-Nummer	Kurzzeichen	Norm
1.0489	ZStE 300	SEW 093	1.0489	HC300LA	EN 10268
1.0333.5	MUSt 3	DIN 1624	1.0333	DC03G1	EN 10139

Vergütungsstähle					
bisher [1]			neu [2]		
Werkstoff-Nummer	Kurzzeichen	Norm	Werkstoff-Nummer	Kurzzeichen	Norm
1.0501	C 35	DIN 17200	1.0501	C35	EN 10083-2
1.0503	C 45	DIN 17200	1.0503	C45	EN 10083-2
1.0601	C 60	DIN 17200	1.0601	C60	EN 10083-2
1.0605	C 75	DIN 17222	–	–	–
1.1181	Ck 35	DIN 17200	1.1181	C35E	EN 10083-2
1.1191	Ck 45	DIN 17200	1.1191	C45E	EN 10083-2
1.1221	Ck 60	DIN 17200	1.1221	C60E	EN 10083-2
1.6582	34 CrNiMo 6	DIN 17200	1.6582	34CrNiMo6	EN 10083-3
1.7220	34 CrMo 4	DIN 17200	1.7220	34CrMo4	EN 10083-3
1.7225	42 CrMo 4	DIN 17200	1.7225	42CrMo4	EN 10083-3

9.2 Gegenüberstellung von alter (DIN) und neuer (Euro-Norm) Werkstoffbezeichnung

Warmfeste Stähle					
bisher [1]			neu [2]		
Werkstoff-Nummer	Kurzzeichen	Norm	Werkstoff-Nummer	Kurzzeichen	Norm
1.0305	St 35.8	DIN 17175	1.0345	P235GH	EN 10216-2
1.4922	X 20 CrMoV 12 1	DIN 17175	1.4922	X20CrMoV11-1	EN 10216-2
1.5415	15 Mo 3	DIN 17175	1.5415	16Mo3	EN 10216-2
1.6368	15 NiCuMoNb 5	SEW 028	1.6368	15NiCuMoNb5-6-4	EN 10216-2
1.7335	13 CrMo 4 4	DIN 17175	1.7335	13CrMo4-5	EN 10216-2
1.7380	10 CrMo 9 10	DIN 17175	1.7380	10CrMo9-10	EN 10216-2

Einsatzstähle					
bisher [1]			neu [2]		
Werkstoff-Nummer	Kurzzeichen	Norm	Werkstoff-Nummer	Kurzzeichen	Norm
1.0401	C 15	DIN 17210	–	–	–
1.1141	Ck 15	DIN 17210	1.1141	C15E	EN 10084
1.5919	15 CrNi 6	DIN 17210	–	–	–
1.6587	17 CrNiMo 6	DIN 17210	1.6587	18CrNiMo7-6	EN 10084
1.7131	16 MnCr 5	DIN 17210	1.7131	16MnCr5	EN 10084
1.7147	20 MnCr 5	DIN 17210	1.7147	20MnCr5	EN 10084
1.7321	20 MoCr 4	DIN 17210	1.7321	20MoCr4	EN 10084

Nitrierstähle					
bisher [1]			neu [2]		
Werkstoff-Nummer	Kurzzeichen	Norm	Werkstoff-Nummer	Kurzzeichen	Norm
1.8519	31 CrMoV 9	DIN 17211	1.8519	31CrMoV9	EN 10085
1.8523	39 CrMoV 13 9	DIN 17211	1.8523	39CrMoV13-9	EN 10085
1.8550	34 CrAlNi 7	DIN 17211	1.8550	34CrAlNi7-10	EN 10085

Werkzeugstähle					
bisher [1]			neu [2]		
Werkstoff-Nummer	Kurzzeichen	Norm	Werkstoff-Nummer	Kurzzeichen	Norm
1.1630	C 85 W 2	SEW 150-63	–	–	–
1.1540	C 100 W 1	SEW 150-63	–	–	–
1.2080	X 210 Cr 12	DIN 17350	1.2080	X210Cr12	EN ISO 4957
1.2379	X 155 CrVMo 12 1	DIN 17350	1.2379	X155CrVMo12-1	EN ISO 4957
1.2436	X 210 CrW 12	DIN 17350	1.2436	X210CrW12	EN ISO 4957
1.2601	X 165 CrMoV 12	DIN 17350	1.2601	X165CrMoV12	EN ISO 4957
1.2842	90 MnV 8	SEW 200-69	1.2842	90MnCrV8	EN ISO 4957

Wälzlagerstähle

	bisher			neu	
Werkstoff-Nummer	Kurzzeichen	Norm	Werkstoff-Nummer	Kurzzeichen	Norm
1.3505	100 Cr 6	DIN 17230	1.3505	100Cr6	EN ISO 683-17
1.3541	X 45 Cr 13	DIN 17230	1.3541	X47Cr13	EN ISO 683-17
1.3543	X 102 CrMo 17	DIN 17230	1.3543	X108CrMo17	EN ISO 683-17

Korrosionsbeständige Werkstoffe

	bisher [1]		neu [2]	
Werkstoff-Nummer	Kurzzeichen	Norm	Kurzzeichen	Norm
1.4021	X 20Cr 13	DIN 17440	X20Cr13	EN 10088-1
1.4034	X 40Cr 13	DIN 17440	X46Cr13	EN 10088-1
1.4057	X 22 CrNi 17	DIN 17440	X17CrNi16-2	EN 10088-1
1.4122	X 35 CrMo 17	SEW 400	X39CrMo17-1	EN 10088-1
1.4300	X 12 CrNi 18 8	DIN 17440	–	–
1.4301	X 5 CrNi 18 9	DIN 17440	X5CrNi18-10	EN 10088-1
1.4541	X 10 CrNiTi 18 9	DIN 17440	X6CrNiTi18-10	EN 10088-1
1.4571	X 10 CrNiMoTi 18 10	DIN 17440	X6CrNiMoTi17-12-2	EN 10088-1

Unlegierter Stahlguss

	bisher [1]			neu [2]	
Werkstoff-Nummer	Kurzzeichen	Norm	Werkstoff-Nummer	Kurzzeichen	Norm
1.0553	GS-60	DIN 1681	1.0558	GE300	EN 10027

Warmfester Stahlguss

	bisher [1]			neu [2]	
Werkstoff-Nummer	Kurzzeichen	Norm	Werkstoff-Nummer	Kurzzeichen	Norm
1.0619	GS-C 25	DIN 17245	1.0619	GPH240GH	EN 10213-2
1.7706	GS-17 CrMoV 5 11	DIN 17245	1.7706	G17CrMoV5-10	EN 10213-2

Vergütungsstahlguss

	bisher [1]			neu [2]	
Werkstoff-Nummer	Kurzzeichen	Norm	Werkstoff-Nummer	Kurzzeichen	Norm
1.7218	GS-25 CrMo 4	DIN 17205	1.7221	G26CrMo4	EN 10293
1.7225	GS-42 CrMo 4	DIN 17205	1.7231	G42CrMo4	EN 10293

9.2 Gegenüberstellung von alter (DIN) und neuer (Euro-Norm) Werkstoffbezeichnung 591

| Nichtrostender Stahlguss ||||||
| bisher [1] ||| neu [2] |||
Werkstoff-Nummer	Kurzzeichen	Norm	Werkstoff-Nummer	Kurzzeichen	Norm
1.4027	G-X 20 Cr 14	DIN 17445	1.4027	GX20Cr14	SEW 410
1.4308	G-X 6 CrNi 18 9	DIN 17445	1.4308	GX5CrNi19-10	EN 10213-4 EN 10283
1.4313	G-X 5 CrNi 13 4	DIN 17445	1.4317	GX4CrNi13-4	EN 10283
1.4408	G-X 6 CrNiMo 18 10	DIN 17445	1.4408	GX5CrNiMo19-11-2	EN 10213-4 EN 10283
1.4517	G-X 3 CrNiMoCu 24 6	DIN 17445	1.4517	GX2CrNiMoCuN25-6-3-3	EN 10213-4 EN 10283

| Gusseisen mit Lamellengraphit ||||||
| bisher [1] ||| neu [2] |||
Werkstoff-Nummer	Kurzzeichen	Norm	Werkstoff-Nummer	Kurzzeichen	Norm
0.6020	GG-20	DIN 1691	EN-JL1030	EN-GJL-200	DIN EN 1561
0.6025	GG-25	DIN 1691	EN-JL1040	EN-GJL-2500	DIN EN 1561

| Gusseisen mit Kugelgraphit ||||||
| bisher [1] ||| neu [2] |||
Werkstoff-Nummer	Kurzzeichen	Norm	Werkstoff-Nummer	Kurzzeichen	Norm
0.7040	GGG-40	DIN 1693	EN-JS1030	EN-GJS-400-15	DIN EN 1563
0.7060	GGG-60	DIN 1693	EN-JS1060	EN-GJS-600-3	DIN EN 1563
0.7070	GGG-70	DIN 1693	EN-JS1070	EN-GJS-700-2	DIN EN 1563

| Austenitisches Gusseisen mit Kugelgraphit ||||||
| bisher ||| neu |||
Werkstoff-Nummer	Kurzzeichen	Norm	Werkstoff-Nummer	Kurzzeichen	Norm
0.7659	GGG-NiCrNb 20 2	DIN 1694	EN-JS3031	EN-GJSA-XNiCrNb20-2	EN 13835

| Weißes Gusseisen ||||||
| bisher ||| neu |||
Werkstoff-Nummer	Kurzzeichen	Norm	Werkstoff-Nummer	Kurzzeichen	Norm
0.9630	G-X 300 CrNiSi 9 5 2 (Ni-Hard 4)	DIN 1695	EN JN2049	EN-GJN-HV600	EN 12513
0.9625	G-X 330 NiCr 4 2 (Ni-Hard 1)	DIN 1695	EN JN2039	EN-GJN-HV550	EN 12513
0.9635	G-X 300 CrMo 15 3	DIN 1695	EN JN3029	EN-GJN-HV600	EN 12513
0.9650	G-X 260 Cr 27	DIN 1695	EN JN3049	EN-GJN-HV600 (XCr23)	EN 12513

Kupferlegierungen

	bisher [1]			neu	
Werkstoff-Nummer	Kurzzeichen	DIN Norm	Werkstoff-Nummer	Kurzzeichen	EN Norm
2.0090	SF-Cu	1785	CW024A	Cu-DHP	1652
2.0150	SB-Cu	1785	–	–	–
2.0321	CuZn 37	17675-1	CW508L	CuZn37	12167
2.0360	CuZn 40	17674-1	CW509L	CuZn40	12167
2.0401	CuZn 39 Pb 3	17674-1	CW614N	CuZn39Pb3	12167
2.0402	CuZn 40 Pb 2	17674-1	CW617N	CuZn40Pb2	12167
2.0460	CuZn 20 Al	17675-1	CW702R	CuZn20Al2As	1653
2.0470	CuZn 28 Sn	17670-1	–	–	–
2.0550.98	CuZn 40 Al 2	17674-1	CW713R	CuZn37Mn3Al2PbSi	12167
2.0862	CuNi 5 Fe	17664	–	–	–
2.0872	CuNi 10 Fe	17675-1	CW352H	CuNi10Fe1Mn	1653
2.0882	CuNi 30 Fe	17675-1	CW354H	CuNi30Mn1Fe	1653
2.1247	CuBe 2	17670	CW101C	CuBe2	1652
2.0492.01	G-CuZn 15 Si 4	1709	CC761S	CuZn16Si4-C	1982
2.0940	G-AlBz 10 Fe	1714	–	–	–
2.0975.01	G-CuAl 10 Ni	1714	CC333G	CuAl10Fe5Ni5-C	1982
2.1050.01	G-CuSn 10	1705	CC480K	CuSn10-C	1982
2.1052.01	G-CuSn 12	1705	CC483K	CuSn12-C	1982
2.0975.03	GZ-CuAl 10 Ni	1714	CC333G	CuAl10Fe5Ni5-C	1982
2.1052.03	GZ-CuSn 12	1705	CC483K	CuSn12-C	1982
2.1060.03	GZ-CuSn 12 Ni	1705	CC484K	CuSn12Ni2-C	1982

Aluminiumlegierungen

	bisher [1]			neu	
Werkstoff-Nummer	Kurzzeichen	Norm	Werkstoff-Nummer	Kurzzeichen	EN Norm
3.1355	AlCuMg 2	DIN 1725	EN AW-2024	EN AW-Al Cu4Mg1	EN 573-3
3.4345.71	AlZnMgCu 0,5 F46	DIN 1725	EN AW-7022	EN AW-Al Zn5Mg3Cu	EN 573-3
3.4365	AlZnMgCu 1,5	DIN 1725	EN AW-7075	EN AW-Al Zn5,5MgCu	EN 573-3

Sachwortverzeichnis

A
Abblätterung 270 ff. 317 ff., 342 f.
Abdrucktechnik 37
Abgasgebläse 67
Ablation 14, 23, 568
Ablenkung, Schrägzug 63 f., 90
Ablenkwinkel 91
Abplatzer 200, 228, 325 ff., 418
Abrasion 9, 14 ff., 18, 28, 125 f., 129, 142, 157 f., 185, 215 f., 224, 243 f., 370 ff., 401, 459
Abrasiv-Gleitverschleiß durch gebundenes Korn, s. Zweikörper-Abrasivverschleiß 370, 378 ff.
Abrasiv-Gleitverschleiß durch loses Korn (Erosion), s. Zweikörper-Abrasivverschleiß 370, 423 ff.
Abrasivstoff 5, 18 f., 370 f., 380, 390 f., 399 f., 403, 407 ff., 415, 427 f., 430 ff., 478 f.
Abrasivverschleiß 14, 30, 370 ff., 415
Abtrennverfahren 38
Abschreckgeschwindigkeit 74
Absteuerkavitation 548
Achsparallelitätsfehler 273
Achsschränkungsfehler 273
Additive 5, 22, 207 f., 212 f., 219, 229, 239 ff., 247, 277, 293, 543
Additivierung 50, 86, 136, 208, 212, 215, 239 f., 258 f.
Adhäsion 14 ff., 22, 28, 46 f., 64 f., 68, 100 ff., 125, 129, 134, 153, 156 ff., 163 f., 212 ff., 242
Adhäsionskraft 10
Adhäsionsneigung 5, 12 f., 18, 35, 92, 97, 100 ff., 125, 158, 163, 179 ff., 279, 542
Adsorption 5, 92, 99, 101
Anlassbeständigkeit 77, 91
Anlassfarben 278 f., 587
Anlassverhalten 72
Anlasszone 74 f., 108, 110
Anlauffarben 60, 78, 151, 212, 235, 240, 277 ff., 586

Anrisse 20, 65, 84, 127, 163, 165 f., 171, 176, 196, 217, 220 f., 249, 271, 304 f.
Anschmierung 65, 243, 272
Anschürfung 243, 272
Anstrahlwinkel 441 ff., 450, 453, 470 ff.
Atomabsorptionsspektrometrie (AAS) 38
Aufhärtungszone 74
Aufheizgeschwindigkeit 73 f., 97
Aufkohlen 180, 312
Aufrauung 60, 64, 538, 552 ff., 565 ff.
Auftragsschweißung 257, 389 f., 396, 399, 403 f., 438 ff., 456 ff., 465 f., 473 f., 527
Aufzugtreibscheibe 89 f.
Augerspektroskopie (AES) 38, 236
Ausbrüche 53 ff., 72, 111, 159, 164 f., 217 ff., 270, 293 ff., 298 ff., 308 ff., 347 f., 389 f., 538, 554, 559 f.
Ausfallkriterien 28 ff.
Auskolkung, s. a. Kolk, Kolkbildung 215, 289, 299, 303 f.
Austenit 25 f., 41, 138 f., 176, 385 f., 403 ff., 480 f., 493 f., 520, 538 f., 542, 585
Austenitformhärten 268, 349, 543
Austenitisierungstemperatur 72, 74, 268, 349, 386, 394
Auswaschungen 522 ff.
Axialgleitlager 43
Axialsegmentlager 43
Axialverbundgleitlager 79 f.

B
Backenbrecher 15, 404, 412 f., 417 f.
Baggerbolzen 420
Balligkeit 73, 88, 151
Bartbildung 87, 342
Beanspruchungsanalyse 35 f., 38 f.
Beanspruchungskollektiv 3, 4, 6, 198 f., 258, 442
Befeuchtung 489 f.
Beidflankenhärtung 224
Beläge, oxidische 23, 123, 131 f., 136 ff., 331, 584 f.

Benetzbarkeit 81
Benetzungsfähigkeit 41
Betriebsüberwachung 36, 38 f.
Bewegungsformen 122, 130
Bewegungsumkehr 41, 73, 122
Bindungstypen 9
Blasenbildung 55, 427, 533 f., 536 f., 545, 547
Blasversatzrohr 461, 505
Blitztemperatur 6, 95 f., 134, 214, 218
Bohrbewegung 122, 204 f., 234, 321 f.
Bohrschlupf 261
Borieren 180, 210, 474
Brandrisse 45, 55, 70 ff., 105 ff., 111, 379, 395 f.
Bremsbelag 23, 106 f.
Bremsscheibe 31, 106 f.
Bruchphase 166
Brückenstahlseil 175
Butterfly 264, 267 ff.

C

Calciumhydroxid 180
Calciumphosphat 180
Carbidschicht 78
Carbonitrieren 180, 470
Chromatieren 181
Chromcarbid 181, 386, 405
Chromnitrid 181
Coulombsches Gesetz 7
CVD-Beschichtung 181

D

Dampfdruck 427, 534, 536 f., 543 f., 546, 549, 558
Dampfdruckunterschreitung 543
Deionat 479 ff., 493 ff.
Delamination 21, 262, 325
Dichtlippe 52
Diffusionssperre 55
Diskenmeißel 388 f.
Dispersionsschicht 59, 77
Doppelrohrkondensator 524
Drahtseil 62 ff., 89 ff.
Drehpfanne 142 f.
Drehschlupf 148

Dreikörper-Abrasivverschleiß (*three body abrasion*) 14 f., 20, 371, 400 ff., 409 ff.
Dreischichtlager 55
Dreistoff-Gleitlager 44
Druckabfall 47, 551
Druckkamm 153
Druckschwingung 537, 544, 547 f., 552
Druckspannungen 20, 106, 108, 188, 194,
Druckverlauf 190 f., 194, 206, 562
Durchschlagsspannung 82
Düseneinsatz 565
Düsennadel (Freistrahlturbine) 551, 559

E

EHD-Kontakt 20, 190 ff.
Eigenspannungen 188 f., 194, 197, 265 ff., 387
–, Druck- 21, 56, 74, 160, 164 166, 169, 176, 180 f., 250, 256, 314, 386, 407, 542 f.
–, Zug- 74, 108, 226, 256, 327
Einbauspiel 61, 65
Einbettung 50 ff., 283, 394, 399 f., 414 f.
–, Fähigkeit 5, 52, 55
–, Verhalten 244
Eindruckdurchmesser 246, 248
Eindrückungen 53, 191, 313, 429, 436, 460, 468 f., 506 f.
Einsatzhärtungstiefe 224, 408
Einschlüsse, nichtmetallische 220, 237 f., 244, 263 f., 267 f., 347
Eisenbahnrad 98, 105 f., 109, 177, 259, 342, 347 f.
Eisenhydroxid 100, 126 f., 132
Elastohydrodynamik 12, 14, 44, 190 f., 263 ff., 271 ff.
Elektronenspektroskopie für die chemische Analyse (ESCA) 38
Emissionsspektrometrie, optische (OES) 38
Entfettungsbehälter 564
Entladekanal 82
Entladungsstelle 82
Entladungsvorgang 82
EP-Zusätze 329
Erdungsbürsten 84
Ermüdungslebensdauer 55, 238

Erosion 14, 331, 370 f., 408, 427 ff.
–, selektive 430 f., 436 ff., 440, 488, 509 f.
Erosionskorrosion 145, 423 f., 511 ff.
Explosionsgase 568
Exzenter 316 f.
Exzentrizität 42

F

Ferrit 13, 25 f., 65, 99 f., 103, 107, 163, 292, 377, 509 f., 517
Festkörperreibung 7, 11, 22, 28, 334
Festschmierstoffe 102, 180, 258, 342
Feuerfeste Steine 30, 378, 386, 398 ff.
Filtration 247 f.
Flachstößel 253, 255 f.
Flächenkorrosion 512
Flächenpressung 7 f., 42, 62, 142 f., 146, 153 f., 166, 168, 172 ff., 179, 185 ff., 233
Flotationszelle 475, 511
Fluchtungsfehler 41, 43, 230, 233, 327, 461
Flugasche 409, 414, 449 f., 459, 473
Flüssigkeitsreibung 11, 28, 205
Flüssigkeitsströmung, kavitierende 21
Förderhöhe 31, 477, 533, 550
Formabweichung 43, 217, 342
Formänderungsarbeit 540 f.
Formationswasser 481, 494 ff.
Formfehler 230
Formschluss 9, 10, 31, 252, 546
Francislaufrad 504, 550
Francisturbine 504, 533
Fremdpartikel 47 ff., 53, 245, 283
Fremdströme 82
Frequenzumrichter 336
Fresser 45 f., 60 ff., 76, 101 f., 158, 162 f., 200 f., 214, 284 ff., 294 ff.
Fresslast 163
Fresslastgrenze 151
Fresstragfähigkeit 212 ff.
Frischdampfsystem 567
Froude-Zahl 478 f.
Fugendruck 177
Führungsbord 47, 74, 233 f., 243
Funkenerosion 83
Funktion des tribologischen Systems 3

Furchung 127, 370, 380, 382 f., 385, 390, 408, 444, 451, 454
Furchungsverschleiß 378

G

Gase 5, 9, 13 ff., 21, 100 f., 127, 427, 474, 534 ff., 547, 568 f.
Gaserosion 14 f., 568 f.
Gasgehalt 534 f., 537
Gasturbine 15, 442, 457, 474 f.
Gasturbinenschaufel 172, 568
Gefügeänderung 1, 24, 73 ff., 79, 106, 108, 186, 264 ff., 322, 349 f.
Gefügezone, dunkel anätzbare (*Dark etching area*) 264 f., 325
Gelenklager 161 f.
Geradverzahnung 202 ff., 206 f., 209, 222, 226, 228
Geräuschentwicklung 29, 31, 145, 247, 271, 304, 334
Gestaltänderungsenergiehypothese 186 f., 197
Gesteinsbohren 378 f.
Gewaltbruch 63, 71, 200, 220, 394, 557
Glanzstellenverschleiß 93 f.
Gleichlaufgelenk 185, 198 f., 257, 304, 323 f.
Gleitbewegung 7, 102, 119, 122, 137, 150, 160, 204, 221 f., 233 ff., 279, 286, 308, 311 f., 344, 383, 400 f.
Gleitlack 125, 180 f.
Gleitlager 12, 15, 41 ff., 46, 48 f., 51 ff., 57 ff., 78 ff., 82 f., 88, 533, 546 ff., 554, 559 f.
Gleitstrahlverschleiß 15, 441
Gleitverschleiß 14 f., 31, 41 ff., 130, 148, 195, 202, 212, 261, 293, 314
–, reversierender 123 f., 159
Gleitzone 74, 255
Goethit 126
Görtler-Wirbel 514
Graphit
–, Festschmierstoff 102, 180, 258, 342
–, Gefügephase 256, 263, 292, 517, 541, 544

Graufleckigkeit 200 f., 216 ff., 243, 253, 298 ff., 325 ff.
Grenzflächentemperatur 25, 92, 98, 106, 212, 215
Grenzreibung 10 ff., 20, 41, 43, 45 f., 123, 204, 206, 208, 212, 344
Grenztemperatur 212 ff.
Grübchen 20, 195 ff., 219 ff., 237, 246, 264, 293, 302 f., 306 ff.
–, Dauerfestigkeit 216, 224 ff.
–, Einlauf- 194, 222
–, Fläche 314
–, Partikel 309 f.
–, Tragfähigkeit 217, 223 f., 228

H
Haftzone 125, 157, 159, 260
Hämatit 126, 376, 409, 413 f., 416, 420
Hammermühle 432 f., 441
Hartchrom 102, 160, 181, 256, 472
Härte
–, Abrasivstoff- 370, 372, 374 ff., 380 ff., 410, 430 ff., 451 f., 482 f.
–, Mohs- 126, 372, 375 f., 378, 410
–, Oberflächen- 180, 218, 224, 227, 272
–, Partikel- 247 f.
–, -prüfung 38
–, Randschicht- 113, 312, 316, 328 f.
–, Schleif-, nach Rosiwal 376, 378, 388 f.
–, -verhältnis 5, 20, 45, 380, 404, 432, 435 f.
–, Vickers- 95, 372, 540
–, Vickers-, korrigiert 374 ff.
–, Werkstoff- 5, 35 f., 38, 44, 261 f., 329, 372, 377, 382 ff., 385 f., 389 ff., 410, 426, 442 f., 451 ff., 479 f., 518, 540
Haspel 406 f.
Head checks 348 f.
Herstellungsfehler 46, 231
Hertzsche Pressung 186 ff., 190, 198 f., 204, 217 f., 222 f., 233, 254 ff., 266, 343
Hochgeschwindigkeitsflammspritzen (HVOF) 73, 457, 472, 496, 557
Hochtemperaturkorrosion 457, 474
Hubkurven 253 f.
Hydrauliksystem 506, 536

Hydrodynamik 14, 41, 44 ff., 190 f.
Hypoidgetriebe 204, 211, 329

I
Integraltemperatur 205, 214
Isolierung, elektrische 82, 84

J
Joukowsky-Stoßformel 535, 562

K
Kaltfressen 65, 212
Kaltverfestigung 176, 224, 261, 272, 325, 347, 385 f.
Kantenträger 55 ff.
Kavitation 46, 423, 512, 516 f., 532 ff.
–, akustische 536, 552
–, Beständigkeit 538, 541 ff.
–, Blasen 534, 538, 548
–, Erosion 14 f., 21, 25, 31, 46, 423 f., 513, 532 ff.
–, Inhibitor 546
–, Keime 534 f.
–, Korrosion 512
–, Krater 551, 557
–, Pseudo- 534
–, Schwingungs- 427, 536, 539, 545 f., 551 f., 555 ff.
–, Strahl- 540
–, Strömungs- 537 f., 544, 546 ff., 549 f., 553, 555 f., 558
–, Widerstand 539 f.
–, Zahl 537
Kegelbrecher 404 f., 407
Kegelmeißel 388, 392 f., 396
Kegelrad 204, 214, 227, 274, 313
Keilrille 90
Kennzahl, statische 245, 250, 252
Kerbwirkung 72, 127, 169, 177, 551
Kerbwirkungszahl 170
Kesselrohr 471 f.
Kettenförderer 113, 407 f., 413
Kettenglied 113 f., 408, 413 ff., 420
Kipphebel 253, 298
Kohlekraftwerk 459, 464 f., 468, 471 ff.

Kohlenstoffschicht, diamantähnliche (DLC-Schicht) 52, 77, 160, 163, 179, 181, 214 f., 219, 556 f.
Kolben 41, 50, 61 f., 66, 102, 162, 295 ff., 544
Kolbenring 31, 49 f., 72 f., 77 f.
Kolbenstange 69, 75
Kolk 30, 289, 398
–, -bildung 258
–, -tiefe 219, 258 f., 399 f.
Kolsterisieren 542
Kondensataustrittsstutzen 526
Kondensatorrohr 561
Kontaktfläche 7 ff., 63, 95, 123 ff., 143 f., 156 f., 186 f., 191, 259 ff., 336 f.
Kontakt
–, konformer 41, 190 f., 233
–, kontraformer 41, 190, 233,
Kontakttemperatur 45, 134, 205, 214
Kopfrücknahme 202 ff., 211, 215, 219, 228
Kordeln 180
Kordelungsmuster 161
Korngrenzencarbide 226, 228, 327
Korngrenzenferrit 350
Korngröße, Gefüge 5, 210, 349, 406
Korngröße, Partikel 10 f., 372, 383 f., 388, 400 ff., 407, 409 f., 430 ff., 449 ff., 484 f., 487
Korngrößenselektion 407
Korrosion 46, 64, 126 f., 175, 230, 371, 424 f., 489 ff., 494 f., 511 ff., 516 ff., 528 ff., 531, 539 f.
–, selektive 531 f., 544
–, Stillstands- 492, 512
Korrosionsbeständigkeit 74, 110, 483, 541 f.
Korrosionsinhibitor 87
Korrosionsnarben 282, 351, 492, 531
Korrosionsraten, strömungsabhängige 512
Kraftwerksbau 515, 519, 522
Kranlaufbahn 347
Kranlaufrad 103 f., 261 ff., 325
Kriechverformung 46, 78, 88
Kugelgelenk 142
Kugelstrahlen 166, 169, 173, 176, 180
Kupplungsstück 519

Kurbelwellenhauptlager 43
Kurvengetriebe 185, 252 ff.
Kurzzeithärtung 73

L
Lagerschale 41 f., 45, 48 ff., 67, 81 ff., 88, 546 ff., 553, 559
Lagerspiel 42, 84
Längswellen 499 ff., 530 f.
Längswirbel 428, 498, 509, 514, 530
Läppvorgang 19, 401
Laserhonen 180
Lasernut 161
Laserstruktur 73
Laufrad 473
Laufradschaufel 498, 560 f.
Lebensdauer, relative 237, 246 f.
Lebensdauerschmierung 129
Lepidokrokit 126
Lochkorrosion 512, 544
Luftfeuchtigkeit 92, 98 ff., 113, 127, 132 f.,

M
Maghämit 126
Magnetit 126, 376
Magnetitpartikel 457
Magnetitschicht 519, 521, 528 ff.
Mahlkugel 412 f., 418 f.
Mangelschmierung 13, 17, 50, 64 f., 70 ff., 74 f., 77 ff., 151 f., 259, 286 f., 291 f., 297, 304, 323 f.
Maschinenbettführungen 59
Mehrflächengleitlager 542
Metalle
–, hexagonale 18
–, kubisch flächenzentriert (kfz) 18
–, kubisch raumzentriert (krz) 18
Mikrobrechen 18, 372, 380 ff., 391, 454, 456
Mikroformschluss 9, 10
Mikroschlupf 6, 122, 154 f., 157 f., 160, 177, 198, 249
Mikrospanen 372, 378, 381, 391
Mikroverformen 372, 378, 381, 441, 456
Mikroverformung 9, 18

Mikrozerspanung 9, 18, 19, 51, 215, 401, 443 f., 454
Mindestgeschwindigkeit 41, 476
Mineralien 375 f., 378, 388
Mineralöl 87, 208 f., 212 ff., 225, 239 f., 292 f., 330, 533 f., 536 f.
Mischerschaufel 407, 433, 438
Mischertrommel 433 f.
Mischreibung 10 ff., 23, 26, 43 ff., 84 ff., 186, 188 ff., 205 ff., 211 f., 215, 234 ff., 239 f., 272 ff.
Molybdändisulfid 102, 180, 258, 342
Montagefehler 46, 58, 231
Mulden 143 ff., 156, 415 f., 420, 433 ff., 439, 460 f., 477 f., 487, 497 f., 503 ff., 526 f., 564

N
Nabengestaltung 171
Narben 139 ff.
Nassdampf 427 f., 513, 521 f., 525 f., 560, 565 ff.
Neuhärtungszone 60, 74 f., 108, 268, 397
Nickeldispersionsschicht 59
Nickelphosphatschicht 181
Nitrieren 73, 91, 125, 142, 163, 166, 176, 181, 189, 210 f., 215, 220, 307, 312
Nitrocarburieren 73
Nockenwelle 15, 255 f., 294, 299, 301 f.
Notlauf 80 f.
Notlaufeigenschaften 41, 55
Notstromdieselmotor 549, 553

O
Oberfläche, funkenerodierte 83
Oberflächenabdruck 77 f.
Oberflächenbehandlung, mechanische 180
Oberflächenrauheit 10, 65, 77, 177, 543
Oberflächenspannung 84, 110 f., 117, 188
Oberflächenzerrüttung 14 ff., 20 f., 28, 46, 54 ff., 127, 157 f., 198, 204, 216 ff., 244 ff., 255, 262, 272, 293, 314 f., 454, 556
Oktaederschubspannung 206 f.
Ölanalyseverfahren, spektroskopische 38
Ölnutauslauf 546 ff.

Oxalieren 181
Oxidkeramik 77, 341, 464

P
Partikeleigenschaften 451 ff.
Partikelgeschwindigkeit 427, 446 ff., 459 f., 473, 480
Partikelgröße 51, 449 ff.
Partikelverteilung 310
Passfederverbindung 169 f.
Passivierungsschicht 126
Passungsrost 131
Peltonlaufrad 503 f., 560
Phosphatieren 179, 181, 214 f., 256
pH-Wert 490 ff., 519 ff., 524 f., 528
Physisorption 22
Pkw-Wasserpumpe 318 ff.
Plasmapulverauftragsschweißung (PTA) 456 f.
Plasmaspritzschicht 181, 431, 458
Polygonisierung 263, 342 f.
Porenbildung 55, 79, 568
Porensaum 312 f.
Prägepolieren 180
Prallplatte 15, 466 f., 565
Prallstrahlverschleiß 15, 441, 443, 446, 465
Pressengelenk 153 f.
Pressmatrize 19, 29 f., 378, 387, 393 f., 399 f.
Pressverbindungen 122, 131, 170, 177
Profiländerung 29, 89 f., 102 f., 289 ff., 311 f., 342 ff., 398, 417 ff., 440 f., 470 ff., 511
Profilkorrektur 204, 211, 215, 219, 228
Pumpen 15, 427, 475 ff., 488, 513 f., 542 ff., 559
–, Abwasser- 501, 508 ff.
–, Bagger- 496
–, Hydraulik- 551
–, Kanalrad- 497 ff.
–, Kesselspeise- 525 f.
–, Kolben- 544
–, Kreisel- 31, 79 f., 496 f., 499, 508, 543, 549 f.
–, Trübe- 497 ff., 508 f.
Pumpenflügelrad 511

Pumpenlaufrad 558
Punktlast 233, 243, 274 ff., 306
Punktlast-Index 389
Punktlastversuch 389
PVD-Beschichtung 91, 181, 215 f., 219, 283
PVD-Schicht 56, 73, 458
PVD-Verfahren 214, 342, 457

Q
Quarzgehalt 378 f., 388, 409, 448, 484 f., 494 f.
Querschnittsminderung 31
Querwellen 432 ff., 441, 460, 465 f., 497 f., 508 f., 522, 525, 531 f.
Querwirbel 428

R
Rad/Schiene 15, 31, 147, 185, 198 f., 259 ff., 342 ff.
Radionuklidtechnik 26, 85
Rändeln 180
Randschichthärten 176, 180, 316, 328
Rasterelektronenmikroskop (REM) 37, 346
Rasterionenmikroskop (RIM) 38, 158
Rasterkraftmikroskop 8
Rastlinien 272, 308, 322 f., 325, 329
Rattermarken 11, 58 f.
Rauchgas 448
Rautiefe 44, 195, 215, 219, 224, 228, 257
Raupenlaufwerk 342 f., 400, 419 f.
Reaktion, tribochemische 14 f., 21 ff., 37, 207 ff., 239 ff., 277 ff.
Reaktionsbereitschaft 21, 87, 224, 239 f., 539
Reaktionskinetik 92, 239
Reaktionsschicht
–, lackartige 86, 584
–, oxidische 512
–, tribochemische 9, 16, 18, 22 f., 37 f., 45, 68, 84 ff., 207 ff., 212 ff., 219, 235 f., 239 ff., 252, 277 f., 583 f., 586 f.
Reaktionsschichtverschleiß 258 f.
Reibdauerbruch (*fretting fatigue*) 31, 62, 123, 127, 131, 144 f., 165 ff., 180
Reibenergiedichte 167

Reibkorrosion 126
Reibkraftreduktion 11
Reibleistungsdichte 151, 178
Reibmartensit 38, 70, 74 ff., 92 f., 94, 96 f., 99 f., 102, 105, 108 ff., 150, 296 f.
Reibmoment 24, 26 ff.
Reibmomentverlauf 24, 26 ff., 240
Reiboxidation 126, 131, 170
Reibradgetriebe 28, 317 f., 321, 329, 334 f.
Reibrost 131
Reibung 6 ff., 20, 22, 24 f., 28
–, aerodynamische 11, 13
–, Bewegungs- 7, 10
–, Bohr- 10
–, elastohydrodynamische 11, 13
–, Gleit- 10 f., 13, 25 f., 102
–, Haft- 10, 125, 147, 157
–, hydrodynamische 11 ff., 41
–, Roll- 10, 13, 260
–, Ruhe- 7, 10
–, ungeschmierte 11, 13
–, Wälz- 10, 13, 26, 102, 342 ff.
Reibungsart 10 f., 13
Reibungsminimum 12
Reibungszahlen 10, 12 f.
Reibungszustand 8, 11 f.
Reinheitsgrad 91, 224, 237 f., 263
Relaxationsprozess 10
Reprofilierung 343
Restaustenit 73, 186, 214 f., 219, 228, 224, 236, 250, 349, 385 ff., 397 ff., 406
Restaustenitzerfall 236
Riefen
–, Bearbeitungs- 86, 146, 281, 301 ff., 311,
–, Verschleiß- 16 ff., 47 ff., 103 f., 127 ff., 147 f., 162, 209, 215, 279 ff., 291, 298, 372 f., 378, 392 ff., 411 ff., 428 f., 432 f., 435 ff., 469 f., 478, 507 ff.
Riffel 30, 128, 137 f., 145 ff.
–, Magnetitschicht 519, 528 ff.
–, Passflächen 145
–, Schienen 74, 344 ff., 349 ff.
–, Strahlverschleiß 443 f., 467 ff.
–, Stromdurchgang 84, 335 ff.
–, Wälzmühlen 401 f., 416 f.
–, Wälzpaarungen 329 ff.

Riffelabstand 144, 147, 331, 444
Rillen 465 f., 497, 504 ff., 523
Rillenlager 56 f.
Ringwirbel 514, 535
Rippling 329
Rissaufweitung 71
Rissbildung 56, 70 ff., 74 ff., 105, 111 ff., 156 ff., 162 ff., 175, 215 f., 248, 267 ff., 297 ff., 314 f., 327, 338 ff., 347 ff., 389 ff., 409, 439, 556, 568
Rissinitiierungsphase 166
Rissnetz 54 ff., 70 ff., 91, 106, 390, 554, 556
Risstiefe 166 f., 175
Rohrbogen 461 ff., 476, 513
Rohrkrümmer 467
Rohrvereinigung 527
Rollen (Bauteil) 21, 47, 127, 240 ff., 248 f., 330 f., 347, 401 f., 416
Rollen (Bewegung) 6, 15, 185, 194, 206, 234 f., 260 ff., 401, 411, 476
Rollenverschleiß 87, 236, 239, 244
Rollieren 171, 175
Röntgenfluoreszensspektrometrie (RFA) 38
Röntgenmikroanalyse (EDS, WDS) 38
Ruck-Gleiten (*stick-slip*) 11, 58, 111, 339
Rundstahlbolzenkette 414, 420

S

Sandkonzentration 485, 501, 503
Sauerstoffgehalt 242, 277, 516, 518 ff.
Saugzuggebläse 473
Schadensfrüherkennung 36, 39
Schädigungsbetrachtung 196
Schallpegelmessung 24
Schälung 244, 270, 272
Schaufelrad (Strahlanlage) 466
Schaufelradbagger 396, 398 f., 439
Schicht, weiße (*white etching area*) 74, 76 ff., 83, 110, 268 ff., 349 f.
Schichtbruch 221, 328 f.
Schiene 15, 31, 103, 110, 185, 198 f., 259 ff., 342 ff.
Schlackeneinschlüsse 432, 439
Schlagbelastung 135, 164 f.
Schlagkolben 66, 70

Schlagplatte 464 f.
Schleifbrand 224, 226
Schleifpapierverfahren 379 f., 382, 385 f., 391
Schlepphebel 253
Schlupf 124 f., 168, 170 f., 175, 177, 180, 185, 198 f., 232 f., 242 f., 260 ff., 286, 306, 344 ff.
–, Bohr- 261
–, Dehnungs- 89
–, Dreh- 148
–, Formänderungs- 334
–, Längs- 260 ff., 343
–, Laufradius- 89
–, Makro- 198, 334
–, Mikro- 154 f., 157 f., 160, 172, 198, 249
–, negativer 187 ff., 196 f., 204, 206 f., 220 ff., 249
–, positiver 187 ff., 196 f., 204, 207, 221, 249
–, Quer- 261
–, Radial- 147 ff.
Schlupfreduzierung 171
Schlupfschaden 243, 272, 284
Schlupfunterbrechung 105
Schlupfweg 160, 177
Schlupfzone
–, beanspruchungsbedingt 157 f., 177, 221
–, Umfangsvorschubhärten 316
Schlupfzusammenbruch 243
Schmelzbad 84
Schmelzerscheinung 46, 79 ff.
Schmelzkrater 82 f., 336, 338
Schmelztemperatur 78, 82
Schmelzverschleiß 92 f.
Schmelzvorgänge 46
Schmiedegesenk 91
Schmierfilmdicke 41 ff., 190 f., 194 f., 203, 208 f., 215 ff., 239 f., 244, 254, 301 f.
–, spezifische 194 ff., 205, 217
Schmierfilmkorrekturfaktor 195
Schmierspalt 22, 28, 41 ff., 48, 82, 89, 190, 204 f., 255
Schnecke 52, 210 f., 215 f., 282 f., 292, 313 f., 436 f., 440

Schneckengetriebe 28, 202, 204, 210 f., 227, 293
Schneckenrad 198 f., 201, 210 f., 282 f., 292 f., 314
Schockwelle 427, 534 f., 539
Schräglaufwinkel 261 f.
Schrägverzahnung 202 f., 228, 274
–, Doppel- 289 f.
Schraubgetriebe 205
Schrumpfsitz 10, 123, 170, 236
Schrumpfspannung 153, 177
Schubbeanspruchung 16, 70, 107, 167, 220
Schubrisse 17, 37, 47, 60, 68 f., 102, 105, 212, 216, 279 f., 285, 287, 289 ff., 414 ff.
Schubspannungsverteilung 192
Schubverformung 106, 221
Schwefelgehalt 225, 238
Schwefelwasserstoff (H_2S) 228 f.
Schweißarbeiten 82, 84, 336
Schweißeigenspannungen 395 f.
Schwingbruch 62 f., 70 ff., 76, 84, 90, 106 ff., 111, 165, 200, 233, 308, 322 f., 328 f., 551
Schwingungen 10 f., 31, 58, 141, 145 ff., 150 ff., 156, 160, 174, 179, 316, 329, 331, 336 f., 344, 416, 427, 536, 546 ff.
Schwingungsrisskorrosion 113
Schwingungsverschleiß (*Fretting*) 14 f., 23, 29, 31, 62 ff., 122 ff., 233, 260, 329, 337, 347
Schwingungsweite 122 ff., 129 ff., 146 f., 159, 161 ff., 166, 168, 179 f.
Seile 31, 62 ff., 89 ff., 104, 123, 174, 175
–, Bahn 104
–, Rollen 90
–, Scheiben 62 f., 90
–, Sitzrille, Seilscheiben 89 f.
–, Trommel 62, 91
Sekundärhärtemaximum 91
Sekundärionenmassenspektrometrie (SIMS) 38
Sekundärverformung 63
Selbstabschreckung 73, 92, 268, 349
Simulation 35 f., 39
Sinuslauf 198, 260
Soll-Ist-Vergleich 35, 37 f.

Sommerfeldzahl 42
Spaltkorrosion 512
Spaltring 496, 530 f.
Spaltströmung 478, 506
Spannstahl 111
Spannungsrisskorrosion 111 f., 540
Speisewasserleitung 551 f., 557 f.
Speisewasservorwärmer 523
Spielvergrößerung 29, 31, 89, 236, 258
Spinnring 77, 434 f.
Spinnringlauffläche 76 f.
Spitzenschneide 396, 398 f., 439 f.
Spongiose 544 f.
Spülversatzrohr 504 f.
Spurkranz 103 f., 109, 259, 261, 342 f.
Spurlager 549
Stahlgießpfanne 60
Steifigkeit 44, 60, 202, 204, 231 f., 346, 546
Steifigkeitssprung 145, 179
Stillstandsmarkierungen (*false brinelling*) 123 f., 127, 131, 144, 154 ff., 159 ff., 331
Stößel 185, 253 ff.
–, Flach- 253
–, mit hydraulischem Spielausgleich 294 ff.
–, Rollen- 185, 255, 299, 302
–, Tassen- 253 ff., 257
Stofftransport, Feststoffe 122, 131, 151, 402, 428, 442, 479
–, Korrosion 512, 515
Strahlverschleiß 14 f., 365, 427, 441 ff.
Straßenbahnrad 110
Stribeck-Diagramm 11 f.
Stromdurchgang, s. a. Stromübergang 82, 84, 335 ff.
Stromleitung 169 f.
Stromübergang 46, 73, 81 ff., 151
Struktur 3 ff., 14, 18, 24
Strukturanalyse 35, 37
Sulfidieren 181
Sulfonitrieren 181
Syntheseöl 212, 215, 228
Systemeinhüllende 4
System, geschlossenes 4
–, offenes 5
–, tribologisches 3 f.

Systemklasse 123 ff.
—, gross slip 123 ff., 132, 159, 175, 255
—, partial slip 124 f., 157, 159, 175, 255
—, reversierender Gleitverschleiß 123 f.

T
Taumelfehler 273 f.
Taylor-Wirbel 500, 514 f.
Teerpumpe 68
Teilchenfurchung 428
Temperatureinfluss 3 f., 6, 70 ff., 134 f., 150 f., 162 f., 189, 194, 205 f., 215, 349, 395 f., 429 f., 445, 447 ff., 457 f., 474, 519, 533 ff., 546, 568
Temperaturwechselrisse 108, 395
Tieflage/Hochlage 372, 380, 382, 388, 451, 482
Titancarbid 181, 474
Titannitrid 181
Totpunkt 73, 544
Tragbild
—, -fehler bei Zahnrädern 273 f.
—, normales 57, 73, 274 f.
—, ungleichmäßiges 57 f., 272 ff.
Tragfähigkeitsgrenze 200 ff.
Tragzahl
—, dynamische 243 f., 286
—, statische 160, 233, 245, 250
Transportsicherung 160 f.
Treibscheibe 89 f.
Trennfestigkeit 106, 108
Tribooxidation 21 f., 92, 98 ff., 113, 126 ff., 131, 136 f., 169 f., 177, 344, 585
Tribooxidationsprodukte 131, 143
Tribooxidationsschicht 92
Trockenreibung 11, 13, 101, 198
Tropfengröße 560, 562
Tropfenschlag 427, 521
Tropfenschlagerosion 14 f., 560 ff.
Turbinenrad (Hydraulikkupplung) 551
Turbinenschaufel 167, 428, 485, 566, 568

U
Übergangsdrehzahl 45
Überhitzerrohr 442, 459, 471
Überhitzung 46, 55, 60, 79, 212, 327, 441

Überlastung 38, 46, 55 f., 78, 200, 212, 216, 224 f., 313 f., 559
Ultraschall 11, 17, 271, 538
Ultraschall-Kavitationsgerät 539, 555 ff.
Umfangslast 233, 274 f.
Umgebungsmedium 3 ff., 21, 23, 25, 36 f., 92, 101, 111, 126, 367, 490
Umlaufhärtung 224
Unterwasserramme 67, 69

V
van der Waalsche Bindung 9
Ventil
—, Auslass- 568
—, -führung 163
—, Regel- 505, 510, 521
—, -sitz 140, 506 f., 552
—, -steuerung 252 f., 287
Verbindungsschicht 169, 225, 312 f.
Verbundstahlblech 456, 474
Verdichterrotorschaufel 172
Verformung 16, 31, 37, 43, 46 f., 57, 60
—, abgestimmte 171, 177, 179
—, elastische 41, 190, 260
—, plastische 17, 73, 88 ff., 102 f., 126, 150 f., 200, 248 ff., 263, 289, 311 f., 342 f., 349 f., 413, 443 ff., 538 f.
Verformungsanteil 13, 18
Verformungsenergie 22
Verformungsverhalten 5, 12
Verformungsvermögen 9, 18
Verformungswaben 17
Vergleichsspannung 186 f., 189, 193 f., 197, 207, 238, 263 f., 329, 347
Vergütungsstufe 169
Verschleiß
—, hydroerosiver (hydroabrasiver) 427, 475 ff.
—, metallischer 94, 100
—, milder (*mild wear*) 92
—, oxidischer 93 f., 99 f.
—, schwerer (*severe wear*) 92 f.
Verschleißkoeffizient 29, 209, 388 f.
Verschleißmechanismen 14 ff., 29, 91 f., 125 ff., 157 f., 207 ff., 261 f., 454

Verschleißpartikel, metallische 3, 5, 15, 17 ff., 21, 38, 47, 53, 60, 65, 103 f., 122 ff., 163 f., 230 f., 245, 247 f., 262, 282, 303 f., 320
–, oxidische 22, 29, 92, 126 f., 131, 138 f., 144, 155, 331 f.
Verschleißphase 129
Verschmutzungsanfälligkeit 44
Verspannung 230, 232
–, Axial- 47, 276 f.
–, Oval- 276
–, Radial- 275 f.
–, Schräg- 276
Verunreinigung 46, 53, 210, 236 f., 243, 245, 247 f., 250, 283 f., 306, 474, 537
Viskosität 65, 86, 89, 190, 206 ff., 228 f., 239 f., 252, 256 f., 292
–, Bezugs- 251 f.
–, dynamische 11 f., 42, 191
–, kinematische 17, 209, 213, 218, 236
Viskositätsverhältnis 251
Vollschmierung 41, 186, 188, 191, 194 f., 220, 239

W

Wälzbewegung 62, 122, 127, 304, 401, 429
Wälzen 6, 15, 185
Wälzkreis 198, 204 f., 212, 221 f., 279 f., 289, 292, 300, 308 f., 328
Wälzlager 47, 147, 154 ff., 161, 198 f., 229 ff., 244 f., 250 f., 264 f., 270 ff., 305, 317 ff., 329, 334 ff., 341
–, Axialnadellager 331 f.
–, Axialpendelrollenlager 74 f., 235 f.
–, Axialrillenkugellager 151 f., 156 f., 286 f.
–, Axialzylinderrollenlager 23, 26 ff., 87, 185, 235, 239 ff., 277, 293, 330 f.
–, Hybridlager 342
–, Kegelrollenlager 74, 233
–, Kugellagersitzfläche 131, 146 f.
–, Nadelbüchse, Nadellager 136 f., 585
–, Nadellager 136, 160, 284, 319, 331 f.

–, Pendelrollenlager 72, 74 f., 235 f., 277, 286, 306 f., 324, 338 f., 341
–, Rillenkugellager 155, 160, 233 f., 243, 246, 250, 265 f., 268 f., 274 ff., 286 f., 320 f.
–, Schrägkugellager 232, 237 f., 246 ff., 317 f., 321
–, Zylinderrollenlager 156, 160, 233, 243, 247 f., 265, 285 f., 337 f.
Wälzmühle 15, 30, 401 f., 416
Wälzverschleiß 14 f., 20, 31, 62, 185 ff.
Wankelmotor 59
Wärmebehandlungsverfahren 180
Wärmeeinflusszone 531 f.
Wärmespannungen 188
Warmfressen 64, 212, 214
Warmstreckgrenze 106
Wasserabscheidung 567
Wasserchemie 519
Wasserdampf 97 f., 528
Wasserleitungsrohr 530
Wasserstoffgehalt 55, 228, 263
Wasserstoffversprödung 228
Wechselplastifizierung 106
Weißlichtinterferometrie (WLI) 37
Weißmetall 55 f., 79, 554, 559 f.
Welle-Nabe-Verbindung 171
Wellendurchbiegung 41, 43, 233, 273
Werkstoffe
–, adhäsionsempfindliche 65, 99 f.
–, korrosionsbeständige 236, 257, 479 f., 494, 566, 585
Werkstoffgrenzschicht 8
Werkstoffübertrag 16 f., 60, 65 ff., 70 f., 76 f., 101 f., 104, 445
Werkstoffverhalten 192, 343, 450, 454, 458, 484 f., 493 ff., 538 ff., 562
Widerstandserwärmung 84, 336
Wulstbildung 88
Wurfschaufel 465 f.
Wurmspuren 150 ff., 586
Wüstit 126

Z

Zahnkupplung 129 f., 136, 150 ff.
Zahnrad 15, 192, 198 ff., 273 f., 289 f., 298 ff., 308 f., 325, 328 f.
Zahnrichtungsfehler 273 f.
Zahnsteifigkeit 202
Zahnwellenverbindung 31, 127 ff.
Zeitfestigkeit 55, 200 f., 225 f., 308
Zeitstandversuch 111
Zerkleinerung 47, 400 ff., 417, 484 f.
–, Druck- 400, 412, 417
–, Gutbett- 400 ff.
Zerkleinerungsprozess 145, 365, 400, 402, 432
Zerkleinerungsverhalten 388, 442, 484
Zerrüttung, s. Oberflächenzerrüttung
Zersetzungsprodukte 78

Zerspanen 18 f., 215, 389
Zerspanungsanteil 18
Ziehfehler 76
Zinkdithiophosphat 240, 293
Zöpfchenbildung 89 f.
Z-Profildraht 104, 108
Zugspannungen 54, 74, 106, 108, 123
Zusatzkräfte, dynamische 203 f., 226
Zweikörper-Abrasivverschleiß (*two body abrasion*) 370 f., 378, 421
–, gebundenes Korn 371, 378 ff., 392
–, loses Korn 423 ff.
Zweischichtlager 55
Zwischenüberhitzer-Austrittsammler 527 f.
Zyklonabscheider 464 f., 468
Zylinderlaufbuchse 533, 544 f.

Printing and Binding: Stürtz GmbH, Würzburg